Analyse der Fette und Fettprodukte

Spezieller Teil

Analyse der Fette und Fettprodukte

einschließlich der Wachse, Harze und verwandter Stoffe

Unter Mitwirkung von

J. Baltes, Hamburg, und **A. Seher**, Münster/W.,

sowie H. D e b u c h , Köln · H. F i n k e n†, Krefeld · W. G ä n s s l e , Hannover
H. G n a m m , Stuttgart · G. G o r b a c h , Graz · C. G r i e b e l , Berlin · W. H a l d e n ,
Wien · A. H e e s c h , Kleve · A. H i n t e r m a i e r†, Düsseldorf · E. J a n t z e n , Hamburg
M. K e h r e n , M.-Gladbach · F. W. K e r c k o w , Ludwigshafen a. Rh. · E. K l e n k , Köln
H. L o h m a n n , Hamburg · C. L ü d e c k e , Dervio / Italien · W. M o h r , Hannover
R. N e u , Karlsruhe · W. S a n d e r m a n n , Hamburg · H. S c h m a l f u ß†, Hamburg
A. S c h r a m m e , Hamburg · K. T ä u f e l , Berlin · H. W e r n e r , Hamburg
B. W u r z s c h m i t t , Ludwigshafen a. Rh. · G. Z e i d l e r , Berlin

bearbeitet und herausgegeben von

Professor Dr. Dr. h. c. H. P. Kaufmann

Direktor des Instituts für Pharmazie und Lebensmittelchemie an der Universität Münster
und ehrenamtlicher Direktor des Deutschen Instituts für Fettforschung, Münster i. W.

Mit 475 Abbildungen und einer Tafel

II
Spezieller Teil

Springer-Verlag Berlin Heidelberg GmbH

1958

ISBN 978-3-662-11136-9   ISBN 978-3-662-11135-2 (eBook)
DOI 10.1007/978-3-662-11135-2

Inhaltsverzeichnis

Spezieller Teil

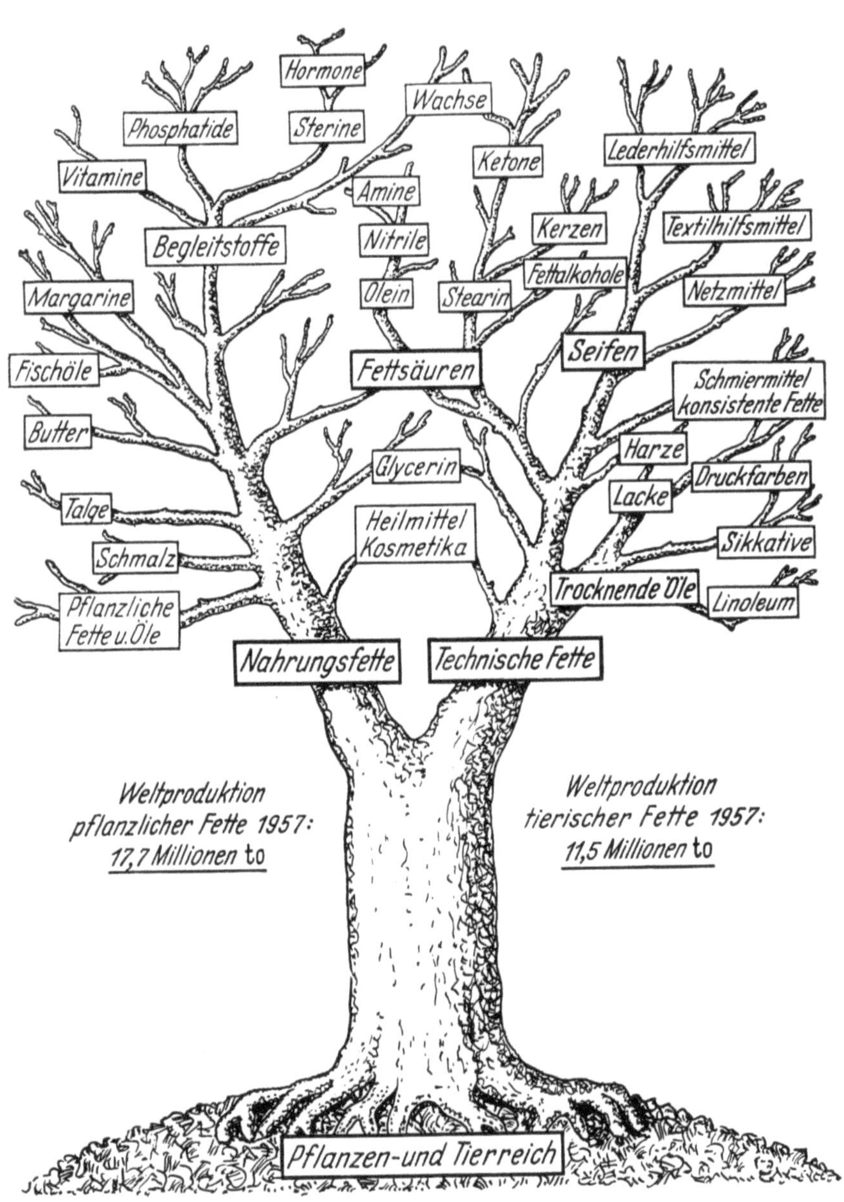

Hormone
Phosphatide
Sterine
Wachse
Vitamine
Ketone
Lederhilfsmittel
Amine
Begleitstoffe
Kerzen
Textilhilfsmittel
Nitrile
Fettalkohole
Margarine
Olein
Stearin
Netzmittel
Fischöle
Fettsäuren
Seifen
Butter
Schmiermittel
konsistente Fette
Talge
Glycerin
Harze
Druckfarben
Schmalz
Heilmittel
Kosmetika
Lacke
Sikkative
Pflanzliche
Fette u. Öle
Trocknende Öle
Linoleum
Nahrungsfette
Technische Fette
Weltproduktion
pflanzlicher Fette 1957:
17,7 Millionen to
Weltproduktion
tierischer Fette 1957:
11,5 Millionen to
Pflanzen- und Tierreich

I. Die mikroskopische Untersuchung der fettliefernden tierischen und pflanzlichen Rohstoffe und ihrer Abfallprodukte*

1. Tierische Rohstoffe

Zur Gewinnung der tierischen Fette dienen in erster Linie die Fettdepots, die sich bei Masttieren besonders unter der Haut, im Netz und Gekröse, in der Umgebung der Nieren sowie in der Muskulatur ablagern. Sehr fettreich sind weiter Knochenmark und Leber. So wird die Leber bestimmter Seefische auf fettes Öl (Lebertran) verarbeitet. Eine viel wichtigere Rolle für die Gewinnung von Fett aus Seetieren spielt jedoch das übrige Körperfettgewebe von Seesäugetieren und Fischen.

Das Fettgewebe, das durch Umwandlung anderer Gewebe (Bindegewebe, Muskelfasern) entsteht, zeigt in allen Fällen die gleiche Ausbildung. Es besteht aus dicht aneinandergedrängten, im allgemeinen 40 bis 120 μ großen Zellblasen (Abb. 307) mit fester Oberflächen-Membran und ursprünglich flüssigem, aus Fettstoffen bestehendem Inhalt, der bei der Abkühlung je nach der Zusammensetzung der Fettsubstanz rascher oder weniger rasch erstarrt, oder auch bei gewöhnlicher Temperatur flüssig bleibt, wie z. B. Lebertran. Infolge der dichten Anordnung flachen sich die Fettzellen durch gegenseitigen Druck gewöhnlich ab. Nach dem Erstarren des Inhalts beobachtet man nicht selten darin auch ohne Zuhilfenahme des Polarisationsapparates nadelförmige Fettsäure-Kristalle. Der Zellkern liegt in den typischen Fettzellen der Oberflächen-Membran dicht an und ist nicht ohne weiteres sichtbar. Im typischen Fettgewebe sind die Fettzellen zu Läppchen vereinigt, die von Zügen fibrillären Bindegewebes (b) begrenzt werden

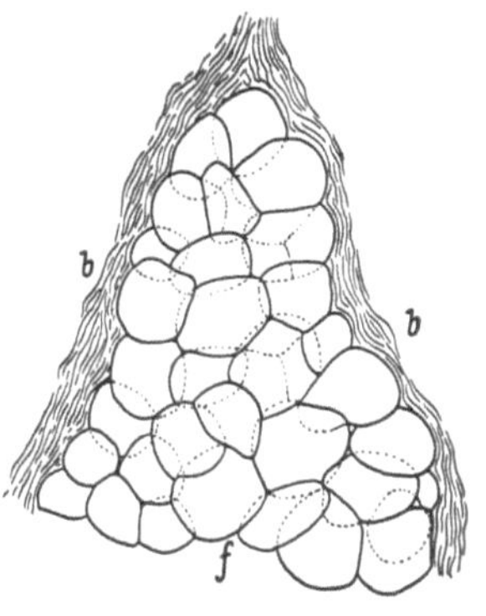

Abb. 307
Fettgewebe vom Schwein (Speck)
f Fettzellen; *b* Bindegewebe
Vergr. 1 : 100

(Abb. 307), von denen das gesamte Fettgewebe durchsetzt ist. Von welcher Tierart das Fettgewebe herrührt, läßt sich durch die mikroskopische Untersuchung nicht feststellen, weil die Form und Anordnung der Zellen des Depotfettes stets die gleiche ist.

Beim Ausschmelzen der Fettgewebe hinterbleiben zusammengefallene eiweißreiche Zellhäute (Grieben), die immer noch wesentliche Mengen Fett enthalten. Die Grieben werden zuweilen auch gemahlen und zur Herstellung von Lebens-

---

* Bearbeitet von Professor Dr. C. Griebel, Berlin.

mitteln verwendet. Bei aus intramuskulärem Fettgewebe gewonnenen Grieben beobachtet man im Griebenmehl (Abb. 308) unter dem Mikroskop neben wenig charakteristischen, hauptsächlich aus Bindegewebe und Verbänden geschrumpfter Fettzellen bestehenden häutigen Massen (Abbildung 308 *f*) auch zahlreiche Bruchstücke von quergestreiften Muskelfasern (Abb. 308 *m*). Die häutigen Teilchen sind noch von größeren oder kleineren Fettklumpen und Fetttröpfchen durchsetzt, die erst nach der Färbung mit Sudan, Scharlach oder Osmiumsäure (vgl. S. 354) deutlich sichtbar werden. In den entfetteten Präparaten färben sich bei der Behandlung mit Pikrofuchsin (vgl. S. 356) die Muskelfasern gelb, das Bindegewebe leuchtend rot.

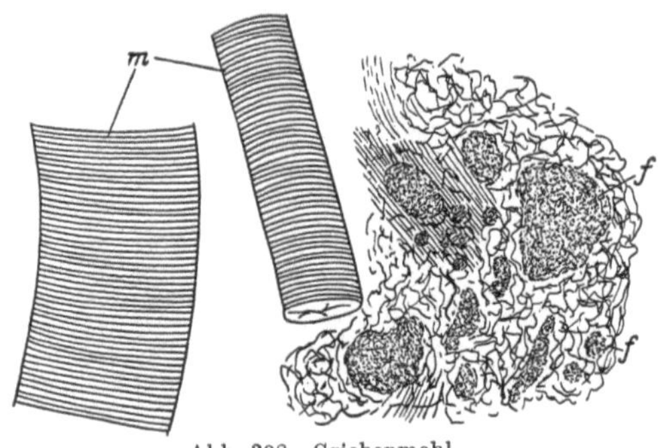

Abb. 308. Griebenmehl
m Muskelfaser; *f* Fettgewebe. Vergr. 1 : 200

2. Pflanzliche Rohstoffe

a) Früchte und Samen, die hauptsächlich der Ölgewinnung dienen[1]

α) Olive

Die Oliven sind die Früchte des im Mittelmeergebiet beheimateten Ölbaumes[2] (*Olea europaea* L. — *Oleaceae*). Sie werden für Genußzwecke mit Alkalicarbonat entbittert und finden dann im konservierten Zustand, und zwar noch unreif (grün) in Salzwasser eingemacht, oder reif, meist getrocknet, seltener in Salzwasser eingemacht (blau-schwarz), als Nachspeise Verwendung. Die weitaus größte Menge der Früchte dient aber der Gewinnung des im Fruchtfleisch enthaltenen Öles. Die Preßrückstände finden als Tierfutter Verwendung und sind vielfach auch zur Verfälschung von Gewürzen gebraucht worden.

Die Olive ist eine 2 bis 3 cm lange Steinfrucht, im *reifen* Zustand dunkelpurpurn bis schwarzblau. Der schlanke, braune Steinkern, das Endokarp, umschließt einen kleinen, ölreichen Samen.

Die Epidermis der Fruchtwand setzt sich aus polyedrischen, derbwandigen Zellen zusammen, die gleich dem darunterliegenden Parenchym im reifen Zustande dunklen, körnigen Inhalt führen, der mit konz. Schwefelsäure intensiv rot wird. Das sehr ölreiche Mesokarp

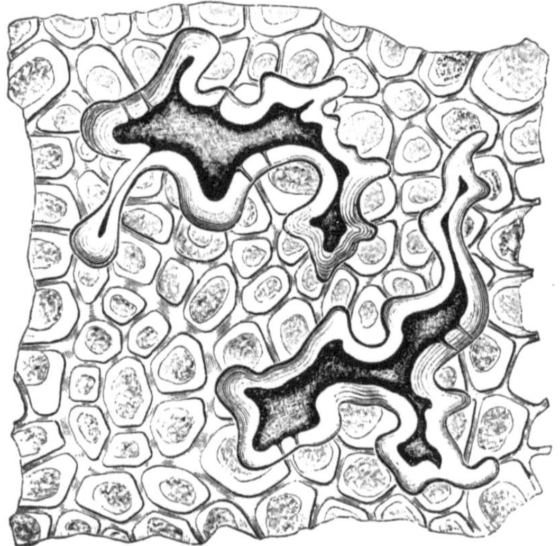

Abb. 309. Olive, Frucht-Oberhaut von innen, mit zwei Idioblasten des Fruchtfleisches nach J. MÖLLER[3]

---

[1] Siehe hierzu H. P. KAUFMANN u. J. G. THIEME: Fette · Seifen · Anstrichmittel **56**, 330ff. (1954), bzw. H. P. KAUFMANN u. J. G. THIEME: Zit. S. 7, Fußnote 1.

[2] W. RUDORF: Fette · Seifen · Anstrichmittel **54**, 1 (1952).

[3] J. MÖLLER: Mikroskopie der Nahrungs- u. Genußmittel aus dem Pflanzenreich. 2. Aufl. unter Mitwirkung von A. L. WINTON. Berlin 1905; 3. Aufl. MÖLLER-GRIEBEL. Berlin 1928.

besteht aus dünnwandigen Zellen, zwischen die eigenartige, stark verzweigte und verdickte Steinzellen von sehr unregelmäßiger Gestalt eingestreut sind (Abb. 309).

Für den Nachweis von gemahlenen *Oliventrestern* sind die äußeren Schichten der Frucht von besonderer Bedeutung, nämlich die rundlichen Zellen der Epidermis und des unmittelbar darunterliegenden Parenchyms, die einen violetten, durch konzentrierte Schwefelsäure rot werdenden Farbstoff enthalten. Sehr charakteristisch sind weiter die unregelmäßig verzweigten, mit geweihartigen Fortsätzen versehenen Steinzellen des Fruchtfleisches.

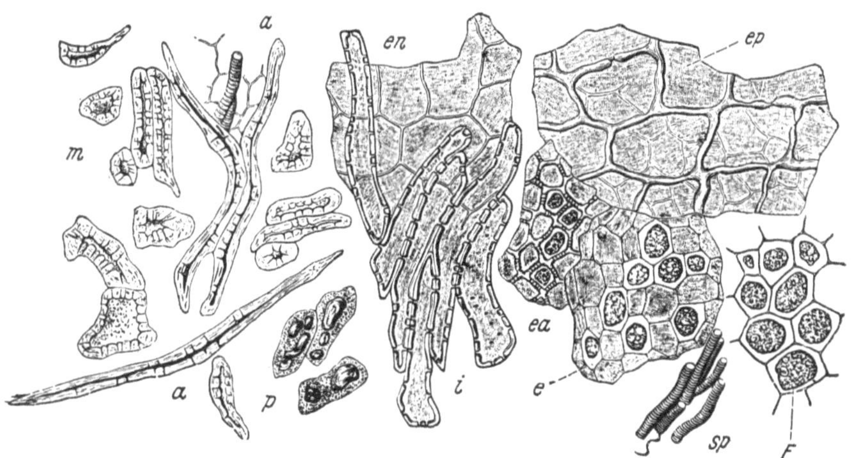

Abb. 310. Oliven-Gewebe in der Flächenansicht nach J. MÖLLER

a, m und *i* Steinzellformen und Fasern; *en* Auskleidung der Steinschale; *p* ölhaltiges Fruchtfleisch; *ep* Oberhaut der Samenschale; *ea* Außenschicht des Nährgewebes; *E* und *e* Keimblatt-Parenchym; *sp* Spiralgefäße

Das Gewebe der 1 bis 3 mm dicken *Steinschale* (des Endokarps) setzt sich aus vielgestaltigen, stark verdickten, getüpfelten, gelblichweißen Steinzellen zusammen (Abb. 309 und 310). Der hauptsächlich aus Endosperm bestehende Samenkern, der in seinen Zellen Fett und Aleuron enthält, ist von einer Samenschale mit großen Oberhaut-Zellen (bis 300 μ) bedeckt (Abb. 310), deren farblose Seitenwände ungleichmäßig verdickt sind. Für die Erkennung der gemahlenen *Olivenkerne* sind die vielgestaltigen Steinzellen neben den großen Testa-Epidermis-Zellen kennzeichnend.

β) Palmfrüchte

1. Cocosnuß

Die Frucht der Cocospalme (*Cocos nucifera* L.), die Cocosnuß, enthält in einer bis zu 6 mm dicken Steinschale, dem Endokarp (vgl. Abb. 311), einen 10 bis 12 cm großen Samen, der im zerschnittenen Zustand als *Kopra* in den Handel kommt. Aus der zerkleinerten Kopra wird das Cocosfett gewonnen. Die Preßrückstände finden als Tierfutter Verwendung und haben gelegentlich als Fälschungsmittel für Gewürze gedient.

Der Same ist von einer dünnen, braunen Schale bedeckt, die einerseits dem Endokarp, andererseits dem Samenkern angewachsen und reichlich von verzweigten Leitbündeln durchzogen ist. Das fast kugelige Endosperm bildet einen 1 bis 2 cm dicken, weißen Hohlkörper von etwa mandelartiger, aber mehr faseriger Konsistenz, der bei unreifen Früchten eine während des Reifeprozesses allmählich verschwindende milchige Flüssigkeit (Cocosmilch) enthält. Der Keimling ist, wie bei allen Palmen, nur sehr klein.

Der auf dem Kern befindliche Teil der Samenschale (Abb. 312a) zeigt außen Gruppen von wenig verdickten Steinzellen und gleichmäßig braungefärbte, dünnwandige, gestreckte Zellen. Weiter nach innen werden die braunwandigen Zellen isodiametrisch. Zwischen ihnen finden sich Leitbündel mit engen Spiral-

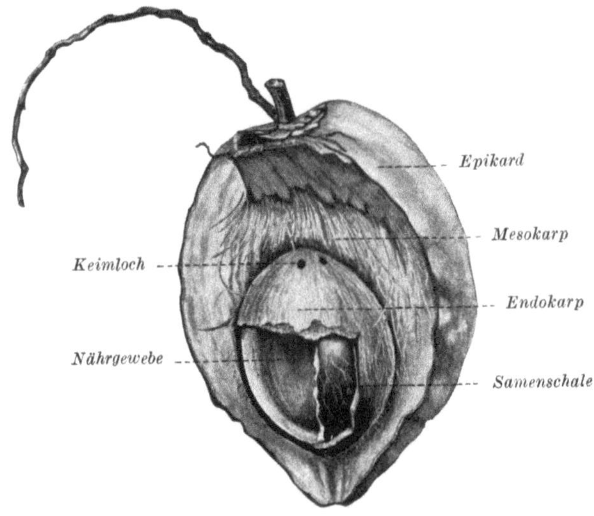

Abb. 311. Aufgebrochene Cocosnuß nach A. L. WINTON

gefäßen. Die Endosperm-Zellen (b) sind in den äußeren Schichten fast isodiametrisch (etwa $50\,\mu$), weiter nach innen zu dagegen stark radial gestreckt, bis $300\,\mu$ lang. Ihre Wände sind etwa $3\,\mu$ dick und zeigen nur vereinzelte breite,

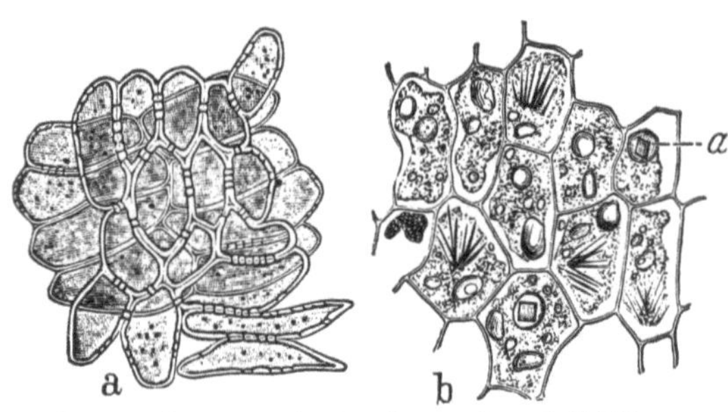

Abb. 312.   Samengewebe der Cocosnuß nach J. MÖLLER
a) Schalen-Parenchym; b) Nährgewebe mit Fett und Aleuron a

bei der Untersuchung in Lauge deutlicher erkennbare Tüpfel. Im fettreichen Zellinhalt finden sich große Aleuronkörner mit je einem bis $25\,\mu$ messenden Kristalloid.

Gemahlene Cocosnuß-Preßkuchen zeigen neben den zumeist gestreckten, dünnwandigen, farblosen Zellen auch Reste der Steinschale, die sich aus Steinzellen zusammensetzt, die nur z. T. stark verdickt

sind. Zum Unterschied von den hellen bis gelblichen Steinzellen der gemahlenen Olivenkerne sind die der Cocos-Steinschale dunkelgelb bis braun gefärbt. Daneben finden sich Bruchstücke von Fasern, denen die für die Palmen charakteristischen Kieselkörperchen anhaften.

2. Palmnuß

Die Steinfrüchte der im tropischen Afrika heimischen *Ölpalme* (*Elaeis guineensis* L.), die sogenannten *Palmnüsse* (Abb. 313), sind eiförmig, durch gegenseitigen Druck etwas abgeflacht, durchschnittlich 2,5 cm lang. Sie sind durch zähfaseriges, ölhaltiges Fruchtfleisch ausgezeichnet, das einen schwärzlichen, unregelmäßig dreikantigen Steinkern umgibt. Das schwarze, harte Endokarp umschließt einen bis zu 2,5 cm langen, unregelmäßig eirunden Samen (Abb. 314). Während man unter „Palmöl" das aus dem Fruchtfleisch gewonnene Öl versteht, bezeichnet man das Samenfett als „Palmkernöl". Die aus den Samen erhaltenen Preßrückstände sind ein wertvolles Futtermittel und dienen gelegentlich zur Gewürzverfälschung. Die *Samenschale* (Abb. 315 *s*) wird aus mehreren sich kreuzenden Schichten dünnwandiger, gestreckter Zellen mit braunem Inhalt gebildet. Der Außenseite haften noch Steinzellen des Endokarps an. Der *Samenkern*, der praktisch nur aus Endosperm besteht, zeigt etwas dickwandigere und deutlicher getüpfelte Zellen (Abb. 315 *E*) als bei der Cocosnuß, bei der knotige Wandverdickungen an Schnitten kaum erkennbar sind.

In den gemahlenen Preßrückständen erkennt man kristallinisches Fett und nach der Entfettung in den mit knotigen Wand-

Abb. 313. Früchte der Ölpalme, natürliche Größe

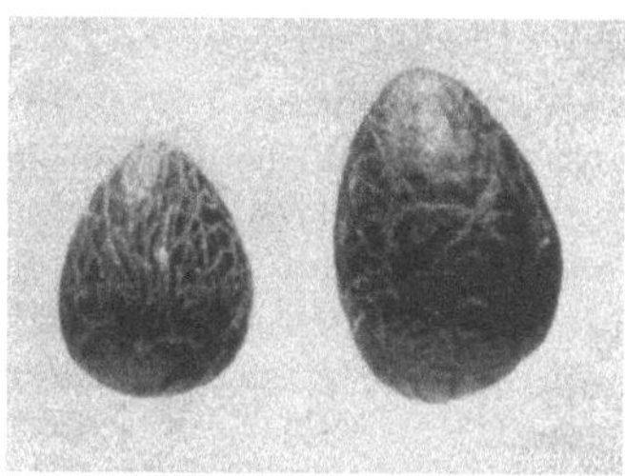

Abb. 314. Samen der Ölpalme, natürliche Größe

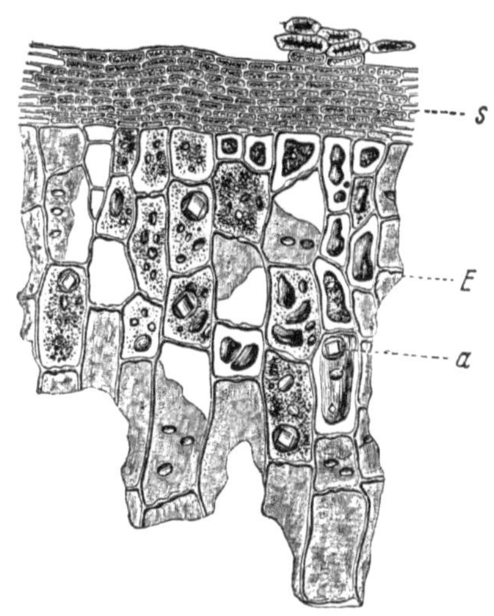

Abb. 315. Samenrand der Ölpalme im Querschnitt nach J. MÖLLER

s Samenschale; *E* Nährgewebe; *a* Aleuronkörner

verdickungen versehenen Zellen große Aleuronkörner. In der Fläche erscheinen die Wandtüpfel kreisrund. Hauptsächlich durch die deutliche Tüpfelung der Zellwände unterscheiden sich die Palmkern-Preßkuchen von den Kopra-Preß-kuchen.

γ) Cruciferen-Samen

Von den Cruciferen sind es besonders die *Raps*- und *Rübsen*-Varietäten, die zwecks Ölgewinnung angebaut werden. Im geringen Umfang gilt dies auch für *Leindotter*, und schließlich werden auch bestimmte *Senf*-Sorten zuweilen zur Gewinnung von fettem Öl herangezogen.

Über den allgemeinen Bau der Samenschale sei zunächst folgendes vorausgeschickt. Bei den Cruciferen lassen sich an der Samenschale, die mit dem Nährgewebe zusammenhängt, 5 Schichten unterscheiden: 1. Epidermis-Zellen, 2. sogenannte Großzellen, 3. Sklereiden, auch als Becher- oder Palisaden-Zellen bezeichnet, 4. sogenannte Pigment-Zellen, 5. Nährgewebe, bestehend aus Aleuron-Zellen und einer hyalinen Schicht. Hiervon sind nur die ersten 3 Schichten, insbesondere die *Epidermis*- und *Sklereiden*-Schicht zur Unterscheidung der Arten geeignet.

Die in der Flächenansicht meist 5- bis 6seitigen Epidermis-Zellen quellen in Wasser und verd. Lauge bei einzelnen Arten in verschiedenem Grade und bilden oft große Mengen Schleim; in anderen Fällen ist die Epidermis gar nicht quellbar. Die als dritte Schicht folgenden hellen, gelben oder braunen *Sklereiden* (Becherzellen) sind für die Unterscheidung besonders wichtig. Diese Sklereiden sind bei einzelnen Arten ungleich hoch, auch ist das Verhältnis ihrer Dicke zum Lumen der Zelle bei manchen Arten verschieden. Bei bestimmten Arten wechseln Gruppen von niedrigen Palisaden mit höheren in der Weise ab, daß die

Verbindungsfläche der oberen Palisaden-Enden muldenartige Einsenkungen bildet. Dadurch bekommt die Oberfläche dieser Samen-Arten ein netzig-grubiges Aussehen, weil die äußeren Zellschichten (Epidermis und Großzellen) beim reifen Samen geschrumpft sind und den Einsenkungen folgen. In der Flächenansicht bilden die Sklereiden ein Mosaik aus kleinen polygonalen Zellen, über dem bei den Arten mit grubiger Oberfläche ein grobmaschiges Schattennetz erkennbar ist.

Das zartzellige Gewebe des Keimlings ist für die Unterscheidung der Arten nicht geeignet. Bei reifen Samen enthalten die Zellen fettes Öl und Aleuronkörner, dagegen *keine* Stärke.

Abb. 316. Rapssamen (*Brassica napus* L.). Vergr. 1 : 9

1. Raps oder Colza

Brassica napus L. wird in fast allen europäischen Ländern in mehreren Varietäten angebaut. Die 1,5 bis 2,5 mm großen Samen (Abb. 316) sind kugelig, dunkelbraun, matt, bei Lupen-Vergrößerung fein punktiert, aber nicht deutlich genetzt.

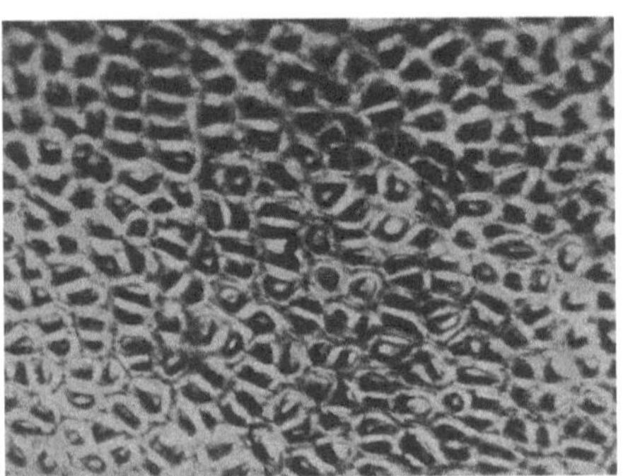

Abb. 317. Schale des Raps in der Flächenansicht. Vergr. 1 : 200

Die zusammengefallenen Außenschichten bilden eine Membran von undeutlicher Struktur und ohne Schleimbildung. Die Becherzellen (Sklereiden) mit rotbrauner Membran sind etwa gleich hoch (25 bis 30 μ), 8 bis 20 μ breit. Die Verdickungen reichen bis zur oberen Zellwand. Ihr Lumen ist etwa so breit wie die Dicke der umgebenden Wände (Abb. 317). Die inneren Schichten der Schale (Pigment-Schicht, Aleuron-Schicht, hyaline Schicht) zeigen nichts Bemerkenswertes. Das gleiche gilt für die Schicht des öl- und aleuronreichen Keimlings.

Bei der Untersuchung der *Ölkuchen* fallen neben den massenhaft vorhandenen Trümmern des Keimlingsgewebes, das bei Laugezusatz eine gelbe Färbung annimmt, die dunkelbraunen Bruchstücke der Samenschale (Abbildung 317) auf.

Beim *Sarson* oder *Indian Colza* (*Brassica napus* L. var.

Abb. 318. Rübsen (*Brassica Rapa* L.). Vergr. 1 : 9

glauca Roxb. O. E. Schulz = *Brassica campestris var.* Sarson Prain) sind die etwas eckig erscheinenden Samen (2 mm) hellgelb, die Sklereiden farblos.

2. Rübsen

Die Samen des Rübsen (*Brassica Rapa* L.) (Abb. 318) sind etwas kleiner (etwa 1,5 mm) als die Rapssamen.

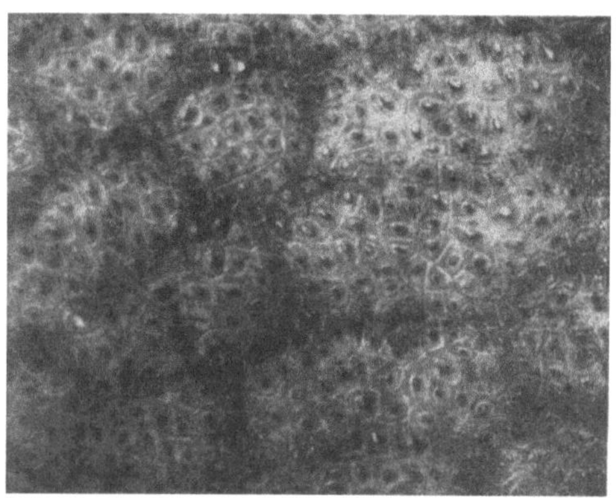

Abb. 319. Rübsen (*Brassica Rapa* L.). Samenschale in der Flächenansicht. Vergr. 1 : 200

Abb. 320. Leindotter-Samen (*Camelina sativa*). Vergr. 1 : 5

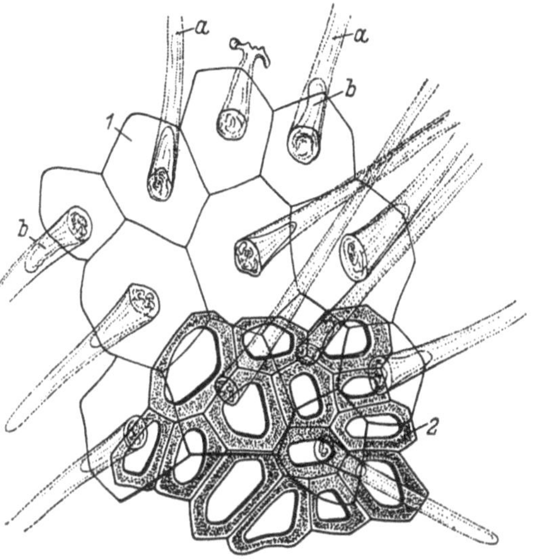

Abb. 321. Samenschale des Leindotters in der Fläche nach C. Böhmer. Vergr. 1 : 200

1 Epidermis; *a* die schlauchförmige Quellung des Schleimes; *b* die kegelförmige Innenmembran der Zellen zeigend; *2* Sklereiden-Schicht

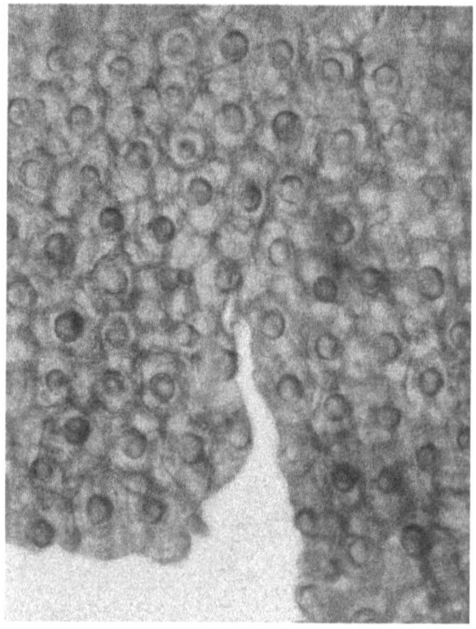

Abb. 322. Samenschale des Leindotters in der Flächenansicht (Glycerin-Präparat) Vergr. 1 : 110

Bei Lupen-Vergrößerung ist eine sehr feine, nicht bei allen Körnern gleich ausgeprägte Felderung zu erkennen. Diese kommt dadurch zustande, daß in der Sklereiden-Schicht niedrigere Zellen mit wenig höheren abwechseln. Die anatomischen Verhältnisse sind im übrigen die gleichen wie bei Raps, jedoch zeigen die Sklereiden (Becherzellen) beim Rübsen ein engeres, mehr kreisförmiges Lumen, das in der Regel kleiner ist als die Dicke der Zellwände (Abb. 319). An Flächen-Präparaten der Sklereiden-Schicht ist eine Maschenzeichnung angedeutet.

Abb. 323. Schwarzer Senf (*Brassica nigra* L.). Vergr. 1 : 9

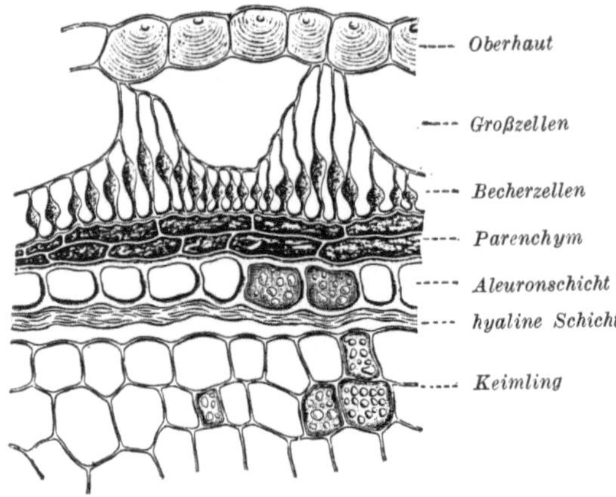

Abb. 324. Querschnitt des schwarzen Senfs nach J. MÖLLER

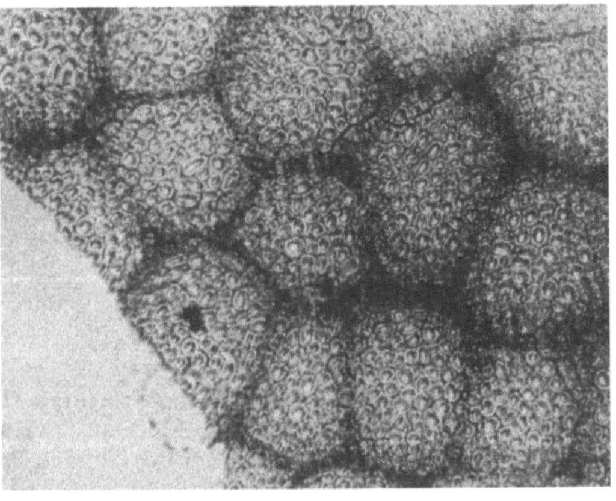

Abb. 325. Schale des schwarzen Senfs in der Flächenansicht.
Vergr. 1 : 200

3. Leindotter

Camelina sativa L. ist ein häufiges Ackerunkraut. Seine Samen kommen daher als Verunreinigung im Lein und Raps vor. Er wird aber in verschiedenen Ländern in geringem Umfang auch als Ölsaat angebaut. Die länglichen Samen (Abb. 320) sind gelbbraun, 1,5 mm lang, feinkörnig und nicht genetzt. Das Würzelchen tritt als Längsrippe deutlich hervor.

Die Oberhaut-Zellen (Abb. 321) sind 50 bis 80 μ groß und durch eine axiale, in Wasser-Präparaten schlauchartig herausquellende Schleimsäule ausgezeichnet, deren Durchmesser etwa $^1/_3$ der Zellbreite beträgt. An Flächen-Präparaten (Abb. 322) erscheint die Schleimsäule als Ring mit hellerem oder dunklerem Zentrum. Die durch die Oberhaut gut sichtbaren Sklereiden sind sehr niedrig, aber breit (45 bis 90 μ). Die übrigen Gewebe zeigen keine charakteristischen Merkmale. An den großen flachen Sklereiden und den darüberliegenden Epidermis-Zellen ist Leindotter in Ölkuchen leicht zu erkennen.

4. Senf

α) Der *schwarze* oder *braune Senf* (*Brassica nigra* [L.] Koch) wird in der gemäßigten Zone vielfach angebaut. Die 1 bis 1,5 mm (beim indischen Riesensenf bis über 2 mm) großen Samen sind kugelig oder eirund, lichtbraun bis schwarzbraun, auf der Oberseite durch Epidermis-Fetzen häufig etwas weißschülferig und zeigen unter der Lupe eine feine, grubige Maschenzeichnung (Abb. 323).

Die Lage der einzelnen Zellschichten ist aus Abb. 324 ersichtlich. Die *Oberhaut-Zellen*, die kein Lumen mehr erkennen lassen, sind nur wenig quellfähig. Die *Becherzellen* (Palisaden) sind gelbbraun, ungleich hoch (15 bis 40 μ) und nur im unteren Teil verdickt. Über den *Großzellen* sinkt bei der Reife die Epidermis ein, wodurch die grubige Oberfläche und bei stärkerer Vergrößerung das in Abb. 325 erkennbare großmaschige *Schattennetz* entsteht. Die Zellen des Keimlings enthalten — abgesehen von dem ätherisches Senföl liefernden Glykosid Sinigrin — fettes Öl und Aleuron. Nur in unreifen Samen findet man geringe Mengen winziger

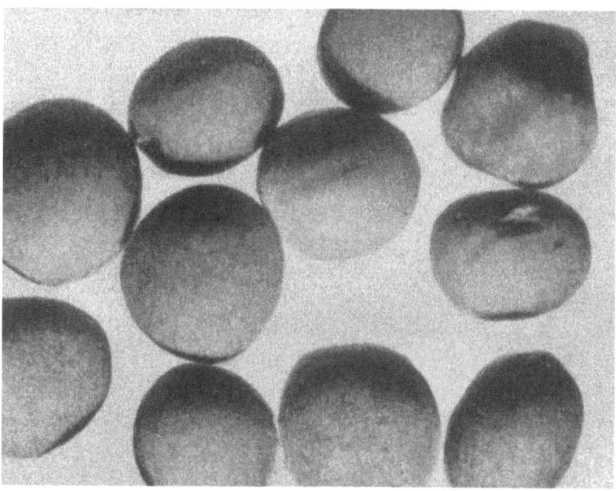

Abb. 326. Weißer Senf (*Sinapis alba* L.). Vergr. 1 : 9

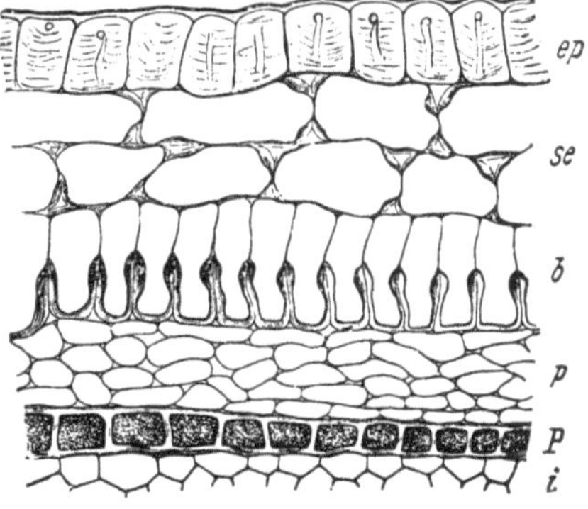

Abb. 327. Samenschale des weißen Senfs im Querschnitt nach **J. Möller**

ep Oberhaut; *se* Großzellen; *b* Palisaden- oder Becherzellen; *p* Parenchym; *P* Aleuron-Schicht; *i* hyaline Schicht

Stärkekörner. Kennzeichnend für das Mehl sind die Bruchstücke der Schale, die auf der Außenseite das über den gelbbraunen Palisaden liegende Schattennetz erkennen lassen, außerdem die farblosen, etwa sechseckigen Schleimzellen der Oberhaut (48 bis 80 μ breit).

Ein Schattennetz zeigt auch der *Sarepta-Senf* = rumänischer Braunsenf (*Brassica juncea* Coss.) und der *indische Braunsenf*, auch *Rai* genannt (*Brassica integrifolia* O. E. Schulz).

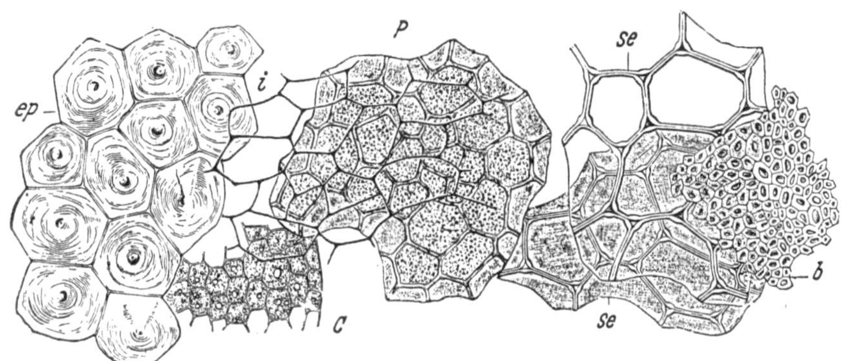

Abb. 328 Gewebe des weißen Senfs in der Flächenansicht nach **J. Möller**
C Keimblatt-Gewebe, die übrigen Buchstaben wie in Abb. 327

β) Der *weiße* (gelbe) *Senf* (*Sinapis alba* L.) wird besonders in England, Holland und Deutschland angebaut. Die Samen sind fast kugelig, 2 bis 2,5 mm groß, gelblichweiß bis rötlichgelb, unter der Lupe sehr zart punktiert, aber nicht genetzt (Abb. 326). Den Querschnitt zeigt Abb. 327.

Die stark quellbare *Epidermis* besteht aus in der Fläche polygonalen Schleimzellen (60 bis 100 μ). Bei Einwirkung von Wasser schichtet sich der Schleim konzentrisch um eine strangartig erscheinende, zentrale Höhle. Die meist in zweifacher Lage vorhandenen Groß-zellen sind durch derbe Wände und kollenchymatische Verdickungen in den Ecken ausgezeichnet. Die *Becherzellen*-Schicht besteht aus 20 bis 28 μ hohen farblosen Sklereiden, deren Radialwände im oberen Teil unverdickt sind. Breite 5 bis 10 μ. An Flächen-Präparaten (Abb. 328) fallen außer den Zellen der Schleim-Epidermis die derbwandigen Großzellen und die farblosen kleinen, aber stark verdickten Sklereiden auf.

Ähnlich ist der in Rußland kultivierte, mit gelben und braunen Samen vorkommende *Gardal-Senf* (*Sinapis dissecta* Lagasca) gebaut, nur zeigen die Samen ein oft undeutliches Maschennetz.

δ) Leinsamen

Die Leinsamen (*Linum usitatissimum* L. — *Linaceae*) dienen hauptsächlich zur Herstellung von Öl. Die Preßrückstände stellen ein wertvolles Futtermittel dar. Gemahlene Leinsamen, zum Teil bestrahlt, haben neuerdings häufiger zur Herstellung von diätetischen Mitteln Verwendung gefunden. Gemahlene Leinsamen-Preßkuchen — die Rückstände der Ölgewinnung — werden auch für pharmazeutische Zwecke gebraucht und sind außerdem ein bekanntes Verfälschungsmittel für bestimmte Gewürze.

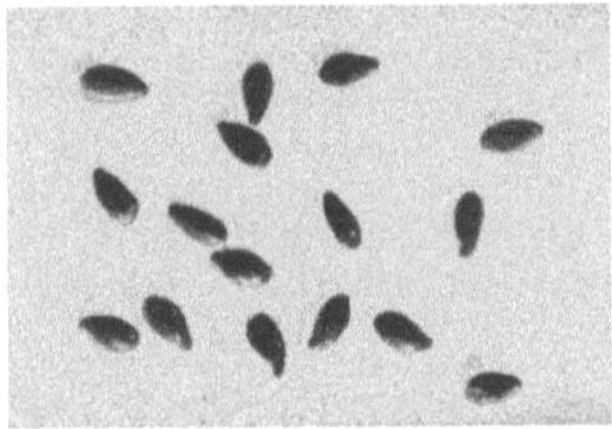

Abb. 329.   Leinsamen, natürliche Größe

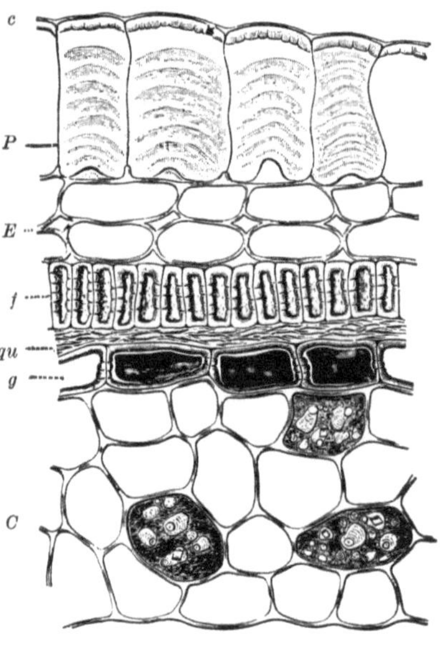

Abb. 330.   Leinsamenschale im Querschnitt nach J. MÖLLER

P Oberhaut;   *c* Cuticula;   *E* Parenchym;
f Faser-Schicht;   *qu* Querzellen;   *g* Pigment-Schicht;   *C* Keimblatt

Die *Leinsamen* (Abb. 329) sind länglich eiförmig, seitlich flachgedrückt, auf der Oberfläche glänzend braun und etwa 4 bis 5 mm lang. Unter der Lupe erscheinen sie undeutlich punktiert. Ein Querschnitt durch den mittleren Teil zeigt die großen Keimblätter, die von einem schmaleren Endosperm umschlossen sind. Bei stärkerer Vergrößerung läßt ein Querschnitt durch die Schalenpartie (Abb. 330) folgende anatomische Beschaffenheit erkennen (vgl. auch die Flächenbilder in Abb. 331).

Die *Oberhaut* der *Samenschale* besteht aus farblosen, in der Flächenansicht polygonalen Zellen, die bei Wasserzutritt (Alkohol- oder Glycerinpräparat) stark aufquellen, wobei die Cuticula gesprengt wird. Darunter liegt ein ein- bis zweireihiges Parenchym aus rundlichen, in der Flächenansicht oft ringförmigen Zellen (*Ringzellen-Schicht*), die häufig größere Intercellularen aufweisen. Hierauf folgt eine aus verholzten Elementen bestehende *Längsfaser-Schicht*, die an Querschnitten als einfache Lage palisadenartiger, stark verdickter und dicht getüpfelter gelber Zellen erscheint. Diese Fasern werden rechtwinklig gekreuzt von sehr zartwandigen Querzellen, die oft nur als Querstreifen der Faserschicht erkennbar sind. Sehr charakteristisch ist die als letzte folgende *Pigment-Schicht*. Sie besitzt in der Flächenansicht annähernd quadratische oder polygonale, sehr fein getüpfelte Zellen mit weißer, bei starker Vergrößerung fein sägeartig erscheinender Wand. Die dunkelbraunen *Inhaltskörper* dieser Zellen fallen leicht in Tafelform heraus. Sie sind in Laugen unlöslich und werden durch Eisensalze blau gefärbt.

Das Endosperm ist eine mehrreihige, farblose, mit der Samenschale verwachsene Schicht, deren Zellen dickwandiger sind als die des Keimlings. Beide enthalten Fett und neben vielen kleinen auch bis 20 μ große Aleuronkörner. Stärke fehlt.

Bei der Untersuchung von *Leinmehl-Preßkuchen* ist zu berücksichtigen, daß die Leinsaat zuweilen nicht unwesentliche Mengen natürlicher Verunreinigungen enthält, wie *Brassica-*, *Sinapis-*, *Polygonum-*Arten, Leindotter, Spörgel, Korn-

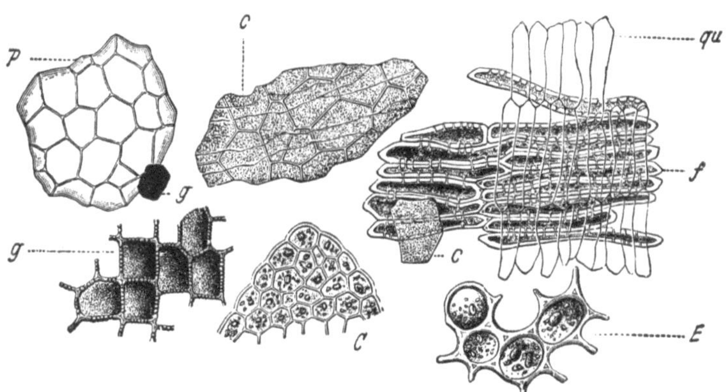

Abb. 331. Gewebe des Leinsamens in der Flächenansicht nach J. MÖLLER. Bedeutung der Buchstaben wie in Abb. 330.

rade, Wegerich, Labkraut, Melde, Wolfsmilch, von Gräsern namentlich *Lolium* und *Setaria*. Auf *Lolium-*Arten wurde es wiederholt zurückgeführt, daß das aus der Saat gewonnene Leinöl gesundheitsschädliche Eigenschaften hatte.

Im gemahlenen Leinsamen (Abb. 331) und im gemahlenen Preßkuchen, der als „Leinmehl" auch zu Heilzwecken Verwendung findet, sind das auffallendste mikroskopische Merkmal die *Pigment-Schicht* (g) und die aus den Zellen herausgefallenen *Pigment-Täfelchen*. Nach der Entfettung und Aufhellung mit Lauge oder Chloralhydrat sind aber auch die anderen Schichten der Schale zu erkennen, insbesondere die *Faserzellen* (f), zum Teil mit den darunterliegenden Querzellen (qu) sowie den darüberliegenden *Ringzellen* (E). Auch Teile der Schleim-Epidermis (p) werden angetroffen. Der größte Teil besteht aus den eiweißreichen und stets noch Fett enthaltenden Zellen des Keimlings (C) und Endosperms.

ε) Mohn

Der aus dem Orient stammende Mohn (*Papaver somniferum* L. — *Papaveraceae*) wird in verschiedenen Kulturformen angebaut, die weiße, gelbliche, braune, graublaue oder schwarze Samen liefern. Die Mohnsamen dienen nicht nur der Ölgewinnung, sondern sie werden unzerkleinert oder zerrieben auch zur Herstellung von Backwaren und im zerriebenen Zustand zur Bereitung bestimmter Speisen (z. B. Mohnpielen) verwendet. Die bei der Ölgewinnung hinterbleibenden Rückstände dienen als Viehfutter, auch als Verfälschungsmittel für Gewürze. Die Oberfläche der nierenförmigen, bis 1,4 mm großen Samen (Abb. 332) erscheint bei Lupen-Vergrößerung durch vorspringende Leisten schön gefeldert.

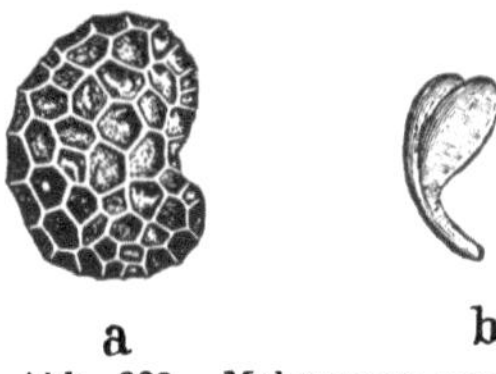

Abb. 332. Mohnsamen nach A. L. WINTON
a) Lupenbild; b) Keimling

An der *Samenschale* unterscheidet man fünf Schichten, die an Querschnitten nicht leicht erkennbar sind, zum Teil besser an Flächen-Präparaten. An der charakteristischen Felderung sind mehrere Zellschichten beteiligt. Die Oberhaut-Zellen (Abb. 333 und 334) sind sehr groß, aber zusammengefallen und entsprechen in ihren etwas welligen Umrissen im wesentlichen den Maschen der Samen-Oberfläche. Die zweite Zellage wird als *Kristall-Schicht* (k) bezeichnet, weil ihre kleinen polygonalen Zellen Kristallsand enthalten. Hierauf folgt eine *Faser-Schicht* (f),

deren Elemente durch Verdickung an bestimmten Stellen die Felderung hauptsächlich verursachen. Gekreuzt werden die Fasern von darunterliegenden braunen, zugespitzten *Querzellen* (q). In der gleichen Richtung wie die Querzellen verlaufen die zuunterst folgenden

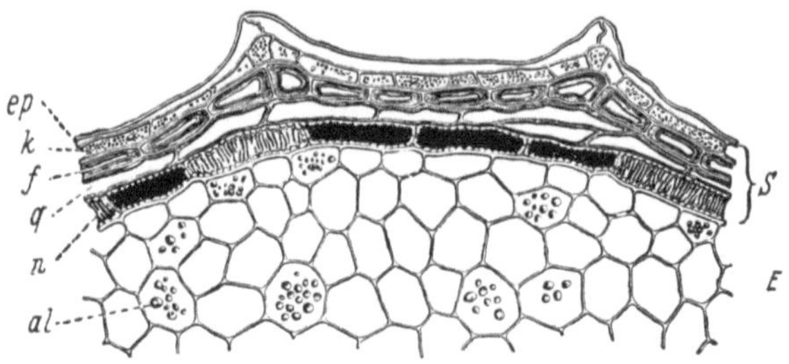

Abb. 333.   Querschnitt des Mohnsamens nach A. L. WINTON
S Samenschale mit der Oberhaut *ep*, der Kristall-Schicht *k*, der Faser-Schicht *f*, den Querzellen *q* und
den Netzzellen *n*; *E* Nährgewebe mit Aleuron *al*

Netzzellen (n), die bei den dunkelsamigen Sorten einen dunkelbraunen, in Alkali unlöslichen
Farbstoff enthalten.

Die Zellen des aus Endosperm und Keimling bestehenden Samenkernes sind
dünnwandig und enthalten neben fettem Öl Aleuronkörner.

Mohnkuchen-Mehl aus dunkelfarbigen Samen ist besonders durch die pigmentierten Netzzellen gekennzeichnet, während im Mehl aus hellen Samen das

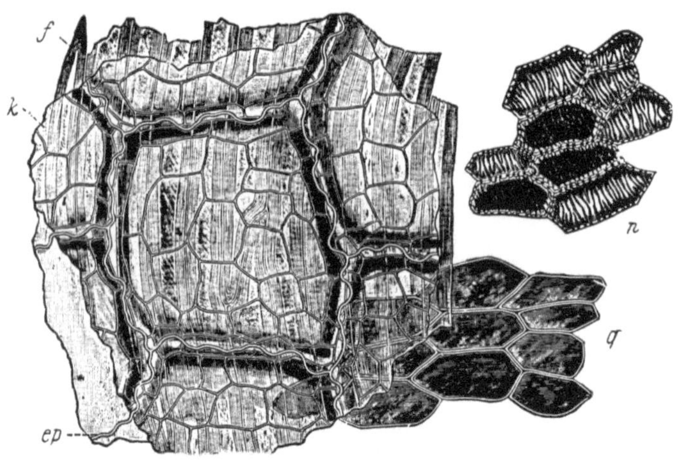

Abb. 334. Schalen-Gewebe des Mohnsamens in der Flächenansicht nach A. L. WINTON
ep Oberhaut; *k* Kristall-Schicht; *f* Faser-Schicht; *q* Querzellen; *n* Netzzellen

Maschennetz deutlich hervortritt. Bei der Untersuchung des Mohnes muß
besonders auf *Bilsenkraut-Samen* geachtet werden, denn mit diesem verunrei-
nigter, dunkelfarbiger, aus Rußland eingeführter Mohn[1], der zu Speisen verwendet worden war, hat wiederholt erhebliche Erkrankungen verursacht. Es
handelt sich hierbei um die Samen einer einjährigen Form von *Hyoscyamus
niger*.

---

[1] Vgl. A. v. DEGEN: Z. Unters. Nahrungs- u. Genußmittel **19**, 705 (1910); C. GRIEBEL
u. C. JACOBSEN: ebenda **25**, 552 (1913); M. JOACHIMOWITZ: ebenda **37**, 183 (1919).

Die *Bilsenkraut-Samen*[1] sind gelbbraun, etwas größer als Mohn und daher im unzerkleinerten Zustand bei Lupen-Betrachtung ziemlich leicht aufzufinden. Im blauen Mohn fallen sie schon durch die abweichende Färbung auf. Sie sind nicht wie die Mohnsamen von

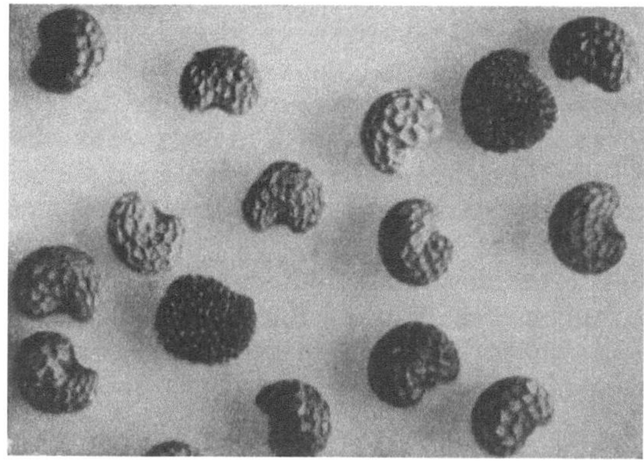

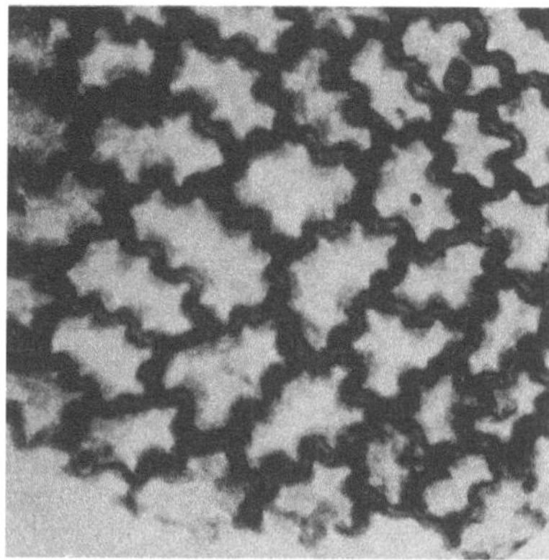

Abb. 335. Mohn mit Bilsenkraut-Samen. Vergr. 1 : 12

Abb. 336. Oberhaut des Bilsenkraut-Samens in der Flächenansicht. Vergr. 1 : 140

einem erhabenen Leistennetz bedeckt, sondern ihre Oberfläche zeigt dichtstehende grubige Vertiefungen (Abb. 335). Bei der mikroskopischen Untersuchung zerkleinerter Samen fallen die derbwandigen Epidermis-Zellen der Samenschale mit wellig gebogenen Seitenwänden auf (Abb. 336), die von den Zell-Elementen des Mohnes ganz verschieden sind.

ζ) Tabaksamen

Im Anschluß an den Mohn seien Tabaksamen[2] (*Nicotiana*-Arten — *Solanaceae*) erwähnt, weil eine Verwechslung der Samen von *Nicotiana rustica* L. mit kleinsamigem, braunem Mohn nicht ausgeschlossen ist, wie ein Fall gezeigt hat, der zu Erkrankungen Anlaß gab[3]. Die Tabaksamen sind erst nach dem Kriege bei uns zeitweise in wesentlicher Menge zur Ölgewinnung herangezogen worden.

Sie sind im Umriß ei- bis schwach nierenförmig, bei *Nicotiana tabacum* L., der zumeist angebauten Art, 0,7 bis 0,8 mm lang und 0,45 bis 0,55 mm breit, bei *Nicotiana rustica* (Abb. 337) etwas größer: 1,05 bis 1,3 mm lang und 0,75 bis 0,9 mm breit. Die dünne braune Samenschale ist bei beiden Arten gleich gebaut. Die allein charakteristische Epidermis setzt sich aus ziemlich flachen, in der Seitenansicht etwa kahnförmigen, in der Aufsicht welligbuchtigen, 150 bis 300 μ langen Zellen (Abb. 338) zusammen, deren Seitenwände von oben nach unten zunehmend verdickt sind. Die Bodenfläche ist ebenfalls verdickt und erscheint bei stärkerer Vergrößerung feinkörnig. Die unter der Oberhaut liegenden wenigen Lagen kleiner parenchymatischer Zellen sind ohne besondere Merkmale. Die zartwandigen Zellen des Keimlings enthalten neben Öl Aleuron; Stärke fehlt.

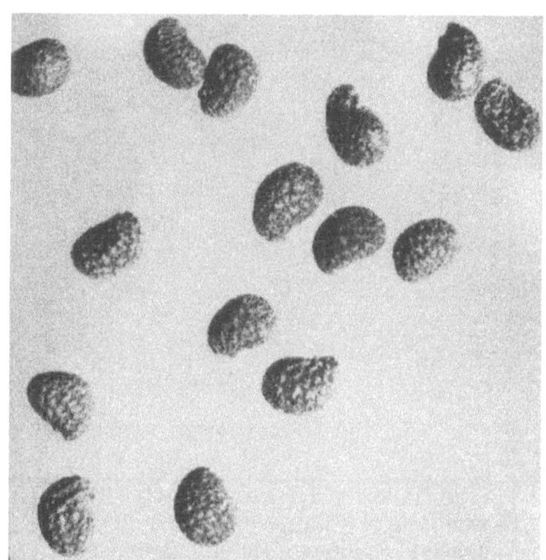

Abb. 337. Tabaksamen (*Nicotiana rustica* L.). Samen in 7facher Vergrößerung

---

[1] C. GRIEBEL u. C. JACOBSEN: Zit. S. 1118, Fußnote 1.
[2] H. P. KAUFMANN: Fette u. Seifen **48**, 193 (1941).
[3] C. GRIEBEL: Z. Lebensmittel-Unters. u. -Forsch. **90**, 109 (1950).

Die Preßrückstände der Tabaksamen dürfen nicht ohne weiteres als Futtermittel Verwendung finden. Trotz der gegenteiligen Angaben im Schrifttum können nämlich auch die reifen Samen Nicotin enthalten[1].

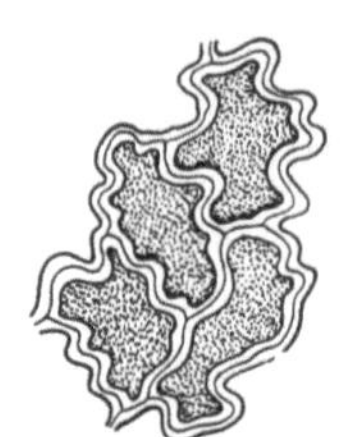

Abb. 338. Tabaksamen (*Nicotiana rustica* L.). Epidermis-Zellen der Samenschale. Vergr. 1 : 100

Mikroskopisch sind sie durch die Testa-Epidermis-Zellen gut gekennzeichnet. Da die Tabaksamen in der Regel auch kleine Teilchen der Samenkapsel enthalten, finden sich bei der mikroskopischen Prüfung vereinzelt auch die Elemente der Fruchtwand, von denen das Endokarp sehr charakteristisch ist. Es besteht aus wellig-buchtigen Zellen, deren Wände zuweilen stark verdickt und schwach verholzt sind. Oft bleibt nur noch ein geringes Lumen übrig. An manchen Stellen erinnern die Endokarp-Zellen an die verdickten Zellgruppen des Paprika-Endokarps. Die Epidermis der Fruchtwand trägt noch in geringer Menge die für den Tabak charakteristischen Gliederhaare mit mehrzelligen Drüsenköpfchen.

η) Sesam

Seiner ölreichen Samen wegen wird der Sesam (*Sesamum indicum* L. — *Pedaliaceae*) in allen wärmeren Ländern angebaut. Die im Umriß etwa birnförmigen, flachen, an den Seiten undeutlich gerippten Samen (Abb. 339) sind von heller oder brauner bis schwarzer Farbe, 2 bis 3 mm lang. Das Endosperm umschließt die stark entwickelten Keimblätter.

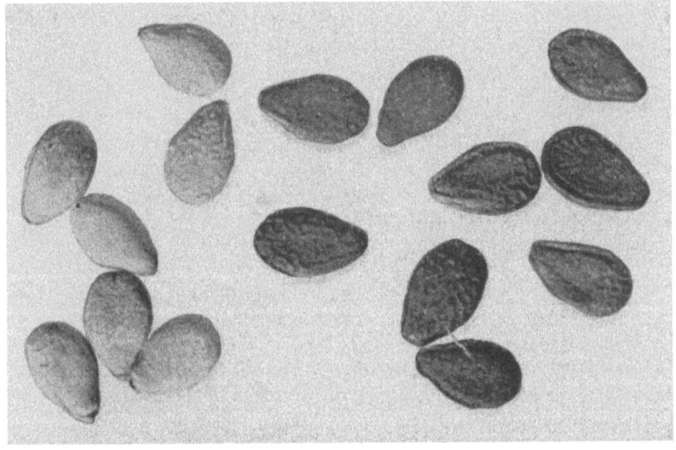

Abb. 339.   Helle und schwarze Samen von *Sesamum indicum* L. 5 fach vergr.

Die *Oberhaut* der *Samenschale* (Abb. 340 und 341 *ep*) zeigt an Querschnitten nach der Behandlung mit Lauge eine palisadenartige Anordnung der dünnwandigen Zellen, die an der Außenseite je einen Calciumoxalat-Sphäriten enthalten. Nur an den Rippen sind die Zellen leer (*l*). In der Flächenansicht (Abb. 341) erscheinen die Kristallzellen etwa isodiametrisch polygonal, die der Rippen gestreckt. Unter der Oberhaut liegen 2 dünne, meist nur undeutlich erkennbare Zellschichten (*p* und *m*), von denen die innere gelblich gefärbt ist. Das mit der Samenschale verwachsene *Endosperm* (*E*) ist 2 bis 5 Zellreihen stark, von denen nur die äußere Lage etwas verdickte Außenwände aufweist. Der Inhalt besteht aus fettem Öl und 2 bis 6 μ großen Aleuronkörnern (*al*). Der Keimling führt die gleichen Inhaltsstoffe, doch werden hier die Aleuronkörner bis 10 μ groß. Sie enthalten ein Kristalloid oder ein Globoid.

---

[1] C. GRIEBEL: Z. Lebensmittel-Unters. u. -Forsch. **90**, 109 (1950).

Im *Sesam-Kuchen*, der ein beliebtes Futtermittel darstellt, fallen unter dem Mikroskop die Oberhaut-Zellen der Samenschale mit ihren runden Oxalatmassen auf, die bei dunklen Sorten außerdem noch Pigment enthalten. Der *afrikanische* oder *wilde* Sesam (*Sesamum radiatum* Schum. und Thom.) hat ziemlich dickwandige Epidermis-Zellen. Die Kristallmassen liegen hier an der inneren Seite. Nach BARNSTEIN wird Sesam-Kuchen zuweilen durch Mohnsamen-Rückstände verfälscht. Preßrückstände von *Sesamum radiatum* wurden als Verfälschungsmittel von Leinkuchen-Mehl beobachtet.

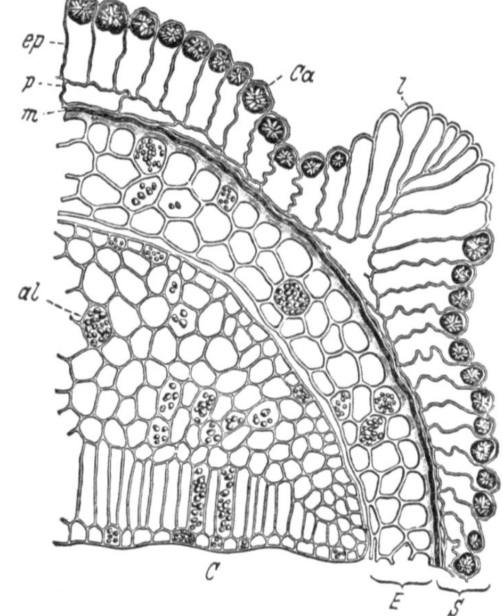

Abb. 340
Sesam im Querschnitt nach A. L. WINTON
S Samenschale mit Calciumoxalat-Sphäriten *Ca*;
E Nährgewebe; *C* Keimling. Die Erklärung der
anderen Buchstaben siehe im Text.

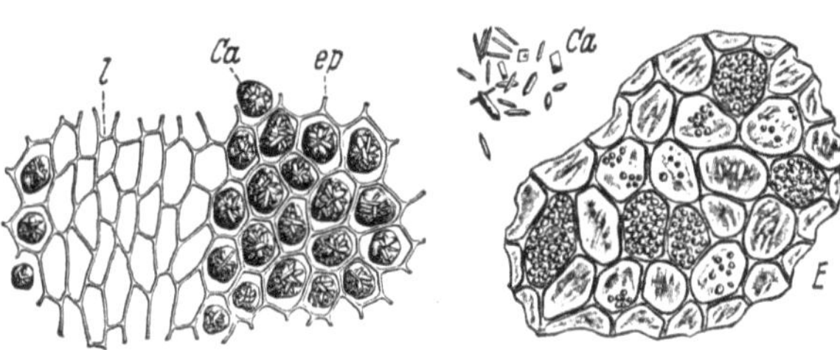

Abb. 341
Sesam-Gewebe in der Flächenansicht
nach A. L. WINTON
Ca Calciumoxalat-Sphäriten

ϑ) Baumwollsamen

Nach Entfernung der Samenhaare (Baumwolle) wird aus den geschälten oder ungeschälten Samen von *Gossypium herbaceum* L. und anderen Arten (*Malvaceae*) Öl gewonnen. Die gemahlenen Preßkuchen sind ein wertvolles Futtermittel und werden auch als Fälschungsmittel verwendet. Die von den Haaren befreiten dunkelbraunen Samen (Abb. 342) sind 6 bis 12 mm lang, leicht kantig und zugespitzt.

Die etwa 0,3 mm dicke, leicht ablösbare Schale umschließt einen großen, von einem dünnen Häutchen (Perisperm und Endosperm) umgebenen Keimling, der hauptsächlich aus den eingerollten Keimblättern besteht. Auf Durchschnitten erkennt man unter der Lupe eine schwarzbraune Punktierung, die von Sekret-Räumen herrührt.

Mikroskopie (Abb. 343 und 344): Die Oberhaut der *Samenschale* (*ep*) wird von palisaden-

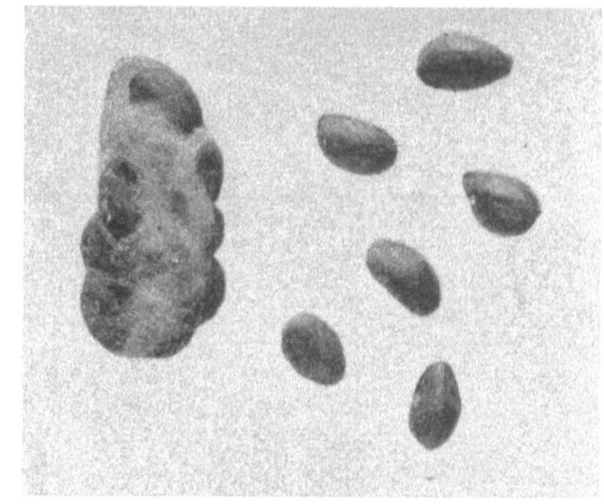

Abb. 342. Baumwollsamen, links noch durch
Wollhaare zusammengehalten; natürliche Größe

artig gereihten, derbwandigen Zellen mit dunkelbraunem Inhalt gebildet. In der Flächen-ansicht erkennt man, daß sie unregelmäßig geformt und um die Haare rosettenartig an-geordnet sind. Die Haar-Reste (h) zeigen die nur für Baumwolle charakteristische gedrehte Form. Die unter der Epidermis liegende braune Haut (br) und farblose Parenchym-Schicht (w), von denen die letztere zuweilen Oxalat-Kristalle enthält, sind wenig charakteristisch. Etwa

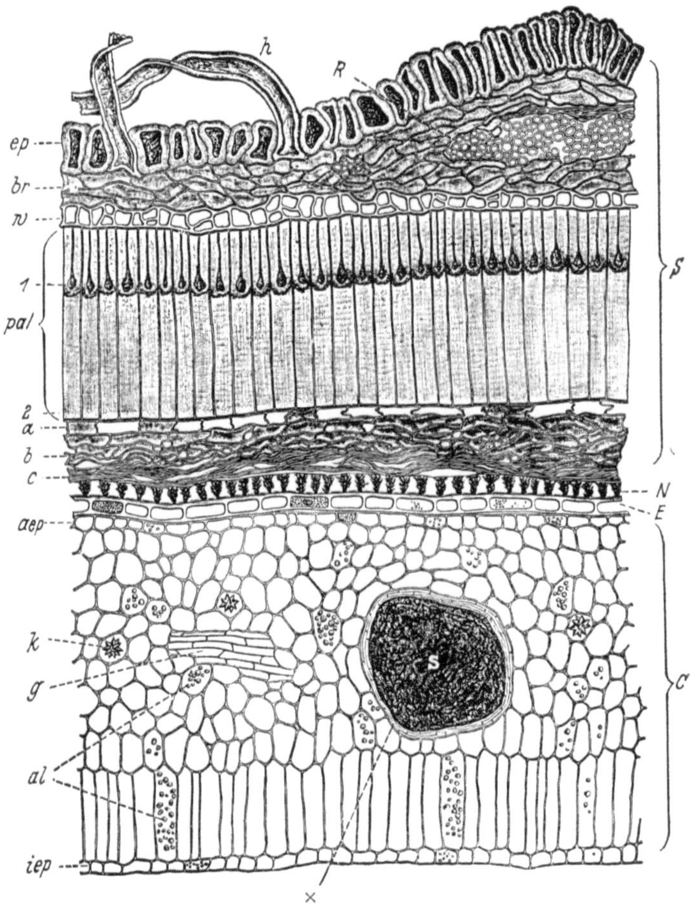

Abb. 343. Querschnitt des Baumwollsamens nach A. L. Winton

S Samenschale;   *N* Perisperm;   *E* Endosperm;   *C* Keimblatt.   Die Erklärung der anderen Buchstaben
siehe im Text.

die Hälfte der Schalendicke wird von der *Palisaden-Schicht* (*pal¹* u. *pal²*) eingenommen. Die etwa 150 μ hohen und 8 bis 20 μ breiten Zellen haben im äußeren Drittel farblose, innen gelblichbraune Wände. Der äußere Teil zeigt ein enges, nach unten verbreitertes Lumen mit brauner Inhaltsmasse, wodurch der Eindruck erweckt wird, als ob die Palisaden-Schicht aus zwei Zellagen bestände. Den inneren Abschluß der Samenschale bildet eine braune Haut aus Parenchym-Gewebe (a, b, c), das im mittleren Teil als Schwamm-Parenchym entwickelt ist. Nucellar-Rest (Perisperm) und Endosperm bestehen beide aus einer Zellage und bilden ein dünnes, mit den Keimblättern verwachsenes Häutchen. Die Wände der Perisperm-Zel-len (N) zeigen in der Flächenansicht zackenartige Leisten. Das Gewebe der von einer äußeren (aep) und inneren (iep) Oberhaut bedeckten Keimblätter enthält Fett und Aleuron (al), auch einzelne Oxalat-Drusen (k). Außerdem finden sich zahlreiche rundliche Sekretbehäl-ter (S) mit schwärzlichem Inhalt, der sich in konz. Schwefelsäure mit blutroter Farbe löst. Procambiumstränge (g) durchziehen das Mesophyll.

Bei der Untersuchung der gemahlenen *Ölkuchen* aus ungeschält gepreßten Samen treten hauptsächlich die Schalenteilchen hervor, nämlich Epidermis-

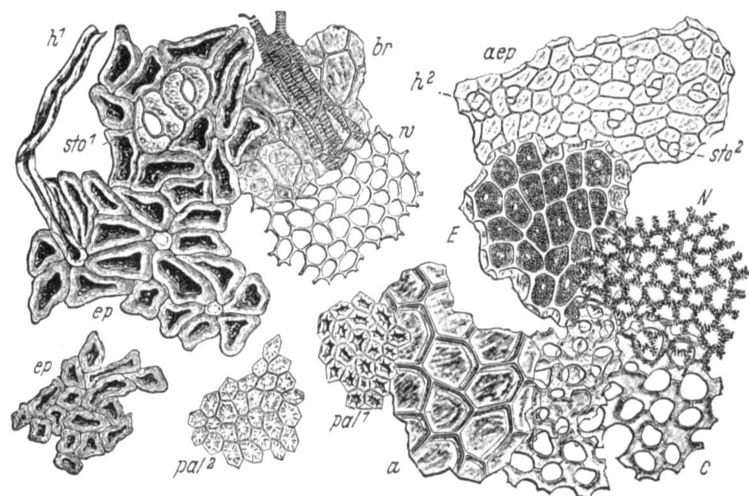

Abb. 344. Gewebe des Baumwollsamens in der Flächenansicht nach A. L. WINTON
sto[1] Stomata der Samenschalen-Oberhaut; *sto*[2] unentwickelte Stomata der äußeren Oberhaut des Keimlings.
Die Erklärung der anderen Buchstaben siehe im Text.

Zellen, z. T. mit Ansatzstellen von Haaren, und die Palisaden. Weiter finden sich die Zellen des Nucellar-Restes und Sekretbehälter mit dunklem Inhalt. Amerikanische Baumwollsamen-Kuchen werden zuweilen mit Schalen verfälscht, auch Reisschalen, Kapoksamen-Mehl (vgl. dieses) und Sonnenblumensaat-Mehl sind darin schon beobachtet worden.

ι) Kapoksamen

Die Kapseln des Kapok- oder Baumwollbaumes (*Ceiba pentandra* L. Gärtn. = *Eriodendron anfractuosum* D. C. — *Bombaceae*) enthalten neben weichen, der Fruchtwand aufliegenden Haaren, die als Polstermaterial Verwendung finden, etwa erbsengroße Samen (Abb. 345), die gegessen werden und zur Ölgewinnung dienen.

Die Samenschale ist ähnlich gebaut wie bei der Baumwolle. Wesentlich verschieden ist die Oberhaut (Abb. 346), die beim Kapok mehrschichtig und dünnwandig ist und außerdem *keine* Wollhaare aufweist. Das unter dem Oberhautgewebe liegende Hypoderm enthält Oxalat-Drusen und zeigt in der innersten Zellage kollenchymatische Wandverdickungen (Abb. 346). Den

---

[1] G. GASSNER: Mikroskopische Untersuchung pflanzlicher Nahrungs- u. Genußmittel. Jena: Fischer 1931.

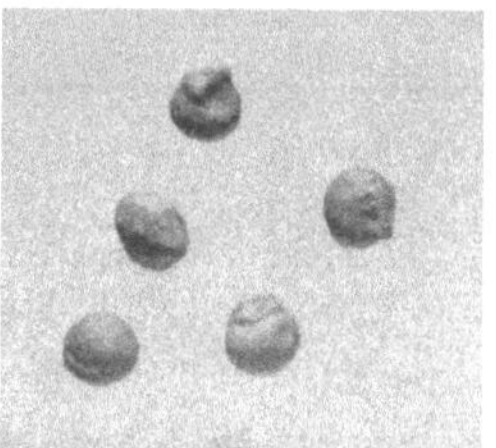

Abb. 345. Kapoksamen, natürliche Größe

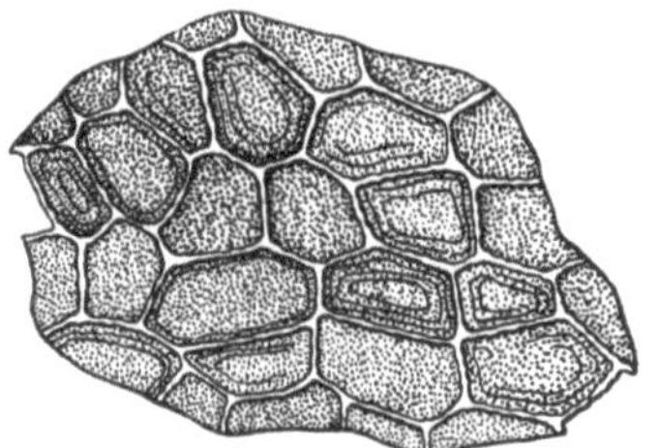

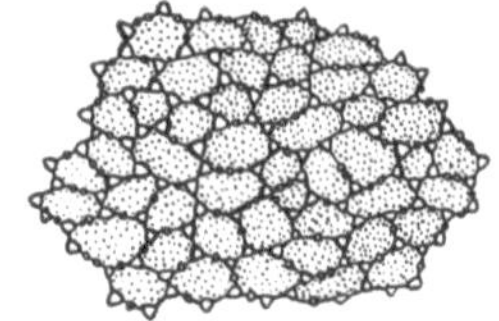

Abb. 346. Außenschichten (oben) und innere Hypoderm-Schicht (unten) des Kapoksamens in der Flächenansicht nach G. GASSNER[1]. Vergr. 1 : 200

Keimblättern *fehlen* außerdem Sekreträume. Durch diese drei Merkmale lassen sich Kapok-Preßkuchen von Baumwollsamen-Kuchen gut unterscheiden.

ϰ) Hanf

Die „Hanfsamen" des Handels sind die *Früchte* (Abb. 347) von *Cannabis sativa* L. (*Urticaceae*). Es sind bis 4 mm große rundliche, etwas abgeflachte

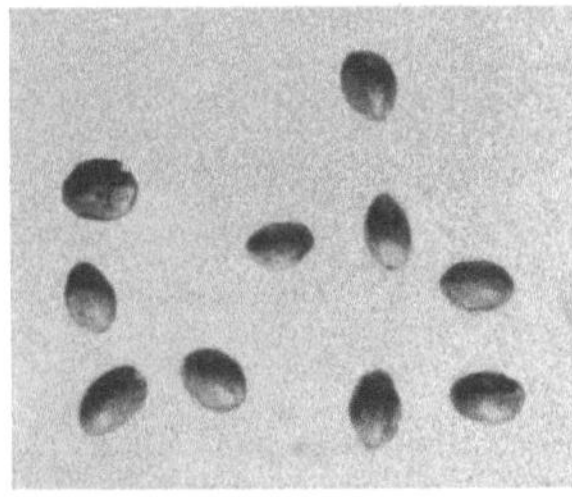

Abb. 347. Hanffrüchte,
natürliche Größe

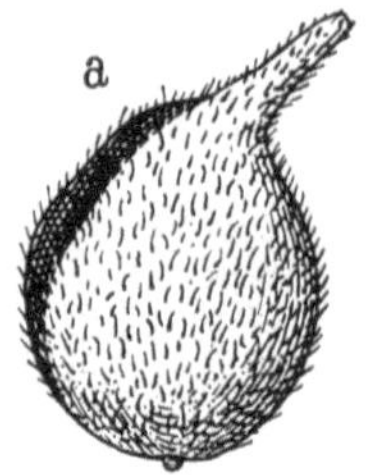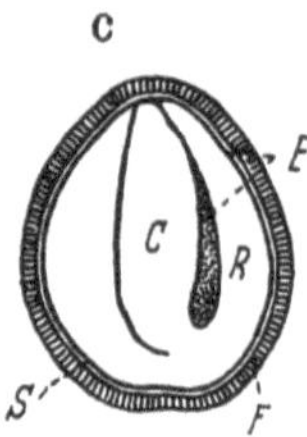

Abb. 348. Hanf nach A. L. WINTON. a) Frucht und Hülle; b) nackte
Frucht; c) Frucht im Längsschnitt

S Samenschalen; *E* Nährgewebe; *C* Keimblätter; *R* Würzelchen;
F Frucht- und Samenschale

Nüßchen mit grünlichgrauer, hellgeaderter Oberfläche, die mitunter noch in dem hüllenartigen Deckblatt stecken (Abb. 348a). Beim Zerbrechen der spröden Schale wird der grünliche Samen sichtbar, der am Längsschnitt einen dicken, in spärliches Endosperm eingebetteten Keimling zeigt.

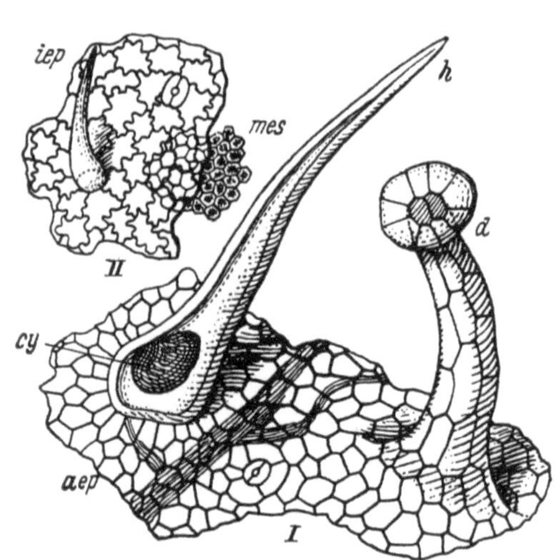

Abb. 349
Hüllblatt-Gewebe des Hanfes nach A. L. WINTON

I Oberseite mit der Epidermis *aep*, einer Drüsenzotte *d*
und einem Cystolithenhaar *h*; *II* Unterseite mit der
Epidermis *iep* und dem Chlorophyll-Gewebe *mes*

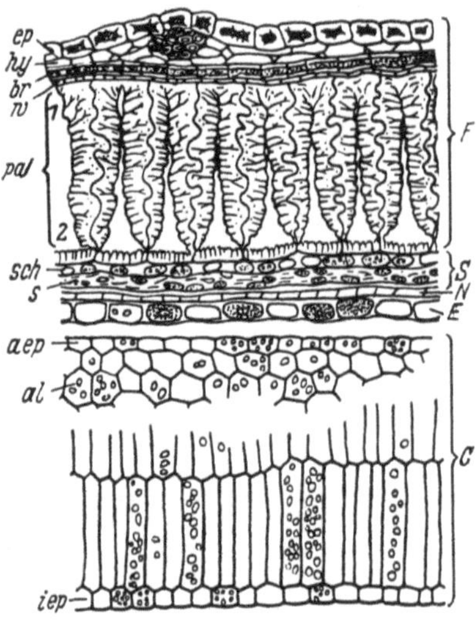

Abb. 350
Hanf im Querschnitt nach A. L. WINTON

F Fruchtschale; *S* Samenschale; *N* Perisperm; *E* Endosperm; *C* Keimblatt; *aep* äußere,
iep innere Oberhaut des Keimblattes; *al* Aleuronkörner. Die übrigen Buchstaben siehe im Text.

Die Fruchthülle hat den gleichen Bau wie die Blätter des Hanfes. Die aus kleinen polygonalen Zellen gebildete Epidermis trägt zweierlei Haarformen, nämlich Drüsenzotten und Cystolithen-Haare (Abb. 349). Der Bau der *Fruchtschale* ist aus Abb. 350 ersichtlich. Die zugehörigen Flächenansichten sind in Abb. 351 und 352 wiedergegeben. Die *Oberhaut-Zellen(ep)* sind stark verdickt, getüpfelt und in der Flächenansicht wellig-buchtig. Die darunter-

liegende farblose Schicht (*hy*) ist als Schwamm-Parenchym ausgebildet und wird von Leitbündeln, die als Aderung erscheinen, durchzogen. Es folgt dann eine Lage brauner, erst beim
Erwärmen mit Lauge deutlicher werdender Zellen (*br*), deren Wände in das Lumen vor-

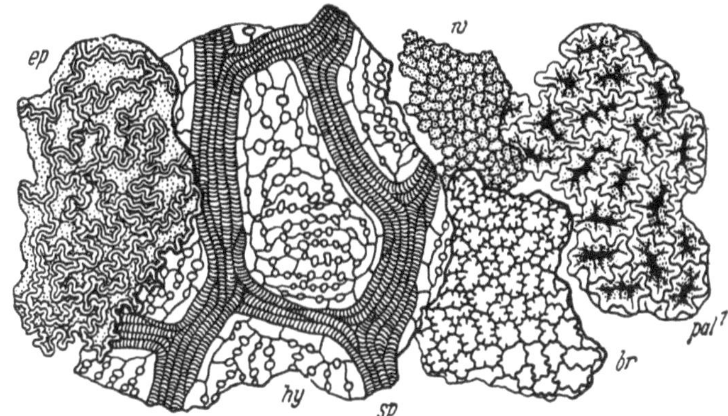

Abb. 351.   Gewebe der äußeren Hanfschale in der Flächenansicht nach A. L. WINTON
sp Spiralgefäße.   Die übrigen Buchstaben haben dieselbe Bedeutung wie in Abb. 350.

springende Leisten erkennen lassen und weiter eine Reihe sehr kleiner, farbloser, poröser
Zellen (*w*). Den inneren Abschluß der Fruchtwand bildet eine Palisaden-Schicht (*pal*) aus
eigenartigen, bis 100 μ hohen Zellen mit mächtig verdickten, feingetüpfelten Seitenwänden
und im unteren Teil trichterartig erweitertem Lumen. Die poröse Innenwand ist nur schwach
verdickt.

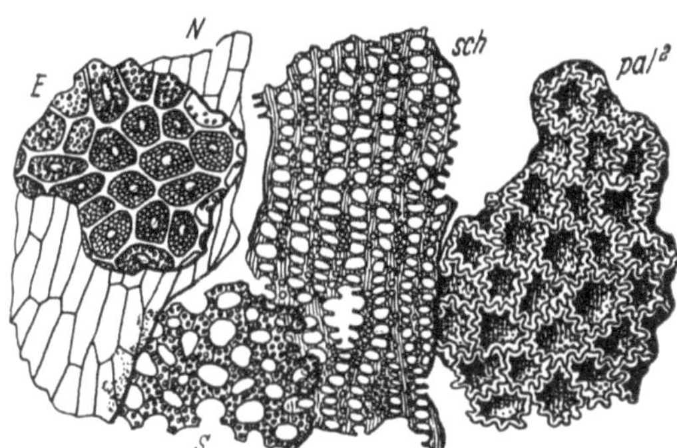

Abb. 352.   Gewebe der inneren Hanfschale in der Flächenansicht nach A. L. WINTON.
Die Buchstaben haben dieselbe Bedeutung wie in Abb. 350.

Die *Samenschale*, die zum Teil der Fruchtschale noch anhängt, besteht aus mehreren,
meist stark kollabierten Parenchym-Schichten, die zuweilen aber eine äußere Schicht schlauch-
förmiger Zellen (*sch*) und ein Schwamm-Parenchym (*s*) erkennen lassen. Perisperm (*N*)
und Endosperm (*E*) bilden zusammen nur ein dünnes Häutchen, dessen innere Lage eine
Aleuron-Schicht ist. Die Zellen des Keimlings enthalten fettes Öl und bis 8 μ große rundliche
Aleuronkörner, die ein Kristalloid und ein Globoid enthalten. Abb. 351 zeigt die äußere
und Abb. 352 die innere Flächenansicht der Hanfschale.

Im *Hanfkuchen-Mehl*, das als Futtermittel dient, fallen hauptsächlich die welligen,
porösen Oberhaut-Zellen und die Palisaden der Fruchtschale auf.

λ) Ricinus-Samen

Die Samen von *Ricinus communis* L. (*Euphorbiaceae*) liefern ein für Heil-,
technische und kosmetische Zwecke verwendetes Öl. Die Ölkuchen sind, wenn
sie nicht eine besondere Behandlung (starke Erhitzung) erfahren haben, als

Tierfutter nicht brauchbar, weil sie das zu den Toxalbuminen gehörige, sehr giftige Ricin enthalten, das nicht in das Öl übergeht. Der mikroskopische Nachweis in Futtermitteln ist daher von besonderer Bedeutung.

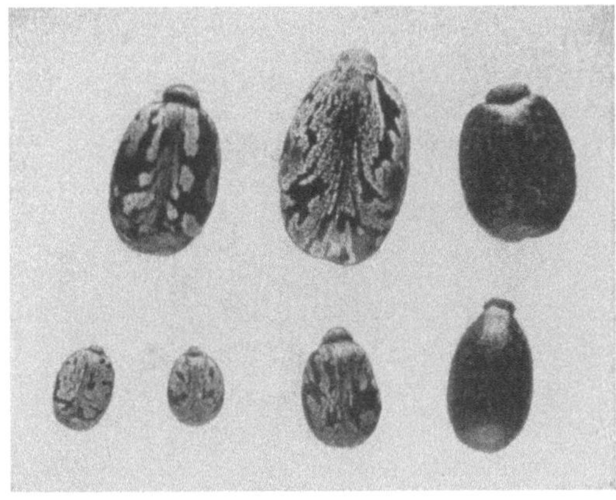

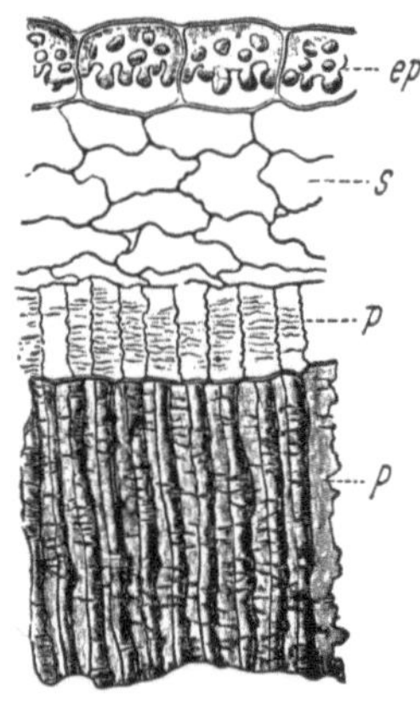

Abb. 353. Samen verschiedener Kulturformen von *Ricinus communis* (natürliche Größe)

Abb. 354.   Schale des Ricinus-Samens im Querschnitt nach J. MÖLLER

ep Oberhaut; *s* Schwamm-Parenchym; *p* zarte Palisaden; *P* braune, dicke Palisaden

Die 8 bis 22 mm großen, ovalen, etwas flachgedrückten Samen (Abb. 353) sind durch eine buntgescheckte, spröde Schale ausgezeichnet. Der Keimling wird von einem massigen Endosperm eingeschlossen. An Querschnitten der Samenschale (Abb. 354) erkennt man eine Epidermis (*ep*) aus farblosen oder dunklen Zellen mit unregelmäßig wulstig verdickter Außenwand. Diese Zellen sind in der Flächenansicht (Abb. 355) polygonal und von netzig-grubigem Aussehen. Darunter liegt ein kollabiertes Parenchym (*s*), auf das eine Lage dünn-wandiger, fast kubischer oder palisadenartig gereihter Zellen (*p*) mit zart gerunzelten Wänden folgt, die etwa 20 μ hoch, 12 bis 20 μ breit sind und dunkle Massen von Calciumcarbonat enthalten. Die vierte, bis 200 μ dicke Schicht (*P*) wird von dickwandigen, undeutlich getüpfelten, meist gekrümmten Palisaden von bräunlicher

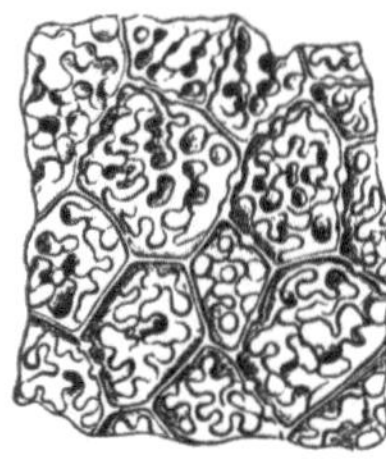

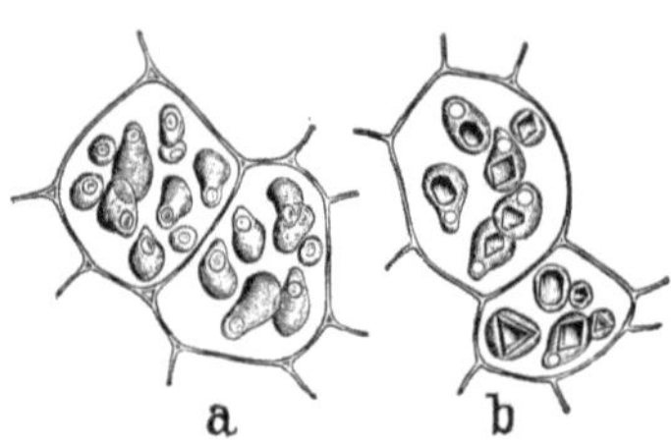

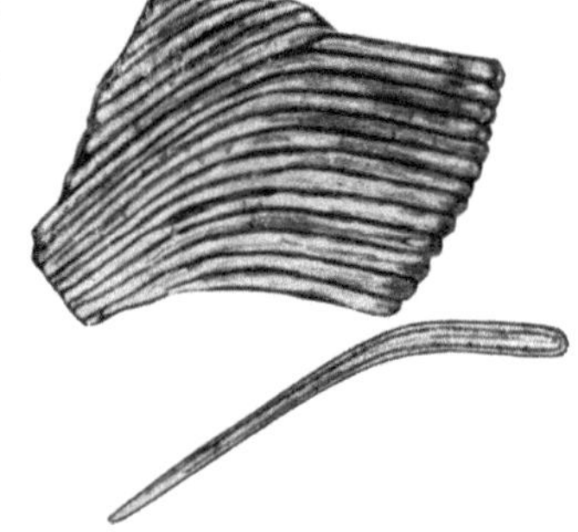

Abb. 355. Oberhaut des Ricinus-Samens in der Flächenansicht nach J. MÖLLER

Abb. 356. Aleuronkörner von Ricinus nach J. MÖLLER
a) in Öl, b) in Jodtinktur

Abb. 357. Ricinus, Palisaden der Samenschale nach F. BARNSTEIN[1]

Farbe gebildet. In der Flächenansicht erscheinen sie polygonal 8 bis 15 μ breit. Der innerste Teil der Samenschale umgibt den Kern als eine farblose Haut aus kollabiertem, von Gefäß-bündeln durchzogenem Parenchym.

Die dünnwandigen Endosperm-Zellen enthalten neben Öl reichlich bis 20 μ große Aleuronkörner (Abb. 356), in denen ein großes Kristalloid und mehrere Globoide erkenn-bar sind.

---

[1] F. BARNSTEIN: Anleitung zur mikroskopischen Prüfung der Kraftfuttermittel. Berlin 1920.

Kennzeichnend für *Ricinus-Preßrückstände* sind die Epidermis und die meist gekrümmten Palisaden der Samenschale (Abb. 357), sowie die großen in Öl, Glycerin oder Jodtinktur gut erkennbaren Aleuronkörner. Infolge des Calciumcarbonat-Gehaltes entwickeln die Schalenteilchen in Chloralhydrat-Lösung zahlreiche Gasbläschen.

μ) Bucheckern

Die Früchte der Buche (*Fagus silvatica* L. = *Fagaceae*), die Bucheckern, liefern ein sehr wohlschmeckendes Speiseöl. Die Preßrückstände sind für Einhufer giftig, für Rinder, Schafe und Schweine weniger schädlich.

Die dreikantigen, am Scheitel geflügelten und fein behaarten, nüßchenartigen Früchte (Abb. 358) enthalten

Abb. 358. Bucheckern, natürliche Größe

einen von einer papierdünnen Schale bedeckten ölreichen, fast stärkefreien Samen.

Die Oberhaut der Fruchtwand setzt sich aus polygonalen, mäßig verdickten Zellen zusammen, die namentlich in der Nähe des Scheitels einzellige, meist ver-

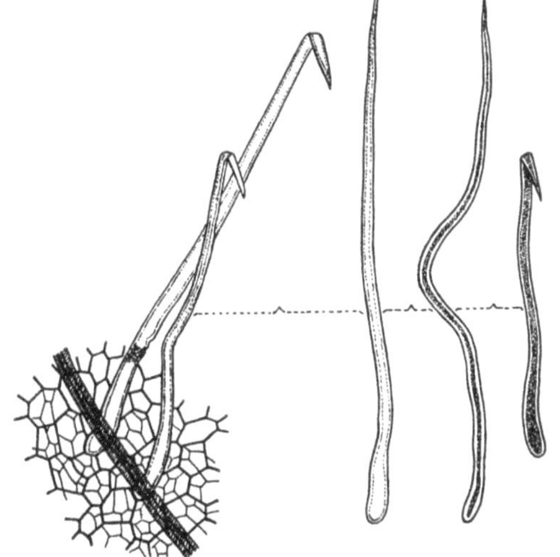

Abb. 359. Bucheckern. Haare der inneren Oberhaut der Fruchtwand nach PFISTER

dickte Haare mit gelbbraunem Inhalt tragen. Unter der Epidermis liegt eine Platte aus 5 bis 10 Lagen kleiner rundlicher, stark verdickter Steinzellen mit braunem Inhalt. In dem hierauf folgenden braunen Parenchym aus dickwandigen, gestreckten Zellen verlaufen die Leitbündel, deren Fasergruppen eine innere Sklerenchym-Platte mit Kristallkammer-Zellen bilden. Die innere Oberhaut trägt lange, dünnwandige, oft gedrehte Haare (Abb. 359).

Die dünne, braune Samenschale, der nicht selten Haare der inneren Fruchtwand-Oberhaut anhaften, besteht aus einer großzelligen Epidermis (bis 50 μ) und mehreren Parenchym-Schichten ohne besondere Merkmale. Der Endosperm-Rest bildet eine einfache Aleuron-Schicht, die mit der Samenschale verwachsen ist. Die dünnwandigen Zellen des Keimlings enthalten fettes Öl, Aleuronkörner mit sehr kleinen Oxalat-Drusen, die zum Teil Rosettenform aufweisen und zuweilen kleinkörnige Stärke.

Wenn die *Preßkuchen* aus geschälten Früchten hergestellt sind, enthalten sie nur geringe Mengen Schalenteilchen, die hauptsächlich durch die Epidermis mit den Haaren gekennzeichnet sind.

ν) Kürbis-Samen

Die von verschiedenen Kürbis-Arten (*Cucurbita*) gewonnenen, bis 2,5 cm langen, flach eiförmigen, in der Regel wulstig gerandeten Samen (Abb. 360) werden auf Öl verarbeitet, während der Rückstand als Tierfutter Verwendung findet und gelegentlich auch als Gewürz-Verfälschungsmittel gedient hat.

Die *Samenschale* zeigt außen bis über 200 μ hohe Palisaden, die aber oft vollständig verschleimt sind, so daß sich dann nur noch einzelne ihrer Verdickungsleisten als fadenförmige Reste vorfinden. Es folgt dann eine aus mehreren Lagen schwach verdickter, dicht getüpfelter Zellen bestehende sklerotische Schicht, deren innerste Lage im Querschnitt fast quadratisch, in der Flächenansicht wellig-buchtig erscheint (Abb. 361 *Sc*). Unter der sklerotischen Schicht folgt ein Stern-Parenchym aus schlauchförmigen, dicht netzartig getüpfelten Zellen (*S*) und dann dünnwandiges Parenchym aus zusammengedrückten Zellen. Als Rest des Nährgewebes findet sich eine hyaline Membran und eine einfache kleinzellige Aleuron-Schicht. Das

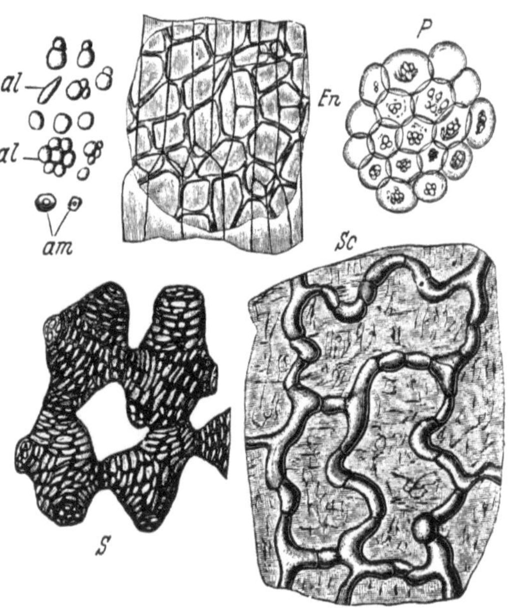

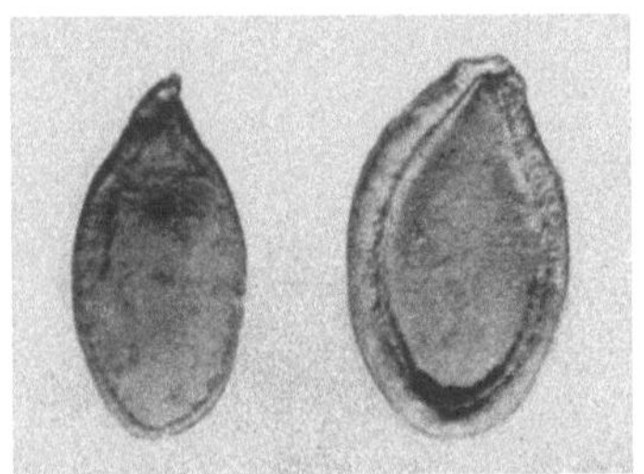

Abb. 360. Kürbis-Samen, natürliche Größe

zartzellige Gewebe des Keimlings enthält Fett und kleine Aleuronkörner, aber gewöhnlich keine Stärke.

Die gemahlenen *Kürbiskern-Kuchen* (Abb. 361) sind durch die welligbuchtigen Sklereiden und das netzförmig getüpfelte Stern-Parenchym gut gekennzeichnet, sofern sie von Kulturformen mit zäher Samenschale herrühren.

Abb. 361. Kürbiskern-Kuchen nach T. F. HANAUSEK
al Aleuronkörner; *am* Stärke; *En* Gewebestück aus dem Endosperm; *P* Parenchym; *S* netzförmig verdicktes Schwamm-Parenchym der Samenschale; *Sc* Sklereiden der Samenschale

Neuerdings werden allerdings auch Kürbis-Sorten gezogen, deren Kerne nur von einem dünnen Häutchen bedeckt sind, so daß die sklerotische Schicht vollständig fehlt.

ξ) Kompositenfrüchte

Die ölliefernden Kompositenfrüchte (Sonnenblume, Saflor, Madia und Guizotia) sind einsamige Nüßchen. Sie werden gewöhnlich als „Samen" bezeichnet.

Ihre Schale besteht aus der verwachsenen Frucht- und Samenhaut. Sehr charakteristisch sind die in der Fruchtschale vorhandenen, dicht gedrängten Faserbündel, deren Außenseite mit einer zwischen den Zellen befindlichen Schicht einer schwarzen, durch Bleichmittel nicht zu verändernden, kohlenstoffreichen Masse (Phytomelan) bedeckt ist.

Die Isolierung des *Phytomelans* gelingt durch eintägiges Liegenlassen in WIESNERS Chromschwefelsäure-Gemisch[1], das alle anderen Pflanzenstoffe zerstört, während die netzartig durchbrochene Phytomelan-Schicht unverletzt zurückbleibt. Das spärliche Nährgewebe ist mit der Samenschale verwachsen. Das Gewebe des Keimlings enthält Fett und Eiweiß, dagegen *keine* Stärke. Die *Preßrückstände* der Kompositenfrüchte dienen als Futtermittel und haben auch schon als Gewürz-Verfälschungsmittel Verwendung gefunden. An ihren Schalen-Fragmenten sind diese Ölkuchen leicht zu erkennen.

---

[1] Eine konz. wäßrige Lösung von Kaliumdichromat wird mit überschüssiger Schwefelsäure versetzt und so viel Wasser hinzugefügt, als erforderlich ist, um die sich ausscheidende Chromsäure in Lösung zu halten.

1. Sonnenblume

Die Früchte, die in fast schwarzen, grauen, gestreiften und weißen Varietäten vorkommen (Abb. 362) sind länglich abgeflacht, leicht kantig, selten über 12 mm lang. Ihre spröde Schale trennt sich leicht vom Samenkern.

Abb. 362. Sonnenblumen-Früchte in natürlicher Größe

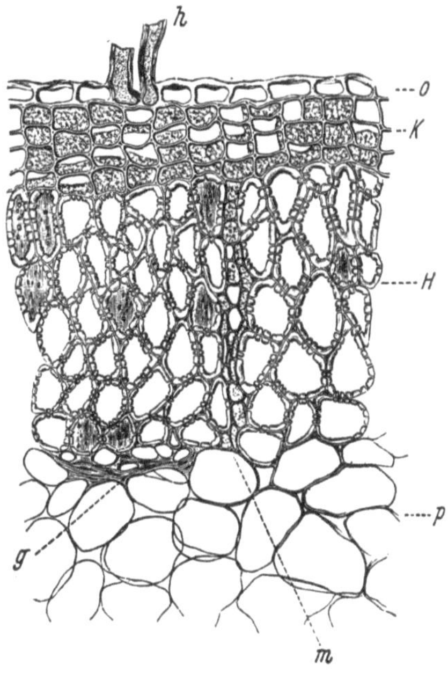

Abb. 363. Fruchtschale der Sonnenblume (hellfrüchtige Varietät) im Querschnitt nach J. MÖLLER

o Oberhaut mit den Haaren h; K Hypoderm; H Faserschicht mit dem Zwischen-Parenchym m; p Parenchym mit dem Leitbündel g

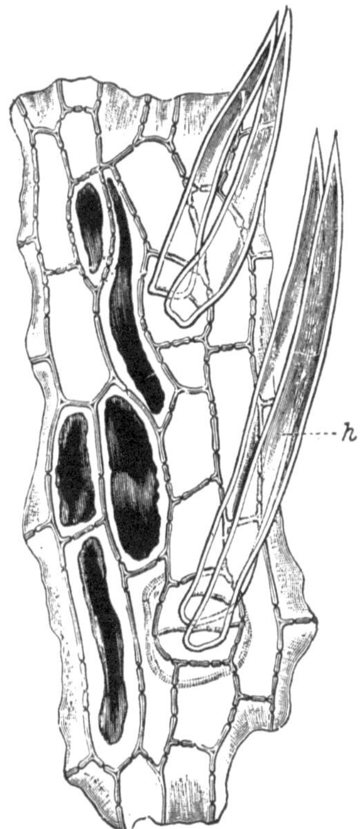

Abb. 364. Frucht-Oberhaut der Sonnenblume (dunkelfrüchtige Form) mit den Haaren h, die Zellen z. T. mit dunkel gefärbtem Inhalt nach J. MÖLLER

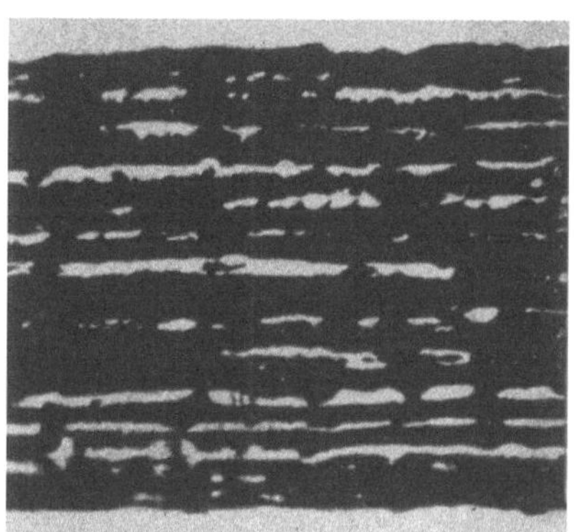

Abb. 365. Phytomelan-Schicht aus der Fruchtschale der Sonnenblume isoliert. 1 : 220

Die Oberhaut-Zellen der Fruchtschale (Abb. 363 und 364) sind meist gestreckt und getüpfelt. Charakteristisch sind die entfernt stehenden, bis 0,5 mm langen, am Grunde bis 25 μ breiten Zwillingshaare (h), die in der Regel fast der ganzen Länge nach verwachsen sind.

Das Hypoderm (Abb. 363 *K*) besteht aus mehreren Lagen feinporöser, nach Art eines Kork-gewebes angeordneter Zellen. Zwischen dem Hypoderm und der darauffolgenden Faser-schicht findet sich bei den grau- und schwarzfrüchtigen Varietäten eine *Phytomelan*-Schicht (Abb. 365). Die aus zehn und mehr Zellagen bestehenden Faserbündel (Abb. 363 und 366), die im Durchmesser bis 600 μ messen, sind durch markstrahlähnliche Reihen dünnwandiger Zellen (*m*) voneinander getrennt. Das innerhalb der Faserbündel liegende dünnwandige, lückige Parenchym (*p*) bildet eine weiße, zusammengedrückte, papierartige Schicht.

Die Samenschale, die mit dem Endosperm zusammen eine zarte Membran bildet, läßt in der Flächenansicht die aus rund-lichen Zellen zusammengesetzte äußere Oberhaut erkennen (Ab-bildung 367, unten), unter der ein Schwamm-Parenchym liegt. Die innere Oberhaut ist mit dem aus ein bis zwei Reihen Aleuron-Zellen bestehenden Endosperm verwachsen. Die Kotyledonen zeigen ein mehrreihiges Palisaden-Parenchym (Abb. 368), dessen Zellen neben Fett Aleuronkörner (3 bis 12 μ) enthalten.

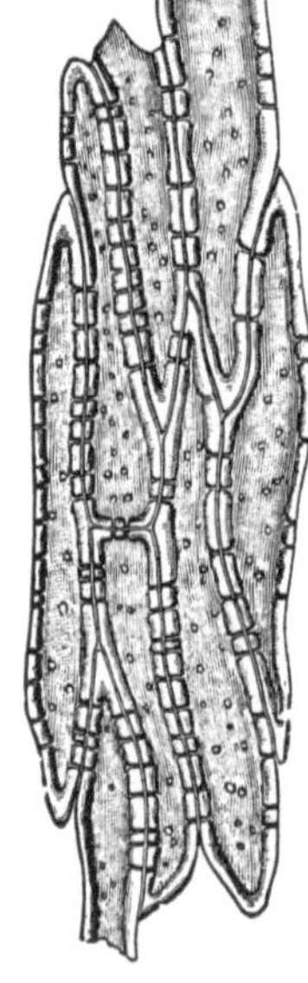

Abb. 366. Fasern aus der Sonnenblumen-Samen-schale nach J. MÖLLER

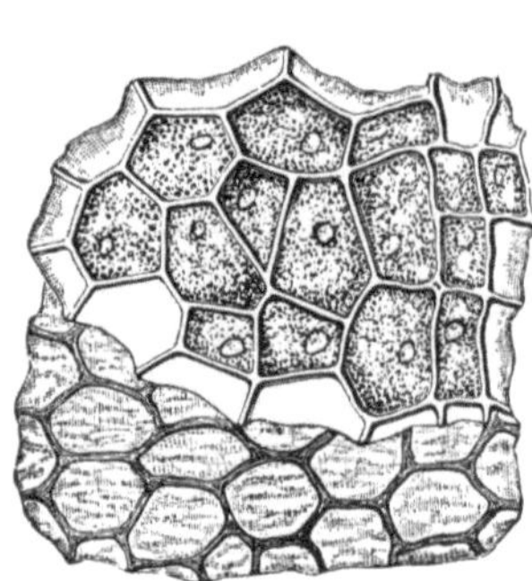

Abb. 367. Samenhaut (unten) und Nähr-gewebe (oben) der Sonnenblume nach J. MÖLLER

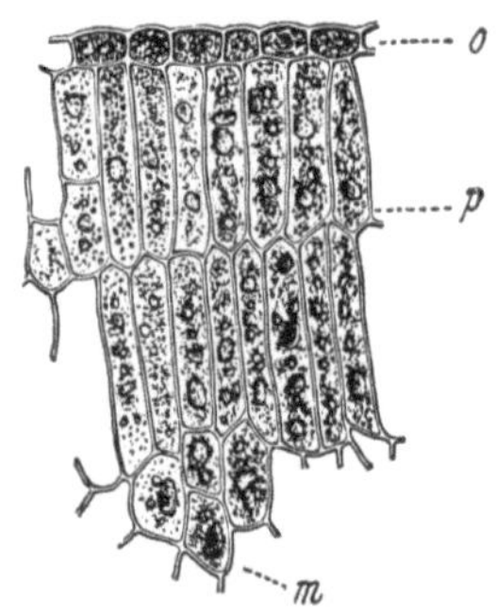

Abb. 368. Keimblatt-Gewebe der Sonnenblume nach J. MÖLLER
o Epidermis; *p* Palisaden; *m* Mittelschicht

Da die Früchte vor der Pressung zumeist geschält werden, enthalten die Ölkuchen oft nur spärlich die für die Identifizierung erforderlichen Schalen-teilchen, die bei hellschaligen Sorten durch die Zwillingshaare, das Hypoderm und die breiten Fasern gekennzeichnet sind, wozu bei den dunkelschaligen noch die Phytomelan-Schicht kommt.

2. Saflor

Aus den „Curdee" oder „Saflorsaat" genannten Früchten des *Färbersaflors* (*Carthamus tinctorius* L.), die den Sonnen-blumenkernen entfernt ähnlich sind (Abb. 369), wird in verschiedenen wärmeren Ländern Öl ge-preßt. Die Preßrückstände kommen auch bei uns zuweilen als „indische Sonnenblumen-Kuchen" in den Handel. Der Bau der Frucht- und Samenschale ist aus Abb. 370 ersichtlich.

Zum Unterschied von der Sonnenblume trägt die Frucht-Epidermis *keine* Haare. Sie ist, wie auch die übrigen Schichten des Perikarps, sklerenchy-matisch ausgebildet. Die Phytomelan-Schicht ist daher *beiderseits* von Sklerenchym begrenzt, wodurch sich die Saflorfrüchte von Sonnenblume, Madia und Niger-samen unterscheiden.

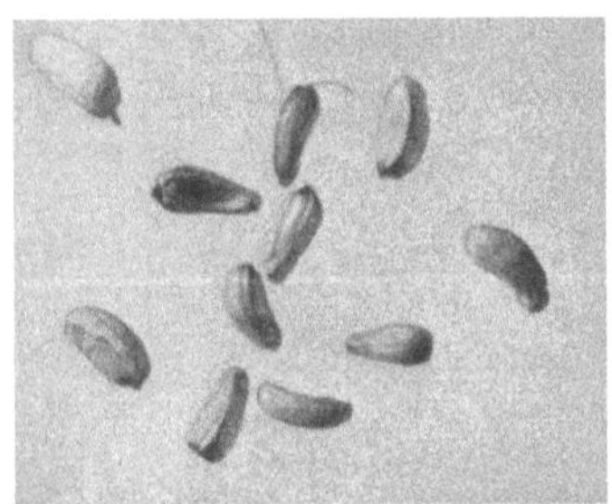

Abb. 369. Saflorfrüchte, natürliche Größe

An der mit der Fruchtwand verwachsenen Samenschale ist das *Schwamm-Parenchym* bemerkenswert, dessen Zellen unregelmäßige Tüpfelfelder aufweisen.

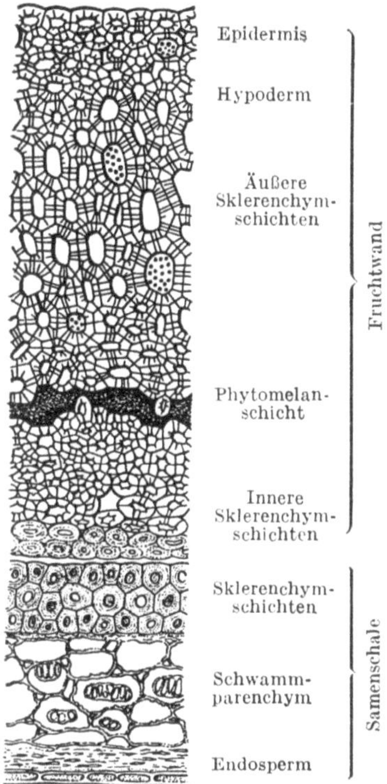

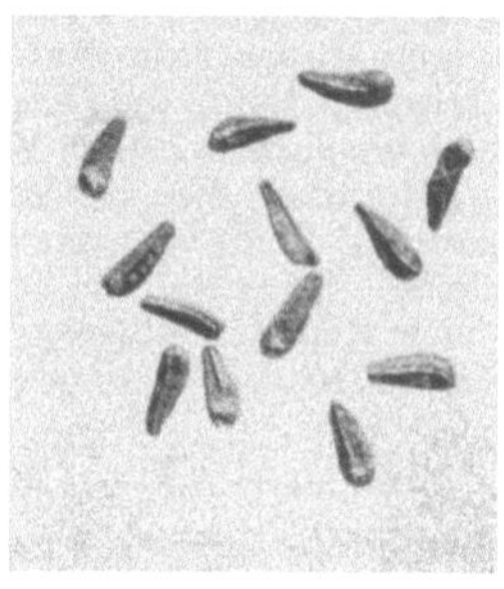

Abb. 371. Früchte der Ölmadie, natürliche Größe

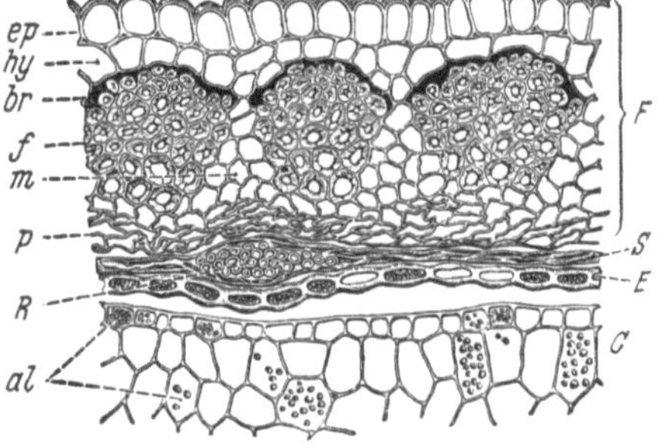

Abb. 370. Querschnitt durch Fruchtwand und Samenschale der Saflorfrucht nach G. GASSNER Vergr. 1 : 200

Abb. 372. Querschnitt der Madiafrucht nach A. L. WINTON
F Fruchtschale;   S Samenschale;   E Nährgewebe; C Keimblatt; R Leitbündel. Die Bedeutung der übrigen Buchstaben siehe im Text.

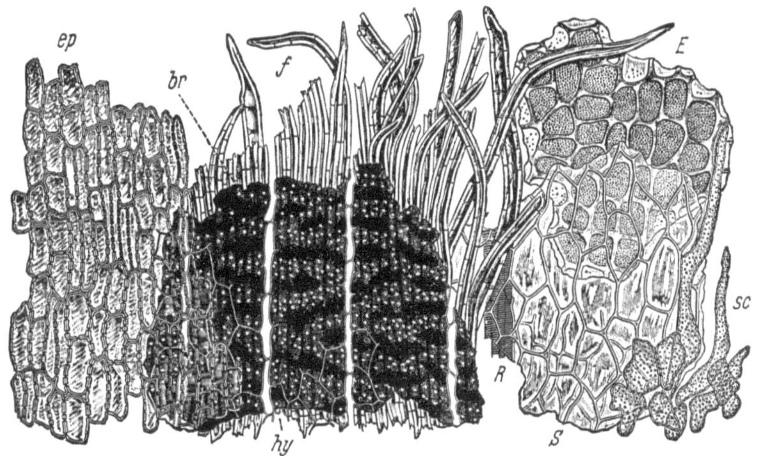

Abb. 373. Gewebe der Madiafrucht in der Flächenansicht nach A. L. WINTON
sc getüpfelte Zellen der Samenschale. Die übrigen Buchstaben haben dieselbe Bedeutung wie in Abb. 372.

3. Madia

Die *Ölmadie* (*Madia sativa* L.) wird in Amerika, seltener in Europa als Ölsaat gebaut. Die gerippten, 4 bis 8 mm langen, 2 mm dicken, am Scheitel zugespitzten Früchte (Abb. 371) sind meist hellfarbig, mitunter aber fast schwarz. Der Bau der Frucht- und Samenschale ist aus Abb. 372 und 373 ersichtlich.

Die Oberhaut-Zellen der Fruchtschale (*ep*) sind farblos, gestreckt und getüpfelt. Die Faser-bündel (*f*) sind an der Außenseite von einer Phytomelan-Schicht (*br*) bedeckt. Die Länge der Fasern beträgt bis 1 mm, die Dicke bis 15 μ; keilförmige Parenchym-Gruppen (*m*) trennen die Faserbündel voneinander. Die Samenschale besteht aus einer Parenchym-Schicht (*S*) und eigenartig geformten, fein porösen Zellen (*sc, s*). Mit ihr verwachsen ist das aus einer ein-fachen Aleuron-Schicht bestehende Endosperm (*E*). Die Kotyledonen besitzen eine mehrfache Palisadenreihe. Sie enthalten Fett und Aleuron (*al*, 2 bis 6 μ). Die *Madia-Kuchen* unter-scheiden sich von den übrigen Preßrückständen aus Kompositenfrüchten durch die fein-getüpfelten Zellen der Samenschale.

4. Nigersaat

„Nigersamen" oder „Nigersaat" sind die Früchte von *Guizotia abyssinica* (L.) Cass., die in Ostafrika und Indien als Ölpflanze angebaut wird. Die Preß-rückstände liefern ein gutes Tierfutter. Die Früchte (Abb. 374) sind stets schwarz, den Madiafrüchten in Gestalt und Bau sehr ähnlich, aber nur etwa 5 mm lang und 1 mm breit.

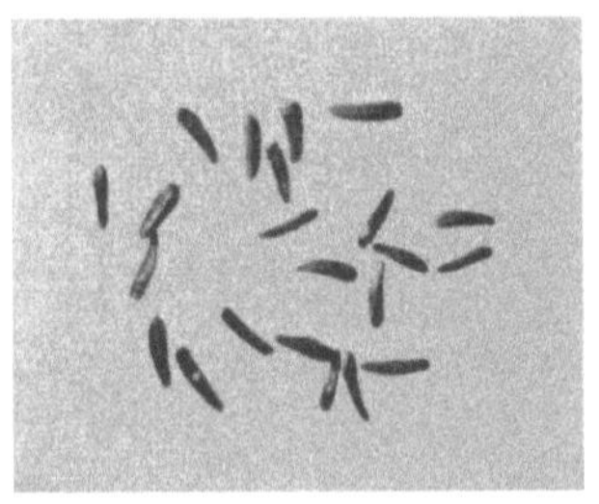

Abb. 374.   Nigersaat, natürliche Größe

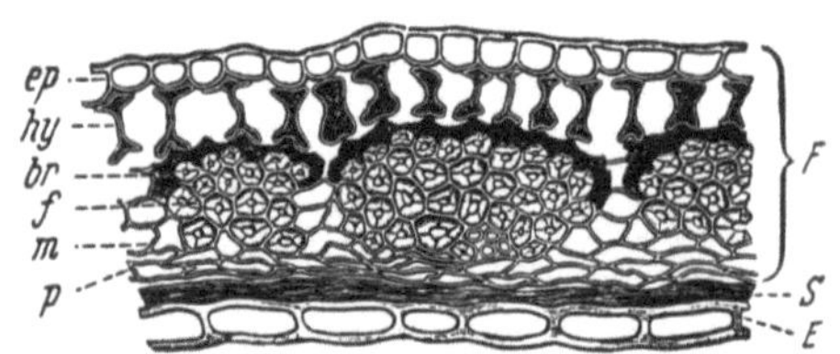

Abb. 375. Querschnitt des „Nigersamens" nach A. L. WINTON
F Fruchtschale mit der Oberhaut *ep*, dem Hypoderm *hy*, der Phytomelan-Schicht *br*, den Faserbündeln *f*, dem Zwischen-Parenchym *m*, dem kollabierten Parenchym *p*; *S* Samenschale; *E* Nährgewebe

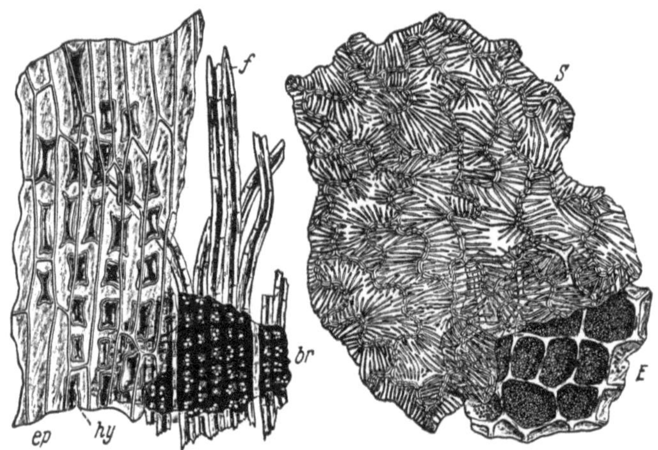

Abb. 376.   Gewebe des „Nigersamens" in der Flächenansicht nach A. L. WINTON.
Die Buchstaben haben dieselbe Bedeutung wie in Abb. 375.

Die Oberhaut-Zellen der Fruchtwand (Abb. 375 und 376) sind länger als bei Madia und nicht getüpfelt. Die Zellen des Hypoderms (*hy*) weisen braunen, geschrumpften Inhalt auf und erinnern in Querschnitten an die Trägerzellen von Leguminosen; in Flächen-Präparaten erscheinen sie reihenweise angeordnet. Sie verursachen hauptsächlich die dunkle Färbung der Früchte. Die von einer Phytomelan-Schicht (*br*) bedeckten Faserbündel sind kleiner als bei Madia. Charakteristisch ist die *Samenschale*, deren Außenseite wellig-gebuchtete Zellen mit feinen leistenförmigen oder netzigen Verdickungen (Abb. 376 *S*) aufweist. Endosperm und Keimlingsgewebe sind von dem der Madia nicht zu unterscheiden.

o) Sojabohne

Die in Asien heimische *Sojabohne* (*Glycine hispida* Maxim. — *Leguminosae*) wird hauptsächlich in China, Japan und Nordamerika angebaut. Die Versuche, dem deutschen Klima angepaßte Sorten zu züchten, haben bisher noch nicht zu einem vollen Erfolg geführt. Die Samen sind wegen ihres hohen Fett- (auch Lecithin-) und Eiweiß-Gehaltes ein sehr wertvolles Lebens- und Futtermittel.

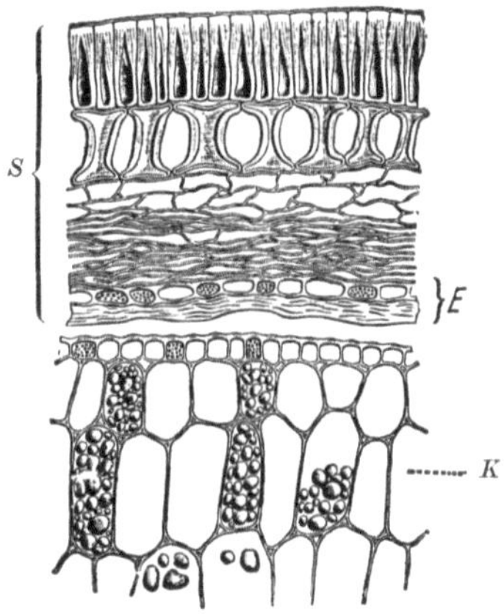

Abb. 378.   Querschnitt der Sojabohne nach
A. L. WINTON

E Nährgewebe; *S* Samenschale; *K* Keimblatt

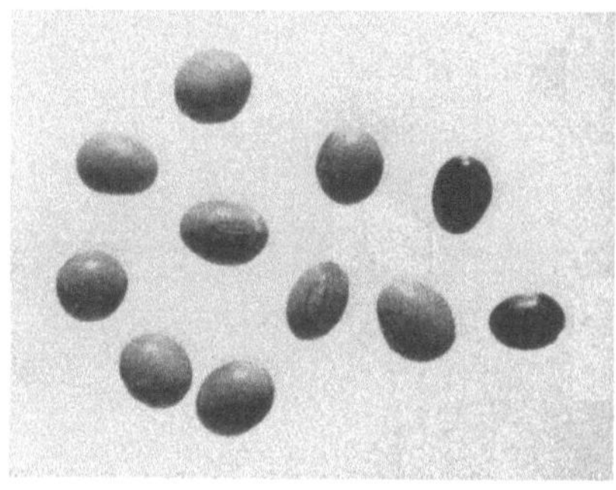

Abb. 377.   Sojabohne, natürliche Größe

Die Samen (Abb. 377) sind gelblich bis braun oder schwarz, manchmal auch grünlich, 5 bis 10 mm lang, etwas abgeflacht, bei einigen Varietäten fast kugelig. Die für die Leguminosen charakteristischen Palisaden und Trägerzellen der Samenschale sind zum Unterschied von allen anderen als Lebensmittel dienenden Leguminosen-Samen bei der Soja etwa gleich hoch (Abb. 378). Höhe der *Palisaden* 40 bis 60 μ, der *Trägerzellen*

Abb. 379. Sojabohne. Trägerzellen. Vergr. 1 : 200

Abb. 380. Sojabohne. Samenschale, Palisaden
in der Aufsicht. Vergr. 1 : 200

gewöhnlich 35 bis 50 μ, zum Teil noch höher, in der Nähe des Nabels sogar bis 150 μ, sanduhrförmig (Abb. 379). In der Flächenansicht erscheinen die Palisaden elliptisch (Abb. 380). Das Kotyledonar-Gewebe (Abb. 378, unten) besteht aus dünnwandigen, in den äußeren Lagen palisadenartig gestreckten Zellen, die fettes Öl und ziemlich große Aleuronkörner (bis 25 μ) enthalten. Im reifen Zustand ist Stärke — mit Ausnahme der schwarzen japanischen Sojabohne — nicht oder nur in einzelnen kleinen Körnchen zu beobachten.

Sojaschrot oder *-mehl* ist hauptsächlich an den großen, gewöhnlich isoliert liegenden Trägerzellen und dem eiweißreichen, aber stärkefreien Keimlingsgewebe zu erkennen. Bemerkt sei, daß die neuerdings in den Handel gelangenden Sojamehle, die zur Herstellung von diätetischen Mitteln, Backwaren, Pasten u. dgl. Verwendung finden, zumeist aus geschälten Samen hergestellt sind, so daß man die charakteristischen Schalenbestandteile oft nur vereinzelt auffindet. Da auch die Aleuronkörner durch die Art der Behandlung oft degeneriert und zu amorphen Massen zusammengeballt sind, ist die Erkennung des Mehles in Zubereitungen zuweilen nicht leicht.

In letzter Zeit sind in amerikanischen Sojabohnen die giftigen Samen des *Stechapfels* (*Datura stramonium* L.) festgestellt worden[1]. Da sie wesentlich kleiner sind als die Sojabohne, lassen sie sich durch Absieben entfernen. Im Mehl würden sich Stechapfel-Samen durch die großen braunen, im Umriß wellig-buchtigen Epidermis-Zellen der Samenschale zu erkennen geben, die durch wulstige Verdickungen der Innen- und Seitenwände ausgezeichnet sind.

b) Ölsamen, die in erheblicher oder überwiegender Menge unmittelbar oder in Form von Zubereitungen genossen werden

α) Mandel und verwandte Samen

1. Mandel

Der in Vorder- und Zentralasien heimische Mandelbaum (*Prunus amygdalus* Stockes = *Rosaceae*) wird in verschiedenen Spielarten kultiviert, von denen vor allem die beiden physiologischen Varietäten — *var. amara* mit bitteren und *var. dulcis* mit süßen Samen — zu nennen sind. Die Samen finden geschnitzelt und zerrieben in der Konditorei Verwendung. Die Rückstände der Ölpressung heißen im gemahlenen Zustande „Mandelkleie", die zur Herstellung kosmetischer Präparate dient.

Die Samen (Abb. 381) sind im Umriß spitz-eiförmig und etwas flachgedrückt. Die nach dem Überbrühen mit heißem Wasser leicht abziehbare braune Samenschale ist außen schilferig, innen von einem farblosen Häutchen, dem Rest des Nährgewebes, ausgekleidet. Der Keimling besteht hauptsächlich aus den beiden großen Kotyledonen, an deren Spitze das Würzelchen erkennbar ist.

Abb. 381. Samen der Mandel, natürliche Größe

Die *Oberhaut* der *Samenschale* zeigt Gruppen sehr charakteristischer, etwa tonnenförmiger, verholzter Zellen, die an der Innenwand und den Seitenwänden getüpfelt sind (Abb. 382). Da sie sich sehr leicht ablösen, verursachen sie die schilferige Beschaffenheit der Schale. Zwischen ihnen finden sich unverholzte, dünnwandige Zellen eingeschaltet. In dem unter der Epidermis liegenden Gewebe aus braunen, zum Teil zusammengefallenen Zellen verlaufen die Leitbündel mit dünnen Spiralgefäßen. Im häutigen Nährgewebe (*E*) ist eine einreihige Aleuron-Schicht erkennbar.

Das Gewebe des *Samenkernes* besteht aus zartwandigen fett- und aleuronreichen Zellen. Stärke fehlt. An entfetteten Schnitten erkennt man kleinere (3 bis 5 μ) und größere Aleuronkörner (10 bis 15 μ), von denen namentlich die letzteren je eine winzig kleine, rosettenförmige Calciumoxalat-Druse mit dunklem Kern enthalten, was im Chloralhydrat-Präparat am besten wahrnehmbar ist.

Der Nachweis der gemahlenen *Ölkuchen*, die als „Mandelkleie" in der Kosmetik viel gebraucht werden, ist durch die eigenartigen, etwa tonnenförmigen Epidermis-Zellen der Samenschale ziemlich leicht möglich, wozu dann noch die bis 15 μ großen Aleuronkörner in den Zellen des Keimblatt-Gewebes kommen, die in der Regel winzige, rosettenförmige Oxalat-Drusen enthalten.

Da das aus Mandeln bereitete *Marzipan* aus *geschälten* Samen hergestellt wird, fehlt jedes charakteristische mikroskopische Merkmal, weil die winzigen, in den größeren Aleuronkörnern vorhandenen Oxalat-Rosetten mit dunklem Kern, die unter Umständen fast vollständig fehlen können, auch in den Samen anderer *Prunus*-Arten (Aprikose, Pfirsich, Pflaume) vorkommen.

---

[1] J. TACKE: Dtsch. Lebensmittel-Rdsch. **45**, 185 (1949); P. KRÖGER: Z. Lebensmittel-Unters. u. -Forsch. **91**, 427 (1950).

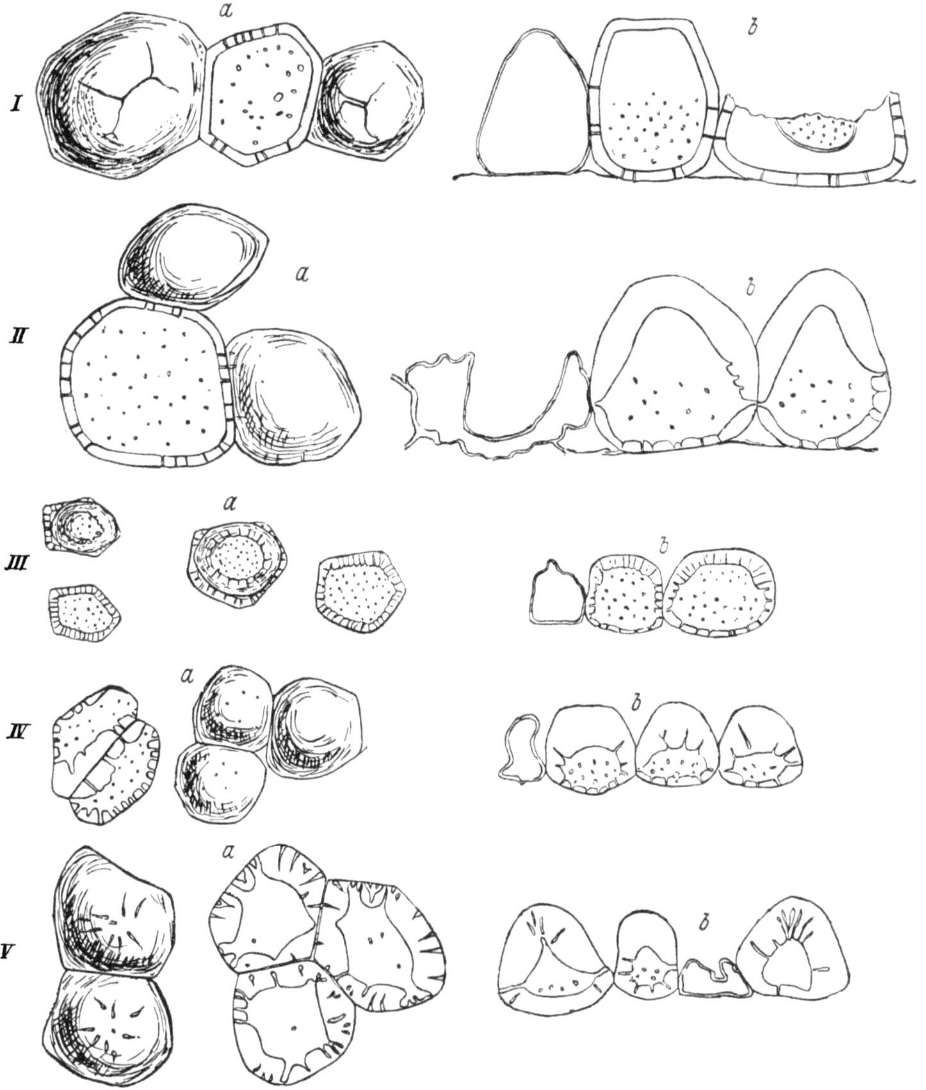

Abb. 382. Testa-Epidermis-Zellen der Mandel und mandelähnlicher Samen nach E. HANNIG
I Mandel; *II* Pfirsich; *III* Aprikose; *IV* Reineclaude; *V* Zwetsche. **a)** Flächenansicht bei hoher (schattiert) und bei tiefer Einstellung; **b)** Querschnitt. Vergr. 1 : 300

2. Mandelersatz

Als Ersatzmittel für Mandeln kommen neben den Kernen der schon erwähnten *Prunus*-Arten (Aprikose, Pfirsich und Pflaume) auch die später beschriebenen, gewöhnlich als Kernel oder Cashew-Kerne bezeichneten Anacardien-Samen, weiter die Erdnuß-, Walnuß- und Haselnußkerne sowie Pineolen und Zirbelnüsse in Betracht.

Von der Mandel unterscheiden sich die Kerne der übrigen *Prunus*-Arten äußerlich durch die Form und geringere Größe.

Aprikosenkerne (Abb. 383), die regelmäßig zur Bereitung von *Persipan* dienen, sind oft herzförmig, mehr oder weniger abgeflacht, ziemlich glatt. Die Steinzellen der Samenschale (Abb. 382 *III*) sind auch an der stark verdickten Außenseite getüpfelt.

Abb. 383. a) Kalifornische, b) Levantiner, c) chinesische, d) indische Aprikosenkerne, natürliche Größe

Pfirsichkerne (Abb. 384) sind viel flacher als die Mandeln (nur etwa 2 mm dick), scharfrandig, im Umriß breit-eiförmig bis herzförmig. Die Steinzellen der Samenschalen-Epidermis (Abb. 382 *II*) sind nach außen verschmälert, ihre Außenwand ist stark verdickt, *nicht* getüpfelt.

Abb. 384. Pfirsichkerne, natürliche Größe

Pflaumenkerne sind etwa eiförmig, meist dickbauchig und an den Kanten gerundet, die Steinzellen der Testa-Epidermis an der Außenwand besonders stark verdickt und zumeist getüpfelt (Abbildung 382 *IV* und *V*).

Beim Vorhandensein größerer Schalenteilchen läßt sich auch die Beschaffenheit der Nerven-Endigungen zur Unterscheidung heranziehen, die nur bei der Aprikose baumartig verzweigt, bei den übrigen Arten aber meist einfach sind.

Da das Gewebe der Kotyledonen, wie bereits erwähnt wurde, bei der Mandel und den mandelähnlichen *Prunus*-Samen keine wahrnehmbare Verschiedenheit zeigt, ist beim Fehlen von Schalenteilchen in marzipanähnlichen Zubereitungen eine Unterscheidung auf mikroskopischem Wege praktisch nicht möglich.

β) Erdnuß

Die Früchte der in wärmeren Gegenden vielfach angebauten Erdnuß (*Arachis hypogaea* L. — *Leguminosae*) werden bei uns in erheblichen Mengen eingeführt. Die in erster Linie zur Ölgewinnung dienenden Samen (Abb. 385) werden in geröstetem Zustand sowohl unmittelbar genossen, wie auch in der Konditorei verwendet. Die in der Mitte oder an 2 Stellen eingeschnürten Hülsen sind netzig-runzelig, ziemlich spröde und enthalten 1 bis 3 eirunde bis längliche, auf einer Seite abgerundete oder abgestutzte Samen mit brauner, sich leicht ablösender Schale.

An der *Fruchtwand* ist besonders die aus gekreuzten Fasern bestehende Hartschicht bemerkenswert, deren Elemente sich am besten an Macerationspräparaten studieren lassen (Abb. 386). Man erkennt dann an manchen Faserreihen sägezahnartige Fortsätze, zwischen denen die gekreuzten Fasern der angrenzenden Schicht liegen. Die Enden der Fasern sind zum Teil gegabelt oder mannigfach verzweigt, doch variieren die in der Hartschicht liegenden Faserzellen in Form, Größe und Verdickung recht erheblich.

Das Rippennetz der Fruchtwand wird vorwiegend aus T- und L-förmigen Fasern gebildet. Im übrigen ist das Gewebe schwammig, doch sind die weiter nach innen liegenden Zellen dickwandig und porös (vgl. Abb. 386 im unteren Teil rechts).

Die *Samenschale* zeigt einen vom Leguminosen-Typus abweichenden Bau (Abb. 387 *S*). Charakteristisch sind die Epidermis-Zellen, deren Außen- und Seitenwände durch zapfenartig in das Zellinnere vorspringende Leisten verdickt sind (Abbildungen 387 und 388 *aep*), was in der Flächenansicht ein sehr kennzeichnendes Bild liefert, indem das Lumen der Zellen sägezahnartig umsäumt erscheint. Unter der Epidermis folgt dünnwandiges Parenchym (p^1), das nach innen in vielgestaltiges Schwammgewebe übergeht (p^2 und p^3).

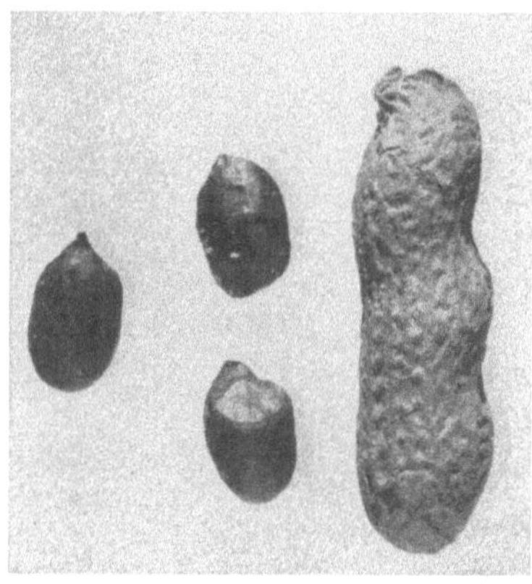

Abb. 385. Frucht und Samen der Erdnuß, natürliche Größe

Der Samenkern besteht im wesentlichen aus den fleischigen Keimblättern, deren großzelliges Parenchym neben Öl kleine Aleuronkörner (etwa $5\,\mu$) und außerdem rundliche *Stärkekörner* (5 bis $15\,\mu$) enthält (Abb. 387 *st* und 389). Nach Beseitigung des Fettes durch

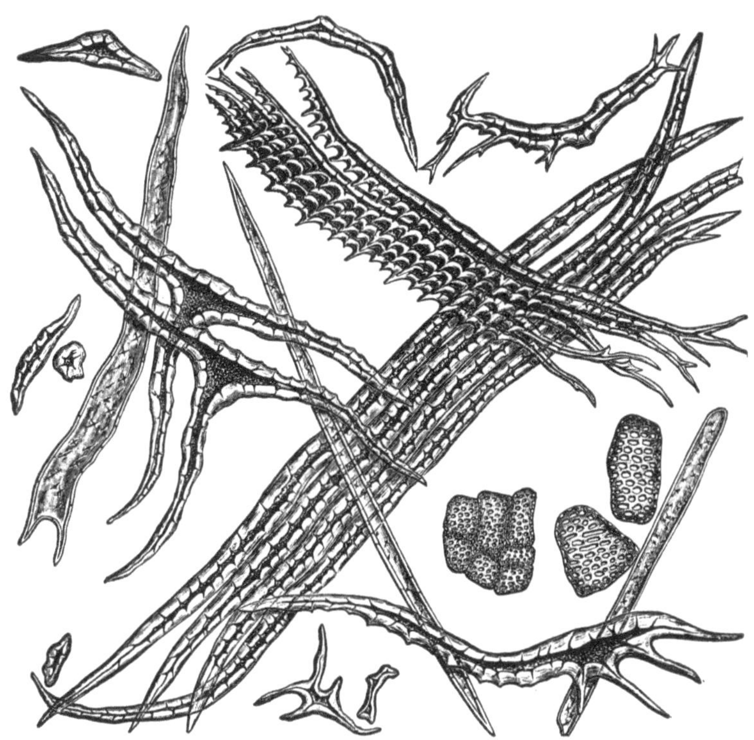

Abb. 386. Durch Maceration isolierte Elemente der Erdnußschale nach A. L. Winton

Äther und des übrigen Zell-Inhaltes durch Lauge zeigen die Zellwände knotige Verdickungen, in der Flächenansicht runde bis elliptische Poren.

Gemahlene Erdnußhülsen haben wiederholt zur Verfälschung von Futtermitteln gedient. Sie sind an den vielgestaltigen Fasern erkennbar. Die *Erdnuß-*

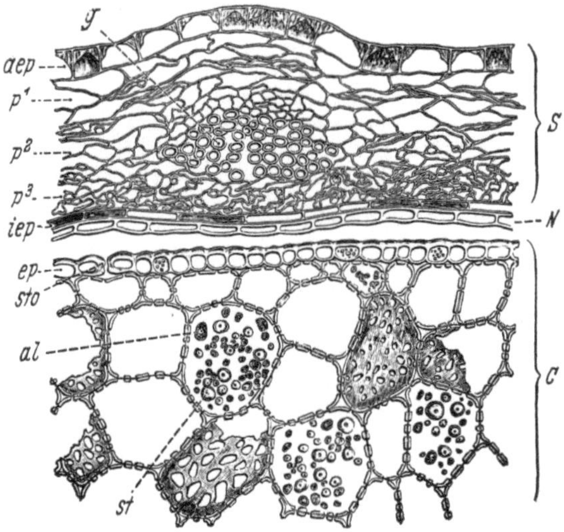

Abb. 337.   Querschnitt des Erdnuß-Samens nach A. L. WINTON

S Samenschale mit der beiderseitigen Oberhaut *aep* und *iep*, dem Parenchym p^1, p^2, p^3 und dem Leitbündel *g*; *N* Nährgewebe;   *C* Keimblatt mit der Oberhaut *ep*, einer Spaltöffnung *sto*, Aleuronkörnern *al*, Stärke *st*

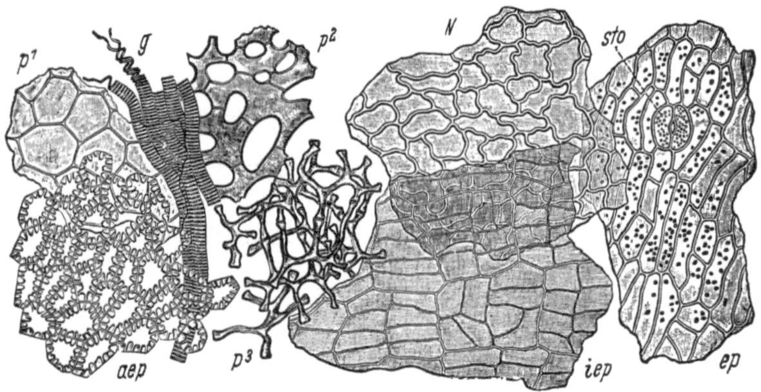

Abb. 338.   Samen-Gewebe der Erdnuß in der Flächenansicht nach A. L. WINTON.
Die Buchstaben haben dieselbe Bedeutung wie in Abb. 337.

Preßrückstände, die ein wertvolles Futtermittel darstellen und gelegentlich zur Verfälschung von Gewürzen verwendet wurden, enthalten Hülsenteilchen überhaupt nicht oder nur in geringer Menge. Sie sind durch die eigentümlichen Testa-Epidermis-Zellen in Verbindung mit dem stärkeführenden Gewebe der Keimblätter gekennzeichnet.

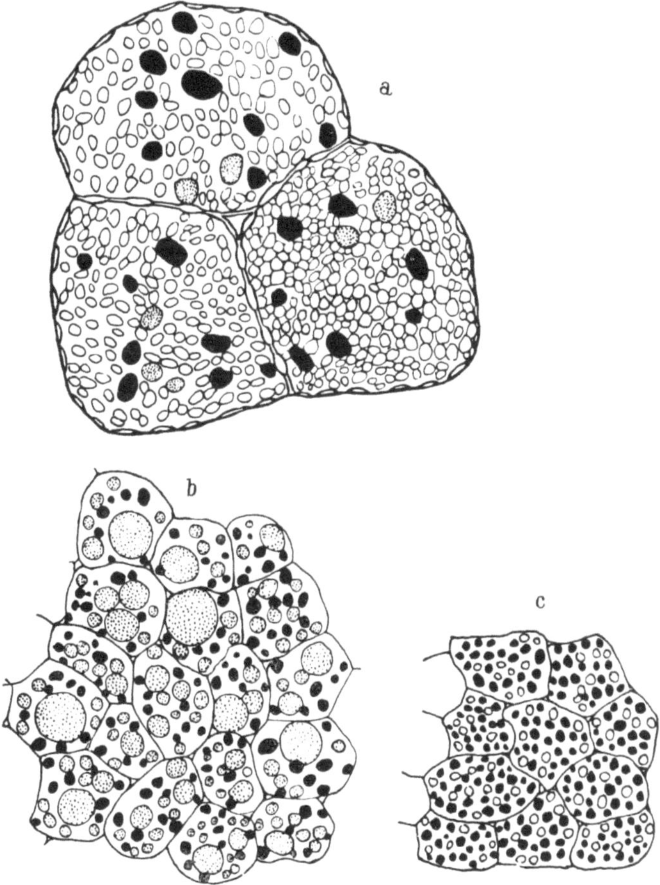

Abb. 389. Keimblatt-Gewebe der Erdnuß (a), einer stärkereichen Haselnuß (b) und des Cashew-Kernes (c) nach Entfettung und Behandlung mit Jod; Stärkekörner schwarz, Aleuronkörner hell gezeichnet. Vergr. 1 : 300

γ) Anacardien-Samen

Die gewöhnlich unter der Bezeichnung Kernel, Cashew-Kerne oder Acajou-Kerne in den Handel gelangenden, größtenteils von der Schale befreiten Samen von *Anacardium occidentale* L. (*Anacardiaceae*) finden in der Konditorei als Nuß- und Mandelersatz (Mandelnuß, indische Mandeln) Verwendung.

Die nierenförmigen Steinfrüchte (Abb. 390) des in Brasilien heimischen Kaschu- oder Acajoubaumes, der wegen der roten, saftigen, birnförmigen Fruchtstiele in den Tropen als Obstbaum kultiviert wird, sind unter der Bezeichnung „westindische Elefantenläuse" bekannt. Bei der Gewinnung der Samen muß die Fruchtschale restlos beseitigt werden, weil sich in ihrer Mittelschicht zahlreiche Gewebslücken mit einem an der Luft schwarz werdenden, sehr giftigen und blasenziehenden Milchsaft (Cardol) von brennend scharfem Geschmack befinden.

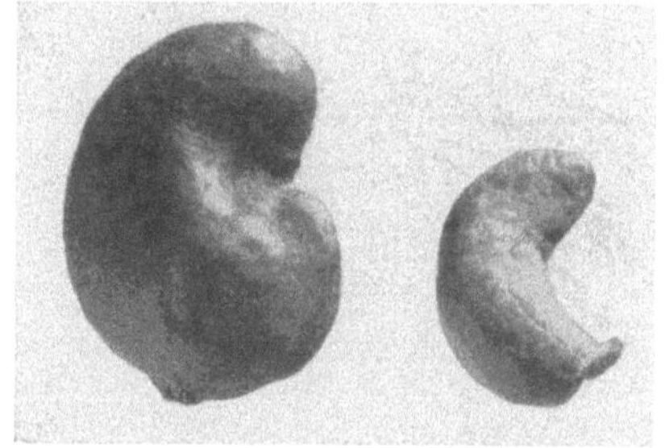

Abb. 390. Anacardien-Samen, rechts Keimling, natürliche Größe

72*

Zu diesem Zweck erfolgt gewöhnlich eine schwache Röstung der Früchte, wodurch außer der Fruchtwand auch die Samenschale brüchig wird, so daß sie sich leicht vom nierenförmig gekrümmten, etwa 18 mm langen Keimling (Abb. 390), der am unteren Ende oft noch das Würzelchen trägt, ablöst. Die gelegentlich noch vorhandenen Reste der Samenschale sind diagnostisch ohne Bedeutung, weil das braune, dünnwandige, größtenteils zusammengepreßte Parenchym der Testa keine besonderen Merkmale aufweist.

Das Gewebe der dicken Keimblätter besteht aus zartwandigen porenlosen Zellen, die neben Fett und kleinen Aleuronkörnern (etwa $5\,\mu$) reichlich kleinkörnige Stärke enthalten (Abb. 389c). Nur die Oberhaut ist stärkefrei.

Im zerkleinerten Zustand unterscheiden sich die Cashew-Kerne durch ihren Stärke-Gehalt ohne weiteres von Mandeln und Walnüssen, die stärkefrei sind. Von der Erdnuß (s. diese) sind sie durch die kleinen, unverdickten Zellen, den reichlichen Stärkegehalt und die geringere Größe der Stärkekörner verschieden, von den stärkehaltigen Haselnuß-Teilchen durch die viel kleineren Aleuronkörner und den größeren Stärke-Reichtum.

d) Haselnuß

Die Früchte der bei uns wild wachsenden und in vielen Formen kultivierten *Corylus avellana* L. und anderer *Corylus*-Arten (*Betulaceae*) sind echte Nüsse,

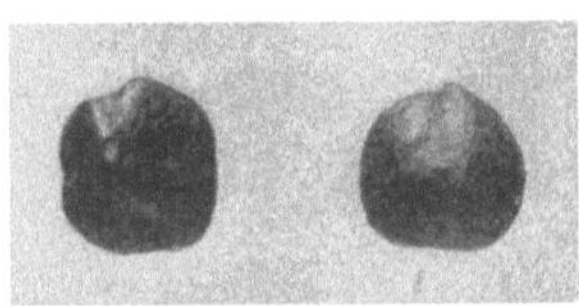

Abb. 391. Haselnuß-Samen, natürliche Größe

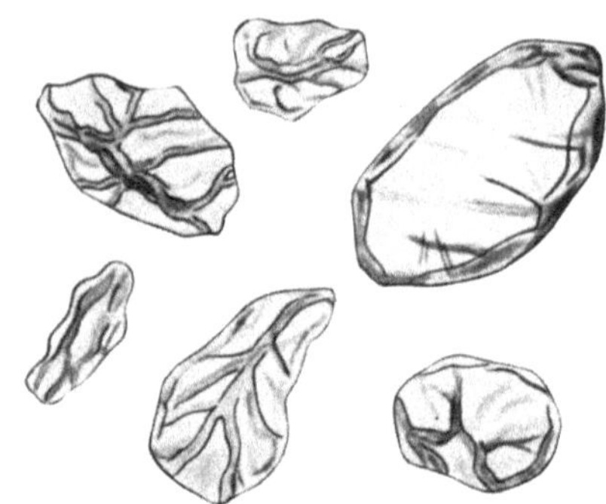

Abb. 393. Zellen aus den inneren Fruchtwand-Schichten der Haselnuß nach G. Gassner. Vergr. 1 : 200

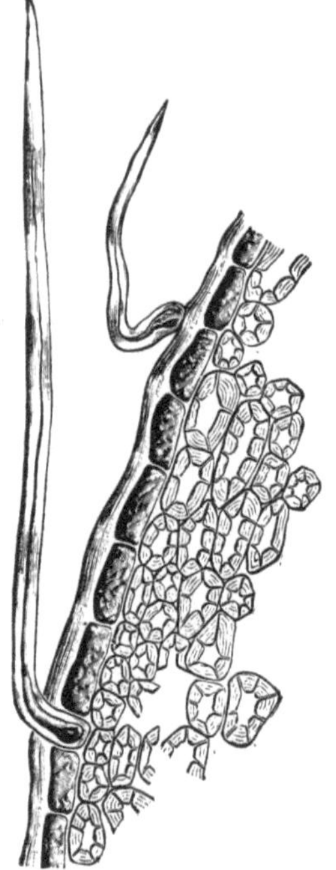

Abb. 392. Steinschale der Haselnuß im Querschnitt nach Malfatti

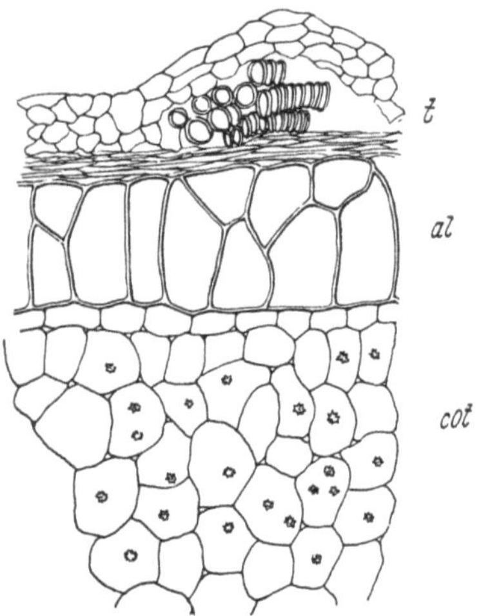

Abb. 394. Querschnitt durch die Randpartie des Haselnuß-Samens nach Einwirkung von Chloralhydrat
t Samenschale mit Gefäßbündel; *al* Aleuron-Schicht; *cot* Kotyledonar-Gewebe mit kleinen Oxalat-Drusen. Vergr. 1 : 240

weil die gesamte Fruchtwand als Steinschale ausgebildet ist und nicht nur der innere Teil wie bei der Walnuß. Sie enthalten in der Regel nur einen Samen (Abb. 391) mit schilferiger, brauner Schale.

Die *Oberhaut* der *Fruchtwand* (also der Steinschale) trägt kurze, stark verdickte Haare (Abb. 392). Die Steinzellen sind in den äußeren Lagen kleinzellig und mehr rundlich, mit braunem Inhalt versehen, nach der Mitte zu größer und mehr polyedrisch, im inneren Teil oft tangential gestreckt. Die innersten Teile der Fruchtwand werden von einem größtenteils zerfallenen Parenchym gebildet, dessen braune Zellen eigenartig gefaltet sind (Abb. 393). Teile hiervon haften auch der Samenschale an und verursachen ihre schilferige Beschaffenheit.

Die *Samenschale* besteht aus braunem, dünnwandigem Parenchym, das in den inneren Lagen zusammengedrückt ist. Zwischen dem lockeren Parenchym und den zusammengefallenen Schichten verlaufen die meist stark entwickelten Leitbündel, die bis 25 μ weite Spiralgefäße, vereinzelt auch Netzgefäße enthalten.

Der Samenkern besteht in der Hauptsache aus den beiden großen Kotyledonen. An Querschnitten (Abb. 394) erkennt man außerdem den aus einer ein- bis zweireihigen Aleuron-Schicht bestehenden Endosperm-Rest (*al*). Das Gewebe der Kotyledonen besteht aus zartwandigen Zellen, die neben Fett kleinere (5 bis 10 μ) und größere (15 bis 25, zuweilen bis 30 μ große) Aleuronkörner mit Globoiden enthalten, von denen die größeren meist je eine kleine Oxalat-Druse aufweisen, die nach dem Entfetten des Materials im Chloralhydrat-Präparat sichtbar wird (Abb. 394 *cot*). Die meisten Haselnuß-Samen sind stärkefrei oder enthalten nur spärlich kleinkörnige Stärke. Ein Teil der Samen — in der Handelsware bis etwa 10% — enthält aber beträchtliche Mengen runder, bis 7 μ großer Stärkekörner[1] (Abb. 389 b), die aber in den betreffenden Samen sehr ungleichmäßig verteilt sein können, so daß große Teile der Kotyledonen gleichwohl oft völlig stärkefrei sind.

Kleingeschnittene Haselnuß-Kerne dienen zur Herstellung verschiedener Konditoreiwaren. Man prüft die isolierten Teilchen zunächst auf Stärke, indem man sie 5 bis 10 Min. in überschüssige Jod-Jodkalium-Lösung bringt. Teilchen, die sich hierbei schwärzlich färben, können besonders von Erdnuß, Haselnuß oder Kernel herrühren. Die Verschiedenheit dieser Samen ist aus Abb. 389 ersichtlich.

Die *Erdnuß* (a) hat große Zellen, deren derbe Wände von großen, rundlichen Poren durchsetzt sind. Während die Stärkekörner bis 15 μ messen, sind die zahlreichen Aleuronkörner nur etwa 5 μ groß. Nur vereinzelte erreichen die Größe der Stärkekörner.

Die *Haselnuß* (b) hat kleinere, zartwandige Zellen, die nur selten schwach porös sind, was erst nach Methylenblau-Färbung erkennbar wird. Die Größe der Stärkekörner überschreitet selten 7 μ, während die Aleuronkörner zum Teil 25 μ und darüber messen. Die größeren enthalten eine kleine Oxalat-Druse, selten einen Einzelkristall. Haselnuß-Teilchen sind oft noch von der Schale bedeckt. Querschnitte zeigen dann nach der Entfettung und Einwirkung von Chloralhydrat das in Abb. 394 wiedergegebene Bild.

Bei *Kernel* (c) ist der Stärkegehalt so groß, daß sich die Teilchen mit Jod tief blauschwarz färben; das Zellgewebe ist sehr zart. Die Größe der Stärkekörner beträgt etwa 5 μ (bis 7 μ), desgleichen die der Aleuronkörner, die *kein* Oxalat enthalten.

Haselnuß-Preßkuchen dienen als Futtermittel und sind, wie auch gemahlene *Haselnuß-Schalen*, als Verfälschungsmittel von Gewürzen — die letzteren auch in Kakao — beobachtet worden. Für die Erkennung der Schalen sind die Oberhaut-Teilchen mit den dickwandigen Haaren, die zum Teil von dunklem Inhalt erfüllten Steinzellen und die eigenartig gefalteten Parenchym-Zellen der inneren Fruchtwand-Schichten wichtig.

ε) Walnuß

Die Frucht des Walnuß-Baumes (*Juglans regia* L. = *Juglandaceae*) ist eine Steinfrucht. Die „Walnuß" ist der aus dem grünen Fruchtfleisch herausgelöste Steinkern, der aus dem harten Endokarp (der Steinschale) und dem Samen besteht. Die zweiklappige Steinschale ist im oberen Teil zweifächerig, im unteren vierfächerig. Gemahlene Walnuß-Schalen sind zuweilen als Gewürz-Verfälschungsmittel beobachtet worden.

An der Walnuß-Schale lassen sich drei Schichten unterscheiden. Der äußere steinharte Teil der Schale setzt sich aus kleinen rundlichen oder polyedrischen, farblosen Steinzellen zusammen, die fast bis zum Schwinden des Lumens verdickt und getüpfelt sind. Nach innen

---

[1] C. Griebel: Z. Unters. Lebensmittel **54**, 477 (1927).

zu werden die Steinzellen immer größer und gehen allmählich in weitlumige, dicht getüpfelte und nur mäßig verdickte Elemente über, deren Wände zum Teil buchtig gefaltet sind. Diese weichere und leichter schneidbare Schicht geht in ein braunes, schwammartiges Parenchym über, in dem die Zellen zum Teil dicht aneinanderschließen, während das Samenträgergewebe von Intercellularen durchsetzt ist. Das schwammartige Parenchym färbt sich mit Eisensalzen schwarzgrün und enthält somit Gerbstoff.

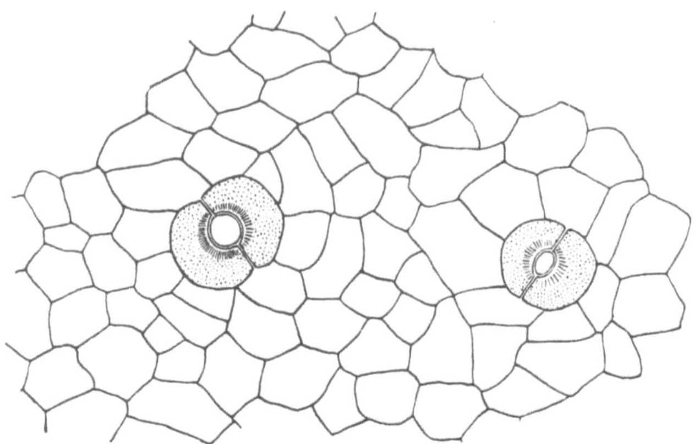

Abb. 395. Epidermis der Samenschale der Walnuß. Vergr. 1 : 240

Die den Keimling bedeckende gelbliche bis bräunliche, häutige und leicht abziehbare *Samenschale* zeigt dünnwandige, in der Fläche polygonale Epidermis-Zellen, die eisenbläuenden Gerbstoff enthalten. Zwischen ihnen finden sich nicht sehr zahlreiche, breite Spaltöffnungen (Abb. 395). Der hauptsächlich aus den Kotyledonen bestehende Keimling setzt sich aus zartzelligem Parenchym zusammen, das neben Fett Aleuronkörner enthält, von denen einzelne bis 10 μ groß werden. Stärke fehlt oder ist nur in sehr geringen Mengen vorhanden.

Walnuß-Kerne dienen grob oder fein zerkleinert zur Herstellung verschiedener Süßwaren (Krokant, Nougat usw.). Man erkennt sie an den bräunlichen Samenhautteilchen mit großen Spaltöffnungen.

ζ) Pineolen

Aus der Familie der **Coniferen** liefern zwei *Pinus*-Arten (*Pinus pinea* L. und *P. cembra* L.) fettreiche, eßbare Samen[1]. Die Samenkerne der nur im südlichen Teil Europas wachsenden Pinie (*Pinus pinea* L.) kommen als Pineolen, Piniennüßchen, Pigneoli in den Handel.

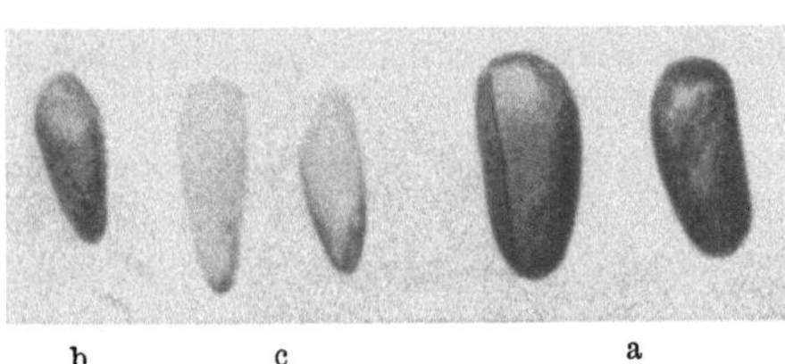

Abb. 396. Piniennuß
a) reife Samen; b) Samenkerne von der holzigen Schale befreit; c) Kerne nach Entfernung der dünnen Samenhaut; natürliche Größe

Die Pinien-Samen (Abb. 396a) sind etwa 2 cm lang, an beiden Seiten gerundet, matt rotbraun. Nach der Entfernung der harten Schale kommt der von einem braunen Häutchen bedeckte spindel- oder walzenförmige, 12 bis 15 mm lange Kern (Abbildung 396b) zum Vorschein, der im geschälten Zustand (Abb. 396c) weiß oder nach längerer Lagerung gelblich aussieht und mandelartig schmeckt. Die Handelsware ist stets von dem braunen Häutchen befreit. Der Kern besteht aus einem 1 bis 1,5 mm dicken Nährgewebe, das den keulenförmigen Keimling mit gewöhnlich 12 fadenförmigen Keimblättern umschließt.

---

[1] C. GRIEBEL: Z. Unters. Lebensmittel **55**, 238 (1928).

Das Gewebe setzt sich aus dünnwandigen Zellen zusammen, die neben Fett rundliche, meist 3 bis 4 μ, vereinzelt auch 10 bis 12 μ große Aleuronkörner enthalten. Nur in den innersten, selten auch in den äußersten Zellreihen des Nährgewebes finden sich zahlreiche kleine Stärkekörner.

η) Zirbelnüsse

Den Piniennüßchen ähnlich sind die Zirbelnüsse (Abb. 397), die Samen der Arve oder Zirbelkiefer (*Pinus cembra* L.), deren Kerne in manchen Gegenden gegessen werden. Sie finden, wie die Pineolen, gelegentlich auch als Mandelersatz Verwendung.

Die Samen sind etwa 1 cm lang, eilänglich, stumpf und dreikantig. Der von der holzigen Schale und der dünnen braunen Samenhaut befreite Kern (Abb. 397b) besteht größtenteils aus Nährgewebe, in das der Keimling, der 8 bis 12 kurze, zusammengeneigte Keimblätter aufweist, eingebettet ist. Oft ist der Keimling auch ganz verkümmert. Die zartwandigen Zellen sind durchweg sehr stärkereich. Entfettete Schnitte oder Bruchstücke des Kernes färben sich daher mit Jodjodkalium blauschwarz. Die Stärkekörner sind gewöhnlich nicht über 5 μ groß. Etwa ebenso groß sind die Aleuronkörner, die zum Teil Kristalloide enthalten; nur einzelne Stärkekörner erreichen bis 12 μ Durchmesser.

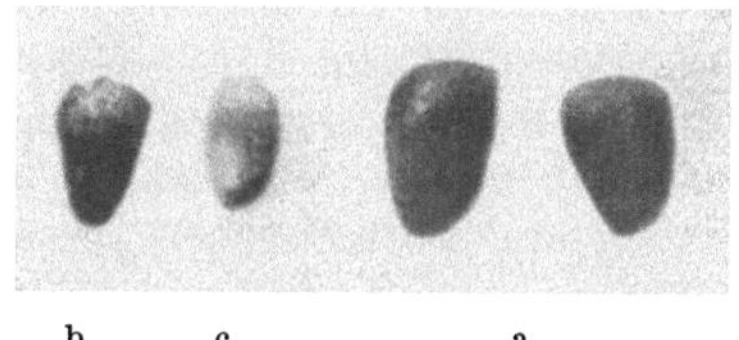

Abb. 397. Zirbelnuß
a) reife Samen; b) Samenkern von der holzigen Schale befreit; c) Kern nach Entfernung der dünnen Samenhaut; natürliche Größe

ϑ) Paranuß

Paranüsse oder Brasilnüsse sind die etwa 4 cm langen Samen der im tropischen Südamerika heimischen *Bertholletia excelsa* H. B. (*Lecythidaceae*). Da sie in großer Zahl (15 bis 23) in einer kugeligen, holzigen Frucht dicht aneinandergedrängt liegen, sind sie dreikantig abgeflacht (Abb. 398).

Die graubraune, harte Samenschale ist quer gerunzelt. Der mandel-

Abb. 398. Paranuß, rechts Samenkern, natürliche Größe

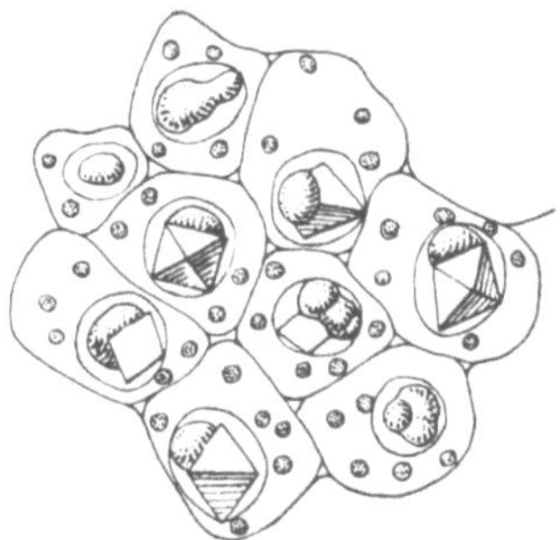

Abb. 399. Embryonal-Gewebe der Paranuß (entfettet). Vergr. 1 : 240

artige Samenkern (Abb. 398 rechts) besteht aus dem ungegliederten Keimling, dem beim Herausnehmen oft noch die inneren Schichten der Samenschale aufliegen.

Die harte Samenschale besitzt außen eine 0,5 bis 1 mm dicke Palisaden-Schicht aus etwa 50 μ breiten, sehr stark verdickten farblosen Zellen, an die sich kleinzelliges, braunes Parenchym anschließt.

An Querschnitten durch die Randzone des Keimlings erkennt man außen den Endosperm-Rest als eine meist zweireihige Aleuron-Schicht aus derbwandigen Zellen, von denen einzelne braune, gerbstoffreiche Einschlußkörper enthalten. Das Embryonal-Gewebe besteht aus zartwandigen, rundlichen, weiter innen häufig gestreckten und mit ovalen Poren versehenen Zellen, die Fett und Aleuron, dagegen keine Stärke enthalten. An entfetteten Schnitten beobachtet man in Jodtinktur oder nach längerer Einwirkung von Glycerin fast in jedem der bis 30 μ großen Aleuronkörner ein großes Kristalloid, daneben rundliche oder unregelmäßig höckerige Globoide (Abb. 106). In einer durch eine Schicht sehr kleinzelligen Gewebes abgegrenzten, schmalen Randzone enthalten die Aleuronkörner meist nur Globoide.

ι) Kakao

Kakao wird aus den Samen eines kleinen, im tropischen Amerika heimischen, aber jetzt in verschiedenen Gegenden des Tropengürtels kultivierten Baumes (*Theobroma Cacao* L. — *Büttneriaceae*) bereitet. Hierbei wird durch Abpressen der gerösteten und gemahlenen Samen die *Kakaobutter* gewonnen, die hauptsächlich in der Schokoladen-Fabrikation, zum kleineren Teil zu pharmazeutischen und kosmetischen Zwecken Verwendung findet.

Die in einer gurkenähnlichen Frucht befindlichen Samen werden im aufbereiteten Zustand als *Kakaobohnen* bezeichnet. Die Kakaobohnen des Handels sind unregelmäßig flach eiförmig (Abb. 400), 15 bis 30 mm lang, braun bis rotbraun. Die dünne, brüchige Samenschale umschließt einen Samenkern, der fast nur aus den großen, dunkelbraunen Kotyledonen besteht, die infolge Zerklüftung durch Druck in zahlreiche eckige Stücke zerfallen.

Die *Kakaoschale* zeigt außen ein aus schlauchförmigen, in Wasser aufquellenden Zellen bestehendes Gewebe, das Reste des Fruchtmuses darstellt. Die eigentliche Epidermis der Samenschale wird von großen, derbwandigen, in der Flächenansicht unregelmäßig polygonalen Zellen gebildet. Darunter folgt eine vielfach unterbrochene Lage sehr großer Schleimzellen, deren trennende Zellhäute kaum noch sichtbar sind, so daß Schleimlücken entstehen. Ihr Inhalt quillt in Wasser sehr stark auf.

Abb. 400. Kakaobohne, natürliche Größe, rechts nach Entfernung der Schale, die Zerklüftung der Kotyledonen zeigend

Das die Schleimlücken umgebende Gewebe ist ein Schwamm-Parenchym aus derbwandigen Zellen, das zahlreiche Gefäßbündel umschließt, deren Spiralgefäße 5 bis 10 μ breit sind. In dem nach innen gelegenen, ziemlich zusammengedrückten Gewebe findet sich eine Lage im Querschnitt etwa rechteckiger, an der Innenwand und den Seitenwänden verdickter, schwach verholzter Zellen. In der Flächenansicht (Abb. 401) besteht diese *Sklereiden-Platte* aus zahlreichen polygonalen, oft sechseckigen, 12 bis 30 μ großen, mäßig verdickten Zellen. Durch Gänge von unverdickten Zellen erscheint die Platte wie auseinandergebrochen.

Die *Kotyledonen*, die allein zur Herstellung der Kakao-Fabrikate Verwendung finden sollen, sind von dem wenig charakteristischen Silberhäutchen umgeben. Das Gewebe der Keimblätter besteht aus zartwandigen, polyedrischen Zellen (20 bis 40 μ), die außerordentlich fettreich sind (etwa 55%) und außerdem reichlich kleine Stärkekörner (4 bis 12 μ) enthalten, die oft auch aus 2 bis 4 Teilkörnern zusammengesetzt sind. Die Aleuronkörner sind etwa 5 μ groß. Einzelne, oft zu kleinen Gruppen vereinigte Zellen des Gewebes enthalten lediglich violettes oder rotbraunes *Pigment*, das sich durch Chloralhydrat carminrot, mit Eisensalzen olivbraun bis schwarzblau, mit Lauge vorübergehend grün färbt.

Abb. 401. Kakaoschale. Sklereiden in der Flächenansicht. Vergr. 1 : 200

Bei der mikroskopischen Prüfung von Kakao-Erzeugnissen wird das entfettete Material zunächst in Glycerinwasser untersucht. Das Bild zeigt hauptsächlich feinkörnige Stärke, untermischt mit sehr kleinen Aleuronkörnern, nur vereinzelt findet man unzerkleinerte Zellen, besonders Pigment-Zellen. Außerdem sind stets geringe Mengen Schalenteilchen vorhanden, weil die restlose Entfernung der Schale bisher technisch nicht möglich ist. Man erkennt die *Schalenteilchen* schon bei schwacher Vergrößerung als größere, braune Partikelchen. Zur Aufhellung der Schalen-Bestandteile verwendet man Chloralhydrat-Lösung, wodurch die charakteristischen Elemente (Oberhaut-Zellen, Schwamm-Paren-

c) Analytischer Schlüssel zur Bestimmung kleinerer Teilchen der als Lebensmittel Verwendung findenden fettreichen Samen

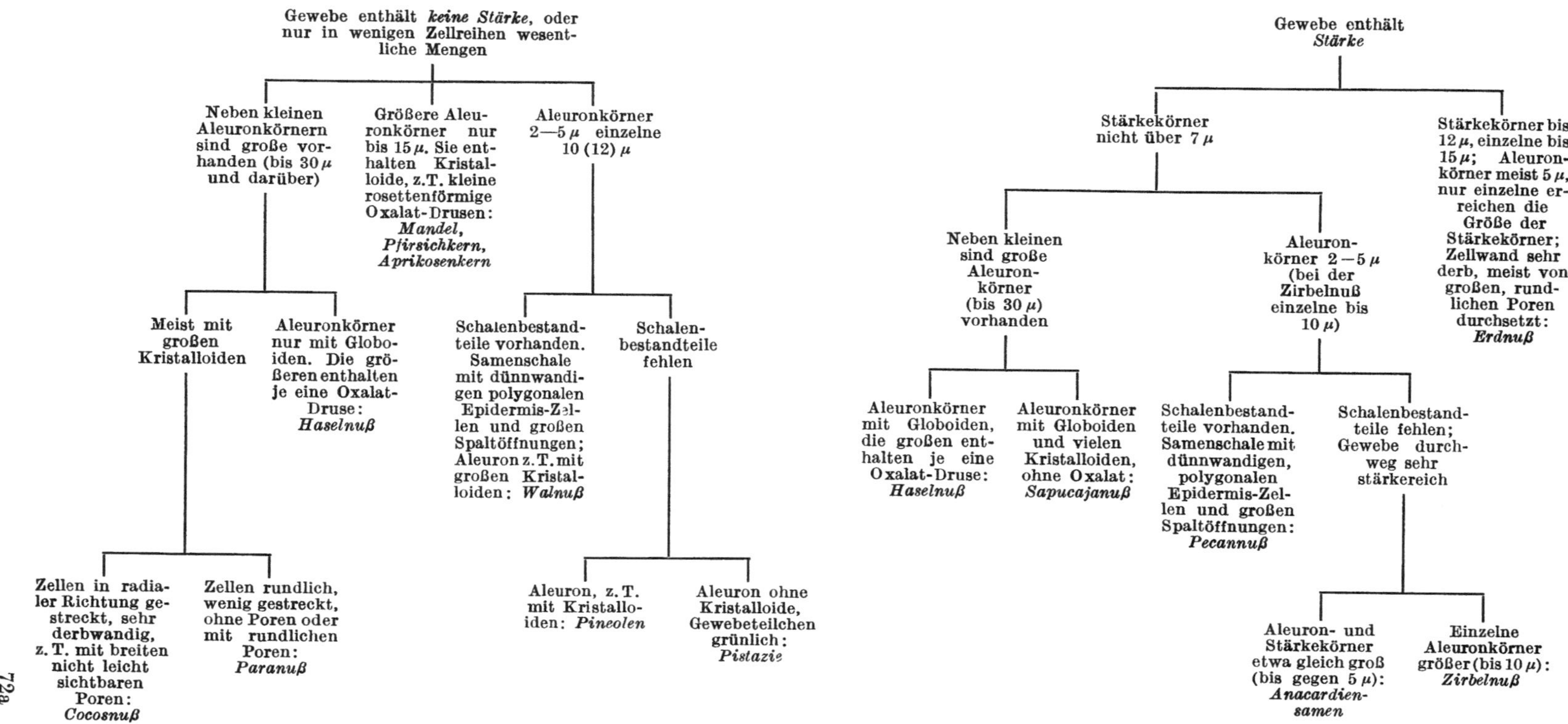

chym, Spiralgefäße, auch ihre herausgerissenen Verdickungsleisten und die Steinzellen-Schicht) sichtbar werden. Durch Auszählen der Sklereiden[1] läßt sich eine quantitative Schätzung der Schalen herbeiführen. Auch die Schleimzell-Teilchen geben einen Anhaltspunkt für die Menge der vorhandenen Schalenteile. Sie lassen sich leicht sichtbar machen durch Verteilung des entfetteten Pulvers in verdünnter flüssiger Tusche und sofortiges Auflegen eines Deckglases. Die Trümmer der Schleimzellen quellen hierbei rasch und erscheinen als helle Stellen im dunklen Gesichtsfeld.

II. Analyse der Nahrungsfette

1. Die Untersuchung der Speisefette mit Ausnahme von Molkereiprodukten und Kakaobutter[*]

a) Grundsätzliches zur Analyse und Beurteilung

Die vom Menschen zur Ernährung benützten Fette gehören im wesentlichen zwei Gruppen an: den *Reserve-* (Depot-, Speicher-) und den *Milchfetten*. *Organ-* (Zell-) *Fette* finden nur in wenigen Fällen unmittelbare Verwendung (Leberöle, Keimlingsöle); man nimmt sie meist unsichtbar und in kleinerer Menge mit der Nahrung auf, eine fabrikatorische Gewinnung dieser Fette erfolgt nur in beschränktem Umfang.

Analytische Erfahrungen über Aufbau, Verhalten und Beurteilung liegen fast ausschließlich über Reserve- und Milchfette vor. Man war bisher auf die übliche Kennzahlen-Analyse angewiesen, die je nach der gegebenen Fragestellung durch spezielle Untersuchungen in hygienischer, chemisch-physiologischer, technologischer oder lebensmittelrechtlicher Richtung zu ergänzen ist, wobei den Fettbegleitstoffen gegebenenfalls besondere Aufmerksamkeit geschenkt werden muß. Der eingehenderen Prüfung der Fette hinsichtlich Art und Menge der konstituierenden Fettsäuren und Glyceride sind bei der lebensmittelchemischen Prüfung aus Gründen von Zeit- und Material-Aufwand sowie von Geräte-Einsatz vorerst noch enge Grenzen gezogen. Nur in Sonderfällen wird man auf kompliziertere, auf die Bedürfnisse der Praxis zugeschnittene Spezialverfahren zurückkommen. Dagegen wird sich die forschende Beschäftigung mit den Nahrungsfetten aller jener Möglichkeiten bedienen, die im allgemeinen Teil dieses Buches niedergelegt sind.

Über die Ursachen der wechselnden Zusammensetzung der Fette gleichen tierischen und pflanzlichen Ursprungs, die Bedeutung der essentiellen Fettsäuren und der „Begleitstoffe" der Glyceride ist an anderer Stelle des Buches bereits berichtet worden.

Die lebensmittelchemische Beurteilung ist eng mit der industriellen Verarbeitung der Fette verknüpft. Es treten ferner hygienische und rechtliche Fragen auf. Den daraus entspringenden Problemstellungen muß die Untersuchungstechnik angepaßt werden. Soweit dies bei der Vielfältigkeit der obwaltenden Gesichtspunkte möglich ist, versucht die nachstehende Darstellung auch darauf einzugehen oder wenigstens einige Hinweise zu geben.

b) Allgemeine Untersuchungsverfahren

Wenn im folgenden die Nahrungsfette vom Standpunkt der Analytik aus betrachtet werden, dann kann sich dies nur auf die wichtigsten Vertreter be-

---

[*] **Bearbeitet von Professor Dr. Dr. h. c. K. Täufel, Berlin und Potsdam-Rehbrücke.**
[1] C. Griebel u. F. Sonntag: Z. Unters. Lebensmittel **51**, 185 (1926).

ziehen. Fette besonderer Art mit nur nebensächlicher oder regionaler Bedeutung werden nicht berücksichtigt. Die Besprechung erfolgt generell nach ihrer Herkunft — ohne Rücksicht, ob Reserve- oder Organfett. Es werden behandelt:

Tierische Fette	*Pflanzliche Fette*	*Industriell hergestellte Fette*
Schweinefett, Talge, Knochenfette, Geflügelfette, Fischöle; Butter ist andernorts abgehandelt (s. S. 1231 ff.)	Oliven-, Erdnuß-, Soja-, Sonnenblumen-, Mohn-, Lein-, Rüb-, Palm-, Sesam-, Baumwollsaat-, Maiskeimöl, Cocos- und Palmkernfett. Über Kakaobutter s. S. 1271 ff.	Raffinierte und gehärtete Fette, Margarine, Kunstspeisefette, synthetische Fette

α) Probenahme

Für die Probenahme und die Vorbereitung der Proben zur Untersuchung gilt das auf S. 418 ff. Gesagte; lebensmittelgesetzliche Vorschriften sind zu beachten.

Vor Durchführung der Untersuchung, die im allgemeinen das klare, wasserfreie Fett heranzieht, ist eine sachdienliche Vorbereitung der Probe erforderlich (Gewähr für Homogenität). Bei abgepackten, besonders bei wasserhaltigen Erzeugnissen (Butter, Margarine) kann differenzierende Entnahme der zu analysierenden Probe aus Außen- und Innenschicht angezeigt sein. Der Probenehmer soll Erfahrung besitzen.

β) Grundlagen der Beurteilung

Je nach der Fragestellung sind für Untersuchung und Urteil recht verschiedene Gesichtspunkte maßgebend. Da die Nahrungsfette zumeist im reinen Zustand vorliegen — ohne eigentlich fettfremde Bestandteile, abgesehen von Butter, Margarine, Trennemulsionen usw. — ist die Bestimmung des Fett-Gehaltes von geringerer Bedeutung. Die analytische Aufgabe läuft vielmehr vor allem auf die *Ermittlung von Identität und Unverfälschtheit* hinaus. Damit steht die Charakterisierung nach Kennzahlen und sonstigen spezifischen Eigenschaften im Vordergrund.

Erhebt sich die Frage nach Frische und Unverdorbenheit, dann ist das Urteil — neben dem sinnesphysiologischen Befund — auf die Ergebnisse der „statischen Analyse" zu gründen, d. h. auf jene Analyse, die sich auf die zum Zeitpunkt der Prüfung ermittelten Grenz- und Wertzahlen sowie auf die sog. Verdorbenheitsreaktionen (vgl. S. 1283 ff.) stützt. Die statische Analyse charakterisiert also den aktuellen Zustand eines Produktes.

Gilt es zur Lagerfähigkeit eines Fetterzeugnisses Stellung zu nehmen, dann ist außer der statischen die „dynamische Analyse"[1] heranzuziehen. Sie besteht darin, die Verderbsanfälligkeit eines Fettes — hervorgerufen durch seine Oxydationsbereitschaft — durch geeignete kurzfristige Modellversuche (Durchleit-Verfahren vgl. S. 1152; Filtrierpapier-Test vgl. S. 1153; SWIFT-Test[2]) zu erfassen.

Wenn eine Aussage über die *physiologisch-chemische Beschaffenheit* angestrebt wird, sind — abgesehen vom Schmelzpunkt usw. — Spaltung durch Lipase in vitro (Verdauungsversuch) sowie Tier-Experiment (Resorption) zu ermitteln; die Untersuchungen sind erforderlichenfalls nach der Seite einflußnehmender Fettbegleitstoffe zu erweitern.

Spezielle Fragen können sich ergeben, wenn die *Genußfähigkeit eines Produktes* (giftige Fette, wie rohes Holzöl, Chaulmoograöl) zu beurteilen ist. Neben

---

[1] K. TÄUFEL u. R. VOGEL: Fette · Seifen · Anstrichmittel **57**, 393 (1955).
[2] V. C. MEHLENBACHER: Oil and Soap **22**, 101 (1945).

Tabelle 328. *Kennzahlen und Charakteristika*

Erzeugnis	Erstarrungs-punkt °C	Schmelzpunkt °C	Lichtbrechung			Ver-seifungszahl
			°C	Brechungsindex	Skalenteile d. Butter-refr.	
Tierische Fette und Öle:						
Blauwalöl	—	—	50	1,461—1,463	53—56	195—201
Butterfett (Kuh) . . .	15—25	28—38	40	1,452—1,457	39—46	218—235
Gänsefett	16—22	25—37	40	1,459—1,460	50—52	191—198
Hammeltalg	32—45	44—45	40	1,455—1,458	43—49	192—198
Hühnerfett.	21—27	23—40	40	1,459—1,462	50—54	193—196
Knochenfett (Rind) . .	32—34	44—45	40	1,459—1,460	50—52	190—196
Knochenfett (Schwein).	—	—	40	1,461	53	196
Lebertran (Dorsch) . .	—	—	40	1,470—1,473	66—71	179—194
Pferdefett	22—37	29—43	40	1,460—1,465	52—59	195—204
Heringsöl	—	—	40	1,470—1,475	66—74	179—194
Rindstalg	30—38	40—50	40	1,454—1,459	43—49	193—200
Schweinefett (Schmalz)	26—30	34—48	40	1,458—1,461	47—52	193—200
Ziegentalg	35	—	40	1,457	47	—
Pflanzliche Fette u. Öle:						
Baumwollsamenöl .	—6 bis —14	der Fettsäuren 34—36	25	1,471—1,472	68—69	191—199
Bucheckernöl.	—17 bis —18	der Fettsäuren 23—24	15	1,473—1,475	71—75	188—196
Cocosfett.	14—25	20—28	40	1,448—1,450	33—36	246—268
Erdnußöl	0 bis —3	der Fettsäuren 27—35	25	1,468—1,471	62—68	188—194
Holunderbeeröl (Samenöl)	—13	—	20	1,480—1,485	82—98	187—198
Holunderbeeröl (Fruchtfleisch) . . .	—4 bis —8	—	20	1,472—1,477	69—79	196—209
Kakaobutter	20—32	32—35	40	1,456—1,458	46—48	193—195
Kürbiskernöl	—15 bis —16	der Fettsäuren 26—31	20	1,471—1,474	69—73	188—197
Leinöl.	—18 bis —27	—18 bis —20	25	1,478—1,482	80—87	190—195
Maisöl.	—10 bis —15	—9	25	1,472—1,474	70—73	188—193
Mohnöl	—15 bis —20	2	25	1,472—1,475	71—75	189—194
Olivenöl.	+4 bis —6	der Fettsäuren 20—33	25	1,465—1,469	59—64	185—196
Palmkernfett	19—24	25—30	40	1,449—1,452	36—39	240—257
Palmöl, Palmfett . . .	31—34	27—30	40	1,453—1,456	41—50	196—210

der wichtigsten Nahrungsfette

Jodzahl	Rhodan-zahl	Unverseif-bares %	Charakteristika
			Kennzeichnung durch Cholesterin
109—138	76	0,5—1,1	Reaktion nach TORTELLI-JAFFE; hochungesättigte C_{20}- und C_{22}-Fettsäuren vorhanden; Polybromidzahl
21—36	22	0,4	R-M-Z: 21—36; Po-Z: 1,3—3,5; BsZ: 16—24; A-Zahl: 2—10; B-Zahl: 20—32
59—81	—	0,4	Farbe: durchscheinend weiß bis blaßgelb; Differenzzahl nach POLENSKE 14—17°
31—47	30—34	0,2	Farbe: fast weiß Konsistenz (20°): etwas hart und brüchig; 3% Tristearin
58—77	62—63	0,1	Farbe: gelblichweiß; Xanthophyll- (Lutein-) Probe
49—53	—	—	9—10% Hexadecensäure
64	—	0,3	
160—170	96,5—104	0,5—1,5	Vitamin A und D; Reaktion nach TORTELLI-JAFFE; stärker ungesättigte Fettsäuren: Polybromide der Fettsäuren 35—47%
71—87	—	0,4—0,7	Anwesenheit von Linolensäure [E. G. BROOKER u. F. B. SHORLAND: Biochem. J. **46**, 80 (1950)]; Polybromidzahl
108—155	—	0,8—2,4	H'gelb bis d'braun; mind. Qualit. bis etwa 60% freie Fettsäuren; eiweißreiches Fischöl von typisch penetrantem „Trangeruch"
32—47	38—40	0,3	Differenzzahl nach POLENSKE 13—15°
46—66	46—52	0,1—0,4	Wulst-Probe; Kristallisationsversuch: Tafeln mit schief abgeschnittenen Enden; Differenzzahl nach POLENSKE 18—22°; als höchstschmelzende Glyceride β-Palmito-distearin und Dipalmito-stearin (Probe nach BÖMER-LIMPRICH); Vitamin E
33	—	—	Farbe: graugelb; bisweilen „Bocksgeruch"; Isoölsäure 1,1—2,8%
			Kennzeichnung durch Phytosterine
100—121	61—65	0,7—1,6	Farbe unraffiniert: rotbraun bis schwarzbraun; Gossypol; Tocopherole; Reaktion nach HALPHEN
101—111	—	0,8	Reaktion nach BELLIER: violett, nach 1—2 Minuten braun
8—10	6—8	0,1—0,5	R-M-Z: 4—7; Po-Z: 8,5—11; A-Zahl: 16—17; B-Zahl: 1,8—1,9 CsZ: 17—22; GZ 37—39; BsZ: etwa 0,9; Fluorescenz: bläulich; Differenzzahl nach POLENSKE 4,8—6,0
83—103	70—79	0,3—1,0	Arachinsäure
161—177	—	0,6—1,1	
81—99	—	—	
33—38	32—35	0,3	Geruch nach Kakao; Farbe: ziemlich hell, reingelb; Fluorescenz: gelblich; Konsistenz (20°): fest, spröde; Klarschmelzpunkt: 33—35°; JZ der Fettsäuren: 35—40
119—134	—	1,0	Farbe: bis braungrün; im auffallenden Licht bis tiefrot; Chlorophyll
169—196	110—119	0,6—2,8	Farbe: dunkelgoldgelb bis grünlich; Hexabromidzahl 36—45 (= der Fettsäuren 50—59); trocknendes Öl; eigenartiger Geruch
111—131	74—78	1,3—2,5	Fluorescenz: leicht gelb; Mehlgeschmack; halbtrocknendes Öl; Schwefelkohlenstoff-Schwefelsäure: violette Färbung
131—143	76—79	0,4—0,6	Farbe: fast farblos bis schwach goldgelb; trocknendes Öl
80—85	71—75	0,5—1,4	Farbe: goldgelb; Chlorophyll; Elaidinierungsprobe
14—19	13—15	0,2—0,5	Fluorescenz: bläulich; R-M-Z: 4—7; Po-Z: 8,5—11; A-Zahl 16—17; B-Zahl: 1,8—1,9; Laurinsäure-Zahl: 115—135; BsZ: 0,5
51—57	46—47	0,3	Farbe: orangegelb bis braunrot; Konsistenz: butterartig; viel Carotin im ungebleichten Öl, 130—336 γ/g

Tabelle 328. *Kennzahlen und Charakteristika*

Erzeugnis	Erstarrungs-punkt °C	Schmelzpunkt °C	Lichtbrechung			Ver-seifungszahl
			°C	Brechungsindex	Skalen-teile d. Butter-refr.	
Rapsöl	—4 bis —12	der Fettsäuren 11—22	25	1,470—1,474	66—72	167—181
Sesamöl	—3 bis —6	der Fettsäuren 24—32	25	1,470—1,472	66—69	187—195
Sojabohnenöl	—8 bis —18	—7 bis —8	25	1,472—1,475	69—74	188—195
Sonnenblumenöl . . .	—16 bis —18	der Fettsäuren 21—24	20	1,474—1,476	72—76	186—194
Tabaksamenöl	—	—	25	1,474—1,477	72—78	189—198
Weizenkeimöl	—	—	25	1,477	77	182—191

der sinnesphysiologisch-chemischen Betrachtung muß die Bewertung zusätzlich auf die Ergebnisse der Untersuchung hinsichtlich zufälliger bzw. zugesetzter Begleitstoffe (Farbstoffe, Antioxydantien usw.) sowie Mikroorganismen nach Art und Menge zurückgreifen. Der *Gesichtspunkt der Eignungsprüfung* tritt hervor, wenn ein spezieller Verwendungszweck nachzuprüfen ist (Ziehfett, Trennfett, Shortenings, Trennemulsionen usw.). Wieder besondere Entscheidungen erfordert die *Bewertung nach den lebensmittelrechtlichen Vorschriften.* Es leuchtet ein, daß ein für alle Fälle gültiges Untersuchungs- und Beurteilungsschema nur in den Grundzügen angegeben werden kann; entsprechende Ausführungen dazu werden bei den einzelnen Kapiteln gemacht werden.

Das Urteil wird sich grundsätzlich auf die praktische und wissenschaftliche Erfahrung des Analytikers zu stützen haben. Dabei ist von maßgeblicher Bedeutung die kritisch abwägende Auswertung der ermittelten Daten an Hand derjenigen einwandfreier, definierter Produkte. In Tab. 328 sind die Kennzahlen für die wichtigsten natürlichen Nahrungsfette auswahlweise und unter Berücksichtigung der mittleren Schwankungsbreite zusammengestellt.

Je nach der Fragestellung treten verschiedene Gesichtspunkte in den Vordergrund. Sie werden im wesentlichen durch die Anforderungen bestimmt, die hinsichtlich ernährungsphysiologischer und technologischer Eignung zu stellen sind. Die Grundlagen dafür sind weitgehend in den lebensmittelrechtlichen Bestimmungen enthalten, die den Verkehr mit Nahrungsfetten regeln. Abgesehen vom Lebensmittelgesetz in der Fassung vom 17. 1. 1936 (RGBl. I, S. 17) sind für Fette tierischer Herkunft das Gesetz betreffend den Verkehr mit Butter, Käse, Schmalz und deren Ersatzmitteln vom 15. 6. 1897 (RGBl. I, S. 475) sowie das Gesetz betreffend die Schlachtvieh- und Fleischbeschau vom 3. 6. 1900 in der Fassung vom 29. 10. 1940 (RGBl. I, S. 1463) mit ihren Ausführungsbestimmungen[1] heranzuziehen.

Wichtige Gesichtspunkte sind Erkennung von Herkunft (Deklaration), Reinheit, Unverdorbenheit, Abwesenheit unzulässiger Bestandteile, Zusätze und Farben, einwandfreie Beschaffenheit in gesundheitlicher Beziehung (unzulässige Behandlung der Rohstoffe oder der Fette selbst). Zur Beantwortung der ge-

---

[1] Hinsichtlich der Sonderregelungen ist auf das Schrifttum zu verweisen, z. B. auf F. EGGER: Lebensmittelchem. Taschenb., S. 243. Stuttgart: Wissenschaftl. Verlagsges. 1950.

der wichtigsten Nahrungsfette (Fortsetzung)

Jodzahl	Rhodan-zahl	Unverseif-bares %	Charakteristika
94—106	78	0,5—1,5	Etwa 50% Erucasäure; Nachweis als Erucasäure oder als Dioxybehensäure; Reaktion nach VALENTA: unvollkommen im siedenden Eisessig lösl.; halbtrocknendes Öl; wenig optisch aktiv
103—112	75—78	0,9—1,3	Fluorescenz: leicht gelb; Reaktion nach BAUDOUIN, SOLTSIEN, KREIS; halbtrocknendes Öl; Gehalt an Sesamol bzw. Sesamolin
103—109	78—82	0,5—1,5	Tocopherole; Farbreaktionen nach JESSER und THOMAE; Elaidin-Reaktion ergibt keine feste Masse
127—136	79—83	0,6—1,2	Fluorescenz: mattgelb; trocknendes Öl; mitunter Cerylcerotat vorhanden, aus den Schalen stammend
136—147	—	3,0	Farbe: hellgrünlich bis gelblich; Fluorscenz: grünlich; Salpetersäure-Probe: schmutzigweiß → gelblichrote Emulsion; Schwefelsäure-Probe: hellgelb → rotbraun → dunkelbraun
115—128	—	2—5	Tocopherole

stellten Fragen sind die vorangehend umrissenen sinnesphysiologischen, physikalischen, chemischen und chemisch-physiologischen Untersuchungsverfahren sinngemäß heranzuziehen und auszuwerten.

Bei technologischen Fragestellungen treten u. U. noch besondere Gesichtspunkte hervor. Untersuchung und Beurteilung haben sich den gegebenen Verhältnissen anzupassen, ohne daß dafür eingehendere allgemeine Hinweise gegeben werden können.

1. Sinnenprüfung

Bei den Nahrungsfetten steht der Sinnenbefund immer im Vordergrund, wobei die einflußnehmenden psychischen Faktoren zu berücksichtigen sind. Sein Ausfall ist entscheidend und gegebenenfalls auch für den Gang der Untersuchung wegweisend. Es sind dabei vor allem folgende Gesichtspunkte zu beachten.

Farbe. Man stellt sie an der Außenschicht, aber auch an einer frischen Schnittfläche bei diffusem Tageslicht fest. Die Färbung soll gleichmäßig und ohne Fleckenbildung (Kantenbildung) sein. Eine hellere Randschicht (bei Butter und Margarine) kann auf Ausbleichung (beginnendes Verderben), eine dunklere auf Austrocknung (meist kein eigentlicher Fehler) zurückgehen. Fleckenbildung ist u. U. von Mikroorganismen verursacht. Dunkle Verfärbung eines aufgeschmolzenen Fettes ist möglicherweise das Anzeichen für vorherige Überhitzung bzw. unzureichende Raffination.

Über die Messung der Farbe vgl. S. 1201.

Geruch. Nahrungsfette haben je nach Herkunft und Gewinnungsweise einen neutralen oder spezifischen Geruch; jede Abweichung von der Norm ist auffällig und bedarf der Aufklärung. Stechende, saure, ranzige, muffige, talgige, ölige oder sonst fremdartige Komponenten sind abzulehnen. Sie deuten auf fehlerhafte Beschaffenheit des Produktes bzw. des Rohstoffes hin (Autoxydation, Hydrolyse, Wachstum von Kleinlebewesen usw.); auf eventuell zugesetzte Riechstoffe ist zu achten.

Geschmack. Je nach Art des Produktes ist er indifferent-fettig oder typisch. Die Kostprobe ist mit einem geschmacksfreien Gegenstand zu entnehmen. An Nuancen sind bei einer Temperatur der Probe von 12 bis 18° besonders zu ermitteln solche von kratzender, bitterer, stechender, saurer, seifiger, ranziger oder sonst ungewöhnlicher und unangenehmer Art.

Erhitzungstest. Zur verschärften geruchlichen und geschmacklichen Beurteilung eignet sich der von E. LINDEMANN und J. WURZIGER[1] für Schweineschmalz angegebene Erhitzungstest.

Das Fett (etwa 20 bis 30 g) wird in einem 100 ml Becherglas oder Aluminiumbecher allmählich bis in die Nähe des Rauchpunktes erhitzt und die jeweilige Geruchskomponente festgestellt. Butter und Margarine[2] werden zunächst im Wasserbad aufgeschmolzen; die durch Zentrifugieren von Wasser und sonstigen Begleitstoffen abgetrennte Fettphase wird dann, wie vorangehend beschrieben, sinnesphysiologisch geprüft.

Konsistenz. Man definiert — sofern nicht exakte Messung erforderlich — etwa an Hand folgender Nomenklatur: ölig, salbenartig, weich, streichbar, körnig, glatt, hart, dünn-, dick-, zähflüssig, schmalz-, butter-, talg-, wachsartig; zähe und fadenziehende Beschaffenheit kann u. U. von Kalkseifen herrühren.

Koch-, Brat- und Backprobe. Bei Fetten für diese Zweckbestimmung ist ein praktischer Versuch durchzuführen. Man ermittelt, ob das Erzeugnis spritzt (spratzt), schäumt, sich bräunt, einen Bodensatz (Fond) liefert, ob es als Ziehfett (Blätterteig) wirkt usw.

Über die technologisch u. U. wichtige *Fähigkeit zur Wasserbindung* unterrichtet man sich orientierend folgendermaßen: Man verreibt das geschmolzene Fett in der Reibschale intensiv mit dem Pistill bei Gegenwart von überschüssigem warmem Wasser, läßt unter Verkneten erkalten und gießt das Wasser vollständig ab. Im Fett (zwischen Filtrierpapier oberflächlich getrocknet) ermittelt man den Wassergehalt (vgl. auch S. 1160 u. 1196).

Sinnesphysiologisch von der Norm abweichende Produkte müssen mikroskopisch und bakteriologisch (vgl. S. 1156) sowie auf Verdorbenheit (vgl. S. 1160) untersucht werden.

2. Physikalische Methoden

Die Kennzeichnung der Nahrungsfette nach ihren physikalischen Eigenschaften bedient sich der üblichen Untersuchungsverfahren, über die andernorts (vgl. S. 609 ff.) ausführlich berichtet worden ist. Soweit besondere Gesichtspunkte maßgeblich sind, werden an jeweiliger Stelle Angaben gemacht.

3. Chemische Methoden

Die allgemein für Nahrungsfette heranzuziehenden Arbeitsverfahren zur Ermittlung der Kennzahlen usw. sind im allgemeinen Teil des Buches ausführlich beschrieben (vgl. S. 524 ff.). Von Fall zu Fall ist auf Besonderheiten näher hingewiesen.

Die Oxydationsbereitschaft und damit die Lagerfestigkeit eines Produktes werden analytisch durch die Dauer der „*Induktionsperiode*" charakterisiert. Um darüber ein Urteil zu gewinnen, muß man sich — abgesehen von der statischen Analyse — insbesondere auf die Ergebnisse der dynamischen Analyse (vgl. S. 1147) stützen. Zu solchen routinemäßigen Versuchen zieht man z. B. den SWIFT-Test (vgl. S. 1147) heran. Derselbe ist von K. TÄUFEL und R. VOGEL als *Durchleit-Verfahren*[3] abgewandelt worden und kann als sog. *Säure-Indicator-Test* bzw.

---

[1] E. LINDEMANN u. J. WURZIGER: Fleischwirtschaft **6**, 69 (1954).
[2] K. TÄUFEL u. R. SERZISKO: Ernährungsforsch. **2**, 120 (1957).
[3] K. TÄUFEL u. R. VOGEL: Ernährungsforsch. **1**, 142 (1956).

als *Peroxyd-Indicator-Test* — unter Anpassung an die obwaltenden Bedingungen — angewendet werden; Einzelheiten und Auswertung vgl. Literaturangabe.

Eine weitere, den natürlichen Bedingungen bei der Autoxydation gut angepaßte Untersuchungsweise stellt der **Filtrierpapier-Test nach K. Täufel und R. Vogel**[1] dar:

Etwa 0,5 g Fett, abgewogen bzw. mit Pipette abgemessen, werden in 10 ml reinem, wasserfreiem Aceton bzw. Aceton + Chloroform (1:1) gelöst. Mittels einer Mikropipette träufelt man davon jeweils 0,025 ml auf mehrere Streifen von Schwermetallspuren freiem Chromatographier-Papier. Man läßt kurze Zeit trocknen und hängt dann die Streifen im diffusen Tageslicht bei Zimmertemperatur frei schwebend auf; direktes Sonnenlicht wirkt auf die Autoxydation stark beschleunigend. In gewissen Zeitabständen nimmt man einen Streifen, besprüht mit dem Nachweis-Reagens und beobachtet nach 5 Min. den entstandenen Farbton (schwach gelb zunehmend bis intensiv rot).

Sprüh-Reagens: In 50 ml einer 10%igen wäßrigen Ammoniumrhodanid-Lösung, die 0,5 ml reine konz. Schwefelsäure enthält, löst man 5 g Eisen(II)-Sulfat ($FeSO_4 \cdot 7H_2O$), hergestellt nach N. A. TANANAEFF[2]. Die auftretende Rotfärbung [Eisen(III)-Ion] beseitigt man durch Zusatz von 0,5 bis 0,7 g Eisenpulver. Mit einem Bunsenventil verschlossen, hält sich diese Lösung etwa 1 Monat in brauchbarem Zustand. Bei Bedarf läßt man 5 ml dieser Stammlösung in 45 ml eines gleichteiligen Gemisches aus frisch destilliertem Aceton und ausgekochtem destilliertem Wasser einfließen, mischt und verschließt die Flasche mit dem ein Sprührohr tragenden Stopfen; dieses Sprühreagens ist, da auch unter Kohlendioxyd nur beschränkt haltbar, jeweils frisch herzustellen.

Die erste visuell zu beobachtende Färbung, die sich in einer schwachen Gelbfärbung manifestiert, tritt etwa bei einer Peroxydzahl von 2 ein (ml 0,01 n $Na_2S_2O_3$ je 1 g Öl). Bei Benutzung einer mit Fettproben bekannter Peroxydzahl geeichten Farbskala kann auf diese Weise die Peroxydzahl laufend und rasch annähernd ermittelt werden.

Bei der Untersuchung fetthaltiger Lebensmittel kann die Abtrennung des Fettes zum Zwecke der Ermittlung von Menge und Art erforderlich sein. Hierbei zieht man die üblichen Verfahren der Fett-Extraktion nach entsprechender Vorbereitung des Untersuchungsmaterials heran (vgl. S. 357 ff.). Bei kohlenhydrat- und eiweißreichen Substanzen, vor allem bei Backwaren, treten Störungen auf (Festhalten von Fett), die man folgendermaßen überwindet:

Fettabscheidung aus stärkereichen Erzeugnissen (Backwaren)[3]. Das nötigenfalls zerkleinerte Untersuchungsmaterial wird vorsichtig getrocknet, pulverisiert und durch ein Sieb (2 mm) getrieben. Man bewahrt die lufttrockene Probe in Gläsern mit Schraubverschluß auf.

100 g des Materials versetzt man in einem 1 l Jenaer Stehkolben mit 500 ml Wasser und 20 ml 25%iger Salzsäure, schüttelt stark um und erhitzt unter Schütteln vorsichtig zum Sieden. Das zunächst eintretende Schäumen läßt bald nach; das Erhitzen wird 10 bis 15 Min. fortgesetzt. Nach dem Erkalten wird Kongorot-Lösung zugesetzt (stark blaue Farbe) und die Salzsäure mit Natronlauge (10- bis 15%ig) bis zur violetten Zwischenfarbe abgestumpft. Die Lösung muß deutlich sauer bleiben, und eventuell ist ein Zusatz von etwas Phosphorsäure notwendig. Zur Begünstigung der Klärung kann man je 5 ml einer Lösung von Kaliumhexacyanoferrat(II) (150 g/l) und Zinkacetat (300 g/l) hinzusetzen. Man filtriert in folgender Weise: In einen Glastrichter (12 bis 15 cm Durchmesser) wird eine Filterscheibe (24 cm Durchmesser) glatt angelegt und 10 bis 20 g Bimssteingrieß eingebracht. Man filtriert und wäscht mit Wasser nach. Nach dem Abtropfen werden Trichter mit Filter sowie Stehkolben im Trockenschrank (120°) etwa 7 bis 8 Std. getrocknet, darauf der Filterrückstand in der Reibschale verrieben und in üblicher Weise mit Äther erschöpfend extrahiert. Stehkolben, Trichter und Reibschale spült man mit dem zu verwendenden Äther nach. Der Ätherrückstand stellt nach dem Trocknen das Fett dar und wird zur Untersuchung benützt. Das Verfahren ist quantitativ.

Fettabscheidung aus zuckerreichen Erzeugnissen[4]. 100 g des Materials (z. B. Rahmbonbons) werden in einem 1 l Jenaer Stehkolben auf dem Wasserbad mit etwa 500 ml Wasser behandelt, bis keine zusammenhängenden Teile am Boden mehr sichtbar sind. Nun fügt man

---

[1] K. TÄUFEL u. R. VOGEL: Fette · Seifen · Anstrichmittel **57**, 393 (1955); vgl. auch A. RUTKOWSKI u. Z. MAKUS: Roczniki Technol. Chem. Zyw. **2**, 79 (1957).

[2] N. A. TANANAEFF: Z. physik. Chem. **114**, 49, 51 (1925); Analytic. Chem. **128**, 308 (1948).

[3] J. GROSSFELD: Z. Unters. Lebensmittel **74**, 284 (1937).

[4] J. KUHLMANN u. J. GROSSFELD: Z. Unters. Nahrungs- u. Genußmittel **50**, 348 (1925).

5 ml 25%ige Salzsäure hinzu, erhitzt und hält rund 15 Min. im leichten Sieden[1]. Nach dem Erkalten klärt man unter Schütteln durch Zugabe von je 5 ml einer Lösung von Kaliumhexacyanoferrat(II) (150 g/l) und von Zinkacetat (300 g/l). Man filtriert und behandelt den getrockneten Rückstand weiter, wie vorstehend beschrieben. Das Fett kann insbesondere zur Prüfung auf Milchfett benützt werden.

4. Physiologisch-chemische Methoden

Zur physiologisch-chemischen Beurteilung der Nahrungsfette ist die physikalische und chemische Untersuchung durch die biologische Prüfung zu ergänzen. Zur *Ermittlung der Verdaulichkeit* bedient man sich entweder unmittelbarer Versuche am Menschen oder am Tier bzw. der *Methodik der künstlichen Verdauung* mit lipatischen Fermenten im Modellversuch. Der *Ernährungseffekt eines Nahrungsfettes* wird durch Fütterungsexperimente am Versuchstier bestimmt.

Zur *Ermittlung des Vitamin-Gehaltes* bedient man sich chemischer Verfahren bzw. des Tierversuches. Über die *bakteriologische Beschaffenheit* unterrichtet der *mykologische Versuch*, wobei Menge und Art der vorhandenen Mikroorganismen zu charakterisieren sind; hierbei sind neben den pathogenen auch die nichtpathogenen (Fettverderben) Keime sehr wichtig.

Schließlich ist zu erwähnen, daß man an Hand der *Ergebnisse serologischer Prüfungen* u. U. in den Stand gesetzt wird, Schlüsse auf die Herkunft eines Fettes zu ziehen.

Verdaulichkeit der Fette. Die Prüfung beruht darauf, daß man dem Menschen oder Tier eine dem Fettgehalt nach bekannte Nahrung verabfolgt, unter Abgrenzung die in Frage kommenden Fäces sammelt und auf Fett qualitativ und quantitativ prüft. Der Versuch ist über eine ausreichend lange Zeit fortzusetzen, wobei zur Ausschaltung besonderer Einflüsse mehrere gesunde Individuen herangezogen werden müssen. Hinsichtlich der Durchführung solcher stoffwechselchemischer Prüfungen ist auf die einschlägige Fachliteratur zu verweisen[2]. Die Auswertung setzt strenge und sachverständige Kritik voraus, insbesondere auch deshalb, weil die Verdaulichkeit eines Fettes nicht nur von seiner Art und Beschaffenheit, sondern auch stark von dem Milieu abhängt, in dem man es verabfolgt[3].

Künstliche Verdauung. Die *Verwertung eines Fettes im menschlichen (und tierischen) Organismus* ist das Ergebnis des Zusammenwirkens von im wesentlichen 4 Faktoren, nämlich der hydrolytischen Spaltbarkeit der Glyceride im Verdauungsapparat, der Resorption der feinst dispergierten Tri-, Di- und Monoglyceride sowie der Fettsäuren durch die Darmwand, der Verträglichkeit (Auftreten und Ausbleiben von Nebenreaktionen) und der Verwendbarkeit im Intermediär-Stoffwechsel. Aus dieser Vielheit greift der *Verdauungsversuch in vitro* einen Faktor heraus, und zwar die Spaltbarkeit der Fettsäureester, wie sie sich im Darm unter dem Einfluß der Pankreaslipase erwiesenermaßen nur partiell vollzieht. Durch diese Einseitigkeit des Modells sind die Grenzen der Auswertbarkeit der experimentellen Ergebnisse aufgezeigt.

---

[1] Man kann auch so vorgehen, daß man 100 g Substanz in etwa 400 ml heißem Wasser löst, etwas Kieselgur und nach dem Erkalten 25 ml Kupfersulfat-Lösung (FEHLING) und 25 ml 0,25 n Natronlauge nacheinander zusetzt. Nach 5 Min. wird durch ein fettfreies Filter unter Nachwaschen mit Wasser filtriert. Das Filter mit dem fetthaltigen Rückstand wird nach dem Trocknen mit Äther, Petroläther oder Trichloräthylen in üblicher Weise extrahiert; weitere Behandlung wie sonst; vgl. G. HEUSER u. E. KRAPOHL: Z. Unters. Lebensmittel **82**, 145 (1941).

[2] Zum Beispiel A. BÖMER u. O. WINDHAUSEN in A. BÖMER, A. JUCKENACK u. J. TILLMANS: Handb. d. Lebensmittelchemie, Bd. II/2, S. 1457ff. Berlin: Springer 1935.

[3] Vgl. K. LANG: Verh. dtsch. Ges. inn. Med. **59**, 169 (1953).

Lipasen sind in ihrer Wirksamkeit bekanntlich stark vom Milieu und von Begleitstoffen abhängig; es kann sowohl Aktivierung als auch Hemmung eintreten. Erwiesen ist ferner, daß die bei der Hydrolyse in Freiheit gesetzten Fettsäuren den Fortgang der Spaltung in der zu erwartenden Weise verzögern, da in vitro (geschlossenes System) eine Anreicherung erfolgt, während in vivo (offenes System) eine dauernde Resorption stattfindet. Man muß deshalb im Modellversuch die Fettsäuren aus dem Gleichgewichtsvorgang ausschalten (Fällung als Calciumseifen). Unter Beachtung aller Umstände gelangt H. STEUDEL[1] zu folgender Arbeitsweise, bei der die freien Fettsäuren titrimetrisch erfaßt werden:

In eine weithalsige Pulverflasche (250 ml) mit eingeschliffenem Glasstopfen gibt man 20 ml einer Lösung von Calciumlactat (50 g/200 ml Wasser), eine halbe bis ganze Tablette (pulverisiert) eines wirksamen Lipase-Präparates (Pankreas-Präparat), 0,2 g Thymol (zur Konservierung), 2 bis 3 Tropfen einer alkohol. Phenolphthalein-Lösung und 5 g des zu prüfenden Fettes, dessen SZ zu berücksichtigen ist. Zur durchgeschüttelten Mischung setzt man 0,25 g gereinigte Rindergalle[2], 50 ml Wasser und mischt nochmals. Zum Vergleich setzt man zweckmäßig 2 Flaschen, z. B. mit Butterfett und Olivenöl, an.

Die Reaktionsmischungen werden in den Brutschrank (37°) gestellt. In Intervallen von je 24 Std. titriert man mit 0,5 n Alkalilauge auf schwache Rosafärbung, wobei sich ein weißer, schwerer Niederschlag (Calciumseifen) absetzt; das Wiederverschwinden der Rötung ist ohne Belang, weil die Titration am nächsten Tage usw. in gleicher Weise fortgesetzt wird.

Nach Ende der Prüfung am 7. Tag enthalten die Vergleichsproben, die vollständig gespalten zu sein pflegen, eine fettfreie Flüssigkeit über dem weißen Niederschlag der Calciumseifen; weitere Ausdehnung des Versuches kann Fehler hervorrufen (Zersetzung des Proteins aus dem Lipase-Präparat).

Beispiel:

	Versuch I (5 g Olivenöl) ml 0,5 n Lauge	*Versuch II* (5 g synthetisches Fett) ml 0,5 n Lauge
1. Tag	10,7	4,9
2. Tag	10,1	4,0
3. Tag	6,1	4,0
4. und 5. Tag	3,7	4,3
6. Tag	2,0	3,5
7. Tag	1,1	3,7
	33,7	24,4

Das allmähliche Fortschreiten der Hydrolyse unterrichtet qualitativ über die lipatische Glycerid-Spaltung, d. h. über die Bereitschaft des Fettes zur Spaltung; in den angeführten Beispielen tritt der Unterschied scharf hervor.

Die 5 g Olivenöl verbrauchen bei der totalen Hydrolyse 33,3 ml 0,5 n Lauge. Nach dem Beispiel ist am 7. Tag die Spaltung vollständig. Aus dem Laugen-Verbrauch des zu prüfenden, vollständig verseiften Fettes läßt sich prozentual die Menge des gespaltenen bzw. des noch nicht gespaltenen Anteiles berechnen.

Ergänzend ist zu bemerken, daß die bei Versuch II beobachtete teilweise Spaltung nur zum Ausdruck bringt, daß die lipatische Hydrolyse langsamer als bei Versuch I verläuft. Im Organismus kann sie — unbeschadet der Verzögerung — trotzdem vollständig werden; es tritt aber die gegenüber Olivenöl verlangsamte Hydrolyse bzw. Verdaulichkeit deutlich in Erscheinung.

Bei vorsichtiger und kritischer Auswertung sind durch die beschriebene Prüfung wertvolle Anhaltspunkte für die Beurteilung zu gewinnen. Dabei ist grundsätzlich festzuhalten, daß die ermittelte Spaltung der Glyceride zunächst etwas Näheres über die Resorption nicht aussagt. Es ist erwiesen, daß Fettsäuren ebenso wie Mono-, Di- und Triglyceride resorbiert werden, vorausgesetzt, daß die physiologisch-chemischen Bedingungen erfüllt sind.

Ernährungseffekt. Wenn man sich eine Vorstellung über den Ernährungseffekt eines Fettes, d. h. über sein ernährungsphysiologisches Verhalten ins-

---

[1] H. STEUDEL: Biochem. Z. **318**, 205 (1948); Med. Klin. **44**, 404 (1949).
[2] Es ist Rindergalle zu verwenden; Schweinegalle ist ungeeignet.

gesamt, verschaffen will, wird man zum Fütterungsversuch an geeigneten Tieren (Ratten, Hund usw.) greifen. Die aus gesunder, definierter Zucht stammenden, wachsenden Individuen werden nach entsprechender Vorbereitung mit einem kompletten Futter bekannter Zusammensetzung ernährt, dem einmal ein in seiner Wirkung geprüftes Fett, zum andern das zu untersuchende Produkt in dosierter Menge zugesetzt ist. Der Wirkungswert läßt sich durch Aufstellung der Gewichtszunahme-Kurven ermitteln und durch zusätzliche klinische Untersuchungen ergänzen.

Hinsichtlich der Durchführung solcher Tier-Experimente und ihrer Auswertung ist auf das Spezialschrifttum zu verweisen[1].

Vitamine in Fetten. Als Fettbegleiter treten im wesentlichen die fettlöslichen Vitamine A (und Provitamin A = Carotin), D, E und K auf. Ihr Nachweis nach Art und Menge erfolgt entweder im *biologischen Versuch*, auf dessen Durchführung hier nur verwiesen werden kann oder *nach chemischen Methoden*, die an anderer Stelle bereits beschrieben wurden.

Mykologische Prüfung. Die mykologische Untersuchung von Nahrungsfetten kann in zweifacher Hinsicht von Bedeutung sein. Zum einen handelt es sich um die Feststellung der Anwesenheit bedenklicher, pathogener Mikroorganismen, zum andern vermögen Kleinlebewesen auf Grund ihrer Stoffwechsel-Produkte bzw. auf Grund der durch sie (enzymatisches System) an der Fettsubstanz ausgelösten Umsetzungen hydrolytischer oder desmolytischer Art sinnesphysiologisch nachteilige Veränderungen herbeizuführen. Die Anfälligkeit der reinen Nahrungsfette mit ihrem sehr kleinen Wassergehalt ist begreiflicherweise viel geringer als die der wasserhaltigen Fettgewebe sowie der wasserhaltigen Erzeugnisse (Butter und Margarine), bei denen sich zusätzlich die Begleitstoffe (Proteine, Kohlenhydrate usw.) wachstumsfördernd auswirken. Hinsichtlich der praktisch wasserfreien Fette ist zu beachten, daß man z. B. bei einem Wassergehalt von 0,3 % noch eindeutig Mikroben-Wachstum (xerophile Organismen) beobachtet hat; erst bei Wasser-Werten unter 0,01 % scheinen Entwicklungsmöglichkeiten nicht mehr gegeben zu sein. Dies bedeutet, daß schon beim Lagern von Fett in feuchter Atmosphäre (oberflächliche Kondensation von Wasser) u. U. ein Befall mit wachsenden Mikroorganismen zu gewärtigen ist.

Während bei reinen Fetten bevorzugt die typischen Fettzersetzer (*Oidien, Cladosporium, Bact. putidum, Bact. fluorescens* usw.) in den Vordergrund treten, spielen bei Fettgewebe, Butter und Margarine zusätzlich Eiweiß- und Kohlenhydrat-Zersetzer eine Rolle. Dabei ist speziell bei Margarine zu unterscheiden, ob sie mit Milch (peptonisierende Keime) oder nur mit Wasser verkirnt ist; die Verwendung nicht entkeimten Wassers kann Infektionen mit *Bact. fluorescens, Bact. putidum, Bact. coli* usw. herbeiführen. Dem Verpackungsmaterial (Papier) ist Aufmerksamkeit zu schenken (Schimmelpilze).

Über die sinnesphysiologischen Veränderungen, die durch Kleinlebewesen hervorgerufen werden, besteht nur teilweise Klarheit[2]. Sichergestellt ist durch die Kennzeichnung der Zersetzungsprodukte die durch gewisse Schimmelpilze (bei Cocos- und Palmkernfett, Margarine, Butter) hervorgerufene Parfümranzig-

---

[1] Zum Beispiel A. SCHEUNERT u. M. SCHIEBLICH in A. BÖMER, A. JUCKENACK u. J. TILLMANS: Handb. d. Lebensmittelchemie, Bd. II/2, S. 1469. Berlin: Springer 1935; J. DUMAS: Les Animaux de Laboratoire Collection de l'Institut Pasteur. Paris: Edition médicale Flammarion 1953; G. HOFFMANN: Kurze Methode der Anatomie und Physiologie der Laboratoriumstiere. Jena: VEB Verlag Gustav Fischer 1956; H. M. RAUEN: Biochemisches Taschenbuch, S. 768. Berlin-Göttingen-Heidelberg: Springer 1956.

[2] Vgl. SCHÖNFELD-HEFTER: Chemie und Technologie der Fette und Fettprodukte, Bd. I, S. 440. Wien: Springer 1936.

keit (Methylketon-Bildung) und Seifigkeit (hydrolytische Freisetzung niedrig-molekularer Fettsäuren).

Die mykologische Prüfung der Nahrungsfette wird unter Ausrichtung auf die gegebene Fragestellung die üblichen Methoden der bakteriologischen *Technik der Keimzählung und der Charakterisierung der Mikroben* heranziehen; es ist auf das Fachschrifttum zu verweisen[1]. Vgl. auch die bakteriologische Untersuchung der Butter, S. 1261ff.

Serologische Prüfung. Zur Ermittlung der Herkunft eines Fettes kann man sich u. U. der Arbeitsverfahren zur serologischen Unterscheidung von Proteinen bedienen, wobei im wesentlichen die sogenannte *Präzipitin-Methode* heranzuziehen sein wird. Voraussetzung dabei ist, daß das Untersuchungsmaterial natives Eiweiß enthält, also nicht über 40° erhitzt und einer Säure- oder Alkali-Behandlung nicht unterworfen worden ist. Bei Fettgewebe vom Schwein reichen etwa 8 g, bei dem vom Pferd etwa 4 g aus; bei Schweineschmalz geht man zweckmäßig von 50 g und mehr aus. Ausgelassener Rindertalg, raffinierte Fette usw. liefern meist keine reaktionsfähigen Protein-Extrakte.

Hier ist zu bemerken, daß die *serologische Differenzierung pflanzlicher Fette* mit Hilfe der Präzipitin-Methode bisher nur geringere Möglichkeiten hat. Dies liegt daran, daß die mit pflanzlichen Antigenen hergestellten Antisera sich vergleichsweise als wenig wirksam erweisen.

Das entsprechend zerkleinerte (bei Fettgewebe) oder direkt benützte (bei Fett) Untersuchungsmaterial wird mit Petroläther durch Verreiben im Mörser bei etwa 40° erschöpfend entfettet; der letzte Extrakt darf keinen Fettfleck beim Verdunsten auf Filtrierpapier hinterlassen. Der fettfreie Rückstand wird bei 37° getrocknet und mit steriler physiologischer Kochsalz-Lösung oder sterilem dest. Wasser (50 ml) aufgenommen (Stehen über Nacht im Eisschrank). In der steril filtrierten, klaren Lösung (1 ml) soll auf Zusatz von 1 Tropfen 25%iger Salpetersäure sofort ein flockiger, sich absetzender Niederschlag auftreten; dieser Vorversuch dient zur Feststellung, ob eine ausreichende Protein-Konzentration vorliegt. Die Lösung muß absolut klar sein (ein- bis zweimaliges Filtrieren durch ein feuchtes, steriles Filter (gehärtet, SCHLEICHER & SCHÜLL; eventuell Verwendung von steriler Kieselgur); sie wird mit sterilem Wasser auf die optimale Konzentration (1 : 300) verdünnt. Dies ist erreicht, wenn bei Zusatz von 1 Tropfen Salpetersäure (D = 1,153) zu 1 ml des zum Sieden erhitzten Filtrates eine gleichmäßige, opalescierende Trübung auftritt, die sich nach 5 Min. Stehen als eben erkennbarer Niederschlag zu Boden setzt. Falls die Lösung stark sauer ist, wird sie unter Vermeidung eines Überschusses an Alkali mit 0,1%iger Lösung von Natrium-carbonat vorsichtig bis zur ganz schwach alkalischen Reaktion versetzt.

Die dergestalt vorbereitete Lösung wird in der üblichen Weise unter strenger Einhaltung der vorgeschriebenen Vorsichtsmaßregeln mit wirksamem, spezifisch präzipitierendem Antiserum untersucht; bezüglich der Technik ist auf das einschlägige Schrifttum zu verweisen[2]. Die Auswertung der Versuche ist streng kritisch durchzuführen und setzt Erfahrung voraus. Es lassen sich auf Grund der serologischen Methode bei tierischen Fetten wertvolle Anhaltspunkte für die Beurteilung gewinnen, z. B. bei Fettgewebe, Fetten (auch aus Knochen und Därmen), bei Fischfetten, bei Milchfetten, bei Fett aus Eiern, bei Ricinusöl usw.

c) Tierische Fette

Die Nahrungsfette tierischer Herkunft — bis auf die Leberöle (Fischleberöle) und die Milchfette ausschließlich *Reservefette* darstellend — werden in ihren Eigenschaften nicht unwesentlich durch die Gewinnungsweise beeinflußt. Man

---

[1] Zum Beispiel K. J. DEMETER: Bakteriologische Untersuchungsmethoden der Milchwirtschaft. Stuttgart: E. Ulmer 1952; K. B. LEHMANN u. R. O. NEUMANN: Bakteriologische Diagnostik, 7. Aufl. München 1927; C. GRIEBEL in A. BÖMER, A. JUCKENACK u. J. TILLMANS: Handb. d. Lebensmittelchemie, Bd. II/2, S. 1555. Berlin: Springer 1935; N. MALTSCHEWSKY: Fette · Seifen · Anstrichmittel **58**, 336 (1956).

[2] P. UHLENHUTH u. W. SEIFFERT in W. KOLLE, R. KRAUS u. P. UHLENHUTH: Handb. d. pathog. Mikroorganismen, 3. Aufl., Bd. 3, Teil 1, S. 365. Berlin-Wien: Urban u. Schwarzenberg 1930; C. GRIEBEL in A. BÖMER, A. JUCKENACK u. J. TILLMANS: Handb. d. Lebensmittelchemie, Bd. II/2, S. 670. Berlin: Springer 1935.

trennt sie aus den Geweben meist durch *Ausschmelzen* in offenen oder in geschlossenen Kesseln ab, wobei entweder die *Trocken-* oder die *Naßschmelze* (warmes Wasser, Sattdampf) herangezogen werden (S. 7).

Bei der *Trockenschmelze* (älteste Arbeitsweise) besteht die Gefahr der Überhitzung (Anbrennen). Man schöpft, filtriert oder preßt das ausgeschmolzene Fett ab (Griebenpresse). Die *Naßschmelze* liefert demgegenüber Produkte von anderen sinnesphysiologischen Eigenschaften. Man erwärmt nur wenige Grade über den Schmelzpunkt; dadurch sind die Ausbeuten zwar etwas herabgesetzt, es treten aber Änderungen im Geruch, Geschmack usw. kaum ein. Das Fett läßt man zur Klärung (Temperatur 45 bis 60°) stehen (bei Rinderfett z. B. Zusatz von Salzwasser). In ähnlicher, eventuell erheblich abgewandelter Weise verarbeitet man die Fettgewebe von Seetieren sowie deren Leber.

Die Fettgewinnung durch Extraktion mit Fettlösungsmitteln (S. 9) ist für die Gewinnung von tierischen Fetten ohne wesentliche Bedeutung. Die Verarbeitung von ganzen Schweinen nach dem WILCKEN-*Verfahren* ist eine besondere Art der Naßschmelze.

Entscheidend für die Qualität des Fettes ist die Beschaffenheit der Rohstoffe (Alter, Zustand, Anwesenheit von Sehnen, Fleischresten, Schmutz, Blut usw.). Besonders zu beachten ist, daß in den Geweben — auch ohne zusätzliche Infektion — enzymatisch-hydrolytische oder lipoxydatische Ferment-Systeme vorhanden sind, die in beeinträchtigender Weise zur Freisetzung von Fettsäuren oder zur beginnenden Oxydation und Desmolyse führen können.

Über die Gewinnung der *Milchfette* wird andernorts (vgl. S. 1231 ff.) berichtet.

Grundsätzlich gilt, daß zur Untersuchung nur die reinen, klar filtrierten, homogenen Fette herangezogen werden. Feste Produkte schmilzt man vorsichtig auf und wägt aus der flüssigen Masse die Analysenproben ab. Die Untersuchung läuft im wesentlichen auf die *Ermittlung der physikalischen und chemischen Kennzahlen* hinaus. *Charakteristische Bauglyceride* werden zum Zwecke der Beurteilung nur in Sonderfällen (z. B. bei Schweineschmalz) bestimmt. Desgleichen ist die *Erfassung bestimmter Gruppen oder Individuen von Fettsäuren* für die Analytik nur von Fall zu Fall von Bedeutung (Linolensäure des Pferdefettes, Polybromide bei Seetierölen, konjugiert-olefinische Fettsäuren usw.). *Charakteristische Begleitstoffe der Fette* (Tocopherole im Schweinefett, Farbreaktionen usw.) können für die Identifizierung wertvoll sein. Zur Kennzeichnung des Verdorbenheitszustandes erweisen sich die *chemischen Verdorbenheitsreaktionen* als wichtige Beurteilungsgrundlage.

Über die praktische Durchführung der üblichen Untersuchungsverfahren werden an anderer Stelle im allgemeinen Teil (Analyse) die erforderlichen Angaben gemacht; im folgenden wird deshalb nur die für Nahrungsfette spezielle Methodik behandelt.

α) Sinnenprüfung

Die Nahrungsfette tierischer Herkunft lassen, sofern sie nicht erschöpfend raffiniert worden sind, bei der Sinnenprüfung meist charakteristische Eigenschaften erkennen, die für Beurteilung und Untersuchungsgang u. U. entscheidend sind. Jedes Abweichen von der Norm verdient deshalb kritische Beachtung.

Farbe. Im Hinblick auf gesetzliche Regelungen ergibt sich grundsätzlich die Frage, ob das *Produkt seine natürliche Farbe* aufweist oder ob *zusätzliche Färbung* vorliegt. Die meist geringe natürliche Färbung geht auf Begleitstoffe zurück (Carotine, Lutein, andere Lipochrome, Hämine usw.). Verfärbungen können auf Überhitzung, Ausbleichung, Zersetzung, Aufnahme von Fremdstoffen (Eisen aus Eisenfässern) hindeuten. Anwesenheit von Wasser, von Luft (zur Aufhellung in das Fett verarbeitet) vermögen die Farbtönungen ebenfalls zu verändern.

Für die *Zwecke der Lebensmittel-Untersuchung* reicht im allgemeinen eine orientierende Probe aus. Man stellt die Farbe bei einem Öl unmittelbar, bei einem Fett im geschmolzenen Zustand (50°) in einem Reagensglas von 15 mm lichter Weite (Schichtdicke angeben) fest. In der *fettverarbeitenden Industrie,* wo es gilt, die Wirkung der Raffination (Bleichung), die Eignung zur Weiterverwendung (z. B. für Margarine) usw. zu beurteilen, bestimmt man die Farbtiefe mit Hilfe der auf S. 716ff. beschriebenen exakten Methoden.

Die *Erkennung fremder Farben in tierischen Fetten* führt man zur allgemeinen Unterrichtung zweckmäßig nach der amtlichen Anweisung (Anlage zu den Ausführungsbestimmungen D[1] vom 22. 2. 1908 zum Gesetz, betr. Schlachtvieh- und Fleischbeschau vom 3. 6. 1908) aus:

Man löst das Fett (50 g) in der Wärme in 75 ml absol. Alkohol und kühlt dann unter Schütteln in Eis ab. Die abfiltrierte alkohol. Lösung ist bei Anwesenheit künstlicher Farbstoffe deutlich gelb bis rötlich gefärbt, wenn man sie im Reagensglas (18 bis 20 mm weit) im durchfallenden Licht betrachtet.

Bestimmte Teerfarbstoffe werden erkannt, wenn man 5 g Fett in 10 ml Äther oder Petroläther löst, je die Hälfte der Lösung mit 5 ml Salzsäure (einmal D = 1,19, zum andern ˙D = 1,124) kräftig durchschüttelt. Auftretende rote Farbtöne lassen Teerfarbstoffe vermuten. Über weitere Prüfverfahren vgl. später bei einzelnen Fetten.

Zum *Nachweis der Art des Farbstoffes* bedient man sich spektrographischer und chromatographischer Methoden[2], worüber andernorts berichtet ist (vgl. S. 834); über die Erkennung von Häminen siehe bei M. R. COE[3]. Zur Prüfung auf Carotine kann die Arbeitsweise nach S. H. BERTRAM[4] wertvoll sein:

15 ml Öl oder geschmolzenes Fett werden mit 7,5 ml Petroläther (Sdp. 40 bis 60°) und 2 ml Amylalkohol im Reagensglas vermischt. Hierauf erfolgt Zusatz von 1 ml Schwefelsäure (1,53). Man schüttelt 2 Min. kräftig durch. Nach der Schichtentrennung erscheint die Bodenphase haltbar blau gefärbt, wenn Carotin anwesend ist. Der bei Gegenwart von Orleansfarbstoff (Annatto, Bixin) auftretende blaue Farbton ist im Gegensatz dazu nicht beständig.

Fluorescenz. Tierische Fette zeigen im Tageslicht im allgemeinen keine Fluorescenz (1 Tropfen Fett auf schwarzem Glanzpapier); der Tropfen erscheint schwarz, während bei Anwesenheit von Mineralöl, Harzöl usw. Fluorescenz auftritt. Man kann die Fluorescenz durch Zugabe von Nitronaphthalin, Anilinfarben usw. unterdrücken („entscheinte" Öle).

Im UV-Licht geben die meisten Erzeugnisse charakteristische Fluorescenz (Luminescenz), wobei man zwischen Oberfläche und Innenschicht unterscheiden muß. Kuhbutterfett zeigt meist kanariengelbe, Margarinefett schwach bläuliche, Schweinefett weißlich bis grünlichgelbe Fluorescenz-Farbe. Wird bei letzterem eine stark leuchtende Farbe im filtrierten UV. sichtbar, dann besteht der Verdacht auf ein durch Raffination aufgearbeitetes, desodoriertes minderwertiges Produkt („White grease"). Über die Prüfung auf Fluorescenz (Luminescenz) vgl. S. 721ff.

Konsistenz. Eine zahlenmäßige Festlegung dieser Eigenschaft erübrigt sich im allgemeinen bei Nahrungsfetten; über die Bestimmung vgl. S. 913ff. Bei Butter ist sie von einiger Bedeutung und wird dort behandelt (S. 1242).

Wichtig ist, daß eine von der Norm abweichende Konsistenz auf Anwesenheit von Kalkseifen oder auch auf fortgeschrittene autoxydative Prozesse (Talgigkeit) mit ihren Folge-Erscheinungen hinweisen kann. Konsistenz-Messungen sind außer bei Butter auch bei Margarine, Ziehfetten, Shortenings, Trennfetten bzw. -emulsionen von Bedeutung.

---

[1] Zbl. f. d. Deutsche Reich **36**, 59 (1908).
[2] H. THALER u. R. SCHELER: Z. Lebensmittel-Unters. u. -Forsch. **95**, 1 (1952); K. MÜLLER u. K. TÄUFEL: Ernährungsforsch. **1**, 354 (1956).
[3] M. R. COE: Oil and Soap **15**, 230 (1938).
[4] S. H. BERTRAM: Öle, Fette, Wachse, Seife, Kosmet. **1937**, H. 8, 1.

Geruch und Geschmack. Bei der Feststellung des *Geruches* treten charakteristische Merkmale verstärkt hervor, wenn man eine Probe auf der geruchlosen Handfläche verreibt oder wenn man sie in einem Becherglas erwärmt. Flüchtige Bestandteile (ätherische Öle, Extraktionsmittel, wie Benzin, Äther, Benzol, Schwefelkohlenstoff) geben sich dabei meist zu erkennen, ebenso das Verdorbensein. Die *Geschmacksprüfung* ist kritisch auf die von der Norm abweichenden Komponenten auszurichten, insbesondere auf sich beeinträchtigend äußernde Zersetzungsvorgänge.

Verdorbenheit. Über die chemisch-objektive Festlegung der Verdorbenheit[1] ist andernorts berichtet (vgl. S. 1283 ff.).

Zur Kennzeichnung der sinnesphysiologischen Beschaffenheit zieht man nach Möglichkeit besser als die wenig gut definierten Bezeichnungen verdorben, ranzig usw. die chemisch wenigstens teilweise umschriebenen Begriffe, wie Talgigkeit, Aldehydigkeit, Ketonigkeit, Seifigkeit, heran.

β) Wassergehalt

Die Methoden zur Ermittlung des Gehaltes an Wasser sind bei den wasserhaltigen Fetten (Butter, Margarine, Fettgewebe usw.) an entsprechender Stelle abgehandelt (vgl. S. 1196 u. 1237). Reine tierische Fette pflegen meist nur geringe Mengen zu enthalten. Zur Feststellung, ob die zulässigen Höchstwerte (bis zu etwa 0,3%) überschritten werden, kann man sich des folgenden Näherungsverfahrens bedienen:

Erhitzungsprobe. Verschwindet beim Erhitzen im Reagensglas oder Schälchen auf dem Wasserbad bei einem nicht klaren Öl oder aufgeschmolzenen Fett die Trübung, ohne beim Erkalten wiederzukehren, dann rührt dies meist von geringen Mengen Wasser her; durch mechanisch beigemengte Stoffe hervorgerufene Trübungen bleiben beim Erhitzen bestehen. Wenn z. B. ein bei 70° geschmolzenes Schweineschmalz, das sonst frei von festen Partikeln ist, trüb erscheint, so enthält es 0,3% Wasser und mehr. Man verfährt nach der amtlichen Anweisung (Preuß. Min.-Erlaß vom 24. 6. 1903) folgendermaßen[2]:

In ein starkwandiges Reagensglas aus farblosem Glas von 9 cm Länge und 18 ml Inhalt bringt man etwa 10 g des durchgemischten Schmalzes und verschließt dasselbe mit einem Gummistopfen mit Thermometer, dessen Quecksilber-Behälter sich in der Mitte der Fettschicht befindet. Man erwärmt allmählich auf 70°. Stellt die Probe bei dieser Temperatur eine vollständig klare Flüssigkeit dar, dann sind weniger als 0,3% Wasser darin enthalten. Ist die Masse aber trüb (eventuell sichtbare Wassertröpfchen), dann erwärmt man weiter bis auf 95° und hält unter Schütteln 2 Min. bei dieser Temperatur. Meist ist dann Klarheit eingetreten. Alsdann läßt man unter mäßigem Schütteln erkalten und stellt die Temperatur fest, bei der wieder Trübung erfolgt. Man wiederholt diesen Prozeß zwei- bis dreimal. Beträgt die Trübungstemperatur konstant mehr als 75°, dann enthält das Schmalz mehr als 0,3% Wasser und ist als verfälscht zu betrachten.

Schweineschmalz, das bei 95° noch trüb ist, enthält — andere Trübstoffe ausgeschlossen — mehr als 0,45% Wasser.

Nach E. POLENSKE besteht bei Schweineschmalz folgender Zusammenhang zwischen Wassergehalt und Trübungstemperatur (bei Rindertalg ist das Verfahren nicht anwendbar):

Trübungstemperatur:	40,5°,	53,0°,	64,5°,	75,2°,	85,0°,	90,8°,	95,5°
Wassergehalt:	0,15%,	0,20%,	0,25%,	0,30%,	0,35%,	0,40%,	0,45%

γ) Farbreaktionen

Charakteristische Farbreaktionen zur Erkennung der Herkunft eines tierischen Fettes sind nur wenige bekannt. Dagegen können bei Verdacht auf Verschnitt mit pflanzlichen Fetten (siehe dort) die dafür entwickelten Prüf-

---

[1] Über einen colorimetrischen Schnelltest zur Ermittlung der Peroxydzahl vgl. K. TÄUFEL: Fette · Seifen · Anstrichmittel **59**, 87 (1957).

[2] E. POLENSKE: Arb. Kaiserl. Gesundheitsamt **25**, 505 (1907).

verfahren wertvolle Anhaltspunkte vermitteln. Für spezielle animalische Fette stehen folgende qualitative Verfahren zur Verfügung:

Hühnerfett. Seine mehr oder minder stark hervortretende farbgebende Komponente steht derjenigen des Eieröles nahe und umfaßt vor allem sauerstoffhaltige Polyene (Xanthophyll, Lutein), nicht aber eigentliche Polyenkohlenwasserstoffe. Den orientierenden Nachweis gründet man meist auf die rasch verlaufende Ausbleichung dieser Lipochrome durch salpetrige Säure.

Lutein ist leicht in Alkohol, schwer in Äther löslich. Bei Herstellung der früher beschriebenen alkohol. Fettlösung (vgl. S. 1159) ist also bei reinem, nicht künstlich gefärbtem Hühnerfett (oder Eieröl) ein gelb gefärbter alkohol. Extrakt zu erwarten, der auf Zugabe von wäßriger salpetriger Säure sofort entfärbt wird. Täuschungen durch künstliche Farbstoffe lassen sich meist durch das Verhalten der ätherischen oder petrolätherischen Fettlösung gegenüber Salzsäure ausschließen; über den Nachweis von tierischen Fremdfetten in Hühnerfett vgl. C. FRANZKE[1].

Eieröl (gold- bis dunkelgelb) zeichnet sich durch hohen Gehalt an Lutein aus; die vorgenannte Farbprobe verläuft deshalb sehr deutlich. Meist finden sich darin — abhängig von der Art der Gewinnung — wesentliche Mengen von Cholesterin (Unverseifbares bis zu 5%) und von Phospholipiden. Die quantitative Ermittlung dieser Begleitstoffe kann zusätzlich zur Stützung der Probe mit salpetriger Säure herangezogen werden.

Seetieröle. Als nicht unbedingt entscheidende, aber sehr gut orientierende Probe zieht man die Reaktion von TORTELLI und JAFFE[2] heran, die in ihrer Ausführungsweise mannigfach abgewandelt worden ist und auf S. 975 beschrieben wurde. Der Träger dieser Farbprobe ist nicht sicher bekannt; nach E. P. HÄUSSLER und E. BRAUCHLI[3] geht die Grünfärbung auf Ergosterin (im unveränderten oder veränderten Zustand) zurück; allerdings geben Paraffinoder Erdnußöl — mit Ergosterin versetzt — keine positive Reaktion; reines Ergosterin liefert bei der Behandlung Grünfärbung mit starker Fluorescenz. Cholesterin und Phytosterin verhalten sich indifferent.

Zusätzlich zu bemerken ist, daß die *Leberöle* der Seetiere noch besondere, wenn auch nicht sehr scharfe Farbreaktionen liefern. So treten bei der Sterin-Probe nach HAGER-SALKOWSKI (vgl. S. 943) anfänglich violette bis violettblaue Farbtöne auf, die erst allmählich in die für Cholesterin typischen Farbtöne übergehen.

δ) Erkennung von tierischen Fetten allgemein

Abgesehen von den eben erwähnten sowie den andernorts (vgl. S. 1182) angeführten Farbreaktionen wird die grundsätzliche Unterscheidung von Tier- und Pflanzenfetten meist auf die Verschiedenheit der Sterine gegründet. Die Phytosterine der Pflanzenfette sind analytisch eindeutig neben dem Cholesterin der Tierfette — auch in Verschnitten beider — zu erkennen. Die einschlägigen Methoden sind bereits früher beschrieben (S. 944ff.).

ε) Untersuchung der wichtigsten tierischen Fette

Außer der Butter (s. S. 1231ff.) sind *Schweineschmalz* und *Rindertalg* die am meisten verbrauchten Speisefette. Insbesondere für ersteres sind Reinheits-

[1] C. FRANZKE: Z. Lebensmittel-Unters. u. -Forsch. **102**, 81 (1955).
[2] M. TORTELLI u. E. JAFFE: Chemiker-Ztg. **39**, 14 (1915).
[3] E. P. HÄUSSLER u. E. BRAUCHLI: Helv. chim. Acta **12**, 187 (1929).

prüfungen ausgearbeitet worden im Hinblick auf Verfälschungen mit Rindertalg, pflanzlichen und gehärteten Fetten. Von geringerer Bedeutung sind *Pferdefett* und *Hammelfett*, während *Fischöle*, besonders in gehärtetem Zustand, eine steigende Verwendung finden.

1. Schweineschmalz[1] und Talge

Bei der Prüfung des Schweinefettes auf die Anwesenheit von Fremdfetten sind Farbreaktionen und Kennzahlen meist unzulänglich. Man benützt zunächst zur Orientierung folgende Verfahren:

I. Die Wulstprobe

Man schmilzt eine größere Menge des Fettes bei gelinder Wärme und läßt in halbkugeligen Gefäßen rasch erstarren. Schweinefett von nicht zu weicher Konsistenz zeigt dann eine charakteristische, radial verlaufende Wulstbildung mit einer Vertiefung in der Mitte, oder aber es tritt ein gefalteter, wulstiger Ring an der Gefäßwandung auf. Demgegenüber erstarren Talge mit glatter bis spiegelnder Oberfläche; Schweinefett in Talg ruft ebenfalls Wulstbildung hervor.

II. Kristallisationsversuch[2]

2 g geschmolzenes Fett werden im 50 ml ERLENMEYER-Kölbchen in 20 ml Äther gelöst und mindestens 22 Std. bei tiefer Temperatur stehengelassen. Wenn sich Kristalle gebildet haben, wird der Äther abgegossen und der Rückstand bei etwa 30facher Vergrößerung untersucht.

Rinder- und Hammeltalg kristallisieren stets in zu Büscheln angeordneten, spitzen, meist gebogenen Nadeln (Pferdeschweif-Form), während Schweinefett meist in Tafeln mit schief abgeschnittenen Enden auftritt; gelegentlich kann sich reines Schweinefett auch in nadelähnlichen Kristallen ausbilden. Es empfiehlt sich dann, den Versuch mit 0,5 bis 1,0 g Fett in 10 ml Äther zu wiederholen. Bei Anwesenheit von Rinderfett wird auch bei 0,5 g Einwaage noch eine Kristallbildung erhalten, während dies bei reinem Schweinefett unter diesen Bedingungen meist nicht der Fall ist.

Zur genaueren Untersuchung von Schmalz und Talg dienen:

Die Phytosterin- und Phytosterinacetat-Probe zur Erkennung von Verschnitten mit pflanzlichen Fetten (vgl. S. 948ff.).

Die refraktometrische Untersuchung[3] (vgl. Schmelzrefraktometrie S. 740).

Die Ermittlung der Gesamtzahl der niederen Fettsäuren (s. S. 542) *und der Laurinsäurezahl* dient zum Nachweis der Vermischung mit Cocos-, Palmkern- und ähnlichen Fetten.

III. Laurinsäure

Qualitative Probe s. S. 492.

Quantitative Probe. Da die hohe VZ des Cocos- und Palmkernfettes im wesentlichen durch Laurinsäure (40 bis 50%) bedingt wird, läßt sich aus ihrer Höhe auf die Größenordnung des Laurinsäure-Gehaltes schließen. J. GROSSFELD[4] hat an Hand empirischer Feststellungen den Begriff der *Laurinsäurezahl* entwickelt und versteht darunter die aus VZ und den Kennzahlen der niederen Fettsäuren berechnete Menge Laurinsäure, angegeben in ml 0,1 n Säure für 5 g Fett (vgl. S. 493). Diese Kennzahl hat für Cocos- und Palmkernfett die gleiche Größenordnung, stellt also ein angenähertes Maß für den Gehalt an diesen beiden Fetten dar; sie zeigen Werte von 111 bis 140, im Mittel etwa 123 bis 126; Butterfett hat im Mittel 11; bei Schweinefett liegen die Werte praktisch bei Null.

---

[1] Hinsichtlich Vorschläge für einheitliche Untersuchung und Beurteilung von Schweineschmalz vgl. K. TÄUFEL u. K. BARTHEL: Ernährungsforsch. **1**, 638 (1956).

[2] Schweiz. Lebensmittelbuch, 4. Aufl., S. 81. Bern: Zimmermann A. G. 1937.

[3] H. P. KAUFMANN u. J. G. THIEME: Fette · Seifen · Anstrichmittel **57**, 726 (1955).

[4] J. GROSSFELD: Z. Unters. Lebensmittel **55**, 529 (1928); **64**, 458 (1932).

Zur Berechnung der Laurinsäurezahl (LZ) aus VZ, Caprylsäurezahl (CZ) und Buttersäurezahl (BsZ) legt man die Beziehung zugrunde:

$$LZ = 3{,}3 \ (VZ - BsZ - 1{,}2 \ CZ - V_k)$$

V_k stellt den von den niederen und mittleren Fettsäure-Glyceriden frei gedachten Glycerid-Rest dar, im Mittel = 197. Bei butterfreien Fetten kann BsZ = 0 gesetzt werden. Ersetzt man die Caprylsäurezahl durch die bequemer zu ermittelnde Restzahl (RZ) (vgl. S. 555), so erhält man:

$$LZ = 3{,}3 \ (VZ - 0{,}8 \ BsZ - 0{,}6 \ RZ - V_k)$$

Der Gehalt an Cocos- und Palmkernfett (G) wird aus LZ folgendermaßen gefunden: $G = 0{,}79$ (LZ − 0,6 BsZ).

Weiter dienen der Untersuchung von Schmalz und Talg:

Die Reaktionen nach HALPHEN, *nach* BAUDOUIN *und nach* SOLTSIEN zur Prüfung auf Baumwollsaat- und Sesamöl (vgl. S. 1182 ff.). *Die Anwesenheit von Erdnußöl* wird durch den Gehalt an Arachin- und Lignocerinsäure erkannt (vgl. S. 498).

Die Prüfung auf Pferdefett wird an Hand des Gehaltes an Linolensäure durchgeführt; Voraussetzung ist, daß es in analytisch ausreichender Menge anwesend ist (vgl. S. 1168).

IV. Differenzzahl-Verfahren nach Polenske[1]

Die Differenz zwischen Schmelz- und Erstarrungspunkt (Trübungspunkt), nach vorgeschriebener Weise bestimmt, beträgt bei Schweinefett 19 bis 21 Grade, bei Talg 12,8 bis 15 Grade.

Vorbereitung der Probe: Das Fett muß klar und wasserfrei sein. Um dies sicherzustellen, erhitzt man 20 bis 25 ml des filtrierten Produktes im Reagensglas in einem Glycerinbad $^1/_2$ Std. auf 102 bis 108° unter Durchleiten von getrocknetem Kohlendioxyd.

Bestimmung des Schmelzpunktes: Man taucht den einen Schenkel eines U-förmigen Capillarröhrchens (Durchmesser 1,4 bis 1,5 mm) so tief in das geschmolzene Fett ein, bis die eingedrungene Fettsäule etwa 2 cm lang ist. Durch Eintauchen der Capillare in Wasser von 80° verteilt man das Fett in beiden Schenkeln gleich hoch und bringt es durch Abkühlen in Eis zum Erstarren. Sechs derartig beschickte Röhrchen läßt man rund 24 Std. auf Eis liegen.

An einem in Fünftelgrade eingeteilten ANSCHÜTZ - Thermometer (+ 10° bis + 80°) befestigt man zwei der äußerlich gereinigten Capillaren derart, daß Quecksilbergefäß und Fett sich in gleicher Höhe befinden. Zum Vergleich befestigt man am Thermometer ein drittes Röhrchen, das etwas hellfarbiges, klares Öl enthält.

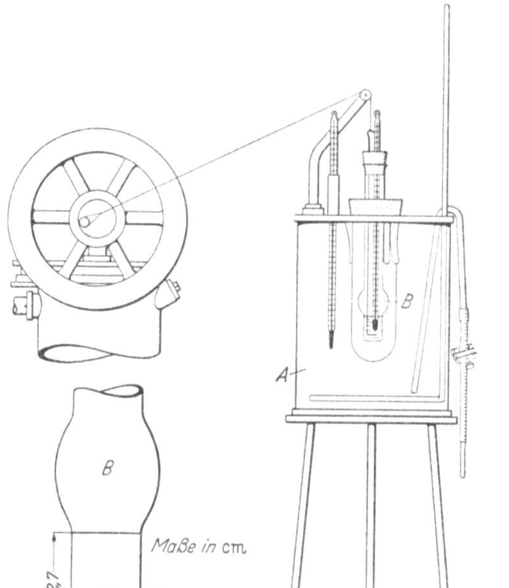

Abb. 402. Apparat zur Ermittlung des Erstarrungspunktes von Fetten nach E. POLENSKE[2]

Als Wärmebad wird ein Becherglas (350 ml) mit einer Mischung von 200 ml Glycerin und 100 ml Wasser benützt, das anfänglich etwa 20° Temperatur hat; das Quecksilbergefäß soll sich etwa in der Mitte der völlig klaren Flüssigkeit befinden, die während des Erwärmens

---

[1] E. POLENSKE: Arb. Kaiserl. Gesundheitsamt **26**, 444 (1907); **29**, 272 (1908).
[2] E. POLENSKE: Z. Unters. Nahrungs- u. Genußmittel **14**, 760 (1907).

dauernd mit einem Glasrührer durchmischt wird. Die Temperatur-Steigerung soll je Minute erst etwa 2° betragen, von etwa 5° unter dem Schmelzpunkt an aber nur $^3/_4$° je Minute. Man beobachtet im diffusen Tageslicht gegen einen dunklen Hintergrund (15 cm hinter dem Becherglas). Als Schmelzpunkt gilt die Temperatur, bei der die letzte opalescierende Trübung der ganzen[1] Fettsäule gerade verschwindet. Der Versuch wird dreimal mit je 2 Röhrchen durchgeführt; die auftretenden Differenzen dürfen maximal 0,3° betragen, andernfalls sind weitere Messungen erforderlich. Man legt den Mittelwert zugrunde.

Bestimmung des Erstarrungspunktes: Man benützt eine Apparatur gemäß Abb. 402. Das Kühlgefäß A mit Handrührer enthält klares Wasser bestimmter Temperatur, nämlich beim Nachweis von Talg in Schweinefett von 18°, beim Nachweis von Schweineschmalz in Gänsefett und Butter von 16°. In das Erstarrungsgefäß B füllt man bis zur Marke (2,7 cm über dem Boden) das völlig trockene, etwa 15° über den Schmelzpunkt erwärmte Fett. Man setzt einen Kork mit Thermometer und Rührer auf und senkt das Erstarrungsgefäß in den Kühlmantel mit gewölbtem Boden derart ein, daß sich der Quecksilberbehälter zwischen den beiden geschwärzten, waagerechten parallelen Strichen und der Strichmarke befindet; der Teilstrich 50° des Thermometers soll unterhalb des tragenden Korkes sichtbar sein und sich nicht oberhalb des Wasserspiegels des Kühlgefäßes A befinden. Der Rührer des Erstarrungsgefäßes soll durch den Motor etwa 2 cm gehoben und in der Minute 180- bis 200mal bewegt werden; er darf weder den Boden berühren noch bis an die Oberfläche gelangen (Störung durch Luftblasen). Man beobachtet bei diffusem Tageslicht gegen einen weißen Hintergrund (Papier). Wenn sich die Temperatur dem Erstarrungspunkt nähert, tritt schwache Opalescenz auf, die sich bei Talg rascher als bei Schweinefett, Gänsefett oder Butter verstärkt. Als Erstarrungspunkt gilt diejenige Temperatur, bei der die Trübung so weit fortgeschritten ist, daß die zwei schwarzen Parallelstriche an der Hinterwand des Erstarrungsgefäßes nicht mehr getrennt voneinander zu unterscheiden sind, sondern verschwommen zusammenhängend erscheinen. Wenn bei zwei nacheinander durchgeführten Versuchen die Ablesungen sich nicht mehr als 0,2° voneinander unterscheiden, wird der Mittelwert zugrunde gelegt, andernfalls sind weitere Versuche erforderlich.

Das Verfahren ist bei gröberen Verschnitten von Schweinefett mit Talg (ab etwa 20%) gut geeignet; der Nachweis von Schweinefett in Butter ist aber nicht zuverlässig.

Tabelle 329. *Differenzzahlen von Fetten*
(Nach A. Bömer u. R. Limprich)

Fettart	Schmelzpunkt °C	Erstarrungspunkt °C (bei 18°)	Differenzzahl
Schweinefett	42,2—50,6	22,8—31,3	18,2—21,7
Rindstalg	41,2—52,3	28,4—38,6	12,8—14,9
Hammeltalg	47,8—54,9	23,8—38,0	13,0—16,9
Premier jus	46,5—49,7	32,0—35,2	14,4—14,6
Kalbsfett	40,0—44,0	27,0—30,0	12,3—14,2
Oleomargarin	30,2—39,8	19,0—26,3	11,2—15,5
Preßtalg	54,2—56,0	41,5—43,5	12,5—12,7
Butterfett	34,5—35,5	21,2—22,7	11,8—14,5
Pferdefett	33,0—35,3	18,0—19,0	15,0—16,3
Gänsefett	32,2—38,3	17,5—22,0 (bei 16°)	14,0—16,7
Cocosfett	24,5—26,0	19—22,5	4,8—6,0
Sheabutter	45,0	25,0	20,0
Borneotalg	48,5	40,0	8,5

V. Verfahren nach Bömer und Limprich[2]

Das Verfahren beruht auf der Tatsache, daß als gesättigte Triglyceride im Rinds- und Hammeltalg Tristearin, Dipalmito-stearin und α-Palmito-distearin, im Schweinefett aber Dipalmito-stearin und β-Palmito-distearin auftreten. Die Differenzen zwischen den Schmelzpunkten dieser Glyceride und denjenigen der daraus abgeschiedenen Fettsäure-Gemische weichen eindeutig voneinander ab

---

[1] Durch Einfluß der Luft (Oxydation) schmilzt die Oberflächenschicht mitunter etwas schwerer; in diesen Fällen ist das Verhalten der inneren Schicht maßgebend.

[2] A. Bömer u. R. Limprich: Z. Unters. Nahrungs- u. Genußmittel **26**, 559 (1913).

(Tab. 330). Darauf gründet sich die folgende Arbeitsweise, die in die DGF-Einheitsmethoden aufgenommen wurde[1].

Tabelle 330. *Schmelzpunkt-Unterschiede der Glyceride und der daraus hergestellten Fettsäure-Gemische von Glyceriden aus Schweinefett und Talg*
(Nach A. BÖMER und R. LIMPRICH)

Herkunft und Art der Glyceride	Schmelzpunkt der Glyceride (korr.) Schmp. (G) °C	Schmelzpunkt der Fettsäuren daraus (korr.) Schmp. (F) °C	Schmelzpunkt-Differenz [= Schmp. (G) − Schmp. (F)] °C
Schweinefett:			
β-Palmito-distearin	68,5	63,3	5,2
Dipalmito-stearin	58,2	55,2	3,0
Talge:			
Tristearin	73,0	70,5	2,5
α-Palmito-distearin	63,3	63,2	0,1
Dipalmito-stearin	57,5	55,7	1,8

Darstellung der Glyceride: 50 g des vorsichtig geschmolzenen, klar gefilterten Fettes werden im Becherglas (150 ml) in 50 ml Äther gelöst und bedeckt bei 15° unter wiederholtem Umrühren der Kristallisation überlassen. Nach etwa 1 Std. wird der Kristallbrei durch eine WITTsche Saugplatte mit Filterscheibe G 2 (oder Glasfilter) scharf abgesaugt und durch Aufpressen mit einem breitgedrückten Glasstab möglichst weitgehend von der Mutterlauge befreit. Der Filterrückstand wird erneut in 50 ml Äther gelöst und wiederum der Kristallisation überlassen. Nach 1 Std. filtriert man die ausgefallenen Kristalle in gleicher Weise ab. Man bestimmt den Schmelzpunkt, der bei einem Schweinefett meist bei 63 bis 64°, bei talghaltigen Produkten aber darunter liegt.

Erhält man Werte unter 61°, so kristallisiert man so lange nach der beschriebenen Weise um, bis ein über 61° liegender Schmelzpunkt erhalten wird; meist ist zweimaliges Umkristallisieren ausreichend. Bei sehr weichen Fetten, die nur wenig oder keine Glycerid-Kristalle liefern, läßt man die ätherische Fettlösung $1/_2$ bis 1 Std. länger bei tieferer Temperatur (5 bis 10°) stehen; man kann auch statt des Äthers eine Mischung aus 3 bis 4 Teilen Äther und 1 Teil Äthanol bzw. wasserfreiem Aceton benützen; im letzteren Falle verwendet man zur 2. Kristallisation wiederum nur Äther (Entfernung der oleinhaltigen Glyceride).

Darstellung der Fettsäuren: Man verreibt 0,1 bis 0,2 g der nach vorstehender Arbeitsweise gewonnenen Glyceride — der in Arbeit genommene Teil muß vollständig gleich zusammengesetzt sein wie derjenige, der auf den Schmelzpunkt untersucht worden ist — zu einem homogenen Pulver und verseift die Hälfte davon in einem bedeckten Bechergläschen mit 10 ml farbloser alkohol. 0,5 n Kalilauge 5 bis 10 Min. auf einer Asbestplatte unter lebhaftem Sieden. Die vollständig klare Seifenlösung wird mit 100 ml Wasser in einen Scheidetrichter übergeführt, mit 2 bis 3 ml 25%iger Salzsäure zersetzt und mit etwa 25 ml Äther ausgeschüttelt. Die abgetrennte ätherische Phase wäscht man zweimal mit je 25 ml Wasser aus und filtriert sie schließlich durch ein trockenes Filter in ein kleines Becherglas. Nach dem Abdunsten des Äthers wird der Rückstand $1/_2$ bis 1 Std. im Trockenschrank bei 100° getrocknet und nach dem Erkalten und Festwerden zu einem feinen Pulver verrieben.

Bestimmung der Schmelzpunkte: Um die Gleichheit der Arbeitsweise sicherzustellen, ermittelt man die Schmelzpunkte der Glyceride und des daraus dargestellten Fettsäure-Gemisches[2] gleichzeitig, zweckmäßig in der von A. BÖMER angegebenen Apparatur (vgl. S. 643).

Man bringt Glyceride und Fettsäure-Gemische in zwei U-förmige Schmelzcapillaren von gleicher lichter Weite (0,75 mm) und gleicher Wandstärke, indem man die gepulverte Substanz durch die trichterförmige Erweiterung des einen Schenkels mittels eines Platindrahtes einführt und etwa $1/_2$ bis 1 cm von der unteren Biegung zu einem festen Säulchen (2 bis 3 mm lang) zusammenschiebt. Mit ihren unbeschickten Schenkeln befestigt man die U-Röhrchen

---

[1] C–VI 7 (53).

[2] Fettsäuren werden zweckmäßig sofort nach dem Trocknen untersucht; andernfalls ist Aufbewahrung unter Abschluß von Ammoniak (Bildung von Ammoniumseifen) erforderlich.

in üblicher Weise am geeichten Thermometer derart, daß Quecksilbergefäß und Fettschichten sich in gleicher Höhe befinden. Das Wärmebad rührt man dauernd mit einem zweiten, beweglich aufgehängten Thermometer; von der Temperatur 50° an soll die Erwärmung je Minute nur 1,5 bis 2° Erhöhung mit sich bringen. Als Schmelzpunkt gilt die Temperatur bei vollständig klarer Schmelze. Die Ablesung ist durch Wiederholung des Versuches sicherzustellen; zur Beurteilung werden die Mittelwerte gut übereinstimmender Einzelversuche herangezogen; die Schwankungen dürfen 0,2° nicht übersteigen, bei den ermittelten Schmelzpunkt-Differenzen soll Übereinstimmung bis auf 0,1° und weniger erreicht werden.

Auswertung: Ein Schweinefett ist als mit Talg (Rinds-, Hammel-, Preßtalg) — oder mit anderen Fetten ähnlicher Schmelzpunkt-Differenzen wie diejenigen der Talge — verschnitten zu bezeichnen, wenn die Schmelzpunkt-Differenzen (d) zwischen dem Schmelzpunkt der dargestellten Glyceride [Schmp. (G)] und demjenigen der daraus dargestellten Fettsäuren [Schmp. (F)] unterhalb der Grenzwerte gemäß Tab. 331 liegen.

Tabelle 331. *Schmelzpunkte (G) und Schmelzpunkt-Differenz (d) bei Schweinefett*
(Nach A. Bömer und R. Limprich)

Glycerid-Schmelz-punkt Schmp. (G)	Schmelz-punkt-Differenz (d)	Glycerid-Schmelz-punkt Schmp. (G)	Schmelz-punkt-Differenz (d)	Glycerid-Schmelz-punkt Schmp. (G)	Schmelz-punkt-Differenz (d)	Glycerid-Schmelz-punkt Schmp. (G)	Schmelz-punkt-Differenz (d)
61,0	5,0	62,0	4,5	63,0	4,0	64,0	3,5
61,1	4,95	62,1	4,45	63,1	3,95	64,1	3,45
61,2	4,9	62,2	4,4	63,2	3,9	64,2	3,4
61,3	4,85	62,3	4,35	63,3	3,85	64,3	3,35
61,4	4,8	62,4	4,3	63,4	3,8	64,4	3,3
61,5	4,75	62,5	4,25	63,5	3,75	64,5	3,25
61,6	4,7	62,6	4,2	63,6	3,7	64,6	3,2
61,7	4,65	62,7	4,15	63,7	3,65	64,7	3,15
61,8	4,6	62,8	4,1	63,8	3,6	64,8	3,1
61,9	4,55	62,9	4,05	63,9	3,55	64,9	3,05
						65,0	3,0

Da die Zahlenreihen der Tab. 331 eine arithmetische Progression eines ansteigenden [Schmp. (G)] und eines fallenden Wertes (d) darstellt, erhält man für die Summe Schmp. $(G) + 2d$ von je zwei zusammengehörigen Werten stets den gleichen Wert, im vorliegenden Fall 71.

Es wurden für Schweinefette, rein und mit Talg vermischt, folgende Werte gefunden (Tab. 332).

Tabelle 332. *Werte für Schmp. $(G) + 2d$ bei Fetten*
(Nach A. Bömer und R. Limprich)

Art des Fettes	Schmp. (G) + 2d	Art des Fettes	Schmp. $(G) + 2d$ 10%	Schmp. $(G) + 2d$ 20%
Schweinefett (16 Proben)	73,4—78,1	Schweinefett mit Zusatz von:		
Rindstalg (2 Proben) .	62,8—67,0	Rindstalg	67,7—75,4	65,3—73,9
Hammeltalg (1 Probe) .	63,9—66,0	Hammeltalg	67,9—70,1	64,0—66,0
Preßtalg (1 Probe) . .	65,6—67,0	Preßtalg	64,4—66,0	63,9—66,2

Findet man bei Versuchen Werte für Schmp. $(G) + 2d$ nur wenig über oder unter 71, so ist es zweckmäßig, den Rest der Glyceride erneut aus Äther umzukristallisieren und die Prüfung zu wiederholen. Wird nun ein Wert von Schmp. $(G) + 2d$ unter 71 gefunden, dann ist die Anwesenheit von Talg oder einem ähnlichen Fett erwiesen. Am besten geeignet sind für die Beurteilung Glyceride vom Schmp. 61 bis 65°. Bei solchen zwischen 60 bis 61° ist ein Talggehalt erwiesen, wenn die Schmelzpunkt-Differenz unter 5°, bei solchen von 65 bis 68,5°, wenn sie unter 3° liegt. Wird ein Wert für Schmp. $(G) + 2d$ unter 72 gefunden, so kann außer Talg auch gehärtetes Fett anwesend sein.

Da im ersten ätherischen Filtrat von der vorstehend beschriebenen Glycerid-Darstellung praktisch die Gesamtmenge der Sterine angereichert vorliegt, kann man es zur Ausführung der Phytosterinacetat-Probe (s. S. 950) benützen. Man erhält damit einen Anhaltspunkt, ob gehärtetes Pflanzenfett anwesend sein kann, und beide Proben sind mit 50 g Fett ausführbar.

Ergänzend ist zu bemerken, daß zur Schmelzpunkt-Bestimmung nur die aus der Lösung kristallisierten Glyceride benützt werden dürfen, nicht aber aus dem Schmelzfluß erstarrte Präparate. Oberhalb 68,5° schmelzende Glyceride sind im Schweinefett nicht vorhanden. Findet man beim Umkristallisieren Produkte von 69,5° oder aus den Glyceriden Fettsäure-Gemische über 64,5°, so ist damit schon die Anwesenheit von Talg usw. erwiesen.

VI. Prüfung auf sonstige Fette

Hydrierte Fette. Der Nachweis bedient sich der *Prüfung auf Isoölsäure* (vgl. S. 457f.). Zu beachten ist, daß gelegentlich auch reines Schweinefett zur Verbesserung der Konsistenz gehärtet wird. Solche Produkte sind nicht mehr Naturfette, sondern wie hydrierte Fette zu beurteilen. Gehärtetes Schweinefett kann bei der Untersuchung gemäß der Ermittlung der Schmelzpunkt-Differenz nach A. BÖMER einen Zusatz von Talg vortäuschen. Hydrierte Seetieröle werden mittels der Reaktion nach TORTELLI und JAFFE erkannt.

Nachweis von Paraffin und Mineralöl. Dazu eignet sich, abgesehen von der Ermittlung des Wertes für das Unverseifbare, das Verfahren nach J. GROSSFELD (vgl. S. 940).

VII. Nachweis von raffiniertem Schweineschmalz

Nach H. P. KAUFMANN, J. G. THIEME und F. VOLBERT[1] läßt sich Schmalz, das einer Behandlung mit Bleicherde ausgesetzt worden ist, an seinem veränderten UV-Absorptionsspektrum erkennen. Die Bleicherde-Behandlung erzeugt eine deutliche Trien-Struktur bei 268 mμ, die sich besonders eignet zur Erkennung von (mit Bleicherde) raffiniertem Schmalz oder von Gemischen aus raffiniertem und unraffiniertem Schmalz.

Vorbereitung des Lösungsmittels: s. Bd. I, S. 757.

Vorbereitung der Proben: Das Schmalz kommt als solches zur Untersuchung, also ohne Abtrennung der Fettsäuren oder sonstige Vorbehandlung. Man entnimmt die abzuwägende Menge dem Innern der Probe, also nicht der möglicherweise beim Transport anoxydierten Oberfläche. Die Konzentration des im Hexan gelösten Schmalzes soll so bemessen sein, daß die abgelesene Extinktion nicht unter 0,2 liegt, da sonst der Meßfehler zu groß wird. In der Regel kommt man mit etwa 0,2 g Schmalz aus, die in einem 25 ml Meßkolben genau abgewogen werden, wonach man es mit optisch reinem Hexan zur Lösung bringt und schließlich zur Marke auffüllt. Zur Untersuchung verwendet man eine 1,0 oder 0,5 cm Küvette, bei sehr hohen Extinktionen muß die Lösung verdünnt werden (1:5 oder 1:10).

Besonders zu achten ist auf die optische Reinheit der verwendeten Kolben und Küvetten, da selbst Spuren von Verunreinigungen die Untersuchung beeinflussen können. Man prüfe deshalb nach jeder Reinigung die Küvetten im Blindversuch mit optisch reinem Hexan.

Untersuchung: Die Messungen können mit dem Spektralphotometer M 4 Q II der Firma ZEISS, Oberkochem, oder auch mit jedem anderen guten UV-Spektralphotometer durchgeführt werden. Im allgemeinen empfiehlt es sich, die gesamte Absorptionskurve im Gebiet von 220 bis 300 mμ durchzumessen, und zwar zwischen 220 und 236 mμ (Dien-Gebiet) und zwischen 258 und 280 mμ (Trien-Gebiet) in Abständen von 2 mμ, in den übrigen Teilen der Absorptionskurve in Abständen von 5 mμ. Wichtig sind die Werte bei 232, 264, 268 und 272 mμ.

Umrechnung auf $E_{1\,cm}^{1\,\%}$: Um die Werte verschiedener Untersuchungen untereinander vergleichen zu können, werden die Extinktionen auf eine Schichtdicke von 1 cm und eine Konzentration von 1 g pro 100 ml umgerechnet. Also:

$$E_{1\,cm}^{1\,\%} = \frac{E \text{ abgelesen}}{c \cdot d}$$

Hierbei ist c die Einwaage in g auf 100 ml umgerechnet und d die Schichtdicke in cm. Für eine Einwaage von genau 0,2 g/25 ml und Schichtdicke 0,5 cm wird der Nenner also gleich

---

[1] H. P. KAUFMANN, J. G. THIEME u. F. VOLBERT: Fette · Seifen · Anstrichmittel **58**, 995, 1046 (1956); **59**, 1037 (1957).

0,4 bzw. muß man den Meßwert mit $1/0,4 = 2,5$ multiplizieren, um den $E_{1\,\mathrm{cm}}^{1\%}$-Wert zu erhalten.

Darstellung der Absorptionskurve: Man kann die Absorptionskurve (Extinktionskurve) in der Weise zeichnen, daß man die Extinktion als Ordinate und die Wellenlänge als Abszisse benützt, wie es z. B. in der französischen Literatur häufig geschieht. Wie sich aus dem LAMBERT-BEERschen Gesetz ableiten läßt, hängen Höhe und Form (Steilheit) der auf diese Weise erhaltenen Kurvenzüge von der jeweilig angewendeten Konzentration ab. Liegt der nachzuweisende Stoff (in unserem Fall also das durch Bleicherde-Behandlung im Schmalz gebildete Trien) in einer jeweils unbekannten Menge vor, so läßt sich aus einer derartigen Kurve oft nicht deutlich ersehen, ob eine einwandfreie Trien-Struktur vorliegt. Trägt man jedoch statt der Extinktion den Logarithmus derselben auf, so erhält man eine Kurve, deren Form von der Konzentration unabhängig und somit stets gleich ist. Dies läßt sich leicht durch Logarithmierung der Gleichung des Extinktionsmoduls beweisen, wobei aus dem Produkt von Extinktionen und Konzentrationen eine Summe wird.

Auswertung der Untersuchung: Durch Raffination mit Bleicherde wird die Extinktion bei 268 mμ erhöht, so daß hohe Extinktionen in diesem Gebiet an sich verdächtig sind. Eine ähnliche Erhöhung der Extinktion kann man aber auch durch längere Erhitzung erhalten. Die Höhe der Extinktion bei 268 mμ ist also für sich allein nicht beweiskräftig. Das gleiche gilt von dem Quotienten der Extinktionen bei 232 und 268 mμ, der von französischen Forschern mit R bezeichnet und zur Beurteilung der Raffination und Qualität von Olivenöl herangezogen wird. Er ist zwar für raffiniertes Schmalz stark erniedrigt (weil die Bleicherde-Behandlung die Extinktion bei 268 mμ stärker erhöht als bei 232 mμ), hat aber wegen der Möglichkeit, daß in einem bestimmten Fall ein lange erhitztes Schmalz vorliegt, keine absolute Beweiskraft.

Eine Entscheidung auf Bleicherde-Raffination läßt sich auf Grund des Vorliegens einer deutlichen Trien-Struktur im Gebiet von 268 mμ treffen. Im allgemeinen erkennt man diese Trien-Struktur sofort, wenn man die logarithmische Extinktionskurve zeichnet. Doch soll, um im Übergangsgebiet bei Gemischen raffinierten und nicht raffinierten Schmalzes jeden Zweifel und auch jeden subjektiven Einfluß bei der Beurteilung auszuschalten, die Absorptionskurve nur als eine Illustration gewertet und die tatsächliche Entscheidung auf Grund der Berechnung S. 763 getroffen werden.

Mit Hilfe des Anilinpunktes kann ebenfalls in vielen Fällen die Bleicherde-Behandlung eines verdorbenen bzw. anoxydierten Schmalzes erkannt werden. J. WURZIGER[1] verwendet zu diesem Zweck die von F. T. VAN VOORST[2] aufgestellte Beziehung zwischen JZ und Anilinpunkt.

Die Erkennung einer Raffination anoxydierten Schmalzes beruht darauf, daß durch Behandlung mit Bleicherde zwar die Peroxyde zerstört bzw. entfernt werden, die durch die Oxydation gebildeten Hydroxylgruppen, die den Anilinpunkt stark herabdrücken, aber auch nach der Bleicherde-Behandlung noch vorhanden sein können[3].

2. Pferdefett

Im Gegensatz zu den Fetten der meisten anderen Landtiere enthält Pferdefett nachweisbare Mengen von Linolensäure[4]. Auf diese Tatsache kann die Erkennung dieses Produktes gegründet werden. Man zieht entweder das Verfahren zur Ermittlung der Polybromidzahl (Br$_x$Z) (vgl. S. 601) oder die von B. PASCHKE[5] angegebene Arbeitsweise (Hexabromid) heran.

10 g Fett werden mit 100 ml alkohol. 0,5 n Kalilauge auf dem Wasserbad am Rückflußkühler $^1/_2$ Std. verseift. Man destilliert am absteigenden Kühler 80 ml ab (Entfernung des Äthanols). Der Rückstand wird mit 250 ml Wasser aufgenommen und im Scheidetrichter noch warm mit 15 ml Schwefelsäure (5 n), 250 ml gesättigter Kochsalz-Lösung und 50 ml Äther versetzt. Die ätherische Phase wird abgetrennt, dreimal mit je 15 ml Kochsalz-Lösung ausgewaschen und durch ein trocknes Faltenfilter filtriert.

---

[1] J. WURZIGER: Fette · Seifen · Anstrichmittel **57**, 879 (1955); **58**, 260 (1956).

[2] F. T. VAN VOORST: Chem. Weekbl. **47**, 333 (1950).

[3] H. P. KAUFMANN u. J. G. THIEME: Fette · Seifen · Anstrichmittel **58**, 585 (1956).

[4] E. G. BROOKER u. F. B. SHORLAND: Biochem. J. **46**, 80 (1950); die ungesättigten C$_{18}$-Fettsäuren, fast 60% der Gesamtfettsäuren ausmachend, bestehen zu rd. 30% aus Linolensäure.

[5] B. PASCHKE: Z. Unters. Lebensmittel **76**, 476 (1938); E. ROSSMANN: Fette u. Seifen **43**, 224 (1936).

Mit der Pipette mißt man 5 ml des Äther-Extraktes (entsprechend 1 g Fett) ab und kühlt verkorkt in einer Eis-Kochsalz-Mischung auf mindestens —15° ab. Zu 5 ml eines ebenfalls auf —15° abgekühlten reinen Äthers setzt man aus einer Bürette unter Umschütteln 0,45 ml Brom zu und gibt die abgekühlte Bromlösung innerhalb 1 bis 2 Min. in 5 bis 6 Anteilen zur ätherischen Lösung der Fettsäuren; die Temperatur darf nicht über 0° ansteigen. Man läßt noch 10 Min. im Kühlbad stehen und hierauf 15 bis 18 Std. bei 5 bis 10°.

Man filtriert durch ein gewogenes ALLIHN-Röhrchen und wäscht den Niederschlag zweimal mit je 3 ml Äther (auf —10° abgekühlt) aus, wobei derselbe bis zum Schluß ständig von Waschflüssigkeit bedeckt zu halten ist. Nun wird bei 100° im Trockenschrank getrocknet und nach dem Erkalten bei Zimmertemperatur zur Entfernung der Reste an Fettsäuren mit 5 ml Äther ausgewaschen. Es wird erneut 1 Std. bei 100° getrocknet und nach dem Erkalten gewogen.

Tabelle 333. *Nachweis von Pferdefett mittels der Hexabromidzahl* (Nach B. PASCHKE)

Art des Fettes bzw. Fett-Verschnittes	Hexabromidzahl mg/1 g
Pferdefett	41,2
Schweinefett	2,8
Rinderfett	3,0
Hammelfett	3,0
Schweinefett + 30% Pferdefett .	8,2
Rinderfett + 30% ,, .	10,8
Hammelfett + 30% ,, .	11,0
Schweinefett + 40% ,, .	10,2
Rinderfett + 40% ,, .	15,1
Hammelfett + 40% ,, .	16,5

Da dieses Verfahren nur ein angenähertes ist, erübrigt sich im allgemeinen die genaue Ermittlung der Menge der Fettsäuren in der benützten ätherischen Lösung. Hinzu kommt, daß man bei anderen Landtierfetten aus 1 g Fett weniger als 5 mg Hexabromid, bei Pferdefett aber um 40 mg erhält.

Über die Grenzen des Verfahrens unterrichtet die Tab. 333; 30% Pferdefett sind in Verschnitten noch eindeutig nachweisbar; hinsichtlich des Nachweises von Pferdefett in Fett-Verschnitten mittels des UV-spektrometrischen Verfahrens sowie mittels der ,,Polybromide" vgl. C. FRANZKE[1].

3. Seetieröle

Zum Nachweis von Seetierölen zieht man Geruch, Geschmack, Farbreaktionen, die Bestimmung des Gehaltes an Unverseifbarem, die Zusammensetzung hinsichtlich der höheren und niederen Fettsäuren und die Ermittlung des ungesättigten Charakters heran. Diese Proben sind teilweise auch auf hydrierte Seetieröle anwendbar.

Grundsätzlich sind an Seetierölen vor oder nach der Hydrierung die Anforderungen zu stellen, daß sie unverdorben, unschädlich und vor allem verdaulich sind. Produkte mit mehr als 1,5% Unverseifbarem gelten als ungeeignet für Nahrungszwecke. Zur Hydrierung gelangende Erzeugnisse sollen auch im rohen Zustand unverdorben sein.

Geruch und Geschmack (vgl. S. 1151 f.). Gegebenenfalls ist eine Wasserdampf-Destillation auszuführen und das Destillat sinnesphysiologisch zu prüfen.

Farbreaktion nach TORTELLI und JAFFE (vgl. S. 975).

Unverseifbares (vgl. S. 447 ff.). Die Ermittlung von Squalen (vgl. S. 941 f.) kann wertvolle Hinweise auf die Herkunft (Leberöle der Haifische usw.) vermitteln.

Ungesättigter Charakter. Man ermittelt die JZ (vgl. S. 567 ff.) bzw. die Polybromidzahl $(Br_x Z)$ (vgl. S. 601). Als qualitative Probe[2] kann man heranziehen:

0,3 bis 0,4 g des Öles werden in 5 ml Chloroform oder Tetrachlorkohlenstoff gelöst, bis zur Absättigung der Doppelbindungen mit Brom behandelt, erhitzt und stehengelassen. Bei Gegenwart bis herab zu 5% Seetieröl tritt Trübung durch Polybromide ein.

---

[1] C. FRANZKE: Z. Lebensmittel-Unters. u. -Forsch. **99**, 27 (1954).
[2] W. SCHAEFER: Seifensieder-Ztg. **54**, 798 (1927).

Zusammensetzung der höheren und niederen Fettsäuren. Seetieröle enthalten gegenüber den gebräuchlichen tierischen und pflanzlichen Fetten — abgesehen von Rüb- und Erdnußöl — sowohl Fettsäuren mit mehr als 18 als auch mit weniger als 16 Kohlenstoff-Atomen. Diese Tatsache hat A. Grün[1] zur Unterscheidung herangezogen (vgl. S. 1192 bei hydrierten Fetten).

Ermittlung von Vitamin A und D, besonders in Leberölen vgl. S. 964 u. 973.

4. Neutralisierungs- und Konservierungsmittel sowie sonstige Zusätze

Über Behandlung und Zusätze bei tierischen Erzeugnissen stellt das Fleischbeschaugesetz in der Fassung vom 29. 10. 1940 (RGBl. I, S. 1463) in § 21 grundsätzliche Anforderungen auf, die in der Verordnung über unzulässige Zusätze und Behandlungsverfahren bei Fleisch vom 31. 10. 1940 (RGBl. I, S. 1470) in §§ 1 und 2 genau umschrieben werden. Diese Bestimmungen gelten auch für Fette tierischer Herkunft (außer Seetierölen) und betreffen vor allem die Verwendung von Neutralisierungs- und Konservierungsmitteln. Über den Nachweis solcher unerlaubter Zusätze sind in der Anlage der Ausführungsbestimmungen D vom 22. 2. 1908 (§§ 15 und 16) zum Fleischbeschaugesetz vom 3. 6. 1900 nähere Angaben gemacht, auf die hier verwiesen wird.

I. Neutralisierungsmittel

In der Praxis kommen vor allem (z. B. White Grease) die *Hydroxyde und Carbonate von Alkalien und Erdalkalien* in Betracht. Man verfährt zur Prüfung folgendermaßen:

Vorprüfung: Ein mit Glasstopfen verschließbares Reagensglas aus Jenaer Geräteglas (neue Gläser vorher mit Wasser auskochen!) wird mit 2 ml dest. Wasser, 1 Tropfen einer 0,1%igen wäßrigen Lösung von p-Nitrophenol und 10 ml des zu prüfenden, geschmolzenen Fettes beschickt und kräftig geschüttelt. Darauf stellt man das Reagensglas bis zur Schichtentrennung in siedendes Wasser. Eine Gelbfärbung der wäßrigen Schicht ist als positive Reaktion für die Anwesenheit von alkalischen Neutralisierungsmitteln anzusehen.

Die Probe kann in ähnlicher Weise auch mit Phenolphthalein als Indicator angestellt werden; es tritt bei Anwesenheit von Alkaliseifen Rötung auf, die auf Zugabe von Mineralsäure verschwindet.

Die beiden vorgenannten Prüfungen versagen, wenn das Fett größere Mengen an freien Fettsäuren enthält. Insbesondere tritt unter diesen Umständen auch die bei Gegenwart von Alkaliseifen erfolgende, auf Zusatz von Mineralsäure wieder verschwindende Emulsionsbildung beim kräftigen Verschütteln des geschmolzenen Fettes mit warmem Wasser oft nicht ein. In diesen Zweifelsfällen werden 10 ml geschmolzenes Fett mit 50 ml eines Benzol-Alkohol-Gemisches (9 : 1) behandelt. Man verascht nach dem Eindampfen der klar filtrierten Lösung. Der Rückstand ist in Salzsäure zu lösen und in üblicher Weise auf Metalloxyde zu prüfen.

Hauptprüfung[2]: 50 g geschmolzenes Fett werden mit der gleichen Menge destillierten Wassers in einem mit Kühler versehenen Kolben (500 ml), beide aus Jenaer Glas, gemischt. In das Gemisch leitet man unter Zwischenschaltung einer Sicherheitsflasche $^1/_2$ Std. aus dest. Wasser erzeugten Wasserdampf durch ein Glasrohr (Jenaer Glas) ein; die verbindenden Gummischläuche sind durch längeres Durchleiten von Wasserdampf zu reinigen. Nach dem Erkalten wird die wäßrige Phase durch ein aschefreies Filter abfiltriert (*Filtrat 1*).

Das verbleibende Fett wird samt Filter nach Zusatz von 5 ml 25%iger Salzsäure und 25 ml dest. Wasser, wie eben beschrieben, mit Wasserdampf behandelt. Das erhaltene wäßrige Filtrat versetzt man im Schütteltrichter mit 3 g Kaliumchlorid und schüttelt einige Minuten mit 10 ml Petroläther aus. Die abgeschiedene wäßrige Phase wird durch ein angefeuchtetes, aschefreies Filter filtriert; das anfangs evtl. trüb abfließende Filtrat ist so oft auf das Filter zurückzugeben, bis es klar abfließt (*Filtrat 2*).

---

[1] A. Grün: Chem. Umschau Gebiete Fette, Öle, Wachse, Harze **26**, 101 (1919).

[2] Die Verfahren sind wenig empfindlich; auf die flammenphotometrischen sowie emissionsspektrographischen Verfahren sei verwiesen.

Das *Filtrat 1* wird auf 5 ml eingedampft und nach dem Erkalten mit verd. Salzsäure angesäuert. Bei Gegenwart von Alkaliseife scheidet sich Fettsäure aus, die mit Äther auszuziehen und als solche zu kennzeichnen ist. Dieser Befund ist im Sinne der Anwesenheit von Alkaliseifen, hervorgerufen durch Behandlung mit Alkalihydroxyden bzw. -carbonaten, zu deuten.

Entsteht beim Ansäuern jedoch eine in Äther schwer lösliche oder eine gelblichweiße Abscheidung, so ist diese gegebenenfalls nach der beim Nachweis von Thiosulfaten angegebenen Vorschrift (vgl. S. 1173) auf Schwefel zu prüfen.

Das klare *Filtrat 2* wird in einer Platinschale auf etwa 50 ml eingedampft und in einem Becherglas (Jenaer Glas) durch Erhitzen mit überschüssigem Ammoniak und 10 ml Ammoniumcarbonat-Lösung auf Erdalkalien geprüft. Tritt deutliche Fällung ein ($CaCO_3$), so ist das Fett als mit Calciumhydroxyd oder -carbonat behandelt anzusehen.

Erfolgt nur eine geringe Fällung, dann dampft man das Filtrat 2 in der Platinschale auf 25 ml ein, gegebenenfalls nach vorherigem Filtrieren, und prüft nach Zusatz von 10 ml Ammoniak und 1 ml Natriumphosphat-Lösung auf Magnesium. Entsteht hierbei innerhalb 12 Std. eine deutlich kristalline Ausscheidung von Magnesiumammoniumphosphat, so ist das Fett als mit Magnesiumhydroxyd (-oxyd) oder -carbonat behandelt anzusehen.

Glasgerätschaften und Reagentien sind im Blindversuch auf Reinheit zu prüfen.

II. Konservierungsmittel

Wenn auch die Verwendung von Konservierungsmitteln bei reinen, praktisch wasserfreien Fetten kaum in Betracht zu ziehen ist (Bakterienwachstum kaum zu gewärtigen), so ist bei der Untersuchung von Fettgeweben (Nierenfett, Speck usw.), ferner von Butter und Margarine, von *Adeps suillus benzoatus* diese Möglichkeit ins Auge zu fassen. Nachstehend sind für die wichtigsten Konservierungsmittel allgemeine Prüfverfahren angegeben, die sich eng an amtliche Methoden des früheren Reichsgesundheitsamtes anlehnen[1]; sie können sinngemäß auch bei pflanzlichen Fetten Verwendung finden.

Borsäure und Borate. *Curcumin-Probe:* 50 g Fett, auf dem Wasserbad geschmolzen, werden mit 30 ml Wasser (50°) und 0,2 ml 25%iger Salzsäure $^1/_2$ Min. kräftig durchgeschüttelt. Der Kolben bleibt bis zur Schichtentrennung auf dem warmen Wasserbad stehen. Man filtriert die wäßrige Phase durch ein nasses Filter vom Fett ab und macht mit 0,1 n Natronlauge schwach alkalisch (Phenolphthalein). 5 ml des Filtrates säuert man mit 0,5 ml 25%iger Salzsäure an und filtriert. Einen 8 cm langen und 1 cm breiten Streifen von geglättetem Curcumin-Papier durchfeuchtet man bis zur halben Länge mit dem sauren Filtrat und trocknet ihn auf einem Uhrglas bei 60 bis 70°.

Zeigt sich keine Veränderung der gelben Farbe, so sind Borsäure und Borate nicht vorhanden. Entsteht aber eine rötliche oder orangerote Färbung, dann betupft man das in der Farbe veränderte Papier mit einer 2%igen Lösung von Natriumcarbonat (wasserfrei). Wenn sich dabei ein rotbrauner (rotvioletter) Fleck von der gleichen Farbe bildet, wie er durch eine Natriumcarbonat-Lösung auf reinem Curcumin-Papier erzeugt wird, so ist Borsäure ebenfalls abwesend. Entsteht aber bei dieser Reaktion ein blauer Fleck, so können Borsäure oder Borate als anwesend angenommen werden; bei blauvioletten Färbungen und in Zweifelsfällen stellt man zusätzlich die Flammenprobe an.

Flammenprobe: Vom vorerwähnten alkalischen Filtrat dampft man 5 ml in einer Schale ein und verascht in üblicher Weise unter Auslaugen der gebildeten Kohle; der Extrakt wird durch Filtrieren abgetrennt. Die Kohle verascht man mit kleiner Flamme zu Ende, fügt nach dem Erkalten den Extrakt hinzu und verdampft auf dem Wasserbad zur Trockne; man trocknet bei 120° zu Ende. Die erhaltene lockere Asche wird mit einem kalten Gemisch aus 5 ml Methanol und 0,5 ml konz. Schwefelsäure sorgfältig zerrieben und mit weiteren 5 ml Methanol in einen 100 ml ERLENMEYER-Kolben übergeführt. Der Kolben bleibt verschlossen $^1/_2$ Std. unter mehrmaligem Umschütteln stehen. Dann destilliert man das Methanol vollständig in ein Gläschen von 40 ml Inhalt und etwa 6 cm Höhe ab, durch dessen doppelt durchbohrten Stopfen 2 Glasröhren führen, das eine bis fast an den Boden, das andere nur bis zum Hals. Das äußere, verjüngte Ende des letzteren ist am besten mit einer durchlochten Platinspitze überkappt. Man leitet durch das andere Rohr trockenes Wasserstoff-Gas ein und entzündet nach Verdrängen der Luft (Flamme 2 bis 3 cm lang). Bei Anwesenheit von Bor tritt die charakteristische grüngesäumte oder ganz grüne Flamme auf.

---

[1] Vgl. Einheitl. Untersuchungsmethoden für die Fett- und Wachsindustrie, S. 104ff. Stuttgart: Wissenschaftl. Verlagsges. 1930.

Diese Probe kann auch vereinfacht, aber weniger empfindlich, durchgeführt werden, indem man die Asche des Fettes mit einem Tropfen konz. Schwefelsäure durchfeuchtet und etwas Methanol zusetzt. Er brennt unter Rühren mit grüner Flamme ab, falls Borsäure oder Borate in größerer Menge anwesend sind.

Quantitative Bestimmung: 25 g Fett werden in einer Schale (Platin oder Quarz) von 150 ml Inhalt nach Zugabe von 1 g Soda (wasserfrei) auf dem Wasserbad unter Rühren geschmolzen; falls wasserhaltige Fette (Butter, Margarine) vorliegen, trocknet man zunächst bei etwa 110°. Nach dem Erkalten setzt man 50 ml Trichloräthylen zu und filtriert durch ein aschefreies Filter; der Rückstand auf dem Filter wird einmal mit Trichloräthylen ausgewaschen. Filter mit Inhalt werden zusammen mit dem Rückstand in der Schale verkohlt, die Kohle mehrmals mit wenig heißem Wasser ausgezogen, der Auszug abfiltriert und das Filter mit der Kohle zusammen in der Schale verascht. Man nimmt die Asche mit 2,5 ml 25%iger Salzsäure und einigen ml Wasser auf und setzt diese Lösung zum Filtrat hinzu. Die saure, durch Aufkochen vom Kohlendioxyd befreite, höchstens 25 ml betragende Lösung wird mit 25 ml einer 4%igen Lösung von Trinatriumcitrat, 1 Tropfen alkohol. Phenolphthalein-Lösung und soviel 1 n-, zuletzt 0,1 n Alkalilauge versetzt, daß sie eben deutlich gerötet ist. Nunmehr gibt man etwa 6 g reines Mannit hinzu und titriert die dadurch entfärbte Lösung mit 0,1 n Alkalilauge, bis sie 2 Min. die rote Farbe behält, läßt 10 bis 20 Min. stehen und titriert, falls Entfärbung eingetreten ist, wieder auf Rot. Während dieser Operation soll die Temperatur der Lösung gleichbleibend sein und insbesondere 20° nicht übersteigen. Ein Blindversuch ist auszuführen.

Aus den experimentellen Daten (a = ml 0,1 n Lauge nach Mannit-Zusatz; e = Einwaage [möglichst 25 g]) berechnet man:

$$\% \ H_3BO_3 = \frac{0,62 \cdot a}{e}$$

Qualitative Prüfung auf Formaldehyd und Formaldehyd abgebende Stoffe. Aus einem Gemisch von 5 g Fett, 50 ml Wasser und 2 bis 3 g Weinsäure destilliert man unter Einleiten von Wasserdampf 50 ml Flüssigkeit ab. Vom Destillat werden 5 ml nach Mischung und Filtration mit 2 ml frischer Milch (frei von Formaldehyd) und 7 ml 25%iger Salzsäure, die auf 100 ml 0,2 ml 10%ige Eisen(III)-chlorid-Lösung enthält, in einem geräumigen Reagensglas 1 Min. zum lebhaften Sieden erhitzt.

Gegenwart von Formaldehyd ruft Violettfärbung hervor; tritt eine solche nicht ein, so erübrigen sich weitere Prüfungen.

Andernfalls wird der Rest des Destillates mit Ammoniak im Überschuß versetzt und unter mehrmaligem erneutem Zusatz von wenig Ammoniak derart zur Trockne verdampft, daß die Flüssigkeit immer alkalisch bleibt. Im Rückstand treten die charakteristischen Kristalle von Hexamethylentetramin auf, falls Formaldehyd in nicht zu kleiner Menge anwesend ist. Der Rückstand wird in 4 Tropfen Wasser gelöst und davon 1 Tropfen auf dem Objektträger mit 1 Tropfen gesättigter Quecksilber(II)-chlorid-Lösung vermischt.

Lassen sich unter dem Mikroskop sofort oder nach kurzer Zeit Kristalle (drei- und mehrstrahlige Sterne, später Octaeder) erkennen, so ist der Nachweis von Formaldehyd erbracht.

Ameisensäure und Formiate. 40 bis 45 ml des filtrierten Destillates der qualitativen Prüfung werden mit 10 ml 1 n Alkalilauge auf dem Wasserbad zur Trockne eingedampft. Der Rückstand wird, falls Formaldehyd nachgewiesen worden ist, nach 1 stdg. Erwärmen auf 130°, im anderen Falle ohne weiteres mit 10 ml Wasser und 5 ml 20%iger Salzsäure aufgenommen. Die Lösung versetzt man in einem bedeckt gehaltenen Kölbchen nach und nach mit 0,5 g Magnesiumspänen. Nach 2 stdg. Einwirkung gießt man vom Reaktionsgemisch 5 ml in ein geräumiges Probierglas und prüft in der oben angegebenen Weise mit Milch und eisenhaltiger Salzsäure auf Formaldehyd. Violett-Färbung weist auf das Vorhandensein von Ameisensäure hin.

Quantitative Bestimmung: 50 g Fett ($\pm$ 0,1 g) werden in einem langhalsigen Destillierkolben (500 ml) mit 2 bis 3 g Weinsäure der Wasserdampf-Destillation mit Destillier-Aufsatz unterworfen; das Destillat fängt man in einem Kolben auf, der 3 g reines Calciumcarbonat, in 100 ml Wasser aufgeschwemmt, enthält. Das in die Vorlage führende Einleitungsrohr ist für eine wirksame Aufrührung unten zugeschmolzen und dicht darüber mit 4 horizontalen, etwas gebogenen Auspuffröhrchen von enger Öffnung versehen. Der Vorlagekolben trägt ebenfalls einen Destillationsaufsatz, der durch einen absteigenden Kühler mit einer zweiten Vorlage verbunden ist.

Man erhitzt die Aufschwemmung von Calciumcarbonat zum schwachen Sieden. Dann setzt man die Wasserdampf-Destillation in Gang, wobei das Fettgemisch ebenfalls erhitzt wird. Man destilliert 750 ml ab. Nach dem Abbrechen der Destillation filtriert man die noch heiße Aufschwemmung aus der ersten Vorlage, wäscht das auf dem Filter hinterbleibende Calciumcarbonat mit heißem Wasser aus und dampft das gesamte Filtrat zur Trockne ein.

Der Rückstand wird 1 Std. bei 125 bis 130° getrocknet. Man löst in 100 ml Wasser und schüttelt die Lösung zweimal mit je 25 ml Äther aus. Aus der klaren wäßrigen Lösung vertreibt man die Äther-Reste durch vorsichtiges Erwärmen auf dem Wasserbad. Man versetzt im ERLENMEYER-Kolben mit 2 g krist. Natriumacetat, säuert mit etwas Salzsäure an und gibt 40 ml einer 6%igen Lösung von Quecksilber(II)-chlorid hinzu; es wird 2 Std. im siedenden Wasserbad erhitzt; der Kolben muß bis zum Hals eintauchen. Das abgeschiedene Kalomel wird unter wiederholtem Dekantieren mit warmem Wasser auf einen Filtertiegel gebracht, ausgewaschen und mit Äthanol nachgewaschen. Man trocknet bei 100° (etwa 1 Std.) bis zur Gewichtskonstanz.

Durch Erhitzen des Filtrates mit weiteren 5 ml Quecksilber(II)-chlorid-Lösung überzeugt man sich, daß die Fällung vollständig verlaufen ist.

$$\left.\begin{array}{l} \text{Einwaage an Fett} = e \\ \text{Kalomelmenge} \quad = a \end{array}\right\} \quad \% \text{ Ameisensäure} = \frac{9{,}75 \cdot a}{e}$$

Fluorwasserstoff und Fluoride. 30 g geschmolzenes Fett werden in einem 500 ml Kolben mit Rückflußkühler mit der gleichen Menge Wasser vermischt und $\frac{1}{2}$ Std. lang in das Gemisch Wasserdampf eingeleitet. Nach dem Erkalten filtriert man den wäßrigen Auszug ab und versetzt ohne Rücksicht auf eine vorhandene Trübung mit Kalkmilch bis zur stark alkalischen Reaktion. Der Niederschlag wird abfiltriert, getrocknet, zerrieben und in einem Platin- oder Bleitiegel mit 3 Tropfen Wasser befeuchtet. Sofort nach Zusatz von 1 ml Schwefelsäure bedeckt man den Tiegel mit einem Kölbchen, dessen Unterseite mit einer Wachsschicht überzogen ist; durch Einritzen ist die Glasoberfläche teilweise freigelegt. Man erhitzt 1 Std. gelinde auf einer Asbestplatte, wobei das Kölbchen durch fließendes Wasser zu kühlen ist; man läßt noch einige Zeit stehen.

Wenn das Kölbchen nach Entfernung der Wachsschicht an der während der Reaktion freigelegten Glasoberfläche Ätzungserscheinungen erkennen läßt, ist der Nachweis von Fluorwasserstoff bzw. Fluoriden qualitativ erbracht.

Schweflige Säure, Sulfite und Thiosulfate. *Vorprüfung:* Man mischt in einem ERLENMEYER-Kolben (100 ml) 30 g Fett mit 5 ml Phosphorsäure (25%ig) und verschließt sofort mit einem Kork; letzterer trägt, in einem Spalt befestigt, einen Streifen Kaliumjodat-Stärkepapier[1], dessen unteres Ende etwa 1 cm von dem Fettgemisch entfernt und auf eine Länge von 1 cm mit Wasser befeuchtet ist.

Zeigt sich innerhalb 10 Min. keine Bläuung des Streifens (vor allem an der Grenzzone zwischen feucht und trocken), so erwärmt man das Kölbchen bei losem Korkverschluß auf dem Wasserbad. Wenn auch dabei weder eine vorübergehende noch bleibende Bläuung eintritt, läßt man bei dichtem Korkverschluß erkalten. Während des Erwärmens und des Erkaltens schüttelt man wiederholt vorsichtig um. Macht sich innerhalb $\frac{1}{2}$ Std. eine Bläuung nicht bemerkbar, so ist das Fett als frei von schwefliger Säure und Derivaten zu betrachten. Tritt dagegen eine Bläuung ein, dann stellt man das Ergebnis durch folgende Prüfung sicher.

Hauptprüfung: 50 g geschmolzenes Fett werden im Destillierkolben (500 ml) mit 50 ml Wasser vermischt. Der Kolben trägt einen dreifach durchbohrten Stopfen; 2 Glasröhren führen bis kurz über den Boden des Kolbens, das dritte endet im Hals und ist mit einem Kühler verbunden, der in eine Waschvorlage mündet. Durch die eine der langen Glasröhren leitet man reines Kohlendioxyd (frei von Schwefel-Verbindungen) ein, bis die Luft aus der Apparatur vollständig verdrängt ist. Die Vorlage wird mit 50 ml Jod-Jodkalium-Lösung (hergestellt aus 5 g reinem Jod und 7,5 g Kaliumjodid in 1 l Wasser; die Lösung muß sulfatfrei sein) beschickt. Man lüftet unter Weitereinleiten von Kohlendioxyd den Stopfen und läßt 10 ml Phosphorsäure (25%ig) einfließen. Dann leitet man durch das dritte Rohr Wasserdampf ein und destilliert 50 ml über. Die Jod-Jodkalium-Lösung, die braun gefärbt sein muß, wird vollständig in ein Becherglas gespült, mit Salzsäure angesäuert, kurz erwärmt und mit Bariumchlorid-Lösung in üblicher Weise auf Sulfat geprüft.

Wenn bei dieser Prüfung ein Niederschlag von Bariumsulfat entsteht, ist damit erwiesen, daß das Fett schweflige Säure bzw. Sulfite oder Thiosulfat enthält. Durch Ermittlung der Menge des ausgefallenen Bariumsulfates kann auf den Gehalt an den in Betracht kommenden Schwefel-Verbindungen geschlossen werden.

Prüfung auf Thiosulfate: 50 g Fett werden mit der gleichen Menge Wasser in einem Kolben (500 ml) mit Rückflußkühler vermischt; man leitet $\frac{1}{2}$ Std. Wasserdampf ein. Nach dem Erkalten wird filtriert und das wäßrige Filtrat mit Salzsäure versetzt. Entsteht hierbei eine in Äther schwer lösliche Abscheidung, so wird dieselbe abfiltriert, ausgewaschen, in 25 ml Natronlauge (5%ig) gelöst und mit 50 ml Bromwasser (gesättigt) zum Sieden erhitzt

---

[1] Hergestellt durch Tränken von Filtrierpapier mit einer Lösung aus 0,1 g Kaliumjodat (jodidfrei) und 1 g löslicher Stärke in 100 ml Wasser.

Man säuert mit Salzsäure an und filtriert. Bei Gegenwart von Thiosulfaten liefert das vollständig klare Filtrat auf Zusatz von Bariumchlorid-Lösung eine weiße Fällung von Bariumsulfat.

Salicylsäure und Derivate. *Vorprüfung:* In einem Reagensglas mischt man 4 ml Äthanol (20 Vol.-%) mit 2 bis 3 Tropfen einer frisch bereiteten Lösung (0,05%ig) von Eisen(III)-chlorid, fügt 2 ml geschmolzenes Fett hinzu und mischt durch dauerndes kräftiges Umschütteln. Bei Gegenwart von Salicylsäure färbt sich die untere Schicht violett; Störungen sind kritisch auszuschließen.

Hauptprüfung: In Gegenwart von Stoffen, die Eisen(III)-Ionen fällen oder komplex binden, versagt die vorgenannte Probe. Man geht dann folgendermaßen vor:

50 g Fett werden mit schwach alkalischem Wasser erschöpfend extrahiert, der angesäuerte Auszug wird ausgeäthert und mit dem wäßrigen Extrakt des Rückstandes, der nach dem Abdunsten des Äthers hinterbleibt, vereinigt. In dieser wäßrigen Lösung wird die Salicylsäure durch Destillation oder Überführung in ihre Brom-Verbindung und Ermittlung der Brom-Aufnahme bestimmt (vgl. analytische Spezialliteratur).

Benzoesäure und Benzoate. *Qualitative Prüfung:* In einem verschlossenen Kolben werden 50 g geschmolzenes Fett mit 100 ml (bei Fett mit sehr hoher SZ entsprechend mehr) einer warmen, etwa 0,1 n Natriumhydrogencarbonat-Lösung 1 Min. kräftig durchgeschüttelt. Man erwärmt auf dem Wasserbad so lange, bis sich die wäßrige Phase klar oder milchig trübe abgesetzt hat. Sie wird vom Fett abgetrennt, mit Schwefelsäure stark angesäuert, bis zum Sieden erhitzt und nach dem Erkalten filtriert. Das Filtrat schüttelt man im Scheidetrichter mit 25 ml Äther kräftig durch, wäscht die ätherische Lösung zweimal mit je 5 ml Wasser und schüttelt dann mit 2 ml 0,5 n Alkalilauge. Der alkalische Extrakt wird im Reagensglas bei 100 bis 115° zur Trockne verdampft, der Rückstand mit 0,5 ml eines Gemisches aus 40 Teilen konz. Schwefelsäure und 20 Teilen rauchender Salpetersäure 20 Min. im siedenden Wasserbad erhitzt und nach Zugabe von 1 ml Wasser und nach Erkalten mit Ammoniak übersättigt. Das Gemisch wird aufgekocht, abgekühlt und tropfenweise mit einer 10%igen Lösung von reinem Natriumsulfid überschichtet. Bei Anwesenheit von Benzoesäure oder Benzoaten färbt sich die Flüssigkeit stark rot.

Quantitative Prüfung: 50 g des homogenen Fettes (z. B. Margarine) werden in einer weithalsigen Pulverflasche (300 ml) mit Schliffstopfen mit 100 ml (pipettieren) 0,1 n Natriumhydrogencarbonat-Lösung versetzt. Der Stopfen wird lose aufgesetzt und die Flasche auf etwa 60° unter wiederholtem Umschütteln bis zum Schmelzen des Fettes erwärmt. Unter mehrmaligem Lüften des Stopfens schüttelt man 2 Min. kräftig. Dann läßt man nach Einschieben eines Streifens Filtrierpapier in den Flaschenhals erkalten, bis die Fettschicht erstarrt ist. Diese wird durchstochen und die wäßrige Phase durch ein trockenes Faltenfilter in ein trockenes Becherglas abgegossen. Vom Filtrat werden 75 ml (eventuell auch 50 ml) in einen Meßkolben (100 ml) gegeben, der 30 g reines Ammoniumsulfat enthält. Nach kräftigem Umschütteln läßt man ½ Std. stehen (Lösung des Salzes) und füllt unter Schwenken des Kolbens (um ein Ansammeln der entstandenen Flocken an der Oberfläche zu vermeiden) bis zur Marke auf; man filtriert durch ein trockenes Filter in einen trockenen Kolben. Vom Filtrat werden 80 ml in einem Scheidetrichter (200 ml) mit etwa 3 ml Schwefelsäure (1 + 5) angesäuert und dann fünfmal mit je 40 ml Äther-Petroläther (1 : 1) ausgeschüttelt. Die Auszüge sammelt man in einem Scheidetrichter (250 ml), wäscht dreimal mit je 5 ml Wasser und gibt den Extrakt in einen Weithalskolben mit etwas granuliertem Bimssteinpulver. Auf dem leicht siedenden Wasserbad destilliert man das Lösungsmittel-Gemisch langsam ab; seine Reste vertreibt man mit Hilfe eines Handgebläses. Der Rückstand wird in etwas Wasser aufgenommen und nach Zusatz von 3 Tropfen Phenolphthalein-Lösung mit 0,1 n Lauge bis zur starken, bleibenden Rotfärbung versetzt, zum Sieden erhitzt, mit 0,1 n Salzsäure bis zur Entfärbung und dann wieder mit 0,1 n Lauge bis zur ersten Rosafärbung titriert.

Bei der Untersuchung von Margarine, Butter usw. ist der Wassergehalt zu berücksichtigen, da er das Volumen der angewandten Natriumhydrogencarbonat-Lösung vermehrt.

Den Gehalt an Benzoesäure findet man:

$$\% \text{ Benzoesäure} = 1{,}2205 \cdot \frac{a}{e} \cdot \frac{100 + \dfrac{e \cdot w}{100}}{75} \cdot \frac{100}{80} = 0{,}02034 \cdot \frac{a}{e} \left(100 + \frac{e \cdot w}{100}\right)$$

Es bedeuten:
e = Einwaage,
w = Wassergehalt des Fettes in %,
a = Verbrauch an 0,1 n Lauge.

Derivate der Benzoesäure. Von Derivaten der Benzoesäure werden die Methyl-, Äthyl- und Propylester der *p-Oxy-benzoesäure* (Nipagin, Nipasol, Nipacombin, Solbrol usw.) sowie die *p-Chlor-benzoesäure* (Mikrobin) benützt, vielfach auch in Gemischen sowie im Gemisch mit p-Oxy-benzoesäure bzw. ihren Alkalisalzen. Wegen des Nachweises dieser Verbindungen ist auf die einschlägige Fachliteratur zu verweisen[1]. Hier sei nur eine orientierende Probe angeführt.

Abtrennung von Fett: 50 g geschmolzenes Fett werden mit warmem Wasser (50 ml, 60 bis 70°) durch intensives Schütteln ausgezogen und zur Schichtentrennung auf dem Wasserbad (60 bis 70°) stehengelassen. Mit dem klaren Filtrat sind die nachgenannten Reaktionen anzustellen.

Prüfung auf p-Oxy-benzoesäure mit MILLONs *Reagens.* 20 ml des Filtrates schüttelt man mit 10 ml Petroläther zur Entfernung fremder, eventuell störender Substanzen aus. Die abgetrennte wäßrige Phase verdampft man auf dem Wasserbad zur Trockne, erhitzt den Rückstand mit 1 ml Quecksiber(II)-sulfat-Lösung genau 2 Min. auf dem Wasserbad, kühlt ab und gibt 1 Tropfen Natriumnitrit-Lösung (2%ig) hinzu. Bei höheren Gehalten an p-Oxy-benzoesäure entsteht sofort, bei geringeren nach einigen Min. Rotfärbung, die nach 3 bis 5 Min. die größte Intensität erreicht; bei hoher Konzentration fällt eine rote Verbindung aus.

Die Quecksilber(II)-sulfat-Lösung wird durch Erhitzen von 5 g Quecksilber(II)-oxyd mit 20 ml konz. Schwefelsäure und 100 ml Wasser bis zum beginnenden Sieden hergestellt.

Der Nachweis der Ester kann nach Verseifung auf die gleiche Weise oder nach folgender Vorschrift geführt werden.

Ester der p-Oxy-benzoesäure[2]. Der Nachweis erfolgt mit dem Reagens nach E. NICKEL, das man nach H. KREIS und J. STUDINGER[3] durch Lösen von 7 g Quecksilber(II)-chlorid und 4,4 g Kaliumnitrit in 100 ml Wasser herstellt; von dem geringen braunen Niederschlag wird abfiltriert.

Gleiche Teile Reagens und wäßriger filtrierter Extrakt (siehe vorher) werden im siedenden Wasserbad 15 Min. erhitzt. Es tritt allmählich Rotfärbung ein, die bei Estermengen bis herab zu 0,0015% sichtbar wird. Beim Ausschütteln mit Äther geht die rote Färbung mit rotvioletter Tönung in das Extraktionsmittel über, während die wäßrige Phase braungelb wird.

Zur Unterscheidung der Ester von der Säure sind Spezial-Reaktionen anzustellen, die auf die Ermittlung und Kennzeichnung der anwesenden Alkohole (Methyl-, Äthyl-, Propylalkohole) hinauslaufen[4].

p-Chlor-benzoesäure. 20 ml des Filtrates (siehe vorher) verdampft man auf dem Wasserbad zur Trockne, versetzt den Trockenrückstand in einem Reagensglas mit 0,25 ml konz. Schwefelsäure sowie einigen Kriställchen Kaliumnitrat und erhitzt 20 Min. im siedenden Wasserbad. Dann setzt man je 2 ml Wasser und Ammoniak unter Umschwenken zu und etwa 1 ml einer Lösung von 2 g Hydroxylaminchlorhydrat in 100 ml Wasser (eventuell überschichten[5]). Je nach der Menge p-Chlor-benzoesäure entsteht sofort oder innerhalb einiger Min. eine mehr oder weniger kräftig grüne Farbzone.

Nitrite. Die Verwendung von Nitritpökelsalz bei der Fleischverarbeitung kann vor die Aufgabe stellen, in Fettgewebe oder in Fett selbst auf Nitrite zu prüfen; wegen der quantitativen Ermittlung ist auf das Schrifttum zu verweisen; hier sei nur eine orientierende Probe erwähnt:

10 bis 20 g des Materials (evtl. vorsichtig geschmolzen) werden mit 150 ml Wasser, das durch Zugabe von etwas Soda-Lösung (25%ig) schwach alkalisch gemacht ist, kräftig durchgeschüttelt. Nach 1½ stdg. Stehen (zeitweise umschütteln) füllt man im Meßkolben auf 200 ml auf. 10 bis 20 ml des Filtrates werden mit verd. Schwefelsäure angesäuert und mit einer Lösung von Jodzinkstärke versetzt. Bei Anwesenheit von Nitrit tritt sofort oder innerhalb einiger Min. Blaufärbung ein; die quantitative Bestimmung kann mit dem noch zur Verfügung stehenden Filtrat ausgeführt werden.

Papierchromatographischer Nachweis[6]. Die — wie vorangehend beschrieben — gewonnene wäßrige, das Nitrit enthaltende Lösung wird in Faserrichtung auf 3 cm breite und 30 bis 35 cm lange Streifen von Chromatographier-Papier (SCHLEICHER & SCHÜLL 2043a) aufgetragen (15- bis 20mal je 0,005 ml). Mittels eines Gemisches aus Butanol/Pyridin/1,5 n Ammoniak (40:20:40) wird in absteigender Arbeitsweise 12 bis 16 Std. chromatographiert. Nach beendeter Laufzeit wird der Streifen 15 bis 20 Min. in bewegter Luft (Abzug) getrocknet und anschließend mit einem Reagens — bestehend aus 0,25 g α-Naphthylamin in 99 ml Aceton

[1] A. BÖMER u. O. WINDHAUSEN in A. BÖMER, A. JUCKENACK u. J. TILLMANS: Handb. d. Lebensmittelchemie, Bd. II/2, S. 1130 ff. Berlin: Springer 1935.

[2] T. SABALITSCHKA: Z. angew. Chem. **42**, 936 (1929).

[3] H. KREIS u. J. STUDINGER: Mitt. Gebiete Lebensmittelunters. Hyg. **18**, 333 (1927).

[4] F. WEISS: Z. Unters. Lebensmittel **55**, 24 (1928); **59**, 472 (1930).

[5] F. WEISS: Z. Unters. Lebensmittel **67**, 84 (1934).

[6] K. TÄUFEL u. R. SERZISKO: Ernährungsforsch. **1**, 149 (1956).

bzw. n-Butanol und 1 ml Eisessig oder 1 ml 4 n Schwefelsäure — besprüht. Nach 5 bis 10 Min. Trockenzeit erscheinen die Nitrit-Flecke bei dem mit Eisessig bereiteten Sprühreagens in roter, bei dem mit 4 n Schwefelsäure in violett-blauer Färbung. Mengen bis herab zu 5 γ Nitrit-Ion sind auf diese Weise noch gut erkennbar.

III. Pro- und Antioxydantien

Im allgemeinen Teil dieses Buches wurden die Autoxydation der Fette (S. 212ff.) und ihre Beeinflussung durch Antioxydantien (S. 222ff.) sowie Prooxydantien (S. 225ff.) besprochen, ebenso der Chemismus ihrer Umsetzungen mit Sauerstoff und ungesättigten Bestandteilen der Glyceride, auch bei Anwesenheit zugesetzter Stoffe. Die ständig wachsende Verwendung der Fettstabilisatoren in Nahrungsmitteln stellt den Lebensmittelchemiker vor die Aufgabe ihres qualitativen Nachweises[1] und ihrer quantitativen Bestimmung. Andererseits ist er oft gezwungen, den Ursachen des Fettverderbens nachzugehen und auf Prooxydantien zu prüfen. Da es sich in beiden Fällen meist um äußerst geringe Mengen handelt, sind mikroanalytische, insbesondere empfindliche Farbreaktionen, die Spektrographie, die Polarographie, die Papier-Chromatographie usw., heranzuziehen.

Metallspuren. Der Nachweis von Metallspuren in Fetten, meist aus den Apparaten zu ihrer Herstellung und Veredelung (Härtung, Raffination usw.) und aus Vorrats- und Transportbehältern stammend, macht die Verwendung ausreichender Versuchsmengen notwendig. Die Fette werden entweder vorsichtig verascht oder mit Säuren ausgezogen, so z. B. mit konz. Salzsäure in ätherischer Lösung. Die Asche bzw. der Extraktionsrückstand werden den üblichen mikroanalytischen Untersuchungen unterworfen. Genaue Arbeitsvorschriften sind auf S. 444 u. 802 angegeben.

Tocopherole. Der Nachweis und die quantitative Bestimmung sind in dem Kapitel „Vitamine" unter „Vitamin E" (S. 979) beschrieben.

Citronensäure. 10 bis 20 ml Öl bzw. geschmolzenes Fett werden in einem Schütteltrichter mit der dreifachen Menge Wasser (warm) kräftig durchgeschüttelt. Nach Schichtentrennung wird in der abgetrennten wäßrigen Phase auf Citronensäure nach folgenden Nachweis-Reaktionen geprüft:

Nachweis nach dem Pentabromaceton-Verfahren[2]. Man schüttelt 10 g Fett mit 25 ml heißer 2%iger Lösung von Trichloressigsäure und läßt 30 Min. zur Trennung der beiden Schichten stehen. Die abgezogene wäßrige Phase versetzt man — gegebenenfalls nach Zugabe von je 0,5 ml CARREZ-Lösung I und II und nachfolgender Filtration — mit 1 ml einer 50%igen Schwefelsäure, 1 ml einer mol. Kaliumbromid-Lösung sowie 5 ml einer 1,5 n Kaliumpermanganat-Lösung und läßt 5 Min. stehen. Nach Entfärbung mit 3%igem Wasserstoffperoxyd schüttelt man mit 10 ml Petroläther[3] kräftig aus (50 ml Scheidetrichter) und wäscht den Extrakt 1 bis 2mal mit etwa 2 ml dest. Wasser. Nach Entfernung der wäßrigen Phase setzt man 1 ml einer frisch bereiteten 4%igen Lösung von Natriumsulfid zu und schüttelt intensiv durch. Zur besseren Beurteilung läßt man das Gemisch beider Phasen evtl. in ein Reagensglas ab. Eine Gelbfärbung der unteren, d. h. der wäßrigen Schicht, zeigt Citronensäure an. Auf diese Weise sind in 10 g Öl noch 25 γ Citronensäure nachweisbar, d. h. 0,25 mg Säure/100 g Öl.

Nachweis als Aceton-dicarbonsäure (G. DENIGÈS). 5 ml des wäßrigen Extraktes (eventuell durch Eindampfen vorher konzentriert) versetzt man mit 1 ml Reagens nach DENIGÈS (5 g Quecksilberoxyd in 20 ml konz. Schwefelsäure und 100 ml Wasser), erhitzt zum Sieden und gibt 3 bis 10 Tropfen einer 0,1 n Kaliumpermanganat-Lösung hinzu. Falls Citronensäure oder Citrate anwesend sind, entsteht unter Entfärbung sofort eine weiße krist. Fällung von Quecksilber-aceton-dicarbonat. Die Reaktion spricht bei Anwesenheit von 0,5 mg Citronensäure noch positiv an.

---

[1] Zum mittelbaren Nachweis der Gegenwart von Antioxydantien bedient sich F. WENGER des SWIFT-Stabilitätstestes; vgl. Mitt. Gebiete Lebensmittelunters. Hyg. **45**, 364 (1954).

[2] K. TÄUFEL u. H. RUTTLOFF: Unveröffentlichte Versuche.

[3] Der Petroläther muß von ungesättigten Anteilen frei sein: Behandlung mit konz. Schwefelsäure, dann mit Wasser bis zur Säurefreiheit auswaschen.

Chloride stören und sind vorher als AgCl zu entfernen. Man kann aber auch folgendermaßen arbeiten: 10 ml des wäßrigen Extraktes versetzt man mit einer Spur Mangan(II)-sulfat, 2 bis 3 ml Reagens nach DENIGÈS und 10 Tropfen einer 2%igen Kaliumpermanganat-Lösung. Nach Umschütteln läßt man 15 bis 30 Min. stehen, entfärbt, falls die Lösung braun gefärbt ist, mit etwas 3%iger Wasserstoffperoxyd-Lösung. Anwesenheit von Citronensäure gibt sich durch den schon erwähnten weißen Niederschlag zu erkennen.

Nachweis nach J. F. TOCHER. Zu 10 ml des wäßrigen Extraktes gibt man einige ml Kobaltnitrat-Lösung und dann einen Überschuß von Natronlauge. Bei Gegenwart von· Citronensäure entsteht eine tiefblaue Lösung und beim Erwärmen mit Calciumchlorid-Lösung ein Niederschlag.

Äpfelsäure gibt ebenfalls eine blaue Lösung, aber mit Calciumchlorid keinen Niederschlag. Oxal-, Essig- und Bernsteinsäure liefern sofort einen blauen Niederschlag.

Mikroanalytisch kann man die Citronensäure mittels der *Mikrobecher-Methode* nach C. GRIEBEL und F. WEISS[1] nachweisen. Hinsichtlich der quantitativen Bestimmung sei auf das Schrifttum verwiesen[2].

Gallate, Butylhydroxyanisol (BHA), Butylhydroxytoluol (BHT), Nordihydroguajaretsäure (NDGA). Diese Antioxydantien werden neuerdings für sich oder auch in Kombination in beträchtlichem Umfange im Ausland angewandt. Üblich sind Mischungen von Gallaten mit Butylhydroxyanisol und Citronensäure bzw. mit Nordihydroguajaretsäure und Citronensäure. Es ist daher zweckmäßig, die Prüfung nicht auf eines der genannten Mittel zu beschränken, sondern sie nach folgender Arbeitsweise vorzunehmen. Die angeführten Nachweisreaktionen beruhen zum großen Teil auf der Dehydrierung der genannten Stoffe, wobei mehr oder weniger spezifische Färbungen auftreten. Es ist verständlich, daß eine wahllose Verwendung von Dehydrierungsmitteln (Oxydationsmitteln) angesichts der nahen chemischen Verwandtschaft dieser Stoffe nicht zum Ziele führt.

Schnellnachweis: Reaktion mit Eisenrhodanid. Nach F. WENGER[3] können sämtliche Gallate, Nordihydroguajaretsäure (NDGA) und Guajakharz nach folgender Methode erfaßt werden: 1 g Fett oder Öl werden unter Erwärmen und leichtem Schütteln in 2 ml absolutem Alkohol gelöst. Nach erfolgter Abkühlung (fließendes Wasser) titriert man mit einer Indicator-Lösung (1 Teil 0,2% Eisen(III)-chlorid-Lösung mit 1 Teil 0,1 n Ammonium-rhodanid-Lösung werden mit 2 Teilen Wasser verdünnt) bis zur bleibenden Rotfärbung. Die Rotfärbung, die bei reinen Fetten durch 0,1 ml der Indicator-Lösung hervorgerufen wird, bleibt stundenlang bestehen. Ein Antioxydans-Zusatz von 0,01% entfärbt nach etwa 2 bis 3 Min. ungefähr 2 ml Reagens. Mengen von 0,05% Antioxydans sind noch recht gut erkennbar. Thiodipropionsäure und Butylhydroxyanisol reagieren nicht.

Prüfung auf Butylhydroxyanisol (BHA). 0,5 bis 1 g Fett werden mit 2 ml absolut. Alkohol bis zur homogenen Lösung erwärmt. Nach dem Abkühlen erfolgt eine Zugabe von 12 ml 2,6-Dichlor-chinonchlorimid (0,002% in 75%igem Alkohol). Nach gutem Durchmischen werden 2 ml Boratpuffer (2%ige wäßrige Lösung von Natriumtetraborat) zugegeben. Die Reihenfolge der Zusätze muß unbedingt eingehalten werden. Bei Anwesenheit von BHA tritt die maximale Blaufärbung durch das gebildete Indophenol nach etwa 10 Min. ein; sie ist stundenlang beständig. 0,001% BHA ist deutlich erkennbar. Guajakharz gibt ebenfalls eine Blaufärbung. Anwesenheit von NDGA und Gallaten setzt die Empfindlichkeit der Reaktion herab; es treten grau-blaue Farbtöne auf.

Reaktion auf Gallate. 1 g Fett wird in 2 ml absolutem Alkohol bis zur homogenen Lösung erwärmt. Nach dem Abkühlen fügt man 0,5 bis 1 ml konz. Ammoniak hinzu und schüttelt. Sind Gallate zugegen, so tritt Rosafärbung auf; Öle können direkt ohne Alkoholzusatz geprüft werden. Ein Gehalt von 0,001% Gallat ist noch nachweisbar.

Phenolische Antioxydantien sind in alkoholischer Lösung nach F. WENGER[4] mit Cer(IV)-sulfat potentiometrisch oder mit Hilfe eines Redox-Indicators titrierbar.

Über den papierchromatographischen Nachweis von Antioxydantien vgl. K. F. GANDER[5].

Folgender Analysengang wird von J. H. MAHON und R. A. CHAPMAN[6] vorgeschlagen:

Reagentien: *Petroläther*, Gemisch von Petroläther 30 bis 60° und Petroläther 60 bis 100°, wird 5 Min. mit $^1/_{10}$ seines Volumens an konz. Schwefelsäure geschüttelt, die saure Schicht abgelassen, mit Wasser und 1%iger Kalilauge neutral gewaschen und dann destilliert.

---

[1] C. GRIEBEL u. F. WEISS: Z. Unters. Lebensmittel **56**, 158 (1928).

[2] K. TÄUFEL u. K. SCHOIERER: Z. Unters. Lebensmittel **71**, 297 (1936); K. TÄUFEL u. F. KRUSEN: Z. analyt. Chem. **131**, 341 (1950).

[3] F. WENGER: Mitt. Gebiete Lebensmittelunters. Hyg. **45**, 383 (1954).

[4] F. WENGER: Mitt. Gebiete Lebensmittelunters. Hyg. **45**, 185 (1954).

[5] K. F. GANDER: Fette · Seifen · Anstrichmittel **57**, 423 (1955).

[6] J. H. MAHON u. R. A. CHAPMAN: Analytic. Chem. **23**, 1116, 1120 (1951); ebenda weitere Schrifttumsangaben.

Äthylalkohol. Absol. Alkohol wird mit etwa 0,1% KOH und 0,1% $KMnO_4$ destilliert. Das Destillat wird mit Wasser auf einen Gehalt von 86 und 72 Vol.-% verdünnt.

Eisentartrat. Eine Lösung von 0,1% $FeSO_4 \cdot 7\,H_2O$ und 0,5% SEIGNETTE-Salz in dest. Wasser wird frisch hergestellt.

Ammoniumacetat-Lösungen, 1,25-, 1,67- und 10%ig in dest. Wasser. Ferner wird unter Umständen eine 1,67%ige Ammoniumacetat-Lösung in 5%igem wäßrigem Alkohol benötigt.

Eisen(III)-chlorid. Eine 0,2%ige frisch hergestellte Lösung von $FeCl_3 \cdot 6\,H_2O$ in gereinigtem absol. Alkohol.

α,α'-*Dipyridyl*, 0,2- und 0,5%ige Lösungen in gereinigtem absol. Alkohol.

Borax, 2,0%ige wäßrige Lösung $(Na_2B_4O_7 \cdot 10\,H_2O)$.

Qualitativer Nachweis: Etwa 10 g Fett werden in einem Scheidetrichter in 50 ml Petroläther gelöst und mit 20 ml des 72%igen Alkohols durch 3 Min. Schütteln extrahiert.

Propylgallat. Zu 5 ml des alkohol. Extraktes gibt man 10 Tropfen konz. Ammoniak. Das Auftreten einer rosa Farbe deutet auf die Anwesenheit von Propylgallat.

Butylhydroxyanisol. Zu 5 ml des alkohol. Extraktes gibt man 1 ml der 2%igen Borax-Lösung und einige kleine Kristalle 2,6-Dichlor-chinonchlorimid. Bei Anwesenheit von Butylhydroxyanisol tritt eine blaue Farbe auf. Bei einem Überschuß von 2,6-Dichlor-chinonchlorimid ist die auftretende Farbe grünlichblau. Unter optimalen Bedingungen können noch weniger als 0,1% Butylhydroxyanisol erkannt werden. Guajakharz gibt unter den gleichen Bedingungen ebenfalls eine blaue Farbe.

Nordihydroguajaretsäure. Bei Abwesenheit von Propylgallat und Butylhydroxyanisol gibt sich Nordihydroguajaretsäure auf Zugabe von 2 ml der 0,2%igen Eisen(III)-chlorid-Lösung und 2 ml der 0,2%igen α,α'-Dipyridyl-Lösung durch das Auftreten einer roten Farbe zu erkennen.

Bei Anwesenheit von Butylhydroxyanisol wird Nordihydroguajaretsäure auf folgendem Wege nachgewiesen:

Zu einer abgemessenen Menge des Extraktes, die mit dem 72%igen Alkohol auf 5 ml verdünnt wird, fügt man 3 ml absol. Alkohol, 2 ml der Eisen(III)-chlorid-Lösung und 2 ml des α,α'-Dipyridyl-Reagens. Dann bestimmt man das Verhältnis der Absorption, gemessen nach 1 Min. nach der Zugabe der Reagentien, zu der 10 Min. nach Zugabe gemessenen. Die Extrakt-Menge wählt man so, daß die nach 10 Min. gemessene Absorption den Wert 0,8 (gemessen mit einem lichtelektrischen Photometer, das mit einem 515 mμ-Filter versehen ist) nicht übersteigt. Aus den erhaltenen Quotienten ist ersichtlich, ob Nordihydroguajaretsäure oder Butylhydroxyanisol oder beide Verbindungen anwesend sind.

Tabelle 334. *Verhältnis des Absorptionswertes eines Gemisches von Nordihydroguajaretsäure und Butylhydroxyanisol, gemessen nach 1 Minute zu dem nach 10 Minuten gemessenen*

% NDGA	% BHA	Quotient
100	0	0,99
80	20	0,85
60	40	0,71
40	60	0,54
20	80	0,35
0	0	0,27

Quantitative Bestimmung: 50 g Fett werden in gereinigtem Petroläther gelöst und auf 250 ml aufgefüllt. Unter Umständen darf leicht erwärmt werden.

Propylgallat. 50 ml obiger Fettlösung werden in einen 250 ml Scheidetrichter gegeben und dreimal mit je 20 ml 1,67%iger Ammoniumacetat-Lösung durch vorsichtiges Umwenden des Scheidetrichters (2,5 Min.) extrahiert. Zum Schluß wird einige Sek. mit 15 ml Wasser extrahiert. Es ist darauf zu achten, daß vor dem Ablassen der wäßrigen Schichten eine vollständige Phasentrennung eingetreten ist.

Die vereinigten Extrakte verdünnt man dann mit Wasser auf 80 ml. Man pipettiert drei aliquote Proben des Extraktes (höchstens 20 ml) ab und bringt sie in 40 mm COLEMAN-Absorptionsgefäße. In jedes gibt man 20 ml der 1,25%igen Ammoniumacetat-Lösung sowie 4 ml Wasser und 1 ml Eisentartrat-Lösung. Der Inhalt der Gefäße wird durchgerührt und nach 3 Min. die Absorption bei 540 mμ im COLEMAN-Universal-Spektrophotometer gemessen. Eine Blindprobe, bestehend aus 20 ml 1,25%iger Ammoniumacetat-Lösung, 4 ml Wasser und 1 ml Eisentartrat muß bei der Messung Berücksichtigung finden.

Eichkurve: Zur Aufstellung einer Eichkurve werden von einer wäßrigen Propylgallat-Lösung (20 γ in 1 ml) 1 bis 20 ml (entsprechend einem Propylgallat-Gehalt von 20 bis 400 γ) in die 40 mm Absorptionsgefäße gegeben, mit Wasser auf 24 ml verdünnt, 2,5 ml der 10%igen Ammoniumacetat-Lösung sowie 1 ml Eisentartrat-Lösung zugegeben und die Absorption, wie oben beschrieben, gemessen.

Die Konzentration an Propylgallat eines aliquoten Teiles berechnet sich wie folgt:

$$X = \frac{A}{k}$$

$X =$ Konzentration Propylgallat (in γ),
$A =$ beobachtete Absorption,
$k = 0{,}002\,23$.

Anmerkung: Tritt während der Extraktion des Propylgallates Emulsionsbildung auf, so ist wie folgt zu verfahren:

Vor der Extraktion wird die Fettlösung mit 2 ml 1-Octanol versetzt. An Stelle der wäßrigen Ammoniumacetat-Lösung wird eine 1,67%ige Lösung von Ammoniumacetat in 5%igem Alkohol benützt. Die so erhaltenen Werte stimmen mit den bei der wäßrigen Extraktion erhaltenen Werten in Größe und Genauigkeit überein.

Butylhydroxyanisol. Bei Anwesenheit von Propylgallat ist dieses, wie oben beschrieben, zu entfernen.

Butylhydroxyanisol wird aus der Fettlösung durch dreimalige Extraktion mit 25 ml 72%igem Alkohol (3 Min. vorsichtiges Umwenden des Schütteltrichters) entfernt. Daran schließt sich eine Extraktion mit 60 ml 72%igem Alkohol (1 Min.) an. Nach jeder Extraktion wird mit dem Ablassen der Alkohol-Phase bis zur vollständigen Phasentrennung gewartet. Alle 4 Extrakte werden vereinigt und mit dem 72%igen Alkohol auf 150 oder 200 ml (je nach der Konzentration an Butylhydroxyanisol) aufgefüllt. Von dieser Lösung werden drei verschiedene aliquote Teile (1 bis 5 ml) in 30 ml ERLENMEYER-Kolben mit Schliffstopfen, die zum Schutz gegen Licht mit schwarzem Papier abzudecken sind, abpipettiert. Die Lösungen in den verschiedenen Kolben werden mit 72%igem Alkohol auf 5 ml aufgefüllt und zu jedem Kolben 3 ml absol. Alkohol, 2 ml 0,2%ige Eisen(III)-chlorid-Lösung sowie 2 ml 0,2%ige α,α'-Dipyridyl-Lösung zugegeben. Die Kolben werden sofort verschlossen und der Inhalt vorsichtig umgeschwenkt. 30 Min. nach Zugabe der Eisen(III)-chlorid-Lösung wird die Lösung in ein 18 ml Colorimeter-Rohr umgegossen und die Absorption unter Verwendung eines 515 mμ-Filters mit einem photoelektrischen Colorimeter gemessen. Der Blindwert einer Lösung, bestehend aus 5 ml 72%igem Alkohol, 3 ml absol. Alkohol, 2 ml 0,2%iger Eisen(III)-chlorid-Lösung und 2 ml 0,2%iger α,α'-Dipyridyl-Lösung, muß bei der Messung berücksichtigt werden. Die aufzustellende Eichkurve umfaßt einen Bereich von 10 bis 50 γ Butylhydroxyanisol.

Berechnung:

$$X = \frac{A}{k}$$

$X =$ Konzentration an Butylhydroxyanisol im aliquoten Teil (in γ),
$A =$ beobachtete Absorption,
$k = 0{,}0155$.

Nordihydroguajaretsäure. Die Extraktion der Nordihydroguajaretsäure erfolgt nach den für Butylhydroxyanisol gegebenen Vorschriften. Dabei ist zu beachten, daß Nordihydroguajaretsäure bereits bei der Entfernung des Propylgallates zum Teil mit entfernt wird; eine Bestimmung der Nordihydroguajaretsäure neben Propylgallat ist nach den hier gegebenen Vorschriften nicht möglich. Liegt Nordihydroguajaretsäure allein vor, so wird die Absorption bereits nach 3 Min. gemessen. Eine Bestimmung neben Butylhydroxyanisol ist jedoch möglich, da beide sich in ihren Reaktionsgeschwindigkeiten mit α,α'-Dipyridyl unterscheiden. Deshalb setzt man bei der Bestimmung beider Komponenten nebeneinander eine doppelte Serie von Proben an, wovon eine nach 1 Min., die andere nach 30 Min. gemessen wird. Die Nordihydroguajaretsäure (N) bringt nach 1 Min. 90% ihrer Absorptionsfähigkeit zur Geltung, das Butylhydroxyanisol (B) nur 10%. Nach 30 Min. absorbieren beide maximal.

$$A_1 = 0{,}1\,B + 0{,}9\,N$$
$$A_{30} = 1{,}0\,B + 1{,}0\,N$$

Durch Division der Werte von N und B durch die entsprechenden k-Werte (für $N\!:\!k = 0{,}0161$; für $B\!:\!k = 0{,}0155$) wird die Konzentration in μg an Nordihydroguajaretsäure und Butylhydroxyanisol in den aliquoten Teilen berechnet.

Guajakharz. Zu 2 ml Öl bzw. vorsichtig geschmolzenem Fett fügt man 2 ml Äthanol (96 vol.-%ig), schüttelt um und läßt zur Schichtentrennung stehen. Dann setzt man 0,05 ml Eisen(III)-chlorid-Lösung (50%ig) hinzu.

Bei Anwesenheit größerer Mengen von Guajakharz tritt tiefblaue, bei kleineren Mengen smaragdgrüne Färbung in der alkohol. Phase auf; bei sehr kleinen Konzentrationen erfolgt beim Eintropfen der Eisen(III)-chlorid-Lösung in der oberen Schicht zartgrüne Färbung, die beim Umschütteln wieder verschwindet.

Mittels dieser Reaktion sind 5 γ Guajakharz in 1 ml Öl noch erkennbar.

Hydrochinon und Chinon. Hydrochinon ist ein ausgezeichnetes Antioxydans, wegen seiner pharmakologischen Wirkung aber lebensmittelrechtlich abzulehnen. Es hat z. B. beim Einsalzen von Heringen (Verhinderung des Tranigwerdens) Verwendung gefunden; mit seiner Anwesenheit in Fetten ist gelegentlich zu rechnen. Der Nachweis des Hydrochinons und Chinons — letzteres ist ebenfalls antioxydativ wirksam — ist etwas umständlich.

Qualitative Prüfungen[1]: 5 ml des wäßrigen Auszuges aus Öl (gleiche Teile Öl bzw. geschmolzenes Fett und Wasser) werden im Reagensglas mit 1 ml Acetessigester und 3 bis 4 Tropfen konz. Ammoniak geschüttelt. Das Auftreten einer Blaufärbung, die über Grün in Gelb übergeht, zeigt die Anwesenheit von *Chinon* an.

Wäßrige Lösungen von Hydrochinon, der wäßrige Auszug aus frischem oder aus autoxydiertem, mit Hydrochinon versetzem Öl liefern dabei keine Farbreaktion.

5 ml des wäßrigen Auszugs aus Öl (gleiche Teile Öl oder geschmolzenes Fett und Wasser) werden mit verd. Essigsäure schwach sauer gemacht. Man setzt einige Tropfen einer stark verd. Lösung von Kaliumhexacyanoferrat(III) zu, schüttelt kurze Zeit um und fügt schließlich einige Tropfen einer etwa 0,1 molaren Lösung von Kupfersulfat hinzu. Es tritt eine Rotfärbung bzw. Bildung eines flockigen, roten Niederschlages ein, wenn *Hydrochinon* anwesend ist.

Wäßrige Auszüge aus autoxydierten Ölen oder solche, die mit Chinon versetzt sind, geben keinen Umsatz.

Quantitative Bestimmung von Chinon[2]: 50 ml Öl werden 6- bis 7mal mit je 100 ml Wasser ausgeschüttelt; nach je 15 Min. Absitzen trennt man die wäßrigen Extrakte ab, ohne daß Öl in den Auszug gelangt (Störung der Titration). Die vereinigten Auszüge (600 bis 700 ml) werden mit 50 ml verd. Schwefelsäure angesäuert und zweckmäßig in 3 Portionen verteilt, die mit je 1 bis 1,5 g Kaliumjodid versetzt werden. Nach kurzem Stehen im verschlossenen Jodzahl-Kolben wird, je nach der zu erwartenden Chinonmenge, in üblicher Weise mit 0,02 bis 0,1 n Natriumthiosulfat-Lösung unter kräftigem Umschütteln titriert. Das Umschütteln ist erforderlich, um etwa mitgerissenes Öl in feiner Verteilung zu halten.

Bei der Extraktion des Chinons aus den Ölen ist mit Verlusten zu rechnen. Dieser Verlust ist strenggenommen für jedes Öl gesondert zu ermitteln. Für Walöl hat sich gezeigt, daß 1 ml 0,1 n $Na_2S_2O_3$-Lösung 5,9 mg Chinon entsprechen; für Lebertran liegt dieser Wert bei 5,4 mg Chinon.

Quantitative Bestimmung von Hydrochinon[2]: 50 ml Öl werden 4mal mit je 100 ml Wasser kräftig ausgeschüttelt. Nach dem Absitzen trennt man wie vorher die wäßrige Phase ölfrei ab. Der gesamte Extrakt wird in der Destillationsapparatur nach B. PFYL und O. SCHMITT[3] nach Zugabe von 5 ml Eisessig, 70 bis 80 g Natriumchlorid und 20 bis 25 ml Eisen(III)-chlorid-Lösung (30%ig) der Wasserdampf-Destillation unterworfen (Erhitzen im BABO-Trichter). Der Kühler taucht mit seinem umgebogenen Ende in der Vorlage in eine Mischung von 10 ml 0,1 n Schwefelsäure und 15 ml Wasser ein.

Bei Hydrochinon-Mengen bis zu rund 100 mg werden 350 bis 400 ml Destillat aufgefangen (Dauer etwa 1 Std.). Durch Wechseln der Vorlage kann man sich zwischenzeitlich überzeugen, ob Chinon, durch Oxydation aus dem ursprünglichen Hydrochinon hervorgegangen, noch übergeht. Um nicht zu große Flüssigkeitsmengen titrieren zu müssen, ist es angezeigt, die Vorlage 2- bis 3mal (jeweils 150 bis 200 ml Destillat) zu wechseln.

Die Fraktionen werden mit je 1 bis 1,5 g Kaliumjodid sowie 10 ml verd. Schwefelsäure versetzt und nach kurzem Stehen (wie vorher beschrieben) mit 0,02 bis 0,1 n $Na_2S_2O_3$-Lösung titriert.

Für die Berechnung gelten die Bemerkungen am Ende des vorhergehenden Abschnittes. 1 ml 0,1 n $Na_2S_2O_3$-Lösung entspricht bei Walöl 6,0 mg, bei Lebertran 5,7 mg Hydrochinon.

Quantitative Bestimmung von Chinon und Hydrochinon[2]: Man verfährt in der Weise, daß man sich aus je 50 g Öl 2 wäßrige Extrakte herstellt. Im einen ermittelt man jodometrisch das Chinon unmittelbar, im anderen nach Oxydation mit Eisen(III)-chlorid die Summe von Chinon und Hydrochinon als Chinon. Aus der Differenz beider Werte kann die Menge an Hydrochinon berechnet werden.

Störungen durch Peroxyde: Autoxydierte Öle enthalten oft mit Wasserdampf flüchtige Peroxyde[4], die die jodometrische Erfassung von Chinon, beruhend auf der Reduktion desselben

---

[1] W. PREISS: Z. Unters. Lebensmittel **67**, 144 (1934).
[2] K. TÄUFEL u. H. D. GRAN: Fette u. Seifen **51**, 177 (1944).
[3] B. PFYL u. O. SCHMITT: Z. Unters. Lebensmittel **54**, 69 (1927).
[4] K. TÄUFEL u. A. SEUSS: Fettchem. Umschau **41**, 107, 131 (1934).

zu Hydrochinon unter Freisetzung der äquivalenten Menge Jod aus Jodid, stören. Man verfährt folgendermaßen:

50 g Öl (autoxydiert) werden in der beschriebenen Weise erschöpfend mit Wasser extrahiert. Bei der Abtrennung der wäßrigen Phase soll möglichst kein Öl mitgenommen werden. Die gesammelten Auszüge werden im fettfreien Scheidetrichter mit 4 g gefälltem Braunstein (SCHERING-KAHLBAUM DAB 6) geschüttelt; der schmierige Niederschlag wird an der Wasserstrahlpumpe bei geringem Unterdruck abgesaugt. Die wasserhelle bis gelbliche (Chinon) Flüssigkeit wird erneut mit 4 g Braunstein geschüttelt, wobei oft stärkeres Schäumen zu beobachten ist. Man schüttelt, bis dasselbe aufhört und saugt an der Wasserstrahlpumpe ab; gegebenenfalls ist das Filtrieren zu wiederholen. Man ermittelt das Chinon im wäßrigen Auszug unmittelbar, nach der oxydierenden Wasserdampf-Destillation die Summe von Chinon und Hydrochinon als Chinon. Bei Lebertran entspricht 1 ml 0,1 n $Na_2S_2O_3$-Lösung 5,9 mg Hydrochinon bzw. 5,5 mg Chinon.

d) Pflanzliche Fette

Bei den meisten pflanzlichen Nahrungsfetten handelt es sich um *Reservefette* und zwar um *Samenfette*. Zu den *Fruchtfleischfetten* gehören Oliven- und Palmöl sowie Stillingiatalg. Es finden auch *Keimlingsöle* Verwendung, z. B. Mais- oder Weizenkeimlingsöl.

Zur Untersuchung sind nur reine, klar filtrierte, evtl. durch Erwärmen (Glycerid-Abscheidungen) und Rühren homogenisierte Produkte heranzuziehen. Die Prüfung regelt sich nach den bereits angegebenen Gesichtspunkten; bei besonderer Fragestellung sind Spezialverfahren heranzuziehen.

α) Sinnenprüfung

Pflanzliche Fette und Öle weisen, sofern nicht eine erschöpfende Raffination stattgefunden hat, bei der Sinnenprüfung u. U. Charakteristika auf, die für die Untersuchung und Beurteilung wertvoll sein können.

Farbe. Die Farbe wechselt je nach Herkunft und Behandlung von wasserhell über alle gelblichen, grünlichen bis zu dunkelroten (Palmöl) Tönen; sie kann rotbraun bis schwarzbraun (Baumwollsaatöl), grün bis braungrün (Kürbiskernöl) sein. Letzteres Öl erscheint infolge seines Chlorophyll-Gehaltes im auffallenden Lichte mitunter tiefrot. Wenn Öle zur Kristallisation kommen, reichern sich die natürlichen Farbstoffe in der flüssig verbliebenen Phase an.

Bei der Autoxydation treten Ausbleichung oder Farbveränderungen ein. Abnorme Farbtöne sind zu beachten; evtl. prägt sich darin eine künstliche Färbung aus. Hinsichtlich Nachweis künstlicher Färbung vgl. S. 426 u. 1158f. Man kann sich dabei auch des Verfahrens nach L. GRÜNHUT sowie der anderen angeführten orientierenden Proben bedienen.

a) 25 g Fett werden nach HENRIQUES kalt verseift; man läßt es mit 50 ml Petroläther und 100 ml (eventuell etwas mehr) alkohol. 1n Kalilauge 12 Std. stehen. Nach Vertreiben der flüchtigen Lösungsmittel auf dem Wasserbad löst man die Seifen in Wasser, setzt so viel Salzsäure zu, bis gerade die Abscheidung von Fettsäuren beginnt, und macht mit Natriumcarbonat wieder schwach alkalisch.
Ein Teil der Seifenlösung wird mit Petroläther ausgeschüttelt, der das Dimethylaminoazobenzol (Buttergelb) aufnimmt; letzteres ist nicht auf Baumwolle aufziehbar. Nach dem Abdunsten des Lösungsmittels aus dem mit Wasser ausgewaschenen Extrakt hinterbleibt der Farbstoff als in Wasser unlöslicher, in Alkohol löslicher, mit Säure nach Rot umschlagender Rückstand.
Im anderen Teil der Seifenlösung erhitzt man entfettete Baumwolle längere Zeit, spült sie mit Wasser gründlich nach und trocknet. Bei Anwesenheit von Annatto (Orleans) ist die Faser lichtrot gefärbt; sie wird durch Betupfen mit Salzsäure, Natronlauge und Ammoniak kaum verändert, während Schwefelsäure zu einem blauen Farbumschlag führt.

b) 50 g Fett werden mit 75 ml absol. Äthanol auf dem Wasserbad in einem Kolben am Rückflußkühler erwärmt. Die unter Umschütteln in Eis abgekühlte und vom erstarrten Fett abfiltrierte Flüssigkeit wird in einem Reagensglas (18 bis 20 mm Durchmesser) im durchfallenden Lichte beobachtet. Eine gelbe bis rötliche Färbung legt den Verdacht auf fremde Farbstoffe nahe.

c) Zum Nachweis von Teerfarbstoffen werden 5 g Fett in 10 ml Äther oder Petroläther gelöst. Die eine Hälfte der Lösung versetzt man im Probierglas mit 5 ml 25%iger Salzsäure, die andere Hälfte mit 5 ml 38%iger Salzsäure und schüttelt kräftig durch. Die sich abscheidenden wäßrigen Phasen sind bei Anwesenheit von Teerfarbstoffen gelb bis rot gefärbt; die Färbung verschwindet, wenn man einen Tropfen Zinn(II)-chlorid-Lösung zusetzt.

Geruch und Geschmack. Viele Produkte enthalten natürliche Geruchsstoffe, die arteigen und oft wertgebend sind. Es können aber auch beeinträchtigende Stoffe[1] auftreten, die aus den Rohstoffen (Verdorbenheit derselben) stammen oder die durch Zersetzung (Verseifung, Methylketon-Bildung bei Cocos- und Palmkernfett) oder Autoxydation (Aldehyde, niedere Fettsäuren) gebildet worden sind. Bei extrahierten Erzeugnissen besteht die Möglichkeit der Anwesenheit von Resten der verwendeten Lösungsmittel. Bei Cruciferenölen können Schwefelverbindungen (Senföle) einen eigenartig-widrigen Geruch verursachen; Sojaöl, Cocos- und Palmkernfett riechen mitunter ketonig-seifig.

Die *geruchlichen Merkmale* treten verstärkt hervor, wenn man eine Probe auf der Handfläche verreibt bzw. im Becherglas erwärmt.

Der *Geschmack* der pflanzlichen Fette schwankt zwischen indifferent-ölig (hochraffinierte Erzeugnisse) bis zu charakteristisch-arteigen; mitunter werden strenge Komponenten bemerkbar. Lösungsmittel-Reste treten in Erscheinung, ebenso die Wirkungen des zerstörenden Abbaues (Verdorbenheit; vgl. S. 1283ff.) Der geschmacklich geschulte Prüfer kann aus den sinnesphysiologischen Beobachtungen u. U. wertvolle Anhaltspunkte ableiten; bemerkt sei, daß z. B. in 1 g Fett noch 60 γ Methylheptyl- bzw. Methylnonylketon für einen ungeübten, bis herab zu 4 γ für einen geübten Koster zu erkennen sind.

Über *Verdorbenheit* s. S. 1283ff., über *Wassergehalt* S. 1196.

β) Farbreaktionen

Zur Erkennung der Art und Herkunft von pflanzlichen Ölen bzw. von Verschnitten zieht man eine Reihe von Farbreaktionen heran, die sich auf den Nachweis gewisser Fettbegleitstoffe (Chromogene) gründen. Da deren Anwesenheit nicht unbedingt sicher ist (Raffination, Zerstörung durch Autoxydation usw.) und außerdem die charakteristische Farbgebung durch andere Begleitstoffe beeinflußt werden kann, ist der Ausfall der Probe streng kritisch zu beurteilen. Die Bemühungen, die Fette in ihrem Verhalten gegenüber *einem* Reagens voneinander zu unterscheiden (z. B. die Schwefelsäure-Probe nach HEYDENREICH, die Probe nach LIEBERMANN-VOGT) haben nicht zum Erfolg geführt. Dagegen haben sich einige Spezialreaktionen als recht nützlich erwiesen.

Reaktion nach Bellier auf Samenöle wurde auf S. 430 bereits beschrieben.

Reaktion nach Baudouin auf Sesamöl[2]. Das Öl gibt infolge seines Gehaltes an Sesamol (Methylendioxyphenol) bzw. Sesamolin mit Furfurol und Salzsäure eine intensive Rotfärbung.

10 g des flüssigen Fettes werden mit je 10 ml Petroläther und Salzsäure (D = 1,19) in einem Schüttelzylinder gemischt. Hierzu gibt man 0,2 ml einer 2%igen alkoholischen Furfurol-Lösung, schüttelt 15 Sekunden kräftig durch und läßt stehen, bis sich die Emulsion trennt.

---

[1] Raffinierte Öle erleiden beim Stehen mitunter eine sinnesphysiologische Beeinträchtigung: Reversion bei Sojaöl.
[2] DGF-Einheitsmethode C–II 13 (53).

0,5% und mehr Sesamöl geben sich durch eine rötliche Färbung der Säureschicht zu erkennen. Bei Abwesenheit von Sesamöl zeigt sich eine gelbe bis braungelbe Färbung. In Zweifelsfällen kann die Empfindlichkeit der Probe durch Verwendung von 1 ml Reagens gesteigert werden. In diesem Fall ist ein Blindversuch mit einem der Untersuchungsprobe ähnlichen Fett, das frei von Sesamöl ist, anzustellen.

In Ermanglung von Furfurol wird die Reaktion in der ursprünglichen Form ausgeführt durch Übergießen von 0,1 g Saccharose mit Salzsäure (D = 1,18) und Schütteln mit dem doppelten Volumen Öl. Dabei bildet sich das zur Reaktion erforderliche Furfurol, hier Oxymethylfurfurol. Bei ranzigem, bei mit Tierkohle behandeltem oder sonst weitgehend raffiniertem Sesamöl tritt die Probe abgeschwächt oder überhaupt nicht auf.

Die Probe nach BAUDOUIN ist in den meisten Staaten zur Prüfung der Margarine (vgl. S. 1198) auf den Gehalt an Sesamöl vorgeschrieben; das benützte Sesamöl soll noch in einer Verdünnung 1:200 positive Reaktion geben. Da gewisse Teerfarbstoffe mit Salzsäure allein bereits rote Farbtöne liefern, besteht die Gefahr der Vortäuschung einer positiven Sesamöl-Reaktion. Um diese Störung zu vermeiden, schüttelt man das zu prüfende Öl mit Salzsäure (D = 1,125) so lange aus, als noch rote Farbtöne auftreten, und führt erst dann die BAUDOUIN-Probe durch; bei dieser Extraktion kann Sesamol bzw. Sesamolin verlorengehen. Man hat ferner festgestellt, daß gewisse Olivenöle (Marokko, Tunis) schwach positive Reaktion geben können.

Reaktion nach Soltsien auf Sesamöl. Zu 2 bis 3 Vol. Öl oder geschmolzenem Fett gibt man 1 Vol. einer mit Salzsäure versetzten Lösung von Zinn(II)-chlorid (BETTENDORFs Reagens) und schüttelt kräftig bis zur Emulsionsbildung. Man stellt das Reagensglas in ein heißes Wasserbad.

Die sich rasch absetzende Zinn(II)-chlorid-Lösung besitzt bei Gegenwart von Sesamöl hellhimbeer- bis dunkelweinrote Färbung; bei geringem Gehalt an diesem Öl kann die Färbung nach wiederholtem Schütteln wieder verblassen.

Künstliche, mit Salzsäure nach Rot umschlagende Farbstoffe stören nicht, da durch die reduzierende Wirkung von Zinn(II)-chlorid eine Entfärbung zu Leuko-Verbindungen erfolgt, während die Farbe nach SOLTSIEN erst nach der primären Entfärbung eintritt.

BETTENDORF-*Reagens* stellt man her, indem man 5 Teile krist. Zinn(II)-chlorid mit 1 Teil Salzsäure (38%ig) zum Brei anrührt und letzteren mit trockenem Salzsäure-Gas sättigt. Die Lösung wird durch Asbest filtriert; Aufbewahrung in kleinen, möglichst gefüllt zu haltenden Flaschen.

Reaktion nach H. Kreis auf Sesamöl. Man schüttelt 5 ml Öl, 5 ml konz. Schwefelsäure (75 gew.-%ig) und 0,3 ml Wasserstoffperoxyd (2- bis 3%ig). Nach kurzer Zeit tritt eine intensiv olivgrüne Färbung auf; beim Verdünnen mit Wasser nimmt die Säureschicht hellgelbe Färbung an und fluoresciert grün.

In Ölverschnitten sind noch 5% Sesamöl erkennbar; Oliven-, Baumwollsaat-, Erdnuß-, Mandel-, Pfirsich-, Lein- und Rizinusöl liefern bei dieser Probe keine irgendwie bemerkenswerten Färbungen.

Reaktion nach Halphen auf Baumwollsaatöl (Öle der Malvaceen) [1]. Als Reagens dient eine 1%ige Lösung von Schwefel in Schwefelkohlenstoff, die mit dem gleichen Volumen Amylalkohol versetzt ist. 10 ml des flüssigen Fettes werden in einem Kolben mit dem gleichen Volumen des Reagens vermischt und unter Rückfluß-Kühlung in heißem Wasser (70 bis 80°) 5 Minuten unter gelegentlichem Schütteln erwärmt, bis der Schwefelkohlenstoff unter Schäumen des Gemisches zu sieden beginnt. Darauf wird in einem Bad von 110 bis 115° 1 bis 2 Std. lang weiter erwärmt. Eine während dieser Zeit auftretende Rotfärbung zeigt die Gegenwart von Baumwollsaatöl an. Bei Anwesenheit größerer Mengen Baumwollsaatöl kann die Färbung schon zu Beginn des Erhitzens auftreten.

Anmerkung: Auf die Entzündlichkeit von Schwefelkohlenstoff und die damit verbundenen Gefahren wird besonders hingewiesen.

---

[1] DGF-Einheitsmethode C–II 14 (53).

Diese Probe dient zum Nachweis von Baumwollsaatöl in tierischen und pflanzlichen Fetten. Verschnitte bis herab zu 1% des Öles und Kapoköl zeigen ebenfalls eine positive Reaktion. Auch bei Fetten von Tieren, die mit Baumwollsaatmehl gefüttert wurden, fällt die Reaktion positiv aus. Die Probe, deren Träger noch nicht bekannt ist, wurde mannigfach abgewandelt. Stark erhitzte Öle (gekocht, geblasen) liefern die Reaktion nicht oder nur abgeschwächt; vorsichtige Behandlung mit Aktivkohle wirkt sich vorteilhaft aus; bei energischer Bleichung aber kann die Intensität der Farbe stark abgeschwächt werden, ebenso wenn eine fortgeschrittene Autoxydation vorliegt.

Reaktion nach Hauchecorne auf Baumwollsaatöl. 1 bis 2 ml Öl werden mit dem gleichen Volumen Salpetersäure (D = 1,4) 1 Min. durchgeschüttelt; man läßt stehen und beobachtet bis zu 24 Std. lang. Rot- bis kaffeebraune Färbung zeigt Baumwollsaatöl an; Olivenöl reagiert nicht.

Diese Probe, die auch bei erhitzten Ölen positiv verläuft, ist nur als Vorprüfung zu werten.

Reaktion nach Becchi auf Baumwollsaatöl. 10 ml Öl werden mit 1 ml Silbernitrat-Lösung (1 g Silbernitrat in 200 ml 98 vol.-%igem Alkohol, 40 ml Äther und 0,1 g Salpetersäure gelöst) vermischt. Hierauf setzt man 10 ml Rüböl-Lösung zu (15 ml Rüböl in 100 ml Amylalkohol). Nach starkem Umschütteln wird die Mischung in 2 Teile geteilt, von denen der eine $^1/_4$ Std. im siedenden Wasserbad erhitzt wird, und der andere bei Zimmertemperatur stehenbleibt.

Bei Gegenwart von Baumwollsaatöl nimmt die erhitzte Probe (Vergleich mit dem nichterhitzten Teil) braune Farbe an, die auf Reduktion des Silbernitrates durch aldehydige Ölbestandteile zurückzuführen ist.

Rüböl-Mischung und Silbernitrat-Lösung müssen vor jedem Versuch für sich, d. h. ohne Zusatz des zu prüfenden Öles, auf Verwendbarkeit geprüft werden.

E. MILLIAU verwendet bei der Silbernitrat-Probe die Gesamt-Fettsäuren an Stelle der Öle. 5 ml Fettsäuren werden in 15 ml 90 vol.-%igem Alkohol gelöst und mit 2 ml einer wäßrigen 3%igen Lösung von Silbernitrat 1 bis 3 Min. zum Sieden erhitzt. Bei Gegenwart von Baumwollsaat-Fettsäuren tritt Dunkelfärbung der an die Oberfläche steigenden Fettsäuren ein. 5% des Baumwollsaatöles, z. B. in Olivenöl, werden dabei noch angezeigt.

γ) Analytisch wichtige Bestandteile des Unverseifbaren

Das Unverseifbare stellt eine Stoffgruppe dar, die bei Nahrungsfetten in ihrer Größe analytisch von geringerer Bedeutung ist, summarisch aber doch zur Beurteilung der Vorbehandlung und der Reinheit eines pflanzlichen Produktes herangezogen werden kann. Wesentliche Erhöhungen über den bekannten normalen Gehalt, in üblicher Weise ermittelt, weisen auf abweichende Beschaffenheit hin.

Tabelle 335. *Durchschnittlicher Gehalt einiger pflanzlicher Fette an Unverseifbarem*

Art des Fettes	Unverseifbares %	Art des Fettes	Unverseifbares %
Palmkernfett	0,2—0,5	Baumwollsamenöl	0,7—1,6
Cocosfett	0,1—0,5	Maiskeimöl	1,3—2,9
Olivenöl	0,5—1,4	Mohnöl	0,4—0,6
Erdnußöl	0,4—0,9	Leinöl	0,6—2,3
Rüböl	0,5—1,2	Sonnenblumenöl	0,6—1,2
Sesamöl	0,9—1,3		

Die Aufgliederung des Unverseifbaren nach seinen Bestandteilen, ihrer Art nach meist nur teilweise bekannt, vermittelt bei Nahrungsfetten nur in Sonderfällen gewisse Hinweise; beim Stehen von Ölen auftretende Trübungen können evtl. davon verursacht sein. Systematisch ist, wie bereits erwähnt, zu prüfen auf Sterine (S. 943), aliphatische Wachsalkohole, Kohlenwasserstoffe (vgl. S. 939) und Squalen (vgl. S. 941). (Vgl. Spezialliteratur.)

Orientierend kann folgende Probe herangezogen werden:
Das in üblicher Weise dargestellte Unverseifbare wird mit etwa der gleichen Menge Essigsäureanhydrid 2 Std. am Rückflußkühler erhitzt. Tritt dabei völlige Lösung ein und erfolgt beim Abkühlen keine Ausscheidung oder Trübung, so liegen hauptsächlich niedrige Wachsalkohole (z. B. Cetylalkohol) oder olefinische Alkohole vor. Wenn in der Hitze Auflösung eintritt, beim Erkalten aber eine Ausscheidung sichtbar wird, so sind auch Sterine oder hochschmelzende aliphatische Alkohole (z. B. Myricylalkohol) vorhanden, vielleicht auch geringe Mengen von Olefinen.

Ist das Unverseifbare bei dieser Behandlung in der Hitze nicht vollständig löslich, so enthält es größere Mengen von Kohlenwasserstoffen. Erstarrt die ölige Oberflächenschicht beim Erkalten, so ist auf die Anwesenheit von Paraffin oder Ceresin zu schließen. Die verbleibende Lösung, mit Wasser versetzt, kann eine Fällung liefern, die man auswäscht und mit heißem Alkohol behandelt. Sterinacetate lösen sich auch in der Hitze nur schwer und kristallisieren beim Erkalten wieder aus. Aus dem Filtrat lassen sich aliphatische Alkohole durch Wasser ausscheiden.

δ) Erkennung charakteristischer Fettsäuren bzw. Fettsäuregruppen

Zum Nachweis von Fetten und Verschnitten dient die *Erkennung von spezifischen Fettsäuren*, z. B. der Erucasäure in Cruciferenölen, der Arachinsäure im Erdnußöl, der Ricinolsäure im Ricinusöl, der Isoölsäuren in gehärteten Ölen.

Charakteristische Gruppen von Fettsäuren prägen sich in den Kennzahlen aus; es sind heranzuziehen VZ, R-M-Z, Po-Z, JZ usw. Die in üblicher Weise ermittelten Werte sind der Beurteilung zugrunde zu legen.

Für Öle mit wesentlichen Mengen an elaidinierbaren Glyceriden, z. B. solchen mit viel Öl- und Erucasäure (Olivenöl, Cruciferenöle) — die Elaeostearinsäure kommt für Nahrungsfette nicht in Betracht — kann unter Umständen die Elaidinierungsprobe von Wert sein.

Probe nach POUTET. 10 g Öl werden mit 5 ml Salpetersäure (D = 1,38 bis 1,41) und 1 g Quecksilber in einem Reagensglas 3 Min. bei etwa 25° geschüttelt und nach 20 Min. Stehen wieder 1 Min. geschüttelt. Öle, die vergleichsweise nur wenig Glyceride mit mehrfach ungesättigten Fettsäuren enthalten, werden nach kürzerem oder längerem Stehen fest, während andere sich nur verfärben.
Die Reaktion setzt frische, nicht zu alte, vor allem nicht dem Sonnenlicht ausgesetzte Öle voraus.

Dienzahl nach KAUFMANN [1]. Zum Nachweis von Parinariumöl, Tungöl (Holzöl), Oiticicaöl, Synourinöl und sonstigen Produkten, die Fettsäuren mit konjugierten Doppelbindungen enthalten, eignet sich die Dienzahl, die bei reinem Holzöl z. B. Werte von 66,5 bis 69,8 zeigt, in den reinen Nahrungsfetten aber wegen der nur in sehr geringen Mengen auftretenden konjugiert ungesättigten Fettsäuren sehr niedrige Werte aufweist. Die Durchführung ist auf S. 595 ff. näher beschrieben. C. GRIEBEL, A. ZEISSET und I. HECHT haben ein vereinfachtes Näherungsverfahren angegeben, auf das verwiesen wird [2]. Über den Nachweis der einzelnen trocknenden Öle siehe das Kapitel über Anstrichmittel.

Der Nachweis von Neutralisations- und Konservierungsmitteln (S. 1170 ff.), der Vitamine (S. 955 ff.) und der Antioxydantien (S. 1176 ff.) erfolgt nach den bereits geschilderten Verfahren.

---

[1] H. P. KAUFMANN u. J. BALTES: Fettchem. Umschau **43**, 93 (1936).
[2] C. GRIEBEL, A. ZEISSET u. I. HECHT: Dtsch. Lebensmittel-Rdsch. **43**, 223 (1947).

ε) Beurteilung pflanzlicher Fette

Bei der Beurteilung und Bewertung der Eignung pflanzlicher Fette treten entscheidend in den Vordergrund die sinnesphysiologische Beschaffenheit, die Genußfähigkeit sowie die Reinheit im Hinblick auf die gewählte Deklaration. Werden Produkte unter Bezeichnungen in den Verkehr gebracht, die nicht eine bestimmte Herkunft angeben (z. B. Speiseöl, Tafelöl), so erübrigt sich eine genauere Charakterisierung; es sind gegen solche genußfähigen Mischöle keine Einwände zu erheben.

Die *sinnesphysiologische Beschaffenheit* wird sich über den subjektiven Befund hinaus auch auf die *chemischen Merkmale der Verdorbenheit* zu stützen haben (vgl. S. 1283 ff.). *Herkunft und Reinheit* sind auf den kritisch-auswertenden Befund der Analyse, insbesondere auf die Ergebnisse der Kennzahlen-Analyse zu gründen, wobei der *Anwesenheit von Neutralisierungs- und Konservierungsmitteln* (Nachweis S. 1170 ff.), von *Antioxydantien* (S. 1176 ff.), von *künstlichen Farbstoffen*, von *Lösungsmittelresten*[1] (bei Extraktionsölen), von *Rückständen von der Klärung und Bleichung* her usw. Aufmerksamkeit zu schenken ist. Auf die Möglichkeit des *Vorliegens gesundheitsabträglicher Öle* (Ricinusöl, Chaulmoograöl usw.) ist zu achten. Dabei bedarf das Verhalten konjugiert-ungesättigter Fettsäuren noch der schlüssigen Aufklärung. Alle neu in den Verkehr kommenden Öle sind grundsätzlich auf ihre Verträglichkeit zu prüfen.

Besondere Gesichtspunkte sind zu erörtern, wenn es sich um die Verarbeitung pflanzlicher Fette zu anderen Zubereitungen handelt; Gang und Ziel der Untersuchung werden durch den Verwendungszweck bestimmt.

e) Hydrierte Fette

Unmittelbar als Koch-, Brat- oder Backfette bzw. als Rohstoffe für die Fabrikation von Margarine und Kunstspeisefetten spielen die hydrierten Fette eine wichtige Rolle. Die durch Hydrierung erzielte Geruchs- und Geschmacksverbesserung hat die Verwendung der Seetieröle für Nahrungszwecke eigentlich erst ermöglicht. Ernährungsphysiologisch wichtig ist, daß durch den Hydrierungsvorgang die fettlöslichen Vitamine teilweise in eine unwirksame Form überführt werden. Andere Fettbegleiter werden in unterschiedlicher Weise beeinflußt. Wichtig ist, daß die Neigung hydrierter Fette zur Autoxydation (Rückgang des Grades des ungesättigten Charakters, Bildung von vergleichsweise oxydationsträgeren Isoölsäuren) absinkt und damit die Haltbarkeit ansteigt.

Die *Menge und Art der Isoölsäuren*[2] hängt entscheidend von den Hydrierungsbedingungen ab (bis 30% und mehr) (s. S. 241 ff.). Die Anwesenheit solcher unphysiologischen Fettsäuren (und Glyceride) legt die Frage nach der Ausnutzung und Verwertbarkeit im Organismus nahe. Dazu ist festzustellen, daß sich hydrierte Fette der Lipase gegenüber (Verdauungsversuch) grundsätzlich wie die natürlichen Produkte verhalten. Der Tierversuch hat gelehrt, daß hydrierte Erzeugnisse nicht zu hohen Schmelzpunktes (nicht wesentlich über 40°) keine unmittelbare Beeinträchtigung des Ernährungseffektes bei ausreichender Versorgung mit Wirkstoffen aufweisen. Hinsichtlich der Eignung in der Küche, der Abwesenheit von Katalysatorspuren, Arsen usw., der sinnesphysiologischen Beschaffenheit erfüllen einwandfreie Produkte die zu stellenden Anforderungen.

---

[1] Über den colorimetrischen Nachweis von Trichloräthylen (0,001 bis 0,5%) vgl. I. EISDORFER u. V. C. MEHLENBACHER: J. Amer. Oil Chemists' Soc. **28**, 307 (1951); Nachweis von Restbenzin vgl. A. SCHRAMME: Fette · Seifen · Anstrichmittel **53**, 342 (1951).

[2] Die „Isoölsäuren" stellen Gemische von geometrischen und strukturellen Isomeren dar; vgl. R. R. ALLEN: J. Amer. Oil Chemists' Soc. **32**, 671 (1955); R. R. ALLEN u. A. A. KIESS: ebenda **33**, 355 (1955); vgl. auch das Kapitel: Hydrierung und Fetthärtung, Bd. I, S. 239 ff.

Die Untersuchung und Beurteilung der hydrierten Fette erfolgen nach den gleichen Verfahren wie für alle Nahrungsfette. Sofern sich dabei gewisse Besonderheiten ergeben, sind sie nachstehend berücksichtigt. Die hydrierten Erzeugnisse können unmittelbar als Koch-, Brat- und Speisefett oder als Ausgangsstoffe für die Margarine-Industrie Verwendung finden.

α) Ausgangsöle für die Hydrierung

Grundsätzlich ist jedes für die Ernährung benutzbare und geeignete Öl auch für die Hydrierung brauchbar. Je nach seinem Aufbau ist die Hydrierung mit unterschiedlichen Schwierigkeiten (z. B. im Verbrauch an Wasserstoff, störende Begleitstoffe usw.) verknüpft. So setzt *Sojaöl* eine besondere Behandlung voraus, liefert aber bei rationeller Verarbeitung ein sehr brauchbares Produkt, z. B. für die Margarine-Fabrikation. *Leinöl* ist schwer auf Weichfett zu verarbeiten (Bildung von Tristearin).

Für Nahrungsfette kommen im wesentlichen als Ausgangsstoffe in Betracht:

Erdnußöl für Margarine und als Ersatz für Schweineschmalz (Schmp. 32 bis 33°);

Baumwollsaatöl für Margarine und als schmalzähnliches Hartfett (Schmp. 35 bis 36°), als Backfett zur Herstellung von Keks, Biskuits, die im Gegensatz zu den gleichen, mit Butter hergestellten Erzeugnissen sehr haltbar sind;

Rüböl für Margarine und als Hartfett (deutsches Rapsfett) für Koch-, Brat- und Backzwecke (ähnlich wie Cocos- und Palmkernfett);

Sojaöl für Margarine;

Sonnenblumenöl für Margarine und als Speisefett;

Palmöl, Palmkernfett, Cocosöl für Margarine (gehärtetes Fett vom Schmp. 35 bis 36°) und als Speisefett;

Palmöl wenig verwendet;

Sesamöl für Margarine;

Seetieröle als Weichfette (Tranweichfett), z. B. mit Schmp. 32 bis 34° als Backfette, oder stärker gehärtet, z. B. mit Schmp. 38 bis 40°, für Margarine.

Gelegentlich wird *Schweinefett* zur Verbesserung der Konsistenz schwach hydriert; nach dem deutschen Lebensmittelrecht ist diese Behandlung untersagt.

Über Fetthydrierung und Fetthärtung s. S. 239 ff.

β) Sinnenprüfung

Einwandfrei hydrierte und raffinierte Fette pflegen farblos (wichtig für Margarine-Industrie) und geruchlos zu sein. Sie zeigen, je nach dem Hydrierungsgrad, in ihrer Konsistenz (glatt oder körnig) Ähnlichkeit mit Schweineschmalz, bei höherem Schmelzpunkt mit Rinder- oder Hammeltalg. Auch geschmacklich ergeben sich im allgemeinen keine Besonderheiten. Bei der Hydrierung vor allem der stark ungesättigten Öle (Seetieröle) tritt ein eigenartiger (,,blumiger'') Hydrierungsgeruch auf, der wahrscheinlich auf Spuren von Aldehyden (C_{10}-, C_{11}-, C_{12}- und C_{16}-Aldehyde) zurückzuführen ist. Richtig desodorierte Produkte sind geruchlich neutral.

Hydrierte Fette pflegen dem Wasser gegenüber mitunter ein besseres Emulgierungsvermögen zu zeigen als natürliche Fette; dies trifft vor allem auf hydrierte Seetieröle zu, die aus anoxydiertem Rohöl hergestellt werden. Über die *Emulgierfähigkeit* (Wasserbindung) kann man sich durch folgende Probe angenähert unterrichten:

Man schmilzt 50 bis 100 g Fett wenig oberhalb des Schmelzpunktes in einer Reibschale, setzt warmes Wasser (150 bis 250 ml) hinzu und verreibt mit dem Pistill bis zur Grenze der Wasser-Aufnahme, d. h. bis zu dem Punkt, bei dem sich beim Festwerden des Fettes tropfbar flüssiges Wasser abscheidet. Nach dem Abgießen des überschüssigen Wassers wird das Präparat zwischen Filtrierpapier trocken gepreßt. Man bestimmt in einem aliquoten Anteil den Wasser-Gehalt (z. B. nach der Xylol-Methode).

Gelegentlich trifft man auf hydrierte Produkte mit mißfarbig grauem Ton; dies geht — abgesehen von unzureichender Bleichung der Rohöle — oft auf Reste des Katalysators zurück. Entsprechende Prüfung ist dann angezeigt (vgl. S. 429 u. 444). Zum Nachweis einer künstlichen Färbung bedient man sich der üblichen Verfahren (vgl. S. 426 u. 1158 f.), ebenso zur Beurteilung von Geruch und Geschmack, Konsistenz, Fluorescenz usw. (vgl. S. 1151 f.).

Die sinnesphysiologische Feststellung der *Verdorbenheit* stützt man auf die bekannten Verdorbenheitsreaktionen (vgl. S. 1292 ff.); dabei ist zwischen Hydrierungsgeruch und Verdorbensein scharf zu unterscheiden.

γ) Wassergehalt

Zur orientierenden Ermittlung niedriger Gehalte an Wasser zieht man die *Erhitzungsprobe* heran (vgl. S. 1160), bei höheren Gehalten die üblichen Verfahren durch Trocknung oder durch Destillation.

δ) Schmelzpunkt

Für die Verwendung zu Nahrungszwecken ist die Höhe des Schmelzpunktes von entscheidender Bedeutung. Zur Ermittlung desselben dienen die andernorts beschriebenen Verfahren (vgl. S. 642 ff.). Es interessiert insbesondere der Klarschmelzpunkt, für die Margarine-Industrie auch der Erweichungs-, Fließ- oder Steigschmelzpunkt. Fette mit Schmelzpunkten von wesentlich über 40° sind für Ernährungszwecke nur geeignet, wenn sie mit niedrigschmelzenden in geeigneten Mengenverhältnissen gemischt oder feinst emulgiert sind. Ein wichtiges Merkmal für hydrierte Nahrungsfette ist ihr *Anteil an höherschmelzenden Glyceriden*. Größere Mengen, die über 45° schmelzen, sollen nicht vorhanden sein. Zur Prüfung kann man, wie unten beschrieben, verfahren. Die Arbeitsweise ist so ausgewählt, daß sowohl einheitliche Fette wie auch Mischungen aus Fetten und Ölen (wie in Margarine) einwandfreie Ergebnisse, d. h. von öligen Anteilen freie Kristall-Fraktionen liefern.

Vorbereitung des Untersuchungsmaterials. a) *Wasserfreie Fette* (Rindertalg, hydrierte Fette, Schmelzmargarine usw.): Aus dem Versuchsmaterial wird eine Probe von 30 bis 40 g (Durchschnittsprobe) entnommen, durch vorsichtige Erwärmung gerade zum Schmelzen und dann durch Abkühlen unter Rühren wieder zum Erstarren gebracht (Ausschaltung einer die Ergebnisse fälschenden Entmischung).

b) *Wasserhaltige Fette* (Margarine): Man entnimmt eine gute Durchschnittsprobe von 40 bis 50 g und trennt daraus das von Wasser und sonstigen Begleitstoffen (Eiweiß, Kochsalz usw.) befreite Gesamtfett ab. Hierzu wird die Probe am einfachsten in einem Aluminiumbecher, wie bei der Schnellbestimmung von Wasser in Butter und Margarine, so lange erhitzt, bis das Wasser verdampft ist. Man filtriert warm (im Trockenschrank) durch ein trokkenes Filter und bringt durch Abkühlen unter Rühren zum Wiedererstarren.

Fraktionierte Kristallisation der Fettprobe. Man löst (100 ml ERLENMEYER-Kolben) 10 g des vorbereiteten, praktisch wasserfreien Fettes in 15 ml Äther (eventuell Erwärmen auf 30°). Ist dabei eine klare Lösung nicht zu erzielen, dann setzt man in Mengen von je 1 ml portionsweise Äther zu (maximal bis insgesamt 20 ml); auf diese Weise ist die erforderliche, eben eingetretene Lösung zu erreichen. Hierzu gibt man 5 ml Alkohol (96%ig) und läßt im Thermostaten bei 20° stehen. Dabei erfolgt bei Anwesenheit höherschmelzender Anteile eine kristalline Fällung.

Ist eine solche nach 2 Std. noch nicht eingetreten, so kühlt man auf 10 bis 15° ab und überläßt die Lösung wiederum während 2 Std. der Kristallisation. Wenn auch hierbei eine Ausscheidung nicht erfolgt, so sind im Fett in Betracht kommende Anteile von höherem Schmelzpunkt nicht enthalten.

Es ist streng darauf zu achten, daß die Fällung kristallin ist. Werden schleimige Produkte (verunreinigt durch ölige Anteile) erhalten, dann ist der Versuch unter gerade ausreichender Erhöhung des Äther-Zusatzes zu wiederholen.

Die Kristalle filtriert man durch ein kleines Filter ab oder rascher durch eine kleine Filternutsche (schwacher Unterdruck). Man wäscht sie zwei- bis dreimal mit insgesamt 10 bis 20 ml Alkohol-Äther-Gemisch (2 : 3) und trocknet über Nacht im Exsiccator.

Gegebenenfalls kann man durch Wägung die Menge der höherschmelzenden Anteile annähernd bestimmen.

Bestimmung der höherschmelzenden Anteile [1]. Es werden 5 g Fett abgewogen und in einem 200 ml ERLENMEYER-Kolben, mit Schliffstopfen verschlossen, unter gelindem Erwärmen in 100 ml Aceton gelöst. Anschließend stellt man den Kolben in einen auf 15° temperierten Thermostaten und beläßt darin für 5 Std. Nach dieser Zeit wird der Niederschlag in einer mit einem kleinen Filter bedeckten und vorher konstant gewogenen Glasfritte (2 G 1) an der Wasserstrahlpumpe unter schwachem Saugen abfiltriert, mit etwas Aceton (15°C) ausgewaschen und dann unter kräftigem Saugen vom Aceton befreit. Den Rückstand wägt man nach der Trocknung im Vakuumexsiccator. Man berechnet den prozentualen Anteil an höherschmelzenden Glyceriden und ermittelt deren Schmelzpunkt. Diese Arbeitsweise liefert gut reproduzierbare Ergebnisse.

Auswertung. Bei der Ausführung dieser Prüfung wird offenkundig, daß der in üblicher Weise ermittelte Klarschmelzpunkt eines Fettes über den möglichen Gehalt an höherschmelzenden Anteilen nichts oder nur, wenig aussagt (vgl. Tab. 336). So zeigt das Walöl vom Schmp. 37,0° als höchstschmelzende Fraktion eine solche von 46,5°, das Rüböl Nr. 455 aber, etwa vom gleichen Schmp. (37,4°), eine solche von 54,0°.

Die Unterschiedlichkeit der Margarine des Handels ist durch einige Beispiele in Tab. 337 belegt. Wie daraus hervorgeht, stößt man auf Proben, die praktisch frei von höherschmelzenden Anteilen sind, während andere Erzeugnisse Werte bis zu einem Schmp. von 59° aufweisen.

Tabelle 336. *Schmelzpunkt von hydrierten Fetten und den daraus abgetrennten hochschmelzenden Anteilen*

Bezeichnung der hydrierten Probe	Schmelzpunkt °C	
	des Gesamtfettes	der hochschmelzenden Fraktion
Palmöl	44,0	51,0
Erdnußöl	42,5	50,0
Walöl	37,0	46,5
Rüböl 429	37,4	55,0
Rüböl 455	37,4	54,0
Rüböl E	35,5	46,0

Tabelle 337. *Schmelzpunkt der Fraktion der hochschmelzenden Anteile in Margarineproben*

Bezeichnung der Probe	Schmelzpunkt der hochschmelzenden Fraktion °C
Probe 1	55,0
Probe 2	59,5
Probe 3	58,0
Probe 4	45,0
Probe 5	keine Kristallabscheidung

ε) Prüfung auf selektive Hydrierung

Für die Verwendung zu Nahrungszwecken ist die Hydrierung so zu lenken, s. S. 242, daß die erforderliche Konsistenz (bei Zimmertemperatur streichbarfest) erreicht wird, ohne daß höher- oder höchstschmelzende Glyceride in größerer Menge entstehen. Experimentell zieht man zur Prüfung folgende Verfahren heran:

Differenz zwischen Schmelz- und Erstarrungspunkt. Betonte Selektivität strebt man bei Weichfetten (Schmp. 30 bis 35°) an. Als wertgebenden Bestandteil betrachtet man für solche Produkte vor allem die Anwesenheit von Oleo-isooleo-stearinen unter möglichst weitgehender Unterdrückung der Bildung vollgesättigter Glyceride. Kennzeichnend dafür ist die geringe Differenz zwischen Schmelz- und Erstarrungspunkt.

Experimentell ermittelt man beide Werte nach dem Verfahren von E. POLENSKE (vgl. S. 1163). Ihre Differenz kann bei Hartfetten (keine selektive Hydrierung) bis zu 17° betragen; sie sinkt bei Weichfetten von guter selektiver Hydrierung bis auf etwa 4° herab.

Schmelzausdehnung (Dilatation) nach Normann [2]. Dieses Verfahren ist auf S. 670 ff. ausführlich beschrieben. Man bestimmt im Dilatometer nach W. NORMANN das Volumen einer bekannten Menge des Fettes bei einer Temperatur,

---

[1] K. TÄUFEL: Noch unveröffentlichte Versuche.

[2] W. NORMANN: Chem. Umschau Gebiete Fette, Öle, Wachse, Harze **38**, 22 (1931); DGF. Einheitsmethode C-IV 3e (52).

bei der es noch fest, dann bei einer Temperatur, bei der es vollständig geschmolzen ist. Durch eine dritte Ablesung bei einer etwa 20° über dem Schmelzpunkt liegenden Temperatur ermittelt man die Ausdehnung des flüssigen Fettes, woraus sich die Ausdehnung je 1° Temperatur-Steigerung errechnen läßt. Aus diesem Wert, bezogen auf die gesamte Temperatur-Erhöhung, kann man durch Subtraktion vom Wert der gesamten Volumen-Vermehrung die durch das Schmelzen eingetretene Ausdehnung ableiten. Dieser Wert stellt einen Maßstab für den Gehalt des Fettes an festen Glyceriden dar.

Dabei wird stillschweigend angenommen, daß alle festen Fette und alle Glyceride die gleiche Dilatation haben. Da die Ausdehnung der Fette durch Wärme nahezu gleich ist, kann man für orientierende Prüfungen in der Praxis auf die oben angegebene 3. Ablesung evtl. verzichten.

ζ) Untersuchung der Fettsäuren nach Art und Menge

Höher ungesättigte Säuren. Die JZ von hydrierten Nahrungsfetten pflegt zwischen 60 bis 75 zu liegen; bei Cocos- und Palmkernfett bewegt sie sich verständlicherweise in sehr niedriger Größenordnung. Die Differenz zwischen JZ und RhZ ist vor allem dann ein Maß für die Selektivität der Hydrierung, wenn Produkte gleichen Schmelzpunktes vorliegen. An Hand beider Kennzahlen (Ermittlungen vgl. S. 567 ff. u. 589 ff.) kann in geeigneten Fällen ein wertvoller Anhaltspunkt für die Beurteilung gewonnen werden; fallen sie praktisch zusammen, dann ist daraus auf die Abwesenheit von stärker ungesättigten Glyceriden zu schließen. Mitunter besteht zwischen RhZ und Gehalt an Isoölsäuren eine gewisse Parallelität.

Gesättigte Fettsäuren. Mit dem Voranschreiten der Hydrierung steigt — vor allem bei nicht selektiver Hydrierung — der Gehalt an gesättigten Fettsäuren an. Ihre Erfassung kann deshalb für die Beurteilung wichtig sein. Man bedient sich dafür der Arbeitsweise nach E. TWITCHELL (vgl. S. 454 ff.) bzw. nach S. H. BERTRAM[1] (vgl. S. 462f.). Letzteres Verfahren hat J. GROSSFELD halbmikroanalytisch abgewandelt; die genaue Arbeitsvorschrift ist auf S. 463f. angegeben.

Stearinzahl nach Hugel. 5 g Fett werden in einem 150 ml Becherglas mit 100 ml Aceton auf der elektrischen Heizplatte rasch zum Sieden erhitzt, wobei das Becherglas mit einem Uhrglas bedeckt wird. Man läßt kurz abkühlen und bringt das Becherglas in ein Wasserbad von 20°. Nach 1 Std. saugt man den Niederschlag durch einen zusammen mit einem Wägegläschen gewogenen Filtertiegel und wäscht mit 50 ml Aceton von 20° nach. Der in das Wägegläschen gebrachte Filtertiegel wird im Trockenschrank getrocknet, bis der Aceton-Geruch verschwunden ist; aus dem Tiegel austretendes geschmolzenes Fett sammelt sich im Wägegläschen an. Nach dem Erkalten wird gewogen und auf die Einwaage prozentual umgerechnet. Das Ergebnis ist die *Stearinzahl*. Beim Vorliegen von Erfahrungen bzw. in Verbindung mit anderen Prüfungen auf die Selektivität kann diese Zahl wertvolle Einblicke vermitteln und auch bei gleichem Schmelzpunkt von Erzeugnissen sehr markante Unterschiede liefern (vgl. Tab. 338).

Tabelle 338. *Stearinzahl bei Fetten verschiedener Hydrierung*

	Leinöl		Rüböl		Sojaöl	
Schmelzpunkt °C	40,5	40,0	35,0	35,0	40,0	39,5
Stearinzahl	49,6	22,8	23,2	2,4	40,6	32,4

Feste ungesättigte Fettsäuren (Isoölsäuren). Die üblichen Nahrungsfette erweisen sich bekanntlich im wesentlichen als frei von festen ungesättigten

---

[1] S. H. BERTRAM: Diss. Delft 1928; Z. Unters. Lebensmittel **55**, 179 (1928).

Fettsäuren; nur die Cruciferenfette liefern bei der analytischen Prüfung (Trennung über die Bleisalze) infolge ihres Gehaltes an Erucasäure (Schmp. 33 bis 34°) in der ausgefallenen Fraktion einen ungesättigten Anteil, der orientierend zur Erkennung dieser Fette benützt werden kann[1]. Sind Cruciferenöle abwesend, dann ist die Anwesenheit von olefinischen Fettsäuren in der Fraktion der gesättigten der Ausdruck für das Vorhandensein von hydrierten Fetten (Isoölsäuren[2]). Dabei ist zu berücksichtigen, daß vollständig durchhydrierte Produkte Isoölsäuren nicht mehr enthalten, wie überhaupt deren Menge und Art je nach den Hydrierungsbedingungen innerhalb sehr weiter Grenzen schwanken können. Zum Nachweis hydrierter Fette bedient man sich zweckmäßig der Arbeitsweise nach J. GROSSFELD und J. PETER[3], die auf S. 457 f. ausführlich beschrieben worden ist.

η) Untersuchung der Fettbegleitstoffe

Die in den natürlichen Fetten enthaltenen *fettlöslichen Vitamine* werden bei der Fetthydrierung teilweise in physiologisch unwirksame Verbindungen übergeführt. Naturgemäß hängen die Menge und damit der Nachweis von Begleitstoffen stets davon ab, in welchem Umfang diese bei der vorangehenden Raffination entfernt worden sind.

Die Erhaltung der *Sterine* hängt von den Hydrierungsbedingungen ab; ihre Hydrierung zu Hydrosterinen erfolgt zu wesentlichen Anteilen erst bei Temperaturen oberhalb 170°. Durch die neugebildeten Verbindungen kann der Nachweis von Sterinen beeinträchtigt oder sogar unmöglich gemacht werden, so daß die Unterscheidung nach Cholesterin und Phytosterin, auch in Fettverschnitten, u. U. unmöglich wird. Die Umwandlungsprodukte können z. B. den Nachweis hydrierter Fette in Butter nach A. BÖMER (Sterinacetat-Probe) stören.

Die *Träger der Farbreaktionen* einiger pflanzlicher Öle werden durch die Hydrierung in unterschiedlicher Weise beeinflußt. So tritt — in wenn auch etwas veränderter Farbtönung — bei hydriertem Sesam-, Erdnuß- und Baumwollsaatöl die BELLIER-*Reaktion* noch ein; hydrierte Seetieröle färben sich dabei in der Fett- und in der Säurephase orangegelb. Der Träger der *Reaktion nach* HALPHEN in Baumwollsaatöl wird so verändert, daß die Probe negativ verläuft; die *Reaktion nach* BECCHI bleibt innerhalb gewisser Grenzen erhalten. Aus hydriertem Sesamöl kann Sesamin nach A. BÖMER[4] unverändert abgeschieden werden. Demgemäß verlaufen die *Proben nach* BAUDOUIN *und nach* SOLTSIEN bei hydriertem Sesamöl positiv. In gleicher Weise ist die *Reaktion nach* TORTELLI *und* JAFFE in Seetierölen nach der Hydrierung positiv.

Die aufgezeigte Einflußnahme der Hydrierung auf die Fettbegleiter muß bei der Analyse und Beurteilung entsprechend berücksichtigt werden.

Nachweis von Katalysator-Resten und Metallspuren[5] s. S. 429 u. 444.

---

[1] J. GROSSFELD: Chemiker-Ztg. **59**, 935 (1935); Pharmaz. Ztg. **81**, 397 (1936).

[2] Über Art und Eigenschaften der in der Summenfraktion „Isoölsäuren" enthaltenen Fettsäuren ist nur wenig bekannt; vgl. W. F. HUBER: J. Amer. chem. Soc. **73**, 2730 (1951); R. R. ALLEN u. A. A. KIESS: J. Amer. Oil Chemists' Soc. **33**, 355 (1956).

[3] J. GROSSFELD u. J. PETER: Z. Unters. Lebensmittel **68**, 345 (1934); J. GROSSFELD: ebenda **76**, 342 (1938).

[4] A. BÖMER: Z. Unters. Nahrungs- u. Genußmittel **2**, 705 (1899).

[5] Vgl. auch K. TÄUFEL u. K. ROMMINGER: Fette · Seifen · Anstrichmittel **58**, 104 (1956).

ϑ) Unterscheidung durch Hydrierung gehärtete Fette nach ihrer Herkunft

Hinsichtlich der Differenzierung der hydrierten Fette nach ihrer *Herkunft aus tierischen oder pflanzlichen Ölen* wird in erster Linie auf die Phytosterin- bzw. Phytosterinacetat-Probe zurückzugreifen sein (vgl. S. 948 ff.). Hierzu ist einschränkend zu sagen, daß die Sterine, wie schon erwähnt, als ungesättigte Alkohole bei der Hydrierung verändert werden. Findet die Hydierung bei Temperaturen bis zu etwa 170° statt, dann kann die analytische Erfassung u. U. noch möglich sein; bei höherer Hydrierungstemperatur aber wird die Digitonid-Fällung meist vollständig versagen.

Nachweis von hydrierten Fetten aus Seetierölen. Die in erster Linie für Seetieröle charakteristische *Farbreaktion nach* TORTELLI *und* JAFFE bleibt, wie schon erwähnt, bei der Hydrierung erhalten. Sie kann in ihren verschiedenen Ausführungsarten zur Beurteilung herangezogen werden (vgl. S. 975).

Seetieröle pflegen sowohl höhermolekulare (über C_{18}) als auch vielfach niedrigermolekulare (unter C_{16}) Fettsäuren in größeren Mengen zu enthalten als die üblichen Nahrungsfette. Auf diese Tatsache hat A. GRÜN[1] ein Nachweis-Verfahren für hydrierte Seetieröle in anderen hydrierten Produkten gegründet. Die Gesamt-Fettsäuren des zu prüfenden Fettes werden mit Methanol in die *Methylester* überführt und letztere wiederholt fraktioniert im Vakuum (3 bis 4 mm) destilliert. Die erste und die letzte Fraktion dient zur Bestimmung der VZ, die teils über die Norm erhöht oder erniedrigt ist. Bei hydriertem Rüböl (C_{22}) und Erdnußöl (C_{20}) ist bei der Auswertung Vorsicht am Platze.

Nachweis von hydriertem Cocos- und Palmkernfett. Die Produkte besitzen praktisch die gleiche Gesamtzahl und VZ der niederen Fettsäuren wie die natürlichen Erzeugnisse und unterscheiden sich davon nur durch die herabgesetzte Jodzahl. Da sie vielfach vollständig durchhydriert sind, sind Isoölsäuren praktisch nicht vorhanden.

Nachweis von hydriertem Sesamöl. Die für dieses Öl charakteristische *Reaktion nach* BAUDOUIN (vgl. S. 1182) verstärkt sich auffälligerweise bei der Hydrierung. Der Nachweis ist damit immer möglich, sofern das Öl vorher nicht stark raffiniert wurde.

Nachweis von hydriertem Rüböl. Diese Erzeugnisse zeigen wie das Ausgangsöl die bekannte niedrige Verseifungszahl. Der Nachweis kann auch durch Ermittlung der reichlich vorhandenen Behensäure (Schmp. 79,5°) geführt werden. Erdnuß- und Seetieröl-Hartfette stören diese Prüfung.

Nachweis von hydriertem Erdnußöl. Der Nachweis gründet sich auf die Abscheidung und Identifizierung von Arachin- und Lignocerinsäure, versagt aber bei Anwesenheit von hydriertem Rüb- oder Seetieröl.

ɩ) Beurteilung hydrierter Fette

An hydrierte Fette, die für Nahrungszwecke unmittelbar oder zur Verarbeitung auf Nahrungsfette bestimmt sind, müssen hinsichtlich der Ausgangsprodukte (Unverdorbenheit; hygienische Unbedenklichkeit) sowie der Fertigerzeugnisse die gleichen Anforderungen gestellt werden wie an sonstige Fette. Dies gilt einmal hinsichtlich Aussehen, Geruch und Geschmack — Hydrierungsgeschmack soll nicht vorhanden sein — zum andern soll der Schmelzpunkt nicht über 38 bis 40° liegen und der über 42 bis 44° schmelzende Anteil gering sein.

---

[1] A. GRÜN: Chem. Umschau Gebiete Fette, Öle, Wachse, Harze **26**, 101 (1919).

Die von seiten der Hydrierungskatalysatoren eingeschleppten Metallspuren (Ni, Fe, Cu, Mn) sollen weitestmöglich entfernt sein (Prooxydantien)[1].

K. B. LEHMANN[2] bezeichnet Mengen an Nickel bis maximal 6 mg/kg Fett für unbedenklich, ein Gehalt, der in gut raffinierten Produkten bei weitem nicht erreicht wird. Aus dem Wasserstoff können Spuren von Arsen eingeschleppt werden; die von G. RIESS[3] gefundenen Mengen von 0,04 bis 0,15 mg/kg Fett sind ohne Belang.

Einheitliche, hydrierte Fette können ihrer Herkunft nach als hydriertes Erdnußöl usw., früher deutsches Rapsfett usw., bezeichnet werden. Jede Veränderung aber, z. B. Färbung, Aromatisierung usw., unterwirft die Fette der geltenden Deklaration. Für Margarine gelten besondere Vorschriften.

Hydrierte Fette aus neuartigen Ausgangsölen sind vor Verwendung als Nahrungsfett biologisch auf Verträglichkeit usw. zu prüfen.

Hinsichtlich der technologischen Beurteilung hydrierter Fette für Margarine-Herstellung usw. sind die sich daraus ergebenden besonderen Gesichtspunkte zu berücksichtigen.

f) Margarine

Margarine und Schmelzmargarine sind Fettzubereitungen, die ihren äußeren Eigenschaften nach der Butter (Kuhmilchfett) bzw. dem Butterschmalz ähnlich sind.

Lebensmittelrechtlich gemäß § 1 des Gesetzes betr. den Verkehr mit Butter usw. vcm 15. 6. 1897 (RGBl. I, S. 475) werden diese Produkte umschrieben als die der Milchbutter bzw. dem Butterschmalz ähnlichen Zubereitungen, deren Fett nicht ausschließlich der Milch entstammt. Jeder Zusatz eines milchfremden Fettes zu Butter stempelt dieselbe rechtlich zu Margarine; ob solche Mischungen verkehrsfähig sind, hängt von den jeweils geltenden gesetzlichen Bestimmungen ab. Margarine ist im Sinne des § 36 Abs. 2 des Milchgesetzes vom 31. 7. 1930 (RGBl. I, S. 421) als Nachmachung von Butter anzusehen, durch Sonderregelungen aber vom Verbot des Inverkehrbringens nachgemachter Lebensmittel ausgenommen.

Die Zielsetzung, ein wohlfeiles Austauschfett für Butter herzustellen, schließt die Aufgabe ein, dem Naturprodukt hinsichtlich der sinnesphysiologischen, technologischen sowie ernährungsphysiologischen Eigenschaften so nahe wie möglich zu kommen. Die Mittel dazu sind gegeben durch die Auswahl der Ausgangsfette und Hilfsstoffe sowie durch die Art der Fabrikation (Herstellung des Fettansatzes und der Emulsion, Verfestigung derselben, Nachbehandlung [Kneten, Homogenisieren]).

Im Laufe der nunmehr rund 8 Jahrzehnte umfassenden Geschichte der Margarine (MÈGE-MOURIÉS) haben Roh- und Hilfsstoffe sowie fabrikatorische Verarbeitung mannigfache Wandlungen durchgemacht; insbesondere die Verfügung über gehärtete Fette, deren Eigenschaften innerhalb der gegebenen Grenzen willkürlich beeinflußt werden können, hat der Margarine-Industrie einen großen Aufschwung verliehen. An die Stelle der diskontinuierlichen Arbeitsweise (Abbrausen bzw. Abschrecken der Emulsion auf Kühltrommeln) tritt zunehmend die kontinuierliche Herstellung im Votator oder Kombinator, wodurch besondere Eigenschaften des Fertigproduktes zustande kommen.

Die Probenahme hat unter den üblichen Vorsichtsmaßregeln zu erfolgen, wobei der Bezeichnung und der äußeren Aufmachung (Formgebung, Verpackung) besonderes Augenmerk zu schenken ist. Entnahme einer Original-Packung ist angezeigt.

Soweit es sich um die Untersuchung der Fettbestandteile der Margarine handelt, ist das von der wäßrigen Phase abgetrennte, trockene, klar filtrierte Fett zu benützen. Dabei kommt der Ermittlung der Art des Fettes, die innerhalb der lebensmittelrechtlich gesteckten Grenzen frei gewählt werden kann, meist nur geringere Bedeutung zu; es sei denn, daß auf eine besondere Beschaffenheit (Pflanzenmargarine) Anspruch erhoben wird, die Anwesenheit von

---

[1] K. TÄUFEL u. K. ROMMINGER: Fette · Seifen · Anstrichmittel **58**, 104 (1956).
[2] K. B. LEHMANN: Chemiker-Ztg. **38**, 798 (1914).
[3] G. RIESS: Arb. Reichsgesundheitsamt **51**, 521 (1919).

tierischem Fett also auszuschließen ist. Die allgemeinen Untersuchungsverfahren sind die bei Butter (vgl. S. 1231 ff.) angewandten.

Als Ausgangsfette werden je nach der Versorgungslage tierische oder pflanzliche Fette benützt. Tierischer Herkunft sind *Schweinefett, Rindertalg* (Feintalg, premier jus), *Knochenfett.* Feintalg wird vor allem zu Backmargarine verarbeitet, weil er dem Produkt einen besonders hohen Plastizitätsgrad (Ziehmargarine) verleiht. Das Rinderfett wird vor der Verarbeitung vielfach durch fraktionierte Kristallisation in einen höher- und einen niedrigerschmelzenden Anteil zerlegt; ersterer (Preßtalg) findet technologische Verwendung, letzterer (Oleomargarin) war früher ein wesentlicher Bestandteil der Margarine. Heute sind *hydrierte Fette* von entscheidender Bedeutung, und zwar sowohl tierischer (Fischöle) als auch pflanzlicher Herkunft. Hydrierte Produkte besitzen gemäß ihrer Zusammensetzung — geringer Gehalt an vollgesättigten Glyceriden (geringe Neigung zur Kristallisation), höherer Gehalt an gemischt (einfach) ungesättigten-gesättigten Glyceriden (solche mit Isoölsäuren) — gleichmäßige Konsistenz, gutes Wasserbindungsvermögen und befriedigende Haltbarkeit.

Von *pflanzlichen Fetten und Ölen* kommen, gehärtet oder im natürlichen raffinierten Zustand, in Betracht: *Sonnenblumen-, Sesam-, Erdnuß-, Baumwollsaat-* (*Baumwollstearin-*), *Maiskeim-* und *Rüböl. Cocos-* und *Palmkernfett* sind ebenfalls viel verwendete Rohstoffe. Sie zeigen eine relativ enge Schmelzzone; sie schmelzen schroff, was besonders in der warmen Jahreszeit eine Gefahr (zu weiche Konsistenz) bedeutet. Man geht deshalb meist über einen Zusatz von 20% dieser Fette kaum hinaus. Die richtige Auswahl der Komponenten des Fettansatzes ist für die Qualität der Margarine von ausschlaggebender Bedeutung. Eine weitgehende Raffination der Öle und Fette, allein oder im Gemisch, ist unerläßlich. Besonders der Gehalt an freien Säuren muß auf ein Minimum reduziert werden.

Als „Weichmachungsmittel" (Regelung der Konsistenz) und zur Erreichung eines ausreichenden Gehaltes an der essentiellen Linolsäure setzt man dem Fettansatz Öl (Sommer-, Wintermargarine) in abgestimmter Menge zu. Leinöl ist hierbei abzulehnen, weil dadurch die Gefahr des Fischigwerdens des Fertigproduktes, das Auftreten von Firnisgeruch und -geschmack bei der Lagerung und das „Ausölen" zu gewärtigen sind. Fette, die verdorben oder sonst ungenießbar sind (giftige Fette der *Hydnocarpus*-Arten[1]) oder von verendeten Tieren stammen, sind unzulässig.

Zur raschen orientierenden Unterrichtung über die relative *Haltbarkeit der Margarinerohfette* kann man sich der *Haltbarkeitsprobe* der Fettrohstoffe (SWIFT stability test)[2] bedienen: Man saugt mittels Gas-Einleitungsröhren mit Frittenplatte durch zwei hintereinandergeschaltete, entsprechend große Reagensgläser oder Gaswaschflaschen einen kräftigen Luftstrom. Das eine Glas enthält 22 ml Öl oder geschmolzenes Fett und taucht in ein siedendes Wasserbad derart ein, daß das Niveau des Fettes sich unterhalb des Wasserspiegels des Wasserbades befindet; man schützt zweckmäßig vor Lichtzutritt. Im zweiten Rohr befinden sich 10 ml Wasser, die mit Universalindicator[3] versetzt und durch vorsichtige Zugabe einer 0,01 m Lösung von Soda auf schwach grüne Farbtönung gebracht sind. Es wird die Zeit ermittelt, bis die Farbe über Gelb nach Rot umgeschlagen ist. Die Versuchszeit ist ein Maßstab für die Anfälligkeit des Fettes gegenüber der Luftoxydation. Gut haltbare Fette benötigen etwa 8 Std. bis zum Umschlag des Indicators.

Die Messung des Indicator-Umschlages ist der Ermittlung der Peroxydzahl[4] vorzuziehen, weil erstere Methode mit der organoleptischen Prüfung besser im Einklang steht als letztere. Ergänzend ist zu bemerken, daß Fette mit Glyceriden niedrigmolekularer Fettsäuren (Cocos-, Palmkernfett) mittels des SWIFT-Testes nicht geprüft werden können, weil bei der Untersuchung durch Hydrolyse freie, arteigene, flüchtige Fettsäuren entstehen, überdestillieren und p_H-Verschiebungen auslösen.

α) Sinnenprüfung

Eigenschaften. Verdorbenheit. Einwandfreie Margarine stellt eine bei Zimmertemperatur plastisch-streichbare, homogene Masse mit feinst verteiltem (vgl. S. 1196) Wasser dar (Wasser-in-Fett-Emulsion), die meist künstlich gefärbt ist.

---

[1] Die Fette von *Cardamomum*-Arten werden öfters mit denen aus Hydnocarpus-Samen verwechselt.

[2] Vgl. H. WILLIAMS: South African ind. Chemist **3**, 3 (1949); vgl. auch die Ausführungen S. 1152f.

[3] Man verwendet auch Bromkresolgrün (Umschlag Gelb nach Blau; p_H = 4,0 bis 5,6) als Indicator; vgl. A. LIPS u. W. D. McFARLANE: Oil and Soap **20**, 193 (1943); H. J. LIPS: Canad. J. Res., Sect. F **28**, 21 (1950).

[4] A. W. LATEGAN: J. South African chem. Inst. **1**, 45 (1948).

Das Wasser darf nicht in Tropfenform auftreten („Wasserlässigkeit"; erhöhte Gefahr von Kleinlebewesen-Wachstum). Fleckenbildung kann durch lokale Kristallisation von Glyceriden sowie durch örtliche Anreicherung von Farbstoffen verursacht sein und ist als qualitätsherabsetzend zu betrachten; besonders nachteilig ist das Auftreten von Flecken durch Schimmelbildung. Im gleichen Sinne ist ein Austreten von öligen Anteilen („Ausölen") zu bemängeln.

Der angenehm frische, aromatische Geruch und Geschmack der sonst sinnesphysiologisch indifferenten Fettzubereitung gehen entweder auf die Verwendung bakteriell gesäuerter (aromatisierter) Milch oder auf künstliche Aromatisierung mit Präparaten auf der Basis des Diacetyls zurück. Häufig erfolgt Vitaminierung mit Vitamin A bzw. Carotin und Vitamin D.

Der Fettansatz ist so zu wählen, daß bei den üblichen Temperaturschwankungen der Umgebung die streichbar-plastische Beschaffenheit sichergestellt ist, daß also weder zu feste noch zu weiche Konsistenz sich einstellt; die Erweichungszone muß ausreichend breit sein.

Verdorbenheit kann sich verschiedentlich äußern. Durch Befall mit Kleinlebewesen, vor allem mit Schimmelpilzen (besonders in der warmen Jahreszeit), kann das Erzeugnis seifig-ketonranzig sein, analytisch nachweisbar z. B. durch wesentliche Erhöhung des Säuregrades — freie niedrigmolekulare Fettsäuren (z. B. aus Cocos- oder Palmkernfett stammend) — oder durch das Auftreten von Methylketonen. Dem autoxydativen Verderben (begünstigt durch eisenhaltiges Einwickelpapier) kommt demgegenüber ähnlich wie bei Butter meist eine zweitrangige Bedeutung zu; Fleckigwerden (Stockfleckigkeit) durch Schimmel ist nicht selten.

Der sinnesphysiologische Befund ist nach den Methoden zum Nachweis der Verdorbenheit von Fetten sicherzustellen. Dabei können vielfach auch erst „angegangene" Erzeugnisse erkannt werden (vgl. S. 1283 ff.).

β) Erhitzungsprobe

Die Prüfung auf Eignung im Gebrauch ist durch einen Erhitzungstest als *Koch-*, *Back-* und *Bratprobe* ratsam. Dabei ist dem Verhalten der *Ziehmargarine* besonderes Augenmerk zuzuwenden.

Beim raschen Erhitzen der Margarine in der Pfanne tritt wie bei Butter das sogenannte *Spratzen* auf. Bestimmend dafür sind die Verteilung und die Bindung des Wassers, die ihrerseits von Art und Menge der anwesenden Emulgatoren abhängen. Um sich über den durch das Spratzen verursachten Spritzverlust an Fett zu unterrichten, hat man Näherungsverfahren ausgearbeitet, auf die hier hinsichtlich ihrer Durchführung zu verweisen ist [1]. Die Arbeitsweise besteht darin, die Menge des bei definierter Erhitzung in der Pfanne verspritzten Fettes quantitativ zu ermitteln (vgl. S. 1003).

γ) Biologische Prüfung

Die Beurteilung des ernährungsphysiologischen Effektes einer Margarine setzt, abgesehen von den sinnesphysiologisch wichtigen Eigenschaften, das Ergebnis des biologischen Versuches am Tier bzw. am Menschen selbst voraus. Zu diesem Zwecke sind Verdaulichkeit, Ausnutzbarkeit und Wachstum des Versuchstieres zu ermitteln (vgl. S. 1154 ff.). Als analytisch erfaßbare Beiträge zum Ernährungseffekt können herangezogen werden die Bestimmung des Schmelzpunktes, der Menge der höherschmelzenden Anteile (vgl. S. 1189), des Gehaltes an Vitaminen und der Spaltung durch Lipase in vitro (vgl. S. 1155), die Ermittlung des Gehaltes an essentiellen Fettsäuren, die mit den bei der Analyse der ungesättigten Fettsäuren beschriebenen Methoden durchgeführt wird, usw.

---

[1] R. ROSENBUSCH u. G. REVEREY: Margarine-Ind. **20**, 197 (1927); H. SCHMALFUSS u. O. BENECKE: ebenda **28**, 211 (1935).

δ) Struktur und Schmelzpunkt

Margarine stellt — ähnlich wie Butter — meist keine strukturlose Masse dar, sondern es treten in der Wasser-in-Fett-Emulsion auch kristalline Bestandteile auf, deren Art und Menge die Konsistenz (Härte, Plastizität, Streichfähigkeit, Erweichungstemperatur und -zone) wesentlich beeinflussen. Bei der Lagerung kann Rekristallisation erfolgen, und damit können sekundär nicht unerhebliche Eigenschaftsänderungen eintreten. Alle diese Verhältnisse sind durch die Art und Mischung der Fettrohstoffe sowie durch den Fabrikationsgang (Knetung, Homogenisierung, Lenkung der Abkühlung usw.) weitgehend regulierbar.

Konsistenz. Zu ihrer Messung bedient man sich der subjektiven Fingerdruck-Probe oder jener objektiven Verfahren, wie man sie bei der Butterprüfung benutzt (vgl. S. 1231ff.); speziell für die Untersuchung der Margarine ist von B. PLATON eine Arbeitsweise mit einer Fallvorrichtung angegeben worden[1].

Schmelzpunkt. Er wird mit dem von der wäßrigen Phase abgetrennten, filtrierten und getrockneten (Vermeidung von Autoxydation) Fett in üblicher Weise (vielfach als Steigschmelzpunkt) ermittelt. Zur Prüfung auf höherschmelzende Anteile führt man eine fraktionierte Kristallisation durch und bestimmt den Klarschmelzpunkt der dargestellten Fraktion (vgl. S. 1188f.).

Während man früher auf bestimmte Schmelzpunkte, z. B. 32 bis 33° oder 42 bis 43°, Wert legte, werden neuerdings im Hinblick auf eine geeignete und auch im Kühlschrank unveränderte Plastizität Fettgemische mit breiten Schmelzintervallen bevorzugt.

ε) Wassergehalt und -zerteilung

Der Dispersionsgrad des Wassers ist, wie schon erwähnt, mit qualitätsbestimmend, die zulässige Höhe des Wassergehaltes durch gesetzliche Bestimmungen festgelegt.

Dispersitätsgrad des Wassers. Margarine mit größeren Wassertröpfchen ruft, wenn man gegen eine Schnittfläche trockenes Filtrierpapier lose aufdrückt, eine Nässung hervor, während das feinst zerteilte Wasser dabei nicht sichtbar wird.

Eine schärfere Probe besteht darin, daß man ein entsprechend vorbereitetes Indicatorpapier (30 cm² groß) gegen eine frische (mit einem Messer oder besser mit straff gespanntem Metalldraht hergestellte) Schnittfläche eines größeren Margarinestückes drückt (Verschiebung vermeiden). Nach einer Wartezeit von $^{1}/_{2}$ Min. entnimmt man das Papier und schabt evtl. anhaftendes Fett vorsichtig ab. Tropfbar-flüssiges Wasser ruft auf dem Papier blaue Flecken hervor, deren Zahl und Flächeninhalt durch Auflegen einer kalibrierten Glasscheibe bestimmt bzw. ausgemessen werden kann.

Herstellung des Indicatorpapiers: Filtrierpapier (Nr. 602 extra hart; SCHLEICHER & SCHÜLL) wird in eine Lösung aus 100 ml 95%igem Alkohol, 1 ml 1 n Salzsäure und 0,25 g Bromphenolblau eingetaucht und nach dem Abtropfen an der Luft getrocknet. Durch den Säurezusatz soll das Papier eben gelb gefärbt sein. Man bewahrt es vor Licht und Luft geschützt auf, weil sich sonst bläuliche Farbtöne einstellen, die die Beurteilung beeinträchtigen.

Bestimmung des Wassergehaltes. In der Praxis bedient man sich fast ausschließlich der Trocknung (Differenz-Verfahren). Damit ist bei normierter Arbeitsweise eine ausreichende Genauigkeit und Reproduzierbarkeit zu erzielen. Für Homogenität der Untersuchungsprobe ist Sorge zu tragen.

---

[1] Vgl. L. ERLANDSEN: Allg. Öl- u. Fett-Ztg. **35**, 237 (1938).

Schnellverfahren[1]: Man wägt 10 g der homogenisierten Margarine in einem Metallbecher ab und erhitzt vorsichtig unter Umschwenken über der freien Flamme, bis das zunächst erfolgende Schäumen aufhört und der Bodensatz sich leicht bräunt. Ein etwas zu langes Erhitzen beeinflußt das Ergebnis nicht wesentlich. Zu beachten ist, daß der Bodensatz nicht anhaftet und anbrennt. Nach kurzem Erkalten wägt man zurück und errechnet den Wassergehalt aus dem Gewichtsverlust. Dieses Schnellverfahren läßt eine Genauigkeit auf 0,1 bis 0,2% erreichen.

Für die Praxis hat man spezielle Waagen (Butterwaage) konstruiert, die das Resultat unmittelbar in Prozenten abzulesen ermöglichen. Es sei verwiesen auf die Perplex-Apparatur der Firma P. Funke & Co. in Berlin (nach L. Müller), die Superiorwaage von E. Wörner und W. Mohr. In Abb. 403 ist die Perplex-Waage dargestellt.

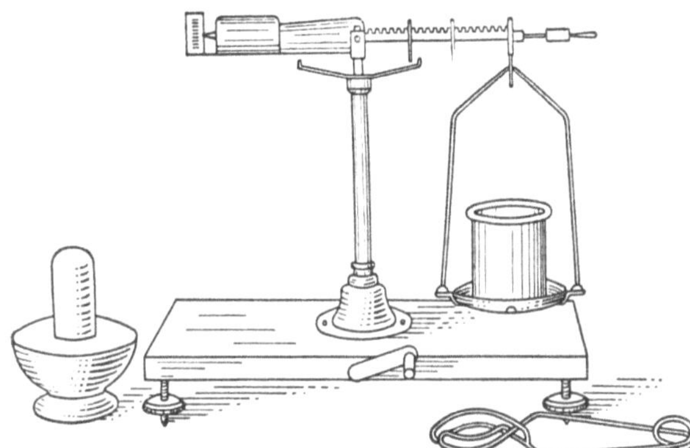

Abb. 403. Perplex-Apparat zur Wasser-Bestimmung in Butter und Margarine nach L. Müller[1]

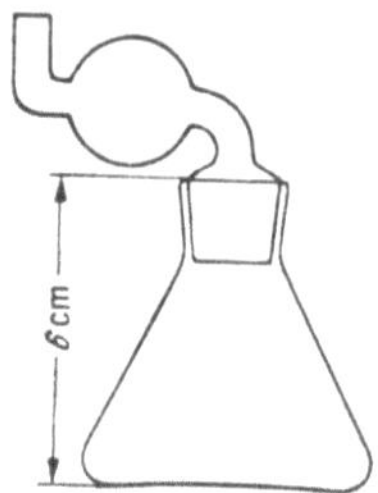

Abb. 404. Kölbchen zur Wasser-Bestimmung nach H. Boysen

Trocknungsverfahren[2]: 5 bis 10 g Margarine werden in einer flachen Schale, die zweckmäßig mit grobkörnigem, ausgeglühtem Quarzpulver oder mit gereinigtem Seesand beschickt ist, abgewogen und gleichmäßig verrieben (abgeplatteten Glasstab mit einwägen). Man trocknet im Trockenschrank bei 105° $\frac{1}{2}$ Std. lang, wobei man die trocknende Masse wiederholt vorsichtig verreibt. Dann wird das Gewicht ermittelt. Man trocknet wieder und wägt in Abständen von 10 Min., bis Gewichtskonstanz eingetreten ist. Den Verlust berechnet man prozentual als Wassergehalt.

Um der Gefahr der Oxydation des Fettes zu entgehen, hat H. Boysen[3] vorgeschlagen, die Trocknung im Vakuum (10 bis 30 mm) bei etwa 100° in einem Spezialkolben (Abb. 404) vorzunehmen. Man wägt 2 bis 3 g der Substanz ein; der Versuch ist in 1 bis $1\frac{1}{2}$ Std. beendet und liefert sehr genaue Ergebnisse.

ζ) Summarische Analyse der Margarine nach Bestandteilsgruppen

Ähnlich wie bei Butter gliedert man die konstituierenden Bestandteile der Margarine in Wasser, Fettgehalt, fettfreie Trockenmasse und Mineralstoffe auf und bedient sich zu deren Ermittlung der üblichen Verfahren.

Wassergehalt s. oben.

Fettfreie Trockenmasse. Man trocknet 5 bis 10 g Margarine im Trockenschrank. Nach dem Erkalten löst man das Fett mit einem gleichteiligen Gemisch von absol. Alkohol und Äther und filtriert den Rückstand unter Nachwaschen mit Äther durch ein tariertes Filter ab. Nach dem Trocknen wird gewogen und die Gewichtszunahme als fettfreie Trockenmasse (Nichtfett) in Rechnung gestellt (vgl. S. 1238).

Fettgehalt. Er wird als Differenz gegen 100 aus Gehalt an Wasser und an fettfreier Trockenmasse indirekt ermittelt oder direkt, z. B. durch Eindampfen

---

[1] L. Müller: Z. Unters. Nahrungs- u. Genußmittel **16**, 727 (1908).

[2] Amtlich zugelassen: vgl. Gesetze u. Verordnungen betr. Nahrungs- u. Genußmittel **15**, 114 (1923).

[3] H. Boysen: Milchwirtsch. Forsch. **4**, 249 (1927).

eines aliquoten Teiles der alkoholisch-ätherischen Trockenmasse oder nach der für Butter üblichen Methode nach dem *Prinzip von* RÖSE-GOTTLIEB (vgl. S. 1226).

Mineralstoffe. Das Filter mit der fettfreien Trockenmasse wird in üblicher Weise in einer Platinschale verascht (Auslaugen vor dem Weißglühen) und der Rückstand gewogen (Mineralstoffe). Die Differenz des Resultates gegen den Wert der fettfreien Trockenmasse stellt das *„organische Nichtfett"* dar.

Unverseifbares. Es wird in üblicher Weise im Fettanteil ermittelt (vgl. S. 447ff.).

η) Kochsalz und wasserlösliche Säuren

Kochsalz- bzw. Chlorgehalt (vgl. S. 442f. u. 1239f.). Man nimmt die Asche (vgl. vorstehend) mit heißem Wasser auf und füllt nach dem Erkalten in einem 100 ml Meßkolben bis zur Marke auf. 25 ml der Lösung werden in üblicher Weise nach Zusatz von Kaliumchromat als Indicator mit 0,1 n Silbernitrat-Lösung titriert. 1 ml 0,1 n $AgNO_3$ = 3,55 mg Chlor, entsprechend 5,85 mg Natriumchlorid.

Für technische Zwecke kann man auch in der Weise verfahren, daß man 10 g geschmolzene Margarine mit je 100 ml heißem Wasser im Scheidetrichter viermal hintereinander ausschüttelt. Die abgetrennten wäßrigen Auszüge werden klar filtriert, auf ein gemessenes Volumen eingedampft und davon ein aliquoter Teil mit 0,1 n $AgNO_3$ titriert.

Säuregehalt. Es ist zu unterscheiden zwischen der freien Säure, die einmal in der wäßrigen Phase, zum andern im Fett enthalten ist. Man kann sich darüber unterrichten, indem man die Säure einmal im Plasma, zum andern im Fett bestimmt.

Man schmilzt 50 g Margarine vorsichtig auf und hebt nach Schichtentrennung den wäßrigen Anteil ab, der in üblicher Weise titriert wird. Das verbleibende Fett (5 bis 10 g) wird in einer gleichteiligen Mischung von neutralisiertem Alkohol und Äther titriert; die Angabe erfolgt als SZ.

Wegen der mitunter störenden, künstlichen Färbung verwendet man zweckmäßig Thymolphthalein als Indicator und titriert auf den ersten Umschlag nach Grün (Vergleichsprobe mit nicht titriertem Fett)[1]. Zu bemerken ist, daß die Bestimmungen nicht streng exakt sind, da beim Vorhandensein niedrigmolekularer Fettsäuren dieselben teilweise auch in die wäßrige Phase übergehen.

ϑ) Sesamöl

Die Prüfung führt man nach den Ausführungsbestimmungen D vom 22.2.1908 zum Fleischbeschaugesetz vom 3. 6. 1900 folgendermaßen aus:

Farbstoffe, die sich mit Salzsäure rot färben, sind abwesend. 5 ml des abgetrennten, geschmolzenen Reinfettes werden in 5 ml Petroläther gelöst und mit 0,1 ml einer alkohol. Lösung von Furfurol (1 Raumteil farbloses Furfurol in 100 Raumteilen absol. Alkohol) sowie 10 ml Salzsäure (D = 1,19) mindestens $^1/_2$ Min. kräftig geschüttelt. Bei Anwesenheit von Sesamöl ist die sich als Bodenschicht abtrennende Salzsäure deutlich rot gefärbt; die Rotfärbung ist einige Zeit haltbar.

Farbstoffe, die sich mit Salzsäure rot färben, sind vorhanden. 5 ml des geschmolzenen Reinfettes werden in 10 ml Petroläther gelöst und mit 2,5 ml stark rauchender Zinn(II)-chlorid-Lösung versetzt. Man schüttelt kräftig durch, bis gleichmäßige Verteilung eingetreten ist (nicht länger), und taucht das Reagensglas in Wasser von 40° ein. Nach erfolgter Phasentrennung taucht man in Wasser von 80° derart ein, daß nur die wäßrige Schicht erwärmt, das Sieden des Petroläthers aber verhindert wird. Bei Anwesenheit von Sesamöl zeigt die Metallsalz-Lösung nach 3 Min. Erwärmen eine deutliche, haltbare Rotfärbung.

Die Zinn(II)-chlorid-Lösung stellt man aus 5 Gewichtsteilen krist. Zinn(II)-chlorid her, die mit 1 Gewichtsteil konz. Salzsäure anzurühren und mit trockenem Chlorwasserstoff zu sättigen sind. Nach dem Absetzen filtriert man durch Asbest und bewahrt in kleinen, mit Glasstopfen verschlossenen, möglichst gefüllten Flaschen auf.

---

[1] H. SCHMALFUSS u. U. STADIE: Fette u. Seifen **49**, 779 (1942).

Schätzung des Gehaltes an Sesamöl. Sind fremde, störende Farbstoffe nicht vorhanden, dann löst man 0,5 ml des geschmolzenen, klar filtrierten Margarinefettes in 9,5 ml Petroläther und verfährt weiter wie oben angegeben.

Sind störende Farbstoffe vorhanden, so löst man 1 ml des geschmolzenen, klar filtrierten Margarinefettes in 19 ml Petroläther und schüttelt die Lösung im kleinen Scheidetrichter mit 5 ml Salzsäure (D = 1,124) etwa $^1/_2$ Min. aus. Die als Bodenschicht abgesetzte wäßrige Phase läßt man abfließen und wiederholt diese Behandlung, bis die Salzsäure nicht mehr rot gefärbt wird. Nunmehr prüft man mit Furfurol-Salzsäure wie oben angegeben.

Hat das Sesamöl die vorgeschriebene Beschaffenheit[1] (Gehalt an Sesamol) und ist es in der geforderten Menge (10% des Fettansatzes) zugesetzt, so muß in jedem Falle die Sesamöl-Reaktion deutlich positiv verlaufen.

Die vorgenannten Proben sind für die deutsche Lebensmittelkontrolle heute von geringer Bedeutung, da zur Kennzeichnung fast ausschließlich Stärke benützt wird.

ι) Kohlenhydrate

Zur Kennzeichnung der Margarine gesetzlich zugelassen ist ein homogen verteilter Zusatz von mindestens 2, höchstens 3 Gewichtsteilen Kartoffelstärke auf 1000 Gewichtsteile des Fertigproduktes. Zum Zwecke der Geschmacksregelung, der Bräunung beim Erhitzen usw. werden Zucker (Saccharose, Lactose), Stärkezucker und Stärkesirup verwendet. Milchzucker kann auch aus der Kirnmilch in das Produkt gelangen. Der Nachweis der Stärke erfolgt nach der amtlichen Vorschrift[2] und gilt auch für die Untersuchung von Butter.

Qualitative Prüfung auf Stärke. In einem kleinen Becherglas werden 10 g Margarine geschmolzen, mit 10 ml Wasser aufgekocht und 1 Min. im Sieden erhalten. Nach völligem Erkalten werden in die wäßrige Schicht mittels einer Pipette einige Tropfen Jod-Jodkalium-Lösung gegeben. Bei Anwesenheit von Stärke nimmt die wäßrige Phase eine blauschwarze Färbung an, aus der sich ein blauschwarzer Niederschlag absetzt. Dies tritt auch dann noch ein, wenn eine Butter vorliegt, die nur wenige Prozente Margarine enthält.

Man kann auch so vorgehen, daß man 20 g Margarinefett in Äther löst, filtriert, den Rückstand mit Äther auswäscht und dann mikroskopiert; auf diese Weise kann auf die Art der Stärke geschlossen werden.

Quantitative Prüfung auf Stärke. 20 g einer Durchschnittsprobe der Margarine werden in einem Zentrifugierrohr bei 70° geschmolzen. Man fügt nach dem Erkalten 10 bis 15 ml Äther hinzu, löst das Fett unter Schütteln und zentrifugiert. Die Fettlösung wird vorsichtig abgegossen und der Rückstand nochmals in der gleichen Weise mit Äther und darauf einmal mit 20 ml Alkohol behandelt. Nach dem Abgießen des Alkohols setzt man zum Rückstand 15 ml alkohol. Kalilauge (80 g Kaliumhydroxyd in 1 l Alkohol von 90 Vol.-%) und erhitzt am Rückflußkühler im Wasserbad unter öfterem Umschütteln etwa $^1/_2$ Std.. Nach dem Erkalten wird zentrifugiert, die alkohol. Kalilauge vorsichtig abgegossen, der Rückstand mit 15 ml Alkohol (90 Vol.-%) umgeschüttelt und wiederum zentrifugiert. Nach Abgießen des Alkohols nimmt man den Rückstand mit 10 ml Alkohol (50 Vol.-%) auf und säuert das Gemisch mit etwa 3 Tropfen konz. Salzsäure an. Die vorhandene Stärke filtriert man in einem gewogenen Filtertiegel ab, wäscht erst mit Alkohol (50 Vol.-%), dann mit absol. Alkohol und schließlich mit Äther. Man trocknet zunächst bei 40°, dann bei 100° und wägt.

Wenn die Menge der gefundenen Stärke zwischen 25 und 65 mg liegt, ist zu folgern, daß die Margarine den vorgeschriebenen Gehalt von 0,2 bis 0,3% besitzt. Auf den wechselnden Wassergehalt der Handelsstärke und die Fehlerquellen der Versuchsdurchführung ist Rücksicht zu nehmen.

---

[1] Ausführungsbestimmungen zum Margarinegesetz vom 4. 7. 1897 (RGBl. I, S. 591) und 23. 10. 1912 (RGBl. I, S. 526).
[2] Ausführungsbestimmungen zum Margarinegesetz vom 1. 7. 1915 (RGBl. I, S. 413).

Prüfung auf Zuckerarten[1] **usw.** 10 g Substanz werden mit 60 ml warmer Soda-Lösung (1%ig) verrieben und das Gemisch einige Stunden in warmem Wasser stehengelassen. Nach dem Erkalten durchbohrt man die feste Fettschicht, gießt die wäßrige Phase ab und füllt unter Nachwaschen auf 75 ml auf. Davon werden 50 ml mit Salzsäure angesäuert (Abscheidung des Caseins), auf 100 ml aufgefüllt und durch ein trockenes Filter filtriert.

Milchzucker. 25 ml des Filtrates benützt man zur Milchzucker-Bestimmung nach SOXHLET-SCHEIBE.

Saccharose. Einen aliquoten Anteil des Filtrates invertiert man (Zollinversion) und ermittelt in üblicher Weise den Gehalt an Fructose, die auf Saccharose umgerechnet wird.

Stärkezucker, Stärkesirup. In einem aliquoten Anteil des Filtrates prüft man in bekannter Weise auf Dextrine und erhält damit die erforderlichen Anhaltspunkte.

ϰ) Proteine, Eigelb

Den Anteil an stickstoffhaltigen Bestandteilen ermittelt man, da der KJELDAHL-Aufschluß bei Gegenwart des Fettes zeitlich stark verzögert wird, zweckmäßig im „Nichtfett".

Proteine. 10 g Margarine werden im Trockenschrank oder über freier Flamme bei 100° getrocknet, nach dem Erkalten mit 20 ml eines gleichteiligen Gemisches aus absol. Alkohol und Äther entfettet, der Rückstand auf einem quantitativen, stickstofffreien Filter mit Äther ausgewaschen und anschließend der Stickstoff-Gehalt nach KJELDAHL (S. 377) ermittelt. Falls nur Casein anwesend ist, rechnet man den Stickstoff-Wert mit dem Faktor 6,37 auf Casein um (Bestimmung in Butter s. S. 1241).

Einen orientierenden Einblick in die Menge an Protein erhält man auch, wenn man die Differenz aus fettfreier Trockenmasse (Nichtfett) und Mineralstoffen bildet (*organisches Nichtfett*). Darin sind allerdings die Kohlenhydrate mitenthalten. Wenn man das Nichtfett mit stark verd. Essigsäure auszieht (Entfernung der Zuckerarten, löslichen Salze usw.), dann trocknet und wägt, anschließend verascht und wieder wägt, so stellt die Differenz der Wägungen im wesentlichen Protein dar.

Eigelb[2]. Als Emulgierungs-, Bräunungs- und Antispratzmittel finden Eigelb bzw. entsprechende Präparate (z. B. Ovomargin, Sojaphosphatide) Verwendung. Der Nachweis bedient sich der folgenden Arbeitsweise:

Man schmilzt 300 g Margarine im Becherglas in einem Wasserbad bei etwa 50° und hält 2 bis 3 Std. bei dieser Temperatur. Alsdann überführt man in einen angewärmten Scheidetrichter, schüttelt mit 150 ml Natriumchlorid-Lösung (2%ig) durch und beläßt den Schütteltrichter noch 2 Std. im Wasserbad bei 50°. Die wäßrige Phase wird abgetrennt, abgekühlt (Erstarren des mitgegangenen Fettes) und so lange durch ein angefeuchtetes Filter gefiltert, bis das Filtrat praktisch klar abfließt (oft langwierig). Ist durch die Vorprüfung die Anwesenheit von Eigelb zu erwarten, muß ein vollständig klares Filtrat hergestellt werden.

Vorprüfung: Ein aliquoter Teil des wäßrigen Margarine-Auszuges wird mit dem gleichen Volumen konz. Salzsäure vermischt und 1 Min. zum Sieden erhitzt. Bei Anwesenheit von Eigelb tritt eine Trübung ein, die sich an der Oberfläche ansammelt und einen weißen Ring an der Gefäßwandung bildet. Eine Eiweiß enthaltende Lösung bleibt bei dieser Behandlung klar.

Eigelbfarbstoff: 10 ml des Margarine-Auszuges werden mit 1 ml 1%iger Schwefelsäure im Reagensglas kurz zum Sieden erhitzt, abgekühlt und mit 2 ml Äther kräftig durchgeschüttelt. Falls sich der Äther nicht klar absetzt (Emulsion), setzt man einige Tropfen

---

[1] Zur Prüfung auf Saccharide, insbesondere auf Stärkesirup und Stärkezucker kann man mit gutem Erfolg auch die Papierchromatographie heranziehen; vgl. K. TÄUFEL u. A. GREINER: Die Stärke **8**, 223 (1956).

[2] G. FENDLER: Z. Unters. Nahrungs- u. Genußmittel **6**, 977 (1903); E. VOLLHASE, H. J. STEINBECK u. E. DANIELSEN: ebenda **58**, 342 (1929); vgl. dazu die verbesserte Arbeitsweise nach E. BECKER u. W. CLEMENS: Z. Lebensmittel-Unters. u. -Forsch. **100**, 24 (1955).

Alkohol zu. Ist die Äther-Schicht gelblich bis gelb gefärbt (auffallendes Licht), dann kann Eigelb zugegeben sein; andernfalls erübrigen sich weitere Prüfungen. Mit wasserlöslichen Farbstoffen gefärbte Margarine kann die gleiche Reaktion liefern; der positive Ausfall ist also vorsichtig auszuwerten.

Vitellin: 50 ml der vollständig klaren Ausschüttlung werden in einem ausgewaschenen Dialysierschlauch 5 bis 6 Std. gegen Wasser dialysiert. Tritt dabei im Schlauch Trübung ein, die auf Wiederzugabe von Natriumchlorid-Lösung verschwindet, so ist die Anwesenheit von Eigelb erwiesen. Eier-Albumin, Casein, Pflanzen-Albumin besitzen diese für Vitellin charakteristische Löslichkeit in Natriumchlorid-Lösung nicht.

Der Nachweis von Eigelb kann auch serologisch geführt werden[1].

Eine Prüfung der Margarine auf Phosphatide mit dem Ziele der Erkennung von Eigelb kommt nicht in Betracht, weil die verwendete Eigelbmenge meist recht gering ist und außerdem diese Verbindungen aus der verwendeten Milch, den Ausgangsfetten oder aus zugesetzten Phosphatid-Präparaten in das Fertigprodukt eingeführt werden können.

Den Phosphor-Gehalt ermittelt man, indem man 0,2 bis 0,5 g Margarine mit einem Gemisch aus 1 Teil Soda und 3 Teilen Salpeter schmilzt und in der Schmelze in üblicher Weise die Phosphorsäure bestimmt.

λ) Künstliche Färbung

25 bis 30 g Margarinefett werden mit 50 bis 60 ml Methanol am Rückflußkühler 1 Std. erhitzt (Wasserbad), abgekühlt und $^1/_4$ Std. in Eiswasser gestellt. Die Farbstoffe gehen in den Auszug über, den man klar filtriert. Je 10 Tropfen des Filtrates verdampft man in einem Porzellanschälchen fast zur Trockne und setzt den Proben je 1 Tropfen konz. Schwefel-, Salz- bzw. Salpetersäure zu. Die auftretende Farbreaktion ist an Hand der Tabelle von A. BIANCHI[2] auszuwerten.

Eventuell kann man mit dem methanolischen Auszug nach Ansäuern (Wein-, Citronensäure, Kaliumhydrogensulfat) und Zugabe von Wasser unter Erwärmen (Abdampfen des Methanols) auch eine Ausfärbeprobe auf Wolle in der üblichen Art durchführen; Dimethylamino-azobenzol ist nicht ausfärbbar.

Im Hinblick auf das bereits 1936 erfolgte Verbot der Verwendung von Dimethyl-amino-azobenzol (Buttergelb) ist die Erkennung desselben erforderlich. Hierfür geben W. DIEMAIR und H. JANECKE[3] folgende chromatographische Arbeitsweise an.

Man verseift 20 bis 30 g Margarine (Butter) mit Kalilauge und Glycerin (wie bei der REICHERT-MEISSL-Zahl), löst die Seifen in Wasser und filtriert. Das Filtrat wird mit Äther oder Petroläther (Sdp. 30 bis 50°) mehrmals ausgeschüttelt. Der mit Wasser neutral gewaschene Extrakt wird auf dem Wasserbad zur Trockne gebracht und der Rückstand mit Chloroform aufgenommen. Mit dieser Lösung legt man ein Capillarbild an.

Filtrierpapierstreifen (SCHLEICHER & SCHÜLL Nr. 604) von 25 cm Länge und 2 cm Breite hängt man an einem waagerechten Glasstab freischwebend auf und läßt sie in eine Küvette mit der chloroformigen Lösung eintauchen. Es entsteht ein Capillarbild mit deutlicher Zonenentwicklung. Die einzelnen Zonen werden herausgeschnitten und mittels Tüpfel-Reaktionen geprüft. Die Ergebnisse für die drei erwähnten Farbstoffe sind die folgenden:

Capillarbild bei Gegenwart von Dimethylamino-azobenzol:

3 gelbe Zonen (schwach gelb, kanariengelb, kräftiger gelb),
UV-Licht läßt alle 3 Zonen dunkelolivgrün-braungrün aufleuchten,
Tüpfelung mit 10%iger Schwefelsäure: kirschrote Färbung,
Tüpfelung mit Salzsäure und Natriumnitrit (5%ig): keine Entfärbung,
Tüpfelung mit Antimontrichlorid in Chloroform: rotviolette Färbung.

---

[1] E. VOLLHASE, H. J. STEINBECK u. E. DANIELSEN: Z. Unters. Lebensmittel **58**, 342 (1929).

[2] A. BIANCHI: Ann. Chim. applicata **5**, 1 (1916).

[3] W. DIEMAIR u. H. JANECKE: Dtsch. Lebensmittel-Rdsch. **46**, 110 (1950).

Capillarbild bei Gegenwart von Annatto:

UV-Licht ergibt je nach dem Reinheitsgrad mehrere Zonen mit rotvioletter, dunkel-orangener und hellgelber Fluorescenz,
Tüpfelung mit Antimontrichlorid in Chloroform: blaugrüne Färbung,
Tüpfelung mit verd. Salzsäure und Natriumnitrit (5%ig): Entfärbung,
Tüpfelung mit Natronlauge an der entfärbten Stelle: Braunfärbung.

Capillarbild bei Gegenwart von Carotin:

UV-Licht ergibt ein kräftiges Gelb,
Tüpfelung mit Antimontrichlorid in Chloroform: blaue Färbung,
Tüpfelung mit verdünnter Salzsäure und Natriumnitrit (5%ig): Entfärbung,
Tüpfelung mit Natronlauge an der entfärbten Stelle: Braunfärbung.

Liegen Gemische der 3 Farbstoffe vor, so arbeitet man zwecks besserer Trennung der Zonen mit einer „Schwefelsäure-Schranke" auf dem Filtrierpapier. Mit einem Glasstab, der mit 25%iger Schwefelsäure befeuchtet ist, streicht man etwa 1 cm breit quer über den Filtrierpapierstreifen und setzt dann das Chromatogramm an. Es zeigt sich folgendes Bild:
Dimethylamino-azobenzol wird von der „Schranke" zum größten Teil festgehalten: kirschrote Färbung der „Schranke".
Carotin steigt über die „Schranke" hinaus und gibt sich als gelbe Zone zu erkennen; es werden mit dieser Zone die oben für Carotin angegebenen Identifizierungsreaktionen ausgeführt.
Annatto steigt ebenfalls über die „Schranke" hinaus und kann gleichfalls mit den dafür vorstehend angeführten Reaktionen erkannt werden.

Die Erkennung von Farbstoffen mit Hilfe der Säulen-Chromatographie, bei der eine Verseifung nicht notwendig ist, wurde auf S. 834 ff. bereits beschrieben.

μ) Vitamine, Carotin.

Die in einigen Ländern übliche Vitaminierung der Margarine — Zusatz von Vitamin A in Substanz oder in Form von Konzentraten aus Fischleberölen, von Carotin (Palmöl-Konzentrate, synthetisches β-Carotin), von Vitamin D — stellt mitunter vor die Notwendigkeit der entsprechenden Prüfung. Man trennt zu diesem Zwecke das reine Margarinefett ab und verfährt, wie früher angegeben (vgl. S. 955 ff.).

v) Nachweis hydrierter Fette, von Butter-, Cocos- und Palmkernfett

Hydrierte Fette. Der Nachweis gründet sich auf die Erkennung von Iso-ölsäuren (vgl. S. 457). Aus den Ergebnissen lassen sich aber nur ungefähre Schlüsse auf die Menge an hydrierten Fetten ziehen, sofern nicht der Gehalt an Isoölsäuren der zugrunde liegenden Produkte bekannt ist. Einschränkend ist ferner zu bemerken, daß zugesetzte Cruciferenöle (Rüböle) infolge ihres Gehaltes an Erucasäure Isoölsäure vortäuschen können.
Hydrierte Fischöle — sie geben meist eine positive Reaktion nach TORTELLI und JAFFE — sind mittelbar auch am Vorhandensein höhermolekularer Fettsäuren (C_{20}, C_{22}, C_{24}, C_{26}) erkennbar, sofern Cruciferen-Öle abwesend sind.

Butterfett. Nachweis und Bestimmung gründen sich auf die Ermittlung der Buttersäurezahl (vgl. S. 551 ff.). Liegt der Gehalt an Cocosfett u. dgl. unter 20%, was meist der Fall ist, dann ergibt die Buttersäurezahl (BsZ), multipliziert mit 5, den Gehalt des Margarinefettes an Butterfett. Bei höherem Gehalt an Cocosfett ermittelt man nach J. GROSSFELD[1] die sogenannte *Restzahl* (RZ) als Differenz aus Gesamtzahl der niederen Fettsäuren und der Buttersäurezahl (vgl. S. 555). Man findet:

Butterfett (in %) = 5,09 BsZ — 0,12 RZ,
Cocosfett (in %) = 2,76 RZ — 2,07 BsZ.

---

[1] J. GROSSFELD: Z. Unters. Lebensmittel **64**, 446 (1932); **76**, 340 (1938).

Falls die zu prüfende Margarine freie Benzoesäure, Borsäure oder sonst mit Wasserdämpfen flüchtige Säuren enthält, die Buttersäure vortäuschen können, schmilzt man die Margarine bei niedriger Temperatur unter Einrühren von etwas Natriumcarbonat, läßt absitzen und trennt das Fett durch ein trockenes Filter ab; Weiterbehandlung wie sonst.

Überschreitet die Menge des Butterfettes 10%, dann wird wegen des schwankenden Gehaltes der Butter an Buttersäure das Ergebnis etwas ungenauer als sonst. Der Butterfett-Gehalt läßt sich auch aus *A- und B-Zahl* nach BERTRAM (vgl. S. 549 ff.) an Hand eines Diagramms ermitteln. Sofern durch Umesterung dargestellte, Buttersäure enthaltende Fette zur Margarine-Herstellung benützt wurden, ist naturgemäß ein Rückschluß auf Butter nicht möglich.

Cocos-, Palmkern- und Babassufett. Nachweis und Bestimmung erfolgen an Hand der *Gesamtzahl der niederen Fettsäuren,* evtl. in Verbindung mit *Buttersäure- und Restzahl* (bei Gegenwart von Milchfett) und mit Verseifungszahl (bei Anwesenheit von Palmkern- oder Babassufett). Cocosfett ermittelt man zweckmäßig auch an Hand von *A- und B-Zahl* (vgl. S. 551).

Anwesenheit des *giftigen Fettes der Hydnocarpus-Arten* („Hydnocarpusfett", „Marattifett", „Chaulmoografett") — durch Tierversuch sicherzustellen — gibt sich durch das hohe optische Drehvermögen ($+$ 54 bis 58°) zu erkennen.

ξ) Emulgatoren

Als Emulgatoren werden bei der Dispergierung der wäßrigen in der Fettphase recht verschiedenartige Hilfsstoffe (mit lipo- und hydrophilen Gruppen) angewendet. Der Zusatz beträgt bis zu etwa 1%; dadurch stößt der analytische Nachweis mittels Kennzahlen, analytischer oder spektroskopischer Methoden usw. auf Schwierigkeiten. Es werden herangezogen[1]: Phosphatide, Mono- und Diglyceride (Gemische mit Triglyceriden), auch veräthert mit Pentaerythrit, Fettsäureester von Polyglycerinen; in neuerer Zeit werden auch Ester und Äther von wasserlöslichen Polyoxy-Verbindungen mit Zuckeralkoholen (Sorbit, Mannit) benützt. Die Auswahl richtet sich nach den lebensmittelrechtlichen Bestimmungen des jeweiligen Landes. Voraussetzung ist, daß geschmackliche Beeinträchtigungen nicht eintreten.

Allgemein in die Praxis eingeführt sind die sogenannten *Emulsionsöle,* hergestellt durch partielle Oxydation und Polymerisierung[2]. Durch Blasen hergestellte Emulsionsöle sind im Hinblick auf ihre ernährungsphysiologische Unbedenklichkeit umstritten. Diese Präparate enthalten in Petroläther unlösliche Oxy- und polymerisierte Fettsäuren. Auf dieser Tatsache haben H. SCHMALFUSS und H. WERNER[3] das nachstehende Nachweis-Verfahren gegründet.

Nachweis von Emulsionsöl. 1 g Fett schüttelt man mit 15 ml Petroläther (Sdp. 30 bis 50°) in einem Gläschen mit Glasstopfen. Ist Emulsionsöl vorhanden, so trübt sich die Flüssigkeit weißlich. Beim Stehen setzt sich meist eine feste, weißliche, bei höheren Gehalten eine gelbe bis bräunliche Masse zu Boden.

Bestimmung von Emulsionsöl. Je nach dem erwarteten Gehalt verwendet man beim Emulsionsöl selbst 2 bis 4 g, bei 10% Zusatz etwa 10 g, bei 1% Zusatz 25 bis 30 g des Fettes.

---

[1] Vgl. K. KAPPELLER: Dtsch. Lebensmittel-Rdsch. **45**, 227 (1949).
[2] E. V. SCHOU: A.P. 1 570 529.
[3] H. SCHMALFUSS u. H. WERNER: Z. Unters. Lebensmittel **64**, 362 (1932).

Man wägt die zu verarbeitende Menge in einen Jodzahl-Kolben von 300 ml ein und schüttelt kräftig mit 200 bis 250 ml Petroläther (Sdp. 30 bis 50°). Löst sich kein Fett mehr auf, dann läßt man über Nacht stehen. Das Ungelöste haftet meist so fest an der Gefäßwandung, daß die Petroläther-Lösung abgegossen werden kann. Man spült den Kolben viermal mit Petroläther nach, um die Reste an Fett zu entfernen. Man hängt den Kolben mit der Öffnung nach unten auf und leitet bei Zimmertemperatur trockenen Stickstoff so lange ein, bis sich das Gewicht nicht mehr verringert.

$$\text{Unlösliches in } \% = \frac{\text{Gewicht des Ungelösten} \cdot 100}{\text{Einwaage in g}}$$

Den zugehörigen Wert an Emulsionsöl entnimmt man einer Eichkurve (Abb. 405).

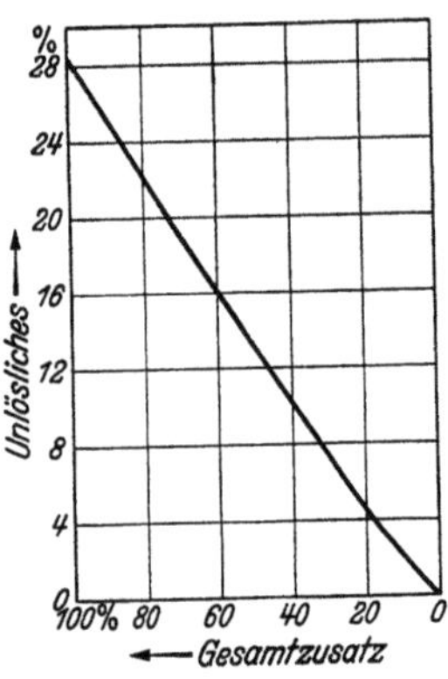

Abb. 405. Eichkurve für die Ermittlung des Emulsionsöl-Gehaltes aus dem Gewicht des Unlöslichen nach SCHMALFUSS und WERNER

Emulsionsöle enthalten oft beträchtliche Mengen an niederen Fettsäuren; analytisch wirkt sich dies aber wegen der geringen Zusätze kaum aus, so daß darauf ein Nachweis nicht gegründet werden kann.

Bei Verwendung von Phosphatiden (Eigelb, Phosphatid-Präparaten aus Soja- oder Rüböl) ist evtl. auf der Ermittlung des lipoidlöslichen Phosphors und seiner quantitativen Ermittlung zu basieren. Gemische von Mono-, Di- und Triglyceriden enthalten mitunter kleine Mengen an Alkaliseifen[1] (bis zu etwa 0,25%). Analytisch ist dies durch Prüfung der Asche zu erkennen.

Da in den natürlichen Fetten für die Margarine-Herstellung Mono- und Diglyceride kaum vorkommen und auch sonstige hydroxylhaltige Verbindungen fehlen — abgesehen von der Anwesenheit von Emulsionsölen —, kann aus der Hydroxylzahl gegebenenfalls auf Emulgatoren vom Typ dieser Verbindungen geschlossen werden.

o) Aromatisierungsmittel

Es kommen vor allem in Betracht das *Diacetyl* sowie Kombinationen damit; *Acetylmethylcarbinol* (Acetoin) und Laktone höhermolekularer Oxyfettsäuren sind ebenfalls evtl. zu erwarten. Der Nachweis wird nach H. SCHMALFUSS und H. WERNER[2] durchgeführt, indem man zunächst die Erfassungsgrenze für Diacetyl unter den eigenen Arbeitsbedingungen ermittelt und dann mit der kleinsten Einwaage, die den Nachweis noch ermöglicht, den Gehalt an Diacetyl feststellt.

Gerätschaften und Reagentien. ERLENMEYER-Kolben von 150 ml mit grauem, durchbohrtem Gummistopfen mit Ableitungsrohr von 0,6 cm lichter Weite, dessen aufsteigender Schenkel 5 cm, dessen absteigender 35 cm lang ist; beide Enden sind abgeschrägt. Das Ableitungsrohr besitzt einen Überziehkühler von 20 cm Kühllänge und 1,2 cm lichter Weite. Eisenfreie Siedesteinchen (0,4 cm Durchmesser, aus feinporigen Tonscherben), 60 farblose Reagensgläser von 10 cm Länge und 1,4 cm lichter Weite, gesättigte Kochsalz-Lösung, 50%ige Eisen(III)-chlorid-Lösung, 22,5%ige Lösung von Hydroxylaminhydrochlorid (Pipette mit Marke bei 0,05 ml), 1,25%ige Lösung von Nickelsulfat ($NiSO_4 \cdot 7H_2O$) (Pipette mit Marke bei 0,05 ml), 20%iges Ammoniak (Pipette mit Marke bei 0,1 ml), ferner reines Diacetyl und Acetylmethylcarbinol (Acetoin).

Zur Reinigung spült man die Reagensgläser mit heißer Schwefelsäure (10%ig) und dann mit Wasser. Das Überleitungsrohr säubert man bei ungleichmäßiger Benetzung (nach Gebrauch) mit frischer Dichromat-Schwefelsäure.

Blindversuch. Man füllt 1 Reagensglas (*Vergleichsglas 1*) mit 0,7 ml Wasser, ein 2. mit 0,15 ml Wasser (*Vergleichsglas 2*) und verschließt luftdicht; in ein *3. Glas* bringt man je 0,05 ml Hydroxylaminhydrochlorid- und Nickelsulfat-Lösung sowie 0,1 ml Ammoniak.

[1] E. M. LEARMONTH: Food 18, 164 (1949).
[2] H. SCHMALFUSS u. H. WERNER: Fette u. Seifen 44, 509 (1937).

In den ERLENMEYER-Kolben gibt man 1 Siedesteinchen und 10 ml Kochsalz-Lösung. Man verbindet mit dem Kühlrohr und treibt durch Erhitzen (Drahtnetz) 0,5 ml über; das Destillat wird in dem 3. Glas aufgefangen. Das Vergleichsglas 1 dient als Maß für die aufzufangende Menge an Flüssigkeit. Man setzt so lange je 0,1 ml Ammoniak zu, bis das Filtrat gegen Lackmuspapier stark basisch reagiert. Nun verdampft man von der Mischung mit einer 6 cm hohen, eben entleuchteten Bunsenflamme unter Schütteln so viel, bis nur mehr 0,15 ml hinterbleiben (Vergleichsglas 2 als Maßstab). Man kühlt sofort unter kräftigem Wasserstrahl ab ($^1/_2$ Min.). Die Lösung (gegen weißes Filterpapier betrachtet) muß farblos bis schwach violett sein.

Nachweis von Diacetyl. Der Versuch wird genau wie beim Blindversuch unter Zugabe von 50 g Margarine zur Kochsalz-Lösung ausgeführt; bei der Prüfung von Aromatisierungspräparaten nimmt man nur einige ml. Ist Diacetyl zugegen, so zeigt das Destillat in Glas 3 im Vergleich zum Blindversuch einen deutlich roten Schimmer, eventuell treten sogar rote Kristalle auf, die über der Flüssigkeit am Glase haften können. Fehlt Diacetyl, so ist die Lösung farblos bis schwach violett oder grünlich.

Tritt beim Nachweis die rote Farbe nicht auf, dann verknetet man 0,1 ml einer 2%igen wäßrigen Lösung von Diacetyl mit 50 g Margarine und wiederholt den Versuch mit 1 g davon (0,00004 g Diacetyl entsprechend). Jetzt muß bei richtiger Arbeitsweise die rote Farbe auftreten.

Nachweis von Acetoin. Der Versuch wird genau so wie vorher durchgeführt; zur Oxydation des Carbinols werden aber anstatt der Kochsalz-Lösung 10 ml Eisen(III)-chlorid-Lösung verwendet. Voraussetzung ist, daß Diacetyl nicht anwesend ist.

Man stellt einen Gegenversuch an, indem man 50 g diacetylfreie Margarine mit 0,2 ml einer 1%igen Acetoin-Lösung verknetet. Diese Lösung erhält man, indem man das Dimere dieses Carbinols (Schmp. 85,5°) in einer Menge von 0,02 g mit 2 ml reinem Glycerin im geschlossenen Röhrchen bei 120° löst. Dieser Versuch muß eine rote Farbe ergeben.

Bestimmung des Diacetyls. *Erfassungsgrenze:* Als Grenze setzt man diejenige Menge ein, die bei dreimaliger Durchführung des Versuches im Vergleich zum Blindversuch noch eindeutig erkennbar ist. Die Erfassungsgrenze schwankt je nach Versuchsanstellung und Rotempfindlichkeit des Auges des Analytikers. Bei Diacetyl in Wasser bzw. in Paraffinöl wurde sie z. B. bei 0,012 mg, in frischer Milch- oder Wassermargarine in der gleichen Größenordnung, in schwach ranziger Wassermargarine bei 0,016, in stark ranziger aber bei 0,024 mg gefunden. Durch den Eichversuch werden diese Schwankungen ausgeschaltet.

Eichversuch: Von einer 0,004%igen Diacetyl-Lösung in einem Gemisch, das dem Untersuchungsmaterial möglichst ähnlich ist, prüft man ansteigend (z. B. 0,25, 0,30, 0,35 g bzw. ml usw.), bis beim Versuch, verglichen mit dem Blindwert, eine rote Farbe einwandfrei feststellbar ist. Man erhält auf diese Weise den quantitativen Erfassungsgrenzwert.

Gemäß dem Eichversuch ermittelt man die kleinste Menge Margarine, die gerade noch positive Reaktion liefert:

$$\% \text{ Diacetyl} = \frac{\text{Erfassungsgrenzwert} \cdot 100}{\text{Einwaage in g}}$$

Bestimmung des Acetoins. Bei Abwesenheit von Diacetyl sind Eichversuch und Erfassungsgrenze zahlenmäßig die gleichen wie bei Diacetyl; man destilliert nur mit Eisen(III)-chlorid-Lösung. Ist dagegen Diacetyl vorhanden, so erhält man jetzt die Summe von Diacetyl und Acetoin, berechnet als Diacetyl. Man zieht davon den Wert für Diacetyl ab und erhält den Acetoin-Wert, als Diacetyl berechnet:

$$\% \text{ Acetoin} = \frac{\text{Erfassungswert} \cdot 100}{\text{Einwaage in g}} - \% \text{ Diacetyl}$$

An Stelle der voranstehend angegebenen Arbeitsweise kann man auch die abgekürzte, weniger genaue Methode nach VIZERN und GUILLOT[1] benützen; damit sind bis herab zu 0,02 g Diacetyl in 1 kg Fett nachweisbar.

Zur Bestimmung von Diacetyl und Acetoin eignet sich auch die Arbeitsweise nach E. ZARINS u. K. BRANTS[2] mit Kreatin. Empfindliche Lakton-Nachweise fehlen noch.

π) Konservierungsmittel

Als zu erwartende Frischhaltemittel kommen für Margarine im allgemeinen die Benzoesäure und ihre Derivate (zugelassen) sowie die Borsäure (evtl. aus

---

[1] M. M. VIZERN u. GUILLOT: Ann. Falsificat. Fraudes **25**, 459 (1932).
[2] E. ZARINS u. K. BRANTS: Z. Lebensmittel-Unters. u. -Forsch. **86**, 19 (1943); vgl. auch K. TÄUFEL u. R. POHLOUDEK-FABINI: ebenda **103**, 430 (1956).

Eigelb stammend) in Betracht, neuerdings auch die Sorbinsäure[1]. Diese konservierend wirkenden Stoffe müssen, falls sie wirksam sein sollen, vor allem in der wäßrigen Phase der Margarine gelöst sein. Bei der Prüfung (vgl. Butter) zieht man deshalb die beim Schmelzen sich abtrennende wäßrige Schicht bevorzugt heran. Im übrigen verfährt man wie früher angegeben (vgl. S. 1171 ff.).

ϱ) Neutralisierungsmittel

Wegen der normalerweise schwach sauren Reaktion der Margarine sind Neutralisierungsmittel unmittelbar nicht nachweisbar; gegebenenfalls ist die Asche auf Alkalien und Erdalkalien zu prüfen (Flammenphotometer).

Etwas anders liegen die Verhältnisse bei Schmelzmargarine („Margarine-Schmalz"). Bei solchen Produkten sind die Prüfungen analog wie bei sonstigen wasserfreien Fetten durchzuführen (vgl. S. 1170).

σ) Bakteriologische Prüfung

Die Prüfung erfolgt nach den speziellen Methoden der Bakteriologie unter besonderer Berücksichtigung der in Betracht kommenden Mikroorganismen (vgl. S. 1261 ff.).

τ) Beurteilung der Margarine

Bei der Beurteilung der Margarine sind grundsätzlich 3 Gesichtspunkte zu unterscheiden, nämlich die *küchentechnische Eignung*, die *gesetzlichen Anforderungen* und die *ernährungsphysiologisch-hygienischen Erfordernisse*.

Anwendungstechnische Eignung[2]. Im Vordergrund stehen Aussehen, Geruch und Geschmack (Aromatisierung), Struktur, Plastizität, Homogenität, Farbe, Art der Emulsion (Wasser-in-Fett-Emulsion), Feinstzerteilung des Wassers ohne Neigung zur Wasserlässigkeit (Emulgatoren), Rekristallisationserscheinungen, Bräunung und Spratzen beim Erhitzen, Haltbarkeit usw.

Gesetzliche Anforderungen. Sie betreffen vor allem Unverdorbenheit (auch der Ausgangsfette), Höhe des Fett- (mindestens 80%) und des Wassergehaltes (bis 18% bei ungesalzenen, bis 16% bei gesalzenen Erzeugnissen), Anwesenheit verbotener Konservierungsmittel, Höhe des Gehaltes an Kochsalz (Margarine mit mehr als 0,2% Natriumchlorid gilt als gesalzen), Anwesenheit von unverseifbaren Fetten (Paraffin, Ceresin usw.), Anwesenheit gesundheitsschädlicher Fette, Färbung mit unzulässigen Farbstoffen, latente Kennzeichnung, Gehalt an Milchfett, Vorschriften über Formgebung (Würfelform) und Kennzeichnung (vgl. hierzu die geltenden gesetzlichen Regelungen).

Ernährungsphysiologische Erfordernisse. Anteile, die über 42 bis 44° schmelzen, sollen nicht vorhanden sein. Bei Hinweis auf Carotin, Vitamin A und D ist auf deren Anwesenheit, auch hinsichtlich der Menge, zu achten. Zusagende Farbe, Geruch und Geschmack sind zu fordern; darüber hinaus muß das Produkt bakteriologisch einwandfrei sein.

g) Kunstspeisefette, Trennfette, Trenn-Emulsionen

Kunstspeisefett. Im Sinne des Gesetzes vom 15. 6. 1897 sind Kunstspeisefette solche, dem Schweineschmalz ähnliche Produkte, deren Fettgehalt nicht ausschließlich auf Schweinefett zurückgeht. Unverfälschte Fette bestimmter Tiere und Pflanzen, auch im gehärteten

---

[1] E. BECKER u. I. ROEDER: Fette · Seifen · Anstrichmittel **59**, 321 (1957).
[2] Vgl. H. WILLIAMS: South African ind. Chemist **3**, 3 (1949).

Zustand, fallen nicht darunter, wenn sie dem Ursprung nach wahrheitsgemäß bezeichnet sind; dies gilt auch für Mischungen aus Schweine- und Rinderfett, sofern die Bestandteile deklariert sind. Eine Aromatisierung oder Färbung solcher Erzeugnisse in bestimmter Richtung können aber die Merkmale als Kunstspeisefett im Sinne des Gesetzes herbeiführen[1].

Die Verwendung dieser Erzeugnisse erstreckt sich vor allem auf Kochen, Braten und Backen (Mürbegebäck, „Shortenings" usw.). Sie sollen haltbar, nicht zu hoch (Talgigkeit) und nicht zu niedrig (Austreten aus dem Gebäck) schmelzen und im Teig gut verteilbar sein; deshalb sind besondere Anforderungen an die Emulgierbarkeit zu stellen. Je höher die Temperatur liegt, bei der das „Rauchen" („smoke point") beginnt, um so besser ist das Produkt[2]. Gelb gefärbte Produkte werden unter Umständen zu „Margarine" bzw. „Schmelzmargarine" verarbeitet.

Als erste Kunstspeisefette wurden Gemische aus Schweinefett, Preßtalg und Baumwollsamenstearin („Compound lard") hergestellt. Heute finden etwa die gleichen Rohstoffe wie bei der Fabrikation von Margarine Verwendung. Besonders geeignet sind selektiv gehärtete Öle, die keine hochschmelzenden und keine stärker ungesättigten (Haltbarkeit) Glyceride enthalten. Zur Erhöhung der Streichbarkeit setzt man Öle zu; Ausölen darf nicht eintreten.

Ziehfette (Herstellung von Blätterteig) sind höherschmelzende Fette, denen in der Kirne oft Triebmittel[3] zugesetzt werden; eventuell erfolgt Gelbfärbung. Hinsichtlich der *Shortenings*, ihrer Herstellung, Eigenschaften, Verwendung usw. sei auf das Schrifttum verwiesen[4].

Auf besondere Erzeugnisse, wie Backfettsparmassen, Fettglasuren, fetthaltige Cremefüllungen, „gestreckte Margarine", Mayonnaisen, Salattunken, soll hier nur kurz verwiesen werden. Über die Härtung von Fetten durch Umesterung s. S. 152ff.

Trennfette und -öle. Man verwendet hierzu — nicht zulässig sind Mineralöle — Speiseöle (Soja-, Rüböl usw.), Margarineschmalz usw., um das Aneinanderkleben von Brot (angeschobenes Brot) oder das Haften der Backwaren an den Backformen oder -blechen zu vermeiden. *Backwachse* für analoge Verwendung sind Mischungen aus Pflanzenöl und meist Bienenwachs; auch *Fettalkohole* werden benützt.

Trenn-Emulsionen. Sie dienen dem gleichen Zweck wie die Trennfette, ermöglichen aber eine wesentliche Einsparung an Fett. Man stellt sie nach den üblichen Verfahren der Fabrikation von Emulsionen her, indem man Speiseöle mit Wasser unter Zugabe von Emulgatoren und Stabilisatoren sowie zulässigen Konservierungsmitteln zu einer haltbaren Emulsion dispergiert. Richtig hergestellte Präparate sollen eine Haltbarkeit von mindestens 8 Monaten haben. Sie sind von sahneähnlicher bzw. dickpastenförmiger Konsistenz und sollen bindenden Vorschriften[5] entsprechen.

Der Fettgehalt belief sich früher auf 25 bis 35%, wurde aber in den Mangelzeiten bis auf 5% herabgesetzt. Mineralöle und -fette, mineralhaltige Seifen als Emulgatoren, mineralische Zusätze aller Art, Farbstoffe, Diacetyl sind nicht zu verwenden. Als Emulgatoren sind zulässig: Tylose (bis 5%), Tegin und Tegin P, Bienenwachs (*Cera alba, Cera flava* DAB VI) und Lanettewachs; Gummi arabicum ist verboten. Zur Konservierung waren Benzoesäure bzw. ihre Derivate (Nipagin usw.) in begrenzter Menge bisher zulässig.

Die Prüfung dieser Erzeugnisse hat sich neben der sinnesphysiologischen und chemischen Untersuchung insbesondere auf die technologische Eignung hinsichtlich des Verwendungszweckes zu erstrecken. Bei Trennfetten und -emulsionen ist auch das Verhalten gegenüber den eisernen Backblechen und -formen zu beachten, weil Lösung von Metall den Eintritt des Fettverderbens begünstigt.

---

[1] Vgl. F. EGGER: Lebensmittelchem. Taschenb., S. 259. Stuttgart: Wissenschaftl. Verlagsges. 1950. Über die neueren lebensmittelrechtlichen Bestimmungen siehe HOLTHÖFER u. JUCKENACK: Das Lebensmittelgesetz, 3. Aufl. Berlin-Köln: Heymanns Verlag K.G. 1953.

[2] F. R. PORTER, H. MICHAELIS u. F. G. SHAY: Ind. Engng. Chem. **24**, 811 (1932).

[3] Über Citraconsäure als Triebmittel vgl. H. HENNECKE u. F. LAMPRECHT: Fette · Seifen · Anstrichmittel **54**, 147 (1952).

[4] A. E. BAILEY: Industrial Oil and Fat Products, S. 204. New York: Interscience Publishers, Inc. 1951; E. C. SWANSON: J. Amer. Oil Chemists' Soc. **32**, 609 (1955).

[5] Anordnung 7 der Reichsstelle für Milcherzeugnisse, Öle und Fette vom 17. 2. 1937, betr. die Verwendung von Trennölen im Brot- und Backgewerbe; ergänzt durch den Erlaß vom 1. 2. 1938 u. 11. 5. 1942.

Die Untersuchung der vorgenannten Erzeugnisse regelt sich sinngemäß nach den Vorschriften der Fett- bzw. Margarine-Prüfung. Praktische Brat- oder Backversuche vermitteln wertvolle Anhaltspunkte für die Beurteilung.

Haltbarkeit in Dauergebäck. Man stellt[1] einen Teig aus 60 g Mehl, 0,5 g Hefe und 25 ml Wasser her, den man 19 Std. bei 30° hält. Darauf setzt man weitere 40 g Mehl, 11 g Fett, 0,5 g Natriumhydrogencarbonat, 1 g Salz und 6 ml Wasser zu, verknetet, läßt 5 Std. bei 30° stehen und backt 9 Min. bei 250°. Man sorgt dafür, daß das Gebäck nicht mit Metall (Prooxydantien) in Berührung kommt. Nach Stehen über Nacht erhitzt man auf einer Glasplatte noch 7 Min. bei 150° und läßt 3 Std. auskühlen. Hierauf hält man das Gebäck verschlossen bei 63° bis zum Eintritt der Ranzigkeit. Die Zeitdauer ist das Maß für die Eignung des Fettes für Dauergebäck.

Vielfach entwickelt sich vor der Ranzigkeit zunächst ein talgig-leimiger Geruch und Geschmack, was im wesentlichen auf einen Eiweiß-Umsatz zurückzuführen ist.

Fettgehalt. Zur vollständigen Abtrennung des Fettes ist es erforderlich, die Emulsion zu zerstören.

Man erhitzt 3 bis 5 g (eventuell mehr) des Präparates mit 10 ml einer 25%igen Salzsäure am Rückflußkühler, bis sich das Fett als Oberflächenschicht abgetrennt hat. Nach dem Abkühlen setzt man 50 ml Äther oder Petroläther unter Nachspülen des Kühlrohres zu und erhitzt vorsichtig weiter. Die ätherische Fettlösung wird nach dem Erkalten vom Sauerwasser abgezogen und mit 10%iger Kochsalz-Lösung mineralsäurefrei gewaschen. In üblicher Weise wird das Fett bestimmt.

Die Behandlung der Emulsion mit Zephirol kann eventuell die Abtrennung des Fettes erleichtern[2]. Die Anwesenheit von Wachsen und sonstigen ätherlöslichen Bestandteilen kann erhöhten Fettgehalt vortäuschen; durch Ermittlung des Unverseifbaren ist darüber Aufschluß zu erhalten.

Wassergehalt. Man verreibt 5 g der Substanz mit 10 g ausgeglühtem Seesand und trocknet in üblicher Weise im Trockenschrank bei 105° bis zum konstanten Gewicht.

Sonstige erforderliche Prüfungen (Unverseifbares, Emulgatoren, Konservierungsmittel usw.) führt man nach den Regeln der Fettanalyse unter sinngemäßer Abwandlung derselben durch.

Beurteilung. Grundsätzlich gilt, daß alle Roh- und Hilfsstoffe den Anforderungen des Lebensmittelgesetzes bzw. den dazu erlassenen Ausführungsbestimmungen entsprechen[3]. Es sind deshalb in erster Linie bei Kunstspeisefetten die Anweisungen des Gesetzes betreffs des Verkehrs mit Butter, Käse, Schmalz usw. vom 15. 6. 1897 (RGBl. S. 475), vom 9. 9. 1915 (RGBl. I, S. 555) sowie des Milchgesetzes vom 31. 7. 1930 (RGBl. I, S. 421) heranzuziehen. Die aus dem Zoll-Ausland eingeführten, tierische Fette enthaltenden Produkte sind den Bestimmungen des Gesetzes betreffs Schlachtvieh- und Fleischbeschau vom 3. 6. 1900 und den dazu erlassenen Ausführungsbestimmungen zu unterwerfen. Aufmerksamkeit ist den Deklarationsvorschriften zu schenken.

Neben der Auswertung des analytischen Befundes kommt der Beurteilung der technologischen Eignung besondere Bedeutung zu.

h) Synthetische Fette

Wenn auch in normalen Zeiten der Bedarf an Nahrungsfetten durch die natürliche Erzeugung von tierischen und pflanzlichen Fetten im allgemeinen befriedigt werden kann, so hat man sich doch — vor allem im Hinblick auf Mangelzeiten sowie auf den Austausch natürlicher Produkte für technologische Zwecke durch synthetische Fabrikate — zunehmend mit der Erschließung neuer Quellen befaßt. Auf die Heranziehung von *freien Fett-*

---

[1] O. CRANE u. T. E. HOLLINGSHEAD: Oil and Soap **15**, 43 (1938).

[2] F. KIERMEIER u. A. PATSCHKY: Z. Lebensmittel-Unters.- u. -Forsch. **90**, 98 (1950).

[3] F. EGGER: Lebensmittelchem. Taschenbuch, S. 259. Stuttgart: Wissenschaftl. Verlagsges. 1950; H. HOLTHÖFER u. A. JUCKENACK: Das Lebensmittelgesetz, 3. Aufl. Berlin-Köln: Heymanns Verlag K.G. 1953.

säuren und *Fettsäureanhydriden* für die Ernährung braucht dabei hier nicht näher eingegangen zu werden, wiewohl auch solche Präparate in dosierter Menge vom Körper ausgenutzt werden. Von praktischer Bedeutung ist nur die *Veresterung von Fettsäuren mit Glycerin.* Die Gewinnung von *Fettsäuren durch Oxydation von Paraffin* und die nachträgliche Veresterung zu Speisefetten ist praktisch ohne Bedeutung; hinzu kommt, daß solche Produkte ernährungsphysiologisch auf ihre Unbedenklichkeit geprüft werden müssen [1].

α) Veresterung von Fettsäuren

Bei der Raffination von Rohfetten, vor allem von rasch säuernden Fruchtfleischölen (Oliven- und Palmöl), fallen größere Mengen von Fettsäuren an, die früher fast ausschließlich in der Seifen-Industrie Verwendung gefunden haben. Durch rationelle Ausbildung der Verfahren zur Abtrennung der Fettsäuren und zur Veresterung[2] derselben mit Äthanol, Propanolen, vor allem aber mit Glycerin, hat man künstliche Ester hergestellt, die teilweise als Austauschprodukte für natürliche Fette in die Praxis Eingang gefunden haben, z. B. die Äthylester geeigneter Fettsäure-Gemische als Ersatz für Kakaobutter. Bedeutung haben diese Verfahren auch insofern erhalten, als man durch Fraktionierung von Gemischen natürlicher Fettsäuren Anteile gewinnen kann, die im wiederveresterten Zustand ganz bestimmte technologische Eigenschaften besitzen, z. B. als Ersatz für Kakaobutter, Fettglasuren usw. Zu erwähnen ist, daß die insbesondere bei der Entsäuerung von Roh-Olivenöl anfallenden Fettsäuren im großen Ausmaß als Glyceride dem Olivenöl zugesetzt werden.

Es ist ferner zu erwähnen, daß man natürliche Fette durch Einführung bestimmter Fettsäuren in den Glyceridverband, z. B. von Buttersäure in Rindertalg[3], in gehärtete Erzeugnisse usw., in ihren Eigenschaften willkürlich (Schmelzpunkt, Haltbarkeit, Wasserbindungsfähigkeit usw.) beeinflussen kann. Daraus ergeben sich unter Umständen wertvolle Möglichkeiten. Es sei auch hingewiesen auf die Herstellung von Acetoglyceriden, die technologisch charakteristische Eigenschaften besitzen[4].

Untersuchung und Beurteilung der vorgenannten Produkte regeln sich nach den allgemeinen Vorschriften, da — abgesehen von der alkohol. Komponente — Besonderheiten (evtl. Essigsäure vorhanden) nicht gegeben sind.

β) Paraffinoxydation

Charakteristisch für die durch schonend-katalytischen, diskontinuierlich-oxydativen Abbau von Paraffinen (natürlicher Paraffin-Gatsch, TTH-RIEBECK-Paraffine, FISCHER-TROPSCH-Gatsch, am zweckmäßigsten Paraffine mit 18 bis 35 Kohlenstoff-Atomen) erzielten Fettsäure-Gemische[5] ist die Bildung von ungeradzahligen neben geradzahligen Fettsäuren. Daneben treten oxydierte (Oxy- und Ketofettsäuren) sowie verzweigtkettige Vertreter auf. Aus dem Reaktionsprodukt trennt man fraktionierend die niedrigmolekularen Vertreter (bis C_9) ab; die Anteile C_9 bis C_{12} und C_{15} bis C_{20} eignen sich für die Seifenherstellung, während die Fraktionen C_{12} bis C_{15} zur Veresterung zu Nahrungsfetten herangezogen werden. Das in einer Menge von 0,3 bis 0,5% anwesende Unverseifbare, dessen chemische Natur noch nicht aufgeklärt ist, verdient aus ernährungsphysiologischen Gründen vorsichtige Beurteilung.

Wert und Eignung eines aus solchen synthetischen Fettsäuren hergestellten Fettes[6] hängen entscheidend von der Fraktionierung der anfallenden Gemische ab. Auf die physiologischen Bedenken wurde bereits oben hingewiesen.

Die kurz erörterten Umstände zeigen, daß die Analyse und physiologische Beurteilung von synthetischen Fettsäuren und Fetten aus Gründen der Betriebsüberwachung, der Lenkung der Fraktionierung, der Verwendung in der Technik und in der Nahrungsfett-Industrie besondere analytische Fragen

---

[1] H. P. KAUFMANN: Fette u. Seifen **51**, 215 (1944).

[2] H. FRANZEN: Angew. Chem. **46**, 410 (1933); E. WECKER: DRP. 397 332; E. W. ECKEY: J. Amer. Oil Chemists' Soc. **33**, 575 (1956).

[3] K. TÄUFEL u. W. PREISS: Z. Unters. Lebensmittel **58**, 425 (1929).

[4] R. O. FEUGE, A. T. GROS u. E. J. VICKNAIR: J. Amer. Oil Chemists' Soc. **30**, 320 (1953); **31**, 377 (1954). F. J. BAUR: ebenda **31**, 147, 196 (1954); H. P. KAUFMANN: Fette · Seifen · Anstrichmittel **56**, 581 (1954).

[5] R. KUCHINKA: Pharmazie **3**, 439 (1948).

[6] Vgl. K. THOMAS u. G. WEITZEL: Naturforsch. Med. Dtschl. Wiesbaden 1939—1946 (Fiat Review of German Science), Bd. 39, Teil I, S. 48; O. FLÖSSNER: Synthetische Fette. Leipzig: J. A. Barth 1948; A. SCHEUNERT: Pharmazie **6**, 571 (1951).

aufwerfen, bei deren Beantwortung gegenüber der Untersuchung der natürlichen Nahrungsfette teilweise wesentlich neue Gesichtspunkte zu beachten sind.

Synthetische Fettsäuren und daraus hergestellte Fette, wie sie *durch gelenkten Aufbau aus definierten niedrigmolekularen Verbindungen synthetisierbar* sind (Oxo-Synthese, Verwendung von Furfurol-Derivaten usw.), spielen bis jetzt praktisch keine Rolle, so daß sich Erörterungen darüber erübrigen.

Was die *mikrobiologische Fettsynthese* in Oberflächen- oder submerser Kultur (*Endomyces vernalis, Oidium lactis, Mucor mucedo Torulaaten, Diatomeen* usw.) anbelangt, deren „Fettkoeffizient" Werte von etwa 15 bis 18 erreicht[1], so werden dabei Fette erhalten, die denen der Samenfette ähnlich konstituiert sind[2].

γ) Sinnenprüfung und Kennzahlen

Je nach den zur Veresterung herangezogenen Fettsäuren schwankt die Zusammensetzung eines synthetischen Fettes innerhalb weiter Grenzen. In Tab. 339 ist ein Produkt aus Oxydationsfettsäuren hinsichtlich seiner Kenn-

Tabelle 339. *Kennzahlen eines synthetischen Fettes* (nach O. Flössner u. a.)

Art der Kennzahl	Wert	Art der Kennzahl	Wert
Klarschmelzpunkt	33—34° C	Buttersäurezahl	0
Erstarrungspunkt	24,6—25° C	Hydroxylzahl	0—1,3
Refraktometerzahl (40°) .	48,0	Reichert-Meissl-Zahl .	1,5
Unverseifbares	0,3—0,5%	Polenske-Zahl	4,3—5,5
Verseifungszahl	228—234	Jodzahl	11—12
Säurezahl	0,1—0,3	Isoölsäure	0,0—0,8%

zahlen zusammengestellt. Man hat es in der Hand, die Erzeugnisse in ihren Eigenschaften den ernährungsphysiologischen Erfordernissen hinsichtlich Aussehen, Geruch, Geschmack, Konsistenz, Schmelzpunkt usw. anzupassen.

Sorgfältig hergestellte synthetische Fette[3] sind reinweiße, in der Konsistenz schmalzähnliche, sinnesphysiologisch indifferente Produkte ohne höherschmelzende Anteile. Sie liefern eine klare Schmelze von neutralem Geruch und nichtöligem Geschmack. Ungesättigte Bestandteile treten praktisch kaum auf. Dies bedeutet, daß die Anfälligkeit gegen autoxydativen Angriff und damit auch die Neigung zum Verderben gering sind. Die weiche Konsistenz geht auf die Anwesenheit von Fettsäuren mittlerer Molekelgröße zurück; über die Mengen unterrichtet beispielsmäßig Tab. 340.

Tabelle 340. *Art und Menge der Fettsäuren eines synthetischen Fettes*

Art der Fettsäure	Menge %	Art der Fettsäure	Menge %
Caprylsäure	0,3	Myristinsäure	14,7
Pelargonsäure	2,0	Pentadecansäure	12,8
Caprinsäure	4,0	Palmitinsäure	9,2
Undecansäure	7,0	Heptadecansäure	7,2
Laurinsäure	13,1	Stearinsäure und höhere .	15,4
Tridecansäure	14,3		

Synthetische Fette sind nach Tab. 339 u. 340 Erzeugnisse eigener Prägung, vor allem durch die Anwesenheit ungeradzahliger Fettsäuren charakterisiert; sie unterscheiden sich dadurch von den natürlichen Fetten mit mittelmolekularen Bausteinen (Cocos- und Palmkernfett); evtl. sind auch Dicarbonsäuren in kleiner Menge vorhanden.

---

[1] S. C. Pan, A. A. Andreasen u. P. Kolachov: Arch. Biochemistry **23**, 419 (1949).
[2] H. Kathen: Arch. Mikrobiol. **14**, 602 (1950).
[3] O. Flössner: Synthetische Fette. Leipzig: J. A. Barth 1948.

Mittels der üblichen Kennzahlen-Analyse sind sichere Schlüsse zur Charakterisierung der Herkunft nur durch kritisch auswertende Beurteilung[1] zu ziehen. Dabei ist der durch fraktionierte Destillation der Gesamt-Fettsäuren (Methylester) im Vakuum zu führende Nachweis der Anwesenheit von unpaarigen und verzweigten Bausteinen wesentliche Grundlage für die Beurteilung.

Zum Nachweis von Begleitstoffen usw. werden die früher beschriebenen Verfahren herangezogen.

δ) Unverseifbares

Im Gegensatz zu den natürlichen Fetten, bei denen das Unverseifbare zu wesentlichen Anteilen aus freien und veresterten Sterinen besteht — abgesehen von gewissen Seetierölen mit höherem Gehalt an Squalen oder Wachsestern — sind bei synthetischen Fetten aus Paraffin-Fettsäuren vor allem Kohlenwasserstoffe bzw. deren durch die Behandlung veränderte Derivate zu erwarten. Die Art der chemischen Zusammensetzung ist bisher nur näherungsweise bekannt; man nimmt darin u. a. Stoffe von Phenanthren-Struktur an[2].

Nachweis und Bestimmung des Unverseifbaren erfolgen grundsätzlich nach den üblichen Arbeitsverfahren (vgl. S. 447ff.). Um speziell die im Gegensatz zu den stärker hydrophilen Sterinen in Petroläther löslichen Kohlenwasserstoffe (Paraffine) zu erfassen, erscheint das Verfahren nach J. GROSSFELD[3] empfehlenswert (vgl. S. 940) bzw. die Modifikation nach H. HADORN und R. JUNGKUNZ[4].

ε) Farbreaktionen

Synthetische Fette können einen noch unbekannten Begleitstoff enthalten, der bei der fraktionierten Vakuum-Destillation der Methylester in der Nonylsäure-Fraktion auftritt und mit Furfurol-Salzsäure eine eigenartige, mit rosa einsetzende und sich allmählich nach oliv- bis blaugrün vertiefende Farbreaktion liefert. Im Paraffin-Gatsch erfolgt sie nicht; sie geht also auf eine bei der Oxydation sekundär gebildete Substanz zurück[5], deren Menge von der Raffination abhängt.

Arbeitsweise: 4 g des Untersuchungsmaterials werden mit 50 ml 0,5 n alkohol. Kalilauge am Steigrohr oder am Rückflußkühler verseift. Durch Eindampfen auf $^1/_4$ des Volumens wird der Alkohol vertrieben und der Rückstand nach Zugabe von 100 ml Wasser (80°) unter Schütteln mit einer gesättigten Lösung von Magnesiumsulfat (10 bis 15 ml) so lange versetzt, bis eine Niederschlagsbildung nicht mehr beobachtet wird. Man kühlt unter Schütteln ab und filtriert durch eine Nutsche. Das Filtrat wird unter Tüpfeln auf Kongopapier mit 1 n Schwefelsäure zuerst bis zum Umschlag und dann mit noch 0,5 ml derselben versetzt. Man schüttelt zunächst mit 50 ml und dann noch zweimal mit je 25 ml Petroläther (Sdp. 30 bis 70°) aus, wäscht die vereinigten Auszüge mehrmals mit Wasser und trocknet mit gepulvertem, wasserfreiem Natriumsulfat. 2 bis 3 Tropfen des nach dem Verdunsten des Petroläthers hinterbleibenden Rückstandes werden im Reagensglas mit 1 ml Salzsäure (D = 1,19) unter Umschwenken versetzt und 1 bis 2 Min. in ein Wasserbad von 70° eingestellt. Es scheidet sich eine ölige Oberschicht ab. Sollte der beim Verdunsten des Petroläthers erhaltene Rückstand so gering sein, daß man 2 bis 3 Tropfen davon nicht abnehmen kann, dann löst man ihn erneut in wenig Petroläther und spült die gesamte Lösung in das Reagensglas, verdunstet das Lösungsmittel und behandelt wie vorstehend angegeben.

Zum salzsauren Gemisch läßt man 10 Tropfen einer alkohol. (96%iger Alkohol) Lösung von Furfurol (2%ig) vorsichtig zufließen. Es tritt sofort oder nach kurzem Stehen an der Grenzzone oder durch die ganze ölige Schicht hindurch eine blaugrüne Färbung auf, die am besten gegen weißes Papier als Hintergrund beobachtet wird. Im allgemeinen ist die Reaktion als Ringprobe schärfer zu erkennen als im durchgeschüttelten Gemisch. Verfärbungen nach mehr als 5 Min. Stehzeit bleiben unbeachtet.

---

[1] E. KUNTZ: Dtsch. Lebensmittel-Rdsch. **44**, 1, 27 (1948).

[2] R. KUCHINKA: Pharmazie **3**, 439 (1948).

[3] J. GROSSFELD: Z. Unters. Lebensmittel **72**, 422 (1936).

[4] H. HADORN u. R. JUNGKUNZ: Mitt. Gebiete Lebensmittelunters. Hyg. **40**, 61, 96 (1949).

[5] W. DIEMAIR u. K. H. SCHRÖDER: Dtsch. Lebensmittel-Rdsch. **44**, 23 (1948); vgl. auch K. TÄUFEL u. I. JACOB: ebenda **45**, 143 (1949).

Der Petroläther muß rein sein; vorheriges Erhitzen mit Ätzkali und Benutzung des abdestillierten Anteiles schützt vor Fehlfärbungen. Das zu verwendende Furfurol ist frisch zu destillieren; das Präparat Furfurolum sol. spirit. 2%ig (E. MERCK) ist brauchbar.

Die auftretende Farbnuance ist blaugrün, kann aber auch nach Grün oder Blau variieren. Die von der Grenzzone bei längerem Stehen sich in die wäßrige Phase hinein bildende dunkelblaue Farbtönung ist nicht zu beachten. Alle bisher geprüften Fette einschließlich Lebertran liefern andersartige, mißfarbige Tönungen. Paraffine geben, wie schon erwähnt, die Farbreaktion nicht, sondern nur Oxydationsfettsäuren und daraus hergestellte Fette. Verschnitte von Naturprodukten mit bis zu etwa 5% synthetischem Fett herab sind einwandfrei feststellbar.

ζ) Oxy- und Ketofettsäuren

Die Paraffinoxydation läßt, wie schon erwähnt, die Bildung von Oxy- und Ketofettsäuren erwarten, wobei erstere wenigstens teilweise als Lactone bzw. Estolide vorliegen können. Im Gange der Reinigung (durch Destillation) ist Aufspaltung der letzteren wahrscheinlich. Die intramolekulare Abspaltung von Wasser aus den Oxyfettsäuren macht man für die Bildung der in Oxydationsfettsäuren auftretenden ungesättigten Fettsäuren mitverantwortlich.

Es ist Aufgabe der Fabrikation, nur solche Fraktionen von Fettsäuren zu Nahrungsfett zu verestern, die möglichst frei von unphysiologischen, oxydierten Vertretern sind. Betriebsüberwachung und analytische Prüfung sind deshalb am Nachweis solcher Produkte interessiert. Die zu erwartenden Mengen können nur gering sein. Dies steht im Einklang mit der Erfahrung, wonach man bei synthetischen Fetten OH-Zahlen von etwa 1 findet. Die übliche Methode zur Ermittlung von Lactonen durch differenzierende Auswertung von VZ und SZ der Fettsäure-Gemische gibt deshalb keinen befriedigenden Aufschluß, desgleichen nicht die OHZ, zudem sie auch durch Mono- und Diglyceride verursacht sein kann. Man bedarf dazu wesentlich schärferer Nachweisverfahren. Für diesen Zweck erscheint, wenn auch die vorliegenden Erfahrungen noch sehr begrenzt sind und weiterer Bestätigung bedürfen, die Heranziehung der zum Nachweis der Verdorbenheit (vgl. S. 1297 ff.) benützten Salicylaldehyd-Probe mit ihrer großen Empfindlichkeit als wertvoll[1].

Die Differenzierungsmöglichkeit zwischen Oxy- und Ketofettsäuren besteht darin, daß man bei Verwendung von konz. Salzsäure als Kondensationsmittel nur die Keto-Verbindungen mit der charakteristischen Atomgruppierung $\rangle$CH · CO · HC$\langle$ erfaßt, während bei Verwendung von konz. Schwefelsäure durch Oxydation der Hydroxyl- zur Ketogruppe[2] auch die Oxysäuren erkennbar werden.

Nachweis von Keto-Verbindungen. Man unterwirft 1 ml (evtl. mehr) des Fettes der Destillation mit gesättigter Kochsalz-Lösung und prüft das Destillat in der von H. SCHMALFUSS, H. WERNER und A. GEHRKE[3] angegebenen Weise mit Salicylaldehyd und konz. Salzsäure (vgl. S. 1297). Die Prüfung verläuft nach den bisherigen eigenen Erfahrungen an Paraffin-Gatsch, Oxydationsfettsäuren und synthetischem Fett negativ; dies ist verständlich, da mit der Anwesenheit flüchtiger Keto-Verbindungen kaum zu rechnen ist, falls nicht eine — z. B. durch Schimmelpilze — verursachte Keton-Ranzigkeit vorliegt.

Auf nichtflüchtige Keto-Verbindungen kann man prüfen, indem man 50 mg geschmolzenes Fett (evtl. mehr) unmittelbar im Reagensglas mit 0,4 ml Salicylaldehyd (auf Brauchbarkeit untersucht) und 4 ml Wasser schüttelt, dann mit 2 ml konz. Salzsäure vermischt und 15 Min. in ein siedendes Wasserbad einhängt. Keto-Verbindungen machen sich durch das Auftreten eines roten Farbtones bemerkbar. In eigenen Versuchen waren Paraffin-Gatsch negativ, Oxydationsfettsäuren und synthetisches Fett aber eindeutig schwach positiv. Zum Vergleich geprüfte Ketofettsäuren zeigten bei dieser Versuchsanstellung die erwartete starke Rotfärbung.

---

[1] K. TÄUFEL u. I. JACOB: Dtsch. Lebensmittel-Rdsch. **45**, 143 (1949).

[2] K. TÄUFEL, H. THALER u. O. BAUER: Z. Unters. Lebensmittel **69**, 401 (1935).

[3] H. SCHMALFUSS, H. WERNER u. A. GEHRKE: Fette u. Seifen **43**, 211 (1936); Margarine-Ind. **25**, 217 (1932).

Nachweis von Oxy-Verbindungen. 50 mg des Untersuchungsmaterials werden nach K. Täufel und H. Thaler[1] destilliert. Das Destillat (25 bis 30 ml) versetzt man vorsichtig mit Salicylaldehyd und konz. Schwefelsäure. Auftretende Rotfärbung läßt, sofern Keto-Verbindungen und Methylketone abwesend sind, die Gegenwart von Oxyfettsäuren vermuten.

Paraffin-Gatsch liefert bei dieser Arbeitsweise keine Färbung, wohl aber die geprüften Oxydationsfettsäuren und das synthetische Fett. Das gleiche Ergebnis wird erhalten, wenn die genannten Substanzen ohne Destillation direkt untersucht werden. Gestützt werden diese Befunde durch Prüfung einer Oxystearinsäure (Schmp. 84°) und der 9,10-Dioxy-stearinsäure (Schmp. 132°). Bei der Behandlung dieser Substanzen mit Salicylaldehyd und Salzsäure bleibt die Rotfärbung aus, bei Anwendung von Schwefelsäure aber treten kräftig rote Farbtöne auf.

Die vorangehend genannten Reaktionen konnten mangels Untersuchungssubstanzen verschiedener Herkunft bisher noch nicht auf die erforderliche breite Erfahrungsgrundlage gestellt werden. Sie dürften aber in vielen Fällen wertvolle, wenigstens orientierende Anhaltspunkte vermitteln.

η) Fettsäureanhydride, -lactone und Estolide

Fettsäureanhydride. Die durch Zusammenschluß von 2 Molekülen Fettsäure unter Wasseraustritt entstehenden Fettsäureanhydride ähneln in ihren Eigenschaften (Geruch, Geschmack, Konsistenz, Verdaulichkeit usw.) sehr den Glyceriden; die Schmelzpunkte liegen im allgemeinen höher als diejenigen der Glyceride. Wenn auch die Heranziehung solcher Produkte zu Nahrungszwecken kaum praktische Bedeutung erlangen wird, so ist hier doch auf solche Möglichkeiten hinzuweisen.

Schlüsse auf die Anwesenheit solcher Anhydride können daraus gezogen werden, daß die aus der VZ und SZ errechnete Esterzahl gegenüber der experimentell ermittelten EZ Differenzen aufweist dergestalt, daß letztere Kennzahl höhere Werte zeigt als die errechnete. Auch der Gehalt an Glycerin — gegenüber Triglycerid-Gemischen erniedrigt — liefert Hinweise. Die Erfassungsgrenze ist eine Funktion der Empfindlichkeit der angewandten Arbeitsweise.

Fettsäurelactone. Sofern solche inneren Anhydride von Oxyfettsäuren in Gemischen von freien Fettsäuren in größerer Menge anwesend sind, wird bei Fettsäure-Gemischen zwischen SZ und VZ (wie bei Anhydriden) keine Übereinstimmung bestehen, da die Lactone bei der Bestimmung der SZ nicht, bei derjenigen der VZ aber hydrolysiert und miterfaßt werden. Letztere Kennzahl fällt also höher aus als die Säurezahl. Dementsprechend führt das aus der SZ errechnete mittlere Molekulargewicht der Fettsäuren zu höheren Werten als dasjenige aus der Verseifungszahl.

Hinzuzufügen ist, daß bei stark verdorbenen Fetten evtl. mit der Anwesenheit solcher Lactone zu rechnen ist[2], ebenso bei Ricinusöl (Gehalt an Ricinolsäure).

Titrimetrisches Verfahren: Man löst 5 g Fettsäuren in neutralisiertem Alkohol und titriert mit wäßriger oder alkohol. 1 n Alkalilauge in der Kälte; zur Unterdrückung der die Titration störenden Hydrolyse der Seifen muß die Lösung am Ende mindestens 50% Alkohol enthalten. In einer zweiten Probe von 1,5 bis 2,5 g bestimmt man die VZ in üblicher Weise durch Erhitzen mit überschüssiger alkohol. Kalilauge. Die Differenz beider Werte ist das Maß für die Menge der Lactone. Ist die Art des Lactons bekannt, kann die Menge berechnet werden. Dabei ist Voraussetzung, daß echte Fettsäureanhydride abwesend sind.

---

[1] K. Täufel u. H. Thaler: Hoppe-Seyler's Z. physiol. Chem. **212**, 256 (1932).
[2] M. Tortelli u. A. Pergami: Chem. Revue **9**, 182 (1902).

Beispiel. VZ = 194,3; SZ = 153,9. Die Differenz beträgt 40,4. VZ des Stearyllactons = 198,9; den Gehalt x an Lacton findet man:

$$198,9 : 100 = 40,4 : x; \quad x = 20,5\%$$

Gravimetrisches Verfahren: 5 bis 10 g Fettsäuren (frei von Unverseifbarem) löst man in neutralisiertem Alkohol und titriert in der Kälte mit wäßriger Alkalilauge wie oben beschrieben. Die Seifenlösung extrahiert man (wie bei der Ermittlung des Unverseifbaren) mit Äther oder Petroläther. Den Abdampfrückstand bringt man nach dem Trocknen zur Wägung. Er muß aschefrei sein und die Säurezahl 0 haben. Bei Abwesenheit von fremden Begleitstoffen stellt das Gewicht die Menge der Lactone dar, die man durch Ermittlung von Schmelzpunkt, VZ und JZ usw. näher charakterisieren kann.

Hydroxyl- bzw. Acetylzahl: Beide Kennzahlen geben, sofern Mono- und Diglyceride abwesend sind, Anhaltspunkte für das Vorliegen von Oxy-Verbindungen und damit mittelbar auch für das Vorhandensein von solchen Lactonen, die bei der Hydrolyse Oxyfettsäuren liefern. Die Berechnung der Menge ist nur bei Kenntnis der Art der Verbindungen möglich.

Qualitativ kann man auf Lactone prüfen, indem man in den durch Verseifung hergestellten Gesamt-Fettsäuren durch Zugabe von viel kaltem Petroläther auf die darin schwer löslichen Oxyfettsäuren prüft.

Estolide. Höhere Oxyfettsäuren neigen weniger zur Lacton- als vielmehr zur Estolid-Bildung. Es entstehen Estersäuren (Di-, Tri-, Polysäuren), die schwer verseifbar sind und erst nach mehrstündigem Erhitzen mit alkohol. Kalilauge bei Gegenwart von Benzol gespalten werden [1].

Zum Nachweis der Estolide ermittelt man in den Fettsäure-Gemischen zunächst die NZ und die Hydroxylzahl. Hierauf verseift man energisch, am besten in alkohol. benzolischer Lösung, und scheidet unter Vermeidung einer Anhydrisierung die Gesamt-Fettsäuren ab. In einer aliquoten Probe davon ermittelt man wiederum NZ und OHZ. Beide Kennzahlen müssen gegenüber den ersten Bestimmungen entsprechend der Menge an Estoliden erhöht sein. Die Differenz ist das Maß dafür.

Einen ungefähren Einblick kann man sich nach F. WITTKA[2] auch durch Ermittlung des Molekulargewichtes nach dem Verfahren von K. RAST (Gefrierpunktserniedrigung in Campher) verschaffen, weil das Molekulargewicht der Estolide gegenüber den Fettsäuren wesentlich erhöht ist.

Die Anwendung der vorangehend genannten Untersuchungsverfahren auf Oxydationsfettsäuren, bei denen meist wohl nur geringe Mengen an Fettsäureanhydriden, Lactonen und Estoliden zu erwarten sind, erscheint sehr begrenzt; bei synthetischen Fetten aus Oxydationsfettsäuren sind weitere Schwierigkeiten zu erwarten. Erprobte empfindlichere analytische Verfahren, die zur Charakterisierung solcher Kunstprodukte dringend erforderlich sind, dürften u. W. noch nicht zur Verfügung stehen.

ϑ) Verzweigtkettige Fettsäuren

Einfache analytische Verfahren zum Nachweis von verzweigtkettigen Fettsäuren — für Oxydationsfettsäuren und synthetische Fette kommen, soweit bekannt, im wesentlichen methylverzweigte iso-Säuren in Betracht, wobei die Stellung der Seitenkette wohl alle Möglichkeiten in der Molekel erschöpft — sind noch nicht bekannt. Das Verfahren der sogenannten „Träger-Destillation" (Amplified-Destillation)[3] ist für praktische Zwecke noch zu umständlich und

---

[1] J. BOUGAULT u. L. BOURDIER: C. R. hebd. Séances Acad. Sci. **147**, 1311 (1908); **150**, 874 (1910).

[2] F. WITTKA: Z. dtsch. Öl- u. Fettind. **44**, 375 (1924).

[3] B. BLASER: Fette · Seifen · Anstrichmittel **52**, 73 (1950).

zeitraubend ebenso wie die Ermittlung der Unterschiede in der Veresterungs-
geschwindigkeit mit Methanol zwischen normalen und verzweigten Fettsäuren[1].

ι) Ungeradzahlige Fettsäuren

Das Kennzeichen synthetischer Fette aus Oxydationsfettsäuren ist, wie
schon erwähnt, die Anwesenheit von unpaarigen Fettsäuren. Darauf kann man
den Nachweis gründen. Man geht dabei in der Weise vor, daß man die Methylester
der Gesamt-Fettsäuren im Vakuum der fraktionierten Destillation unterwirft
(vgl. S. 512) und die gesondert aufgefangenen Fraktionen durch Schmelzpunkt
und VZ charakterisiert. Dabei braucht man wegen ihrer geringen Konzentration
auf die ungesättigten Fettsäuren im allgemeinen kaum Bedacht zu nehmen.

ϰ) Beurteilung

Der Beurteilung der synthetischen Fette sind grundsätzlich die allgemein
für Nahrungsfette geltenden Anforderungen in sinnesphysiologischer, technologischer und hygienischer Hinsicht zugrunde zu legen. Im Hinblick auf ihre
Herkunft ist der Anwesenheit von unverseifbaren Anteilen nach Art und Menge
von verzweigtkettigen, Oxy- und Ketofettsäuren besonderes Augenmerk zu
schenken. Verträglichkeit, Unschädlichkeit, Ausnutzbarkeit usw. sind gegebenenfalls durch den Tierversuch sicherzustellen. Die Angabe von Werturteilen kann
nur an Hand einer strengen Kritik der Ergebnisse der eingehenden Untersuchung
erfolgen. Der Nachweis der Anwesenheit ungeradzahliger Fettsäuren ist ein
wertvoller Hinweis zur Charakterisierung.

i) Besondere Fettbestandteile und Fette

Aus gegebener Ursache kann es erforderlich sein, die Untersuchung und Beurteilung der Nahrungsfette auf Besonderheiten auszurichten. Die dabei anzuwendenden Untersuchungsverfahren werden durch die Fragestellung bestimmt;
eine eingehende Erörterung darüber ist hier nicht möglich. Es sollen nur einige,
gegebenenfalls auftretende und wichtig werdende Probleme gestreift werden.

Polymerisierte Seetieröle („Polyöle", „Polytrane"). Durch entsprechend
geleitete thermische Polymerisierung von hochungesättigten Seetierölen[2] erfolgen Veränderungen, die solche Produkte zur unmittelbaren Verwendung als
Nahrungsöle (Aufguß-, Bratöle in der Fischwirtschaft usw.) sinnesphysiologisch
geeignet machen. Ihre Verwendung ist aber abzulehnen, weil diese Erzeugnisse
nach den vorliegenden Erfahrungen für den Menschen unverträglich sind[3]. Damit gewinnt der analytische Nachweis solcher Polyöle erhebliches Interesse;
er ist auf die Charakterisierung der Polymerisate zu gründen; hierbei kann man
sich folgender Verfahren bedienen:

differenzierende Löslichkeit der Konstituenten polymerisierter Öle in Propanol[4],

papierchromatographischer Nachweis polymerisierter Ölanteile[5],

Fraktionierung des Öles durch Molekulardestillation (beste Arbeitsweise)[6].

[1] K. E. SCHULTE: Fette · Seifen · Anstrichmittel **52**, 74 (1950); K. E. SCHULTE u.
J. KIRSCHNER: ebenda **53**, 267 (1951).

[2] H. WERNER: Fette · Seifen · Anstrichmittel **53**, 133 (1951).

[3] K. TÄUFEL: Fette · Seifen · Anstrichmittel **54**, 689 (1952); L. WISEBLATT, A. F. WELLS
u. R. H. COMMON: J. Sci. Food Agric. **4**, 227 (1953); A. F. WELLS u. R. H. COMMON: J. Sci.
Food Agric. **4**, 233 (1953); J. Nutrit. **49**, 333 (1953).

[4] DGF-Gemeinschaftsarbeit vgl. Fette · Seifen · Anstrichmittel **55**, 688 (1953).

[5] DGF-Gemeinschaftsarbeit vgl. Fette · Seifen · Anstrichmittel **56**, 490 (1954).

[6] H. I. WATERMAN u. Mitarbeiter: Research **5**, 336 (1952); R. P. A. SIMS: Ind. Engng.
Chem. **47**, 1049 (1955); E. SUNDERLAND: J. Oil Colour Chemists' Assoc. **28**, 137 (1945).

Glycerin und Glykole. *Glycerin.* Der Nachweis von Glycerin kann zur Unterscheidung von Fetten und Wachsen, zur Kennzeichnung von Fettsäure-Gemischen auf einen etwaigen Gehalt an Restglyceriden sowie zur Untersuchung von Kunstprodukten mit Fettsäureestern aus Methanol, Äthanol usw. erforderlich sein. Man wird sich dabei oft mit dem qualitativen Nachweis begnügen können. Eine ausführliche Beschreibung der entsprechenden Methoden ist im Kapitel: Nachweis und Bestimmung von Glycerin und anderen mehrwertigen Alkoholen gegeben.

Glykol. E. KRÖLLER[1] beschreibt eine einfache Nachweisreaktion für Glykol und Glycerin allein und im Gemisch (vgl. oben angegebenes Kapitel).

Äthanol und Methanol. Das Untersuchungsmaterial wird mit Kalilauge vollständig verseift. Man zerlegt die Seifen durch Ansäuern mit Schwefelsäure und trennt das Sauerwasser ab. Es wird vorsichtig unter guter Kühlung destilliert. Im Destillat führt man den Nachweis für Methanol (als Formaldehyd mit SCHIFFschem Reagens) bzw. für Äthanol (Jodoform-Probe) in bekannter Weise durch. Im allgemeinen wird sich die quantitative Erfassung der Alkohole bei der Untersuchung der Nahrungsfette erübrigen; falls sie erforderlich ist, sind die üblichen Bestimmungsverfahren im Sauerwasser von der Verseifung her anzuwenden.

Trikresylphosphat. Im Hinblick auf verschiedentlich vorgekommene Vergiftungsfälle mit dem stark toxischen o-Trikresylphosphat (Weichmacher für Kunststoffe), das in Unkenntnis der Verhältnisse infolge seiner ölähnlichen Beschaffenheit als Ölersatz verwendet worden ist bzw. mit dessen Anwesenheit in Nahrungsfetten gerechnet werden könnte, sei der Nachweis hier angeführt, wie er von B. WURZSCHMITT[2] vorgeschlagen wird.

Etwa 0,2 bis 0,3 g des zu prüfenden Öles oder Fettes werden in einem Jenaer Reagensglas mit etwa 6 ml Äthylglykol (Äthylenglykol-monoäthyläther $HO \cdot CH_2 \cdot CH_2 \cdot O \cdot C_2H_5$) — Äthanol gibt keine vollständige Verseifung wegen seines niedrigen Siedepunktes — und etwa 0,5 g festem Kaliumhydroxyd zum Sieden erhitzt und verseift. Durch starkes Schütteln sorgt man dafür, daß sich das Alkalihydroxyd löst und die Lösung homogen bleibt. Man prüft mit rotem Lackmuspapier, ob die Verseifungslösung stark alkalisch ist.

Die entweichenden Äthylglykol-Dämpfe zündet man am oberen Ende des Reagensglases an und läßt sie abbrennen. Man kocht nicht zu lebhaft, damit die Verseifung einige Minuten dauert und vollständig wird. Nach einiger Zeit scheiden sich feste weiße Krusten aus. Man kann ganz vorsichtig dann noch etwas weiter erhitzen, muß aber darauf achten, daß keine Crackung des Inhaltes erfolgt.

Man nimmt das Reagensglas aus der Flamme, bläst die Äthylglykol-Flamme aus und läßt abkühlen. Hierauf gibt man etwa 2 bis 3 ml Wasser hinzu, erhitzt erneut so lange, als die aus dem Reagensglas entweichenden Äthylglykol-Dämpfe brennen. Nun läßt man abkühlen, gibt erneut etwa 3 ml Äthylglykol zu und wiederholt die gesamte Manipulation ohne weitere Zugabe von Ätzkali.

Nach dem Abkühlen setzt man etwa 10 ml Wasser zu und erwärmt kurz zum Sieden bis zur Auflösung. Die erkaltete Lösung teilt man in 3 Teile.

1. Teil: Dieser Teil wird mit verd. Schwefelsäure bis zur kongosauren Reaktion angesäuert und zum Sieden erhitzt. Bei Gegenwart von Trikresylphosphat tritt dabei sofort der charakteristische, deutlich wahrnehmbare Geruch nach Kresol auf.

2. Teil: Dieser Teil wird ebenfalls mit verd. Schwefelsäure angesäuert, kurz aufgekocht, abgekühlt und zur Abtrennung von ausgeschiedenen Fettsäuren und von Kresolen filtriert. Das Filtrat wird mit Ammoniumnitrat versetzt und mittels Molybdän-Salpetersäure in bekannter Weise auf Phosphat geprüft.

Die Untersuchung von Teil 1 und 2 kann auch in einem Gang ausgeführt werden.

3. Teil: Man gibt einige Tropfen einer wäßrig-salzsauren, mit Natriumacetat versetzten Lösung von diazotiertem p-Nitranilin hinzu. Bei Gegenwart von Trikresylphosphat entsteht sofort eine tiefrote Färbung.

Man muß bei der Ausführung dieser Probe darauf achten, daß das Reaktionsgemisch nicht sauer wird, sondern schwach alkalisch bleibt. Statt des diazotierten p-Nitranilins kann man sich mit besonderem Vorteil auch der wäßrigen Lösung eines haltbaren, festen Diazosalzes, z. B. des Echtrotsalzes AL, bedienen. In diesem Falle stumpft man die vorhandene Schwefelsäure durch Zugabe von Magnesiumoxyd im Überschuß auf $p_H = 8{,}6$ ab; bei dieser Alkalität hat dieses Salz sein größtes Kupplungsvermögen. Man kann auch Echtscharlachsalz GG verwenden, wobei man der Lösung vorher Natriumacetat zusetzt.

---

[1] E. KRÖLLER: Dtsch. Lebensmittel-Rdsch. **45**, 46 (1949).
[2] B. WURZSCHMITT: Z. analyt. Chem. **129**, 233 (1949).

Nach dieser Arbeitsweise kann man noch Hundertstel-Prozente von Trikresylphosphat in Nahrungsfetten qualitativ nachweisen. Ein Blindversuch mit reinem Fett ist durchzuführen.

Der Nachweis von Phosphaten allein beweist nicht die Anwesenheit von Trikresylphosphat, da die Phosphorsäure auch aus den Phosphatiden des Fettes stammen kann; der Kresol-Nachweis durch Geruch und derjenige durch Kupplung mit einer Diazo-Verbindung sind daher stets zusätzlich auszuführen.

Reinigung von Äthylglykol (= *Äthylenglykol-monoäthyläther*): Das zum Verseifen benützte Äthylglykol gibt in technischem Zustande, mit Natronlauge gekocht, eine starke Braunfärbung, die die Reaktionen stört. Die Reinigung führt man folgendermaßen aus:

Man gibt zu 1 l technischem Äthylglykol, das sich in einem Rundkolben mit aufgesetztem Rückflußkühler befindet, etwa 10 g metallisches Natrium und erhitzt etwa 3 Std. zum Sieden. Dann wird abdestilliert. Man prüft eine kleine Menge des Destillates mit einem kleinen Stückchen Natrium, ob es dabei farblos bleibt. Tritt noch Braunfärbung ein, so muß erneut unter Zusatz von metallischem Natrium am Rückflußkühler erhitzt werden. Nur ein Äthylglykol, das beim Erhitzen mit festem Ätzkali farblos bleibt, ist brauchbar.

Genußuntauglich ist rohes *Holzöl*. Über den Nachweis des aus Unkenntnis gelegentlich als Speiseöl verwendeten, in rohem Zustand giftigen (Brechen und Durchfall) Holz- (Tung-) öles ist bereits berichtet worden (vgl. S. 432). Die pharmakologische Wirkung geht auf Begleitstoffe, nicht auf die konstituierenden Bestandteile des Öles selbst zurück.

Die Unverträglichkeit von Bucheckern für Mensch und Tiere ist mehrfach auch auf das *Bucheckernöl* übertragen worden. Dies dürfte abwegig sein. Der toxische Faktor (Fagin), der noch nicht näher bekannt ist, erweist sich als nicht öllöslich, geht also nicht in das Öl über, so daß raffinierte Produkte für die Ernährung geeignet sind.

Es ist bekannt, daß *Baumwollsamen* ein Flavonol-Glycosid, das Gossypol, enthalten, das sich als ausgezeichnetes Fettantioxydans[1] erweist, andererseits aber giftig wirkt. Mit einem Übergang dieser Substanz in das Öl ist praktisch nicht zu rechnen; es hinterbleibt im wesentlichen im Ölkuchen, bei dessen Verfütterung deshalb gewisse Vorsichtsmaßnahmen zu treffen sind. Der Verwendung des Gossypols als Antioxydans steht die schon erwähnte Giftigkeit entgegen; wenn es gelingt, diese abträgliche Eigenschaft unter Erhaltung der oxydationshemmenden Wirkung abzuschwächen, stände ein brauchbares Haltbarmachungsmittel zur Verfügung[2].

Über die pharmakologische Wirkung[3] der *Öle von Hydnocarpus-Arten* [Chaulmoogra-, Hydnocarpus- (auch Maratti- oder fälschlich „Cardamonöl" genannt), Lukraboöl] wurde schon hinweisend berichtet. Genußuntauglich sind auch Ricinusöl, Bolekoöl und Fischöle mit hohem Wachsgehalt.

2. Analyse der Milcherzeugnisse*

Die Milch als naturgegebene Nahrung des Säuglings und der heranwachsenden Säugetiere stellt ein ideales Gemisch aller ernährungsphysiologisch wichtigen Faktoren dar. Eiweiß, Fett, Lipoide und Kohlenhydrate in leicht verdaulicher Form sind mit Vitaminen und Nährsalzen vergesellschaftet. Ist es somit vom Standpunkt des biologischen Wertes schwierig, dem einen oder anderen Bestandteil der Milch den Vorzug zu geben, so besteht doch kein Zweifel daran, daß im Hinblick auf den Preis der Milcherzeugnisse das Milchfett an erster Stelle steht. In Form der Butter ist es — neben der Kakaobutter — das teuerste

---

* **Bearbeitet von Professor Dr. W. Mohr, Hannover, u. Dipl.-Ing. H. Ritterhoff, Hamburg.**

[1] H. A. Mattill: J. biol. Chemistry **90**, 141 (1931); E. L. Hove u. Z. Hove: ebenda **156**, 623 (1944).

[2] E. L. Hove: J. biol. Chemistry **156**, 633 (1944).

[3] H. Schlossberger: Chaulmoograöl, Geschichte, Herkunft, Zusammensetzung Pharmakologie, Chemotherapie. Berlin 1938.

aller Fette. Auch in Sahne, Kondensmilch oder Fettkäse ist das Fett preisbestimmend. Somit kommt der Fettbestimmung im Rahmen der Analyse eine besondere Bedeutung zu. Aber auch fettarme Milcherzeugnisse — Magermilch, Trockenmilch, fettarme Käsesorten, Speiseeis usw. — müssen auf ihren Gehalt an Milchfett geprüft werden.

Herstellungsmethoden und Nichtfett-Bestandteile der Milcherzeugnisse können aus Raummangel nicht behandelt werden, vielmehr muß auf das Schrifttum verwiesen werden.

a) Probenahme-Grundregeln für Milch und Milchprodukte

1. Der Zeitpunkt der Probenahme und der Zeitpunkt der Untersuchung, Ort der Probenahme, Warenart, Warenmenge und Herkunft sowie der Zweck der Probenahme sind, soweit für die Auswertung erforderlich, schriftlich niederzulegen.

2. Die Person des Probenehmers und eventuelle Zeugen müssen nachträglich feststellbar sein. Soweit gesetzliche Vorschriften über die Ausbildung oder den Gesundheitszustand des Probenehmers bestehen, sind diese zu beachten. Durch die Probenahme darf die Ware in der hygienischen Qualität nicht geschädigt werden. Eine merkliche Entwertung der Ware darf nicht eintreten.

3. Vorschriften über die Hinterlassung von Gegenproben sind zu erfüllen.

4. Die Mindestmenge der zu entnehmenden Probe ist für jede Untersuchung und für jedes Produkt festzulegen.

5. Maßnahmen, die die Erzielung einer guten Durchschnittsprobe aus einer Menge garantieren, sind anzugeben.

6. Bei größerer Stückzahl ist die Zahl der notwendigen Proben in Abhängigkeit von der Gesamtstückzahl vorzuschreiben. Bei zeitlich wiederkehrenden Lieferungen bzw. bei fortlaufender Produktion ist festzulegen, wieviel Proben in der Zeiteinheit (Stunde, Tag, Monat) genommen werden müssen. Dies ist nicht notwendig, wenn nur Stichproben ohne Bewertung der Gesamtmenge genommen werden sollen.

7. Bei Vorliegen einer größeren Zahl von Proben aus einer Lieferung ist außerdem die Zahl der notwendigen Einzeluntersuchungen vorzuschreiben. Es soll insbesondere näher bestimmt werden, ob und gegebenenfalls wie viele Proben vermischt und dann gemeinsam untersucht werden dürfen.

8. Die Geräte zur Probenahme und die Art des Probegefäßes sind genau zu beschreiben. Eine Normung dieser Geräte ist anzustreben.

9. Das Probegefäß muß so beschriftet werden, daß Verwechslungen der Proben ausgeschlossen sind. Probegefäße und Probenahme-Geräte sind so zu reinigen und gegebenenfalls zu sterilisieren, daß die Untersuchungsergebnisse nicht durch sie beeinflußt werden können.

10. Es sind die Vorschriften über Aufbewahrung und evtl. Transport der Proben zu beachten, und zwar dahingehend, daß Qualität und Zusammensetzung des Objektes der Untersuchungsmethode im Zeitpunkt der Untersuchung soweit wie irgend möglich dem Zustand bei der Probenahme entsprechen.

11. Soweit die Proben nicht haltbar sind oder nicht durch Kälte im ursprünglichen Zustand erhalten werden können, dürfen nur Konservierungsmittel zugesetzt werden, die das Ergebnis der Untersuchung nicht beeinflussen. Art und Menge des Konservierungsmittels und aus der Konservierung sich ergebende besondere Untersuchungsvorschriften sind anzugeben.

12. Die Vorbereitung der Proben für die Untersuchung, wie z. B. Zerkleinerung, Mischung, Homogenisierung sowie Art und Entnahme der Untersuchungsmenge ist festzulegen.

b) Milch
α) Begriffsbestimmungen

Der § 1 des deutschen Milchgesetzes bestimmt[1]:

Milch ist das durch regelmäßiges, vollständiges Ausmelken des Euters gewonnene und gründlich durchgemischte Gemelk von einer oder mehreren Kühen aus einer oder mehreren Melkzeiten, dem nichts zugefügt und nichts entzogen ist.

Es wird unterschieden zwischen Vollmilch und Vorzugsmilch. Derzeit kommt nur Vorzugsmilch (Vollmilch, an deren Gewinnung, Zusammensetzung, Beschaffenheit, Behandlung, Verpackung und Beförderung besonders hohe gesetzliche Anforderungen gestellt werden) als Rohmilch in den Handel und Vollmilch, soweit sie ab Hof verkauft werden darf. Der Fettgehalt einer natürlichen Vollmilch kann je nach Fütterung und Rasse der Milchtiere sehr großen Schwankungen unterliegen. Vorzugsmilch muß mindestens 3% Fett haben.

Trinkmilch ist die von den Molkereien in den Handel gebrachte Milch. Sie muß vor dem In-den-Handel-bringen einem anerkannten Pasteurisierungsverfahren (Hocherhitzungs-, Kurzzeiterhitzungs- oder Dauerpasteurisierungsverfahren) unterworfen sein. Die neuerdings besonders im Ausland eingeführte „Ultrahochtemperatur-Kurzzeit-Sterilisierung" dürfte, wenn das Erzeugnis nicht steril verpackt wird, zu den Hochleistungsverfahren gehören. Bei diesem speziellen Hocherhitzungsverfahren wird die Milch entweder durch direkte Dampfinjektion oder durch indirekte Dampfbeheizung, in Platten oder Röhren, für Bruchteile von Sekunden auf 130 bis 150°C erhitzt.

Man unterscheidet grundsätzlich zwei Sorten: Trinkmilch A und die normale Trinkmilch.

Trinkmilch A ist eine besonders qualifizierte Molkerei-Trinkmilch.

Zur Verarbeitung auf Trinkmilch A darf nur Milch aus tuberkulosefreien Beständen verwandt werden, die außerdem bei der Anlieferung an die Molkerei bestimmte Anforderungen in bakteriologischer Beziehung erfüllen muß. In Nordrhein-Westfalen und in Schleswig-Holstein muß die Trinkmilch A einen Fettgehalt von 3,5% und in Niedersachsen von 3,4% aufweisen. Trinkmilch A muß in der Molkerei nach einem anerkannten Pasteurisierungsverfahren behandelt worden sein und darf nur in Flaschen abgefüllt mit vorgeschriebenem Verschluß in den Handel gebracht werden.

Normale Trinkmilch. Nach dem § 10 des Milch- und Fettgesetzes[2] werden die obersten Landesbehörden ermächtigt, den Mindest-Fettgehalt der zum unmittelbaren Genuß bestimmten Milch (Trinkmilch) festzusetzen. Er darf nicht weniger als 2,8 Gewichtsteile Fett in 100 Gewichtsteilen Trinkmilch betragen. *Die Trinkmilch ist also grundsätzlich eine auf einen bestimmten Fettgehalt eingestellte Milch.* Die Vorschriften für den Mindest-Fettgehalt der Trinkmilch sind in den verschiedenen deutschen Bundesländern nicht einheitlich. Während in den meisten Ländern zur Zeit ein Mindest-Fettgehalt von 3,0% vorgeschrieben ist, haben z. B. Bayern, Baden-Württemberg, Rheinland-Pfalz und Hessen einen Mindest-Fettgehalt von 3,4% vorgeschrieben.

β) Nachweis der Homogenisierung von Milch

Unter Homogenisierung von Milch versteht man eine Zerteilung der Fettkügelchen durch Homogenisierung der Gesamtmilch bis auf einen Durchmesser von maximal 3 μ. Homogenisierte Milch zeigt deshalb innerhalb 24 Std. keine wesentliche Aufrahmung.

---

[1] Ein neues Milchgesetz zur ergänzenden Begriffsbestimmung befindet sich in Vorbereitung.

[2] K. DIETRICH: Milch- u. Fettgesetz vom 28. 2. 1951, RGBl. 135 (1951), 2. Aufl. Hamburg: Girardet 1953.

Probenahme: Bei der Probenahme sind die Probenahme-Grundregeln für Milch und Milchprodukte und die Sondervorschriften über die Probenahme von Milch zur Fettbestimmung zu beachten.

Vorbereitung der Probe für die Untersuchung: Vor der Untersuchung ist die Probe auf etwa 16° zu bringen und gründlich zu durchmischen (8- bis 10mal umgießen oder vorsichtig schütteln). Bei gefrorener, homogenisierter Milch ist zu beachten, daß durch das Gefrieren eine Enthomogenisierung (Vergrößerung der Fettkügelchen) eingetreten sein kann.

Wesen der Methode: Für den Nachweis der Homogenisierung gibt es zwei Methoden:

a) Durch mikroskopische Beobachtung wird die Größe der Fettkügelchen ausgemessen.

b) Durch Feststellung des Fettgehaltes in der unteren und oberen Schicht der Milch, die 48 Stunden bei 4° in Aufrahmzylindern gestanden hat, wird die Aufrahmung der Milch bestimmt (amerikanische Standardmethode).

Erforderliche Geräte: a) **Mikroskopische Methode.** Zählkammer von 0,01 mm Tiefe, plangeschliffen; Deckgläser, plangeschliffen; Mikroskop, Vergrößerung etwa 600fach; Zähl-Okular-Mikrometer; Objekt-Mikrometer.

b) **Amerikanische Standardmethode.** Aufrahm-Zylinder mit Ablaufhahn, 250 ml Inhalt, 2,75 cm Durchmesser. — Geräte und Chemikalien für die Fettbestimmung in Milch nach GERBER bzw. RÖSE-GOTTLIEB.

Arbeitsvorschrift: a) **Mikroskopische Methode.** Von der gut durchmischten Probe wird eine kleine Menge Milch auf die Zählkammer gebracht und nach vorsichtigem Aufbringen des Deckglases bei etwa 600facher Vergrößerung der Durchmesser der Fettkügelchen bestimmt. Die Untersuchung wird an mindestens drei Präparaten durchgeführt.

In einwandfrei homogenisierter Milch dürfen keine Fettkügelchen mit einem Durchmesser über 3 μ vorkommen.

b) **Amerikanische Standardmethode.** 250 ml der gut durchmischten und auf 4° gekühlten Milch werden im Aufrahm-Zylinder 48 Std. bei 4° zum Aufrahmen hingestellt. Dann werden zunächst die unteren 50 ml Milch vorsichtig in ein Gefäß abgelassen, anschließend die nächsten 150 ml in einem anderen Gefäß aufgefangen, so daß die oberen 50 ml im Zylinder verbleiben. Von den oberen 50 ml und von den unteren 50 ml wird jeweils eine Fettbestimmung nach GERBER bzw. RÖSE-GOTTLIEB durchgeführt. Die Differenz zwischen dem Fettgehalt der oberen und der unteren 50 ml Milch darf nicht größer als 10% sein, d. h. z. B. 3,0% Fett oben und 2,7% Fett unten.

Genauigkeit der Methode: Siehe Fettgehalt-Bestimmung nach GERBER bzw. RÖSE-GOTTLIEB.

Hauptsächliche Fehlerquellen: 1. Die Fehlerquellen, die bei der Fettgehalt-Bestimmung der Milch nach GERBER bzw. RÖSE-GOTTLIEB auftreten.

2. Nicht senkrechtes Aufstellen der Aufrahm-Zylinder während der Aufrahmungszeiten.

γ) Nachweis der Teilhomogenisierung von Milch

Definition der Teilhomogenisierung: Unter einer teilhomogenisierten Milch wird Milch verstanden, in der durch Homogenisierung des Rahmes alle Fettkügelchen einen Durchmesser bis höchstens 3 μ haben, die aber nach 6 bis 24 Std. Stehen eine deutlich sichtbare Aufrahmung zeigt.

Probenahme: Bei der Probenahme sind die Probenahme-Grundregeln für Milch und Milchprodukte zu beachten. Für die Probenahme selbst muß eine unversehrte Packung Milch (Glasflasche oder verlorene Packung) verwendet werden.

Vorbereitung der Probe für die Untersuchung: Eine besondere Vorbereitung der Probe ist nicht erforderlich. Die gekühlte Probe darf jedoch auf keinen Fall über 20° erwärmt worden sein bzw. erwärmt werden, da sonst eine Fettkügelchen-Vergrößerung eintreten kann.

Wesen der Methode: Durch eine mikroskopische Beobachtung wird die Größe der Fettkügelchen in der Milch oder in der Rahmschicht bestimmt und dadurch festgestellt, ob die Aufrahmung durch eine Homogenisierung des Rahmes oder durch Traubenbildung von Fettkügelchen verschiedenen Durchmessers bedingt ist.

Erforderliche Geräte: Zählkammer von 0,01 mm Tiefe, plangeschliffen; Deckgläser, plangeschliffen; Mikroskop, Vergrößerung etwa 600fach; Zähl-Okular-Mikrometer; Objekt-Mikrometer.

Arbeitsvorschrift: Es wird eine kleine Menge der vorher in dem Gefäß vorsichtig umgeschüttelten Milch auf die Zählkammer gebracht und nach vorsichtigem Aufbringen des

Deckglases bei etwa 600facher Vergrößerung der Durchmesser der Fettkügelchen bestimmt. Fettkügelchen mit einem Durchmesser über 3 μ sollten nur ausnahmsweise anzutreffen sein.

Es sind mindestens drei Präparate durchzusehen.

Hauptsächliche Fehlerquellen: Anwärmen gekühlter Milch, da über 20° Fettkügelchen-Klumpenbildung und beim Anwärmen über 40° Vergrößerung der Fettkügelchen auftreten können.

Die Einstellung und Kontrolle des Fettgehaltes der von den Molkereien abgegebenen Trinkmilch nach den gravimetrischen Fettbestimmungsmethoden ist praktisch nicht durchführbar. Sie muß in der Praxis nach GERBER (Säuremethode, s. S. 1227) durchgeführt werden. Um auf alle Fälle ein Unterschreiten des gesetzlich vorgeschriebenen Mindest-Fettgehaltes zu vermeiden, sollte die Einstellung des Fettgehaltes der Trinkmilch um 0,05% Fett höher vorgenommen werden und z. B. auf einen Fettgehalt von 3,05% nach GERBER erfolgen. Dabei dürfte es zum mindesten für größere Betriebe mit eigenem Laboratorium angebracht sein, von Zeit zu Zeit die Richtigkeit der Fettgehalt-Einstellung bei der Trinkmilch nach GERBER durch die gravimetrischen Methoden, die Universal-Fettbestimmungsmethode (WEIBULL-STOLDT) oder die gravimetrische Fettbestimmungsmethode nach RÖSE-GOTTLIEB nachzuprüfen und zu kontrollieren (s. S. 1224ff.).

δ) Aufrahmung [1]

Eine natürlich gewonnene Milch mit etwa 3% Fett hat die Eigenschaft, daß sich nach einer bestimmten Aufbewahrungszeit an der Oberfläche eine mit Fett angereicherte Schicht (Aufrahmschicht) bildet. Als Aufrahmschicht betrachtet man allgemein die an der Oberfläche gebildete Rahmschicht nach einer Aufbewahrungszeit bis 24 Std.

Diese Aufrahmschicht kommt folgendermaßen zustande:

Das Fett liegt in der normalen Vollmilch in Form von Fettkügelchen in der Größenordnung von etwa 1 bis 10 μ Durchmesser vor.

Die Fettkügelchen sind von grenzflächenaktiven Stoffen (Eiweiß-Phosphatid-Verbindungen) mit filmbildenden Eigenschaften umgeben, wobei von dem Phosphatid-Eiweiß-Komplex das Phosphatid zum Fett und das Eiweiß zur wäßrigen Phase hin gerichtet ist. Dadurch wird der stabile Emulsionszustand „Fettkügelchen in Magermilch" aufrechterhalten. Zur Bildung der Aufrahmschicht ist es notwendig, daß die Fettkügelchen mit der intakten Hülle aus grenzflächenaktiven Stoffen umgeben sind und sich zu lockeren Fettkügelchen-Trauben zusammenlagern. In den Trauben der Fettkügelchen behalten die einzelnen Fettkügelchen ihre frühere Selbständigkeit und BROWNsche Bewegung bei. Diese Traubenbildung der Fettkügelchen kann oberhalb 40° nicht erfolgen, weil bei dieser Temperatur die BROWNsche Bewegung der einzelnen Fettkügelchen wesentlich intensiver ist. Oberhalb 40° findet deshalb praktisch keine Aufrahmung statt. Die Aufrahmung und Traubenbildung der Fettkügelchen ist am größten beim Kühlen der Milch auf 2°, wenn die Fettkügelchen noch mit der hydrophilen Hülle umgeben sind, da bei dieser niedrigen Temperatur die BROWNsche Bewegung merklich abnimmt und die filmbildenden Eigenschaften der grenzflächenaktiven Stoffe in verstärktem Maße zur Auswirkung gelangen.

Bei längerem Stehen bei niedrigen Temperaturen kristallisiert, wie man im mikroskopischen Bild erkennen kann, in den Fettkügelchen Fett aus und dazu auch die Phosphatid-Eiweiß- sowie Phosphatid-Fett-Verbindungen an der Grenzfläche der Fettkügelchen. Wird eine längere Zeit gekühlte Milch, die diesen Zustand erreicht hat, umgerührt, so können sich hinterher keine Trauben mehr bilden, weil sich die Hülle verändert hat. Es entsteht keine gute Aufrahmung mehr. Wird die längere Zeit gekühlte Milch, die an sich keine Aufrahmung mehr zeigt, nach dem Umrühren auf Temperaturen von 50 bis 60° erwärmt, so schmelzen das Fett, die Phosphatid-Eiweiß- und die Phosphatid-Fett-Kristalle. Sie nehmen ihren ursprünglichen physikalischen Zustand wieder an und bilden wieder die normale Hülle. Bei nunmehr erfolgendem Abkühlen können sich wieder Trauben bilden, und eine erneute Aufrahmung tritt ein. Erfolgt die Erwärmung auf zu hohe Temperatur, so werden entweder die Eiweiß-Verbindungen bzw. Phosphatid-Eiweiß-Verbindungen chemisch verändert oder

---

[1] W. MOHR u. E. MOHR: Molkerei- u. Käserei-Ztg. **5**, 1568 (1954).

die Phosphatid-Verbindungen zerstört. Damit ist endgültig keine Traubenbildung und keine Aufrahmung mehr möglich. Für beide Erscheinungen ist also das Intaktbleiben der Phosphatid-Eiweiß-Hülle um die Fettkügelchen entscheidend.

Die Schädigung der Aufrahmung bei einer Erhitzung (bei der Pasteurisierung) ist abhängig von der Höhe und Dauer der Erhitzung und von der Schnelligkeit der Kühlung. Auf 85° in amtlich zugelassenen Apparaten hocherhitzte Milch rahmt nicht auf. Auch auf 72° in amtlich zugelassenen Apparaten kurzzeit-erhitzte Milch oder auf 63° in amtlich zugelassenen Apparaten dauer-erhitzte Milch zeigt nur sehr geringe oder keine Aufrahmung mehr.

Homogenisierte Milch ist eine Trinkmilch, bei der durch den Homogenisierungsvorgang die Fettkügelchen sämtlich auf eine Größe von 1 bis 2 μ Durchmesser zerkleinert sind und bei der keine Traubenbildung und damit auch keine Aufrahmung mehr auftritt.

Teilhomogenisierte Milch ist eine Trinkmilch, die vor der Pasteurisierung durch Separieren bei 45 bis 50° in Rahm und Magermilch getrennt und bei der der Rahm (mit etwa 30% Fett) bei 220 atü homogenisiert, anschließend mit der Magermilch in einer Leitung wieder zusammengefaßt und das Gemisch in einem Kurzzeit-Erhitzer bei durchschnittlich 71,5°, höchstens 72°, kurzzeit-erhitzt wurde. Die Kühlung und Abfüllung auf Flaschen soll möglichst schnell nach der Pasteurisierung erfolgen.

Bei einer solchen Behandlungsweise bilden die zerkleinerten Fettkügelchen des Rahmes (infolge der dichten Packung) große Trauben, so daß in der Trinkmilch nach dem Kühlen in der Flasche eine erhöhte Aufrahmung stattfindet.

Sterilisierte Milch ist nach den Begriffsbestimmungen des Reichsmilchgesetzes eine Vollmilch, die spätestens innerhalb 22 Std. nach dem Melken nach einem als wirksam anerkannten Sterilisierungsverfahren sachgemäß erhitzt worden ist, wenn der dabei erforderliche keimdichte Verschluß unverletzt bleibt. Bei sterilisierter Milch handelt es sich fast immer um homogenisierte Milch.

ε) Die mikroskopische Untersuchung der Fettkügelchen-Verteilung

Die mikroskopische Untersuchung der Verteilung der Fettkügelchen in der Milch kann Aufschluß darüber geben, ob es sich um eine homogenisierte Milch, um eine teilhomogenisierte Milch, um eine hocherhitzte Milch oder um eine rohe bzw. sehr schonend, meistens nicht ausreichend pasteurisierte Milch handelt.

Die Untersuchung auf eine Homogenisierung der Trinkmilch bzw. die Kontrolle der Homogenisierungswirkung erfolgt a) durch die Aufrahm-Probe und b) durch mikroskopische Beobachtung.

Aufrahm-Probe[1]. 250 ml der gut durchmischten Milch werden in mit unterem Ablaßhahn versehenen Aufrahm-Zylindern von 300 ml Inhalt und 27,5 mm lichter Weite gegeben und bei 4° über 48 Std. aufbewahrt. Anschließend wird der Fettgehalt in den obersten und in den untersten 50 ml des Zylinder-Inhalts bestimmt. Bei einwandfreier Homogenisierung dürfen die Ergebnisse der beiden Bestimmungen höchstens bis zu 10% differieren, d. h. es muß bei 3,4% Fett in der oberen Schicht, in der unteren mindestens ein Fettgehalt von 3,06% enthalten sein.

Mikroskopische Beobachtung. Ein Tropfen der zu untersuchenden Probe homogenisierter Milch wird in eine Zählkammer von 0,01 mm Tiefe gebracht, mit dem dazu gehörigen plangeschliffenen Deckgläschen abgedeckt und im Mikroskop bei gewöhnlichem Licht — am besten bei 630facher Vergrößerung — beobachtet. Bei einwandfreier Homogenisierung sollen in der Hauptsache nur Fettkügelchen von 1 bis 2 μ Durchmesser vorhanden sein, während Fettkügelchen bis zu 3 μ Durchmesser in einzelnen Fällen vorkommen sollen. Fettkügelchen über 3 μ Durchmesser dürfen bei einwandfreier Durchführung der Homogenisierung nicht festgestellt werden.

Bei der Prüfung von kondensierter bzw. evaporierter Milch wird eine Verdünnung von einem Teil Kondensmilch mit zwei Teilen Wasser der mikroskopischen Beobachtung unterworfen.

Es müssen jeweils drei Präparate einer Probe im mikroskopischen Bild durchgesehen werden.

Die Untersuchung auf Teilhomogenisierung ist stets so durchzuführen, daß Proben des Rahmes unter dem Mikroskop wie bei Durchführung der mikrosko-

---

[1] W. Mohr u. P. Keller: Süddtsch. Molkerei-Ztg. **72**, 33 (1951).

pischen Untersuchung der homogenisierten Proben, evtl. nach Verdünnen mit Wasser 1:1, geprüft werden. Wenn dann die Fettkügelchen in der Rahmschicht Größenordnungen unter 3 μ aufweisen, handelt es sich um teilhomogenisierte Milch.

Bei roher Milch oder *zu niedrig erhitzter Milch* wird man bei der Untersuchung im mikroskopischen Präparat deutlich Traubenbildung von Fettkügelchen mit verschiedenem Durchmesser beobachten können.

Bei hocherhitzter Milch werden im mikroskopischen Präparat die Fettkügelchen fast alle einzeln für sich gelagert sein.

Die Untersuchung auf die Aufrahmung der Milch macht eine sorgfältige und genau vorgeschriebene *Probenahme* notwendig.

ζ) Sondervorschriften für die Probenahme von Milch zur Fettbestimmung

Da Milch aufrahmt, ist eine gründliche Durchmischung Voraussetzung für die Entnahme einer einwandfreien Durchschnittsprobe.

Bei Kannen ist ein gründliches Durchmischen durch mehrmaliges kräftiges Auf- und Abbewegen eines zweckentsprechenden Rührers (z. B. Rührer mit Lochscheibe) notwendig. Die Probe wird danach mit Hilfe eines Schöpflöffels, Ventilhebers, Stechhebers oder mittels einer Pipette entnommen. Ist die zu prüfende Milchmenge auf mehrere Kannen verteilt, so wird aus den einzelnen Kannen nach gründlichem Durchmischen eine dem Kannen-Inhalt entsprechende Milchmenge entnommen und aus dem Gemisch der Einzelproben die endgültige Durchschnittsprobe gezogen. Soll die Probe aus dem Annahmebehälter entnommen werden, so muß vor der Probenahme eine gründliche Durchmischung der Milch erfolgen. Bei Aufbewahrungsbehältern, Tanks usw. muß der Gesamt-Inhalt so lange mit einer Rührvorrichtung durchgemischt werden, bis eine gleichmäßige Verteilung gewährleistet ist.

Soweit nicht lediglich Stichproben genommen werden und soweit es bei größeren Partien nicht möglich ist, die Milch aus den Einzelgefäßen in einen Sammelbehälter zusammenzuschütten oder aus jedem einzelnen Gefäß eine Probe zu entnehmen, gelten folgende Richtlinien für die Mindestzahl der notwendigen Milchproben:

bei 1 bis 10 Kannen eine Probe aus jeder Kanne,
bei 11 bis 20 Kannen eine Probe aus jeder zweiten Kanne,
bei 21 bis 30 Kannen eine Probe aus jeder dritten Kanne,
bei mehr als 30 Kannen eine Probe aus jeder vierten Kanne.

Die Proben können zur Untersuchung zu einer Gesamtprobe vereinigt werden.

Bei 1 bis 100 Flaschen eine Probe,
bei 101 bis 1000 Flaschen zwei Proben,
bei 1001 bis 10000 Flaschen vier Proben,
bei mehr als 10000 Flaschen vier Proben und je eine weitere Probe bei je 2500 Flaschen oder einer Teilmenge davon.

Die Proben sind einzeln zu untersuchen.

Bei Behältern bis 5000 l Milch eine Probe,
bei Behältern über 5000 l Milch zwei Proben.

Die Proben sind einzeln zu untersuchen.

Für die Untersuchung auf den Fettgehalt soll die Mindestmenge der Milchprobe 35 ml betragen. Die Flasche ist nur soweit zu füllen, daß die Milch nicht ganz bis zum Stopfen reicht, da sonst bei eventueller Rahmpfropfen-Bildung keine Wiedervermischung durch Schütteln möglich ist. Andererseits darf die Milchmenge nicht zu gering sein, da sonst beim Transport eine Ausbutterung eintreten kann. Beim Transport sind zur Verhinderung der Ausbutterung größere Erschütterungen zu vermeiden.

Werden Proben nicht sofort auf ihren Fettgehalt untersucht, so können sie mit 0,1 bis 0,2% Kalium- oder Natriumdichromat konserviert werden. Besteht die zu konservierende Milchprobe aus Teilproben, so muß jeweils nach Zugabe einer Teilprobe umgeschüttelt werden, um das Konservierungsmittel zu verteilen. Wenn die mit Dichromat konservierten Proben länger aufbewahrt werden sollen, so ist darauf zu achten, daß sie kühl und dunkel stehen. Eine Aufbewahrung im Dunkeln ist notwendig, weil durch Lichteinfluß eine Chromgerbung des Milcheiweißes stattfindet, wodurch die Auflösung des Eiweißes erschwert wird. Ansaure Milch soll nach Möglichkeit nicht in die Probegläser gegeben werden, weil dann die ganze Probe trotz Konservierung zu gerinnen pflegt. Konservierte Proben sind genußuntauglich. Der Rest muß nach der Untersuchung vernichtet werden, da die Konservierungsmittel stark giftig sind. Auf die hautschädigende Wirkung von dichromathaltiger Milch ist besonders zu achten.

η) Die gewichtsanalytische Fettbestimmung in Milch und Magermilch

Von der zuständigen Kommission[1] sind für die gravimetrische Fettbestimmung in Milch, homogenisierter und sterilisierter Milch die folgenden Untersuchungsverfahren angenommen: a) die gravimetrische „Universal"-Fettbestimmungsmethode (WEIBULL-STOLDT), b) die Fettbestimmung nach RÖSE-GOTTLIEB. Von den gravimetrischen Methoden ist die nach WEIBULL-STOLDT zur Fettbestimmung am besten geeignet, da sie die exaktesten Werte liefert und außerdem für alle Milcherzeugnisse, wie Magermilch, Vollmilch, Rahm, Butter, alle Käsesorten, alle Dauermilch- und Trockenmilch-Erzeugnisse geeignet ist und daher als Universal-Fettbestimmungsmethode bezeichnet wird[2]. Im Internationalen Milchwirtschaftsverband ist allerdings die RÖSE-GOTTLIEB-Methode als Einheitsmethode angenommen worden.

Die Chemikalien, die bei den gewichtsanalytischen Methoden zur Anwendung kommen, müssen besonders rein sein. Der Äther darf keine Peroxyde enthalten und ist über Natrium in braunen Flaschen aufzubewahren. Auch der zur Anwendung kommende Petroläther soll durch Destillation gereinigt sein. Zur Kontrolle der Reinheit der Chemikalien ist eine Blindprobe durchzuführen. Hierbei soll jedoch nicht der Blindwert mit Wasser bestimmt werden, sondern die Blindprobe ist an einer genau abgewogenen Menge reinem Fett durchzuführen. Dies ist deshalb notwendig, weil die Verunreinigungen fett- und wasserlöslich sein können, bei der Durchführung mit Wasser also in der wäßrigen Phase verbleiben, während sie bei der Bestimmung von Fett ganz oder teilweise von diesem aufgenommen sein können. Es ist unerläßlich, die Chemikalien in derselben Reihenfolge hinzuzufügen, wie in der Vorschrift angegeben, da sonst schwer zu beseitigende Emulsionen entstehen.

Gravimetrische „Universal"-Fettbestimmungsmethode[3] für Milch und Milcherzeugnisse (Weibull-Stoldt, Salzsäureaufschluß-Fettfiltrationsmethode). *Definition des Fettgehaltes:* Unter Fettgehalt wird der gesamte Gehalt an Fett und fettähnlichen Substanzen, ausgedrückt in Gewichtsprozenten, verstanden, der unter den nachstehenden Untersuchungsbedingungen erhalten wird.

Probenahme: Bezüglich Probenahme vergleiche man die Probenahme-Grundregeln für Milch und Milchprodukte und die Sondervorschriften über die Probenahme für das jeweilige Milcherzeugnis.

Vorbereitung der Probe für die Untersuchung: Vor der Untersuchung ist die Probe grundsätzlich so vorzubereiten, wie es für die Vorbereitung der Proben des jeweiligen Milcherzeugnisses bei den dafür in Frage kommenden Untersuchungsmethoden angegeben ist. Im allgemeinen verfährt man wie folgt:

Die Probe ist auf etwa 20° zu bringen und gründlich durchzumischen (8- bis 10mal umgießen oder vorsichtig schütteln). Ist bei dieser Temperatur eine gute Verteilung des Fettes beim Durchmischen der Probe nicht zu erreichen, so ist diese langsam auf ungefähr 40° anzuwärmen, gut durchzumischen und vor der Untersuchung auf etwa 20° abzukühlen. In gleicher Weise ist bei gefrorenen und konservierten Milchproben zu verfahren.

Wesen der Methode: Nach weitgehender Hydrolyse der Eiweißstoffe und Kohlenhydrate durch Behandeln mit Salzsäure wird der fettenthaltende Rückstand mittels eines angefeuchteten Filters abfiltriert, mit heißem Wasser ge-

---

[1] Deutsche Kommission zur Vereinheitlichung der Untersuchungsmethoden von Milch, Milchprodukten und Molkereihilfsstoffen (Methoden-Kommission), Vorsitzer: Prof. Dr. G. SCHWARZ, Hohenheim.

[2] W. MOHR u. K. KOENEN: Milchwissenschaft 7, 120 (1952).

[3] G. SCHWARZ: Milchwissenschaft 9, 231 (1954).

waschen und anschließend getrocknet. Das Fett wird mit Hilfe organischer Lösungsmittel extrahiert, von diesen durch Destillation befreit und nach Trocknung gewogen.

Erforderliche Chemikalien: Salzsäure, rauchend (D = 1,19) rein (frei von ätherlöslichen Stoffen); Äther, wasser- und peroxydfrei (darf beim Abdampfen keinen Rückstand hinterlassen), s. S. 377.

Es ist genau nach Arbeitsvorschrift ein Blindversuch durchzuführen und der ermittelte Blindwert bei der Analysen-Berechnung zu berücksichtigen (s. o.).

Erforderliche Geräte: Analytische Waage, Empfindlichkeit 0,1 mg; Exsiccator, beschickt mit Silikagel; Bechergläser, 600 ml Inhalt, für die Käse-Untersuchung 250 ml Inhalt, hohe Form; Uhrgläser, 7,5 cm Durchmesser; Siedesteinchen, fettfrei, z. B. Porzellansplitter, fein granuliert (3 Std. mit Äther extrahiert); Faltenfilter, 24 bis 27 cm Durchmesser (frei von ätherlöslichen Stoffen); Watte, fettfrei (3 Std. mit Äther extrahiert); Rundstehkolben, 250 ml Inhalt DIN 12376; SOXHLET-Extraktionsaufsätze mit Rückflußkühler; Zwischenstück zur Rückgewinnung des Äthers; Wasserbad oder funkenfrei schaltbare Trocken-Heizvorrichtung.

Bei Untersuchung von Butter und Käse: Cellulosefolie (Zellglas), unlackiert, Dicke 0,03 bis 0,05 mm, Stückgröße etwa 5,0 × 7,5 cm oder Pergamentpapier-Schiffchen.

Die Cellulosefolie oder das Pergamentpapier-Schiffchen dürfen das Analysen-Ergebnis nicht beeinflussen.

Arbeitsvorschrift: Da es sich um eine ,,Universal"-Methode handelt, werden nachstehend außer der Milch auch andere Milchprodukte angeführt. Es sind folgende Substanzmengen, Wasserzusätze und Kochzeiten anzuwenden:

Tabelle 341

Produkt	Substanz-Einwaage in g	Wasserzusatz in ml zu 60 ml rauchender Salzsäure[1]	Kochzeit in Min.
Vollmilch			
Magermilch	100	20	30
Buttermilch			
Speisequark	20	100	30
Käse	5—10	115 bzw. 110	30
Butter	5	115	20
Sahne, bis 30% Fett	20	100	20
Sahne, über 30% Fett			
Sahnepulver	10	110	20
Kondensmilch			
Gezuckerte Kondensmilch			
Kondensmagermilch			
Vollmilchpulver			
Molkenpulver	20	100	20
Magermilchpulver			
Molkenpaste			
Kindernährmittel			
Sahneeis-Eiskrem	20	100	20
Einfach-Eiskrem			
Milchspeiseeis	50	70	20

Man wägt die in der Tabelle angegebenen Substanzmengen in ein Becherglas ein, verdünnt dann mit der vorgeschriebenen Menge Wasser und rührt mit einem Glasstab zur Vermeidung von Klumpenbildung um. Nach Zugabe von 60 ml rauchender Salzsäure gibt man Siedesteinchen zu und erwärmt die Mischung unter häufigem Umrühren auf einem Wasserbad bis zur Beendigung des Schäumens (etwa 20 bis 30 Min., Abzug!). Dann bedeckt man das Gefäß mit einem Uhrglas, setzt es auf ein Asbestnetz und kocht die Mischung auf kleiner Flamme unter gelegentlichem Rühren so lange, wie in der Tabelle angegeben. Darauf wird die Flüssigkeit mit Wasser auf das doppelte Volumen verdünnt, noch heiß durch ein bzw.

---

[1] Bei Serienanalysen eines Produktes kann eine entsprechend verdünnte Salzsäure benützt werden.

zwei ineinandergelegte, mit heißem Wasser angefeuchtete Faltenfilter gegeben und das Becherglas noch dreimal mit heißem Wasser nachgespült. Die Waschwässer dienen gleichzeitig zum Nachspülen des Filters. Dieses trocknet man nach Abtropfen der Flüssigkeit auf einer Porzellanschale oder einem Uhrglas im Trockenschrank, bis das Wasser vollständig verdampft ist (Temperatur 105°, Dauer je nach Fettgehalt 1 bis 5 Std.) und überführt es dann in einen SOXHLET-Extraktionsapparat, dessen Überlauf-Ansatz mit etwas Watte bedeckt ist. Bezüglich der Extraktionstechnik vgl. S. 357 ff. Das Trägerschälchen spült man mit etwas Äther nach und extrahiert dann das Fett erschöpfend mit 150 ml Äther. Die Extraktion ist meist beendet, wenn das Lösungsmittel 16- bis 18mal abgehebert wurde. Die Hauptmenge des Äthers destilliert man mit Hilfe des Zwischenstücks zur Rückgewinnung ab, entfernt die letzten Reste mit einem Handgebläse aus dem Kolben und trocknet diesen im Trockenschrank liegend bei 105° oder im Vakuum bei 70 bis 75° bis zur Gewichtskonstanz (stündliche Zwischenwägungen). Der letzte, vor der Gewichtszunahme erhaltene Wert wird der Berechnung zugrunde gelegt:

$$\% \text{ Fett} = \frac{\text{Auswaage} \cdot 100}{\text{Einwaage}}$$

Der Blindwert der Filter ist zu berücksichtigen.

Die Genauigkeit der Methode beträgt bei Käse $\pm 0,05\%$, bei Butter $\pm 0,03\%$ und bei sämtlichen anderen genannten Milchprodukten $\pm 0,02\%$.

Fettbestimmung nach Röse-Gottlieb[1]. Bezüglich Definition, Probenahme und Vorbereitung der Proben zur Untersuchung vgl. die Angaben bei der „Universal"-Fettbestimmungsmethode S. 1224. Geronnene Milchproben und Buttermilch sind nach der „Universal"-Methode zu untersuchen, ebenso angebutterte Milch, bei der die Gesamt-Probemenge verwendet werden muß.

Wesen der Methode: Durch Behandeln mit Ammoniak werden die Eiweißstoffe gelöst, das Fett wird mit Hilfe organischer Lösungsmittel extrahiert, von diesen durch Destillation befreit und nach Trocknung gewogen.

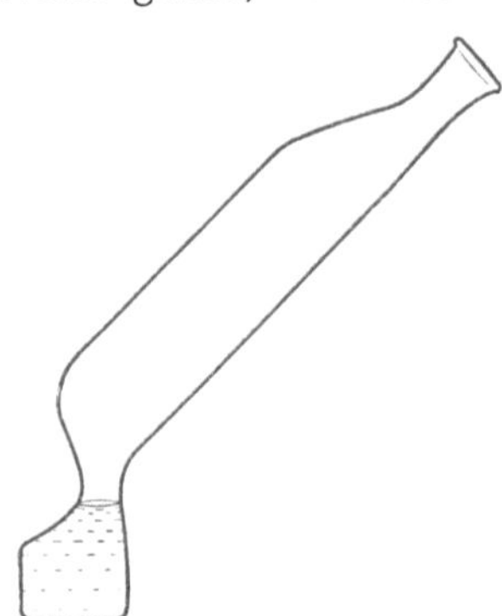

Abb. 406. Extraktionsrohr nach MOJONNIER (Schweinchen) für die Fettbestimmung nach RÖSE-GOTTLIEB

Erforderliche Reagentien: Ammoniak-Lösung, 25%ig; Äthylalkohol (96%ig); Äther, peroxydfrei (s. S. 377); Petroläther (Sdp. 40 bis 60°). Die Lösungsmittel dürfen beim Abdestillieren einer Probe keinen Rückstand hinterlassen.

Erforderliche Geräte: Als Extraktionsgefäße können verwendet werden: Kipprohre (MOJONNIER-Art, Abb. 406), Ausblasrohre (englisches Standardrohr), Ausblaskolben (EICHLOFF-GRIMMER-Kolben). Sie müssen mit eingeschliffenen Glasstopfen oder angefeuchteten, nicht durchlässigen Korkstopfen verschließbar sein. Ferner benötigt man Schliffkolben von 150 bis 200 ml Inhalt (Rund-, Steh- oder ERLENMEYER-Kolben) und fettfreie Siedesteinchen. Die Wägungen werden auf einer analytischen Waage ausgeführt.

Arbeitsvorschrift: In das Extraktionsgefäß werden 10 g Milch oder Magermilch genau eingewogen, mit 2 ml Ammoniak-Lösung versetzt und 30 Sek. geschüttelt. Dann gibt man nacheinander 10 ml Alkohol, 25 ml Äther und 25 ml Petroläther hinzu, wobei man nach jeder Zugabe das Gefäß dicht verschließt und mindestens 60 Sek. kräftig durchschüttelt. Nun zentrifugiert man oder läßt stehen, bis sich die Schichten der Emulsion klar voneinander getrennt haben. Die Wartezeit ist bei Milch mit 3 bis 5 Std. angegeben, während der man durch vorsichtiges Umschwenken die Wandungen des Gefäßes klar spülen soll (aus Gründen der Zeitersparnis ist die Verwendung von Gefäßen zu empfehlen, die ein Zentrifugieren ermöglichen). Durch Abhebern oder Dekantieren überführt man die klare Lösungsmittel-Schicht in einen getrockneten, mit Siedesteinchen beschickten und konstant gewogenen Kolben, während man die zurückbleibende wäßrige Phase noch zweimal in der oben beschriebenen Weise ohne Zusatz von Alkohol extrahiert. Die vereinigten Lösungsmittel-Auszüge werden abgedampft, die letzten Reste des Extraktionsmittels mit dem Handgebläse entfernt und der Kolben im Trockenschrank bei 105° liegend oder

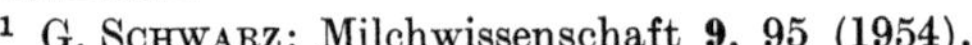

---

[1] G. SCHWARZ: Milchwissenschaft **9**, 95 (1954).

im Vakuum bei 70 bis 75° bis zur Gewichtskonstanz (stündliche Zwischenwägungen) getrocknet. Der letzte, vor der Gewichtszunahme erhaltene Wert wird der Berechnung zugrunde gelegt:

$$\% \text{ Fett} = \frac{\text{Auswaage} \cdot 100}{\text{Einwaage}}$$

Die Genauigkeit der Methode ist für Milch $\pm 0{,}02\%$, für Magermilch $\pm 0{,}01\%$. Es ist besonders auf sorgfältiges Durchmischen der einzelnen Phasen und später auf genaue Abtrennung des Extraktes zu achten. Die verwendeten Stopfen müssen gut abdichten.

Bei der Methode nach MOJONNIER werden als Extraktionsgefäße Schweinchen verwendet, in denen die Einwaage mit den Reagentien geschüttelt wird. Die Gefäße schleudert man dann in einer Zentrifuge 5 Min. bei 800 U/Min., worauf die Lösungsmittel-Schicht abgehebert wird. Die zweite Extraktion erfolgt mit 5 ml Alkohol, 25 ml Äther und 25 ml Petroläther. Die vereinigten Lösungsmittel-Auszüge dampft man wie üblich ab, stellt die noch heißen Kolben dann 7 Min. in einen Kühlschrank und wägt. Die Ausführung der Methode wird durch die Verwendung eines Fettbestimmung-Apparates nach MOJONNIER wesentlich erleichtert, der eine Abdampfvorrichtung für Äther, eine Zentrifuge mit Haltevorrichtung für 8 Schweinchen und eine Kühlkammer für die zu wägenden Kölbchen in kombinierter Anordnung enthält.

ϑ) Schnellmethode zur Fettbestimmung nach Gerber [1] (Säuremethode [2])

Bezüglich Definition, Probenahme und Vorbereitung der Proben zur Untersuchung vgl. die Angaben bei der „Universal"-Fettbestimmungsmethode S. 1224. Geronnene oder angebutterte Milchproben müssen nach der „Universal"-Methode untersucht werden. Bei angebutterter Milch ist dabei die Gesamt-Probemenge zu verwenden. Bei Verwendung der GERBER-Methode für die Fettbestimmung in Magermilch und Buttermilch werden nur angenäherte Werte erhalten, die gegenüber den gravimetrischen Verfahren zu tief liegen.

Bei der Bestimmung in Buttermilch aus Süß- oder Sauerrahm bilden sich außerdem sehr leicht braune Pfropfen, die eine scharfe Schichtentrennung verhindern. Durch Anwendung einer etwas stärkeren Schwefelsäure, $D_4^{20} = 1{,}83$, läßt sich dieser Fehler vermeiden.

Wesen der Methode: Um die Eiweißstoffe der Milch — insbesondere die Hüllen der Fettkügelchen — zu lösen, wird die Milch mit Schwefelsäure behandelt. Das so freigelegte Fett trennt man durch Zentrifugieren ab, worauf man seine Menge an der Skala des Butyrometers ablesen kann. Um eine scharfe Trennungslinie zwischen Fett und Schwefelsäure zu erreichen, setzt man Amylalkohol zu. Bei der Fettbestimmung nach GERBER handelt es sich um eine Schnellmethode, in Zweifelsfällen muß eine Kontrolle durch gewichtsanalytische Verfahren vorgenommen werden.

Erforderliche Chemikalien: Schwefelsäure $D_4^{20} = 1{,}817 \pm 0{,}003$ mit einem Höchstgehalt an Stickoxyden von 50 mg in 100 ml Säure. Amylalkohol $D_4^{20} = 0{,}811 \pm 0{,}002$, Sdp. 128 bis 132°, 95% des Amylalkohols müssen bei 760 mm unterhalb 132° übergehen. An Stelle von Amylalkohol können auch geeignete Austauschstoffe verwendet werden. Diese bzw. der Alkohol dürfen bei der Methode mit Wasser keinen Blindwert geben. Kontroll-Bestimmungen mit Milch bekannten Fettgehaltes sind zur Prüfung der Eignung durchzuführen.

Erforderliche Geräte: Für Milch genormte und geeichte (DIN) Butyrometer; Abmeßvorrichtungen für 10 ml Schwefelsäure und 1 ml Amylalkohol, ebenfalls geeicht und genormt (DIN) und, wie die Butyrometer, bei 20° justiert; Zentrifuge zur Milchfett-Bestimmung mit einer kontrollierbaren Geschwindigkeit von 1000 bis 1200 U/Min. (bezogen auf einen lichten Durchmesser des Zentrifugentellers von 48 bis 55 cm), möglichst heizbar; Wasserbad und Butyrometer-Gestelle.

Arbeitsvorschrift: Man füllt das Butyrometer nacheinander mit 10 ml Schwefelsäure, 10,75 ml Milch[2] (Temperatur etwa 20°) und 1 ml Amylalkohol und achtet darauf, daß sich die Flüssigkeiten nicht vermischen. Das Butyrometer wird verschlossen und kräftig

---

[1] G. SCHWARZ: Milchwissenschaft **9**, 95 (1954).

[2] Es ist zu beachten, daß die Fettbestimmung nach GERBER in Milch in der vorgeschlagenen Form nicht die Zustimmung der zuständigen Ministerien erfahren hat, sondern bis jetzt 11 ml Milch bei der Untersuchung anzuwenden sind.

geschüttelt bis zur vollständigen Auflösung des Eiweißes. Alsdann stürzt man das Butyrometer mehrfach und achtet auf gute Durchmischung des Inhalts. Das noch heiße Butyrometer wird 5 Min. bei der für die betreffende Zentrifuge vorgeschriebenen Umdrehungszahl zentrifugiert. Anschließend wird das Butyrometer 5 Min. im Wasserbad auf 65° erwärmt. Mit Hilfe des Stopfens stellt man die Trennungslinie Schwefelsäure—Fett möglichst auf einen ganzen Teilstrich der Butyrometer-Skala ein und liest die Höhe der Fettsäule bei $65 \pm 2°$ am tiefsten Punkt des Meniskus ab.

Homogenisierte Milch ist dreimal je 5 Min. zu zentrifugieren. Vor dem zweiten und dritten Zentrifugieren wird das Butyrometer je 5 Min. im Wasserbad auf 65° erwärmt.

Das Ergebnis der Fettbestimmung kann bis auf zwei Stellen nach dem Komma angegeben werden, wobei die zweite Dezimale auf 0,05 abzurunden ist. Bei Pfropfenbildung in der Butyrometer-Skala ist die Fettgehalt-Bestimmung zu verwerfen. Genauigkeit der Methode: $\pm 0,05\%$ Fett.

c) Sahne

Begriffsbestimmungen. *Kaffeesahne* und auch sterilisierte Kaffeesahne sind Milcherzeugnisse mit einem Mindestfettgehalt von 10%. Diese Produkte werden vornehmlich zum Weißen von Kaffee-Getränken benützt. Die Weißkraft nimmt mit Erhöhung des Fettgehaltes zu. Durch Homogenisieren der Sahne wird die Weißkraft erhöht und durch Sterilisieren stark herabgesetzt. Der Nachweis der Homogenisierungswirkung erfolgt durch mikroskopische Beobachtung in Zählkammern von 0,01 mm Tiefe wie bei homogenisierter Trinkmilch. Dabei sollen mindestens 3 Präparate einer Probe durchgesehen werden (s. S. 1220).

Schlagsahne ist ein Milcherzeugnis mit einem Mindest-Fettgehalt von 28%. Meistens wird Schlagsahne mit einem Fettgehalt von 30 bis 34% in den Verkehr gebracht, da die geschlagene Sahne bei zu geringem Fettgehalt zu stark absetzt. 100 ml Sahne sollen in geschlagenem Zustand nach 2std. Stehen bei Zimmertemperatur (18 bis 20°) höchstens 3 ml Flüssigkeit abgesetzt haben. Das Schlagen muß mit der Standard-Schlagsahne-Apparatur[1] erfolgen, um sicherzustellen, daß für die Beurteilung weder ein „Unterschlagen" noch ein „Überschlagen" der Sahne erfolgt ist.

Probenahme. Bei frischer, nicht über 2 bis 4 Std. gelagerter Sahne wird die Probenahme wie bei Milch (S. 1223) durchgeführt.

Die Probenahme von Sahne, besonders von fettreicher Sahne mit 30% Fett und höher, ist außerordentlich schwierig bzw. überhaupt nicht einwandfrei durchzuführen, wenn die betreffende Sahne längere Zeit kühl bei Temperaturen zwischen 0 und 6° gelagert wurde. Besonders bei Schlagsahne, die 3 bis 6 Tage bei tiefen Temperaturen (2 bis 4°) gealtert ist, tritt beim Erwärmen sehr häufig eine makroskopisch und mikroskopisch deutlich sichtbare Fettklumpen-Bildung und Anbutterung auf, beim Anwärmen zuweilen ein Ausölen. Längere Zeit tiefgekühlte Sahne, ebenso wie mehrere Tage gealterte Schlagsahne, müssen deshalb vor der Probenahme (oder bei Ziehung von Teilproben aus großen Gefäßen nach deren Vereinigung) in einem auf 50° temperierten Wasserbad unter leichtem Umrühren (ohne Anbuttern) auf Temperaturen von 40 bis 45° gebracht werden. Es muß dann schnell die entsprechende Menge je nach der Fettbestimmungsmethode (Schnellmethode oder gravimetrische „Universal"-Fettbestimmungsmethode) abpipettiert bzw. abgewogen werden.

Zur Kontrolle, ob die abgenommene Menge Substanz zur Untersuchung wirklich dem Durchschnitt der Probe entspricht, sind drei Untersuchungen durchzuführen, bei denen das Ergebnis innerhalb der Fehlergrenze der betreffenden Bestimmungsmethode liegen muß. Ist dies nicht der Fall, so ist eine einwandfreie Beurteilung der betreffenden Sahneprobe kaum möglich.

Soweit es praktisch durchführbar ist, empfiehlt sich daher die Untersuchung der gesamten Probemenge nach der „Universal"-Fettbestimmungsmethode.

Fettgehalt. Zur Untersuchung von Sahne auf den Fettgehalt kommen die gravimetrische „Universal"-Fettbestimmungsmethode (WEIBULL-STOLDT-Methode, S. 1224), die Bestimmung nach RÖSE-GOTTLIEB (1 bis 2 g Einwaage, S. 1226) sowie die GERBER-Methode in Frage. Letztere gibt bei Sahne keine zuverlässigen Werte. Meistens liegen diese zu hoch, und zwar um 1% und mehr. Die Durchführung der Bestimmung nach GERBER ist etwas anders als bei Milch:

5 g Rahm werden in einen kleinen Glasbecher eingewogen, den man zusammen mit dem Gummistopfen in das Rahm-Butyrometer einführt. Das Butyrometer wird mit verd. Schwefelsäure (D = 1,53) bis zum Anfang der Skala gefüllt und 1 ml Amylalkohol hinzu-

---

[1] W. MOHR u. K. KOENEN: Dtsch. Molkerei-Ztg. **74**, 468 (1953).

gegeben. Nachdem man das Butyrometer auch oben mit einem Gummistopfen verschlossen hat, wird kräftig durchgeschüttelt und dieses in ein Wasserbad von 81° gestellt, bis das gesamte Eiweiß unter erneutem Umschütteln in Lösung gegangen ist (etwa 15 Min.). Sodann wird das Butyrometer 5 Min. bei 1000 bis 1200 U/Min. geschleudert, wieder auf 65° erwärmt und die Fettsäule auf den Nullpunkt der Skala eingestellt. Die Ablesung erfolgt am tiefsten Punkt des Meniskus.

d) Kondensmilch

Begriffsbestimmungen. *Kondensierte oder evaporierte Milch* ist ein sterilisiertes, eingedicktes Erzeugnis, das einen Fettgehalt von 7,5% und eine fettfreie Trockenmasse von 17,5% aufweisen muß.

Außerdem ist eine sterilisierte Kondensmilch mit mindestens 10% Fett und mindestens 23% fettfreier Milchtrockenmasse im Handel.

In der Kondensmilch liegt das Fett grundsätzlich in homogenisierter Form vor. Durch längeres Einfrieren der Kondensmilch bei Temperaturen unter 0° wird der Homogenisierungseffekt zum Teil zerstört.

Gezuckerte Kondensmilch ist gezuckerte, eingedickte Milch mit einem Mindest-Fettgehalt von 8,3%, mit mindestens 22% fettfreier Milchtrockenmasse und höchstens 27% Wasser.

Kondens-Magermilch ist eine sterilisierte, eingedickte, entrahmte Milch ohne Zusatz von Zucker, die mindestens 22% fettfreie Milchtrockenmasse enthält.

Gezuckerte Kondens-Magermilch ist eine eingedickte entrahmte Milch mit Zusatz von Zucker, die mindestens 26% fettfreie Milchtrockenmasse und höchstens 30% Wasser enthält.

Probenahme von Kondensmilch, evaporierter Milch und gezuckerter Kondensmilch. *Aus großen Behältern (Fässern, Trommeln usw.):* Die einwandfreie Entnahme einer Durchschnittsprobe von kondensierter Milch, insbesondere aber von gezuckerter Kondensmilch aus größeren Behältern, dürfte wegen der hohen Viscosität dieser Erzeugnisse stets schwierig sein. Es ist notwendig, den Inhalt des Fasses sehr sorgfältig zu vermischen, bevor die Probe entnommen wird. Das geeignetste Gerät hierfür ist ein metallener Rührer, der lang genug sein sollte, um damit den Grund des Behälters zu erreichen, und der gleichzeitig säbelförmig gebogen ist, um damit festhaftende Teile an den Seitenwänden abzuschaben.

Es sollten 2 bis 3 l des gut durchmischten Inhalts eines Behälters entnommen, hierin das Rühren wiederholt und eine Probe von mindestens 200 g gezogen werden.

Die Probegefäße sollten großen Durchmesser und festschließende Deckel haben.

Wenn alle an dieser Probe durchzuführenden Untersuchungen gleichmäßig nebeneinander angesetzt werden können, empfiehlt es sich, bei gezuckerter Kondensmilch vor dem Wiegen die Probe so anzuwärmen, daß der Zucker wieder gelöst wird. Man muß sich aber darüber klar sein, daß bei nachfolgendem Abkühlen dieser Originalprobe dann bestimmt eine grobe Zuckerkristall-Bildung auftritt, die eine spätere, gleichmäßige Probeentnahme erschwert.

Aus kleinen Gebinden: Als Proben-Einheit sollten stets zwei einwandfreie, ungeöffnete Dosen gelten, und zwar Dosen desselben Herstellungstages. Es ist deshalb darauf zu achten, daß die beiden Dosen dieselbe Signierung bezüglich Datum der Herstellung bzw. der Schlüsselung haben müssen, damit sie später zu einer Vollanalyse von Kondensmilch zusammengemischt werden können.

Die Dosen dürfen zur Durchführung der Analyse erst nach gutem Durchschütteln geöffnet werden. Zeigt sich nach dem Öffnen der Dose ein starker Satz am Deckel oder Boden, so ist der gesamte Inhalt einer Dose unter Rühren gelinde zu erwärmen, durch ein Sieb in ein Becherglas zu überführen und erst dann als Ausgangssubstanz für die chemische Untersuchung zu verwerten.

Fettbestimmung in Kondensmilch und evaporierter Milch. Als Methoden für die Fettbestimmung in evaporierter Milch und Kondensmilch kommen in Frage: Die gravimetrische „Universal"-Fettbestimmungsmethode (WEIBULL-STOLDT) und die Fettbestimmung nach RÖSE-GOTTLIEB. Beide Methoden sind bei der Untersuchung der Milch auf S. 1224 und S. 1226 eingehend beschrieben worden. Die RÖSE-GOTTLIEB-Bestimmung wird in der gleichen Weise mit Kondensmilch und evaporierter Milch durchgeführt, indem in diesem Fall 5 g Substanz und 5 ml Wasser verwendet werden.

Fettbestimmung in gezuckerter Kondensmilch. Für die Fettbestimmung in gezuckerter Kondensmilch kommt im allgemeinen nur die gravimetrische „Universal"-Fettbestimmungsmethode (WEIBULL-STOLDT) in Frage (s. S. 1224). Im Internationalen Milchwirtschaftsverband ist allerdings die RÖSE-GOTTLIEB-Methode als Einheitsmethode angenommen worden, und zwar mit 2 g Substanz und 8 ml Wasser.

e) Trockenmilch

Begriffsbestimmungen. *Vollmilchpulver* muß nach den deutschen gesetzlichen Bestimmungen mindestens 25 % Fett i. T. enthalten. Bei *Magermilchpulver* ist ein Höchst-Fettgehalt, der nicht überschritten werden darf, im Gegensatz zu den Vorschriften in verschiedenen ausländischen Staaten nicht vorgeschrieben.

Probenahme. Die Probenahme für die chemische Untersuchung und die Sinnenprüfung muß getrennt von der Probenahme für die bakteriologische Untersuchung aus denselben Gebinden[1] erfolgen.

a) Bei Milchpulver in kleinen Packungen (800 g-Dosen) ist mindestens eine unverletzte, verschlossene Dose als Probe zu nehmen und diese Milchpulvermenge in der Dose vor der Entnahme der Substanz für die einzelnen Untersuchungen vorher gut durchzumischen. Bei Probenahme von Milchpulver aus größeren Gebinden (Kanistern, Säcken, Kisten usw.) muß die Probenahme mit einem geeigneten Probebohrer (am besten aus nichtrostendem Stahl) erfolgen. Es wird hierfür der Probebohrer gemäß den British Sampling 809/1949 Sampling Milk and Milkproducts empfohlen.

b) Der Probebohrer muß bei Verwendung zur Entnahme der Probe sauber, frei von Fremdgerüchen und trocken sein und die Temperatur des Raumes haben, in dem die Probenahme erfolgt.

c) Die Probenahme muß mit dem Probebohrer durch die ganze Länge des Kanisters bzw. des Behältnisses (Sack, Polyäthylen-Sack, Kiste u. dgl.) erfolgen.

d) Als Probemenge müssen bei Entnahme aus größeren Gebinden (Kanistern, Säcken, Kisten) für die einzelne Probe grundsätzlich mindestens 300 g (eine Füllung des Probenehmers) entnommen werden. Mehr als 500 g sind für eine einzelne Probe nicht zu entnehmen.

e) Die Gefäße, in die die entnommene Probe gegeben wird, müssen frei von Fremdgerüchen und vollkommen trocken sein.

f) Die Entnahme der Probe hat durch einen geschulten, neutralen Probenehmer aus der bereits verpackten Ware zu erfolgen. Die Proben sind sofort nach der Entnahme in einwandfrei verzinnte Weißblechdosen (Konservendosen) mit Eindrückdeckel abzufüllen und luftdicht zu verschließen. Glasgefäße sind als Probegefäße nicht zu verwenden (Beeinflussung der Farbe und des Geschmackes durch Licht).

g) Bei Entnahme von mehreren Proben aus verschiedenen Gebinden, bei Probenahme von größeren Partien Milchpulver darf ein Mischen von einzelnen Proben zu einer Mischprobe nicht erfolgen. Die Proben sind von der betreffenden Untersuchungsstelle vielmehr einzeln zu untersuchen.

Bestimmung des Fettgehaltes. Für die Untersuchung von Milchpulver auf den Fettgehalt kommen in Frage: Die gravimetrische „Universal"-Fettbestimmungsmethode (WEIBULL-STOLDT) und die RÖSE-GOTTLIEB-Methode, sofern es sich um frisches Pulver handelt. Einwaage bei der RÖSE-GOTTLIEB-Methode 1 g. Diese Methode gibt bei Vollmilchpulver im allgemeinen etwas niedrigere Werte als die gravimetrische „Universal"-Fettbestimmungsmethode (aber innerhalb der Fehlergrenze). Bei altem, insbesondere ranzigem Pulver versagt die RÖSE-GOTTLIEB-Bestimmungsmethode, weil hierbei die freien Fettsäuren nicht mitbestimmt werden.

Bei Magermilchpulver ergibt die RÖSE-GOTTLIEB-Bestimmung, allerdings auch innerhalb der Fehlergrenze, umgekehrt etwas höhere Werte als sie bei Benützung der gravimetrischen „Universal"-Fettbestimmungsmethode erhalten werden.

---

[1] Es erscheint praktisch nicht möglich, den für die Probenahme für die chemische Untersuchung erforderlichen großen Probebohrer jedesmal einwandfrei neu zu sterilisieren oder andererseits eine derartige Menge von großen sterilen Probenehmern, wie sie bei einer Probenahme von mehreren Gebinden notwendig ist, zur Verfügung zu haben.

f) Kindernährmittel und Sonder-Präparate von Milchpulver

Probenahme. Die Probenahme von Kindernährmitteln und Sonderpräparaten von Milchpulver für die chemische Untersuchung und für die Sinnenprüfung erfolgt in gleicher Weise, wie für Milchpulver bereits beschrieben.

Bestimmung des Fettgehaltes. Für die Untersuchung auf den Fettgehalt kommt, insbesondere bei zuckerhaltigen Erzeugnissen, nur die gravimetrische „Universal"-Fettgehaltsbestimmung (WEIBULL-STOLDT-Methode) in Frage (siehe S. 1224).

g) Butter

α) Begriffsbestimmung

Butter ist, nach der Definition der Butterverordnung vom 2. 6. 1951[1], das aus Milch Rahm oder Molke (Molkenrahm), süß oder gesäuert, gegebenenfalls unter Zusatz von Bakterienkulturen, Wasser, Kochsalz und amtlich zugelassenen Farbstoffen gewonnene plastische Gemisch mit mindestens 80% Butterfett, aus dem beim Erwärmen auf 45° überwiegend eine klare Milchfettschicht und in geringerem Maße eine Wasser- und Milchbestandteile enthaltende Schicht abgeschieden werden.

Diese Definition unterscheidet also eindeutig Milch-, Rahm- und Molken-Butter und auch Butter, die aus süßen oder gesäuerten Grundstoffen hergestellt ist. Ein Unterschied zwischen gewaschener und ungewaschener Butter wird dagegen nicht gemacht, obgleich sowohl gewaschene als auch ungewaschene Süßrahm-Butter sowie gewaschene und ungewaschene Sauerrahm-Butter hergestellt werden.

Nach der Definition für Milch, gemäß der 1. Verordnung zur Ausführung des Milchgesetzes vom 15. 5. 1931, muß bei Butter, die aus der Milch einer anderen Tiergattung hergestellt wurde, eine zusätzliche Deklarierung, z. B. „Ziegenbutter", „Büffelbutter", erfolgen.

Bezüglich des Emulsionstyps ist eine eindeutige Aussage in der B.V.O. vermieden. Es wird nur klargestellt, daß beim Erwärmen auf 45° eine Trennung in eine überwiegend klare Milchfettschicht und eine kleinere aus Wasser und Milchbestandteilen bestehende Schicht erfolgt. Dadurch werden hochprozentige Sahne, die sich bei 45° nicht entmischt, und Doppelemulsionen, die in wesentlich größerem Umfang eine Wasser- und Milchbestandteile enthaltende Schicht bei Erwärmung auf 45° absondern, von der Bezeichnung als Butter ausgeschlossen.

Etwas anders wird die Definition von Butter von N. KING[2] gefaßt. Nach ihm stellt die Butter eine verwickelte Emulsion des Typus „Fettkügelchen und Plasmatropfen in freiem Fett" dar. Im großen und ganzen schließt sich auch H. MULDER[3] der KINGschen Auffassung an. Er ergänzt sie jedoch dahingehend, daß er die Butter folgendermaßen definiert: „Die kontinuierliche Phase in der Butter ist die Fettphase. Diese wird von vielen wasserhaltigen Adern durchschnitten, die durch Wassertröpfchen und Adsorptionshüllen von Fettkügelchen laufen. Fettkügelchen, Wassertröpfchen, Fettkristalle und Luftblasen bilden die diskontinuierliche Phase in der Butter".

W. MOHR und E. MOHR[4] definieren die Butter neuerdings wie folgt: Butter ist eine kontinuierliche Fettphase von flüssigem Butteröl und Butterfett-Gallerte, in der Butterfett-Kristalle enthalten sind und in der außerdem Plasmatröpfchen bzw. Wassertröpfchen dispergiert sind. Die Plasmatröpfchen können z. T. noch einzelne Fettkügelchen mit intakter Hülle aus den grenzflächenaktiven Stoffen enthalten. Zum Teil brauchen diese Plasmatröpfchen keine runden Formen angenommen zu haben, sondern können in Form capillarähn-

---

[1] Der Bundesminister für Ernährung, Landwirtschaft und Forsten: Butterverordnung und Verordnung über Käse, Schmelzkäse und Käsezubereitungen (Käseverordnung) vom 2. Juni 1951, Bundesanzeiger **3**, Nr. 110 (12. 6. 1951); der Wortlaut des Gesetzes ist im Verlag der Dtsch. Molkerei-Ztg., Kempten (Allgäu), 1951 erschienen.

[2] N. KING: Milchwissenschaft **3**, 209 (1948).

[3] H. MULDER: Milchwissenschaft **3**, 208 (1948).

[4] W. MOHR u. E. MOHR: Molkerei- u. Käserei-Ztg. **5**, 1507 (1954).

licher, kurzer Kanäle vorliegen. Beim Erwärmen trennt sich die Butter in einen überwiegenden Anteil von Butterfett und eine kleine Serumschicht.

β) Herstellungsverfahren

Die Herstellung der Butter erfolgt nach verschiedenen Verfahren, bei denen die Art der Butterbildung, die Vorbereitung des Rahmes und die apparative Ausrüstung weitgehend voneinander abweichen. Durchweg gehen alle Herstellungsverfahren von der Sahne (vom Rahm) aus. Die Herstellung der Butter direkt aus Milch erfolgt nur in wenigen eng begrenzten Ausnahmefällen, insbesondere wenn nicht die Butter, sondern die bei der Butterherstellung anfallende Buttermilch das Haupterzeugnis der Fabrikation darstellt. Die Molkenbutter wird ausschließlich aus Molkenrahm hergestellt.

Je nach der Art der Butterbildung werden die folgenden Herstellungsverfahren[1] unterschieden:

1. Die Schaum-Verfahren: Butterfertiger-Verfahren, FRITZ-Verfahren, CO_2-Butterungsverfahren nach SENN.

2. Die Separier-Verfahren: ALFA-Verfahren, NEW-WAY-Process.

3. Die Butterschmalz-Emulgier-Verfahren: CHERRY-BURREL-Verfahren, CREAMERY-PACKAGE-Verfahren.

γ) Klassifikation

Die Beurteilung der Butter und ihre Bewertung erfolgt entsprechend der Butterverordnung[2] nach ihrer Qualität. Man unterscheidet

a) Deutsche Markenbutter mit mindestens 17 Wertmalen, davon mindestens 9 im Geschmack;

b) Deutsche Molkereibutter mit mindestens 16 Wertmalen, davon mindestens 7 im Geschmack;

c) Deutsche Landbutter mit mindestens 13 Wertmalen, davon mindestens 6 im Geschmack.

Die Qualität wird von Sachverständigen mittels einer Sinnenprüfung festgestellt, da es einwandfreie chemische Untersuchungsmethoden zur Qualitätsfeststellung noch nicht gibt. Bei amtlichen Beurteilungen soll sich die Prüfungskommission aus einem Butterei-Fachberater, einem Molkerei-Fachmann und einem Sachverständigen des Butterhandels zusammensetzen[3]. Für die Prüfung der Butterqualität sind gesetzliche Grundsätze aufgestellt.

Gesetzliche Grundsätze für die Beurteilung nach Wertmalen. Die Beurteilung der Butter richtet sich nach der Zahl der Wertmale, die sie bei der Sinnenprüfung auf Geruch, Geschmack, Ausarbeitung, Aussehen und Gefüge erhält. Dabei sind die einzelnen Eigenschaften wie folgt zu bewerten:

a) für Geruch . . . . bis zu 3 Wertmalen
b) für Geschmack (Reinheit, Aroma) . . . . bis zu 10 Wertmalen
c) für Ausarbeitung (Buttermilch- und Wasserlässigkeit) . . bis zu 3 Wertmalen
d) für Aussehen (Reinheit, Farbe, Schimmer) . . . . bis zu 2 Wertmalen
e) für Gefüge (Härtegrad, Streichfähigkeit) . . . . bis zu 2 Wertmalen

Die Kennzeichnung der Handelsklasse auf der Butterverpackung erfolgt bei Deutscher Markenbutter in roter und blauer, bei Deutscher Molkereibutter in blauer, bei Deutscher Landbutter in schwarzer Farbe.

Tab. 342 zeigt das Bewertungsschema für Butterfehler:

---

[1] Über die Technik dieser Verfahren siehe W. MOHR u. K. KOENEN: Die Butter. Hildesheim: Mann K.G. 1958.

[2] Bundesanzeiger **3**, Nr. 110 (12. 6. 1951).

[3] Butterverordnung und Verordnung über Käse, Schmelzkäse und Käsezubereitungen v. 2. Juni 1951, erläutert von W. GODBERSEN, Kempten (Allgäu): Verlag der Dtsch. Molkerei-Ztg. 1951.

Tabelle 342

Punkte für Geschmack Gesamt-Punktzahl		Deutsche Markenbutter				Deutsche Molkereibutter			Deutsche Landbutter			
Eigenschaften	Stärke der Eigensch.	10/20	9/19	9/18	9/17	8/17	8/16	7/16	7/15	7/14	6/14	6/13
Voll aromatisch, rein												
Weniger Aroma, sonst rein, ohne Fehler												
sauer hefig alt käsig metallisch malzig ölig futtrig talgig unrein	leicht											
	mittel											
	stark											
fischig tranig	leicht											
	mittel											
	stark											
ranzig faulig	leicht											
	mittel											
	stark											

Die Unterteilung der Fehlerspalten gibt die Bewertung der Fehlerstärken an. Zum Beispiel leicht fischig muß mit 7/15, fischig mit 6/14, stark fischig mit 5/12 bewertet werden.

Werden mehrere Fehler festgestellt (z. B. leicht ölig, leicht fischig), so ist immer in die dem schwereren Fehler entsprechende Punktzahl einzustufen (also 7/15). Abzüge für Aussehen, Ausarbeitung und Gefüge dürfen keinen Einfluß auf die Geruchs- und Geschmacksbeurteilung haben, sondern nur im Gesamtergebnis zum Ausdruck kommen.

Butter mit Geschmack und Geruch nach fremden Stoffen (Reinigungs- und Desinfektionsmittel, Medizin, Sole u. a.) ist ohne Beurteilung aus dem Verkehr zu ziehen.

Abzüge in
Ausarbeitung: leicht wäßrig (einzelne Tröpfchen, Perlen am Stecher) . . 1 Punkt
wasserlässig (Tröpfchen-Ketten) . . . . 2 Punkte
stark wasserlässig (Tropfen an Butter und Stecher, trübe Lake) 3 Punkte
Gefüge: leicht bröcklig, kurz, schmierig, salbig, überarbeitet, knirschend 1 Punkt
stark hervortretende Fehler . . . . 2 Punkte
Aussehen: zu wenig oder zu stark gefärbt . . . . 1 Punkt
leicht bunt, streifig . . . . 1 Punkt
stark bunt, streifig, marmoriert . . . . 2 Punkte

Ähnlich wie in Deutschland wird auch in der Schweiz die Butter nach einem System mit 20 Wertmalen beurteilt. Die Verteilung der Wertmale auf die einzelnen Prüfungspunkte weicht jedoch von der in Deutschland ab. In den nordischen Ländern Dänemark, Schweden,

Norwegen und Finnland wird ein Bewertungsschema mit 15 Wertmalen angewandt. In England und den englisch sprechenden Ländern in Übersee, wie den Vereinigten Staaten von Amerika, Canada, Australien und Neuseeland, wird nach einem Bewertungsschema mit 100 Punkten beurteilt. Trotz gleichen Bewertungsschemas ist aber die Unterteilung der Wertmale auf die einzelnen Prüfungspunkte sowie auch die Einteilung der Handelsklassen noch wieder unterschiedlich von Land zu Land.

Praktische Beurteilung. Vor der eigentlichen Qualitätsbeurteilung der Butter ist zu ihrer Zulassung zur Prüfung eine Bestimmung des *Fett- und Wassergehaltes*, gemäß den unten aufgeführten Anforderungen erforderlich. Überdies muß eine quantitative Bestimmung des *Kochsalzes* erfolgen.

Bei der Sinnesprüfung ist die Beurteilung des Geruches der Butter ohne Zeitverlust sofort nach dem Herausziehen des Bohrlings vorzunehmen. Anschließend hat die Beurteilung des Geschmackes usw. zu erfolgen.

Zur Geschmacksprüfung kann der Aroma-Gehalt durch eine quantitative Bestimmung des Diacetyl-Gehaltes unterstützt werden. Allerdings ist diese Frage in Deutschland nicht mehr so akut, da die Verbraucher jetzt allgemein eine mildaromatische Butter (bis $1\,\gamma$ Diacetyl pro g) und nicht mehr wie in Dänemark, Holland und anderen Staaten eine hocharomatische Butter (bis zu $2\,\gamma$ Diacetyl pro g) verlangen. Verdorbenheitsreaktionen kommen neben der Sinnesprüfung nur bei der Beurteilung von „Landbutter" und „verdorbener Butter" in Betracht.

Die Ausarbeitung der Butter, also ihre Buttermilch- bzw. Wasserlässigkeit, wird durch augenscheinliche Beobachtung des Bohrlings, besser mit Hilfe eines Indicatorpapiers („Presto"-Papier nach SÖRENSEN und KNUDSEN) oder durch mikroskopische Beobachtung geprüft. Das Aussehen, speziell die *Farbe*, läßt sich durch Vergleich mit einem aufgelegten Farbmuster einstufen. Zur exakten Beurteilung des Gefüges werden physikalische Konsistenz-Messungen durchgeführt.

Einzelheiten über diese Untersuchungen sind den entsprechenden Abschnitten zu entnehmen.

δ) Zusammensetzung

Die Butter besteht hauptsächlich aus Fett, Wasser, fettfreier Milchtrockenmasse (Eiweiß, Vitamine, Milchzucker und anorganische Salze) und gegebenenfalls Kochsalz. Der Gehalt an Fett und Wasser ist durch gesetzliche Anforderungen[1] geregelt.

Gesetzliche Anforderungen an die Zusammensetzung der Butter. Für die Deutsche Bundesrepublik sind die gesetzlichen Anforderungen für Butter in der Butterverordnung vom 2. 6. 1951 enthalten. Der § 2 dieser Verordnung bestimmt:

1. Butter, die in 100 Gewichtsteilen weniger als 80 Gewichtsteile Fett oder in ungesalzenem Zustand mehr als 18 Gewichtsteile Wasser, in gesalzenem Zustand mehr als 18 Gewichtsteile Wasser und Kochsalz enthält, darf nicht angeboten, zum Verkauf vorrätig gehalten, verkauft oder sonst in den Verkehr gebracht werden.

2. Butter ist als gesalzen anzusehen, wenn sie in 100 Gewichtsteilen mehr als 0,1 Gewichtsteile Kochsalz enthält.

Die gesetzlichen Anforderungen in anderen Butter erzeugenden Ländern weichen von deutschen Anforderungen nicht unbeträchtlich ab. So ist der Wassergehalt der Butter auf maximal 16% begrenzt in den Ländern Dänemark, Schweden, Norwegen, Niederlande, Großbritannien, Südafrika, Canada, Australien, Neuseeland und in einzelnen Staaten der USA. In Belgien darf die Butter bis 16,5% Wasser aufweisen, sie muß aber mindestens 82% Fett enthalten. Der für die Deutsche Bundesrepublik aufgestellte Mindestgehalt an Fett von 80% gilt auch für Dänemark, Canada, Neuseeland, Brasilien und einigen Staaten der USA. In Italien, Belgien und Australien muß die für den lokalen Verbrauch (nicht für Exportzwecke) bestimmte Butter einen Fettgehalt von 82% haben. In der Schweiz ist sogar ein Fettgehalt von 83% festgesetzt.

---

[1] Butterverordnung, Bundesanzeiger **3**, Nr. 110 (12. 6. 1951).

ε) Probenahme

Für die Untersuchung der Butter ist mindestens ein handelsüblich geformtes 250 g Stück zu verwenden. Bei ungeformter Faßbutter (in Tonnen oder Kisten) muß mit einem Stechbohrer je ein Bohrling durch den ganzen Block von oben nach unten und ein weiterer Bohrling diagonal von der einen oberen Seite zur entgegengesetzten unteren Seite entnommen werden. Die Entnahme hat so zu erfolgen, daß nach dem Einführen des Stechbohrers in den Butterblock mit dem Stechbohrer eine halbe Umdrehung ausgeführt und derselbe dann herausgezogen wird. Die Temperatur der Butter und des Stechbohrers sollte dabei etwa gleich sein und etwa 15° bis maximal 20° betragen.

Das entnommene 250 g Stück ist zur Vermeidung von Kantenbildung und Wasser-Verdunstung möglichst luftdicht in kaschierte Aluminiumfolie zu verpacken und bis zur Untersuchung im Kühlschrank aufzubewahren, wenn die Untersuchung nicht sofort durchgeführt wird. Die von ungeformter Faßbutter entnommenen Bohrlinge sind sofort in sorgfältig gereinigten, trockenen und möglichst vollständig zu füllenden Glasgefäßen mit Schliffverschluß vor Licht geschützt aufzubewahren. Mit Papier oder sonstigen porösen Oberflächen dürfen sie nicht in Berührung kommen. Die zur Untersuchung kommende Probe soll die Temperatur des Raumes haben, vor allen Dingen nicht zu kalt sein (z. B. bei Entnahme aus dem Kühlschrank), da sich sonst Feuchtigkeit auf der kalten Butter niederschlägt und dies zu falschen Resultaten führen kann.

Für die später angeführten mikroskopischen Untersuchungen zwecks Feststellung der kontinuierlichen Phase, der Verteilung der wäßrigen Phase und der Kristallformen in der Butter dürfen die Proben nicht bearbeitet und deformiert werden. Die für diese Untersuchungen erforderliche Butter muß direkt aus dem entnommenen 250 g Stück oder aus dem entnommenen Bohrling abgenommen werden, wobei zu der direkten mikroskopischen Beobachtung niemals der Außenrand des Probestückes benützt werden darf (Näheres siehe unter dem Abschnitt Gefüge der Butter).

ζ) Untersuchung

Im einzelnen kommen für die Untersuchung der Butter folgende Bestimmungen in Frage: die Bestimmung von Fett, Wasser, fettfreier Trockenmasse, Kochsalz, Eiweiß, Milchzucker und Milchsäure, Milchsalzen (Asche), Aromen (Diacetyl und Acetylmethylcarbinol), Vitaminen, Phosphatiden (Lecithin) und Metall-Infektionen (Kupfer und Eisen). Ferner werden Konsistenz, Gefüge und Farbe (Farbton und Farbstoffe) untersucht.

1. Fettgehalt

Der Fettgehalt der Butter ist in Verbindung mit dem Wassergehalt von entscheidendem Einfluß auf die Ausbeute. Einerseits darf der gesetzlich festgelegte Mindest-Fettgehalt von 80% Fett nicht unterschritten werden, andererseits senkt jede übermäßige Erhöhung des Fettgehaltes die Ausbeute. Bei Berücksichtigung des gesetzlich zulässigen Gehaltes an Wasser oder an Wasser plus Kochsalz von 18% und dem Gehalt an fettfreier Trockenmasse bei den verschiedenen Buttersorten, von 0,4% bei gewaschener Süßrahm-Butter bis zu 1,95% bei ungewaschener FRITZ-Butter, muß der Fettgehalt in der Butter minimal 80,05 und maximal 81,6% betragen.

Vorbereitung der Proben. Für die Fett- und Wassergehalt-Bestimmung sind die entnommenen Proben, sofern sie nicht unmittelbar aufgearbeitet werden, in sorgfältig gereinigten, trockenen und möglichst vollständig zu füllenden Glasgefäßen mit Schliffverschluß aufzubewahren. Mit Papier oder sonstigen porösen Oberflächen dürfen sie nicht in Berührung kommen. Die Butterprobe soll vor der Untersuchung eine Temperatur von 18 bis 20° haben.

Bestimmung. Dabei kann entweder das Fett direkt bestimmt werden, oder es muß der Wassergehalt und der Gehalt an fettfreier Trockenmasse ermittelt und aus der Summe beider Ergebnisse durch Subtraktion von 100 der Fettgehalt errechnet werden.

Für die *direkte Bestimmung des Fettes* in der Butter gibt es verschiedene Methoden:

a) Nach Lösen der Begleitstoffe der Butter (Eiweiß, Milchzucker, Mineralstoffe) mit Salzsäure oder Ammoniak wird der Fettanteil mit einem organischen Lösungsmittel, z. B. Äther oder Petroläther, ausgezogen und der nach Verdampfen des Lösungsmittels erhaltene Fettrückstand zur Wägung gebracht (Methode nach WEIBULL-STOLDT, RÖSE-GOTTLIEB, SCHMID-BONDZYNSKI, MOJONNIER).

b) Eine bestimmte Menge Butter wird, wie bei der üblichen Wasserbestimmung in Butter, getrocknet. Das Fett wird mit Äther oder Petroläther extrahiert und nach Verdampfen des Extraktionsmittels bis zur Gewichtskonstanz getrocknet (Extraktionsmethode).

c) Volumetrische Bestimmung von Butterfett in Butter im Butyrometer nach ROEDER oder auch nach BABCOCK bzw. Modifikation nach BABCOCK. Im Prinzip werden die Begleitstoffe mit Schwefelsäure gelöst und die Fettprozente in graduierten Röhren (Butyrometern od. dgl.) abgelesen.
Diese Methode ist — insbesondere auch die Bestimmung in Butyrometern — ungenau. Die Unterschiede in der Dichte bei verschiedenem Butterfett und geringe Schwankungen der Temperatur des Butterfettes beim Ablesen wirken sich bei den größeren Fettmengen (80%) zu sehr aus.

Bei *der indirekten Methode* wird die bei 105° bis zur Gewichtskonstanz getrocknete Butter mit Petroläther versetzt, das Ganze in ein vorgetrocknetes und vorgewogenes Filter (SCHLEICHER & SCHÜLL Nr. 589) überführt, der Rückstand gut ausgewaschen und die fettfreie Trockenmasse bis zur Gewichtskonstanz bei 105° C getrocknet. Der Fettgehalt wird dann errechnet aus der Differenz 100 − (Wassergehalt + fettfreie Trockenmasse) s. S. 1235.
Diese Methode wird in der Praxis am häufigsten angewandt, da sie als Schnellmethode verhältnismäßig einfach durchzuführen ist und im allgemeinen ausreichend exakte Ergebnisse liefert.

Die Fettbestimmung in Butter nach der Salzsäureaufschluß-Filtrationsmethode ist von der Deutschen Kommission zur Vereinheitlichung der Untersuchungsmethoden für Milch, Milchprodukte und Molkereihilfsstoffe als Milchwirtschaftliche Einheitsmethode Nr. 5 zur gravimetrischen „Universal"-Fettbestimmung in Milch und Milcherzeugnissen[1] auf der Grundlage der Arbeitsweisen nach BERNTRUP, KONING und MOOY, WEIBULL und STOLDT angenommen worden. Sie wurde auf S. 1224 bereits beschrieben.

Zur Bestimmung des Fettgehaltes der Butter ist die Methode nach RÖSE-GOTTLIEB bzw. MOJONNIER (S. 1226) vor allem für alte, ranzige Butter unbrauchbar, da die freien Fettsäuren als Ammoniumseifen in der wäßrigen Phase gelöst und somit nicht erfaßt werden.
Für die oben zitierten Fälle, in denen nicht, wie vorstehend beschrieben, verfahren werden kann, kann außer der „Universal"-Methode auch die Bestimmung nach SCHLOEMER und SCHINK angewendet werden. Sie lehnt sich eng an die Methoden von J. GROSSFELD[2] an.

5 g Butter werden auf einem Stückchen Cellophan abgewogen, in eine 100 ml Steilbrust-Kochflasche aus Jenaer Glas gebracht, mit einigen Stückchen Bimsstein und 5 ml 25%iger Salzsäure versetzt und 10 Min. am Rückfluß (Schlangenkühler mit Schliff) erhitzt. Nach dem Erkalten schüttelt man die Lösung mit genau 50 ml Petroläther (Sdp. 40 bis 60°, doppelt destilliert) 30 Sek. bei aufgesetztem Schliffstopfen aus, läßt 10 Min. stehen und schüttelt nochmals 30 Sek. Nach mehrstündigem Stehen oder am folgenden Tag pipettiert man mit einer Druckpipette 25 ml der klaren Fettphase in einen gewogenen 100 ml ERLENMEYER-

---

[1] G. SCHWARZ: Milchwissenschaft **9**, 229 (1954).
[2] J. GROSSFELD: Z. Unters. Nahrungs- u. Genußmittel **44**, 193 (1922); **45**, 147 (1923); **46**, 63 (1923); **49**, 286 (1925); Chemiker-Ztg. **51**, 617 (1927).

Kolben, dampft das Lösungsmittel ab und trocknet in der üblichen Weise bis zur Gewichtskonstanz, die meist in 1 Std. eingetreten ist. Der Berechnung legt man den tiefsten gefundenen Wert zugrunde.

2. Wassergehalt

Der Wassergehalt der Butter ist die bei der technischen Butterherstellung am leichtesten zu beeinflussende Komponente. Ein Überschreiten des gesetzlich zulässigen Wassergehaltes ist Nahrungsmittelfälschung. Eine wesentliche Unterschreitung ist aus Gründen der Ausbeute wirtschaftlich nicht zu verantworten, da für jedes Prozent Wasser, das zu wenig in der fertigen Butter vorhanden ist, eine Fetteinheit je kg Butter mehr verbraucht wird.

Beim *Butterfertiger-Verfahren*[1] findet bei einwandfreier Abbutterung und beim Kneten des Butterkornes zunächst eine Abnahme und dann ein Ansteigen des Wassergehaltes statt. Es wird also in allen Fällen zunächst ein Minimum an Wassergehalt erreicht, das von der Zusammensetzung des Butterfettes, von der Temperatur und der Konsistenz der Butter abhängig ist. Bei Erreichung des Minimums ist aber die Butter noch nicht fertig geknetet, da die Wasserverteilung nicht fein und gleichmäßig genug ist. Bei weiterem Kneten erfolgt ein Anstieg des Wassergehaltes. Es gilt daher, durch laufende Kontrolle des Wassergehaltes während des Knetvorganges dafür zu sorgen, daß die gesetzlich zulässige Grenze nicht überschritten wird. Diese Maßnahme wird erschwert durch die Tatsache, daß der Wassergehalt nicht an allen Stellen des Butterfertigers gleich ist. Bei alten, ausgeleierten Knetwalzen oder falscher Rahmbehandlung, bei falschem Waschen des Butterkornes, zu geringer oder zu großer Füllung des Butterfertigers können dabei Unterschiede im Wassergehalt der Butter bis zu 2% in einer Charge auftreten.

Beim FRITZ-*Verfahren*[2] wird die Höhe des Wassergehaltes in der fertigen Butter durch den Fettgehalt des Rahmes, die Butterungstemperatur, die Stundenleistung der Maschine, die Drehzahl der Schneckenwellen und den Stand der Buttermilch im Auspresser beeinflußt. Beim ALFA-*Verfahren*[3] läßt sich der Wassergehalt der fertigen Butter durch die Temperatur der 2. Entrahmung und vor allem den Druck in der Rahmleitung gegenüber dem Druck in der Magermilchleitung in der 2. Zentrifuge beeinflussen, wobei eine Druckerhöhung in der Rahmleitung den Wassergehalt erniedrigt und eine Druckminderung den Wassergehalt erhöht. Die Gleichmäßigkeit des Wassergehaltes ist abhängig von der gleichmäßigen Rahmzulauf-Temperatur, der zulaufenden Rahmmenge, dem Säuregrad und Fettgehalt des Rahmes sowie der Temperatur und der Menge der durchlaufenden Sole im Schneckenkühler.

Die Bestimmung läßt sich nach dem Destillationsverfahren (S. 471ff.), auf chemischem Wege (S. 474ff.) und durch Wägen des Gewichtsverlustes nach erfolgter Trocknung bestimmen, also nach den in der gesamten Fettchemie üblichen Methoden. Für die Praxis sind letztgenannte am besten geeignet, wobei man entweder die amtliche Methode oder ein Schnellverfahren benützt, wie im Abschnitt „Margarine" beschrieben (S. 1197). Man erreicht damit eine Genauigkeit von $\pm 0,1\%$.

Es ist dabei darauf zu achten, daß das Auskühlen der Schälchen im Exsiccator erfolgt, da sonst etwas zu hohe Werte erhalten werden. Im allgemeinen wird in den Molkereien bei Schnellbestimmungen gleich nach dem Erhitzen gewogen und 0,5 bis 0,6% vom abgelesenen Wassergehalt in Abzug gebracht. Dagegen ist an sich nichts einzuwenden. Es muß aber verlangt werden, daß später im Laboratorium — wenn auch erst nach Herstellung der Butter — eine genaue Kontrolle des Wassergehaltes vorgenommen wird. Hierbei sollte nur der Wassergehalt durch Wägen nach Erkalten im Exsiccator festgestellt werden.

Die Trocknungsmethoden können zu größeren Fehlern führen, wenn alte, stark verdorbene Butterproben zur Untersuchung gelangen. Solche Butter enthält niedere freie Fettsäuren und andere flüchtige Verbindungen, die sich

---

[1] W. MOHR u. A. EICHSTÄDT in A. BÖMER, A. JUCKENACK u. J. TILLMANS: Handb. d. Lebensmittelchemie, Bd. III, S. 238. Berlin: Springer 1936.

[2] W. MOHR u. A. EICHSTÄDT in A. BÖMER, A. JUCKENACK u. J. TILLMANS: Handb. d. Lebensmittelchemie, Bd. IX, S. 493. Berlin: Springer 1942.

[3] W. MOHR: Fette · Seifen · Anstrichmittel **52**, 96 (1950).

bei der langen Dauer der Trocknung bei hoher Temperatur wenigstens teilweise verflüchtigen, was dann einen zu hohen Wassergehalt vortäuscht.

Tabelle 343. *Wasser-Bestimmung in alter ranziger Butter*

	Homogenisierte Probe		Mittel
Amtliche Methode mit Seesand	15,79	16,03	15,91
Amtliche Methode ohne Seesand	15,69	15,85	15,77
Schnellmethode nach 3 Minuten gewogen. . .	15,71	15,51	15,61
Acetylchlorid-Methode nach H. P. Kaufmann .	—	15,35	—

Der in der Tab. 343 zuletzt angeführte Wert, der nach der Kaufmann-Methode erhalten wurde, muß als der richtigere zugrunde gelegt werden, weil bei dieser Bestimmung der Fehler des Verdampfens flüchtiger Stoffe ausgeschlossen ist.

Im allgemeinen gilt aber die Schnellmethode unter Abkühlen der Becher im Exsiccator vor dem Wägen als Einheitsmethode.

3. Nichtfett-Bestandteile

Fettfreie Trockenmasse. Die in der Butter vorhandene fettfreie Trockenmasse umfaßt die Bestandteile Eiweiß, Milchzucker, Milchsäure, Milchsalze, die Butterfarbstoffe, die Vitamine sowie das Diacetyl und Acetylmethylcarbinol. Die Phosphatide (Lecithin) wird man im allgemeinen den Fetten zurechnen müssen. Außerdem enthält die Butter Luft neben geringen Mengen anderer Gase. Der Gehalt an fettfreier Milchtrockenmasse ist abhängig von der hergestellten Buttersorte. Je nachdem, ob Sauerrahm-Butter oder Süßrahm-Butter vorliegt, ob die Butter gewaschen oder nicht gewaschen wurde, ist ihr Gehalt an fettfreier Milchtrockenmasse verschieden. Die Tab. 344 gibt eine Zusammenstellung über den Gehalt an fettfreier Milchtrockenmasse verschiedener Buttersorten.

Tabelle 344. *Fettfreie Milchtrockenmasse in Butter*

Autor	Buttersorte	gewaschen ungewaschen	% fettfreie Milchtrockenmasse
Nussbaumer u. Ritter[1] .	Sauerrahm-Butter	gewaschen	0,6 —1,09
Mohr u. Ritterhoff[2] . .	Sauerrahm-Butter	gewaschen	0,6 —1,0
Mohr u. Ritterhoff . .	Süßrahm-Butter	gewaschen	0,38—0,64
Wiley[3]	Süßrahm-Butter	gewaschen	durchschnittl. 1,10
Wiley	Süßrahm-Butter	ungewaschen	1,52
Mohr u. Eichstädt[4] . .	Süßrahm-Butter	ungew. (Fritz-Verf.)	1,50—1,95
Frahm[5]	Süßrahm-Butter	ungew. (Alfa-Verf.)	durchschnittl. 1,91

Die Bestimmung der fettfreien Trockenmasse hängt naturgemäß mit der des Fettes und des Wassers eng zusammen. Bei der Schnellmethode nach Kohann[6] wird zunächst der Wassergehalt der Butter nach der Schnellmethode bestimmt. Nach Erwärmen des kalten, mit Rückstand gewogenen Fettes auf 40 bis 45° wird dann niedrigsiedender Petroläther zugefügt, schwach erwärmt (unter Umrühren, um Verspritzen zu vermeiden), nach kurzem Stehen-

---

[1] T. Nussbaumer u. W. Ritter: Schweiz. Milchztg. **70**, 117 (1944).
[2] W. Mohr u. H. Ritterhoff: Molkerei-Ztg. **52**, 636 (1938).
[3] W. J. Wiley: Dairy Sci. Abstr. **8**, 146 (1946/47).
[4] W. Mohr u. A. Eichstädt in A. Bömer, A. Juckenack u. J. Tillmans: Handb. d. Lebensmittelchemie, Bd. IX, S. 493. Berlin: Springer 1942.
[5] H. Frahm: Süddtsch. Molkerei-Ztg **68**, 45 (1947).
[6] E. F. Kohann: J. Ind. Engng. Chem. **11**, 36 (1919).

lassen dekantiert, derselbe Prozeß noch dreimal wiederholt und nach dem letzten Dekantieren der am Rückstand haftende Rest des Petroläthers vorsichtig verdampft und der Rückstand gewogen.

S. Korpaczy und A. Ersek[1] haben diese Methode in der Weise modifiziert, daß sie die Butter in Mengen von 4 bis 6 g in einem Jenaer Glasfiltertiegel Type I G3 einwägen, denselben in ein Becherglas einhängen und nach der Wägung bei 105° trocknen, bis das Wasser verdampft ist. Das meiste Butterfett hat sich dabei in dem Becherglas gesammelt, während die fettfreie Trockenmasse und gegebenenfalls das Kochsalz im Glasfiltertiegel zurückbehalten wurde. Der Glasfiltertiegel wird durch Waschen mit 25 ml neutralem Tetrachlorkohlenstoff vom Fett befreit, getrocknet und gewogen.

Die nachstehend beschriebene Schnellmethode verändert die Arbeitsweise nach Kohann dahingehend, das statt der für die Wasserbestimmung üblichen Aluminiumbecher normale Bechergläser aus Jenaer Glas benützt werden, die eine Auslaufspitze haben und so ein verlustloses Dekantieren ermöglichen.

Schnellmethode von Mohr und Mack[2]. a) Etwa 10 g Butter werden in ein getrocknetes, ausgewogenes 250 ml Becherglas aus Jenaer Glas genau eingewogen, und zwar so, daß die Butter auf den Boden des Glases gebracht wird und nicht an den Wandungen haftet. Nun erhitzt man den Boden des Becherglases vorsichtig unter stetem Umschwenken über möglichst kleiner Flamme so, daß die Butter ohne Verspritzen das enthaltene Wasser abgibt. Der Endpunkt des Verdampfens läßt sich erkennen, indem man das Gefäß mit einem Uhrglas von Zimmertemperatur bedeckt. Schlagen sich darauf keine Wasserdampf-Perlen mehr nieder, so läßt man das Becherglas im Exsiccator abkühlen und wägt.

b) Die wasserfreie Butter wird nun durch vorsichtiges Erwärmen auf 40 bis 50° geschmolzen, mit siedendem Petroläther gut durchgerührt und zur Trennung der Lösung vom Rückstand 3 bis 5 Min. stehengelassen. Der Petroläther, der das Fett aufgenommen hat, wird vorsichtig dekantiert, wobei keine Verluste an Sediment auftreten dürfen. Das Auswaschen wird noch dreimal mit frischem Lösungsmittel wiederholt, dann erwärmt man das Becherglas auf dem Wasser- oder Heizbad und entfernt so die Lösungsmittel-Reste aus dem Rückstand. Um dabei ein Verspritzen von Trockenteilen zu vermeiden, klopft man den Becher zwischendurch auf den Tisch auf, wodurch der Inhalt sich lockert. Nach vollständigem Verdampfen des Petroläthers wird das Becherglas im Exsiccator abgekühlt und gewogen. Die Fehlergrenze der Bestimmung beträgt ± 0,05%.

Berechnung: Aus der bei der Bestimmung a) zwischen Einwaage und Auswaage erhaltenen Differenz errechnet man den Wassergehalt:

$$\% \text{ Wasser} = \frac{\text{Differenz} \cdot 100}{\text{Einwaage}}$$

Dementsprechend erhält man aus der Bestimmung b) nach Abzug der Auswaage von der Substanz-Einwaage (ohne Berücksichtigung des Wasserverlustes):

$$\% \text{ fettfreie Trockenmasse} = \frac{\text{Differenz} \cdot 100}{\text{Einwaage}}$$

Aus beiden Werten läßt sich dann indirekt der Fettgehalt bestimmen:

$$\% \text{ Fett} = 100 - (\text{Wasser} + \text{fettfreie Trockenmasse}).$$

Kochsalz. In Deutschland, vor allem in Norddeutschland, wurde früher in großem Umfange gesalzene Butter mit einem Salzgehalt von 0,8 bis 1% hergestellt. In den letzten Jahrzehnten ist ein erheblicher Wandel in der Geschmacksrichtung eingetreten, derart, daß meistens ungesalzene oder nur noch mildgesalzene Butter mit einem Salzgehalt von etwa 0,3 bis 0,5% verlangt wurde. In dieser Konzentration hat das Salz natürlich keinerlei konservierende Eigenschaften mehr. Es besteht vielmehr die Gefahr, daß durch die Salzlake eine zusätzliche bakteriologische Infektion mit Hefen und Schimmelpilzen erfolgt. Durch die gesetzliche Festlegung des Wasser- oder Wasser- plus Salz-Gehaltes auf 18% sind auch keinerlei wirtschaftliche Vorteile mit der Herstellung gesalzener Butter verbunden. Durch das Salzen der Butter werden im Gegenteil die Produktionskosten erhöht, so daß von den Molkereien jetzt fast nur noch ungesalzene Butter hergestellt wird. Anders ist es in den überseeischen Ländern, in denen immer noch eine verhältnismäßig stark gesalzene Süßrahm-

---

[1] S. Korpaczy u. A. Ersek: Z. Unters. Lebensmittel **83**, 218 (1942).
[2] W. Mohr u. E. Mack: Dtsch. Molkerei-Ztg. **63**, 546 (1942).

Butter den Markt beherrscht. Nach Angaben von HUNZIKER[1] hat die amerikanische Butter einen Salzgehalt von etwa 2,5%. Nach McDOWALL[2] liegt der Salzgehalt der australischen Butter zwischen 1,1 und 1,4% und der der neuseeländischen Butter zwischen 1,4 und 1,8%.

Bestimmung: Man wägt in einen Trichter, den man zweckmäßig auf einen durchbohrten Korkstopfen setzt, genau 10,0 g Butter (analytische Waage) ein, setzt ihn auf einen Scheidetrichter, in den man die Butter mit heißem Wasser einspült, und schüttelt gut durch. Nach Absetzen des Fettes läßt man die wäßrige Phase in einen 500 ml Meßkolben ab. Die Extraktion mit heißem Wasser wird dreimal wiederholt. Nach Erkalten der wäßrigen Lösung im Meßkolben füllt man mit dest. Wasser zur Marke auf und filtriert. Vom Filtrat pipettiert man einen aliquoten Teil von 50 ml ab, versetzt mit einigen Tropfen 10%iger Kaliumchromat-Lösung und titriert mit 0,1 n Silbernitrat-Lösung bis zur Braunfärbung.

$$\% \ NaCl = 0{,}585 \cdot \text{verbrauchte ml } 0{,}1 \text{ n AgNO}_3$$

A. K. R. McDOWELL und F. H. McDOWALL[3] haben als Schnellmethode für die NaCl-Bestimmung folgendes Verfahren vorgeschlagen:

5 g Butter werden in einem Aluminiumbecher, wie er für die Wasser-Bestimmung gebraucht wird, eingewogen und mit 15 ml Aceton versetzt. Dann wird der Becher angewärmt, bis sich das Fett gelöst hat. Darauf werden 50 ml Wasser zugesetzt, umgerührt und etwas Calciumcarbonat hinzugegeben, um eventuell vorhandene freie Fettsäuren abzustumpfen. Unter Rühren wird dann mit Silbernitrat-Lösung unter Verwendung von Kaliumchromat als Indicator titriert.

Die Kochsalz-Bestimmung kann auch in der Weise variiert werden, daß man 5 g Butter wie bei der normalen Wasser-Bestimmung im Aluminiumbecher trocknet, um das Eiweiß zum Gerinnen zu bringen. Nachdem der Fett-Eiweiß-Rückstand etwas abgekühlt ist, wird der Rückstand mit 100 ml Wasser erwärmt und die Lösung durch ein angefeuchtetes Faltenfilter in einen 250 ml Meßkolben filtriert. Der Becher wird mit heißem Wasser mindestens dreimal ausgespült und der Inhalt in den Kolben hineinfiltriert. Nach Auffüllen mit dest. Wasser bis zur Marke werden nach gutem Durchmischen 50 ml des Filtrates abpipettiert und in einem 250 ml ERLENMEYER-Kolben mit 5 ml HNO_3 (1 : 3 verdünnt) und 1 ml gesättigter Eisenammonalaun-Lösung versetzt. Dann werden 10 ml 0,1 n Silbernitrat-Lösung vorgelegt und mit 0,1 n NH_4SCN-Lösung zurücktitriert, bis eine rote Färbung auftritt.

Aus der Anzahl ml vorgelegter $AgNO_3$-Lösung und den ml zurücktitrierter Rhodanid-Lösung errechnet man die verbrauchte Menge $AgNO_3$-Lösung in ml. Da 1 ml 0,1 n $AgNO_3$-Lösung 0,00585 g Kochsalz entspricht, ergibt sich folgende Endrechnung:

$$\% \ \text{Kochsalz} = \text{gebundene Menge } 0{,}1 \text{ n AgNO}_3 \cdot 0{,}585$$

Eiweiß. Der durch die verschiedene Herstellungs- und Behandlungsart der Butter am meisten beeinflußte Bestandteil der fettfreien Trockenmasse ist das Eiweiß. Bei der Herstellung von Sauerrahm-Butter wird der Eiweiß-Gehalt zudem noch von der Größe des Butterkornes beeinflußt, während diese bei Süßrahm-Butter ohne Einfluß auf den Eiweiß-Gehalt ist.

Allgemein wurde bisher in der milchwirtschaftlichen Wissenschaft und Praxis die Ansicht vertreten, daß größere Mengen von Eiweiß in der Butter ein schnelleres Verderben bedingen und deshalb auf ein gutes Auswaschen des Butterkornes (bis das Wasser klar abläuft) allergrößter Wert zu legen ist. Nach neuerer Ansicht ist weniger die Menge an Eiweiß als die Verteilung und Größe der Wasser-, Buttermilch- und Magermilch-Tröpfchen entscheidend für die Haltbarkeit. Die Qualität und Haltbarkeit der nach dem dänischen Verfahren hergestellten, sogenannten „flüssigen" ungewaschenen Sauerrahm-Butter sowie die nach dem FRITZ- und ALFA-Verfahren hergestellte ungewaschene Süßrahm-Butter beweisen, daß ein erhöhter Eiweiß-Gehalt sowohl bei Frischbutter wie bei Lagerbutter ohne Einfluß auf die Qualität sein kann, wenn die Verteilung von Magermilch-, Buttermilch- und Wasser-Tröpfchen und damit des Eiweißes in feinster, gleichmäßiger Form vorgenommen wurde.

In Tab. 345 ist der Eiweiß-Gehalt verschiedener Buttersorten zusammengestellt[4].

---

[1] O. F. HUNZIKER: The Butter Industry, 3. Aufl. La Grange, Ill.: Selbstverlag 1940.

[2] F. H. McDOWALL: The Buttermakers' Manual. Wellington: New Zealand Univ. Press 1953.

[3] A. K. R. McDOWELL u. F. H. McDOWALL: New Zealand J. Sci. Technol. **17**, 417 (1935).

[4] W. MOHR u. H. RITTERHOFF: Molkerei-Ztg. **52**, 636 (1938).

Tabelle 345

Buttersorte	Behandlung	Eiweiß-Gehalt in %
Sauerrahm-Butter	gewaschen, feines Korn	um 0,4
Sauerrahm-Butter	gewaschen, grobes Korn	um 0,6
Sauerrahm-Butter	ungewaschen, feines Korn	um 1,0
Sauerrahm-Butter	ungewaschen, grobes Korn	um 0,8
Süßrahm-Butter	gewaschen	0,2—0,36
Süßrahm-Butter	ungewaschen	um 0,5

Die Bestimmung des Eiweiß-Gehaltes[1] wird wie bei Margarine (S. 1200) durch Veraschung der Nichtfett-Bestandteile nach KJEHLDAHL (S. 377) vorgenommen. Durch Multiplikation mit dem Faktor 6,39 errechnet man bei gewaschener Sauerrahm-Butter den Gehalt an Casein. Für ungewaschene Butter, in der die Eiweißstoffe der Milch enthalten sind, ist der Faktor 6,37, wie er für Milch gilt, richtiger.

Milchzucker und Milchsäure. In Sauerrahm-Butter ist *Milchzucker* in stets wechselnder Menge vorhanden.

Diese hängt von der Säuerung des Rahmes und der Behandlung der Butter im Butterfertiger ab, im Laufe der Lagerung nimmt aber der Gehalt an Milchzucker durch die Tätigkeit der Milchsäure-Bakterien ab. In gewaschener Süßrahm-Butter ist er von der Intensität des Waschvorganges des Butterkornes abhängig. Am gleichmäßigsten ist der Milchzucker-Gehalt in ungewaschener Süßrahm-Butter nach dem Separier-Verfahren.
H. SCHLAG[2] fand in schleswig-holsteinischer Sauerrahm-Butter Milchzucker-Gehalte von 0,18 bis 0,65%. Nach 14tägiger Lagerung war diese Menge in den meisten Fällen bis auf etwa die Hälfte zurückgegangen. In Schweizer Butter wurden von J. TERRIER[3] Werte zwischen 0,26 und 0,52% gefunden.
Der Gehalt an Milchzucker kann auf *indirektem Wege* ermittelt werden, wenn der Gehalt an fettfreier Milchtrockenmasse sowie der Eiweiß- und Asche-Gehalt bekannt sind:

$$\% \text{ Milchzucker} = \text{fettfreie Milchtrockenmasse} - (\text{Eiweiß} + \text{Asche})$$

Zur analytisch genauen Bestimmung wird ein aliquoter Teil (50 ml) des wäßrigen Auszuges zur Kochsalz-Bestimmung verwendet. Der wäßrige Auszug wird in einem 100 ml Meßkolben nach CARREZ durch Zugabe von 2 ml Kaliumhexacyanoferrat(II)-Lösung (150 g auf 1000 ml) und 2 ml Zinksulfat (300 g auf 1000 ml) enteiweißt, gut durchgeschüttelt, mit Natronlauge unter Verwendung von Phenolphthalein als Indicator neutralisiert, dann bis zur Marke aufgefüllt und durch ein trockenes Faltenfilter filtriert. In 50 ml des Filtrates wird der Milchzucker nach SOXHLET[4] gravimetrisch bestimmt.

Die in der Butter vorhandene *Milchsäure* wird fast nur in amerikanischen Analysen angegeben. Nach HUNZIKER[5] beträgt der Milchsäure-Gehalt etwa 0,14 bis 0,16%. Unter Umständen soll er jedoch 0,4 bis 0,5% erreichen können. Untersuchungen für deutsche Butter liegen nicht vor. Nach F. H. McDOWALL[6] ist die Bestimmung der Milchsäure auch sehr fragwürdig, da durch fettspaltende Enzyme in der Zeit zwischen Herstellung der Butter und der Bestimmung der Säure sehr leicht freie, wasserlösliche Fettsäuren aus dem Butterfett mit erfaßt werden können.

Die Bestimmung der Milchsäure wird in der Weise vorgenommen, daß 50 ml des wäßrigen Butter-Auszuges zur Kochsalz-Bestimmung (s. S. 1239) mit 0,1 n NaOH unter Verwendung

---

[1] W. MOHR u. H. RITTERHOFF: Zit. S. 1240, Fußnote 4.
[2] H. SCHLAG: Milchwirtsch. Ztg. **37**, 1581 (1932).
[3] J. TERRIER: Mitt. Gebiete Lebensmittelunters. Hyg. **40**, 245 (1949).
[4] F. SOXHLET: J. prakt. Chem. **21**, 277 (1888); siehe auch J. GROSSFELD in A. BÖMER, A. JUCKENACK u. J. TILLMANS: Handb. d. Lebensmittelchemie, Bd. II/2, S. 863. Berlin: Springer 1935.
[5] O. F. HUNZIKER: Zit. S. 1240, Fußnote 1.
[6] F. H. McDOWALL: Zit. S. 1240, Fußnote 2.

von Phenolphthalein als Indicator titriert werden. Die Berechnung des Milchsäure-Gehaltes in % erfolgt unter Beachtung des Verdünnungsfaktors. 1 ml 0,1 n NaOH entspricht 0,009 g Milchsäure.

Die Bestimmung des p_H-Wertes im Serum der Butter. Die Bestimmung des p_H-Wertes im Serum kann zur Feststellung der Buttersorte herangezogen werden. Er läßt erkennen, ob es sich um Sauerrahm-Butter, um Süßrahm-Butter oder um Butter aus gesäuertem und nachher neutralisiertem Rahm handelt. Bei der Bestimmung ermittelt man immer einen Durchschnittswert, da der p_H-Wert der einzelnen Serumtröpfchen in der Butter stark voneinander abweichen kann, je nachdem, ob das einzelne Serumtröpfchen aus reiner Magermilch bzw. Buttermilch, aus reinem Waschwasser oder aus einem Gemisch von Buttermilch und Waschwasser besteht und je nachdem, ob in dem einzelnen Tröpfchen eine Bakterientätigkeit zu chemischen Veränderungen führte oder nicht.

Die Gewinnung des Serums erfolgt durch Ausschmelzen der Butter bei 50°, Abhebern und Schleudern des Serums zur Entfernung des Fettes. Bei dem Serum aus Sauerrahm-Butter wird der beim Schleudern gebildete Bodensatz wieder mit dem Serum vermischt und im Gesamt-Serum der p_H-Wert gemessen. Die Messung erfolgt mit der Glaselektrode. Die Chinhydron-Elektrode hat sich für die Bestimmung als ungeeignet erwiesen.

Milchsalze und Asche-Gehalt. Die Milchsalze in der Butter werden durch die Herstellungsart, insbesondere ob die Butter gewaschen oder ungewaschen ist, beeinflußt. Neuere Untersuchungen über den Gehalt der Butter an Milchsalzen (Asche) liegen nicht vor. Nach Untersuchungen von BURR beträgt der Asche-Gehalt von ungesalzener Butter um 0,11%.

Die Bestimmung wird in folgender Weise durchgeführt: 10 g Butter werden in einer Platinschale getrocknet, das Fett wird nach dem Erkalten mit Äther oder einer Mischung von Äther und Petroläther herausgelöst, ohne daß der Rückstand vollkommen fettfrei zu sein braucht und der Rückstand, wie üblich, verascht.

4. Konsistenz

Unter Konsistenz sind allgemein alle Festigkeitseigenschaften der Butter[1], wie Härte, Viscosität, Plastizität, Elastizität, Dehnbarkeit und das Schmieren der Butter, das man auch als Haftfestigkeit bezeichnen kann, zu verstehen.

Die Konsistenz der Butter ist von erheblicher praktischer Bedeutung. Die Erzielung einer einwandfreien Konsistenz ist ein Faktor, der bei der Butterherstellung unbedingt zu beachten ist. Praktisch muß von einer Butter verlangt werden, daß sie sich glatt zu wohlgeformten Stücken mit scharfen Kanten ausformen läßt und diese Stücke auch im Sommer während der üblichen Aufbewahrungstemperatur im Haushalt, also bei 20° und teilweise darüber, scharfkantig erhalten bleiben. Andererseits sollte die Butter im Winter auf keinen Fall zu hart sein und sich bei 10 bis 15° auf weichem, frischem Brot noch gut verstreichen lassen. Sie soll im Winter nicht bröckelig und im Sommer nicht schmierig sein oder ausölen. Die Anforderung an die Konsistenz der Butter bezieht sich also im Winter und im Sommer nicht auf die gleiche Temperatur. Dies gilt jedenfalls für deutsche Verhältnisse. In den überseeischen Ländern, in denen praktisch in jedem Haushalt ein Kühlschrank vorhanden ist, ist die Konsistenz der Butter bei einer einheitlichen Temperatur von 10 bis 15° von Bedeutung.

Die Konsistenz der Butter ist abhängig von der Zusammensetzung des Butterfettes, den verschiedenen Maßnahmen und Arbeitsgängen bei der Butterherstellung, dem Gefüge der Butter u. a. m. Dabei ist dem physikalischen Zustand des Butterfettes oder, genauer ausgedrückt, der Art und Menge der gebildeten Butterfett-Kristalle, der Art und Menge des Butterfett-Gels und der Menge und Zusammensetzung des flüssigen Butteröles der entscheidende Einfluß auf die Konsistenz der Butter zuzuschreiben. Aus diesem Grunde sind die Art der Rahmkühlung, die Behandlung des Rahmes bei der Rahmreifung, die Art der Butterherstellung (ob von höherer Temperatur auf niedrige Temperatur oder umgekehrt gebuttert wird) die Temperatur des Waschwassers zum Waschen des Butterkornes (4 oder 14°) und die Knettemperatur von entscheidender Bedeutung für die Konsistenz der Butter. Mit

---

[1] W. MOHR: Fette · Seifen · Anstrichmittel **52**, 342 (1950).

dem physikalischen Vorgang der Kristall- und Butteröl-Bildung (Entmischung des Butterfettes) sowie der Gelbildung und Nachkristallisation in den Gelkugeln hängt weiter aufs
engste die allgemein nach dem Kneten eintretende Nachhärtung der Butter zusammen.
Das Nachhärten beruht einerseits auf den thixotropen Eigenschaften des Butterfettes und
zum anderen auf der Kristallisation des Fettes.

Die Zusammensetzung des Butterfettes wird nicht unwesentlich durch das Futter der
Milchtiere beeinflußt. Ein ausgesprochen weiches Butterfett wird durch die Verfütterung
von Trockenkleber, getrockneter Maisschlempe, Sesamkuchen, Sonnenblumenkuchen, Lein-
kuchen, Rapskuchen, duwockhaltigem Gras und Duwocksilage erhalten. Futtermittel, die
eine ausgesprochen harte, bröckliche Butter ergeben, sind: Weizenkleie, Mais, Gerste,
Roggenkleie, Cocoskuchen, Sojabohnenschrot, Palmkernkuchen, Roggenschrot, Weizen-
getreide, Erbsenmischgetreide, Dorschmehl, Futterrüben in Mengen über 45 kg pro Tag,
Zuckerrüben in Mengen von 17 bis 20 kg pro Tag, rohe Kartoffeln, Thimotee-Heu und
Ackerbohnen. Näheres hierüber ist aus der
Literaturübersicht von A. ORTH und W. KAUF-
MANN[1] zu ersehen.

Probenahme. Für die Untersuchung
auf die Konsistenz darf die Probe nicht
wie zur chemischen Untersuchung vorher
bearbeitet werden. Die Probewürfel müssen entweder aus dem 250 g Stück oder bei
ungeformter Butter aus einem größeren
Stück ausgeschnitten werden. Vor der
Untersuchung darf die Probe keiner
höheren Temperatur als der Meßtemperatur ausgesetzt werden; sie muß vor
der Messung bei der jeweiligen Meßtemperatur aufbewahrt werden (ohne
Verdunstung von Wasser unter einer
Glasglocke), bis der ganze Würfel die
Temperatur angenommen hat (bei der
später geschilderten Apparatur 2 Std.).

Abb. 407. Apparat zur Messung der Schnittfestigkeit von Butter usw.

Messung der Konsistenz. Für Konsistenz-Messungen der Butter ist *eine*
Methode allein nicht ausreichend, um ein den praktischen Verhältnissen entsprechendes Ergebnis zu liefern, da die Butter plastische und elastische Eigenschaften hat. Auch genügen die Messungen bei nur einer Temperatur nicht,
um ein umfassendes Bild von der Konsistenz der Butter zu erhalten. Man verzichtet aber meistens auf die Messung der Eigen-Durchbiegung und Druck-Durch-
biegung und begnügt sich mit der Messung der Schnittfestigkeit bei 15° bei
Winterbutter und bei 20° bei Sommerbutter. Butter, die bei 20° eine Schnittfestigkeit von über 15 g und bei 15° eine Schnittfestigkeit von höchstens
100 g hat, ist als einwandfrei zu bezeichnen.

Die Bestimmung der Schnittfestigkeit wird mit der in der Abb. 407 dargestellten Apparatur gemessen.

Dabei wird ein Butterwürfel mit einer Kantenlänge von 2,5 cm von einem
Draht von 0,3 mm Durchmesser mit einer Geschwindigkeit von 0,1 mm/Sek.
durchschnitten und der Gegendruck als Schnittfestigkeit in g abgelesen. Die
Methode liefert gut reproduzierbare Werte, sie spricht aber nicht auf Gefügefehler, wie Bröcklichkeit, an.

Im Rahmen der Bestimmungsmethoden für die Konsistenz sei hier noch
das Ausölen der Butter erwähnt.

---

[1] A. ORTH u. W. KAUFMANN: Kieler Milchwirtsch. Forschungsberichte 8, 569 (1955).

Zur Messung des Ausölens wird zweckmäßig so verfahren, daß Butterwürfel von 2,5 cm Kantenlänge ausgeschnitten werden. Je ein Würfel wird auf einer gewogenen Menge ungehärteten Filtrierpapiers (5- bis 10fache Lage) gewogen. Je drei Würfel werden 48 Std. zum Ausölen bei 25° in den Brutschrank gestellt, anschließend $^1/_2$ Std. in den Kühlschrank bei +10° gebracht, worauf man den Butterwürfel vorsichtig abhebt und die Menge des aus dem Butterwürfel aufgesogenen Öles durch Wägen bestimmt. Das Ausölen bei 25° ist in erster Linie abhängig von der Zusammensetzung des Fettes. Fett mit niedrigem Erstarrungspunkt und höherer Refraktion liefert im allgemeinen Butter, die bei 25° stärker ausölt. Lufteinschlüsse in der Butter begünstigen das Ausölen.

Gefügefehler (zu hoher Luftgehalt in Butter, die nach dem Fritz-Verfahren und nach dem Butterfertiger-Verfahren hergestellt ist, Schichten-Bildung bei Alfa-Butter) fördern das Ausölen ebenfalls. Butter, die nach dem Alfa-Verfahren hergestellt ist, ölt bei 28° nicht stärker aus als Butter, die nach dem Butterfertiger-Verfahren hergestellt ist. Butter mit höherem Luftgehalt, wie er bei Butterfertiger-Butter und Fritz-Butter vorkommen kann, ölt bei 28° beträchtlich aus. Butter, die nach dem Fritz- und Alfa-Verfahren hergestellt ist, ölt bei 25° im allgemeinen etwas mehr aus als Butterfertiger-Butter.

5. Gefüge

Unter dem „Gefüge" der Butter, das enge Beziehungen zur Konsistenz aufweist, ist der gesamte innere Aufbau aus den einzelnen Komponenten, wie er durch augenscheinliche oder mikroskopische Beobachtung zu erkennen ist, zu verstehen. Hierunter fallen z. B. die Ausbildung der kontinuierlichen Phase, die Anteile an Fettgallerte, flüssigem Fett und Fettkristallen, die verschiedenen Formen der Fettkristalle sowie die Verteilung des Wassers bzw. der Buttermilch in der Butter und der Luftgehalt. Eine sehr wesentliche Aufgabe fällt hier der Mikroskopie zu.

6. Die Mikroskopie der Butter

Wesentlich für die richtige Beobachtung ist die Herstellung des Präparates. Da die Butter wenig lichtdurchlässig ist, müssen Zählkammern von 0,01 mm Tiefe verwendet werden, bei dickeren Zählkammern wird die Durchsicht und Beobachtungsmöglichkeit zu schlecht.

Die Versuchstechnik für die mikroskopische Beobachtung der Wasserverteilung wurde durch einfache Hilfsmaßnahmen verbessert[1]. Grundsätzlich muß die Butter in der ganzen Masse vor der Anfertigung des mikroskopischen Präparates die Temperatur von 25° angenommen haben. Es wird dann eine verhältnismäßig kleine Menge auf eine Zählkammer von 0,01 mm Schichtdicke gebracht, so daß später nach dem Aufdrücken der ausgesparte Vertiefungsrand nicht mit Butter ausgefüllt ist. Insgesamt verwendet man etwa 1 mm³ Butter. Das Aufbringen des plangeschliffenen, dünnen Deckglases und das Festdrücken des Präparates geschieht durch Aufsetzen eines 100 g Gewichtes, welches Zimmertemperatur haben muß.

Hin und wieder kommt ein leichtes Verschieben des Deckglases vor, durch das beim Aneinanderreiben von zwei Wassertröpfchen direkt unter dem Deckglas ein größerer Tropfen entsteht. Dadurch wird man unter Umständen zu einer falschen Beurteilung der Wasserverteilung in der Butter verleitet. Um diese Fehlerquelle möglichst weitgehend auszuschalten, verwenden W. Mohr und Mitarbeiter eine kleine Hilfsvorrichtung (s. Abb. 408). Der Objektträger wird eng an die Hilfsvorrichtung angelegt, das Deckglas in der in Abb. 409 angegebenen Weise an die Anlagefläche für das Deckglas gelegt und vorsichtig heruntergeklappt. Wenn man jetzt das 100 g Gewicht in der Diagonale zum Deckglas aufschiebt (s. Abb. 410) und das Gewicht etwa 1 Min. auf dem Objektglas liegen läßt, erhält man bei Sommerbutter stets reproduzierbare Präparate, bei Winterbutter ist meistens noch ein gelindes Andrücken des Gewichtes erforderlich, um genügend dünne Präparate zu erhalten.

---

[1] W. Mohr u. E. Mohr: Molkerei- u. Käserei-Ztg. **5**, 1080 (1954).

Die kontinuierliche Phase der Butter. In normalem Butterungsrahm ist zweifellos die Magermilch die kontinuierliche Phase, in der die einzelnen Fettkügelchen oder deren Zusammenballungen zu Trauben oder Klumpen gleichmäßig verteilt sind. Auch der hochkonzentrierte Rahm mit 80% Fett, wie er bei dem kontinuierlichen ALFA-Butterungsverfahren[1] gewonnen wird, ist noch eine reine Emulsion von Fettkügelchen in Magermilch, wie man durch Verdünnung mit Magermilch und Messung der Dielektrizitätskonstanten beweisen kann. Die aus dieser Sahne hergestellte ALFA-Butter ist wie die nach jedem anderen Butterungsverfahren hergestellte Butter dagegen eine Emulsion von Wasser- oder Buttermilch-Tropfen und Fettkügelchen sowie eventuell Luftbläschen in Butterfett. Durch Erwärmen findet zunächst ein Ausölen, später eine Trennung in Butterfett und Milchserum statt. Aus der hochkonzentrierten Sahne lassen sich, lediglich durch Kühlung und mechanische Bearbeitung, alle Übergänge von der Emulsion Fett in Wasser zu der Emulsion Wasser in Fett herstellen.

Abb. 411 zeigt eine typische Doppelemulsion und

Abb. 412 eine reine Magermilch-in-Fett-Emulsion (Butter).

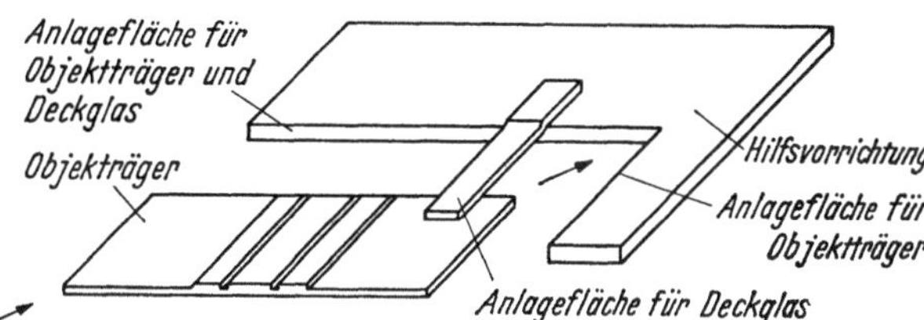

Abb. 408. Herstellung von Butter-Präparaten in 0,01 mm tiefen Zählkammern für die mikroskopische Beobachtung der Wasser-Verteilung in Butter

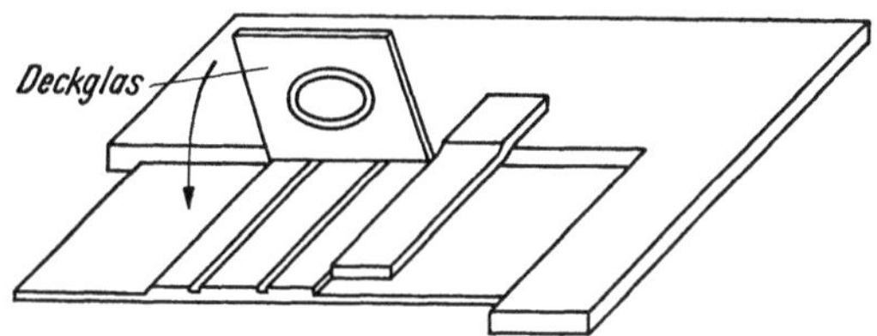

Abb. 409. Aufsetzen des Deckglases (zunächst hochkant gegen die Anlageflächen der Hilfsvorrichtung setzen, dann bis zur Auflage auf den Objektträger herunterkanten)

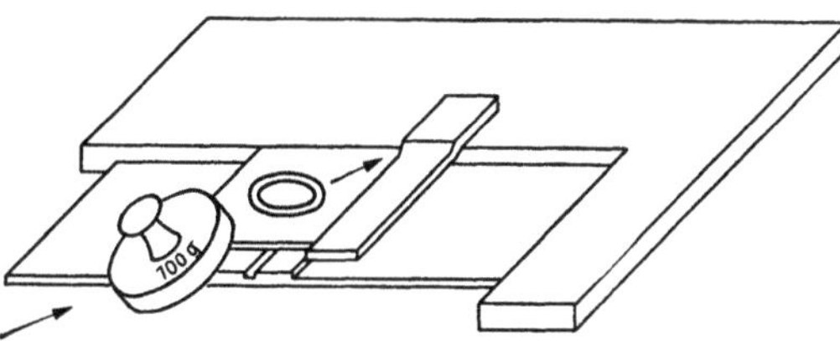

Abb. 410. Aufsetzen und Aufschieben des Gewichtes

Die einwandfreie Ausbildung der Magermilch-in-Fett-Emulsion mit gleichmäßig feinen Magermilch-Tröpfchen ist für die Qualität und Lagerfähigkeit einer Butter von großer Bedeutung, da Doppel-Emulsionen oder gar rahmartige Emulsionen durch bakteriologische Einflüsse sehr schnell ein Verderben der Butter herbeiführen.

Als kontinuierliche Phase ist in der Butter die Butteröl- bzw. Gallert-Form des Butterfettes[2] anzusprechen. Reines Butterfett erstarrt, wenn es unter Rühren schnell von etwa 50 auf 10° herabgekühlt wird, zur Gallerte. Diese Butterfett-Gallerte hat alle für eine Gallerte typischen Eigenschaften. Sie verflüssigt sich beim Rühren unterhalb des Erstarrungspunktes und zeigt eine Wiederverfestigung beim Stehenlassen, also die bekannten Thixotropie-Erscheinungen. Bei dem Schneiden kleiner Stückchen dieser Butterfett-Gallerte unter dem Mikroskop kann man deutlich das Austreten von Butteröl (Synärese) beobachten. Wird reines Butterfett langsam und vorsichtig von 50° heruntergekühlt, so

---

[1] W. MOHR u. C. HENNINGS: Milchwissenschaft **2**, 173 (1947).
[2] W. MOHR: Süddtsch. Molkerei-Ztg. **70**, 1289 (1949).

entmischt sich das Butterfett, und es entstehen grobe Butterfett-Kristalle (Kristallnadel-Kugeln) und flüssiges Butteröl.

Zum Teil kommen in der Butter auch größere Fettseen infolge Zusammenfließens mehrerer Fettkügelchen vor dem Buttern vor. Auf der anderen Seite bleiben wahrscheinlich in der wäßrigen Phase der Butter einzelne Fettkügelchen mit ihrer Hülle unbeschädigt erhalten.

Frühere Angaben von N. KING[1] sowie MOHR und BAUR[2], daß 14 bis 28% Fett in Form von Fettkügelchen mit intakter Hülle in der fertigen Butter enthalten sind, können auf Grund neuerer Untersuchungen von W. MOHR und E. MOHR über die verschiedenen Zustandsformen des festen Fettes in der Butter nicht mehr aufrechterhalten und müssen nachgeprüft werden, da früher zweifelsohne teilweise typisch reine Fettkristalle als Fettkügelchen mit Hülle angesprochen wurden. Die Abb. 411 bis 415 zeigen einige typische mikroskopische Bilder.

Zur *Bestimmung der kontinuierlichen Phase* wird das mikroskopische Präparat zunächst in ungeschmolzenem Zustand bei 500 bis 600facher Vergrößerung beobachtet. Zur besseren Übersicht über das ganze Präparat beobachtet man zweckmäßig außerdem auch bei schwächerer, etwa 150facher Vergrößerung im Hellfeld bei entsprechender Abblendung. Anschließend wird das Präparat mittels Fön oder Heiztisch vorsichtig auf 40° erwärmt. Bei einwandfreier Ausbildung der kontinuierlichen Phase erhält man Bilder, in denen die einzelnen kleinen Wassertröpfchen zwar zu größeren Tropfen zusammengelaufen sind, aber einzeln liegen und regelmäßig in der Fettphase verteilt sind. Bei Doppelemulsionen enthalten die Wassertropfen eine große Anzahl an Fettkügelchen.

Bei ganz vorsichtigem Aufwärmen mittels Heiztisch (Steigerung der Temperatur nur jeweils um 1° pro Min.) wird ein Fließen des Präparates durch Wärmeströmung verhindert und das Zusammenlaufen der kleinsten Wassertröpfchen zu größeren Tropfen vermieden, so daß manchmal im geschmolzenen Präparat die ursprüngliche Verteilung erhalten bleibt.

Die Wasser-Verteilung. Die *Verteilung des Wassers* in der Butter ist wichtig für die Qualitätsbeurteilung einer frischen Butter und von entscheidendem Einfluß auf die Qualität und Lagerfähigkeit einer Dauerbutter. Wird aus einer Butter mit einem Butterbohrer eine Probe herausgestochen, so darf die Rückseite des Bohrers keine sichtbaren Wassertröpfchen aufweisen (vgl. Beurteilung der Butter, S. 1233). Beim Vorhandensein von einzelnen Tröpfchen oder Perlen am Stecher wird die Butter als „leicht wasserlässig", beim Vorhandensein von Tröpfchen-Ketten als „wasserlässig" und beim Auftreten großer Wassertropfen oder trüber Lake an Butter und Stecher als „stark wasserlässig" bezeichnet. Lediglich bei einer sehr weichen, schmierigen Butter ist die Wasserlässigkeit mit dem bloßen Auge nicht immer einwandfrei zu erkennen. Bei einwandfrei gekneteter Butter nach dem Butterfertiger-Verfahren haben die Wassertröpfchen eine durchschnittliche Größe von 10 bis 15 μ (pro Gesichtsfeld höchstens 1 Tropfen bis 20 μ Durchmesser) (Abb. 416 bis 418). Bei den kontinuierlichen Butterungsverfahren, z. B. der ALFA-Butter, liegt die Größe der Wassertröpfchen bis 7 μ. Diese sehr feine Wasser-Verteilung ist der Grund für die gute Lagerfähigkeit dieser ungewaschenen Buttersorten. Die Wassertröpfchen sind so klein, daß bakteriologische und enzymatische Einflüsse auf die Haltbarkeit der Butter nicht zur Auswirkung gelangen können, was in größeren Wassertröpfchen und besonders bei wasserlässiger Butter zweifellos der Fall ist. Vorbedingung ist natürlich, daß sich nicht im Rahm vor dem Verbuttern bereits fettspaltende Enzyme gebildet haben.

Die Beobachtung der Verteilung der Wasser- bzw. Buttermilch-Tröpfchen im mikroskopischen Bild erfolgt am besten bei 600facher Vergrößerung. Zur allgemeinen Übersicht wird jedoch auch eine Beobachtung bei etwa 150facher Vergrößerung vorgenommen. Als gut ist die Verteilung anzusprechen, wenn die Größe der Wassertröpfchen unter 10 μ Durchmesser

[1] N. KING: Zit. S. 1231; Fußnote 2.
[2] W. MOHR u. K. BAUR: Milchwissenschaft **4**, 100 (1949).

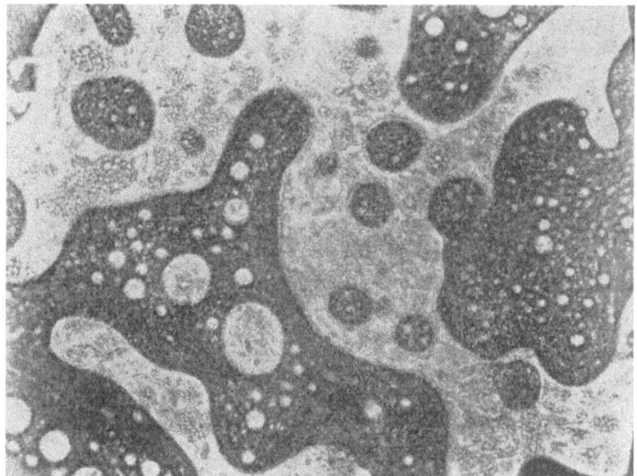

Abb. 411. Doppel-Emulsion von Sahne und Butter, Schmelzbild bei 45° C und 150facher Vergrößerung

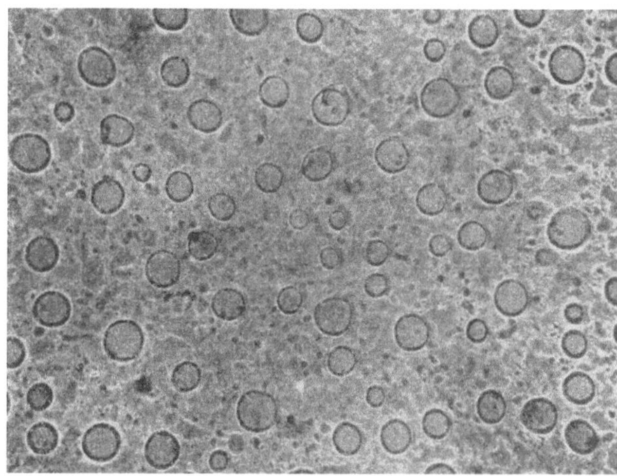

Abb. 412. Schmelzbild von ALFA-Butter bei 45° C nach vollkommener Phasenumkehr; 150fache Vergrößerung

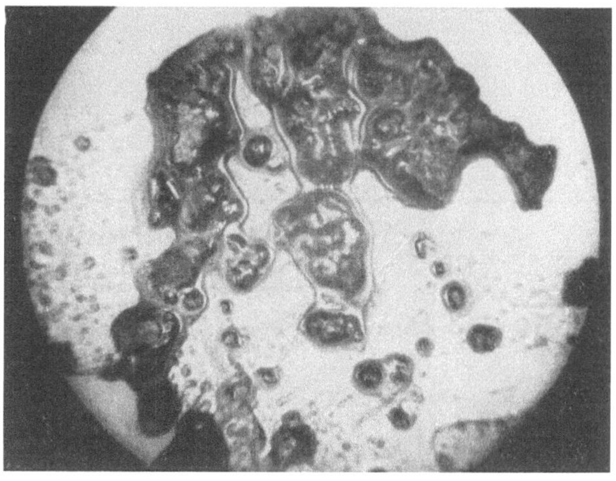

Abb. 413. Thixotropie von Butterfett (Synärese); 21fache Vergrößerung

liegt. In Sauerrahm-Butter finden sich auch leicht ein oder zwei Tröpfchen je Gesichtsfeld mit einer Größe von 10 bis 20 μ Durchmesser. Butter mit Wassertröpfchen um 30 μ Durchmesser ist als „leicht wasserlässig" und von 50 bis 80 μ als „wasserlässig" zu bezeichnen. Fett-

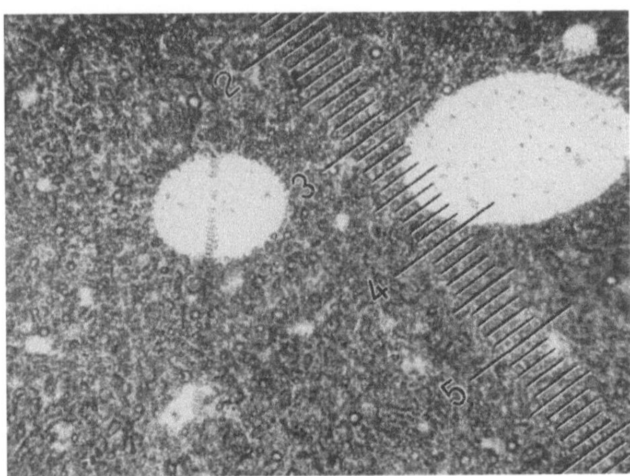

Abb. 414. Fettseen in einem Butter-Präparat; 630fache Vergrößerung, polarisiertes Licht mit gekreuzten Nicols

kügelchen, Wassertropfen und Lufteinschlüsse sind unter dem Mikroskop leicht voneinander zu unterscheiden. Lufteinschlüsse haben einen erheblich breiteren Rand und sind als solche ohne weiteres deutlich erkennbar (Abb. 419). Im übrigen muß man beim Mikroskopieren auf das

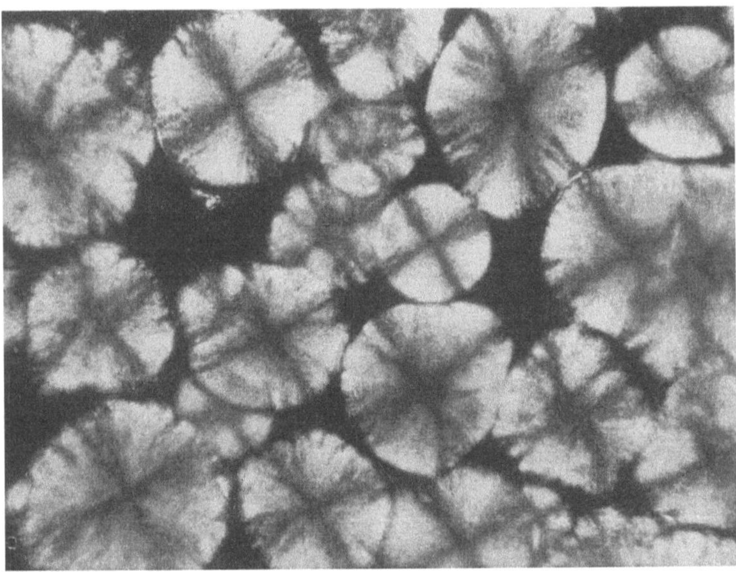

Abb. 415. Kristallnadel-Kugeln in langsam erstarrtem Butterfett; 630fache Vergrößerung, polarisiertes Licht mit gekreuzten Nicols

Auftreten der BECKEschen Linie achten. Bewegt sich beim Tieferdrehen des Tubus des Mikroskops die helle BECKEsche Linie um ein Tröpfchen zum Tröpfchen hin, so ist der Brechungsindex des Tröpfchens geringer als der des umgebenden Mediums, d. h. das fragliche Tröpfchen ist Wasser bzw. Buttermilch. Tritt dagegen die BECKEsche Linie beim Senken des

Tubus nach außen, so ist der Brechungsindex des Tröpfchens höher als der des umgebenden Mediums, d. h. das fragliche Tröpfchen ist ein Fettkügelchen im Wasser. In Zweifelsfällen

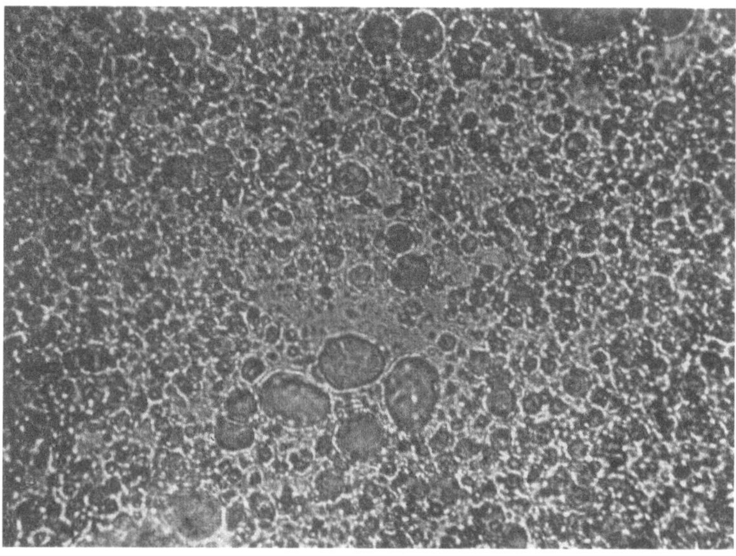

Abb. 416. Normale, gut durchgeknetete Sauerrahm-Butterfertiger-Butter mit Buttermilch-Tröpfchen von $10\,\mu$; 600 fache Vergrößerung

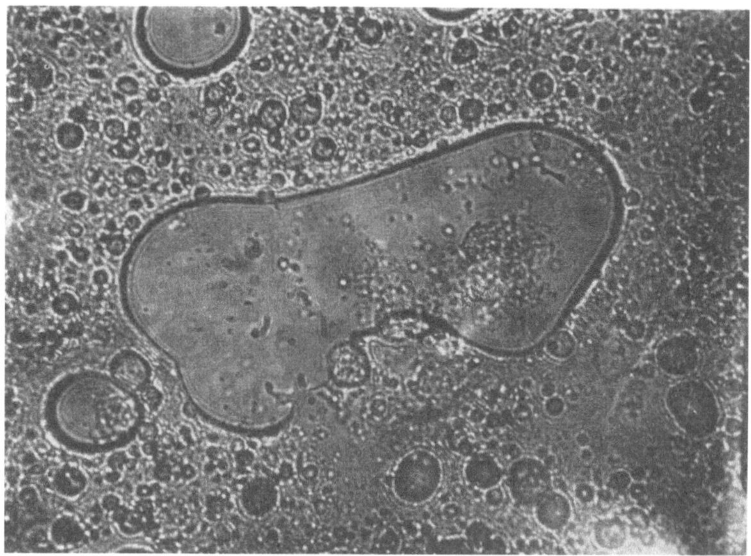

Abb. 417. Grob wasserlässige Butter mit Wassertröpfchen über $80\,\mu$; 600 fache Vergrößerung

kann man auch bei Butterpräparaten das Präparat unter dem Mikroskop mit Heißluft (Fön) anwärmen und beobachten, ob das Tröpfchen sich auflöst oder zu einem größeren Buttermilch-Tröpfchen durch Vereinigung mit anderen zusammenläuft.

Die **Erscheinungsformen des festen Fettes** sind am besten bei der mikroskopischen Betrachtung im polarisierten Licht mit gekreuzten Nicols zu erkennen.

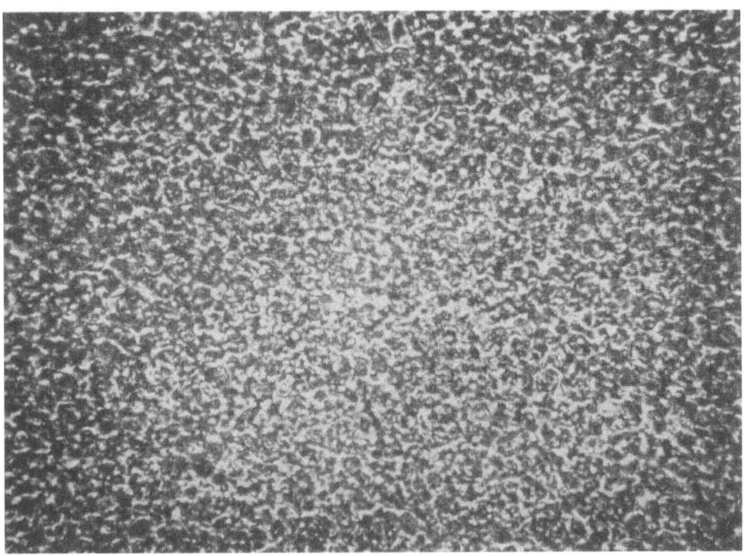

Abb. 418. ALFA-Butter mit feiner, gleichmäßiger Buttermilch-Verteilung (3 bis 5 μ); 600 fache Vergrößerung

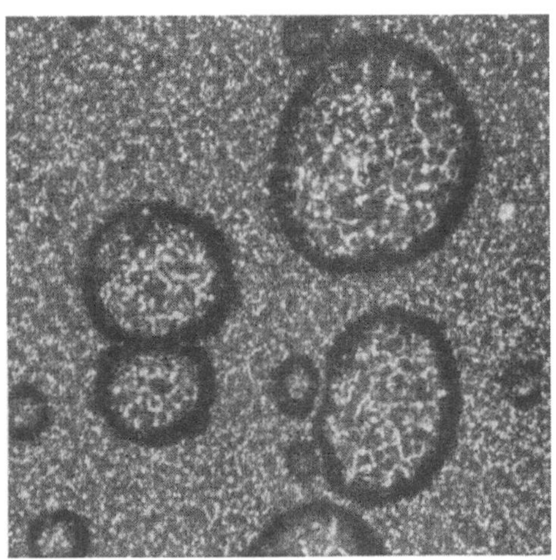

Abb. 419. Butter mit Lufteinschlüssen; 600 fache Vergrößerung

W. MOHR und E. MOHR[1] konnten, wie schon vorher in ausgeschmolzenem Butterfett, auch in der Butter Kristallnadeln und Vierkant-Kristalle (Abb. 420), Gelkugeln (Abb. 421) und Gelkugeln mit Kristallnadel-Bildung im Innern

---

[1] W. MOHR u. E. MOHR: Molkerei- u. Käserei-Ztg. **5**, 1507 (1954).

(Abb. 422) sowie in einzelnen Fällen radiale Kristallnadel-Kugeln identifizieren. Die Vierkant-Kristalle sind in Form eines hohlen Quaders zusammengewachsene

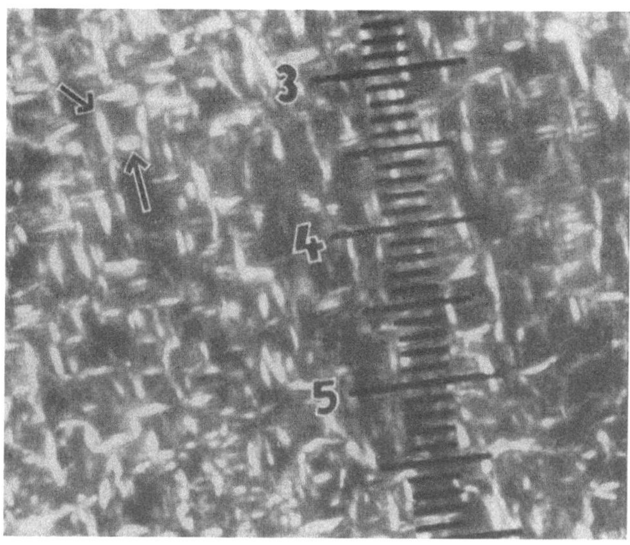

Abb. 420. Kristallnadeln und Vierkant-Kristalle im polarisierten Licht mit gekreuzten Nicols; 600 fache Vergrößerung

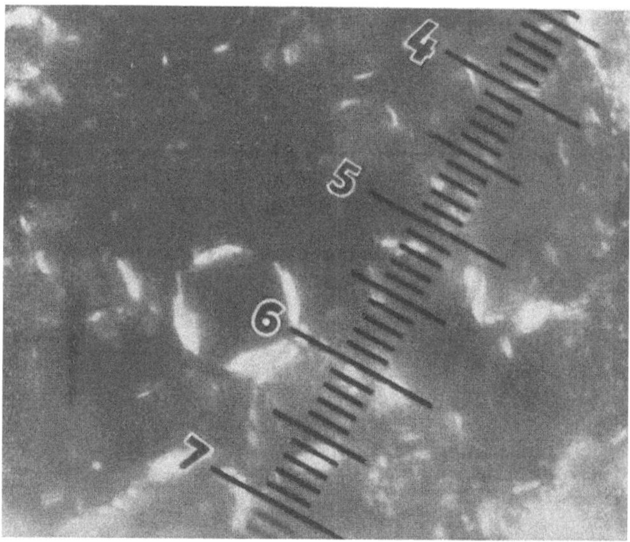

Abb. 421. Gelkugeln im polarisierten Licht mit gekreuzten Nicols; 600 fache Vergrößerung

Kristalle, die von innen und außen von Butteröl umgeben sind. Die Gelkugeln können durch mechanische Bearbeitung in Bruchstücke zerfallen, die mit Gel ausgefüllt sind.

Radiale Kristallnadel-Kugeln entstehen besonders dann, wenn die Butter Fettseen oder größere Fetttropfen enthält und längere Zeit auf tieferer Temperatur gehalten wird.

In der Butter liegen die Kristallformen im allgemeinen in so kleinen Größenordnungen vor, daß die genaue Untersuchung schwierig ist. Für die Herstellung derartiger Präparate zur Beobachtung der Kristallformen in der Butter kann es zweckmäßig sein, das Butterpräparat in einer 0,01 mm tiefen Zählkammer herzustellen, das Deckglas vorsichtig wieder zu entfernen und durch Einlegen des Präparates in einen Exsiccator über konz. Schwefelsäure bzw. durch Kaltfön die Wassertröpfchen aus der Butter durch Verdunstung bzw. Diffusion zu entfernen, da die in der Butter vorhandenen Wassertröpfchen die mikroskopische Beobachtung der Kristallisation bzw. Gelkugeln stark stören können. Ein zu starkes Andrücken des Deckglases bei der Herstellung des Butter-Präparates ist zu vermeiden, da man dadurch die größeren Kristallformen bereits zerstören kann und nur Bruchstücke erhält.

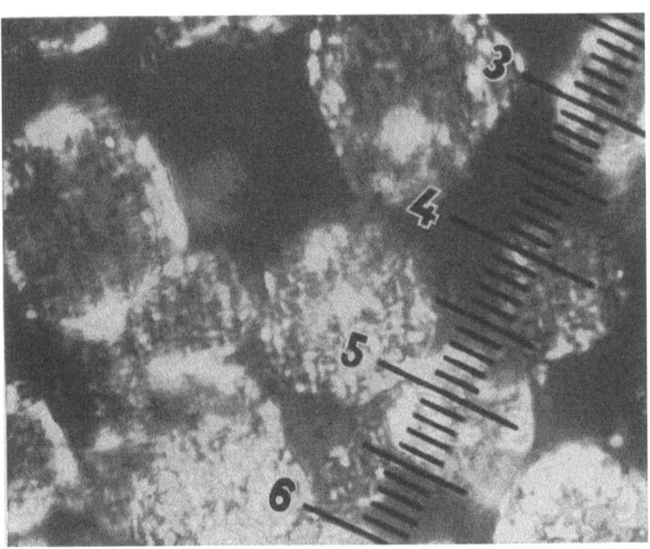

Abb. 422. Auskristallisierte Gelkugeln im polarisierten Licht mit gekreuzten Nicols; 600fache Vergrößerung

7. Luftgehalt

Eine direkte Beeinflussung der Qualität und Haltbarkeit der Butter durch den Luftgehalt konnte bisher nicht eindeutig festgestellt werden. Nach früheren Untersuchungen von O. RAHN und W. MOHR [1] wurden in normaler Sauerrahm-Butter Luftgehalte von 0,97 bis 8,38 ml pro 100 g Butter gefunden. In FRITZ-Butter ist der Luftgehalt noch höher, während in ALFA-Butter normalerweise keine Luft enthalten ist.

Ein erhöhter Luftgehalt kann zu Schwierigkeiten beim Formen und Verpacken der Butter führen, wenn dadurch die ausgeformten Butterstücke so groß werden, daß sie in den normalen Kartons keinen Platz finden.

Bestimmungsmethoden. Bei der direkten Luftgehalt-Bestimmung in Butter verwendet man zwei Ausführungsarten. Man treibt die Luft unter Flüssigkeit durch Erwärmen der Butter und des Fettes aus und mißt entweder direkt das Luftvolumen oder die Volumen-Zunahme bei Druckverminderung. Diese Methode wurde von O. RAHN und W. MOHR [1] entwickelt und u. a. von G. LOFTUS-HILLS

---

[1] O. RAHN u. W. MOHR: Milchwirtsch. Forsch. **1**, 213 (1924).

und J. Conochie[1] verwendet. Der von letzteren benützte Apparat ist noch der gleiche Apparat wie der 1924 von Rahn und Mohr benützte. Untersucht man eiweißfreie Fette, bei denen sich die Luft leichter abtrennt, so kann man das Luftvolumen auch direkt messen. Da das Absetzen von Luft aber im allgemeinen ziemlich lange dauert und durch Schaumbildung gestört wird, wurden auch Zentrifugier-Methoden entwickelt, insbesondere von A. Rosen, M. Lanhard, A. E. Sandelin[2] und U. Mennicke[3]. Die für das Zentrifugier-Verfahren benützte Apparatur und Methode wird von Mennicke wie folgt beschrieben:

Die fertig gefüllten Röhrchen werden ungefähr 3 Min. in ein Wasserbad von etwa 45 bis 50° gestellt. Die hierdurch schmelzende Butter trennt sich entsprechend ihrer Schwere in die drei Bestandteile Wasser, Fett und Luft. Ist das gesamte Fett flüssig geworden, so werden die Röhrchen in einer Zentrifuge 3 Min. geschleudert, und zwar so, daß die enge Seite des Röhrchens nach der Achse der Schleuder weist. Die Luft bleibt hierbei als leichter Bestandteil innen, sammelt sich also in dem graduierten Teil des Röhrchens. Im allgemeinen ist bereits nach dem ersten Schleudern eine vollkommen klare Trennung zwischen Luft und Fett eingetreten. Mitunter sind aber noch kleine Schaumreste über dem Fett vorhanden, die die Ablesung erschweren. Es empfiehlt sich dann, die Röhrchen nochmals für kurze Zeit, und zwar das dünne Ende nach unten, in das warme Wasserbad zu setzen und dann weitere 2 bis 3 Min. zu schleudern. Beim zweiten Mal ist dann fast immer eine fast vollkommen klare Trennung zwischen Fett und Luft erreicht. Die Ablesung kann erfolgen, nachdem zur Herbeiführung eines Druckausgleiches zwischen Füllung und Außenluft die Verschraubung unter Wasser gelöst wurde.

Diese direkten Methoden zur Bestimmung des Luftgehaltes haben sich in der Betriebskontrolle nicht durchsetzen können.

M. E. Schulz[4] hat eine *Schnellmethode durch Bestimmung der Dichte der Butter* ausgearbeitet, die sich leicht in jedem Betriebslaboratorium ausführen läßt. Sie entspricht der bekannten Schwebe-Methode (siehe S. 616) und besteht darin, daß man die Butter in Äthylalkohol-Wasser-Mischungen mit verschiedener Dichte wirft. Aus dem ermittelten Wert kann man den Luftgehalt errechnen.

In den zu benützenden Alkohol-Wasser-Mischungen löst sich während der kurzen Untersuchungsdauer kein Fett auf, auch das Herauslösen von Buttermilch aus den Butterproben ist nicht groß, so daß die Flüssigkeit für eine große Anzahl von Proben gebraucht werden kann, ohne daß die Dichte sich ändert.
Mehrere Meßzylinder mit möglichst großem Durchmesser werden mit Flüssigkeitsgemischen folgender Dichte gefüllt:

z. B. 0,85   0,87   0,89   0,91   0,93   0,95   oder
z. B. 0,90   0,91   0,92   0,93   0,94   0,95

Dann werden aus der Butterprobe so lange Proben mit dem Butterbohrer entnommen, bis man die Flüssigkeit gleicher Dichte bei 15° gefunden hat.

Verschiedene Butterproben haben auch eine verschiedene Streuung der Werte, d. h., die Dichte innerhalb einer Butterpartie schwankt in ziemlich weiten Grenzen, was nur auf einen verschiedenen Luftgehalt zurückzuführen ist. Bei Alfa-Butter, die normal luftfrei ist, schwankt die Dichte bei 15° daher auch nur in der Fehlergrenze der Methodik, z. B. zwischen 0,955 und 0,960. Um Streuungsfehler möglichst auszuschalten, sollten nie weniger als drei Proben untersucht werden.

Bei der Untersuchung ist ferner zu beachten, daß zu kleine Stücke von 1 bis 2 cm Länge zu niedrige Dichten vortäuschen, da anscheinend doch beim Herausstechen

---

[1] G. Loftus-Hills u. J. Conochie: Commonwealth Australia, Council sci. ind. Res. J. 18, 366 (1945).
[2] A. Rosen, M. Lanhard u. A. E. Sandelin: Mejevit. Aikakans 1, 111 (1939).
[3] U. Mennicke: Milchwirtsch. Forsch. 21, 261 (1943).
[4] M. E. Schulz: Milchwissenschaft 3, 196 (1948).

etwas Luft unter die Butter gemischt wird oder aber Luft an diesen kleinen Stücken haftet. Es erscheint deshalb zweckmäßig, einen Bohrling von etwa 3 bis 4 cm Länge für die Luftgehalt-Bestimmung zu verwenden. Die Streuung bei Untersuchung dieser größeren Stücke war geringer. Trotzdem bleibt noch eine Streuung der Werte, die wohl auf einen verschiedenen Luftgehalt der Butter innerhalb einer größeren Buttermenge zurückzuführen ist. Es ist also überflüssig, eine dritte Stelle nach dem Komma für die Dichte anzugeben.

Tabelle 346. *Abhängigkeit der Dichte der Butter vom Luftgehalt*

Luftgehalt	Mittl. Dichte bei 15° C	Luftgehalt	Mittl. Dichte bei 15° C
0%	0,95	4%	0,91
2%	0,93	5%	0,90
3%	0,92	7%	0,88

8. Farbe

Die natürliche Farbe der Butter steht mit der Fütterung in engem Zusammenhang. Als Farbstoff ist das β-Carotin (Provitamin A) festgestellt worden. Daneben ist in geringem Ausmaß das Xantophyll an der Färbung der Butter beteiligt. Diese Farbstoffe entstammen der pflanzlichen Nahrung und werden nicht erst im Tierkörper gebildet. Alle Futtermittel, die Carotin oder ähnliche Stoffe enthalten, geben darum eine mehr oder weniger gelb gefärbte Butter. Dazu gehören alle Weide- und Grünfutter-Pflanzen, auch in Form von Silage, und vor allem die Möhren. Bei der Verfütterung carotin-armer Futterstoffe erhält man eine schwach gefärbte, fast weiße Butter. Derartige Futterstoffe sind Runkelrüben, Kartoffeln, Stroh, die Abfälle der Brennerei, der Stärke- und Zuckerfabrikation sowie fast sämtliche Ölkuchen.

Nach MOHR[1] wurden in Sommerbutter 1000 bis 1100 I.E. β-Carotin je 100 g Butter gefunden und in Winterbutter 100 bis 250 I.E. LORD[2] gibt für amerikanische Sommerbutter 1240 I.E. und für Winterbutter 240 I.E. je 100 g Butter an. Nach PARRISH und Mitarbeitern[3] liegt in amerikanischer Butter der Durchschnittsgehalt an β-Carotin bei 490 I.E./100 g, während als höchster Wert für Maibutter 880 I.E./100 g angegeben werden. Von McDowall[4] wird der β-Carotin-Gehalt der neuseeländischen Butter mit 4 bis 14 γ/g entsprechend 660 bis 2330 I.E./100 g angegeben.

Die Farbe der Butter wurde früher in der Weise standardisiert, daß im Winter eine Färbung mit Farbstoffen vorgenommen werden mußte, so daß die Butter das ganze Jahr hindurch den bekannten SAITNERschen Farbmustern[5] entsprach. *Später wurde in Deutschland die Verwendung chemischer Farbstoffe zum Färben von Butter verboten.* Infolgedessen stimmen die alten SAITNERschen Farbmuster, die auf das Färben mit chemischen Farben abgestellt waren, zur Zeit farbmäßig nicht mit den Farben überein, die durch Färben der Butter mit β-Carotin bzw. Anatto erhalten werden.

Aus ernährungsphysiologischen Gründen sollte zum Färben von Butter, wenn es überhaupt notwendig ist, nur das Provitamin A, das β-Carotin, in reiner kristallisierter Form Verwendung finden. Im Ausland werden allerdings durchweg Anatto-Farbstoffe, deren überwiegender Bestandteil das „Bixin" ist, zum Färben der Butter verwendet. Als Standard-Farbton für das Färben der Winter-

---

[1] W. MOHR: Süddtsch. Molkerei-Ztg. **70**, 1183 (1949).
[2] J. W. LORD: Biochem. J. **39**, 372 (1945).
[3] D. B. PARRISH, W. H. MARTIN, F. W. ATKESON u. J. S. HUGHES: J. Dairy Sci. **29**, 91 (1946).
[4] F. H. McDOWALL: Zit. S. 1240, Fußnote 2.
[5] W. MOHR u. H. AHRENS: Molkerei-Ztg. **49**, 1651 (1935).

butter sollte auf keinen Fall ein zu krasser gelber Farbton, wie er in extrem gelber Sommerbutter vorkommt, zugelassen werden, sondern höchstens eine Farbe, die etwa einen Farbton von 1,8, eine Sättigungsstufe von 2,8 und eine Dunkelstufe von etwa 0,42 aufweist.

Farbmessung. In Weiterentwicklung der früheren Untersuchungen von W. Mohr und H. Ahrens[1] über Farbmessungen an Butter wird neuerdings die Farbmessung mit Hilfe von Spektralphotometern auf Grund der DIN-Farbenmetrik nach Farbton, Sättigung und Dunkelstufe nach der Remissionsmethode[2] vorgenommen.

Zur Probenahme wird ein Messingring von 32 mm Durchmesser und 9 mm Höhe, unten mit einer scharfen Schneide versehen, in das Butterstück eingedrückt. Die außen überstehende Butter wird entfernt und mit einem glatten, geraden Messer die aus dem Ring herausragende Butter unter einem Winkel von etwa 30° möglichst gleichmäßig abgetrennt. Diese Probenahme ist erforderlich, um eine möglichst gut reproduzierbare Oberfläche für die Messung zu erhalten. Die Messung muß unmittelbar nach der Probenahme erfolgen, da bereits nach 30 Min. ein deutlicher Abfall des Remissionsgrades festzustellen ist. Die Messung muß bei konstanter Temperatur von 20° vorgenommen werden, denn bei tieferer Temperatur wirkt die Oberfläche der Butter heller. Um Streuungen der Meßwerte, die auf ungenügende Reproduzierbarkeit der Oberfläche beruhen, möglichst auszugleichen, sind mindestens drei Parallelmessungen an jeder Probe durchzuführen. Auf Grund dieser Methodik wurden folgende Meßwerte erhalten:

Tabelle 347

	Farbton	Sättigung	Dunkelstufe	β-Carotin-Gehalt mg/kg
Deutsche Sommerbutter	1,94—1,97	3,22—3,32	0,37—0,51	5,5—5,9
Ausländische Butter	1,95—2,06	3,34—4,16	0,45—0,67	—
Ungefärbte deutsche Winterbutter	1,61—1,62	1,89—1,90	0,36—0,38	—
Mit β-Carotin gefärbte Winterbutter	1,75—1,85	2,72—3,10	0,37—0,48	—

Die Schaffung von Vergleichsfarbmustern, entsprechend den früheren Saitnerschen Farbmustern, ist bisher noch nicht durchgeführt worden.

Die *Verfälschung der Butter mit chemischen Farbstoffen* erkennt man am schnellsten und einfachsten durch Bestrahlung einer Butterprobe mit Hilfe der Quarz-Lampe für eine Dauer von etwa 2 Std. Sind chemische Farbstoffe zum Färben verwandt worden, so tritt keine Entfärbung (Verblassen) der Butter ein. Ist die Farbe auf natürliche Farbstoffe durch die Fütterung, auf Zusatz von β-Carotin oder Anatto zurückzuführen, so tritt Entfärbung ein.

Über *direkte Nachweise von β-Carotin* siehe S. 961 ff., desgleichen über den *Nachweis von Anatto oder Kombination von Anatto mit β-Carotin* mit Hilfe der Chromatographie S. 835.

9. Aroma

Seitdem C. B. van Niel, A. J. Kluyver und H. G. Derx[3] gleichzeitig mit H. Schmalfuss und H. Barthmeyer[4] das Diacetyl als Aromaträger der Butter erkannt hatten, ist durch zahlreiche Arbeiten erhärtet worden, daß das Diacetyl als Hauptkomponente des Butter-Aromas der Sauerrahm-Butter anzusehen ist.

---

[1] W. Mohr u. H. Ahrens: Molkerei-Ztg. **49**, 104, 134 (1935); **50**, 207 (1936); Milchwirtsch. Forsch. **18**, 1 (1937).

[2] W. Mohr u. A. Wortmann: Kieler Milchwirtsch. Forschungsber. **6**, 305 (1954); W. Mohr u. D. Merten: Milchwissenschaft **9**, 106 (1954).

[3] C. B. van Niel, A. J. Kluyver u. H. G. Derx: Biochem. Z. **210**, 234 (1929).

[4] H. Schmalfuss u. H. Barthmeyer: Biochem. Z. **216**, 330 (1929).

Das Diacetyl ist wie alle α-Diketone gelb und zeigt alle Reaktionen der Ketone. Sein Siedepunkt liegt bei 88°. Es entsteht bei der Reifung und Säuerung des Rahmes durch die Lebenstätigkeit der aroma-bildenden Bakterien, *Strept. citrovorus, Betacoccus cremoris* oder *Leuconostoc citrovorus*. Durch zahlreiche Arbeiten des In- und Auslandes ist der Bildungsvorgang des Diacetyls nunmehr soweit geklärt, daß das Diacetyl aus dem Milchzucker und der in der Milch vorhandenen Citronensäure über die Abbauprodukte Methylglyoxal und α-Ketoglutarsäure, Brenztraubensäure und Acetaldehyd gebildet wird. Aus dem Acetaldehyd entsteht in saurer Lösung durch Kondensation Acetylmethylcarbinol (Acetoin) und in alkalischer Lösung Essigsäure und Alkohol. Aus dem Acetoin wird durch Oxydation das Diacetyl gebildet, während durch Reduktion Butylenglykol entsteht. Acetylmethylcarbinol (Acetoin) ist in Butter, Rahm und Säuerungskulturen gegenüber dem Diacetyl stets in großem Überschuß vorhanden.

Die Aroma-Bildung ist weitgehend von der Reifungs- und Säuerungstemperatur des Rahmes und von der Belüftung abhängig. Bei einer Reifungstemperatur des Rahmes von 10° werden die höchsten Werte, bei 30° die niedrigsten Werte für Diacetyl gefunden. Durch intensive Belüftung wird die Aroma-Bildung erhöht. Während des Butterns steigt der Gehalt an Diacetyl und Acetoin auf das 2- bis 4fache des Gehaltes im Rahm vor dem Verbuttern. Durch das Waschen des Butterkornes wird der größte Teil der beiden Substanzen aus der Butter entfernt. Von dem im Rahm enthaltenen Diacetyl geht nur $^1/_4$ bis $^1/_6$ in die Butter über. Von dem Acetoin im Rahm wird in der Butter nur $^1/_{15}$ bis $^1/_{16}$ wiedergefunden. Durch Lagerung der Butter bei 17 bis 22° bleibt der Gehalt etwa bis zu 4 Tagen erhalten und sinkt dann langsam ab. Bei einer Lagerung bei 10° tritt in den ersten 4 Tagen noch eine Erhöhung des Diacetyl-Gehaltes ein, nach 12tägiger Lagerung ist aber auch bei dieser Temperatur eine wesentliche Abnahme festzustellen. Bei Lagertemperaturen von 0° und bei tieferen Temperaturen erfolgt eine Abnahme nur langsam und in mäßigen Grenzen.

Süßrahm-Butter hat natürlich stets einen wesentlich geringeren Diacetyl-Gehalt als Sauerrahm-Butter. Nach den Untersuchungen von W. MOHR und J. WELLM[1] sind in der Süßrahm-Butter etwa 0,16 bis 20 mg/kg Diacetyl und 0,32 bis 0,36 mg/kg Acetoin enthalten. In Sauerrahm-Butter lagen die Werte zwischen 0,34 und 1,66 mg/kg Diacetyl und 3,7 bis 20,2 mg/kg Diacetyl plus Acetoin. Ein eindeutiger Zusammenhang zwischen dem Ausfall der Sinnesprüfung und dem Diacetyl-Gehalt der Butter ist nicht in allen Fällen festzustellen, zumal ein hoher Diacetyl-Gehalt und gutes Aroma durch schädliche Geschmackstoffe überdeckt werden können.

Die *Bestimmung des Diacetyls* und Acetoins in Butter erfolgt wie bei Margarine (S. 1204 f.). Man wägt beim Hauptversuch zunächst nur 10 g ein (bei Margarine 50 g) und verfährt dann weiter wie beschrieben.

10. Vitamine

Von den Vitaminen in der Milch kommen in der Butter neben dem Provitamin A (β-Carotin) in der Hauptsache die fettlöslichen Vitamine A und D vor (über Vitamine s. S. 955 ff.). Ersteres wird aus dem β-Carotin im Tierkörper aufgebaut und mit der Milch ausgeschieden. Dabei geht der Gehalt an Vitamin A nicht immer mit dem Gehalt an β-Carotin parallel. Bei den verschiedenen Rinderrassen ist das Verhältnis Vitamin A zu β-Carotin verschieden. Die individuellen Schwankungen von Tier zu Tier können 100% betragen. Der Gehalt der Butter an Vitamin A und β-Carotin ist weitgehend von dem verabreichten Futter abhängig (s. auch S. 1254). Die jahreszeitlich bedingten Schwankungen im Vitamin A-Gehalt der Butter betragen z. B. nach F. H. MCDOWALL[2] in Neuseeland zwischen 26 und 56 I.E. je g Butter. Nach W. MOHR[3] hat in Deutschland die Sommerbutter bis zu 60 I.E. und die Winterbutter um 30 I.E. Gesamt-Vitamin A (Vitamin A und β-Carotin). Nach den Angaben von J. W. LORD[4] betrug der Vitamin-A-Gehalt der amerikanischen Butter bei Stallfütterung 15 I.E. und bei Weidegang 31 I.E. D. B. PARRISH und Mitarbeiter[5] geben für amerikanische Butter als Durchschnittswerte 20 I.E./g und als Höchstwert 35 I.E. Vitamin A/g

[1] W. MOHR u. J. WELLM: Dtsch. Molkerei-Ztg. **58**, 782 (1937).

[2] F. H. MCDOWALL: Zit. S. 1240, Fußnote 2.

[3] W. MOHR: Süddtsch. Molkerei-Ztg. **70**, 1183 (1949).

[4] J. W. LORD: Biochem. J. **39**, 372 (1945).

[5] D. B. PARRISH, W. H. MARTIN, F. W. ATKESON u. J. S. MUGHES: J. Dairy Sci. **29**, 91 (1946).

Butter an. Eine Internationale Einheit entspricht 0,35 γ Vitamin-A-Acetat oder 0,30 γ Vitamin-A-Alkohol.

Bezüglich der Bestimmung des Vitamin A vgl. S. 955ff., über die Bestimmung von β-Carotin in der Butter s. S. 961.

Das *Vitamin D* (Calciferol) wird zusammen mit dem Provitamin (Ergosterin) mit der Milch ausgeschieden. Der Gehalt der Butter an Vitamin D ist verhältnismäßig gering und wechselt mit den Jahreszeiten, bedingt durch die verschiedene Sonnen-Einstrahlung. Der Tagesbedarf eines Menschen beträgt um 0,01 bis 0,02 mg. In 100 g Butter sind aber nur 0,004 bis 0,002 mg Vitamin D enthalten. Daraus geht eindeutig hervor, daß durch die Butter nur ein sehr geringer Prozentsatz des Tagesbedarfes gedeckt werden kann und andere Vitamin-D-Quellen zur Gesunderhaltung herangezogen werden müssen.

Die *Bestimmung des Vitamin D in Butter* ist durch chemische Reaktionen infolge des verhältnismäßig hohen Gehaltes an Vitamin A und β-Carotin, das die Bestimmung stört, bisher nicht möglich. Man ist daher auf den Rattenversuch angewiesen.

11. Phosphatide

Die Phosphatide der Butter bestehen im wesentlichen aus den *Lecithinen, Kephalinen und Sphingomyelinen*, die als Emulgatoren und grenzflächenaktive Stoffe an dem Aufbau der Fettkügelchenhülle (s. Schemazeichnung Abb. 423) beteiligt sind. Nach B. S. BALIGA und K. P. BASU[1] enthalten 100 ml Milch je nach Fütterung etwa 5 mg Lecithin, etwa 15 mg Kephalin und 8 mg Sphingomyelin. Bei der Butterherstellung im Butterfertiger und nach dem FRITZ-Verfahren, bei denen die Butterbildung unter Abscheidung von Buttermilch erfolgt, gehen die im Rahm enthaltenen Phosphatid-Mengen nur z. T. in die Butter und zu einem wesentlichen Teil in die Buttermilch

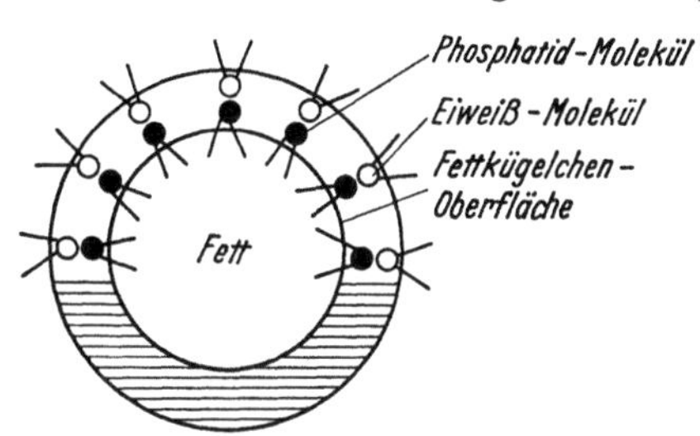

Abb. 423. Fettkügelchen mit Hülle

über, während beim ALFA-Verfahren durch direkte Phasenumkehr die in dem 80%igen Rahm enthaltenen Phosphatide voll in die Butter gelangen. Der Phosphatid-Gehalt der Butter muß daher nach den verschiedenen Herstellungsverfahren verschieden sein.

Als grenzflächenaktive Stoffe werden sich die Phosphatide auch in der Butter an den Grenzflächen Wassertröpfchen gegen Fett anreichern. Die Phosphatide beeinflussen zugleich als Antioxydantien die Haltbarkeit einer Butter und verzögern den Qualitätsabfall. Bei Gegenwart von Kupfer, das sich beim Entrahmen im Rahm und anschließend in der Butter anreichert, wird die katalytische Zersetzung der Phosphatide wie das autoxydative Verderben des Fettes beschleunigt.

Die analytischen Methoden zur Ermittlung der Phosphatide sind z. Z. noch unbefriedigend, schon wenn es sich um die Erfassung der Gesamt-Phosphatide, erst recht aber, wenn es sich um die Trennung der einzelnen Phosphatide, wie beispielsweise Lecithine, Kephaline und Sphingomyeline, handelt. Zur Zeit werden wohl die von GROSSFELD[2] ausgearbeiteten Verfahren zur Phosphatid-Bestimmung durch Extraktion mit Äthylalkohol-Benzol einerseits und Isopropylalkohol-Benzol andererseits am meisten angewandt.

Nach GROSSFELD[2] erfolgt die Berechnung der Phosphatide als Lecithinphosphorsäure (P_2O_5), aus der durch Multiplikation mit dem Faktor 10,95 das Phosphatid als Palmitooleo-lecithin berechnet wird. Die Extraktion erfolgt einmal mit Äthylalkohol und Benzol und zum anderen mit Isopropylalkohol und Benzol.

---

[1] B. S. BALIGA u. K. P. BASU: Indian J. Dairy Sci. **8**, 119 (1955); **9**, 24, 95 (1956).
[2] J. GROSSFELD u. A. ZEISSET: Z. Unters. Lebensmittel **85**, 321 (1943).

Äthylalkohol-Verfahren. 10 g Substanz werden in einem weithalsigen 100 ml Meßkölbchen mit 60 ml 96%igem Alkohol unter Zusatz von etwas Bimssteingrieß 15 Min. am Rückflußkühler im leichten Sieden gehalten. Darauf gibt man anteilweise Benzol bis zur Marke unter Umschütteln hinzu, läßt auf Zimmertemperatur erkalten und füllt nun genau bis zur Marke auf. Nach Mischen läßt man über Nacht stehen, entnimmt durch Druckpipettierung genau 50 ml der Alkohol-Benzol-Lösung, gibt diese in eine Platinschale, setzt 2,5 ml Magnesiumacetat-Lösung (50 g des kristallisierten Salzes in 100 ml) zu und bringt vorsichtig auf einem auf ein siedendes Wasserbad gelegten Uhrglas zur Trockne. Zur Entfernung der letzten Wasser-Reste wird im Trockenschrank bei 110° nachgetrocknet, dann der Inhalt der Schale bei zunächst vorsichtigem Anheizen und Abbrennenlassen des Fettes verascht und kräftig durchgeglüht. Die Asche löst man in 12,5 ml 25%iger Salpetersäure, filtriert in ein Becherglas, wäscht mit 20 ml Ammoniumnitrat-Lösung (500 g/l), dann mit Wasser nach, bis das Filtrat etwa 100 ml beträgt. Dieses mischt man durch Umschwenken, erhitzt nahezu bis zum Sieden und versetzt mit 5 ml 10%iger Ammoniummolybdat-Lösung. Man läßt bis zum folgenden Tage stehen, saugt durch einen gewogenen Porzellan-Filtertiegel (A 2) und wäscht mit einer Lösung von 50 g Ammoniumnitrat und 40 ml 25%iger Salpetersäure im Liter nach. Der Niederschlag wird darauf im Trockenschrank getrocknet und 10 Min. im elektrischen Muffelofen bei 500° geglüht. Das Gewicht, multipliziert mit 0,0395, entspricht der in 5 g, also mal 0,79 der in 100 g Substanz enthaltenen Lecithinphosphorsäure. Hieraus berechnet sich mit dem Faktor 11 die entsprechende Menge Palmito-oleo-lecithin.

Isopropylalkohol-Verfahren. 10 g Substanz werden in einem weithalsigen 100 ml Meßkölbchen mit 50 ml Isopropylalkohol und dann genau wie beim Äthylalkohol-Verfahren weiter behandelt.

Die Fehlergrenze der Methode beträgt $\pm 0,001\%$ P_2O_5.

Die Bestimmung nach beiden Methoden liefert keine übereinstimmenden Werte. Die bei der Isopropylalkohol-Extraktionsmethode gefundenen Werte liegen niedriger. Nach GROSSFELD[1] werden bei letzterer mit Ausnahme von H_3PO_4 keine anorganischen Phosphat-Verbindungen mit erfaßt. Bei der Äthylalkohol-Extraktionsmethode werden allerdings Phosphate, Glycerophosphate und in geringem Maße Teile der primären Phosphate mit extrahiert.

HALDEN[2] empfiehlt, die aus den Äthylalkohol-Benzol- bzw. Isopropylalkohol-Benzol-Bestimmungen erhaltenen Rückstände erneut mit niedrigsiedendem Petroläther zu extrahieren und anschließend wie üblich zur Bestimmung des Phosphatid-Gehaltes aufzuarbeiten, um mit Sicherheit die Mitbestimmung anorganischer Phosphor-Verbindungen zu vermeiden. Hierbei werden allerdings die Sphingomyeline nicht mit erfaßt. Es werden sowohl bei der Äthylalkohol-Methode als auch bei der Isopropylalkohol-Methode z. T. wesentlich niedrigere Phosphatid-Werte gefunden. Die beiden Bestimmungsmethoden ergeben aber nahe beieinanderliegende Werte.

Zweifelsohne werden die Phosphatide im Rahm angereichert und gehen zum überwiegenden Teil beim Buttern in die Buttermilch über (s. Tab. 348). Dieses deckt sich ja auch mit der Butterungstheorie, nach der die Phosphatid-Membran um die Fettkügelchen erst auskristallisieren muß und dabei zerstört wird, bevor das Butteröl zur kontinuierlichen Phase zusammenfließen und Butterkorn bilden kann. Ein wesentlicher Unterschied zwischen Süß- und Sauerrahm-Butter ist bezüglich des Phosphatid-Gehaltes nicht vorhanden.

Wie auch aus der Tab. 348 ersichtlich, liegen die nach der Isopropylalkohol-Extraktionsmethode gefundenen Werte für den Phosphatid-Gehalt niedriger als die mittels der Äthylalkohol-Extraktionsmethode gefundenen Zahlen.

Berechnet man aber den Phosphatid-Gehalt pro Gramm Fett, natürlich nach Abzug des für Magermilch gefundenen Phosphatid-Gehaltes; so wird nach der Isopropylalkohol-Extraktionsmethode mehr Phosphatid in Vollmilch und Rahm gefunden als nach der Äthylalkohol-Extraktionsmethode. In Überein-

---

[1] J. GROSSFELD u. A. ZEISSET: Z. Unters. Lebensmittel **85**, 321 (1943).
[2] W. HALDEN: Persönliche, nicht veröffentlichte Mitteilung.

Tabelle 348

Milcherzeugnis	Autor	Fettgehalt	% Phosphatide bei Extraktion mit			
			Äthylalkohol, Benzol	Isopropylalkohol, Benzol	Äthylalkohol *, Petroläther	Propylalkohol *, Petroläther
Frauenmilch . .	E. Rominger u. W. Dröse[1]	2,66	0,103	0,054	0,032	0,033
Magermilch . .	Mohr[2]	0,058	0,279	0,078	0,052	0,045
Vollmilch . . .	Mohr	3,78	0,301	0,080	0,061	0,048
Rahm	Mohr	26,70	0,320	0,186	0,136	0,125
Rahm	Mohr	79,80	0,464	0,388	0,365	0,364
Buttermilch:						
süß, ungew. .	Mohr	—	0,365	0,170	—	—
sauer	Mohr	—	0,322	0,185	—	—
Fritz-Verf. .	Mohr	—	0,501	0,270	—	—
Alfa-Butter . .	Mohr[3]	79,6	0,46	0,403	—	—
Fritz-Butter . .	Mohr	—	0,384	0,33	—	—
Butterfertiger-Butter:						
Süßrahm-ungew.	Mohr	—	0,321	0,281	—	—
Süßrahm-gew. .	Mohr	—	0,296	0,26	—	—
Sauerrahm-gew.	Mohr	—	0,31	0,29	—	—

* Nach nochmaliger Wiederaufnahme des getrockneten Rückstandes der von Äthylalkohol-Benzol bzw. Isopropylalkohol-Benzol erhaltenen Extraktion mit Petroläther (30 bis 50° C Sdp.).

stimmung mit Hunziker[4] hat Mohr[2] festgestellt, daß der an das Fett gebundene Phosphatid-Gehalt pro Gramm Fett (nach der Isopropylalkohol-Extraktionsmethode bestimmt) bei einem Fettgehalt des Rahmes über 30% abnimmt (siehe Tab. 349).

Tabelle 349. *Phosphatid-Gehalt berechnet auf ein Gramm Fett*

	% Fett	Äthyl-Phosphatide minus Magermilch-Äthyl-Phosphatide in mg je g Fett	Isopropyl-Phosphatide minus Magermilch-Isopropyl-Phosphatide in mg je g Fett
Vollmilch	3,07	5,3	7,3
Rahm	28,0	5,5	8,0
Rahm	46,5	5,1	6,3
Rahm	79,7	4,6	4,6

Zur Phosphatid-Bestimmung vgl. weiter S. 995 ff. dieses Buches. Nach H. P. Kaufmann und Mitarbeiter wird wie folgt verfahren:

Zur Isolierung des Milchfettes werden 200 ml frisch gemolkene Milch mit 40 ml 3%iger Ammoniak-Lösung und anschließend mit 200 ml Alkohol behandelt. Nach dem Umschütteln setzt man zunächst 100 ml Äther, dann nach dem Durchschütteln die gleiche Menge Petroläther hinzu. Aus der erhaltenen Lösung verjagt man im Vakuum das Lösungsmittel, nimmt den Rückstand nochmals mit Petroläther oder Pentan auf, trocknet die Lösung und saugt das Lösungsmittel ab.

---

[1] E. Rominger u. W. Dröse: Privatmitteilung.
[2] W. Mohr: Milchwissenschaft **5**, 121 (1950).
[3] W. Mohr: Z. Kinderheilkunde **99**, 42 (1951).
[4] O. F. Hunziker: Condensed Milk and Milk Powder, 7. Aufl., S. 597. La Grange, Ill.: Selbstverlag 1949.

H. P. Kaufmann[1] gelang es auch, ein vereinfachtes und genauere Ergebnisse lieferndes Verfahren zur Bestimmung der Phosphatide in Milch und Milchfetten auszuarbeiten:

10 g Milch werden mit 50 ml Äthylalkohol versetzt und 15 Min. in gelindem Sieden erhalten. Nach Überspülen der Lösung in einen 100 ml fassenden Meßkolben wird nach dem Abkühlen mit Benzol aufgefüllt. Nach gutem Durchmischen bleibt die Mischung 12 Std. stehen. Dann filtriert man ab und dampft 50 ml des Filtrates in einem 100 ml Schliffkolben im Vakuum der Wasserstrahlpumpe zur Trockne. Auch die letzten Wasserspuren müssen unbedingt beseitigt werden. Unter Rückfluß wird der Rückstand mit etwa 25 ml Benzol 2 Std. extrahiert, filtriert und nach Eindampfen in einer Platinschale unter Zusatz von 2,5 g MgO verascht. Sodann bestimmt man das Phosphat nach Thaler-Just (s. S. 481).

12. Metallgehalt

Kupfer und Eisen. Die Qualität und die Lagerfähigkeit einer Butter werden schon durch Spuren von Kupfer- und Eisensalzen stark herabgesetzt. Sie beschleunigen katalytisch das Fettverderben. Kupfer- und Eisensalze können bereits durch die Milch oder den Rahm auf dem Wege von der Gewinnung bis zur Herstellung der fertigen Butter durch rostige Transportkannen oder nicht einwandfrei verzinnte kupferne bzw. eiserne Apparate, Behälter, Pumpen und Rohrleitungen aufgenommen werden oder durch das Butter-Waschwasser in die Butter gelangen. Sie sind in der wäßrigen Phase gelöst oder an die Substanzen der Fettkügelchenhülle gebunden. Ihre qualitätsschädigende Wirkung muß also mit wachsender Oberfläche der wäßrigen Phase größer werden. Bei der kontinuierlich hergestellten Alfa-Butter und Fritz-Butter ist infolge der sehr feinen Wasser-Verteilung die Oberfläche der wäßrigen Phase gegen die Fettphase wesentlich erhöht. Diese Butter-Arten sind auch gegen das Fettverderben durch katalytische Einflüsse von Kupfer- und Eisensalzen am empfindlichsten.

Zur quantitativen Bestimmung der Metalle wird entweder entsprechend der Arbeitsweise nach S. 444ff. die Asche oder die nach dem Aufschluß von J. Pien[2] erhaltene Lösung untersucht. Die dazu nötige Apparatur zeigt Abb. 424.

10 g Butter werden in den Aufschlußkolben eingewogen und 50 ml Salpetersäure, rein (D = 1,33) sowie 20 ml Schwefelsäure, rein (D = 1,84) hinzugefügt. Der Kolben wird in das Gestell gesetzt, vorsichtig angeheizt und der seitliche Ansatz mit HNO_3 gefüllt. Bevor die Entwicklung der nitrosen Gase gänzlich aufhört, wird tropfenweise HNO_3 aus dem seitlichen Ansatz durch geringes Öffnen des Absperrhahnes zugefügt. Die Heizung wird nunmehr verstärkt, um ein lebhaftes Kochen während des ganzen Aufschlusses zu erhalten, und die tropfenweise Zugabe der HNO_3 bis zur Entfärbung fortgesetzt. Tritt beim Weiterkochen des Aufschlusses wieder ein Braunwerden ein, so muß die tropfenweise Zugabe von HNO_3 so lange wiederholt werden, bis auch bei längerem Kochen keine Verfärbung mehr eintritt. Darauf wird das Destillat unter ständigem Weiterkochen des Aufschlusses tropfenweise (innerhalb von wenigen Minuten) in den Kolben gegeben und bei Verfärbung nochmals tropfenweise HNO_3 zugesetzt. Dieses Verfahren wird so lange wiederholt, bis alle Substanz aufgeschlossen und der Aufschluß samt Destillat farblos bleibt. Die so erhaltene klare Lösung wird mit bidest. Wasser quantitativ in ein Meßkölbchen übergeführt und in einem aliquoten Teil das Kupfer nach H. Hänni[3] oder auf allgemein übliche Weise colorimetrisch bzw. durch Fällung mit Schwefelwasserstoff bestimmt.

Nach älteren Analysen beträgt der Kupfergehalt guter Butter unter 1 γ/g. Größere Mengen sind auf jeden Fall bedenklich, da eine solche Butter sowohl als Frischbutter als auch als Lagerbutter leicht katalytisch hervorgerufenen Autoxydationen unterliegt. Neuere Untersuchungen von Mulder und Mitarbeitern[4]

---

[1] H. P. Kaufmann, J. Baltes u. B. Sibbel: Fette · Seifen · Anstrichmittel **52**, 600, 736 (1950).

[2] J. Pien: Privatmitteilung.

[3] H. Hänni: Mitt. Gebiete Lebensmittelunters. Hyg. **43**, 357 (1952).

[4] H. Mulder, C. I. Kruisheer, P. C. den Herder u. J. G. van Ginkel: Nederl. Melken Zuiveltijdschr. **3**, 37 (1949).

haben als natürlichen Kupfergehalt der Butter einen Wert von 0,06 γ/g ergeben. Von VAN DER BURG und KOPPEJAN wurden Werte von 0,1 bis 0,25 γ/g gefunden. Auch Untersuchungen von W. MOHR und Mitarbeitern haben in normaler Butter Werte um 0,2 γ/g Kupfer ergeben. Höhere Werte dürften in allen Fällen auf

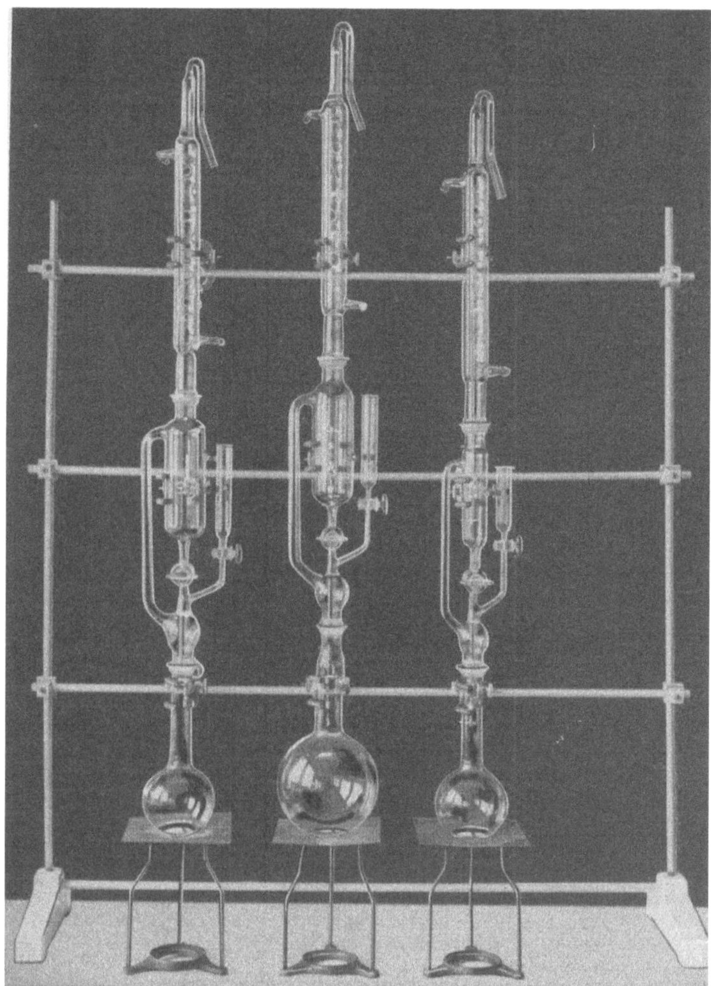

Abb. 424. Aufschluß-Apparatur von J. PIEN

Kupfer-Infektionen während der Butterherstellung durch ungeeignete Apparate und Geräte oder durch das Butter-Waschwasser zurückzuführen sein.

Die *Bestimmung des Eisens* erfolgt nach den allgemein üblichen Methoden (S. 445), nachdem man die Substanz auf die vorstehend beschriebene Weise aufgeschlossen oder verascht hat.

13. Bakteriologische Untersuchung

Bei der Butterherstellung aus einem ordnungsmäßig hocherhitzten Rahm sollen in der Butter praktisch nur die Bakterien des Säureweckers, selbstverständlich des nicht infizierten Säureweckers, vorhanden sein. Butterschädliche Keime können durch Verwendung eines infizierten Säureweckers, durch Nachinfektion nicht einwandfrei gereinigter Apparate und Geräte sowie durch Luft-Infektion in den Rahm und in die Butter gelangen. Der positiv verlaufene Nachweis butterschädlicher Mikroorganismen in der Butter ist also ein Zeichen ungenügender Rahm-Pasteurisierung oder einer erfolgten Re-Infektion. Dabei darf nicht übersehen werden, daß von den im Rahm enthaltenen Mikroorganismen nur ein geringer Teil in die Butter übergeht, bei Sauerrahm-Butter[1] rund 1% und bei Süßrahm-Butter[2] etwa zwischen 5 und 30%. Der restliche Teil wird mit der Buttermilch und durch das Waschen der Butter[3] mit dem Waschwasser entfernt. Die bakteriologische Beschaffenheit der Butter ist neben ihrer Struktur von beträchtlichem Einfluß auf die Qualität und Haltbarkeit, besonders bei Lagerung über 0°C. Dies gilt sowohl für Frisch- als auch für Lagerbutter. Während der Zeit der Tiefkühlung bei Temperaturen von —10°C und darunter spielen mikrobiologische Vorgänge keine Rolle. Während dieser Zeit ist eine starke Abnahme der Keimzahlen festzustellen[3]. Von Bedeutung bleiben aber die durch mikrobiologische Vorgänge gebildeten Enzyme, da die Enzym-Reaktionen durch die Tiefkühlung zwar stark verzögert, aber nicht völlig aufgehoben werden. Die bakteriologische Beschaffenheit der Lagerbutter nach dem Auftauen ist von wesentlichem Einfluß auf die Haltbarkeit bis zum Verbrauch.

Während der Zeit von der Herstellung bis zur Tiefkühlung und von der Auslagerung aus den Tiefkühlräumen bis zum Verzehr ist also auch bei Lagerbutter die Möglichkeit mikrobiologischer Veränderungen gegeben, die auf die Qualität der Butter einwirken können. Die Veränderungen werden entweder durch Zersetzungen des Milchzuckers, der Eiweißstoffe oder des Fettes hervorgerufen. Nach LAGONI[4] erfolgen diese Umsetzungen in drei Abschnitten, die eng ineinander übergreifen. Der erste Abschnitt besteht in einem Abbau der Eiweißbestandteile bei saurer Reaktion durch die Bakterien des Säureweckers. Durch Hefen und Schimmelpilze, denen die saure Reaktion des Substrates zusagt, wird im zweiten Abschnitt die gebildete Milchsäure abgebaut, während im dritten Abschnitt durch z. T. kälteliebende, gramnegative Mikroben und Sporenbildner u. a. der Abbau der Nährstoffe bis zu Elementar-Verbindungen erfolgt.

Die Wirkung der Mikroorganismen ist von unterschiedlicher Bedeutung für Sauerrahm-Butter und für Süßrahm-Butter bzw. für Butter aus neutralisiertem Rahm. HIETRANTA[5] bezeichnet das Gebiet im p_H-Bereich von 5,2 bis 5,9 als das günstigste für die mikrobiologischen Veränderungen. Demgegenüber darf aber nicht verkannt werden, daß Süßrahm-Butter gegen bakteriologische Infektionen wesentlich empfindlicher ist als Sauerrahm-Butter. Bei der Sauerrahm-Butter werden durch den niedrigen p_H-Wert eine ganze Reihe butterschädlicher Mikroorganismen in ihrer Entwicklung gehemmt, die in Süßrahm-Butter zur Entwicklung gelangen können. Die Zusammensetzung der Mikroflora ist demnach für Sauerrahm-Butter und für Süßrahm-Butter verschieden.

Das gleiche gilt für gesalzene und ungesalzene Butter, da ein hoher Salzgehalt in der wäßrigen Phase der Butter konservierende Wirkungen ausübt und manche Mikroorganismen in der Entwicklung zu hemmen vermag[6].

Für das Ausmaß der stattfindenden Veränderungen sind neben der absoluten Zahl der vorhandenen Mikroorganismen besonders die vorhandenen einzelnen Mikroben und ihre Verteilung in der wäßrigen Phase von Bedeutung.

---

[1] K. J. DEMETER: Dtsch. Molkerei-Ztg. **72**, 1506 (1951).

[2] M. GRIMES: J. Dairy Sci. **6**, 427 (1923).

[3] H. BOYSEN u. D. MÜLLER: 12. Milchwirtsch. Weltkongreß; vorläufige Drucklegung 1940/41; H. BRANDT: Molkerei-Ztg. **53**, 262 (1939); S. HOFFMANN: Schweiz. Milchztg. **63**, 537 (1937).

[4] H. LAGONI: Molkerei-Ztg. **53**, 849 (1939).

[5] M. HIETRANTA: Meijeritieteellinen Aikakauskirja XI, Nr. 1 (1949); Milchwissenschaft **5**, 238 (1950).

[6] F. D. TOLLENAAR: Central-Institut v. Voedingsonderzoek, Publikation Nr. 166 (1953).

Von den in der Butter vorkommenden Mikroorganismen sind von besonderer Wichtigkeit: 1. die Hefen und Schimmelpilze, da sie neben Milchzucker und Milchsäure auch Eiweiß abzubauen und Fett zu spalten vermögen, 2. die Bakterien der Coli-Aerogenes-Gruppe und 3. die keine Säure bildenden Bakterien, die zum Teil als Eiweißzersetzer und Fäulniserreger und zum Teil als Fettspalter wirken. TOLLENAAR[1] gibt die nachfolgenden Bakteriengruppen als hauptsächlich in der Butter vorkommend an: Pseudomonas, Aerobacter, Flavobacter, Serratia, Proteus, Micrococcus und Bazillen.

Die bakteriologische Untersuchung der Butter erstreckt sich 1. auf die Feststellung der Gesamt-Keimzahl, 2. auf die Feststellung der Hefen und Schimmelpilze, 3. auf den Nachweis der Coli-Aerogenes-Gruppe, 4. auf den Nachweis von Eiweißzersetzern und Fäulniserregern.

Ein einwandfrei brauchbarer, erprobter mikrobiologischer Nachweis für die fettzersetzenden Mikroorganismen steht noch aus.

Für die bakteriologische Untersuchung der Butter liegen für Deutschland Einheits- und Standardmethoden der bakteriologischen Methodenkommission vor[2].

In Neuseeland wird die bakteriologische Butter-Untersuchung nach McDOWALL[3] beim Eingang der Butter bei der Exportorganisation vorgenommen. Sie erstreckt sich auf: 1. die Feststellung der Gesamt-Keimzahl nach dem Platten-Verfahren auf einem Trypton-Fleischextrakt-Agar; 2. die Feststellung der Mikrokokken, der sogenannten hitzeresistenten Typen, die an der Bildung gelber Kolonien auf der Platte für die Gesamt-Keimzahl-Bestimmung erkennbar sind; 3. auf die Feststellung fettzersetzender Keime, die durch ihre Wirkung auf die im Agar vorhandenen Butterfett-Kügelchen erkannt werden; 4. auf die Feststellung von Hefen und Schimmelpilzen, die auf einem speziellen sauren Medium gezüchtet werden; 5. auf die Feststellung coliformer Bakterien durch die Coli-Probe.

Auch durch die Katalase-Probe und die Reduktase-Probe kann in vielen Fällen eine grobe bakteriologische Infektion der Butter erkannt werden.

Für die Beurteilung der Butter auf Grund der bakteriologischen Untersuchung sind in den überseeischen Ländern bestimmte Richtlinien aufgestellt. Bei den Zahlen ist jedoch immer zu bedenken, daß es sich um Süßrahm-Butter aus neutralisiertem Rahm handelt, die an sich gegen bakteriologische Infektionen wesentlich empfindlicher ist als die Sauerrahm-Butter. Dabei wird ausdrücklich betont, daß die Fehlergrenze der bakteriologischen Keimzahl-Bestimmung bei der Untersuchung von Butter wesentlich größer ist als bei der Untersuchung flüssiger Milcherzeugnisse, worauf auch von MROZEK und BOETEL[4] hingewiesen wird. PONT[5] fand z. B. in ein und derselben Butterprobe Keimzahlen von 35 000, 810000 und 50 000. Beurteilungen auf Grund einer einzigen Untersuchung können daher zu beträchtlichen Fehlschlüssen führen, weshalb man eine größere Anzahl von Untersuchungen durchführt, die sich über einen längeren Zeitraum erstrecken.

Die Gesamt-Keimzahl-Bestimmung nach dem Platten-Verfahren in der Butter erfolgt entweder mit dem Standard Chinablau-Lactose-Pepton- oder mit dem Casein-Agar nach FRAZIER und RUPP[6].

Keimzahl-Bestimmung nach dem Platten-Verfahren mit Chinablau-Lactose-Pepton-Agar. *Herstellung des Agars:* Der Nährboden hat folgende Zusammensetzung:

LIEBIGS Fleischextrakt	3,0 g
Kochsalz	5,0 g
Pepton	10,0 g
Lactose DAB 6	10,0 g
Agar-Agar (Qualität KOBE I) .	20,0 g
dest. Wasser	1000,0 ml
wäßrige Chinablau-Lösung 1%ig	37,5 ml

---

[1] F. D. TOLLENAAR: Zit. S. 1262, Fußnote 6.

[2] Bakt. Ausschuß der Deutschen Analysenkommission: Milchwissenschaft **10**, 8 (1955).

[3] F. H. McDOWALL: Zit. S. 1240, Fußnote 2.

[4] O. MROZEK u. W. BOETEL: Molkerei-Ztg. **53**, 706 (1939).

[5] E. G. PONT: J. Dairy Res. **12**, 24 (1941).

[6] W. C. FRAZIER u. P. RUPP: J. Bacteriol. **16**, 57 (1928); siehe auch G. SCHWARZ, B. HAGEMANN, C. HÜTTIG, R. KELLERMANN u. W. STAEGE: Handb. d. landwirtschaftl. Versuchs- und Untersuchungsmethodik (Methodenbuch), 6. Bd., 2. Aufl. Radebeul-Berlin: Neumann 1950.

Die Herstellung dieses Nährbodens mit einem p_H-Wert von $7,4 \pm 0,1$ erfolgt auf folgende Weise:

Fleischextrakt, Pepton und Kochsalz werden in 1000 ml dest. Wasser unter Aufkochen während 20 Min. gelöst. Dabei wird durch Zugabe von Natronlauge der p_H-Wert auf 7,8 eingestellt, um eine gute Ausflockung zu erzielen. Die Lösung wird nach dem Abkühlen zum Ausgleich des Verdampfungsverlustes mit dest. Wasser auf die ursprüngliche Menge aufgefüllt und danach durch Watte filtriert.

Die 12 Std. in dest. Wasser — bei mindestens dreimaligem Wasserwechsel — eingeweichte Agarmenge wird der nach vorstehender Anweisung hergestellten Nährlösung hinzugefügt und im Dampftopf aufgelöst. Nach anschließender Filtration wird der Milchzucker hinzugegeben und der p_H-Wert kontrolliert. Alsdann erfolgt die Zugabe der filtrierten Chinablau-Lösung. Das fertige Substrat wird im Autoklaven sterilisiert (1,0 atü, 30 Min.).

Vorbereitung der Probe: Mittels einer sterilen Pipette wird 1 g der verflüssigten Butter in eine auf 40° erwärmte Verdünnungsflasche mit 99 ml sterilem Wasser gebracht. Nach gründlichem Durchmischen erfolgt das Ansetzen der weiteren Verdünnungen.

Bebrütung: 2 Tage bei 30°.

Die Keimzahl-Bestimmung nach dem Platten-Verfahren auf Casein-Agar nach Frazier und Rupp. *Herstellung von Casein-Agar:* 3,5 g Casein nach HAMMARSTEN werden 15 Min. in 50 ml dest. Wasser unter nachträglichem Zufügen von 100 ml Kalkwasser eingeweicht. Die Mischung wird bis zur Lösung geschüttelt. Dann gibt man 20 ml Bouillon (LIEBIGS Fleischextrakt 3 g, Pepton WITTE 5 g, Kochsalz 5 g, dest. Wasser 1000 g, $p_H = 7,4$) zu, ferner 10 ml einer 1,5%igen Calciumchlorid-Lösung und 10 ml einer Phosphat-Lösung, die 1,05% $Na_2HPO_4 \cdot 2H_2O$ (nach SÖRENSEN) und 0,35% KH_2PO_4 enthält. Nach Auffüllen der Mischung mit dest. Wasser auf 500 ml wird im Dampftopf sterilisiert. Vor Ausführung der Untersuchung gibt man heißen 3%igen Wasser-Agar (im Verhältnis 1:1) in die kalte Casein-Lösung und mischt gründlich. Die gemischte Lösung ist nur einmal verwendbar, da bei nochmaligem Verflüssigen das Casein ausflockt.

Probenahme: Falls von der festen Butter ausgegangen wird, benutzt man zur Probenahme eine sterile Glasröhre, die entweder 1 g oder 10 g Butter faßt (Probebohrer nach BRANDT). Zuvor wird die Oberfläche der Butter an der Entnahmestelle mit einem sterilen Spatel entfernt. Der gefüllte Bohrer wird direkt in die auf 40° erwärmte Verdünnungsflasche gebracht, bis sich die Butter aus der Röhre gelöst hat.

Die Bebrütung erfolgt 2 Tage oder besser 3 Tage bei 30°C.

Beurteilung: Für ungesalzene Sauerrahm-Butter soll nach DEMETER[1] der Keimgehalt bei sehr guter und guter Butter nach 10 Tage langer Aufbewahrung bei $+10°C$ unter 1000000, keinesfalls aber über 2000000 Keime pro g Butter liegen. Besitzt eine Butter mehr als 2000000 Keime pro g, so wird sie in kürzester Zeit verderben.

Die Bestimmung der Hefen und Schimmelpilze in Biomalz-Agar. *Herstellung des Biomalz-Agar:*

Biomalz ohne Zusätze .	20 g
Agar	30 g
dest. Wasser	1000 g

Zunächst löst man 20 g Biomalz in einer geringen Menge Wasser und fügt dieses der übrigen Wassermenge zu. Dann gibt man 30 g gewässerten Agar hinzu und kocht das Gemisch $^1/_2$ Std. im Dampftopf. Hierauf wird durch Watte filtriert und mit Weinsäure auf etwa $p_H = 3,5$ eingestellt. Nach dem Abfüllen des Agars erfolgt die Sterilisierung entweder im Dampftopf oder im Autoklaven.

Probenahme: Die Butter wird mit einem durch Abflammen mit Alkohol sterilisierten Bohrer entnommen und — unter Ausscheidung der Randzone — in eine keimfreie Probeflasche gefüllt, in der sie durch vorsichtiges Erwärmen auf 40° im Wasserbad verflüssigt wird. Zwei 5 mm-Ösen der verflüssigten Butter werden dem auf 45 bis 50° temperierten Nährboden im Röhrchen zugesetzt, vermischt und in die PETRI-Schale gegossen.

Bebrütung: Die Bebrütung erfolgt 2 Tage bei 30° und anschließend 1 Tag bei etwa 20°.

Beurteilung: Nach DEMETER[1] sollen in 1 g der frischen Butter nicht mehr als 30 Keime an Hefen und Schimmelpilzen vorhanden sein. Für ältere Butter variieren diese Werte sehr stark und sind vor allem von der Zeit und der Temperatur der Aufbewahrung abhängig.

---

[1] K. J. DEMETER: Bakteriologische Untersuchungsmethoden von Milch, Milcherzeugnissen, Molkereihilfsstoffen und Versandmaterial, 2. Aufl. Berlin-Wien: Urban & Schwarzenberg 1943; Neuauflage: Bakteriologische Untersuchungsmethoden der Milchwirtschaft, 3. Aufl. Stuttgart: Ulmer 1952.

Nachweis von Bakterien der Coli-Aerogenes-Gruppe durch Gasbildung in Gentiana-violett-Milchzucker-Galle-Pepton-Wasser. *Herstellung des Nährbodens:* Rindergalle 50 g — Pepton (WITTE) 10 g — Milchzucker 10 g — dest. Wasser 1000 g.

Das Wasser wird bis zum Kochen erhitzt und dann mit Galle und Pepton versetzt. Nach dem Umrühren wird 1 Std. gekocht und anschließend der Milchzucker hinzugefügt. Die Beendigung der Reaktion erfolgt mittels Natronlauge und Phenolphthalein als Indicator bis zur schwachrosa Färbung. Nach Filtration der Lösung durch Watte werden 4 ml einer 1%igen Lösung von Gentianaviolett zugegeben. Der Nährboden wird in gewöhnliche Röhrchen abgefüllt, in die kleine, etwa 2 ml fassende Reagensgläschen, sog. DURHAM-Röhrchen, umgekehrt versenkt werden. Durch das Sterilisieren des Nährbodens im Dampftopf oder Autoklaven wird die im DURHAM-Röhrchen eingeschlossene Luft entfernt und dieses gefüllt.

Durchführung der Untersuchung: Für die Untersuchung werden 1 ml und 0,1 ml der Butter-Verdünnung in je ein Röhrchen mit Gentianaviolett-Galle-Milchzucker-Pepton-Wasser gebracht und nach 2tägiger Bebrütung bei 37° festgestellt, bis zu welcher Verdünnung noch eine Gasbildung in der Kuppe des DURHAM-Röhrchens zu beobachten ist. Eine sehr geringe Gasmenge gilt nicht als positiver Befund.

Beurteilung: Nach DEMETER[1] sollen Bakterien der Coli-Aerogenes-Gruppe in einer aus pasteurisiertem Rahm hergestellten Butter nicht vorkommen.

Nachweis von Fäulnisbakterien in Pepton-Wasser. *Herstellung des Nährbodens:* In 1 l Leitungswasser werden 30 g Pepton aufgelöst, im Dampftopf $^1/_2$ Std. gekocht, filtriert, auf Röhrchen abgefüllt und im Autoklaven sterilisiert.

Durchführung der Untersuchung: Die Untersuchung erfolgt durch Beimpfen je eines Röhrchens Peptonwasser mit 1 bzw. 0,1 ml der Butter-Verdünnungen und Prüfung des Geruches nach zweitägigem Bebrüten bei 30°.

Beurteilung. Ein eindeutiger Zusammenhang zwischen dem Nachweis von Fäulniserregern in der Butter und der Qualität und Haltbarkeit konnte bisher bei Sauerrahm-Butter nicht mit Sicherheit festgestellt werden.

Für die Beurteilung der Butter sind amtliche Richtlinien und Standardzahlen bisher nicht aufgestellt worden. Auch weichen die von einzelnen Forschern bisher aufgestellten Richtlinien sowohl in bezug auf den Zeitpunkt der Untersuchung als auch auf die Höhe der Keimzahlen nicht unbeträchtlich voneinander ab. Während teilweise die Untersuchung unmittelbar nach der Herstellung vorgenommen wird, wird von anderer Seite eine 6- bis 7tägige[2] oder eine 10tägige Lagerung bei 10° bevorzugt.

STÜSSI[3] fordert, daß für Butter bester Qualität der Gehalt an Fremdkeimen unter 50000 pro g liegen soll. RITTER und NUSSBAUMER[4] sowie auch HOFMANN[5] fanden in guter Sauerrahm-Butter unmittelbar nach der Herstellung

einen Gehalt an Fremdkeimen bis zu einigen Tausend
einen Gehalt an Schimmelpilzen unter 10
einen Gehalt an Hefen . . . . unter 10
einen Gehalt an Coli . . . . . unter 10

NYIREDI und SZVOBODA[6] stellen für gute Butter unmittelbar nach der Herstellung je nach der Jahreszeit verschieden hohe Anforderungen. Ihre niedrigsten Werte für Winterbutter zeigt die Tab. 350.

Tabelle 350

	In 1 g Butter				
	Gesamt-Keimzahl Casein-Agar	Eiweißzersetzer	Schimmel	Hefen	Coli
Gut	bis 10000	bis 2000	bis 10	bis 50	negativ
Mäßig	bis 50000	bis 10000	bis 100	bis 500	negativ
Schlecht	über 50000	über 10000	über 100	über 500	negativ

[1] K. J. DEMETER: Zit. S. 1264, Fußnote 1.
[2] R. KELLERMANN u. H. FLÜGGE: Molkerei-Ztg. **53**, 1698 (1939).
[3] D. STÜSSI: Milchwissenschaft **4**, 246 (1949).
[4] W. RITTER u. T. NUSSBAUMER: Schweiz. Milchztg. **68**, 91, 95 (1942).
[5] F. HOFMANN: Diss. ETH Zürich 1954.
[6] S. v. NYIREDI u. Z. SZVOBODA: Milchwirtsch. Forsch. **16**, 415 (1934).

Von McDowall[1] werden für Süßrahm-Butter aus neutralisiertem Rahm folgende Standardzahlen angegeben:

Tabelle 351

	Gesamt-Keimzahl	Hitzeresistente	Fettzersetzer	Hefen	Schimmel	Coli
	In 1 g Butter					
Neuseeland:						
Gut	unter 10000	unter 5000	unter 50	unter 50	keine	negativ
Schlecht . . .	über 50000	über 25000	über 500	über 500	über 100	stark positiv
Westaustralien:						
Gut	bis 10000	—	—	unter 50	—	negativ
Schlecht . . .	über 75000	—	—	über 50	—	positiv

Die Werte für ausreichende und unzureichende Beurteilung liegen zwischen diesen Werten.

Der staatliche Standard für Queensland verlangt

eine Gesamt-Keimzahl . . . unter 100000
hitzeresistente Keime . . . unter 5000
Hefen und Schimmel . . . unter 100
Coli Probe . . . . in $^1/_{10}$ g negativ

Von einer großen Anzahl von Buttereien in den USA wird ein Gesamt-Keimgehalt unter 1000 als gut und unter 5000 als ausreichend bezeichnet.

h) Butterschmalz

Begriffsbestimmung. Butterschmalz ist das durch Abschmelzen nach verschiedenen Verfahren erhaltene Butterfett, das von anderen Bestandteilen der Butter (Wasser, Eiweiß, Milchzucker oder Salz) weitgehend befreit ist[2]. Es enthält bis zu 0,5% Wasser und darf höchstens 10 Säuregrade aufweisen. Butterschmalz darf außer den durch die Butter hineingelangten Farbstoffen keinen Farbstoff-Zusatz enthalten.

Wertmale und Sinnesprüfung. 1. Die Beurteilung von Butterschmalz richtet sich nach der Zahl der Wertmale, die für Geruch, Geschmack, Aussehen und Gefüge gegeben werden. Dabei sind die einzelnen Eigenschaften wie folgt zu bewerten:

Geruch . . . . . bis zu 3 Wertmalen
Geschmack . . . bis zu 10 Wertmalen
Aussehen . . . . bis zu 3 Wertmalen
Gefüge . . . . . bis zu 4 Wertmalen

Insgesamt bis zu 20 Wertmalen

Im allgemeinen wird die Sinnenprüfung an dem festen, kristallisierten Butterfett vorgenommen, da darin evtl. Fehler stärker hervortreten können, als in dem erwärmten, flüssigen Butterschmalz.

Der Geruch des Butterschmalzes kann als rein (3 Wertmale), alt, Bratgeruch, leicht talgig (2 Wertmale), als alter Bratgeruch, muffig, fischig (1 Wertmal) oder als talgig bzw. faulig mit 0 Wertmalen beurteilt werden. Guter Geschmack des Butterschmalzes wird als aromatisch und rein mit 10 Wertmalen beurteilt. „Leicht altes" Butterschmalz erhält 9 Wertmale. Bei Verstärkung dieser Geschmacksfehler, und wenn sie auch in der flüssigen Probe feststellbar sind, kann nur eine Beurteilung mit 8 Wertmalen erfolgen. Ist das Butter-

---

[1] F. H. McDowall: Zit. S. 1240, Fußnote 2.
[2] Näheres über die Herstellung siehe W. Mohr u. K. Koenen: Die Butter. Hildesheim: Mann K.G. 1958.

schmalz kratzig, leicht talgig, leicht fischig, leicht tranig-metallisch oder leicht tranig-kratzig, so können nur mehr 7 Wertmale für den Geschmack gegeben werden. Bei Verstärkung dieser Fehler und deutlichem Auftreten eines tranigen, fischigen, talgigen, tranig-metallischen oder ranzigen Geschmackes ist das Butterschmalz nicht mehr handelsfähig.

Die Richtigkeit der Beurteilung von Geschmack und Geruch des Butterschmalzes kann zum Teil bei fehlerhaften und besonders bei stark fehlerhaften, nicht mehr handelsfähigen Proben durch die Ausführung der Verdorbenheitsreaktionen (s. S. 1292 ff.) zahlenmäßig erhärtet werden, wenn dabei auch nicht verkannt werden darf, daß diese Untersuchungen keineswegs in allen Fällen eindeutig die Festlegung der Verdorbenheit einer Probe gestatten.

Das *Aussehen von Butterschmalz* soll dem der Butter ähnlich sein. Ein häufiger auftretendes leicht blaßgraues Aussehen ist aber nicht als Fehler anzusehen. Fleckig, wolkig und streifig sind Erscheinungen, die auf die Kristallisation oder das Abfüllen zurückzuführen sind. Sie sind nicht als Fehler zu bewerten.

Fehlerhaft ist ein braunes oder weißes Aussehen. Eine Braunfärbung ist häufig bei Butterschmalz, das nach dem Siedeverfahren hergestellt wurde, zu beobachten. Durch zu starkes Erhitzen sind die vorhandenen Reste an Nichtfett-Bestandteilen zersetzt worden. Die Weißfärbung ist auf Talgigwerden des Butterschmalzes (Oxydation der Farbstoffe) oder auf Lichteinwirkung zurückzuführen.

Bei der Beurteilung des Aussehens muß auch stets eine Beurteilung des flüssigen Fettes erfolgen. Im geschmolzenen Zustand soll das Butterschmalz klar sein. „Trübe" und „leicht trübe" sind als Fehler mit dem Abzug von 2 bzw. 1 Wertmalen zu beurteilen. Sie gehen auf die nicht vollständige Entfernung der Eiweißstoffe und des Wassers zurück.

Das Gefüge des Butterschmalzes ist anders zu beurteilen als das der Butter[1]. Die Gefügefehler beim Butterschmalz gehen sämtlich auf die Kristallisation zurück. Gutes Butterschmalz soll ein glattes Gefüge haben (Bewertung: 4 Wertmale); feinkörniges Butterschmalz wird mit 3 Wertmalen, körniges mit 2 Wertmalen, grobkörniges mit 1 Wertmal und öliges mit 0 Wertmalen bewertet.

Untersuchung. Festigkeitsmessungen werden mit Hilfe der bei Butter angegebenen Methoden durchgeführt (S. 1243). Schmelzpunkt, Fließ- und Tropfpunkt, Erstarrungspunkt, Refraktion und Jodzahl sind gleichzeitig anzugeben. Da die Meßergebnisse stark temperaturabhängig sind, müssen die zu messenden Proben vorher mindestens 24 Std. bei der Meßtemperatur gelagert werden (Fließpunkt 26 bis 33°, Tropfpunkt 28 bis 34°, Erstarrungspunkt 17 bis 23°, n_D^{40} 1,4524 bis 1,4559).

Die Messung des *spez. Volumens* (s. S. 670 ff.) entspricht der des Ausdehnungskoeffizienten und wird in entsprechenden Dilatometern durchgeführt. Die Temperatur-Abhängigkeit innerhalb des Bereiches von 2° bis 30° C wurde von W. MOHR und W. KAUFMANN[2] an weichem Sommerfett bestimmt. Die Ergebnisse schwanken je nach dem physikalischen Zustand des Fettes, wie aus Tab. 352 hervorgeht:

Tabelle 352. *Das spezifische Volumen von Butterfett*

Temperatur °C	Messung während der Abkühlung	während des Anwärmens	
		nach langsamer Abkühlung	nach schneller Abkühlung
2	1,046	1,044	1,036
10	1,062	1,054	1,052
20	1,078	1,076	1,074
30	1,095	1,090	1,0895

[1] W. MOHR u. J. BAUR: Vorratspflege u. Lebensmittelforsch. **2**, 383, 509 (1939); W. MOHR u. E. EYSANK: ebenda **2**, 525 (1939).

[2] W. MOHR u. W. KAUFMANN: Fette · Seifen · Anstrichmittel **52**, 537 (1950).

Der Ausdehnungskoeffizient des Butterfettes im Temperaturbereich von 30 bis 60° wurde von F. H. McDowall[1] bestimmt und als ziemlich konstant zu 0,00076 je Grad gefunden, d. h. bei Steigerung der Temperatur um 10° würde eine Volumen-Zunahme um 0,0076 Vol.-% erfolgen. Weitere physikalische Daten sind: Dichte bei 15° C 0,926 bis 0,940; Viscosität bei 40° C 17,3 cP; spez. Wärme (bei 39,7 bis 42,2° C) 0,56 cal je Grad C; Schmelzwärme 21,24 cal je g und Grad C; Wärmeleitfähigkeit 0,000388 cal in festem, 0,000383 in flüssigem Zustand. Der Luftgehalt wird nach den bei Butter angegebenen Methoden bestimmt[2].

Die *chemischen Untersuchungsmethoden* sind den bei Butter geschilderten weitgehend analog. Wasser, fettfreie Trockenmasse und Fettgehalt fand KIEFERLE[3] wie folgt:

Tabelle 353

	Wasser %	Fettfreie Trockenmasse %	Fett, ber. aus der Differenz %
Butterschmalz (Siedeverfahren) . .	0,41	0,17	99,42
Butterschmalz (Schmelzverfahren) .	0,08	0,03	99,89

Bei der *Wasser-Bestimmung*, die wie bei Butter durchgeführt wird, ist hier wie dort darauf zu achten, daß alte, verdorbene Proben nach chemischen Methoden untersucht werden. Ein Vergleich der nach verschiedenen Methoden erhaltenen Ergebnisse bei einem sehr schlechten Butterschmalz (Säurezahl = 38) läßt erhebliche Unterschiede erkennen:

Tabelle 354

Methode	% Wasser
Trocknung	0,40
Xylol-Destillation	0,24
Acetylchlorid-Methode nach H. P. KAUFMANN	0,26

Die *Säurezahl* ist von der Qualität der zur Herstellung verwendeten Butter abhängig. Zum Teil werden allerdings freie Fettsäuren im Verlauf des Schmelz- bzw. Siedeprozesses ausgewaschen oder verflüchtigt.

Von den *Verdorbenheitsreaktionen* sind für die Beurteilung von Butterschmalz die Peroxydzahl sowie die Bestimmung der Ketonigkeit, der Freialdehydigkeit und des Gehaltes an Epihydrinaldehyd von Wert. Sie werden im Abschnitt über den Fettverderb (S. 1283ff.) ausführlich beschrieben.

Die Ausführung weiterer *Kennzahlen* ist aus dem entsprechenden Kapitel (S. 524ff.) zu entnehmen.

i) Käse

Begriffsbestimmungen. Die Fettgehaltsstufen für die verschiedenen Käsesorten sind derart zahlreich, daß auf die Verordnung über Käse, Schmelzkäse und Käsezubereitungen (Käseverordnung) vom 2. 6. 1951 verwiesen werden muß.

Probenahme. Bei der Probenahme von Käse müssen die Schwankungen in der Zusammensetzung an verschiedenen Stellen eines einzelnen Käses und

---

[1] F. H. McDowall: Zit. S. 1240, Fußnote 2.
[2] Siehe auch W. Mohr u. E. Eysank: Fette u. Seifen **50**, 145 (1943).
[3] Siehe W. Mohr u. A. Eichstädt in A. Bömer, A. Juckenack u. J. Tillmans: Handb. d. Lebensmittelchemie Bd. IX, S. 522. Berlin: Springer 1942.

zwischen einzelnen Käsestücken derselben Produktion besonders beachtet werden.

Für die Entnahme der Käseproben aus den verschiedenen Käsen (Ausstechen mit Hilfe eines Bohrers, Ausschneiden eines Sektors und sonstige Arbeitsweisen) gelten die Vorschriften der Methodenkommission (s. S. 1224) zur Vereinheitlichung der Methoden für die Probenahme und Untersuchung von Käse.

Das Gewicht der entnommenen Proben sollte mit Rücksicht auf die spätere Zerkleinerung und Durchmischung mindestens 125 g betragen. Bei kleineren Proben muß mit größeren Abweichungen vom Mittelwert gerechnet werden. Die Probe muß sofort in ein der Probemenge entsprechendes, gut verschließbares Metall- oder Glasgefäß oder in wasserdampfdichte Folie verpackt und sobald wie möglich untersucht werden. Sofern die Probe das Metall- bzw. Glasgefäß nicht mindestens zur Hälfte ausfüllt, muß die Käseprobe vorher zusätzlich in wasserdampfdichte Folie eingewickelt werden. Die Proben dürfen bis zum Einwägen nicht Temperaturen ausgesetzt werden, die ein Ausfetten verursachen können.

Für die Bestimmung des Durchschnitt-Fettgehaltes und der Durchschnitt-Trockenmasse größerer Partien Käse muß mindestens folgende Anzahl von Proben gezogen werden:

Tabelle 355. *Mindest-Anzahl der Proben*

Einheiten	Käse unter 500 g Stückgewicht	Käselaibe von 500 g bis 25 kg	Käselaibe oder Gebinde (z. B. Fässer) über 25 kg
bis 10	4 Proben	3 Proben	3 Proben
11 bis 50	4 Proben	4 Proben	4 Proben
51 bis 100	4 Proben	6 Proben	6 Proben
101 bis 1000	6 Proben	8 Proben	10 Proben
1001 bis 10000	8 Proben	12 Proben	20 Proben
über 10000	10 Proben	16 Proben	25 Proben

Für Käsemengen uneinheitlicher Herstellung (mehrere Partien gemischt) ist die Mindest-Probenzahl von Fall zu Fall festzulegen.

Fettbestimmung. Von der Methodenkommission sind für die *gravimetrische* Fettbestimmung in Käse und Schmelzkäse die gravimetrische „Universal"-Fettbestimmungsmethode (WEIBULL-STOLDT, s. S. 1224) und die Fettbestimmung nach SCHMID-BONDZYNSKI angenommen worden, die nachstehend beschrieben wird.

Definition des Fettgehaltes: Unter Fettgehalt wird der Gesamtgehalt an Fett und fettähnlichen Substanzen, ausgedrückt in Gewichtsprozenten, verstanden.

Vorbereitung der Probe für die Untersuchung: Vor der Untersuchung sind von der Probe die Rinde, gegebenenfalls die Schmiere oder der Schimmelrasen so weit zu entfernen, daß eine Käsemasse zurückbleibt, wie sie üblicherweise genossen wird. Sofern für bestimmte Käsesorten internationale Abmachungen bestehen, sind diese zu beachten. Die Proben sind sodann mit Hilfe einer Zerkleinerungsmaschine (Wolf) oder eines anderen geeigneten Gerätes gründlich zu zerkleinern und zu vermischen. Die so vorbehandelten Proben sind bis zur Untersuchung wasserdampfdicht zu verpacken.

Wesen der Methode: Die Käsemasse wird durch Kochen mit Salzsäure aufgeschlossen und das frei gewordene Fett mit Hilfe organischer Lösungsmittel extrahiert, von diesen durch Destillation befreit und nach Trocknung gewogen.

Erforderliche Chemikalien: Etwa 25%ige Salzsäure, D = 1,125/15°; Äthylalkohol 96 Vol.-% ($\pm$ 1 Vol.-%)[1]; Äther Sdp. 34 bis 35°, peroxydfrei (s. S. 377); Petroläther Sdp. 40 bis 60°.

Die organischen Extraktionsmittel dürfen beim Abdampfen keinen Rückstand hinterlassen.

Erforderliche Geräte und Hilfsmittel: Analytische Waage: Empfindlichkeit 0,1 mg; Exsiccator, beschickt mit Silicagel; als Extraktionsgefäße können verwendet werden: 1. Kipprohre (MOJONNIER-Art), 2. Ausblasrohre (englisches Standardrohr), 3. Ausblaskolben (EICHLOFF-GRIMMER-Kolben); die Extraktionsgefäße müssen mit eingeschliffenem Glasstopfen oder mit angefeuchtetem Korkstopfen verschließbar sein; Wasserbad mit Haltegestell; Rundstehkolben von 150 bis 200 ml Inhalt, möglichst mit genormtem Schliff und Mattschild; Siedesteinchen, fettfrei, z. B. Porzellanstückchen, fein granuliert (3 Std. mit

---

[1] An Stelle von reinem Äthylalkohol kann auch ein mit Methanol oder Petroleumbenzin vergällter, rückstandsfreier Äthylalkohol verwendet werden.

Äther extrahiert); Cellulosefolie (Zellglas), unlackiert, Dicke 0,03 bis 0,05 mm, Stückgröße etwa 5,0 × 7,5 cm, oder Pergamentpapier-Schiffchen; die Cellulosefolie bzw. das Pergamentpapier-Schiffchen dürfen das Analysenergebnis nicht beeinflussen.

Arbeitsvorschrift: a) Bei Verwendung von Kipprohren (MOJONNIER-Art): Man wägt etwa 3 g Käse auf Cellulosefolie genau ab, rollt diese zusammen und bringt sie in ein Kipprohr. Bei Verwendung eines Pergamentpapier-Schiffchens erübrigt sich das Zusammenrollen. Nach Zugabe von 10 ml Salzsäure wird das Kipprohr vorsichtig unter Umschwenken über einer offenen Flamme erhitzt, bis der Käse vollständig gelöst ist, anschließend das Kipprohr unter Verwendung eines Haltegestelles 20 Min. in ein siedendes Wasserbad gestellt und in fließendem Wasser abgekühlt. Nacheinander werden 10 ml Äthylalkohol, 25 ml Äther und 25 ml Petroläther hinzugegeben und der Inhalt des Kipprohres nach jedem Zusatz durch mehrmaliges Stürzen und Schütteln gut durchgemischt. Das Kipprohr wird so lange stehengelassen (etwa 3 bis 5 Std.), bis sich die Äther-Petroläther-Schicht von der wäßrigen Schicht getrennt hat und klar und durchsichtig geworden ist, oder es wird eine beschleunigte Trennung der Schichten durch Zentrifugieren des Kipprohres herbeigeführt. Die Äther-Petroläther-Schicht wird in den Siedesteinchen enthaltenden, getrockneten und gewogenen Rundstehkolben dekantiert und der Inhalt des Kipprohres ein zweites und drittes Mal mit je 50 ml eines Gemisches von Äther-Petroläther ausgeschüttelt, wozu auch die abdestillierten, rückstandfreien Lösungsmittel früherer Fettbestimmungen verwendet werden können. Nach nochmaligem Stehen (mindestens 1 Std.) bzw. erneutem Zentrifugieren wird die Äther-Petroläther-Schicht in den gleichen Rundstehkolben überführt, die Lösungsmittel abdestilliert und nach dem Abdampfen von Lösungsmittel-Resten das Fett entweder im Vakuum bei 70 bis 75° oder unter gewöhnlichem Druck bei 102 bis 105° getrocknet. Der Trocknungsvorgang kann beschleunigt werden, wenn die nach dem Abdampfen des Lösungsmittels im Kolben noch vorhandenen Dämpfe durch gelindes Blasen mit einem kleinen Handgebläse entfernt und die Kolben liegend getrocknet werden. Die Trocknung wird mit stündlichen Zwischenwägungen so lange fortgeführt, bis ein leichter Gewichtsanstieg eingetreten ist. Für die Berechnung des Fettgehaltes wird der letzte, vor der Gewichtszunahme erhaltene Wert herangezogen. Es ist genau nach Arbeitsvorschrift ein Blindversuch durchzuführen und der ermittelte Blindwert bei der Analysen-Berechnung zu berücksichtigen.

b) Bei Verwendung eines Ausblasrohres (englisches Standardrohr) wird die Extraktionsflüssigkeit nicht abgekippt, sondern abgehebert.

c) Bei Verwendung von Ausblaskolben (EICHLOFF-GRIMMER-Kolben) wird die Käseprobe in einem 100 ml fassenden ERLENMEYER-Kolben mit Salzsäure vorsichtig unter Umschwenken über einer offenen Flamme erhitzt, bis der Käse vollständig gelöst ist. Anschließend wird der ERLENMEYER-Kolben unter Verwendung eines Haltegestelles 20 Min. in ein siedendes Wasserbad gestellt und darauf in fließendem Wasser abgekühlt. Der Inhalt des ERLENMEYER-Kolbens wird in einen Ausblaskolben gegossen, der Kolben nacheinander mit 10 ml Äthylalkohol, 25 ml Äther und 25 ml Petroläther ausgespült, wobei man die Lösungsmittel jedesmal in den Ausblaskolben gibt. Die weitere Aufarbeitung der Probe erfolgt wie unter a) beschrieben, nur wird die Extraktionsflüssigkeit nicht dekantiert, sondern abgehebert.

Genauigkeit der Methode: $\pm 0,1\%$ Fett.

Das Milchfett im Käse erleidet in den meisten Fällen während des Reifungsvorganges eine Zersetzung[1]. Dies tritt besonders stark beim Roquefort-Käse in Erscheinung, wo der Säuregrad im Laufe der Reifung auf 20 bis 40, in Extremfällen sogar auf über 60 ansteigt[2]. Aus dem Roquefort-Käse wurden auch Methylketone isoliert, die während des Reifungsprozesses entstanden waren[3].

A. BURR und H. SCHLAG[4] stellten bei dem Milchfett von Tilsiter-Käse nach einer halbjährigen Lagerdauer eine Erniedrigung der REICHERT-MEISSL-Zahl, Buttersäurezahl und Jodzahl fest. Die Isolierung des Milchfettes aus dem Käse kann in schonender Weise durch Behandlung mit einer Natriumcitrat-Lösung (150 g/l) in der Wärme vorgenommen werden.[5] Die flüchtigen Fettsäuren werden mit Hilfe der direkten Wasserdampf-Destillation bestimmt.

[1] J. HLYNLA, E. G. HOOD u. C. A. GIBSON: J. Dairy Sci. **24**, 561 (1941).
[2] A. SCHLOEMER u. E. LANGMANN: Z. Unters. Lebensmittel **78**, 293 (1939).
[3] M. STÄRKLE: Biochem. Z. **151**, 371 (1924).
[4] A. BURR u. H. SCHLAG: Molkerei-Ztg. **47**, 85 (1933).
[5] D. W. SPICER u. W. V. PRICE: J. Dairy Sci. **21**, 1 (1938).

k) Speiseeis

Begriffsbestimmungen. Nach der Verordnung über Speiseeis vom 15. Juli 1933 besteht *Sahne-Eis* aus technisch reinem Verbrauchszucker, Schlagsahne, natürlichen Geschmacks- und Geruchsstoffen. Es muß mindestens 60% Schlagsahne enthalten.

Eiscreme ist Speiseeis, das auf besondere Art durch Pasteurisieren, Homogenisieren, Stehenlassen bei niedriger Temperatur und Gefrieren hergestellt wird. Es besteht aus Zucker und Milch oder Magermilch, auch in Form der eingedickten Erzeugnisse, oder Sahne oder Butter und frischen Früchten oder natürlichen Geschmacks- und Geruchsstoffen.

Frucht-Eiscreme muß mindestens 8%, sonstige Eiscreme mindestens 10% Milchfett enthalten.

Einfach-Eiscreme wird hergestellt wie Eiscreme, jedoch mit einem geringeren Gehalt an Milchfett. Sie muß mindestens 3% Milchfett enthalten.

Milch-Speiseeis wird aus Zucker und Milch bzw. eingedickter Milch oder Milchpulver sowie natürlichen Geschmacks- und Geruchsstoffen hergestellt. Es muß mindestens 70% Milch enthalten.

Probenahme. a) Im allgemeinen muß bei verpackter Ware je nach der Größe der verpackten Ware zumindest ein unverletztes, verpacktes Stück (eine Portion) zur Untersuchung verwendet werden.

b) Bei Untersuchung von Eissorten aus größeren Behältern müssen entsprechende Stücke aus dem fertig gefrorenen Eis oder im Handel befindlichen Eismix in noch gefrorenem Zustand, auf keinen Fall teilweise geschmolzen oder sogar in geschmolzenem Zustand ausgestochen werden (mindestens 150 g).

c) Die Probe ist in Thermosflaschen, gegebenenfalls unter Zugabe von Kühlmittel (festes CO_2), so aufzubewahren, daß ein Entmischen und eine teilweise Verflüssigung bis zur Untersuchung nicht stattfindet.

d) Bei Eissorten, die mit Couverture oder anderen Überzugsmassen überzogen sind, ist diese Überzugsmasse vor der Untersuchung zu entfernen.

Fettgehalt. Für die Untersuchung von Sahne-Eis, Eiscreme, Einfach-Eiscreme und Milch-Speiseeis auf den Fettgehalt kommt nur die gravimetrische „Universal"-Fettbestimmungsmethode (WEIBULL-STOLDT S. 1224) in Frage.

Bakteriologische Prüfung. Speiseeis muß vor allem auf den Gehalt an Keimen untersucht werden, die Keimzahl liegt dabei meistens sehr hoch. Wichtig und ausschlaggebend für die Beurteilung ist der Nachweis von Coli-Bakterien, dessen positiver Ausfall zu entsprechenden Gegenmaßnahmen der Kontrollbehörden führt. Vgl. die bakteriologische Untersuchung der Butter, S. 1261.

3. Analyse von Kakaobutter
und Untersuchung des Fettes von Kakao-Zubereitungen*.

Kakaobutter (*Oleum Cacao*) ist das aus den gerösteten entschälten und entkeimten Samen des Kakaobaumes (*Theobroma Cacao* L.) durch Abpressen mit oder ohne Filtration ohne chemische Behandlung gewonnene Fett[1,2]. Den entschälten und entkeimten gerösteten Samen, die 51 bis 58%, im Mittel etwa 57% der Trockenmasse an Fett enthalten, dürfen hierbei bis zu 2% Kakaogrus, der höchstens 10% Samenschalen und Keime enthält, zugegeben worden sein[2].

---

* **Bearbeitet von Professor Dr. H. Werner, Hamburg.**
[1] DAB VI, S. 468.
[2] Verordnung über Kakao und Kakaoerzeugnisse vom 15. Juli 1933 (RGBl. I, S. 504).

Fette, die aus diesen Rohstoffen durch Ausziehen mit Fettlösemitteln gewonnen oder bei deren Herstellung andere fetthaltige Teile der Kakaobohne (Kakaoschalen oder Kakaokeime) in mehr als technisch nicht vermeidbarer Menge mitverarbeitet worden sind, unterscheiden sich in ihrer Zusammensetzung und in ihren Eigenschaften von Kakaobutter. Sie dürfen in Deutschland nicht als Kakaobutter in den Verkehr gebracht werden, sondern sind entsprechend ihrer Herkunft und Gewinnungsweise als Kakao-Extraktionsfett, Kakaoabfall-Preßfett, Kakao-Schalenfett od. dgl. zu bezeichnen.

Der Preis für Kakaobutter liegt um ein mehrfaches höher als der anderer Speisefette. Daher ist Kakaobutter von Verfälschungen besonders bedroht. Hierfür kommen vor allem in Betracht[1]:

Preßbutter aus beschädigten Kakaobohnen — Kakao-Extraktionsfett — Kakaoabfall-Preßfett und -Extraktionsfett — Landtierfette (Talg, Milchfett) — feste Pflanzenfette der Cocosfett-Gruppe (Cocosfett, Palmkernfett) und der Pflanzentalg-Gruppe (Sheafett [Carité-fett], Illipéfett, Tenkawang [Borneotalg]) — Pflanzenöle (Erdnußöl, Sesamöl u. a.) — gehärtete Seetier- und Pflanzenöle — Wachse (Bienenwachs und Pflanzenwachse) — Mineralöl.

Bei der Prüfung auf Verfälschungen ist zu berücksichtigen, ob es sich bei der Probe um Kakaobutter als solche handelt oder um Fett aus Zubereitungen, wie Schokoladen oder Überzugsmassen, bei denen mit Fett-Beimischungen aus erlaubten Zutaten, z. B. mit Milchfett, Haselnußöl, Walnußöl, Mandelöl, Kaffeefett, Lecithin, gerechnet werden muß. Hier ist der Nachweis von Verfälschungen oftmals verwickelter.

a) Gewinnung des Fettes aus Kakao-Zubereitungen

Für die Untersuchung des Fettes von Kakao-Zubereitungen verwendet man in der Regel das Fett, das zur Bestimmung des Fettgehaltes durch Ausziehen mit Äther oder Petroläther gewonnen worden ist. Allgemein anwendbar und am gebräuchlichsten sind hierfür die zollamtlich vorgeschriebenen Verfahren sowie das amtlich anerkannte Verfahren von W. LANGE.

Zollamtliches Verfahren[2]. 5 bis 10 g der wasserfreien Probe werden mit der vierfachen Menge Seesand innig verrieben, in eine doppelte Hülse von Filtrierpapier gebracht und im SOXHLETschen Extraktionsapparat bis zur Erschöpfung, mindestens 10 bis 12 Std., mit Äther ausgezogen. Sodann wird der Äther abdestilliert, der Rückstand 1 Std. im Wasserdampf-Trockenschrank getrocknet und nach dem Erkalten gewogen.

H. BECKURTS[3] empfiehlt, das Ausziehen mit Äther 18 Std. durchzuführen.

Zollamtliches Verfahren für Milchschokolade[4]. 25 g der Probe, die nicht weitgehend zerkleinert zu werden braucht, werden in einem ERLENMEYER-Kolben mit etwa 100 ml Äther übergossen. Nach dem vollständigen Zerfall der Schokolade wird die ätherische Lösung zweckmäßig durch ein Asbestfilter gesaugt und der Rückstand mehrfach mit je 25 ml Äther aufgenommen. Die vereinigten ätherischen Lösungen werden in einem gewogenen Kolben vom Lösungsmittel befreit. Nach Zusatz von 5 ml wasserfreiem Alkohol senkt man den Kolben in ein auf 125° eingestelltes Glycerinbad und erhitzt ihn dann so lange, bis das Fett von Äther und Alkohol völlig frei ist. Nachdem der Kolben 15 Min. in einen Wasserdampf-Trockenschrank gestellt worden ist, wird er nach dem Erkalten gewogen.

Verfahren von Lange (amtliche Vorschrift)[5]. Zur Entfettung dient ein etwa 250 ml fassendes weithalsiges Kölbchen, durch dessen Gummistopfen ein kurzes, zweckmäßig unten verengtes und hakenförmig aufgebogenes Saugrohr sowie ein Filterrohr von 3,5 bis 4 cm

---

[1] Siehe hierzu H. FINCKE: Die Kakaobutter und ihre Verfälschungen, S. 27. Stuttgart: Wissenschaftl. Verlagsges. mbH. 1929.

[2] Z. analyt. Chem. **42**, 68 (1903); Z. Unters. Nahrungs- u. Genußmittel **6**, 1083 (1903).

[3] H. BECKURTS: Z. Unters. Nahrungs- u. Genußmittel **12**, 81 (1906); vgl. hierzu aber auch K. FARNSTEINER: ebenda **16**, 627 (1908).

[4] Kazett **16**, 148 (1926).

[5] W. LANGE: Arb. Kaiserl. Gesundheitsamt **50**, 149 (1917).

oberem Durchmesser eingeführt sind. Der etwa 8 cm lange erweiterte Teil des Filterrohres trägt unten eine (am besten eingeschliffene) Filterplatte aus Porzellan mit $^3/_4$ bis 1 mm weiten Öffnungen. Durch Eingießen einer Aufschwemmung von gereinigtem Asbest und Absaugen wird die Filterplatte mit einer 3 bis 4 mm dicken Asbestschicht bedeckt und diese unter Anwendung der Luftpumpe gründlich mit Wasser durchgespült, sodann mit Alkohol und Äther getrocknet. Nachdem das Kölbchen gewogen ist, bringt man etwa 5 g Kakaopulver, genau gewogen, auf das Filter, ebnet die Masse mit einem Glasstabe, übergießt sie mit 10 bis 15 ml Äther, bedeckt das Filterrohr mit einem Uhrglase und wartet, bis die Fettlösung von der Filterplatte abzulaufen beginnt. Dann saugt man mit der Luftpumpe vorsichtig ab und wiederholt das Ausziehen mit je 7 bis 10 ml Äther so lange, bis im ganzen etwa 100 ml verbraucht sind. In der Masse entstehende Risse oder Öffnungen sind durch Aufrühren mit einem Glasstabe zu beseitigen. Aus der in dem Kölbchen enthaltenen Fettlösung wird der Äther abdestilliert, der Rückstand im Wasserdampf-Trockenschrank getrocknet und gewogen.

A. HEIDUSCHKA und F. MUTH[1] empfehlen, das Asbest-Filterrohr durch einen Glas-Filtertrichter zu ersetzen und in diesem das Fett durch Äther oder Petroläther auszuwaschen.

Internationales Einheitsverfahren[2]. 3 g Kakaomasse oder 5 g Kakaopulver oder Schokolade werden nach Zugabe einiger vorher ausgeglühter fettfreier Bimssteinstückchen mit 100 ml 4 n Salzsäure am Rückflußkühler sehr langsam zum Sieden erhitzt. Dann wird die Heizflamme kurz zurückgezogen, wodurch das Sieden etwas abklingt. Während 15 Min. wird die Lösung in ganz schwachem Sieden gehalten. Anschließend wird der Kühler mit etwa 100 ml siedendem Wasser ausgespült, der Kolbeninhalt möglichst heiß durch ein angefeuchtetes, fettfreies Filter gegossen und das Ungelöste mit heißem dest. Wasser sorgfältig ausgewaschen, bis das Waschwasser nicht mehr sauer ist oder mit Silbernitrat keine Silberchlorid-Fällung mehr gibt. Das Filter wird samt Inhalt noch feucht in eine Extraktionshülse gegeben und diese in einem Becherglas (oder noch besser im SOXHLET-Apparat) in einem Trockenschrank bei 102 bis 105° getrocknet. Nach völligem Trocknen wird das Ganze in einem SOXHLET- oder ähnlichen Extraktionsapparat mit Petroläther (Sdp. niedriger als 60°) wenigstens 4 Std. ausgezogen, wobei der Petroläther mindestens 10mal abgehebert werden muß. Anschließend wird der Petroläther abdestilliert und der Fettrückstand während 1 Std. (wenn möglich im Vakuum) getrocknet. Durch Ausblasen mit Luft werden die letzten Petroläther-Dämpfe aus dem Kolben entfernt. Nach dem Abkühlen im Exsiccator wird das Fett gewogen. Zur Kontrolle wird nochmals 30 Min. bei 102° getrocknet und nach dem Abkühlen gewogen. Der Gewichtsunterschied zwischen zwei Wägungen darf nicht mehr als 0,05% des ermittelten Fettgehaltes betragen.

W. STOLDT[3] empfiehlt, eine etwas größere Einwaage, nämlich 10 g Kakao oder Schokolade, mit 160 ml 3 n Salzsäure aufzuschließen, um für die spätere Untersuchung des Fettes eine ausreichende Fettmenge zu gewinnen. Weiter schlägt er vor, mit Äther zu extrahieren.

Schnellverfahren nach Wood[4]. 5 g der zu untersuchenden Probe werden in ein Zentrifugenglas mit einem Fassungsvermögen von 50 oder 100 ml, rundem Boden und Ausguß eingewogen und mit 35 ml Petroläther (Sdp. zwischen 40 und 60°) übergossen. Die Mischung wird sorgfältig mit einem Glasstab gerührt, um das Fett herauszulösen. (Der Glasstab, an dem stets geringe Reste des Materials hängen bleiben, wird bei den nächsten Arbeitsgängen weiter verwendet.) Das Glas wird mit einer Gummihaube verschlossen, um Verdunstung zu vermeiden, und in einer Zentrifuge mit etwa 2500 Umdrehungen je Min. 10 Min. zentrifugiert. Nach dieser Zeit soll der Rückstand eine feste Schicht am Boden bilden und die überstehende Flüssigkeit klar sein. Die Flüssigkeit wird in einen vorher getrockneten und gewogenen 250 ml Kolben mit Normalschliff abgegossen. Der im Zentrifugenglas verbliebene

[1] A. HEIDUSCHKA u. F. MUTH: Chemiker-Ztg. **52**, 879 (1928).
[2] Bull. off. Office int. Cacao Chocolat **7**, 53 (1937); **8**, 73 (1938); vgl. hierzu auch G. R. JANSSEN: ebenda **6**, 135 (1936); Z. Unters. Lebensmittel **79**, 323 (1940); H. FINCKE u. P. NIEMEYER: Bull. off. Office int. Cacao Chocolat **7**, 67 (1937); H. FINCKE: Kazett **26**, 466, 487 (1937); **30**, 175 (1941); Int. Fachschrift Schok.-Ind. **6**, 6 (1951); Dtsch. Lebensmittel-Rdsch. **47**, 220 (1951); E. C. HUMPHRIES: Annu. Rep. Cacao Res. **8**, 36 (1938); Z. Unters. Lebensmittel **79**, 323 (1940).
[3] W. STOLDT: Dtsch. Lebensmittel-Rdsch. **45**, 41 (1949); **47**, 13, 35 (1951).
[4] E. E. WOOD: Canad. J. Technol. **29**, 66 (1951).

Rückstand wird mit etwa 30 ml Petroläther verrührt, 5 Min. mit etwa 2000 Umdrehungen je Min. zentrifugiert und die überstehende Lösung ebenfalls in den Kolben abgegossen. Dasselbe wird noch einmal mit 30 ml Petroläther wiederholt. Nun wird das Lösungsmittel vom Fett-Extrakt abgedampft und der letzte Rest im Vakuum unter Einstellen des Kolbens in ein kochendes Wasserbad entfernt. Danach wird der Kolben sorgfältig getrocknet und gewogen.

Ist der erste Fett-Extrakt nach dem Zentrifugieren nicht ganz klar, so wird zu der überstehenden Lösung noch etwas Petroläther gegeben, umgerührt und nochmals zentrifugiert. Dreimaliges Behandeln mit Petroläther erwies sich für alle Fälle in der Praxis als ausreichend. Der Unterschied zwischen den einzelnen Bestimmungen beträgt ±1% Fett.

Für die nähere Untersuchung des Fettes ist das nach dem Verfahren von W. LANGE gewonnene am geeignetsten. Dieses Fett ist verhältnismäßig rein. Das im SOXHLETschen Gerät mit Äther ausgezogene Fett enthält stets Theobromin, von dem es durch Auflösen in wenig heißem Äther und Filtration getrennt werden muß. Durch Ausziehen mit Petroläther an Stelle von Äther erhält man zwar ein weit reineres Fett, jedoch werden Geruch und Geschmack des Fettes, die für die Beurteilung der Reinheit wichtig sind, durch Petroläther weit stärker beeinträchtigt als durch Äther[1].

b) Eigenschaften der Kakaobutter

Kakaobutter ist bei Zimmertemperatur (20°) fest und spröde. Sie ist blaßgelblich, riecht kakaoähnlich und schmeckt angenehm, mild, nicht talgig. Bei Zimmerwärme zerspringt sie leicht in Stücke. Wird sie bei 15 bis 18° zerrieben, so entsteht keine schmierige Masse, sondern ein etwas zusammenbackendes Pulver. Die wichtigsten Kennzahlen der Kakaobutter und ihrer Gesamt-Fettsäuren sind in Tab. 356 aufgeführt[2].

Von Farbreaktionen treten bei Kakaofett die nach HALPHEN nicht, die nach KREIS, BELLIER, BAUDOUIN und SOLTSIEN meist nicht ein.

An Glyceriden fanden K. AMBERGER und J. BAUCH[3] durch fraktionierte Kristallisation: 54,7% α-Palmito-α'-β-diolein, 20,3% β-Palmito-α-stearo-α'-olein, 24,9% α, β-Distearo-α'-olein, 0,03% β-Palmito-α-α'-distearin, 0,02% Tristearin.

C. H. LEA[4] erhielt durch Permanganat-Oxydation in Aceton 2,5% völlig gesättigte Glyceride, wahrscheinlich Dipalmito-stearin, und berechnete, daß der Gehalt der Kakaobutter an Glyceriden mit einem Ölsäure-Rest und zwei Resten gesättigter Säuren (rund 10% Distearo-olein, rund 55% Palmito-stearo-olein) zwischen 73 und 85% liegen muß. Der Gehalt an Glyceriden mit zwei Ölsäure-Resten neben einem gesättigten Säure-Rest (wohl Stearinsäure) dürfte 16%, derjenige an Triolein (?) 4% betragen. G. SCHUSTER[5] ermittelte 36,2% α-Palmito-α'-stearo-β-olein neben 28,4% α, α'-Dipalmito-β-olein, 15% β-Palmito-α, α'-diolein, 9,8% β-Stearo-α, α'-diolein und 1,47% Triolein.

---

[1] H. FINCKE: Die Kakaobutter und ihre Verfälschungen, S. 42. Stuttgart: Wissenschaftl. Verlagsges. mbH. 1929.

[2] Vgl. hierzu H. FINCKE: Die Kakaobutter und ihre Verfälschungen. Stuttgart: Wissenschaftl. Verlagsges. mbH. 1929; Bull. off. Office int. Cacao Chocolat **2**, 327 (1932); Z. Unters. Lebensmittel **73**, 574 (1937); siehe auch A. BÖMER u. J. GROSSFELD in A. BÖMER, A. JUCKENACK u. J. TILLMANS: Handb. d. Lebensmittelchemie, Bd. IV, S. 440. Berlin: Springer 1939; H. FINCKE, R. BRÜCHNER u. E. ELBEN: Fette · Seifen · Anstrichmittel **60**, 104 (1958).

[3] K. AMBERGER u. J. BAUCH: Z. Unters. Nahrungs- u. Genußmittel **48**, 371 (1924).

[4] C. H. LEA: J. Soc. chem. Ind. **48**, 41 (1929).

[5] G. SCHUSTER: Sur l'oxydation de quelques corps gras par le Permanganate de Potassium. Paris: Libraire générale de droit et de jurisprudence 1932.

Tabelle 356. *Kennzahlen der Kakaobutter und ihrer Gesamt-Fettsäuren*

	Kakaobutter	Gesamt-Fettsäuren
Dichte des festen Fettes $D_{15°}^{15°}$	0,976—0,977	—
Dichte des geschmolzenen Fettes bei 15°	0,910—0,912	—
bei 20°	0,909	—
bei 35°	0,899	—
bei 50°	0,890	—
bei 60°	0,884	—
bei 70°	0,877	—
bei 80°	0,871	—
bei 90°	0,865	—
bei 100°	0,858	—
Fließschmelzpunkt[1]	31,8°—33,5°	49°—51°
Klarschmelzpunkt[1]	32,8°—35,0°(37°)	51,5°—53,5°(54°)
Unterschied des Fließ- und Klarschmelzpunktes des Fettes	1,5°	—
Fließschmelzpunktes der Fettsäuren und des Fettes	16°—19°	—
Klarschmelzpunktes der Fettsäuren und des Fettes	16,5°—20°	—
Erstarrungspunkt	30,0°—31,5°	45°—51°
CRISMER-Zahl	126°	—
VALENTA-Zahl	105°	—
Lichtbrechungszahl n_D^{40}	1,456—1,458	—
Refraktometerzahl (40°)	46—48	—
Säurezahl[2]	1,4—4,5	—
Verseifungszahl	193—197	—
Jodzahl[3]	33—38 (40)	35—40
Rhodanzahl	32—35	—
Unterschied von Jodzahl und Rhodanzahl	2—4	—
REICHERT-MEISSL-Zahl	0,1—0,8	—
POLENSKE-Zahl	0,5—1,0	—
A-Zahl	0,06—0,12	—
B-Zahl	0,3—0,6	—
Buttersäurezahl	0	—
Caprylsäurezahl	0	—
Gesamtzahl der niederen Fettsäuren	0	—
Restzahl	0	—
Acetylzahl	2,8	—
Azelainsäurezahl[4]	98,3—99,5	—
Isoölsäure (scheinbare)	0,3 %	—
Unverseifbares[5]	0,4—0,6 %	—

c) Untersuchung und Beurteilung von Kakaobutter

Oftmals läßt sich bereits durch die allgemeine Sinnenprüfung (Geruch, Geschmack, Farbe, Sprödigkeit) ein Verdacht auf unzulässige Behandlung oder Zumischungen begründen. Dieser muß jedoch durch die Bestimmung geeigneter Kennzahlen bestätigt werden.

---

[1] Zur Bestimmung des Schmelzpunktes von Kakaofett muß dieses gleichmäßig durchgemischt werden: Man erhitzt es wenig über seinen Schmelzpunkt und rührt dann so lange, bis es zu einem dicken Brei erstarrt ist. Anschließend muß es mindestens 48 Stunden bei 0—10° aufbewahrt werden, damit labile Glyceride in die stabile Form umgewandelt werden.

[2] Nach der Verordnung über Kakao und Kakao-Erzeugnisse vom 15. Juli 1933 (RGBl. I, S. 504) darf bei Kakaobutter, die als Lebensmittel verwendet werden soll, der Säuregrad 8 (= Säurezahl 4,5) nicht überschritten werden. Für die Verwendung bei Arzneimitteln ist nach dem DAB VI, S. 468, der höchstzulässige Säuregrad 4 (= Säurezahl 2,25).

[3] Vgl. hierzu aber auch H. FINCKE: Zucker- u. Süßwaren-Wirtsch. **6**, 83 (1953).

[4] G. SCHUSTER: C. R. hebd. Séances Acad. Sci. **197**, 760 (1933); Z. Unters. Lebensmittel **73**, 388 (1937).

[5] Nach J. GROSSFELD: Z. Unters. Lebensmittel **76**, 513 (1938).

Sinnenprüfung. Die Sinnenprüfung erstreckt sich vor allem auf die Unverdorbenheit des Fettes und die Abwesenheit von Kakao-Abfallfett und anderen Fetten.

Geruch. Man zerreibt nach H. FINCKE[1] eine kleine Menge des zu prüfenden Fettes, gibt es in ein Becherglas, das man mit einem Uhrglas bedeckt, und prüft nach einigen Minuten. Der Geruch muß dann kräftig und angenehm kakaoähnlich sein. Ein unangenehmer dumpfig-schimmeliger Geruch deutet auf eine Gewinnung aus beschädigten oder verdorbenen Kakaobohnen hin.

Geschmack. Man läßt kleine Stückchen des Fettes auf der Zunge zergehen. Der Geschmack muß mild und angenehm sein. Ein etwas scharfer Geschmack deutet auf Kakao-Abfallfett hin.

Farbe. Die Kakaobutter läßt man nach dem Aufschmelzen bis auf etwa 25° abkühlen, gießt sie in eine glatte Porzellanschale und läßt erstarren. Nach einiger Zeit kann man den Fettkuchen mit spiegelnd glatter Oberfläche aus der Schale ablösen. Die Farbe des so erstarrten Fettes soll ziemlich hell reingelb sein und nicht oder nur sehr gering ins Bräunliche überspielen. Im flüssigen Zustand ist der Farbton der Kakaobutter etwas heller als der einer Kaliumdichromat-Lösung 2,0 : 1000. Diese Vergleichslösung ist unbegrenzt haltbar. Man vergleicht zweckmäßig in etwa 20 mm dicker Schicht im durchscheinenden Licht gegen einen weißen Hintergrund. Eine dunklere Färbung kann durch übermäßiges Rösten oder hohen Schalengehalt des Preßgutes hervorgerufen sein.

Sprödigkeit. Hierfür hat sich zur Prüfung die Reibeprobe nach H. FINCKE[2] bewährt:

Einige Gramm des zu prüfenden, gut erstarrten Fettes werden in einer Porzellanreibschale von etwa 12 cm Durchmesser bei einer Raumwärme von 15 bis 18° mit dem Pistill zerdrückt und leicht gerieben. Kakaobutter wird dabei nicht schmierig, sondern zerfällt in kleine Teile, die körnig bleiben, selbst dann, wenn ein stärkerer Druck ausgeübt wird. Kakao-Abfallfett und verfälschte Kakaobutter hingegen werden schon bei mäßigem Druck mit dem Pistill schmierig oder zäh-salbenartig, aber nicht körnig.

Aus Schokolade ausgezogenes Fett muß vor der Prüfung völlig erstarrt sein. Als Fettlösemittel ist hier Petroläther, nicht Äther zu verwenden.

Chemische Prüfung. Besteht nach der Sinnenprüfung kein besonderer Verdacht, so wird es im allgemeinen genügen, folgende Kennzahlen zu bestimmen[3]:
Lichtbrechungszahl oder Refraktometerzahl bei 40°; SZ, Fließ- und Klarschmelzpunkt des Fettes; JZ des Fettes; R.-M.-Z.; Fließ- und Klarschmelzpunkt der Fettsäuren (aus dem R.-M.-Z.-Rückstand).
Eine Lösung von Kakaobutter in 2 Teilen Äther muß klar sein und darf beim Stehen bei 0° erst nach 10 Min. eine Trübung zeigen. Die sich hierbei bildende Kristallmasse muß sich bei Zimmerwärme wieder lösen[4]. Ferner muß das klar geschmolzene Fett in der dreifachen Menge Petroläther völlig löslich sein.

---

[1] H. FINCKE: Die Kakaobutter und ihre Verfälschungen, S. 47. Stuttgart: Wissenschaftl. Verlagsges. mbH. 1929.
[2] H. FINCKE: Die Kakaobutter und ihre Verfälschungen, S. 52. Stuttgart: Wissenschaftl. Verlagsges. mbH. 1929.
[3] Vgl. hierzu auch H. FINCKE: Die Kakaobutter und ihre Verfälschungen, S. 226. Stuttgart: Wissenschaftl. Verlagsges. mbH. 1929.
[4] DAB VI, S. 468.

d) Nachweis der verschiedenen Kakaofette

Der Nachweis von Kakao-Schalenfett, Kakaoabfall-Preßfett und Kakao-Extraktionsfett stößt oftmals auf beachtliche Schwierigkeiten, namentlich dann, wenn diese Fette mit Kakaobutter vermischt sind. Ein deutlicher Unterschied gegenüber der Kakaobutter besteht im Verhalten bei der Reibeprobe. Schon verhältnismäßig kleine Zusätze lassen die Kakaobutter schmierend werden. Größere Beimengungen zu Kakaobutter sind mit Hilfe der allgemeinen Kennzahlen nachzuweisen, vor allem durch die Erhöhung der Lichtbrechungszahl, der Jodzahl und der REICHERT-MEISSL-Zahl sowie des Unverseifbaren. Eine Übersicht über die wichtigsten Kennzahlen der verschiedenen Kakaofette gibt die Tab. 357.

Am zuverlässigsten ist es, das Unverseifbare zu bestimmen, und zwar Kohlenwasserstoffe und Sterine getrennt:

Bestimmung des Unverseifbaren nach J. Grossfeld[1]. 5 g Kakaobutter werden in einem 100 ml Kolben mit 3 ml 47%iger Kalilauge (D = 1,5) und 20 ml 95%igem Alkohol 15 Min. am Rückflußkühler verseift. Nach Erkalten auf etwa 30° wird die Seifenlösung mit 50 ml Benzin (Sdp. 60 bis 70°) versetzt, der Kolben verschlossen und einige Male umgeschwenkt, wodurch eine klare Lösung entsteht. Nach Zusatz von 20 ml Wasser wird nochmals 20- bis 30mal umgeschwenkt (starkes Schütteln ist unnötig) und das Gemisch nach Trennung der Schichten zur Klärung, vorteilhaft über Nacht, stehengelassen. Dann werden 25 ml der Fettlösung mittels einer Pipette entnommen, das Benzin abgedampft und der Rückstand nach 1 std. Trocknen bei 105° gewogen. Das Gewicht des Rückstandes mal 35 wird mit p bezeichnet.

Weiter werden 2,5 g Kakaobutter mit 1 ml Kalilauge (D = 1,5) und 20 ml 95%igem Alkohol verseift, mit 200 ml

---

[1] J. GROSSFELD u. K. HÖLL: Z. Unters. Lebensmittel **76**, 478 (1938); J. GROSSFELD: ebenda **76**, 513 (1938); **79**, 477 (1940); Kazett **27**, 619, 640 (1938); **28**, 19 (1939).

Tabelle 357. *Kennzahlen von Kakaobutter und anderen Kakaofetten* [1]

	Farbe	Lichtbrechungszahl n_D^{40}	Refraktometerzahl bei 40°	Verseifungszahl	Jodzahl[2]	REICHERT-MEISSL-Zahl	Petroläther unlösliche Oxysäuren %	Unverseifbares[3] %	Reibeprobe
Kakaobutter	gelblichweiß	1,456—1,458	46—48	193—195	33—38	0,1—0,5	0,003—0,008	0,4—0,6	körnig
Kakao-Schalenfett	tiefgelb bis leuchtendgelb	1,462—1,467	54—62	187—190	39—56	8,3	0,1—1,2	7,4—14,5	schmierend
Kakao-Keimöl	tiefgelb bis rötlichgelb	1,466—1,469	60—64	178—180	51—70	2,1	0,9—2,5	7,9—15,6	—
Kakaoabfall-Preßfett	gelblichweiß	1,458—1,461	48—52	187—191	35—42	—	—	—	—
Kakao-Extraktionsfett	gelblichweiß	1,460—1,461	51—53	188—193	42—45	—	0,004—0,338	1,3—2,0	schmierend

Die Werte für Kakaoabfall-Preßfett und Kakao-Extraktionsfett liegen, der Höhe des Gehaltes an Kakaoschalen und -keimen im jeweiligen Kakaoabfall entsprechend, zwischen den Werten von Kakao-Extraktionsfett und Kakao-Schalenfett bzw. Kakao-Keimöl. Die für Kakao-Extraktionsfett angegebenen Werte entsprechen einem Gehalt an Kakao-Schalenfett von etwa 10 bis 17%.

[1] A. GRÜN: Analyse der Fette und Wachse, 2. Bd., S. 290. Berlin: Springer 1925; K. H. BAUER u. L. SEBER: Fette u. Seifen **45**, 293, 342 (1938).
[2] Vgl. hierzu aber auch H. FINCKE: Zucker- u. Süßwaren-Wirtsch. **6**, 83 (1953).
[3] J. GROSSFELD u. K. HÖLL: Z. Unters. Lebensmittel **76**, 478 (1938); J. GROSSFELD: ebenda **76**, 513 (1938), **79**, 477 (1940); Kazett **27**, 619, 640 (1938); **28**, 19 (1939).

Benzin ausgeschüttelt und 100 ml davon eingedampft und gewogen. Das Gewicht mal 73,4 wird mit q bezeichnet. Hieraus errechnet sich für 100 g der Gehalt an

$$\text{Kohlenwasserstoffen} = 1{,}54\,p - 0{,}54\,q$$
$$\text{Sterinen} \qquad\quad = 2{,}08\,(q - p)$$
$$\text{Unverseifbarem} \quad = 1{,}54\,q - 0{,}54\,p$$

Die Grenzwerte für Kakaobutter und andere Kakaofette sind in der Tab. 358 zusammengestellt.

Tabelle 358

	Kohlenwasserstoffe %	Sterine %	Gesamt-Unverseifbares %
Kakaobutter	0—0,09	0,33—0,58	0,42—0,60
Kakao-Extraktionsfett . .	0,54—0,90	1,23—1,87	1,88—2,77
Kakao-Schalenfett	1,8	5,7	7,5

Kakao-Extraktionsfett zeigt nach W. Schmandt[1] und W. T. Field[2] eine auffallende Fluorescenz im ultravioletten Licht, namentlich wenn es in Petroläther gelöst ist. Eine geringe Fluorescenz läßt keine bestimmten Schlüsse zu. Eine starke Fluorescenz kann jedoch auch durch andere Stoffe verursacht sein, z. B. durch Mineralöl.

Ein besonderes Verfahren zum Nachweis von Extraktionsfett und anderen fremden Fetten, beruhend auf fraktionierter Destillation der Äthylester der Fettsäuren, hat B. Paschke[3] angegeben. H. P. Kaufmann[4] benützt das Interferometer zum Nachweis von Extraktionsfett.

Zur Unterscheidung von Kakaofetten und Kakaobutter sind weiter eine ganze Reihe von Farbnachweisen angegeben worden. Die meisten dieser Verfahren haben jedoch nur begrenzten Wert:

Farbnachweis von Kakao-Extraktionsfett. 1. *Nach* Fincke[5]. Etwa 5 ml des geschmolzenen, klar filtrierten (!) Fettes werden im Reagensglas mit etwa 1 ml einer Mischung aus 2 Teilen Salzsäure (D = 1,19) und 1 Teil Salpetersäure (D = 1,145) geschüttelt und einige Min. stehengelassen. Nach dieser Zeit erwärmt man etwa 5 Min. im Wasserbad auf 50 bis 70° unter mehrfachem Umschütteln und setzt dann, falls nur eine schwache Färbung auftritt, noch 1 ml der Säuremischung zu. — Bei dieser Prüfung wird die Farbe reiner Kakaobutter und anscheinend auch die Farbe der in zusammengesetzten Schokoladen vorkommenden Fettmischungen nicht verändert. Kakaoabfall-Extraktionsfett dagegen färbt sich mehr oder weniger stark rotbraun, während sich die Farbe der Säure nicht wesentlich ändert. Die Farbe verschwindet nach einiger Zeit wieder. Die Umsetzung beruht vermutlich auf Stoffen, die den Kakaoschalen entstammen. Ein Ausbleiben der Färbung ist daher nicht beweisend für die Abwesenheit von Extraktionsfett.

2. *Nach* Aufrecht[6]. 2 g Kakaobutter in 5 ml Chloroform werden mit 5 ml Salzsäure (D = 1,192) vorsichtig gemischt. Bei Anwesenheit von Extraktionsfett färbt sich die untere Schicht hellgrün, nach 1 Min. dunkelgrün. Nun werden 2 Tropfen Salpetersäure (D = 1,42) zugefügt. Nach 2 Min. Erwärmen auf 50° färbt sich die Mischung rotbraun, nach 5 Min. braunviolett. Reine Kakaobutter bleibt unverändert, ebenso solche mit Zusätzen von festen oder gehärteten Fetten. — Noch schärfer ist der Nachweis, wenn zu der Chloroform-Lösung

---

[1] W. Schmandt: Z. angew. Chem. **42**, 1039 (1929).

[2] W. F. Field: Analyst **55**, 744 (1930).

[3] B. Paschke: Z. Unters. Lebensmittel **60**, 327 (1930); **64**, 561 (1932); **67**, 79 (1934); **68**, 311 (1934); **75**, 318 (1938).

[4] H. P. Kaufmann: Chem. Umschau Gebiete Fette, Öle, Wachse, Harze **38**, 265 (1931).

[5] H. Fincke: Die Kakaobutter und ihre Verfälschungen, S. 151. Stuttgart: Wissenschaftl. Verlagsges. mbH. 1929; vgl. hierzu auch Chemiker-Ztg. **53**, 318, 461 (1929).

[6] D. Aufrecht: Chemiker-Ztg. **53**, 318 (1929); vgl. hierzu auch H. Fincke: ebenda **53**, 461 (1929).

statt Salzsäure 5 Tropfen Schwefelsäure (D = 1,84) gegeben werden. Die Mischung färbt sich tiefviolett, nach 2 Min. Erwärmen auf 50° braunviolett. Reine Kakaobutter bleibt in der Kälte unverändert, bei 50° färbt sie sich gelb mit einem Stich nach violett. Ebenso verhält sich Kakao-Extraktionsfett, wenn es doppelt gefiltert worden ist.

3. *Nach* SCHMANDT[1]. In einem Probierglas wird 1 ml reiner Eisessig mit 1 ml der zu prüfenden, vorher geschmolzenen Kakaobutter versetzt, das Glas mit einem Kork leicht verschlossen, in einem Glycerinbad auf etwa 100° erhitzt, bei dieser Temperatur durch Schütteln gemischt und dann in ein mit Wasser von etwa 50° gefülltes Becherglas gestellt, bis sich zwei klar getrennte Schichten gebildet haben. Der Eisessig bleibt bei reiner Kakaobutter farblos, durch Kakao-Abfallfett wird er gelb bis braun. 2% Kakao-Abfallfett sind noch sicher erkennbar, vorausgesetzt, daß in der beschriebenen Weise erhitzt wird. Durch zu hohes Erhitzen, z. B. über freier Flamme, wird die Färbung verhindert.

4. *Nach* CASTIGLIONI[2]. 0,5 g Kakaobutter werden mit 2 ml 95%igem Alkohol und 3 ml konz. Salzsäure sowie einigen Kristallen Antipyrin vermischt, zum Kochen gebracht und dann erkalten gelassen. Das Fett erstarrt über einer Flüssigkeit, die sich bei Vorliegen von Extraktionsfett allmählich rosa färbt. Cocos- und Palmkernfett geben keine Färbung.

5. *Nach* MORAWSKY[2]. 0,5 g Kakaobutter werden mit 3 ml Essigsäureanhydrid erhitzt und nach Erkalten durch ein trockenes Filter gegeben. Einem Teil des Filtrates wird 1 Tropfen Schwefelsäure (D = 1,53) zugesetzt: Kakaobutter färbt sofort grün, Extraktionsfett zunächst violett und erst dann leicht grün. Der Nachweis dürfte auf dem erhöhten Gehalt des Extraktionsfettes an Sterinen beruhen.

6. Die Erkennung des Kakao-Schalenfettes und des Kakao-Extraktionsfettes läßt sich nach H. P. KAUFMANN und E. MOHR[3] auch mit Hilfe der Tieftemperatur-Papierchromatographie durchführen. Als Lösungsmittel wird hierzu Nitromethan bei −30°C angewendet. Man tropft so viel Fettsäure-Gemisch auf, daß darin etwa 5—10 γ Linolsäure enthalten sind. Vor der Entwicklung muß das Chromatogramm 1 Std. bei der tiefen Temperatur gehalten werden. Die Entwicklungszeit beträgt etwa 1 Std., worauf die übliche Anfärbung über die Kupferseifen (vgl. S. 868) vorgenommen wird. Palmitinsäure, Stearinsäure und Ölsäure verbleiben auf dem Startpunkt, während die Linolsäure wandert.

e) Nachweis von Fetten, die neben Kakaobutter in Kakao-Erzeugnissen zulässigerweise vorkommen können

Fette, die aus Kakao-Erzeugnissen gewonnen worden sind, enthalten oftmals neben Kakaobutter andere Fette, die zugelassenen Begleitstoffen entstammen, vor allem Milchfett, Haselnußöl, Walnußöl und Mandelöl. Falls diese in beachtlichen Mengen vorhanden sind, ist ihr Nachweis durch die Ermittlung der Kennzahlen möglich. In der Tab. 359 sind die hierfür vornehmlich geeigneten Kennzahlen im Vergleich zu Kakaobutter zusammengestellt.

In der Regel genügt es, die Verseifungszahl, Jodzahl und Buttersäurezahl zu bestimmen. Hieraus lassen sich Art und Menge der in Betracht kommenden Fremdfette meist schon ausreichend ermitteln. Ergibt sich bei diesen Untersuchungen kein besonderer Verdacht, so ist eine ausführlichere Prüfung überflüssig. In Verdachtsfällen hingegen können weitere Untersuchungen nötig werden, deren Art und Umfang von Art und Menge des Fremdfett-Zusatzes abhängt[4].

f) Nachweis von kakaofremden Fetten, die zur Verfälschung von Kakaobutter vornehmlich in Betracht kommen

Als Verfälschungen von Kakaobutter findet man vornehmlich feste Pflanzenfette der Cocosfett-Gruppe und der Pflanzentalg-Gruppe, gehärtete Fette und in selteneren Fällen Rindertalg. Auch hier ist der Nachweis nur dann durch die Ermittlung der üblichen Kennzahlen zu führen, wenn größere Mengen der

[1] W. SCHMANDT: Z. angew. Chem. **42**, 1039 (1929).
[2] A. CASTIGLIONI: Ann. Falsificat. Fraudes **28**, 24 (1935); Z. Unters. Lebensmittel **75**, 389 (1938).
[3] H. P. KAUFMANN u. E. MOHR: Fette · Seifen · Anstrichmittel **60**, 165 (1958).
[4] Siehe hierzu auch H. FINCKE, R. BRÜCHNER u. E. ELBEN: Zit. S. 1274, Fußnote 2.

Fremdfette vorliegen. Die hierfür vornehmlich geeigneten Kennzahlen sind im Vergleich zu denen der Kakaobutter in der Tab. 360 zusammengestellt.

Cocosfett und Palmkernfett sind auf Grund ihrer hohen Verseifungszahl, der Jodzahl und der Lichtbrechungszahl zu erkennen. Für den Nachweis von Illipéfett und Sheafett eignet sich vor allem die Jodzahl in Verbindung mit der REICHERT-MEISSL-Zahl. Noch größer ist der Unterschied des Gehaltes an Unverseifbarem. Am schwierigsten ist der Nachweis von Tenkawang, das sich lediglich durch eine etwas geringere Jodzahl von Kakaobutter unterscheidet[1].

Wesentlich ist jedoch, daß Tenkawang im Gegensatz zu Kakaobutter bei der Reibeprobe schmierig wird. Weiter ist bei Tenkawang der Erstarrungspunkt der Fettsäuren gegenüber denen aus Kakaobutter etwas erhöht. Er liegt bei 54 bis 55° gegenüber 48 bis 50° bei Kakaobutter[2].

Zum Nachweis von Illipéfett und Sheafett neben Kakaobutter eignet sich nach COLOMBIER und CHAIZE[3] auch das Verfahren von HALPHEN zur Bildung von in Petroläther unlöslichen Bromphytosterinen sowie nach G. SCHUSTER[4] die Azelainsäurezahl.

Verfahren von Halphen nach Colombier und Chaize[3]. 1,5 g Fett werden in 3 ml Tetrachlorkohlenstoff gelöst und tropfenweise mit einer Lösung gleicher Teile Brom und Tetrachlorkohlenstoff bis eben zum Eintreten der Gelbfärbung versetzt, wobei ein Überschuß an Brom zu vermeiden ist. Darauf wird umgeschüttelt, nötigenfalls unter Verwendung von Talk oder Kieselgur in ein Reagensglas filtriert und vorsichtig mit der gleichen Menge Petroläther überschichtet. Noch 5% Illipéfett geben sich durch eine weiße, schleimige Trübung des Petroläthers zu erkennen.

Bestimmung der Azelainsäurezahl[4]. Die Azelainsäurezahl ist die Zahl mg KOH, die zur Neutralisation von 1 g der unlöslichen sauren Glyceride erforderlich ist, welche bei der Oxydation des Fettes durch Kaliumpermanganat entstehen.

40 g Kakaobutter werden in 400 ml Aceton gelöst, nach dem Verfahren von HILDITCH mit 160 g Kaliumpermanganat oxydiert, das Unlösliche mit Natriumhydrogensulfit vom Mangandioxyd befreit, in Äther gelöst und die Lösung eingedampft. Der Eindampfrückstand, ein Gemisch von Azelainsäure-Glyceriden und Pelargonsäure, wird in 350 ml 80%igem Alkohol gelöst und mit starker alkohol. Natronlauge genau neutralisiert. Nach Zusatz einer auf 70 bis 80° angewärmten Lösung von 6 g wasserfreiem Magnesiumchlorid in 60 ml 80%igem Alkohol wird zum Auskristallisieren 24 Std. bei 15° stehengelassen. Dann wird der aus Magnesiumsalzen der Azelainsäure-Glyceride bestehende Niederschlag abfiltriert, zur Entfernung der Pelargonate mit 100 ml 95%igem Alkohol, dann mit Wasser gewaschen und schließlich der Rückstand im Vakuum über Schwefelsäure getrocknet. In 1 g des getrockneten Rückstandes wird das Magnesium als Magnesiumsulfat bestimmt und auf KOH umgerechnet. Die Azelainsäurezahl von Kakaobutter liegt zwischen 98,3 und 99,5, die von Sheabutter zwischen 128,3 und 131,6. Bei Mischungen entspricht die Azelainsäurezahl etwa der Mischungsregel.

Nachweis kleiner Mengen von Fremdfetten. Bei dem hohen Preis der Kakaobutter muß auch mit Verfälschungen mit kleinen Mengen von Fremdfetten gerechnet werden. Zur Erkennung derselben hat H. P. KAUFMANN[5] erstmals eine analytische Methode entwickelt, die *gleichzeitig* physikalische und chemische Eigenschaften von Glycerid-Gemischen heranzieht. Sie stellt zwar ein konventionelles, nur bei Einhaltung ganz bestimmter Versuchsverhältnisse reproduzierbares Verfahren dar, doch lieferte dieses bei den geprüften Verfälschungen mit 2 bis 5% Fremdfett gute Ergebnisse. Die zu prüfende Kakaobutter wird zunächst

---

[1] Über die Handelsbezeichnungen Illipé- und Tenkawang-Fett siehe H. P. KAUFMANN u. J. G. THIEME: Fette · Seifen · Anstrichmittel **56**, 1001 (1954).

[2] A. W. KNAPP, J. E. MOSS u. A. MELLEY: Analyst **52**, 452 (1927).

[3] COLOMBIER u. CHAIZE: Ann. Falsificat. Fraudes **21**, 91 (1928); Z. Unters. Lebensmittel **67**, 463 (1934).

[4] G. SCHUSTER: C. R. hebd. Séances Acad. Sci. **197**, 760 (1933); Z. Unters. Lebensmittel **73**, 388 (1937).

[5] H. P. KAUFMANN: Z. angew. Chem. **42**, 402, 1154 (1929); Chem. Umschau Gebiete Fette, Öle, Wachse, Harze **37**, 17, 305 (1930); H. P. KAUFMANN u. M. C. KELLER: ebenda **37**, 49, 142 (1930); H. P. KAUFMANN: ebenda **38**, 241, 265 (1931).

Tabelle 359. *Kennzahlen von Fetten, die neben Kakaobutter in Kakao-Erzeugnissen zulässigerweise vorkommen können*

	Lichtbrechungszahl n_D^{40}	Re-frakto-meter-zahl bei 40°	Ver-seifungs-zahl	Jodzahl	REICHERT-MEISSL-Zahl	Butter-säure-zahl	Unverseif-bares %	Reibe-probe
Kakaobutter	1,456 —1,458	46—48	193—195	33—38	0,1—0,5	—	0,4—0,6	körnig
Milchfett	1,452 —1,4567	39—46	218—235	21—36	21—36	16—24	0,4	—
Haselnußöl	1,4612—1,4628	53—55	187—192	84—90	0	—	0,5—0,7	—
Walnußöl	1,4690—1,4710	65—68	188—194	143—162	—	—	0,2—0,4	—
Mandelöl	1,4612—1,4702	53—67	189—196	91—102	—	—	0,3—1,0	—

Tabelle 360. *Kennzahlen von Fetten, die zur Verfälschung von Kakaobutter vornehmlich in Betracht kommen können*

	Lichtbrechungszahl n_D^{40}	Re-frakto-meter-zahl bei 40°	Ver-seifungs-zahl	Jodzahl	REICHERT-MEISSL-Zahl	Butter-säurezahl	Unverseifbares %
Kakaobutter	1,456—1,458	46—48	193—195	33—38	0,1—0,5	0	0,4—0,6
Cocosfett	1,447—1,450	33—36	254—262	8—10	4—7	0,9	0,3
Palmkernfett	1,450—1,452	36—39	242—252	12—16	4—7	0,5	0,4
Illipéfett (aus *Bassia longifolia L.*)	1,459—1,462	49—54	185—195	50—64	1,4—3,6	—	1,4—2,3
Tenkawang (Borneotalg) (fälschlich auch Illipéfett genannt[1]) (aus *Shorea Gysbertiana-Burck*)	1,456—1,457	45—47	190—197	27—34	—	—	0,6
Sheafett (Caritéfett) (aus *Bassia Parkii D.C.*)	1,463—1,468	56—63	178—192	48—66	1,1—3,8	—	4—15
Rindertalg	1,455—1,459	44—49	193—200	32—47	—	—	0,09—0,16

[1] H. P. KAUFMANN u. J. G. THIEME: Zit. S. 1280, Fußnote 1.

durch Aceton in eine schwer lösliche und eine leichter lösliche Glycerid-Fraktion zerlegt, dann die letztere mit chemischen Methoden, besonders auf den Gehalt an einfach und mehrfach ungesättigten Säuren, geprüft.

20 g Kakaobutter werden in 200 ml Aceton gelöst. Dann kühlt man die Lösung auf 5° ab und läßt die schwer löslichen Glyceride auskristallisieren. Nach dem Abfiltrieren und Verjagen des Lösungsmittels steigt die JZ der leichter löslichen Glyceride um etwa 20 Einheiten an (JZZ 54 bis 58, RhZZ 45 bis 48). Bei Kakaobutter, die 5% Erdnußöl oder 2% Rüböl enthielt, erreichte die JZ dieser Fraktion 63, während Cocosöl und gehärtetes Walöl eine deutlich erkennbare Herabsetzung derselben zur Folge hatte. Auch dunkle Schokoladen, mit derartig verschnittener Kakaobutter hergestellt, waren einwandfrei zu analysieren.

In jüngster Zeit hat A. PURR[1] die vorgenannte Methode verfeinert. Er stellte bei −12° hintereinander drei Glycerid-Fraktionen her, deren JZZ auf 65 bis 75, 70 bis 75 und 76 bis 79 anstiegen. Die am leichtesten löslichen Fraktionen wurden mit Hilfe physikalischer und chemischer Kennzahlen geprüft. Die Methode verlangt peinlichste Einhaltung der vorgeschriebenen Versuchsbedingungen.

Liegen neben Kakaobutter die bereits erwähnten Fremdfette von Milch-, Nuß- und Mandelschokoladen vor, so wird der Nachweis von Verfälschungsfetten schwierig. Bei Milchschokoladen muß das Fett außer der Untersuchung auf dem Weg der Fraktionierung auch auf die Menge des Milchfettes an Hand der charakteristischen Säuren desselben, unter Kombination mit der Milcheiweiß-Bestimmung, untersucht werden. Derartige, mit modernen Methoden der Fettanalyse durchzuführende Prüfungen erfordern eine spezielle Schulung und große Erfahrung auf dem Fettgebiet.

Zur schnellen Prüfung von Kakaobutter bzw. Schokoladefett ist die Schmelzrefraktion geeignet, die H. P. KAUFMANN, J. G. THIEME und U. WÖHLERT[2] auch auf Kakaobutter angewandt haben. Wichtig ist hierbei, daß polymorphe Glycerid-Kristalle der Kakaobutter sich in der stabilen β-Form befinden, da die Schmelzrefraktion der α-, β_1- und β-Form verschieden ist. Auf Grund dieser Verschiedenheit läßt sich die Umlagerung der polymorphen Formen der Kakaobutter ineinander schmelzrefraktometrisch verfolgen und z. B. das Verhältnis $\beta_1 : \beta$-Form quantitativ bestimmen. Nur Kakaobutter-Proben, die sehr lange (über 6 Monate) gelagert haben, befinden sich mit Sicherheit in der stabilen β-Form und können deshalb ohne weitere Vorbereitung schmelzrefraktometrisch auf Fremdfette untersucht werden. Bei anderen Proben, vor allem bei frisch extrahierten Proben, ist eine 38 bis 40 stdg. Temperierung bei 28 bis 29° nötig, um sicher zu gehen, daß sich alles in die β-Modifikation umwandelt.

Sind diese Vorbedingungen erfüllt, so ist die Ausführung der Untersuchung außerordentlich einfach.

Man verreibt eine geringe Menge der fraglichen Kakaobutter auf dem Prisma des ABBE-Refraktometers bei Zimmertemperatur (20°) etwa so, wie man mit einem Fettstift auf Glas schreibt, und liest bei steigenden Temperaturen die hohen und niedrigen Brechungszahlen ab. Hierfür sind nur wenige Minuten erforderlich. Man vergleicht sodann die abgelesenen Werte mit den Werten für reine Kakaobutter, deren Schwankungsbreite in Tab. 361 wiedergegeben ist.

Je nachdem, ob die gefundenen Werte deutlich in das Gebiet reiner Kakaobutter fallen oder einwandfrei darunter liegen, kann man entscheiden, ob eine reine Kakaobutter oder eine

Tabelle 361
Schwankungsbreite der Schmelzrefraktion reiner Kakaobutter

Schmelzrefraktion bei 20°	Kakaobutter	Kakao-Extraktionsfett
Hohe Linie	1,5235—1,5315	1,5138—1,5210
Niedrige Linie . . .	1,4920—1,4970	1,4885—1,4918

[1] A. PURR: Fette · Seifen · Anstrichmittel **56**, 823 (1954); **57**, 120, 173 (1955); **58**, 888 (1956).

[2] H. P. KAUFMANN, J. G. THIEME u. U. WÖHLERT: Fette · Seifen · Anstrichmittel **57**, 21, 114 (1955).

mit Fremdfetten verschnittene Kakaobutter vorliegt (alle Fremdfette erniedrigen die Schmelzrefraktion, und zwar bereits deutlich wahrnehmbar in Mengen von 5%). Liegen die abgelesenen Werte jedoch im Grenzgebiet, also z. B. für die hohe Linie um 1,5235 herum, so ist schmelzrefraktometrisch eine Entscheidung nicht zu treffen. Es besteht in diesem Falle der Verdacht einer Verfälschung, und es müssen andere Methoden herangezogen werden, um Gewißheit zu erlangen. Liegen aus Schokolade extrahierte Fette vor, so verschieben sich die angegebenen Grenzen etwas nach unten. Die Schwankungsbreite der Schmelzrefraktion von Schokoladefett beträgt bei 20°: 1,5225 bis 1,5301 für die hohe und 1,4920 bis 1,4970 für die niedrige Brechungslinie.

Der Nachweis von Fremdfetten in Kakaobutter kann nach H. P. KAUF-MANN und E. MOHR[1] auch auf papierchromatographischem Wege durchgeführt werden. Besonders bei Verfälschung mit Kakaobutter-Ersatzfetten, die sich von der Kakaobutter durch die Gegenwart von Laurin-, Myristin-, oft auch von Arachin- und Behensäure unterscheiden, ist dieser Nachweis sehr eindeutig (über die papierchromatographische Methodik vgl. S. 847 ff.).

Der papierchromatographische Nachweis der oben genannten Säuren ist auch in Milchschokolade beweisend für eine Verfälschung der Kakaobutter, da diese Fettsäuren im Milchfett selbst nur in so geringer Menge vorhanden sind, daß sie ohne besondere Anreicherung nicht im Chromatogramm erscheinen. Bei der Verfälschung mit Fetten, die sich nur durch einen erhöhten Gehalt an Linolsäure von Kakaobutter unterscheiden, wie z. B. Mowrah-Butter, Shea-Butter und Kakao-Extraktionsfett, kann ein Nachweis nur durch Anwendung der Tieftemperatur-Papier-Chromatographie erfolgen (s. S. 878 ff.). Kleinere Mengen an Borneotalg und Malabartalg lassen sich papierchromatographisch nicht nachweisen, da sie sich in ihrer Fettsäure-Zusammensetzung zu wenig von der Kakaobutter unterscheiden.

4. Die Bestimmung der Verdorbenheit von Fetten*

Die Wirtschaft ist bemüht, die Bevölkerung mit ausreichenden Fettmengen zu versorgen. Man fördert den Anbau von Fettpflanzen, die Nutztierhaltung, erschließt neue Fettquellen für natürliche und künstliche Fette und versucht, diese durch Stoffe mit ähnlichen Eigenschaften zu ersetzen.

Um immer über ausreichende Mengen an Nahrungsfetten verfügen zu können, ist man zur Vorratshaltung gezwungen[2]. Doch lassen sich Fette infolge ihrer leichten Verderblichkeit nur schwer bevorraten[3]. In erhöhtem Maße gilt dies für Fette in Lebens- und Futtermitteln, denn hier sind die Bedingungen für das Leben verderbenbringender Kleinlebewesen besonders günstig, da die entsprechenden Zubereitungen meist reich an Wasser, zuckerhaltigen Stoffen und Stickstoff-Verbindungen zu sein pflegen[4].

Man denke an Fleisch, z. B. von Schweinen, Hammeln, Rindern und Geflügel, oder an Milch, Butter und Margarine[5]. Schon sehr geringe Gehalte an verdorbenen Fetten können

---

* Bearbeitet von Professor Dr. H. SCHMALFUSS†, Hamburg.
[1] H. P. KAUFMANN u. E. MOHR: Fette · Seifen · Anstrichmittel **60**, 165 (1958).
[2] H. SCHMALFUSS: Fette u. Seifen **49**, 511 (1942).
[3] H. SCHMALFUSS, H. BARTHMEYER u. A. GEHRKE: Margarine-Ind. **25**, 215 (1932); R. NEU: Chemiker-Ztg. **60**, 205 (1936); H. SCHMALFUSS, H. WERNER u. A. GEHRKE: Ernährung **2**, 39 (1937); K. TÄUFEL: Angew. Chem. **49**, 48 (1936); Fette u. Seifen **44**, 179 (1937); H. P. KAUFMANN: ebenda **48**, 593 (1941); Forschungsdienst **16**, 713 (1942).
[4] H. SCHMALFUSS: Fette u. Seifen **49**, 739 (1942).
[5] C. H. LEA: J. Soc. chem. Ind. **50**, 207, 215 (1931); K. TÄUFEL u. F. KIERMEIER: Fette u. Seifen **44**, 423 (1937); H. SCHMALFUSS u. Mitarbeiter: ebenda **45**, 479 (1938); **46**, 719 (1939); **47**, 1 (1940); **49**, 779 (1942); **50**, 392 (1943); W. MOHR: ebenda **47**, 388 (1940); F. MUNIN: ebenda **48**, 627, 697, 701, 770 (1941); K. TÄUFEL: Dtsch. Molkerei-Ztg. **63**, 227 (1942); W. RITTER u. T. NUSSBAUMER: Schweiz. Milchztg. **69**, 41 (1943); N. PETERSEN: Milchwissenschaft **3**, 17 (1948).

Lebensmittel unbrauchbar machen. Dies gilt z. B. für Wurst, Schinken, Kaffee, Fettgebäck usw., aber auch für Bedarfsgegenstände wie Seife[1]. Stärker ungesättigtes Fett, wie das des Schweinefleisches, verdirbt nach C. H. Lea[2] selbst gefroren, z. B. bei $-10°$. Dies stimmt mit den Erfahrungen der Kühlhäuser überein. So werden im Hamburger Kühlhaus I gefrorene Rinder 1 bis höchstens 2 Jahre gelagert, dagegen Schweine nur 7 bis höchstens 10 Monate. Beim Rind begrenzt das Austrocknen, beim Schwein das verderbende Fett die Lagerzeit[3].

Das Verderben der Fette und das Hintanhalten des Verderbens sind also sehr bedeutungsvoll für die Wirtschaft[4]. Den *Beginn des Verderbens* zu erkennen, ist eine wichtige Aufgabe, die gelöst ist und es ermöglicht, fetthaltige Lebensmittel dem Verbrauch zuzuführen, ehe sie durch zu langes Lagern ungenießbar geworden sind. Man könnte in der Vorratswirtschaft noch besser planen, wenn man den *Verderbensablauf* nach Maß und Art jeweils voraussagen könnte, was aber bis heute noch nicht möglich ist.

Die Ursachen des Fettverderbens müssen erforscht werden, um das Verderben zu verhüten oder ihm wenigstens durch geeignete Mittel entgegenzuwirken. Güte und Menge des Fettes sind durch den Verderb gleichzeitig bedroht; wenn die Güte des Fettes schwindet, fällt die verdorbene Menge für die Ernährung aus. Es sei denn, daß man das Fett — soweit es gesetzlich zulässig ist — mühevoll unter Verlust aufarbeitet[5]. Außerdem sind verdorbene Fette giftig, zum mindesten für Nagetiere. Bei Nagern, die solche Fette genossen haben, hat man Haarausfall, tiefgreifende Hautgeschwüre, Krämpfe in den Gliedmaßen und baldigen Tod beobachtet. Ranzige Fette machen männliche Ratten unfruchtbar, da sie die Hoden schädigen. Ähnliches mag vielleicht der Grund dafür sein, daß wir gegen wenige millionstel Gramme mancher *Fettverdorbenheitsstoffe* je g Fett schon empfindlich sind und die Fette ablehnen. Aber zum Teil hängt die Bewertung verdorbener Fette als „schlecht" auch von Gewohnheit und Geschmacksrichtung ab, denn es sind uns z. B. die gleichen Verdorbenheitsketone, die wir im Fett ablehnen, in Käsesorten (Gorgonzola, Stracchino, Stilton, Roquefort, Camembert) willkommen[6]. In manchen Ländern gilt ranzige Butter als Delikatesse.

a) Die Verderbensarten

Über die Vorgänge des Verderbens sind wir bei den Fetten und Fettbausteinen noch recht unvollkommen unterrichtet. Dies ergibt sich schon daraus, daß wir die Sinnenprüfung nicht entbehren können. Hierbei spielt der reine Geschmack mit seinen wenigen Empfindungsarten „salzig", „bitter", „süß", „sauer" eine untergeordnete Rolle, selbst für das Sauerwerden der Fette. Wichtiger sind schon Tastsinn und Schmerzsinn. Mit dem Tastsinn nehmen wir das „Talgige" wahr, mit dem Schmerzsinn das „Kratzende". Am wichtigsten ist die Nase[7]; denn das meiste, was wir mit der Zunge zu schmecken meinen, nehmen wir ausatmend mit den Geruchsorganen wahr[8]. Beim Schmecken mit

---

[1] H. Schmalfuss, H. Werner, A. Gehrke u. A. Minkowski: Margarine-Ind. **27**, 93 (1934); K. Täufel u. J. Köchling: Fette u. Seifen **45**, 491 (1938); H. Dam: Soap, Parfum. Cosmet. **14**, 307 (1941).

[2] C. H. Lea: J. Soc. chem. Ind. **50**, 343 (1931); **56**, 376 (1937).

[3] H. Schmalfuss u. H. Werner: Fette u. Seifen **45**, 60 (1938); F. Kiermeier: ebenda **45**, 477 (1938).

[4] H. Schmalfuss: Dtsch. Molkerei-Ztg. **9**, 301 (1935); H. Schmalfuss, H. Werner u. A. Gehrke: Fette u. Seifen **43**, 211, 243 (1936).

[5] C. Ellis u. F. Dannerth (Ellis Laboratories, Inc.): A.PP. 2204728 u. 2204729.

[6] K. Täufel: Fette u. Seifen **47**, 398 (1940).

[7] M. R. Coe u. J. A. le Clere: Ind. Engng. Chem., ind. Edit. **26**, 243 (1934).

[8] H. Schmalfuss, H. Werner u. A. Gehrke: Margarine-Ind. **26**, 261, 277 (1933).

zugehaltener Nase können wir z. B. Lebertran und Ricinusöl nicht unterscheiden. Erst wenn wir die Nase freigeben, erkennen wir die Ölart.

Entsprechendes gilt für die wichtigsten Verdorbenheitsstoffe[1] der Fette. Die Nase kann nur flüchtige Stoffe wahrnehmen. Diese können starke oder schwache und der Art nach verschiedene Empfindungen hervorrufen. Flüchtig sind nur manche Stoffe niederer bis mittlerer Molekülgröße. Deshalb sind hochmolekulare Stoffe als Verdorbenheitsstoffe für unsere Nase unwichtig.

Nun entstehen beim Verderben der Fette bald hoch-, bald mittel-, bald niedrigmolekulare Stoffe derselben Klasse, je nach dem Nahrungsmittel und je nach den Umständen. So kann ein und dieselbe Verderbensart je nach der Molekülgröße der beteiligten Stoffe bald gar nicht, bald vernichtend auf die Genießbarkeit eines Lebensmittels wirken. Verfahren, die *Einzelstoffe* zu erkennen, zu bestimmen und zu bewerten, sind bisher leider nur in wenigen Fällen ausgebaut[2]. Wegen unserer lückenhaften Kenntnisse beherrschen wir die Verderbensvorgänge bis jetzt nur mangelhaft. Dies drückt sich schon in der üblichen Bezeichnung der Verderbensarten aus. So genügt der Begriff „Talgigwerden"[3] den heutigen Ansprüchen nicht mehr. Er müßte in mehrere Begriffe aufgespalten werden, welche die entsprechenden Stoffarten eindeutig bezeichnen. Dies ist aber bislang unmöglich; denn wir kennen noch nicht alle entstehenden Stoffe, und wir wissen nicht, ob sie sämtlich dazu beitragen, den Schmelzpunkt der Fette zu erhöhen, ihnen talgigen Geruch und Geschmack zu verleihen[4] und so den talgigen Eindruck hervorzurufen. Deshalb behalten wir bewußt noch die alte Bezeichnung „Talgigwerden" bei.

Ähnlich umfaßte der veraltete Sammelbegriff „Ranzigwerden", wie wir heute wissen, zwei Hauptverderbensarten, ohne daß es erkenntlich war, welche von beiden jeweils gemeint war. Deshalb spalteten wir den Begriff auf in das „Ketonigwerden" und in das „Aldehydigwerden". Daneben stehen als eindeutige Bezeichnungen das „Peroxydigwerden" und das „Sauerwerden".

Die jetzt üblichen Begriffe des Fettverderbens: „Peroxydig-", „Sauer-", „Ketonig-" und „Aldehydigwerden" sind nach den entstehenden sauerstoffreicheren Stoffen benannt. *Demnach unterscheiden wir 5 Hauptarten des Fettverderbens*[5]:

1. Talgigwerden — 2. Peroxydigwerden — 3. Sauerwerden — 4. Ketonigwerden — 5. Aldehydigwerden.

Neben diesen Hauptverderbensarten gibt es noch andere Arten des Verderbens, wie „Öligwerden", „Fischigwerden", „Tranigwerden". Meist verlaufen mehrere Verderbensarten nebeneinander. Oft (aber keineswegs immer[6], wie noch vielfach angenommen wird) leitet das Peroxydigwerden das Verderben der Fette ein. Beim fortschreitenden Verderb kann die Menge einer entstandenen Stoffart zunächst zunehmen und dann wieder abnehmen, weil mehr Verderbensstoff

---

[1] K. TÄUFEL u. H. HEINISCH: Fette u. Seifen **47**, 201 (1940); H. THALER u. W. EISENLOHR: Biochem. Z. **308**, 88 (1941); R. S. MORRELL u. W. DAVIS: Paint Technol. **7**, 130 (1942).

[2] J. PRITZKER u. R. JUNGKUNZ: Chemiker-Ztg. **57**, 895 (1933); R. NEU: ebenda **61**, 733 (1937); H. P. KAUFMANN u. H. FIEDLER: Fette u. Seifen **46**, 210, 275 (1939); H. P. KAUFMANN u. M. LUND: ebenda **46**, 390 (1939); H. SCHMALFUSS: Zit. S. 1283, Fußnote 4; M. R. COE: Oil and Soap **16**, 146 (1939); K. TÄUFEL u. K. KLENTSCH: Fette u. Seifen **46**, 64 (1939); N. N. DASTUR u. C. H. LEA: Analyst **66**, 90 (1941).

[3] E. GLIMM u. H. NOWACK: Fette u. Seifen **50**, 217 (1943).

[4] K. TÄUFEL u. H. ROTHE: Fette u. Seifen **50**, 434 (1943).

[5] H. SCHMALFUSS, H. WERNER u. A. GEHRKE: Margarine-Ind. **29**, 31 (1936).

[6] F. KIERMEIER: Fette u. Seifen **45**, 477 (1938).

vergeht als entsteht[1]. Nach unseren Untersuchungen ist dies bei Aldehyden die Regel, bei Ketonen höchstens die Ausnahme. Auch die SZ kann mit der Zeit abnehmen.

Der Verbraucher bewertet die Verderbensarten sehr verschieden. Für seine Sinne fällt z. B. das Talgigwerden wenig auf, das Peroxydigwerden gar nicht. Dagegen ist das Sauerwerden dann von höchster Bedeutung, wenn Fettsäuren mit 4 bis 10 Kohlenstoff-Atomen entstehen, wie bei cocos- oder palmkernölhaltigen Margarinen. Von diesen Säuren werden schon wenige millionstel Gramme je g Fett als „seifig" empfunden und mit Abscheu verweigert. Ähnlich sind die Ketone mittlerer Molekülgröße, namentlich das Methyl-nonyl-keton, sehr lästig. Sie entstehen oft und werden in Fetten als „parfümranzig" von jedem Verbraucher schon bei Mengen von etwa 60 γ je Gramm Fett scharf abgelehnt. Von den Aldehyden sind ebenfalls die mittleren, vor allem der Heptylaldehyd, unangenehm[2].

1. Talgig werden Fette durch Wasser, Sauerstoff und Licht[3] unter Mitwirken oder auch Nichtmitwirken von Beschleunigern, wobei Oxysäuren in freier oder gebundener Form auftreten. Oxysäuren sollen durch Anlagerung von Wasser oder Wasserstoffperoxyd an die Doppelbindung ungesättigter Fettsäuren entstehen oder durch Eintritt von Sauerstoff in Fettsäure-Anteile zwischen Kohlenstoff und Wasserstoff[4]. Dabei können verschiedene Zwischenstufen durchlaufen werden. Weiter sollen Fette talgig werden, wenn sich ungesättigte Anteile zu größeren Gebilden verketten, wenn sich zweibasige Säuren mit höherem Schmelzpunkt als Spaltstücke ungesättigter Säuren bilden, oder schließlich, wenn sich unbeständigere Triglycerid-Formen in beständigere mit höherem Schmelzpunkt umwandeln. Über die Vorgänge der Autoxydation siehe S. 212ff.[5]

2. Peroxydig werden Fette, und zwar ihre ungesättigten Anteile, durch Licht, Sauerstoff und Beschleuniger[6]. Das Peroxydigwerden setzt beim Fettverderb früh ein. Aber das Sauerwerden kann ihm noch vorausgehen. Vermutlich werden die Fette in mehreren Stufen peroxydig[7]. Ein Molekül Sauerstoff tritt an ungesättigte Fettsäuren heran und bildet ein Peroxyd. Dabei geht die JZ zurück[8]. Die Peroxyd-Bildung ist eine „Ketten-Umsetzung" (s. S. 213ff.), die sowohl vom Wärmegrad als auch von der Belichtungsdauer und der Menge des überschüssigen Sauerstoffes abhängig ist. Sie entspricht der Quadratwurzel aus der Lichtstärke und dem Gehalt an ungesättigten Fettsäure-Resten. Am stärksten wirkt ultraviolettes Licht, am wenigsten grünes[9]. Das Blattgrün soll das Peroxydigwerden fördern[10]. Gefärbte

---

[1] A. SCHMID: Z. analyt. Chem. **37**, 301 (1898); F. KIERMEIER, R. HEISS u. K. TÄUFEL: Molkerei-Ztg. **52**, 2697 (1938); H. THALER u. G. GEIST: Biochem. Z. **302**, 121 (1939).

[2] H. u. H. SCHMALFUSS: Fette u. Seifen **47**, 1 (1940).

[3] H. SCHMALFUSS, H. BARTHMEYER u. H. WERNER: Landwirtsch. Versuchsstat. **115**, 261 (1933); E. GLIMM u. E. SEEGER: Fette u. Seifen **48**, 322 (1941).

[4] H. WIELAND: Ber. dtsch. chem. Ges. **54**, 2353 (1921).

[5] Y. TOYAMA u. T. TSUCHIYA: Chem. Umschau Gebiete Fette, Öle, Wachse, Harze **36**, 45 (1929); neuere Literatur auf S. 212ff.

[6] C. H. LEA: J. Soc. chem. Ind. **52**, 57 (1933); **53**, 388 (1934); E. GLIMM u. A. ELLERT: Fette u. Seifen **48**, 60 (1941); W. FEITKNECHT: Helv. chim. Acta **24**, 670 (1941); F. MUNIN: Fette u. Seifen **48**, 697 (1941).

[7] E. H. FARMER u. D. A. SUTTON: J. chem. Soc. (London) **1943**, 119.

[8] H. P. KAUFMANN u. J. BALTES: Ber. dtsch. chem. Ges. **70**, 2537 (1937); H. P. KAUFMANN u. L. HARTWEG: ebenda **70**, 2554 (1937); H. P. KAUFMANN u. M. LUND: Fette u. Seifen **47**, 338 (1940).

[9] M. COE: Oil and Soap **13**, 197 (1936).

[10] M. COE: Oil and Soap **15**, 230 (1938); K. TÄUFEL u. R. MÜLLER: Biochem. Z. **304**, 137, 275 (1940); H. J. HENK: Seifensieder-Ztg. **68**, 312 (1941).

oder ungefärbte Verpackungen schützen nur in dem Maße vor der Peroxydigkeit, wie sie das wirksame Licht zurückhalten. Die Peroxyde sind umsatzbereit[1], die niederen außerdem flüchtig. So sollen z. B. unter Spaltung der Kohlenstoff-Kette zwei Aldehydgruppen aus ihnen entstehen können. Beim Erhitzen unter niedrigem Druck zersetzen sie sich unter Gasentwicklung.

3. Sauer werden Fette auf rein stofflichem Wege oder auch unter Mitwirkung von Kleinlebewesen[2]. Wasser und Wärme genügen, Fette durch Verseifen sauer werden zu lassen. Wasser ist aber für die Säurespaltung der Kohlenstoff-Ketten nicht notwendig. Sauerstoff und Licht, ebenso manche Metalle und Fermente fördern das Sauerwerden. Mehrere Ursachen können zusammenwirken und eine einheitliche Zersetzung vortäuschen. In Wasser-Fett-Mischungen, z. B. in der Butter, beruht das Sauerwerden hauptsächlich auf einer Verseifung, wobei aus dem Glycerid Fettsäuren frei werden. Die Zwischenstufen — Mono- und Diglyceride — ließen sich jedoch bisher nicht in verdorbenen Fetten nachweisen, wohl aber das sich bei dieser Reaktion bildende Glycerin. Säure kann hierbei die Bildung weiterer Säure beschleunigen[3]. Außerdem kann Fett unter Aufnahme von Sauerstoff auch bei Abwesenheit von Wasser durch den Abbau ungesättigter Anteile sauer werden, etwa bei der Zersetzung der Ölsäure zu sauren Spaltstücken. Aus *einem* Säurerest müssen dabei zwei bis mehrere Teile niederer Säuren entstehen[4]. Schließlich bilden auch freie, gesättigte, höhere Fettsäuren sowie Cholesterin oder freies Glycerin bei Belichtung flüchtige Säuren. An entstandenen Verderbenssäuren sind bisher nachgewiesen oder wahrscheinlich: Ameisensäure, Essigsäure, Propionsäure, Buttersäure, Valeriansäure, Capronsäure, Heptylsäure, Caprylsäure, Nonylsäure, Caprinsäure, Azelainsäure, Dioxyazelainsäure, Korksäure, Sebacinsäure, Oxystearinsäure, Dioxystearinsäure, Ketostearinsäure, Ölsäure und Elaidinsäure[5].

4. Ketonig werden Fette durch Kleinlebewesen oder durch Wärme und Licht. Ungesättigte Fette werden leichter ketonig als gesättigte, zum mindesten durch Licht[6].

Ketonigwerden durch Kleinlebewesen. Kleinlebewesen bedürfen eines geeigneten Nährbodens. Fett allein genügt nicht, sie kräftig wirken und sich entwickeln zu lassen. Butter, Margarine und Schmalz (wenn es Reste von Eiweiß und Wasser enthält) sind gute Nährböden.

Das Fett wird z. B. durch fettspaltende Schimmelpilze bei Gegenwart von Wasser in Fettsäuren und niedere Glyceride oder Glycerin zerlegt. Die Fettsäuren

---

[1] K. TÄUFEL u. H. ROTHE: Angew. Chem. **61**, 84 (1949); K. TÄUFEL: Dtsch. Lebensmittel-Rdsch. **45**, 143 (1949).

[2] A. TSCHIRCH u. A. BARBEN: Chem. Umschau Gebiete Fette, Öle, Wachse, Harze **31**, 141 (1924); H. SCHMALFUSS, H. WERNER u. A. GEHRKE: Margarine-Ind. **25**, 242 (1932); C. H. LEA: J. Soc. chem. Ind. **56**, 376 (1937); E. GLIMM, H. WITTMEYER u. W. JAHN-HELD: Z. Unters. Lebensmittel **78**, 285 (1939); H. OLKOTT u. H. A. MATTILL: Chem. Reviews **29**, 257 (1941); F. MUNIN: Milchwirtsch. Ztg. Alpen-, Sudeten- u. Donauraum **49**, 667 (1941); H. KELLER: Z. Fleisch- u. Milchhyg. **51**, 198 (1941).

[3] H. SCHMALFUSS: Stoff und Leben. Leipzig 1937.

[4] W. RITTER: Ber. d. 11. Milchwirtsch. Weltkongresses Berlin **1937**, 163; A. SCALA: Gazz. chim. ital. **38**, 307 (1908).

[5] R. NEU: Pharmaz. Zentralhalle Deutschland **76**, 65 (1935); M. BRAMBILLA: Ann. Chim. applicata **29**, 303 (1939); K. TÄUFEL u. K. KLENTSCH: Fette u. Seifen **46**, 64 (1939).

[6] J. PRITZKER u. R. JUNGKUNZ: Chemiker-Ztg. **57**, 895 (1933); K. TÄUFEL, H. THALER u. H. HOHNER: Z. Unters. Lebensmittel **74**, 119 (1937); H. THALER u. W. EISENLOHR: Fette u. Seifen **48**, 316 (1941); H. THALER: Forschungsdienst, Sonder-H. **16**, 723 (1942); H. PAECKSTÖM: Z. analyt. Chem. **123**, 96 (1942).

werden dann, wie man annimmt, in die Ammoniumsalze übergeführt. Das Ammoniak entstammt dem Eiweiß, das in der Butter, in den Ölfrüchten, in den tierischen Geweben, im Käse oder auch in den Kleinlebewesen selbst vorhanden ist. Die Ammoniumsalze werden am β-ständigen Kohlenstoff-Atom oxydiert, wobei β-Ketosäuren entstehen. Durch einen Beschleuniger wird schließlich Kohlendioxyd abgespalten, und es bildet sich ein Methyl-alkyl-keton. Es entsteht also ein Keton, das um ein Kohlenstoff-Atom ärmer ist als die zugehörige Fettsäure. Im ketonigen Cocosfett fand man die ungeradzahligen n-Methyl-alkyl-ketone vom Methyl-amyl-keton bis zum Methyl-undecyl-keton. Sie alle können auf diese Weise entstanden sein, denn im Cocosfett sind die entsprechenden Fettsäuren vorhanden. Bei dem beschriebenen Weg des Ketonigwerdens müssen also neben Fett und Fettsäure noch Wasser, Sauerstoff und gebundener Stickstoff zugegen sein.

Ketonigwerden ohne Kleinlebewesen. Licht oder Wärme lassen Fette oder Fettbausteine ketonig werden[1]. Nur die kürzesten Wellen des Quecksilberlichtes unter 3300 Å machen Laurinsäure-methylester wesentlich ketonig. Das ungesättigte Sojaöl wird mehrfach schneller ketonig als Laurinsäure-methylester, und zwar schon durch Licht unterhalb 4100 Å. Der Wirkungsabfall im längerwelligen Teil ist beim Sojaöl flacher als beim Laurinsäure-methylester. Daher wird Sojaöl schon durch längerwelliges Licht ketonig. *Man muß daher ungesättigte Fette sorgfältiger vor Licht schützen als gesättigte, will man das Ketonigwerden verhindern.* Hierfür genügen bereits schwache Gelbfilter.

Das zeigten Versuche mit einer 1000 W starken „Osram-Nitra-Metallfadenlampe", deren entwärmte Strahlen durch ein schwaches Gelbfilter gingen und nur noch Wellenlängen über 4500 Å enthielten. Selbst nach 14 tägigem Bestrahlen in 26 cm Abstand vom Glühfaden bei 23° war das Sojaöl noch völlig unketonig. Hartes und weiches Röntgenlicht oder elektromagnetische Kurzwellen von 10 m Länge ließen Sojaöl unter den gewählten Bedingungen nicht ketonig werden.

Die Anwesenheit von gebundenem Stickstoff und Wasser ist für diese Art des Ketonigwerdens nicht notwendig, auch die des Luftsauerstoffes nicht, doch fördert dieser die Reaktion[2].

Der Weg des Ketonigwerdens ohne Kleinlebewesen ist sicher anders als der für das Ketonigwerden durch Kleinlebewesen. Denn schon Propionsäure wird durch Licht ketonig, obwohl sie nur 3 Kohlenstoff-Atome enthält. Der Abbau von Fettsäure zu Keton durch Kleinlebewesen setzt aber mindestens 4 Kohlenstoff-Atome voraus:

$$CH_3 \cdot CH_2 \cdot CH_2 \cdot COOH \rightarrow CH_3 \cdot CO \cdot CH_2 \cdot |\overset{\nearrow}{C}OO|H \rightarrow CH_3 \cdot CO \cdot CH_3$$

Alle gesättigten und ungesättigten Fettsäuren (außer Ameisensäure und Essigsäure) werden durch Belichten ketonig, ebenso ihre Ester, ihre „Seifen"[3] und Glycerin. Sämtliche Bausteine der Fette können also unter dem Einfluß des Lichtes ketonig werden. Gleichzeitig entstehen, zum mindesten aus den höheren Fettsäuren und aus Glycerin, niedere flüchtige Säuren. Aus Methyl- und Äthylalkohol bildet sich kein Keton, wohl aber aus Bienenwachs, Cholesterin und Paraffinöl.

---

[1] H. SCHMALFUSS, H. WERNER u. A. GEHRKE: Margarine-Ind. **25**, 215, 242, 265 (1933); Fette u. Seifen **43**, 211, 243 (1936).

[2] H. SCHMALFUSS u. H. WERNER: Ber. dtsch. chem. Ges. **58**, 71 (1925); H. SCHMALFUSS, H. WERNER u. A. GEHRKE: Margarine-Ind. **26**, 3 (1933).

[3] H. SCHMALFUSS, H. WERNER u. A. GEHRKE: Fettchem. Umschau **40**, 102 (1933).

Entsprechende, keimfrei durchgeführte Versuche ergaben weiter, daß auch *Wärme* Fette, Fettsäuren, ihre Alkylester und Glycerin zunehmend ketonig werden läßt.

So wurde keimfreies Cocosfett in Gegenwart von Wasser in $2^{1}/_{2}$ Monaten bei 14° noch nicht ketonig, wohl aber bei 36°. Laurinsäure wurde im Dunkeln bei 110° bereits in 2 Std. ketonig. Erhitzte man längere Zeit, etwa 1 Woche lang, so nahm die Ketonigkeit immer mehr zu. Für das Ketonigwerden durch Wärme sind ebenfalls Wasser und gebundener Stickstoff unnötig[1].

5. Aldehydig werden Fette durch Kleinlebewesen, Licht oder Wärme[2]. Als Aldehyde sind festgestellt oder wahrscheinlich[3]: Formaldehyd, Caprylaldehyd, Heptylaldehyd, Nonylaldehyd, Azelainaldehyd, Acrolein und Epihydrinaldehyd, letzterer hauptsächlich in gebundener Form[4]. Demnach unterscheiden wir „*Frei-Aldehydigkeit*" und „*Epihydrin-Aldehydigkeit*". Der *Nachweis der Frei-Aldehydigkeit*[5] läßt alle freien Aldehyde, auch Epihydrinaldehyd, soweit genug frei von ihm vorliegt oder freigesetzt wird, erkennen. Der *Nachweis der Epihydrin-Aldehydigkeit*[6] erfaßt nur den Epihydrinaldehyd, einerlei, ob er acetalartig gebunden oder frei ist. Die Einteilung der Aldehydigkeit ist auf die Nachweis-Verfahren für beide Gruppen begründet. Ungesättigte Fettsäuren werden unter Aufnahme von Sauerstoff über Peroxyde hinweg vermutlich an der Doppelbindung zu Aldehyden aufgespalten. Um diesen Spaltvorgang an der Doppelbindung auszudrücken und von der Frei-Aldehydigkeit zu unterscheiden, wurde diese Form der Ranzigkeit auch als „Ölsäure-Ranzigkeit" bezeichnet. Aber auch gesättigte Fettbausteine können sowohl durch Wärme als auch durch Licht aldehydig werden[7].

Durch kurzwelliges Licht entsteht aus dem (gesättigten) Laurinsäure-methylester zunächst Freialdehyd und später auch Epihydrinaldehyd hauptsächlich in gebundener Form[8]. Glycerin liefert so zwar Freialdehyd, aber keinen Epihydrinaldehyd[9]. Langwelliges Licht zwischen 4500 bis 6500 Å läßt Sojaöl weder freialdehydig noch epihydrinaldehydig werden. Ein schwaches Gelbfilter reicht hier demnach als Schutz gegen das Aldehydigwerden völlig aus.

Ähnlich wirkt *Wärme*; nur bildet sie aus gesättigten Fettbausteinen, z. B. reinster Laurinsäure, Laurinsäure-methylester, Caprylsäure-methylester oder Glycerin keinen Epihydrinaldehyd, wohl aber Freialdehyd. Epihydrin-Aldehydigkeit und Frei-Aldehydigkeit treten um so geschwinder ein und erreichen um so schneller ihren Höhepunkt, je höher der Wärmegrad ist. Versuche mit Laurinsäure-methylester ergaben, daß für das Aldehydigwerden durch Wärme gasförmiger Sauerstoff vorhanden sein muß.

---

[1] H. Schmalfuss, H. Werner u. A. Gehrke: Margarine-Ind. **26**, 87 (1933).

[2] A. Tschirch u. A. Barben: Schweiz. Apotheker-Ztg. **62**, 281 (1924); K. Täufel: Allg. Öl- u. Fett-Ztg. **27**, 41 (1930); H. Schmalfuss, H. Werner u. A. Gehrke: Fette u. Seifen **43**, 243 (1936).

[3] A. Scala: Gazz. chim. ital. **38**, 307 (1908); W. Powick: J. agric. Res. **26**, 323 (1923); K. Täufel: Angew. Chem. **43**, 146 (1930).

[4] W. Powick: J. Soc. chem. Ind. **43**, 302 (1924); E. Mundinger: Milchwirtschaftl. Forschg. **7**, 330 (1929); K. Täufel: Chem. Umschau Gebiete Fette, Öle, Wachse, Harze **38**, 180 (1931).

[5] W. Mangold: Vorratspflege u. Lebensmittelforsch. **4**, 297 (1941); **5**, 292 (1942).

[6] K. Täufel: Chem. Umschau Gebiete Fette, Öle, Wachse, Harze **38**, 180 (1931); K. Täufel u. F. K. Russow: Z. Unters. Lebensmittel **65**, 540 (1933); H. Gran: Diplom-Arbeit TH Dresden 1944.

[7] H. Schmalfuss, H. Werner u. A. Gehrke: Margarine-Ind. **26**, 87 (1933); A. K. Plissow u. G. W. Kassparow: J. Chim. appl. **12**, 1880 (1939).

[8] H. Schmalfuss, H. Werner u. A. Gehrke: Margarine-Ind. **28**, 43 (1935); **29**, 4 (1936); Fette u. Seifen **43**, 211, 243 (1936).

[9] H. Schmalfuss, H. Werner u. A. Gehrke: Margarine-Ind. **27**, 79 (1934); H. Schmalfuss u. Mitarbeiter: Zit. S. 1289, Fußnote 2.

Die Verderbensaldehyde sind sehr empfindlich, und zwar verhalten sich hier Freialdehyd und Epihydrinaldehyd deutlich verschieden.

Die Frei-Aldehydigkeit nimmt *durch Wärme* mit der Zeit anfangs stark zu, dann allmählich ab. Besonders ausgesprochen ist diese Erscheinung bei Cocosfett, Palmkernfett, Glycerin und Paraffinöl; weniger, wenn auch noch stark ausgeprägt, bei Sojaöl und Erdnußöl; noch weniger ausgeprägt bei Laurinsäure, Laurinsäure-methylester und Caprylsäure-methylester. Bei den Fetten, beim Glycerin und auch beim Paraffinöl verschwindet die Frei-Aldehydigkeit im Verlauf von etwa 1 Tag wieder völlig. Zum Frei-Aldehydigwerden neigen am stärksten Cocos- und Palmkernfett; wesentlich weniger, wenn auch noch stark, die übrigen Fette. Der allgemeinen Ansicht entgegengesetzt ist das Ergebnis, daß hier die *gesättigteren* Fette, Cocos- und Palmkernfett, *mehrere hundertmal stärker* freialdehydig werden als die ungesättigteren: Soja- und Erdnußöl. Auffällig ist, daß der Abfall der Frei-Aldehydigkeit mehrere hundertmal langsamer verläuft als der Anstieg. Das kann am langsameren Zerfall liegen oder daran, daß während der Zerstörung noch lange Aldehyd nachgeliefert wird.

Auch die *Epihydrin-Aldehydigkeit* zeigt einen ausgesprochenen Anstieg und Abfall. Epihydrinaldehydig werden durch Wärme nur die teilweise ungesättigten Fette: Cocosfett, Palmkernfett, Sojaöl und Erdnußöl, und zwar etwa gleich stark, dagegen nicht gesättigte Fettbausteine. Epihydrinaldehyd entsteht bei Licht meist nur in geringen Mengen und unter sehr milden Oxydationsbedingungen[1]. *Das Epihydrin-Aldehydigwerden durch Wärme ist also an das Vorhandensein ungesättigter Verbindungen geknüpft, im Gegensatz zum Epihydrin-Aldehydigwerden durch Licht und im Gegensatz zum Frei-Aldehydigwerden durch Wärme. Epihydrinaldehyd kann sich auch im Dunkeln bei Zimmerwärme bilden.*

Kurz zusammengefaßt ergibt sich also für die Entstehung

a) *der Frei-Aldehydigkeit:* Freialdehydig werden Fette durch Kleinlebewesen, Licht oder Wärme. Licht macht auch Laurinsäure-methylester und Glycerin freialdehydig. Wärme macht außer Fett auch Fettsäuren, Fettsäureester, Glycerin und Paraffinöl freialdehydig; Wärme erfordert hierbei zumindest für gesättigte Fettanteile freien Sauerstoff. Besonders Cocos- und Palmkernfett neigen zum Frei-Aldehydigwerden durch Wärme.

b) *der Epihydrin-Aldehydigkeit:* Epihydrinaldehydig werden Fette durch Licht oder Wärme bei Gegenwart von Luftsauerstoff. Auch aus gesättigten Fettsäuren oder Fettsäureestern kann durch Licht Epihydrinaldehyd entstehen, jedoch nicht aus Glycerin. Dagegen bildet Wärme keinen Epihydrinaldehyd aus gesättigten Fettsäuren oder ihren Methylestern, aus Paraffin oder aus Glycerin. Damit Wärme Epihydrinaldehyd bildet, sind ungesättigte Verbindungen Voraussetzung. Durch Licht entsteht Epihydrinaldehyd meist später als andere Aldehyde (Freialdehyde). Der Epihydrinaldehyd liegt in gebundener Form neben Spuren freien Epihydrinaldehyds vor, die vermutlich durch Freialdehyd oder durch freie Fettsäure des Fettverderbens freigesetzt worden sind.

Durch Reihenversuche kann die Fettwirtschaft wertvolle Einblicke gewinnen, unter welchen Bedingungen sie die größten und unter welchen sie die geringsten Mengen an bestimmten Zersetzungsstoffen zu erwarten hat. Man kann die pflanzlichen und tierischen Öle und Fette nach dem Grade ihrer Empfindlichkeit gegenüber Licht oder Wärme ordnen. Nur die haltbarsten, wie Kakao-

---

[1] K. Täufel u. G. Meyer: Ernähr. u. Verpfleg. **1**, 124 (1949).

butter, wird man lagern können, ohne daß sie verderben. Die zweckmäßigsten Lagerbedingungen für Milch, Butter und Margarine lassen sich festlegen. Der Wissenschaftler kann ferner die geeignetsten Bedingungen auswählen, um die Verderbensstoffe in möglichst großer Menge und Reinheit zu gewinnen und durch geeignete Untersuchungsverfahren (s S. 1292ff.) zu erkennen und zu bestimmen.

Die übrigen Verderbensarten, wie Seifig-[1], Ölig-[2], Fischig[3]-, Tranigwerden[4], sind bisher so ungenügend untersucht worden, daß man sie noch nicht nach den entstehenden Stoffen benennen kann. Auf das Schrifttum sei verwiesen[5].

Bei den Verderbensarten wurde schon der fördernde Einfluß einzelner Bedingungen erwähnt. Ihnen steht der hemmende Einfluß anderer Bedingungen gegenüber. Bei der großen Bedeutung solcher Beeinflussung müssen wir uns näher mit ihr befassen.

b) Katalysatoren

Die Vorgänge des Verderbens können in mannigfaltiger Weise beeinflußt werden. Wollen wir hier Klarheit gewinnen, so dürfen wir nicht von den Stoffen (mit mehrfacher Leistung), sondern müssen von den reinen Wirkungen ausgehen. Nur dann können wir die Begriffe klar trennen.

In der Wirtschaft und im Schrifttum hat die energetische Seite der Beeinflusser nicht entfernt die Bedeutung erlangt wie die stoffliche Seite. Hier hat BERZELIUS die allgemeine Lehre von den Katalysatoren begründet[6]. Katalysatoren können das Verderben fördern oder hemmen[7]: *Fördern,* indem sie einen Vorgang anbahnen oder beschleunigen und so die Geschwindigkeit erhöhen oder indem sie dem Vorgang die zielgerechte Richtung durch Lenken geben; *hemmen,* indem sie den Vorgang anhalten oder ihn nur um einen bestimmten Betrag bremsen und so die Geschwindigkeit erniedrigen oder indem sie den Vorgang von der zielgerechten Richtung ablenken.

Das Begriffspaar „Anbahnen und Beschleunigen" ist in sich nur dem Grade nach verschieden, ebenso das Paar „Anhalten und Bremsen". Beide Paare betreffen die Geschwindigkeit und unterscheiden sich nur durch das Vorzeichen. „Lenken" dagegen betrifft die Richtung, ebenso das „Ablenken". All die verschiedenen Tätigkeiten können verschiedene Seiten desselben Katalysators sein.

Sofern sich Katalysatoren nur als solche betätigen, werden sie — strenggenommen — nicht verbraucht. In den Arbeitsumsatz greifen sie nicht ein. Vielmehr vollzieht sich ihre Tätigkeit im Rahmen des möglichen Arbeitsabfalles. Bei Gleichgewichtsumsetzungen pflegen sie die gegeneinanderlaufenden Vorgänge beide zu fördern oder beide zu hemmen, ohne das Gleichgewicht zu verschieben. Doch handelt es sich bei den Vorgängen des Verderbens höchstens ausnahmsweise um echte Gleichgewichtsumsetzungen.

Vielfach besteht noch die irrige Ansicht, die Katalysatoren müßten gelöst sein, um wirken zu können. Wir kennen Katalysatoren für das Fettverderben, die gelöst, und solche, die ungelöst wirken, z. B. gewisse Phosphatide, die im Fett gelöst oder fettunlöslich an Eiweiß gebunden wirken. Grundsätzlich besteht zwischen beiden Wirkungen kein Unterschied, mögen sich auch die beiden Wirkungen nach Art und Maß unterscheiden. Bei dem gewählten Beispiel läge es sogar in unserer Hand, bei Bedarf, etwa durch Zusatz von Äthanol, die Lecithin-Eiweiß-Bindung zu lösen.

---

[1] K. RICHTER u. V. LILIENFELD: Margarine-Ind. **24**, 277 (1931).

[2] R. KELLERMANN: Molkerei-Ztg. **56**, 354 (1942).

[3] L. ERLANDSEN: Fette u. Seifen **44**, 462 (1937); E. GASSER: Margarine-Ind. **35**, 143 (1942); W. MOHR, A. ARBES, M. KELTING, H. BALLHÖFER u. H. FRANKE: Molkerei-Ztg. **56**, 369 (1942).

[4] E. VOLLBRECHT: Molkerei-Ztg. **56**, 65 (1942).

[5] E. GLIMM u. H. NOWACK: Vorratspflege u. Lebensmittelforsch. **2**, 323 (1939).

[6] H. SCHMALFUSS: Stoff und Leben. Leipzig 1937; A. MITTASCH: Über katalytische Verursachung im biologischen Geschehen. Berlin: Springer 1935.

[7] K. WEBER: Inhibitorwirkungen. Stuttgart: Enke 1938.

Manche scheinbaren Widersprüche im Schrifttum über das Fettverderben klären sich, wenn man sich diese grundsätzlichen Verhältnisse vor Augen hält. Andererseits wird man auch bestimmte Aussagen im Schrifttum als sehr beschränkt gültig erkennen, weil die *Bedingungen,* unter denen die Stoffe wirken, oft einen mindestens ebenso großen Einfluß ausüben wie die *Stoffarten.*

Das Teilgebiet der *Autoxydation* und der *Oxydationskatalysatoren,* der Pro- und Antioxydantien, ist besonders ausführlich bearbeitet worden. Die wissenschaftlichen Grundlagen sind im allgemeinen Teil dieses Buches gebracht worden (S. 212ff.), so daß sich ein weiteres Eingehen darauf an dieser Stelle erübrigt.

Unser gesamtes Wissen über das Fettverderben können wir kurz zu folgender Regel zusammenfassen: Wollen wir Fettvorräte vor dem Verderben schützen, so müssen wir Licht, Wärme, Sauerstoff, Wasser, Förderer und Kleinlebewesen nebst nicht fettartigen Nährstoffen fernhalten und gegebenenfalls Inhibitoren anwenden. Der Einfluß der Wirkbedingungen muß noch viel gründlicher untersucht werden.

c) Bestimmung der Verdorbenheitszahlen

Angedorbene Fette enthalten meist nur sehr wenig *Verdorbenheitsstoffe.* Deshalb müssen die Prüfverfahren dafür schon Mengen erfassen, die zwischen 10^{-4} und 10^{-7} g liegen. Demnach sind die Prüfverfahren zum Teil Feinverfahren und erfordern die hierbei übliche Vorsicht: Die Hände des Untersuchers und die Luft müssen rein gehalten werden. Besonders darf im Untersuchungsraum *weder geraucht noch Kaffee gekocht* werden, da Tabakrauch und Röstdunst Fettverdorbenheitsstoffe vortäuschen können. Auch müssen Abgase von Schornsteinen und Kraftmaschinen ferngehalten werden. Schließlich sind die Untersuchungsvorschriften in allen Einzelheiten peinlich genau zu befolgen; denn nur dann sind die Ergebnisse zuverlässig.

Ob und wie stark die eine Art von Verdorbenheitsstoffen die Bestimmung der anderen beeinträchtigt, ist nur zum Teil erforscht. (Zum Beispiel rötet reine Ameisensäure fuchsinschweflige Säure augenblicklich stark. Ameisensäure ist zugleich Aldehyd und Säure. Sie wird daher in verdorbenen Fetten sowohl als Aldehyd als auch als Säure gefunden und bestimmt.)

Wir können den Nachteilen solcher Unsicherheiten vorerst nur durch den Notbehelf entgehen, daß wir festsetzen: „Als Freialdehyd soll gelten, was fuchsinschweflige Säure rötet" usw. Diese vorläufigen Festsetzungen tragen die Aufforderung in sich, die Verfahren so auszubauen, daß jedes nur die zugehörigen Stoffe und diese richtig mißt. Wir wissen nämlich auch darüber wenig, ob die Bestimmung der Verdorbenheitsstoffe *einer* Gruppe von denen einer *anderen* Gruppe beeinflußt wird. Schließlich müßten auch innerhalb der Verdorbenheitsgruppen die einzelnen vorkommenden Stoffe getrennt bestimmt werden können, da sie sehr verschieden stark zum Verdorbenheitsgeschmack beitragen und auch bei Farbmessungen stören können. Das ist bisher nur beim Epihydrinaldehyd auf einfache Weise möglich. Hier muß also noch viel Arbeit geleistet werden. Erst danach wird es möglich sein, *Grenzgehalte* festzusetzen, *von denen an* Fette als *verdorben* zu gelten haben. Verschiedene Verwendungszwecke erfordern übrigens verschiedene Grenzgehalte. Immerhin gestatten die heutigen Verfahren unter den gemachten Vorbehalten schon wichtige Einblicke und erfolgreiche Maßnahmen.

α) Aufbewahrung und Vorbehandlung der Fette

Fette verderben durch Licht, Wärme, Sauerstoff, Wasser und Prooxydantien, besonders auch durch Kleinlebewesen. Dies kann sehr schnell gehen, zumal Fette, auch im festen Zustand, viel gelösten Sauerstoff enthalten. Deshalb soll man die Proben so bald wie möglich untersuchen und sie bis zur Untersuchung dunkel und kühl aufbewahren. Für die weitere Behandlung der Proben gilt das auf S. 423 Beschriebene.

β) Bezeichnungen

Um eine einheitliche Bezeichnung und ein einheitliches Maß geeigneter Größenordnung für die Verdorbenheitszahlen einzuführen, wurde als Maßeinheit 1 γ ($= 10^{-6}$ g) *umsatzbereiten Stoffes oder Stoffteiles je* g *Fett oder dergleichen gewählt.* Solche Verdorbenheitszahlen, um Verwechslungen mit anderen Bezeichnungen auszuschließen, sollen Verdorbenheits-γ-zahlen genannt werden. Demnach mißt die Peroxyd-γ-zahl: die γ des Jod freisetzenden Sauerstoffes; die H'-γ-Zahl: die titrierbaren γ H'; die Keton-γ-zahl: die γ Keton, berechnet als Methyl-n-nonyl-keton; die Freialdehyd-γ-zahl: die γ Freialdehyd, berechnet als Heptylaldehyd; die Epihydrinaldehyd-γ-zahl: die γ Epihydrinaldehyd.

γ) Die einzelnen Verdorbenheitszahlen

1. Peroxydigkeit

Begriffsbestimmung. Peroxydig sind Fette oder Fettprodukte, die Peroxyde (Stoffe mit —O—O—-Gruppe) enthalten und deshalb Jod aus Kaliumjodid frei machen.

Merkschwelle für den Duftgeschmack. Die Peroxydzahl 4,7 (= Peroxyd-γ-zahl 75,2) macht bei vielen Fetten schon altschmeckend.

Bestimmung der Peroxydzahl. Die Peroxyde sind, wie zuerst von A. HEFTER vorgeschlagen wurde, nachweisbar und bestimmbar durch das Jod, das sie in saurer Lösung aus Kaliumjodid freisetzen:

$$-O-O- + 2\,HJ \rightarrow -O- + J_2 + H_2O$$

Man mißt die Jodmenge mit Natriumthiosulfat-Lösung (früher nahm man 0,002 n). Die veraltete LEA-Zahl ist die verbrauchte Anzahl ml 0,002 n Thiosulfat je g Einwaage. 1 Mol. Thiosulfat entspricht 1 g-Atom Jod oder $^1/_2$ g-Atom Sauerstoff. 1 ml 0,002 n *Thiosulfat entspricht* also 1 Millionstel g-Atom Sauerstoff $= 0,016$ mg $= 16\,γ$ wirksamen Sauerstoffes. *Die Peroxydzahl* ist also 16 mal so groß wie die LEA-Zahl.

Die Peroxydzahl wird heute einheitlich definiert als Milli-Äquivalente Sauerstoff pro kg Untersuchungsmaterial. Für die Bestimmung der Peroxydzahl ist neben der auf die Beobachtungen von A. HEFTER gegründete jodometrische Bestimmung von C. H. LEA[1] noch eine große Anzahl von Ausführungsformen beschrieben worden[2]. Die experimentelle Durchführung unterscheidet sich in

---

[1] C. H. LEA: Proc. Roy. Soc. (London) B **108**, 175 (1931); Rancidity in Edible Fats. New York: Chemical Bull. Co. 1939; J. Soc. chem. Ind., Trans. and Commun. **65**, 286 (1946).

[2] W. FRANKE u. D. JERCHEL: Liebigs Ann. Chem. **533**, 46 (1938); W. FRANKE u. J. MÖNCH: Liebigs Ann. Chem. **556**, 200 (1944); D. H. WHEELER: Oil and Soap **9**, 89 (1932); R. F. PASCHKE u. D. H. WHEELER: Oil and Soap **21**, 52 (1944); H. HADORN, K. W. BIEFER u. H. SUTER: Z. Lebensmittel-Unters. u. -Forsch. **104**, 316 (1956); B. D. SULLY: Analyst **79**, 86 (1954); A. SEHER: Fette · Seifen · Anstrichmittel **59**, 535 (1957); H. SCHMIDT: Fette · Seifen · Anstrichmittel **59**, 837 (1957).

der Methode der Fernhaltung des störenden Luftsauerstoffs, der Umsetzungszeit und -temperatur. S. GOLDSCHMIDT und K. FREUDENBERG[1] benutzten an Stelle der sonst gebräuchlichen essigsauren Kaliumjodid-Lösung Jodwasserstoffsäure zur Reduktion der Peroxyde. Alle diese Methoden reagieren quantitativ, wenn sie auf definierte Peroxyde, wie Benzoylperoxyd oder Bis-oxy-heptyl-peroxyd angewandt werden. Bei der Untersuchung von oxydierten Fetten ergeben sich jedoch aus den verschiedenen Methoden keine übereinstimmenden Resultate. Diese Beobachtung beruht auf der Umsetzung des aus Peroxyd und Jodid-Ionen gebildeten Jods mit den reaktionsfähigen Bestandteilen der Probe[2]. So sinkt z. B. bei der Umsetzung von 1-Oxy-1'-hydroperoxy-dicyclohexylperoxyd (Cyclo-hexanon-hydroperoxyd) nach der DGF-Einheitsmethode C-IV 6a (57) (Ausführungsform nach B. D. SULLY) die Peroxydzahl von 14500 nach 3 Min. auf 13500 nach 30 Min. Reaktionszeit, während sie in der Kälte unter sonst gleichen Bedingungen nach 30 Min. 14900 beträgt. Der Mechanismus dieser Sekundär-Reaktionen, die auch von höher ungesättigten Fettsäuren, z. B. Leinöl-Fettsäuren, und besonders deren Autoxydationsprodukten gegeben wird, ist bisher nur wenig bekannt. Bei den auf S. 1296 beschriebenen photometrischen Methoden sind diese Nebenreaktionen ausgeschaltet, weshalb mit diesen Verfahren häufig höhere Werte gefunden werden, die mit denen durch die jodometrische Methode erhaltenen nicht verglichen werden können.

Wegen dieser Unsicherheit, die der jodometrischen Methode in der Praxis anhaftet, sind die Untersuchungsbedingungen jeweils genau festgelegt worden. Bei exakter Einhaltung der Reaktionsbedingungen werden gut vergleichbare Resultate erhalten, die jedoch in ihrer Höhe nicht den Charakter von Absolut-Werten besitzen. Trotzdem ist die Bestimmung der Peroxydzahl ein wertvolles Kriterium zur Beurteilung des Verdorbenheitsgrades eines Fettes.

DGF-Einheitsmethode[3]. Es sind folgende Vorschriften aufgenommen worden:

Erläuterung: Während frisch hergestellte und unter Beachtung gewisser Schutzmaß-nahmen gelagerte Fette in der Regel frei von Peroxyden sind, zeigen autoxydierte Proben mehr oder minder große Anteile an peroxydisch gebundenem Sauerstoff. Dieser liegt teilweise in Form von Hydroperoxyden, teilweise in anderen, nicht ganz genau bekannten Bindungsarten vor.

Begriff: Die Peroxydzahl (Peroxyd-Z) gibt die in 1 kg Fett enthaltenen Milliäqui-valente Sauerstoff an, welche unter den Bedingungen der nachstehenden Verfahren erfaß-bar sind.

Zweck: Die Peroxydzahl ist ein Maß für den Gehalt an peroxydisch gebundenem Sauer-stoff bzw. an Peroxyd-Verbindungen und läßt den Umfang einer stattgefundenen Autoxyda-tion erkennen.

Verfahren: Methode nach C. H. LEA. 1 g Fett wird auf $\pm 0,01$ g genau in einem Reagensglas von 17 mm lichter Weite eingewogen und mit 1 g gepulvertem Kaliumjodid versetzt. Dazu gibt man 20 ml eines Gemisches von Eisessig und Chloroform (1 : 1), verschließt mit einem doppelt durchbohrten und mit einem Einleitungsröhrchen versehenen Gummistopfen und verdrängt die Luft durch Einleiten von Kohlendioxyd oder Stickstoff (1 Min.). Man erhitzt über kleiner Flamme bis zum leichten Sieden, wobei man die Bohrungen des Stopfens, nachdem das Einleitungsrohr entfernt ist, mit dem Finger verschließt. Nach beginnendem Sieden taucht man das Reagensglas sofort in ein kochendes Wasserbad und erhitzt weiter, bis Chloroform-Dämpfe aus der Öffnung des Reagensglases entweichen und die sie-dende Flüssigkeit hochsteigt. Nun verschließt man die Bohrungen des Stopfens mit passen-den Glasstäben, schüttelt kräftig und kühlt unter der Wasserleitung ab. Darauf gießt man das Reaktionsgemisch sofort in 150 ml 1%ige Kaliumjodid-Lösung, spült Reagensglas und

---

[1] S. GOLDSCHMIDT u. K. FREUDENBERG: Ber. dtsch. chem. Ges. **67**, 1589 (1934).

[2] A. SEHER: Fette · Seifen · Anstrichmittel **60**, im Druck (1958).

[3] C–VI 6a (57).

Stopfen zweimal mit einer kleinen Menge der gleichen Lösung nach und titriert das ausgeschiedene Jod mit 0,002 n Natriumthiosulfat-Lösung unter Verwendung von Stärkelösung als Indicator. In gleicher Weise wird ein Blindversuch angesetzt und gegebenenfalls der dabei eintretende Verbrauch an Thiosulfat-Lösung in Rechnung gestellt.

Methode nach D. H. WHEELER. 5 g Fett werden in einer mit einem Glasstopfen verschließbaren Flasche von 250 ml Inhalt auf $\pm$ 50 mg genau eingewogen und in 30 ml eines Gemisches von Eisessig und Chloroform (3 : 2) gelöst. Darauf fügt man 0,5 ml einer gesättigten Kaliumjodid-Lösung hinzu, verschließt und schüttelt sofort von Hand oder auf der Schüttelmaschine. Genau 1 Min. nach Einbringen des Kaliumjodids werden 30 ml dest. Wasser hinzugegeben, worauf man das ausgeschiedene Jod mit 0,1 oder 0,01 n Natriumthiosulfat-Lösung unter Verwendung von Stärkelösung als Indicator unter kräftigem Schütteln titriert. In gleicher Weise wird ein Blindversuch ausgeführt, dessen Verbrauch entsprechend zu berücksichtigen ist.

Methode nach B. D. SULLY. Apparatur: In Abb. 425 ist die zur Bestimmung der Peroxydzahl erforderliche Apparatur dargestellt. Sie besteht aus einem 100 ml Rundkolben, der durch einen Normalschliff (NS 29) mit einem etwa 25 cm langen Glasrohr von etwa 22 mm lichter Weite verbunden ist. Das Rohr wird oben durch einen Einhängekühler verschlossen. Der Rundkolben sitzt auf einer durchlochten Asbestplatte auf und wird mit kleiner Flamme (Sparflamme oder Flamme eines Mikrobrenners), die den Kolben nicht berühren soll, erhitzt.

Ausführung: In den sorgfältig entfetteten und getrockneten Kolben werden 10 ml Essigsäure und 10 ml Chloroform gegeben und das Glasrohr mit Kühler aufgesetzt. Um die Lösungsmittel-Mischung zu entlüften, läßt man sie mit kleiner Flamme etwa 2 Min. sieden. Darauf wird unter kurzfristigem Herausheben des Kühlers eine frisch bereitete Lösung von 1 g Kaliumjodid in 1,3 ml Wasser durch das Rohr so langsam gegeben, daß das Sieden nicht unterbrochen wird. Färbt sich der Inhalt des Kolbens vor der Fettzugabe gelb, so ist der Ansatz zu verwerfen. Nach weiteren 2 Min. wird 1 g Fett auf $+ 0,005$ g genau eingewogen, im Mikrobechergläschen mit Hilfe eines dünnen Glasstabes, dessen Ende man zu einem senkrecht abgewinkelten Ring umgeschmolzen hat, so langsam durch das Rohr in den Kolben eingeführt, daß das Sieden nicht unterbrochen wird. Danach wird noch 3 bis 4 Min. im Sieden gehalten. Sofort nach Abstellen der Heizung und Herausnehmen des Kühlers werden auf einmal 50 ml Wasser durch das Rohr zugegeben und der vom Rohr getrennte Kolben unter der Wasserleitung unter sanftem Umschwenken auf Zimmertemperatur abgekühlt. Nach Zugabe von 1 ml Stärkelösung wird mit 0,1 n oder 0,01 n Natriumthiosulfat-Lösung titriert, bis die wäßrige Schicht farblos ist. Während und besonders gegen Ende der Titration wird der Kolbeninhalt mehrmals umgeschwenkt, damit das in der unteren Schicht gelöste Jod von der wäßrigen Natriumthiosulfat-Lösung vollständig reduziert werden kann.

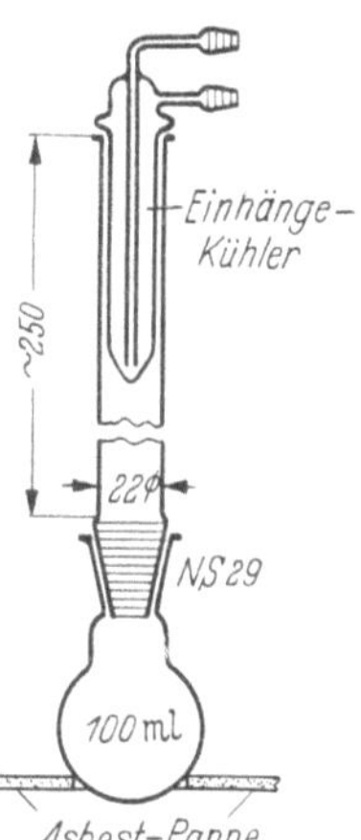

Abb. 425. Apparatur zur Bestimmung der Peroxydzahl nach SULLY

Berechnung: Unter Berücksichtigung des Verbrauches an Thiosulfat-Lösung, deren Normalität sowie der Einwaage errechnet sich die Peroxydzahl.

$$\text{Peroxyd-Z} = \frac{a \cdot n \cdot 1000}{E}$$

a = verbrauchte ml Thiosulfat-Lösung,
n = Normalität der Thiosulfat-Lösung,
E = Einwaage in g.

Anmerkung: Alle Arbeiten sind im diffusen Tageslicht oder bei künstlichem Licht auszuführen. Direkte Sonnenbestrahlung ist zu vermeiden. Alle Glasgefäße sollen frei von oxydierenden und reduzierenden Substanzen sein. Die Peroxydzahl ist zahlenmäßig doppelt so hoch wie die Anzahl der von 1 g Fett verbrauchten ml 0,002 n Thiosulfat-Lösung.

Die benützte Methode ist im Untersuchungsbericht anzugeben. Eine vergleichende Beurteilung von Peroxydzahlen ist nur auf der Grundlage der gleichen Bestimmungsmethode zulässig.

Spektrophotometrische Bestimmung. Eine neue empfindliche Methode zur Bestimmung der Peroxyde von Fetten und Fettsäuren bedient sich des 3,5-*Dichlor-4,4'-dioxy-diphenylamins*, das durch organische Peroxyde quantitativ zu 2,6-Dichlorphenol-indophenol oxydiert wird[1]. Nach dieser Methode werden besonders bei stark ungesättigten Verbindungen höhere Werte als nach der jodometrischen Methode erhalten.

Herstellung von 3,5-Dichlor-4,4'-dioxy-diphenylamin: 2 g 2,6-Dichlorphenol-indophenol (etwa 65%ig) und 1 g Ascorbinsäure werden in 100 ml 50%igem Alkohol gelöst und nach 10 Min. 100 ml einer gesättigten NaCl-Lösung, die 20 ml Eisessig enthält, zugegeben. Nach 2 stdg. Stehen bei 5° wird durch ein Glasfilter abgesaugt und durch wiederholtes Lösen in 25 ml absol. Alkohol und Ausfällen mit Wasser weiter gereinigt. Man erhält bläulichweiße, metallische Nadeln, die keine Spuren von Ascorbinsäure oder NaCl enthalten dürfen. Vom 3,5-Dichlor-4,4'-dioxy-diphenylamin wird eine 1%ige Lösung in Äthanol oder Butanol hergestellt, die nur einen geringen Blindwert geben darf.

Bestimmung: Zu 5 ml einer entsprechenden Lösung des Öles in Xylol, das 5% Eisessig enthält, gibt man 0,2 ml der Reagens-Lösung, erhitzt 5 Min. auf dem Wasserbad und mißt nach dem Abkühlen die Extinktion in einem Spektralphotometer bei 520 mμ. Der Blindwert der Lösung muß berücksichtigt werden. Eine Eichkurve wird mit 2,6-Dichlorphenol-indophenol-Lösungen bekannter Konzentrationen, welche jodometrisch bestimmt werden, aufgestellt. Einem Gehalt von 0,001 mg-Äquivalent Peroxyd in 5 ml entspricht bei 1 cm Schichtdicke einer Extinktion von 1,17.

Nach R. STROHECKER, R. VAUBEL und A. TENNER[2] kann der Peroxyd-Sauerstoff in Fetten stufenphotometrisch an Hand der Gelbfärbung mit Titanylsulfat bestimmt werden.

In ein Zentrifugenglas von 50 bis 60 ml Fassungsvermögen werden 30 g Öl eingewogen und 15 ml Titan-Reagens (1 g Titansulfat in 100 g 20%iger Schwefelsäure gelöst und mit dest. Wasser auf 1000 ml verdünnt) zugegeben. Nach Verschließen mit Gummistöpsel wird 20 Min. lang kräftig durchgeschüttelt und nach Anwärmen 10 Min. im Wasserbad bei 60° erhitzt, darauf nochmals 5 Min. geschüttelt, bis zur Trennung der Schichten wieder in das Wasserbad gestellt und dann zur völligen Trennung zentrifugiert. Bei Anwesenheit von Peroxyd ist die wäßrige Schicht entsprechend der Menge des Peroxydes mehr oder weniger gelb gefärbt. Der Inhalt des Zentrifugenglases wird nun vorsichtig in einen Scheidetrichter gegeben, aus dem nach dem Absitzen die wäßrige Schicht abgelassen und der Rest durch ein Kieselgur-Filter in eine Küvette filtriert wird. Man mißt stufenphotometrisch gegen Filter S 43 bei Schichtdicke 3 cm und bestimmt den aktiven Sauerstoff nach der Gleichung:

$$O = \frac{K x \cdot 100}{8,046 \cdot 30}$$

$K x$ = gemessene Extinktion für die 3 cm Küvette.

Mikrobestimmung[3]. *Mikrogeräte[4]:* Glas- oder Platinösen, 2 Mikrobüretten nach GORBACH, kleine Spitzbecher, Spritzpipetten oder 2 Stabpipetten 1 ml mit 0,1 ml Teilung, Universalheizstativ mit Spitzbecherblock, Aluminiumlöffelchen 5 mg fassend, Rührstäbchen.

Reagentien: Chloroform-Eisessig (10 : 1); Kaliumjodid p. a.; Kaliumjodid-Lösung 1%ig; 0,002 n Natriumthiosulfat-Lösung; 0,002 n Jodlösung; Stärkelösung 1%ig.

Ausführung der Bestimmung. Je nach Höhe der zu erwartenden Peroxydzahl werden am besten an der Torsionswaage oder mikrochemischen Waage 0,5 bis 4 mg in der Öse eingewogen, diese samt Einwaage in den Spitzbecher gelegt und aus der Spritzpipette mit 0,1 bis 0,2 ml Chloroform-Eisessig versetzt. Nach Auflösung des Öles oder Fettes fügt man

[1] S. HARTMANN u. J. GLAVIND: Acta chem. scand. **3**, 954 (1949).

[2] R. STROHECKER, R. VAUPEL u. A. TENNER: Fette u. Seifen **44**, 246 (1937).

[3] G. GORBACH: Fette u. Seifen **47**, 499 (1940); Mikrochem. verein. Mikrochim. Acta **31**, 302 (1944); H. SCHMALFUSS: Vorratspflege u. Lebensmittelforsch. **1**, 98 (1938); vgl. G. GORBACH u. K. BARLE: Z. Unters. Lebensmittel **73**, 530 (1937).

[4] Zur Beschreibung der Mikrogeräte und Arbeitsmethodik siehe S. 390.

mit dem Löffelchen 5 mg feinst gepulvertes Kaliumjodid hinzu, erhitzt kurz auf dem auf 105° gehaltenen Trockenblock, setzt rasch aus der Mikrobürette 0,2 ml bzw. bei hoher Peroxydzahl 0,4 ml Thiosulfat zu und titriert schließlich unter Zusatz von 0,1 ml 1%iger Kaliumjodid-Lösung und eines Tropfens 1%iger Stärkelösung mit 0,002 n Jodlösung zurück. Durch eine Blindprobe wird der Jodverbrauch der Reagentien ermittelt und wie üblich von jenem der Probe in Abzug gebracht.

Filtrierpapier-Test zum Nachweis peroxydischer Verbindungen nach K. TÄUFEL und R. VOGEL s. S. 1153.

2. Sauerkeit

Begriffsbestimmung. Sauer sind Fette oder Fettprodukte, die freie, titrierbare Säure enthalten.

Merkschwelle für den Duftgeschmack. 1 γ Caprylsäure ($C_7H_{15}COOH$) oder 10 γ Caprinsäure ($C_9H_{19}COOH$) je g Fett werden noch als brennend kratzig empfunden. Hochschmelzende Fettsäuren verändern Geruch und Geschmack der Fette nur unwesentlich.

Bestimmung: s. Säurezahl, S. 527 ff.

Bei dunkel gefärbten Fetten kann die jodometrische Säurezahl nach H. P. KAUFMANN[1] zur Anwendung kommen. Die genaue Arbeitsvorschrift ist auf S. 528 angegeben. Bei dieser Bestimmung verdünnt man so stark, daß der Umschlag von Blau in Farblos selbst bei sehr dunkel gefärbten Fetten auf einen halben Tropfen genau zu erkennen ist. (Es kann auf die übliche SZ berechnet werden; demnach gilt auch hier: Die SZ ist die verbrauchte Anzahl mg KOH je g Einwaage.)

3. Ketonigkeit

Begriffsbestimmung. Ketonig sind Fette oder Fettprodukte, die flüchtiges Keton mit der Gruppe

$$-\underset{\underset{\text{H}}{|}}{\overset{|}{C}}-\underset{}{\overset{\overset{\text{O}}{\|}}{C}}-\underset{\underset{\text{H}}{|}}{\overset{|}{C}}-$$

enthalten, das, mit Eisen(III)-chlorid-Lösung (oder bei Abwesenheit von Acetoin mit Kochsalz-Lösung) überdestilliert, Salicylaldehyd-Salzsäure rötet.

Merkschwelle für den Duftgeschmack. Ein geübter Prüfer erkennt 4 γ Methyl-n-nonyl-keton oder Methyl-n-heptyl-keton sicher, ein ungeübter 60 γ je g Fett.

Bestimmung. *Erläuterung:* Die sich beim Verderben bildenden Methylketone geben mit Salicylaldehyd und starker Salzsäure rote bis bläulichrote Farbstoffe, die chloroformlöslich sind. Wenn auch die Farbstoffe selbst nicht näher bekannt sind, so ist doch der Nachweis für Methylketone in Fett eindeutig. Um die Ketonigkeit zu messen, bestimmt man die kleinste Menge Fett, worin gerade noch Keton nachweisbar ist. Damit man ein einheitliches Maß für die Farbtiefe hat, bezieht man auf Methyl-n-nonyl-keton als wichtigstes Keton, mögen auch andere Ketone daneben oder allein vorliegen. Nicht alle Methylketone in Fett sind Produkte der Verdorbenheit. Diacetyl, ein Butterduft-Anteil[2], und seine Vorstufe, Methyl-acetylcarbinol (= Acetoin), sind Methylketone, aber keine Verdorbenheitsstoffe. Diacetyl gibt nicht den Nachweis; Methyl-acetyl-

---

[1] Siehe hierzu H. P. KAUFMANN u. M. LUND: Fette u. Seifen **47**, 338 (1940).
[2] H. SCHMALFUSS u. H. BARTHMEYER: Hoppe-Seyler's Z. physiol. Chem. **176**, 282 (1928).

carbinol gibt ihn zwar, aber man kann es durch Erhitzen mit Eisen(III)-chlorid vollständig in unschädliches Diacetyl überführen. Dies ist besonders bei Butter und Margarine zu beachten, damit keine Verdorbenheit vorgetäuscht werde[1]. Formaldehyd, Acetaldehyd, Heptylaldehyd färben nicht; Crotonaldehyd färbt bräunlich-gelb ohne eine Spur Rot.

Die Keton-γ-zahl ist die Anzahl γ Keton, berechnet als Methyl-n-nonyl-keton, je g Einwaage.

Die folgende, vielfach erprobte Arbeitsweise ist in die DGF-Einheitsmethoden[2] aufgenommen worden:

Erforderliche Reagentien und Geräte: 50%ige Eisen(III)-chlorid-Lösung in Jodzahlkolben von 300 ml Inhalt, die am Gebrauchstag 2 Min. unter Ersetzung des verdampften Wassers gekocht, darauf abgekühlt und in einem verschlossenen Jodzahlkolben bei −20°, z. B. in Eis-Kochsalz-Mischung, aufbewahrt wird; Salicylaldehyd für den Keton-Nachweis, vor Licht und Luft geschützt aufzubewahren; eisenfreie, rauchende Salzsäure; Methyl-n-nonyl-keton; ketonfreies Chloroform; Kühlrohr, als Winkelrohr von 6 mm lichter Weite ausgebildet, mit einem aufsteigenden Schenkel von 4,5 cm Länge und einem absteigenden Schenkel von 15 cm Länge. Die beiden Schenkel sollen im Winkel von 70° stehen. Das stark abgeschrägte Auslauf-Ende des absteigenden Schenkels ist für den Tropfen-Ablauf etwas nach unten ausgezogen. Durch einen Gummistopfen oder auch mit Hilfe einer Schliffverbindung wird das Winkelrohr so mit dem ERLENMEYER-Kolben verbunden, daß der aufsteigende Schenkel mit der unteren Fläche des Gummistopfens oder des Schliffes abschließt; Reagensgläser von 3 cm Länge, 0,6 cm lichter Weite.

Sämtliche Glasgeräte sind mit frischer Chromschwefelsäure zu reinigen und sodann mindestens 8mal mit dest. Wasser zu spülen. Die Gummistopfen müssen kochfest sein und werden 2mal mit frischem dest. Wasser ausgekocht. Die gereinigten Geräte bewahrt man in einem ketonfreien Glasgefäß auf, das luftdicht verschlossen ist. Sie sind unter diesen Bedingungen mindestens einen Monat brauchbar. Offenstehende Geräte sind schon nach einigen Tagen für die Prüfung nicht mehr geeignet.

Ausführung der Bestimmung: Zunächst werden die Gerätschaften und Reagentien im Blindversuch geprüft, bei dem die Chloroform-Tropfen für mindestens $^1/_2$ Std. völlig farblos bleiben müssen. Sie dienen als Vergleich für die Hauptversuche:

In einen ERLENMEYER-Kolben von 10 ml Inhalt gibt man ein ketonfreies Siedesteinchen, dann 1 ml Eisen(III)-chlorid-Lösung oder, bei Abwesenheit von Acetoin, Kochsalz-Lösung, schließlich etwa 1 g oder weniger der zu untersuchenden Fettprobe, auf $\pm$ 10 mg genau eingewogen. Nach dem Aufsetzen des Kühlrohres erhitzt man auf dem Drahtnetz zum schwachen Sieden und fängt 5 Tropfen des Destillates von je 0,03 ml einzeln in je einem Reagensglas auf. Jedes Reagensglas wird mit 0,01 ml reinem Salicylaldehyd und 0,07 ml Salzsäure beschickt, worauf man es mit Hilfe eines Halters für 3 Min. ins kochende Wasserbad bringt. Gegebenenfalls holt man den entstandenen Farbstoff mit 0,01 ml Chloroform unter Klopfen gegen das untere Röhrchen-Ende nach unten. Ein roter bis rötlicher Chloroform-Tropfen zeigt die Gegenwart von Keton an. Da sich die erzielten Farben mit der Zeit vertiefen, so beurteilt man mit Ablauf der 2. Min. nach dem Chloroform-Zusatz, wobei man das Röhrchen mit dem getrübten Inhalt mehrmals kurz in ein siedendes Wasserbad taucht, bis die Flüssigkeit gerade völlig klar ist. Wenn die Chloroform-Schicht rötlich bis tiefrot ist, so sind mindestens 2 γ Keton (berechnet als Methyl-n-nonyl-keton) vorhanden. Eine gelbliche oder bräunliche Farbe der Schicht gilt als negativer Befund. Hat man bei diesen Versuchen die Nachweisgrenze erreicht, so unterschreitet man sie und führt weitere Versuche mit steigenden Fettmengen aus, um sich zu überzeugen, daß der Grenzversuch mit der gleichen Einwaage wiederholbar ist.

Die richtige Farbe des Grenzversuches lernt man kennen, indem man reines Fett benützt, dem 2 γ Methyl-n-nonyl-keton je g zugesetzt wurden. Bei den Blindversuchen soll die Chloroform-Schicht farblos oder höchstens hellgelb sein. Desgleichen im Gegenversuch ohne Salicylaldehyd. Man beobachtet, indem man die Reagensgläser in Augenhöhe unmittelbar vor ein weißes Filterpapier hält, mit dem Rücken gegen zerstreutes Tageslicht gewendet.

---

[1] P. FORTNER u. A. ROTSCH: Chemiker-Ztg. **57**, 714 (1933); J. PRITZKER u. R. JUNGKUNZ: ebenda **57**, 895 (1933); K. TÄUFEL u. H. THALER: ebenda **57**, 736 (1933); H. SCHMALFUSS u. Mitarbeiter: Zit. S. 1283, Fußnote 5.

[2] C–VI 6d (53).

Das Versuchsergebnis wird durch die Anzahl γ Keton, berechnet als Methyl-n-nonyl-keton, je g Einwaage ausgedrückt.

Fehlergröße: bis 1 γ. Das Verfahren ist genau und sicher, erfordert aber sauberes Arbeiten. Die Empfindlichkeit des Nachweises ist für verschiedene Ketone etwas unterschiedlich. So beträgt sie für Methyl-n-nonyl-keton 2 γ, für Aceton 0,5 γ.

4. Aldehydigkeit

Bei der *Frei-Aldehydigkeit* werden alle *freien* Aldehyde $R \cdot C\overset{\displaystyle H}{=}O$ erfaßt, auch der Epihydrinaldehyd

$$CH_2\overset{\displaystyle O}{-}CH-CHO,$$

soweit er in ausreichender Menge frei vorliegt oder frei gemacht wird (durch Säure oder Aldehyd).

Bei der *Epihydrin-Aldehydigkeit* wird der gesamte Epihydrinaldehyd erfaßt, der spurenweise frei, aber hauptsächlich gebunden vorliegt.

Frei-Aldehydigkeit

Begriffsbestimmung. Freialdehydig sind Fette oder Fettverwandte, die fuchsinschweflige Säure zwischen 20 und 25° röten. (Fuchsinschweflige Säure wird bei 35° schon von selbst rot.)

Nach P. KARRER ist die Reaktion mit fuchsinschwefliger Säure sehr empfindlich, aber für Aldehyde nicht absolut spezifisch, da sie auch mit gewissen Ketonen positiv ausfällt. Außerdem färben Oxydationsmittel (z. B. Kupfer(II)-salze) fuchsinschweflige Säure rot[1]. Doch bleiben je ein Tropfen Methyl-n-nonyl-keton, Methyl-n-heptyl-keton, Methyl-n-hexyl-keton, Methyl-n-amyl-keton, Methyl-äthyl-keton oder auch Aceton mit fuchsinschwefliger Säure und Petroläther farblos. Methyl-acetyl-carbinol und Diacetyl bleiben noch zu prüfen.

Merkschwelle für den Duftgeschmack. 1 γ Heptylaldehyd je g Fett wird bereits von einem empfindlichen Prüfer als kratzend empfunden.

Bestimmung. Das Verfahren benützt die bekannte Umsetzung von Aldehyden mit fuchsinschwefliger Säure.

Begriff: Die Freialdehyd-γ-zahl ist die Anzahl γ Freialdehyd, berechnet als Heptylaldehyd, je g Einwaage.

Die Bestimmung erfolgt zweckmäßig nach der Vorschrift der DGF-Einheitsmethoden[2].

Erläuterung: Unter den Zersetzungsprodukten von ranzigem Fett treten Aldehyde auf, die durch ihre Farbreaktion mit fuchsinschwefliger Säure nachgewiesen werden können. Zwar ist die Aldehyd-Ranzigkeit bei der Sinnenprüfung unschwer zu erkennen, jedoch bedarf der Sinnenbefund einer Bestätigung durch die nachstehenden Prüfungen.

Es ist zu berücksichtigen, daß die beim Fettverderben auftretenden Aldehyde teilweise bei weiterem Fortschreiten der Autoxydation in Säuren übergehen, so daß sich mit zunehmender Ranzigkeit ihre Menge vermindert. Bei der Beurteilung der Ergebnisse der quantitativen Bestimmung ist dies gebührend zu berücksichtigen.

Erforderliche Reagentien und Lösungen: Diamantfuchsin I, DAB VI, große Kristalle[3]; Kaliummetabisulfit $K_2S_2O_5$; Heptylaldehyd; aldehydfreier Petroläther Sdp. 30 bis 50°.

Genau 5 g feinst gepulvertes Fuchsin löst man in 800 ml heißem Wasser von 80° auf, kühlt ab und gibt dazu eine Lösung von 5,40 g Kaliummetabisulfit in 20 g Wasser, ferner 100,0 ml genau 0,1 n Salzsäure und füllt zum Liter auf. Unter öfterem Schütteln läßt

---

[1] P. KARRER: Lehrbuch der organischen Chemie. Leipzig: Thieme 1943.
[2] C–VI 6b (53).
[3] Zu beziehen von E. MERCK, Darmstadt.

man mindestens 2 Std. im Dunkeln stehen, schüttelt die aufgehellte Lösung 1 Min. kräftig mit 3 g Tierkohle und filtriert. Wenn die Lösung jetzt farblos ist, so ist sie gebrauchsfertig, sonst muß nochmals 1 Min. kräftig mit der gleichen Menge Tierkohle geschüttelt und filtriert werden. Die Lösung hält sich in Flaschen mit Glasstopfen, dunkel und kühl aufbewahrt, mehrere Wochen unverändert. 2 ml dieser Lösung sollen bei 20° 2 ml einer frischen 0,0005%igen Heptylaldehyd-Lösung in Petroläther (10 γ Heptylaldehyd) nach 2 Min. langem Schütteln mit Ablauf der 3. Min. in der Grenzschicht eben gebläut haben. Die Blaufärbung soll augenblicklich erkennbar sein im Vergleich zu einem gleichzeitig angesetzten Blindversuch mit reinem Petroläther, der in der Grenzschicht farblos sein muß.

Qualitative Prüfung: Etwa 1 g Fett wird in 1 ml Petroläther, notfalls unter Erwärmen, gelöst und bei 20° mit 2 ml der Reagens-Lösung versetzt. Bei Gegenwart von Aldehyden färbt sich die Mischung innerhalb von 10 Min. rot bis blau. Ist nach dieser Zeit eine Verfärbung nicht festzustellen, so enthält das Fett keine Aldehyde.

Quantitative Prüfung: Etwa 5 g Fett werden auf ± 10 mg genau eingewogen und in wenig aldehydfreiem Petroläther gelöst. Man führt quantitativ in einen Meßkolben von 10 ml Inhalt über und füllt mit Petroläther auf. Zwischen 20 und 25° wird in Reagensglas-Versuchen festgestellt, welche geringste Menge dieser Lösung, mit Petroläther auf genau 2 ml aufgefüllt, mit genau 2 ml fuchsinschwefliger Säure nach 2 Min. langem Schütteln mit Ablauf der 3. Min. eben gebläut ist. Unter den gleichen Bedingungen wird ein Blindversuch mit Wasser statt mit fuchsinschwefliger Säure ausgeführt und mit dem Hauptversuch verglichen. Die Versuche sind mit Reagensgläsern von 16 cm Länge und 1,5 cm Durchmesser anzustellen.

Glaubt man die Nachweisbarkeitsgrenze erreicht zu haben, so unterschreitet man sie und führt weitere Versuche mit steigenden Lösungsmengen aus, bis wieder eine Bläuung eintritt. Auf diese Weise überzeugt man sich, daß der Grenzversuch wiederholbar ist.

Für die Beurteilung hält man, den Rücken zum Tageslicht gewendet, die Reagensgläser in Augenhöhe unmittelbar vor eine weiße Filterscheibe und schüttelt, wenn nötig, nochmals kurz, um in den beiden zu vergleichenden Gläsern die gleiche Verteilung zu erzeugen.

Der Gehalt an freien Aldehyden wird in γ Heptylaldehyd je g Fett angegeben.

a γ ist die zu ermittelnde Menge Heptylaldehyd, die sich bei Gegenwart der kleinsten Einwaage (b g) an nichtaldehydigem Fett in Petroläther gerade noch nachweisen läßt.

Bei einer Empfindlichkeit der fuchsinschwefligen Säure von 10 γ Heptylaldehyd liegen die Werte für nicht-aldehydiges Cocosfett bei:

b g	a γ
0,001	25
0,01	80
0,1	150
1,0	300

Gelbe Butterfarbe mindert die Erkennbarkeit der bläulichen Grenzfarbe noch weiter, z. B. für nicht-aldehydiges Reinfett aus einer Margarine:

b g	a γ
0,001	140
0,01	220
0,1	460
1,0	2000

Auch das Lösungsmittel hat wesentlichen Einfluß. Nimmt man Chloroform statt Petroläther, so lassen sich bei Abwesenheit von Fett nur noch 860 γ statt 10 γ Heptylaldehyd nachweisen. Sind 0,001 g Cocosfett zugegen, so wächst zwar die Empfindlichkeit, aber sie erreicht nicht die in Petroläther, obwohl dieser die Empfindlichkeit bei Gegenwart von Fett herabsetzt. Das ist besonders schade, weil Chloroform Aldehyd-Arten zu unterscheiden erlaubt. Aber dieses Unterscheiden läßt sich noch nicht mit einer empfindlichen Bestimmung verknüpfen. (Versuche, mit Wasserdampf oder hochsiedendem Petroläther die Aldehyde vollständig überzutreiben und dann zu bestimmen, ergaben bisher keine brauchbaren Werte.)

Fehlergröße: Sie beträgt etwa die Hälfte des Grenzwertes, der gerade noch nachweisbar ist. Inwieweit Peroxyde Fehler verursachen, muß noch untersucht werden.

Das Verfahren läßt sich schnell und einfach durchführen. Die Erfassungsgrenze ist für die verschiedenen Aldehyde etwas verschieden, für Heptylaldehyd beträgt sie 10 γ. Fett setzt leider die Erfassungsgrenze hinauf. Ein empfindlicheres Verfahren, das von der Fettmenge, der Fettfarbe und dem Lösungsmittel unabhängig ist, wäre erwünscht.

Epihydrin-Aldehydigkeit

Begriffsbestimmung. Epihydrinaldehydig sind Fette oder Fettverwandte, die Epihydrinaldehyd in gebundener oder spurenweise in freier Form enthalten, der, mit Salzsäure abgetrieben, Phloroglucin-Salzsäure rötet.

Merkschwelle für den Duftgeschmack. Noch unbekannt.

Bestimmung[1]. Den Epihydrinaldehyd macht man mit Salzsäure frei und treibt ihn im Gasstrom über in Phloroglucin-Salzsäure, die sich rot färbt. Man mißt die Epihydrin-Aldehydigkeit, indem man die kleinste Menge Fett bestimmt, die gerade noch Phloroglucin-Salzsäure rötet.

Der Epihydrinaldehyd ist schon in gebundener Form empfindlich gegen höhere Wärmegrade und wird zum Beispiel bei 150° in einer halben Std. zerstört. In reiner Form ist Epihydrinaldehyd unbekannt und sehr unbeständig, besonders gegen Peroxyde, wie sie in Fett und in Äther vorkommen. Deshalb löst man das Phloroglucin nicht in Äther, sondern in Äthanol. Immerhin ist der freie Epihydrinaldehyd beständig genug, um in einem Gasstrom übergetrieben und dann nachgewiesen werden zu können.

Phloroglucin färbt sich nicht wie fuchsinschweflige Säure mit einer ganzen Stoffgruppe, etwa allen Aldehyden, sondern nur mit Epihydrinaldehyd und einigen anderen Stoffen, die aber in Fetten kaum eine Rolle spielen, wie Allylamin, Diallylharnstoff, Allylsulfid, Allylalkohol, Linalool, Geraniol, Zimtaldehyd, Eugenol, Safrol und Vanillin. Man kann gegebenenfalls solche Färbungen von der Epihydrinaldehyd-Färbung spektroskopisch unterscheiden.

Schwerer wiegt schon, daß sich andere Aldehyde des Fettverderbens mit Phloroglucin zu allerdings farblosen Verbindungen umsetzen (die nicht kristallin und nicht näher untersucht sind) und so dem Epihydrinaldehyd das Phloroglucin entziehen und die Rötung verhindern können. Das würde sich aber nur bei aldehydreichen Fetten auswirken, soweit sie viel niedere Aldehyde enthalten, die besonders reaktionsfähig sind. Solche Aldehyde sind aber in der Regel weniger flüchtig als Epihydrinaldehyd und stören nicht bei einem Überschuß an Phloroglucin-Salzsäure.

Für den Nachweis muß der freigemachte Epihydrinaldehyd aus dem Fett ausgetrieben werden, sonst könnten Eigenfarbe des Fettes oder salzsäurerötende, nichtflüchtige Begleitstoffe stören, wie sie in frischem Maisöl oder in Baumwollsaatöl oder als „Butterfarbe" in Butter oder Margarine vorkommen. Auch die Uneinheitlichkeit der Fett-Wasser-Schicht würde die Farbmessung erschweren. Die Epihydrinaldehyd-γ-zahl ist die Anzahl γ Epihydrinaldehyd je g Einwaage.

Die Bestimmung wird nach folgendem Verfahren vorgenommen[2]:

---

[1] H. Kreis: Chemiker-Ztg. **26**, 897, 1014 (1902); **27**, 1030 (1903); **28**, 956 (1904); H. Schmalfuss u. Mitarbeiter: Zit. S. 1283, Fußnote 5; K. Täufel, P. Sadler u. F. K. Russow: Z. angew. Chem. **44**, 873 (1931); K. Täufel u. J. Müller: Z. Unters. Lebensmittel **60**, 473 (1930); K. Täufel u. F. K. Russow: ebenda **65**, 540 (1933); K. Täufel u. P. Sadler: ebenda **67**, 268 (1934); K. Täufel: ebenda **72**, 287 (1936).

[2] DGF-Einheitsmethode C–VI 6c (53).

Reagentien und Geräte: Gerät (gemäß Abbildung) mit Gummistopfen; 25%ige Salzsäure; ligninfreie Watte; ein frisch hergestelltes Gemisch aus gleichen Raumteilen frischer 1%iger alkoholischer Phloroglucin-Lösung und 25%iger Salzsäure.

Qualitative Prüfung: Etwa 2 g Fett werden in ein Reagensglas gebracht, ohne daß dessen Wandungen im oberen Teil benetzt werden. Man schmilzt vorsichtig und versetzt mit der gleichen Menge eisgekühlter konzentrierter Salzsäure. Darauf bereitet man einen Bausch aus reiner, weißer Watte vor, den man an der in das Reagensglas einzuführenden Seite mit etwa 1 ml einer frisch bereiteten 0,1%igen alkohol. Lösung von Phloroglucin und anschließend sofort mit 10 Tropfen mindestens 20%iger Salzsäure tränkt. Den Wattebausch schiebt man nun, ohne daß von der Phloroglucin-Lösung etwas in das Fettgemisch fließt, so tief in das Reagensglas ein, daß er sich vollständig innerhalb desselben befindet. Man schüttelt 1 bis 2 Min. kräftig, ohne dabei den Wattebausch mit dem Reaktionsgemisch zu benetzen.

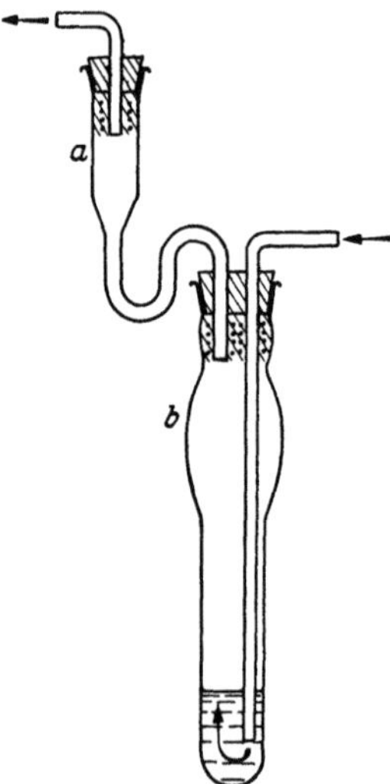

Abb. 426. Gerät zur Bestimmung von Epihydrinaldehyd

Bei Gegenwart von Epihydrinaldehyd in der Probe tritt an der Seite des Wattebausches, welche dem Reaktionsgemisch zugewandt ist, eine mehr oder weniger starke Rotfärbung auf. Eine etwa an der Oberseite des Wattebausches auftretende Rotfärbung bleibt unberücksichtigt. Unter Umständen ist es notwendig, das Reaktionsgemisch auf etwa 40° zu erwärmen.

Quantitative Bestimmung: Man bringt etwa 1 g Fett oder weniger, auf ± 1 mg genau eingewogen, sowie 1 ml 25%ige Salzsäure auf den Boden des Gerätes. Dann setzt man den Gummistopfen mit den beiden Saugrohren auf, stopft in den Stutzen *a* einen so großen Wattebausch, daß er gerade 1 ml des farblosen Gemisches aus 1%iger alkoholischer Phloroglucin-Lösung und 25%iger Salzsäure aufnimmt und beim Saugen den Luftstrom durchläßt, ohne hochgerissen zu werden. Nun taucht man das Gerät bis zur Höhe *b* in ein Wasserbad von 45° ein, schließt den abgeklemmten Schlauch einer arbeitenden Wasserstrahlpumpe beim Stutzen *a* an und öffnet die Schraubklemme vorsichtig, bis die Blasen gerade nicht mehr zählbar durch die Fett-Salzsäure-Mischung steigen. Nach 3 Min. zeigt der herausgenommene Wattebausch im Vergleich zu dem bräunlichen des Blindversuches auf der Unterseite einen eosinroten Anflug, wenn mindestens 0,1 γ Epihydrinaldehyd vorhanden war. Glaubt man die Nachweisbarkeitsgrenze erreicht zu haben, so führt man weitere Versuche mit geringeren und langsam ansteigenden Mengen Fett aus, um sich zu überzeugen, daß der Grenzversuch wieder bei der gleichen Einwaage liegt wie vorher. Die Phloroglucin-Lösung darf nicht eintrocknen, da das fein verteilte Phloroglucin Sauerstoff aufnehmen und eine Rötung vortäuschen könnte. Das Versuchsergebnis wird durch die Anzahl γ Epihydrinaldehyd je g Einwaage ausgedrückt.

Der Fehler ist kleiner als 0,1 γ. Das Verfahren ist sicher, genau und bequem und läßt sich schnell durchführen. Es erfaßt noch 0,1 γ je g Fett.

III. Technische Fette, Fettprodukte und verwandte Stoffe

1. Die Analyse von Oleinen und anderen Schmälzmitteln *

Da die Beurteilung von Oleinen und anderen Schmälzmitteln für die textile Faserfettung die Kenntnis ihres Anwendungsbereiches voraussetzt, soll der Besprechung der einzelnen Untersuchungsmethoden eine kurze Übersicht über den Zweck des Schmälzens vorausgeschickt werden[1].

---

* **Bearbeitet von Dr. M. Kehren, M.-Gladbach.**
[1] Näheres siehe A. CHWALA: Textilhilfsmittel, 1. Aufl., S. 199. Wien: Springer 1939; M. KEHREN: Chem. Umschau Gebiete Fette, Öle, Wachse, Harze **39**, 73 (1932).

Das der *Wolle* bis auf einen Restbetrag von 0,4 bis 1% durch die Rohwollwäsche entzogene, dem Schutz des Wollhaares dienende Naturfett muß der Faser vor ihrer weiteren Verarbeitung wenigstens teilweise wieder zurückgegeben werden, damit sie die für den Spinnprozeß erforderliche Weichheit und Elastizität zurückerhält; im anderen Fall fehlt dem Wollhaar die Widerstandsfähigkeit gegenüber der im Spinnprozeß unvermeidlichen, mechanischen Beanspruchung, was zu Faserbrüchen und einer Qualitätsverminderung des Fertiggespinstes führen kann.

Der für die Weiterverarbeitung eines Fasergemisches erforderliche Zusatz von geeigneten Ölen oder ölartigen Körpern wird einheitlich als „Schmälzen" bezeichnet und die hierzu dienende Komposition als „Schmälze", sehr wahrscheinlich, weil man früher für die Faserfettung vorwiegend vom Schmalz abstammende Öle (Schmalzöl, Lardoil) verwendet hat.

Je kürzer die Wollfasern sind, die versponnen werden sollen, um so mehr ist man durch Zugabe geeigneter Öle oder Fette bestrebt, ein ausreichendes Gleit- und Haftvermögen der einzelnen Fasern untereinander zu erreichen, ohne daß letzteres in Klebrigwerden ausarten darf.

In der Wollverarbeitung unterscheidet man 2 Spinn-Verfahren, die *Kammgarn-* und die *Streichgarn-Spinnerei.*

Nach NITSCHKE[1] kommt es beim Verspinnen von Wolle nach dem *Kammgarn-Spinnverfahren* in erster Linie auf eine Steigerung des Gleitvermögens der Wollfaser an und erst in zweiter Linie auf die Haftwirkung; denn die Gleichmäßigkeit und Festigkeit eines Kammgarngespinstes wird durch das häufige Verziehen und Doublieren erreicht.

Beim kontinentalen Kammgarn-Spinnverfahren schmälzt man insgesamt zweimal; zunächst vor dem Kämmen im Anschluß an die Wollwäsche nach dem Passieren des Trockenapparates; das aufgebrachte Schmälzöl wird allerdings auf der Lisseuse wieder zum größten Teil ausgewaschen. Das zweite Mal wird der Kammzug auf dem Intersecting geschmälzt; da man den Zug im allgemeinen nur mit 0,5 bis 1% Öl fettet, muß das hauptsächlich als Gleitmittel dienende Schmälzöl ein möglichst hohes Fettungsvermögen besitzen, weswegen dem fetten Öl der Vorzug gegeben wird. Der Schmälzöl-Gehalt von Kammgarnen ist immer sehr niedrig, er bewegt sich durchschnittlich zwischen 0,5 bis 1,2%.

Wesentlich anders liegen die Verhältnisse in der *Streichgarn-Spinnerei,* die sämtliches Wollmaterial, also Schurwolle und Reißwolle aller Art und Stapellänge, allein oder in Mischung miteinander, bei Halbwollgarnen auch unter Zusatz von Zellwollen oder Baumwolle, verarbeitet. Hier muß durch eine geeignete Fettung für ein ausreichendes Gleit- und ein ausgeprägtes Haftvermögen der kürzeren und längeren Fasern untereinander gesorgt werden, was nur durch eine stärkere Fettung zu erreichen ist. Deshalb schwankt der Schmälzöl-Gehalt von Streichgarnen je nach der Materialbeschaffenheit zwischen 4 bis 12%.

Die Schmälzen werden den Spinnpartien mit Hilfe von Spritzvorrichtungen in Form einer wäßrigen Emulsion zugesetzt, weil die Faser für den Spinnprozeß außer Fett auch noch eine bestimmte Menge Feuchtigkeit braucht.

Die *Baumwoll*-Dreizylinder-Spinnerei konnte früher als eine ausgesprochene Trockenspinnerei bezeichnet werden, da die hochwertigen amerikanischen und ägyptischen Baumwollen ohne Schmälzöl gesponnen werden; die für den Spinnprozeß unbedingt erforderliche Luftfeuchtigkeit wird durch besondere Anlagen reguliert. In den letzten Jahren ist man aber auch in der Dreizylinder-Spinnerei zur Verwendung von Schmälzmitteln übergegangen, die ein Geschmeidigmachen der Fasern erbringen und das lästige Stauben verhüten sollen; man schmälzt niedrig mit 0,4 bis 0,5% im Kastenspeiser vor der Herstellung der Schlagmaschinenwickel.

Ein wirkliches Schmälzen kennt man nur in der Zweizylinder-Spinnerei, welche das Imitatgarn liefert; und auch hier braucht nur dann geschmälzt zu werden, wenn kurzfaseriges Material zur Verarbeitung kommt. Der Imitatspinner selbst zieht allerdings in jedem Fall das Verspinnen geschmälzter Baumwolle vor, nicht nur wegen des geringen Spinnverlustes, sondern auch wegen des etwas günstigeren Endgewichtes.

Beim Verspinnen reiner *Zellwolle* oder von Woll- und Zellwoll-Gemischen muß besonders berücksichtigt werden, daß die halbsynthetischen Fasern ein hohes Aufsaugevermögen für Wasser besitzen, was bei ungeeigneter Führung des Schmälzens zu örtlichen Überquellungen und damit zur Bildung von Noppen und Wickeln führen kann. Deshalb muß für eine möglichst feindisperse Emulsion und eine gleichmäßige Verteilung des Schmälzöles auf dem Fasergemisch Sorge getragen werden.

---

[1] G. NITSCHKE: Melliand Textilber. **27**, 300 (1946).

Das Schmälzen von *Bastfasern* wird als „Batschen" bezeichnet; bei Sisalhanf beträgt der Fettanteil etwa 9%, bei Jute durchschnittlich 4 bis 6%. Die gebräuchlichsten Schmälzmittel hierfür sind Mineralöle und Tran-Emulsionen.

Den höchsten Verbrauch an Schmälzmitteln beansprucht aber die Herstellung der *Reißspinnstoffe* aller Art (Wolle, Baumwolle, Zellwolle usw. allein oder in Mischung miteinander). Textilabfälle in Form von Lumpen werden in besonderen Reißwölfen wieder in einzelne Fasern zerlegt, die dann selten allein für sich, sondern zumeist mit anderem Fasermaterial vermischt erneut zu Garnen versponnen werden.

Der Reißwoll-Fabrikant wird es also als sein erstrebenswertes Ziel betrachten, aus seinem Rohmaterial eine möglichst langstapelige Reißwolle mit wenig beschädigten Einzelfasern zu erhalten. Deshalb müssen Reibungswiderstand und Haftvermögen der Fasern untereinander herabgemindert werden; Garndrehung, Bindung, Einstellung und vor allen Dingen die Intensität der Verfilzung von gewalkten Geweben sind von bestimmendem Einfluß auf den Verlauf der Auflösung von Gespinsten und Geweben.

Das Auftragen von ölhaltigen Schmälzmitteln auf die Lumpen vor ihrer Zuleitung zum Reißwolf bezweckt ein Geschmeidigmachen der Fasern, die dann nicht mehr auseinanderreißen, sondern mehr aneinander vorbeigleitend aus ihrer Verstrickung gelöst und isoliert werden. Außerdem bewirkt der Schmälzöl-Zusatz ein Ableiten der beim Reißen sich bildenden Wärme.

Man fettet vielfach mit reinem Öl bzw. mit reiner Fettsäure, ohne erst eine wäßrige Emulsion herzustellen; aufgebracht wird das Schmälzmittel in der Regel ganz einfach mit der Gießkanne. Die Höhe des Schmälzöl-Zusatzes ist verschieden und richtet sich nach der Art des Fasermaterials; loses, langfaseriges Altmaterial (Strümpfe, Wirkwaren, ungewalkte Tuche) braucht weniger Schmälzöl als kurzfaserige, stark verfilzte Lumpen (gewalkte Stoffreste). Etwas mehr Schmälzmittel zum Gleitendmachen benötigen auch gefärbte Lumpen, da der Färbeprozeß mit nachfolgendem intensiven Waschen der Stückware die Faser etwas spröde macht, wodurch sie der starken mechanischen Beanspruchung des Zerfaserungsprozesses gegenüber empfindlicher geworden ist.

Wenn auch eine starke Fettung den Fabrikationsprozeß begünstigt, so ist ein zu hoher Schmälzöl-Gehalt der gerissenen Faser von Nachteil, weil die Ware nicht nur schmiert, sondern weil auch der spätere Waschverlust zu hoch wird. Außerdem darf nicht vergessen werden, daß Reißwolle nach Gewicht verkauft wird, so daß das aufgebrachte Schmälzöl als Faser mitbezahlt werden muß, was sich bei einem unzulässig hohen Schmälzöl-Gehalt für den Käufer sehr ungünstig auswirken kann. Nach unseren Erfahrungen können bei Reißspinnstoffen unter Berücksichtigung der späteren Auswaschbarkeit von Schmälzen auf reiner Mineralöl-Basis nicht mehr als 5%, bei Verwendung von verseifbarem Olein dagegen bis zu 10% als zulässig bezeichnet werden.

a) Die chemische Beschaffenheit der als Schmälzmittel verwendeten Fettkörper

Der niedrige Schmälzöl-Zusatz, den der Kammgarn-Spinner benötigt, setzt die Verwendung eines Öles von hohem Fettungsvermögen voraus, so daß die fetten Öle *Olivenöl* und *Erdnußöl* bevorzugt angewendet werden. Da sich Neutralöle bei den niedrigen Temperaturen des Waschprozesses mit den Waschalkalien Soda oder Ammoniak nicht verseifen lassen, setzt man den Ölen 15 bis 16% freie Fettsäure (zumeist als Olein) hinzu, die nach erfolgter Überführung in Seifen den Auswaschprozeß unterstützt.

Als Schmälzmittel für die Reißspinnstoff-Herstellung und für die Streichgarn-Spinnerei hat man Jahre hindurch bevorzugt *Olein*, und zwar „Destillat-Olein" verwendet, weil es mit einem ausreichenden Fettungsvermögen einen hohen Gehalt an flüssiger, freier Fettsäure verbindet, demnach also schon in einer kalten soda- oder ammoniakhaltigen Flotte in Seife übergeführt und restlos ausgewaschen werden kann.

Der Streichgarn-Spinner verwendet als Schmälzmittel wäßrige Emulsionen, weil die Faser für den Spinnvorgang außer Fett auch noch eine bestimmte Menge Feuchtigkeit benötigt.

Die Fettknappheit im Kriege erzwang weitgehende Sparmaßnahmen auf dem Gebiet der Schmälzmittel, wodurch die verseifbaren Öle und Fettsäuren schließlich gänzlich als textile Fettungsmittel durch die im August 1940 erlassene „Schmälzmittel-Anordnung" verboten wurden. Die an ihre Stelle gesetzten „fettsparenden Schmälzmittel" waren auf

Mineralöl-Basis aufgebaut; sie werden auch heute noch hergestellt mit dem Unterschied, daß sie jetzt mit einem geringen Wasser- und teilweise auch hohen Olein-Gehalt geliefert werden, wobei der letztere bei besonders hochwertigen Kompositionen bis zu 30 % betragen kann. Auch sind wirksame Emulgatoren entwickelt worden, die zur Erzeugung feindisperser wäßriger Emulsionen in die Schmälzmittel eingearbeitet werden.

Mineralölhaltige Schmälzmittel werden für sämtliche Schmälzprozesse hergestellt; ihr Verbrauch in der Reißwoll- und Streichgarn-Industrie wird aber nach der bereits erfolgten Wiederzulassung der Oleine absinken, da die Unverseifbarkeit eines Mineralöles Ausrüstungsschwierigkeiten verursacht. Hochwirksame Emulgatoren, höhere Waschtemperaturen und die Anwendung moderner Waschhilfsmittel vermögen zwar die Entfernung eines nicht zu hohen Mineralöl-Gehaltes aus Garnen und Geweben zu bewirken; im Gegensatz zum einfachen Verseifungsvorgang eines Oleins bietet jedoch der geschilderte umständlichere und teurere Waschprozeß nicht zu verkennende Nachteile. Eine unzureichende Reibechtheit der Färbungen und ein unangenehmer Geruch sind die Anzeichen einer nicht genügend mineralölfrei gewaschenen Stückware.

Über die Verwendung von *Paraffin* als Gleitmittel in Kammgarn-Schmälzen haben E. Franz u. H. J. Henning [1] eingehend berichtet; die Emulgierung wird mit den bekannten Emulgiermitteln vorgenommen, wobei man zur Erleichterung der Auswaschbarkeit und der Bildung einer kolloidalen Lösung Verbindungen vom Typus der Fettalkohole zusetzt. Die Gleitfähigkeit von Paraffin übertrifft noch die der Mineralöle; ein nicht unwesentlicher Nachteil einer Schmälz-Emulsion auf Paraffin-Basis ist jedoch ihre Hautbildung und die Neigung, sich an den Wandungen der Behälter und Rohre abzusetzen, was bei einer Düsenverstäubung sehr störend wirken kann.

Unter Berücksichtigung der augenblicklich zur Verfügung stehenden Rohstoffe und Emulgatoren können die heute im Handel befindlichen Schmälzmittel in folgende Gruppen eingeteilt werden:

1. Textil-Oleine,
2. Emulsionsoleine, d. h. Textil-Oleine mit einem Emulgator-Zusatz, der eine sofortige Emulsionsbildung beim Verdünnen mit Wasser bewirkt,
3. oleinhaltige Schmälzmittel-Kompositionen, bei denen der emulgierende Bestandteil im wesentlichen aus chemisch nicht behandeltem Olein besteht,
4. Mineralöl-Schmälzmittel, deren emulgierender Bestandteil nicht aus Olein, sondern aus chemischen Erzeugnissen besteht,
5. olein- und mineralölfreie Schmälzmittel,
6. Waschschmälzen, auch Spinnwaschmittel genannt,
7. reine Mineralöle.

Die sogenannten „Waschschmälzen" sind als Neuerscheinungen auf dem Schmälzmittelmarkt Produkte, die mit Wasser nicht emulgierbar, sondern in ihm klar löslich sind; aus diesem Grunde sind sie auch mit Wasser wieder auswaschbar und entwickeln hierbei sogar eine bestimmte Waschaktivität.

b) Die Feuergefährlichkeit von Schmälzmitteln

Man versteht unter der Feuergefährlichkeit eines Schmälzmittels nicht seine normale Brennbarkeit, die sämtlichen Ölen, Fetten, Fettsäuren und Mineralölen gemeinsam ist, sondern die Fähigkeit bestimmter hochungesättigter Öle und Fettsäuren mit zwei und mehr Doppelbindungen pro Molekül, sich in feiner Verteilung auf der Faser unter Abgabe von Wärme zu oxydieren.

Die sich hierbei abspielenden chemischen Reaktionen sind sehr kompliziert, weil sie zweifellos in mehreren Phasen ablaufen. Siehe darüber das Kapitel „Autoxydation", Bd. I, S. 212. Metallspuren beschleunigen die Reaktion. Die Endprodukte des völligen Molekül-

---

[1] E. Franz u. H. J. Henning: Melliand Textilber. **17**, 302, 399 (1936).

zerfalles richten sich nach der jeweiligen Konstitution der aufgespaltenen Moleküle. Nach ERASMUS[1] soll die Selbstentzündlichkeit von Schmälzölen, insbesondere von Oleinen, durch γ-Stearyllacton mitverursacht werden.

Findet die bei einer Autoxydation sich bildende Reaktionswärme keinen sofortigen Abzug, so treten Wärmestauungen auf, die eine Selbsterhitzung und unter besonders ungünstigen Umständen sogar eine Selbstentzündung gefetteter Textilien hervorrufen können. Deshalb ist die Gefahr der Faser-Erhitzung besonders dann groß, wenn geschmälztes Material fest verpackt längere Zeit sich selbst überlassen bleibt, wie dies in der Reißwoll-Industrie üblich ist. Sofern die Reißwolle nicht in Volltuchfabriken sofort nach ihrer Herstellung weiterverarbeitet wird, legt man sie in großen Ballen fest zusammengepreßt auf Lager. Enthält das Fasermaterial ein oxydationsfähiges Schmälzöl, so muß sich dieses je nach den obwaltenden Umständen langsamer oder schneller in Gegenwart von Feuchtigkeit oxydieren. Die hierbei zwangsläufig gebildete Wärme bleibt im Ballen; war der Gehalt der Reißwolle an hochungesättigten Komponenten niedrig, so kann es bei einer Erhitzung des Ballen-Inneren bleiben, war er dagegen hoch, ist eine plötzliche Entzündung nicht ausgeschlossen, der schon viele Reißwolläger zum Opfer gefallen sind. Zweckmäßig sollten Reißwollballen besonders in den ersten Tagen der Lagerzeit mit Stockthermometern kontrolliert werden; wird eine Erhitzung des Ballen-Inneren festgestellt, hilft in vielen Fällen noch ein rechtzeitiges Auseinanderwerfen des heiß gewordenen Materials.

Selbst wenn bei Vorhandensein oxydationsfähiger Schmälzmittel keine übermäßige Erhitzung aufgetreten ist, muß mit einem Verkleben der Kratzenbeschläge und einem Verharzen der geschmälzten Fasern gerechnet werden, wodurch der spätere Spinnprozeß erschwert wird. Außerdem setzt jede übermäßige Erhitzung die Qualität der Wollfaser merklich herab; warm gewordene Wolle[2] riecht ranzig und muffig, auf dem Krempelsatz ist starkes Schmieren zu beobachten; die Faser selbst wird leicht gelb und kann an Festigkeit verlieren. Ein aus warm gewordener Wolle hergestelltes Tuch neigt leicht zur Stockfleckenbildung.

Nicht zu einer Selbstentzündung im eigentlichen Sinne rechnen die in Reißereien im Reißwolf häufiger vorkommenden Brände, die nach Zündung eines Staub-Luft-Gemisches durch einen „Initialfunken"[3] hervorgerufen werden, wie er sich bei Vorhandensein von Metallteilen in einer Reißpartie leicht bilden kann. Eine Initialzündung kann jedes Fasermaterial in Brand setzen, ganz gleich, ob es mit einem oxydations- oder nichtoxydationsfähigen Schmälzöl gefettet war. Einheitlich wird die Schnelligkeit der weiteren Entflammung und damit auch das Umsichgreifen eines Brandes sowohl von der Menge des im Fasermaterial vorhandenen Schmälzöles wie auch von der Höhe seiner Entzündungstemperatur, d. h. von seinem Flamm- und Brennpunkt, bestimmt.

Die außerordentlichen Gefahren, die einem Textilbetrieb durch das Autoxydationsvermögen ungeeigneter Schmälzöle drohen, machen eine eingehende Prüfung aller für die textile Fettung in Frage kommenden Schmälzmittel erforderlich.

c) Die Untersuchung von Oleinen

Die Anforderungen, die man an die Beschaffenheit der Oleine stellen muß, richten sich nach dem Verwendungszweck; während die durch kaltes Pressen von Fettsäuren gewonnenen *Saponifikat-Oleine* als Faserschmälzmittel in der Textil-Industrie keine Verwendung finden können, eignen sich die weitgehend von festen Fettsäuren befreiten und durch einen Destillationsprozeß gereinigten sogenannten *Destillat-Oleine* zu einer bevorzugten Verwendung zur Faserfettung in der Textil-Industrie.

---

[1] P. ERASMUS: Allg. Öl- u. Fett-Ztg. **27**, 309, 345, 367 (1930).
[2] H. OESTERMANN: Mschr. Textil-Ind. Nr. 4, 5 u. 6 (1928).
[3] M. KEHREN: Melliand Textilber. **29**, 76 (1948).

α) Destillat-Oleine

Bestimmten Anforderungen genügende und deshalb hochwertige Destillat-Oleine, die speziell als Schmälzmittel für Reißwoll-Betriebe und Streichgarn-Spinnereien hergestellt werden, führen auch den Namen „Textil-Oleine". Zur Erleichterung des Ansatzes einer wäßrigen Olein-Emulsion, wie sie der Streichgarn-Spinner benötigt, werden seit einiger Zeit besondere „Emulsionsoleine" geliefert, die nichts anderes als hochprozentiges reines Olein mit einem entsprechenden Zusatz hochwirksamer Emulgatoren sind. Diese ergeben schon nach einfachem Einrühren des vorgeschriebenen Quantums Wasser eine sofort verwendbare feindisperse Emulsion, die sich vorteilhaft von den in früheren Zeiten auf Basis Ammoniakseife hergestellten, grobdispersen Emulsionen unterscheidet. Die Untersuchung und Beurteilung von Emulsionsoleinen erfolgt nach den gleichen Gesichtspunkten wie die der Textil-Oleine.

Bei der Bestimmung der chemischen Daten von Emulsionsoleinen ist zu bedenken, daß diese vom vorhandenen Emulgator beeinflußt werden. Die meist auf Basis von Äthylen-oxyd-Addukten aufgebauten öllöslichen Emulgatoren sind nämlich absolut säurekoch-beständig, so daß eine Trennung von Olein und Emulgator nicht möglich ist. Aus der Höhe der Säurezahl läßt sich der ungefähre Gehalt eines Emulsionsoleins an freier Fettsäure — auf Ölsäure berechnet — ermitteln, der dann einen sicheren Rückschluß auf den Prozent-satz an Emulgator erlaubt.

1. Aussehen. Destillat-Oleine besitzen eine gelbliche bis dunkelrotgelbe Färbung; bei normaler Temperatur sollen sie klar sein und dürfen keinen aus festen Fettsäuren bestehenden Bodensatz zeigen.

2. Geruch. Reiner Destillat-Geruch, kein Fisch-, Tran- oder Mineralöl-Geruch.

3. Erstarrungspunkt (Trübungspunkt). Da man in einem Destillat-Olein einen möglichst niedrigen Gehalt an festen Fettsäuren erwartet, soll der Erstar-rungspunkt entsprechend niedrig, nicht über 15°, liegen. Von einem Textil-Olein verlangt man in dieser Hinsicht ein besonders günstiges Verhalten, weil sich im anderen Fall speziell zur kälteren Jahreszeit feste Fettsäuren in schmie-riger Form absetzen, welche eine gleichmäßige Faserfettung unmöglich machen und deshalb Schwierigkeiten beim Reiß- und Spinnprozeß verursachen.

Bestimmung: DGF-Einheitsmethode C–IV 3 c (52). Wiedergegeben auf S. 655.

Für die Beurteilung der Brauchbarkeit eines Textil-Oleins zu Schmälzzwecken hat sich auch die folgende Bestimmung des „Trübungspunktes" bewährt:

Ein einseitig zugeschmolzenes Glasrohr aus Supremaxglas von 12 cm Länge und 6 mm lichter Weite füllt man 2 bis 2,5 cm hoch mit dem zu prüfenden Olein und bringt es dann nach Einsatz eines Stockthermometers in einen zur Hälfte mit Wasser gefüllten Hart-glasbecher von 250 bis 300 ml Inhalt. Durch einen stufenweisen Zusatz von technischem Ammoniumnitrat wird das Wasser langsam abgekühlt, wobei Wasser und Olein stetig durchzurühren sind. Sobald das Olein die erste Trübung zeigt, wird die Temperatur abgelesen.

Das in halbe Grade geteilte Stockthermometer mit einer Temperaturskala von −35 bis +45° hat eine Gesamtlänge von 29 cm, der untere Ansatz ist 13 cm lang.

Von einem kältebeständigen Textil-Olein verlangt man noch ein Klarbleiben nach ½ stdg. Abkühlen auf 11 bis 10°.

4. Flamm- und Brennpunkt. Je höher Flamm- und Brennpunkt von Faser-Fettungsmitteln liegen, desto geringer ist die Gefahr der Entflammung und des Weiterbrennens. Bei der Besprechung der „Feuergefährlichkeit" wurde bereits darauf hingewiesen, daß die Weiterverbreitung eines im Reißwolf durch Initialzündung entstandenen Brandes vom Flammpunkt des auf der Faser befindlichen Schmälzöles abhängig ist. Je höher also Flamm- und Brennpunkt eines Oleins liegen, um so mehr wird die Gefahr des Übergreifens eines Brandes — im Fall einer Initialzündung — herabgemindert.

Die im „offenen Tiegel" bestimmten Flamm- und Brennpunkte von Destillat-Oleinen sollen zwischen 180 bis 205° liegen.

Die Bestimmung erfolgt nach dem Verfahren von MARCUSSON im offenen Tiegel DIN-DVM 3661 (s. S. 713ff.).

5. Wasser-Gehalt. Destillat-Oleine müssen praktisch vollkommen wasserfrei sein.

Bestimmung: DGF-Einheitsmethode C–III 13 (53), Destillationsverfahren mit Xylol, wiedergegeben auf S. 471ff.

6. Asche-Gehalt. An mineralischen Verunreinigungen, die durch die Bestimmung des Asche-Gehaltes erfaßt werden können, kommt bei Destillat-Oleinen vorwiegend Eisen in Frage, das in Form von Eisenseife (Eisenoleat) in der Fettsäure gelöst ist und sich in der Asche als Eisenoxyd wiederfindet.

Nach neueren Beobachtungen[1] wird ganz allgemein Fetten, insbesondere aber Metallseifen, z. B. dem in Oleinschmälzen vorkommenden Eisenoleat, ein nachteiliger Einfluß auf die Lichtechtheit von Wollküpenfärbungen zugeschrieben, wenn diese dem Sonnenlicht ausgesetzt werden.

Stark eisenhaltige Oleine sehen dunkel und trübe aus und sollten von einer textilen Verwendung ausgeschlossen werden. Über die katalytische Beeinflussung des MACKEY-Testes durch Eisenseife wird im Abschnitt über die MACKEY-Prüfung ausführlich berichtet (s. S. 1314). Versand und Aufbewahrung von Oleinen in eisernen Behältern ist unzweckmäßig, weil hierdurch eine Anreicherung der Fettsäure an Eisenseife erfolgt; am besten eignen sich für den Versand Aluminiumfässer und für die Lagerung Behälter aus Aluminium.

Bestimmung: DGF-Einheitsmethode C–III 10 (53), wiedergegeben auf S. 469.

Zweckentsprechend verascht man von hellen, eisenarmen Oleinen 15 bis 25 g, von dunkelgefärbten, trüben, stark eisenhaltigen 5 bis 10 g in einer Platinschale; da Oleine keine flüchtigen Alkalisalze enthalten, ist eine Heißwasser-Behandlung des kohligen Rückstandes vor dem Glühen nicht erforderlich.

Der „Asche-Gehalt" eines Destillat- (Textil-) Oleins soll 0,07% nicht überschreiten; liegt er höher, empfiehlt sich eine gesonderte Bestimmung des Eisengehaltes nach einer der bekannten analytischen Methoden.

Eine einfache qualitative Vorprüfung auf Eisen läßt sich in der Weise durchführen, daß man eine Probe des Oleins im Schütteltrichter mit warmer verd. Salzsäure 5 bis 10 Min. schüttelt, nach Trennung der Schichten die salzsaure Lösung abläßt und diese mit Kaliumrhodanid oder Kaliumhexacyanoferrat(II) auf Eisen untersucht.

Aus Chromseifen stammendes *Chrom* kann im Rückstand der Asche durch die bekannte Gelbfärbung der Schmelze mit Soda und Salpeter nachgewiesen werden.

7. Äther-Extrakt. Daß Destillat-Oleine und insbesondere Textil-Oleine weitgehend frei von nichtfettartigen Fremdsubstanzen sein müssen, ist selbstverständlich.

Der Gehalt an ätherlöslichem „Gesamtfett" soll 99,5% betragen.

Bestimmung: 3 bis 5 g Fett werden in 100 ml Äther gelöst. Die Lösung wird $^1/_2$ Std. im ERLENMEYER-Kolben mit entwässertem Natriumsulfat getrocknet und filtriert. Das Natriumsulfat wird fettfrei gewaschen. Man treibt die Hauptmenge Äther auf dem Wasser-

---

[1] G. NITSCHKE: Melliand Textilber. **27**, 98, 123 (1946).

bad ab, bläst einige Male, am besten mit einem Handgebläse, auf den Rückstand, wodurch sich der Rest des Lösungsmittels in kurzer Zeit verflüchtigt, und erzielt durch Trocknung Gewichtskonstanz, d. h. höchstens 0,1% Gewichtsänderung in je $^1/_4$std. Trocknungsdauer.

8. Säure- und Verseifungszahl (Neutralfett-Lacton-Gehalt). Die Eignung eines Destillat-Oleins für die textile Fettung setzt eine hohe Säurezahl und einen nur geringen Neutralfett-Gehalt voraus; flüssige freie Fettsäure verwandelt sich nämlich schon in ammoniakalischer und soda-alkalischer Waschflotte bei normaler Temperatur in Seife. Eine hohe SZ spricht für einen hohen Spaltungsgrad und einen niedrigen Neutralfett- bzw. Lacton-Gehalt.

Enthält ein Textil-Olein einen höheren Prozentsatz an ungespaltenen Glyceriden, so ist deren Entfernung aus der Stückware unter den bekannten Bedingungen eines textilen Waschprozesses ohne Anwendung spezieller Hilfsmittel nicht möglich.

Bestimmung der SZ und VZ: DGF-Einheitsmethode C–V 2/3 (53), angegeben auf S. 527 ff.

Der verlangten SZ von 185 bis 200 soll eine VZ von 190 bis 205 entsprechen, wobei die Differenz zwischen beiden — die EZ — 6 nicht überschreiten darf, weil sonst der Verdacht eines Verschnittes mit weniger hoch gespaltenen Glyceriden besteht.

Soll der ungefähre Prozentsatz eines Textil-Oleins an „freier Ölsäure" berechnet werden, so multipliziert man die Säurezahl mit dem Faktor 0,503. Diese rechnerische Methode hat den für die Beurteilung der Brauchbarkeit aber nicht ins Gewicht fallenden Fehler, daß die im Olein vorhandenen geringfügigen Mengen fester Stearinsäure als Ölsäure verrechnet werden.

Der Neutralfett- (Lacton-) Gehalt eines Destillat-Oleins darf 5% nicht überschreiten, wenn es zu Schmälzzwecken Verwendung finden soll.

Die Bestimmung des Gehaltes an Neutralfett (siehe Esterzahl, Bd. I, S. 533) erfolgt am einfachsten rechnerisch aus SZ und VZ nach folgendem Schema:

$$VZ - SZ = y$$
$$\% \text{ Neutralfett} = SZ : y = 100 : x$$

9. Unverseifbare Anteile. Die weite Verbreitung der Oleine als Schmälzmittel hat ihre Ursache in erster Linie in ihrer leichten Entfernbarkeit aus Garnen und Stückware. Enthalten Oleine nennenswerte Mengen „unverseifbarer Bestandteile", so wird im Verlauf der Ausrüstung die Mitverwendung von Waschhilfsmitteln erforderlich. Deshalb dürfen die als praktisch „voll verseifbar" gehandelten Textil-Oleine nicht mehr als 3% unverseifbare Bestandteile enthalten. Diese Forderung verlangt eine sorgfältig durchgeführte Destillation, weil während des Destillationsprozesses eine Neubildung unverseifbarer Kohlenwasserstoffe infolge der Überführung von Neutralfett-Rückständen in unverseifbare Lactone stattfindet. Bei einem höheren Gehalt an Unverseifbarem besteht die Möglichkeit eines Verschnittes mit Mineralöl, das in einem normalen Waschprozeß ohne Verwendung besonderer Hilfsmittel nicht ausgewaschen werden kann und deshalb in einem voll verseifbaren Olein niemals vorhanden sein darf.

Bestimmung: DGF-Einheitsmethode C–III 1 b (53), Verfahren mit Petroläther (s. S. 448).

Zur vorläufigen Orientierung über die Verseifbarkeit eines Oleins ist folgende, mit einfachen Mitteln durchführbare qualitative Prüfung geeignet:

In einem Reagensglas (2 × 25 cm) kocht man 6 bis 8 Tropfen Olein mit 5 ml alkohol. Kalilauge mindestens 3 Min., wobei man zur Vermeidung eines zu großen Alkohol-Verlustes die Flamme so klein hält, daß der Reagensglas-Inhalt gerade eben kontinuierlich siedet. Sofort nach beendetem Erhitzen gibt man 15 ml dest. Wasser hinzu. Ist das Olein praktisch vollverseifbar, so bleibt die gebildete Seifen-Lösung auch nach dem Wasserzusatz völlig klar; nennenswerte Mengen von unverseifbaren Bestandteilen geben sich durch leichtere oder stärkere Trübungen, Mineralöl-Beimischungen durch Milchigwerden und bei höheren Zusätzen sogar durch eine gleichzeitige Flockenbildung zu erkennen.

10. Viscosität. Wenn auch bisher nur E. SCHLENKER[1] die Frage der Viscosität von Oleinen angeschnitten, experimentell überprüft und Zusammenhänge zwischen ihr und den allgemeinen Gebrauchseigenschaften gesucht hat, so steht es außer Zweifel, daß die Viscosität eines Oleins seine Verwendungsfähigkeit als Schmälzmittel beeinflußt. Welche Viscosität z. B. die günstigste Emulgierfähigkeit eines Oleins in einer wäßrigen Schmälzemulsion vermittelt, oder inwieweit ein Verschmieren von Fasern und Kratzenbeschlägen durch die Höhe der Zähflüssigkeit bedingt ist, sind Fragen, die noch der Klärung bedürfen. SCHLENKER führt auch das störende „Kleben" von Oleinen auf eine zu hohe Viscosität zurück. Sie ist eine Folge von Polymerisationsvorgängen, verursacht durch Polyenfettsäuren.

In einem von ihm konstruierten Viscosimeter fand er bei einer vergleichenden Untersuchung einer Anzahl von Oleinen bekannter Herkunft und Zusammensetzung meßbare Unterschiede, die besonders deutlich bei Temperaturen unterhalb 20° (17,5 und 18°) in Erscheinung traten. Oleine von einwandfreier Beschaffenheit zeigten niedrigere Viscositäten als Ersatzprodukte, die fälschlich als Oleine deklariert waren.

Die von SCHLENKER angeregte Viscositätsbestimmung von Oleinen bedarf noch einer gründlichen Überprüfung an Hand eines reichhaltigen Untersuchungsmaterials, wobei gleichzeitig die Abhängigkeit der in Frage kommenden Gebrauchseigenschaften von der Viscosität klarzustellen ist. Erst dann wird es möglich sein, eine einheitliche Methode bzw. Apparatur für die Bestimmung selbst und Grenzwerte für die zulässige Viscosität von Textil-Oleinen bekanntzugeben.

11. Nachweis von Tranfettsäuren. Unter Nr. 2 dieses Abschnittes wurde bereits die Forderung aufgestellt, daß Oleine keinen Tran- oder Fischgeruch aufweisen dürfen; mit übelriechenden Oleinen gefettete Reißwollen werden vom Abnehmer reklamiert; werden sie aber verarbeitet, so zeigt die Stückware oftmals auch nach erfolgter Wäsche noch einen schlechten Geruch, weil gerade ein fischiger Geruch hartnäckig im Gewebe verbleibt. Wenn schon im Rohmaterial Tranfettsäuren mitverarbeitet werden sollen, müssen diese vorher in geeigneter Weise „veredelt" werden, damit sie ihre Oxydationsfähigkeit und ihren charakteristischen Geruch verlieren.

Bestimmung: DGF-Einheitsmethode C–II 11 (53), Prüfung auf Polyenfettsäuren, wiedergegeben auf ˙S. 432.

12. Feuergefährlichkeit. Vorbedingung für Oleine, die in Reißwollfabriken Anwendung als Schmälzmittel finden sollen, ist die Abwesenheit von oxydationsfähigen hochungesättigten Fettsäuren. Die nur eine Doppelbindung enthaltende Ölsäure ist ungefährlich, da sie auch in feiner Verteilung auf der Faser nicht oxydiert wird; auch in Gegenwart von Katalysatoren, wie Eisenseife, tritt bei Temperaturen unterhalb 75 °C keine Aktivierung der Ölsäure ein. Sogar die mit zwei Doppelbindungen versehene Linolsäure ist zum mindesten in kleineren Mengen in unserem Sinne noch nicht als gefährlich anzusprechen; dies geht aus der Tatsache hervor, daß nach H. P. KAUFMANN[2] auch die von ihm im MACKEY-Test als völlig einwandfrei befundenen Oleine einen Linolsäure-Gehalt von 8 bis 10%

---

[1] E. SCHLENKER: Seifensieder-Ztg. **55**, 28 (1928); Melliand Textilber. **12**, 708 (1931).
[2] H. P. KAUFMANN: Z. angew. Chem. **41**, 19 (1928).

besaßen, womit ein geringer Linolsäure-Gehalt als normaler Bestandteil sämtlicher Oleine anzusprechen ist. Fettsäuren mit drei Doppelbindungen (wie Linolensäure) und mehr müssen dagegen als „hochfeuergefährlich" bezeichnet werden, so daß ihr Vorhandensein in einem Olein dessen Verwendung als Schmälzmittel ausschließt.

Jodzahl. Bei reinen Fettsäuren kann die Höhe der JZ ein Maßstab für ihre Oxydationsfähigkeit und damit auch für ihre evtl. Verwendbarkeit als Schmälzmittel sein; aus halbtrocknenden oder trocknenden Ölen isolierte Fettsäuren sind für Schmälzzwecke ungeeignet, weil mit der Anzahl der Doppelbindungen (steigende JZZ) auch die Feuergefährlichkeit steigt.

Gemische aus Fettsäuren mit hohen JZZ und solchen mit sehr niedrigen können aber Endjodzahlen besitzen, welche die der nicht oxydationsfähigen Ölsäure bei weitem nicht erreichen. Deshalb kann ein Olein auf Grund der Jodzahl-Bestimmung nur dann mit Sicherheit als oxydationsfähig und damit im textilen Sinn als feuergefährlich bezeichnet werden, wenn seine JZ 94/95 überschreitet. Bei JZZ unter 90 besteht immer die Möglichkeit eines Vorhandenseins von Fettsäuren mit niedrigen JZZ neben stark oxydationsfähigen; für die Beurteilung der Gefährlichkeit oder Ungefährlichkeit solcher Oleine ist entweder die MACKEY-Prüfung oder die Bestimmung der Diskrepanz maßgebend.

Bestimmung: DGF-Einheitsmethode C–V 11 b (53), Bestimmung nach KAUFMANN (s. S. 571). Die Jodzahlen einwandfreier, nicht oxydationsfähiger Textil-Oleine liegen in der Regel zwischen 70 und 94.

Rhodanzahl (Diskrepanz). Auf chemischem Wege gibt nur die Bestimmung der RhZ in Verbindung mit der JZ einen zuverlässigen Anhaltspunkt für den Gehalt eines Oleins an gefährlichen, hochungesättigten Fettsäuren. Die Differenz zwischen JZ und RhZ — Diskrepanz genannt — ist als maßgebend für den Gehalt an hochungesättigten Säuren anzusehen. Mit steigender Diskrepanz nimmt die Oxydationsfähigkeit eines Oleins zu. Da reine Ölsäure eine JZ und RhZ von rund 90 hat, enthält ein Olein um so weniger oxydationsfähige Fettsäuren, je mehr JZ und RhZ bei 90 liegen.

Bestimmung: DGF-Einheitsmethode C–V 13 (57) (s. S. 591). Bisher wurde noch kein Grenzwert für die zulässige Höhe der Diskrepanz eines Textil-Oleins festgesetzt. Nach unseren Erfahrungen können Diskrepanzen bis zu 16 als normal angesehen werden; Oleine mit einer Diskrepanz ab 17 aufwärts sind von einer textilen Verwendung auszuschließen, da ihre MACKEY-Teste trotz meist einwandfreier JZZ ungünstig sind und die Anwesenheit beachtlicher Mengen zur Autoxydation neigender Fettsäuren erkennen lassen.

Exakte Jod- und Rhodanzahlen erhält man nur dann, wenn beide Bestimmungen im verseifbaren Fettsäure-Anteil nach Abtrennung des Unverseifbaren durchgeführt werden; da das Unverseifbare nicht nur aus Kohlenwasserstoffen besteht, ist eine Addition von Jod usw. gegeben. Übersteigt deshalb der Gehalt an unverseifbaren Anteilen 3%, ist für sehr genaue Bestimmungen die Ausschaltung des Unverseifbaren zu empfehlen.

Auch die Konjugierung mit darauffolgender UV-Spektrographie (s. Bd. I, S. 759 ff.) kann zur Olein-Analyse herangezogen werden. Ebenso ist die Papier-Chromatographie, qualitativ und quantitativ durchgeführt (s. Bd. I, S. 856 ff.), nach H. P. KAUFMANN eine exakte Methode zur „systematischen Analyse" der Oleine[1].

---

[1] H. P. KAUFMANN: Fette · Seifen · Anstrichmittel **58**, 492 (1956).

Mackey-Prüfung

Der Mackey-Prüfung kommt heute eine besondere Bedeutung zu, weil sie bei der amtlichen Zulassungsprüfung von Schmälzmitteln aller Art eine entscheidende Rolle spielt. Nach der deutschen Schmälzmittel-Verordnung des Jahres 1940, die augenblicklich redigiert und den heutigen Verhältnissen angepaßt wird, benötigt jedes Schmälzmittel eine besondere Zulassung, die vom Bundesminister für Arbeit

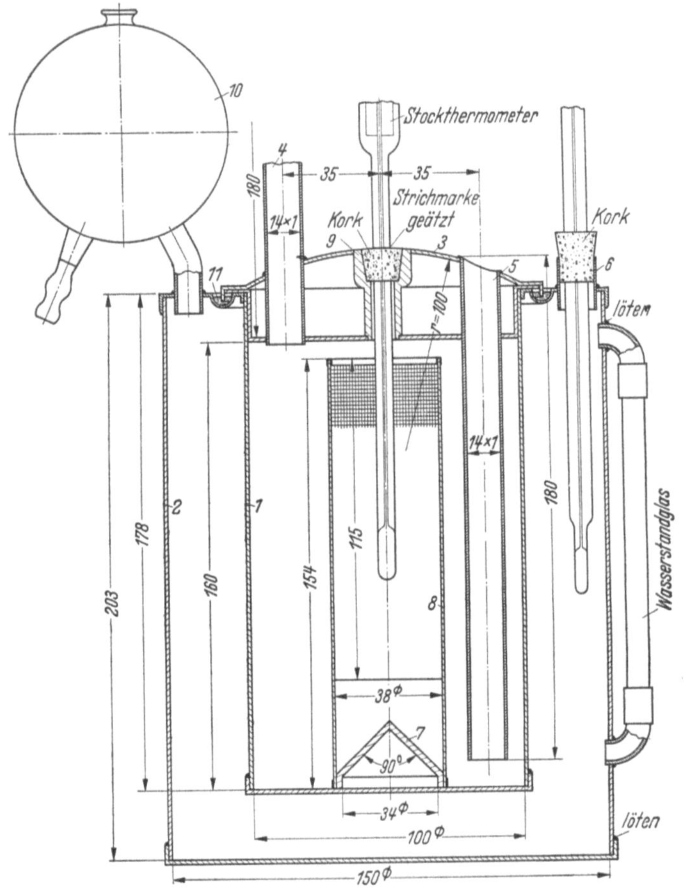

Abb. 427a. Mackey-Apparat Bauart BAM, Maßstab 1:1

1 Gefäßmantel (innen, aus Kupferblech 0,5);   *2* Gefäßmantel (außen, aus Kupferblech 0,5);   *3* Deckel (Kupferblech 0,5);   *4* Entlüftungsrohr (Messingrohr 14 × 1);   *5* Belüftungsrohr (Messingrohr 14 × 1); *6* Messingrohr (10 × 0,5);   *7* Aufnahme-Konus (Messing);   *8* Drahtzylinder, Nickelgewebe (Maschenweite 1,0, Drahtstärke 0,34);   *9* Buchse (Messing);   *10* Kühler (Kupferblech 0,5);   *11* Flüssigkeitsdichtung (Woodmetall oder Paraffinöl). Stockthermometer: 0 bis 250° C, 1/1° C DIN 12781, Stocklänge 150 mm, Strichmarke bei 120 mm

auf Grund einer speziellen Prüfung der Selbsterhitzungsneigung im Mackey-Apparat unter Erteilung eines amtlichen Prüfzeichens ausgesprochen wird.

Als eine zuverlässige Bestimmungsmethode der Oxydationsfähigkeit eines Oleins hat sich die Mackey-Prüfung bewährt. Wir geben im folgenden die Arbeitsweise der *Textilprüfanstalt* M.-Gladbach bekannt, die unter weitgehender Anlehnung an die Originalvorschrift von Mackey und Ingle[1] nach langjährigen Erfahrungen speziell für die Prüfung von Oleinen entwickelt worden ist.

---

[1] W. M. D. Mackey u. H. Ingle: J. Soc. chem. Ind. **15**, 90 (1896).

Da es bei einer Konventionsmethode wie dem MACKEY-Test auf eine genaue Einhaltung aller Versuchsbedingungen, auch der apparativen, ankommt, ist die Zurückführung der in Gebrauch zu nehmenden MACKEY-Apparate auf den Urtyp von MACKEY und INGLE Bedingung; im anderen Fall sind keine vergleichbaren Prüfungsergebnisse zu erwarten[1]. Wir bringen in Abb. 427 a und b die verbesserte Neukonstruktion des MACKEY-Apparates nach Vorschlag der „Bundesanstalt für Mechanische und Chemische Materialprüfung Abt. IV" in Berlin-Dahlem[2].

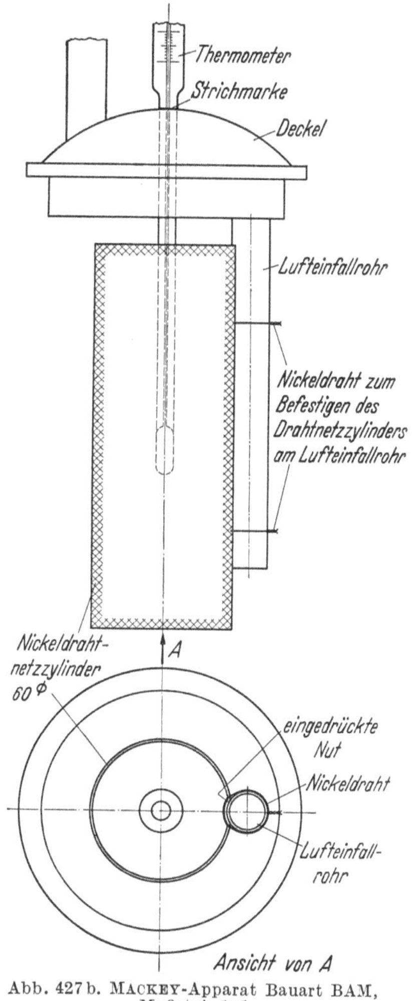

Abb. 427 b. MACKEY-Apparat Bauart BAM, Maßstab 1:1

Das Prinzip der Methode besteht darin, daß man Baumwoll- oder Zellwollwatte gleichmäßig mit einer bestimmten Menge Olein tränkt und die so gefettete Faser in einem Drahtnetz-Behälter einer konstant bleibenden Temperatur von 97 bis 98° aussetzt; dann verfolgt man während einer vorgeschriebenen Zeit die durch eine spontane Oxydation des Oleins hervorgerufene Temperatur-Steigerung innerhalb der oleingetränkten Watte.

Ausführung: Nach der alten MACKEYschen Originalvorschrift sollen 12 g Öl abgewogen oder 14 ml in einer seinem Originalapparat beigegebenen Mensur abgemessen und möglichst gleichmäßig auf 7 g extrahierter und kardierter Rohbaumwolle oder Baumwollwatte durch Auftropfen verteilt werden[3]. Zu diesem Zwecke breitet man die Watte zweckmäßig in einer geräumigen Porzellanschale aus, rollt sie nach dem Auftropfen fest zusammen und zerzupft sie nach dem Aufrollen zu großen, leichten Flocken.

Die locker auseinandergezupfte, oleingetränkte Watte wird dann in dem aus reinem *Nickeldraht* bestehenden Drahtnetz-Behälter um das Thermometer gepackt, worauf der gefüllte Einsatz in das Innere des Apparates gestellt und dafür gesorgt werden muß, daß der Thermometer-Teilstrich bei 80° nach Schließen des Deckels in gleicher Höhe mit dem oberen Rand der Stopfbüchse liegt; ein zu hoch angebrachtes Thermometer gibt zu niedrige, ein zu tief sitzendes etwas zu hohe Temperaturen an. Die Wasserfüllung in der Apparatur muß vom Moment des Einsetzens der Watte bis zum Schluß des Versuches im steten Sieden gehalten werden, was ein regelmäßiges Zusetzen von kochendem Wasser erforderlich macht.

---

[1] Die Original-Maße wurden im Jahre 1933 von K. RIETZ und E. LEWKOWITSCH (London) von der Herstellerfirma des Originalapparates REYNOLDS & BRANSON, Leeds, beschafft. Die Bekanntgabe dieser Maße erfolgte durch M. KEHREN: Fettchem. Umschau **40**, 124 (1933).

[2] Siehe hierzu auch H. SELLE: Brandverhütung und Brandbekämpfung **3**, Nr. 4 (1953).

[3] Im Gegensatz hierzu haben eine Reihe von Autoren, z. B. D. HOLDE, P. HEERMANN und W. HERBIG, die abzumessenden 14 ml in 14 g umgeändert. Diese Abänderung bedeutet an sich eine Verschärfung des Testes, da bei Fettsäuren und Ölen rd. 10% mehr Ausgangsmaterial der Prüfung unterzogen wird. Nach den in Bälde zu erwartenden neubearbeiteten ministeriellen „Vorschriften über die Prüfung von Schmälzmitteln zur Ermittlung der Selbsterhitzungsneigung (Schmälzmittelprüfvorschrift)" werden für den Kurztest ebenfalls 14 g des zu untersuchenden Schmälzmittels abgewogen und auf 7 g Watte gleichmäßig verteilt.

Unter normalen Umständen, d. h. bei Abwesenheit von oxydationsfähigen Fettsäuren im Olein, erreicht die Temperatur innerhalb der oleingetränkten Watte 80° nach etwa 30 Min. Von diesem Zeitpunkt an genügt ein Ablesen und Aufzeichnen der Temperaturen in Abständen von 5 zu 5 Min. Erreicht die Temperatur aber schnell 100°, so empfiehlt es sich, sie innerhalb kürzerer Intervalle, am besten pro Min., abzulesen. Das Ergebnis der Prüfung kann in einer Temperatur-Zeit-Kurve festgelegt werden.

Die Dauer einer normalen Prüfung beträgt 90 Min. Erreicht die Temperatur innerhalb einer kürzeren Zeit 180°, muß der Versuch abgebrochen werden (s. hierzu auch S. 1320).

Ein Olein ist frei von gefährlichen, oxydationsfähigen Fettsäuren, wenn die Temperatur innerhalb von 90 Min. 100° nicht erreicht oder nur um wenige Grade überschreitet.

Eisenfreie Oleine, die innerhalb einer Prüfzeit von 60 Min. schnell ansteigende Temperaturen bis 180° und darüber ergeben, enthalten mit Sicherheit hochungesättigte Fettsäuren; solche Oleine müssen von einer textilen Verwendung ausgeschlossen werden.

Eisenhaltige Oleine zeigen infolge der katalytisch bedingten temperatursteigernden Wirkung der Eisenseife langsam ansteigende Temperaturen, die besonders in den letzten 30 Min. der Prüfzeit zu beobachten sind. Die Schnelligkeit der Steigerung und die Endhöhe der Temperatur werden durch die Menge der im Olein gelösten Eisenseife bestimmt. Um jeden Zweifel an der Verwendbarkeit derartiger Oleine für textile Zwecke auszuschließen, untersucht man den „Asche-Rückstand" oder das Olein selbst auf Vorhandensein von Eisen (s. S. 1308) und wiederholt die MACKEY-Prüfung nach Entfernung des Eisens[1]. Ist der MACKEY-Test nach Ausschaltung der Eisenseife normal, so ist gegen eine textile Verwendung des betreffenden Oleins nichts einzuwenden. Bleibt der Test aber trotzdem ungünstig, so enthält die untersuchte Oleinprobe hochungesättigte Komponenten und scheidet als Schmälzmittel aus.

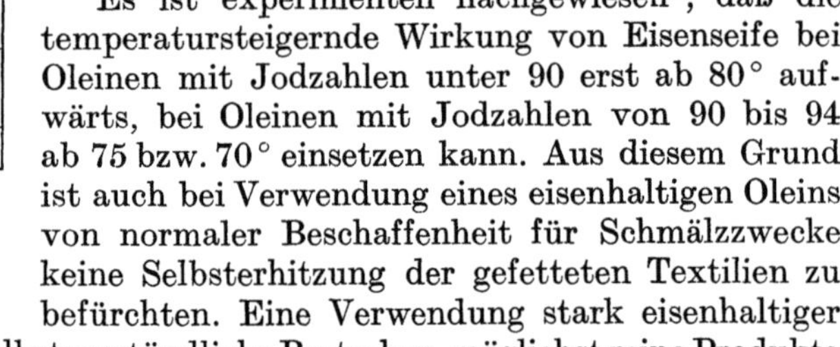

Abb. 428. Temperaturkurven eines eisenhaltigen, nicht oxydationsfähigen Oleins vor und nach der Enteisenung

Abb. 428 zeigt die Temperaturkurven eines eisenhaltigen, nicht oxydationsfähigen Oleins im Originalzustand und nach erfolgter Entfernung des Eisens.

Es ist experimentell nachgewiesen[2], daß die temperatursteigernde Wirkung von Eisenseife bei Oleinen mit Jodzahlen unter 90 erst ab 80° aufwärts, bei Oleinen mit Jodzahlen von 90 bis 94 ab 75 bzw. 70° einsetzen kann. Aus diesem Grund ist auch bei Verwendung eines eisenhaltigen Oleins von normaler Beschaffenheit für Schmälzzwecke keine Selbsterhitzung der gefetteten Textilien zu befürchten. Eine Verwendung stark eisenhaltiger Oleine verbietet schon das selbstverständliche Bestreben, möglichst reine Produkte zu verarbeiten und Verunreinigungen aller Art dem Fasermaterial fernzuhalten; ein hoher Eisengehalt ruft schmutzige Trübungen der Oleine hervor, die undurchsichtig werden, sich verfärben und ein unreines, unschönes Aussehen annehmen.

In gleicher Weise wie Eisenseife kann auch im Olein gelöste *Chromseife*[3] im Verlauf der MACKEY-Prüfung Ölsäure unter Temperatur-Steigerung kataly-

---

[1] Die Entfernung des Eisens kann durch Behandeln des Oleins mit verd. Salzsäure nach M. KEHREN: Zit. S. 1306, Fußnote 3, im Schütteltrichter erfolgen; für die Isolierung des eisenfreien Oleins empfiehlt sich ein nachfolgendes Ausäthern und Trocknen über entwässertem Natriumsulfat.

[2] M. KEHREN: Melliand Textilber. **20**, 807 (1939).

[3] M. KEHREN: Melliand Textilber. **19**, 735 (1938); **20**, 142 (1939).

tisch oxydieren und so zu einer Fehlbeurteilung der Oxydationsfähigkeit eines Oleins führen. Chromseife bildet sich nur beim Färben von Wollen mit Chromierungsfarben „im Fett", also ohne vorheriges Auswaschen eines freie Fettsäure enthaltenden Schmälzöles. Auf der Faser bereits als Farbstofflack fixiertes Chrom kann von einem Olein nicht mehr gelöst werden. Da die temperatursteigernde katalytische Wirkung von Chromseife genau wie von Eisenseife erst bei höheren Temperaturen einsetzt, besteht in der Praxis auch für im Fett chromgefärbtes, oleinhaltiges Wollmaterial keine Entzündungsgefahr, wenn es nicht über 60° getrocknet oder gelagert wird.

Für die Beurteilung des Ergebnisses der MACKEY-Prüfung kann auch der Gehalt des Oleins an „unverseifbaren Bestandteilen" von Bedeutung werden; die katalytische Wirkung der im Olein bereits gelösten und der im Verlauf der Prüfung durch Berührung des Drahtnetzes mit der fettsäuregetränkten Watte sich noch zusätzlich bildenden Metallseife nimmt nämlich mit steigendem Gehalt an Unverseifbarem ab; demnach müssen die unverseifbaren Anteile als negative Katalysatoren angesprochen werden. Oleine mit einem Gehalt an unverseifbaren Bestandteilen unter 2,5% können auch in Abwesenheit von oxydationsfähigen Fettsäuren einen ansteigenden Test zeigen, der eine nicht bestehende Gefährlichkeit vortäuscht. Die einwandfreie Beurteilung der Feuergefährlichkeit von hochverseifbaren Oleinen ist demnach erst nach der Bestimmung des Unverseifbaren und eines evtl. Metallseifen-Gehaltes möglich.

Eine besondere Stellung nehmen Oleine mit *retardierend* wirkenden Zusätzen ein. Hierunter sind Oleine zu verstehen, die trotz ihres Gehaltes an oxydationsfähigen Fettsäuren einen völlig normalen Test zeigen und selbst nach einer über 90 Min. sich ausdehnenden Prüfung eine Temperatur von 98/99° nicht überschreiten. Als Zusatz kommt vorwiegend β-Naphthol in einer Menge von etwa 1% in Frage, über dessen qualitativen Nachweis unter 13 noch berichtet wird. Aber auch an die Verwendung der viel wirkungsvolleren modernen Antioxydantien ist zu denken (s. S. 222ff.).

In Gegenwart eines *retardierend* wirkenden Zusatzes gibt der sonst so zuverlässige MACKEY-Test keinen Aufschluß über das Vorhandensein von hochungesättigten Fettsäuren; deren Nachweis ist unter diesen Umständen nur durch die Bestimmung der Diskrepanz von JZ und RhZ (s. S. 1311) oder in gewissen Fällen auch durch die Ermittlung der Jodzahl allein bzw. durch systematische Analyse möglich. Die Beziehungen zwischen MACKEY-Test und Diskrepanz haben H. P. KAUFMANN und H. FIEDLER eingehender untersucht[1].

13. Qualitativer Nachweis von Retardierungsmitteln[2]. Da ein Zusatz von β-Naphthol, Brenzkatechin, Hydrochinon usw. zu einem Olein im Verlauf der MACKEY-Prüfung auch in Gegenwart hochungesättigter Fettsäuren keine Steigerung der Temperatur über 97/98° zuläßt, ist der Nachweis eines Retardierungsmittels von besonderer Bedeutung; denn bei Vorhandensein eines solchen ist trotz negativem MACKEY-Test die Oxydationsfähigkeit eines Fettsäure-Gemisches nicht ausgeschlossen.

Nachweis von β-Naphthol durch die Para-Reaktion[3]. Man löst eine Messerspitze (etwa 0,2 g) Echtrotsalz GG in einem Reagensglas (2 × 25 cm) in etwa 25 ml dest. Wasser, eventuell unter leichtem Erwärmen; darauf gibt man etwa 5 ml des zu untersuchenden Oleins hinzu und schüttelt kräftig durch. Bei Gegenwart von β-Naphthol entsteht sofort eine intensive Rotfärbung, die sich nach einiger Zeit als Niederschlag absetzt.

---

[1] H. P. KAUFMANN u. H. FIEDLER: Fette u. Seifen **46**, 210 (1939).
[2] K. BILTZ u. W. SIMON: Mschr. Textil-Ind. **56**, 195 (1941).
[3] M. KEHREN: Melliand Textilber. **11**, 290 (1930).

Statt Echtrotsalz GG läßt sich auch Nitrazol CF verwenden; dieses hat zwar den Vorzug einer leichten Wasserlöslichkeit; unter den gleichen Bedingungen reagiert es aber wesentlich langsamer, auch fällt die Reaktion bei Vorhandensein geringfügiger Mengen von β-Naphthol schwächer aus.

Mit der Para-Reaktion lassen sich weniger als 0,05% β-Naphthol in einigen ml eines Oleins oder Fettsäure-Gemisches nachweisen.

Im Gegensatz zu früher wird heute kein Einspruch gegen den Zusatz eines Retardierungsmittels zu Oleinen oder Schmälzöl-Kompositionen erhoben, da man sich hiervon in textilen Kreisen eine merkliche Herabsetzung der Selbsterhitzungsneigung von gefetteten Textilien verspricht.

Brenzkatechin löst sich farblos nur in völlig eisenfreien Oleinen; in Gegenwart von Eisen färbt es Fettsäure schmutzig grünviolett bis violett.

β) Saponifikat-Oleine

Infolge ihres Gehaltes an eigentümlichen Verunreinigungen und ihres unklaren, durch Abscheidung fester Fettsäuren bedingten Aussehens, sind die Saponifikat-Oleine als Faserschmälzmittel in der Textil-Industrie nicht geeignet. Da sie aber ein beliebtes Rohmaterial für die Herstellung von „Textilseifen" sind, sollen die Anforderungen kurz besprochen werden, denen sie für diesen Verwendungszweck genügen müssen. Die Untersuchungsmethoden sind die gleichen wie sie für Destillat-Oleine unter α angegeben worden sind.

Saponifikat-Oleine besitzen eine gelbliche bis dunkelbraune Farbe, sie sind selten klar und zeigen in der Regel besonders bei niedrigeren Temperaturen eine Abscheidung fester Fettsäuren. Der *Geruch* soll ein reiner Fettgeruch sein, fischig oder tranig riechende Fettsäure-Gemische sind abzulehnen.

Ein möglichst hoher *Äther-Extrakt* und die Abwesenheit nachweisbarer Mengen von Wasser, Schmutz und sonstigen nichtfettartigen Bestandteilen sind Vorbedingung für die Verwendungsfähigkeit eines Saponifikat-Oleins überhaupt. Weiterhin hat die Brauchbarkeit eines Saponifikates für die Seifenfabrikation einen möglichst geringen Gehalt an *unverseifbaren Bestandteilen* zur Voraussetzung, der 2% nicht übersteigen soll. Eine völlige Verseifung verlangt auch eine möglichst hohe SZ und VZ. Je niedriger der Gehalt eines Saponifikates an „Neutralfett" ist, um so leichter lassen sich aus ihm in der textilen Ausrüstungsindustrie brauchbare und waschkräftige Seifenleime herstellen. Bei hohem Neutralfett-Gehalt ist ein längeres Kochen mit Ätzalkalien zur völligen Aufspaltung erforderlich.

Während die unterste Grenze für die SZ eines Saponifikat-Oleins bei 175 liegt, soll die VZ nicht niedriger als 190 sein. Der Höchstgehalt an *Neutralfett* darf etwa 14% betragen.

Werden Seifen mit bestimmten Eigenschaften verlangt, spielt der *Erstarrungspunkt* des Fettsäure-Ansatzes eine wichtige Rolle; so sind z. B. Fettsäure-Gemische mit niedrigem Titer als ausgesprochene Waschseifen für Garn- und Stückwäsche sowie zum Nachseifen von Echtfärbungen und -drucken und für die Seiden-Entbastung geeignet.

Fettsäuren mit hohen JZZ sind für die Herstellung von Seifen ungeeignet, weil hochungesättigte Fettsäuren oxydabel sind und besonders in Gegenwart von Kupfer- und Eisenspuren Fleckenbildung in der fertigen Seife und einen ranzigen Geruch hervorrufen können. Auch sind nachträgliche Oxydationsvorgänge innerhalb der in gewaschenen Textilien von der Faser zurückbehaltenen Seifenrückstände möglich, wenn die Fettsäuren leicht oxydabel waren. In diesem Falle kann bei gewaschener wollener oder wollhaltiger Stückware, die nach einer Behandlung mit Essigsäure im feuchten Zustand aufgetafelt unter Druck lagert, besonders in den unteren Lagen ein Heißwerden der Faser eintreten, das mit einer Qualitätsminderung der Ware verbunden zu sein pflegt.

Ganz allgemein sollen die JZZ von Saponifikat-Oleinen 90 nicht überschreiten. Es empfiehlt sich, die JZ des Fettansatzes für eine Textilseife unter 80 zu halten, für Spezialseifen für die Weißwaren-Appretur können sogar JZZ unter 25 verlangt werden.

d) Neutralöle

Wie auf S. 1304 bereits erläutert, finden von den Neutralölen einige nichttrocknende, leicht emulgierbare Öle, wie Olivenöl und Erdnußöl, ausschließlich in der Kammgarn-Spinnerei als Schmälzmittel Verwendung. Ihre Untersuchung erstreckt sich in erster Linie auf die Bestimmung der JZ, der SZ und des MACKEY-Testes. Bei den geringen Ölmengen, die beim Kammgarn-Spinnverfahren zur Erzielung der Gleitfähigkeit von Wollfasern erforderlich sind, spielt die Verseifbarkeit nur eine untergeordnete Rolle, zumal die Öle in der Regel mit 15 bis 16 % freier Fettsäure = Olein vermischt werden, die nach der Überführung in Seife emulgierend auf die Glyceride einwirken. Zur Kontrolle der Abwesenheit von unverseifbaren Mineralölen genügt deshalb zumeist eine qualitative Verseifungsreaktion (S. 939).

Bei Neutralölen genügt eine $1^1/_2$ std. MACKEY-Prüfung nicht, sie muß auf 3 Std. ausgedehnt werden[1]; weiterhin muß bei der Beurteilung der erhaltenen MACKEY-Zahlen von Neutralölen die Höhe der SZ berücksichtigt werden, da auch nichttrocknende pflanzliche Öle mit steigenden SZZ leicht ansteigende Teste zeigen können, wenn die Prüfung über $1^1/_2$ Std. ausgedehnt wird; vom textilchemischen Standpunkt aus sind diese Teste aber als durchaus normal zu bezeichnen. Für die textile Fettung abzulehnen sind nur solche Öle, die bereits innerhalb der $1^1/_2$ std. Prüfzeit einen größeren Temperatur-Anstieg ergeben.

Nur bei *Erdnußöl* ist eine gewisse Vorsicht geboten, da dieses seiner chemischen Zusammensetzung nach eine Sonderstellung innerhalb der nichttrocknenden Öle einnimmt; denn es kann trotz seiner Zugehörigkeit zu dieser Gruppe einen zwischen 7,4 bis 26 % schwankenden Linolsäure-Gehalt besitzen. Demnach kann das Erdnußöl je nach seiner Zusammensetzung, d. h. nach seinem Gehalt an hochungesättigten Glyceriden und freien Fettsäuren, oxydationsfähig sein. Aus diesem Grund sollten Erdnußöle und besonders saure Erdnußöle in der Textil-Industrie nur dann zu Schmälzzwecken Verwendung finden, wenn die Fasern — wie in der Kammgarn - Spinnerei — für den Spinnprozeß nicht viel Fett benötigen. Für die Reißwoll-Fabrikation und für die Streichgarn-Spinnerei kommt deshalb Erdnußöl als Schmälzmittel keinesfalls in Frage.

In Tabelle 362 sind MACKEY-Zahlen für Olivenöl und Erdnußöl in Abhängigkeit von der Höhe der SZ aufgezeichnet.

Tabelle 362

Säurezahl	Olivenöl		Erdnußöl	
	0,5	25,3	0,56	2,45
Nach 30 Min.	86° C	85,5° C	82° C	85° C
„ 45 „	93	98	92	96,5
„ 60 „	95,5	104	95	104,5
„ 75 „	96,5	107	96	119,5
„ 90 „	97	108	96,5	195
„ 120 „	97,5	108	97	—
„ 135 „	98	107,5	97,5	—
„ 150 „	98,5	107	97,5	—
„ 165 „	99	106,5	98	—
„ 180 „	100	106	98,5	—

---

[1] C. STIEPEL: Seifensieder-Ztg. **58**, 291 (1931); M. KEHREN: Melliand Textilber. **18**, 908 (1937).

e) Schmälzöl-Kompositionen

Bei der Vielseitigkeit der chemischen Beschaffenheit der heute im Handel befindlichen Schmälzmittel-Kompositionen (s. hierzu die Aufstellung S. 1305), die mit Wasser eine mehr oder weniger haltbare Emulsion ergeben, stößt die chemische Analyse dann auf Schwierigkeiten, wenn die vorhandenen Emulgatoren auch nach längerem Kochen mit Salzsäure am Rückflußkühler nicht aufgespalten werden können. Die Überprüfung der Kompositionsschmälzmittel erstreckt sich auf die Bestimmung des *Wasser-* und *Gesamtfett*-Gehaltes, getrennt nach verseifbaren und unverseifbaren Anteilen, sowie auf die *Emulgierfähigkeit* und auf das *Autoxydationsvermögen* = MACKEY-Test. Über einen evtl. Gehalt an freier Fettsäure = *Olein* gibt die Höhe der Säurezahl Auskunft (1 ml 0,5 n alkohol. Kalilauge entspricht 0,414 g Olein). Die exakte Bestimmung der *Auswaschbarkeit* einer Schmälzöl-Komposition kann nur durch einen praktisch durchzuführenden Labor-Waschversuch erfolgen (vgl. S. 1321 ff.).

Wasser-Gehalt. Aus wirtschaftlichen Überlegungen sind stark wasserhaltige Schmälzmittel abzulehnen; das Verdünnen und Emulgieren mit Wasser kann vom Reißwoll-Fabrikanten und Streichgarn-Spinner den jeweiligen Erfordernissen entsprechend vor dem Gebrauch in einem Rührwerk durchgeführt werden. Die in der Kriegszeit gebräuchlichen, sog. fettarmen Schmälzmittel, die in der Hauptsache aus Wasser bestanden, sind heute nicht mehr konkurrenzfähig. Die Bestimmung des Wasser-Gehaltes erfolgt nach der Xylol-Destillationsmethode, die auf S. 473 beschrieben ist.

Emulgierfähigkeit. Vorbedingung für eine feindisperse, wäßrige Schmälzemulsion, die auch den späteren Auswaschprozeß fördert, ist die ausreichende Emulgierfähigkeit des Schmälzmittels. Diese hat das Vorhandensein eines genügenden Prozentsatzes eines oder mehrerer hochwirksamer Emulgatoren zur Voraussetzung. Man überprüft die Emulgierfähigkeit durch einen einfachen Handversuch, indem man eine bestimmte Menge des Schmälzmittels in einem Schüttelzylinder in der vom Hersteller vorgeschriebenen Weise mit Wasser verdünnt, gut durchschüttelt und beobachtet, innerhalb welcher Zeit ein Aufrahmen erfolgt. Der Emulgierversuch kann auch mit Hilfe eines mechanischen Rührwerkes vorgenommen werden, wobei man das günstigste Verhältnis zwischen der Komposition und dem zuzusetzenden Wasser ohne Schwierigkeiten ermittelt.

Vereinzelt werden auch heute noch in Kompositionen als Emulgiermittel nichtklebende *Pflanzenschleime* (z. B. Carrageenmoos, Agar-Agar u. dgl.) angewendet, die sich beim Kochen mit Säuren hydrolytisch, teilweise unter Bildung von Zuckerarten, aufspalten; bei dieser Hydrolyse kommt es oft zur Abscheidung von Flocken, die aus Cellulose und ähnlichen Stoffen bestehen. Sie werden meist bei der Bestimmung des Gesamtfett-Gehaltes eines Schmälzmittels nach dem Aufkochen mit Säure erkannt und können im Filtrat bzw. Säurewasser nachgewiesen werden.

Für den qualitativen Nachweis von Verdickungsmitteln in Schmälzölen hat sich folgende Arbeitsweise bewährt:

10 bis 20 g des Schmälzmittels werden durch nicht zu langes Kochen mit verd. Schwefelsäure zerlegt, die abgeschiedene Öl- bzw. Fettsäure-Komponente mit Äther oder einer Mischung von Äther-Petroläther beseitigt und dann das Verdickungsmittel im neutralisierten und auf etwa 30 ml eingeengten Sauerwasser mit dem 10fachen Volumen absol. Alkohols ausgefällt. Nach 24stdg. Stehen wird dekantiert und die Rückstandsmenge nach Filtrieren und kurzem Auswaschen mit Wasser ermittelt.

Nach W. Herbig[1] ist die Verwendung von Pflanzenschleimen für Schmälz-
emulsionen zu verwerfen. Zunächst hindert ein derartiger Zusatz das capillare
Eindringen des Öles in die Faser, die Schmälze liegt auf der Faser und verschmiert
die Kratzen. Außerdem geben Pflanzenschleime zu einer Bildung von Schimmelpilzen Veranlassung, wodurch leicht ein stockiger Geruch erzeugt wird, der
auch durch antiseptisch wirkende Zusatzmittel nicht immer verhindert werden
kann.

Gesamtfett-Gehalt. Der Wert eines Schmälzmittels wird in erster Linie durch
die Menge des in ihm vorhandenen eigentlichen Fettungsmittels bestimmt,
das bei einer ausgesprochenen Mineralölschmälze vorwiegend aus Mineralöl
besteht. Die Gesamtfett-Bestimmung erfolgt in der Weise, daß man eine abgewogene Menge des Schmälzmittels mit Wasser verdünnt, die Emulsion mit
Salzsäure stark ansäuert und so lange am Rückflußkühler kocht, bis sich eine
klare Ölschicht abgeschieden hat. Diese wird in der bekannten Weise im Scheidetrichter mit Äther-Petroläther aufgenommen und quantitativ bestimmt. Die
im Anschluß hieran durchgeführte Verseifung mit alkohol. Kalilauge gibt Auskunft über die Menge der verseifbaren Anteile und des Mineralöles.

Schwierigkeiten entstehen bei dieser Bestimmung nur dann, wenn das
Schmälzmittel durch Kochen mit Salzsäure nicht aufgespalten werden kann;
in einem derartigen Fall muß die Spaltung mit Schwefelsäure versucht werden,
oder man trennt die Emulsion mit gesättigter Kochsalz-Lösung.

Nach erfolgter Verseifung und Isolierung des evtl. vorhandenen Mineralöles
ist der Beschaffenheit des letzteren besondere Beachtung zu schenken. Zähflüssige, dunkelgefärbte und übelriechende Öle, die während des Verseifungs-
prozesses des Gesamtfettes sogar teerige Bestandteile abscheiden können, sind
für Schmälzzwecke ungeeignet.

Mackey-Test. Für die sogenannte „Feuergefährlichkeitsprüfung" fettarmer
d. h. mineralölhaltiger Schmälzmittel im Mackey-Apparat sind im Jahre 1941
in Verbindung mit der bekannten „Polizeiverordnung zur Verhütung der Selbstentzündung von geschmälzten Faserstoffen" vom 6. Sept. 1940 besondere
amtliche Vorschriften erlassen worden, die von Metz und Borchert[2] veröffentlicht worden sind. Die Arbeitsweise entspricht im Prinzip der üblichen Bestimmungsmethode für den Mackey-Test (s. S. 1312ff.), nur wurde die Verwendung
von Zellwollwatte als Trägerfaser vorgeschlagen und die Prüfdauer auf 6 Std.
verlängert, wobei allerdings ein fettarmes Schmälzmittel (auf Basis Mineralöl)
als nicht selbstentzündlich bezeichnet wurde, wenn es im Mackey-Apparat
innerhalb der ersten 3 Std. keinen Temperatur-Anstieg über 100° zeigte. Zellwollwatte hat sich aber besonders bei stark wasserhaltigen Schmälzmitteln nicht
bewährt, so daß sie heute wieder durch Baumwollwatte oder entfettete und
kardierte Baumwolle ersetzt wird.

Während die Dauer der Mackey-Prüfung bei Oleinen auf 90 Min. beschränkt
ist, müssen mineralölhaltige Schmälzmittel wesentlich länger im Mackey-
Apparat verbleiben. Nach M. Kehren und L. Vogelmann[3] ergeben sämtliche
Mineralöle auch in Gegenwart von Metallseifen, wie Eisenoleat, Kupferoleat,
Aluminiumstearat u. dgl., selbst innerhalb einer 6stdg. Prüfzeit negative
Mackey-Teste. Auch Beimischungen von oxydationsfähigen Ölen oder Fett-
säuren reagieren träge und geben nur einen sogenannten Oxydationsstoß, der

---

[1] W. Herbig: Die Öle und Fette in der Textilindustrie, S. 217. Stuttgart: Wissenschaftl. Verlagsges. 1929.

[2] L. Metz u. A. Borchert: Reichsarbeitsblatt **1941**, S. III/38.

[3] M. Kehren u. L. Vogelmann: Melliand Textilber. **23**, 38, 90, 137 (1942).

sich im allgemeinen erst bei Zusätzen bis zu 20% und mehr deutlich erkennen läßt. Nach erfolgter Oxydation der gefährlichen Komponenten wird der Test sofort wieder normal.

Abb. 429 zeigt zunächst die kaum sichtbare Wirkung eines Zusatzes von 10% Leinöl-Fettsäuren zu einem Mineralöl; ein deutlich sichtbarer Oxydationsstoß wird erst durch einen 20%igen Zusatz hervorgerufen.

Unter Berücksichtigung der trägen Reaktion oxydationsfähiger Fettsäure- oder Ölkomponenten in Gegenwart von Mineralöl mußte die MACKEY-Prüfung bei mineralölhaltigen Schmälzmitteln während der Kriegszeit auf 6 Std. ausgedehnt werden. Da auch die bei der amtlichen Zulassungsprüfung in Aussicht genommene Prüfdauer von 3 Std. eine zu starke thermische Belastung für Oleine und vorwiegend auf Olein-Basis stehende Schmälzmittel darstellt, wird in einem neuen Entwurf der amtlichen Vorschrift über die „Prüfung der Schmälzmittel zur Ermittlung der Selbsterhitzungsneigung" eine zweite Prüfmethode vorgesehen; statt der alten MACKEY-Prüfung mit stetig kochendem Wasserbad, der sogenannten „Kurzprüfung", wird zusätzlich eine *Lang*prüfung bei einer Wassertemperatur von 75° eingeführt, die sich auf einen Zeitraum von 48 Std. erstreckt.

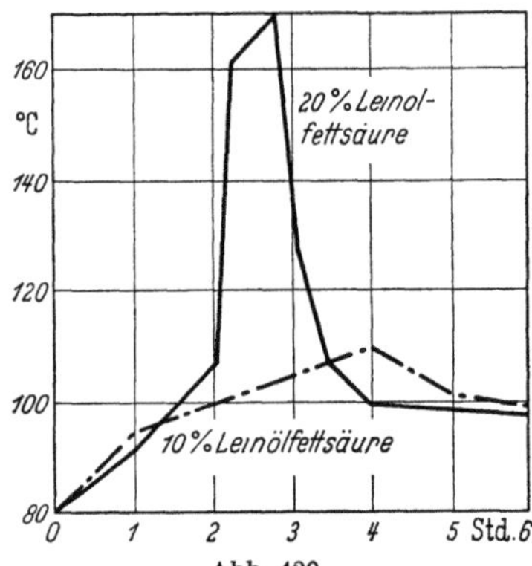

Abb. 429
Temperaturkurven einer Schmälzmittel-Komposition auf Basis Mineralöl mit Zusatz von 10 und 20% Leinöl-Fettsäure

Statt der zu hohen Belastung der Baumwollwatte mit 200% Schmälzöl wurde für die neue Methode die Prüfmenge auf 30%, d. h. auf 15 g Schmälzöl reduziert, die auf 50 g Watte aufgebracht werden müssen. Der Nickeldrahtnetz-Behälter muß hierfür auf 60 mm lichte Weite vergrößert werden.

Zur Einhaltung der Temperatur-Konstanz empfiehlt sich die Verwendung des elektrisch- oder gasbeheizten MACKEY-Apparates mit Kontakt-Thermometer, wie er von der Bundesanstalt für mechanische und chemische Materialprüfung, Berlin-Dahlem, konstruiert worden ist (s. hierzu Abb. 427 a und b, S. 1312f.).

Entwässerung stark wasserhaltiger Schmälzmittel. Da stark wasserhaltige Schmälzmittel nur einen geringen Fettgehalt besitzen, dessen Verhalten im MACKEY-Apparat auch während einer 3 bis 6stdg. Prüfzeit infolge der auf der Trägerwatte befindlichen geringfügigen Menge des eigentlichen Fettkörpers keine einwandfreie Bestimmung seiner Oxydationsfähigkeit zuläßt, sieht die amtliche Vorschrift eine zweite Testbestimmung der Schmälzemulsion *im entwässerten Zustand* vor. Auch für die wasserfrei gemachte Komposition ist eine Prüfdauer von mindestens 3 Std. vorgesehen. Erst die Übersicht über die bei beiden Versuchen erhaltenen Temperaturwerte gestattet einen sicheren Rückschluß auf die Selbstentzündlichkeit.

Für die Entwässerung benennt schon die alte amtliche Vorschrift folgende beiden Methoden:

a) *Emulsionen.* Zerstörung mit Kochsalz, der abgeschiedene nichtwäßrige Anteil wird mit Benzol oder Chloroform aufgenommen; nach dem Trocknen und Filtrieren wird das Lösungsmittel abgedampft.

b) *Seifenlösungen.* Verdampfen im Vakuum bei 50°; Seifenpasten werden — wie der Verdampfungsrückstand der Seifenlösungen — nach dem Lösen in Alkohol auf die Faser gebracht; danach wird das Lösungsmittel bei 50° im Vakuum abgedampft.

Für die Entwässerung hat sich die Apparatur nach E. Ubrig[1] besonders bewährt; die runde Schale kann auch durch einen Claisen-Kolben ersetzt werden, wenn man Kugelkühler und Woulfsche Flasche schräg stellt.

Abb. 430 zeigt den Verlauf der Mackey-Kurven eines stark wasserhaltigen Schmälzmittels auf Mineralöl-Basis im Originalzustand und nach erfolgter Entwässerung.

Eisen-Lagerversuch. Wenn auch nachgewiesen ist, daß Eisen nur bei Temperaturen oberhalb 80° bzw. 75/70° eine katalytische Wirkung ausüben kann, sah die amtliche Vorschrift des Jahres 1941 bei der Mackey-Prüfung mineralölhaltiger Schmälzmittel trotzdem eine besondere Kontrolle des Verhaltens gegenüber Eisen durch den „Eisen-Lagerversuch" mit nachfolgender Wiederholung des Mackey-Testes vor.

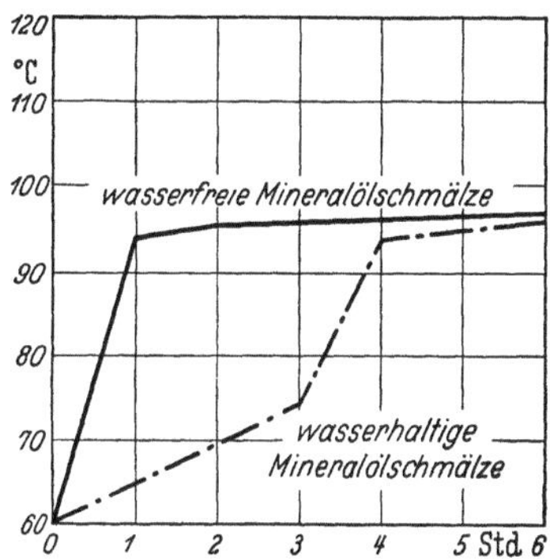

Abb. 430
Temperaturkurven einer wasserhaltigen Mineralöl-Schmälze vor und nach Entwässerung

100 ml Steilbrust-Flaschen werden zur Hälfte mit dem Schmälzmittel gefüllt; in das Mittel werden frisch abgeschmirgelte Streifen eines normalen, handelsüblichen Eisenbleches ($20 \times 75 \times 1$ mm) so hineingestellt, daß sie zur Hälfte aus dem Schmälzmittel herausragen. Die Bleche werden 4 Wochen bei Raumtemperatur in den Flaschen belassen. Die Flaschen müssen täglich belüftet und 1 Min. lang geschüttelt werden. Die Einwirkung der Schmälzmittel auf Eisen wird nur mit den Schmälzmitteln im Anlieferungszustand durchgeführt. Der neue Entwurf für die Durchführung der amtlichen Prüfung der Schmälzmittel zur Ermittlung der Selbsterhitzungsneigung sieht eine zeitlich vereinfachte Prüfung der Eisen-Aufnahme vor. In der abgewogenen Probe des entwässerten Schmälzmittels (14 g bzw. 15 g) werden unter gelindem Erwärmen (50°) 0,1 g Eisenstearat (entsprechend etwa 0,04% Fe) in Lösung gebracht. Mit dem so vorbereiteten Schmälzmittel wird die bekannte Mackey-Prüfung nach einer der beiden angegebenen Methoden durchgeführt.

Der Eisen-Gehalt des so behandelten Schmälzmittels wird durch Veraschen bestimmt. Die Differenz zwischen dem erhaltenen Analysenwert und dem in der Originalprobe festgestellten Prozentsatz ergibt die während des Lagerversuches aufgenommene Menge Eisen.

Ob das aufgenommene Eisen die Fettkomponente des Schmälzmittels unter den Bedingungen der Mackey-Prüfung katalytisch im ungünstigen Sinne beeinflußt, entscheidet die Bestimmung des Mackey-Testes nach beendeter Lagerprüfung. Entspricht das Schmälzmittel jetzt nicht den bei der Beurteilung der Mackey-Prüfung angegebenen Bedingungen, darf es nicht in eisernen Fässern verschickt, in eisernen Behältern gelagert oder durch eiserne Rohrleitungen geführt werden.

Schmälzmittel auf Mineralöl-Basis mit niedriger Säurezahl, also mit einem nur geringen Gehalt an freier Fettsäure, lösen Eisen nur in so geringfügiger Menge, daß bei ihnen auf den Eisen-Lagerversuch verzichtet werden kann.

Bestimmung der Auswaschbarkeit von Schmälzmitteln. Ein Schmälzmittel soll nicht nur gute spinntechnische Eigenschaften besitzen, sondern es muß aus Garnen und Geweben auch wieder völlig auswaschbar sein. Die Entscheidung hierüber kann durch Bestimmung chemischer Konstanten nur bei Oleinen getroffen werden, da deren unverseifbare Bestandteile nicht aus Mineralölen bestehen. Ergibt deshalb die Ermittlung des prozentualen Anteiles an Unverseifbarem einen Wert unter 3%, so ist die Auswaschbarkeit in einfach soda-alkalischer oder ammoniakalischer Flotte gesichert. Als qualitative Vorprobe der Auswaschbarkeit von Kompositionen ist auch die auf S. 1309 angegebene Methode geeignet.

---

[1] E. Ubrig: Apotheker-Ztg. **46**, 312 (1931).

Das Verhalten mineralölhaltiger Kompositionsschmälzen während eines Waschprozesses ist dagegen durch die Bestimmung chemisch oder chemisch-physikalischer Daten nicht abzuschätzen, da diese über die Wirksamkeit des vorhandenen Emulgators im Ablauf des Walk-, Wasch- und Spülvorganges nichts aussagen. Aus diesem Grunde kann die Frage der Auswaschbarkeit von Mineralöl-Schmälzmitteln nur nach Durchführung spezieller Prüfverfahren beantwortet werden.

Vor der Besprechung exakter Untersuchungsmethoden sollen 2 Verfahren angegeben werden, die von der ,,Arbeitsgruppe Schmälzmittel des Technischen Ausschusses des Verbandes der Textilhilfsmittel-, Lederhilfsmittel- und Gerbstoff-Industrie"[1] als praktische Vorprüfung mit einfachsten Mitteln vorgeschlagen wurden und zu Orientierungszwecken (nach M. KEHREN) über die Klassifizierung ,,überhaupt nicht, schwer oder leicht auswaschbar" brauchbar sind.

Die beiden Verfahren beruhen auf der erstmals von KUCKERTZ[2] angegebenen Methode, derzufolge eine vergleichende Prüfung der Waschaktivität von Waschmitteln in der Weise durchgeführt werden kann, daß zunächst Mineralöl zusammen mit 1% *Sudanviolett BR* in einem organischen Lösungsmittel (Tetra, Benzin od. dgl.) gelöst wird. Mit dieser Öl-Farbstoff-Lösung werden Gewebestreifen oder Garnstränge in einem bestimmten Prozentsatz imprägniert und dann auf einer Laborwaschmaschine gewaschen.

Da *Sudanviolett BR* keine Affinität zur Wollfaser besitzt und nur in Kombination mit dem Öl von ihr entfernt wird, kann die zurückbleibende Intensität der Anfärbung der gewaschenen Streifen oder Stränge als Maßstab für den Wirkungswert des verwendeten Waschmittels gelten. Man kann auch das verbliebene Restfett mit dem zurückgebliebenen Farbstoff in Tetra lösen und die erhaltene Farbstoff-Lösung colorimetrisch mit dem Tetra-Extrakt eines imprägnierten, aber ungewaschenen Streifens vergleichen. Infolge der begrenzten Lichtechtheit des Farbstoffes darf das Trocknen von imprägnierten Streifen nicht am hellen Licht erfolgen.

a) Schüttelmethode. *Präparieren des Prüfgewebes:* Aus dem Prüfgewebe wird ein Stück von 18 × 24 cm (etwa 10 g) herausgeschnitten und in einer trockenen Photoschale mit glattem Boden aus Glas, Emaille oder Porzellan, (ebenfalls im gleichen Format 18 × 24 cm) in einer Lösung von 1 g der zu untersuchenden Schmälze im Anlieferungszustand in 25 ml reinem Tetrachlorkohlenstoff und 10 ml Sudanviolett-BR-Lösung (früher 0,1, neuerdings 0,2 g Farbstoff in 1 kg Tetra) so lange unter Hin- und Herschaukeln der Schale behandelt, bis das Lösungsmittel verdunstet ist.

Sollte die Schmälze sich in Tetra nicht blank lösen, ist die Lösung durch Zusatz von wenig Methylalkohol, Äthylalkohol oder Chloroform herbeizuführen. Die Präparierung erfolgt zweckmäßigerweise im Freien oder unter einem Abzug.

Im Interesse einer guten Sichtbarmachung der Auswasch-Resultate wird bei der Prüfmethode mit einer relativ hohen Schmälzmenge von 10% — berechnet auf Spinnmaterial — gearbeitet. Es wird dabei zugrunde gelegt, daß es sich um eine praktisch wasserfreie Schmälze handelt. Wird lt. Vorschrift des Herstellers oder auf Grund eigener Erfahrung von einer Schmälze mehr angewendet, als bei einem wasserfreien Produkt üblich ist, so ist die Einschmälze entsprechend zu erhöhen.

Die präparierten Lappen müssen gleichmäßig und fleckenfrei angefärbt sein; sie werden, sobald das Lösungsmittel im wesentlichen verdunstet ist und die

---

[1] T. SCHÜTTE: Melliand Textilber. **33**, 774 (1952).
[2] H. KUCKERTZ: Erfahrungsaustausch der Seifen-, Wasch- und Reinigungsmittel-Industrie, Folge 3, 1943; siehe auch G. SCHWEN: Melliand Textilber. **30**, 351 (1949).

Lappen nicht mehr tropfen, auf einer Unterlage von Filtrierpapier flach ausgebreitet und über Nacht liegengelassen.

Durchführung des Versuches: Für die Auswäsche wird der Lappen in 4 gleiche Teile geschnitten. Ein solcher Teil von etwa 2,5 g Gewicht wird in einer 250 ml Pulverflasche mit Glasstopfen mit 100 ml Sodalösung von 13 g wasserfreier Soda im Liter (2° Bé) von Raumtemperatur (etwa 20°) versetzt und 10 Min. stehengelassen. Nach Ablauf dieser Zeit wird die Flasche 20mal kräftig auf- und niedergeschüttelt. Anschließend wird die Lösung abgegossen. Der Lappen verbleibt in der Flasche und wird mit 100 ml Betriebswasser versetzt und in der gleichen Weise 20mal geschüttelt. Die Flotte wird abgegossen und der Lappen noch einmal mit 100 ml Wasser 20mal geschüttelt. Danach wird die Flotte wiederum abgegossen, der Lappen mit der Hand kräftig ausgedrückt und auf Filtrierpapier zum Trocknen gelegt.

Beurteilung: Die Beurteilung der Auswaschbarkeit erfolgt durch Augenschein. Der Grad der in den Streifen zurückgebliebenen Anfärbung gibt einen Anhaltspunkt über die Auswaschbarkeit der überprüften Schmälzen.

b) **Abheber-Methode.** *Präparieren der Wollstreifen:* Aus dem Standardgewebe werden 2 Streifen von je 2 m Länge und 2,5 cm Breite (etwa 10 g) herausgeschnitten oder herausgerissen. Die Streifen werden in einer trockenen, geräumigen Schale in einer Lösung von 1 g der zu untersuchenden Schmälze im Anlieferungszustand in 50 ml reinem Tetrachlorkohlenstoff und 20 ml Sudanviolett-BR-Lösung (0,2 g Farbstoff in 1 kg Tetra) so lange behandelt, bis das Lösungsmittel verdunstet ist.

Ein Zusatz von Methylalkohol oder Chloroform ist nur dann erforderlich, wenn sich das Schmälzmittel in reinem Tetra nicht klar löst. Die gleichmäßig und fleckenfrei imprägnierten Streifen werden wie unter a) angegeben weiterbehandelt und nach völligem Verdunsten des Lösungsmittels in Längen von je 35 cm geschnitten.

Durchführung des Versuches: In einer hochstehenden, trockenen, flachen Glasschale (PETRI-Schale) (Durchmesser 9 cm, Höhe 1,8 cm, Volumeninhalt 100 ml) wird ein 35 cm langer, wie oben beschrieben präparierter Streifen mit einem Ende eingelegt und mit einem mit Wasser gefüllten Becherglässchen (Durchmesser 4 cm) beschwert. Von dem Streifen sind etwa 7 cm in der Glasschale, während 28 cm frei aus der Schale herunterhängen. Der Streifen wird leicht angespannt und am unteren Ende mit einer Klammer oder Spange versehen (Gewicht der Klammer etwa 35 g).

Man füllt in die Schale 30 ml einer Sodalösung von 13 g wasserfreier Soda im Liter (2° Bé) von Raumtemperatur (etwa 20°). Der Streifen saugt die Flotte langsam aus der Schale ab. Beginnt die Waschflotte abzutropfen, so gibt man in die Schale noch 50 ml Sodalösung der oben angegebenen Konzentration. Ist die Waschflotte vollständig abgesaugt, nimmt man den Streifen ab und spült im Betriebswasser neutral, drückt den Streifen aus und trocknet ihn.

Der Teil des Streifens, der in die Schale eintauchte und noch eine stärkere Anfärbung zeigt, wird abgeschnitten und verworfen.

Beurteilung: Die Beurteilung der Auswaschbarkeit erfolgt nach Augenschein. Der Grad der in den Streifen zurückgebliebenen Anfärbung gibt einen Anhaltspunkt für die Auswaschbarkeit der überprüften Schmälzen.

Ergänzend ist zu den Methoden a) und b) zu sagen, daß die Auswaschbarkeit einer Schmälze nicht nur mit Sodalösung allein, sondern auch mit Wasser und mit verschiedenen Waschmitteln neutral und alkalisch zu überprüfen ist.

Die Methode b) (Abheber-Methode) eignet sich besonders zur Durchführung von Reihenversuchen.

c) **Maschinelle Auswasch-Methode.** Eine exakte Bestimmungsmethode für die Auswaschbarkeit von Schmälzmitteln jeglicher Art wurde von M. KEHREN [1] ausführlich beschrieben und mit zahlreichen Versuchsergebnissen belegt. Diese Methode sieht eine Imprägnierung von rohweißen Gewebestreifen (30 Z/ 70 W) mit dem zu untersuchenden Schmälzmittel vor, das in Tetra oder bei nicht klar tetralöslichen, wasserhaltigen Produkten in einer Mischung von Tetra

---

[1] M. KEHREN: Melliand Textilber. **32**, 394 (1951).

und Methylalkohol gelöst ist. Die Imprägnierung erfolgt in Anlehnung an die Angaben von KUCKERTZ durch gleichmäßiges Kneten der Gewebestreifen mit der Hand in der in einer geräumigen Emailleschüssel befindlichen Schmälzmittel-Tetra-(Methylalkohol)-Lösung, bis diese vom Gewebe gleichmäßig aufgenommen worden ist. Das Lösungsmittel verdunstet völlig innerhalb einer Lagerzeit von mindestens 12 Std. an der Luft, wobei die Gewebestreifen nicht hängen, sondern flach ausgebreitet liegen sollen.

Die Höhe des Einschmälzens der Streifen kann beliebig gewählt werden; sie richtet sich nach den jeweiligen Betriebsverhältnissen; im allgemeinen empfehlen sich für Auswasch-Versuche Prozentsätze von 5, 7 oder 10% Schmälzöl, auf wasserfreie Schmälze berechnet.

Beispiel: 15 Gewebestreifen von je 12 g Gewicht sollen mit 5% Schmälzöl imprägniert werden; man behandelt die Streifen im Gesamtgewicht von 180 g mit einer Lösung von 9 g des Schmälzmittels in 400 ml Tetra oder Tetra + Methylalkohol.

Abb. 431. 6-Stellen-Laborwaschmaschine für Gewebestreifen und Stranggarn

Der effektive Schmälzöl-Gehalt der Versuchsstreifen wird als Mittel aus den Extraktionswerten von 3 Einzelstreifen errechnet.

Das Waschen der imprägnierten und gelagerten Versuchsstreifen erfolgt auf einer Laborwaschmaschine (z.B. einer 6-Stellen-Maschine, nach Abbildung 431) unter den jeweils gewünschten Bedingungen hinsichtlich Flottenlänge, Temperatur, Art und Menge der anzuwendenden Waschmittel usw. Nach beendeter Wäsche werden die Streifen vorschriftsmäßig gespült und getrocknet. Die Beurteilung der Auswaschbarkeit des Schmälzmittels erfolgt durch die Bestimmung des „Restfett-Gehaltes" der gewaschenen Streifen durch Extraktion mit Äther-Petroläther 1:1.

Eine Norm für die zulässige Höhe des Restfett-Gehaltes einer gewaschenen Ware gibt es nicht, da dieser von der Materialbeschaffenheit und von der Schwere der Ware abhängig ist; er dürfte im allgemeinen zwischen 0,5 bis 0,8% schwanken. Zu warnen ist vor sogenannten aggressiven Wäschen, die den Restfett-Gehalt so weit herabsetzen, daß das Gewebe spröde und trocken wird und hierdurch später schneller verschleißt.

Sofern man auf eine zahlenmäßige Erfassung des nach beendeter Wäsche noch vorhandenen Restfettes verzichtet, kann auch nach der *optischen* Methode gearbeitet werden, indem man die Streifen mit dem zu untersuchenden Schmälzöl und Sudanviolett BR imprägniert und nach der Maschinenwäsche die noch vorhandene Farbintensität mit der des ungewaschenen Originalstreifens vergleicht.

2. Seifen und Seifen-Erzeugnisse [*]

Die Prüfung von Gebrauchsartikeln des einschlägigen Gebietes erfolgt auf zweierlei Art. Einerseits wird der Gebrauchswert bestimmt, andererseits die Zusammensetzung. Die Bestimmung des *Gebrauchswertes* kann auf so

---

[*] **Bearbeitet von Dr. A. Hintermaier†, Düsseldorf, und Dr. R. Neu, Karlsruhe.**

verschiedenartige Weise erfolgen, daß umfassende Regeln kaum aufgestellt werden können. Je nach der Verwendungsart wird ein bestimmtes Produkt in ganz verschiedener Weise bewertet. Ein Beispiel aus dem Waschmittel-Gebiet läßt dies sofort erkennen: Zur Reinigung von weißer Tischwäsche ist ein alkalisches, bleichendes Seifenpulver besser geeignet als ein neutrales Feinwaschmittel, letzteres hingegen verdient bei der Wäsche von Wollsachen den Vorzug. Gegenüber der Gebrauchswert-Prüfung haben die *chemisch-analytischen* Methoden den Vorteil, daß ihre Ergebnisse von der Verwendungsart des betreffenden Handelsproduktes nicht abhängig sind. Analytisch erhaltene Ergebnisse sagen aber gleichzeitig nur dann etwas über den Gebrauchswert aus, wenn eine erhebliche Anzahl von Bestimmungen vorliegt. Aus diesem Grund ist die Feststellung des Gebrauchswertes meist einfacher und schneller durchzuführen. Der Fettsäure-Gehalt eines Scheuermittels oder eines flüssigen Kopfwaschmittels kann grundsätzlich nach der gleichen Methode bestimmt werden. Man wird allerdings je nach dem Verwendungszweck des Musters die Untersuchungen in verschiedener Richtung anstellen und ergänzen. Für Grundseifen, die zur Feinseifen-Herstellung dienen, ist z. B. die genaue Bestimmung des Gehaltes an freiem Ätznatron, das einen gewissen Höchstbetrag nicht überschreiten darf, nicht nur besonders sorgfältig auszuführen, sondern auch wichtig. In Grundseifen aber, die für die Gewinnung von Waschpulvern dienen sollen, ist ein kleiner Ätznatron-Gehalt unbedenklich. Von einer Grundseife für Toilettenseifen wird gutes Schäumen und Waschen bei der Temperatur des Leitungswassers verlangt, während eine Grundseife für Waschpulver ihr optimales Schaum- und Waschvermögen erst bei erhöhter Temperatur entfalten soll. Je nach der geplanten Verwendungsart können aus den analytischen Ergebnissen verschiedene Schlüsse gezogen werden. Während ein Grobwaschmittel mit einem Gehalt von 30 bis 40% Seife gut ist, wäre eine Toilettenseife mit so niedrigem Gehalt an aktiver Substanz nur als geringwertig zu bezeichnen. Daraus ergibt sich, daß an Seifen-Erzeugnisse gewisse Mindestforderungen zu stellen sind, die von einem Produkt erfüllt werden müssen. Neben den analytischen Methoden müssen ebenso die der Gebrauchswert-Prüfung zur Beurteilung der Qualität berücksichtigt werden. Beide Prüfungen sollen sich sinngemäß ergänzen.

a) Bezeichnungen für die Erzeugnisse der Seifen-Industrie

Nach ihrer *äußeren Form* werden die einschlägigen Handelsprodukte als flüssige Seifen, Pasten, Schmierseifen, Naturkornseifen, Riegelseifen, Stückseifen, Feinseifen, Schwimmseifen, Transparentseifen, als Seifenpulver, -flocken, -nadeln oder -blättchen bezeichnet.

Manche Bezeichnungen beziehen sich auf die *Herstellungsweise*. Man spricht dann von Leimseifen, Grundseifen, Halbkern- oder Eschweger-Seifen, Seifen, die auf kaltem oder halbwarmem Wege hergestellt sind, Kernseifen auf Unterlauge und auf Leimniederschlag, von pilierten und gepreßten Seifen, Seifenpulvern, die nach dem Tennen- oder einem Zerstäubungsverfahren (KRAUSE-, WELTER- oder ZAHN-Turm) oder auf dem Walzentrockner hergestellt werden.

Ein weiterer Gesichtspunkt, der für die Bezeichnung der einschlägigen Waren eine Rolle spielt, geht auf die *Zusammensetzung* näher ein. Man unterscheidet ungefüllte und gefüllte Seifen, Sand- und Bimsstein-, Marmor-, Schwefel-, Teer-, Harz-, Lanolin-, Glycerin-, Terpentin-, Salmiak-, Schmier-, überfettete Seifen usw.

Dem *Verwendungszweck* nach werden die Produkte als Handwaschpasten, Kopf- und Haarwaschmittel (Shampoon), Toilettenseifen, Bleich- und Spülmittel,

Vorwaschmittel, Einweichmittel und Wasserenthärter bezeichnet, wobei unter die letzten Kategorien hauptsächlich seifenfreie Produkte fallen. Eine Spezialität stellen die Metallputzmittel dar.

Schließlich werden manchmal besondere *Eigenschaften* der Fabrikate hervorgehoben. Man spricht von medikamentösen und desinfizierenden Seifen, hautschonenden Körperreinigungsmitteln, selbsttätigen Waschmitteln u. ä.

Es ist einleuchtend, daß die Verschiedenartigkeit der Bezeichnungsprinzipien zu Begriffen führt, welche ineinander übergreifen und sich oft überschneiden. Die analytischen Untersuchungsverfahren werden im großen und ganzen durch die Benennungen nicht beeinflußt. In besonderen Fällen muß natürlich eine spezielle Prüfung angefügt werden, soweit eine solche durch die Benennung des Produktes angezeigt erscheint. Die hauptsächliche Substanz ist jedoch bei allen einschlägigen Handelsprodukten die Seife im chemischen Sinne, und sie bestimmt grundsätzlich die Auswahl der Untersuchungsmethoden.

b) Definition und chemische Zusammensetzung

„Seifen" im chemischen Sinne sind die Salze von Fettsäuren, deren Alkalisalze Wascheigenschaften besitzen. Als Fettsäuren kommen die höheren aliphatischen Monocarbonsäuren mit 8 bis 24, besonders diejenigen mit 12 bis 18 Kohlenstoff-Atomen in Betracht. Sie können gesättigt sein (Stearinsäure-Reihe), eine oder auch mehrere Doppelbindungen besitzen (Ölsäure, Linolsäure, Linolensäure usw.) und stammen aus den *natürlich* vorkommenden Fetten und fetten Ölen. Ferner kommen in Betracht einige Oxysäuren, besonders die Ricinolsäure, sowie oxydierte, polymerisierte oder kondensierte Fettsäuren, die sich aus ungesättigten Verbindungen bilden können.

Neben diesen natürlichen Fettsäuren sind die *künstlichen* Fettsäuren zu nennen, die aus der Paraffinoxydation stammen und häufig ungenau als synthetische Fettsäuren bezeichnet werden. Synthetische Produkte anderer Herkunft spielen bisher keine Rolle. Während die natürlichen Fettsäuren fast ausschließlich eine gerade Anzahl von Kohlenstoff-Atomen und unverzweigte Kohlenstoff-Ketten besitzen, sind bei den künstlichen Fettsäuren auch solche mit ungerader C-Zahl und verzweigten Ketten vorhanden. Ferner können die künstlichen Paraffincarbonsäuren gewisse Anteile mit Hydroxyl- und Ketogruppen enthalten, sie haben jedoch kaum Doppelbindungen. In den technischen Seifen ist außerdem mit der Gegenwart von cyclischen Verbindungen, wie Harzsäuren und Naphthensäuren, zu rechnen.

Meistens handelt es sich bei den Seifen um die Natriumsalze höherer Carbonsäuren. Für besondere Zwecke (flüssige und Schmierseifen) werden aber auch Kalium- und Ammoniumsalze hergestellt. Für Körperpuder wurden Lithiumseifen und Magnesiumstearat empfohlen.

In Staufferfetten und bei der Glycerin-Gewinnung nach dem heute veralteten KREBITZ-Verfahren spielen die Calciumseifen (Kalkseifen) eine wichtige Rolle. Beim Waschvorgang in hartem Wasser bilden sich sowohl Kalkseifen als auch Magnesiumseifen.

Al-Seifen werden für die wasserdichte Imprägnierung von Geweben und zur Erhöhung der Viscosität von Mineralölen, Pb-Seifen bei der Herstellung von medizinischen Pflastern verwendet, Co-, Mn- und Pb-Seifen sind als Sikkative bekannt. Es finden sich auch Seifen mit organischem Kation in manchen Handelsprodukten, hauptsächlich Salze des Triäthanolamins, manchmal auch des Morpholins und anderer Stickstoff-Verbindungen.

Mengenmäßig überwiegen die Seifen, die zum Zwecke der Herstellung von Waschmitteln gewonnen werden. Sie enthalten häufig Beimengungen, die mit der Zusammensetzung der verwendeten Rohstoffe, der Art ihrer Verarbeitung zusammenhängen und auch Zusätze, die dem Verwendungszweck der Produkte angepaßt sind. Solche Stoffe sind z. B. Alkalien, Kochsalz, Glycerin, ferner Geruchsstoffe, Überfettungsmittel, Füllmittel und Lösungsmittel. Soweit es sich um Waschmittel handelt, die in Pulverform im Handel sind, liegt die Seife im Gemisch mit anorganischen Salzen vor, unter denen besonders Soda, Wasserglas, Phosphate und Bleichmittel hervorzuheben sind. Mit allen diesen Stoffen ist bei der Seifenanalyse zu rechnen.

Die Formel einer aus einer gesättigten Fettsäure hergestellten Seife ist $CH_3(CH_2)_nCOOMe$. Seifen sind somit Salze starker Basen mit schwachen Säuren. Diese Konstitution bedingt bei den löslichen Seifen die hydrolytische Spaltung in wäßriger Lösung. Da neben dem Fettsäure- und dem Natrium-Ion auch das Wasser in geringem Umfang dissoziiert ist, enthält die wäßrige Lösung nachfolgende Ionen: $R-COO^-$, Na^+, H^+, OH^-. Da Fettsäuren schwache Säuren sind, ist die Menge der $R-COO^-$ und H^+-Ionen gering. Dadurch also, daß sich undissoziierte Fettsäure bildet, werden Wasserstoff-Ionen verbraucht, während die Hydroxyl-Ionen vorhanden bleiben. Die Lösung muß daher alkalisch reagieren (Hydrolyse).

c) Rohstoffe und Bestandteile der Seifen[1]

Fette und Fettsäuren. Zur Herstellung der Seifen dienen entweder Fette und Öle oder Fettsäuren. Die Verwendung der ersteren ist die ältere Methode.

Über die historische Entwicklung wissen wir nicht viel, doch ist anzunehmen, daß in den verschiedenen Ländern dasjenige Ausgangsmaterial benutzt wurde, welches am leichtesten zugänglich war. Deshalb haben in Deutschland in früherer Zeit die aus dem Tierkörper erhältlichen Talg-Arten (Rinder- und Hammeltalg) eine große Rolle gespielt, während in südlichen Ländern besonders die Pflanzenöle verwendet wurden. Mit der Entwicklung der Kunst des Seifensiedens und der Besserung der Handelsbeziehungen mit Übersee wurde alsbald festgestellt, daß Gemische verschiedener Fettarten bessere Produkte ergeben als reine Fette. Man lernte die Kernfette, die leicht aussalzbare Seifen geben, von den Leimfetten unterscheiden, die in Wasser auch nach Zusatz von Kochsalz oder Laugen-Überschuß teilweise noch in Lösung bleiben. Typische *Kernfette* sind z. B. Rindertalg, Knochenfett unter den tierischen Fetten, Olivenöl, Leinöl unter den Pflanzenölen. *Leimfette* sind Palmkern- und Cocosöl. Die typischen Bestandteile der Kernfette sind Palmitinsäure, Stearinsäure und Ölsäure. Die Leimfette enthalten als charakteristischen Bestandteil Laurinsäure. Besonders schwer aussalzbar sind die Seifen aus Ricinusöl, das die Ricinolsäure enthält. Zusammenfassend seien als die wichtigsten für die Seifen-Herstellung verwendeten *Pflanzenfette* genannt: Cocosnuß-, Cotton-, Erdnuß-, Lein-, Oliven-, Palmkern-, Palm-, Ricinus-, Rüb-, Raps-, Soja- und Sonnenblumenöl. An *tierischen* Fetten sind gebräuchlich: Knochenfett, Rindertalg, Schweinefett und Walöl. In Mangelzeiten spielen verschiedene *Abfallfette*, z. B. die Raffinationsfette der Margarine-Industrie, Kadaverfette u. a., die Hauptrolle. Aus unansehnlichen Ölen und Fetten lassen sich nach erfolgter Spaltung und durch Destillation helle Fettsäuren gewinnen. Verschiedene Fette und Öle mit stark ungesättigten Anteilen, die deshalb wenig haltbare Seifen geben, wie besonders Walöl und Fischtran, werden gewöhnlich nach teilweiser *Hydrierung* verwendet. Auch Spermöl und Wollwachs werden verarbeitet.

In neuerer Zeit dienen immer mehr die *Fettsäuren* selbst, gewonnen durch die verschiedenen Methoden der Fettspaltung, als Ausgangsmaterialien für die Seifen-Herstellung (s. S. 143ff.). Sie gestatten die Anwendung von Soda zur Verseifung („Carbonat-Verseifung"). Vorherige

---

[1] Da sich das vorliegende Werk mit der Analyse der Seifen und seifenhaltigen Erzeugnisse befaßt, muß in bezug auf Rohstoffe und Herstellungsverfahren auf das einschlägige Schrifttum verwiesen werden. Siehe z. B. K. LINDNER: Textilhilfsmittel und Waschrohstoffe. Stuttgart: Wissenschaftl. Verlagsges. mbH. 1954.

Destillation der Fettsäuren gewährleistet helle Seifen. Bei Mangel an Fetten werden auch
die durch Paraffinoxydation gewonnenen Fettsäuren benützt, doch sind die so erhaltenen
Seifen infolge der Konstitution dieser Säuren (verzweigte Fettsäuren) schwer aussalzbar.
Auch Tallölsäuren, Harzsäuren enthaltend, sowie Fettsäuren und Naphthensäuren der
Mineralöl-Raffination wurden auf dem Wege der Carbonat-Verseifung verarbeitet.

Riechstoffe. Während früher nur die pilierten und kaltgerührten Toilettenseifen einen Zusatz von Riechstoffen erhielten, werden heute auch Kernseifen
und Seifenflocken parfümiert, manchmal sogar auch die Waschpulver.

Die Qualität der für die Seifen-Herstellung verwendeten Riechstoffe ist von großem Einfluß auf den Verkaufswert der erhaltenen Produkte. Dem Parfumeur steht eine reiche Auswahl zur Verfügung, die entweder synthetisch oder aus natürlichen Quellen hergestellte
Produkte umfaßt. Bevor die chemischen synthetischen Riechstoffe auf dem Markt waren,
kamen nur die wohlriechenden, von Pflanzen und Tieren im Organismus aufgebauten Gemische als Riechstoffe in Frage, und diese werden auch heute noch höher bewertet als die
synthetischen Verbindungen. Der Hauptgrund liegt darin, daß die natürlichen Riechstoffe
aus einer Vielzahl von Verbindungen bestehen und dadurch ein ausgeglichenes „Bukett"
ergeben, das bei den synthetischen Verbindungen nur durch fachmännische Mischung und
Reifung erreicht werden kann.
Zu den wichtigsten natürlichen Riechstoffen gehören folgende ätherische Öle: Abietine-
öle (z. B. Latschenkiefernöl), Umbelliferenöle (z. B. Angelicaöl), Aurantienöle (z. B. Berga-
motteöl), Grasöle (z. B. Citronellöl), ferner Öle aus Rosaceen, wie Rosenöl und Bittermandel-
öl, und Öle aus wertvollen Hölzern, wie Sandelholzöl, außerdem Irisöl, Eukalyptusöl, Minzen-
öle, Nelkenöl und manche andere. Auch Balsame und Harze sind teilweise wohlriechend.
Es sei an Benzoeharz, Storax und Perubalsam erinnert, die vielfach auch zum Fixieren der
Riechstoffe dienen. Die wichtigsten Riechstoffe aus dem Tierreich sind Ambra, Moschus und
Zibet.
Von den synthetischen Verbindungen seien folgende aufgezählt, um klarzumachen, um
welche Art von Verbindungen es sich handelt: Phenyläthylalkohol, Linalool (Alkohole),
Anethol, Nerolin (Äther), Citral, Heliotropin (Aldehyde), Iron und Jonon (Ketone), Benzoe-
säure- und Anthranilsäure-methylester, Benzyl- und Bornylacetat (Ester), Cumarin (Lacton),
Nitrobenzol und Trinitro-isobutylxylol.

Von großer Bedeutung ist das Verhalten der Riechstoffe im Seifenkörper,
das über die jeweilige Verwendung vor allem entscheidet.
C. Fuchs [1] hat folgende drei Anforderungen an Riechstoffe gestellt: 1. Seifen-
Riechstoffe müssen alkalifest sein. 2. Sie dürfen keinen Verfärbungen unter-
liegen, die auf den Seifenkörper übertragen werden können. Auftretende Farb-
vertiefungen sind als Anzeichen für den Beginn einer chemischen und geruch-
lichen Umwandlung anzusehen. 3. Beständigkeit gegen Luftoxydation, keine
Neigung zur Bildung von Peroxyden, die als Prooxydantien ein Verderben der
Fettsäuren der Seifen einleiten.
Diesen Anforderungen entsprechen ätherartige Verbindungen, wie z. B.
die Acetale, die in der Lage sind, die empfindlichen Aldehyde zu ersetzen.
Außerdem sind Ketale, aliphatische und cyclische Äther gesättigter und ungesättigter Natur, geeignet.
Bei der Parfümierung von Seifen sind zwei Vorgänge zu beachten: Die Ver-
färbung alkali-unbeständiger Riechstoffe durch das Alkali der Seife und der
Einfluß auf den Fettsäure-Anteil der Seife. Unbeständige Riechstoffe sind vor
allem Aldehyde und Ester.

Zu den gegen Alkali unbeständigen Riechstoffen gehören: Anthranilsäureester, Eugenol,
Isoeugenol, Indol, Menthol, Anisaldehyd [2], Thymol und Vanillin. Diese Stoffe verursachen
eine braune Verfärbung der Seife. Nachfolgende Substanzen rufen nur eine Gelbfärbung
hervor: Piperonal und natürliche Cassia; schwächere gelbe Verfärbung verursachen: Citral,
Citronellal, Cumarin, Zimtaldehyd, Diphenylmethan, β-Naphtholäther, Tolubalsam, Jasmin-
öl und Sandelholzöl. Zu den beständigen Riechstoffen gehören: Geraniol, Citronellol, Phenyläthylalkohol, Linalool, Ionone, Bromstyrol, Methylacetophenon, p-Methoxy-acetophenon,

---

[1] C. Fuchs: Fette u. Seifen **48**, 403 (1941).
[2] Andere Autoren behaupten die gute Haltbarkeit von Anisaldehyd in Seifen.

Safrol, Isosafrol, α-Naphthyläther, Diphenyläther und Benzylmethyläther. Auch das Lavendelöl, das aus an sich gegen Alkali beständigen Verbindungen wie Geraniol, Linalool und Linalylacetat besteht, bewirkt eine gelbliche Verfärbung der Seife. Den Einfluß der verschiedenen Riechstoffe auf die Fettsäure in der Seife hat H. J. HENK[1] behandelt.

Farbstoffe. Die festen Erzeugnisse der Seifen-Industrie werden meistens künstlich gefärbt. Der Anlaß dazu ergibt sich in verschiedener Weise, z. B. um natürliche Farben oder gewisse Ausgangschemikalien nachzuahmen, wie grünes Olivenöl und gelbe „fetthaltige" Seifen, oder um eine Gedankenverbindung mit dem Namen des Erzeugnisses herzustellen, was besonders für Feinseife von Wichtigkeit ist. Rosenseife wird rosa, Fichtennadelseife wird grün gefärbt, eine Seife mit Veilchenparfüm soll lila aussehen. Ein weiterer Anlaß zum Färben liegt häufig vor, um die Farbe von Rohstoffen von unerfreulichem Aussehen zu überdecken. Deshalb sind billige Toilettenseifen oft recht kräftig gefärbt. Durch Verwendung lichtempfindlicher Farben werden manche Seifen beim Lagern unansehnlich. Schließlich kann der Farbstoff-Zusatz auch dem Zweck dienen, nicht das Produkt selbst, sondern das Objekt des Waschens zu beeinflussen, wie z. B. früher der Zusatz von Waschblau, das heute von den „optischen Bleichmitteln" abgelöst ist. Letztere sind jetzt in den meisten Waschpulvern enthalten. Diese als Blankophore bekanntgewordenen Produkte überdecken ähnlich dem Waschblau den gelblichen Ton der gewaschenen Textilien.

Als Farbstoffe kommen hauptsächlich organische Verbindungen in Frage, die in einer Menge von 0,1 bis 100 g für 100 kg Seife zugesetzt werden. Nach W. SCHRAUTH können die beliebten Farben zwischen Rot und Gelb durch Vermischen von Rhodamin und Fluorescein in allen Nuancen bequem hergestellt werden. Den Analytiker stören die geringen Zusätze an Farben selten, doch fällt ihm häufig Metanilgelb dadurch auf, daß diese gelbe Farbe beim Ansäuern in Blau umschlägt. Die Mineralfarben werden weniger gern verwandt, da sie die Waschflotte trüben, wenn sie in der Menge von etwa 1%, wie es ihre geringe Deckkraft erfordert, zugesetzt werden. Von einem für die Seifenfärbung verwendeten Farbstoff muß Beständigkeit im Seifenkörper und Lichtechtheit verlangt werden. Vor allem müssen die Farbstoffe für Leimseifen alkalibeständig sein.

Die Auswahl unter den anorganischen und organischen Farbstoffen ist sehr beträchtlich. Davon gibt beispielsweise nachstehende Aufzählung einen Ausschnitt[2].

Gelb: Uranin, Anilingelb (Amino-azobenzol), Naphtholgelb, Säuregelb, Metanilgelb, Cadmiumgelb, Erdfarben, Xanthophyll.

Orange: Brillantorange, Naphtholorange.

Rot und *Rosa:* Rhodamin, Ponceaurot, rote Farblacke (Alizarinlack, Carminlack usw.).

Grün: Chlorophyll, Naphtholgrün, Brillantgrün.

Lila: Gemische von Ultramarin und roten Farbstoffen (Rhodamin), Fliederviolett-R oder -1225.

Braun: Umbra, Casseler-Braun, Ocker, Kakaopulver.

Überfettungsmittel. Die Verwendung von Überfettungsmitteln geht von dem Gedanken aus, das durch das Waschmittel mit dem Schmutz abgelöste biologische Fett durch Fettzugabe zum Waschmittel zu ersetzen. Inwieweit diese Vorstellung berechtigt ist, sei hier nicht erörtert, sondern es sollen nur die wichtigsten Überfettungsmittel erwähnt werden, die die Seifen-Industrie benützt.

An der Spitze stehen das Wollfett und die daraus hergestellten Erzeugnisse wie Lanolin, Cholesterin und Gemische derselben mit billigeren Stoffen, unter denen die gesättigten Kohlenwasserstoffe der aliphatischen Reihe (Vaseline, Paraffin) die Hauptrolle spielen. Wollfett wird hauptsächlich wegen seiner homogenisierenden und emulgierenden Eigenschaften geschätzt; außerdem besitzt es ein großes Bindevermögen für Wasser. An synthetischen Erzeugnissen gehören hierher die Präparate, die entweder Fettalkohole oder Ester mit freien Hydroxylgruppen enthalten, wie z. B. Monoglyceride von Fettsäuren und Monoglykolester. Häufig enthalten diese Präparate noch einen Emulgator, der entweder aus Seifen oder aus einem synthetischen Produkt besteht, das meistens aus der Gruppe der

---

[1] H. J. HENK: Fette u. Seifen **47**, 537 (1940).
[2] F. WINTER: Die moderne Parfümerie. Wien: Springer 1949.

Sulfonate oder der Alkylsulfate genommen ist. Schließlich kommt als Zusatz für Stückseife und zu Rasiercremes, in gewissem Umfang auch für flüssige Seife, Glycerin in Frage, das die Haut geschmeidig macht; dagegen werden die Glykole ihrer zweifelhaften biologischen Wirkung wegen wenig benutzt. Auch Lecithinseifen sind bekannt geworden.

Anhangsweise sollen an dieser Stelle die als „Hautschutzmittel" bekannten Erzeugnisse erwähnt werden. Die Verwendung solcher Stoffe ging von dem Gedanken aus, die Haut bzw. das Waschgut vor unerwünschtem Angriff durch das Waschmittel bzw. die Waschflotte durch einen gerbenden oder imprägnierenden Zusatz zu schützen. Hierbei handelt es sich um eine Anzahl von Verbindungen, die ursprünglich zum Reservieren von tierischen Fasern verwendet wurden[1]. Durch neuere Arbeiten wurde dann die hautschützende Wirkung dieser Verbindungen erkannt[2]. Es handelt sich hierbei um Kondensationsprodukte aus aromatischen Sulfonsäure- oder Carbonsäurehalogeniden mit aromatischen Diaminen, die weder Nitrogruppen noch freie Amino- oder Hydroxylgruppen enthalten, wobei mindestens eine der Reaktionskomponenten in Metastellung zur Sulfonsäure-, Halogenid- oder Carbonsäurehalogenid- bzw. zu einer der Aminogruppen substituiert ist.

Lösungsmittel. Die Anschmutzungen, die vom Waschmittel entfernt werden sollen, enthalten als wichtigstes stabilisierendes Bindemittel Fette und Öle. Sie sind in Wasser nicht, in organischen Lösungsmitteln aber gut löslich. Die waschaktiven Substanzen sind zwar geeignet, sie durch ihre netzenden, emulgierenden und dispergierenden Eigenschaften in die Waschflotte zu befördern. Jedoch enthält eine gewisse Gruppe von Waschmitteln, die hauptsächlich für die Textil-Industrie bestimmt ist, wie eine Reihe von Spezialreinigungsmitteln, neben der eigentlichen waschaktiven Substanz noch Zusätze von organischen Flüssigkeiten, die als gute Lösungsmittel für Fette, Öle und Wachse bekannt sind.

Derartige Stoffe sind z. B.: Chlorierte Kohlenwasserstoffe (Tetrachlorkohlenstoff, Trichloräthylen u. dgl.), Benzin, Petroleum, Terpentin, hydrierte Naphthaline (*Tetralin, Dekalin,* hydrierte Phenole (*Hexalin* und *Methylhexalin*) und gelegentlich auch mittlere aliphatische Alkohole, wie Butylalkohol und Amylalkohol. Diese Lösungsmittel sind in Wasser nicht oder nur sehr unvollständig löslich. Sie geben aber zusammen mit einer wäßrigen Seifenlösung eine mehr oder weniger homogene Phase. Als Lösungsvermittler kommen Methyl-, Äthyl- und Propylalkohol in Frage.

Alkalien. Zur Verseifung der Fette bzw. zur Seifenbildung aus Neutralfetten bzw. Fettsäuren usw. dienen hauptsächlich Ätzkali (KOH), Ätznatron (NaOH), Soda (Na_2CO_3, $Na_2CO_3 \cdot 10 H_2O$) und Pottasche (K_2CO_3). Die harten Stückseifen enthalten Natrium, die weichen Seifen Kalium und die Rasierseifen meistens Natrium und Kalium als gebundenes Alkali. Für Rasiercreme und flüssige Seifen wird teilweise auch Triäthanolamin oder eine andere organische Base verwendet.

Gefüllte Stückseifen und Waschpulver enthalten oft Wasserglas (Natriumsilicat). Bei der üblichen Zusammensetzung von Wasserglas von 38° Bé ist das Verhältnis 1 Teil Na_2O zu 3,3 Teilen SiO_2, eine Zusammensetzung, die dem formalen Tetrasilicat nahekommt. In stark alkalischen Reinigungsmitteln wird auch sogenanntes Metasilicat mit dem Mol-Verhältnis $Na_2O : SiO_2 = 1 : 1$ verwendet.

Phosphate werden immer mehr als wertvolle Zusätze zu Waschmitteln geschätzt. Die wichtigsten Phosphate der Seifen-Industrie sind: Orthophosphate, Pyrophosphate, Polyphosphate und Metaphosphate.

Das *Dinatriumhydrogenphosphat* (sekundäres Na-Phosphat $Na_2HPO_4 \cdot 12 H_2O$) hat für Waschmittel wenig Bedeutung. Ein wertvoller Bestandteil ist das *Trinatriumphosphat* ($Na_3PO_4 \cdot 12 H_2O$), das besonders in Reinigungsmitteln verwendet wird. *Pyrophosphate* werden in den verschiedenen Waschmitteln eingesetzt, besonders als Stabilisatoren von Per-

---

[1] J. HUISMANN u. H. SCHWEITZER (I.G. FARBENIND. A.-G.): DRP. 565461; I.G. FARBENIND. A.-G.: DRP. 686906.
[2] R. JÄGER u. F. JÄGER: DRP. 745637.

Verbindungen in den sogenannten selbsttätigen Waschmitteln. Neutrales Pyrophosphat ist im Gegensatz zu den Orthophosphaten in der Lage, mit Eisen, Calcium und Magnesium lösliche Verbindungen zu bilden und eventuell gebildete unlösliche Phosphate aufzulösen. Die mit den Härtebildnern des Wassers zunächst entstehenden Fällungen lösen sich im Überschuß von Pyrophosphat auf. Die Lösungen bleiben praktisch auch beim Stehen oder Kochen blank. Durch ihr Verhalten gegenüber Eisen-, Kalk- und Magnesiumsalzen werden Ablagerungen, die zum Verkrusten und Vergilben der Gewebe führen, vermieden. Das neutrale Pyrophosphat zeigt in 0,3%iger Lösung einen p_H von 10.

Polyphosphate bilden zunächst mit Metallsalzen schwer lösliche Niederschläge, die durch erhöhten Zusatz von Polyphosphat wieder in Lösung gehen. In den Metallpolyphosphat-Lösungen kann durch ausfällend wirkende Stoffe das Metall nicht mehr reagieren. Die Lösungen bleiben blank. Bereits gebildete Niederschläge werden wieder aufgelöst. Dieses Verhalten macht die Polyphosphate besonders für Waschmittel und seifenhaltige Cosmetica geeignet. In wäßriger Lösung findet allmählich eine Umwandlung in Orthophosphat statt, die aber langsamer verläuft als die der Metaphosphate. Eine 1%ige Polyphosphat-Lösung zeigt einen p_H von 8,5.

Bleichmittel. Die Bleichmittel werden für Weißwäsche eingesetzt, da nach Entfernen des Schmutzes oft ein gelbliches Gewebe zurückbleibt.

Als Sauerstoff-Bleichmittel werden Perborat ($NaBO_2 \cdot H_2O_2 \cdot 3H_2O$) und das weniger haltbare Percarbonat verwendet. Auch Persulfat wird gelegentlich beobachtet. Chlorhaltige Bleichmittel sind in der Haushaltspraxis nicht leicht ohne Schädigung des Gewebes anzuwenden und werden daher bei der Herstellung von konfektionierten Waschmitteln nur noch selten gebraucht. Die zugrunde liegende Verbindung ist Natriumhypochlorit (NaOCl). Kaliumhypochlorit findet zum Bleichen der Schmierseife bei der Herstellung Verwendung, ist aber im fertigen Erzeugnis nicht mehr nachzuweisen.

Neuerdings kommen in Seifen-Erzeugnissen sogenannte *optische Bleichmittel*[1] vor. Hierbei handelt es sich häufig um Derivate der Diaminostilbendisulfonsäure.

Verschiedene Zusätze. Eine Reihe von Rohstoffen der Seifen-, Wasch- und Reinigungsmittel-Fabrikation sind teils organischen, teils anorganischen Ursprungs. Eine Anzahl besitzt für die Waschwirkung Bedeutung, andere dienen aber lediglich als unwirksames Füllmittel.

Ergänzung der Waschwirkung. Gewisse Zusätze zu Waschmitteln sollen deren Wirksamkeit im Waschprozeß in irgendeiner Richtung ergänzen.

Die enzymhaltigen Waschmittel enthalten proteolytische und auch diastatische Enzyme, die Eiweißkörper bzw. kohlenhydratartige Stoffe abbauen. Rindergalle enthält Abkömmlinge der *Cholsäure,* denen im Organismus eine wichtige Rolle bei der Emulgierung der Nahrungsfette zufällt und denen man in Waschmitteln eine seifenähnliche Wirkung zuschreibt. An sonstigen Stoffen dieser Gruppe seien Eiweiß und die Eiweißkörper Gelatine und Casein erwähnt, deren Wirksamkeit jedoch problematisch erscheint.

Waschmittel, die keine Seife, sondern synthetische Waschrohstoffe enthalten können durch Zusätze gewisser Kolloide in der Waschwirkung verbessert werden. Diese Verbesserung beruht auf einer Erhöhung des Schmutztragevermögens der Waschflotte, wodurch das Wiederaufziehen des von der waschaktiven Substanz losgelösten Schmutzes auf die Faser verhindert wird.

Für diesen Zweck wurde zunächst Stärke empfohlen, die jedoch später fast ausschließlich durch Cellulose-Derivate ersetzt wurde. Derartige Produkte sind im Handel unter den Namen *Fondin, Relatin, Tylose* und *Zelluton* bekannt. Meistens liegt als wirksame Substanz celluloseglykolsaures Natrium vor. Auch in Seifenpulvern kommen diese Stoffe vor. Daneben sind von der Herstellung noch Natriumcarbonat und Natriumchlorid als Bestandteile enthalten.

Stabilisierungsmittel. Zur Verhinderung des Verderbens der in den Seifen verwendeten Fettsäuren (Schutz vor Ranzidität) werden reduzierende Stoffe

---

[1] Siehe A. SCHLACHTER: Fette · Seifen · Anstrichmittel **53**, 735 (1951); E. ÜHLEIN: Optische Aufheller. Farblose Fluorescenzstoffe. Grundlagen. Eigenschaften. Anwendungen. Garmisch-Partenkirchen: Deckert und Moser 1957.

verwendet. Der wichtigste davon ist Natriumthiosulfat ($Na_2S_2O_3 \cdot 5H_2O$), das sich besonders für Feinseifen als gut brauchbar erwiesen hat.

Der Zusatz von 0,2% Natriumthiosulfat zur Seife ergibt eine brauchbare Konservierung. Die Einarbeitung erfolgt mit Hilfe einer Fettstoff-Kombination (z. B. Lanolin, wasserfrei, eventuell im Gemisch mit Paraffin, Wachs und Paraffinöl). Bei kaltgerührten Cocos-Seifen wird 1 g Natriumthiosulfat pro kg Fett in der Verseifungslauge aufgelöst.

Medizinische Zusätze. Da die Toilettenseife nicht nur der Hautpflege dienen soll, lag es nahe, ihr besondere Wirkstoffe einzuverleiben, die eine therapeutische Wirksamkeit besitzen. Die so entstandenen Produkte werden als medizinische Seifen bezeichnet. Meist enthalten sie desinfizierende Zusätze [1].

In Betracht kommen Quecksilberchlorid [2] und Quecksilber in organischer Bindung enthaltende Substanzen, wie z. B. das Natriumsalz der Quecksilber-o-toluylsäure, Borsäure, Salicylsäure, Phenole (z. B. Phenol, Kresol, p-Chlor-m-kresol, Chlorxylenol, Chlorthymol, Chlorisothymol, Resorcin), p-Toluolsulfochloramidnatrium, Teer und Teerfraktionen, Formaldehyd und auch Chlorophyllin.

Die stark riechenden Phenole werden meist zur Entwesung großer Räume verwendet. Für die Fein-Desinfektion finden praktisch geruchlose Phenol-Derivate mit zwei Benzolkernen zur Körperpflege steigende Verwendung. Hierbei handelt es sich um halogenierte Diphenylmethan-Derivate.

Kosmetische Zusätze. Andere Stoffe werden zugesetzt, damit sie durch die Haut resorbiert werden und einen günstigen Einfluß ausüben. Lecithine werden als „Hautnahrung", Hormone z. B. gegen Haarausfall oder aus anderen kosmetischen Gründen zugegeben. In Kopfwaschpulvern, gesondert gepackt, findet man gelegentlich Alaun, Borsäure, Citronensäure, Weinsäure, Adipinsäure, Methyladipinsäure bzw. deren Gemische, die evtl. noch vorhandene Reste von Alkali entfernen sollen. Außerdem seien hier auch die Sulfide erwähnt, die als Enthaarungsmittel dienen sowie die Thioglykolsäure, die in Form ihres Ammoniumsalzes zur Herstellung von Dauerwellen angewandt wird.

Füllstoffe. Substanzen, die die äußere Form bei vermindertem Gehalt an waschaktiver Substanz aufrechterhalten, spielen besonders in Zeiten mangelhafter Rohstoffversorgung eine bedeutende Rolle.

Meist handelt es sich um Stoffe mit kolloiden Anteilen, denen eine Ähnlichkeit mit Seife nachgesagt wird, wie z. B. Kartoffelmehl, Stärke, ferner Silicate wie Bentonit, Kaolin, Tone, Verbindungen aus der Gruppe der Bleicherden, Schwerspat, Kieselgur usw.

Der in Toilettenseifen häufig verwendete Zusatz von Zinkoxyd und Titandioxyd ist nicht als Füllmittel zu werten, sondern dient als Mattierungsmittel und Weißtöner. Dagegen gibt Talkum der Seife ein stumpfes Aussehen und stört die klare Färbung.

Füllstoffe sollen vielfach die Gestehungskosten senken. Bei der Prüfung solcher Produkte ist vor allem der Gebrauchswert zu berücksichtigen, bei dem z. B. festzustellen ist, ob das gewaschene Gewebe nicht zu stark mit den Füllmitteln angereichert wird und vergraut. In gewissen Seifen, entweder in Form von Stückseife oder Handwaschpaste, sollen die genannten Füllmittel aber auch die Scheuerwirkung verbessern. Solche Waschmittel finden für stark verschmutzte Hände im Haushalt und in der Industrie Verwendung. Auch hier spielt die Feststellung des Gebrauchswertes insofern eine besondere Rolle, als solche Seifen z. B. ein genügendes Schaumvermögen aufweisen und die gewaschene Haut im Dauergebrauch nicht angreifen sollen. Bei solchen Anforderungen ergibt sich zwangsläufig schon eine Auswahl der zur Verfügung stehenden Füllmittel und der Korngröße der verwendeten Materialien.

---

[1] W. SCHRAUTH: Die medikamentösen Seifen. Berlin: Springer 1914.
[2] Quecksilberchlorid ist in Seifen nicht haltbar.

Bei Stückseife und Schmierseife rechnet man auch das Wasserglas zu den Füllstoffen. Andere Stoffe, die selbst keine das Erzeugnis verbessernde Waschwirkung aufweisen, sondern lediglich als Füll- und Beschwerungsmittel dienen, sind noch Asbest, Holzmehl, Kreide. Sie werden allerdings auch zur Verbesserung der Scheuerwirkung angewendet. In geringwertigen Waschpulvern kommen ferner gewöhnliche Salze, wie Kochsalz und Natriumsulfat, oder auch das in Gegenwart von Seife ungeeignete Magnesiumsulfat als Füllstoffe vor. Kochsalz ist zwar der ständige Begleiter von ausgesalzenen Seifen, doch geht der Kochsalz-Gehalt mancher Waschmittel weit über den Rahmen einer Begleitsubstanz hinaus. Diese Salze gestatten, in Waschpulvern den festen Aggregatzustand aufrechtzuerhalten, während das Wasser, das der billigste Füllstoff ist, nur bis zu gewissen Grenzen vorhanden sein darf.

d) Zweck und Umfang der analytischen Untersuchung

Die analytischen Aufgaben in der Seifen-Industrie gliedern sich wie folgt:
α) Kontrolle der Ausgangsmaterialien bzw. Rohstoffe. β) Überwachung der Fabrikation. γ) Untersuchung der fertigen Handelsprodukte. δ) Untersuchung der Konkurrenzprodukte.

α) Kontrolle der Ausgangsmaterialien bzw. Rohstoffe

Fette und Fettsäuren. Die Methoden der allgemeinen Fettuntersuchung werden an anderer Stelle dieses Buches ausführlich behandelt. Für die Seifen-Industrie sind am wichtigsten die Bestimmung der SZ, VZ, des Trubes und Wassergehaltes. Aus der Höhe der VZ ergibt sich die Menge des Alkalis, die zur Verseifung nötig ist. Die Differenz zwischen VZ und SZ, die EZ, gibt einen Anhaltspunkt für die zu erwartende Glycerin-Ausbeute bei Neutralfetten; für eine genaue Feststellung ist jedoch eine Glycerin-Analyse notwendig. Bei Fettsäuren gibt sie die Menge der in der Fettsäure vorhandenen Lactone an. Der Lacton-Gehalt steht in ursächlichem Zusammenhang mit dem Gehalt an Oxysäuren, die schwer aussalzbare und häufig dunkle Seifen ergeben. Außerdem sind Oxysäuren seifentechnisch wertlos.

Der Trub ist einesteils als unbrauchbare Verunreinigung vom Fettansatz in Abzug zu bringen und enthält andererseits Bestandteile, die die störungsfreie Verarbeitung der Fette hindern. Der Wassergehalt ist als nutzloser Ballast für die Kalkulation von Bedeutung.

An zweiter Stelle stehen hinsichtlich ihrer Wichtigkeit die Bestimmungen von JZ, Farbe, Geruch und Ranzidität. Die JZ läßt Schlüsse auf die Konsistenz und die Haltbarkeit der zu bereitenden Seife zu. Stark ungesättigte Fette und Fettsäuren ergeben Seifen, die wie ihre Rohstoffe gegenüber Luft und Licht empfindlich sind und nachdunkeln. Die Farbe der Rohstoffe ist für das Aussehen des Produktes ein maßgeblicher Faktor ebenso wie der Geruch und die Gegenwart der Stoffe, die die Ranzidität kennzeichnen.

Zur eingehenden Untersuchung der Ausgangsfette für besondere Fälle stehen dem Analytiker die Methoden zur Bestimmung der OHZ, RhZ, des Gehaltes an Glycerin, Unverseifbarem und Oxysäuren aus der Fettchemie zur Verfügung.

An dieser Stelle soll kurz der Begriff „*Verseifbarkeit*" besprochen werden. Analytisch exakt gesehen läßt sich die Verseifbarkeit nicht definieren und ist lediglich eine in kommerziellen Kreisen gebräuchliche Bezeichnung. Die Auffassungen gehen derart auseinander, daß einmal unter *Verseifbarkeit* die Summe aus Neutralfett, freien Fettsäuren und an Basen gebundenen Fettsäuren ohne das Unverseifbare, ein anderes Mal die Summe aus Neutralfett und freien Fettsäuren ohne die an Basen gebundenen Fettsäuren und das Unverseifbare verstanden wird. Zweckmäßig sollte der Begriff *Verseifbarkeit* durch den der *seifensiederisch verwertbaren Fettsäuren* ersetzt werden. Dies sind lediglich die Gesamt-Fettsäuren, wie sie nach der Verseifung, nach Entfernung der Oxyfettsäuren und des Unverseifbaren anfallen und bestimmt werden, einerlei, ob sie aus Glyceriden oder anderen Bestandteilen (Phosphatiden usw.) stammen.

Riechstoffe. Die Riechstoffe entstammen sehr verschiedenen chemischen Körperklassen, wie aus der Übersicht im Abschnitt „Bestandteile und Rohstoffe" hervorgeht. Für ihre Untersuchung kann daher kein einfacher Plan aufgestellt werden. Ihre Beurteilung muß sich überdies weitgehend auf den Eindruck stützen, den ein geübtes und begabtes Geruchsorgan von ihnen erhält. Außerdem ist die Wahl des Riechstoffes weitgehend eine Geschmacksfrage. Wenn auch die Identifizierung eines Parfüms durch den Geruchssinn eine schwierige Aufgabe darstellt, so kann man doch dem Verbraucher nicht die Fähigkeit absprechen, zu unterscheiden, welches Parfüm ihm zusagt und welches nicht. Außer diesen grundsätzlichen Erwägungen spielt die Frage eine Rolle, ob der Riechstoff den Seifenkörper ungünstig beeinflußt oder nicht. Manche Riechstoffe bewirken mit der Zeit in der Seife Dunkelfärbung. Andere verflüchtigen oder verändern sich so schnell, daß ihre Verwendung nicht empfehlenswert ist.

Bei der Untersuchung sind die physikalischen Methoden von den chemischen zu unterscheiden. Der hauptsächliche Zweck der Untersuchung ist die Erkennung von Verfälschungen. Die wichtigste Prüfung ist die Geruchsprobe. Von den *physikalischen* Untersuchungsmethoden steht die Bestimmung des spezifischen Gewichtes an erster Stelle. Ferner sind das optische Drehungsvermögen und der Brechungsindex zu bestimmen. Ein unzulässiger Gehalt an Verdünnungsmitteln ergibt sich bei der fraktionierten Destillation.

Die *chemischen* Untersuchungsmethoden richten sich nach dem Charakter des betreffenden Riechstoffes. Für esterartige Riechstoffe ist die VZ, für aldehyd- und ketonhaltige die COZ besonders wichtig. Wenn die OHZ bestimmt wird, darf nicht vergessen werden, daß Aldehyde ihre Bestimmung stören, wie auch die Bestimmung der VZ von Aldehyden beeinflußt wird.

Farbstoffe. Auf nähere Anweisungen zur Untersuchung der verwendeten Farbstoffe muß wegen des Umfangs dieses Gebietes verzichtet werden. Für anorganische Farbstoffe kommen die Regeln der allgemeinen anorganischen Analyse in Frage. Bei der Mehrzahl der organischen Farbstoffe wird man sich darauf beschränken können, durch Bestimmung von Wasser, Asche und der Löslichkeit Auskunft über den Gehalt an reiner Substanz zu gewinnen. Eingehende Hinweise finden sich in der Spezialliteratur. Vor allem empfiehlt sich die Einarbeitung der Farbstoffe in eine einwandfreie Grundseife in einer Laboratoriumsapparatur und Beobachtung des Verhaltens bei der Lagerung am Licht, in der Verpackung, an einem warmen Ort usw.

Überfettungsmittel. Die Untersuchung der als Überfettungsmittel dienenden Rohstoffe ergibt sich aus ihrem Charakter. Bei Vaseline und Paraffin spielen Schmelzpunkt, Erstarrungspunkt und Erweichungspunkt die Hauptrolle. Fettalkohole werden durch die OHZ, Glyceride und Ester durch OHZ und VZ charakterisiert. Der charakteristische Bestandteil des Wollfettes ist das Cholesterin, das nach der aus der Fettchemie bekannten Digitonid-Methode (vgl. S. 944 ff.) gefällt werden kann. Für Glycerin kommt entweder die Oxydationsmethode (Natriumperjodat oder Dichromat) oder die Acetin-Methode (vgl. Kapitel: Nachweis und Bestimmung von Glycerin) in Frage. Für die Lecithin-Bestimmung bildet die Ermittlung der Phosphorsäure die Grundlage. Außerdem ist auf einen eventuellen Wasser- und Ölgehalt des Lecithins zu prüfen.

Lösungsmittel. Soweit es sich um chemische Individuen handelt, ist für die Lösungsmittel der Siedepunkt bzw. die Siedekurve charakteristisch. Spezielle Untersuchungsmethoden ergeben sich aus dem chemischen Charakter des betreffenden Produktes.

Ätzalkalien. Die Konzentration der Ätzalkalien wird gewöhnlich durch die Bestimmung des spez. Gewichtes der konz. wäßrigen Lösung bestimmt. Man bedient sich dabei nach alter Gepflogenheit leider noch immer der BAUMÉ-Spindel, obwohl nicht einzusehen ist, warum nicht allgemein das rationelle metrische System verwendet wird. Zur genauen Bestimmung des Gehaltes an Ätzalkalien sind die Titrationsmethoden zu verwenden. In Ätzalkalien ist auch der Natriumcarbonat-Gehalt zu bestimmen.

Alkalicarbonate. Da in der Seifen-Industrie meist nur der Neutralisationswert der Carbonate wichtig ist, kann man sich im allgemeinen mit der Titration des „Gesamt-Alkali" (Na_2O) nach der bekannten alkalimetrischen Methode unter Verwendung von Methylorange oder Methylrot als Indicator begnügen.

Die häufigste Beimengung von Soda ist Natriumhydrogencarbonat. Seine Bestimmung hat besondere Bedeutung bei der Herstellung von Waschpulvern. Sie erfolgt indirekt dadurch, daß man einerseits das Gesamt-Alkali titriert und andererseits das gebundene Kohlendioxyd (Kohlensäure) gravimetrisch oder volumetrisch bestimmt. Die gravimetrische Bestimmung kann so erfolgen, daß man den Gewichtsverlust beim Ansäuern mit einem Gerät ermittelt, das bei der Prüfung von Backpulvern üblich ist, oder indem man das in Freiheit gesetzte Kohlendioxyd in einer ätzalkalihaltigen Vorlage auffängt und die Gewichtszunahme der Vorlage wie bei der Elementaranalyse bestimmt. Die volumetrische Bestimmung hat vor der gravimetrischen den Vorzug der einfacheren Handhabung und schnelleren Durchführung und eignet sich zur Betriebskontrolle. In der Vorschriften-Sammlung sind die verschiedenen Methoden beschrieben (s. S. 1367 und 1369).

Wasserglas. Bei der Wasserglas-Analyse wird einerseits das Gesamt-Alkali mit Methylorange titriert und andererseits die Kieselsäure (gravimetrisch) bestimmt. Aus diesen Ergebnissen läßt sich sowohl der Gehalt an Gesamt-Wasserglas wie das Verhältnis von Kieselsäure zu Na_2O finden. Für die Herstellung von Waschpulvern ist das 38grädige Wasserglas mit einem Verhältnis von 1 : 3,33 das übliche Produkt. Daneben findet in beschränktem Maße auch Wasserglas von 60° Bé noch Verwendung. Metasilicat mit dem theoretischen Verhältnis 0,97 kommt nur auf dem Sektor der technischen Reiniger (z. B. für die Metall-Industrie) zum Einsatz.

Auf die Titrationsmethode unter Verwendung von Natriumfluorid, die auf S. 1374 beschrieben ist, sei besonders verwiesen.

Phosphate. Die Untersuchung der Phosphate, die analytische Kennzeichnung von Ortho-, Pyro-, Poly- und Meta-phosphat und die Ermittlung des P_2O_5-Gehaltes werden bezüglich der Erkennung und Untersuchung der verschiedenen Phosphate in Anbetracht der Wichtigkeit dieser Produkte ausführlich auf S. 1374 beschrieben.

Bleichmittel. Als Bleichmittel kommen hauptsächlich Natriumperborat, Natriumpercarbonat und seltener Natriumpersulfat in Betracht. Bei ihrer Prüfung ist der Gehalt an „aktivem Sauerstoff" wesentlich.

Verschiedene Zusätze. Soweit die Untersuchung auf synthetische Waschrohstoffe, die nicht alltäglich sind, nötig ist, müssen die Methoden dem Kapitel: Synthetische waschaktive Stoffe entnommen werden. Die Beschränkung des Stoffes geschieht nicht deshalb, weil die selteneren Zusatzstoffe keiner genaueren Gehaltsbestimmung bedürfen, sondern weil ihre Beschreibung über den gesteckten Rahmen hinausgehen würde.

Ferner sei hier darauf hingewiesen, daß die Wirksamkeit enzymhaltiger Waschmittel anscheinend recht unzureichend geprüft wird. Die beste Methode ist diejenige nach LÖHLEIN-VOLHARD, die sich in der Vorschriften-Sammlung findet.

Für Kochsalz ist der Gehalt an Magnesiumsalzen von Wichtigkeit, die Hygroskopizität bewirken.

Bei Silicaten der Kaolingruppe als Füllstoff kommt es weniger auf die chemische Zusammensetzung als auf die Teilchengröße an[1]. Von chemischen Bestandteilen ist der Eisen-Gehalt auf die Färbung von besonderem Einfluß.

Zu den wichtigsten Rohstoffen der Seifen-Industrie gehört das *Wasser*. Das aus der Leitung oder der Natur direkt entnommene Wasser ist niemals chemisch rein. Es enthält gelöste und suspendierte Anteile. Letztere werden durch ein Filter entfernt. Unter den gelösten Anteilen spielen die Calcium- und Magnesiumsalze die Hauptrolle, da sie die „Härte" des Wassers bewirken.

Ein deutscher Härtegrad (DH) entspricht 10 mg CaO, in 1 l Wasser gelöst. Beim Kochen harten Wassers schlagen sich kohlensaurer Kalk ($CaCO_3$) und auch Calciumsulfat (Gips) nieder. Diese Niederschläge führen zur Kesselstein-Bildung im Dampfkessel und bewirken erhebliche Brennmaterial-Verluste. Bei der Herstellung von Seife gibt der gelöste Kalk Anlaß zur Bildung unerwünschter Kalkseifen. Für die Seifen-Herstellung finden entsalzte Wässer Verwendung, die mit Hilfe von Permutit- oder Kunstharz-Austauschern gewonnen werden. Solche Anlagen bedürfen der Überwachung.

Um den Härtegrad von Wasser zu bestimmen, wird eine Seifenlösung verwendet, mit der die Untersuchungsprobe tropfenweise versetzt wird. Es handelt sich um eine Art Titration, bei der als Indicator das Schaumvermögen der Seife verwendet wird. Solange die Untersuchungsprobe einen Überschuß an Härtebildnern enthält, bildet sich beim Umschütteln kein oder „knisternder" Schaum.

Hat man die Härte des Gebrauchswassers bestimmt, dann kann man sich über die Methode der Wasser-Aufbereitung klar werden.

β) Überwachung des Herstellungsganges

Während der Herstellung der Seife sind nur wenige analytische Feststellungen notwendig. Wichtiger sind dabei die Prüfungen, die entsprechend der handwerksmäßigen Durchführung des Herstellungsganges seit langer Zeit in Gebrauch sind. Es sind dies die genaue Beobachtung der Schaumbildung, des Blasenwerfens und der Viscosität des Sudes, die Spatel- und die Glasproben, die Prüfung beim Handtellerdruck und die Prüfung der Unterlauge und des Sudes mittels der Zunge sowie die Schneideprobe. Darüber hinaus wird es manchmal zweckmäßig sein, das Phenolphthalein-Papier zu Rate zu ziehen. Bei kontinuierlichen Verfahren wurden automatische p_H-Schreiber empfohlen, die das Mengenverhältnis des Zusammenlaufes von Fettsäure und Lauge regeln. Im fertigen Sud kommt zur Bestimmung des freien Ätzalkalis noch die Fettbestimmung hinzu, wobei man sich zur Betriebsüberwachung einer angenäherten Schnellmethode bedienen kann (Wachskuchen-Methode, Büretten-Methode, s. S. 1353). Auf die einwandfreie Probenahme sei besonders hingewiesen. Vor allem müssen die Methoden der Betriebsüberwachung möglichst schnell zu Ergebnissen führen, um die Herstellung eventuell korrigieren zu können.

Die übrigen Prüfungen, die in besonderen Fällen nötig werden sollten, ergeben sich aus den jeweiligen Verhältnissen. So ist z. B. die Überwachung der Trocknung von Grundseifenspänen durch die Wasser-Bestimmung mittels der Xylol-Methode (s. S. 473) schnell durchzuführen, ob eine Übertrocknung erfolgt ist oder die Feststellung, ob die Grundseife „sauer" geblasen ist.

Die Überwachung der Herstellung von Waschpulvern wird sich leicht durch eine Kontrolle des Soda-Gehaltes entweder titrimetrisch oder volumetrisch durchführen lassen und ebenso des Fettsäure-Gehaltes durch eine volumetrische Be-

---

[1] Vgl. R. TRAUTLUFT: Fette u. Seifen **50**, 220 (1943).

stimmung. Die Ermittlung des Wasser-Gehaltes geschieht zweckmäßig im Apparat von BRABENDER (s. S. 371). Unregelmäßigkeiten in der Zusammensetzung lassen sich schnell erkennen. Von den verkaufsfertigen Produkten ist jedoch stets noch eine sorgfältige Analyse anzufertigen. Auch die Bestimmung des Schüttgewichtes ist für Waschpulver von Bedeutung, ganz gleich, ob sie durch Zerstäubung oder durch Mischen hergestellt worden sind.

γ) Untersuchung der fertigen Handelsprodukte

Stückseifen. Wenn ein Stück Seife untersucht werden soll, wird zunächst die Verpackung beurteilt, dann werden das Stückgewicht und das Volumen festgestellt. Darüber hinaus kann das spez. Gewicht berechnet werden, das für Schwimmseife wichtig ist. Es folgt die Beurteilung der äußeren Eigenschaften: Farbe, Prägung, Geruch, Fleckenbildung, Beschlag. Das Aussehen der Seife zeigt u. U. schon Mängel, die auf fehlerhafter Herstellung, unsachgemäßer Lagerung, ungeeignetem Fettansatz usw. beruhen und wichtige Hinweise auf die einzuschlagende analytische Untersuchung geben. Dann wird das Seifenstück in der Mitte durchgeschnitten und die Schnittfläche hinsichtlich Gleichmäßigkeit, Pilierung, Färbung, Parfümierung, Bildung einer Randschicht, Schichtung oder Hohlraum-Bildung im Seifenkörper begutachtet. Zur chemischen Untersuchung wird ein Teil der Seife verwendet, der in seiner Zusammensetzung dem ganzen Stück entspricht. Nach der Entnahme der Analysenprobe kann ein Handwaschversuch angestellt werden, wie sich die Seife in bezug auf das Anschäumen, die Abwaschbarkeit, Schaumbeständigkeit und das Reinigungsvermögen verhält.

Die wichtigsten analytischen Bestimmungen sind die Ermittlung des Gehaltes an Gesamt-Rohfettsäure und freiem Alkali. Gewöhnlich kann die Gesamt-Rohfettsäure, welche Fettsäure, Harzsäure, Oxysäure, Unverseiftes, Unverseifbares und evtl. Überfettungsmittel einschließt, direkt bestimmt werden. Bei Kaolinseifen und ähnlichen stark gefüllten Seifen muß der Alkohol-Extrakt bestimmt werden. Die Bestimmung des Alkohol-Extraktes ist auch sonst angezeigt. In zweiter Linie kommen die Bestimmung der flüchtigen Bestandteile, der Gehalt an Gesamt-Alkali, Kochsalz, Soda, Unverseiftem und Unverseifbarem in Betracht.

Zur vollständigen Analyse gehören dann noch die Untersuchung der Fettsäure auf Kennzahlen (SZ, VZ, JZ) und Zusammensetzung (Harzsäure, Oxysäure) sowie die Bestimmung des Glycerin-Gehaltes und der anderen Nebenbestandteile, deren Gegenwart bei der qualitativen Prüfung erwiesen wurde. Soll eine derartige eingehende Untersuchung durchgeführt werden, dann wird die Bestimmung der Gesamt-Rohfettsäure sofort nach der Äther-Methode durchgeführt, da die Schnellmethoden keine saubere Isolierung gestatten. Die wesentlichen Bestandteile einer Stückseife sind fettsaures Alkali (reine Seife) und freies Ätzalkali. Zu den Hauptbestandteilen zählen ferner Unverseiftes und Unverseifbares, Carbonate und Wasser. Die Bestimmung von Ätzalkali, Carbonat-Alkali und wasserunlöslichen Füllstoffen kann dadurch kombiniert werden, daß die Seifenprobe in Alkohol gelöst, filtriert und im Filtrat das Ätzalkali gegen Phenolphthalein titriert wird. Dann wird das Filter mit heißem Wasser ausgewaschen, das wäßrige Filtrat mit Methylorange titriert und so das Carbonat gefunden. Der ausgewaschene Filterrückstand wird getrocknet und gewogen, wodurch sich die wasserunlöslichen Füllstoffe ergeben, wenn ein getrocknetes Filter verwendet wurde.

Der wichtigste Nebenbestandteil, der in Stückseifen fast immer vorkommt, ist das Kochsalz, während Glycerin mit der zunehmenden Verwendung von

Fettsäuren zur Seifen-Herstellung stark zurückgetreten ist. Aus dieser Reihenfolge ergibt sich die Rangordnung der Bestimmungen.

Wenn die Kennzahlen der Fettsäuren bekannt sind, kann daraus der ungefähre Sud-Ansatz errechnet werden. Die sogenannten Leimfettsäuren (Cocos- und Palmkernöl-Fettsäure) haben VZZ um 265. Feste Kernfette enthalten Fettsäuren mit der VZ 207, während für flüssige Kernfette die VZ 204 eingesetzt werden kann. Aus der tatsächlich gefundenen VZ wird dann berechnet, wie groß der Anteil an Leimfetten und an Kernfetten ist.

Die JZ der Fettsäuren des Leimfettes beträgt etwa 10, wenn Cocosfett vorliegt; sie beträgt 18, wenn Palmkernöl zum Sud verwendet wurde. Unter Berücksichtigung dieser geringen, auf den Leimfett-Anteil treffenden JZ wird die JZ der Kernfett-Fettsäuren berechnet. Aus ihrer Höhe können Schlüsse auf die Zusammensetzung des Kernfett-Anteiles gezogen werden. Die Aufklärung des Kernfett-Anteiles wird durch die Bestimmung der RhZ nach KAUFMANN, der Isoölsäure nach TWITCHELL und ähnlicher analytischer Feststellungen erleichtert.

Flüssige Seifen und Schmierseifen. Bei der Beurteilung des Aussehens von flüssigen und Schmierseifen ist, wie bei den Stückseifen, auf Verpackung, Farbe und Geruch zu achten. Klarheit und eine gewisse Viscosität sind Kennzeichen für gute flüssige Seifen[1].

Bei der Probenahme ist darauf zu achten, daß die analytische Probe in ihrer Zusammensetzung dem Durchschnitt der Ware entspricht. Bei flüssiger Seife empfiehlt es sich manchmal, das ganze Muster anzuwärmen und vom Bodensatz abzufiltrieren, der dann für sich geprüft und im Ergebnis der Gesamtanalyse berücksichtigt wird.

Schmierseifen kommen oft unzulänglich verpackt ins Untersuchungslaboratorium. Die Randschicht ist dann mehr oder weniger eingetrocknet, und es ist kaum mehr möglich, aus der Untersuchung des Musters auf den ursprünglichen Gehalt der Ware zu schließen. Zuverlässige Durchschnittsmuster müssen nach den Regeln der offiziellen Probenahme in korrosionsfesten Blechdosen abgefüllt und bis zur Untersuchung gut verschlossen aufbewahrt werden.

Wenn die Präparate durch celluloseglykolsaures Natrium verdickt sind, werden sie vor der Bestimmung der Gesamt-Rohfettsäure und des Unverseifbaren mit Alkohol versetzt, so daß eine Lösung entsteht, die etwa 70% Alkohol enthält, und filtriert. Unverseifbares und Unverseiftes können dann im Filtrat direkt bestimmt werden. Vor der Bestimmung der Gesamt-Rohfettsäure muß der Alkohol aus dem Filtrat verdampft werden, denn sonst tritt beim Ansäuern Esterbildung ein und die Kennzahlen werden verfälscht. Im Sauerwasser wird in der üblichen Weise Glycerin bestimmt.

Bei Gegenwart von Stärke ist es zweckmäßig, ebenso zu verfahren wie bei den Mustern, die Cellulose-Derivate enthalten.

Im übrigen richtet sich die analytische Untersuchung auf dieselben Bestandteile wie bei Stückseifen.

Waschpulver. Bevor die Analysenprobe als Durchschnittsprobe dem Waschmittelpaket entnommen wird, wird die Verpackung beurteilt. Ein sogenanntes „Durchschlagen" der Verpackung wird nicht gern gesehen. Die Ursache kann entweder in unsachgemäßer Lagerung oder unzweckmäßiger Zusammensetzung liegen. Vor dem Öffnen des Paketes werden dessen Masse und das Bruttogewicht festgestellt. Das Waschpulver selbst kann unter dem Mikroskop daraufhin geprüft werden, ob es nach dem Tennen-Verfahren, im Walzentrockner oder nach

---

[1] Vgl. Anforderungen und Lieferbedingungen auf S. 1339 ff.

einem Zerstäubungsverfahren gewonnen wurde. Im übrigen gelten die für Stückseife gemachten Hinweise.

Für Waschpulver und andere pulverförmige Produkte des Wasch- und Reinigungsmittel-Gebietes ist die qualitative Vorprüfung von besonderer Wichtigkeit. Insbesondere muß vor der Anwendung der auf die Untersuchung von seifenhaltigen Produkten zugeschnittenen Methoden einwandfrei festgestellt werden, daß wirklich Seife als waschaktive Substanz vorliegt und kein synthetischer Waschrohstoff. Besonders die sogenannten Feinwaschmittel enthalten fast durchweg synthetische waschaktive Substanzen. Sie geben sich dadurch zu erkennen, daß sie beim Ansäuern einer Probe ihre Schaumkraft nicht verlieren und daß im alkohollöslichen Anteil bei der Titration kein oder nur eine geringe Menge Alkali gefunden werden kann. Daneben werden aber auch Seifenflocken für die Feinwäsche empfohlen. Wesentlich ist für ein Feinwaschmittel, daß es keine freien Alkalien enthält.

d) Qualitätsforderungen

Der Verband Deutscher Seifenfabrikanten hat folgende Anforderungen an Seifen und seifenhaltige Erzeugnisse vorgeschlagen:

1. Begriffsbestimmungen (Deutschland)

Nach eingehenden Erörterungen, bei denen u. a. betont wurde, daß die Definitionen einer zukünftigen Entwicklung auf dem Gebiete der Seifen und Waschmittel nicht im Wege stehen sollen, wurden folgende Begriffsbestimmungen zur Empfehlung an den Wettbewerbsausschuß festgelegt:

A. Feste Haushaltseifen. *1. Kernseifen.* Unter Kernseifen sind nur solche technisch reinen Seifen zu verstehen, die im frischen Zustand mindestens 60% Fettsäure enthalten. Ein Harz-Gehalt wird als mit dem Fettsäure-Gehalt gleichwertig betrachtet. Der Alkali-Gehalt, berechnet als NaOH, soll 0,15% nicht überschreiten.

2. Spezialseifen. Spezialseifen sind solche Seifen, die fettsaure Salze und/oder synthetische waschaktive Substanzen enthalten und in ihrer Wirkung der Kernseife gleichkommen. Der Alkali-Gehalt, berechnet als NaOH, soll 0,15% nicht überschreiten.

3. Gefüllte Seifen. Gefüllte Seifen sind Seifen, die durch Zusätze von Füllmitteln gestreckt und dadurch in Ergiebigkeit und Wirkung den Kernseifen und Spezialseifen unterlegen sind. Der Alkali-Gehalt, berechnet als NaOH, soll 0,15% nicht überschreiten.

B. Weiche Haushaltseifen. *1. Schmierseife.* Unter Schmierseifen sind solche Seifen zu verstehen, die mindestens 38% Fettsäure enthalten. Ein Harz-Gehalt wird als mit dem Fettsäure-Gehalt gleichwertig betrachtet. Der Alkali-Gehalt, berechnet als KOH, soll 1% nicht überschreiten.

2. Spezialseifen. Spezialseifen sind solche weichen Seifen, die fettsaure Salze und/oder synthetische waschaktive Substanzen enthalten und in ihrer Wirkung der Schmierseife gleichkommen. Der Alkali-Gehalt, berechnet als KOH, soll 1% nicht überschreiten.

3. Waschpasten. Als Waschpasten müssen solche Produkte bezeichnet werden, die durch Zusätze von Füllmitteln gestreckt und dadurch in Ergiebigkeit und Wirkung den Schmierseifen und Spezialseifen unterlegen sind. Der Alkali-Gehalt, berechnet als KOH, soll 1% nicht überschreiten.

C. Hochprozentige Seifen. *1. Feinseifen.* Unter Feinseifen sind nur solche Seifen zu verstehen, deren Fettsäure-Gehalt in frischem Zustand 76% nicht unterschreitet. Der Alkali-Gehalt, berechnet als NaOH, soll 0,10% nicht überschreiten.

2. Spezialseifen. Spezialseifen sind solche Feinseifen, die fettsaure Salze und/oder synthetische waschaktive Substanzen enthalten und in ihrer Wirkung der Feinseife gleichkommen. Der Alkali-Gehalt, berechnet als NaOH, soll 0,10% nicht überschreiten.

3. Rasierseifen. Unter Rasierseifen sind nur solche Seifen zu verstehen, deren Fettsäure-Gehalt in frischem Zustand 76% nicht unterschreitet. Zusätze, welche den Gehalt an Fettsäure nicht unter 76% herabdrücken, sind gestattet, sofern sie zur Verbesserung der Wirkung beitragen. Der Alkali-Gehalt, berechnet als NaOH, soll 0,10% nicht überschreiten.

4. Seifennadeln, Seifenflocken, Seifenschuppen. Für Seifennadeln, -flocken und -schuppen u. dgl. gelten sinngemäß die Qualitätsbegriffe von C 1 und C 2.

D. Sonstige Seifenprodukte. Hierunter fallen die bisher unter A, B und C nicht genannten Erzeugnisse, die für bestimmte Verwendungszwecke gedacht sind. Sie müssen dementsprechend so gekennzeichnet sein, daß keine Verwechslungsmöglichkeit mit den Erzeugnissen der Gruppen A, B und C besteht.

E. Pulverförmige Erzeugnisse. *1. Seifenpulver.* Seifenpulver sind solche Produkte, die als organische waschaktive Substanz nur fettsaure Salze und in einer Menge, die mindestens 10% Fettsäure entspricht, enthalten. Ein Harz-Gehalt wird als mit dem Fettsäure-Gehalt gleichwertig betrachtet.

2. Waschpulver. Waschpulver sind: a) solche Erzeugnisse, die mindestens 7% synthetische waschaktive Substanz 100%ig enthalten.

b) Gemische von fettsauren Salzen und synthetischen waschaktiven Substanzen, die in ihrer Wirkung den Erzeugnissen nach a) gleichkommen.

3. Feinwaschmittel. Ihre Zusammensetzung muß die Bedingung erfüllen, daß bei Anwendung nach Gebrauchsanweisung der Gehalt an waschaktiver Substanz in der Waschlösung mindestens 0,5 g/l beträgt. Der p_H-Wert der Waschlösung soll 10 nicht überschreiten.

2. Analysenmethoden

Zur Untersuchung der Seifen und Waschmittel sollen allgemein die DGF-Einheitsmethoden angewandt werden. Zur Feststellung der Qualitätsmerkmale dienen:

1. Bestimmung der Fettsäure nach der DGF-Einheitsmethode G III 5b (s. S. 1352 ff.).

2. Bestimmung der synthetischen waschaktiven Substanz durch Extraktion der wasserfreien Proben mit Äthylalkohol. Einmaliges Umlösen ist notwendig.

3. Bestimmung des freien Alkalis mittels Bariumchlorid nach der DGF-Einheitsmethode G III 12 (s. S. 1358 f.).

4. Der Nachweis von Fettsäure neben synthetischer waschaktiver Substanz[1].

3. Minimal- und Maximalzahlen (Schweiz)

Die in der Schweiz geltenden Anforderungen an Seifen und Waschmittel sind folgende:

Tabelle 363a. Seifen

	% Gesamt-Fettsäuren Minimum	Erstarrungspunkt der Fettsäuren (Titer)°C	% Harzsäure-Gehalt	% freies Alkali, als NaOH berechnet
Ia Kernseife	60	min. 30	max. 2	0,2
Ia Harzkernseife	60	—	min. 5	0,2
Kernseife, kurant	60	min. 25	max. 15 min. 5	0,2
Harzkernseife, kurant. . .	60	—	min. 5	0,2
Marseiller-Seife	60	max. 25	max. 2	0,2
Textilseifen im engeren Sinn	60	max. 25	—	0,1
Halbkernseifen	46	—	—	0,2
Leimseifen, feste.	46	—	—	0,2
Schmierseifen, Ia weiße .	35	—	—	1,0
Schmierseifen, Ia gelbe .	36	—	max. 2	1,0
Flüssige Seifen	18	—	—	0,2
Seifenpulver[2]	82	—	—	—
Seifenflocken	82	—	—	—
Seifenspäne	70	—	—	—
Toilettenseife, piliert. . .	78	min. 36	—	0,1
Glycerin- oder Transparentseifen.	40	—	—	0,1
Sandseifen	20	—	—	—

---

[1] A. HINTERMAIER: Fette u. Seifen **51**, 10 (1944).

[2] Gemeint ist gepulverte Seife.

Tabelle 363 b. *Waschpulver*

	% Gesamt-Fettsäuren Minimum	% Gehalt an Lösungsmittel	% aktiver Sauerstoff
Gewöhnliche Waschpulver	20	—	—
Waschpulver mit Lösungsmittel-Zusätzen . .	20	3	—
Seifenhaltige, Bleichmittel enthaltende Wasch-mittel: Geformte Produkte	60	—	0,5—1,00
Pulverförmige Produkte	38	—	0,5—1,00

Während die deutschen und schweizerischen Vorschläge sich auf den Fett-säure-Gehalt der Seifen und Seifen-Produkte beziehen, legen die amerikanischen Vorschläge den Gehalt an reiner Seife zugrunde. Der Analytiker muß sich nach den Vorschriften richten, die für das betreffende Land maßgebend sind. Abwei-chungen sind deshalb stets zu beanstanden.

4. Minimal- und Maximalzahlen (USA)

In USA werden nachstehende Anforderungen gestellt:

Riegelseife

Feuchtigkeit und Flüchtiges bei 105° . . . . max. 36,0%
freies Alkali, freie Säure, Alkohol-Unlösliches, Kochsalz . . . . . max. 2,0 bis 10,0%
freie Säure als Ölsäure . . . . max. 0,5%
freies Alkali als NaOH . . . . max. 0,5%
Wasser-Unlösliches . . . . max. 1,0%
Harzsäure . . . . max. 25,0%
Chloride als Kochsalz . . . . max. 1,0%
Seife 100%ig . . . . min. 52,0%

Seifenflocken

Feuchtigkeit und Flüchtiges bei 105° . . . . max. 10,0%
freies Alkali, Alkohol-Unlösliches und Kochsalz . . . . max. 4,0%
freies Alkali als NaOH . . . . max. 0,2%
Wasser-Unlösliches . . . . max. 1,0%
Titer des Fettsäure-Gemisches, aus der Seife hergestellt . . . . min. 39°
Seife 100%ig . . . . min. 85,0%

Seifenpulver

Seife 100%ig . . . . min. 15%
Gesamt-Alkali als Na_2CO_3 . . . . min. 30%
Gesamt-Gehalt an Seife und Na_2CO_3 . . . . min. 45%

Pulverseife

Wasser und Flüchtiges bei 105° . . . . max. 6,0%
freies Alkali, Alkohol-Unlösliches, Kochsalz . . . . max. 4,0%
freies Alkali als NaOH . . . . max. 0,2%
Wasser-Unlösliches . . . . max. 1,0%
Titer der Fettsäure, aus der Seife hergestellt . . . . min. 39°
Siebrückstand Nr. 12 . . . . max. 1,5%
Seife 100%ig . . . . min. 89,0%

Pilierte Toilettenseife

Wasser und Flüchtiges bei 105° . . . . max. 15,0%
freies Alkali, Alkohol-Unlösliches und Kochsalz . . . . max. 1,7%
freies Alkali berechnet als NaOH . . . . max. 0,1%
Wasser-Unlösliches . . . . max. 0,6%
Unverseiftes . . . . max. 0,3%
Harz, Zucker, fremde Bestandteile . . . . *keine*
Seife 100%ig . . . . min. 83,0%

Flüssige Toilettenseife

Seife 100%ig als Kaliseife . . . . min. 15,0%
Alkohol-Unlösliches . . . . max. 0,4%
freies Alkali als KOH . . . . max. 0,5%
Chlorid als KCl . . . . max. 0,3%
Sulfate . . . . max. Spuren
Zucker . . . . max. Spuren

5. Anforderungen der Deutschen Bundesbahn

Die von der Deutschen Bundesbahn, Eisenbahn-Zentralamt München, Eisenbahn-Versuchsanstalt, Chemische Abteilung, herausgegebenen Anforderungen für Kern-, Schmier- und flüssige Seife für Lieferungen an die Deutsche Bundesbahn sind nachstehend wiedergegeben.

Tabelle 364

	Kernseife	Schmierseife	Flüssige Seife
Beschaffenheit	Hellgelbe, glattgeschnittene, ungeprägte Stücke ohne Geruchszusätze	Schmierseife muß goldgelb, klar, durchscheinend und so fest sein, daß sie sich bei $+25°$ nicht zieht. Färbung ist verboten	Flüssige Seife muß eine gelbe, klare Flüssigkeit sein und darf keinen Bodensatz enthalten
Geruch	Schwach	Die Verwendung von nicht geruchlos gemachten Fetten und Nitrobenzol als Riechstoff ist nicht erlaubt. Nach längerem Lagern darf beim Waschen kein widerlicher Geruch entstehen	Parfümierung nach Vereinbarung. Gegenwärtig wird nur unparfümierte Seife beschafft. Verwendung von Nitrobenzol ist verboten. Die Seife darf nicht nach Entseuchungsmittel riechen
Sonstige Anforderungen	Frei von unverseiftem Fett und hautätzenden Füllmitteln. Kalt gerührte Cocosseifen sind nicht zugelassen	Frei von unverseiftem Fett und hautätzenden Zusätzen	Frei von hautätzenden Zusätzen, unverseiftem Fett und Verdichtungsmitteln. Flüssige Seife muß bei $-5°$ flüssig sein und darf bei dieser Temperatur keine festen Bestandteile absondern, die das Auslaufen aus dem Seifenspender behindern Nach 2 tägigem Stehen bei $+20°$ dürfen sich nicht mehr als 0,2% Schwebestoffe absetzen
Fettsäure-Gehalt	60—63% (auf Frischgewicht bezogen)	40—43%	Mindestens 15%
Gehalt an freiem Alkali	Nicht über 0,1% (Alkohol-Methode)	Nicht über 1% (Bariumchlorid-Methode)	Nicht über 0,05% (Bariumchlorid-Methode)
Güteprüfungen	Güteprüfung erfolgt nach der zur Untersuchung von Fetten, Fettprodukten und verwandten Stoffen bestehenden DGF-Einheitsmethode, Ausgabe 1950		Kältebeständigkeit wird nach dem U-Rohr-Verfahren bei ständigem Abkühlen auf $-5°$ geprüft
Lieferung	Für die Lieferungen sind grundsätzlich die Angebotsmuster bindend. Wird z. B. Seife mit einem Fettsäure-Gehalt von 65% angeboten (Soll: 60—64%), so muß auch die Lieferung 65% Fettsäuren enthalten.		

e) Untersuchungsgang und Prüfung der Erzeugnisse
α) Allgemeine Richtlinien

Probenahme. Die zuverlässige Probenahme ist für analytische Untersuchungen von wesentlicher Bedeutung. Die sorgfältigste Analyse hat wenig Wert, wenn nicht gewährleistet ist, daß das Untersuchungsmuster dem Durchschnitt der zu prüfenden Ware entspricht.

Analysengang. Wenn man sich einen Überblick über die Zusammensetzung eines Waschmittels verschaffen will, führt man zunächst nur einige qualitative Bestimmungen aus und prüft dann auf die quantitative Zusammensetzung. Das Ergebnis dieser Prüfungen gibt dann die Richtschnur für die weiteren quantitativen Untersuchungen.

Durch die Bestimmung des *Trocknungsrückstandes* erfährt man den Anteil an flüchtigen Verbindungen. In diese Gruppe gehört auch das *Wasser*. Spezialmethoden zur Wasser-Bestimmung sind die Xylol-Methode (s. S. 473) und die Titration nach K. FISCHER (s. S. 476). Letztere ist allerdings für alkalische Gemische ungeeignet.

Es ist zu bedenken, daß der Trocknungsverlust auch die Substanz-Verringerung durch Verflüchtigung von Kristallwasser (z. B. aus Natriumphosphat) oder durch Zersetzung von hitzeunbeständigen Verbindungen (z. B. Natriumhydrogencarbonat) einschließt. Andererseits gibt der Trocknungsverlust nicht den Gesamt-Anteil an flüchtigen Stoffen wieder, wenn die Untersuchungsprobe Stoffe enthält, die das Wasser konstitutionsartig gebunden enthalten. Wasserglashaltige Proben werden schlecht wasserfrei erhalten, ebenso halten Kaolin und ähnliche Silicate ihr Konstitutionswasser auch bei 150° noch fest. In diesen Fällen muß zur Wasser-Bestimmung eine Gesamt-Analyse ausgeführt werden. Der wirkliche Wassergehalt ergibt sich durch Differenz-Bestimmung.

Zu den flüchtigen Stoffen gehören ferner *Lösungsmittel*. Ihre Gegenwart läßt sich häufig aus dem Geruch der Untersuchungsprobe erkennen. In unsicheren Fällen und zur quantitativen Bestimmung muß eine Destillation durchgeführt werden. In Gegenwart von Seife wird das Destillat zweckmäßig nach dem Ansäuern der Probe geprüft, weil auf diese Weise Störungen durch Schäumen und durch flüchtige Basen vermieden werden. Wenn sich in dem Destillat keine Schichten ausbilden, können außer Wasser nur niedere Alkohole vorhanden sein, da Aceton usw. in Seifen kaum vorkommt. Die Bestimmung des spezifischen Gewichtes des wäßrigen Destillates läßt im Zusammenhang mit der qualitativen Prüfung auf Methyl- oder Äthylalkohol einen Schluß auf die Menge des vorhandenen Alkohols zu. Häufig wird sich allerdings eine Rektifikation nicht umgehen lassen. Wenn das Destillat Schichten bildet, dann werden diese im Scheidetrichter getrennt und auf ihr spezifisches Gewicht geprüft. Zur Identifizierung ist meist eine zweite fraktionierte Destillation angebracht. In schwierigen Fällen verfährt man nach den für die Lösungsmittel-Untersuchung üblichen Methoden.

Die Ermittlung der *alkohollöslichen Substanz* ist für Waschmittel unbekannter Zusammensetzung von besonderer Wichtigkeit. Zwar beschränkt sich dieser Abschnitt des Buches auf die seifenhaltigen Waschmittel, doch leistet die Bestimmung des Alkohol-Extraktes auch in diesem engeren Rahmen gute Dienste.

Der Alkohol-Extrakt enthält die ganze waschaktive Substanz, also alle fettsauren Alkalisalze. Der Alkohol-Extrakt muß daraufhin geprüft werden, ob außer fettsauren Salzen (Seifen im chemischen Sinne) keine anderen waschaktiven Substanzen zugegen sind. Erst wenn dieses feststeht, hat die Durchführung der seifenanalytischen Methoden einen Sinn, da Sulfonate und andere synthetische Produkte diese Bestimmungen stören. Seife unterscheidet sich von allen anderen waschaktiven Substanzen dadurch, daß sie beim Ansäuern mit Mineralsäuren, auch schon mit Essigsäure oder schwefliger Säure, zerlegt wird und dann nicht mehr schäumt. Schäumt also die wäßrige Lösung des Alkohol-Extraktes nach Ansäuern und kurzem Aufkochen noch, dann sind meist synthetische schaumerzeugende Verbindungen oder Saponin vorhanden, auf die beim quantitativen Untersuchungsgang Rücksicht genommen werden muß. Würde diese Prüfung mit der ursprünglichen Substanz angestellt, so ist das Ergebnis oft nicht eindeutig, da verschiedene alkoholunlösliche Stoffe in saurer Lösung schäumende Suspensionen ergeben (z. B. Cellulose-Derivate, Stärke, Eiweißstoffe, auch Tonsubstanzen). Es hat sich als nützlich erwiesen, den Alkohol-Extrakt alkalimetrisch zu titrieren. Der Alkohol-Extrakt wird nach der Wägung in neutralisiertem 96%igem Alkohol aufgenommen und Phenolphthalein hinzugegeben. Ein Gehalt an Ätzalkalien gibt sich durch Rotfärbung zu erkennen. Nach der Neutralisation des freien Ätzalkali wird die Alkohol-Lösung mit Bromphenolblau oder Methylorange versetzt. Diese Indicatoren zeigen in alkoholischen Seifenlösungen alkalische Reaktion. Es wird mit eingestellter Säure titriert, bis der Indicator umschlägt, und aus der Menge der verbrauchten Säure der Gehalt des Alkohol-Extraktes an Na_2O berechnet. Der Gehalt von reinen Seifen beträgt durchschnittlich 10% Na_2O bzw. das entsprechende Äquivalent einer anderen Base. Der Gehalt einer reinen Seife an Seifen-Alkali hängt natürlich von der Art der gebundenen Fettsäuren und dem vorhandenen Kation ab. Seifen aus hochmolekularen Fettsäuren ergeben weniger als 10%, aus niedermolekularen Fettsäuren mehr als 10% Na_2O. 10% Na_2O entsprechen einem Molekulargewicht der Seife von 310, d. h. dem Natriumsalz einer Fettsäure mit dem Molekulargewicht 288, also ungefähr der Stearinsäure, oder dem Kaliumsalz einer Fettsäure mit dem Molekulargewicht 272.

Wenn die Menge des titrierten Seifen-Alkalis erheblich geringer ist, dann deutet dies entweder auf die Zumischung einer anderen waschaktiven Substanz oder auf die Gegenwart von viel Unverseiftem hin. Eine andersartige waschaktive Substanz gibt sich dadurch zu erkennen, daß der angesäuerte Alkohol-Extrakt in wäßriger Lösung noch schäumt. Schäumt er trotz abnorm niedrigem Seifen-Alkali nicht mehr, dann ist auf die Gegenwart von absichtlich zugesetztem Unverseifbaren bzw. Unverseiften zu schließen. In diese Gruppe fallen z. B. die Kohlenwasserstoffe wie auch unverseiftes Neutralöl, freie Fettsäuren, Fettalkohole usw. Steht nur wenig Substanz zur Verfügung, dann wird der titrierte Alkohol-Extrakt eingedampft. Der Rückstand wird weiter geprüft, indem er oder eine neue Portion des hergestellten Alkohol-Extraktes mit Wasser und etwas Mineralsäure versetzt wird.

In der *Fettphase*, die beim Ansäuern entsteht, sind alle fettartigen Stoffe enthalten, wenn das ursprüngliche Handelsprodukt nicht einen besonders hohen Zusatz an Stoffen enthält, die in Alkohol schwer löslich sind, wie z. B. manche Hautcremes. Die weitere Prüfung der Fettphase erfolgt nach den Weisungen zur Untersuchung der „Gesamt-Rohfettsäure‘‘ in der Vorschriften-Sammlung (s. S. 1352).

Im *Sauerwasser* ist auf das zur Fettsäure gehörige Kation zu prüfen, also auf Na^+, K^+, NH_4^+, Äthanolamin und andere. Da im Alkohol-Extrakt neben den Seifen auch die übrigen alkohollöslichen Stoffe vorhanden sind, ist im Sauerwasser auch auf Glycerin (und Zucker) zu prüfen, ferner ist an Mg- und NH_4-Salze zu denken. In schwierigeren Fällen ist das durch Ansäuern mit Schwefelsäure erhaltene Sauerwasser aus einem größeren Ansatz des mit Alkohol erhaltenen Extraktes mit Natronlauge zu neutralisieren, einzudampfen und der Rückstand erneut mit Alkohol auszuziehen. Auf diese Weise werden die organischen Anteile gereinigt. Darunter befinden sich z. B. die Zersetzungsprodukte von Chloramin, Harnstoff-Formaldehyd-Kondensaten usw.

Der *alkoholunlösliche* Anteil ist daraufhin zu prüfen, ob er noch *organische* Substanz enthält. Organische Substanz gibt sich beim Erhitzen dadurch zu erkennen, daß sich die Probe dunkel färbt. In Seifen sind normalerweise keine Kationen vorhanden, die durch Bildung dunkel gefärbter Oxyde diese Probe stören können. In Zweifelsfällen wird einerseits die gebundene Kohlensäure und andererseits der Kohlenstoff-Gehalt durch Elementar-Analyse bestimmt. Die Differenz weist auf die Gegenwart organischer Stoffe hin.

An alkoholunlöslichen, organischen Bestandteilen kommen hauptsächlich kohlenhydratartige Stoffe in Betracht, also Zucker, Dextrin, Stärke, Cellulose-Derivate, manchmal auch pflanzliche Schleimstoffe. Zucker wird nach Fehling, Stärke durch die Jod-Reaktion, Dextrin, Stärke und Schleimstoffe werden durch ihre reduzierende Wirkung nach saurer Hydrolyse nachgewiesen. Die Art der Stärke und Cellulose-Derivate wird unter dem Mikroskop erkannt. Für Schleimstoffe, Pektin, Alginsäure, Pflanzengummi und Pflanzenschleim gibt es gewisse Spezial-Reaktionen, deren Beurteilung jedoch Erfahrung voraussetzt. Das gleiche gilt für Kunststoffe (z. B. Polyvinylalkohol).

Eine weitere Gruppe von alkoholunlöslichen, organischen Bestandteilen bilden die Eiweißstoffe. Sie geben die bekannte Biuret-Reaktion (s. S. 1384) und werden im übrigen nach Kjeldahl (s. S. 377 ff.) bestimmt. Außerdem ist darauf hinzuweisen, daß gelegentlich

Harnstoff-Formaldehyd-Kondensationsprodukte als Füllmittel in Stückseifen verwendet werden. Sie sind teilweise alkohollöslich und teilweise auch in der unlöslichen Fraktion zu finden.

Enzympräparate sind auf chemischem Wege schlecht zu indentifizieren. Oft weist die Bezeichnung der Handelsprodukte auf enzymatisch wirksame Substanzen hin. Ihr qualitativer Nachweis bedient sich der Verflüssigung von Gelatine, doch sind die angeblichen Zusätze an Enzym manchmal kaum wirksam.

Holzartige Zusätze, wie Sägemehl in Handwaschpasten, lassen sich meist leicht erkennen. In Zweifelsfällen entscheidet die Lignin-Reaktion mit Phloroglucin-Salzsäure.

Alle Waschpulver und fast alle anderen Produkte der einschlägigen Industrie enthalten alkoholunlösliche *anorganische* Bestandteile. Die Analyse wird dadurch vereinfacht, daß zunächst nur auf die üblichen Bestandteile von Waschpulvern geprüft wird.

Die alkoholunlöslichen Anteile werden in eine wasserlösliche und eine wasserunlösliche Fraktion getrennt. Die bereits festgestellten organischen Anteile müssen natürlich berücksichtigt werden.

Die *wasserlöslichen* Anteile können Kochsalz bzw. Kaliumchlorid, Carbonate, Borate, Phosphate, Silicate enthalten. Auf Sauerstoff abgebende Substanzen, wie Perborat und Percarbonat, muß im Ausgangsmaterial geprüft werden, ebenso auf Thiosulfat, das sich bei dem beschriebenen Untersuchungsgang gleichfalls verändert.

Der *wasserunlösliche Anteil* enthält die Füllstoffe, die für den Waschvorgang meist ohne Wert sind. Sie können eine Scheuerwirkung besitzen, wie Bimsstein, Sand, Glaspulver, oder zwecks Färbung zugesetzt sein, wie Chromoxyd, Titanweiß usw.

Bei der quantitativen Analyse des Kaolins, dem als definiertes Mineral Kaolinit $H_4Al_2Si_2O_9$ zugrunde liegt, werden SiO_2 und Al_2O_3 gefunden und zu der Formel $Al_2Si_2O_7$ zusammengesetzt, wobei manchmal vergessen wird, daß darüber hinaus noch $2H_2O$ dem Mineral angehören,

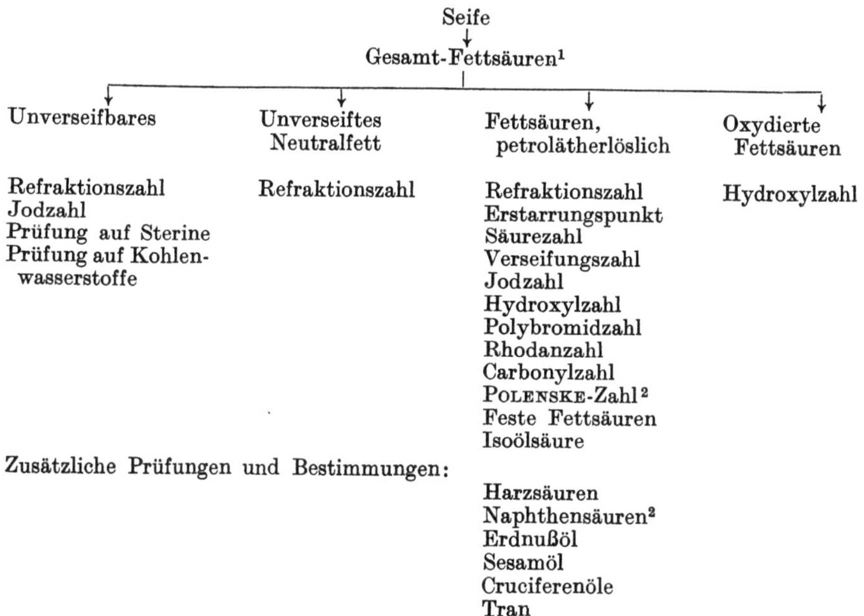

Unverseifbares	Unverseiftes Neutralfett	Fettsäuren, petrolätherlöslich	Oxydierte Fettsäuren
Refraktionszahl	Refraktionszahl	Refraktionszahl	Hydroxylzahl
Jodzahl		Erstarrungspunkt	
Prüfung auf Sterine		Säurezahl	
Prüfung auf Kohlenwasserstoffe		Verseifungszahl	
		Jodzahl	
		Hydroxylzahl	
		Polybromidzahl	
		Rhodanzahl	
		Carbonylzahl	
		POLENSKE-Zahl[2]	
		Feste Fettsäuren	
		Isoölsäure	

Zusätzliche Prüfungen und Bestimmungen:

Harzsäuren
Naphthensäuren[2]
Erdnußöl
Sesamöl
Cruciferenöle
Tran

---

[1] Gewöhnlich benützt man zur Ermittlung der physikalischen und chemischen Kennzahlen die aus der Seife nach S. 1352 abgeschiedenen Gesamt-Fettsäuren. Sind darin jedoch störende Mengen von Unverseifbarem, unverseiftem Neutralfett oder oxydierten Fettsäuren anwesend, so sind diese Anteile zuvor aus den Gesamt-Fettsäuren zu entfernen.

[2] Diese Bestimmungen können auch direkt mit der Seife durchgeführt werden.

die bei der üblichen Wasser-Bestimmung nicht gefunden werden können. Da die Mineralien der Kaolingruppe durch Verwitterung von Feldspat entstanden sind, liegen in den technischen Produkten auch noch Reste von Alkalien und Erdalkalien vor. Der gewöhnliche Ton ist überdies ein Gemenge von Kaolin, Quarzsand, kohlensaurem Kalk usw. Ferner sind gewisse Mengen Eisen vorhanden. Für die Herstellung von Tonseifen ist der Eisen-Gehalt unerwünscht. Im übrigen wird auf die Abwesenheit grober Teilchen Wert gelegt, so daß für solche in Handwaschmitteln verwendeten Füllstoffe die physikalische Prüfung wichtiger ist als die chemische. Das gleiche gilt für unlösliche, organische Zusätze, wie z. B. Holzmehl.

Die Schweizerische Gesellschaft für analytische Chemie und angewandte Chemie bringt in ihren Untersuchungsmethoden für „Seifen und Waschmittel" einen „Analysengang zur Bestimmung des Fettansatzes in Seifen"[1]. Vorstehendes Schema gibt an, welche Kennzahlen und Bestimmungen mit dem Unverseifbaren, dem Unverseiften, den Fettsäuren und den oxydierten Fettsäuren festzustellen und auszuführen sind, um einen Einblick in die Zusammensetzung des Fettansatzes zu erhalten.

β) Untersuchungsvorschriften

Die nachstehend gebrachten Bestimmungsmethoden entsprechen in der Hauptsache den Deutschen Einheitsmethoden[2]. Sie stellen das Ergebnis eingehender Beratungen von Seifenanalytikern dar und haben zahlreiche praktische Erprobungen bestanden. Den einzelnen Methoden wird in der Regel in einer Vorbemerkung die Grundlage der Bestimmungsweise vorausgeschickt und in einem kurzen Literaturauszug ein Überblick über die im Laufe der Zeit vorgeschlagenen Verfahren gegeben[3].

Die in den Ausführungsvorschriften geforderten *Einwaagen* in g sind so zu verstehen, daß entsprechend der gewünschten Genauigkeit des Analysen-Ergebnisses die Wägungen auf drei Ziffern genau durchgeführt werden. Wenn z. B. die Angabe gemacht wird, es sollen „ungefähr 5 g Seife" eingewogen werden, so heißt dies, daß Proben mit einem Gewicht zwischen 4,50(0) und 5,50(0) g genommen werden sollen. Dieselbe Genauigkeit wird im allgemeinen bei der Angabe der *Analysenergebnisse* gefordert.

1. Probenahme und Vorbereitung der Proben

Für das Analysenergebnis ist die Probenahme von wesentlicher Bedeutung. Von Waren, die in verschiedenen Einheiten vorliegen, werden zweckmäßig folgende Einzelproben gezogen:

Lieferungen, die aus bis zu 4 Einheiten bestehen, werden einzeln bemustert. Wenn sie aus 4 bis 100 Einheiten bestehen, werden mindestens 20% Proben entnommen. Lieferungen, die aus mehr als 100 Einheiten bestehen, sind mindestens mit 10% Einzelproben zu bemustern.

Einheiten in Stückform oder in Packungen sind nicht aufzuteilen.

Schmier- und flüssige Seifen sind infolge ihrer häufigen Inhomogenität schichtweise zu bemustern.

Waschpulver, einschließlich Seifenschnitzel und Seifenspäne, werden nach der Kreuz-Methode gemischt, wenn sie in größeren Gebinden (Säcken, Silos usw.) vorliegen. Eine größere Probe wird ausgeschüttet, gut gemischt und so oft wie vorher behandelt, bis die erforderliche Menge der Einzelprobe erhalten wird. Inhomogene Proben werden durch Sieben in gleichmäßige Anteile aufgetrennt, und jeder Anteil wird noch nach der Kreuz-Methode gemischt.

---

[1] Bern: Huber 1955.

[2] DGF-Einheitsmethoden, Abteilung G. Stuttgart: Wissenschaftl. Verlagsgesellschaft 1953.

[3] F. W. SMITHER u. Mitarbeiter: Ind. Engng. Chem., analyt. Edit. **9**, 2·(1937); K. BURGDORF: Fette u. Seifen **45**, 680 (1938); H. FIEDLER: ebenda **46**, 224, 355, 737 (1939); H. P. KAUFMANN: ebenda **46**, 514 (1939); CANADIAN STANDARDS COMMITTEE: ebenda **47**, 22 (1940); A. HINTERMAIER: Z. Unters. Lebensmittel **88**, 316 (1948); B. G. RAWITSCH: Betriebs-Lab. (russ.) **6**, 822 (1937); C. **1939** I, 557.

Die Einzelproben können durch geeignete Mischung zu den Endproben verarbeitet werden. Vor allem muß die Endprobe groß genug sein, um jederzeit eine Wiederholung der Analyse vornehmen zu können. Für feste Seifen sind 200 bis 500 g ausreichend. Die Proben sind gut verschlossen aufzubewahren. Die Aufbewahrungszeit soll etwa ein Jahr betragen. Konkurrenzprodukte sollen noch länger aufbewahrt werden, um z. B. stets praktische Vergleiche durchführen zu können, die Qualitätsveränderungen oft besser erkennen lassen, als dies durch die chemische Analyse der Fall ist.

Vorbereitung der Proben[1]: Von allen Proben ist vor der Untersuchung das Nettogewicht festzustellen.

Von Stückseifen untersucht man nach vollständiger Zerkleinerung eine Mischprobe oder behandelt sie wie folgt:

Aus Kugeln, Zylindern usw. sind schmale Stücke herauszuschneiden (Abb. 432a); aus Riegeln, eiförmigen oder sonstigen länglichen Stücken dünne Längskeile (Abb. 432b). Bei langgestreckten Riegeln, Stangen usw. genügt ein Querstück als Durchschnittsprobe (Abb. 432c). Solche Proben, aber aus der inneren Hälfte, ergeben ungefähr die Zusammensetzung der Stückseife im Frischzustand. Die Probengröße soll mit der Größe des ganzen Seifenstückes wachsen. Je drei gleich schwere Stücke sollen zusammen eine ausreichende Untersuchungsprobe geben.

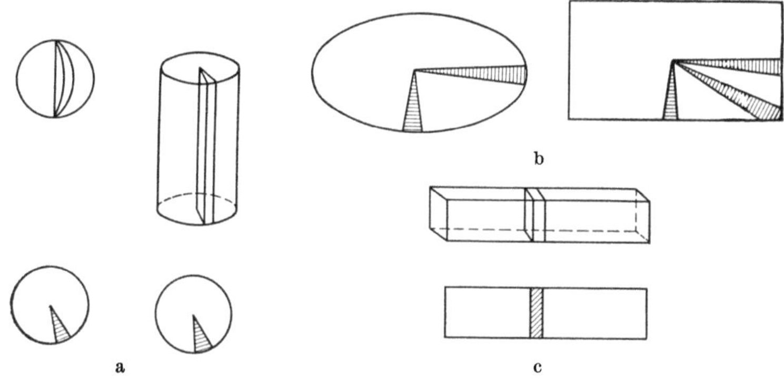

Abb. 432 a—c. Probenahme von Stückseife

Flüssige, pulver- und pastenförmige Waschmittel sind gründlich zu durchmischen und in Glasstöpselflaschen abzufüllen, die der Mustergröße entsprechen.

Die AOCS gibt zur Probe-Entnahme folgende Anweisungen[2]:

I. *In Kanistern oder Kartons (Kisten) verpackte Stückseife, Seifenflocken oder -pulver.* Aus den von dem Verkäufer verwendeten Schiffsbehältern wird ein beliebiges Stück (Kanister oder Karton) entnommen; dabei soll die Probe nicht weniger als 1% des Behälters betragen und der Behälter mindestens 22,7 kg (50 pounds) fassen. Weisen die Behälter ein kleineres Fassungsvermögen auf, so wird ein beliebiges Stück (Kanister oder Karton) aus jeder Partie entnommen, wobei jede Partie nicht mehr als 2270 kg (5000 pounds) betragen soll. Betragen die gezogenen Proben bei sehr großen Partien mehr als 9 kg (20 pounds), so wird der Prozentsatz der gezogenen Proben derart herabgesetzt, daß die Gesamtmenge 9 kg (20 pounds) nicht übersteigt.

Die einzelnen Stücke (Kanister oder Kartons) werden sofort luftdicht in paraffiniertes Papier eingewickelt, wobei die Ecken mit einem erwärmten Stahl fest angedrückt werden. Der Probenehmer soll jedes eingewickelte Stück (Kanister oder Karton) genau wiegen, das Gewicht nebst Datum auf der Umhüllung vermerken, die einzelnen eingewickelten Stücke (Kanister oder Kartons) in einen luftdicht verschließbaren Behälter einpacken, wobei der Behälter nach Möglichkeit gut gefüllt sein soll, den Behälter verschließen und versiegeln und schließlich zur Untersuchung an die entsprechende Stelle senden. Die Proben sollen bis zur Vornahme der Untersuchung möglichst kühl aufbewahrt werden.

II. *Seifenflocken und Seifenpulver (Großladungen).* Je eine 227 g (0,5 pound) betragende Probe wird von nicht weniger als 1% der Schiffsbehälter des Verkäufers gezogen, unter der Voraussetzung, daß diese Behälter nicht weniger als 45 kg (100 pound) enthalten. Sind die Behälter kleiner, so werden von jeder Behälterpartie je 227 g (0,5 pound) Proben ge-

---

[1] DGF-Einheitsmethode G–I 3 (50).
[2] AOCS Official Method Da 1–45.

zogen, wobei jede Partie nicht mehr als 4540 kg (10000 pounds) wiegen soll. Die Gesamtprobe soll in allen Fällen wenigstens aus 3 beliebig aus verschiedenen Behältern gezogenen Proben bestehen. Beträgt bei sehr großen Partien das Gewicht der Probe mehr als 9 kg (20 pounds), so wird der Prozentsatz der Probepackungen derartig reduziert, daß das Gewicht der Gesamtprobe 9 kg (20 pounds) nicht übersteigt. Der Probenehmer soll alsdann die Probe schnell mischen und in einen luftdicht verschließbaren Behälter bringen. Der Behälter, der möglichst gefüllt sein soll, wird versiegelt, bezeichnet, genau gewogen (Gewicht und Tag der Wägung auf der Verpackung vermerken) und dem Untersuchungslaboratorium zur Untersuchung zugesandt. Die Proben sollen bis zur Untersuchung kühl aufbewahrt werden.

III. *Flüssige Seifen.* Je eine, nicht weniger als 237 ml (0,5 pint) betragende Probe soll von wenigstens 1% der Schiffsbehälter entnommen werden, wobei diese nicht weniger als 38 l (10 gallons) enthalten sollen. Sind die Behälter kleiner, so wird von jeder Partie, die nicht mehr als 3785 l (1000 gallons) betragen soll, je eine nicht weniger als 237 ml (0,5 pint) betragende Probe gezogen. Die Gesamtprobe soll dabei in allen Fällen aus mindestens 3 Einzelproben zu je 237 ml (0,5 pint), die aus verschiedenen Behältern stammen, bestehen. Bevor die Probe aus dem gewählten Behälter entnommen wird, soll der Inhalt desselben gründlich durchgerührt werden. Der Probenehmer soll die gezogenen Proben gründlich mischen und in saubere und trockene Kanister oder Flaschen füllen. Die Flaschen oder Kanister, die möglichst ganz gefüllt sein sollen, werden mit sauberen Korkstopfen oder Deckeln verschlossen, versiegelt, bezeichnet und zur Untersuchung an das Laboratorium gesandt.

IV. *Pastenförmige Seifenprodukte.* 1. In Kanistern oder Kartons von 2,27 kg (5 pounds) oder weniger verpackt. Je ein Kanister oder Karton wird von wenigstens 1% der Schiffsbehälter entnommen, wobei der Behälter nicht weniger als 22,7 kg (50 pounds) enthalten soll. Sind die Behälter kleiner, so wird von jeder Partie, die insgesamt nicht mehr als 2270 kg (5000 pounds) betragen soll, je ein Kanister oder Karton entnommen. Die Gesamtprobe soll dabei in allen Fällen aus mindestens 3 aus verschiedenen Behältern stammenden Kanistern oder Kartons bestehen. Übersteigt das Gewicht der Gesamtprobe bei sehr großen Partien 9 kg (20 pounds), so wird der Prozentsatz der gezogenen Proben derart verkleinert, daß die Gesamtprobe 9 kg (20 pounds) nicht übersteigt. Die Proben werden eingewickelt, gezeichnet und zur Untersuchung an das betreffende Laboratorium geschickt.

2. In Großbehältern verpackt. Je eine nicht weniger als 227 g (0,5 pound) betragende Probe wird von wenigstens 1% der Schiffsbehälter entnommen, wobei jeder Behälter nicht weniger als 22,7 kg (50 pounds) enthalten soll. Bei kleineren Behältern wird von jeder Partie, die insgesamt nicht mehr als 2270 kg (5000 pounds) betragen soll, je eine Probe genommen. Die Gesamtprobe soll dabei in jedem Fall aus mindestens 3 aus verschiedenen Behältern stammenden Einzelproben zu je 227 g (3 half-pounds) bestehen. Übersteigt das Gewicht der Gesamtprobe 4,5 kg (10 pounds), so wird der Prozentsatz der Proben derart verkleinert, daß die Gesamtprobe 4,5 kg (10 pounds) nicht übersteigt. Der Probenehmer soll die Gesamtprobe in einen sauberen, trockenen und luft- und wasserdicht verschließbaren Behälter bringen; dieser soll möglichst gefüllt sein, wird dann versiegelt, bezeichnet und zur Untersuchung an das Laboratorium geschickt.

Die Vorbereitung der Proben läßt die AOCS wie folgt durchführen:

I. *Stückseifen.* Sofern die Proben leicht zerkleinert und gemischt werden können, gibt man die Gesamtprobe in eine geeignete Zerkleinerungsvorrichtung (chopper). Sind die Proben groß, so wird jedes Stück geviertelt und ein Viertel eines jeden Stückes in den Zerkleinerer gegeben. Können die Proben auf diese Weise nicht bearbeitet werden, so wählt man ein Stück von durchschnittlichem Gewicht aus, unterteilt es in der Mitte durch rechtwinklige Schnitte und schabt von allen frischen Schnittflächen so viel Seife ab, wie für die Analyse benötigt wird. — Man mischt und wägt alle für die Analyse benötigten Proben sofort ab. Der Rest wird in einem luftdicht verschließbaren Behälter an einem kühlen Ort aufbewahrt.

II. *Seifenpulver und Seifenschnitzel.* Man zerkleinert und mischt die Probe schnell; sofern es erforderlich ist, wird die Probe bis auf 454 g (1 pound) heruntergeviertelt. Alle zur Analyse benötigten Proben werden sofort abgewogen. Der Rest wird in einem luftdicht verschließbaren Behälter an einem kühlen Ort aufbewahrt.

III. *Flüssige Seifen.* Eine besondere Vorbereitung der Probe ist mit Ausnahme eines gründlichen Durchschüttelns nicht erforderlich. Wird die Probe während der kalten Jahreszeit verschickt, so muß diese nach dem Annehmen der Zimmertemperatur (20 bis 30°) noch wenigstens 1 Std. stehenbleiben, bevor festgestellt wird, ob die Probe einen zufriedenstellenden Schaum liefert.

IV. *Pastenförmige Seifen.* Man mischt gründlich durch Kneten und viertelt die Probe auf etwa 454 g (1 pound) herunter. Alle zur Analyse benötigten Proben werden sofort eingewogen, und der Rest wird in einem luftdicht verschließbaren Behälter an einem kühlen Ort aufbewahrt.

2. Trocknungsrückstand

Beim Trocknen verdampfen Wasser und flüchtige Lösungsmittel. Beim Ergebnis sind Temperatur und Dauer des Trocknens anzugeben. Alkaliseifen vertragen, wenn nicht stark ungesättigte Fettsäuren vorliegen, Temperaturen bis 140°C, ohne sich zu verändern. Es ist jedoch üblich, das Trocknen bei 100 bis 105°C durchzuführen, wenn nicht ein besonderer Bestandteil höhere Temperaturgrade verlangt. In Proben, die flüssiges Wasserglas enthalten, erreicht man durch einfaches Trocknen kein beständiges Endgewicht.

Nach älteren Vorschriften werden 5 g Seife mit 15 g Sand gemischt und zunächst 1 Std. bei 60 bis 70° im Trockenschrank erwärmt. Dann wird bei 105° bis zur Gewichtskonstanz zu Ende getrocknet. Zusatz von Alkohol (GLADDING[1]) beschleunigt die Wasser-Verdampfung. Die amerikanischen Einheitsmethoden[2] schreiben die Trocknung von 5 g Seife bei 105 ± 2° vor, verweisen aber darauf, daß die Methode nur bei Anwesenheit von weniger als 1% Glycerin genaue Werte gibt. Nach W. FAHRION[3] werden 2 bis 4 g Seife im Platintiegel mit 3 bis 5 g Olein in einem Schnellverfahren bis 120° erhitzt. SPASSKIJ empfiehlt, Stearinsäure statt Olein zu verwenden. Diese letzteren Schnellverfahren sind nur in Abwesenheit von Carbonat, Borat usw. anwendbar[4].

Bestimmung[5]: In eine gewogene Abdampfschale mit flachem Boden (Durchmesser 8 bis 9 cm, Höhe 4 bis 5 cm), die ein kleines gewogenes Rührstäbchen enthält, wägt man etwa 10 g geraspelte oder fein geschabte Seife ein. Bei weicher Seife fügt man vorher vorgetrocknete Bimssteinstückchen oder ausgeglühten, reinen Seesand von bekanntem Gewicht hinzu.

Die Schale mit der Seife wird in einem Trockenschrank auf 100 bis 105° gehalten. Nach 1 Std. werden die aufgeblähten Späne mit dem Rührstab zu Pulver zerrieben; dann wird, von Stunde zu Stunde wägend, bis zu einem Gewichtsverlust von höchstens 0,01 g weitergetrocknet.

Exsiccator-Füllung. Nach den AOCS-Methoden[6] hat *Schwefelsäure* bei guten Trockeneigenschaften den Nachteil der sehr unbequemen und gefährlichen Handhabung. *Diphosphorpentoxyd* ist ebenfalls brauchbar, wenn es frische Oberflächen besitzt. Der Nachteil besteht in der schwierigen Handhabung beim Entleeren des Exsiccators. *Drierit* (wasserfreies Calciumsulfat) ist ein brauchbares Trockenmittel, ebenso *Desicchlora* (wasserfreies Bariumperchlorat) und wasserfreies Magnesiumperchlorat. Calciumchlorid wird als nicht ausreichend angesehen.

3. Wasser

In Proben ohne Lösungsmittel ist der Wassergehalt gleich dem Trocknungsverlust bei 105°. Doch halten einige Füllstoffe (Kaolin) das gebundene Wasser hartnäckig fest. Wenn wasserunlösliche, flüchtige Begleitstoffe vorhanden sind, wird das Xylol-Verfahren angewendet. Dessen Genauigkeit geht nicht unter 0,5%. Für Seifen mit viel flüchtigen, *wasserlöslichen* Stoffen ist das Xylol-Verfahren nicht anwendbar.

Azeotrope Destillation nach HOFMANN-MARCUSSON ist in verschiedenen Variationen empfohlen worden. Nach BESSON[7] sollen etwa 3 ml Wasser übergehen; die Destillation wird durch Zusatz von Olein erleichtert. Auch Zugabe von Paraffin, Kolophonium, Türkischrotöl, Kochsalz und Natriumacetat wurde

---

[1] T. S. GLADDING: Chemiker-Ztg. **7**, 568 (1883).

[2] Official and Tentative Methods of the American Oil Chemists' Society, 2.Aufl. Chicago 1946.

[3] W. FAHRION: Z. angew. Chem. **19**, 385 (1906).

[4] M. C. MATT: Analyst **30**, 79 (1941); A. PICOZZI: Ann. Chim. applicata **33**, 51 (1943).

[5] DGF-Einheitsmethode G–III 1 (50).

[6] H 9–45.

[7] A. A. BESSON: Chemiker-Ztg. **41**, 346 (1917).

zu diesem Zweck empfohlen. Die DGF-Einheitsmethoden[1] verlangen wasserfreies Xylol, während andere, wie auch die amerikanischen Einheitsvorschriften, wassergesättigtes Lösungsmittel vorschreiben.

An Stelle von Xylol kann nach J. Tausz und H. Rumm[2] Tetrachloräthan oder nach J. Goldenson und C. E. Danner[3] o-Dichlorbenzol mit Vorteil verwendet werden. Die Methode von K. Fischer[4] eignet sich für alkalische Substanzen nicht. Die Ausführung der verschiedenen Methoden ist auf S. 471ff. beschrieben. Die Wasserbestimmung in Seifen nach der Carbid-Methode ist auf S. 475 angegeben.

4. Leichtflüchtige, organische Nebenbestandteile

Diese Stoffgruppe umfaßt die organischen Lösungsmittel (Benzin, Benzol, Alkylchloride, *Tetralin, Hexalin, Dekalin* u. a.), die ätherischen Öle, einige pharmazeutische Zusätze und alle Stoffe, die mit Wasserdampf flüchtig sind. Die meisten Lösungsmittel sind in Wasser unlöslich oder schwerlöslich. Es gibt keine in allen Fällen zuverlässigen Bestimmungsmethoden für die flüchtigen Anteile. Die veröffentlichten Vorschläge benützen aus der präparativen organischen Chemie sich ergebende Möglichkeiten. Mit der Bestimmung von Hexalin hat sich M. Jakas[5] eingehend beschäftigt. Die amerikanischen Einheitsmethoden (s. unten) geben eine interessante Anordnung wieder, die speziell auf die Bestimmung von Kohlenwasserstoffen zugeschnitten ist[6]. Über die Bestimmung von Formaldehyd machte A. Grün[7] genaue Angaben.

Bestimmung[8]: Mindestens 30 bis 40 g Seife werden in 150 ml oder notfalls mehr Wasser gelöst, mit geringem Überschuß an verd. Schwefelsäure (10 %ig) zersetzt und unter Zusatz von Siedesteinchen destilliert. Das Flüchtige kann auch regelrecht mit Wasserdampf übergetrieben werden. Das Destillat wird in einer graduierten Vorlage aufgefangen. Da oft flüchtige Fettsäuren mit übergegangen sind, wird das erste Destillat mit Lauge neutralisiert und mit einigen Tropfen Calciumchlorid-Lösung zum Fällen der Fettsäuren als Kalkseifen versetzt. Hierauf wird noch einmal destilliert. Wenn wasserlösliche Alkohole vorhanden sind, befinden sie sich in der wäßrigen Schicht. Das Lösungsmittel kann durch Bestimmen des spezifischen Gewichtes, durch fraktionierte Destillation usw. erkannt werden.

5. Abtrennung und Bestimmung der Fremdstoffe[9]

Seifen sind alkohollöslich. Unlöslich in Alkohol sind Carbonate, Borate, Alkali-Perborate, Phosphate, Natriumchlorid, Natriumsulfat, Natriumsilicat als anorganische und Stärke, Mehl, Dextrin, Casein, Cellulose-Derivate und Zucker als organische Begleitstoffe.

Wenn derartige Stoffe vorhanden sind, wird die Seife zunächst in einen alkohollöslichen Teil und in einen alkoholunlöslichen Rückstand zerlegt. Falls auf die Ermittlung der Fremdstoffe kein Wert gelegt wird, ist für die Trennung ein kontinuierliches Extraktionsverfahren, entweder nach dem *Heber-* oder dem *Durchtropf*-Prinzip, mit Extraktion im Dampfraum zu empfehlen.

Die quantitative Bestimmung der alkoholunlöslichen Fremdstoffe ist mit vorgetrockneter Seife und mit absol. Alkohol durchzuführen, wenn die best-

---

[1] C–III 13 (53); G–III 2 (50).

[2] J. Tausz u. H. Rumm: Z. angew. Chem. **39**, 155 (1926).

[3] J. Goldenson u. C. E. Danner: Analytic. Chem. **20**, 359 (1948).

[4] K. Fischer: Angew. Chem. **48**, 394 (1935).

[5] M. Jakas: Seifensieder-Ztg. **51**, 859, 879 (1924).

[6] L. Margaillan u. Mitarbeiter: Oil and Soap **13**, 9 (1936).

[7] E. Berl u. G. Lunge: Chemisch-technische Untersuchungsmethoden, 4. Bd., 8. Aufl. Berlin: Springer 1933.

[8] DGF-Einheitsmethode G–III 3 (50).

[9] DGF-Einheitsmethoden G–III 4a, b (50).

mögliche Abtrennung aller alkoholunlöslichen Stoffe gefordert wird. Meist genügt zur Abtrennung 96%iger Alkohol und ungetrocknete Seife.

Der Wassergehalt des verwendeten Alkohols muß im Analysenbericht angegeben sein.

Die alkoholunlöslichen Anteile werden sinngemäß als unlöslicher Rückstand nach der Behandlung mit Alkohol getrocknet und gewogen. Die vorgeschlagenen Bedingungen der Alkohol-Behandlung variieren stark. Eine wirklich quantitative Trennung von alkoholunlöslichen und alkohollöslichen Stoffen ist nicht möglich, da zwischen den beiden Gruppen die schwerlöslichen Verbindungen stehen, die sich je nach dem angewendeten Verfahren in verschiedenem Grad auf die beiden gewünschten Fraktionen aufteilen. Außerdem wird die Löslichkeit mancher Stoffe in Alkohol besonders durch kolloide Begleitsubstanzen erschwert. Trotzdem steht der praktische Wert dieser Fraktionierung für die qualitative und quantitative Untersuchung von Seifen und Waschmitteln außer Zweifel. Ihr Ergebnis muß aber durch ergänzende Bestimmungen (z. B. für Kochsalz, Alkalisilicate, Trinatriumphosphat, Zucker, Paraffin usw.) gesichert werden[1].

Qualitative Prüfung. In einem Kolben mit Steigrohr erhitzt man ungefähr 5 g Seife mit 96%igem Alkohol. Seife und geringe Mengen Natriumchlorid gehen in Lösung, während Fremdstoffe ungelöst zurückbleiben.

Abtrennung störender Fremdstoffe (im Soxhlet). 10 bis 20 g gefüllte Seife (die Einwaage richtet sich nach dem Gehalt an alkohollöslicher Substanz, bei 10% Gehalt genügen 10 g) werden mit etwa dem gleichen Volumen an reinem, ausgeglühtem Seesand verrieben. Bei pastenförmigen, stark wasserhaltigen Seifen wird im Exsiccator vorgetrocknet. Dann wird die Probe vollständig in eine Extraktionshülse (Schleicher & Schüll Nr. 603) gebracht, diese in einen Soxhlet-Apparat eingesetzt und 8 bis 10 Std. mit 96%igem Alkohol (der mit Petroläther oder Benzol vergällt sein kann) oder Methanol, womit noch Schale und Pistill gründlich nachgespült werden, ausgezogen. Das Kühlrohr wird zweckmäßig mit einem kleinen Wattebausch verschlossen, um dort eine Kondensation von Wasserdampf aus der Außenluft zu verhindern. Der Auszug wird hierauf, wenn nötig, nochmals filtriert, dann auf 80 ml eingedampft und mit 150 ml Wasser versetzt, in dem 1 g Natriumhydrogencarbonat gelöst ist. Der Auszug kann sofort nach Abschnitt „Unverseiftes Neutralfett und Unverseifbares" mit Petroläther ausgeschüttelt werden, um das unverseifte Neutralfett und das Unverseifbare zu bestimmen.

Quantitative Bestimmung der Fremdstoffe (Absetz-Verfahren). 5 g vorgetrocknete Untersuchungssubstanz (Stückseife ist zu raspeln) werden nach Zugabe von 200 ml Alkohol (absol. oder 96%ig) am Rückflußkühler bis zur völligen Lösung des Seifen-Anteiles gekocht und anschließend nach kurzem Abkühlen noch warm durch ein vorher bei 100 bis 105° getrocknetes und gewogenes Filter dekantiert.

Um das Festsetzen der Verunreinigungen auf dem Boden des Kolbens während des Lösens der Seifen zu verhindern[2], empfiehlt es sich, den Kolbeninhalt des öfteren gut durchzuschütteln. Der Rückstand wird mittels geringer Mengen Alkohol quantitativ auf das Filter gebracht. Dann wird das Gefäß, das das alkohol. Filtrat enthält, mit dem Trichter und Filter auf ein Sand- oder Wasserbad gesetzt. Der Trichter wird mit einem Uhrglas bedeckt. Dann wird schwach erhitzt, so daß sich der aufsteigende Alkohol-Dampf am Uhrgläschen verflüssigt und die rückfließenden Tropfen auf dem Filter die letzten Spuren Seife entfernen.

Das Filter wird in einem Wägegläschen bei 100 bis 105° getrocknet und gewogen. Die Gewichtszunahme durch alkoholunlösliche Fremdstoffe wird auf 100 g Seife berechnet.

---

[1] H. Bornhardt: Fette u. Seifen **47**, 219 (1940); F. Muntoni: Ann. Chim. applicata **31**, 131 (1941); R. Spallino u. M. Fetonti: ebenda **31**, 263 (1941); R. Lucentini u. A. Picozzi: ebenda **32**, 163 (1942); H. Ankerst: Fette u. Seifen **50**, 354 (1943); G. Coatti: ebenda **50**, 56 (1943). Für die italienischen Autoren sind besonders die mit *Tergin* gefüllten Seifen von Bedeutung.

[2] Trotz aller Vorsicht kann es vorkommen, daß bei gewissen silicathaltigen Seifen ein Teil des Unlöslichen am Kolben haften bleibt. Nach dem Waschen mit Alkohol wird dieser Teil des Unlöslichen mit wenig heißem dest. Wasser behandelt. Das Wasser wird in einer gewogenen Kristallisierschale verdampft und der Rückstand getrocknet. Sein Gewicht wird dem der auf dem Filter getrockneten Fremdstoffe zugefügt.

Der Filter-Rückstand kann zum Nachweis des Carbonat-Alkalis und anderer anorganischer oder organischer Stoffe dienen.

Mikrobestimmung der Füllstoffe in Seifen[1]. Für diese Bestimmung hat sich der Mikroextraktor nach GORBACH bewährt, in dem 100 mg Seife innerhalb 30 Min. mit absol. Alkohol quantitativ extrahiert werden können.

Mikrogeräte[2]: Mikro-Extraktor nach GORBACH, Mikro-Vakuumexsiccator, Universalheizstativ, Spritzpipette.

Reagentien: Alkohol p. a. absolut.

Ausführung der Bestimmung: 100 mg Seifenspäne werden auf der Torsionswaage oder der mikrochemischen Waage im Extraktionsschälchen eingewogen und mit einem Aluminiumdeckel versehen im Mikro-Vakuumexsiccator 2 Std. bei 60°C getrocknet und gewogen. Die Gewichtsdifferenz ergibt den Wassergehalt. Hierauf bringt man das Extraktionsschälchen auf die Filterfläche des Extraktors, stellt ein gewogenes Extraktionskölbchen unter den Filtertrichter und verschließt nach Einbringen von 2 ml absol. Alkohol mit der Schliffeprouvette. Mittels des elektrischen Heizkörpers wird dann der Alkohol zum Sieden erhitzt und die Extraktion in Gang gebracht. Den alkohol. Extrakt im Extraktionskölbchen trocknet man bei 60°C im Mikro-Vakuumexsiccator bis zur Gewichtskonstanz. Zur Kontrolle des Ergebnisses kann man auch den extrahierten Füllstoff im Extraktionsschälchen nach kurzer Trocknung bei 105° wägen.

Der Seifen-Extrakt im Extraktionskölbchen kann hierauf weiterhin mikrochemisch untersucht werden.

6. Gesamt-Rohfettsäure[3]

„Gesamt-Rohfettsäure" ist derjenige Anteil von Seifen und seifenhaltigen Waschmitteln, der bisher als „Gesamt-Fett" oder „Gesamt-Fettsäure" bezeichnet wurde. Für die Bestimmung ist eine große Anzahl von Methoden vorgeschlagen worden. Für genaue Untersuchungen und Schiedsanalysen ist nur die Äther-Methode zugelassen.

Stark mit wasserunlöslichen Füllstoffen beschwerte Seifen sind zunächst mit Alkohol auszuziehen. Aus dem alkoholfreien Auszug wird dann die Gesamt-Rohfettsäure abgeschieden.

Die hauptsächlichen Verfahren sind folgende:

1. Die Methode von HEHNER, nach der die zu untersuchende Probe mit 10%iger Schwefelsäure angesäuert und die ausgeschiedene Fettssäureschicht mineralsäurefrei gewaschen wird[4].

2. Die *Wachskuchen-Methode,* bei der die Abscheidung unter Zusatz eines nicht flüchtigen Hilfsstoffes (Wachs, Paraffin usw.) vorgenommen wird.

3. Die *volumetrischen Methoden,* nach denen das Volumen der durch Ansäuern erhaltenen Fettschicht gemessen und auf Gewichtsprozente umgerechnet wird [HUGGENBERG (1898,) LÜRING (1906), LEUE (1939)][5].

4. Die *refraktometrische Methode* nach W. LEITHE und H. J. HEINZ[6], bei der die Gesamt-Rohfettsäure in einem organischen Lösungsmittel aufgenommen und dessen Brechungsexponent bestimmt wird.

5. Die *titrimetrischen Methoden,* bei denen die zur Neutralisation der ausgeschiedenen Gesamt-Rohfettsäure verbrauchte Laugenmenge oder das Seifenalkali[7] der Berechnung zugrunde gelegt wird.

---

[1] G. GORBACH: Mikrochem. verein. Mikrochim. Acta **34**, 30 (1948).

[2] Beschreibung der Mikrogeräte und Arbeitstechnik siehe S. 390ff.

[3] DGF-Einheitsmethoden G–III 5a, b, c (50).

[4] Siehe auch G. KNIGGE: Seifensieder-Ztg. **64**, 208 (1937).

[5] B. SCHULZ: Seifensieder-Ztg. **66**, 327 (1939); W. J. GOVAN JR.: Oil and Soap, **17** 262 (1940).

[6] W. LEITHE u. H. J. HEINZ: Angew. Chem. **49**, 412 (1936); Fette u. Seifen **43**, 207 (1936); C. STEINCHEN: Seifensieder-Ztg. **68**, 81, 91 (1941).

[7] W. FUCHS: Fette · Seifen · Anstrichmittel **52**, 23, 105 (1950); A. HINTERMAIER: Fette u. Seifen **51**, 10, 319 (1944).

6. Die *Äther-Methode*[1].

7. Die *Salz-Methode* nach HEFELMANN-STEINER und G. FENDLER und L. FRANK[2] u. a., die eine für leichtflüchtige Fettsäuren vervollständigte Äther-Methode darstellt[3].

8. Die *Petroläther-Methode*, nach der die *Ausschüttelung* der abgeschiedenen Gesamt-Rohfettsäure mit Petroläther vorgenommen wird (amerikanische Einheitsmethode)[4].

9. Die *Extraktionsmethode* (HERBIG, GROSSFELD u. a.), nach der die Isolierung der reinen Seifen durch Alkohol-Extraktion vorgenommen wird.

Spezialmethoden wurden besonders für gefüllte Seifen angegeben[5].

Interessant ist ein Vorschlag von V. GRUZDEV und B. ZALTZMAN, nach dem die Seife mit Bariumnitrat-Lösung titriert wird, wobei das Schaumvermögen als Indicator dient.

Wachskuchen-Methode. Das Verfahren wurde bei der Untersuchung von Fetten beschrieben (S. 541). Da sich bei Seifen eine Verseifung erübrigt, geht man von 10 g des Untersuchungsmaterials, in 100 ml dest. Wasser gelöst, aus. Es wird das Gewicht der Gesamt-Rohfettsäure, die in 10 g Seife enthalten ist, festgestellt. Darin ist auch das Unverseifbare, wenn vorhanden, einbegriffen. Es wird auf 100 g Seife umgerechnet. Zum Ergebnis werden 0,50 g zugeschlagen, wenn Cocos- oder Palmkern-Fettsäure zugegen ist.

Äther-Methode. Auch hier kann man analog zur Untersuchung der Fette verfahren, indem man eine abgewogene Menge Seife bzw. seifenhaltiges Waschmittel, die etwa 1 bis 2 g Fettsäure entspricht, in heißem Wasser löst, unter Nachspülen mit heißem dest. Wasser in einen Scheidetrichter überführt und dann ansäuert und ausäthert. Ist keine Gewichtskonstanz zu erreichen, so ist mit der Anwesenheit flüchtiger Fettsäuren (unter C_{10}) zu rechnen, und die Bestimmung wird nach dem „Verfahren bei Anwesenheit flüchtiger Fettsäure" wiederholt.

Verfahren bei Anwesenheit flüchtiger Fettsäure. Wenn flüchtige Fettsäure vorliegt, wird wie folgt verfahren: Nachdem die Hauptmenge des Äthers abgedampft ist, wird der Flüssigkeitsrest in etwa 20 ml neutralen Alkohols gelöst. Die Lösung wird mit 0,5 n carbonatfreier alkohol. Kalilauge und Phenolphthalein neutralisiert und dann mit einem Überschuß von 10 ml derselben Lauge versetzt. Dann wird die alkalische Lösung $^1/_2$ Std. am Rückflußkühler gekocht. Der Alkali-Überschuß wird mit 0,5 n Salzsäure zurücktitriert und die Lösung auf dem Wasserbad (im Luftstrom) eingedampft. Der Rückstand wird im Trockenschrank bei 120° bis zur Gewichtskonstanz getrocknet. Aus der gewogenen Seife läßt sich die Menge der Gesamt-Rohfettsäure errechnen, indem das Gewicht des Eindampfrückstandes um das gebildete Kaliumchlorid und das an die Fettsäure gebundene Kalium, korrigiert als K—H, vermindert wird.

Berechnung:

$$\% \text{ Fettsäuren} = \frac{100\,T - 1,9\,(a - b) - 3,7\,b}{E}$$

a = ml 0,5 n Kalilauge,
b = ml 0,5 n Salzsäure,
E = verwendete Seife in g (Einwaage),
T = Trocknungsrückstand in g.

Büretten-Methode[6]. 10 bis 20 g Seife bzw. Seifenpulver werden in einem Becherglas in 100 ml warmem Wasser gelöst. Die Lösung wird in einen Bürettenkolben übergespült und unter Zugabe von Methylorange mit 50 ml konz. Salzsäure versetzt. Das Entweichen der

---

[1] J. GROSSFELD: Z. Unters. Lebensmittel **81**, 1 (1941); siehe auch Z. ZACHYSTAL: Fette u. Seifen **50**, 56 (1943).

[2] G. FENDLER u. L. FRANK: Z. angew. Chem. **22**, 252 (1909).

[3] Die Analyse von Seifen, die flüchtige Fettsäuren enthalten, wird auch in folgenden Literaturstellen behandelt: L. HARTMAN: Seifensieder-Ztg. **63**, 95 (1936); A. LUND u. O. ÅRSTAD: Fette u. Seifen **49**, 40 (1942); C. BAUSCHINGER: ebenda **44**, 250 (1937).

[4] Bei Gegenwart von oxydierten Säuren ungeeignet.

[5] G. KNIGGE: Seifensieder-Ztg. **65**, 839 (1938); B. I. SOIBELMAN: Fette u. Seifen **46**, 168 (1939); J. METZNER: ebenda **47**, 356 (1940); A. AMORETTI: ebenda **48**, 719 (1941); K. GERNER: ebenda **51**, 111 (1944).

[6] H. LEUE: Fette u. Seifen **46**, 133 (1939).

Kohlensäure wird abgewartet und der Kolben in das siedende Wasserbad gebracht. Wenn sich die Fettschicht klar abgesetzt hat, was durch öfteres Schütteln und Quirlen des Kolbens beschleunigt werden kann, wird so viel heißes Wasser hinzugefügt, daß die Fettschicht im kalibrierten Hals des Bürettenkolbens abgemessen werden kann. Nach etwa 5 Min., wenn sich die Temperatur ausgeglichen und die Fettschicht beruhigt hat, werden die ml Fettsäure abgelesen und in Gewichtsprozente umgerechnet. Der Umrechnungsfaktor ist für die üblichen Seifen-Fettsäuren etwa 0,83.

Für genaue Bestimmungen ist es angebracht, den *Umrechnungsfaktor* für das betreffende Fettsäuren-Gemisch besonders zu bestimmen. Zu diesem Zweck werden aus dem zu untersuchenden, seifenhaltigen Produkt einige Gramm Gesamt-Rohfettsäure isoliert und diese dann genau so behandelt, als wenn die Fettsäure in dem seifenhaltigen Produkt bestimmt werden sollte. Die Fettsäure, die genau abgewogen ist, wird in den Bürettenkolben gebracht, Salzsäure und Wasser werden hinzugefügt und zum Schluß die ml im graduierten Hals abgelesen. Das abgelesene Volumen ergibt den Umrechnungsfaktor, indem die Einwaage in g durch das abgelesene Volumen in ml dividiert wird. Der so gefundene empirische Faktor schließt die Änderung des spezifischen Gewichtes durch Wärmeausdehnung, Löslichkeit des betreffenden Fettsäuren-Gemisches in Wasser usw. ein.

7. Unverseiftes Neutralfett und Unverseifbares

Das Unverseifbare umfaßt die unverseifbaren Stoffe der natürlichen Fette (Sterine und Kohlenwasserstoffe) und der künstlichen Fettsäuren sowie die bei 100° C nichtflüchtigen, fettfremden, organischen Stoffe, wie Mineralöle u. dgl. Durch die Untersuchung wird festgestellt, inwieweit diese Bestandteile innerhalb der zulässigen Grenzen bleiben.

Ein hoher Gehalt an *unverseiftem Neutralfett* ist mit Rücksicht auf die Haltbarkeit der Seifen bedenklich. Das unverseifte Neutralfett und das Unverseifbare werden entweder nach dem Petroläther- oder nach dem Äther-Verfahren bestimmt. Im Untersuchungsbericht ist das angewandte Verfahren anzugeben.

Nach Abtrennung des Unverseifbaren wird die zurückbleibende wäßrig alkoholische Lösung zur Bestimmung des Verseifbaren nach Abschnitt „Verseifbares" verwendet.

Bei gefüllten Seifen empfiehlt es sich, die Probe mit gereinigtem Quarzsand zu vermischen, mit Alkohol erschöpfend im Soxhlet auszuziehen und den Auszug wie oben zu untersuchen (vgl. Abschnitt „Fremdstoff-Bestimmung").

Die in der Literatur vorgeschlagenen Methoden sind verschiedene Entwicklungsstadien desselben Prinzips, das auch die DGF-Einheitsmethoden benützen[1]. Abänderungen dieser unten mitgeteilten Methode sind nur dann angebracht, wenn die untersuchte Seife in größeren Mengen Wollfett enthält. Da die Kaliseifen aus Wollfett teilweise petrolätherlöslich sind, geht man in diesem Fall entweder über die Kalkseifen, die getrocknet und nach Soxhlet mit Essigester oder Aceton ausgezogen werden, oder über die Na-Seifen, aus denen der Neutralteil mit Äther extrahiert wird[2]. Ferner läßt sich Wollfett nach der Methode von R. Jungkunz bestimmen[3].

Petroläther-Verfahren. Etwa 5 g gut zerkleinerte Seife werden in einem Gemisch von 50 ml Alkohol und 50 ml 1%iger Natriumhydrogencarbonat-Lösung unter Erwärmen gelöst. Das Natriumhydrogencarbonat soll noch in der Kälte freies Alkalihydroxyd zu Natriumcarbonat umsetzen, damit kein Neutralfett verseift wird, und freie Fettsäuren in Seifen verwandelt werden. Nach dem Abkühlen der Seifenlösung auf Zimmertemperatur wird die Lösung vollständig in einen Scheidetrichter übergeführt und dreimal mit je 50 ml Petroläther ausgeschüttelt. Die weitere Aufarbeitung erfolgt, wie auf S. 448 beschrieben.

Der 1. Petroläther-Rückstand umfaßt die Summe des Unverseifbaren und des unverseiften Neutralfettes. Um die beiden Einzelbestandteile zu bestimmen, wird der Rückstand mit überschüssiger alkohol. Kalilauge verseift und wie vorher behandelt (= 2. Petroläther-Rückstand).

---

[1] C–III 1, 1a, 1b (53); G–III 6a–c (50).

[2] J. Lifschütz: Hoppe-Seyler's Z. physiol. Chem. **56**, 446 (1908).

[3] R. Jungkunz: Vorschrift siehe S. 1385.

Die Differenz zwischen dem 1. und dem 2. Petroläther-Rückstand ergibt den Gehalt an unverseiftem Neutralfett. Der Rückstand des zweiten Auszuges ist das Unverseifbare.

Äther-Verfahren. Etwa 5 g Seife werden in einer Mischung von 50 ml Alkohol und 50 ml 1%iger Natriumhydrogencarbonat-Lösung unter Erwärmen gelöst. Die Lösung wird mit 100 ml dest. Wasser verdünnt und dreimal mit je 100 ml Äther ausgeschüttelt.

Die wäßrig-alkohol. Seifenlösung ist vollständig abzutrennen und mit den folgenden Waschlösungen zu vereinigen. Sie wird für die Bestimmung des Verseiften benötigt. Sollten feste Stoffe die Ätherlösung trüben, so wird filtriert und mit etwas Äther nachgewaschen. Die ätherische Lösung wird dreimal mit je 50 ml Wasser gewaschen, mit entwässertem Natriumsulfat getrocknet, der Äther abgedampft und der Rückstand bei 100° bis zu konstantem Gewicht getrocknet.

Die Weiterbehandlung erfolgt wie beim Petroläther-Verfahren.

Wenn kein Wert auf die Bestimmung der unverseiften Anteile gelegt wird, wird zur Bestimmung des *Unverseifbaren* von der ursprünglichen Substanz oder von der Gesamt-Rohfettsäure ausgegangen. Es kann entweder Petroläther oder Äther zum Ausschütteln verwendet werden.

Die grundlegende Petroläther-Methode von HÖNIG und SPITZ wurde wiederholt modifiziert. Wenn wegen der Gegenwart von schwerlöslichem Unverseifbaren nach W. FAHRION[1] Äther als Extraktionsmittel genommen wird, empfiehlt sich eine niedrigere Alkohol-Konzentration der Seifenlösung als beim Arbeiten mit Petroläther. Äther nimmt beachtliche Mengen Alkohol und Wasser auf, wodurch die Trocknung des Unverseifbaren erschwert ist. Der Äther-Extrakt enthält geringe Mengen Seife[2].

Um bei Gegenwart von leichtflüchtigen Anteilen Verluste im Unverseifbaren zu vermeiden, empfahl VOERMAN[3] die Zugabe von Ölen vor dem Trocknen.

Ausführung der Bestimmung. Der aus 5 bis 10 g Seife erhaltene Neutralteil (Unverseiftes + Unverseifbares), die Gesamt-Rohfettsäure oder 5 bis 10 g Originalsubstanz werden in einem 300 ml ERLENMEYER-Kolben mit 30 ml 2 n alkohol. Kalilauge 1 Std. am Rückflußkühler in gelindem Sieden gehalten. Nach dem Abkühlen werden 100 ml Wasser zugegeben und die Ausschüttelung mit Äther in der im vorhergehenden Abschnitt beschriebenen Weise durchgeführt.

Mikrobestimmung[4]. *Mikrogeräte[5]:* Spiralöse, große Spitzbecher, Storchenschnabel, Filtrierpipette oder -glocke mit Papierfilterstäbchen (Kopf 5 mm Innendurchmesser), Universalheizstativ mit Trocken- und Spitzbecherblock, 2 Stab- oder Spritzpipetten 2 ml mit 0,2 ml Einteilung.

Reagentien: Wasser-Alkohol- (92%ig) Gemisch (1 : 1); peroxyd- und wasserfreier Äther (s. S. 377) bzw. Petroläther.

Ausführung der Bestimmung: Von feinst zerkleinerten Seifenspänen werden in der Glasöse auf der Torsionswaage oder aber direkt im Spitzbecher (große Ausführungsform) auf der mikroanalytischen Waage 5 bis 10 mg Seife abgewogen. Sie werden im Spitzbecher mit 1 ml des heißen Gemisches von Wasser-Alkohol versetzt und auf dem Trockenblock bei 106° aufgelöst. Dann läßt man abkühlen und schüttelt mit dem Storchenschnabel dreimal mit je 0,5 ml Petroläther oder Äther aus. Die erhaltenen Extrakte werden in einem zweiten Spitzbecher gesammelt. Zum Trocknen gibt man eine kleine Messerspitze entwässertes Natriumsulfat zu und läßt etwa 1/2 Std. unter öfterem Umschütteln bedeckt stehen. Man filtriert nun an der Filtrierglocke mittels des Papierfilter-Stäbchens ab, wäscht mit peroxyd- und wasserfreiem Äther dreimal nach und läßt dann die in der Filtrierpipette gesammelten Äther-Auszüge unter Nachwaschen mit Äther in einen gewogenen Spitzbecher ab. Die gesammelten Äther-Extrakte werden im Vakuum bei Zimmertemperatur gewichtskonstant getrocknet (Dauer etwa 60 bis 90 Min.) Ist wenig Unverseifbares vorhanden, so ist die Probe mit einer erhöhten Einwaage von 30 bis 40 mg zu wiederholen. Bei dieser Einwaage

[1] W. FAHRION: Chem. Umschau Gebiete Fette, Öle, Wachse, Harze **27**, 133, 146 (1920).
[2] E. BERL u. G. LUNGE: Chemisch-technische Untersuchungsmethoden, 4. Bd., 8. Aufl., S. 459. Berlin: Springer 1933.
[3] Siehe hierzu H. P. KAUFMANN: Fette u. Seifen **45**, 313 (1938).
[4] G. GORBACH: Mikrochem. verein. Mikrochim. Acta **34**, 30 (1948).
[5] Beschreibung der Mikrogeräte und Arbeitstechnik siehe S. 390ff.

wird die Bestimmung ebenso durchgeführt, nur sind größere Mengen Lösungsmittel zum Auflösen und Extrahieren des Unverseifbaren erforderlich. So benötigt man vom Alkohol-Gemisch etwa 1,5 ml, für die Extraktion insgesamt 2 bis 3 ml.

8. Verseifbares

Das Verseifbare enthält die sauren Anteile aus der Gesamt-Rohfettsäure, d. h. also Fettsäuren, Harzsäuren, Naphthensäuren usw.

Bestimmung: Nach Abtrennen des Unverseifbaren wird der Alkohol aus der wäßrig-alkoholischen Seifenlösung auf dem Wasserbad abgetrieben. Hierauf werden die Fettsäuren durch Salzsäure ebenso abgeschieden wie bei der Bestimmung der Gesamt-Rohfettsäure (vgl. Abschnitt „Gesamt-Rohfettsäure").

9. Harzsäuren

Qualitativer Nachweis. Dieser kann wie bei den Fetten durchgeführt werden (s. S. 428). Während man beim *Schwefelsäure*-Nachweis mit den Rohfettsäuren arbeitet, kann man bei der Reaktion nach HALPHEN-GRIMALDI die Seife in einer Schale mit Salzsäure zersetzen, die Salzsäure abdampfen und dann den Nachweis durchführen. Vgl. auch den Abschnitt über Harze (S. 1049ff.).

Quantitative Bestimmung. Hierbei geht man von den Gesamt-Rohfettsäuren aus und benützt eine der im Abschnitt „Harze" beschriebenen Methoden zur Bestimmung der Harzsäuren in Tallöl (s. S. 1092ff.), von denen die nach WOLFF und die nach SANDERMANN besonders geeignet erscheinen[1]. (Siehe auch die dort angegebene Literatur und vergleichende Beschreibung der Verfahren.)

10. Oxysäuren

Höhermolekulare Abkömmlinge der Oxyfettsäuren sind in Petroläther nicht löslich. Die Löslichkeit der Oxyfettsäuren selbst, wie z. B. der Ricinolsäure, ist jedoch beträchtlich und wird durch die Gegenwart anderer Fettsäuren noch erhöht, so daß die folgende Trennungsmethode[2] nicht quantitativ ist. Sie genügt jedoch für die Zwecke der Seifenanalyse zur Bestimmung der dunklen, polymerisierten Anteile.

Bestimmung: 10 g Seife werden in 50 ml warmen Wassers gelöst und unter Nachspülen mit weiteren 50 ml Wasser in einen Scheidetrichter gefüllt. Nach dem Abkühlen werden 200 ml Petroläther zugegeben (unter 60° restlos flüchtig). Dann wird der Inhalt des Scheidetrichters mit einer kalten Lösung von 26 g Kaliumhydrogensulfat in 50 ml Wasser versetzt. Der Inhalt des Scheidetrichters wird einige Min. durchgeschüttelt, wobei die Fettsäuren in den Petroläther übergehen, während sich Oxysäuren an der Grenze zwischen Petroläther und Wasser ansammeln. Der ganze Inhalt des Scheidetrichters wird durch eine Glassinternutsche Nr. 17 G 4 abgesaugt, wobei zunächst das Sauerwasser und dann der Petroläther durchgesaugt werden. Der Scheidetrichter wird dreimal mit je 30 ml Petroläther nachgespült. Auch die Waschflüssigkeit wird durch die Nutsche gegossen, um die letzten Anteile löslicher Fettsäure zu entfernen.
Dann wird die Saugflasche gewechselt. Die im Scheidetrichter befindlichen Anteile an Oxysäuren werden in heißem Alkohol gelöst. Der Alkohol wird durch die Nutsche gegossen. Scheidetrichter und Nutsche werden mit etwas Alkohol nachgewaschen, bis alles Alkohol-Lösliche von der Nutsche heruntergelöst ist. Die akohol. Lösung wird in einem tarierten Kolben durch Destillation vom Alkohol befreit. Der Rückstand wird zunächst im Luftstrom und dann im Trockenschrank bei 105° auf konstantes Gewicht gebracht. Das Gewicht des Petroläther-Unlöslichen und Alkohol-Löslichen gibt die Menge der lactonisierten Oxysäuren an. Die Menge der freien Oxysäuren ist rund 5% höher.

11. Naphthensäuren

Für die Bestimmung von Naphthensäuren neben Fettsäuren gibt es noch keine quantitative Methode. *Qualitativ* kommen zur Feststellung der Naphthen-

---

[1] DGF-Einheitsmethode G–III 9b (50).
[2] Privatmitteilung Dr. A. GERBER.

säuren der eigenartige Geruch, die Wasserlöslichkeit der Magnesiumseifen und die Löslichkeit der Kupfer-Naphthenate in Petroläther[1] in Frage. B. N. Tü-TÜNNIKOFF[2] verbesserte die Methode; ebenso hat sich R. JUNGKUNZ[3] damit beschäftigt. Seine Methode soll nachstehend beschrieben werden.

Die Feststellung, ob Naphthensäuren vorliegen, erfolgt in der titrierten alkohol. Lösung der nach POLENSKE erhaltenen wasserunlöslichen flüchtigen Fettsäuren. Die titrierte Lösung wird mit 2 ml etwa 7%iger Kupfersulfat-Lösung versetzt, das ausfallende Kupfernaphthenat unter Verwendung eines Filters (8 cm Durchmesser) abgesaugt, zweimal mit dest. Wasser nachgewaschen und das Filter mit dem Niederschlag bei 120° getrocknet. Dann wird das Filter in Streifen zerschnitten und in einem Reagensglas mit 5 ml Petroläther kräftig geschüttelt. Kupfernaphthenat löst sich mit intensiver, smaragdgrüner Farbe in Petroläther.

Auf diese Art lassen sich noch 4% Naphthensäure in einem Fettsäure-Gemisch nachweisen.

12. Sud-Ansatz

Für die Erkennung einzelner Fettsäuren natürlicher Herkunft gelten die bei der Fettanalyse beschriebenen Hinweise. Zum Nachweis von Fettsäuren aus der Paraffinoxydation haben W. DIEMAIR und K. H. SCHRÖDER[4] eine Farbreaktion angegeben, die noch der Nachprüfung bedarf. Bei Verarbeitung geringer Mengen an Paraffinoxydationsfettsäuren ist es nicht sicher, ob die Restsäurezahl nach W. SANDERMANN[5] genaue Werte gibt (S. 1093).

Auch der Charakter des Unverseifbaren kann zur Aufklärung der Zusammensetzung des Sud-Ansatzes herangezogen werden (Phytosterin bzw. Cholesterin).

Wenn Harzsäuren, Naphthensäuren, Paraffincarbonsäuren und Unverseifbares nicht vorhanden bzw. wenn sie abgetrennt sind, können aus den Kennzahlen des Verseifbaren Schlüsse auf die Zusammensetzung des Sud-Ansatzes gezogen werden. Die Fettsäure des Kernfettes hat ungefähr die VZ 200. Andere Autoren nennen für flüssige Fettsäuren die VZ 204, für feste Fettsäuren die VZ 207. Die Fettsäure des Leimfettes hat die VZ 260 bis 265. Über den Charakter der Fettsäuren des Kernfettes gibt die JZ Auskunft. Die Po-Z kann zur Ermittlung des Gehaltes an Leimfett-Fettsäuren benützt werden[6]. DITTMER[7] macht nähere Angaben über die Aufteilung des Sudes in Leimfett-, Erdnußöl- und feste Kernfett-Fettsäuren. Über die Verwendung der RhZ, JZ, DZ usw. zur Berechnung der Zusammensetzung von Fettgemischen geben die eingehenden Arbeiten und Berechnungen von H. P. KAUFMANN Auskunft (vgl. S. 593ff.).

Die DGF-Einheitsmethoden geben ein einfaches Berechnungsbeispiel an[8]:

Gegeben VZ der Gesamt-Fettsäure = 210,

$$\text{berechnet:}\quad \frac{250 - 210}{250 - 200} \cdot 100 = 80\% \text{ Fettsäure der Kernfette}$$

$$\frac{210 - 200}{250 - 200} \cdot 100 = 20\% \text{ Fettsäure der Leimfette}$$

Die gefundenen Fettsäuremengen können bei Kernfett durch Multiplikation mit dem Faktor 1,046, bei Leimfett durch Multiplikation mit dem Faktor 1,058 auf Neutralfett umgerechnet werden.

13. Berechnung der Ausbeute an Seife

Die Ausbeute an Seife kann folgendermaßen berechnet werden[9]:

$$\text{Seifen-Ausbeute} = \frac{\%\ \text{ausnutzbare Säuren des Ansatzes}}{\%\ \text{Fettsäuren in der Seife}} \cdot 100$$

---

[1] K. CHARITSCHKÓFF: Chemiker-Ztg. **34**, 479 (1910).
[2] B. TÜTÜNNIKOFF: Seifensieder-Ztg. **50**, 591, 603 (1923).
[3] R. JUNGKUNZ: Seifensieder-Ztg. **55**, 2 (1928).
[4] W. DIEMAIR u. K. H. SCHRÖDER: Dtsch. Lebensmittel-Rdsch. **44**, 23 (1948).
[5] W. SANDERMANN, R. CARSTEN u. W. SCHARNBERG: Pharmazie **3**, 211 (1948).
[6] R. JUNGKUNZ: Seifensieder-Ztg. **47**, 189, 949 (1920).
[7] M. DITTMER in HEFTER-SCHÖNFELD: Chemie u. Technologie der Fette und Fettprodukte, 4. Bd., 2. Aufl., S. 504. Wien: Springer 1939.
[8] G–III 10 (50).
[9] C. STIEPEL: Seifensieder-Ztg. **33**, 5 (1906).

Ein Gehalt an Oxysäuren im Fettansatz ist vom Gehalt des Ansatzes an Gesamt-Roh-fettsäuren abzuziehen, wenn Kernseife hergestellt wird. Die Salze der Oxysäuren sind näm-lich schwer aussalzbar und gehen praktisch in die Unterlauge. Ebenso ist ein Gehalt an Kalkseifen zu berücksichtigen, wie er in Knochenfetten wiederholt vorkommt. Deshalb ist eine sorgfältige Kontrolle der zu verarbeitenden Fette notwendig.

Die Berechnung der Ausbeute an Seife ist für die Betriebskontrolle von Bedeutung[1].

14. Freie Fettsäure[2]

Auf freie Fettsäure ist zu prüfen, wenn in der Seife oder in dem seifenhaltigen Waschmittel freies Alkali fehlt. (Nachweis des freien Alkalis vgl. Abschnitt „Seifen-Alkali").

Bestimmung: 10 g Seife werden in einer ausreichenden Menge Alkohol unter Erwärmen gelöst und nach dem Abkühlen mit alkohol. 0,1 n Kalilauge gegen Phenolphthalein titriert. Die Lösung muß mindestens 60% Alkohol enthalten, um eine Hydrolyse der Seife zu ver-meiden.

In einer ebenso angesetzten Blindprobe wird der Alkali-Verbrauch des Lösungsmittels festgestellt.

Die Ermittlung freier Fettsäuren ist auch durch Extraktion mit Petroläther möglich. Die Seife wird mit Seesand im Mörser verrieben und im SOXHLET- oder Durchtropf-Extrak-tionsapparat mit trockenem Petroläther ausgezogen. Die SZ des Extraktes wird wie üblich bestimmt. Bei Seifen, die äußerlich eine Farbänderung erkennen lassen, ist auch stets auf das Vorhandensein ungebundener Fettsäuren zu prüfen.

Berechnung: Die SZ wird wie üblich berechnet. Soll der Prozentgehalt an freier Fett-säure berechnet werden, so genügt meist die Umrechnung in Ölsäure. Ausnahmen bilden Seifen, die vornehmlich aus „Leimfetten" hergestellt sind (kaltgerührte Cocosseifen, „Elfen-beinseifen" aus Palmkernöl, flüssige Handwaschseifen usw.).

$$\% \text{ freie Ölsäure} = \frac{(a - b) \cdot 2{,}82}{E}$$

$a = $ verbrauchte ml 0,1 n KOH im Hauptversuch,
$b = $ ml 0,1 n KOH im Blindversuch,
$E = $ Einwaage in g.

Bei Natronseifen kann die verbrauchte Menge 0,1 n Kalilauge auf NaOH umgerechnet werden, das als „Unterschuß an NaOH" auf 100 g Seife angegeben wird.

15. Freies Alkalihydroxyd[3]

Als freies Alkalihydroxyd gelten die Ätzalkalien, vorwiegend Kalium- und Natriumhydroxyd.

Über die Bestimmung von „freiem Alkali", das jetzt genauer als „freies Alkalihydroxyd" bezeichnet wird, ist schon viel geschrieben worden. Als Bei-spiel seien die Arbeiten von D. HOLDE, G. MEYERHEIM und H. DÖSCHER[4], P. HEERMANN[5], C. BERGELL[6], O. SCHÜTTE[7], G. KNIGGE[8], K. BURGDORF[9] und C. BAUSCHINGER[10] aufgeführt. MARON und Mitarbeiter[11] haben die Bestimmung polarographisch und konduktometrisch vorgenommen. Die Alkohol-Methode und die Bariumchlorid-Methode sind in die Deutschen Einheitsmethoden auf-genommen worden. Erstere wird häufig als die genauere beurteilt, sie ist aber

---

[1] G. HEFTER u. H. SCHÖNFELD: Chemie und Technologie der Fette und Fettprodukte, 4. Bd., 2. Aufl., S. 506. Wien: Springer 1939.
[2] DGF-Einheitsmethode G–III 7 (50).
[3] DGF-Einheitsmethode G–III 12 (50).
[4] D. HOLDE, G. MEYERHEIM u. H. DÖSCHER: Z. Elektrochem. **16**, 436 (1910).
[5] P. HEERMANN: Chemiker-Ztg. **28**, 53 (1904); Z. angew. Chem. **27**, 135 (1914).
[6] C. BERGELL: Seifensieder-Ztg. **52**, 357 (1925).
[7] O. SCHÜTTE: Seifensieder-Ztg. **57**, 49 (1930).
[8] G. KNIGGE: Fettchem. Umschau **40**, 30 (1933); Allg. Öl- u. Fett-Ztg. **26**, 619 (1929).
[9] K. BURGDORF: Fette u. Seifen **45**, 681 (1938).
[10] C. BAUSCHINGER: Fette u. Seifen **46**, 69 (1939).
[11] S. H. MARON u. Mitarbeiter: Analytic. Chem. **21**, 691 (1949).

gegen die Kohlensäure der Luft besonders empfindlich und für kaolingefüllte Seifen unbrauchbar[1].

Qualitativer Nachweis. Eine erbsengroße Probe Seife wird in der 10- bis 15 fachen Menge neutralisierten Alkohols unter Erwärmung gelöst. Nach dem Erkalten zeigt beständiges Rot durch Phenolphthalein freies Alkali, Farblosigkeit dagegen neutrale oder saure Seife an. Betupfen einer Schnittfläche der Seife mit Phenolphthalein-Lösung beweist nicht die Gegenwart, sondern nur die Abwesenheit freier Base zuverlässig (farblos). Beide Proben können bei gefüllten Seifen versagen.

Quantitative Bestimmung nach dem Alkohol-Verfahren. Etwa 2 g Seife werden in einen 250 ml Stehkolben eingewogen und durch Kochen am Rückflußkühler in 100 ml etwa 96%igem Alkohol gelöst, der mit 0,5 n Kalilauge gegen Phenolphthalein bis zur ganz schwachen Rötung neutralisiert wurde. Hierauf wird rasch abgekühlt und mit 0,1 n Salzsäure gegen Phenolphthalein titriert.

Bei sehr geringem Gehalt an freiem Alkali und bei besonders genauen Bestimmungen wird in unvorbehandeltem Alkohol gelöst. Durch einen Blindversuch, der mit der gleichen Menge desselben Alkohols wie im Hauptversuch durchzuführen ist, wird sein Titrationswert festgestellt und bei der Auswertung des Hauptversuches berücksichtigt.

Berechnung:

E = Einwaage in g,

a = Verbrauch an 0,1 n Säure (unter Berücksichtigung des Blindversuches).

Berechnet: bei *Natron*seifen:

$$\% \text{ freies Alkali} = \frac{0,4 \cdot a}{E} \text{ ber. als NaOH}$$

bei *Kali*seifen:

$$\% \text{ freies Alkali} = \frac{0,56 \cdot a}{E} \text{ ber. als KOH}$$

Bestimmung nach dem Bariumchlorid-Verfahren. 5,0 g Seife werden in 100 ml heißen Wassers gelöst und unter Umrühren langsam mit 10%iger Bariumchlorid-Lösung versetzt, bis die ziemlich klare Flüssigkeit über dem Niederschlag durch einige Tropfen Bariumchlorid-Lösung nicht mehr getrübt wird. Gewöhnlich genügen 15 ml. Die ausgefällte Bariumseife wird heiß abfiltriert und der Rückstand auf dem Filter mit ausgekochtem, CO_2-freiem, dest. Wasser alkalifrei gewaschen. Das Filtrat wird mit 0,1 n Salzsäure gegen Phenolphthalein titriert. Die Berechnung erfolgt, wie sie beim Alkohol-Verfahren angegeben ist.

Mikrobestimmung des freien und des Carbonat-Alkalis in Seifen[2]. Man benützt hierzu die von C. WINKLER[3] ausgearbeitete Methodik. Die Genauigkeit ist praktisch gleich der der üblichen Mikromethoden, wenn für absolute Kohlensäurefreiheit der Probe gesorgt wird, was durch Lüften des Raumes und Einleiten eines CO_2-freien Luftstromes in die Probe erreicht wird.

Mikrogeräte[4]: Große Spitzbecher, Mikro-Hauben-Rückflußkühler (große Ausführung); Universalheizstativ mit Trockenblock, 2 Mikrobüretten nach GORBACH; Spritzpipette.

Reagentien: 0,1 n HCl; 0,1 n NaOH; 10%ige $BaCl_2$-Lösung. Indicator: Methylorange, Phenolphthalein.

Ausführung der Bestimmung: a) Freies Alkali: 56 mg Seife werden in einen großen Spitzbecher eingewogen und unter dem Mikro-Hauben-Rückflußkühler am Heizblock in 1 ml 96%igem Alkohol gelöst. Der hierzu verwendete Alkohol wird zuvor durch Kochen unter Rückfluß mit 0,1 n Lauge gegen Phenolphthalein neutralisiert. Nach dem Erkalten der gelösten Probe leitet man über die Lösung kohlensäurefreie Luft, gibt währenddessen 0,25 ml einer 10%igen Bariumchlorid-Lösung hinzu und schüttelt kräftig um, damit sich der Nieder-

---

[1] C. BAUSCHINGER: Seifensieder-Ztg. **63**, 919 (1936); H. P. KAUFMANN: Fette u. Seifen **49**, 35 (1942); A. KARSTEN: Öle, Fette, Wachse, Seife, Kosmet. **11**, 14 (1937); T. HESSE: Fette u. Seifen **47**, 41 (1940); P. WULFF: ebenda **48**, 388 (1941); L. J. N. VAN DER HULST u. A. C. SCHUFFELEN: Chem. Weekbl. **38**, 134 (1941); A. P. VISHNYAKOV u. N. A. RODICHEVA: Fette u. Seifen **49**, 673 (1942); F. M. BIFFEN: Oil and Soap **18**, 14 (1941).
[2] G. GORBACH: Mikrochem. verein. Mikrochim. Acta **34**, 32 (1948).
[3] F. P. TREADWELL: Lehrbuch der analytischen Chemie, 2. Bd. Wien: Deuticke 1923.
[4] Beschreibung der Mikrogeräte und Arbeitstechnik siehe S. 390ff.

schlag zusammenballt und beim Stehen absetzt. Nun wird, wie üblich, mit 0,1 n Salzsäure unter Zugabe von Phenolphthalein langsam titriert.

$$\% \text{ freies Alkali} = \frac{a}{100}, \quad a = \text{Verbrauch } \mu\text{l } 0,1\text{ n HCl}$$

b) Carbonat-Alkali: 56 mg Seife werden, wie oben, in 1 ml Alkohol gelöst und direkt mit 0,1 n Salzsäure und Methylorange als Indicator möglichst rasch titriert. Die Berechnung des Carbonat-Alkali ist dann gegeben:

$$\% \text{ Carbonat-Alkali} = 0,0246 \, (b - a),$$

wo a die μl 0,1 n Salzsäure bei der Hydroxyd-Bestimmung, b die entsprechende Menge bei der Carbonat-Bestimmung bedeuten. Bei exakten Bestimmungen des Alkali- und Carbonat-Gehaltes ist der Laugen-Verbrauch des Alkohols trotz seiner Neutralisation durch eine Blind-probe zu bestimmen und dem Salzsäure-Verbrauch zuzuzählen.

Zur genauen Bestimmung kleiner Gehalte empfiehlt es sich, statt 0,1 n Salzsäure 0,02 n HCl zu verwenden.

Mikrobestimmung des freien und gebundenen Alkalis in Seifen [1]. Diese Bestimmungen werden üblicherweise mit der Bestimmung der Gesamt-Fettsäuren verbunden.

Mikrogeräte [2]: Ösen, 2 Mikrobüretten nach GORBACH, große Spitzbecher, Storchen-schnabel, Spritzpipette, Universalheizstativ, Mikro-Hauben-Rückflußkühler.

Reagentien: 0,5 n HCl; 0,5 n KOH bzw. 0,1 n HCl; 0,1 n KOH. Indicatoren: Methyl-orange, Phenolphthalein; Gemisch Wasser-Alkohol (92 %ig) 1 : 1.

Ausführung der Bestimmung: a) Gesamt-Alkali: Nach dem Auflösen von 5 bis 10 mg Seife in einem Gemisch von Wasser-Alkohol wird mit 100 bis 150 μl 0,5 n Salzsäure ver-setzt, jedenfalls so viel, daß sich der zugesetzte Indicator Methylorange stärker rot färbt. Dann schüttelt man die Fettsäuren aus (s. S. 394) und titriert die von den Fettsäuren auf diese Weise befreite wäßrige Lösung, nach Entfernung der Äther-Reste am erwärmten Trocken-block, mit 0,5 n Natronlauge zurück. Zur Berechnung des Gesamt-Alkali dienen, je nachdem ob Natrium- oder Kaliumseifen vorliegen, folgende Formeln:

$$\text{als } Na_2O = \frac{a \cdot 1,55}{E},$$

$$\text{als } K_2O = \frac{a \cdot 2,35}{E}, \quad E = \text{Einwaage}, \quad a = \mu\text{l } 0,5\text{ n HCl}$$

b) Gebundenes Alkali: Die beim Ausschütteln mit Äther oder Petroläther erhaltenen Fettsäuren (S. 1352 ff.) oder, bei zu großen Mengen, ein aliquoter, abgewogener Anteil von 5 bis 10 mg wird im großen Spitzbecher in absol. Alkohol unter dem Mikro-Hauben-Rückfluß-kühler aufgelöst und nach dem Erkalten mit 0,5 n Natronlauge bzw. Kalilauge, unter Zu-gabe von Phenolphthalein als Indicator titriert. Der Eigenverbrauch an Lauge durch den absol. Alkohol ist durch eine Blindprobe zu bestimmen und in Abzug zu bringen.

Bei Seifen mit niedrigem Alkali-Gehalt verwendet man zur Erzielung einer höheren Ge-nauigkeit statt 0,5 n- eine 0,1 n Salzsäure bzw. Natronlauge.

16. Gesamtes freies (aktives) Alkali [3]

Von VIZERN und GUILLOT [4] wurde eine Methode angegeben, die bei der Prüfung durch verschiedene Analytiker der internationalen Kommission zum Studium der Fettstoffe sehr gut übereinstimmende Resultate lieferte. Die erhaltenen Zahlen sind höher als das freie Ätzalkali, da auch das Carbonat-Alkali bis zur Hydrogencarbonatstufe erfaßt wird. Die Methode wurde in die DGF-Einheits-methoden aufgenommen.

Bestimmung: 10 g Seife werden auf dem siedenden Wasserbad oder auf kleiner Flamme unter ständigem Rühren in möglichst wenig Wasser gelöst und 100 ml Alkohol (80 %ig

---

[1] G. GORBACH: Mikrochem. verein. Mikrochim. Acta **34**, 32 (1948).
[2] Beschreibung der Mikrogeräte und Arbeitstechnik siehe S. 390ff.
[3] DGF-Einheitsmethode G–III 14 (50).
[4] Siehe K. BURGDORF: Fette u. Seifen **45**, 379 (1938).

neutralisiert) zugegeben, dem eine bekannte Menge Fettsäure von bekanntem Molekulargewicht zugefügt wurde. (Bei Reihenbestimmungen kann ein bekanntes Volumen frisch hergestellter alkohol. Lösung von Fettsäure bekannten Titers gebraucht werden.) Für besonders reine 72%ige Seifen genügt 1 g Fettsäure, was ungefähr 3,5 ml 1 n Lösung entspricht.

Nach vollständigem Lösen wird die nichtgebundene Fettsäure mit alkohol. 1 n KOH zurücktitriert.

Indicator: Phenolphthalein.

Berechnung: Ist

$$n_1 = \text{ml } 1 \text{ n Alkali},$$

die zur Titration erforderlich waren,

$$n = \text{ml } 1 \text{ n Alkali},$$

die zum Binden der zugefügten Fettsäure notwendig waren, so entspricht $n - n_1 = \text{ml}$ des gesamten unter den gegebenen Bedingungen titrierbaren Alkalis.

17. Seifen-Alkali[1]

Wie bei der Bestimmung der VZ wird das Alkali-Äquivalent der Gesamtfettsäuren bestimmt. Um das gebundene Alkali zu berechnen, genügen die hierbei erhaltenen Titrationswerte. Nur wenn die VZ benötigt wird, um die Fettsäuren näher zu beurteilen, muß sie berechnet werden.

Berechnung:
$E = $ Einwaage (Seife) in g,
$a = $ ml 0,5 n KOH, die verbraucht worden sind, um die Gesamt-Fettsäuren von E g Seife zu verseifen.

Bei *Natron*seifen:

$$\% \text{ gebundenes Alkali} = \frac{1,1 \cdot a}{E}. \quad \text{ber. als (Na—H)}$$

$$\text{oder} = \frac{1,55 \cdot a}{E}, \quad \text{ber. als Na}_2\text{O}$$

Bei *Kali*seifen:

$$\% \text{ gebundenes Alkali} = \frac{1,905 \cdot a}{E}, \quad \text{ber. als (K—H)}$$

$$\text{oder} = \frac{2,35 \cdot a}{E}, \quad \text{ber. als K}_2\text{O}$$

Zweckmäßig wird das gebundene Alkali auf (Na—H) oder (K—H) berechnet, da diese Werte zusammen mit der Menge Gesamt-Fettsäure sofort den reinen Seifen-Gehalt ergeben. Zum Vergleich mit dem Gesamt-Alkali kann aber auch auf Na$_2$O oder K$_2$O berechnet werden.

Anmerkung: Enthält die Seife erhebliche Mengen unverseiftes Neutralfett und freie Fettsäuren, die beide in die Gesamt-Rohfettsäure übergehen, so müssen sie bestimmt und beim Berechnen des gebundenen Alkalis berücksichtigt werden.

Berechnung:
$p = \%$ freie Fettsäure (in der Seife berechnet als Ölsäure),
$q = \%$ unverseiftes Fett (in der Seife),
$E = $ Einwaage an Seife (zur Bestimmung der Gesamt-Fettsäure, der freien Fettsäure und des unverseiften Neutralfettes).

Berechnet: Korrektionswert, der von der obigen Laugenmenge $= a$ ml 0,5 n KOH abzuziehen ist:

$$(0,0709 \, p + 0,0679 \, q) \cdot E$$

18. Kalium- und Natrium-Gehalt der Seife[2]

Hier wird festgestellt, in welchem Mengenverhältnis Natron- und Kalilauge zur Herstellung einer Seife benützt worden sind.

---

[1] DGF-Einheitsmethode G–III 13 (50).
[2] DGF-Einheitsmethoden G–III 20a, b (57).

Zur Bestimmung kann entweder die Überchlorsäure-Methode oder noch zweckmäßiger die Fällung mit Natriumtetraphenyloborat benützt werden. Es werden nach entsprechender Vorbereitung (vgl. die folgende Vorschrift!) die in der anorganisch-analytischen Chemie üblichen Methoden verwendet[1]. W. J. MILLER und J. T. R. ANDREWS[2] haben kürzlich die Fällung mit Perjodsäure empfohlen, die ein schwerlösliches Kaliumsalz bildet.

Bestimmung: Aus dem Alkohol-Extrakt von etwa 5 g Seife ist nach völligem Verjagen des Alkohols die Gesamt-Rohfettsäure durch Mineralsäure abzuscheiden und auszuäthern. Das Sauerwasser wird in eine dunkelblau glasierte Porzellanschale filtriert und siedend mit 2 ml salzsaurer Bariumchlorid-Lösung (10 g $BaCl_2$ + 5 ml 37%ige HCl + 100 ml Wasser) versetzt. Entsteht eine Trübung, so muß filtriert werden. Das Filtrat wird mit 25 ml Perchlorsäure vom spez. Gew. 1,125 versetzt, die weder durch Bariumchlorid noch durch Alkohol getrübt werden darf, und auf dem Wasserbad bis zum Auftreten von Überchlorsäure-Dämpfen eingedampft. Der Rückstand wird nach dem Erkalten mit etwa 20 ml 96%igem Alkohol verrieben. Nach kurzem Absitzenlassen wird die Flüssigkeit über dem Niederschlag durch ein (bei 105° getrocknetes und gewogenes) Filter oder durch einen (ebenso vorbereiteten) Filtertiegel (Glasfrittentiegel G 3) filtriert, der Rückstand wird noch zweimal mit 96%igem Alkohol, der 0,1 bis 0,2% Überchlorsäure enthält, verrieben und mit möglichst wenig 96%igem Alkohol auf das Filter gebracht. Filter und Niederschlag werden bei 70 bis 80° getrocknet und nach dem Erkalten gewogen.

Berechnung:
E = Einwaage in g,
A = Auswaage an Kaliumperchlorat in g.

Kalium-Gehalt:

$$\% \ K_2O = \frac{34\,A}{E}$$

$$\% \ KOH = \frac{40{,}5\,A}{E}$$

Natrium-Gehalt.
b = % Kalium, berechnet als K_2O,
c = % Kalium, berechnet als KOH,
d = % gebundenes Alkali, berechnet als Na_2O,
f = % gebundenes Alkali, berechnet als NaOH.

Berechnung[3]:

$$\% \ Na_2O = d - 0{,}658\,b$$

oder

$$\% \ NaOH = f - 0{,}713 \cdot c$$

Kalium-Bestimmung als Kaliumperjodat. 0,1 bis 0,2 g Asche aus der Seife werden mit 10 ml konz. Salpetersäure auf dem Wasserbad zur Trockne verdampft, der Rückstand in 4 bis 5 ml dest. Wasser gelöst und 1 g Überjodsäure, in 3 ml Wasser gelöst, zugegeben. Das Gemisch wird gerührt und 3 bis 4 Min. stehengelassen, damit sich das Kaliumperjodat absetzen kann. Dann werden 90 ml eines Gemisches aus gleichen Volumina Äthanol und wasserfreiem Äthylacetat zugegeben und 1/2 Std. unter mechanischem Rühren im Eisbad stehengelassen. Darauf wird durch einen GOOCH-Tiegel filtriert und der Rückstand mit 0° kaltem, wasserfreiem Äthylacetat nachgewaschen. Nach 10 Min. Trocknen bei 105° wird der Tiegel abgekühlt und gewogen.

Zur volumetrischen Bestimmung wird der Tiegel samt Inhalt in ein 250 ml Becherglas gegeben, das 125 ml einer wäßrigen Lösung von 5 g Borsäure und 5 g Natriumtetraborat enthält. Nach Zugabe von 8 g Kaliumjodid wird mit 0,1 n Arsenit-Lösung titriert.

Die beiden Methoden sind genau und schnell durchführbar. Die Kaliummenge, die noch ermittelt werden kann, beträgt 0,4 mg. Die Zeitdauer beläuft sich etwa auf 1 bis $1\frac{1}{2}$ Std.

---

[1] Flammenphotometrische Bestimmung von K vgl. W. SCHUHKNECHT: Angew. Chem. **50**, 299 (1937).

[2] W. J. MILLER u. J. T. R. ANDREWS: J. Amer. Oil Chemists' Soc. **26**, 309 (1949).

[3] Berechnet nach DGF-Einheitsmethode G-III 13 (50) (s. S. 1361):

$$\% \ Na_2O\ (d) = \frac{1{,}55 \cdot a}{E}, \qquad \% \ NaOH\ (f) = \frac{2 \cdot a}{E}.$$

Der Kalium-Gehalt kann noch in Gegenwart von 100 mg Natrium genau festgestellt werden. Bei Verdopplung der Äthanol-Äthylacetat-Mischung kann Natrium noch bis zu 190 mg vorhanden sein.

Kalium-Bestimmung mit Fluoborsäure. Das von H. W. MANASEVIT [1] angegebene Verfahren ist als Schnellbestimmung brauchbar.

Zu einer angesäuerten Lösung der Alkalichloride wird eine alkohol. Lösung von Fluoborsäure gegeben. Kalium fällt quantitativ aus der eiskalten Lösung aus. Der Niederschlag wird auf einem Sintertiegel nochmals mit kleinen Mengen kaltem 96%igem Alkohol, dann mit Äther gewaschen und 10 Min. bei 105 bis 110°C getrocknet.

Das Kalium wird als KBF_4 ausgewogen; 1 mg KBF_4 entspricht 0,3105 mg Kalium.

Kalium-Bestimmung als Kaliumtetraphenyloborat. Eine weitere Bestimmung des Kaliums ist nach G. WITTIG und Mitarbeitern [2] mit Hilfe des Lithium- oder Natriumsalzes der Tetraphenylborwasserstoffsäure $[B(C_6H_5)_4]H$ möglich. Über die Anwendung des neuen Reagens [3] liegt schon eine umfangreiche Erfahrung vor [4].

Mit Natriumtetraphenyloborat (oder dem Lithiumsalz) können außer Kalium auch die höheren Alkalien, wie Caesium und Rubidium, sowie die alkaliähnlichen Stickstoff- und Sauerstoffbasen ausgefällt werden. Gegenüber der Fällung des Kaliums als Perchlorat liegt der Vorteil der Bestimmung darin, daß der organische Kaliumtetraphenyloborat-Komplex durch verschiedene Eigenschaften ausgezeichnet ist, die sinngemäß auch auf andere Basen anwendbar sind.

a) Die Fällung ist in Wasser sehr schwer löslich. So liegt das Löslichkeitsprodukt z. B. für $K[B(C_6H_5)_4]$ bei $5 \cdot 10^{-9}$ und für $Cs[B(C_6H_5)_4]$ bei $5 \cdot 10^{-10}$ und für $K_2(PtCl_6)$ als Vergleich bei $5 \cdot 10^{-5}$. Die Löslichkeit liegt eine Zehnerpotenz niedriger als beim Silberchlorid und beträgt für Kaliumtetraphenyloborat $3,8 \cdot 10^{-5}$ g/100 ml Wasser. Die Erfassungsgrenze beträgt für Kalium $4 \cdot 10^{-6}$ g/100 ml Lösung.

b) Die Niederschläge fallen wasserfrei an, sind thermostabil und können innerhalb 20 bis 30 Min. bei 105 bis 120° konstant getrocknet werden.

c) Der Umrechnungsfaktor ist recht günstig und beträgt für Kalium $= K/K[B(C_6H_5)_4]$ $= 0,1091$.

d) Die Gegenwart von Natrium oder Erdalkalien stört nicht. Ammoniumsalze, die ebenfalls ein schwer lösliches Tetraphenylborsalz bilden, müssen entfernt werden, was durch Kochen mit Natronlauge erreicht wird.

e) Die Bestimmung kann auch von nicht gelernten Kräften durchgeführt werden und erfordert keine Einarbeitung und Beachtung besonderer Vorschriften, wie bei der Überchlorsäure-Methode.

f) Die Summe der Alkalien kann z. B. als Sulfat und anschließend daraus das Kalium als Tetraphenyloborat-Komplex bestimmt werden. Aus einer solchen Analyse lassen sich entsprechende Rückschlüsse auf die VZ des Fettansatzes ziehen. Beim Vorliegen anderer großer Kationen, wie sie in kationaktiven Verbindungen vorkommen, ist Natriumtetraphenyloborat als Reagens brauchbar. In eigenen bisher nicht veröffentlichten Versuchen lagen die Nachweisgrenzen bei mehr als 1 : 1000000. Auch bei diesem Nachweis ist das von B. WURZSCHMITT [5] angegebene Prinzip der Fällung eines großen Kations durch ein großes Anion bestätigt.

Alkanolamine, insbesondere das Triäthanolamin, lassen sich neben Kalium bestimmen, aber nach den Untersuchungen von R. NEU [6] ist hierbei mit einer Fehlergrenze von etwa 4% wegen der Löslichkeit des Amin-Komplexes zu rechnen. Bei Äthanolamin beträgt der

---

[1] H. W. MANASEVIT: Chem. Engng. News **32**, 1017 (1954).

[2] G. WITTIG u. Mitarbeiter: Liebigs Ann. Chem. **563**, 114 (1949); Angew. Chem. **62**, 231 (1950).

[3] Herstellerin ist die Firma HEYL & Co., Hildesheim, die das Natriumtetraphenyloborat unter dem Markennamen „Kalignost" in den Handel bringt; hier auch Schrifttum erhältlich.

[4] M. KOHLER: Z. analyt. Chem. **138**, 9 (1953); H. FLASCHKA, A. HOLASEK u. A. M. AMIN: ebenda **138**, 161 (1953).

[5] B. WURZSCHMITT: Z. analyt. Chem. **130**, 178 (1950).

[6] R. NEU: Z. analyt. Chem. **143**, 254 (1954).

Fehler etwa 20%[1]. Über die gemeinsame Bestimmung von Kalium und Triäthanolamin wird weiter unten berichtet.

Herstellung der Reagens-Lösung. Das Kalignost $Na[B(C_6H_5)_4]$, Mol.-Gew. 341,8, wird in etwa 0,1 m (etwa 3,4%iger) wäßriger Lösung verwendet. 1 ml dieser etwa 0,1 m Lösung entsprechen etwa 3,5 mg Kalium. Nach P. Raff und W. Brotz[2] kann die Lösung auch konduktometrisch gegen eine 0,1 m Kaliumbromid-Lösung eingestellt werden.

Durch die große spezifische Empfindlichkeit von Kalignost ist die Herstellung blanker und stabiler Reagens-Lösungen an verschiedene Voraussetzungen geknüpft. Die wie üblich mit dest. Wasser bereiteten Lösungen sind mehr oder weniger getrübt und deswegen auch verhältnismäßig nicht lange haltbar. Verschiedene Vorschläge ermöglichen die Herstellung stabiler Lösungen. So kann die etwa 3%ige Kalignost-Lösung nach W. Rüdorff und H. Zannier[3] mit einer 0,2 n Aluminiumchlorid-Lösung bis zur ganz schwach sauren Reaktion versetzt werden. Für 1 l Lösung mit Kalignost zur Analyse sind etwa 0,4 ml und für 1 l mit Kalignost, chemisch rein, etwa 4 ml Aluminiumchlorid-Lösung erforderlich. Die Trübung koaguliert nach kurzer Zeit, und die Lösung kann dann blank filtriert werden. Nach eigenen Erfahrungen hat sich zur Herstellung der Kalignost-Lösung die Verwendung von doppelt dest. Wasser bewährt. Ferner ist der Zusatz von etwa 10 mg Lithiumchlorid/l Kalignost-Lösung zur Erhöhung der Stabilität vorteilhaft. Bei längerer Aufbewahrung der Lösung treten durch den Kaliumgehalt der Gläser häufig opalescente Trübungen auf, die auf bereits beschriebenem Wege beseitigt werden können. Der p_H der Lösung soll wegen der Stabilität des Natriumtetraphenyloborates nicht unter 6 bis 7 liegen. Hier ist noch der Vorschlag von Kohler zu erwähnen, die Kalignost-Lösung mit reinstem, alkalifreiem Aluminiumhydroxyd zu schütteln, wodurch die Herstellung einer blanken Lösung erleichtert wird. Nach Cooper[4] sind wäßrige Lösungen von Natriumtetraphenyloborat, die mit 0,1 n NaOH auf einen p_H-Wert von 8 bis 9 eingestellt sind, mehrere Wochen haltbar, und ein Aufbewahren in braunen Flaschen ist nicht notwendig. Als Gefäße zum Aufbewahren von Kalignost-Lösung haben sich nach R. Neu[5] solche aus Polyäthylen bewährt.

Vor der eigentlichen Fällung ist eine Entfernung der organischen Substanz notwendig. So müssen z. B. von einer Rasierseife oder einer Tagescreme nach dem Auflösen der Einwaage in Wasser, Abscheiden der Fettsäuren mit Mineralsäuren (gegen Methylrot oder Methylorange) und Lösen in Äther, Ausschütteln des Sauerwassers mit Äther und eventuell Filtration des Sauerwassers, blanke Lösungen hergestellt werden, in denen das Kalium bestimmt werden soll. Bei einem gleichzeitigen Gehalt an Triäthanolamin, das ebenfalls mit Kalignost unter Bildung einer Fällung reagiert, ist zunächst genau so zu verfahren. Die zum Ansäuern erforderliche Menge Mineralsäure soll immer gegen einen Indicator gemessen werden, um bei der späteren Neutralisation möglichst wenig andere Kationen in die Analysen-Lösung zu bringen. Eine qualitative Prüfung auf Triäthanolamin ist immer erforderlich, wenn cremeartige Erzeugnisse untersucht werden sollen.

Wenn außer Kalium auch noch Triäthanolamin vorliegt, dann kann nach einem Vorschlag von R. Neu[6] der ausgewogene Niederschlag mit Hilfe von alkohol. Überchlorsäure in lösliches Triäthanolaminperchlorat und unlösliches Kaliumperchlorat zerlegt, das Kaliumperchlorat ausgewogen und aus der Differenz das Triäthanolamin errechnet werden. Auf diese Weise ist es möglich, in einer Einwaage beide Basen zu bestimmen. Bisher waren für eine solche Analyse immer zwei Einwaagen erforderlich bei außerdem umständlicherer Arbeitsweise.

Für die Bestimmung des Kaliums sind nach den gründlichen Untersuchungen von W. Geilmann und W. Gebauhr[7] folgende Richtlinien zu beachten: Die Menge des zur Fällung gelangenden Alkalis kann wegen des günstigen Umrechnungsfaktors auf 2 bis 10 mg beschränkt werden. Beim Vorliegen wesentlich größerer Mengen wird die Arbeit erschwert und verlängert, ohne die Zuverlässigkeit zu erhöhen. Das Volumen soll wegen des Verbrauches an Reagens und der Einschränkung von Verlusten zwischen 20 und 100 ml betragen, um damit dem vorhandenen Alkali zu entsprechen. Der p_H der Lösung soll zwischen 4 und 5 liegen und möglichst genau eingestellt werden. Zu der 40 bis 50° warmen Lösung soll langsam die Zugabe des Fällungsmittels erfolgen und der Überschuß so groß sein, daß die Lösung an freiem Reagens etwa 0,007 m ist, das entspricht 0,2%. Höhere Konzentrationen als 0,01 m sind unrationell und erschweren das Auswaschen des Niederschlages.

---

[1] R. Neu: Unveröffentlichte Ergebnisse.

[2] P. Raff u. W. Brotz: Z. analyt. Chem. **133**, 241 (1951).

[3] W. Rüdorff u. H. Zannier: Z. analyt. Chem. **137**, 1 (1952).

[4] S. S. Cooper: Analytic. Chem. **29**, 446 (1957).

[5] R. Neu: Unveröffentlichte Versuche.

[6] R. Neu: Z. analyt. Chem. **143**, 254 (1954).

[7] W. Geilmann u. W. Gebauhr: Z. analyt. Chem. **139**, 161 (1953).

Die Fällung wird nach wiederholtem Umrühren und Abkühlen auf unter 20° nach 10 Min. auf einem geeigneten Filtertiegel abgesaugt. Das Überführen der Fällung soll mit einem möglichst geringen Volumen an Waschflüssigkeit erfolgen. Für 2 mg müssen 10 ml und für 100 mg höchstens 50 ml ausreichend sein. Die Waschflüssigkeit soll kalt sein und enthält auf 100 ml den Zusatz von 3 ml Kalignost-Lösung und 0,5 ml Eisessig. Die Entfernung der Waschflüssigkeit soll mit wenig kaltem Wasser durchgeführt werden, z. B. für 2 mg Alkali zweimal je 0,5 ml und für 10 mg zusammen 3 bis 4 ml.

Der ausgewaschene und gründlich abgesaugte Niederschlag wird bei 120 bis 130° konstant getrocknet und gewogen.

Im allgemeinen finden Kalium-Bestimmungen nicht in konzentrierten Natriumchlorid-Lösungen statt, da die Zerlegung der Seifen in verdünnten Lösungen erfolgt. Wenn dies allerdings nicht der Fall ist, muß eine Reinigung des Niederschlages durch Umfällen erfolgen, das durch die Löslichkeit des Kaliumtetraphenyloborates in Aceton möglich ist.

Die in einem Zentrifugenglas von 20 bis 50 ml Inhalt in der Kälte durchgeführte Fällung wird 5 Min. bei 3000 bis 4000 Touren abgeschleudert, die überstehende Flüssigkeit mit einer Pipette abgesaugt und zur Sicherheit durch einen gewogenen Sintertiegel filtriert. Das Zentrifugat wird mit etwa 3 bis 5 ml Waschflüssigkeit aufgewirbelt und wieder abgeschleudert. Die abpipettierte Flüssigkeit wird ebenfalls über den Tiegel filtriert. Der Niederschlag wird für je 5 mg Kalium in 1 bis 1,5 ml reinem Aceton gelöst und mit 6 bis 10 ml Wasser versetzt. Dadurch entsteht eine grobflockige Ausfällung. Das Aceton wird durch Einstellen des Glases in 40 bis 50° warmes Wasser entfernt, wobei die Lösungsmittel-Dämpfe über der Oberfläche der Flüssigkeit mit der Wasserstrahlpumpe abgesaugt werden. Nach restloser Entfernung des Acetons wird die Lösung mit 1 Tropfen 2 n Essigsäure und 1 ml Reagens versetzt, 10 Min. in kaltem Wasser unter wiederholtem Umrühren stehengelassen und durch den bereits verwendeten Tiegel abgesaugt. Die Bestimmung wird wie oben beschrieben zu Ende geführt.

Wenn gleichzeitig neben Kaliumsalzen auch noch Ammonium-, Magnesium- und Calciumsalze vorliegen, ist das vorstehend beschriebene Verfahren nicht anwendbar. Eine für eine solche Zusammensetzung brauchbare Arbeitsweise wurde von H. W. BERKHOUT[1] angegeben, die darauf beruht, daß Magnesium und Calcium-Ionen unter Komplex-Bildung gelöst werden, das Ammonium-Ion aber in Gegenwart von Formaldehyd durch Natriumtetraphenyloborat nicht gefällt wird.

Die zu untersuchende Lösung wird in einem 250 ml Becherglas mit dest. Wasser auf ein Volumen von 100 ml gebracht, 1 Tropfen Phenolphthalein-Lösung, 10 ml 4%ige Komplexon-Lösung und tropfenweise 30%ige Natronlauge bis zur Rotfärbung zugesetzt und zum Sieden erhitzt. Zu der warmen Lösung werden 5 ml 25%ige Formaldehyd-Lösung und tropfenweise unter Rühren 10 ml 3%ige Natriumtetraphenyloborat-Lösung zugesetzt. Nach dem Zusatz des Formaldehyds soll die Lösung deutlich alkalisch reagieren. Der Niederschlag wird dann entsprechend den vorstehenden Richtlinien isoliert und gewaschen, 30 Min. bei 120° getrocknet und gewogen. Das Gewicht des Niederschlages wird mit 0,1314 multipliziert, um den Kalium-Gehalt zu ermitteln. Das Verfahren ist brauchbar bei Gegenwart von 100 mg Ammoniumchlorid oder Calciumdihydrogenphosphat.

Bestimmung von Kalium und Triäthanolamin[2]. Das neutralisierte Sauerwasser wird nach der Entfernung der Fettsäuren bei 20° mit 2 n Essigsäure auf einen p_H von 5 bis 6 gebracht, mit 3%iger Natriumtetraphenyloborat-Lösung im Überschuß versetzt und 24 Std. im Eisschrank aufbewahrt. Der Niederschlag wird auf einem Porzellanfiltertiegel (A 2) abgesaugt und mit Wasser von p_H 5 bis 6 gewaschen, der Tiegel über Schwefelsäure bzw. Diphosphorpentoxyd bis zur Gewichtskonstanz getrocknet und dann ausgewogen. Die Auswaage ergibt Kalium- + Triäthanolamin-tetraphenyloborat.

Um in dem Niederschlag das Kalium zu bestimmen, wird der Tiegel auf einen Vorstoß gesetzt, mit einem Gemisch aus 2 ml 70%iger Überchlorsäure und 8 ml Äthanol übergossen und 1 Std. unter gelegentlichem Umrühren mit einem Glasstäbchen ohne zu saugen stehengelassen. Dann wird scharf abgesaugt, mit 20 ml Äthanol nachgewaschen, der Tiegel im Vakuumexsiccator getrocknet und dann gewogen. Aus der Differenz der ersten Auswaage (Kalium- + Triäthanolamin-tetraphenyloborat) und der zweiten Auswaage (Kaliumperchlorat) errechnet sich der Kalium-Gehalt.

Berechnung:
E = Einwaage an Seife in g,
A = Auswaage an Tetraphenyloborat in g,
b = Auswaage an Kaliumperchlorat in g.

---

[1] H. W. BERKHOUT: Chem. Weekbl. **48**, 909 (1952).
[2] R. NEU: Z. analyt. Chem. **143**, 254 (1954); DGF-Einheitsmethode G–III 21 c (57).

Kalium:

$$\% \ K_2O = \frac{169,9 \cdot b}{E}$$

$$\% \ KOH = \frac{202,5 \cdot b}{E}$$

Triäthanolamin:

$$\% \ (HO \cdot CH_2 \cdot CH_2)_3N = \frac{159,15 \cdot (A - 2,586 \cdot b)}{E}$$

Bei der gemeinsamen Ausfällung von Kalium und Triäthanolamin beträgt die Differenz an Triäthanolamin 5%. Das eingesetzte Kalium wird zu etwa 98% wiedergefunden. Der Vorteil dieser gemeinsamen Bestimmung liegt darin, daß sie verhältnismäßig schnell durchzuführen ist.

Titrimetrische Kalium-Bestimmung nach Fällung als Kaliumtetraphenyloborat. Nach H. FLASCHKA, A. M. AMIN und A. HOLASEK[1] kann die Fällung des Kaliumtetraphenyloborats in alkalischer Lösung mit Quecksilberchlorid umgesetzt werden. Dann entstehen nach quantitativem Ablauf der Reaktion:

$$(C_6H_5)_4 \ BK + 4 \ HgCl_2 + 3 \ H_2O = 4 \ C_6H_5HgCl + KCl + 3 \ HCl + H_3BO_3$$

pro g-Atom Kalium 3 Mol Salzsäure, die durch Rücktitration der überschüssigen Lauge bestimmt werden können. Das Verfahren ist für 30 bis 3000 γ Kalium oder auch weniger brauchbar. Die frei werdende Säure läßt sich genauer titrieren, wenn nach dem Vorschlag der Autoren in schwach alkalischem Medium ein Jodid, z. B. Natriumjodid, zugesetzt wird, das die Quecksilber-Verbindung komplex bindet.

19. Ammoniak[2]

Ammoniak, Ammoniumcarbonat oder -chlorid kommen mitunter in Schmierseifen, flüssigen Seifen, Waschpulvern, Scheuerpulvern usw. vor. Die Bestimmung kann nach einer von R. JUNGKUNZ[3] angegebenen Arbeitsweise erfolgen.

Bestimmung: 10 g der Probe werden in einem 300 ml ERLENMEYER-Kolben mit eingeschliffenem Glasstopfen (Jodzahlkolben) in 80 ml Wasser gelöst. Um die Seife zu zersetzen, werden einige Tropfen Methylrot, unter Umschütteln 10%ige Schwefelsäure bis zum Farbumschlag und noch etwa weitere 3 ml zugefügt. Dann wird etwa 1 g geglühte Kieselgur zugesetzt und nach Verschluß des ERLENMEYER-Kolbens mehrfach kräftig geschüttelt. Sobald sich der Niederschlag etwas abgesetzt hat, wird in einen 200 ml Meßkolben filtriert und sowohl der ERLENMEYER-Kolben als auch der Niederschlag auf dem Filter viermal mit etwa 20 ml dest. Wasser nachgewaschen. Aus dem bis zur Marke aufgefüllten Meßkolben werden 100 ml der Lösung in den Destillationskolben eines Ammoniak-Bestimmungsgerätes (PARNASS-Apparatur) pipettiert, 25 ml 33%ige Natronlauge zugefügt und das Ammoniak in eine Vorlage mit überschüssiger 0,1 n Schwefelsäure destilliert. Wenn das Ammoniak völlig übergetrieben ist, wird die nichtgebundene Säure mit 0,1 n Lauge gegen Methylrot zurücktitriert.

Berechnung:
E = Einwaage in g,
a = verbrauchte ml 0,1 n Schwefelsäure.

$$\% \ \text{Ammoniak} \ (NH_3) = \frac{0,17 \cdot a}{E} \cdot 2$$

20. Triäthanolamin

Für die Bestimmung von Triäthanolamin wird in der Literatur die Methode von H. R. FLECK[4] empfohlen. Sie wird zwar als unzuverlässig angesehen, doch steht keine bessere zur Wahl. Die Verhältnisse werden sicherlich dadurch

---

[1] H. FLASCHKA, A. M. AMIN u. A. HOLASEK: Z. analyt. Chem. **138**, 241 (1953).
[2] DGF-Einheitsmethode G–III 22 (50).
[3] R. JUNGKUNZ: Seifensieder-Ztg. **50**, 513 (1923).
[4] H. R. FLECK: Analyst **60**, 77 (1935).

kompliziert, daß selten reines Triäthanolamin als Ausgangsmaterial für die Herstellung technischer Produkte vorliegt.

Nachweis[1]: Das Sauerwasser der Fettbestimmung wird neutralisiert und zur Trockne eingedampft. Der Rückstand wird mit 96%igem Alkohol ausgekocht und aus der alkoholischen Lösung der Alkohol abgedampft. In einem kleinen Porzellanschälchen wird von dem Alkohol-Extrakt eine kleine Spatelspitze voll in einigen Tropfen Wasser gelöst und mit 2 Tropfen 5%iger Kobalt(II)-chlorid-Lösung und 1 Tropfen etwa 2 n Ammoniak-Lösung versetzt. Bei Gegenwart von Triäthanolamin tritt Purpurfärbung auf, die sich nach einigem Stehen noch vertieft[2]. Beim Erwärmen färbt sich die Lösung blau. Die Empfindlichkeit beträgt 1:2000.

Diäthanolamin und Monoäthanolamin geben die gleiche Reaktion. Um unter den nach obiger Reaktion nachgewiesenen Alkanolaminen auf Triäthanolamin zu prüfen, wird eine kleine Probe des Alkohol-Extraktes in einem Reagensglas mit einigen ml einer 2%igen Lösung von Citronensäure (die Citronensäure kann auch durch Malonsäure oder Aconitsäure ersetzt werden) in Essigsäureanhydrid 2 bis 3 Min. im siedenden Wasserbad erhitzt. Bei Anwesenheit von Triäthanolamin tritt eine rote oder purpurne Farbe auf, die in Rotviolett und Blau übergehen kann.

Die Reaktion ist positiv für alle tertiären Amine. Nur bei gleichzeitigem positiven Ausfall beider Reaktionen kann auf die Anwesenheit von Triäthanolamin geschlossen werden.

Bestimmung[3]: Etwa 3 g der Probe werden mit 0,5 n alkohol. Kalilauge versetzt, sorgfältig unter Zusatz von Calciumoxyd zur Trockne verdampft und der Rückstand vollständig mit Alkohol ausgezogen. Der Auszug wird in einer gewogenen Schale auf dem Wasserbad zur Trockne verdampft und das Gewicht des Rückstandes festgestellt. 0,5 g des Rückstandes werden mit 0,5 ml einer konstant siedenden 57%igen Jodwasserstoffsäure und 5 ml Wasser in einem gewogenen Glasschälchen zur Trockne verdampft, wobei das Triäthanolamin in das entsprechende, in Isopropylalkohol schwerlösliche Hydrojodid übergeht. Der Rückstand wird mit 5 ml Isopropylalkohol verrieben, durch einen gewogenen Glassintertiegel G 3 filtriert und dreimal mit je 1 ml Isopropylalkohol ausgewaschen, bei 100° getrocknet und gewogen. Jeder verwendete ml Isopropylalkohol löst 1 mg Triäthanolaminhydrojodid. Die Auswaage ist um diese Korrektur zu erhöhen. Das gefundene Gewicht ergibt mit 0,536 multipliziert das Gewicht des Triäthanolamins.

Berechnung:

$$\% \text{ Triäthanolamin} = \frac{53,8 \cdot (b + 0,001 \cdot a) \cdot R}{E \cdot S}$$

Hierin bedeuten:

a = verbrauchte ml Isopropylalkohol,
b = Auswaage an Triäthanolammoniumjodid in g,
E = Einwaage an Rückstand in g,
R = Gewicht des Rückstandes in g,
S = Seifen-Einwaage in g.

21. Gesamt-Alkali

Unter Gesamt-Alkali ist das unter den Versuchsbedingungen titrierbare Alkali zu verstehen. Es umfaßt das freie Ätzalkali sowie das gesamte an Fettsäuren, CO_2, SiO_2 und B_2O_3 gebundene Alkali. Ferner wird ein Teil des an SO_3 (bis $NaHSO_3$) und P_2O_5 (bis NaH_2PO_4 bzw. $Na_2H_2P_2O_7$) gebundenen Alkalis erfaßt. Bei Gegenwart von $MgCO_3$, $CaCO_3$ und einigen anderen Salzen muß darauf geachtet werden, daß beim Titrieren kein Säure-Überschuß auftritt, da in diesem besonderen Fall nicht mehr mit Lauge zurücktitriert werden kann.

Das Gesamt-Alkali kann entweder unmittelbar titriert oder zugleich mit der Gesamt-Rohfettsäure erfaßt oder durch Veraschen bestimmt werden[4].

Direkte Titration: 5 g Seife werden in 500 ml Wasser gelöst und gegen Methylorange mit 0,5 n Salzsäure titriert.

Gleichzeitige Bestimmung des Gesamt-Alkalis und der Gesamt-Rohfettsäure: Die Seife wird durch einen gemessenen Überschuß 0,5 n Mineralsäure völlig zersetzt, das Sauerwasser

---

[1] DGF-Einheitsmethode G–III 21a (57).
[2] F. GARELLI u. A. TETTAMANZI: Gazz. chim. ital. **63**, 75 (1933); Ind. chimica **8**, 577 (1933); Z. analyt. Chem. **105**, 310 (1936).
[3] DGF-Einheitsmethode G-III 21b (57).
[4] DGF-Einheitsmethode G–III 15 (50).

nach Abschnitt „Gesamt-Rohfettsäure — Äther-Verfahren" abgetrennt, der Äther daraus verjagt und der Überschuß an 0,5 n Mineralsäure im Sauerwasser mit 0,5 n Lauge zurücktitriert.

Indicator: Methylorange.

Berechnung:

E = Einwaage in g,

a = verbrauchte ml 0,5 n Säure (unmittelbar titriert oder als Unterschied zwischen vorgelegter und zurücktitrierter Säure).

$$\% \text{ Gesamt-Alkali bei } \textit{Natron} \text{seifen} = \frac{1{,}55 \cdot a}{E}, \text{ ber. als Na}_2\text{O}$$

$$\% \text{ Gesamt-Alkali bei } \textit{Kali} \text{seifen} = \frac{2{,}35 \cdot a}{E}, \text{ ber. als K}_2\text{O}$$

Anmerkung: Dieses Verfahren ist nicht anwendbar, wenn die Seife noch Calciumcarbonat oder einen störenden Farbstoff enthält. In solchen Fällen wird wie folgt vorgegangen:

Bestimmung durch Veraschen. 10 g Seife werden in einem Porzellantiegel vorsichtig auf freier Flamme bis zur Bildung einer schwarz gefärbten Asche erhitzt. Die Asche wird in heißem Wasser aufgenommen und in einen 100 ml Meßkolben gebracht. Nach dem Erkalten wird mit Wasser bis zur Marke aufgefüllt und durch ein trockenes Faltenfilter filtriert. 50 ml des Filtrates werden mit 0,5 n Mineralsäure gegen Methylorange titriert.

Berechnung:

E = Einwaage in g,

a = ml verbrauchte 0,5 n Mineralsäure.

$$\% \text{ Na}_2\text{O} = \frac{3{,}1 \cdot a}{E}$$

$$\% \text{ K}_2\text{O} = \frac{4{,}7 \cdot a}{E}$$

Die Abtrennung und Bestimmung der alkoholunlöslichen Fremdstoffe insgesamt ist im Abschnitt „Abtrennung und Bestimmung von Fremdstoffen" eingehend behandelt. Die folgenden Abschnitte befassen sich mit den einzelnen *anorganischen* Fremdstoffen.

22. Anorganische Nebenbestandteile — Asche

Die anorganischen Nebenbestandteile (alkoholunlösliche Anteile) können mengenmäßig angenähert durch das Gewicht der Asche bestimmt werden. Die Gesamtmenge der festen anorganischen Nebenbestandteile (Füllstoffe) von Seifen ergibt sich angenähert, wenn von der Aschenmenge das Gesamt-Alkali, umgerechnet in Carbonat, abgezogen wird. (Bei pulverförmigen Waschmitteln können Carbonate, Wasserglas und Perborat nicht als Füllstoffe bezeichnet werden, da sie zu einem wesentlichen Teil die Waschwirkung der Seife ergänzen.) Hierbei ist zu berücksichtigen, daß manche anorganischen Salze bei der Wasser-Bestimmung nicht alles Wasser abgeben (z. B. Wasserglas und Kaolin), in der Asche jedoch völlig wasserfrei sind, und daß bei der Veraschung Umsetzungen eintreten können, die die ursprünglichen Verhältnisse ändern (z. B. Natriumdihydrogenphosphat und Persalze). Die ermittelten %-Gehalte an Reinseife (d. h. Gesamt-Fettsäure + gebundenes Alkali), Asche, Wasser sowie gegebenenfalls organischen Füllstoffen werden sich daher selten zu 100% ergänzen.

Bestimmung[1]: 3 bis 5 g Seife, Seifenpulver od. dgl. (bei Bestimmung der einzelnen anorganischen Füllmittel mehr) werden im Porzellan- oder Quarztiegel (die Tiegelart ist anzugeben) allmählich abgeschwelt, bis ein kohliger Rückstand bleibt. Da Alkalisalze bei starkem Erhitzen flüchtig sind, wird der kohlige Rückstand vor dem Glühen mit heißem Wasser ausgezogen. Die Lösung wird durch ein aschefreies Filter filtriert und gründlich nach-

---

[1] DGF-Einheitsmethode G–III 17 (50).

gewaschen. Filter und Kohle werden für sich verascht. (Schwer verbrennbare Kohle verascht sich leicht nach Befeuchten mit aschefreiem (!) Wasserstoffperoxyd.) Nach dem Erkalten des Tiegels wird die wäßrige Lösung hinzugegeben, auf dem Wasserbad eingedampft, der Rückstand bei mäßiger Rotglut geglüht und nach dem Erkalten gewogen.

23. Alkalicarbonate[1]

In der Seife befinden sich oft geringe Mengen Kalium- oder Natriumcarbonat. Der Nachweis der Kohlensäure durch Zersetzen der Seifenprobe mit Säure gelingt gewöhnlich nur bei höherem Gehalt an Carbonaten (z. B. in Waschpulvern, gefüllten Schmierseifen u. dgl.). Die Bestimmung durch Titration kann nur in gewissen Fällen, besonders bei Waschpulvern, als Näherungsverfahren benützt werden. Genauer ist aber die unmittelbare Bestimmung der Kohlensäure. Sie ist unerläßlich, wenn neben sekundären Carbonaten auch primäre vorhanden sind, wie dies bei Waschpulvern in der Regel der Fall ist. Die Bestimmung wird meist gravimetrisch ausgeführt. H. C. KELBER empfiehlt eine gasvolumetrische Methode[2].

Die amerikanischen Vorschriften[3] enthalten eine Titrationsmethode, nach der die Kohlensäure nach Zugabe von $MgCl_2$, Trichlorbenzol und HCl durch $^1/_2$ stdg. Kochen ausgetrieben und die alkalische Absorptionsvorlage (enthaltend Natronlauge + Bariumchlorid) mit Salzsäure titriert wird.

Titrimetrische Bestimmung der Alkalicarbonate in Seifenpulvern, Waschpulvern u. dgl. 2 bis 4 g Seifenpulver od. dgl. werden in wäßriger Lösung mit 0,5 n Salzsäure gegen Methylorange titriert, wobei sich Natriumcarbonat, Seife und Wasserglas umsetzen.

Berechnung: Unter Annahme eines mittleren Molekulargewichtes der Fettsäuren von 300[4] entspricht

$$1\% \text{ Fettsäure} \qquad = 0,18\% \text{ Na}_2\text{CO}_3$$
$$1\% \text{ Wasserglas (als Na}_2\text{Si}_4\text{O}_9) = 0,35\% \text{ Na}_2\text{CO}_3$$

$E =$ Einwaage in g,
$a =$ verbrauchte ml 0,5 n Salzsäure,
$b =$ Fettsäure-Gehalt, berechnet als Na_2CO_3,
$c =$ Wasserglas-Gehalt, berechnet als Na_2CO_3.

$$\% \text{ Natriumcarbonat} = \frac{2,65 \cdot a - (b + c)}{E}$$

Anmerkung: Wenn andere Salze mit titrierbarem Alkali vorhanden sind, müssen diese natürlich berücksichtigt werden. Die Vorschrift gibt z. B. an, daß 1% Bleichsauerstoff aus Perborat nach Versuchen 3,59% Natriumcarbonat entspricht (theoretischer Wert 3,31). Dieser Umrechnungsfaktor dürfte durch den Metaborat-Gehalt des untersuchten Perborat-Präparates verursacht worden sein.

Kohlensäure-Bestimmung nach Geissler[5]. Für 0,2 bis 0,3% Genauigkeit genügt es, die Kohlensäure mit einem GEISSLERschen Gerät zu bestimmen. Aus 3 bis 5 g der zerkleinerten Probe wird dabei die Kohlensäure mit konz. Salzsäure ausgetrieben. Wenn sich nur noch wenig Kohlensäure entwickelt, wird das Gerät $^1/_2$ Std. in ein Wasserbad von 50 bis 60° gestellt und 5 Min. ein trockener kohlensäurefreier Luftstrom hindurchgeleitet. Nach dem Erkalten wird das Gerät gewogen. Die Gewichtsabnahme ergibt den Carbonat-Gehalt der Seife.

---

[1] DGF-Einheitsmethode G–III 16a (50).
[2] H. C. KELBER: Seifen-Öle-Fette-Wachse **75**, 496 (1949).
[3] Official and Tentative Methods of the AOCS, 2. Aufl. Chicago 1946, Da 19b–42, „Evolutionsmethode".
[4] Das mittlere Mol.-Gewicht M der Gesamt-Fettsäure ist zu bestimmen, wenn es voraussichtlich stark von dem angenommenen Wert von 300 abweicht. Der obenstehende Faktor 0,18 ist dann mit $300 : M$ zu multiplizieren.
[5] DGF-Einheitsmethode G–III 16b (50).

Berechnung:

E = Einwaage an Seife in g,
U = Gewichtsverlust des GEISSLERschen Gerätes oder Gewichtszunahme des CO_2-Absorptionsgerätes in g.

$$\% \; Na_2CO_3 = \frac{2{,}41 \cdot U}{E} \cdot 100$$

$$\% \; K_2CO_3 = \frac{3{,}14 \cdot U}{E} \cdot 100$$

Genauer, besonders bei sehr geringem Carbonat-Gehalt, wird die Kohlensäure nach den Methoden der organischen Elementaranalyse bestimmt.

Volumetrische Bestimmung der Kohlensäure. Für eine schnelle Feststellung des Gehaltes an Kohlensäure, insbesondere zur Überwachung der laufenden Produktion, aber auch zur Analyse von Handelsprodukten, ist das volumetrische Verfahren zu empfehlen. Von K. RAUSCHER[1] wurde der von J. TILLMANS, R. STROHECKER und O. HEUBLEIN[2] zur Bestimmung der Triebkraft von Backpulvern durch gravimetrische Feststellung der entwickelten Kohlensäure angewandte Apparat für ein volumetrisches Verfahren modifiziert und von R. NEU[3] auf seine Brauchbarkeit für die Analyse der Wasch- und Reinigungsmittel geprüft. Der Apparat[4] mit seinen Maßen (Abb. 433) wurde von R. NEU beschrieben.

Die Bestimmung erfolgt derart, daß zunächst Hahn 3 und 4 geschlossen, Hahn 1 und 2 geöffnet sind. Durch Hahn 1 wird Salzsäure (D = 1,1) und durch Hahn 2 gesättigte Kochsalz-Lösung eingefüllt und dann Hahn 1 und 2 geschlossen. Anschließend wird das Kölbchen K mit Normalschliff angesetzt. Durch Öffnen von Hahn 4 fließt nun Kochsalz-Lösung aus. Nach kurzer Zeit hört das Fließen auf, und es wird ein geeichter 50 ml Meßzylinder untergestellt. Es wird vorsichtig der Hahn 3 geöffnet, wodurch Salzsäure in das Kölbchen einfließt, die aus der Analysensubstanz die Kohlensäure in Freiheit setzt, die ein gleich großes Volumen der gesättigten Kochsalz-Lösung durch Hahn 4 in das Meßgerät drückt. Sobald die Kohlensäure-Entwicklung beendet ist, tritt keine Kochsalz-Lösung mehr aus. Dann werden Hahn 3 und 4 geschlossen. Der Apparat ist nach Abnahme des Kolbens und dessen Ersatz durch einen anderen für eine neue Bestimmung bereit.

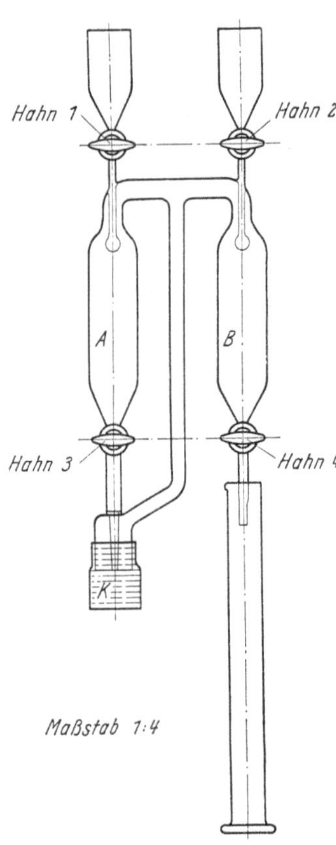

Abb. 433. Apparatur zur volumetrischen Bestimmung der Kohlensäure

Die von R. NEU mit der vorstehend beschriebenen Apparatur volumetrisch gefundene Kohlensäure der untersuchten Produkte zeigte eine recht gute Über-

---

[1] K. RAUSCHER: Pharmaz. Zentralhalle Deutschland **86**, 362 (1947).
[2] J. TILLMANS u. O. HEUBLEIN: Z. Unters. Nahrungs- u. Genußmittel **34**, 353 (1917); J. TILLMANS, R. STROHECKER u. O. HEUBLEIN: ebenda **37**, 377 (1919).
[3] R. NEU: Seifen-Öle-Fette-Wachse **75**, 473 (1949).
[4] Hersteller: Fa. E. GREINER, Mannheim.

einstimmung mit den auf gravimetrische Weise ermittelten Ergebnissen. Allerdings hatten die s. Z. (vor 1948) untersuchten Erzeugnisse nur einen geringen Gehalt an waschaktiver Substanz. Wie H. MACHEMER[1] feststellte, lagen bei Waschmitteln mit hohen Gehalten an synthetischen waschaktiven Substanzen die erhaltenen Werte an Kohlensäure um 1 bis 2% zu niedrig. Die Unterschiede werden durch die erhöhte Löslichkeit der Kohlensäure in der wäßrigen Salzsäure bei Gegenwart von waschaktiver Substanz verursacht. Bei Verwendung von 43%iger Schwefelsäure an Stelle der verwendeten 20%igen Salzsäure konnte dann mit dem Gerät nach RAUSCHER auch bei Gehalten mit z. B. 10% synthetischem Waschmittel der richtige Gehalt an Kohlensäure volumetrisch bestimmt werden.

Das abgelesene Volumen wird auf 0° und 760 mm reduziert. Für die Umrechnung wird für die Dampftension der Natriumchlorid-Lösung die für reines Wasser eingesetzt.

24. Chloride

Die (angenäherte) Bestimmung der Chloride kann in Seifenlösungen durch direkte Titration nach VOLHARD oder nach Zusatz von pulverförmigem $CaCO_3$ nach MOHR durchgeführt werden. H. C. BENNETT[2] nimmt vorher die Fällung der Fettsäuren mit $Mg(NO_3)_2$ vor[3], eine Methode, die auch in den Vorschriften der AOCS beschrieben ist.

Die DGF-Einheitsmethoden[4] ziehen die Bestimmung in der Asche vor. Statt der üblichen argentometrischen Titration wird häufig die elektrometrische Titration[5] empfohlen.

Titration nach Mohr. Es werden 10 g der Seifenprobe in eine Porzellanschale eingewogen und vorsichtig verascht (s. Abschnitt „Anorganische Nebenbestandteile — Asche"). Die Asche wird mit etwa 15 ml warmem Wasser ausgezogen und die Lösung in einen 100 ml Meßkolben filtriert. Der Rückstand wird noch dreimal mit warmem Wasser ausgelaugt, anschließend das Filter mit warmem Wasser nachgewaschen und der Meßkolben bis zur Marke aufgefüllt. In einem Teil der Lösung wird der Gehalt an Chlorid durch Titration nach MOHR wie üblich bestimmt:

Die Titration wird in neutraler (oder höchstens schwach alkalischer) Lösung mit einer 0,1 n Silbernitrat-Lösung vorgenommen. Der Endpunkt wird durch Zusatz von 2 ml einer neutralen 5%igen Kaliumchromat-Lösung als Indicator dadurch erkannt, daß ein geringer Überschuß an Silber-Ionen einen beständigen rotbraunen Niederschlag von Silberchromat hervorruft. Bei dieser Bestimmung stören Phosphate.

Ist E das Gewicht der Seifenprobe[6] in g und n die Zahl der verbrauchten ml 0,1 n Silbernitrat-Lösung, so errechnet sich

$$\% \ NaCl = \frac{0,585 \cdot n}{E}$$

$$\% \ KCl = \frac{0,746 \cdot n}{E}$$

Titration nach Volhard. Die Seifenprobe wird wie unter „Titration nach MOHR" verascht, ausgelaugt und das Filtrat in einem Meßkolben auf 100 ml aufgefüllt.

Hiervon wird zur Bestimmung der Chloride nach VOLHARD ein aliquoter Teil in ein 100 ml Meßkölbchen pipettiert, mit 10 ml ausgekochter, chloridfreier 2 n Salpetersäure angesäuert, und dann werden die Chloride mit einer überschüssigen, gemessenen Menge 0,1 n Silbernitrat-Lösung gefällt. Nachdem einige Minuten gut durchgeschüttelt worden ist, wird

---

[1] H. MACHEMER: Fette · Seifen · Anstrichmittel **53**, 150 (1951).
[2] H. C. BENNETT: Ind. Engng. Chem., ind. Edit. **13**, 813 (1921).
[3] Siehe hierzu H. P. KAUFMANN: Fette u. Seifen **48**, 682 (1941).
[4] G–III 18 (50).
[5] B. WURZSCHMITT in J. D'ANS: Chemisch-technische Untersuchungsmethoden, Ergänzungswerk, 3. Teil, S. 621. Berlin: Springer 1940.
[6] Aliquotierung beachten!

bis zur Marke aufgefüllt und durch ein trockenes Filter filtriert. Die ersten 20 ml werden verworfen, die übrige Lösung wird in einem trockenen Becherglas aufgefangen. 50 ml des Filtrates werden genau abgemessen und hierin der Überschuß an Silbernitrat mit 0,1 n Ammoniumrhodanid-Lösung zurücktitriert. Als Indicator dient eine klar filtrierte, chlorid-freie, etwa 20%ige Lösung von Eisen(III)-ammoniumsulfat.

Fällung mit Magnesiumnitrat. Im Gegensatz zu den Deutschen Einheits-methoden verascht man nach den AOCS-Vorschriften die Seifenprobe nicht, sondern fällt die gelöste Seife mit Magnesiumnitrat aus und bestimmt das Chlor-Ion im Filtrat.

5 g der Probe (2 bis 3 g Seife, die nicht mehr als 5% NaCl enthält) werden gegebenen-falls in der Wärme in 300 ml dest. Wasser gelöst und mit 25 ml 20%iger Magnesiumnitrat-Lösung gefällt, filtriert und der Filterrückstand mit dest. Wasser erschöpfend ausgezogen. Nach dem Abkühlen des Filtrates auf Zimmertemperatur wird bei alkalischer Reaktion nach Zusatz eines Tropfens Phenolphthalein-Lösung mit 1 n Schwefelsäure auf farblos titriert, wobei ein Überschuß von mehr als einem Tropfen Säure zu vermeiden ist. Für je 100 ml Filtrat wird 1 ml 5%iger Kaliumchromat-Lösung zugesetzt und mit 0,1 n Silbernitrat-Lösung bis zur ersten bleibenden Rotfärbung titriert. Außerdem wird ein Blindversuch mit dem-selben Volumen dest. Wasser, Magnesiumnitrat-Lösung und Indicator angesetzt. Durch Zu-satz von Calciumcarbonat wird dieselbe Trübung erzeugt wie im Hauptversuch. Die Titra-tion des Hauptversuches wird fortgesetzt, bis eine schwache, aber deutliche Farbänderung gegenüber dem Blindversuch auftritt. Der Farbton des Hauptversuches soll nicht dunkel sein, aber deutlich verschieden von dem des Blindversuches. Dann wird so viel 0,1 n Silber-nitrat-Lösung zu dem Blindversuch zugefügt, daß Farbgleichheit bei beiden Versuchen er-reicht wird.

$$\% \text{ Natriumchlorid} = \frac{(A - B) \cdot f \cdot 0{,}585}{\text{Einwaage}}$$

$$\% \text{ Kaliumchlorid} = \frac{(A - B) \cdot f \cdot 0{,}746}{\text{Einwaage}}$$

A = ml 0,1 n Silbernitrat-Lösung für den Hauptversuch,
B = ml 0,1 n Silbernitrat-Lösung für den Blindversuch,
f = Faktor der Silbernitrat-Lösung.

Mikrobestimmung[1]. Die Ermittlung des Kochsalzes über den Gehalt an Chlor-Ionen der Seife wird bekanntlich nach MOHR oder nach VOLHARD durch-geführt. Mikroanalytisch läßt sich die Titration nach MOHR kaum mit der ge-wünschten Genauigkeit durchführen, da die Verfärbung am Äquivalenzpunkt durch überschüssiges Silberchromat schwer erkannt werden kann, die Werte daher meist zu hoch ausfallen, selbst dann, wenn durch eine Blindprobe der Überschuß an Silbernitrat festgestellt und bei der Berechnung berücksichtigt wird.

Für einen anderen Zweck[2] wurde eine Mikromethode in der Ausführungs-form nach VOLHARD ausgearbeitet, die diese Nachteile nicht besitzt und sich auch für die Kochsalz-Bestimmung in Seifen eignet.

Von den verschiedenen Möglichkeiten[3] zur Bestimmung des Chlor-Gehaltes wird der Veraschung wegen ihrer Einfachheit und raschen Durchführbarkeit bei kleinen Einwaagen der Vorzug gegeben. Bei entsprechend vorsichtiger Ver-aschung, die in wenigen Minuten erzielt werden kann, sind hierbei Chlor-Verluste nicht zu befürchten.

Mikrogeräte[4]*:* Öse, Mikro-Porzellantiegel (weite Form), dazu passender Mikroglasstab, Mikro-Tondreieck, Mikrobrenner, Spritzpipetten, Filtrierpipette, Papierfilterstäbchen (Kopf 3 mm); flaches Porzellanschälchen (Durchmesser 3 bis 4 cm); 2 Mikrobüretten nach GOR-BACH, Universalstativ mit Trockenblock.

---

[1] G. GORBACH: Mikrochem. verein. Mikrochim. Acta **39**, 32 (1948).
[2] G. STEFFAN: Diss. Graz 1944.
[3] H. P. KAUFMANN: Fette u. Seifen **48**, 682 (1941).
[4] Beschreibung der Mikrogeräte und Arbeitstechnik siehe S. 390ff.

Reagentien: 0,1 n Silbernitrat-; 0,1 n Ammoniumrhodanid-Lösung; chloridfreie konz. Salpetersäure.

Ausführung der Bestimmung: 10 bis 20 mg Seife werden im Mikro-Porzellantiegel eingewogen und am Mikro-Tondreieck über einer Mikroflamme vorsichtig verascht, bis die Asche nur mehr grau gefärbt ist. Nach dem Erkalten gibt man 1 ml kaltes Wasser hinzu und löst sie darin unter Umrühren mit einem Mikroglasstab. Die Lösung wird nun an der Filtrierpipette filtriert und mit wenigen Tropfen dest. Wasser aus der Spritzpipette zur quantitativen Überführung nachgewaschen. Filtrat samt Waschwässern werden aus der Filtrierpipette in das Porzellanschälchen abgeblasen und die Pipette kurz nachgewaschen. Die so erhaltene Aschen-Lösung dampft man am Heizstativ auf etwa 1 ml ein. Nach dem Erkalten säuert man mit etwa 0,3 ml chloridfreier konz. Salpetersäure an, versetzt aus der Mikrobürette mit einem Überschuß von 0,1 n Silbernitrat-Lösung (50 bis 100 μl) und einer Spur Eisen(III)-ammoniumsulfat als Indicator. Schließlich titriert man aus einer zweiten Mikrobürette mit 0,1 n Ammoniumrhodanid-Lösung zurück. Die Titration ist sehr genau durchführbar, da schon die geringste Spur eines Überschusses an Ammoniumrhodanid an der roten Verfärbung erkennbar ist. Der Umschlagspunkt ist so scharf, daß bei sehr kleinem Kochsalz-Gehalt noch mit 0,02 n Maßlösungen gearbeitet werden kann.

25. Wasserglas[1]

Nachweis. 1. Eine Probe Seife ist in gerade ausreichender Menge Wasser auf dem Wasserbad zu lösen und, wenn nötig, heiß zu filtrieren. Das Filtrat wird nach und nach mit 25%iger Salzsäure versetzt und nach völligem Zersetzen der Seife ausgeäthert. Bei Anwesenheit von Wasserglas scheiden sich charakteristische Flocken frisch gefällter Kieselsäure im Sauerwasser ab. Falls keine Abscheidung von Flocken auftritt, so wird das abgezogene Sauerwasser zur Trockne verdampft und mit heißem Wasser aufgenommen. Ein unlöslicher Rückstand, der auch bei nochmaligem Behandeln mit rauchender Salzsäure nicht verschwindet und beim Zerreiben sandig knirscht, deutet auf Wasserglas hin.

2. Zum Nachweis der Kieselsäure wird der unlösliche Rückstand scharf getrocknet, mit etwa $^1/_4$ seines Gewichtes an Calciumfluorid in einen Bleitiegel gebracht und mit konz. Schwefelsäure versetzt. Nach dem Umrühren mit einem Metallspatel wird auf den Tiegel ein durchlochter Bleideckel gelegt, der durch ein feuchtes, schwarzes Filtrierpapier und durch zwei darüberliegende feuchte Filter bedeckt ist. Bei Gegenwart von Kieselsäure oder Silicaten scheidet sich auf dem schwarzen Filter weiße Kieselsäure ab. Erwärmen auf dem Wasserbad begünstigt die Reaktion.

Der Bleitiegel hat vorteilhaft folgende Innenmaße: Höhe etwa 25 mm, Durchmesser 15 bis 20 mm. Der Deckel muß ziemlich dicht schließen und kann drei Öffnungen von etwa 5 mm Durchmesser haben.

Bestimmung durch Wägen. 5 g Seife werden in Wasser auf dem Wasserbad gelöst, heiß filtriert und nachgewaschen. Das wäßrige Filtrat (einschließlich Waschwasser) wird mit Salzsäure zersetzt und ausgeäthert. Die nicht zu starke (etwa 25%ige) Salzsäure wird in kleinen Mengen zugefügt, das Sauerwasser eingedampft, der Rückstand bei 120° getrocknet, nochmals mit Salzsäure aufgenommen und wieder eingedampft. Der Rückstand ist dann in heißem Wasser unlöslich und wird vollständig auf ein aschefreies Filter gebracht, mit heißem dest. Wasser gründlich ausgewaschen, getrocknet und geglüht[2].

Berechnung:
E = Einwaage in g,
A = gefundene Aschenmenge (SiO_2).
Berechnet:

$$\% \text{ trocknes Natron-Wasserglas } (Na_2Si_4O_9) = \frac{125,8 \cdot A}{E}$$

$$\% \text{ trocknes Kali-Wasserglas } (K_2Si_4O_9) = \frac{139,2 \cdot A}{E}$$

$$\% \text{ Normal-Wasserglas}[3] = \frac{392 \cdot A}{E}$$

---

[1] DGF-Einheitsmethoden G–III 19a, b, c (50).
[2] R. Neu: Seifen-Öle-Fette-Wachse **75**, 215 (1949).
[3] Flüssiges Wasserglas, D = 1,346 („38° Bé"), 7,7% Na_2O, 25,5% SiO_2. Verhältnis von Na_2O zu SiO_2 wie 1 zu 3,18.

Bestimmung durch Titration[1]. *Vorschrift für flüssiges Wasserglas.* 31 g Wasserglas werden in einem Becherglas in *heißem Wasser* gelöst, in einen 500 ml Meßkolben übergespült und bis zur Marke aufgefüllt. 48,4 ml dieser Lösung werden in einem 500 ml ERLENMEYER-Kolben mit etwa 100 ml dest. Wasser verdünnt und nach Zugabe von 5 Tropfen Methylrot mit 2 n HCl neutralisiert. Hierauf werden sofort 10 g Natriumfluorid (auf neutrale Reaktion prüfen!) zugesetzt. Dann wird mit 2 n HCl bis zur bleibenden Rosafärbung titriert. Die verbrauchten ml 2 n HCl entsprechen den % SiO_2.

Vorschrift für Bleichsoda und ähnliche wasserglashaltige Erzeugnisse. 5 g Bleichsoda werden in einem ERLENMEYER-Kolben mit dest. Wasser bis zur Lösung erwärmt. Methylrot und verd. Salzsäure werden bis zur Rötung in geringem Überschuß zugegeben. Dann wird, um CO_2 auszutreiben, gekocht. Nach dem Abkühlen wird mit kohlensäurefreier Natronlauge (Endpunkt schwaches Rot) neutralisiert, und anschließend werden 10 g Natriumfluorid hinzugegeben. Danach wird mit 2 n Salzsäure bis zur schwachen Rötung titriert. Die verbrauchten ml 2 n Salzsäure, mit 0,6 multipliziert, ergeben % SiO_2.

Anmerkung: Während der Vorbereitungen für die eigentliche Titration, also beim Lösen und Kochen, darf das SiO_2 nicht ausflocken, da die Umsetzung sonst unvollständig oder langsam verläuft. Schwächere Säuren als 2 n sind nicht zu empfehlen, da der Umschlagspunkt zu unscharf wird.

Vorschrift für die Bestimmung von Wasserglas in Waschmitteln. 5 g der zu untersuchenden Substanz werden in 100 ml Wasser gelöst, mit 2 n Salzsäure angesäuert und die Kohlensäure ausgekocht. Nach dem Abkühlen wird bis zur gelben Farbe des Methylrots mit 2 n Natronlauge neutralisiert. Nach Zugabe von 15 ml 2 n Salzsäure und 60 ml 4%iger Natriumfluorid-Lösung (gesättigt) wird mit 2 n Natronlauge bis zu reinem Gelb titriert.

Wenn Sulfonat oder irgendein anderes Netzmittel zugegen ist, ist der Endpunkt der Titration schwierig oder gar nicht zu erkennen. In diesem Falle wird ein Gemisch aus Methylrot und Methylenblau als Indicator verwendet. Bei p_H 5,2 ist dieser Indicator rotviolett, bei p_H 5,4 schmutzigblau, bei p_H 5,6 schmutziggrün und bei p_H 5,8, dem Endpunkt, fast rein grün.

Berechnung: Siehe Vorschrift für Bleichsoda und andere wasserglashaltige Erzeugnisse.

Anmerkung: In Gegenwart unlöslicher Füllstoffe wird die Waschmittelprobe oder das Alkohol-Unlösliche mit Wasser ausgezogen, filtriert und die Wasserglas-Bestimmung im Filtrat durchgeführt. Bei Abwesenheit unlöslicher Füllstoffe wird die wäßrige Lösung besser nicht filtriert, da beim Filtrieren leicht Verluste an Kieselsäure entstehen. Über die Berechnung des Wasserglases aus der gefundenen Kieselsäure besteht noch keine Einmütigkeit. Die DGF-Einheitsmethoden, die oben zitiert sind, verwenden die alte Formel der Deutschen Einheitsmethoden. Es ist allerdings eine Formel für die Umrechnung auf flüssiges Wasserglas von 38° Bé hinzugefügt. Soll auf festes Normal-Wasserglas umgerechnet werden, dann wird folgende Formel verwendet:

$$\% \text{ trocknes Natron-Wasserglas (Verhältnis 3,33)} = \frac{130 \cdot A}{E}$$

Die titrimetrische Methode von SIEGEL und SCHÜTZ[2] eignet sich hervorragend zur Untersuchung von flüssigem Wasserglas als Ausgangsmaterial.

26. Phosphate

Phosphorsaure Salze, die sich von bekannten und theoretischen Phosphorsäuren ableiten, werden Seifen und Seifenpulvern zugesetzt, um sie härtebeständig zu machen. Silicate müssen vor der Phosphat-Bestimmung entfernt werden. Wenn festgestellt werden soll, in welcher Form die Phosphorsäure vorliegt (als Ortho-, Pyro-, Poly- oder Metaphosphat usw.), dann kann natürlich nicht die Asche für die Untersuchung herangezogen werden, sondern es muß vom Alkohol-Unlöslichen ausgegangen werden.

Qualitative Prüfung. Der qualitative Nachweis der verschiedenen Phosphate kann auf verschiedenen Wegen geführt werden. Die Reaktionen werden aber mehr oder weniger durch gleichzeitig vorhandene anorganische Salze gestört,

---

[1] H. SCHÜTZ: Fette u. Seifen **51**, 433 (1944).

[2] W. SIEGEL u. H. SCHÜTZ: Erfahrungsaustausch der Seifen-, Wasch- u. Reinigungsmittel-Industrie, Folge 1, 28 (1944).

wie von E. HEINERTH[1] mitgeteilt wurde. Die qualitative Prüfung ist insofern wichtig, als die erforderliche quantitative Bestimmungsmethode von dem vorhandenen Phosphat bestimmt wird.

Nachweis der Phosphorsäure in der Asche[2]. Etwa 2 g der Probe werden vorsichtig in einem Tiegel verascht, die Asche in etwa 5 ml verd. Salpetersäure gelöst, zur Lösung die gleiche Menge Wasser gegeben und filtriert. Wird eine Probe des blanken Filtrates mit dem gleichen Raumteil Ammoniummolybdat-Lösung versetzt und erhitzt, so bildet Phosphorsäure einen gelben, kristallinen Niederschlag von Ammoniummolybdänphosphat, der bei wenig Phosphorsäure nur langsam auftritt. Ist keine Fällung erfolgt, so wird mit 1 bis 2 Tropfen Ammoniak überschichtet und so vorsichtig geschüttelt, daß die obere ammoniakalische Schicht erst allmählich mit der Unterschicht vermischt wird. Tritt auch dann keine Fällung ein, so ist kein Phosphat zugegen. In Lösung befindliche Kieselsäure gibt mit Ammoniummolybdat eine Gelbfärbung.

Quantitative Bestimmung in Seifen und seifenhaltigen Erzeugnissen. Wenn die qualitative Prüfung die Anwesenheit von Phosphat ergeben hat, ist die Isolierung des Zusatzes ohne organische Substanz erforderlich. Entweder wird das Produkt verascht oder durch Extraktion mit Äthanol von der Seife befreit.

Bestimmung der Phosphorsäure in Abwesenheit von Siliciumdioxyd[3]. Für die Bestimmung wird ein Anteil der gelösten und mit dest. Wasser auf ein bestimmtes Volumen aufgefüllten Asche aus 5 bis 10 g Ausgangsmaterial (vgl. Abschnitt „Anorganische Nebenbestandteile — Asche") verwendet und nach Zugabe von Salpetersäure (konz.) 20 Min. gekocht. Die Phosphorsäure wird als Ammoniummolybdänphosphat durch Ammoniummolybdat-Lösung gefällt, der Niederschlag in verd. Ammoniak gelöst und mit Magnesia-Mixtur als Magnesiumammoniumphosphat gefällt, das anschließend zu Magnesiumpyrophosphat verglüht und als solches gewogen wird.

Die Phosphorsäure kann auch nach E. MÖRIKE[4] titriert werden. Hierbei wird die Phosphorsäure ebenfalls mit Ammoniummolybdat-Lösung gefällt, der Niederschlag jedoch anschließend in überschüssiger 0,2 n Natronlauge gelöst und der Überschuß an Lauge mit 0,2 n Schwefelsäure zurücktitriert.

Berechnet wird % P_2O_5.

Bestimmung der Phosphorsäure in Anwesenheit von Siliciumdioxyd. Eine Umfällung des Niederschlages ist nur bei Anwesenheit von Siliciumdioxyd notwendig. Zweckmäßig wird aber das Siliciumdioxyd vorher entfernt. Die Asche wird mit Salzsäure zur Trockne verdampft, der Rückstand mit verd. Salzsäure aufgenommen, erwärmt, das unlösliche Siliciumdioxyd abfiltriert und das Filter mit heißem Wasser chloridfrei gewaschen. Jetzt wird das Filtrat mit verd. Salpetersäure gekocht und wie nachstehend beschrieben mit Magnesia-Mixtur gefällt. Mit Ammoniummolybdat kann wegen der Gegenwart von Salzsäure nicht gefällt werden.

Wenn in dem Produkt außer Seifen keine anderen organischen Stoffe vorhanden sind, so kann wie folgt gearbeitet werden: 5 bis 10 g der zerkleinerten Probe werden in 60 ml heißem Wasser gelöst, mit verd. Salpetersäure angesäuert, die Fettsäuren durch ein feuchtes Filter abfiltriert, mit verd. Salpetersäure nachgewaschen und das Filtrat nach Zusatz von konz. Salpetersäure 20 Min. gekocht.

Nach dem Einfüllen in einen Meßkolben wird aufgefüllt und wie üblich die Gesamtphosphorsäure mit Ammoniummolybdat gefällt. Eine Umfällung des Niederschlages (Auflösen und nochmalige Ausfällung) ist zweckmäßig[5].

E. HEINERTH[1] verwendet so viel vom alkoholunlöslichen Extraktionsrückstand, wie 0,1 g P_2O_5 entspricht, löst in 100 ml dest. Wasser und fällt mit Magnesia-Mixtur. Bei nachträglicher Entfernung von Siliciumdioxyd wird das geglühte $Mg_2P_2O_7$ in Salzsäure gelöst und die Lösung zur Trockne verdampft. Dann wird mit verd. Salzsäure versetzt, erwärmt, das unlösliche Siliciumdioxyd abfiltriert, mit Salpetersäure gekocht und wie üblich mit Magnesia-Mixtur gefällt.

Berechnet wird % P_2O_5.

[1] E. HEINERTH: Fette · Seifen · Anstrichmittel **53**, 31 (1951).

[2] DGF-Einheitsmethode G–III 25 (50).

[3] DGF-Einheitsmethode G–III 25 (50).

[4] E. MÖRIKE: Z. Unters. Lebensmittel **79**, 344 (1940).

[5] Seifen und Waschmittel, Definitionen, Untersuchungen und Anforderungen, herausgegeben von der Schweizerischen Ges. f. analyt. u. angew. Chemie, S. 56. Bern: Huber 1944.

Bestimmung von Orthophosphat. Orthophosphat kann quantitativ nach B. Schmitz[1] als Ammoniummagnesiumphosphat bzw. als Magnesiumpyrophosphat bestimmt werden.

Der alkoholunlösliche Rückstand wird in einem 250 ml Meßkolben in dest. Wasser gelöst und gegebenenfalls filtriert. Die Lösung soll blank sein. 50 ml der blanken Lösung werden mit Salzsäure angesäuert und ein großer Überschuß Magnesia-Mixtur[2] zugegeben. Die Lösung wird bis zum Sieden erhitzt. Unter Rühren wird so lange mit 2,5%igem Ammoniak versetzt, bis zugesetztes Phenolphthalein einen Überschuß an NH_3 anzeigt. Nach dem Erkalten des Gemisches wird etwa $^1/_5$ des Volumens an konz. Ammoniak zugefügt. Nach 10 Min. Stehen wird durch einen vorbereiteten Gooch-Tiegel filtriert, dreimal mit 2,5%igem Ammoniak gewaschen und bis zur Gewichtskonstanz geglüht. Ausgewogen wird $Mg_2P_2O_7$.

Wenn nach Zugabe des 2,5%igen Ammoniaks nicht eine kristalline, sondern eine flockige voluminöse Fällung entsteht, muß der Niederschlag in verd. Salzsäure gelöst und die Fällung wiederholt werden.

Eine andere Methode verwendet Ammoncitrat und Magnesia-Mixtur.

Von der in einem Meßkolben in dest. Wasser aufgelösten Probe werden 25 ml in ein 200 ml Becherglas gebracht und unter mechanischem Rühren 25 ml Ammoncitrat-Lösung und 25 ml Magnesia-Mixtur zugegeben und 30 Min. gerührt[3]. Dann wird durch einen Platin-Gooch-Tiegel filtriert, mit 2,5%igem Ammoniak nachgewaschen und zweimal etwas gesättigte Ammoncitrat-Lösung aufgegossen. Der Tiegel wird getrocknet und bei etwa 800° C im Muffelofen geglüht, bis das Gewicht konstant ist. Ausgewogen wird $Mg_2P_2O_7$.

Die Umrechnungsfaktoren sind nachfolgend zusammengestellt:

Gefunden	Gesucht	Faktor	log *f*
$Mg_2P_2O_7$	P	0,2783	44458
$Mg_2P_2O_7$	PO_4	0,8534	93113
$Mg_2P_2O_7$	P_2O_5	0,6377	80464

Ferner kann die Bestimmung von Orthophosphat als Ammoniumphosphormolybdat nach Woy[4] erfolgen.

Die in dest. Wasser aufgelöste Probe soll pro 50 ml höchstens 0,1 g P_2O_5 enthalten. 50 ml werden in einem 400 ml Becherglas mit 30 ml Ammonnitrat-Lösung[5] und 10 bis 20 ml 25%iger Salpetersäure erhitzt. Daneben werden 120 ml Ammonmolybdat-Lösung[6] erwärmt und unter Rühren langsam in die Phosphat-Lösung eingetragen. Nach 15 Min. Stehen wird filtriert und der Niederschlag einmal mit einer Waschlösung[7] verrührt und dekantiert. Der Niederschlag wird in etwa 10 ml 8%iger Ammonchlorid-Lösung aufgelöst, etwa 20 ml Ammonnitrat-Lösung, 30 bis 50 ml dest. Wasser und 1 ml Ammonmolybdat-Lösung zugegeben, zum Sieden erhitzt und tropfenweise mit 20 ml heißer 25%iger Salpetersäure versetzt. Nach 10 Min. wird durch einen Gooch-Tiegel filtriert, mit der Waschlösung nachgewaschen und bei 160° bis zum konstanten Gewicht getrocknet. Der Niederschlag besteht aus $(NH_4)_3PO_4 \cdot 12MoO_3$. Die Umrechnung erfolgt nach folgenden Angaben:

Gefunden	Gesucht	Faktor	log *f*
$(NH_4)_3PO_4 \cdot 12MoO_3$	P	0,01639	21458
$(NH_4)_3PO_4 \cdot 12MoO_3$	PO_4	0,05025	70113
$(NH_4)_3PO_4 \cdot 12MoO_3$	P_2O_5	0,03755	57464

---

[1] F. P. Treadwell: Lehrbuch d. analytischen Chemie, Bd. II, 11. Aufl., S. 369. Wien: Deuticke 1949.

[2] Die Magnesia-Mixtur enthält pro Liter 55 g krist. Magnesiumchlorid und 105 g Ammonchlorid in schwach salzsaurer Lösung.

[3] *Ammoncitrat-Lösung.* 100 g Citronensäure und 350 ml 25%iges Ammoniak werden mit dest. Wasser zu 1 l gelöst. — *Magnesiamixtur.* 55 g Magnesiumchlorid, krist., 70 g Ammonchlorid und 250 ml 10%iges Ammoniak werden mit dest. Wasser zu 1 l gelöst.

[4] F. P. Treadwell: Lehrbuch d. analytischen Chemie, Bd. II, 11. Aufl., S. 371. Wien: Deuticke 1949.

[5] 340 g Ammonnitrat werden in 1 l dest. Wasser gelöst.

[6] 30 g Ammonmolybdat $(NH_4)_6Mo_7O_{24} \cdot 4H_2O$ werden in 1 l dest. Wasser gelöst. 1 ml dieser Lösung fällt 1 mg P_2O_5.

[7] 100 g Ammonnitrat und 80 ml Salpetersäure werden mit dest. Wasser zu 2 l gelöst.

Die Menge Ammonmolybdat-, Ammonnitrat-Lösung und Salpetersäure richtet sich nach dem P_2O_5-Gehalt der Probe, wie nachstehend ersichtlich[1].

g P_2O_5	Ammonmolybdat	Ammonnitrat	Salpetersäure
0,1	120 ml	30 ml	19 ml
0,01	15 ml	20 ml	10 ml
0,005	15 ml	20 ml	10 ml
0,002	10 ml	15 ml	5 ml
0,001	10 ml	15 ml	5 ml

Der Niederschlag von Ammoniummolybdänphosphat kann auch als Magnesiumpyrophosphat bestimmt werden. Zu diesem Zweck wird der Niederschlag in 2,5%igem, warmem Ammoniak aufgelöst, Salzsäure bis zur Lösung der vorübergehend entstehenden Fällung zugesetzt und, wie vorstehend beschrieben, mit Ammoniak und Magnesia-Mixtur gefällt und als $Mg_2P_2O_7$ ausgewogen.

Störungen der Ammonmolybdat-Reaktion können durch Kieselsäure und Arsensäure bzw. deren Salze eintreten, wobei Arsensäure für die Waschmittel-Analyse ohne Bedeutung ist.

Titrimetrische Bestimmung der Orthophosphate. Von R. Neu[2] ist ein maßanalytisches Verfahren zur Bestimmung der Orthophosphate angegeben worden, das auf folgenden Umsetzungen beruht:

$$PO_4''' + Mg'' + NH_4{}^{\cdot} = MgNH_4PO_4$$

$$AsO_4''' + Mg'' + NH_4{}^{\cdot} = MgNH_4AsO_4$$

$$MgNH_4AsO_4 + 3\,HCl = NH_4Cl + MgCl_2 + H_3AsO_4$$

$$H_3AsO_4 + 2\,HJ = H_3AsO_3 + H_2O + J_2$$

Erforderliche Reagentien: 0,1 n Magnesiumchlorid-Lösung, Kontrolle durch Bestimmung des Mg-Gehaltes; Ammoniumchlorid, 10%ige Lösung; Aceton; Ammoniak, 24%ig; 0,1 n Arsenit-Lösung; 0,1 n Kaliumbromat-Lösung; Salzsäure, 10%ig; Kaliumjodid; 0,1 n Natriumthiosulfat-Lösung.

Am günstigsten ist eine Einwaage, die nach dem Abmessen aus aufgefüllter Lösung in einem Volumen von 50 ml etwa 0,007 bis 0,05 g P_2O_5 enthält. Größere Mengen von Kieselsäure (etwa 0,01 g können mitverarbeitet werden, höhere Werte wirken nur deshalb störend, weil der später entstehende Niederschlag sich zu schlecht auswaschen lassen würde) scheidet man vorher mit Salz- oder Schwefelsäure ab. In ein 250 ml Becherglas gibt man eine gemessene, aber ausreichende Lösung von 0,1 n Magnesiumchlorid-Lösung sowie 5 ml 10%iges Ammoniumchlorid und 15 ml Aceton. Nach Zugabe von 50 ml der auf Phosphat zu untersuchenden Lösung wird unter dauerndem Rühren tropfenweise ammoniakalisch gemacht und ein weiterer Überschuß von 15 ml 24%igem Ammoniak zugegeben; 15 Min. Rührdauer, 15 Min. stehenlassen, Zugabe einer frisch oxydierten, aber ausreichenden Menge Arsenatlösung (schwach sauer); nochmals 15 Min. ausrühren. Nach 15 Min. Stehen durch ein dichtes Filter filtrieren. Die beiden Niederschläge von $MgNH_4PO_4$ und $MgNH_4AsO_4$ werden gut mit 2,5%igem Ammoniakwasser ausgewaschen und dann durch Auftropfen warmer Salzsäure (1:1) vom Filter gelöst und das Filter gut ausgewaschen. Die Lösung (sie muß noch mit 15 ml konz. Salzsäure versetzt werden, so daß sie schließlich 10% Salzsäure enthält) bringt man dabei am besten gleich in eine mit Glasstopfen verschließbare, weiße Flasche, kühlt und gibt 1 g Kaliumjodid hinzu. Nach 10 Min. Stehen wird mit 0,1 n Natriumthiosulfat-Lösung das frei gemachte Jod titriert. Die Dauer der Analyse beträgt $1^1/_2$ Std.

27. Borate

Borsäure kommt in Seifen und Waschmitteln meistens als Borax oder Alkaliperborat vor. Durch Zersetzung des letzteren bildet sich Metaborat.

---

[1] Vgl. F. P. Treadwell: Lehrbuch d. analytischen Chemie, Bd. II, 11. Aufl., S. 372. Wien: Deuticke 1949.

[2] R. Neu: Fette · Seifen · Anstrichmittel **52**, 298 (1950).

Zum qualitativen Nachweis verwenden die DGF-Einheitsmethoden[1] die Methanol-Flammenprobe, die AOCS die Reaktion mit Curcumapapier, und die Schweizer Methoden schlagen beide Nachweise vor.

Zur Neutralisation der borathaltigen Lösung vor der Titration unter Zusatz von Glycerin, Mannit oder Sorbit wird statt Ätzkali manchmal $CaCO_3$ empfohlen.

Nachweis. Eine Probe Asche wird mit 1 Tropfen konz. Schwefelsäure und mit etwas Methanol versetzt. Der Alkohol wird angezündet und brennt mit grüner Flamme ab, wenn Borsäure zugegen ist.

Der nach dem Veraschen von 5 g Seife erhaltene Rückstand wird in verd. Salzsäure gelöst. Ein Streifen Curcumapapier wird mit der salzsauren Lösung befeuchtet und bei 60 bis 70° getrocknet. Durch die Anwesenheit von Boraten wird das gelbe Papier rötlich bis orangerot gefärbt, beim Betupfen mit 0,2%iger Natriumcarbonat-Lösung wird es blau. Eine auftretende rotbraune, rotviolette oder blauviolette Färbung nach dem Betupfen läßt die Probe zweifelhaft erscheinen.

In den AOCS-Vorschriften wird die Empfindlichkeit der Curcumapapier-Probe mit 0,05% Borat in der Seife angegeben.

Bestimmung. Etwa 10 g Seife werden in der gerade genügenden Menge Wasser gelöst und mit 1 bis 2 g entwässerter Soda gründlich durchgerührt. Die eingedampfte Lösung wird bei mäßiger Rotglut verascht. Die Asche wird in Wasser gelöst und kurze Zeit mit verd. Salzsäure am Rückflußkühler gekocht, um die Kohlensäure zu entfernen. Nach dem Neutralisieren mit 0,5 n Kali- oder Natronlauge gegen Methylorange und Zusatz von 20 ml neutralisiertem Glycerin — spez. Gew. etwa 1,23 — wird die Lösung mit 0,1 n Natronlauge auf Rot gegen Phenolphthalein titriert[2]. Entfärbt sich die überneutralisierte Lösung auf Zusatz weiterer 10 ml Glycerin (oder 2,5 g Mannit bzw. Sorbit), so wird sie nochmals mit der Lauge titriert. Dies wird wiederholt, bis die Farblosigkeit scharf in Rot umschlägt und nach Zusatz von Glycerin oder Mannit nicht mehr wiederkehrt.

In gleicher Weise ist ein Blindversuch auszuführen, dessen Verbrauch an Lauge von dem des Hauptversuches abzuziehen ist.

Berechnung:

E = Einwaage Seife in g,

a = insgesamt verbrauchte ml 0,1 n Lauge (also vom ersten Zusatz des Glycerins, Mannits oder Sorbits an gerechnet) beim Hauptversuch,

b = insgesamt verbrauchte ml 0,1 n Lauge beim Blindversuch.

$$\% B_2O_3 = \frac{0,35 \cdot (a - b)}{E}$$

Die Untersuchung wird durch Phosphate gestört. Diese müssen durch Eisen(III)-chlorid und Natronlauge oder durch Calciumchlorid in alkalischer Lösung entfernt werden.

Ein anderes Verfahren zur Bestimmung von Borax in Seifen beschreiben R. BERNSTEIN und M. HAFTEL[3], das gegenüber der AOCS-Methode schneller und genauer sein soll. Die von BLANK und TROY[4] angegebene Bestimmung ist ungenau, weil zu wenig Borax gefunden wird.

Bei der nachstehend beschriebenen Methode sind vorhandenes Trinatriumphosphat, Natriummetasilicat und Natriumcarbonat ohne Einfluß auf das Ergebnis.

5 g der Seife werden in 200 ml heißem dest. Wasser aufgelöst, abgekühlt, in einen 250 ml Meßkolben übergeführt und dieser bis zur Marke aufgefüllt. Eventuell auftretender Schaum wird mit 1 oder 2 Tropfen Äthanol zerstört. Je nach dem zu erwartenden Borax-Gehalt werden 25 bis 100 ml abpipettiert und das Volumen mit kohlensäurefreiem Wasser auf

---

[1] G–III 26 (50).

[2] Statt des Glycerins können auch 5 g Mannit oder Sorbit (zur Borsäure-Bestimmung, MERCK) zum Aktivieren der Borsäure benützt werden. An Stelle von Phenolphthalein haben H. SCHÄFER u. A. SIEVERTS [Z. analyt. Chem. **121**, 172 (1941)] die Verwendung von Bromkresolpurpur als Indicator empfohlen.

[3] R. BERNSTEIN u. M. HAFTEL: J. Amer. Oil Chemists' Soc. **27**, 45 (1950).

[4] E. W. BLANK u. A. TROY: Oil and Soap **23**, 50 (1946).

100 ml gebracht. Dann werden 2 ml 25%ige Natronlauge zugesetzt, bis zum beginnenden Kochen erhitzt und 10 ml einer $33^1/_3$%igen Strontiumchlorid- ($SrCl_2 \cdot 6H_2O$) oder 26,5%igen Strontiumnitrat-Lösung zum Ausfällen der Seifen, Phosphate und Silicate zugesetzt. Die Lösung wird noch 5 Min. gekocht und dann filtriert. Das Filter wird mit 100 ml dest. Wasser nachgewaschen. Das Filtrat wird gegen Methylviolett als Indicator mit Salzsäure (1 : 1) angesäuert und mit 0,5 ml Salzsäure zusätzlich versetzt. Die Lösung wird etwa 10 Min. erwärmt und darauf abgekühlt. Mit 0,1 n Natronlauge wird auf Hellgrün titriert. Die verbrauchten ml 0,1 n NaOH werden notiert. Nach Zugabe von 1 ml Phenolphthalein-Lösung (1%ig in 95%igem Äthanol) und 5 g Mannit wird mit 0,05 oder 0,1 n Natronlauge auf Rot titriert. Dann wird wieder 1 g Mannit zugesetzt und, wenn die Farbe der Lösung nach Grün umschlägt, weiter titriert. Wenn der Phenolphthalein-Endpunkt wieder erreicht ist, wird erneut 1 g Mannit zugesetzt und weiter titriert. Der Endpunkt ist erreicht, wenn nach Zusatz von Mannit keine Farbänderung mehr nach Grün erfolgt, die Rötung durch Phenolphthalein bestehenbleibt und sich die Rötung durch Zusatz von Alkali wesentlich vertieft.

Ein Blindversuch wird in derselben Weise unter Verwendung derselben Menge an Mannit wie im Hauptversuch durchgeführt. Hierzu wird das Mannit in derselben Menge heißem dest. Wasser gelöst, das bei Ende der Titration vorliegt. Nach Zusatz des Methylviolett-Indicators wird mit Salzsäure (1 : 1) angesäuert und mit 0,1 n Natronlauge auf Grün titriert. Nach Zusatz von 1 ml Phenolphthalein-Lösung wird mit 0,05 oder 0,1 n Natronlauge bis zum Farbumschlag titriert. Diese ml Natronlauge sind die Menge, die zwischen beiden Endpunkten verbraucht wird. Im allgemeinen werden nicht mehr als 0,1 ml benötigt.

$$\% \ Na_2B_4O_7 \cdot 10\,H_2O = \frac{(A-B) \cdot f \cdot 9{,}536}{\left(\dfrac{C}{250} \cdot D\right)}$$

$A = $ ml Natronlauge für den Hauptversuch,
$B = $ ml Natronlauge für den Blindversuch,
$C = $ Einwaage in g,
$D = $ ml des aliquoten Anteiles,
$f = $ Faktor der Natronlauge.

Eine interessante Bestimmung der Borsäure haben J. A. GAUTIER und P. PIGNARD[1] angegeben, die darauf beruht, daß eine Lösung von Bariumchlorid in Weinsäure einen Niederschlag folgender Zusammensetzung ausfällt:

$$4\,(CO_2{-}(CHOH)_2{-}CO_2)^{--} \cdot 2\,(BO_3)^{---} \cdot 5\,Ba^{++} \cdot 4\,H_2O,$$

der wahrscheinlich ein komplexes Bariumborotartrat ist. Die charakteristische Fällung entsteht bis zu einer Konzentration des Bors von 10^{-5}. Das Verfahren ist sowohl für größere Mengen im Halbmikromaßstab als auch zur volumetrischen Mikrobestimmung des Bors geeignet.

Die Borsäure wird entweder vorsichtig in Gegenwart von organischen Substanzen verascht oder in Form eines destillierbaren Esters aus dem Gemisch entfernt.

Zur Herstellung des Reagens werden 13 g Bariumchlorid ($BaCl_2 \cdot 2H_2O$), 14 g Weinsäure und 240 g Ammoniumchlorid mit Wasser zu 1 l gelöst. Die Lösung wird nach 24 Std. filtriert. Sie reagiert sauer und hat einen p_H-Wert von etwas unter 2. Zur Verwendung der Lösung wird das Reagens mit dem 12fachen Volumen 15 n Ammoniak versetzt, worauf der p_H-Wert auf etwa 8,8 steigt.

1 bis 10 ml der Lösung, die 200γ bis 10 mg Bor enthalten, werden mit 8 bis 10 Volumina des alkalisch gemachten Reagens versetzt. Nach 1 std. Stehen wird der Niederschlag auf einem Glassintertiegel G 4 abfiltriert und mit einer Lösung nachfolgender Zusammensetzung gewaschen: 2 Vol. 15 n Ammoniak, 1 Vol. Wasser und 1 Vol. Aceton. Das Waschwasser wird auf Abwesenheit von Barium-Ionen geprüft, der Niederschlag mit einigen ml 95%igem Alkohol nachgewaschen und bei 110° C bis zum konstanten Gewicht getrocknet. Zur Berechnung wird die Auswaage durch 66,5 dividiert, woraus sich der vorhandene Bor-Gehalt in dem Niederschlag ergibt.

Zur titrimetrischen Bestimmung wird das Barium des Niederschlages nach Überführen in Bariumchromat jodometrisch bestimmt.

---

[1] J. A. GAUTIER u. P. PIGNARD: Mikrochem. verein. Mikrochim. Acta **36/37**, 793 (1951).

Das ausgefällte Bariumborotartrat, das 30 bis 100 γ Bor enthält, wird in einem Zentrifugenglas mit Hilfe von 5 ml 0,5 n Salzsäure gelöst, 1 ml 0,5 n Kaliumdichromat-Lösung und 1 ml NH_4OH zugesetzt. Der gebildete Niederschlag wird nach etwa 30 Min. zentrifugiert und wiederholt mit dest. Wasser gewaschen. Der Bariumchromat-Niederschlag wird in einer genügenden Menge 0,5 n Salzsäure aufgelöst, mit festem Kaliumjodid versetzt und nach einigen Minuten das frei gemachte Jod mit 0,02 n oder 0,01 n Natriumthiosulfat-Lösung titriert.

Es entsprechen dann: 1 ml 0,02 n Natriumthiosulfat-Lösung 28,8 γ Bor und 1 ml 0,01 n Natriumthiosulfat-Lösung 14,4 γ Bor. Die Methode ist nach R. NEU gut brauchbar.

28. Aktiver Sauerstoff

Seifenpulver, aber auch andere Waschmittel (z. B. Seifenflocken, Kopfwaschmittel) enthalten mitunter Zusätze von Perborat, Percarbonat u. dgl., die aktiven Sauerstoff abspalten. Solche Substanzen geben sich beim Erhitzen der wäßrigen Waschmittel-Lösung durch Gasentwicklung zu erkennen. (CO_2 aus Hydrogencarbonat dürfte kaum zu Täuschungen Anlaß geben.) Zur Bestimmung wird entweder die Methode von R. JUNGKUNZ[1] verwendet, die jodometrisch arbeitet, oder die Permanganat-Titration[2].

Nachweis. Etwa 2 g der Probe werden in kaltem Wasser gelöst, mit verd. Schwefelsäure zersetzt und mit Chloroform vorsichtig umgeschwenkt. Das Ganze wird im Reagensglas mit peroxydfreiem Äther (s. S. 377) überschichtet, worauf man wenig verd. Kaliumdichromat-Lösung hineintropft und die beiden oberen Schichten vorsichtig durchrührt. Bei Gegenwart sauerstoffentwickelnder Substanzen wird der Äther durch Überchromsäureanhydrid blau gefärbt.

Anmerkung: Persulfate geben die vorstehende Reaktion nicht. Deshalb wird eine Probe mit Salzsäure versetzt, filtriert und zum Nachweis zu einem Teil des Filtrates Jodzink-Stärke-Lösung (allmähliche Blaufärbung) und zu einer weiteren Probe Bariumchlorid-Lösung (weiße Fällung von Bariumsulfat) hinzugegeben.

Perborate, die am häufigsten in sauerstoffhaltigen Waschmitteln vorkommen, können durch den Borsäure-Nachweis von den übrigen Persalzen unterschieden werden.

Bei den Nachweisen von aktivem Sauerstoff ist stets eine Blindprobe auszuführen, um festzustellen, ob die verwendeten Reagentien peroxydfrei sind.

Bestimmung. 2 g der Probe werden in etwa 100 ml Wasser gelöst, mit verd. Schwefelsäure angesäuert und mit 10 ml 0,1 n Eisen(II)-ammoniumsulfat-Lösung[3] versetzt. Durch Erhitzen und Umrühren werden die Fettsäuren abgeschieden. Die ganze Flüssigkeit wird in einen Jodzahlkolben umgefüllt, mit etwa 10 ml Chloroform und dann mit Wasser nachgespült und durchgeschüttelt. Sofern das Sauerwasser durch Fettsäuren getrübt ist, wird der Kolbeninhalt mit reiner Kieselgur geschüttelt. Unter Umschwenken wird so lange mit 0,1 n Permanganat-Lösung titriert, bis die wäßrige Flüssigkeit dauernd rosa bleibt.

Mit 10 ml Eisen(II)-ammoniumsulfat-Lösung wird ein Blindversuch ausgeführt.

Berechnung:
a = verbrauchte ml 0,1 n Permanganat-Lösung beim Hauptversuch,
b = verbrauchte ml 0,1 n Permanganat-Lösung beim Blindversuch,
E = Einwaage in g.

$$\% \text{ aktiver Sauerstoff (O)} = \frac{0,08 \cdot (b-a)}{E}$$

$$\% \text{ Persulfat } (Na_2S_2O_8) = \frac{1,195 \cdot (b-a)}{E}$$

29. Sulfate

Die Sulfate werden nachgewiesen im Sauerwasser der mit Salzsäure zersetzten Seife oder in dem bei der Bestimmung der wasserlöslichen anorganischen Bestandteile erhaltenen wäßrigen Auszug durch Fällen mit Bariumchlorid-Lösung als Bariumsulfat[4].

---

[1] R. JUNGKUNZ: Seifensieder-Ztg. **41**, 4, 26 (1914).
[2] DGF-Einheitsmethode G–III 27 (50); C. BERGELL: Seifensieder-Ztg. **66**, 750 (1939).
[3] 39,22 g Eisen(II)-ammonsulfat (MOHRsches Salz) je Liter dest. Wasser.
[4] DGF-Einheitsmethode G–III 24 (50).

Die AOCS-Methode[1] geht vom alkoholunlöslichen Anteil des Waschmittels aus.

Bestimmung. Das Alkohol-Unlösliche wird zweckmäßig im Muffelofen auf 850 bis 950° C erhitzt und mit 100 ml Wasser in ein 400 ml Becherglas übergespült. Nach Zugabe von 2 Tropfen Methylorange-Indicator wird mit 0,5 n HCl neutralisiert und mit 5 ml HCl ($D = 1,19$) im Überschuß versetzt. Die Flüssigkeit wird aufgekocht, eingedampft und 30 Min. bei 110 bis 120° getrocknet. Hierauf werden 5 ml Salzsäure und 50 ml dest. Wasser zugegeben. Der Inhalt des Gefäßes wird umgeschüttelt, filtriert und der Filterrückstand mit heißem, dest. Wasser gewaschen. Das Filtrat und die Waschwässer sollen etwa 200 ml ausmachen.

Die Flüssigkeit wird zum Sieden erhitzt, tropfenweise mit 15 bis 20 ml 10%iger $BaCl_2$-Lösung versetzt und auf dem Wasserbad weiter erwärmt, bis sich ein grobkörniger Niederschlag gebildet hat. Nach dem Abkühlen auf Zimmertemperatur wird filtriert, der Niederschlag mit heißem Wasser gut ausgewaschen und geglüht.

Berechnung:

$$\% \text{ Natriumsulfat} = \frac{BaSO_4 \cdot 60,86}{E}$$

Natriumsulfat-Bestimmung. Durch die Überführung des vorhandenen Natriums in Sulfat können die mit anderen Methoden festgestellten Bestandteile, die an Natrium gebunden sind, in Beziehung zueinander gebracht werden, z. B. gravimetrische Bestimmung der Gesamt-Fettsäure, davon SZ und Natrium-Gehalt des Sauerwassers. SZ und Natrium-Gehalt (auf Kaliumhydroxyd umgerechnet) müssen dann übereinstimmen. R. NEU[2] hatte bereits Vorschläge in der angegebenen Richtung gemacht. Ein Zusatz von Alkylsulfaten kann z. B. auf diese Weise erkannt werden.

Das Vorhandensein von Wasserglas stört die Bestimmung nicht, weil die Kieselsäure durch Fluorwasserstoff entfernt werden kann. Alle vorhandenen Anionen sind durch SO_4'' ersetzt, soweit es sich um flüchtige oder entfernbare handelt (Cl', SiO_2, HCO_3', CO_3'' OH', Fettsäure-Rest). Nicht flüchtig beim Abrauchen mit Schwefelsäure sind Phosphate und Borate. Borsäure kann durch wiederholtes Destillieren mit Methanol entfernt und bestimmt werden. Die Borsäure wird aber zweckmäßig aus dem eingedampften Sauerwasser abgetrennt und als solche bestimmt (s. S. 1377ff.). Dann wird der im Platintiegel eingedampfte und mit Schwefelsäure abgerauchte, konstant geglühte Rückstand gewogen, mit Fluorwasserstoff die Kieselsäure entfernt und nach konstantem Gewicht des Tiegels aus der Differenz die Kieselsäure berechnet (vgl. S. 1373). Der neutrale Rückstand (darauf ist zu achten, sonst wird er neutralisiert) wird in Wasser gelöst und gegebenenfalls zu einem bestimmten Volumen aufgefüllt. Für die Bestimmung sollen etwa 0,5 g Substanz eingesetzt werden, deren Gehalt an SO_4-Ion nach W. KLING und F. PÜSCHEL[3] durch Fällen mit Benzidinchlorhydrat und Titration des aus Benzidinsulfat bestehenden Niederschlages mit Natronlauge titriert wird. In einem 300 ml ERLENMEYER-Kolben mit 150 ml 0,02 n Benzidinchlorhydrat-Lösung (4,603 g Benzidin p. a. werden in 50 ml 1 n Salzsäure gelöst und mit dest. Wasser zu 1 l aufgefüllt) wird die zu untersuchende, in Wasser gelöste Substanz langsam unter gutem Umrühren zugesetzt; das Umrühren wird fortgesetzt, bis sich der Niederschlag zusammenballt. Nach etwa 10 Min. wird durch ein säurefreies Filter filtriert und der Niederschlag in kleineren Anteilen mit etwa 100 ml warmem Äthanol nachgewaschen. Das Filter mit dem Rückstand wird in einen Kolben gegeben und nach Zusatz von etwa 150 ml heißem Wasser kräftig geschüttelt, bis der Niederschlag fein verteilt ist. Dann werden 10 ml neutrales Äthanol zugesetzt, worauf man mit 0,1 n Natronlauge gegen Phenolphthalein titriert. Die Lösung wird noch einmal erwärmt und durchgeschüttelt, um sicher zu sein, daß der Niederschlag auch vollständig zerlegt ist.

1 ml 0,1 n NaOH entspricht 0,0071 g Na_2SO_4

30. Calcium

Der Calcium-Gehalt wird in der mit Salzsäure gelösten Asche der Seife, des Seifenpulvers oder Waschmittels bestimmt.

---

[1] Official and Tentative Methods, 2. Aufl., Da 22—42. Chicago 1946.
[2] R. NEU: Seifen-Öle-Fette-Wachse **75**, 215 (1949).
[3] W. KLING u. F. PÜSCHEL: Melliand Textilber. **15**, 21 (1934).

Hierzu wird die salzsaure Lösung unter sorgfältigem Nachwaschen des Gefäßes und des Filters in einen 250 ml Meßkolben filtriert[1]. Nach dem Neutralisieren und Auffüllen bis zur Marke wird in einem aliquoten Teil das Calcium durch Ausfällen mit Ammoniumoxalat als Calciumoxalat aus essigsaurer Lösung bestimmt. Die *Berechnung* erfolgt als % CaO. Wenn Calciumsulfat vorliegt und auch der Calcium-Gehalt des Waschmittels von Interesse ist, muß natürlich ein Aufschluß der Asche durchgeführt werden[2].

Ebenso wie Calcium wird der Gehalt an anderen Kationen, die in Sikkativen, Pflastern, Starrschmieren usw. vorkommen, in der Asche nach den Regeln der anorganischen Analytik bestimmt.

31. Wasserunlösliche Anteile

Das *Alkohol-Unlösliche* wird nach A. GRÜN mit heißem Wasser ausgezogen, das Unlösliche zunächst mit schwach alkalischem (um Kieselsäure-Abscheidung zu vermeiden), dann mit dest. Wasser gewaschen, bei 105° getrocknet und gewogen. Die hier vorkommenden Stoffe können aus Asbest, Bentonit, Bimsstein, Kaolin[3], Kieselgur, Kreide, Talk, Titandioxyd, Zinkoxyd, Sand, Schwerspat, Erdfarben u. a. m. bestehen. Das Unlösliche wird unter dem Mikroskop geprüft.

Sind Stärke und Gelatine zugegen, so wird zur Extraktion des Alkohol-Unlöslichen Eiswasser verwendet, damit diese Stoffe nicht mitgelöst werden.

Wenn nur die anorganischen, wasserunlöslichen Anteile bestimmt werden sollen, wird die Asche mit Wasser ausgezogen und filtriert. Nachweis und Bestimmung der Einzelbestandteile werden nach den Verfahren der anorganischen Analyse ausgeführt[4].

32. Titandioxyd

Der Nachweis erfolgt im wasserunlöslichen Rückstand von 10 g Seife. Bei Anwesenheit organischer Stoffe wird der Rückstand geglüht, sonst direkt verwendet.

In einem Becherglas wird der Rückstand mit 25 ml konz. Schwefelsäure und 8 g Ammonsulfat bis zum Auftreten von SO_3-Dämpfen erhitzt, dann noch einige Minuten weiter erhitzt und zum Abkühlen gebracht. Darauf werden vorsichtig 100 ml dest. Wasser zugefügt und nach erfolgter Mischung zum Sieden erhitzt, filtriert und der eventuell aus Barium-, Calcium-, Bleisufat und Kieselsäure bzw. Silicaten bestehende Rückstand mit 10%iger Schwefelsäure ausgewaschen. Zu einem Teil des Filtrates werden 5 g Weinsäure zugesetzt und mit Ammoniak schwach alkalisch gemacht. Um eventuell vorhandenes Eisen, Nickel, Kobalt oder Blei auszufällen, wird in die warme Lösung Schwefelwasserstoff eingeleitet, filtriert und das Filtrat mit Schwefelsäure angesäuert. Nach Zugabe von Wasserstoffperoxyd tritt bei Anwesenheit von Titan eine orangerote bis gelbe Färbung auf.

Eine colorimetrische Methode zur Bestimmung von Titandioxyd geben L. B. PARSONS und F. A. VAUGHAN[5] an.

Die Seifenprobe, die 0,002 bis 0,004 g TiO_2 enthält, wird in einem 200 ml Kolben mit etwa 120 ml 95%igem Alkohol versetzt und 3 Min. gekocht, filtriert, nochmal mit Alkohol ausgekocht und erneut filtriert. Das Filter wird verascht. Nach Zugabe von 20 g Ammonsulfat und 20 ml konz. Schwefelsäure wird 5 bis 10 Min. erhitzt, bis alles Titandioxyd gelöst ist. Die Lösung wird nach dem Erkalten in einen 250 ml Meßkolben gegeben und aufgefüllt. 50 ml werden in einem 100 ml Meßkolben mit 5 ml 3%igem Wasserstoffperoxyd und 8 ml 50%iger Schwefelsäure versetzt und bis zur Marke aufgefüllt. 75 ml Wasser, 10 ml 50%ige Schwefelsäure und 5 ml 3%iges Wasserstoffperoxyd werden in einem Colorimeterrohr so lange mit einer Titan-Lösung bekannten Gehaltes versetzt, bis Farbgleichheit mit der zu untersuchenden Lösung erreicht ist.

33. Organische, nichtflüchtige Nebenbestandteile

Hierher gehören Glycerin, Zucker (in der Regel Saccharose), Stärke (Kartoffelmehl), celluloseglykolsaures Natrium (Relatin, Fondin, Tylose), Pflanzen-

---

[1] DGF-Einheitsmethode G–III 23 (50).

[2] Auf die Calcium-Bestimmung nach der Komplexon-Methode mit Hilfe von Äthylendiamin-tetraessigsäure und Murexid als Indicator sei an dieser Stelle hingewiesen (vgl. die Bestimmung der Wasserhärte auf S. 1401).

[3] Über Verwendung von Kaolin und Füllstofftechnik berichten: R. SCHMUCKER u. H. RADLER: Fette u. Seifen **47**, 213 (1940).

[4] DGF-Einheitsmethode G–III 28 (50).

[5] L. B. PARSONS u. F. A. VAUGHAN: Oil and Soap **18**, 64 (1941).

schleime, Eiweiß (Casein, Gelatine und Leim), gewisse Überfettungsmittel (Wollfett und Fettalkohole) u. dgl. Außer Glycerin sind diese Stoffe in Alkohol schwer löslich oder unlöslich. Glycerin ist schwer flüchtig, jedoch können schon beim Trocknen bei 105° Verluste entstehen. Glycerin ist zum Unterschied von den anderen gesamten Nebenbestandteilen in Alkohol leicht löslich. Zucker und Wollfett sind schwer löslich. Wenn diese Stoffe nicht vorhanden sind, kann die Summe der organischen, nichtflüchtigen Nebenbestandteile ungefähr mit der Differenz zwischen Alkohol-Unlöslichem und Asche gleichgesetzt werden.

Glycerin. Die Glycerin-Bestimmung wird oxydimetrisch im Sauerwasser durchgeführt. Hierbei muß gegebenenfalls die Gegenwart von Rohrzucker und Dextrin berücksichtigt werden[1]. Der Rohrzucker wird z. B. durch Kalkzusatz zum Sauerwasser als Saccharat gebunden, die Flüssigkeit mit Sand vermischt und eingedampft. Der Rückstand wird gepulvert und mit Aceton extrahiert[2]. Es kann aber auch Rohrzucker (und Dextrin) nach Hydrolyse polarimetrisch oder nach FEHLING-SCHOORL bestimmt und später bei der oxydimetrischen Glycerin-Bestimmung berücksichtigt werden. W. SCHULZE[3] hatte Schwierigkeiten bei der Bestimmung von Glycerin in Tyloseseifen, die er durch Dialyse überwand. Die Abtrennung der störenden Bestandteile kann auch durch Extraktion mit Alkohol erfolgen und ist in den meisten Fällen vorzuziehen.

Über die Nachweise von Glycerin vgl. das betr. Kapitel S. 1687ff.

Bestimmung: Etwa 20 g Seife werden in Wasser gelöst und mit einem geringen Überschuß an Eisessig[4] zersetzt. Das Sauerwasser wird vollständig von den Fettsäuren abgetrennt, samt den Waschwässern schwach alkalisch gemacht und so weiter behandelt, wie es bei der „Glycerin-Untersuchung" beschrieben ist. Dabei werden die zu oxydierenden Anteile der Lösungen nach dem abgeschätzten Glycerin-Gehalt der Seife bemessen.

Anmerkung: Bei Gegenwart von Rohrzucker wird dessen Menge nach einem Spezialverfahren bestimmt und wie folgt berücksichtigt: Ist $a\%$ der (scheinbare) Glycerin-Gehalt und $b\%$ der Rohrzucker-Gehalt, so ergibt sich:

$$\% \text{ Glycerin (berichtigt)} = a - 0,92\,b$$

Rohrzucker. 5 bis 10 g Seife werden in dest. Wasser gelöst und mit Salzsäure zersetzt. Das abgetrennte Sauerwasser einschließlich Waschwasser dient zur Zucker-Bestimmung, die in der üblichen Weise durchgeführt wird[5].

Die Bestimmung erfolgt entweder (nach der Invertierung) nach FEHLING-SCHOORL oder polarimetrisch. Die polarimetrische Methode eignet sich hervorragend für Reihenbestimmungen. Vorschriften sind der Spezialliteratur zu entnehmen. Nach A. GRÜN[6] werden die Fettsäuren aus der Seifenlösung durch Fällung mit 10%iger Bariumchlorid-Lösung entfernt, und das Filtrat wird für die Polarisation verwendet.

Dextrin. Dextrine lösen sich mehr oder weniger gut, sie sind aber unlöslich in Alkohol. Mit Jodlösung entsteht eine braunrote bis braungelbe Färbung. FEHLINGsche Lösung wird mehr oder weniger stark reduziert.

Bei der Bestimmung von Dextrin geht man vom Alkohol-Unlöslichen aus. Es wird mit wenig kaltem Wasser ausgezogen. Die wäßrige Dextrin-Lösung wird in einem gewogenen Becherglas durch allmähliche Zugabe von Alkohol gefällt. Es wird kräftig umgerührt, damit sich das Dextrin an die Gefäßwand anlegt. Dann wird mit Alkohol ausgewaschen, bei 105° getrocknet und gewogen.

---

[1] E. DONATH u. J. MAYRHOFER: Z. analyt. Chem. **20**, 383 (1881).

[2] Aceton löst Glycerin selektiv. Zur Sicherheit wird aber im Aceton-Extrakt der Oxydationswert bestimmt und auf Glycerin umgerechnet.

[3] W. SCHULZE: Fette u. Seifen **46**, 66 (1939).

[4] Der Eisessig muß absolut rein sein.

[5] DGF-Einheitsmethode G–III 31 (50).

[6] E. BERL u. G. LUNGE: Chemisch-technische Untersuchungsmethoden, 8. Aufl., 4. Bd., S. 576. Berlin: Springer 1933.

Da bei der Fällung auch Salze mit ausgeschieden werden können, wird die Asche in der Fällung bestimmt und das Gewicht berücksichtigt.

Es kann auch das Dextrin in saurer Lösung zu Glucose hydrolysiert und der entstandene Traubenzucker bestimmt werden. Hierzu wird nachfolgendes Verfahren vorgeschlagen:

Nach dem Lösen in etwa 75 ml 1 n Salzsäure wird im 100 ml Meßkolben 1 Std. auf siedendem Wasserbad erhitzt. Nach dem Erkalten wird mit starker Natronlauge gegen Methylorange fast vollständig neutralisiert und mit Wasser bis zur Marke aufgefüllt. Die Bestimmung der gebildeten Glucose erfolgt am besten jodometrisch.

Stärke. Die Bestimmung der Stärke beruht auf ihrer Unlöslichkeit in alkohol. Kalilauge. Es kann natürlich auch so vorgegangen werden, daß die Stärke in verd. Mineralsäure über Dextrin zu Glucose hydrolysiert und der entstandene reduzierende Zucker bestimmt wird. Ferner ist ein enzymatischer Abbau mit Amylasen (Diastase) zu Maltose und Isomaltose möglich. Um vor der Bestimmung der Stärke den Zucker aus dem Alkohol-Unlöslichen zu entfernen, wird letzteres mit kaltem Wasser ausgewaschen.

Nachweis: Stärke verrät sich durch Blaufärbung beim Betupfen des in Alkohol unlöslichen Rückstandes der Seife mit wäßriger Jod-Jodkalium-Lösung.

Bestimmung nach HUGGENBERG[1]: 6 bis 8 g Seife werden mit 60 bis 80 ml alkohol. 0,5 n Kalilauge unter Rückfluß gekocht, filtriert und so oft mit Alkohol gewaschen, bis das Lösungsmittel nicht mehr alkalisch ist. Das Filter mit Inhalt wird schließlich in den Kolben zurückgebracht, in dem die Seife mit der Lauge gekocht wurde. Der Kolbeninhalt wird mit 60 ml 6%iger Kalilauge auf dem kochenden Wasserbad erhitzt, öfters umgeschüttelt, nach dem Erkalten mit Essigsäure schwach angesäuert und vollständig in einen 100 ml Meßkolben gebracht und dieser bei 20° bis zur Marke aufgefüllt. Die umgeschüttelte Flüssigkeit wird mehrmals durch Watte filtriert, bis ein schwach trübes Filtrat entsteht, von dem je nach dem Stärke-Gehalt 25 oder 50 ml mit 2 bis 3 Tropfen Essigsäure und 30 oder 60 ml Alkohol unter Umrühren versetzt werden. Die abgesetzte und durch ein getrocknetes und gewogenes Filter abfiltrierte Stärke ist mit 50%igem Alkohol so lange zu waschen, bis das Filtrat keinen Rückstand mehr hinterläßt. Das Filter wird mit wasserfreiem Alkohol und zuletzt mit Äther gewaschen und samt Rückstand bei 100 bis 105° C bis zu beständigem Gewicht getrocknet.

Auswertung: Der ermittelte Stärke-Gehalt wird durch Multiplizieren mit 1,25 auf (wasserhaltiges) Kartotfelmehl umgerechnet.

Außerdem kann die Stärke auch noch quantitativ bis zur Glucose abgebaut und diese bestimmt werden.

Eiweiß. *Nachweis (Biuret-Reaktion):* Eine frische Seifenschnittfläche wird nacheinander mit Kupfersulfat-Lösung und 10%iger Kalilauge benetzt und dann mit Wasser abgespült. Bei Gegenwart von Eiweiß zeigt die Schnittfläche eine rotviolette bis blauviolette Färbung. Die Reaktion geben auch teilweise abgebaute Eiweißstoffe, wie Peptone und die synthetischen Polypeptide.

Wenn es sich um die Prüfung des alkoholunlöslichen Rückstandes handelt, wird dieser im Reagensglas mit 2 ml 10%iger Natronlauge verrührt. Nach dem Absetzen des Unlöslichen werden einige Tropfen 1%iger Kupfersulfat-Lösung dazugegeben. Es bildet sich eine violette Komplex-Verbindung. Je nach der Anzahl der Tropfen Kupfersulfat-Lösung, die ohne Fällung aufgenommen werden, kann auf die Menge des vorhandenen Eiweiß geschlossen werden.

Bleisulfid-Reaktion: Ein Teil des alkoholunlöslichen Rückstandes wird mit Natronlauge und etwas Bleiacetat-Lösung gekocht. Bei Gegenwart von Eiweiß entsteht unter Bildung von Bleisulfid eine dunkle Färbung oder eine grauschwarze Fällung. Der Eiweißbaustein Cystin verursacht die Entstehung durch seinen Schwefelgehalt.

Bestimmung: Eiweiß wird, nachdem es qualitativ nachgewiesen ist, aus dem Stickstoffgehalt durch Multiplikation mit dem Faktor 6,25 annähernd erhalten. Leim und Gelatine geben sich dadurch zu erkennen, daß sie aus dem heißen, wäßrigen Extrakt des Alkohol-Unlöslichen durch Tannin oder langkettige quartäre Ammonium- (*Zephirol*-)[2], Phosphonium- oder Sulfonium-Verbindungen gefällt werden können. Eigelb enthält einen charakteristischen Gehalt an Phosphorsäure; Eidotter enthält etwa 1,28% P_2O_5.

---

[1] W. HUGGENBERG: Seifenfabrikant **27**, 625 (1907); DGF-Einheitsmethode G–III 30 (50).

[2] Hersteller: FARBENFABRIKEN BAYER, Leverkusen.

Casein. Den Toilettenseifen wird häufig Casein zugesetzt, weil dieses nicht nur die Haltbarkeit und das Schaumvermögen verbessert, sondern auch einen gewissen Hautschutz bildet und einen guten Einfluß auf die Parfümierung hat, indem es schwach fixierend wirkt und die Geruchsnote besser hervorhebt.

Durch seine Unlöslichkeit in Wasser muß das Casein mit Alkalien, wie Borax, Natriumhydrogencarbonat oder auch Natronlauge aufgeschlossen werden. Im Falle des Nachweises von Casein ist z. B. auch die Prüfung auf Borax notwendig (vgl. S. 1377 ff.). Quantitativ wird Casein durch eine Stickstoff-Bestimmung nach KJELDAHL (S. 377) erfaßt.

Casein wird mit den Fettsäuren nach dem Ansäuern der Seifenlösung und Abtrennen mittels Äthanol erhalten. Die Nachweisreaktionen sind für Eiweißkörper: MILLONS Reagens, Biuret-Reaktion, Fällung mit Tannin, Kupfer(II)-sulfat und Kaliumhexacyanoferrat(II).

Gelatine und Leim sind unlöslich in Äthanol. Die Nachweise sind dieselben wie beim Casein. Dagegen treten mit Kupfer(II)-sulfat und Kaliumhexacyanoferrat(II) keine Fällungen ein. Zur quantitativen Bestimmung wird der Stickstoffgehalt nach KJELDAHL ermittelt (s. S. 377 ff.).

Synthetische Fettsäuren. Die bereits auf S. 1211 genannte Reaktion von W. DIEMAIR und K. H. SCHRÖDER soll auf die Nonylsäure-Fraktion zurückzuführen sein, versagt aber bei der reinen Säure. Es dürfte daher eine Frage der Herstellung und der Raffination der Säuren der Paraffinoxydation sein, ob die Reaktion positiv verläuft oder nicht. In bezug auf ihre Durchführung muß auf die Originalliteratur verwiesen werden[1]. Stehen größere Mengen der Seifen zur Verfügung, so sind nach der Isolierung der Fettsäuren eine fraktionierte Destillation und der Strukturnachweis auf oxydativem Wege durchzuführen.

Wollfett. Wollfett, das den Seifen häufig als Überfettungs- oder Wasserbindemittel zugesetzt wird, läßt sich bei der gewöhnlichen Bestimmung des Unverseifbaren nicht genau erfassen. Einen Hinweis auf Wollfett gibt die milchige Trübung wäßriger Seifenlösungen. Da die Kaliseifen der Wollfett-Fettsäuren leichtlöslich sind, werden entweder die Natronseifen oder die Calciumseifen hergestellt. Die Kalkseifen werden mit Aceton oder mit Essigester extrahiert, die Natronseifen, die vollkommen trocken sein müssen, mit reinem Äther.

Bestimmung[2]: Eine Lösung von etwa 10 g Seife in Wasser wird mit überschüssiger, gesättigter Calciumchlorid-Lösung versetzt. Nachdem der Niederschlag auf einem Filter vollständig abgetropft ist, wird er mitsamt dem Filter bei 60° getrocknet und im Extraktionsapparat nach SOXHLET mit Essigester ausgezogen. Nach dem Verdampfen des Lösungsmittels wird der Extrakt gewogen und als % Wollfett berechnet.

Ein anderes von R. JUNGKUNZ[3] angegebenes Verfahren führt den Nachweis, ob unverändertes Wollfett oder ob nur die Wachsalkohole eingearbeitet wurden, auf Grund des hohen, etwa 40%igen Gehaltes an Unverseifbarem.

25 g Seife werden in einem 400 ml Stehkolben mit 80 ml dest. Wasser heiß gelöst, 90 ml 95%iges Äthanol, 100 ml Benzol (p. a.) und einige Siedesteinchen zugegeben. Das Gemisch wird am Rückflußkühler und unter wiederholtem Schütteln ½ Std. gekocht. Der heiße Kolbeninhalt wird in einen vorgewärmten Scheidetrichter gebracht, in dem nach kurzer Zeit eine scharfe Trennung in zwei Schichten eintritt. Die untere Seifenlösung wird abgelassen. Die Benzolschicht wird mit wenig heißem Wasser vorsichtig unter Umschwenken gewaschen, in ein gewogenes Kölbchen gegossen und der Scheidetrichter mit wenig Benzol nachgewaschen. Das Benzol wird abdestilliert, der Kolben ½ Std. bei 105° C getrocknet und gewogen. Die Auswaage besteht nicht nur aus dem Wollfett, sondern enthält noch das unverseifte Fett. Der Rückstand wird mit 25 ml alkohol. Kalilauge unter Zusatz von 50 ml Benzol 1 Std. am Rückflußkühler verseift. Durch den Kühler werden 50 ml dest. Wasser

---

[1] W. DIEMAIR u. K. H. SCHRÖDER: Dtsch. Lebensmittel-Rdsch. **44**, 23 (1948).
[2] DGF-Einheitsmethode G–III 33 (50).
[3] R. JUNGKUNZ: Seifensieder-Ztg. **57**, 15 (1930); Z. Unters. Lebensmittel **73**, 597 (1937).

zugesetzt und nochmal $^1/_4$ Std. zum Sieden erhitzt. Das Gemisch wird wieder in den Scheidetrichter gebracht und Schichtentrennung abgewartet. Die Benzol-Lösung wird destilliert und das Unverseifbare nach 1 stdg. Erhitzen im Wasserbad gewogen. Durch Multiplizieren der Auswaage mit 2,3 wird die ungefähre Menge an Wollwachs in 25 g Ausgangsmaterial erhalten.

Wenn die Auswaagen zwischen dem ersten und zweiten Benzol-Auszug fast gleich sind, liegen abgetrennte Wachsalkohole vor. Beim Vorhandensein von Wollfett beträgt die Menge des zweiten Auszuges etwa die Hälfte des ersten.

Die Rückstände der Benzol-Auszüge zeigen nach dem Erstarren glatte glänzende Oberflächen.

Thioglykolsäure. Die Menge der Thioglykolsäure und des Ammoniaks kann in Dauerwellpräparaten wie folgt angenommen werden[1]: 81,1 g Thioglykolsäure und 42 ml Ammoniak, 25% ig je Liter, mit einem p_H-Wert 9,3. In Handelspräparaten schwankt die Menge an Ammoniumthioglykolat zwischen 3 und 7%. Bei der Analyse kommt die Bestimmung der Thioglykolsäure in Betracht.

Die Änderung des p_H-Wertes von Kaltdauerwellen hat T. RUEMELE[2] untersucht. Er findet den p_H-Kurvenverlauf in Übereinstimmung mit der Gleichung von HENDERSON $p_H = pK_w - pK_B + \log$ freie Base/Salz $(pK_w = -\log$ des Ionenproduktes von Wasser $= 14$, $pK_B = -\log$ der Dissoziationskonstanten von $NH_3 = 4,74$). Die Dissoziationskonstante der Sulfhydrylgruppe $(2,1 \cdot 10^{-7})$ kann gegenüber der der Carboxylgruppe $(2,1 \cdot 10^{-4})$ vernachlässigt werden. 65,1 g Thioglykolsäure $+ 23,9$ g NH_3/l Wasser ergeben einen p_H-Wert 9,2.

Die Methode von F. PROVVEDDI und S. CAMOZZA[3] verwendet die Cystein-Bestimmung nach ABDERHALDEN und WERTHEIMER mit Nitroprussidnatrium in alkalischer Lösung, das mit Thioglykolsäure eine Rotvilettfärbung gibt. Diese Farbreaktion ermöglicht noch die Bestimmung von 0,1 mg Thioglykolsäure und ist in ihrer Beständigkeit in den ersten Minuten von dem p_H und der Temperatur abhängig.

Die zu untersuchende Lösung wird auf 1000 ml mit Wasser verdünnt, und von dieser Lösung werden 10 ml in einen 100 ml Meßkolben mit Schliff pipettiert, mit 70 ml Wasser, 5 ml 0,1 n Natronlauge, 10 ml 1% ige Nitroprussidnatrium-Lösung versetzt und mit Wasser auf ein Volumen von 100 ml ergänzt. Nach dem gründlichen Vermischen wird schnell im Stufenphotometer der Extinktionskoeffizient bestimmt. Die zu untersuchende Probe wird mit einer Standard-Lösung von Thioglykolsäure verglichen. Wenn kein Photometer zur Verfügung steht, kann auch in einem Colorimeter mit einer Lösung von 41 ml 0,1 n Kaliumpermanganat-Lösung und 20 ml 0,1 n Kaliumdichromat-Lösung verglichen werden. Die Methode hat den Vorteil, daß eventuell gleichzeitig vorhandenes Natriumsulfit oder Hydroxylamin das Ergebnis nicht beeinflussen.

Die Thioglykolsäure kann auch jodometrisch bestimmt werden,

$$2 HOOC \cdot CH_2 \cdot SH + J_2 = HOOC \cdot CH_2 \cdot S \cdot S \cdot CH_2 \cdot COOH + 2 HJ$$

aber nur dann, wenn daneben keine anderen Jod reduzierenden Substanzen vorhanden sind. Da dies oft nicht der Fall ist, und die Thioglykolsäure als Mercapto-Verbindung leicht oxydativ verändert wird, erfolgen Zusätze von reduzierend wirkenden Verbindungen. Ein häufig verwendeter Zusatz ist Natriumsulfit. Wegen des durch die gleichzeitige Anwesenheit von Sulfit vorgetäuschten höheren Gehaltes an Thioglykolsäure[4] muß die jodometrische Bestimmung modifiziert werden.

Bestimmung der Thioglykolsäure bei Anwesenheit von Sulfit, Methode nach F. STRACHE und H. J. MIERAU[5].

---

[1] C. KLOTZSCHE: Samml. Vergiftungsfällen, Arch. Toxikol. **14**, 372 (1953).

[2] T. RUEMELE: Soap, Parfum. Cosmet. **27**, 731 (1954).

[3] F. PROVVEDDI u. S. CAMOZZA: Medicamenta (Madrid) **71**, 232 (1952); Chim. e Ind. (Milano) **34**, 517 (1952).

[4] A. SCHNITZLER: Seifen-Öle-Fette-Wachse **77**, 143 (1951).

[5] F. STRACHE u. H. J. MIERAU: Dtsch. Apotheker-Ztg. **95**, 55 (1955).

Eine 0,01 bis 0,02 g Thioglykolsäure enthaltende Menge der zu untersuchenden Probe wird in einem 100 ml ERLENMEYER-Kolben genau eingewogen, 10 ml 70%iges Äthanol und 1 ml 25%ige Schwefelsäure zugegeben. In die Lösung wird etwa 30 Min. kräftig Kohlensäure eingeleitet. Dann wird das Einleitungsrohr mit Äthanol gespült und die Lösung mit 0,1 n Jodlösung aus einer Feinbürette titriert.

1 ml 0,1 n Jodlösung entspricht 0,009211 g Thioglykolsäure. Als Fehlergrenze werden ± 0,7% angegeben.

Vor Ausführung der titrimetrischen Bestimmung ist eine qualitative Prüfung auf eventuelles Vorliegen von Sulfit zweckmäßig. Aus der Titration vor und nach dem Durchleiten der Kohlensäure kann der Gehalt an Natriumsulfit errechnet werden.

Tryptische Enzyme[1]. Casein wird in alkalischer Lösung durch Trypsin abgebaut. Nach 1 stdg. Verdauungszeit wird das unverdaut gebliebene Casein durch Zugabe von Salzsäure und Natriumsulfat gefällt und durch Abfiltrieren vom verdauten Anteil getrennt. Im Filtrat wird die Salzsäure, soweit sie nicht vom ausgefällten Casein gebunden worden ist, zurücktitriert, wobei die Casein-Abbauprodukte mit erfaßt werden. Genauer wird die Methode, wenn die Eiweiß-Abbauprodukte durch Bestimmung des Stickstoffes nach KJELDAHL erfaßt werden (s. S. 377 ff.).

Erforderliche Lösungen: 1. 5%ige alkalische Casein-Lösung. Nach der im VAGDA-Kalender angegebenen Methode soll für die Bestimmung der tryptischen Wirksamkeit Casein nach HAMMARSTEN verwendet werden. An Stelle dieses Substrates kann auch technisches, in Alkali lösliches Casein verwendet werden. Die technischen Caseine sind nicht rein. Es wird daher zunächst der Stickstoff nach KJELDAHL bestimmt und der Eiweiß-Gehalt des Caseins nach der Formel: % N · 6,4 errechnet. Um eine 5%ige Casein-Lösung herzustellen, wird von der technischen Ware entsprechend mehr genommen. Von einem z. B. 82%igen Casein werden 61 g in einem großen ERLENMEYER-Kolben mit 250 ml Leitungswasser übergossen und 4 Std. bei Zimmertemperatur gequollen. Das meist sauer reagierende Waschwasser wird abgegossen. Nach Bedarf wird das Waschen wiederholt. Hierauf werden wieder 250 ml Leitungswasser dazugegeben (dest. Wasser enthält meist Kupfer). Nach Zugabe von 50 ml 1 n NaOH wird langsam auf dem Dampfbad auf 90° erwärmt, bis sich das Casein völlig gelöst hat. Dann wird mit Leitungswasser auf 1 l aufgefüllt. In der Regel ist die Casein-Lösung sofort gebrauchsfertig. Es ist jedoch besser, sie unter Zusatz von einigen Tropfen Toluol einen Tag an einem kühlen Ort vor der Bestimmung altern zu lassen. Der p_H-Wert der Casein-Lösung soll, mit Lyphanpapier L 674 gemessen, etwa 9,0 betragen.

2. 0,5 n HCl.

3. 15%ige Natriumsulfat-Lösung aus $Na_2SO_4 \cdot 10H_2O$ oder 7%ige Natriumsulfat-Lösung aus wasserfreiem Salz bereitet.

4. 0,1 n NaOH.

5. 1%ige α-Naphtholphthalein-Lösung in verd. Alkohol.

6. Herstellung der Enzym-Lösung. 10 g enzymhaltiges Einweichmittel werden in einem 1 l fassenden Meßkolben zunächst mit 250 ml Leitungswasser von 20° übergossen. Nach Zugabe von 20 g Ammoniumsulfat wird der Kolben zu etwa 3/4 mit Leitungswasser aufgefüllt und die Enzym-Lösung genau 30 Min. bei 20° (Thermostat) unter öfterem Umschütteln stehengelassen. Dann wird mit Leitungswasser bis zur Marke aufgefüllt. Durch den Gehalt des Leitungswassers an Calcium entsteht eine leichte Fällung, die für die Bestimmung ohne Bedeutung ist.

Ausführung: In einer 250 ml fassenden Rollflasche werden 20 ml Casein-Lösung und 60 ml Leitungswasser auf 37° vorgewärmt (etwa 15 Min.), hierauf 10 ml Enzym-Lösung zugegeben. Der Verdauungsansatz wird genau 1 Std. bei 37° im Wasser-Thermostaten gehalten. Nach 1 Std. wird die Verdauung durch Zugabe von 10 ml 0,5 n HCl unterbrochen und das nicht verdaute Casein unter ständigem Schütteln durch Zugabe von 50 ml Sulfat-Lösung (Lösung 3) ausgefällt und abfiltriert.

Blindversuch: Der Blindversuch unterscheidet sich vom Hauptversuch dadurch, daß die Verdauungszeit wegfällt und der Versuch ohne Anwärmen vorgenommen wird. Die Reihenfolge der einzelnen Zugaben bleibt also die gleiche, nur ist es nötig, nach Zugabe der Ferment-Lösung sofort die Salzsäure und anschließend die Sulfat-Lösung zum Fermentansatz zuzugeben, damit keine Verdauung des Caseins möglich ist.

---

[1] Angelehnt an die Methode von LÖHLEIN-VOLHARD in A. KÜNTZEL: Gerbereichemisches Taschenbuch (VAGDA-Kalender), 4. Aufl., S. 72, Darmstadt: Verein. akademischer Gerbereichemiker 1938; 5. Aufl., S. 87. Dresden: Steinkopff 1943. Ausgearbeitet im Laboratorium der Firma RÖHM & HAAS, Darmstadt.

Titration: Das Reaktionsvolumen beträgt 150 ml. In 30 ml des Filtrates wird die Salzsäure nach Zugabe von 3 Tropfen α-Naphtholphthalein titriert. Die Erkennung des Umschlagpunktes erfordert einige Übung. Als Umschlagpunkt ist die erste hellgrüne Verfärbung der vorher farblosen Lösung zu wählen.

Vom Titrationsergebnis ist das des Blindversuches in Abzug zu bringen.

Beispiel für die Berechnung: 10 g Burnus/1000 ml.

Von dieser Enzym-Lösung werden 10 ml für den Verdauungsansatz = 0,1 g Einweichmittel angewendet.

30 ml Filtrat verbrauchen
a) im Hauptversuch   3,10 ml 0,1 n NaOH
b) im Blindversuch   2,38 ml 0,1 n NaOH

Differenz   0,72 ml 0,1 n NaOH

$$0,72 \cdot 0,3 \cdot 10 = 2,16 \text{ g Casein}$$

Der Faktor 0,3 ist dem VAGDA-Kalender entnommen und gilt für ein besonderes Casein nach HAMMARSTEN. Für das im vorliegenden Beispiel verwendete technische Casein ist der Faktor 0,27. Es errechnen sich demnach nicht 2,16, sondern 1,94 g Casein.

Ermittlung des in Lösung gegangenen Eiweiß nach KJELDAHL. Die Titration nach der Casein-Methode erfordert besondere Übung. Sichere Ergebnisse werden erreicht, wenn die Abbauprodukte des Caseins nach der KJELDAHL-Methode ermittelt werden.

50 ml des Filtrates (vom Verdauungsansatz) werden unter Zugabe von einem Kriställchen Kupfersulfat, 2 g Kaliumsulfat und 15 ml konz. Schwefelsäure in üblicher Weise im KJELDAHL-Kolben aufgeschlossen. Die Zugabe der Schwefelsäure muß vorsichtig erfolgen, da häufig lebhaftes Aufschäumen eintritt. Das entstandene Ammoniumsulfat wird in bekannter Weise bestimmt. Ein entsprechender Blindversuch ist ebenfalls auszuführen.

Beispiel für die Berechnung: 50 ml des Filtrates, entsprechend 0,033 g Burnus-Einwaage, verbrauchten:
a) im Hauptversuch   18,65 ml 0,1 n HCl
b) im Blindversuch   11,50 ml 0,1 n HCl

Differenz   7,15 ml 0,1 n HCl

$$\frac{7,15 \cdot 0,0014 \cdot 6,4 \cdot 1}{0,033} = 1,92 \text{ g Casein}$$

Cellulose-Abkömmlinge. Den pulverförmigen Waschmitteln, vor allem solchen mit Synthetica, werden Cellulose-Derivate in Form von celluloseglykolsaurem Natrium (Natriumsalz der Carboxymethyl-cellulose) zugesetzt. Seltener, hauptsächlich in Seifen, werden Celluloseäther (Methyl- und Glykoläther) verwendet.

Carboxymethyl-cellulose

Die Untersuchung der reinen Substanzen im unvermischten Zustand ist durch eine Anzahl eindeutiger Reaktionen verhältnismäßig einfach.

Cellulose-methyläther und Cellulose-glykolat sind in trockener Form körnige, flockige oder verfilzte Fasern bildende Produkte von weißer bis gelblicher Farbe. Durch ihre schwache Hygroskopizität enthalten sie wechselnde Mengen an Wasser. Sie zeigen einen bei etwa 200° liegenden Schmelz- und Zersetzungspunkt. Die Veraschungsprobe nach A. HINTER-

MAIER[1] gibt beim Vorliegen von Celluloseäther einen eigenartigen Geruch nach Lösungsmittel. Die entzündeten Dämpfe brennen mit langer Flamme, und die Probe hinterläßt praktisch wenig Asche, die nach dem Befeuchten mit Wasser gegen Phenolphthalein entweder neutral oder nur ganz schwach alkalisch reagiert. Celluloseglykolat bläht sich beim Veraschen plötzlich stark auf, und es tritt ein Geruch nach Holzkohle auf. Die zurückbleibende Asche reagiert stark alkalisch.

Ein gutes Hilfsmittel zum Erkennen der Cellulose-Derivate ist das Mikroskop. Wenn eine mit einem Tropfen Wasser versetzte Probe unter dem Mikroskop bei 100- bis 200facher Vergrößerung betrachtet wird, zeigen beide Abkömmlinge das charakteristische Bild der Kugelquellung[2].

Die im allgemeinen entstehenden perlkettenähnlichen Gebilde zerfallen in einzelne Glieder, außerdem sind nicht veränderte Fasern zu erkennen. Die Quellformen treten wesentlich deutlicher hervor, wenn die wäßrige Suspension mit einer verd. Methylenblau-Lösung oder Neocarmin[3] versetzt wird. Ferner kann auch Jodlösung verwendet werden. In einer größeren Probe können die unlöslichen Fasern abzentrifugiert werden. Die Methyläther enthalten im allgemeinen mehr Fasern als die Glykolate.

In wäßriger Lösung reagieren die Äther neutral oder nur ganz schwach alkalisch, die Glykolate, außer in neutraler reiner Form, durch vorhandenes Natriumcarbonat oder Natrimhydroxyd alkalisch.

Durch Erhitzen einer verd. wäßrigen Lösung tritt bei den Äthern von etwa 55° ab eine Gelbildung ein, die beim Kochen der Lösung eine völlige Koagulation zeigt, ein ähnliches Verhalten, wie es nichtionogene Waschmittel zeigen. Beim Erkalten verschwindet die Erscheinung, da Gelbildung und Koagulation temperaturreversibel sind. Bereits 0,1%ige Lösungen koagulieren nach LETZIG[4]. Die wäßrigen Lösungen schäumen beim Schütteln.

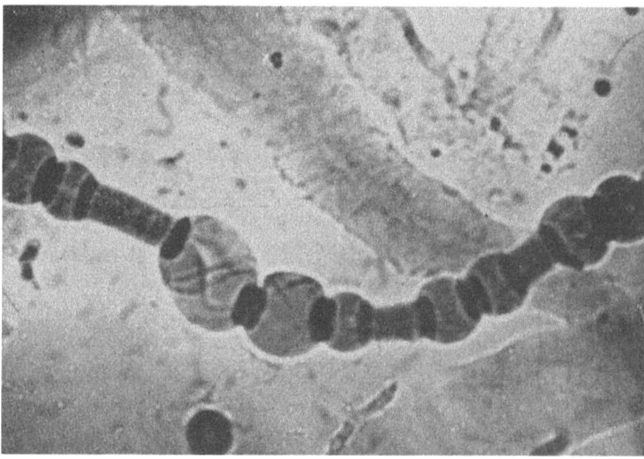

Abb. 434. Cellulose-glykolat

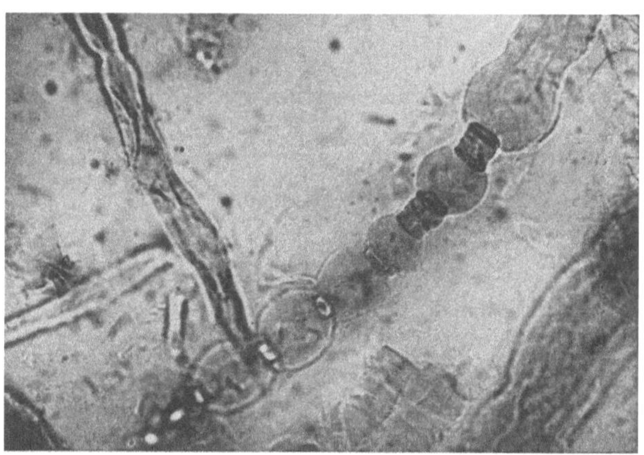

Abb. 435. Cellulose-methyläther

---

[1] A. HINTERMAIER: Erfahrungsaustausch der Seifen-, Wasch- und Reinigungsmittel-Industrie, Folge 3, 195 (1943).

[2] DGF-Einheitsmethode G-III 32a (50); A. HINTERMAIER: Fette u. Seifen 51, 367, 368 (1944); H. DAMM u. R. KÖHLER: Z. Unters. Lebensmittel 82, 244 (1941); C. GRIEBEL: ebenda 81, 209 (1941); K. G. BERGNER: Dtsch. Apotheker-Ztg. 56, 334 (1941); R. BRAUCKMEYER u. F. BÜHL: Melliand Textilber. 19, 518 (1938); siehe auch Analyst 76, 279 (1951).

[3] Hersteller: Fa. JÄGER u. Dr. GOSSLER, Heidelberg.

[4] E. LETZIG: Vorratspflege u. Lebensmittelforsch. 1, 362 (1938).

Die Äther sind als neutrale Substanzen nicht empfindlich gegen Säuren. Die Empfindlichkeit gegen Alkalien und Salze ist stark vom Viscositätsgrad abhängig. Mit Phenolen, Gerbstoffen, phosphorwolframsauren und phosphormolybdänsauren Salzen entstehen schon in 0,1%igen Lösungen flockige Niederschläge bzw. in schwächeren Konzentrationen deutliche Trübungen.

Cellulose-glykolat schäumt nicht in verd. wäßrigen Lösungen, und diese sind temperaturbeständig. Gegenüber Alkalien und Salzen ist die Beständigkeit größer als bei den Äthern. Als Salze schwacher Säuren werden die Glykolate aus Lösungen durch Säuren ausgefällt; in gleicher Weise wirken Metallsalze, wie z. B. vom Aluminium und Kupfer und nach C. GRIEBEL[1] auch Bleiacetat, Eisen(III)-chlorid, Silbernitrat, Uranyl- und Lanthanacetat. Nach DAMM und KÖHLER[2] wirken Bromsalze in gleicher Weise fällend.

Von besonderer Bedeutung sind organische Fällungsmittel, wie das zuerst von A. HINTERMAIER[3] verwendete *Trypaflavin*, das in 0,25%iger wäßriger Lösung mit Celluloseglykolat einen Niederschlag gibt, wenn alle störenden alkohollöslichen Bestandteile, z. B. aus Waschpulvern, entfernt sind. Ein weiteres Fällungsmittel wurde von R. NEU[4] in einer höhermolekularen quartären Ammonium-Verbindung, dem *Zephirol*, einem langkettigen Alkyl-dimethyl-benzyl-ammoniumchlorid, gefunden. Mit *Zephirol* ist eine Unterscheidung möglich, ob die Cellulose als Glykolat oder als Äther vorliegt.

Bei *Trypaflavin* und *Zephirol* handelt es sich um quartäre Ammonium-Verbindungen, die sich durch die Größe ihres Molekelgewichtes unterscheiden. Kurze Zeit später hat B.WURZSCHMITT[5] allgemein die Fällung eines großen Anions durch ein großes Kation postuliert. Diese Feststellung hat sich auch auf andere Substanzen, wie z. B. Polyphosphate, anwenden lassen (vgl. Abschnitt über Phosphate, s. S. 1374ff.).

Celluloseäther und Celluloseglykolat sind in der Hitze gegen Alkalien beständig, eine hohe Alkali-Konzentration bewirkt lediglich eine Ausflockung. Wesentlich ist das Erkennen, ob ein Cellulose-Derivat oder ein anderes Verdickungsmittel, wie z.B. Gelatine oder Traganth, vorliegt. Die wäßrigen Lösungen der Cellulose-Verbindungen bilden beim Antrocknen elastische Filme im Gegensatz zum Traganth. Die Lösungen von Gelatine werden ebenso wie Cellulosemethyläther durch Tannin gefällt, während der Niederschlag aus Gelatine-Tannin in Alkali unlöslich ist, löst sich der aus Celluloseäther-Tannin. Ferner wird Gelatine aus Lösungen mit konz. Pikrinsäure gefällt, dagegen findet mit Cellulose-methyläther keine Ausfällung statt. Cellulose-methyläther ab 1% aufwärts gibt mit Jod-Jodkalium (DAB 6) eine rotviolette, gallertartige Fällung, ab 0,1 bis 1% eine violettbraune Färbung, die auf Zusatz von Natronlauge verschwindet, während die Färbung bei Gelatine bestehenbleibt.

Cellulose-glykolate geben mit Jod-Jodkalium keine violettbraune bis rotbraune Färbung, diese kann gegebenenfalls nach sehr langer Zeit und nur teilweise eintreten.

Nach LETZIG ist für den Nachweis der Cellulose-methyläther eine 10%ige wäßrige Tannin-Lösung das empfindlichste Reagens. Es kann auch zur quantitativen Bestimmung verwendet werden. Beim gleichzeitigen Vorliegen von Eiweiß kann dieses nach GRIEBEL durch die Methode nach CARREZ entfernt werden.

5 g Substanz werden in 25 ml Wasser und einigen Tropfen Toluol wiederholt umgeschüttelt und nach dem Stehen über Nacht filtriert. 10 ml des Filtrates werden nacheinander mit je 0,5 ml Zinksulfat- und Kaliumhexacyanoferrat(II)-Lösung versetzt (Lösung I: 150 g Kaliumhexacyanoferrat(II)/1000 ml Wasser; Lösung II: 300 g Zinksulfat/1000 ml Wasser) und zentrifugiert. Zu 1 ml der blanken über dem Niederschlag stehenden Flüssigkeit werden

---

[1] C. GRIEBEL: Zit. S. 1389, Fußnote 2.
[2] H. DAMM u. R. KÖHLER: Zit. S. 1389, Fußnote 2.
[3] A. HINTERMAIER: Zit. S. 1389, Fußnote 2.
[4] R. NEU: Fette · Seifen · Anstrichmittel **52**, 23 (1950).
[5] B. WURZSCHMITT: Z. analyt. Chem. **130**, 178 (1950).

2 Tropfen 10%ige Tannin-Lösung gegeben. Bei einer Menge von 0,5% Cellulose-methyläther tritt bereits eine starke Trübung auf, die sich als Niederschlag absetzt. Celluloseglykolat gibt keine Fällung, aber die mit einigen Tropfen 2%iger Kupfersulfat-Lösung entstehende Trübung scheidet sich schließlich als feinflockiger Niederschlag aus.

Beim Vorliegen unvermischter Cellulose-Derivate ist ferner noch eine sichere Unterscheidung dadurch möglich, daß direkt der Methoxyl-Gehalt bestimmt wird. Cellulose-methyläther enthalten etwa 20 bis 25% Methoxyl, während Cellulose-glykolate methoxylfrei sind.

Ein Nachweis von Cellulose bzw. ihren Derivaten ist auch durch geeignete Farbreaktionen möglich. Die meisten Nachweise sind aber unspezifisch. A. HINTERMAIER[1] verwendet α-Naphthol in konz. Schwefelsäure.

Eine Menge von 0,5 bis 1 mg der Probe wird in 20 ml konz. Schwefelsäure gelöst und 1 ml einer frisch hergestellten 2%igen α-Naphthol-Lösung in konz. Schwefelsäure zugesetzt. Beim Vorliegen von Cellulose-Derivaten entsteht eine Rotfärbung. Die Methode ist auch quantitativ brauchbar (siehe später).

Der vorstehend beschriebene Nachweis geht auf Untersuchungen von MOLISCH und v. UDRANSKY[2] zurück und ist auch mit anderen Kohlehydraten positiv.

Auch die von R. NEU[3] verwendete Farbreaktion mit Skatol-Salzsäure, die eine in Amylalkohol, Benzol und Chloroform lösliche violette Färbung liefert, wurde zuerst von F. WHEEHUIZEN[4] zum Nachweis von Glucose, Stärke, Milch- und Rohrzucker verwendet.

Zur Feststellung von Cellulose bzw. ihren Derivaten werden geringste Mengen der Probe mit einigen Kristallflittern Skatol und 3 bis 5 ml 36,4%iger Salzsäure im Wasserbad auf 60 bis 70° erhitzt.

Von R. NEU[5] wurde ein weiterer Nachweis von Cellulose-Derivaten unter Verwendung von 1,6-, 2,3- und 2,7-Dioxy-naphthalin[6] angegeben.

C. R. SZALKOWSKI und W. J. MADER[7] bestimmen Cellulose-glykolate durch Fällen als Kupfersalz, das mit Schwefelsäure zerlegt wird. Die sich quantitativ bildende Glykolsäure wird mit 2,7-Dioxy-naphthalin kondensiert und der entstehende Farbstoff bei 530 mμ photometriert.

Die Dioxynaphthaline werden zu 0,01% in 100 ml reiner konz. Schwefelsäure aufgelöst. Zu der Probe werden 2 ml Reagens gegeben und 10 Min. im siedenden Wasserbad erhitzt. Cellulose-Derivate geben kirsch-, erdbeerrote oder Cyklamenfärbungen (vgl. Tab. 412, S. 1707, im Abschnitt Glycerin-Analyse).

Den vorstehenden Nachweis von R. NEU hat H. FREYTAG[8] modifiziert.

Entweder werden etwa 2 mg oder 0,5 ml der Probe mit 0,5 ml obiger 2,7-Dioxy-naphthalin-Lösung versetzt, bei Raumtemperatur 50 bis 60 Min. stehengelassen, dabei entwickelt sich eine sehr schwache rotviolette Färbung. Nach dem Zusatz von 0,5 ml Wasser wird das Gemisch umgeschüttelt und unter der UV-Lampe betrachtet. Cellulose-Derivate zeigen eine gelbe Fluorescenz. Die Probemengen können auch erhöht werden. Das Reagens wird unterschichtet. An der Berührungsfläche treten dann die farbigen Ringe auf. Vor der Betrachtung im UV-Licht wird mit 1 ml Wasser versetzt.

Zu den vorgeschlagenen Verfahren des Nachweises von Cellulose-Derivaten ist zu bemerken, daß eine organische Komponente — entweder α-Naphthol,

---

[1] A. HINTERMAIER: Erfahrungsaustausch der Seifen-, Wasch- und Reinigungsmittel-Industrie **1943**, S. 88.

[2] H. MOLISCH u. L. v. UDRANSKY: Mh. Chem. **7**, 198 (1886); Hoppe-Seyler's Z. physiol. Chem. **12**, 387 (1888).

[3] R. NEU: Seifen-Öle-Fette-Wachse **76**, 445 (1950).

[4] F. WHEEHUIZEN: Pharmac. Weekbl. **43**, 1709 (1906).

[5] R. NEU: Dtsch. Lebensmittel-Rdsch. **46**, 207 (1950).

[6] Hersteller: FARBENFABRIKEN BAYER, Leverkusen.

[7] C. R. SZALKOWSKI u. W. J. MADER: J. Amer. pharmac. Assoc., sci. Edit. **44**, 533 (1955).

[8] H. FREYTAG: Z. analyt. Chem. **133**, 429 (1951).

Skatol, ungesättigte Fettsäuren, Alkylsulfonat oder Dioxynaphthaline — erforderlich ist. Bei den Methoden nach NEU und WEBER kann die Farbe mit Chloroform ausgeschüttelt werden.

Eine Kopplung des Nachweises von Cellulose-Derivaten und waschaktiven Substanzen wurde von E. WEBER[1] angegeben. Die von B. WURZSCHMITT für die Untersuchung capillarwirksamer Substanzen vorgeschlagene „Salicylaldehyd-Probe" (s. S. 1444) erfolgt nach WEBER auch mit Cellulose-Derivaten oder anderen Polysacchariden anstatt des aromatischen Aldehyds. Der Nachweis kann direkt im Waschmittel erfolgen, ohne vorherige Abtrennung der waschaktiven Stoffe.

Etwa 1 bis 2 g der Probe werden tropfenweise mit konz. Schwefelsäure versetzt und nach dem Aufhören der Entwicklung der Kohlensäure auf einmal 3 bis 5 ml konz. Schwefelsäure zugegeben. Bei zu heftiger Reaktion ist mit Wasser zu kühlen, weil sonst die Farbentwicklung gestört wird. Beim Vorliegen von Cellulose-Derivaten treten rote bis rotviolette Färbungen auf. Die Färbung kann mit Chloroform ausgeschüttelt werden und färbt dieses violett an. Durch Alkali wird die Farbe nach Gelb verändert und schlägt beim Ansäuern wieder nach Violett um. Die Farbreaktion ist an die Anwesenheit von Seife, Alkylsulfaten, Alkylsulfonaten und Nekalen gebunden. Wenn Alkylphenylsulfonate und Nekal BX (sulfoniertes, butyliertes Naphthalin) vorliegen, dann tritt nur eine Gelb- bis Braunfärbung auf. Beim Ausbleiben der Farbreaktion, das also noch nicht gegen einen Zusatz von Cellulose-Derivaten spricht, kann in einer neuen Probe mit zugesetzter Seife, ungesättigten Fettsäuren oder Alkylsulfonat der Nachweis wiederholt werden. Wenn dann die Farbe noch nicht auftritt, sind Cellulose-Derivate abwesend.

Quantitative Bestimmung der wasserlöslichen Celluloseäther. Bei unvermischten Cellulose-Verbindungen ist die wichtigste Feststellung der Methoxyl-Gehalt. Das vorhandene Methyl der Methoxyl-Gruppe wird mit Hilfe von Jodwasserstoffsäure in Jodmethyl übergeführt und dieses nach dem bekannten ZEISEL-schen Verfahren[2] entweder gravimetrisch oder titrimetrisch bestimmt. Die Fehlergrenze beträgt 1% des vorhandenen Methoxyls.

Die Voraussetzung für eine einwandfreie Methoxyl-Bestimmung ist der vorherige qualitative Nachweis von Celluloseäthern, da auch in anderen Verdickungs- und Emulgiermitteln, z. B. in Pektinen, ein Vorkommen von Methoxyl-Gruppen bekannt ist.

Die Methoxyl-Gruppen können auch in der Ausführung nach F. VIEBÖCK und A. SCHWAPPACH[3] in der Apparatur nach STRITAR maßanalytisch erfaßt werden. Hierbei wird das Jod in das Jod-Ion und dieses durch Oxydation in Jodsäure übergeführt und bestimmt.

Ferner kann der Methoxyl-Gehalt auch noch nach F. VIEBÖCK und C. BRECHER[4] maßanalytisch nach einer Mikromethode ermittelt werden. Die Methode steht der gravimetrischen nicht nach und wird teilweise als überlegenere beurteilt. Sogar mit 0,4 bis 0,5 mg Einwaage wurden noch einwandfreie Resultate erhalten.

Hier ist auch noch das Verfahren von K. BÜRGER und F. BALÁŽ[5] zu erwähnen, das als Mikromethode arbeitet. Das beim Aufschluß frei werdende Alkyljodid wird zu dem Doppelsalz $AgNO_3 \cdot AgJ$ umgesetzt, dieses durch konz. Salpetersäure beim Aufkochen zerstört und das nicht umgesetzte Silbernitrat mit Kaliumrhodanid-Lösung in Gegenwart von Eisen(III)-ammoniumsulfat als Indicator zurücktitriert.

Bei allen quantitativen Bestimmungen dürfen Alkanole, ihre Derivate, Fette oder fette Öle nicht anwesend sein, sondern sie müssen durch wiederholte Ex-

---

[1] E. WEBER: Fette · Seifen · Anstrichmittel **52**, 477 (1950).

[2] Vgl. z. B. H. MEYER: Analyse und Konstitutionsermittlung organischer Verbindungen, 6. Aufl. Berlin: Springer 1938; ferner siehe Kapitel: „Nachweis und Bestimmung von Glycerin".

[3] F. VIEBÖCK u. A. SCHWAPPACH: Ber. dtsch. chem. Ges. **63**, 2818 (1930).

[4] F. VIEBÖCK u. C. BRECHER: Ber. dtsch. chem. Ges. **63**, 3207 (1930).

[5] K. BÜRGER u. F. BALÁŽ: Angew. Chem. **54**, 58 (1941).

traktion mit Petroläther bzw. Äther entfernt werden. Der wasserlösliche Rückstand muß zur Analyse vollständig trocken sein. Ob andere Verdickungsmittel vorliegen, entscheidet eine Verkochung mit Salzsäure. Cellulose-Derivate ergeben Zucker, die FEHLINGsche Lösung reduzieren. Eine auf dieser Basis arbeitende Methode wurde von R. NEU[1] beschrieben.

LETZIG[2] hat die von ihm gefundene Fällung der Celluloseäther mit Tannin für eine quantitative Analyse ausgearbeitet. Voraussetzung ist gleichzeitige Abwesenheit von anderen durch Tannin fällbaren Substanzen, wie z. B. Eiweiß.

Zu dem in wäßriger Lösung befindlichen Celluloseäther wird eine Tannin-Lösung mit bekanntem Gehalt gegeben, der gebildete Niederschlag filtriert und die im Filtrat befindliche Menge an Tannin mit Kaliumpermanganat gegen Indigo als Indicator titriert. Das gefundene Tannin wird vom ursprünglich eingesetzten abgezogen, aus der Differenz das gebundene Tannin in der Adsorptionsverbindung und daraus die Menge des Celluloseäthers berechnet.

Celluloseäther in Waschmitteln. 1 g Waschpulver wird in wenig Wasser gelöst, nach dem Absetzen der Trübung (eventuell zentrifugieren) wird der Bodensatz auf einem Objektträger bei 100 bis 200facher Vergrößerung mikroskopisch geprüft. Beim Vorliegen von Celluloseäthern treten perlschnurähnliche Gebilde auf, die durch den Zusatz von verd. Methylenblau- oder Neocarmin-Lösung wesentlich deutlicher sichtbar gemacht werden können. Liegen nur glatte Formen vor, dann sind Celluloseäther nicht vorhanden.

Zur Feststellung, ob Celluloseäther in synthetische Waschmittel, wie z. B. Alkylsulfonate, *Hostapone, Nekale* usw. eingearbeitet sind, werden die Erzeugnisse 2 Std. bei 20°C mit einer Mischung aus 20 ml konz. Salzsäure, 120 ml Methanol und 60 ml dest. Wasser verrührt, auf einer Glasfritte abgesaugt, die Behandlung wiederholt, wenn die waschaktive Substanz noch nicht entfernt ist, der Rückstand mit 70%igem wäßrigen Methanol gründlich gewaschen und in 15 ml 1 n Natronlauge und 85 ml dest. Wasser warm gelöst. Die Lösung wird mit Essigsäure neutralisiert und auf das Vorliegen von Celluloseäther oder Cellulose-glykolsäureäther untersucht.

Das Vorliegen von Celluloseäthern in Seifen erfordert zunächst eine Abscheidung der Fettsäuren und deren Entfernung durch Äther. In der wäßrigen Phase verbleiben die Cellulose-Derivate, auf die mit einer der oben beschriebenen Reaktionen zu prüfen ist.

Eine andere Möglichkeit besteht im Lösen der Seife in Methanol oder Äthanol, das die Cellulose-Derivate nicht löst, so daß sie abfiltriert werden können. Allerdings bleiben gegebenenfalls vorhandene Füllmittel ebenfalls zurück.

Bei allen qualitativen Nachweisen empfiehlt sich, um den Befund zu sichern, die Durchführung von mindestens zwei Reaktionen.

Cellulose-glykolate in Waschmitteln. Das Präparieren der reinen Cellulose-Verbindung muß zuerst durch die Entfernung der waschaktiven Substanz erfolgen, die von dem vorstehend angegebenen Gemisch aus Salzsäure-Methanol herausgelöst wird. Die anorganischen und organischen Salze werden dabei entfernt, während Kieselsäure und Cellulose-glykolate ungelöst bleiben. Wenn keine Silicate anwesend sind, wird der Rückstand nach dem Waschen mit Methanol getrocknet und ausgewogen. Die Auswaage wird auf celluloseglykolsaures Natrium umgerechnet. Bei gleichzeitigem Vorliegen von Kieselsäure ist diese im Trockenrückstand enthalten neben Wasser, das bei 105° nicht vollständig abgegeben wird. Eine Bestimmung der organischen Substanz ist auf titrimetrischem, photometrischem oder gravimetrischem Wege möglich, entweder durch Oxydation nach der Methode für Hemicellulosen mit Kaliumdichromat, Messung der mit α-Naphthol-Schwefelsäure gebildeten Färbung oder Ermittlung des durch Reduktion gebildeten Kupfer(I)-oxydes.

Oxydation mit Chromsäure: 10 g Waschpulver werden, wie vorstehend beschrieben, mit Salzsäure-Methanol von den waschaktiven Stoffen und anorganischen Salzen befreit, der Rückstand wird auf dem Filter mit 70%igem Methanol säurefrei gewaschen, zum Schluß mit reinem Methanol, bei 80° i. V. getrocknet und dann in 15 ml 1 n Natronlauge und 85 ml Wasser in der Wärme gelöst. Zu dieser Lösung werden 10 ml Kaliumdichromat-Lösung (90 g Kaliumdichromat pro 1 Wasser) und unter Umschütteln 50 ml konz. Schwefelsäure

---

[1] R. NEU: Seifen-Öle-Fette-Wachse **76**, 65 (1950).
[2] E. LETZIG: Zit. S. 1389, Fußnote 4.

gegeben. Die Lösung wird auf freier Flamme genau $3^1/_2$ Min. (Stoppuhr) gekocht und nach 15 Min. Abkühlen in eine entsprechend große Porzellanschale verlustlos übergespült. Das nicht verbrauchte Kaliumdichromat wird gegen eine 0,5%ige Kaliumhexacyanoferrat(III)-Lösung mit Eisen(II)-ammoniumsulfat-Lösung (159,9 g MOHRsches Salz und 5 ml 10%ige Schwefelsäure zur Verhinderung der Ausscheidung von basischem Salz) nach der Tüpfel-Methode bestimmt. Der Endpunkt der Titration ist erreicht, wenn ein Tropfen der Lösung aus der Porzellanschale mit dem Indicator die „Berliner-Blau-Fällung" ergibt. Gleichzeitig wird ein Blindversuch mit denselben Reagentien angesetzt, um die Menge Eisen(II)-ammonsulfat zu bestimmen, die 10 ml der Dichromat-Lösung verbrauchen. Der Verbrauch der Probe an Eisen(II)-ammonsulfat errechnet sich aus der Differenz zwischen Haupt- und Blindversuch. Verfasser halten es für empfehlenswert, nach obiger Vorschrift gereinigte Cellulose-glykolsäure zu präparieren und damit die Oxydation vorzunehmen, um einen Vergleich zu haben.

Nach T. KLEINERT und W. WINCOR[1] genügt es, die zu prüfende Substanz lediglich mit der Oxydationslösung zum Sieden zu erhitzen, ohne längeres Erhitzen am Rückfluß-kühler. Ein Zusatz von Silbersulfat als Katalysator, zur Vermeidung einer unvollständigen Oxydation zu CO, ist ohne Einfluß auf das Resultat. Die Schwefelsäure-Konzentration betrug 35 Vol.-%. Die erhaltenen Werte sind etwas niedriger als die theoretischen und geben für Cellulose ein praktisches Milliäquivalent-Gewicht von 6,797 mg gegenüber dem theoretischen Wert von 6,756 mg. Die beiden Autoren geben an, daß theoretische Zahlen nach der Naßverbrennungsmethode von STREBINGER mit Kaliumjodat in konz. Schwefelsäure erhalten werden.

A. HINTERMAIER[2] hat die mit α-Naphthol-Schwefelsäure und Cellulose-glykolat auftretende beständige Rotfärbung, die auch für Reihenuntersuchungen von Waschmitteln verwendbar ist, zu einer quantitativen photometrischen Methode ausgestaltet, die in die DGF-Einheitsmethoden aufgenommen wurde[3]. Die Farbintensität ist in einem gewissen Intervall proportional dem vorhandenen Cellulose-Derivat. Auf die mit anderen Kohlenhydraten, wie z. B. Stärke, mit dem gleichen Reagens ebenfalls auftretende Farbreaktion wurde schon hingewiesen, aber wegen der anderen Farbtönung muß dann für jede Substanz eine eigene Eichkurve hergestellt werden.

Die Entfernung von anderen störenden organischen Verbindungen muß auch bei diesem Verfahren erfolgen (vgl. vorstehende Methode).

Die durch Extraktion mit Methanol von der waschaktiven Substanz befreite, vorbereitete Probe wird nach dem Trocknen in einer Reibschale homogenisiert, etwa 0,5 bis 2,5 mg Cellulose-Derivat in 20 ml konz. Schwefelsäure aufgelöst und 1 ml frisch hergestellte 2%ige α-Naphthol-Lösung in konz. Schwefelsäure zugesetzt, umgerührt und 2 Std. bei Raumtemperatur stehengelassen. Die Farbe wird in einer 10 ml Küvette gegen dieselben Mengen α-Naphthol-Schwefelsäure im Apparat nach LANGE gemessen. Die Aufstellung einer Eichkurve ist vorteilhaft. Die mit Lösungen mit verschiedenem Gehalt an Cellulose-Derivaten erhaltenen Farbintensitäten werden lichtelektrisch gemessen. Die erhaltene Absorption wird in Abhängigkeit vom Prozentgehalt an Cellulose-Derivat gebracht und ergibt eine Kurve (Abb. 436).

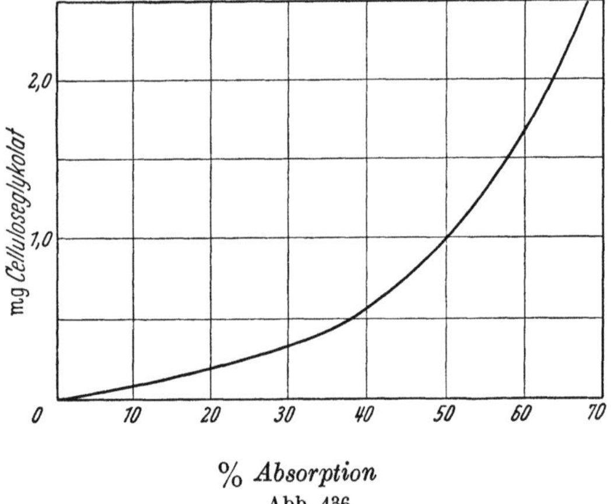

Abb. 436

Bei der Herstellung der zu messenden Lösung ist auf Reinheit der Schwefelsäure zu achten, weil Verunreinigungen auf die Farbreaktion von Einfluß sind. Daher ist es zweckmäßig, bei Verwendung frischer Schwefelsäure auch eine neue Eich-

[1] T. KLEINERT u. W. WINCOR: Tappi **36**, 507 (1953).
[2] A. HINTERMAIER: Fette u. Seifen **51**, 368 (1944).
[3] G–III 32b (50).

kurve aufzustellen. Ferner muß darauf geachtet werden, daß die Aufnahme der Eichkurve und die der Probe bei gleicher Temperatur erfolgt.

Die Farbintensitäten entsprechen bei verschiedenen Substanzen auch verschiedenen Mengen, z. B. 1 mg Cellulose-glykolat = 0,6 mg Cellulose-methyläther = 1,6 mg Kartoffelstärke.

Ein von R. Neu[1] angegebenes Verfahren beruht auf der Aufspaltung der Cellulose-Derivate durch verd. Salzsäure zu Kupfer(II)-Ionen reduzierenden Verbindungen unter konstanten Bedingungen. Das Verfahren arbeitet mit 20 bis 100 mg Cellulose-Derivat und ist auch in Gegenwart von Alkalicarbonaten, Calciumcarbonat, Trinatrium- phosphat und Kieselsäure anwendbar. Daß dem Verfahren eine gewisse Sicherheit zukommt, geht am besten daraus hervor, daß die in verschiedenen Mengen an Cellulose-Derivaten erhaltenen Kupfer(I)-oxyd-Bestimmungen, zueinander in Abhängigkeit gebracht, bei graphischer Darstellung eine Gerade ergeben (s. Abb. 437). Das Verfahren lieferte bei mehreren Handelspräparaten gute Ergebnisse, je-

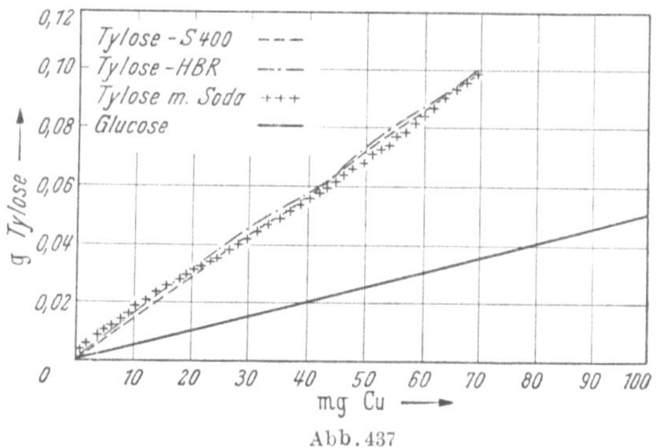

Abb. 437

doch muß die Verzuckerung dem jeweiligen Cellulose-Präparat angepaßt sein. In bezug auf Einzelheiten muß auf die Originalliteratur verwiesen werden.

Abschließend soll noch darauf hingewiesen werden, daß Chromotrop-Säure[2] in konz. Schwefelsäure gelöst, auch zum Nachweis von Cellulose-Derivaten geeignet ist und auch die Unterscheidung von anderen Substanzen ermöglicht, die ebenfalls als Verdickungsmittel verwendet werden. So geben z. B. Cellulose-Verbindungen eine rotviolette, Alginate dagegen nur eine schmutzigbraune Färbung[3].

Um zwischen beiden Cellulose-Derivaten zu unterscheiden, sind folgende Reaktionen nach entsprechender Reinigung des wäßrigen Auszuges und Eindampfen im Vakuum oder bei einer 50° nicht übersteigenden Temperatur anwendbar.

Cellulose-	Kochprobe	FEHLING	Aluminiumsulfat 10%ig
Äther	Koagulation	Keine Reaktion	Keine Reaktion
Glykolsäure	Keine Veränderung	Schwerer, blaßblauer Niederschlag	Gelatinöser, weißer Niederschlag

Ein Teil des wäßrigen Extraktes wird auf einem Uhrglas zur Trockne eingedampft und nach dem Zusatz von gesättigter Lithiumchlorid-Lösung mit dem Filmrückstand intensiv verrieben. Bei Zusatz von 0,01 n Jod- Lösung tritt mit Celluloseäthern eine rote und mit Cellulose-glykolsäure eine blaue Färbung auf.

Alginate. In jüngster Zeit kommen auch die Alginate als Füllmittel für Seifen in Betracht. Es handelt sich um eine polymere α-Mannuronsäure. Die

---

[1] R. Neu: Seifen-Öle-Fette-Wachse **76**, 65 (1950).
[2] Chromotrop-Säure: 1,8-Dioxy-naphthalin-3,6-disulfonsäure.
[3] R. Neu: Unveröffentlichte Versuche zur qualitativen und quantitativen Analyse von Celluloseäthern und Celluloseglykolsäure.

Eigenschaften der Alginate sind ähnlich denen der Cellulose-glykolate. Daher sind auch die Nachweisreaktionen der beiden Substanzen gleich.

Die Unterscheidung ist mit Hilfe nachfolgender Proben, wie von R. NEU[1] gefunden wurde, möglich.

Das Alginat befindet sich im alkoholunlöslichen Anteil der Seife. Mit 1,6-; 2,3- und 2,7-Dioxy-naphthalin geben sämtliche Cellulose-Derivate eine eindeutige, Alginate keine eindeutige Farbreaktion.

0,01 g der vorstehend aufgeführten Dioxynaphthaline werden in 100 ml reiner konz. Schwefelsäure gelöst und von dieser Lösung 2 ml zu einer Probe des alkoholunlöslichen Rückstandes der Seife gegeben. Die eventuell auftretende Farbreaktion wird beobachtet.

1,6-Dioxy-naphthalin färbt Cellulose-Derivate erdbeerrot.
2,3-Dioxy-naphthalin färbt Cellulose-Derivate kirschrot.
2,7-Dioxy-naphthalin färbt Cellulose-Derivate cyclamenfarbig.

Da eine Farbänderung bei Vorliegen von Alginat nicht eintritt, ist damit eine Unterscheidung möglich.

Zur weiteren Prüfung wird von R. NEU noch die Nitroprussidnatrium-Probe als sicher empfohlen. Die Ausführung des Nachweises in Seifen erfolgt nach vorsichtigem Ansäuern des alkoholunlöslichen Rückstandes und Zentrifugieren des festen, ausgeschiedenen Anteiles. Die überstehende Flüssigkeit wird abgegossen, der sich am Boden des Glases befindende gallertartige Klumpen in eine kleine Porzellanschale übergeführt, mit konz. Ammoniak, ohne den Klumpen zu zerkleinern, übergossen und auf dem Wasserbad zur Trockne verdampft. Der trockene Rückstand wird in ein kurzes Reagensglas gebracht und dieses mit einem Wattebausch verschlossen. Der Wattebausch wird vorher mit einer alkalischen 5%igen Nitroprussidnatrium-Lösung (50 mg Nitroprussidnatrium in 1 ml dest. Wasser und 4 ml 10%ige Natronlauge) befeuchtet. Die Substanz wird dann trocken im Reagensglas erhitzt, und die entstehenden Dämpfe werden auf dem Wattebausch zur Einwirkung gebracht. Eine blaugrüne Verfärbung der Watte zeigt Alginat an. Der Nachweis bis zu 5 mg Alginat ist mit Hilfe dieser Reaktion möglich.

Nachstehende Gegenüberstellung des Verhaltens langkettiger quartärer Ammonium-Verbindungen und Tannin lassen eine weitere Unterscheidung zwischen Alginat und Cellulose-glykolat einerseits und Celluloseäther andererseits zu.

	Langkettige quart. NH_4-Verb.	Tannin
Alginat	+	−
Cellulose-glykolat	+	−
Celluloseäther	−	+

Saponin. Einen Zusatz von Saponinen erhalten oft seifenarme Waschmittel, um die Schaumkraft zu erhöhen. Nach russischen Autoren[2] wird das Schaumvermögen seifenhaltiger Lösungen durch den Zusatz von Saponin aber nicht erhöht, sondern vermindert.

Zum Nachweis von Saponin in Seifen ist die Methode von O. BERTH[3] geeignet.

Das saponinhaltige Erzeugnis wird in dest. Wasser aufgelöst, mit verd. Salzsäure bis zur schwach sauren Reaktion versetzt und mit Äther zur Entfernung der Fettsäure ausgeschüttelt. Das Sauerwasser wird mit Magnesiumcarbonat neutralisiert, auf ein kleines Volumen eingedampft und in einem kleinen Scheidetrichter mit Ammonsulfat gesättigt. Darauf wird mit verflüssigtem Phenol versetzt und durchgeschüttelt. Die Phenolschicht wird abgetrennt, in Äther gelöst und zweimal mit dest. Wasser ausgeschüttelt.

Die vereinigten wäßrigen Auszüge, die das Saponin enthalten, werden in einem Schälchen vollständig eingedampft und zur Entfernung der anorganischen Salze mit 80%igem Äthanol ausgezogen. Der alkoholische Extrakt wird zur Trockne eingedampft, konstant getrocknet und gewogen.

Mit dem Trockenrückstand werden zweckmäßig noch Identifizierungsreaktionen durchgeführt.

---

[1] R. NEU: Dtsch. Lebensmittel-Rdsch. **46**, 207 (1950).
[2] B. TÜTÜNNIKOW, N. KASSJANOWA u. R. GWIRZMANN: Allg. Öl- u. Fett-Ztg. **27**, 273 (1930).
[3] O. BERTH: Seifensieder-Ztg. **58**, 389 (1931).

ROSOLL-*Reaktion*. Saponin gibt beim Verreiben mit konz. Schwefelsäure eine Rotfärbung. Auf Zusatz von 1 Tropfen konz. Schwefelsäure zu einem Gemisch von Saponin und Nitrat entsteht eine Rotfärbung[1].

34. Organische Lösungsmittel[2]

In Betracht kommen in Seifen, Abbeizmitteln, Entpechungsmitteln, Bohnermassen, Fußboden-Pflegemitteln, Trockenseifen usw.:

a) *Kohlenwasserstoffe*. Benzine, Petroleum, Terpene, Benzol, Toluol, Xylol, Tetrahydro- und Dekahydronaphthalin, Methylcyclohexan.

b) *Alkohole*. Methanol, Äthanol, Butanol, Amylalkohol, Äthylen- und Polyäthylenglykoläther, Methylcyclohexanol, Dioxy- (Glykole), Trioxy- und Polyoxy-Verbindungen.

c) *Ester*. Essigsäureester vom Methanol, Äthanol, Butanol, Äthylenglykol usw.

d) *Acetale*. Aus Aceton und Di-, Tri- und Polyoxy-Verbindungen.

e) *Ketone*. Aceton und Homologe, Cyclohexanon und Homologe.

f) *Halogen-Kohlenwasserstoffe*. Chloroform, Tetrachlorkohlenstoff, Trichloräthylen, Äthylenchlorid, Methylenchlorid, Perchloräthylen, Chlorbenzol.

g) *Basen*. Pyridin, Äthanolamin, Triäthanolamin, Morpholin.

Die Untersuchung der einzelnen Verbindungen erfolgt, da es sich um technische Erzeugnisse handelt, nach den vom Lieferanten gegebenen Bedingungen und umfaßt die Dichte, Refraktion, Siedeanalyse und den Abdampfrückstand. Der Wassergehalt kann nach K. FISCHER (s. S. 476) festgestellt werden. Bei Oxy-Verbindungen wird die Hydroxylzahl, Dichromat- oder Perjodat-Oxydation (siehe Glycerin-Analyse) angewendet. Ester werden durch SZ und VZ charakterisiert. Ketone lassen sich mit Hydroxylaminchlorhydrat bestimmen (s. S. 562 ff.), Aceton auch jodometrisch. Das Halogen in halogenierten Kohlenwasserstoffen wird am besten in der von B. WURZSCHMITT und W. ZIMMERMANN[3] modifizierten Apparatur nach GROTE-KREKELER erfaßt (s. S. 443 ff.). Acetale lassen sich durch Säuren spalten.

Die organischen Lösungsmittel können in mit Wasserdampf flüchtige und nicht flüchtige eingeteilt werden. Die Seifenprobe kann sauer, neutral oder alkalisch mit Wasserdampf behandelt werden, wobei allerdings das Verhalten der Lösungsmittel gegenüber dem p_H beachtet werden muß. Unbeeinflußt davon bleiben Kohlenwasserstoffe, Alkohole, halogenierte Kohlenwasserstoffe und einige Ketone. Im Alkalischen werden Ketone verändert und im Saueren Acetale gespalten. Das Verhalten im Destillationsmilieu gibt dann schon Hinweise auf das eingearbeitete Lösungsmittel. Beim Destillieren in saurer Lösung ist auf flüchtige Fettsäuren zu achten.

Für die Destillation mit Wasserdampf ist die für organisch-chemische Arbeiten bekannte Apparatur geeignet. Eine spezielle Ausführung geben die AOCS-Methoden (s. S. 1398).

Etwa 100 bis 200 g der Probe werden angesäuert und mit Wasserdampf behandelt. Ein getrübtes Destillat deutet schon auf flüchtige Zusätze hin. Schäumt das Material auch in saurer Lösung, dann wird Bariumchlorid zugesetzt oder mit Natriumchlorid die wäßrige Phase übersättigt. Beim Arbeiten in neutraler Lösung wird die konzentriert in Wasser gelöste Probe zu überschüssiger Bariumchlorid-Lösung gegeben und dann erst mit Wasserdampf behandelt.

Die Abtrennung in Wasser unlöslicher Lösungsmittel macht keine Schwierigkeiten. Durch Sättigen mit Natriumchlorid werden auch bedingt lösliche praktisch vollständig erfaßt. Nach der Trennung von der wäßrigen Phase ist eine Trocknung mit Natrium- oder

---

[1] C. A. MITCHELL: Analyst **51**, 181 (1926).

[2] O. JORDAN: Chemische Technologie der Lösungsmittel. Berlin: Springer 1933; H. H. WEBER: Praktische Lösungsmittel-Analyse. Leipzig: Barth 1936; FARBWERKE HOECHST AG.: Lösungsmittel „HOECHST", Frankfurt (M.)-Hoechst 1956; dort auch auf Seite 188 weitere Literatur. Siehe hierzu auch die Lösungsmittel-Analyse im Kapitel „Anstrichmittel", S. 1572 ff. u. S. 1614 ff.

[3] B. WURZSCHMITT u. W. ZIMMERMANN: Z. analyt. Chem. **114**, 321 (1938); DRP. 642166.

Magnesiumsulfat zweckmäßig. Eine Siedeanalyse zeigt, ob das Material einheitlich ist oder ob es sich um ein Gemisch handelt. Durch den Geruch läßt sich ferner das Vorliegen bestimmter Lösungsmittel-Gruppen erkennen oder ausschließen. Auf die Bildung binärer oder ternärer azeotroper Gemische soll hingewiesen werden[1].

Nachstehend wird die bereits erwähnte *AOCS-Methode*[2] im Wortlaut wiedergegeben:

Sie erfordert zunächst eine Quelle für trockenen und ölfreien Dampf, der dann durch die zuvor mit einer für die Zerlegung der Seife ausreichenden Menge Mineralsäure versetzten Seifenprobe geleitet wird; alsdann geht der Dampf durch eine konz. Alkali-Lösung, die irgendwelche flüchtigen Fettsäuren zurückhält, während die flüchtigen Kohlenwasserstoffe mit dem Dampf in einer geeigneten Vorrichtung, die es gestattet, daß das überschüssige Wasser abfließt, kondensiert werden, während die flüchtigen Kohlenwasserstoffe in einer graduierten Bürette zurückgehalten werden. Für Lösungsmittel, die schwerer als Wasser sind, wird zweckmäßig die Apparatur nach BIDWELL-STERLING[3] verwendet.

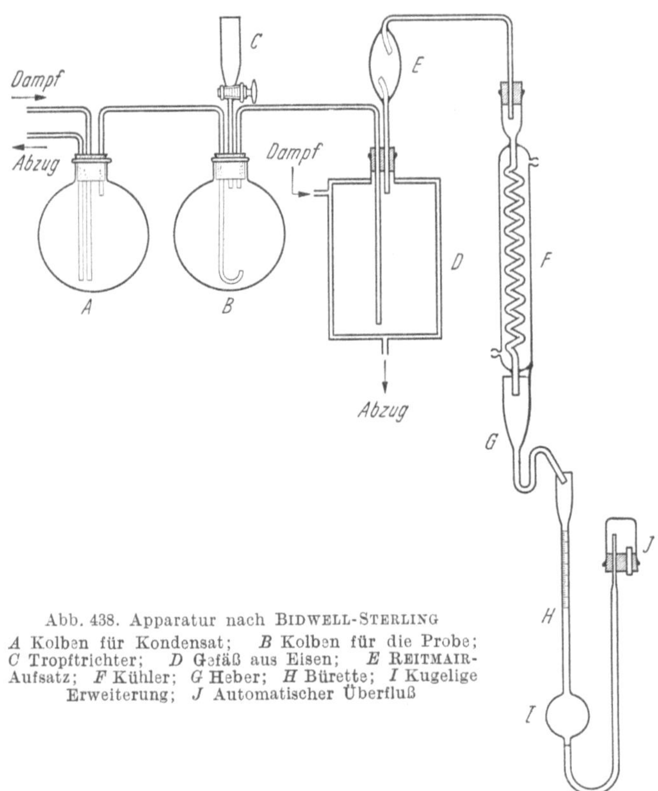

Abb. 438. Apparatur nach BIDWELL-STERLING

A Kolben für Kondensat; *B* Kolben für die Probe; *C* Tropftrichter; *D* Gefäß aus Eisen; *E* REITMAIR-Aufsatz; *F* Kühler; *G* Heber; *H* Bürette; *I* Kugelige Erweiterung; *J* Automatischer Überfluß

Der Apparat. Der Apparat und sein Aufbau sind in der beigegebenen Abbildung wiedergegeben. Nachstehend die wichtigsten Einzelheiten des Apparates:

Dampfkolben (A), ein 1 l Rundkolben mit umgelegtem Rand, der mit einer vom Boden des Kolbens zum Abzug führenden Heberröhre und mit einer die Dampfzufuhr in den Kolben regelnden Vorrichtung versehen ist;

Entwickler- oder Probekolben (B), ein 1 l Rundkolben mit umgelegtem Rand. Falls größere Proben herangezogen werden sollen, muß hierfür ein größerer Kolben gewählt werden;

---

[1] O. JORDAN: Zit. S. 1397, Fußnote 2.
[2] Da 26-42; PROCTER & GAMBLE Co.: Oil and Soap **13**, 9 (1936).
[3] G. L. BIDWELL u. W. F. STERLING: Ind. Engng. Chem., ind. Edit. **14**, 1159 (1922).

Alkaliflasche (*D*), eine Flasche aus Eisen, die mit einem für Dampfzuführung geeigneten Mantel versehen ist. Es kann aber auch eine FLORENCE-Flasche, deren obere Hälfte mit einem Kupferdampfrohr (Durchmesser 0,32 cm = 0,125 inch) umlegt ist, benützt werden. Falls eine Glasflasche verwendet wird, sollte unter diese stets ein Sicherheitsgefäß gestellt und der Inhalt von Zeit zu Zeit erneuert werden, da das konz. Alkali das Glas ziemlich schnell auflöst. Die Flasche soll mit dem Kondensator durch einen REITMAIR-Aufsatz (*E*) oder eine ähnliche Sicherheitsvorrichtung verbunden werden.

Die Dampfeinleitungsrohre sollen bis auf den Boden der Gefäße gehen und rechtwinklig zur Oberfläche des Kolbens gebogen sein.

Kondensator (*F*), ein 30,5 cm (12 inch) langer Spiralkühler, dessen Kondensrohr genügend weit ist;

Meßbürette (*H*), eine 10 ml Bürette, die in 0,1 ml eingeteilt und am unteren Ende mit einer etwa 100 ml fassenden Ausdehnungskugel versehen ist.

Die verwendeten Gummistopfen sollen vom besten Material und an der Oberfläche frei von Schwefel sein, ferner müssen sie vor der ersten Bestimmung in den Apparat eingesetzt, einer mehrstündigen Dampf-Destillation unterworfen werden.

Bestimmung. In die Alkaliflasche gibt man 150 ml NaOH-Lösung (spez. Gew. etwa 1,47) und mehrere Stücke festes NaOH, um eine zu starke Verdünnung während des Versuches zu vermeiden. Den Kühler und die Bürette spült man mit Aceton aus. Das untere Ende der Bürette verschließt man mit einem Gummistopfen, füllt die Bürette und den Ansatz mit Wasser und hebt das äußere Ende des Büretten-Fortlaufes so hoch, daß der Wasserspiegel in der Bürette etwa am Anfang der Skala steht, wenn das Wasser auf dem Ablauf in dem *automatischen Überlauf* (*J*) gerade austritt. Man vergewissert sich, daß die Verbindungen dicht und die Bürette nebst Ansatz luftblasenfrei sind. Dann stellt man den Kühler so ein, daß das untere Ende desselben am oberen Ende der Bürette den Wasserspiegel fast berührt, oder schaltet einen geeigneten *Heber* (*G*) ein, der in die Bürette mündet. Die Temperatur des Kühlwassers soll 15° oder weniger betragen. Für niedrigsiedende Kohlenwasserstoffe wird zweckmäßigerweise Eiswasser verwendet.

100 g ($\pm$ 0,5 g) der Seife (in 1 cm³-Würfeln geschnitten) oder 50 g ($\pm$ 0,3 g) Seifenpulver werden abgewogen und in den Probekolben übergeführt. Hierzu gibt man 10 g käufliches Gummi arabicum und 100 ml dest. Wasser. Dann schaltet man die Flasche in den Apparat, setzt einen mit 100 ml Schwefelsäure (1 : 3) gefüllten *Tropftrichter* (*C*) auf, schaltet den Probekolben an den Dampfkolben, wäscht die Flaschen und den Kühler, prüft, ob die Stopfen dicht genug sind, und befestigt sie durch Drahtumwicklungen. Zwischen Probekolben und Kühler sollten keine Gummiverbindungen verwendet werden.

Darauf gibt man die Säure langsam, um ein zu starkes Schäumen zu verhindern, in den Probekolben. Während des Säure-Zusatzes öffnet man vorsichtig die Dampfzuführung und regelt diese mittels eines Ventils derart, daß der Dampfstrom gerade das Übersteigen von Flüssigkeit aus dem Probe- in den Dampfkolben verhindert. Ist die gesamte Säure zugesetzt, öffnet man die Dampfzufuhr bis zur lebhaften Destillation, sorgt aber dafür, daß keine Flüssigkeit aus dem Probekolben und der Waschflasche in den Kühler übertritt und daß das Kühlwasser im Kühler keine zu große Erwärmung erfährt.

Man setzt die Destillation so lange fort, bis das Volumen der Oberschicht in der Bürette 45 Min. konstant bleibt oder keine kleinen Tröpfchen mehr im Kondensat festgestellt werden können.

Ist die Destillation beendet, stellt man die Wasserkühlung ab und läßt das Kühlwasser abfließen, damit der Dampf den Kühler erhitzt und die letzten Spuren flüchtiger Kohlenwasserstoffe aus dem Kühler heraustreibt. Sobald am unteren Ende des Kühlers der Austritt von Dampf beobachtet wird, stellt man die Dampfzuleitung ab und öffnet gleichzeitig, um ein Zurücksteigen der Lauge in den Probekolben zu vermeiden, den Hahn des auf dem Probekolben befindlichen Tropftrichters.

Die Bürette wird jetzt verschlossen, bis zur Abkühlung auf Zimmertemperatur stehengelassen oder aber, falls eine konstante Temperatur gewünscht wird, für 1 bis 2 Std. in ein Wasserbad von 25° eingestellt.

Dann liest man das Volumen der Oberschicht ab, multipliziert dieses mit dem spezifischen Gewicht und erhält so das Gewicht des entsprechenden flüchtigen Kohlenwasserstoffes. Das spezifische Gewicht wird bei derselben Temperatur wie bei der Bestimmung des Volumens ermittelt. Das kleine SPRENGEL-Rohr (aus 3 mm-Glasröhren hergestellt) ist für diese Zwecke ausreichend.

Berechnung:

$$\frac{\text{ml flüchtiger Kohlenwasserstoff} \cdot \text{spez. Gew.} \cdot 100}{\text{Einwaage}} = \text{\% flüchtiger Kohlenwasserstoff}$$

Bei einigen Proben ist der Gehalt an flüchtigen Kohlenwasserstoffen so gering, daß größere Proben (50 bis 100 g) verwendet werden müssen. In diesem Falle muß der Probekolben größer gewählt und die Menge der zur Zersetzung der Seife erforderlichen Säure ebenfalls erhöht werden.

Die weitere Untersuchung des Destillates kann nach den im Kapitel „Anstrichmittel" angegebenen Methoden zur Untersuchung von Lösungsmitteln erfolgen.

35. Riechstoffe

Die Geruchsträger befinden sich hauptsächlich im Unverseiften und Unverseifbaren. Die Bestimmung der leichtflüchtigen Anteile hält sich an die Angaben von C. MANN[1].

Bestimmung. 20 g Seife werden in 150 ml Wasser unter Zugabe von 20 g 90%igem Alkohol gelöst. Die Lösung wird angesäuert, bis eine schwache Opalescenz entsteht, mit Kochsalz übersättigt, mit 1,5 g Tannin versetzt und dann mit Wasserdampf destilliert. Das Destillat wird wieder ausgesalzen, mit 50 ml leicht siedendem Petroläther ausgeschüttelt und das Volumen des Auszuges auf 50 ml ergänzt. 25 ml (entsprechend 10 g Seife) werden zum Eindunsten gebracht. Der Rückstand wird gewogen, sein Gewicht mit 10 multipliziert und so der Gehalt der Seife an flüchtigen Riechstoffen in Prozent erhalten.

Die harzartigen Stoffe und die übrigen nicht flüchtigen Riechstoffe verbleiben im Destillationsrückstand und können nach dem Ausfällen der Seife mit Kalkmilch durch organische Lösungsmittel (Äther) extrahiert werden. Die schwer flüchtigen Riechstoffe reichern sich auch im Neutralteil bei der üblichen Bestimmung desselben an.

36. Phenole

Die übliche Bestimmung der Gesamt-Phenole beruht darauf, daß diese nach der Aussalzung der Fettsäuren mit Kochsalz in Lösung bleiben und nach Filtration und Ansäuern volumetrisch bestimmt werden können. Phenol (Carbolsäure) kann im Filtrat durch Zugabe von Brom gefällt und gewogen werden. Nach der Methode von J. HERZOG und W. KLEINMICHEL[2] werden die niederen Phenole durch Wasserdampf-Destillation abdestilliert und ausgeäthert. Resorcin und Naphthole können aus der sorgfältig getrockneten Natronseife durch Extraktion mit Äther oder Benzol erhalten werden.

Offizinelle Methode. 50 g Substanz werden mit 150 ml Wasser verdünnt, mit Schwefelsäure angesäuert, mit Wasserdampf destilliert, das Destillat wird mit 50 g Kochsalz versetzt, mit 80 ml Äther ausgeäthert, mit 20 ml Äther nachgespült, der Äther abdestilliert und der Rückstand im aufrecht stehenden Kolben mindestens 1 Std. im Vakuum getrocknet.

Volumetrische Methode. 100 g Seife werden in warmem Wasser gelöst und mit 10%iger Natronlauge stark alkalisch gemacht. Die Flüssigkeit wird mit konz. Kochsalz-Lösung versetzt und von der ausgefallenen Seife abfiltriert. Der Filterrückstand wird mit Salzwasser nachgewaschen. Das Filtrat wird auf ein geringes Volumen eingedampft, in einen Meßzylinder übergespült und so viel festes Kochsalz zugesetzt, daß ein Teil desselben ungelöst bleibt. Dann wird mit Schwefelsäure angesäuert und das Volumen der abgeschiedenen Phenole abgelesen. Für die Umrechnung wird wie folgt gesetzt:

$$1 \text{ ml} = 1 \text{ g Phenol.}$$

In Kresolseifen-Lösungen (z. B. *Lysol, Creolin*) kann der Kresol- und Fettsäure-Gehalt annähernd nach folgender Methode bestimmt werden[3]:

In einem graduierten Meßzylinder mit Glasstopfen (100 ml) werden 25 ml der Probe, 10 ml Salzsäure (D = 1,19), 5 g Natriumchlorid und genau 20 ml Petroläther einige Zeit kräftig geschüttelt. Die sich beim Stehen oben abtrennende Schicht ist genau abzulesen. Wenn die Zahl um 20 vermindert und mit 4 multipliziert wird, ergibt sich der Gehalt an Fettsäuren und Kresol in Volumenprozenten.

Das DAB[4] schreibt eine andere Methode vor, der für Untersuchungen solcher Präparate der Vorzug gegeben werden muß:

[1] C. MANN: Arch. Pharmaz. Ber. dtsch. pharmaz. Ges. **240**, 149, 161 (1902).
[2] J. HERZOG u. W. KLEINMICHEL: Apotheker-Ztg. **29**, 402 (1914).
[3] Reichsgesundheitsamt: Pharmaz. Ztg. **69**, 179 (1924).
[4] DAB., VI. Ausgabe, S. 395. Berlin: R. v. Deckers Verlag 1926/1941.

40 g Kresolseifen-Lösung werden in einem Kolben von etwa 1 l Inhalt mit 120 ml Wasser verdünnt, mit 10 Tropfen Methylorange-Lösung versetzt und mit Schwefelsäure bis zur Rotfärbung angesäuert. Hierauf wird mit Wasserdampf destilliert. Sobald das anfangs milchigtrübe Destillat klar übergeht, wird die Kühlung abgestellt und weiterdestilliert, bis Dampf aus dem Kühlrohr auszutreten beginnt. Alsdann wird die Kühlung wieder angestellt und die Destillation noch weitere 5 Min. fortgesetzt. Das Destillat wird für je 100 ml mit 20 g Natriumchlorid versetzt und nach erfolgter Lösung in einem Scheidetrichter mit 100 ml Petroläther kräftig durchgeschüttelt. Nach dem Abheben der Petrolätherschicht wird das Destillat unter Nachspülen des Kolbens noch zweimal mit je 50 ml Petroläther ausgeschüttelt. Von den vereinigten klaren Petroläther-Lösungen wird der Petroläther abdestilliert und das zurückbleibende Kresol im aufrechtstehenden Kolben 40 Min. bei 100° getrocknet und gewogen.

Die im Destillationskolben zurückgebliebene Flüssigkeit enthält die Fettsäuren. Sie können bestimmt werden, wenn man sie nach dem Erkalten in einen Scheidetrichter überführt und mit 100 ml Petroläther durchschüttelt. Nach dem Abhebern der Petrolätherschicht wird die Flüssigkeit unter Nachspülen des Kolbens noch zweimal mit je 50 ml Petroläther ausgeschüttelt. Von den vereinigten klaren Petroläther-Lösungen wird der Petroläther abdestilliert und der Rückstand $^1/_2$ Std. bei 100° getrocknet.

Natürlich hat es nicht an Versuchen gefehlt, die Vorschrift des DAB zu verbessern, da der Methode einige analytische Mängel anhaften.

P. W. Danckwortt und G. Siebler[1] empfehlen, das Kresol bromometrisch mit Kaliumbromid-Kaliumbromat zu bestimmen. Alle drei Kresole verbrauchen je Mol 6 Atome Brom. Bei der bromometrischen Bestimmung sind nach K. K. Järvinen[2] die Werte noch abhängig vom Volumen, der Acidität, dem Brom-Überschuß und Kresol-Gehalt. Derselbe Autor[3] beschreibt ferner eine Analysenmethode für Rohkresole, die 20 bis 30% Kohlenwasserstoffe, Pyridin u. a. Verunreinigungen enthalten.

37. Bestimmung der Trübungstemperatur

Unter Trübungstemperatur einer wäßrigen Seifenlösung ist die Temperatur zu verstehen, bei der unter nachfolgender Versuchsanordnung die ersten Anzeichen einer Trübung entstehen.

Eine 5 g Fettsäure entsprechende Menge Seife wird mit 1 l ausgekochtem (kohlensäurefreiem) Wasser in einem Literkolben aufgelöst und auf 100° erhitzt. Der Kolben wird dann auf einen Dreifuß, auf dem eine dunkelgefärbte eiserne Platte liegt, gestellt. In den Kolben wird ein in $^1/_1$ Grade geteiltes Thermometer mit 10 bis 12 mm langem Quecksilbergefäß derart eingestellt, daß letzteres in der Mitte des Kolbens aufsteht. Die sich langsam abkühlende Seifenlösung wird beobachtet, besonders die Zone um das Quecksilbergefäß. Bei Erreichung des Trübungspunktes entsteht am Boden des Kolbens eine schwache Trübung, die sich am Thermometer in die Höhe zieht, hier in wärmere Schichten gelangt und wieder blank wird.

Das erste deutliche Auftreten einer Trübung am Boden des Kolbens wird als Trübungstemperatur bezeichnet. Die Trübungstemperatur wird innerhalb eines Intervalls von 1 bis 2° angegeben, beispielsweise 33 bis 34°, 34 bis 35°.

38. Die Härte des Wassers

Bei der Herstellung und Anwendung von Seifen ist die *Härte des Wassers* von ausschlaggebender Bedeutung. Durch Calcium- und Magnesiumsalze (Hydrogencarbonate und Sulfate) können durch Abscheidung der unlöslichen fettsauren Salze erhebliche Verluste eintreten. Es sollen daher die Methoden der Härte-Bestimmung kurz erwähnt werden.

Gesamthärte. a) Nach Boutron-Boudet. Die Bestimmung der Wasserhärte erfordert die Verwendung bestimmter genormter Arbeitsgeräte und Chemikalien-Lösungen. Die Vorschriften sind beschrieben in den „Richtlinien für Wasseraufbereitungsanlagen"[4].

---

[1] P. W. Danckwortt u. G. Siebler: Z. analyt. Chem. **78**, 226 (1929).
[2] K. K. Järvinen: Z. analyt. Chem. **71**, 108 (1927).
[3] K. K. Järvinen: Z. analyt. Chem. **73**, 446 (1928).
[4] Vereinigung der Großkesselbesitzer: Richtlinien für Wasseraufbereitungsanlagen 1940; G. Hamann u. W. Neumann: Chemiker-Ztg. **77**, 438 (1953).

Von dem zu untersuchenden Wasser werden zunächst 40 ml in den Mischzylinder gefüllt und nach Zusatz von 0,1 ml Phenolphthalein-Lösung je nach der Reaktion des Wassers mit 0,1 n Säure oder Lauge bis zum Auftreten einer gerade noch deutlich sichtbaren rosa Färbung abgestumpft. Aus dem bis zur Füllmarke (Strich über der 0-Marke) mit Seifenlösung nach BUTRON-BOUDET gefüllten Meßrohr wird Seifenlösung zur Wasserprobe getropft. Die Seifenlösung wird so lange in kleinen Anteilen zugegeben und dann jedesmal kräftig durchgeschüttelt, bis ein bleibender kleinblasiger, nicht mehr knisternder Schaum entsteht. Verschwindet dieser Schaum bei weiterer Zugabe von Seifenlösung wieder (magnesiareiches Wasser), so ist mit dem Zusatz der Seifenlösung so lange fortzufahren, bis der kleinblasige, nicht mehr knisternde Schaum stehenbleibt.

Der Stand der Seifenlösung in dem senkrecht gehaltenen Meßrohr gibt die Gesamthärte in Grad Deutsche Härte an.

Hartes Wasser über 15° DH muß vor der Prüfung mit dest. Wasser verdünnt werden.

b) G. SCHWARZENBACH und W. BIEDERMANN[1,2] bestimmen die Härte des Wassers mit dem Natriumsalz der Äthylendiamin-tetraessigsäure unter Verwendung z. B. von *Eriochromschwarz T* (GEIGY)[3] als Indicator. Hierbei schlägt beim Endpunkt der Titration der Indicator von Weinrot nach Blau um. Die Titration wird bei p_H 10, unter Zusatz eines Puffers aus Ammoniak-Ammoniumsalz, durchgeführt, da sonst Magnesiumhydroxyd bei einem höheren p_H ausfallen würde, und bei einem niederen p_H das Kation vom Farbstoff aber weniger intensiv gebunden wird. Die Titration wird also komplexometrisch mit metallspezifischen Indicatoren durchgeführt und ist schnell und einfach.

Bestimmung von Calcium. Die Maßflüssigkeit besteht aus einer 0,1 m Lösung des Natriumsalzes der Äthylendiamin-tetraessigsäure (37,21 g/l doppelt dest. Wasser[4]).

Indicator. Eine frisch hergestellte gesättigte Lösung von Murexid in doppelt dest. Wasser.

Zur Ausführung der Titration wird das Wasser, das nicht mehr als 0,5 g Calcium/l enthalten soll, mit starker Natronlauge auf einen p_H von mindestens 12 gebracht, die Indicator-Lösung bis zur kräftigen Rotfärbung zugegeben und so lange mit der Maßflüssigkeit versetzt, bis die Farbe nach Blauviolett umschlägt.

1 ml Maßflüssigkeit entspricht 4,008 mg Calcium.

Bestimmung von Magnesium bzw. der Gesamthärte. Die Maßflüssigkeit ist dieselbe wie oben.

Indicator. 2 g Eriochromschwarz T werden in 500 ml Äthanol gelöst.

Puffer. 350 ml 25%iger Ammoniak und 54 g Ammoniumchlorid werden in doppelt dest. Wasser gelöst und zu 1 l aufgefüllt.

Das zu untersuchende Wasser soll nicht mehr als 0,2 g Magnesium/l enthalten.

Für je 100 ml Wasser werden 5 ml Pufferlösung und 10 Tropfen Indicator zugegeben, die Flüssigkeit auf etwas über 40° erwärmt und so lange mit der Maßflüssigkeit versetzt, bis der Umschlag von Weinrot nach Blau erfolgt. Das Erwärmen ist notwendig, um die Komplex-Bildung zu beschleunigen, die bei kälterer Lösung sonst zu langsam eintritt. Spuren von Schwermetallen werden durch Zusatz von etwas Natriumsulfid beseitigt. Wenn gleichzeitig noch Calcium vorhanden ist, wird dieses mitbestimmt.

1 ml Maßflüssigkeit entspricht 2,432 mg Magnesium.

Laugen. Alkali- bzw. Carbonat-Gehalt der benützten Laugen müssen bekannt sein. Man bestimmt sie wie folgt:

a) *Gesamt-Alkali.* Die zu titrierende Lösung wird nach dem Ergebnis eines Vorversuches so eingestellt, daß eine etwa 1 n Lösung entsteht, und Methylorange als Indicator (0,1%ige Lösung) verwendet. Die Titration wird mit 0,5 n Säure durchgeführt.

Die Umrechnung von Vol.-% auf Gewichtsprozent und umgekehrt erfolgt unter Verwendung des spezifischen Gewichtes nach der Formel

$$\text{Gewichtsprozent} = \frac{\text{Vol.-\%}}{\text{spez. Gewicht}}$$

b) *Carbonat-Gehalt nach* WINKLER-SÖRENSEN. Die zu untersuchende Lauge wird verdünnt, bis eine etwa 0,1 n Lösung entsteht. Davon werden je 25 ml verwendet, und zwar zur

---

[1] G. SCHWARZENBACH u. W. BIEDERMANN: Chimia **2**, 1, 56 (1948). Sonderdruck.

[2] G. SCHWARZENBACH u. W. BIEDERMANN: Helv. chim. Acta **31**, 459 (1948); G. SCHWARZENBACH: Die komplexometrische Titration. Stuttgart: Enke 1956.

[3] Der Indicator *Eriochromschwarz T* wird aus diazotierter 1-Amino-2-oxy-5-nitronaphthalin-4-sulfonsäure und α-Naphthol hergestellt.

[4] Einfach dest. Wasser kann Spuren von Kupfer enthalten, das die Titration stört.

Titration vom Gesamt-Alkali gegen Methylorange gemäß a) und zur Titration von Ätzalkali nach folgender Vorschrift:

25 ml der verdünnten Lauge werden mit 25 ml 5%igem $BaCl_2$ in der Hitze versetzt. Die trübe Lösung wird nach Zugabe von Phenolphthalein (1%ige Lösung in 96%igem Äthylalkohol) langsam unter Umrühren mit 0,1 n HCl titriert.

Beispiel: Eine rund 40%ige Lauge soll untersucht werden. Zu diesem Zweck werden 10 g in einem Meßkolben auf 1 l verdünnt. Bei der ersten Titration werden z. B. 25 ml, bei der zweiten Titration 23,5 ml 0,1 n Säure verbraucht. Es werden dann erhalten:

$$\% \; Na_2CO_3 = \frac{25,0 - 23,5 \cdot 0,53}{25,0} = 0,032$$

$$\% \; NaOH = \frac{23,5 \cdot 0,40}{25,0} = 0,376$$

Die Ausgangslauge enthält dann 37,6% NaOH und 3,2% Na_2CO_3.

c) *Alkalihydrogencarbonat nach* WINKLER. Es wird eine gewisse Menge der hydrogencarbonathaltigen Carbonat-Lösung mit einem bekannten Überschuß an 0,1 n Lauge versetzt. In der Lösung befinden sich jetzt Carbonat und Ätzalkali, so daß dieselbe Methode angewendet werden kann wie oben. Aus der Differenz zwischen dem zugesetzten und dem gefundenen Ätzalkali wird der Gehalt der ursprünglichen Carbonat-Lösung an Hydrogencarbonat berechnet.

39. Gebrauchswertprüfungen

Wie bereits einleitend erwähnt, erlaubt die chemische Prüfung kein endgültiges Urteil über den Gebrauchswert der Seifen und seifenhaltigen Erzeugnisse. Vielmehr muß von Fall zu Fall eine dem jeweiligen Zweck angepaßte Untersuchung in dieser Richtung erfolgen. Da eine eingehende Beschreibung der einschlägigen Methoden an dieser Stelle nicht möglich ist, können nachfolgend nur einige kurze Hinweise gegeben werden.

Schaumvermögen. Der Erzeugung einer guten Schaumwirkung — also der Art und Menge des unter bestimmten Bedingungen gebildeten Schaumes — wird in den meisten Fällen eine große Bedeutung zugelegt. Die Definition einer Schaumzahl oder ähnlicher damit in Zusammenhang stehender Begriffe ist bisher noch nicht einheitlich, worüber H. P. KAUFMANN, J. BALTES und E. DUDDEK[1] sowie H. MACHEMER[2] ausführlich berichteten. Bei der Bestimmung[3] bedient man sich neben einfacher Schüttel- oder Schlag-Versuche (Hand- oder Motorbetrieb) auch der Schaumerzeugung mit Hilfe von Capillaren oder Düsen, durch die Luft in die Waschflotte geblasen wird; auch Vibratoren wurden eingesetzt. Die Reproduzierbarkeit der Ergebnisse ist unterschiedlich und wird immer da am besten sein, wo der Versuch weitgehend mechanisiert und immer auf gleiche Weise durchführbar ist. Von den neueren Methoden seien die von E. GÖTTE[4], H. MACHEMER und Mitarbeitern[5], A. SCHLACHTER und H. DIERKES[6],

[1] H. P. KAUFMANN, J. BALTES u. E. DUDDEK: Fette · Seifen · Anstrichmittel **56**, 596 (1954).

[2] H. MACHEMER, W. GRIESS u. H. MUGELE: Fette · Seifen · Anstrichmittel **54**, 769 (1952).

[3] H. E. WILLIAMS: Ind. Engng. Chem., ind. Edit. **18**, 361 (1926); P. SCHWARZ: Seifensieder-Ztg. **52**, 387 (1925); B. TÜTÜNNIKOW u. N. KASSJANOWA in E. L. LEDERER: Kolloidchemie der Seifen. Dresden u. Leipzig: Steinkopff 1932; V. L. HANSLEY: Ind. Engng. Chem., ind. Edit. **23**, 1283 (1931); I.G. FARBENINDUSTRIE-HOECHST: Melliand Textilber. **18**, 812 (1937); K. N. ARBUSOW u. B. N. GREBENTSCHIKOW: J. physik. Chem. (russ.) **10**, 32 (1937); P. SCHWARZ: Seifensieder-Ztg. **64**, 69 (1937); A. IMHAUSEN: Kolloid-Z. **85**, 241 (1938); W. MISCHKE: ebenda **90**, 77 (1940).

[4] E. GÖTTE: Melliand Textilber. **29**, 65, 105 (1948).

[5] H. MACHEMER, W. GRIESS u. H. MUGELE: Fette · Seifen · Anstrichmittel **54**, 769 (1952).

[6] A. SCHLACHTER u. H. DIERKES: Fette · Seifen · Anstrichmittel **53**, 207 (1951).

R. G. Merrill und F. T. Moffitt[1], I. Ross und G. D. Miles[2], I. C. Harris[3] und H. P. Kaufmann[4] genannt.

Die Reinigungswirkung gegenüber Textilien. Bei der Prüfung der Reinigungswirkung ist man bemüht, den *Waschvorgang* im Laboratorium den Verhältnissen in der Praxis weitgehend anzugleichen[5]. Neuere Vorschläge, bei denen man sich mechanischer Einrichtungen bedient, stammen von T. Hesse[6], H. Stüpel[7] und H. Machemer[8], daneben werden vielfach das Launder-Ometer[9] und das Terg-O-Tometer[10] benützt. Die Ergebnisse der Waschversuche sind jedoch nicht allein von der verwendeten Apparatur, sondern auch von der Art der *Anschmutzung* und dem verwendeten Gewebe abhängig. Aus diesem Grunde wurden verschiedene Teststoffe entwickelt, bei denen die Art des Gewebes und der Anschmutzung immer gleichbleibend ist. H. Stüpel[11] beschrieb die bekanntesten Test-Anschmutzungen[12] und verglich ihre Eigenschaften. Vielfach werden in den Laboratorien Testgewebe unter Verwendung von Lampenruß, Tusche, kolloidalem Graphit, organischen Farbstoffen, Lanolin, Talg, Mineralölen usw. in Gegenwart geringer Mengen polarer Kohlenwasserstoffe selbst hergestellt und verwendet. Eine laboratoriumsmäßig durchgeführte Anschmutzung beschrieb z. B. G. Carrière[13]. Bei der *Auswertung* des Wascheffektes bedient man sich hauptsächlich der Weißgradmesser und Leukometer[14], wobei man die erreichte Wirkung durch den „Waschkraft-Quotienten"[15] ausdrückt. Auch die Messung der Lichtdurchlässigkeit eines gewaschenen Gewebes[16] kann zur Auswertung herangezogen werden.

Wirkung auf die Faser. Zur Prüfung auf Faserschädigungen bestimmt man den Polymerisationsgrad nach H. Staudinger und W. Heuer[17] oder nach

[1] R. G. Merrill u. F. T. Moffitt: Oil and Soap **21**, 170 (1944).

[2] I. Ross u. G. D. Miles: J. Amer. Oil Chemists' Soc. **18**, 99 (1941).

[3] I. C. Harris: Detergency Evaluation and Testing. New York: Interscience Publishers 1954.

[4] H. P. Kaufmann, J. Baltes u. E. Duddek: Zit. S. 1403, Fußnote 1.

[5] E. Luksch: Seifensieder-Ztg. **40**, 413, 444 (1913); C. Stiepel: Seifenfabrikant **36**, 737, 754 (1916); K. Löffl: Seifensieder-Ztg. **44**, 503 (1917); K. Lindner u. J. Zickermann: Melliand Textilber. **5**, 307, 385 (1924); P. Heermann: Mitt. Materialprüfungsamt Bln.-Dahlem 1927; F. H. Rhodes u. S. W. Brainard: Ind. Engng. Chem., ind. Edit. **21**, 60 (1929); E. Bosshard u. H. Sturm: Chemiker-Ztg. **54**, 762 (1930); E. Götte: Kolloid-Z. **64**, 222, 327, 331 (1933); B. Tütünnikow u. A. Soboly: Seifensieder-Ztg. **60**, 787, 808 (1933); L. Szegö u. G. Beretta: Giorn. Chim. ind. appl. **16**, 281 (1934); W. Garner: Analyst **65**, 563 (1940); G. Gehm: Seifensieder-Ztg. **68**, 159 (1941).

[6] T. Hesse: Fette u. Seifen **49**, 436 (1942).

[7] H. Stüpel u. A. v. Segesser: Soap, Perfum. Cosmet. **24**, 558 (1951).

[8] H. Machemer: Fette · Seifen · Anstrichmittel **53**, 35 (1951).

[9] O. C. Bacon u. J. E. Smith: Ind. Engng. Chem. **40**, 2361 (1948); T. H. Vaughn u. H. R. Suter: J. Amer. Oil Chemists' Soc. **27**, 249 (1950); F.PP. 739066, 716605; Schwz.PP. 158117–19; B.P. 377249.

[10] DRPP. 634032, 655999, 671085, 678731; F.PP. 693620, 717205, 716705, 735647; B.PP. 341053, 343524, 343899; A.PP. 1932176, 1932179, 1932180; J. M. Lambert u. H. L. Sanders: Ind. Engng. Chem. **42**, 1389 (1950); J. W. McCutcheon: Soap Sanit. Chemicals **25**, Nr. 5, 83 (1949).

[11] H. Stüpel: Fette · Seifen · Anstrichmittel **54**, 143 (1952).

[12] Schweiz. Ges. für analyt. und angew. Chemie: Seifen und Waschmittel, S. 70. Bern: Huber 1944; G. Weder: Eidg. Materialprüfungsanstalt St. Gallen, Privatmitteilung; F. D. Snell Inc.: Techn. Bull. 1951.

[13] G. Carrière: Fette · Seifen · Anstrichmittel **55**, 448 (1953).

[14] H. Machemer: Fette · Seifen · Anstrichmittel **54**, 324 (1952).

[15] H. Stüpel: Fette · Seifen · Anstrichmittel **56**, 211 (1954).

[16] E. Walter: Fette · Seifen · Anstrichmittel **53**, 322 (1951); R. Neu: ebenda **54**, 636 (1952).

[17] H. Staudinger u. W. Heuer: Ber. dtsch. chem. Ges. **63**, 222 (1930); H. Staudinger: Erfahrungsaustausch der Seifen-, Wasch- u. Reinigungsmittel-Industrie, Folge 3, 1 (1949).

E. SCHWARTZ und W. ZIMMERMANN[1]. Dieser bezeichnet die Anzahl der Glucose-Reste im Molekül und ist je nach Art der Cellulose unterschiedlich hoch. Bezüglich der experimentellen Durchführung sei auf das Schrifttum verwiesen[2]. Ferner dienen hauptsächlich die Bestimmung der Asche sowie das Verhalten des Gewebes gegenüber mechanischen Beanspruchungen der Erkennung von Faserschädigungen.

Die Prüfung der Hautwirkung waschaktiver Stoffe. Da es sich dabei um Versuche an der lebenden Haut handelt, verlangen diese Prüfungen eine andere Technik. Zur Bestimmung der *Reinigungswirkung* wird der Handwaschversuch[3] am häufigsten durchgeführt, daneben benützt man mechanische Einrichtungen, wie z. B. die von O. JACOBI[4] oder W. BLAICH und U. GERLACH[5]. Die künstliche *Anschmutzung* ist schwieriger durchführbar als bei Textilien und noch nicht standardisiert. Man verwendet z. B. Motorenöl[6] oder Farbstoffe[7] in bestimmten Mischungen und stellt dann nach der Waschung meistens den mit Lösungsmitteln extrahierten Restschmutz-Anteil durch Fluorescenz-Analyse oder colorimetrische Verfahren fest. Bei der Prüfung der *Desinfektionswirkung* von Seifen[8] beimpft man die Haut mit Keimen und prüft die nach dem Waschen noch vorhandene Menge durch Abimpfen. Die keimhemmende Wirkung einer Seife oder Seifenlösung kann auch direkt im VINZENT-Test bzw. Suspensionsversuch festgestellt werden. Die mikroskopische Betrachtung der gewaschenen Haut erlaubt Rückschlüsse auf die Reinigungswirkung eines Waschmittels und ist wertvoll zur Erkennung von *Hautschädigungen*[9]. Diese Schädigungen sind eine beachtenswerte Nebenerscheinung beim Waschprozeß, und man versucht, den Einfluß der verschiedenen Reinigungsmittel auf experimenteller Basis zu prüfen[10].

Auch mit wasserunlösliche Stoffe enthaltenden Handwaschseifen werden zweckmäßig Handwaschversuche angestellt, wobei gleichzeitig die Gebrauchsfähigkeit der Erzeugnisse überprüft wird. Bei der *Prüfung solcher* Handwaschseifen wird gleichzeitig auch ein zweites oder drittes Stück anderen Ursprungs mitgeprüft. Kommt es jedoch darauf an, die Hautverträglichkeit nur eines Erzeugnisses zu prüfen, so wird dieses allein abgewaschen. Bei einem nicht einwandfreien Produkt werden nach kurzer Zeit die Papillen abgescheuert und die Innenfläche der Hand blutet. Wenn eine solche Prüfung auch extrem erscheinen mag, so ist sie doch der einzige Weg zu einer Beurteilung der Gebrauchsfähigkeit für den Dauergebrauch.

---

[1] E. SCHWARTZ u. W. ZIMMERMANN: Melliand Textilber. **22**, 525 (1941); E. SCHWARTZ: Erfahrungsaustausch der Seifen-, Wasch- u. Reinigungsmittel-Industrie, Folge 2, 87 (1944).

[2] O. EISENHUT: Melliand Textilber. **22**, 424 (1941); H. VETTER: ebenda **22**, 426 (1941); H. A. WANNOW: Textil-Praxis **1949**, 457; WIDALY: Seifen-Öle-Fette-Wachse **76**, 507 (1950); A. ZART: Melliand Textilber. **32**, 39 (1951); P. HEERMANN u. A. AGSTER: Färberei- und textilchemische Untersuchungen. Berlin: Springer 1951; O. LIND: Erfahrungsaustausch der Seifen-, Wasch- u. Reinigungsmittel-Industrie, Folge 1, 2 (1947); W. GUTMANN: ebenda, Folge 1, 24, 47 (1947); O. UHL: ebenda, Folge 1, 53 (1947); R. TRAUTLUFT: ebenda, Folge 1, 58 (1957).

[3] H. RUF u. J. RENGER: Fette u. Seifen **47**, 590 (1940); P. W. SCHMIDT u. R. STRAUB: Münchener med. Wschr. **87**, 1147 (1940).

[4] O. JACOBI: Arch. Dermatologie Syphilis **188**, 197 (1949).

[5] W. BLAICH u. U. GERLACH: Fette · Seifen · Anstrichmittel **57**, 33 (1955).

[6] L. PEUKERT u. W. SCHULTZE: Arch. Dermatologie Syphilis. **179**, 125, 315 (1939).

[7] H. RUF u. J. RENGER: Fette und Seifen **47**, 590 (1940) P. W. SCHMIDT u. R. STRAUB: Münchener med. Wschr. **87**, 1147 (1940). W. BLAICH u. U. GERLACH: Fette · Seifen · Anstrichmittel **57**, 33 (1955).

[8] G. HOPF: Fette · Seifen · Anstrichmittel **54**, 89 (1952); W. BRAUSS: Fette · Seifen · Anstrichmittel **56**, 618 (1954).

[9] H. RUF: Fette · Seifen · Anstrichmittel **52**, 300 (1950); L. PEUKERT: ebenda **52**, 415 (1950); H. KOEHLER u. R. HERRMANN: ebenda **53**, 146 (1951).

[10] H. RUF: Fette · Seifen · Anstrichmittel **52**, 300 (1950); L. PEUKERT: ebenda **52**, 415 (1950); H. BOBER: ebenda **53**, 548 (1951); H. KOEHLER u. R. HERRMANN: ebenda **53**, 146 (1951); A. GREITHER u. H. KLEINSCHMITT: ebenda **54**, 272 (1952); G. HOPF u. J. BURMEISTER: ebenda **55**, 178 (1953).

Äußere Fehler von Seifen-Erzeugnissen. Fehler von Seifen-Erzeugnissen lassen sich oft schon rein äußerlich oder bei kurzer Gebrauchswertprüfung feststellen. Sie geben Hinweise, die bei der chemischen Analyse noch besonders zu beachten sind. Nachstehende Zusammenstellung gibt Aufschluß über in Erscheinung tretende Seifenfehler.

1. *Beschlag an harten Seifen.* Die Ursachen liegen an einem zu hohen Alkali- oder Salzgehalt. Auch bei Verwendung stark salzhaltiger Laugen zum Verseifen kann ein Beschlagen der Seifen eintreten. Fette mit hohem Gehalt an Unverseifbarem geben den Seifen unter Umständen auch ein solches Aussehen.

2. *Flecke in harten Seifen.* Hier können schlecht verseiftes Fett oder Metallspuren die Ursache sein. Gelegentlich werden Flecke bei der Verarbeitung von Baumwollsaatöl beobachtet. Gelbe Flecke entstehen häufig bei nicht richtiger Verseifung von Talg im Fettansatz.

3. *Rissige Toilettenseife.* Der Grund kann in der Verarbeitung hoch stearinhaltiger Fette liegen oder in einem zu hohen Salzgehalt. Außerdem kann die zu geringe oder zu starke Trocknung der Grundseife die Ursache sein. Ein zu hoher Gehalt an Cocosöl im Fettansatz kann ebenfalls zur Rißbildung führen. Beim Fehlen dieser Ursachen kann die nicht mehr dicht schließende Schnecke der Strangpresse dafür verantwortlich sein.

Die in Kern- und Halbkernseifen auftretenden Risse entstehen bei der Verarbeitung von Fetten mit zu hohem Titer bzw. beim Fehlen kohlensaurer Salze. Verblassen des Druckes und der Farben sowie Farbänderung des Papiers zum Einwickeln von Seifen beruhen auf zu hohem Alkali-Gehalt.

4. *Schwitzen von Seifen.* Meist ist ein zu hoher Gehalt an freien Salzen die Ursache. Temperaturwechsel kann ebenfalls dazu beitragen. Zuweilen kann auch ein hoher Glycerin-Gehalt in Verbindung mit zu viel Salz die Ursache sein.

5. *Trübe und fleckige Toilettenseifen.* Meistens ist ein ungenügender Gehalt an freiem Alkali dafür verantwortlich. Kalkhaltiges Glycerin oder Wasser kann ebenfalls zu den Erscheinungen beitragen.

6. *Schlechtes Schäumvermögen.* Die Ursache kann in ungeeignetem Fettansatz, unvollständiger Verseifung, nicht sorgfältig kontrolliertem Alkali-Gehalt und in zu hohem Salzgehalt liegen.

7. *Dünne Schmierseifen.* Durch Lagerung können Schmierseifen dünn werden, entweder durch nicht genügenden Alkali-Gehalt oder durch einen zu hohen Carbonat-Gehalt. Außerdem kann die Füllung dazu beitragen. Eine in der warmen Jahreszeit auftretende Verflüssigung der Schmierseifen beruht oft auf einem Fehlen von Natronlauge bei der Verseifung. Bei der Verwendung von Ricinusöl ist ebenfalls ein Dünnwerden der Schmierseife möglich. Schließlich kann auch die Abfüllung in nasse Fässer die Ursache sein.

8. *Nässende Schmierseifen.* Die Ursachen können in zu hohem Alkali-Gehalt liegen. Aber auch die Verwendung von Rüböl in der kälteren Zeit des Jahres führt oft zu erfrorenen, nässenden Seifen. Harzhaltige Schmierseifen, die teilweise mit Natronlauge verseift sind, geben glitschige Seifen. Durch niedrigprozentige Ausschleif-Lösungen werden leicht erfrierende Seifen erhalten. Auch die unter dem technischen Ausdruck „Langwerden der Schmierseifen" bekannt gewordenen Fehler können auf dieselben Ursachen wie das „Dünnwerden" zurückgeführt werden. Die gleichzeitige Anwesenheit von zuviel Leimfetten, wie Cocos- und Palmkernöl, gibt besonders bei weißen Schmier- und Silberseifen leicht sogenannte lange Seifen.

9. *Fehler in Seifenpulvern.* Beim Lagern naß werdendes Seifenpulver kann entweder durch Feuchtigkeit des Lagerraumes, zu hohen Wassergehalt des Pulvers oder durch ungeeignete Salze entstehen. Kaliseife kann außerdem ein Feuchtwerden verursachen, wenn der Gehalt zu hoch ist.

10. *Sauerstoffhaltige Seifenpulver* können ein Nachlassen des Sauerstoff-Gehaltes zeigen, wenn der Wassergehalt zu hoch ist oder katalytisch wirkende Metalle, wie Eisen- und Mangan-Verbindungen, vorhanden sind.

Vorstehende Aufzählung von Fehlern kann nicht vollständig sein, enthält jedoch die wichtigsten Fehler. In der Praxis kommen oft überraschende Veränderungen an Seifen vor. Sie lassen einen Schluß auf nicht sachgemäße Herstellung, ungeeigneten Fettansatz usw. zu. Neben jeder chemischen Analyse sollte auch ein Abwaschtest durchgeführt werden, wobei die Seife zwischenzeitlich eine kürzere Zeit trockengelegt werden sollte. Hierbei auftretende Sprünge im Seifenkörper zeigen dann erst die Fehler an, die sonst nicht ohne weiteres erkannt werden. Weitere Aufschlüsse über die Haltbarkeit von festen Seifen gibt auch die Behandlung im Klimaschrank. Die Seifen werden einem Wechselklima unterworfen, und zwar sowohl einem Feuchtigkeits- als auch einem Temperaturwechsel. Einwandfreie Seifen vertragen solche Schwankungen, während fehlerhafte Seifen die Erscheinung des „Schwitzens" zeigen. Dasselbe gilt für die Haltbarkeit von Waschpulvern. Die Versuche sollen stets mit einem einwandfreien Vergleichsprodukt durchgeführt werden. Bei Waschpulvern wird daneben auch die Gewichtsveränderung ermittelt. Ferner sind für feste Seifen Bestrahlungen mit UV-Licht angezeigt, um den Einfluß des Sonnenlichtes kennenzulernen.

Diese Untersuchungen geben wertvolle Anhaltspunkte für die Haltbarkeit der Seifen.

Falls sich Änderungen des Fettansatzes in der Fabrikation als notwendig erweisen, empfiehlt sich die Herstellung eines Probesudes und Anfertigung einer entsprechenden Anzahl fertiger Stücke. Diese werden dann für einen Verbrauchertest (s. S. 1403 ff.) ausgegeben.

Die Feststellung, daß eine Seife oder ein seifenhaltiges Erzeugnis mit Fehlern behaftet ist, bietet noch keine Möglichkeit, dagegen einzuschreiten. Der Fabrikant wird von sich aus gezwungen sein, unbrauchbare und ungeeignete Erzeugnisse aus dem Handel zurückzuziehen. Die Widerlegung von Reklamationen wird nur dann erfolgreich sein, wenn die Testung des Gebrauchswertes und die chemische Analyse vorliegen bzw. regelmäßig durchgeführt werden.

3. Synthetische waschaktive Stoffe *

Die Analyse der synthetischen waschaktiven Stoffe, die erst 1925 mit den *Nekalen* von F. GÜNTHER[1], den ersten vollsynthetischen Textilhilfsmitteln, in die Textilchemie Eingang fanden, ist viel schwieriger und weniger bearbeitet als die der Seifen. Die Gründe hierfür sind folgende: Während bei den Seifen die Ausgangsstoffe einem ganz bestimmten, bekannten Verbindungstyp angehören, die Herstellungsverfahren ebenfalls bekannt sind und damit ihre chemische Zusammensetzung feststeht, handelt es sich bei den synthetischen Produkten um Erzeugnisse, deren Ausgangsstoffe sehr verschiedenen Klassen von Verbindungen entnommen und zudem noch nach den verschiedensten Methoden und mit den mannigfaltigsten Mitteln in capillaraktive Substanzen übergeführt werden. Meist enthalten sie verschiedene Stellungsisomere und mono- und polysubstituierte Verbindungen nebeneinander, und oft liegen zudem Gemische verschiedener Verbindungstypen vor. Außerdem bringt die technische Weiterentwicklung dieses noch nicht abgeschlossenen Gebietes immer wieder neue Produkte und Kombinationen, da die Gründe für ihre Entwicklung — Einsparung von Ölen und Fetten und Erzielung besonderer technischer Effekte — weiterhin vorhanden sind.

a) Übersicht über die verschiedenen Verbindungstypen

Je nachdem, ob der synthetische wasch- bzw. capillaraktive Stoff in wäßriger Lösung in Ionen dissoziiert ist bzw. mit Elektrolyten zusammengesetzte Ionen bildet oder nicht, unterscheidet man nicht-ion-capillaraktive (nicht-ionogene) und ion-capillaraktive (ionogene) Verbindungen. Ist in letzterem Fall das für

---

den technischen Effekt verantwortliche Ion ein Kation, so spricht man von einem kation-capillaraktiven, ist es ein Anion, von einem anion-capillaraktiven Stoff.

Als Beispiel für anion-capillaraktive synthetische Textilhilfsmittel sei der *Nekal*-Typ genannt: Gemische von Salzen der Alkylnaphthalinsulfonsäuren, die in wäßriger Lösung die Ionen liefern:

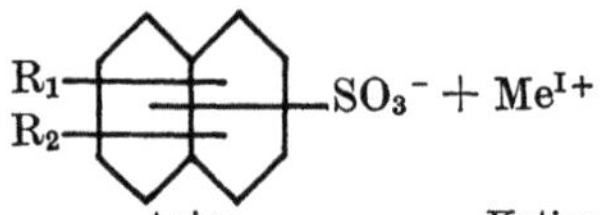

$$R_1,\ R_2\text{-Naphthalin-}SO_3^- + Me^{I+}$$

Anion   Kation

Der *Zephirol*-Typ soll den Aufbau bzw. die elektrolytische Dissoziation der kation-capillaraktiven Synthetika zeigen:

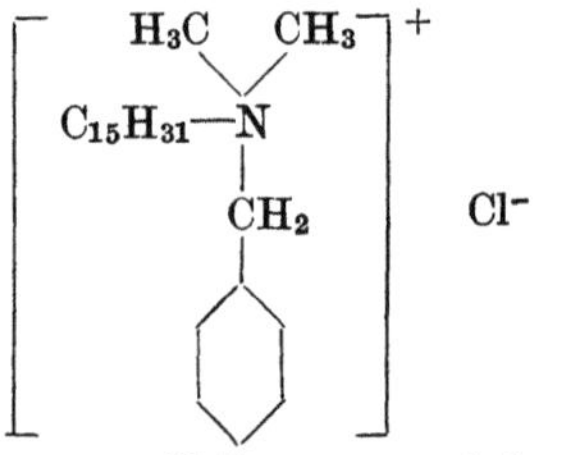

$$\left[\begin{array}{c} H_3C \quad CH_3 \\ C_{15}H_{31}\!-\!N \\ | \\ CH_2 \\ | \\ \text{(Phenyl)} \end{array}\right]^+ Cl^-$$

Kation   Anion

Daß sich das große Anion der anion-capillaraktiven und das große Kation der kation-capillaraktiven Verbindungen in wäßriger Lösung gegenseitig ausfällen,

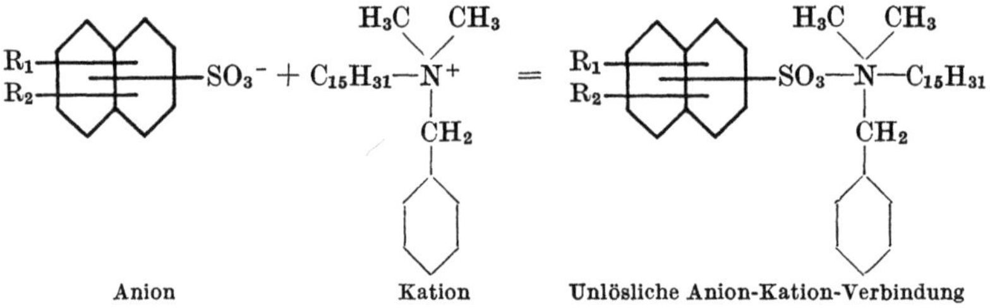

$$R_1, R_2\text{-}SO_3^- + C_{15}H_{31}\!-\!N^+(H_3C)(CH_3)(CH_2\text{-Phenyl}) = R_1, R_2\text{-}SO_3\!-\!N(C_{15}H_{31})(H_3C)(CH_3)(CH_2\text{-Phenyl})$$

Anion   Kation   Unlösliche Anion-Kation-Verbindung

ist analytisch wichtig und kann sowohl zum wechselseitigen qualitativen Nachweis als auch zur quantitativen Bestimmung benützt werden.

Als Beispiel nicht-ionogener Verbindungen seien die *Alkylolaminester* genannt, z. B. Triäthanolamin-monofettsäureester:

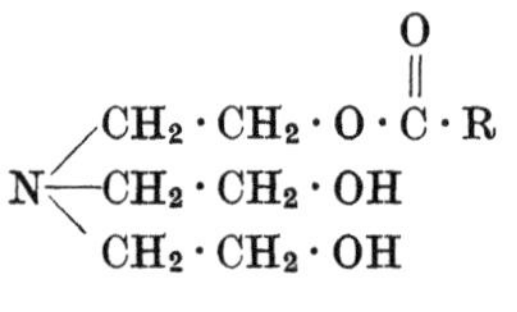

$$N\!\!\begin{cases} CH_2\cdot CH_2\cdot O\cdot \overset{\displaystyle O}{\overset{\|}{C}}\cdot R \\ CH_2\cdot CH_2\cdot OH \\ CH_2\cdot CH_2\cdot OH \end{cases}$$

Für die Polyäthylenimine hat WURZSCHMITT den Nachweis erbracht, daß sie in wäßriger, insbesondere säure- und salzhaltiger Lösung in Polyammonium-Verbindungen übergehen und sich deshalb kation-capillaraktiv verhalten. Polyglykoläther zeigen unter diesen Bedingungen zwar viele Reaktionen kation-capillaraktiver Substanzen, ihr ionisierter Zustand konnte aber bisher nicht bewiesen werden[1]. Da Äthylenoxyd-Addukte auch in neutraler Lösung und in Abwesenheit von Salzen capillaraktiv sind, d. h. unter Bedingungen, unter denen sie nicht mehr die Nachweisreaktionen kationaktiver Produkte geben, sind sie unter die nicht-ionogenen Verbindungen einzuordnen.

Aus didaktischen Gründen werden die Polyäthylenimine ebenfalls im Abschnitt der nicht-ionogenen Verbindungen des Systems angeführt.

Den altbekannten anion-capillaraktiven Seifen, denen als Salze von Carbonsäuren auch die Harz- und Naphthenseifen zuzurechnen sind, schließen sich als nächste — ebenfalls anion-capillaraktive — Analoga die Verbindungen an, die an Stelle der die Seifen kennzeichnenden Carboxylgruppe die ebenfalls hydrophile Sulfogruppe tragen. Diese kann mit ihrem Schwefel-Atom an ein C-Atom $\left(\diagup\diagdown C{-}SO_3H\right)$ oder an ein O-Atom $(-O{-}SO_3H)$ gebunden sein.

Im ersteren Falle liegen Sulfonsäuren vor, in denen die Sulfogruppe an ein C-Atom einer aliphatischen Kette oder eines aromatischen Kernes gebunden ist, im letzteren Falle Schwefelsäureester, in denen sie am O-Atom einer in der Regel aliphatischen Hydroxylgruppe steht.

Beide Gruppen von Verbindungen werden vielfach nach den gleichen Verfahren der Behandlung mit konz. Schwefelsäure, Chlorsulfonsäure usw. hergestellt, weshalb oft gleiche oder ähnliche Bezeichnungen für Verfahren und Endprodukte gebraucht werden.

Es ist jedoch dringend notwendig, eine einheitliche Nomenklatur[2] einzuführen und auf ungenaue Bezeichnungen, auch wenn sie in der Technik althergebracht sind, zu verzichten.

I. Ganz allgemein wird die Einführung von Schwefel oder Schwefel enthaltenden Gruppen als *Sulfurierung* bezeichnet. Es bleibt hierbei offen, in welcher Bindung der Schwefel oder schwefelhaltige Reste vorliegen.

II. Wird Schwefel in Merkaptan-Bindung eingeführt — sei es durch direkte Schwefelung mit Hilfe von Schwefelchloriden, Rhodan usw. —, so handelt es sich um eine *Sulfidierung*. Die entstehenden Verbindungen sind Sulfide (Thioäther), u. U. auch Disulfide, Episulfide, Thioketone oder cyclische Derivate (Thiane, Dithiane usw.):

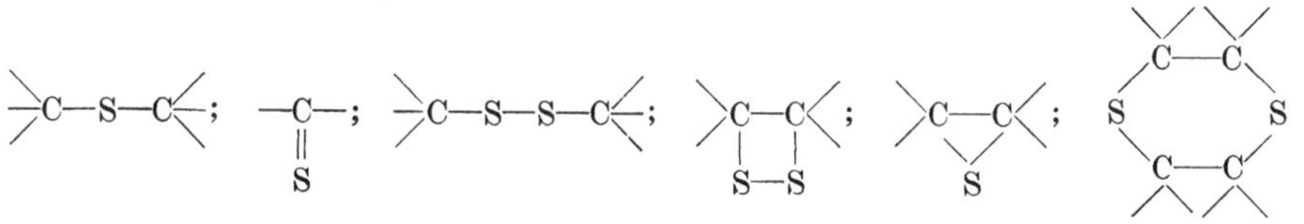

III. Bei Sauerstoff enthaltenden Resten des Schwefels — praktisch kommt in erster Linie der Rest der Schwefelsäure, seltener derjenige der schwefligen Säure in Betracht — muß unterschieden werden, ob der Schwefel an Kohlenstoff-Atome gebunden oder über Sauerstoff mit letzteren gekuppelt ist. Demgemäß ist zu unterscheiden:

1. Bei Derivaten der *schwefligen Säure*, die mit Hilfe von Schwefeldioxyd, Sulfiten, Thionylchlorid usw. dargestellt werden, zwischen zwei Gruppen von Verbindungen.

a) Ist der Schwefel der schwefligen Säure direkt an Kohlenstoff-Atome gebunden, so sind *Sulfinsäuren* entstanden, deren Salze als *Sulfinate* zu bezeichnen

---

[1] J. A. van der Hoeve: J. Soc. Dyers Colourists **70**, 145 (1954).
[2] A. Hintermaier: Angew. Chem. **60**, 158 (1948); Fette · Seifen · Anstrichmittel **54**, 781 (1952).

sind. Der Vorgang, dem diese Verbindungen ihre Entstehung verdanken, ist eine *Sulfinierung:*

$$\text{>C—SO}_2\text{H} \qquad \text{>C—SO}_2\text{Na}$$

Sulfinsäure   Sulfinat

b) Falls aber der Rest der schwefligen Säure durch ein Sauerstoff-Atom mit der Kohlenstoff-Kette verknüpft ist, so ist durch *Sulfitierung* ein Ester der schwefligen Säure entstanden, ein *Sulfit.* Saure Sulfite können Salze bilden:

$$\left[\text{>C—O—}\right]_2\text{SO} \qquad \text{>C—O—SO}_2\text{H} \qquad \text{>C—O—SO}_2\text{Na}$$

Sulfit (neutraler Ester)   saures Sulfit   Na-Salz des sauren Sulfits

2. Der gleiche Unterschied liegt bei Derivaten der *Schwefelsäure* vor, hergestellt durch deren direkte Einwirkung oder mittels Oleum, Chlorsulfonsäure, Sulfurylchlorid usw. Als übergeordneten Begriff für *jede Art* der Einführung des Schwefelsäure-Restes kann „*Sulfierung*" benützt werden, wenn man zum Ausdruck bringen will, daß die Art der Bindung unbekannt ist.

a) Ist der Schwefel des Schwefelsäure-Restes direkt an Kohlenstoff-Atome gebunden, so ist eine *Sulfonierung* erfolgt. Die entstehenden Produkte sind *Sulfonsäuren*, ihre Salze *Sulfonate:*

$$\text{>C—SO}_3\text{H} \qquad \text{>C—SO}_3\text{Na}$$

Sulfonsäure   Sulfonat

b) Ist der Schwefelsäure-Rest über Sauerstoff an die Kohlenstoff-Kette gebunden, so liegen *Sulfate* von Oxy-Verbindungen, z. B. von Alkoholen, vor. Wichtig sind die Alkalisalze der sauren Sulfate. Die Veresterung ist eine *Sulfatierung.*

$$\left[\text{>C—O—}\right]_2\text{SO}_2 \qquad \text{>C—O—SO}_3\text{H} \qquad \text{>C—O—SO}_3\text{Na}$$

Sulfat   saures Sulfat (z. B. eines Alkohols)   Na-Salz eines Alkoholsulfates

Die häufig sich widersprechenden Bezeichnungen des Schrifttums — z. B. Sulfonat statt Sulfat — sind darauf zurückzuführen, daß die Konstitution der bei Einwirkung von Schwefelsäure entstehenden Verbindungen anfangs unklar blieb. Während kein Zweifel daran besteht, daß ein Fettalkohol der Paraffinreihe mit Chlorsulfonsäure nur ein saures Sulfat liefern kann, das mit Alkali den bekannten Typ des „Fewa" liefert, können sich bei Reaktionen der Schwefelsäure mit Doppelbindungen zwei Umsetzungen abspielen:

$$1. \quad \text{—C}=\text{C—} \quad \xrightarrow{\text{H}_2\text{SO}_4} \quad \begin{array}{c} \text{—C—C—} \\ \text{H} \quad \text{OSO}_3\text{H} \end{array}$$

$$2. \quad \text{—C}=\text{C—} \quad \xrightarrow{\text{H}_2\text{SO}_4} \quad \begin{array}{c} \text{—C—C—} \\ \text{HO} \quad \text{SO}_3\text{H} \end{array}$$

Daß sich die Verhältnisse bei ungesättigten Oxysäuren bzw. deren Estern (Ricinusöl) durch gleichzeitige Sulfatierung und Sulfonierung besonders kompliziert gestalten können, liegt auf der Hand[1].

---

[1] Siehe E. E. GILBERT u. E. P. JONES: Ind. Engng. Chem. **43**, 2022 (1951); siehe dort auch 397 Literatur-Zitate über Sulfonierung und Sulfatierung; A. HINTERMAIER: Fette · Seifen · Anstrichmittel **54**, 781 (1952).

Ebenfalls Sulfonsäuren bzw. deren Salze, die indessen noch andere funktionelle Gruppen enthalten, sind die *Kondensationsprodukte von Fettsäuren mit Sulfonsäuren aliphatischer Alkohole oder Amine,* ferner Alkalisalze von *Sulfodicarbonsäureestern,* in denen die Sulfogruppe mit Alkali neutralisiert ist und die Carboxylgruppen mit Alkoholen meist mittleren Molekulargewichtes verestert sind.

Anion-capillaraktive Schwefelsäureester und ihre Salze (Sulfate) bilden sich einerseits durch Veresterung einer Hydroxylgruppe mit Schwefelsäure, andererseits durch Anlagerung von Schwefelsäure an eine aliphatische Doppelbindung:

$$>\!C\!-\!OH + H_2SO_4 \rightarrow >\!C\!-\!O\!-\!SO_3H + H_2O$$

$$\begin{array}{c} -CH \\ \| \\ -CH \end{array} + H_2SO_4 \rightarrow \begin{array}{c} -CH_2 \\ | \\ -CH\!-\!O\!-\!SO_3H \end{array}$$

Der grundlegende Unterschied in der Bindungsart der $-SO_3H$-Gruppe in den Schwefelsäureestern einerseits und den Sulfonsäuren andererseits bedingt grundsätzliche Unterschiede im chemischen Verhalten beider Körperklassen. So spalten Schwefelsäureester beim Kochen mit verdünnter Mineralsäure quantitativ ihre $-SO_3H$-Gruppe als Schwefelsäure ab:

$$>\!C\!-\!O\!-\!SO_3H + H_2O \rightarrow >\!C\!-\!OH + H_2SO_4$$

während sich Sulfonsäuren im allgemeinen bei dieser Behandlung nicht verändern. Diese Hydrolyse ergibt die verestert gewesene Hydroxyl-Verbindung. Sie ist mit dem Ausgangsmaterial identisch, wenn das Produkt durch Veresterung einer Hydroxyl-Verbindung mit Schwefelsäure entstanden war, weicht aber von ihm ab, wenn sich der Schwefelsäureester durch Anlagerung von Schwefelsäure an eine Doppelbindung gebildet hatte, was für den Rückschluß von der abgespaltenen organischen Substanz auf das Ausgangsmaterial zu beachten ist.

Man unterwirft der *Sulfatierung:*

1. Glyceride von Oxyfettsäuren (vornehmlich Ricinusöl) oder andere Ester derselben, wobei unter nebenher erfolgender teilweiser Abspaltung von Glycerin und Bildung von Estoliden überwiegend die OH-Gruppe der Oxyfettsäure verestert wird.

2. Glyceride von ungesättigten Fettsäuren (Tournanteöl, Tran usw.), bzw. freie Ölsäure oder deren Derivate (z. B. Amide), wobei durch Anlagerung der Schwefelsäure an die Doppelbindungen der Fettsäure die Schwefelsäureester der entsprechenden Oxyfettsäuren entstehen.

3. Fettalkohole, die, soweit sie gesättigt sind, an ihrer OH-Gruppe verestert werden, soweit sie ungesättigt sind, daneben auch durch Anlagerung der Schwefelsäure an die Doppelbindung einen Schwefelsäureester des entsprechenden Diols liefern.

4. Mono- und Diglyceride von Fettsäuren, die an freien OH-Gruppen der Glycerin-Komponente verestert werden.

5. Äthylenoxyd-Addukte von Fettsäureamiden, Fettalkoholen, Alkylphenolen und -naphtholen, in denen die freie OH-Gruppe des Polyglykol-Anteiles verestert wird.

Die Vertreter der zuletzt erwähnten Gruppe der *Äthylenoxyd-Addukte,* z. B. von Fettsäuren, Fettalkoholen und Alkylphenolen, sind aber auch bereits ohne

Sulfatierung infolge der Häufung der Ätherbrücken im Polyglykol-Anteil wasserlöslich und capillaraktiv (Polyoxonium-Verbindungen). Zumeist enthalten solche unsulfatierten Äthylenoxyd-Addukte längere Polyglykol-Ketten als die sulfatierten.

Eine weitere Gruppe anion-capillaraktiver Stoffe umfaßt *Kondensationsprodukte von Fettsäuren mit Aminocarbonsäuren.*

Schließlich seien als letzte Gruppe capillaraktiver Stoffe die ternären und quartären Verbindungen erwähnt. Sie sind kation-capillaraktiv und werden deshalb oft als umgekehrte Seifen bezeichnet (Invertseifen).

Nach WURZSCHMITT[1] lassen sich die capillaraktiven Textilhilfsmittel wie folgt einteilen:

I. Kation-capillaraktive Verbindungen

a) *Ternäre und quartäre Verbindungen (des Sauerstoffes, des Schwefels, des Stickstoffes und des Phosphors):*

1. *Ternäre Oxonium-Verbindungen:*

$$\left[\begin{array}{c} R_1 \\ R_2 \\ R_3 \end{array}\!\!>\!O\right]^+ SG^-$$

2. *Ternäre Sulfonium-Verbindungen:*

$$\left[\begin{array}{c} R_1 \\ R_2 \\ R_3 \end{array}\!\!>\!S\right]^+ SG^-$$

3. *Quartäre Ammonium-Verbindungen:*

$$\left[\begin{array}{c} R_1 \\ R_2 \\ R_3 \\ R_4 \end{array}\!\!>\!N\right]^+ SG^-$$

4. *Quartäre Phosphonium-Verbindungen:*

$$\left[\begin{array}{c} R_1 \\ R_2 \\ R_3 \\ R_4 \end{array}\!\!>\!P\right]^+ SG^-$$

Dabei bedeuten R_1, R_2, R_3 und R_4 Alkyle, Aryle, Alkylaryle usw., auch substituiert. Ein R bedeutet gewöhnlich ein langes Fettalkyl, manchmal jedoch auch Methyl. Zwei R können jeweils auch durch einen Ring ersetzt werden (z. B. Produkte aus Pyridin oder aliphatischen Iminen usw.). SG bedeutet eine saure Gruppe, z. B. SO_4'', Cl', Acetat$'$, Formiat$'$ usw.

b) *Verbindungen mit meist mehreren dreiwertigen Stickstoff-Atomen (in Lösung als nicht-quartäre Polyammonium-Verbindungen reagierend)*
Als Beispiele für diese Gruppe seien angeführt:

1. *Sapamin CH:*

$$\left[R_1 \cdot (CH_2)_x \cdot CH_2 \cdot \underset{O}{\overset{\|}{C}} \cdot \overset{H}{N} \cdot (CH_2)_y \cdot CH_2 \cdot N \!\!<\!\! \begin{array}{c} R_2 \\ R_3 \end{array} \right]^+ SG^-$$

---

[1] B. WURZSCHMITT: Z. analyt. Chem. **130**, 105 (1950).

2. Di-(octylaminoäthyl)-glycin-lactat:

$$\left[\begin{array}{l} C_8H_{17}\cdot NH\cdot CH_2\cdot CH_2 \\ C_8H_{17}\cdot NH\cdot CH_2\cdot CH_2 \end{array}\!\!\!\!\!\!\!\!\overset{\overset{H}{\cdot}}{>}N\cdot CH_2\cdot COOH\right]^{+} CH_3\,CH(OH)\,COO^{-}$$

3. Alkylaminoäthyl-glycin-hydrochlorid:

$$\left[\mathrm{Alkyl}\cdot NH\cdot CH_2\cdot CH_2\cdot \underset{H}{\overset{\cdot}{N}}H\cdot CH_2\cdot COOH\right]^{+} Cl^{-}$$

II. Nicht-ionogene Verbindungen

Zu dieser Gruppe rechnen die Alkylolamin-Kondensate, die Polyalkohol-Kondensate, die Polyalkylenoxyd-Addukte sowie die Polyäthylenimin-Addukte.

a) *Alkylolamin-Kondensate*

Zu dieser Gruppe zählen vor allem Verbindungen des Mono-, Di- und Triäthanolamins, die Fettsäure-Reste ester- oder amidartig oder in beiden Formen gebunden enthalten, z. B.:

$$H_2N\!\!-\!\!CH_2\cdot CH_2\cdot O\cdot \overset{\overset{O}{\|}}{C}\cdot R \qquad HN\!\!\!<^{\displaystyle CH_2\cdot CH_2\cdot O\cdot \overset{\overset{O}{\|}}{C}\cdot R}_{\displaystyle CH_2\cdot CH_2\cdot OH}$$

$$HN\!\!\!<^{\displaystyle CH_2\cdot CH_2\cdot O\cdot \overset{\overset{O}{\|}}{C}\cdot R_1}_{\displaystyle CH_2\cdot CH_2\cdot O\cdot \underset{\underset{O}{\|}}{C}\cdot R_2} \qquad HN\!\!\!<^{\displaystyle CH_2\cdot CH_2\cdot OH}_{\displaystyle \underset{\underset{O}{\|}}{C}\cdot R}$$

$$HN\!\!\!<^{\displaystyle CH_2\cdot CH_2\cdot O\cdot \overset{\overset{O}{\|}}{C}\cdot R_1}_{\displaystyle \underset{\underset{O}{\|}}{C}\cdot R_2} \qquad R_1N\!\!\!<^{\displaystyle CH_2\cdot CH_2\cdot OH}_{\displaystyle \underset{\underset{O}{\|}}{C}\cdot R_2}$$

$$N\!\!\!\!<^{\displaystyle CH_2\cdot CH_2\cdot O\cdot \overset{\overset{O}{\|}}{C}\cdot R}_{\displaystyle \underset{\displaystyle CH_2\cdot CH_2\cdot OH}{CH_2\cdot CH_2\cdot OH}} \qquad HO\cdot CH_2\cdot CH_2\cdot N\!\!\!<^{\displaystyle CH_2\cdot CH_2\cdot O\cdot \overset{\overset{O}{\|}}{C}\cdot R_1}_{\displaystyle CH_2\cdot CH_2\cdot O\cdot \underset{\underset{O}{\|}}{C}\cdot R_2}$$

b) *Polyalkohol-Kondensate*

$$\underset{\underset{\displaystyle OH\ \ OH}{|\quad\ |}}{CH_2\cdot CH\cdot CH_2}\cdot O\cdot \overset{\overset{O}{\|}}{C}\cdot R$$

Fettsäure-monoglycerid

c) *Polyalkylenoxyd-Addukte* (*in wäßriger Lösung unter bestimmten Bedingungen als kation-capillaraktive Polyoxonium-Verbindungen reagierend*)

Diese Gruppe umfaßt Polyäthylenoxyd-Addukte folgender Verbindungen:

1. *Fettalkohole:*

$$R\cdot CH_2\cdot O\cdot CH_2\cdot (CH_2\cdot O\cdot CH_2)_x\cdot CH_2\cdot OH$$

Polyäther-alkohol

2. Alkylphenole:

$$R_1, R_2\text{-}C_6H_3\text{---}O\cdot CH_2\cdot (CH_2\cdot O\cdot CH_2)_x\cdot CH_2\cdot OH$$

Polyäther-alkohol

3. Alkylnaphthole:

$$R_1, R_2\text{-}C_{10}H_5\text{---}O\cdot CH_2\cdot (CH_2\cdot O\cdot CH_2)_x\cdot CH_2\cdot OH$$

Polyäther-alkohol

4. Fettsäure-Alkylolamin-Kondensate:

$$R\cdot \underset{\underset{O}{\|}}{C}\cdot \underset{\underset{CH_2\cdot (CH_2\cdot O\cdot CH_2)_y\cdot CH_2\cdot OH}{|}}{N}\cdot (CH_2)_x\cdot OH$$

Säureamid-polyäther-alkohol

oder

$$R\cdot \underset{\underset{O}{\|}}{C}\cdot \underset{\underset{CH_2\cdot (CH_2\cdot O\cdot CH_2)_z\cdot CH_2\cdot OH}{|}}{N}\cdot (CH_2)_x\cdot O\cdot CH_2\cdot (CH_2\cdot O\cdot CH_2)_y\cdot CH_2\cdot OH$$

Säureamid-polyäther-alkohol

oder

$$R\cdot \underset{\underset{O}{\|}}{C}\cdot N \begin{cases} (CH_2)_x\cdot O\cdot CH_2\cdot (CH_2\cdot O\cdot CH_2)_y\cdot CH_2\cdot OH \\ (CH_2)_x\cdot O\cdot CH_2\cdot (CH_2\cdot O\cdot CH_2)_z\cdot CH_2\cdot OH \end{cases}$$

Säureamid-polyäther-alkohol

oder

$$[HO\cdot CH_2\cdot (CH_2\cdot O\cdot CH_2)_y\cdot CH_2]_2\!=\!N\text{-}(CH_2)_x\cdot O\cdot \underset{\underset{}{\overset{\overset{O}{\|}}{C}}}\cdot R$$

Polyäther-alkohol-aminoalkylol-ester

oder

$$N\!=\!\left[(CH_2)_x\cdot O\cdot \overset{\overset{O}{\|}}{C}\cdot R\right]_2$$
$$\underset{CH_2\cdot (CH_2\cdot O\cdot CH_2)_y\cdot CH_2\cdot OH}{|}$$

Polyäther-alkohol-aminoalkylol-ester

oder

$$N \begin{cases} (CH_2)_x\cdot O\cdot \overset{\overset{O}{\|}}{C}\cdot R \\ (CH_2)_x\cdot O\cdot CH_2\cdot (CH_2\cdot O\cdot CH_2)_y\cdot CH_2\cdot OH \\ (CH_2)_x\cdot O\cdot CH_2\cdot (CH_2\cdot O\cdot CH_2)_z\cdot CH_2\cdot OH \end{cases}$$

Polyäther-alkohol-aminoalkylol-ester

oder

$$N\!=\!\left[(CH_2)_x\cdot O\cdot \overset{\overset{O}{\|}}{C}\cdot R\right]_2$$
$$\underset{(CH_2)_x\cdot O\cdot CH_2\cdot (CH_2\cdot O\cdot CH_2)_y\cdot CH_2\cdot OH}{|}$$

Polyäther-alkohol-aminoalkylol-ester

5. Fettsäure-Kondensate:

$$R\cdot \overset{\overset{O}{\|}}{C}\cdot O\cdot CH_2\cdot (CH_2\cdot O\cdot CH_2)_x\cdot CH_2\cdot OH$$

Polyäther-ester-alkohol

d) *Polyäthylenimin-Addukte (in wäßriger Lösung unter bestimmten Bedingungen als kation-capillaraktive Polyammonium-Verbindungen reagierend)*

$$R \cdot \overset{\underset{\|}{O}}{C} \cdot NH \cdot CH_2 \cdot (CH_2 \cdot NH \cdot CH_2)_x \cdot CH_2 \cdot NH_2$$

Monoacyl-polyäthylenimin

III. Anion-capillaraktive Verbindungen

Die Zahl der zu dieser Gruppe gehörenden Textilhilfsmittel ist erheblich größer als die der bisherigen Gruppen, weil in ihr außerordentlich viele Variations- und Kombinationsmöglichkeiten gegeben sind. Es ist deshalb erforderlich, sie nach großen allgemeinen Unterscheidungsmerkmalen in Untergruppen zusammenzufassen:

1. *Seifen:* Salze[1] von Fett-, Ketocarbon-, Oxyfett-, Polyoxyfett-, Harz-, Wachs-, Naphthen- und Gallensäuren:

$$\underline{\text{langer aliphatischer oder alicyclischer hydrophober Rest (R)}}\overset{\underset{\|}{O}}{C}-O \cdot Me^I$$

R kann auch Oxy- und Ketogruppen enthalten und durch andere Gruppen, z. B. $-C=C-$, $-NH-$, $-NH \cdot \overset{\underset{\|}{O}}{C}-$, $-O-$, $-S-$, $-SO_2-$ usw., unterbrochen sein, wobei aber immer noch *ein* verhältnismäßig langer Rest bleiben muß. Wegen der Wichtigkeit einzelner Vertreter dieser Möglichkeiten (z. B. Eiweiß-Kondensationsprodukte) werden sie getrennt aufgeführt, z. B.:

2. *Salze[1] von Fettsäure-Kondensationsprodukten mit Oxyalkylcarbonsäuren:*

$$\underline{\text{langer hydrophober Rest (R)}}\overset{\underset{\|}{O}}{C} \cdot O \cdot R_1 \cdot COO \cdot Me^I \; (Ester)$$

3. *Salze[1] von Fettsäure-Kondensationsprodukten mit Aminoalkylcarbonsäuren:*

$$\underline{\text{langer hydrophober Rest (R)}}\overset{\underset{\|}{O}}{C} \cdot \overset{\underset{\cdot}{R_1}}{N} \cdot R_2 \cdot COO \cdot Me^I \; (Säureamide)$$

4. *Salze[1] von Fettsäure-Kondensationsprodukten mit Oxyalkylsulfonsäuren:*

$$\underline{\text{langer hydrophober Rest (R)}}\overset{\underset{\|}{O}}{C} \cdot O \cdot R_1 \cdot SO_3 \cdot Me^I \; (Ester; \; {>}C{-}S\text{-}Bindung)$$

5. *Salze[1] von Fettsäure-Kondensationsprodukten mit Aminoalkylsulfonsäuren:*

$$\underline{\text{langer hydrophober Rest (R)}}\overset{\underset{\|}{O}}{C} \cdot \overset{\underset{\cdot}{R_1}}{N} \cdot R_2 \cdot SO_3 \cdot Me^I \; (Säureamide; \; {>}C{-}S\text{-}Bindung)$$

6. *Salze[1] von sulfatierten Ölen:*

$$\underline{\text{langer hydrophober Rest (R)}}\overset{\underset{\|}{O}}{\underset{\underset{O-SO_3 \cdot Me^I}{|}}{C}} \cdot O \cdot Me^I \qquad (Ester; \; -O-S\text{-}Bindung)$$

---

[1] Metall-, Ammonium-, Amin- oder Alkylolaminsalze.

Die Carboxylgruppe kann durch Veresterung oder Amidierung blockiert sein, z. B.:

$$\text{langer hydrophober Rest (R)} \overset{\displaystyle O}{\underset{\displaystyle O-SO_3 \cdot Me^I}{\overset{\|}{-C}} \cdot O \cdot R_1} \qquad (Ester; \; -O-S\text{-}Bindung)$$

oder

$$\text{langer hydrophober Rest (R)} \overset{\displaystyle O}{\underset{\displaystyle O-SO_3 \cdot Me^I}{\overset{\|}{-C}} \cdot N \underset{R_2}{\overset{R_1}{<}}} \qquad (Ester; \; -O-S\text{-}Bindung)$$

Die Sulfatierung kann auch mehrfach erfolgen, zum Teil kann daneben auch Sulfonierung $\left(\overset{\diagdown}{\underset{\diagup}{>}} C-S\text{-}Bindung \right)$ vorliegen.

$$\text{langer hydrophober Rest (R)} \underset{\underset{\displaystyle O-SO_3 \cdot Me^I}{|} \quad \underset{\displaystyle O-SO_3 \cdot Me^I}{|}}{\overset{\displaystyle O}{\overset{\|}{-C} \cdot O \cdot Me^I}} \qquad (Ester; \; -O-S\text{-}Bindung)$$

Auch die Estolide gehören hierher.

    7. *Salze[1] von aromatischen Monocarbonsäuren, z. B.:*

salicylsaures Natrium

o-kresotinsaures Ammonium

2-oxy-3-naphthoesaures Natrium

phenylessigsaures Äthanolamin

phenoxyessigsaures Natrium

    8. *Salze[1] von Sulfodicarbonsäureestern:*

$$R_2 \cdot O \cdot \overset{\overset{\displaystyle O}{\|}}{C} \cdot \overset{\overset{\displaystyle H}{\cdot}}{C} \cdot \overset{\overset{\displaystyle H}{\cdot}}{\underset{\underset{\displaystyle SO_3 \cdot Me^I}{|}}{C}} \cdot \overset{\overset{\displaystyle O}{\|}}{C} \cdot O \cdot R_1 \qquad \text{bzw.} \qquad Me^I \cdot O_3S - \square \overset{\overset{\displaystyle O}{\|}}{\underset{\underset{\displaystyle O}{\|}}{\overset{C \cdot O \cdot R_1}{C \cdot O \cdot R_2}}}$$

Salz des Sulfobernsteinsäureesters   Salz des Sulfophthalsäureesters

$$\left(\overset{\diagdown}{\underset{\diagup}{>}} C\text{-}S\text{-}Bindung \right)$$

    9. *Fettalkoholsulfate:*

$$\text{langer hydrophober Rest (R)} \cdot CH_2 \cdot O \cdot \overset{\overset{\displaystyle O}{\|}}{\underset{\underset{\displaystyle O}{\|}}{S}} \cdot O \cdot Me^I$$

(endständige Estergruppe; —O—S-Bindung)

und

$$\overline{\quad\quad\quad} CH \overline{\quad\quad\quad} \\ \underset{\underset{\underset{\displaystyle O}{\|}}{O \cdot \overset{\overset{\displaystyle O}{\|}}{S} \cdot O \cdot Me^I}}{|}$$

(mittelständige Estergruppe; —O—S-Bindung)

---

[1] Metall-, Ammonium-, Amin- oder Alkylolaminsalze.

10. *Salze[1] von Alkylsulfonsäuren[2]:*

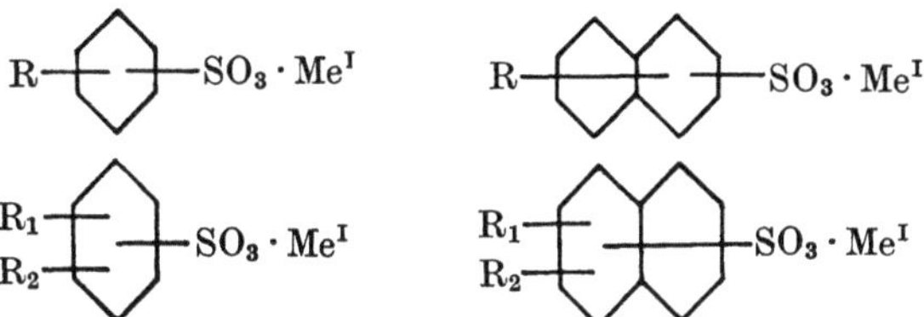

11. *Salze[1] von Oxyfettalkylsulfonsäuren:*

und

12. *Salze[1] von Alkylarylsulfonsäuren:*

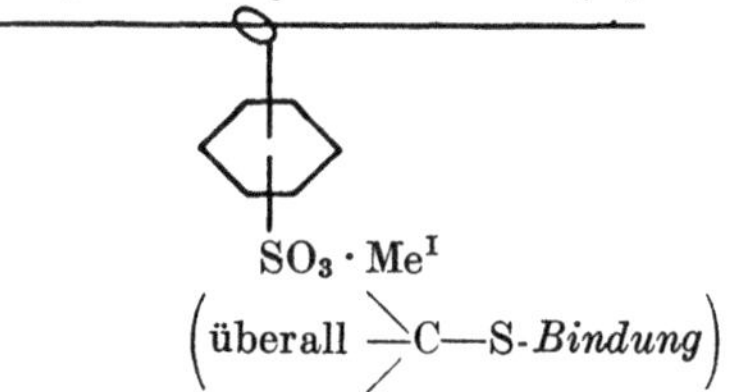

R, R_1 und R_2 sind kurze Alkyle. Die Arylreste können auch noch anderweitig substituiert sein. Entsprechend mit langem R:

bzw.

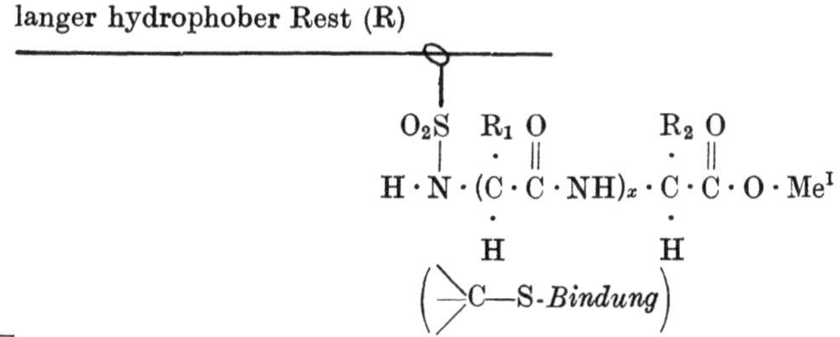

13. *Salze[1] von Kondensationsprodukten aus Eiweiß-Abbauprodukten bzw. Aminocarbonsäuren und Alkylsulfochloriden[2]:*

____

[1] Metall-, Ammonium-, Amin- oder Alkylolaminsalze.

[2] Die kleine Öse soll bedeuten, daß der an ihr sitzende Rest statistisch über die ganze Kettenlänge verteilt ist bzw. sein kann.

14. Salze[1] von Fettsulfonsäuren[2]:

$$\text{langer hydrophober Rest (R)} \underset{\underset{SO_3 \cdot Me^I}{|}}{\overset{}{\text{———————}\!\!\!\!\ominus\!\!\!\!\text{———————}}} \overset{\overset{O}{\|}}{C} \cdot O \cdot Me^I$$

$$\left({>\!\!C\!\!-\!\!S\text{-}Bindung} \right)$$

15. Salze[1] von Fettsäure-Eiweiß-Kondensationsprodukten:

$$\text{langer hydrophober Rest (R)}\underset{\underset{R_1}{\cdot}}{\overset{\overset{O}{\|}}{C}} \cdot \underset{}{N} \cdot (\overset{\overset{H}{\cdot}}{C} \cdot \overset{\overset{H}{\cdot}}{C} \cdot \overset{\overset{O}{\|}}{N})_x \cdot \underset{\underset{R_2}{\cdot}}{\overset{\overset{H}{\cdot}}{C}} \cdot \overset{\overset{H}{\cdot}}{C} \cdot \overset{\overset{O}{\|}}{C} \cdot O \cdot Me^I$$

16. Salze[1] von sulfonierten Kondensationsprodukten aus Fettsäuren und aromatischen o-Diaminen (Sulfonsäuren von Benzimidazolen)[3]:

$$Me^I \cdot O_3 S \text{———} \underset{}{\overset{}{\bigcirc}} \underset{N=\!\!}{\overset{\overset{R_1}{\cdot}\;N\text{———}}{}} C \text{———} \text{langer hydrophober Rest (R)}$$

$$\left({>\!\!C\!\!-\!\!S\text{-}Bindung} \right)$$

17. Salze[1] von sulfatierten Alkylenoxyd-Addukten nach S. 1414, z. B.:

$$\begin{matrix} R_1 \\ R_2 \end{matrix} \!\!\Big[\!\!\bigcirc\!\!\Big]\!\!- O \cdot CH_2 \cdot (CH_2 \cdot O \cdot CH_2)_x \cdot CH_2 \cdot O \cdot SO_3 \cdot Me^I$$

(Äther und Ester; —O—S-Bindung)

18. Salze[1] von sulfatierten Alkylolamin-Fettsäure-Kondensaten (S. 1413), z. B.:

$$HN \!\!\begin{smallmatrix} \diagup CH_2 \cdot CH_2 \cdot O \cdot SO_3 \cdot Me^I \\ \diagdown \;\; C \cdot R \\ \qquad \| \\ \qquad O \end{smallmatrix}$$

(Säureamide und Ester; —O—S-Bindung)

19. Salze[1] von sulfatierten Polyalkohol-Fettsäure-Kondensaten (S. 1413), z. B.:

$$\begin{matrix} CH_2 \cdot CH \cdot CH_2 \cdot O \cdot \overset{\overset{O}{\|}}{C} \cdot R \\ \;|\quad\;\;\; \cdot \\ \;O\quad OH \\ \;| \\ SO_3 \cdot Me^I \end{matrix}$$

(Ester; —O—S-Bindung)

Anmerkung: Den Seifen und den Kondensationsprodukten der Fettsäuren können sowohl gesättigte als auch ungesättigte Fettsäuren zugrunde liegen. In sulfonierten oder sulfatierten Fettsäuren kann die Gruppe —COO · Me^I durch die veresterte oder amidierte Carboxylgruppe ersetzt sein.

---

[1] Metall-, Ammonium-, Amin- oder Alkylolaminsalze.

[2] Die kleine Öse soll bedeuten, daß der an ihr sitzende Rest statistisch über die ganze Kettenlänge verteilt ist bzw. sein kann.

[3] Die nach E. WALDMANN und A. CHWALA (DRP. 664475) aus aliphatischen Diaminen entstehenden Produkte, z. B. aus Äthylendiamin, Äthylendiaminchlorhydrat und Stearinsäure: 2-Heptadecyl-imidazolinhydrochlorid, gehören in die Gruppe der kation-capillaraktiven Stoffe Ib.

b) Bewertung und Untersuchung

Für den Verbraucher ist der Gebrauchswert der Produkte das Entscheidende, denn nur diesen kann er mit dem für sie anzulegenden Preis vergleichen. Genaue, rein chemisch-analytische Methoden zur vergleichenden Untersuchung zweier Waschmittel auf ihren Gebrauchswert gibt es bis jetzt noch nicht. Die beste und zuverlässigste Methode zur Bestimmung des Gebrauchswertes ist immer noch der praktische, oft wiederholte Waschversuch in der Wäscherei, wenn uns heute auch schon rascher Vergleichswerte liefernde anwendungstechnische Laboratoriumsmethoden zur Bestimmung einzelner Komponenten des Gebrauchswertes, z. B. der Schaumkraft, der Schaumbeständigkeit, des Netzvermögens, der Angilbung, des Schmutztragevermögens usw., zur Verfügung stehen.

Es ist zwar möglich, in einer Waschmittel-Komposition den Gehalt an waschaktiver Substanz, an den verschiedenen Salzen des Gerippes, an Phosphaten, Tylose, Wasser und aktivem Sauerstoff genau zu bestimmen, und im allgemeinen wird der Gebrauchswert auch dem Gehalt an waschaktiver Substanz parallel gehen. In der Praxis aber kommt es immer auf das Zusammenwirken aller Komponenten, auch schon in der Packung, bei der Lagerung, hauptsächlich aber in der Waschflotte, an. So sagt z. B. der absolute Gehalt an aktivem Sauerstoff noch nichts über die Bleichwirkung, weil hierbei auch noch eine optimale Stabilisierung eine bedeutende Rolle spielt. Wenn sich auch der erfahrene Praktiker auf Grund einer genauen chemischen Analyse schon ein ungefähres Bild über die Waschwirkung eines unbekannten Produktes und seine zweckmäßige bzw. ungünstige Zusammensetzung machen kann, so sei doch noch einmal ausdrücklich darauf hingewiesen, daß die nun folgenden rein chemisch-analytischen Methoden nicht der Feststellung des Gebrauchswertes dienen sollen, sondern vielmehr dazu, Aufschluß zu geben über die chemische Natur einer unbekannten waschaktiven Substanz und die genaue Zusammensetzung eines Waschmittels.

α) Qualitative Untersuchung

Analysengang nach B. WURZSCHMITT

Nach vorausgegangenen Arbeiten von BOHANES, LINSENMEIER, SKINKLE, GOLDSTEIN und VAN DER HOEVE[1] beschäftigte sich WURZSCHMITT eingehend mit dieser Aufgabe. Der von ihm angegebene Analysengang ist folgender:

Um durch die Anwesenheit von anorganischen Salzen (Sulfaten, Phosphaten, Carbonaten, Silicaten usw.), Sauerstoff-Perverbindungen, Tylose usw. nicht gestört zu werden, verwendet man als Untersuchungsobjekt nicht die handelsübliche Form der capillaraktiven Substanz, also z. B. nicht das Waschpulver, wie es die Hausfrau im Laden kauft. Die Probe wird zunächst bei 100 bis 130° getrocknet und dann mit wasserfreien Alkoholen (in der Regel Methanol, manchmal auch Äthanol oder Isoamylalkohol oder Gemischen dieser Alkohole mit Chlorkohlenwasserstoffen) quantitativ extrahiert. Der Extrakt wird, wenn erforderlich, mit Natronlauge gegen Phenolphthalein neutralisiert (Tüpfeln gegen Phenolphthalein-Papier, keinen Indicator in die Lösung geben) und das Lösungsmittel restlos abgedampft (Nachtrocknen im Trockenschrank bei 100 bis 130°). Wenn das Produkt sich beim Trocknen dunkel färbt, deutet dieses

---

[1] A. BOHANES: Chem. Obzor **11**, 155 (1936); C. **1937** I, 1833; K. LINSENMEIER: Melliand Textilber. **21**, 468 (1940); J. H. SKINKLE: Amer. Dyestuff Reporter **35**, 449 (1946); H. B. GOLDSTEIN: ebenda **36**, 629 (1947); J. A. VAN DER HOEVE: Recueil Trav. chim. Pays-Bas **67**, 649 (1948); J. Soc. Dyers Colourists **70**, 145 (1954); vgl. auch J. BERGERON, R. DERENEMESNIL, J. RIPERT u. G. MONIER: Bull. mens. ITERG **4**, 118 (1950).

Merkmal einer Zersetzung auf die Anwesenheit eines Alkylsulfates, vor allem eines sekundären Alkylsulfates, hin. In diesem Falle ist die Trocknung einer neuen Probe bei einer Temperatur von 60—70° vorzunehmen, ferner ist die Aufrechterhaltung einer leicht alkalischen Reaktion besonders wichtig. Alkylsulfate säuern beim Erhitzen leicht, und die entstandene Säure leitet progressiv die Hydrolyse der Substanz ein. Außer der capillaraktiven Substanz (eventuell ein Gemisch verschiedener Stoffklassen) kann der Extraktionsrückstand noch kleine Mengen Natriumchlorid und gegebenenfalls Harnstoff bzw. Na-Salze von Monocarbonsäuren enthalten, wenn diese in der ursprünglichen Probe vorhanden waren. In diesen vereinzelten Fällen, deren Vorliegen für den Praktiker unschwer zu erkennen ist, ist es erforderlich, höhersiedende Lösungsmittel eventuell im Vakuum zu entfernen oder zweckmäßig die capillaraktiven Stoffe der wäßrigen Lösung nach ihrer Sättigung mit Natriumsulfat oder Kochsalz durch Ausschütteln mit Äther zu entziehen.

Von anderer Seite wird folgende Arbeitsweise empfohlen: Die Substanzen werden nicht getrocknet, sondern sogar zuerst in Wasser (gesättigte Lösung) gelöst und dann mit Alkohol ausgefällt. Nach dem Abfiltrieren der ausgefallenen anorganischen Salze wird die wäßrig-alkoholische Lösung — eventuell neutralisiert — zur Trockne gedampft und nun mit Alkohol erschöpfend extrahiert. So ist aber nur zu verfahren, wenn die Substanz keine Sauerstoff-Perverbindungen enthält, die während des Eindampfens der wäßrig-alkoholischen Lösung die capillaraktiven Stoffe unter Umständen schon weitgehend verändern.

Von dem auf diese Weise gewonnenen Extrakt-Rückstand stellt man sich jeweils eine 1%ige wäßrige und eine 2%ige methanolische Lösung her, wobei man schon aus der Beschaffenheit der Lösungen gewisse Schlüsse auf die Natur der capillaraktiven Substanzen ziehen kann. So reagieren z. B. die wäßrigen Lösungen von Seifen meist, die von Alkylolamin-Derivaten gelegentlich gegen Phenolphthalein alkalisch. Die Lösungen von Seifen, niedrig- und mittelsulfierten Türkischrot-Ölen, Fettsäure-Kondensationsprodukten mit Oxyalkylsulfonsäuren, Aminocarbonsäuren und Eiweiß-Abbauprodukten, niedrig oxäthylierten Produkten mit langem hydrophobem Rest usw. in Wasser sind oft trüb, während Alkylarylsulfonate, *Mersolate*, Kondensationsprodukte von Fettsäuren mit Aminoalkylsulfonsäuren und hoch oxäthylierte Produkte vollkommen klare Lösungen ergeben.

Mit diesen Lösungen wird dann eine Reihe von qualitativen Proben (siehe S. 1432 bis S. 1449) durchgeführt. Eine Übersicht darüber geben nachfolgende Tabellen.

1. Falls die Reagentien der obigen Proben sauer sind, wie z. B. die der Tannin-Probe 2 und 3, geben natürlich Seifen (Gruppe 3) positive Reaktion. Ihr Reaktionsschema, falls sie allein vorhanden sind, wäre + − − − − + + −.
2. Die angegebenen positiven Reaktionen fallen alle kräftig aus. Sollte daher an irgendeiner Stelle nur eine sehr schwach positive Reaktion auftreten oder eine Reaktion in ein anderes Reaktionsschema übergreifen, so bedeutet dies, daß eine Verunreinigung vorliegt, die einer anderen Stoffklasse angehört. Als Beispiele seien angeführt die Anwesenheit von Seifen bei Polyalkohol- bzw. bei Alkylolamin-Kondensaten, die bei der Probe auf Anion schwach positive Reaktion ergeben würden, oder die Anwesenheit von geringen Mengen unsulfatierten in sulfatierten Äthylenoxyd-Addukten.

Man ersieht aus den Tabellen, daß Polyalkohol- bzw. Alkylolamin-Kondensate durch keine der hier angegebenen Reaktionen erfaßt werden. Bei vollständig negativem Ausfall aller Proben können an capillaraktiven Substanzen also nur diese beiden Gruppen vorhanden sein. Ist dagegen irgendeine Reaktion für die anderen Stoffklassen positiv, so können die beiden zuerst genannten Klassen daneben in Frage kommen. Auf sie wird in den kommenden Untersuchungsgängen noch Rücksicht genommen. Alle anderen Reaktionsbilder sind

Tabelle 365

Prüfungen (columns 2–19):

Produkt bzw. Verbindungsklasse	Erwärmungsprobe 1	Erwärmungsprobe 2	Tannin-Probe 1	Tannin-Probe 2	Tannin-Probe 3	Brom-Probe 1	Brom-Probe 2	Jod-Probe 1	Jod-Probe 2	Heteropolysäure-Probe 1	Heteropolysäure-Probe 2	Nitroprussid-Probe	Ammoniumkobaltrhodanid-Probe	Probe auf Kation	Probe auf Anion	Ammoniumrhodanid-Probe	Ammoniummolybdat-Probe	MAYERs-Reagens-Probe
Diäthylenglykol (Mol-Gew. 106)	·	—	—	—	—	—	—	—	—	—	—	—	—	—	—	—	—	—
Triäthylenglykol (Mol-Gew. 150)	—	—	—	—	—	—	—	—	(+)	—	—	—	—	—	—	—	—	—
Tetraäthylenglykol (Mol-Gew. 194)	—	—	—	—	—	—	—	+	+	—	+	—	—	—	—	—	—	—
Polyäthylenglykol (Mol-Gew. 282)	—	—	—	—	—	—	+	+	+	—	+	—	—	—	—	—	—	—
„ (Mol-Gew. 348)	—	—	—	—	—	—	+	+	+	—	+	—	—	—	—	—	—	—
„ (Mol-Gew. 392)	—	—	—	+	+	—	+	+	+	—	+	—	—	—	—	—	—	—
„ (Mol-Gew. 458)	—	—	—	+	+	—	+	+	+	—	+	—	—	—	—	—	—	—
„ (Mol-Gew. 546)	—	—	—	+	+	—	+	+	+	—	+	—	—	—	—	—	—	—
„ (Mol-Gew. 810)	—	—	(+)	+	+	—	+	+	+	—	+	—	—	—	—	—	—	+
„ (Mol-Gew. 2658)	—	—	+	+	+	—	+	+	+	—	+	—	—	—	—	—	—	+
„ (Mol-Gew. 4418)	—	—	+	+	+	—	+	+	+	—	+	—	—	—	—	—	—	+
Polyäthylenimin	—	—	+	+	+	+	+	+	+	+	+	—	+	—	—	—	+	+
Äthylenglykol-monoäthyläther	—	—	—	—	—	—	—	—	—	—	—	—	—	—	—	—	—	—
Äthylenglykol-monopropyläther	—	—	—	—	—	—	—	—	—	—	—	—	—	—	—	—	—	—
Äthylenglykol-monobutyläther	—	—	—	—	—	—	—	—	(+)	—	—	—	—	—	—	—	—	—
Diäthylenglykol-monoäthyläther	—	—	—	—	—	—	—	—	—	—	—	—	—	—	—	—	—	—
Diäthylenglykol-monobutyläther	—	—	—	—	—	—	—	+	+	—	(+)	—	—	—	—	—	—	—
Kation-capillaraktive Verbindungen, nicht oxäthyliert[1]	—	—	+	—[4]	+	+	+	+	+	+	+	+	+	+	—	+	+	+
Kation-capillaraktive Verbindungen, oxäthyliert[1]	—	—	+	—	+	+	+	+	+	+	+	+	+	+	—	—	+	+
Anion-capillaraktive Verbindungen	—	—	—	—[5]	—[5]	—	—	—	—[5]	—[5]	—[5]	—	—	—	+	—	—	—
Alkylolamin-Kondensate	—	—	—	—	—	—	—	—	—	—	—	—	—	—	—	—	—	—
Polyalkohol-Kondensate	—	—	—	—	—	—	—	—	—	—	—	—	—	—	—	—	—	—
Polyalkylenoxyd-Addukte[2] mit bis zu 10 Mol Alkylenoxyd, unsulfatiert	+[3]	+[7]	+[7]	+[7]	+[7]	—[6]	+[7]	+[7]	+[7]	—[6]	+[7]	—[6]	+[7]	—[6]	—	—[6]	—[6]	+[7]
Dasselbe mit über 10 Mol Alkylenoxyd, unsulfatiert	—	+	+	+	+	—	+	+	+	—	+	—	+	—	—	—	—	+
Polyalkylenoxyd-Addukte[2], sulfatiert	—	—	—	—	+	—	+	+	+	—	+	—	+	—	+	—	—	—

[1] Lies ternäre und quartäre Verbindungen.

[2] Dasselbe gilt wahrscheinlich auch für die Polyalkylenimin-Addukte.

[3] Einzelheiten über den Einfluß des Oxäthylierungsgrades und der Länge des oxäthylierten Restes siehe unter Erwärmungsproben.

[4] *Eulan NKFW* und *Solidogen BSE* geben dabei positive Reaktion.

[5] Soweit anion-capillaraktive Stoffe, wie z. B. Seifen, durch Säuren zerlegt werden, geben sie mit sauren Reagentien natürlich positive Reaktion.

[6] Polyalkylenimin-Addukte bzw. Polyalkylenimin-Derivate geben positive Reaktion.

[7] Polyalkylenimin-Addukte bzw. Polyalkylenimin-Derivate geben ebenfalls positive Reaktion.

(+) bedeutet eben erkennbare positive Reaktion.

Tabelle 366

Lfd. Nr.	Stoffklasse	Probe auf Anion	Probe auf Kation	Erwärmungsprobe 1	Erwärmungsprobe 2	Tannin-Probe 1	Tannin-Probe 2	Tannin-Probe 3	Jod-Probe 8
1	Polyalkohol-Kondensate	−	−	−	−	−	−	−	−
2	Alkylolamin-Kondensate	−	−	−	−	−	−	−	−
3	Anion-capillaraktive Stoffe	+	−	−	−	−	−	−	−
4	Kation-capillaraktive Stoffe[1]	−	+	−	−	+	−	+	+
5	Polyalkylenimin-Addukte[2]	−	+	−	+	+	+	+	−
6	Polyalkylenoxyd-Addukte mit bis zu 10 Mol Äthylenoxyd, unsulfatiert	−	−	+	+	+	+	+	−
7	Dasselbe mit über 10 Mol Äthylenoxyd, unsulfatiert	−	−	−	+	+	+	+	−
8	Polyalkylenoxyd-Addukte, sulfatiert	+	−	−	−	−	−	+	−

eindeutig für die betreffende Stoffklasse, wenn nur diese vorhanden ist. Überprüft man das Reaktionsschema dieses Untersuchungsganges einmal für den Fall, daß auch Mischungen aus je 2 Stoffklassen vorkommen können, so ersieht man, daß sich auch dann noch unter Zuhilfenahme einiger weiterer Reaktionen völlige Klarheit über die Zusammensetzung des unbekannten Produktes erzielen läßt. Die nebenstehende Tab. 367 möge das erläutern.

Keines der 14 Reaktionsbilder wiederholt sich, d. h. auch unter der Annahme, daß von den 8 Stoffklassen der nebenstehenden Tabelle jeweils 2 nebeneinander vorhanden sein können, ergibt sich bei der Prüfung ohne weiteres, ob die 3 Hauptklassen — anion-(3) bzw. kation-(4)-capillaraktive[1] Verbindungen und unsulfatierte Polyalkylenoxyd-Addukte (7) vom Oxäthylierungsgrad über 10 — allein vorhanden sind. Ebenso sind die Paare (4 + 6) und (5 + 6) eindeutig festgelegt, d. h. es sind, wenn dieses Reaktionsschema erhalten wird, die Stoffklassen (4) und (6) bzw. (5) und (6) vorhanden. Ähnlich liegt der Fall beim Reaktionsschema (5) oder (5 + 7). Hier ist (5) sicher vorhanden. Ob daneben noch (7) vorhanden ist, kann man auf zweierlei Weise feststellen. Entweder durch die Jod-Probe 1, Anmerkung 2, oder durch Ausfällung von (5) durch einen sauren Farbstoff, z. B. *Heliogenblau SBL*. Im Filtrat kann dann (7) nach einer der vielen Reaktionen der Tab. 365 nachgewiesen werden. Beim Formelbild (3 + 4) oder (4 + 8) sind Verbindungen nach (4) sicher vorhanden. Sie können durch einen sauren

Tabelle 367

Stoffklasse bzw. Stoffklassen-Gemisch	Reaktionsschema							
(1) oder (2) oder (1 + 2)	−	−	−	−	−	−	−	−
(3)	+	−	−	−	−	−	−	−
(8) oder (3 + 8)	+	−	−	−	−	−	+	−
(3 + 4) oder (4 + 8)	+	+	−	−	+	−	+	+
(3 + 5) oder (5 + 8)	+	+	−	+	+	+	+	−
(3 + 6) oder (6 + 8)	+	−	+	+	+	+	+	−
(4)	−	+	−	−	+	−	+	+
(4 + 5) oder (4 + 7)	−	+	−	+	+	+	+	+
(4 + 6)	−	+	+	+	+	+	+	+
(6) oder (6 + 7)	−	−	+	+	+	+	+	−
(5) oder (5 + 7)	−	+	−	+	+	+	+	−
(7)	−	−	−	+	+	+	+	−
(3 + 7) oder (7 + 8)	+	−	−	+	+	+	+	−
(5 + 6)	−	+	+	+	+	+	+	−

---

[1] Ternäre und quartäre Verbindungen.
[2] Nichtquartäre Ammonium-Verbindungen.

Farbstoff, z. B. *Heliogenblau SBL*, quantitativ ausgefällt werden. Im Filtrat ergibt sich dann die Unterscheidung zwischen (3) oder (8) sehr einfach durch eine Prüfung auf (8) nach S. 1439. Sehr leicht läßt sich auch die Entscheidung für (3 + 5) oder (5 + 8) treffen. (5) ist auf jeden Fall vorhanden und kann mit *Heliogenblau SBL* quantitativ ausgefällt werden. Im Filtrat ergibt sich die Entscheidung für (3) oder (8) nach Tab. 365.

Bei Erhalt der Reaktionsschemen (3 + 6) oder (6 + 8) einerseits und (3 + 7) oder (7 + 8) andererseits, ist (6) bzw. (7) sicher vorhanden. Zur Entscheidung, ob außer (6) bzw. (7) die Stoffklassen (3) oder (8) vorhanden sind, fällt man die letzteren aus den in Frage stehenden Lösungen mit einem kleinen Überschuß von *Blancorol B*. Dabei werden jeweils nur (3) und (8) gefällt. Im Filtrat lassen sich dann (6) bzw. (7) noch einmal durch die schon beschriebenen Einzelreaktionen nachweisen. Der Niederschlag wird einige Male mit dest. Wasser gewaschen, mit wenig heißer verdünnter Salzsäure vom Filter gelöst und nach der Heteropolysäure-Probe 2 auf (8) geprüft. Ist die Prüfung

Tabelle 368

Verbindung	Platintetrachlorid-Lösung 5%ig	Kaliumhexacyanoferrat(II)-Lösung 5%ig	n NaOH-Lösung	Brechweinstein-Lösung 5%ig (b)	0,05 n $KMnO_4$-Lösung (a)	NESSLERs Reagens	Tannin-Probe (b)	Katanol 0,5%ig	Phosphor-Probe	Stickstoff-Probe[1]	Salpetersäure (1:4) (b)	Kristallose 5%ig (b)	Jod-Probe 4 (c)	Resorcin-Lösung 5%ig
Eulan NKFW	+	−	+ gelb	+	+	+ gelb	+	+	+	−	+	+	+ gelbgrün	+
Zephirol	+	+	−	+	+	+ gelbl.	−	+	−	+	+	+	+ gelbgrün	−
Sapamin KW	+	+	+ weiß	+	+	+ gelbl.	−	+	−	+	+	+	+ gelbgrün	−
Leukotrop 0	+	−	−	−	+	+ gelb	−	+	−	+	−	−	− blau	−

a) *Eulan NKFW* gibt leuchtend violette Flocken, *Zephirol* eine weinrote dichte Fällung, *Sapamin KW* weinrote Flocken, *Leukotrop 0* eine braunrote dichte Fällung. Läßt man durch das Reaktionsgemisch etwa 5 bis 10 ml Chloroform durchfallen oder schüttelt man mit diesem kurz durch, so färbt sich die Chloroform-Schicht kräftig rot bis rotviolett. F. FLOTOW[2] arbeitete in sehr viel verdünnterer Lösung und setzte außerdem noch 10%ige Schwefelsäure zu. Er beobachtete die Niederschlagsbildung nicht, jedenfalls erwähnte er sie nicht. Tetrachlorkohlenstoff gibt die Reaktion mit oder ohne Schwefelsäure nicht. Dagegen kann man auch Äther verwenden. *Leukotrop 0* reagiert dabei nicht. *Sapamin KW* und *Eulan NKFW* geben gefärbte Äther-Schichten, deren Färbung aber sehr rasch wieder verschwindet. Nur *Zephirol* gibt eine beständige rotviolette Äther-Färbung.

b) Diese Proben geben positive Reakionen nur dann, wenn einer der Liganden am Zentral-Atom ein langes Alkyl ist.

c) Diese Probe ist charakteristisch für Verbindungen ohne langes Alkyl. Diese ergeben keine Fällung, sondern Blaufärbung. Die ein langes Alkyl tragenden Verbindungen ergeben lediglich eine grüne bis braune Trübung bzw. Fällung, die sich auf Zusatz von 0,01 n Jodlösung verstärkt, während bei den Verbindungen mit kurzen Liganden die Blaufärbung bestehenbleibt.

---

[1] Triglykol-Magnesia-Alkali-Probe.
[2] E. FLOTOW: Pharmaz. Zentralhalle Deutschland **83**, 181 (1942).

positiv, handelt es sich um das Paar (6 + 8) bzw. (7 + 8), andernfalls kommen (3 + 7) bzw. (3 + 6) in Frage. Die Entscheidung für (4 + 5) oder (4 + 7) ist ebenfalls leicht. (4) ist auf jeden Fall vorhanden. Da man aber (4) und (5) mittels *Heliogenblau SBL* quantitativ ausfällen kann, kann man im Filtrat auf (7) prüfen. Ist die Prüfung positiv, dann liegt das Paar (4 + 7) vor, ist sie negativ, ist das Paar (4 + 5) vorhanden.

Bei Vorliegen ungünstiger Mischungsverhältnisse sind nach H. HEMPEL[1] besondere Vorsichtsmaßnahmen zu beachten (vgl. S. 1448). Der gleiche Autor schlägt für die Trennung ionogener und nicht-ionogener Stoffe ein Ionen-Austausch-Verfahren vor (vgl. S. 1449ff.).

Wir haben bis jetzt die Vorprüfung einer unbekannten capillaraktiven Substanz auf die in Frage kommenden Stoffklassen beschrieben und wenden uns jetzt diesen einzeln zu.

Hat die Vorprüfung das *ausschließliche Vorhandensein von ternären bzw. quartären kation-capillaraktiven Verbindungen* (4) ergeben, so orientieren die Schwefel-, Phosphor- und Chlor-Proben sowie die Triglykol-Magnesia-Alkali-Probe darüber, ob es sich um eine Phosphonium-, eine Sulfonium- oder Ammonium-Verbindung handeln kann. Fehlen sowohl Schwefel als auch Phosphor und Stickstoff, so kann nur eine Oxonium-Verbindung vorliegen. Sind nur Phosphor oder nur Stickstoff oder nur Schwefel vorhanden, so ist der Fall auch völlig klar. Bei Schwefel neben Phosphor oder neben Stickstoff kann entweder die saure Gruppe schwefelhaltig sein, oder es kann sich um eine Kreuzung der oben erwähnten Art handeln. Meist ist jedoch Chlor als saure Gruppe vorhanden. Fehlt dieses, so prüft man durch eine saure Destillation auf flüchtige organische Säuren (Probe auf flüchtige organische Säuren S. 1436).

Im Prinzip geben alle ternären und quartären capillaraktiven Verbindungen die bisher für diese Gruppe beschriebenen Reaktionen, doch unterscheiden sie sich natürlich durch das Zentral-Atom und dadurch, daß sie je nach der Länge und der Konstitution der Liganden manche Gruppenreaktionen nicht geben. Als Beispiel möge Tab. 368 dienen.

Einen weiteren Einblick in den Aufbau der Verbindungen gestattet die Verseifbarkeitsprobe, die z. B. bei *Eulan NKFW* einen relativ hohen Wert ergibt.

Auf diese Weise ist es immer möglich, auch schon rein qualitativ gewisse Aussagen über den Aufbau der ternären und quartären Verbindungen zu machen.

Die qualitativen Reaktionen der *in wäßriger Lösung als nicht-quartäre Ammonium-Verbindungen vorliegenden Stoffe* sind vielfach dieselben wie die der ternären und quartären Verbindungen. Es handelt sich ja auch hier um kationaktive Stoffe, die bei genügend langem hydrophobem Rest auch capillaraktiv sind. Sie unterscheiden sich von ihnen durch ihr Verhalten bei der Jod-Probe 3 und bei der Kaliumpermanganat-Probe 1. Die Jod-Probe 4 gestattet auch hier die Unterscheidung zwischen kurzen und langen Kohlenwasserstoff-Resten. So besitzen z. B. *Solidogen BSE* und *Sapamin CH* längere und *Levogen WW* und *Antistin* nur kurze Kohlenwasserstoff-Reste, wozu auch Phenyl, Benzyl, Naphthyl usw. (auch wenn sie kurz substituiert sind) rechnen. Unter sich können sie dadurch unterschieden werden, daß sie sich bestimmten Reagentien gegenüber verschieden verhalten, wie Tab. 369 beispielhaft zeigen soll.

---

[1] H. HEMPEL: Privatmitteilung.

Tabelle 369

Verbindung	MAYERs Reagens	NESSLERs Reagens	Eisen-Ammoniak-Alaun-Lösung 5%ig kochend	Pikrinsäure-Lösung gesättigt	Kaliumcyanat-Lösung 5%ig	Stickstoff-Probe	0,1n NaOH-Lösung	Natriumazid-Lösung 5%ig	Gelatine-Kochsalz-Probe[1]	Ammoniumchlorid-Lösung 30%ig	Tannin-Probe 2	KMnO$_4$-Probe 1
Solidogen BSE . . .	+ gelb	+[2] gelbl.	+	+	−	+	−	−	−	−	+	−[6]
Levogen WW . . .	+ weiß	+[3] gelb	+	+	+	+	+	+	+	+	−	−[6]
Antistin	+ gelb	+[4] weiß	−	+	+	+	+	−	−	−	−	−[6]
Sapamin CH . . .	+ weiß	+[5] weiß	−	+	+	+	−	−	−	−	−	−[6]

Sämtliche *Äthylenoxyd-Addukte* geben negative Reaktionen mit der Heteropolysäure-Probe 1, der Brom-Probe 1, der Ammonmolybdat-Probe und der Probe auf Kation und positive Reaktion mit der Heteropolysäure-Probe 2, der Tannin-Probe 3, den Jod-Proben 1 und 2 und der Ammoniumkobaltrhodanid-Probe. Die sulfatierten Äthylenoxyd-Addukte geben im Gegensatz zu den nicht sulfatierten, positiv reagierenden Verbindungen bei der Erwärmungsprobe 2, den Tannin-Proben 1 und 2 und der Probe mit MAYERS Reagens negative, dafür aber bei der Probe auf Anion positive Reaktionen. Äthylenoxyd-Addukte mit einem Oxäthylierungsgrad von über 10 werden daran erkannt, daß sie bei der Erwärmungsprobe 1 negativ reagieren, während sie sich bei allen anderen Proben wie die Produkte mit einem Oxäthylierungsgrad bis zu 10 verhalten. Polyalkylenoxyd-Addukte, die einen aromatischen Kern enthalten, werden durch die Äthylglykol-Schmelz- und Kupplungsprobe erkannt, oxäthylierte Alkylolamin-Addukte durch die positive Stickstoff-Probe und durch die Verseifbarkeitsprobe. Über die Länge des oxäthylierten Restes unterrichtet die Jod-Probe 4. Eine weitere Differenzierung gestattet die Salicylaldehyd-Probe.

Nicht-ionogene Verbindungen fallen im Analysengang zunächst dadurch auf, daß sie, wie die Tab. 366 zeigt, mit einer großen Anzahl der beschriebenen Reagentien keine Reaktion geben. Positiv ist bei ihnen, sofern es sich um Alkylolamin-Kondensate handelt, natürlich die Stickstoff-Probe. Weiter ist die käufliche Diazo-Verbindung *Nitrazol CFK*[7] in Natriumhydrogencarbonat-Lösung ein ausgezeichnetes Reagens auf Ammoniak und Ammonium-Verbindungen und ebenso auf Alkylolamine.

Da die Anwesenheit von Ammoniumsalzen sehr leicht durch Kochen der wäßrigen Lösung mit Magnesiumoxyd festgestellt werden kann, ist die *Nitrazol-*

---

[1] Durch dieses Reagens werden z. B. gefällt: *Eulan NKFW*, *Sapamin KW* und andere ternäre bzw. quartäre Verbindungen, nicht aber z. B. *Zephirol*; Beobachtungen, die vielleicht im Hinblick auf die Desinfektionswirkung von quartären Basen in Gegenwart von Eiweiß von Interesse sind.

[2] Beim Erhitzen über Gelb und Orange in Gelblichgrün übergehend.

[3] Beim Erhitzen direkt in Grüngrau übergehend.

[4] Beim Erhitzen gelb werdend.

[5] Beim Erhitzen gelblich werdend.

[6] Im Gegensatz zu den ternären und quartären kation-capillaraktiven Substanzen werden hier keine farbigen Niederschläge und keine gefärbten Chloroform-Lösungen, sondern nur Braunstein-Ausscheidungen erhalten.

[7] FARBWERKE HOECHST.

CFK-Probe bei Abwesenheit von Ammoniumsalzen in dieser Gruppe spezifisch für die Alkylolamin-Verbindungen. Ammoniumsalze geben mit diesem Reagens eine intensiv rotorange, Triäthanolamin keine, Diäthanolamin eine fahlgelbe und Monoäthanolamin eine stark gelbe Färbung, bzw. bei größerer Menge die entsprechenden Niederschläge. Auch substituierte Alkylolamine geben die Reaktion. Weitere Aufschlüsse über die Konstitution der zu untersuchenden Verbindungen dieser Gruppe geben die NESSLERS-Reagens-Probe und die Verseifbarkeitsprobe. Man kann die *Nitrazol-CFK*-Probe auch nach der Verseifung, d. h. nach der Abspaltung der Fettsäuren noch einmal durchführen (nach der Verseifung neutralisieren und mit Hydrogencarbonat versetzen) und erhält dann die Reaktion noch viel schärfer. Ein weiteres Charakteristikum für die Alkylolamin-Kondensate ist die Tatsache, daß sie bei der Kaliumpermanganat-Probe 2 augenblicklich eine Grünfärbung ergeben.

Unter Polyalkohol-Kondensaten verstehen wir die Fettsäureester von mehrwertigen Alkoholen, z. B. von Äthylenglykol, Diäthylenglykol, Glycerin, Diglycerin, Erythrit, Pentaerythrit, Propandiolen, Butan-di-, -tri- und -tetraolen, Hexiten usw., z. B. nach dem Schema:

$$\begin{array}{ccccccc} CH_2 & \cdot & CH & \cdot & CH \cdot CH_2 \cdot O \cdot C \cdot R \\ | & & | & & | \qquad\qquad \| \\ OH & & OH & & OH \qquad\quad\; O \end{array}$$

Sie enthalten weder Stickstoff noch Schwefel noch Halogen usw., sondern nur Kohlenstoff, Wasserstoff und Sauerstoff und geben eine positive Verseifbarkeitsprobe. Nach ihrer alkalischen Verseifung geben sie meist die WAGENAARsche Reaktion positiv und beim Kochen mit NESSLERS Reagens, besonders in sehr stark alkalischer Lösung, eine Schwarzfärbung durch ausgeschiedenes metallisches Quecksilber. Glycerin, auch neben Glykol, läßt sich im Sauerwasser nach der Verseifung nach den im Kapitel „Nachweis und Bestimmung von Glycerin" beschriebenen Methoden nachweisen.

Hat die Vorprüfung die ausschließliche Anwesenheit von *anion-capillaraktiven Substanzen* ergeben oder hat man sich, falls Gemische mit anderen störenden Gruppen capillaraktiver Stoffe vorlagen, durch Ausfällung der störenden Stoffe mittels geeigneter kation- oder anionaktiver Farbstoffe oder anderer Reagentien, z. B. Heteropolysäuren usw., eine Lösung hergestellt, die nur noch anion-capillaraktive[1] Stoffe enthält, dann steht man vor der Aufgabe, nun aus der Fülle der nach den S. 1415 bis 1418 möglichen Verbindungen die tatsächlich vorliegenden zu ermitteln. Es ist klar, daß es unmöglich ist, für alle diese Einzelvertreter besondere, nur ihnen eigene Spezialreaktionen aufzufinden. Darauf kommt es aber auch gar nicht so sehr an, sondern es genügt in den meisten Fällen schon die Feststellung, welche der 19 Verbindungsgruppen vorliegen. Weitere Reaktionen gestatten dann darüber hinaus noch eine speziellere Einengung auf einzelne ihrer Vertreter.

Zunächst geben die Triglykol-Magnesia-Alkali-, die Schwefel-, Phosphor- und Chlor-Proben die Möglichkeit, die 19 Verbindungen in folgende 4 Gruppen aufzuteilen:

---

[1] Man kann auch mit anion-fällenden Reagentien, z. B. mit löslichen Tonerden, die anion-capillaraktiven Stoffe entfernen und die kation-capillaraktiven in Lösung behalten.

I. Verbindungen, die weder Schwefel noch Stickstoff enthalten	II. Verbindungen, die nur Stickstoff, aber keinen Schwefel enthalten	III. Verbindungen, die nur Schwefel, aber keinen Stickstoff enthalten	IV. Verbindungen, die Schwefel und Stickstoff enthalten
		Verbindungen Nr.:	
1	3	4	5
2	15	6	6 (nur wenn
7	Gallenseife	8	— amidiert)
—	—	9	—
—	—	10	13
—	—	11	16
—	—	12	18
—	—	14	—
—	—	17	—
—	—	19	—

Liegen Ammonium-, Amin- oder Alkylolaminsalze vor[1], dann fällt die Triglykol-Magnesia-Alkali-Probe auf jeden Fall positiv aus, auch wenn das capillaraktive Anion keinen Stickstoff enthält. Es bleiben dann nur noch 2 Gruppen: Gruppe II und Gruppe IV, die die Gruppen I und III mit umfassen. Man kann sich nun entweder damit begnügen (in sehr vielen Fällen werden die später beschriebenen Reaktionen doch Aufklärung über den Aufbau der Verbindung geben), oder aber man zerlegt die wäßrige Lösung des Methanol-Auszuges[2] der ursprünglichen Probe im Scheidetrichter mit überschüssiger Schwefelsäure, nimmt die ausgeschiedenen anion-capillaraktiven Säuren in Äther oder manchmal besser in Amylalkohol auf, neutralisiert mit methanolischer Natronlauge, verdampft zur Trockne und trocknet bei 130°. Man hätte bei dieser Gelegenheit den Methanol-Extrakt auch von etwa vorhandenem Harnstoff befreit. (Es ist wichtig, die verwendeten Lösungsmittel Äther, Amylalkohol und Methanol restlos zu entfernen, weil sie die später beschriebene Kaliumpermanganat-Probe stören würden.) Dann liegen zur weiteren Untersuchung die Natriumsalze vor. Die Überführung in die Natriumsalze kann auch nach dem Vorschlag von BERGERON und Mitarbeitern[3] nach dem Prinzip von KLING und PÜSCHEL[4] über das Benzidinsalz erfolgen:

10 g Probe werden in der erforderlichen Menge Wasser gelöst und mit Benzidinchlorhydrat-Lösung gefällt. Nach 3 Std. filtriert man vom Benzidinsalz ab und wäscht mit Wasser aus, bis im Filtrat kein Triäthanolamin mehr nachweisbar ist. Das ausgewaschene Benzidinsalz wird nun durch Verrühren mit Natronlauge in das Natriumsalz und freies Benzidin umgewandelt. Letzteres wird abfiltriert. Das Filtrat wird mit Schwefelsäure neutralisiert m Vakuum zur Trockne gebracht und mit einem Lösungsmittel extrahiert.

Man hat damit wieder die Möglichkeit der Unterteilung in die Gruppen I bis IV:

I. Nach der Vorprüfung kommen nur die Verbindungen der Gruppen 1 (*Seifen*), 2 (*Salze von Fettsäure-Kondensationsprodukten mit Oxyalkylcarbonsäuren*) und 7 (*Salze von aromatischen Monocarbonsäuren*) in Frage.

Die Essigsäure-Probe fällt nur bei den Seifen positiv aus. Daneben können natürlich noch Verbindungen nach 2 und 7 vorhanden sein. Die gleichzeitige Anwesenheit von Verbindungen der Gruppe 2 würde durch die Verseifbarkeitsprobe einwandfrei erkannt. Sind nur Verbindungen nach 7 vorhanden, so läßt

---

[1] Ob nur solche und keine Alkalisalze vorliegen, ergibt die Alkali-Probe.

[2] Bei seiner Herstellung ist es in den meisten Fällen vorteilhaft, dabei gleich das Unverseifbare durch Ausschütteln mit Petroläther zu entfernen.

[3] J. BERGERON, R. DERENEMESNIL, J. RIPERT u. G. MONIER: Bull. mens. ITERG **4**, 118 (1950).

[4] W. KLING u. F. PÜSCHEL: Melliand Textilber. **15**, 21 (1934).

die Jod-Probe 4 dies ohne weiteres erkennen. 7 neben 1 und 2 wird durch die
Äthylglykol-Alkalischmelz- und Kupplungsprobe nachgewiesen. Das Vorliegen
ungesättigter Fettsäuren oder Oxyfettsäuren wird in Abwesenheit von Ver-
bindungen der Gruppe 7 durch die Kaliumpermanganat-Probe 2 erkannt. Die
Anwesenheit von Gallenseife weist man durch die Reaktionen von LIEBERMANN
und BURCHARD, SALKOWSKI, PETTENKOFER oder die Furfurol-Schwefelsäure-
Prüfung (s. S. 1447) nach. Kolophonium- und Abietinseifen werden nach STORCH-
MORAWSKI (s. S. 1061 oder nach HALPHEN-GRIMALDI (s. S. 428) nachgewiesen.
Zu den Prüfungen können die methanolischen Lösungen des Methanol-Extraktes
verwendet werden. Naphthensäure-Seifen ergeben bei der PETTENKOFERschen
Prüfung nur eine sepiabraune Färbung, so daß sie den Nachweis von Gallenseifen
nicht stören. Nur Kolophonium-Seifen geben mit Bromwasser einen dicken,
gelblichen Niederschlag.

II. Nach der Vorprüfung kommen nur die Verbindungen von 3 (*Salze von
Fettsäure-Kondensationsprodukten mit Aminoalkylcarbonsäuren*) und 15 (*Salze
von Fettsäure-Eiweiß-Kondensationsprodukten*) in Frage.

Falls die zu untersuchende Probe nur aus Gallenseife besteht, würde sie
wegen des bei ihr positiven Ausfalles der Triglykol-Magnesia-Alkali-Probe in
diese Gruppe eingereiht werden. Man muß deshalb auch in dieser Gruppe die
in I. angeführten Proben auf die Anwesenheit von Gallenseife durchführen.
Sowohl die Verbindungen der Gruppe 3 als auch die der Gruppe 15 ergeben bei
der Verseifbarkeitsprobe stark positive Reaktion. Sie unterscheiden sich dadurch, daß nur die Fettsäure-Eiweiß-Kondensationsprodukte eine positive
Biuret-Reaktion geben: Zu der gelösten oder fein gepulverten Substanz fügt man
überschüssige Natronlauge und darauf *tropfenweise sehr verdünnte* Kupfersulfat-Lösung und schüttelt oder rührt nach jedem Zusatz von Kupfersulfat
um. Zuerst auftretende Rosafärbung, die später in Violett und schließlich
in Blauviolett übergeht, zeigt den positiven Ausfall der Reaktion an. Ebenso
wird die *Nitrazol-CFK*-Probe von den Eiweiß-Kondensationsprodukten positiv
gegeben. (Auch die *Medialane* geben einen Niederschlag. Dieser ist aber nicht
stark rot bis rotbraun gefärbt wie bei den Eiweiß-Kondensationsprodukten.)
Durch diese zwei Reaktionen wird zwar erkannt, daß Eiweiß-Kondensationsprodukte vorhanden sind. Will man aber noch feststellen, ob daneben auch
medialan-artige Verbindungen vorhanden sind, so muß man die Jod-Probe 3
zu Hilfe nehmen, bei der nur die letzteren positive Reaktion, d. h. starke Trübung, hervorrufen[1].

III. Nach der Vorprüfung kommen nur die Verbindungen von 4 (*Salze von
Fettsäure-Kondensationsprodukten mit Oxyalkylsulfonsäuren*), 6 (*Salze von sulfatierten Ölen*), 8 (*Salze von Estern von Sulfodicarbonsäuren*), 9 (*Fettalkoholsulfate*), 10 (*Salze von Alkylsulfonsäuren*), 11 (*Salze von Oxyalkylsulfonsäuren*),
12 (*Salze von Alkylarylsulfonsäuren*), 14 (*Salze von Fettsulfonsäuren*), 17 (*Salze
von sulfatierten Alkylenoxyd-Addukten*) und 19 (*Salze von sulfatierten Polyalkohol-
Fettsäure-Kondensaten*) in Frage.

Nur die sulfatierten Äthylenoxyd-Addukte geben positive Reaktion nach
der Heteropolysäure-Probe 2. Sie werden daran neben allen anderen Verbindungen von Klasse III erkannt. Bei der Verseifbarkeitsprobe in Äthylglykol
als Lösungsmittel reagieren nur die Verbindungen der Gruppen 4, 6, 8 und 19
positiv. Mit Triglykol als Lösungsmittel reagieren dagegen auch noch die Ver-

---

[1] Die Magnesiumsulfat-Probe ist bei Eiweiß-Kondensationsprodukten negativ, bei
medialan-artigen Produkten positiv.

bindungen der Gruppen 9 und 11 positiv. Man kann daher nach dem Ausfall der Verseifbarkeitsprobe folgende Unterteilung vornehmen:

	A	B	C
Klassen:	4	9	10
	6	11	12
	8		14
	19		17

Die Gruppe A gibt folgende qualitative analytische Reaktionen:
Die Anwesenheit von Sulfodicarbonsäureestern, als welche zur Zeit praktisch nur Sulfobernsteinsäure- und Sulfophthalsäureester in Frage kommen, erkennt man durch die Salicylaldehyd-Probe, ergänzt durch die Resorcin-Probe. Während alle anderen in A noch möglichen Verbindungen bei der Salicylaldehyd-Probe braune bis braunrote, *trübe* Reaktionsgemische ergeben, erhält man bei Sulfo-bernsteinsäureestern eine grüne (dichroitisch-violette), *klare* Lösung, bei Sulfo-phthalsäureestern eine rote, *klare* Lösung. Beide zeigen nach dem Verdünnen mit etwa 200 ml Wasser und Übersättigen mit Ammoniak unter der UV-Analysenlampe eine schöne grüne Fluorescenz. Noch besser lassen sich beide unterscheiden durch die Resorcin-Probe. Dabei entsteht bei den Sulfobernstein-säureestern eine *rosa*, bei den Sulfophthalsäureestern eine *violett*rosa Lösung, die unter der UV-Analysenlampe bei ersterer gelblichgrau, bei letzterer blau-violett fluoresciert. Verdünnt man mit etwa 200 ml Wasser und übersättigt man mit Ammoniak, so sind die entsprechenden Fluorescenzfarben grau und rein himmelblau. Erhält man bei der Salicylaldehyd-Probe zwar die charakteri-stische Fluorescenz der Sulfodicarbonsäureester, aber eine trübe Lösung, so zeigt das die gleichzeitige Anwesenheit von Verbindungen der Gruppen 4, 6 und 19 an. Sulfodicarbonsäureester ergeben bei der Jod-Probe 4 eine blaue, die übrigen Verbindungen von A eine weinrote bis rotviolette Farbe. Allen gemeinsam ist, daß man aus dem Rückstand der Verseifbarkeitsprobe nach dem Ansäuern mit Salzsäure durch Äther Fettsäuren bzw. Oxyfettsäuren isolieren und mit der Fettsäure-Probe nachweisen kann. In der ausgeätherten, wäßrig-salzsauren Lösung lassen sich SO_4-Ionen bei Verbindungen der Gruppen 4 und 8 nicht, bei den Verbindungen der Gruppen 6 und 19 dagegen gut nachweisen. Die bei der Hydrolyse von Sulfobernsteinsäureestern entstehende Sulfobernsteinsäure gibt im stark sauren Bereich, in welchem man SO_4-Ionen zu fällen pflegt, kein schwerlösliches Bariumsalz. Trotzdem kann man Sulfobernsteinsäure als Barium-salz auch neben Alkylsulfaten und echten Sulfonsäuren nachweisen. Hierzu äthert man nach der sauren Hydrolyse diese stark saure Lösung aus, wodurch man neben Fettalkoholen und Fettsäuren auch die etwa vorhandenen Alkyl- und Alkylarylsulfonsäuren entfernt. Man fällt jetzt in stark saurer Lösung die etwa anwesenden SO_4-Ionen aus, filtriert vom Bariumsulfat ab und stellt das Filtrat auf einen p_H-Wert von 6 bis 6,5 ein. Bei Anwesenheit von Sulfobernsteinsäure fällt jetzt das Bariumsalz der Sulfobernsteinsäure aus. Das Vorliegen von Sulfobernstein-säureestern verrät sich meist schon durch den Geruch der zu untersuchenden Substanz nach dem veresterten Alkohol. Dieser Geruch ist besonders deutlich nach der sauren Hydrolyse, da der eingebaute Alkohol — meist handelt es sich um isomere Octylalkohole, z. B. 2-Äthyl-hexanol, — einen sehr charakteristischen Geruch hat. Bei den Verbindungen der Gruppen 6 und 19 fällt die WAGENAAR-sche Prüfung auf Alkohole mit Hydroxylgruppen an unmittelbar benachbarten C-Atomen positiv aus, soweit Glycerin oder andere Polyalkohole mit benach-barten OH-Gruppen vorhanden sind. Die Kaliumpermanganat-Probe 2 zur

Unterscheidung, ob gesättigte oder ungesättigte Fettsäuren vorliegen, führt man in Gruppe A am besten mit den nach der Verseifbarkeitsprobe ausgeätherten und vom Äther restlos befreiten freien Fettsäuren durch. Die Magnesiumsulfat-Probe fällt in dieser Gruppe nur bei den hochsulfatierten Ölen negativ, die Essigsäure-Probe nur bei den niedrigsulfatierten positiv aus.

Die *Gruppe B* umfaßt die Fettalkoholsulfate und die Salze von Oxyalkyl-sulfonsäuren. Über die Länge des Fettrestes orientiert die Jod-Probe 4. Je mehr weinrot die Reaktion ausfällt, desto länger, je mehr rotviolett bis violettblau, desto kürzer sind die Ketten. Die Kaliumpermanganat-Probe 2 zeigt bei den Fett-alkoholsulfaten, ob ungesättigte oder gesättigte Alkohole vorliegen. Bei den Oxyalkylsulfonsäuren ist die Anwesenheit von ungesättigten Verbindungen unwahrscheinlich. Will man trotzdem darauf prüfen, kann man dies durch den Jod-Verbrauch bei der Jod-Probe 4 tun. Daß die Kaliumpermanganat-Probe 2 bei den Oxyalkylsulfonsäuren sehr rasch in Grün umschlägt, unterscheidet diese von den Alkoholsulfaten mit gesättigten Alkoholen. Die Fettalkoholsulfate heben sich weiter von den Salzen von Oxyfettsulfonsäuren dadurch ab, daß nur bei den ersteren beim Kochen der wäßrigen 1%igen Lösung mit dem gleichen Volumen Schwefelsäure (1:3) Fettalkohole abgespalten werden, während die letz-teren als Sulfonsäuren dabei keine Spaltung erleiden. Die Abscheidung von Fettalkoholen erkennt man schon bei kleinen Mengen sehr schön durch die *Fluorol-5 G*-Probe[1]. Äthert man nach der sauren Verkochung aus, so sind nur im Sauerwasser der Fettalkoholsulfate SO_4-Ionen nachweisbar, nicht dagegen im Sauerwasser der Oxyfettsulfonsäuren. Die Frage, ob es sich bei dem Fettalkohol-sulfat um ein primäres oder um ein sekundäres (*Teepol*) Alkylsulfat handelt, kann ebenfalls beantwortet werden. Man isoliert den nach der sauren Hydrolyse aus-geätherten Fettalkohol durch Verdampfen des Äthers. Primäre Fettalkohole sind meist mehr oder weniger fest und haben einen angenehm aromatischen Geruch oder sind geruchlos. Sekundäre Alkohole, wie sie aus *Teepol* isoliert werden, sind gewöhnlich flüssig und haben einen typischen, unangenehmen Geruch, den man sich an einem Typ einprägen muß. Ferner kann man solche primären und sekun-dären Alkohole mittels der Chancel-Reaktion[2] (s. S. 1455) unterscheiden. Die mit Salpetersäure erhältlichen Alkylnitrate unterscheiden sich durch Löslich-keit und Farbe.

In der *Gruppe C* kommen Salze von Alkylsulfonsäuren (*Mersolate*), Salze von Alkylarylsulfonsäuren (*Nekale* und Alkylbenzolsulfonate), Salze von Fett-sulfonsäuren und Salze von sulfatierten Alkylenoxyd-Addukten in Frage. Letztere werden neben allen anderen Verbindungen dieser Gruppe durch den positiven Ausfall der Heteropolysäure-Probe 2 erkannt. Bei Jod-Probe 4 ergeben die *Mersolate*[3] und die Alkylbenzolsulfonate eine violette, die *nekal*-ähnlichen Produkte eine rein blaue, die Salze von Fettsulfonsäuren eine weinrote Färbung. Die Anwesenheit von Alkylarylsulfonaten wird durch die Äthylglykol-Alkalischmelz- und Kupplungsprobe sowie die Nitrier- und die *Nitrazol-CFK*-Probe nachgewiesen. Bei der Kaliumpermanganat-Probe 2 sind die *Mersolate* und die Salze von Fettsulfonsäuren mit gesättigtem Fettrest stundenlang, meist sogar über Nacht, beständig, während die *Nekale* und Alkylbenzolsulfonate verhältnismäßig rasch über blau nach grün um-schlagen.

---

[1] *Fluorol 5 G:* Basf, Ludwigshafen/Rh.
[2] G. Chancel: C. R. hebd. Séances Acad. Sci. **100**, 604 (1885).
[3] Enthalten sie überwiegend Di- und höhere Sulfonate, ergeben sie blaue Fär-bung.

Über weitere Unterschiede der hierher gehörenden Verbindungen unterrichtet nachfolgende Tabelle:

Tabelle 370

Substanz	Natronwasserglas-Lösung konz.	MOHRsches Salz 5%ig	Ammoniumchlorid-Lösung 30%ig	Magnesiumsulfat-Lösung 2%ig
Mersolate	—	—	—	—
Nekale	+	+	—	+
Alkylbenzolsulfonate	—	—	—	—
Fettsulfonsäuren	+	+	+	+

Man versetzt die wäßrige 1%ige Lösung der Methanol-Extrakte der zu untersuchenden Substanz tropfenweise mit den Reagentien. Die bei den ersten Tropfen Reagens-Zugabe beim Schütteln auftretende Fällung bedeutet positive Reaktion. Bei Prüfung mit Magnesiumsulfat geben Alkylbenzolsulfonate mit einem sehr großen Überschuß an Reagens allmählich auch eine Fällung. Eine weitere Unterscheidung, welche Substanzen vorliegen, lassen die Salicylaldehyd-Probe, die Schwefelsäure- und die Salpetersäure-Probe zu. Durch geeignete Kombinationen der Methoden und das Arbeiten mit Typ-Lösungen ist es auch möglich, die schwierige Aufgabe des Nachweises von *Mersolaten* neben *Nekalen* und Alkylbenzolsulfonaten zu lösen. Ergibt z. B. die Probe mit Ammoniumchlorid, daß Fettsulfonsäuren nicht anwesend sind, so beweist schon eine sehr lange auf violett bzw. blauviolett stehenbleibende Kaliumpermanganat-Probe 2 die Anwesenheit von *Mersolat*. Ist dagegen Fettsulfonsäure vorhanden, so filtriert oder zentrifugiert man vom Ammoniumchlorid-Niederschlag ab. In einer Lösung, die aber nur *Mersolate* und *Nekale* und (oder) Alkylbenzolsulfonate enthält, läßt sich die Anwesenheit von *Mersolaten* mit Hilfe der Schwefelsäure-Salpetersäure-Probe und der Schwefelsäure-Probe unter der UV-Analysenlampe nachweisen, wenn es sich nicht nur um verschwindend kleine Mengen handelt. Am sichersten gelingt der Nachweis jedoch auf Grund der Tatsache, daß bei der Alkalischmelze die *Mersolate* unangegriffen bleiben. Man setzt die Triglykol-Alkalischmelz- und Kupplungsprobe an, spült die Schmelze mit möglichst wenig Wasser in einen kleinen Scheidetrichter, stellt auf p_H 5 ein (das Volumen soll nunmehr etwa 10 ml betragen), fügt 5 ml gesättigter Natriumhydrogencarbonat-Lösung zu und schüttelt 2mal mit je 15 ml Äther kräftig durch. Die zurückbleibende wäßrige Schicht wird durch Einstellen in ein siedendes Wasserbad vom Äther befreit, abgekühlt und z. B. mit *Solidogen* geprüft. Nur bei Anwesenheit von *Mersolat* entsteht bei tropfenweiser Zugabe des Reagens ein Niederschlag. In Zweifelsfällen ist die Elementaranalyse hinzuzuziehen, die durch eine Bestimmung des Kohlenstoff:Wasserstoff-Verhältnisses eine Klärung ermöglicht. Bei einer aliphatisch aufgebauten Verbindung, wie sie im *Mersolat* vorliegt, ist das Verhältnis Kohlenstoff zu Wasserstoff 1:2, während die Anwesenheit eines aromatischen Kernes das Verhältnis verschiebt. Im Beispiel des Dodecylbenzolsulfonats ist es etwa 1:1,6. Findet man bei der Analyse demnach ein Kohlenstoff:Wasserstoff-Verhältnis, das deutlich zwischen den Werten 1,6 und 2 liegt, so kann man mit dem Vorliegen einer Mischung aus Alkylarylsulfonat und Alkylsulfonat rechnen.

IV. Nach der Vorprüfung kommen nur die Verbindungen von 5 (*Salze von Fettsäure-Kondensationsprodukten mit Aminoalkylsulfonsäuren*), 13 (*Salze von Kondensationsprodukten aus Eiweiß-Abbauprodukten oder Aminocarbonsäuren und Alkylsulfochloriden*), 16 (*Salze von sulfonierten Kondensationsprodukten aus Fettsäuren und aromatischen o-Diaminen*) und 18 (*Salze von sulfatierten Alkylolamin-Fettsäure-Kondensaten*) in Frage.

Allen Verbindungen dieser Gruppe ist gemeinsam, daß sie bei der Verseifbarkeitsprobe entweder in äthylglykolischer oder triglykolischer Lösung positive Reaktion geben. Die Gruppe 5 gibt die Triglykol-Magnesia-Alkali-Probe erst auf Zusatz von Alkali. Ist $R_1 = H$, so fällt die Probe jedoch bereits bei Zusatz von Magnesia vollständig positiv aus. Die Alkylolaminfettsäure-Kondensationsprodukte werden durch die *Nitrazol-CFK*-Probe erkannt und die Produkte der Gruppe 16 durch den positiven Ausfall der Äthylglykol-Alkalischmelz- und Kupplungsprobe sowie der Nitrier-Probe. In den ausgeätherten Rückständen der Verseifbarkeitsprobe sind bei den Gruppen 5, 13 und 16 keine SO_4-Ionen, bei der Gruppe 18 dagegen solche nachweisbar. Die Verbindungen der Gruppe 13 ergeben positive Biuret-Reaktion, falls es sich um Eiweiß-Abbauprodukte handelt. Damit hat man auch in dieser relativ komplizierten Gruppe verhältnismäßig rasch eine Entscheidungsmöglichkeit, welcher Typ vorliegt.

Als letzte Gruppe von anionaktiven Substanzen bleibt die der Phosphorsäure-Derivate nachzuweisen. Beim Vorliegen von Anion-Aktivität und gleichzeitig positivem Ausfall der Probe auf Phosphor muß auf Phosphorsäure-Derivate geschlossen werden, von welchen wie bei den Schwefel-Verbindungen 2 Typen möglich sind. Es kann sich um Salze von sauren Alkylphosphorsäureestern (—O—P-Bindung) oder um Salze von Alkyl- oder Arylphosphonsäuren (C—P-Bindung) handeln, jedoch sind auch gemischte Verbindungen denkbar.Theoretisch sollte man sie durch die Verseifbarkeitsprobe unterscheiden, da nur die Phosphorsäureester verseifbar sein können. Tatsächlich kann man aber feststellen, daß schon normale Alkylphosphorsäureester, z. B. des Cetylalkohols, ungewöhnlich widerstandsfähig gegen eine Verseifung sind. Das bisher vorliegende Untersuchungs- und Erfahrungsmaterial ist noch unzureichend für eine befriedigende analytische Beurteilung.

Für die bis jetzt beschriebenen Prüfungen, Reaktionen und Reagentien folgen nachstehend die Ausführungs- bzw. Herstellungsvorschriften[1]:

Prüfung Nr. 1

Äthylglykol-Alkalischmelz- und Kupplungsprobe. Die Prüfung dient zum Nachweis von aromatischen Kernen und wurde positiv gefunden bei allen kurz oder lang alkylierten oder alkylarylierten Naphthalinsulfonsäuren, ebenso bei den entsprechenden Benzol-Derivaten, den oxäthylierten Alkylphenolen und Alkylnaphtholen, bei kolophoniumhaltigen Produkten und schließlich bei *Eulan NKFW*. Bei allen anderen Produkten, auch bei *Dekol*, wurden negative Reaktionen erhalten.

Reagentien: a) Äthylglykol (HO · CH_2 · CH_2 · O · C_2H_5) gereinigt. *Reinigung.* Man gibt zu 1 l der Mittelfraktion eines technischen Äthylglykols, das sich in einem Rundkolben mit aufgesetztem Rückflußkühler befindet, etwa 10 bis 12 g metallisches Natrium und kocht etwa 3 Std. Dann wird abdestilliert. Man prüft eine kleine Menge des übergehenden Destillates rechtzeitig mit einem kleinen Stückchen metallischem Natrium, ob es farblos bleibt. Tritt noch Braunfärbung ein, so muß vor weiterer Destillation erneut unter Zusatz von metallischem Natrium am Rückflußkühler gekocht werden. Nur ein Äthylglykol, das beim Erhitzen mit festem Kaliumhydroxyd farblos bleibt, ist brauchbar.

b) Festes Kaliumhydroxyd, am besten in Plätzchenform. (Man stellt fest, wieviel Plätzchen auf 1 g gehen.)

c) Salzsäure 1 : 1.

d) Natronlauge 10% ig.

e) Gesättigte Magnesiumoxyd-Lösung.

f) Festes Magnesiumoxyd.

g) 2% ige filtrierte, wäßrige Lösung von *Echtrotsalz AL*[2]. (Die Lösung hält sich etwa 1 Std.)

h) Äther.

[1] Siehe B. WURZSCHMITT: Systematik und qualitative Untersuchung capillaraktiver Substanzen. Berlin-Göttingen-Heidelberg: Springer 1950.

[2] FARBWERKE HOECHST.

Ausführung der Probe: Man gibt etwa 3 ml der methanolischen Lösung des Methanol-Extraktes in ein Reagensglas von etwa 35 bis 40 ml Inhalt (etwa 17 bis 18 mm Durchmesser), fügt 4 ml Äthylglykol und so viele Plätzchen Ätzkali zu, wie einem Gramm entsprechen. Nun dampft man durch Kochen über einem Bunsenbrenner vorsichtig das Methanol innerhalb von etwa 3 bis $3^1/_2$ Min. ab (Kontrolle mit der Uhr). Die entweichenden Methanol-Dämpfe zündet man an, so daß am oberen Ende des Reagensglases stets eine kleine Flamme des Methanols brennt. Man achtet schon während des Abdampfens des Methanols streng darauf, daß man das Reagensglas nicht in der Flamme, sondern nur über der Flamme erhitzt. Besonders bei der weiteren Schmelze ist darauf zu achten, daß höchstens nur gerade die äußerste Spitze der kleinen Flamme den Boden des Reagensglases berührt, so daß jede Überhitzung des Reagensglas-Inhaltes über den Siedepunkt des Äthylglykols hinaus mit Sicherheit vermieden wird. Durch das Gelbwerden der Methanol-Flamme nach etwa $3^1/_2$ Min. erkennt man, daß Äthylglykol schon mit abdestilliert. Man reguliert nunmehr die Verkochung so, daß in etwa $1^1/_2$ bis 2 Min. ungefähr 3 ml Äthylglykol abdestilliert sind. In dem Reagensglas befinden sich dann noch etwa 1 ml Äthylglykol und 1 g festes Kaliumhydroxyd, die zusammen in erhitztem Zustand ungefähr ein Volumen von 2 ml ausmachen. Man muß sich auf den richtigen Augenblick des Abbruchs der Schmelze etwas einarbeiten. Dampft man das Äthylglykol zu weit ab, so daß die Schmelze, wenn auch nur leicht, gecrackt wird, so geben unter Umständen auch Substanzen positive Reaktion, die keine aromatischen Kerne enthalten. Bricht man aber das Abdestillieren des Äthylglykols zu bald ab, so läuft man andererseits Gefahr, zu wenig Phenole und Naphthole gebildet zu haben. Man weiß aber nach einigen Vorversuchen sehr rasch, wie man die Schmelze einwandfrei durchführt.

Nach Beendigung der Schmelze läßt man das Reagensglas einen Augenblick abkühlen, spritzt mittels der Spritzflasche etwa 5 bis 6 ml Wasser hinein, wobei die Schmelze sich spielend löst und schüttet die Lösung in ein großes Reagensglas von etwa 60 bis 65 ml Inhalt (Durchmesser etwa 22 bis 24 mm). Das Schmelzreagensglas wird noch mit weiteren 4 ml destilliertem Wasser nachgespült und dieses Spülwasser ebenfalls in das weite Reagensglas gegeben. Nun neutralisiert man mit Salzsäure 1 : 1, so daß die Lösung gerade deutlich mineralsauer ist. Man probiert am besten einmal vorher aus, welche Menge Salzsäure 1 : 1 dem einen Gramm KOH entspricht, so daß man von vornherein die entsprechende Menge Salzsäure zugeben kann und dann nur noch die Operationen der Sauerstellung und der späteren Neutralisation tropfenweise vornehmen muß. Einen ziemlich sicheren Hinweis auf die Anwesenheit von aromatischen Kernen erhält man dadurch, daß in diesem Falle die angesäuerte Lösung besonders beim leichten Anwärmen stark nach schwefliger Säure riecht. Man kocht dann die Lösung kurz auf, um die schweflige Säure zu vertreiben, und kühlt durch Einstellen in Eiswasser wieder auf Zimmertemperatur ab. Nun fügt man tropfenweise 10%ige Natronlauge zu, bis die Lösung gegen Universal-Indicator-Papier MERCK getüpfelt eben einen p_H-Wert von 7 bis 7,5 aufweist. Dann setzt man 20 ml gesättigtes Magnesiumoxyd-Wasser und etwa 0,3 g festes Magnesiumoxyd zu und schüttelt etwa 1 Min. gut durch. Fügt man nun zu der Lösung 10 ml *Echtrot-AL*-Salzlösung und schüttelt wiederum 1 Min. kräftig durch, so entsteht eine sehr starke Azofarbstoff-Bildung, wenn die Probe aromatische Kerne enthalten hat (+). Die Farbe ist bei Naphthalin-Derivaten blutrot, bei Benzol-Derivaten mehr braunrot und bei kolophoniumhaltigen Produkten himbeerrot. Man muß sich diese Farben einmal ansehen und sich ihre ganz charakteristischen Unterschiede einprägen. Im Notfall kann man auch gegen Typen arbeiten. Hat die untersuchte Probe keinen aromatischen Kern enthalten, so tritt keinerlei Farbstoff-Bildung ein. Eine ganz schwache Gelblichfärbung bedeutet keine positive Reaktion. Der Benzylrest im *Zephirol* wird durch diese Probe nicht erfaßt.

Sind Verbindungen mit aromatischen Kernen nur in sehr kleiner Menge vorhanden — etwa als zufällige oder absichtliche Beimengung in anderen Verbindungen —, so kann es sein, daß man sich vielleicht einmal nicht ganz im klaren ist, ob die Reaktion positiv oder negativ ist. In einem solchen Falle fügt man etwa 20 ml Äther zum Reaktionsgemisch, schüttelt kräftig durch und läßt absitzen. Bleibt der Äther farblos oder wird er nur schwach gelblich angefärbt, ist die Reaktion negativ, zeigt er aber eine rötliche Färbung, so ist die Reaktion positiv.

Farbbildung, die erst nach längerer Zeit einsetzt, wird nicht mehr gewertet. Man beurteilt spätestens 5 Min. nach dem Zusatz von *Echtrot-AL*-Salz.

Bei negativem oder schwachem Ausfall der Kupplungsprobe ist es manchmal zweckmäßig, die Prüfung noch einmal durchzuführen, aber eine andere Diazokomponente zu verwenden. Man setzt dann nach Neutralstellung der Schmelzlösung an Stelle von Magnesiumoxyd und Magnesiumoxyd-Wasser 10 ml gesättigte Natriumhydrogencarbonat-Lösung und 10 ml einer 2%igen filtrierten Lösung von *Nitrazol CFK*[1] zu. Die Farbstoffbildung wird (eventuell gegen einen Blindversuch) festgestellt.

---

[1] FARBWERKE HOECHST.

Prüfung Nr. 2

Alkali-Probe. Die Probe dient zur Feststellung, ob die zu untersuchende Substanz Alkalisalze enthält. Sie erübrigt sich daher bei stickstofffreien anion-capillaraktiven Substanzen, da diese bei neutraler Reaktion und guter Wasserlöslichkeit nur als Alkalisalze vorliegen können. Dagegen ist die Probe von Wichtigkeit zur Feststellung, ob neben Ammonium-, Amin- oder Alkylolamin-salzen noch Alkalisalze vorhanden sind.

Reagentien: a) Ein starker, etwa 12 cm langer Platindraht, in einem Glasstab eingeschmolzen.

b) Asche- und alkalifreie Rundfilter (Durchmesser 90 mm).

c) Alkoholische Phenolphthalein-Lösung.

Ausführung der Probe: Man legt das Rundfilter 5mal zusammen und umwickelt es, Spitze nach oben (mit der Breitseite zum freien Ende des Platindrahtes), 2- oder 3mal locker mit dem Platindraht. Nun taucht man das Filtrierpapier in die methanolische Lösung der zu untersuchenden Substanz. Ist das Papier vollgesaugt, zündet man es an und läßt es, die Spitze nach unten gehalten, abbrennen, bis vollständige Verkohlung eingetreten ist. Dann wird noch einige Augenblicke in der reduzierenden Flamme eines Bunsenbrenners durchgeglüht. Vorher hat man in ein Reagensglas etwa 5 ml Wasser und 1 bis 2 Tropfen Phenolphthalein-Lösung gegeben. In diese Lösung wird die noch schwach glühende Aschenrolle, die noch Kohlenstoff enthalten muß, mit Hilfe des entsprechend gebogenen Platindrahtes eingeführt und kurz hin und her gedreht. Rotfärbung der Lösung zeigt den Gehalt der Probe an Alkali an.

Prüfung Nr. 3

Ammoniumkobaltrhodanid-Probe. Die Probe ist spezifisch (+) für alle Polyalkylenimine, kation-capillaraktive Verbindungen und alle Polyalkylenoxyd-Addukte, unabhängig vom Oxäthylierungsgrad, der Größe des oxäthylierten Restes und von eventueller Sulfatierung[1].

Reagentien: 17,4 g Ammoniumrhodanid und 2,8 g Kobaltnitrat werden zu 100 ml gelöst.

Ausführung der Probe: Man versetzt die wäßrige Lösung der zu prüfenden Substanz tropfenweise mit dem Reagens. Die Probe wird als positiv bezeichnet (+), wenn dabei nach dem Durchschütteln eine starke himmelblaue Fällung auftritt.

Prüfung Nr. 4

Ammonmolybdat-Probe. Die Reaktion ergibt positiven Ausfall bei Polyalkyleniminen, Polyalkylenimin-Addukten und allen ternären bzw. quartären kation-capillaraktiven Verbindungen. Alle übrigen capillaraktiven Stoffe ergeben negative Reaktion[2].

Reagentien: 5%ige wäßrige Lösung von Ammoniummolybdat.

Ausführung der Probe: Man versetzt einige ml der zu prüfenden wäßrigen Lösung tropfenweise unter Umschütteln mit der Reagenslösung. Das Auftreten einer starken weißen Fällung bedeutet positive Reaktion (+).

Prüfung Nr. 5

Ammoniumrhodanid-Probe. Die Probe ist positiv bei allen ternären und quartären kation-capillaraktiven Verbindungen und Polyalkylenimin-Addukten. Alle anderen capillaraktiven Stoffe ergeben negative Reaktion.

Reagentien: 5%ige wäßrige Lösung von Ammoniumrhodanid.

Ausführung der Probe: Man versetzt einige ml der zu prüfenden wäßrigen Lösung tropfenweise unter Umschütteln mit der Reagenslösung. Das Auftreten einer starken weißen Fällung bedeutet positive Reaktion (+).

---

[1] Polyalkylenimin-Addukte bzw. Polyalkylenimin-Derivate geben ebenfalls positive Reaktion, also alle kation-capillaraktiven Stoffe.

[2] Polyglykole und Polyalkylenoxyd-Addukte geben positive Reaktion nur z. B. in Gegenwart von Salzsäure und Bariumchlorid und gegebenenfalls, z. B. bei sulfatierten Produkten, nach dem Erwärmen.

Prüfung Nr. 6

Probe auf Kation. Die Probe ist spezifisch für alle ternären und quartären kation-capillaraktiven Verbindungen. Alle anderen capillaraktiven Stoffe ergeben negative Reaktion[1].

Reagentien: 1%ige klar filtrierte, wäßrige Lösung von anion-capillaraktiven Stoffen, z. B. von *Nekal BX, Mersolat* usw.

Ausführung der Probe: Die wäßrige Lösung der zu prüfenden Substanz wird tropfenweise unter Umschütteln mit der Reagenslösung versetzt. Entsteht dabei ein dichter weißer Niederschlag, so gilt die Reaktion als positiv (+).

Man beobachtet vielfach bei der Ausführung dieser Prüfung, daß sich die an der Einfallstelle bildende Ausscheidung zunächst wieder löst. Man gibt dann weiter Reagens zu, bis der Niederschlag bestehenbleibt, wobei man allerdings beachten muß, daß die Fällung vielfach im Überschuß des Reagens löslich ist.

Anmerkung: Wenn die Untersuchungsprobe aus einer Anion-Kation-Substanz besteht, die aber durch die Zufügung einer größeren Menge anionaktiver Substanz löslich gemacht wurde, so ergeben die obigen Reagentien negative Reaktion (—), obwohl kation-capillaraktive Verbindungen vorhanden sind. Diese lassen sich dann aber mit anderen Prüfungen auf kation-capillaraktive Substanzen (Ia) trotz des Überschusses der lösenden Anion-Verbindung nachweisen.

Prüfung Nr. 7a

Brom-Probe 1. Die Prüfung ist spezifisch für Polyalkylenimine, Polyalkylenimin-Addukte und ternäre und quartäre kation-capillaraktive Verbindungen, auch wenn sie oxäthyliert sind (+). Polyalkylenoxyd-Addukte und Polyglykole, auch mit höherem Molekulargewicht, geben negative Reaktion (—).

Reagentien: In der Kälte mit Brom gesättigtes destilliertes Wasser (in dunkler Flasche aufbewahren!).

Ausführung der Probe: Etwa 2 ml der wäßrigen Lösung der zu prüfenden Substanz werden mit der Reagenslösung versetzt. Die Reaktion ist positiv, wenn sich dabei, manchmal erst nach dem Umschütteln und nach einigen Minuten, eine starke gelbliche Fällung ergibt (+). Meist sind dazu 5 bis 10 ml Reagens, manchmal auch noch mehr erforderlich. Bei negativem Ausfall (—) ist es empfehlenswert, die Probe noch einmal unter Verwendung von 1 ml Prüflösung zu wiederholen.

Prüfung Nr. 7b

Brom-Probe 2. Die Reaktion ist positiv bei Polyglykolen vom Mol-Gew. 282 ab, Polyäthyleniminen, Polyalkylenimin-Addukten, ternären und quartären kation-capillaraktiven Verbindungen (auch oxäthyliert) und Polyalkylenoxyd-Addukten, unabhängig vom Oxäthylierungsgrad, der Größe des oxäthylierten Restes und von eventueller Sulfatierung.

Reagentien: a) Etwa 0,1 n Bromlösung mit einem Gehalt von etwa 8 g Brom und 120 g Kaliumbromid im Liter.

b) Ein Gemisch gleicher Teile Salzsäure 1 : 4 und 10%iger Bariumchlorid-Lösung.

c) 75 Teile Reagens a) werden mit 25 Teilen Reagens b) gemischt.

Ausführung der Probe: Etwa 2 ml der wäßrigen Lösung der zu prüfenden Substanz werden langsam mit der Reagenslösung c) versetzt. Bei positivem Ausfall (+) entsteht eine dicke, gelbliche Ausscheidung. Bei negativer Reaktion (—) führt auch ein größerer Überschuß des Reagens nicht zu positivem Ausfall.

Anmerkungen: 1. Soweit anion-capillaraktive Stoffe, wie z. B. Seifen, durch Säuren zerlegt werden, geben sie mit sauren Reagentien natürlich positive Reaktion.

2. Vor Ausführung der Probe muß man sich daher überzeugen, ob die zu untersuchende Lösung etwa schon mit dem Reagens b) allein einen Niederschlag ergibt. Ist dies der Fall, sorgt man für einen Überschuß des Reagens, filtriert und prüft im Filtrat weiter mit Reagens c).

---

[1] Auch Polyalkylenimin-Addukte geben positive Reaktion.

Prüfung Nr. 8a

Erwärmungsprobe 1. Die Prüfung ist bei positivem Ausfall spezifisch für unsulfatierte Polyalkylenoxyd-Addukte bis zu etwa 10 Äthersauerstoff-Atomen im Molekül[1].

Reagentien: Keine.

Ausführung der Probe: Einige ml der wäßrigen Lösung der Substanz werden in einem Reagensglas von etwa 30 bis 35 ml Inhalt (Durchmesser etwa 12 bis 13 mm) über kleiner Flamme langsam erwärmt. Die Reaktion ist positiv (+), wenn man folgende Erscheinungen beobachtet: Vom erwärmten Boden des Reagensglases her trübt sich die Lösung, bis sie beim Sieden völlig trüb wird. Kühlt man sie ab, kehrt die ursprüngliche Klarheit wieder. Der Versuch kann beliebig oft wiederholt werden. Eventuell nicht erwärmte Probe daneben ansetzen!

Der positive Ausfall der Reaktion (+) bedeutet die Anwesenheit von nichtsulfatierten Äthylenoxyd-Anlagerungsprodukten mit max. etwa 10 Äthylenoxyd-Molekülen. Die auftretende Trübung ist um so stärker, je länger oder größer der oxyäthylierte Rest ist. Bei sehr langen und sehr großen oxäthylierten Resten kann die Reaktion auch noch positiv werden, wenn etwas mehr als 10 Äthylenoxyd-Moleküle angelagert sind, während sie bei kurzen und kleinen oxyäthylierten Resten auch schon bei einer geringeren Anzahl von Äthylenoxyd-Molekülen ausbleiben kann. Sie bleibt aus, wenn die Oxäthylierungsprodukte sulfatiert oder ternär- bzw. quartär-kation-capillaraktiv sind. Nicht oxäthylierte Produkte geben diese Reaktion nicht[1].

Prüfung Nr. 8b

Erwärmungsprobe 2. Die Prüfung ist bei positivem Ausfall spezifisch für alle Polyalkylenoxyd- und Polyalkylenimin-Addukte, unabhängig vom Oxäthylierungs- bzw. Polyiminierungsgrad und der Länge des oxäthylierten bzw. polyiminierten Restes, soweit sie nicht sulfatiert sind. Am Zentral-Atom oxäthylierte kationaktive Verbindungen geben negative Reaktion.

Reagentien: 10%ige wäßrige Lösungen von Salzen, z. B. Bariumchlorid, Ammoniumbromid, Ammoniumjodid, Calciumchlorid, Natriumchlorid, Ammoniumchlorid, Calciumacetat usw.

Ausführung der Probe: Einige ml der wäßrigen Lösung des Methanol-Extraktes werden mit etwa $^1/_3$ bis $^1/_2$ ihres Volumens mit einer der Salzlösungen versetzt. Bleiben sie dabei bei Zimmertemperatur klar, so wird das Reaktionsgemisch wie bei Erwärmungsprobe 1 behandelt und beurteilt. Entsteht nach Zugabe der Salzlösung ein Niederschlag, so kann dies von der Anwesenheit kation- bzw. anion-capillaraktiver Verbindungen herrühren. Man hat dann zwei Möglichkeiten zum weiteren Vorgehen:

a) Man versetzt so lange mit der Salzlösung, als noch eine Zunahme der Fällung festzustellen bzw. bis ein Überschuß des Reagens vorhanden ist, filtriert und prüft das klare Filtrat nach Erwärmungsprobe 1.

b) Man wählt eine andere Salzlösung als Reagens, die in der Kälte keinen Niederschlag ergibt, und verfährt weiter nach Erwärmungsprobe 1.

Prüfung Nr. 9

Prüfung auf flüchtige organische Säuren.

Reagentien: a) Konz. Phosphorsäure. b) Blaues Lackmuspapier. c) Fein gekörntes Silber.

Ausführung der Probe: Man versetzt etwa 3 ml der wäßrigen Lösung der zu prüfenden Substanz mit 1 ml konz. Phosphorsäure, etwas Silber und erhitzt zum Sieden. Wenn ein angefeuchteter Streifen blauen Lackmuspapiers gerötet wird, gilt die Probe als positiv (+). Oft kann man dann die Säure am Geruch erkennen.

Prüfung Nr. 10

Fluorol-5G-Probe. Die Probe dient zur raschen Orientierung, ob bei einer sauren Verkochung mit Schwefelsäure (1:3) Fettsäuren oder Fettalkohole abgespalten oder ob nur die entsprechenden Säuren der anion-capillaraktiven Substanzen in Freiheit gesetzt worden sind.

Reagentien: a) Schwefelsäure 1 : 3. b) *Fluorol-5G*-Pulver[2].

---

[1] Polyalkylenimin-Addukte geben meist positive Reaktion.
[2] BASF, Ludwigshafen/Rh.

Ausführung der Probe: Man kocht etwa 3 ml der wäßrigen Lösung mit demselben Volumen Schwefelsäure (1 : 3) einige Minuten. Bei Alkoholsulfaten, sulfonierten Türkischrotölen und Fettsäureäthylenoxyd-Addukten ist dabei praktisch nach etwa 3 Min. jede Schaumbildung verschwunden. Schäumt die Lösung dennoch, so sind neben diesen Verbindungen noch andere nicht zerlegbare capillaraktive Substanzen vorhanden.

Nun gibt man in die Lösung einige Milligramm *Fluorol-5G*-Pulver, kocht kurz auf, kühlt ab und betrachtet unter der UV-Analysenlampe. Sind Fettsäuren oder Fettalkohole abgespalten worden, dann lösen diese das *Fluorol 5 G* auf, und die ganze Lösung fluoresciert hellgelbgrün. Im anderen Falle sieht man nur einzelne Punkte von *Fluorol 5 G* gelbgrün fluorescieren, weil keine Lösung erfolgt ist. Auch diese Reaktion muß man praktisch erproben. Sie leistet dann aber gute Dienste.

Prüfung Nr. 11a

Heteropolysäure-Probe 1. Die Probe gibt positive Reaktion (+) bei den Polyalkyleniminen, bei den Polyalkylenimin-Addukten und den kation-capillaraktiven Verbindungen, auch wenn sie oxäthyliert sind. Die übrigen capillaraktiven Stoffe ergeben negative Reaktion (—).

Reagentien: 5%ige wäßrige Lösung von Kieselwolframsäure, Phosphorwolframsäure oder Phosphormolybdänsäure, mit Natronlauge gegen Universal-Indicator-Papier MERCK auf p_H 4 bis 5 eingestellt[1]. (Die Lösung wird, wenn nötig, filtriert.)

Ausführung der Probe: Einige ml der zu prüfenden Substanz werden tropfenweise mit einem der Reagentien versetzt. Das Auftreten einer dicken weißen Fällung bedeutet positive Reaktion (+).

Prüfung Nr. 11b

Heteropolysäure-Probe 2. Die Probe ist positiv bei Polyäthylenglykol vom Mol-Gew. 194 (Tetraäthylenglykol) an, bei den Polyalkyleniminen[2], beim Diäthylenglykolmonobutyläther, bei allen kation-capillaraktiven Verbindungen und bei allen Polyalkylenoxyd-Addukten. In Verbindung mit der Heteropolysäure-Probe 1 ist sie daher differentialdiagnostisch zu verwerten.

Reagentien: a) 5%ige wäßrige Lösung von Kieselwolframsäure, Phosphorwolframsäure oder Phosphormolybdänsäure.

b) Eine Mischung von gleichen Volumenteilen Salzsäure 1 : 4 und Bariumchlorid 10%ig.

Ausführung der Probe: Falls die Heteropolysäure-Probe 1 negativ ausfällt, setzt man tropfenweise Reagens b) zu. Bleibt die Reaktion negativ, so sind die oben genannten capillaraktiven Verbindungen sicher nicht vorhanden. Entsteht jedoch eine dicke weiße Fällung, so kann die Reaktion noch nicht positiv auf die Anwesenheit dieser Verbindungen gewertet werden, weil es sich vielleicht nur um anionaktive Verbindungen handelt, die durch das Reagens b) gefällt werden. In diesem Falle muß man die Prüfung noch einmal neu ansetzen. Man versetzt einige ml der zu prüfenden Lösung mit ebensoviel ml Reagens b). Entsteht dabei keine Fällung, fügt man Reagens a) zu. Ensteht jetzt eine starke weiße Fällung, ist die Heteropolysäure-Probe 2 positiv (+). Entsteht dagegen mit Reagens b) allein schon eine Fällung, gibt man so lange Reagens zu, wie noch eine weitere Fällung zu bemerken ist, so daß man am Ende einen Überschuß von Reagens b) im Reaktionsgemisch hat. Nun wird filtriert (vorheriges Erwärmen und Abkühlen ist manchmal zweckmäßig) und das klare Filtrat mit Reagens a) geprüft. Eine starke weiße Fällung bedeutet nunmehr positiven Ausfall (+) der Heteropolysäure-Probe 2.

Prüfung Nr. 12a

Jod-Probe 1. Die Reaktion ist positiv (+) bei Polyäthylenglykol vom Mol-Gew. 194 ab, bei Polyäthyleniminen, beim Diäthylenglykol-monobutyläther, bei den kationcapillaraktiven Verbindungen (auch oxäthyliert) und allen Polyalkylenoxyd-Addukten[2].

---

[1] Es ist wichtig, Reagentien pro analysi zu verwenden, die vor allen Dingen salzfrei sein müssen.

[2] Polyalkylenimin-Addukte bzw. Polyalkylenimin-Derivate geben ebenfalls positive Reaktion.

Reagentien: Etwa 0,1 n Jodlösung mit ungefähr 12,7 g Jod und 25 g Kaliumjodid im Liter.

Ausführung der Probe: Ungefähr 2 ml der wäßrigen Lösung der zu prüfenden Substanz werden allmählich mit der Reagenslösung versetzt. Meist sind etwa 5 bis 15 ml erforderlich. Die Reaktion ist positiv (+), wenn ein orangener, brauner, sepiafarbiger oder schwärzlicher dicker Niederschlag entsteht, dessen Ausbildung manchmal einige Minuten erfordert und durch Schütteln begünstigt wird.

Anmerkungen: 1. Man kann diese Probe auch ausgezeichnet verwenden zur Unterscheidung von Polyalkylenoxyd-Addukten vom Oxäthylierungsgrad bis zu etwa 10 und einem solchen über 10. Einige ml der wäßrigen Lösung der ersteren ergeben nämlich auf Zusatz schon eines einzigen Tropfens obigen Reagens eine gelblichweiße Fällung, während die letzteren etwa 5 bis 7 Tropfen Reagens verbrauchen, bis eine bräunliche Trübung und Ausscheidung zu erkennen ist. Man sieht bei ihnen, wie sich der anfänglich entstehende Niederschlag immer wieder beim Umschütteln löst. Sind nun beide Verbindungsklassen nebeneinander vorhanden, so bewirken schon relativ kleine Mengen von Produkten mit einem höheren Oxäthylierungsgrad als 10 die eben beschriebene Erscheinung. Hat man also nach dem Schema Tab. 367 das Reaktionsbild (6) oder (6 + 7) erhalten, so kann man auf diese Weise ohne weiteres feststellen, ob nur (6) allein oder auch Verbindungen nach (7) vorhanden sind.

2. Bei Polyalkylenimin-Addukten liegen die Verhältnisse ähnlich. Nur entsteht hier nicht eine gelblichweiße, sondern eine braunrote Fällung.

Prüfung Nr. 12b

Jod-Probe 2. Über ihren Ausfall gilt das bei Jod-Probe 1 Gesagte. Darüber hinaus ist die Jod-Probe 2 auch schon eben positiv beim Polyäthylenglykol vom Mol-Gew. 150 (Triäthylenglykol)[1] und beim Äthylenglykol-monobutyläther[2].

Reagentien: a) Etwa 0,1 n Jodlösung mit ungefähr 12,7 g Jod und 25 g Kaliumjodid im Liter.

b) Ein Gemisch gleicher Teile von Salzsäure 1:4 und 10%iger Bariumchlorid-Lösung.

c) 75 Teile Reagenslösung a) werden mit 25 Teilen Reagenslösung b) gemischt.

Ausführung der Probe: Etwa 2 ml der wäßrigen Lösung der zu prüfenden Substanz werden allmählich mit der Reagenslösung c) versetzt. Meist sind etwa 5 bis 15 ml erforderlich. Die Reaktion ist positiv (+), wenn ein orangener, brauner, sepiafarbiger oder schwärzlicher dicker Niederschlag entsteht.

Anmerkungen: 1. Soweit anion-capillaraktive Stoffe, wie z. B. Seifen, durch Säuren zerlegt werden, geben sie mit sauren Reagentien natürlich positive Reaktion.

2. Vor Ausführung der Probe muß man sich überzeugen, ob die zu untersuchende Lösung etwa schon mit dem Reagens b) allein einen Niederschlag ergibt. Ist dies der Fall, sorgt man für einen Überschuß des Reagens, filtriert und prüft im Filtrat weiter.

Prüfung Nr. 12c

Jod-Probe 3. Die Probe ist positiv nur bei ternären und quartären kation-capillaraktiven Stoffen.

Reagentien: Eine bei Zimmertemperatur durch maschinelles Schütteln hergestellte, wäßrige gesättigte Lösung von Jod in dest. Wasser[3]. (In brauner Flasche aufzubewahren!)

Ausführung der Probe: Man versetzt etwa 1 ml der wäßrigen Lösung der zu prüfenden Substanz mit der Reagenslösung. Die Reaktion ist positiv (+), wenn die Lösung dabei trüb wird und sich allmählich innerhalb einiger Minuten eine stark gelbliche, kolloidale Ausscheidung oder ein Niederschlag bildet. Wegen der geringen Konzentration des Reagens sind manchmal bis zu 20 ml und etwas längeres Stehenlassen erforderlich.

Prüfung Nr. 12d

Jod-Probe 4. Die Jod-Probe 4 benutzt dasselbe Reagens wie die Jod-Probe 3, aber in ganz anderer Anwendungsweise. Sie dient dazu, die Länge der Kohlenwasserstoff-Ketten festzustellen.

---

[1] Möglicherweise rührt diese Reaktion von einem geringen Gehalt des von uns untersuchten Triäthylenglykols an Tetraäthylenglykol her.

[2] Polyalkylenimin-Addukte bzw. Polyalkylenimin-Derivate geben ebenfalls positive Reaktion.

[3] An Stelle von Jodwasser oder zusätzlich kann man auch einige Körnchen festes Jod verwenden.

Reagentien: a) Eine bei Zimmertemperatur durch maschinelles Schütteln hergestellte, wäßrige gesättigte Lösung von Jod in dest. Wasser. (In brauner Flasche aufbewahren!)
b) Eine 1%ige wäßrige Lösung von löslicher Stärke pro analysi. (Die Lösung ist, gut verschlossen, etwa 10 Tage haltbar.)

Ausführung der Probe: Man versetzt 1 bis 2 ml der wäßrigen Lösung des Methanol-Extraktes der zu prüfenden Substanz mit derselben Menge Stärkelösung und schüttelt gut durch. Nunmehr versetzt man tropfenweise mit dem Jod-Reagens, bis eine eben deutlich sichtbare Jod-Stärke-Färbung auftritt. Ungesättigte, phenolische und naphtholische Kohlenwasserstoff-Reste verbrauchen oft Jod, was man daran sieht, daß die an der Einfallstelle des Reagens sich bildende Färbung beim Schütteln wieder verschwindet. Man vermerkt diesen Jod-Verbrauch als Untersuchungsbefund und fügt so lange Jod-Reagens zu, bis die Farbe wenigstens 1 Min. bestehenbleibt.

Nekale, Majamine, Leonile, Alkylphenol- und Alkylnaphthol-Äthylenoxyd-Derivate, Sulfodicarbonsäureester, also alle Verbindungen mit relativ kurzem Kohlenwasserstoff-Rest, ergeben bei dieser Prüfung eine rein blaue Farbe.

Alkylbenzolsulfonate und ähnlich gebaute aliphatisch-aromatische Verbindungen werden violett. Verbindungen mit langen Fettsäure- und langen Fettalkohol-Resten ergeben eine weinrote Farbe. *Mersolate,* die vorwiegend Monosulfonsäure enthalten, sind weinrot bis schwach violett. Enthalten sie viel Disulfonsäuren, geht die Farbe mehr nach Violettblau, bei Di- bzw. Trisulfonsäuren in Blau über.

Prüfung Nr. 13a

Kaliumpermanganat-Probe 1. Die Probe dient zum Nachweis ternärer und quartärer kation-capillaraktiver Verbindungen.

Reagentien: 0,05 n Kaliumpermanganat-Lösung.

Ausführung der Probe: Man versetzt etwa 20 ml der wäßrigen Lösung tropfenweise mit dem Reagens, bis sich die ausfallende violette, weinrote oder braunrote Fällung nicht mehr verstärkt. Läßt man durch das Reaktionsgemisch nunmehr etwa 5 bis 10 ml Chloroform durchfallen oder schüttelt man mit diesem kurz durch, so färbt sich die Chloroform-Schicht rot bis rotviolett. Die Reaktion ist positiv (+) bei den oben genannten Verbindungen.

Prüfung Nr. 13b

Kaliumpermanganat-Probe 2. Die Probe gibt Aufschluß über die Anwesenheit von ungesättigten Fettalkoholen und Fettsäuren, Alkylolamin-Derivaten und leicht oxydierbaren Verbindungen.

Reagentien: Man mischt 25 ml gesättigte Kaliumpermanganat-Lösung mit 200 ml dest. Wasser und fügt 25 ml 40%ige Natronlauge zu.

Ausführung der Probe: 0,5 ml der wäßrigen Lösung werden mit 5 ml des Reagens versetzt und geschüttelt. Bei *Mersolaten,* bei Fettalkoholsulfonaten mit gesättigten Fettalkoholen, bei Seifen mit gesättigten Fettsäuren, bei *Igepon-A-* und *Igepon-T-*ähnlichen Verbindungen mit gesättigten Fettsäuren und bei Kondensationsprodukten von gesättigten Fettaminen mit Oxymethansulfonsäuren bleibt die Farbe des Reagens sehr lange (mehrere Stunden) praktisch unverändert. Alkylolamin-Derivate schlagen fast momentan nach Grün um. *Nekale* und *Alkylbenzolsulfonate* gehen in kurzer Zeit über Blau, Blaugrün nach Grün. Dasselbe gilt von Produkten mit ungesättigten Fettsäuren.

Es ist unbedingt nötig, die Methanol-Extrakte sehr gut zu trocknen, um alle Lösungsmittel, die sonst die Reaktion fälschen könnten, zu entfernen.

Prüfung Nr. 14

Probe auf Anion. Die Probe ist spezifisch für anion-capillaraktive Verbindungen und für sulfatierte Polyalkylenoxyd- und Polyalkylenimin-Addukte, die durch die Sulfatierung zu anion-capillaraktiven Stoffen geworden sind. Alle anderen capillaraktiven Stoffe geben die Reaktion nicht.

Reagentien: a) *organische.* 1%ige wäßrige, klar filtrierte Lösungen von *Solidogen BSE, Levogen WW, Eulan NKFW, Zephirol, Luresin* usw.

b) *anorganische.* 1. Je 12 g *Blancorol B, Tonalon G* oder *Curtaform* in 200 g Wasser, klar filtriert.

2. 25 ml Liquor Aluminii acetici DAB VI (Essigsaure Tonerde) mit dest. Wasser zu 250 ml verdünnt.

Ausführung der Probe: Einige ml der wäßrigen 1%igen Lösung des Methanol-Extraktes werden tropfenweise mit einem der oben angegebenen Reagentien versetzt. Bei Anwesenheit von anion-capillaraktiven Salzen entsteht meist an der Einfallstelle der Tropfen sofort eine weiße bis gelblichweiße Fällung, die sich bei weiterer Zugabe des Reagens verstärkt. Oft löst sich die anfangs entstandene Fällung sofort wieder auf und bleibt erst bestehen, wenn eine gewisse Menge Reagens zugegeben ist. Die Menge der Ausscheidung durchläuft ein Maximum, d. h. wenn dieses überschritten ist, wirkt weitere Reagens-Zugabe wieder lösend auf den entstandenen Niederschlag ein, bei den organischen Reagentien in viel stärkerem Maße als bei den anorganischen Fällungsmitteln. Die Reaktion wird als positiv (+) bezeichnet, wenn überhaupt eine starke Trübung oder Fällung eintritt, und als negativ (−), wenn die Lösung klar bleibt. Bei trüben Untersuchungslösungen setzt man einen Blindversuch daneben an, indem man dieselbe Menge der Untersuchungslösung mit genauso viel Wasser verdünnt, als man Reagenslösung zugesetzt hat. In vielen Fällen gelingt es auch, die Untersuchungslösung durch vorsichtiges Erhitzen bis zum Sieden als klare Lösung zu bekommen. Man kühlt dann rasch, ohne zu schütteln, ab und führt anschließend sofort die Reaktion aus. Auch eine Verdünnung mit demselben Volumen Wasser führt manchmal zum Ziel.

Anmerkung: Wenn die Untersuchungsprobe aus einer Anion-Kation-Substanz besteht, die aber durch die Zufügung einer größeren Menge kationaktiver Substanz löslich gemacht wurde, so ergeben die oben genannten organischen Reagentien negative Reaktion. Hier gelingt es dann oft, mit einem der anorganischen Reagentien, vorzugsweise *Blancorol B* oder einer der im Text genannten anderen Proben, doch noch positive Reaktion und damit den Nachweis der anion-capillaraktiven Substanz neben dem vorhandenen Überschuß an kation-capillaraktiver Substanz zu erhalten[1].

Prüfung Nr. 15

Mayers-Reagens-Probe. Die Probe zeigt positiven Ausfall bei Polyalkylenoxyden vom Mol-Gew. 810 ab, bei Polyalkyleniminen, Polyalkylenimin-Addukten, allen ternären und quartären kation-capillaraktiven Verbindungen und allen Polyalkylenoxyd-Addukten, sofern sie nicht sulfatiert sind.

Reagentien: 1,355 g Quecksilber(II)-chlorid und 5 g Kaliumjodid werden in etwa 30 ml Wasser gelöst und mit Wasser auf 100 ml aufgefüllt.

Ausführung der Probe: Man versetzt einige ml der zu prüfenden Lösung tropfenweise unter Umschütteln mit der Reagenslösung. Das Auftreten einer starken weißen Fällung bedeutet positive Reaktion (+).

Prüfung Nr. 16

Nitrazol-CFK- und Echtrot-AL-Probe.

Reagentien: a) 2%ige wäßrige, filtrierte Lösung von *Nitrazol CFK.*
b) 2%ige wäßrige, filtrierte Lösung von *Echtrot AL.* (Die Lösungen sollen im allgemeinen innerhalb 1 Std. verwendet werden.)

Ausführung der Probe: a) *Mit Nitrazol CFK. Nitrazol CFK* gibt in Gegenwart von genügend Natriumhydrogencarbonat mit den meisten anion-capillaraktiven Verbindungen weiße bis schwach gelbliche Niederschläge. Enthält die untersuchte Probe aber Ammonsalze, so entsteht eine intensiv orangerote Färbung. Monoäthanolamin gibt eine intensiv gelbe, Diäthanolamin eine fahlgelbe und Triäthanolamin keine Färbung bzw. Fällung.

b) *Mit Echtrot AL. Echtrot AL* gibt in Gegenwart von genügend Magnesiumoxyd mit den meisten anion-capillaraktiven Verbindungen weiße bis schwach gelbliche Niederschläge. Enthält die untersuchte Probe aber Ammonsalze, so entsteht eine intensiv rote Färbung. Monoäthanolamin gibt eine rotbraune, Diäthanolamin eine stark gelbe und Triäthanolamin eine goldbraune Färbung bzw. Fällung.

Kresolhaltige Waschmittel ergeben mit beiden Reagentien intensiv rote Niederschläge. Ebenso erkennt man die Anwesenheit von *Nekalen,* Alkylbenzolsulfonaten, oxäthylierten Alkylphenolen und Alkylnaphtholen an dem Auftreten von gelben bis orangeroten bis roten Färbungen bzw. Niederschlägen. Die Alkylbenzolsulfonate unterscheiden sich dabei deutlich von den *Nekalen.* Es ist nötig, sich auf diese Unterschiede an Hand von Typmustern etwas einzuarbeiten.

---

[1] Vgl. auch B. WURZSCHMITT: Zit. S. 1432, Fußnote 1.

Prüfung Nr. 17

Nitrier-Probe. Die Probe dient zum Nachweis aromatischer Kerne.

Reagentien: a) Konz. Salpetersäure. b) Konz. Schwefelsäure. c) 10%ige Natronlauge. d) Aceton rein.

Ausführung der Probe: Man übergießt in einem Reagensglas von etwa 20 ml Inhalt etwa 0,1 bis 0,2 g Substanz mit 2 ml konz. Salpetersäure und 2 ml konz. Schwefelsäure (nicht umgekehrt) und erhitzt über freier Flamme (Abzug) etwa 5 Min. zum gelinden Sieden, wobei man bei zu kräftiger Reaktion vorübergehend das Erhitzen unterbricht. Dann kühlt man das Reaktionsgemisch unter der Wasserleitung ab. Aromatische Kerne, wie Benzol, Naphthalin-, Phenol- und Naphthol-Verbindungen geben sich meist schon dadurch zu erkennen, daß das Reaktionsgemisch eine intensiv gelborange oder rote Farbe annimmt und sich meist gleichfarbige Öle abscheiden, während rein aliphatische Verbindungen höchstens eine ganz schwache Gelbfärbung ergeben. In ein Reagensglas von etwa 65 bis 70 ml Inhalt gibt man 20 ml einer Mischung von Aceton und Wasser 1 : 1, schüttelt das Reagensglas mit dem Nitrier-Gemisch kräftig durch und gibt einige Tropfen des Nitrier-Gemisches zu der Aceton-Lösung, die sich bei Gegenwart von Aromaten dabei schwach gelb färbt. Nun gibt man aus einem Tropffläschchen tropfenweise 10%ige Natronlauge, zweckmäßig unter Kühlung und unter gutem Schütteln, zu, bis das Reaktionsgemisch sich färbt. Ein zu großer Überschuß an Natronlauge ist zu vermeiden. Meist sieht man an der Einfallstelle des Tropfens schon die beginnende Färbung, die aber beim Schütteln zunächst wieder verschwindet. Man gibt so lange Natronlauge zu, bis die Färbung bestehenbleibt. Naphthole geben die dunkelste, fast violette Färbung; dann folgen die Naphthalin-Kerne und Phenole. Benzol-Kerne geben meist nur eine, aber deutlich wahrnehmbare Orangefärbung. Die Färbungen sind nicht allzulange beständig, sondern schlagen allmählich nach Gelb oder Braun um.

Prüfung Nr. 18

Nitroprussid-Probe. Die Probe ist spezifisch (+) für ternäre und quartäre kation-capillaraktive Verbindungen und für Polyalkylenimin-Addukte. Alle anderen capillaraktiven Stoffe ergeben negativen Ausfall (−).

Reagentien: 5%ige wäßrige Lösung von Nitroprussidnatrium [Fe(CN)$_5$NO]Na$_2 \cdot$ 2 H$_2$O, jeweils frisch bereitet.

Ausführung der Probe: Die wäßrige Lösung der zu prüfenden Substanz wird tropfenweise mit der Reagenslösung versetzt. Das Auftreten eines starken orangefarbigen Niederschlages bedeutet positive Reaktion (+).

Prüfung Nr. 19

Prüfung auf Fettsäuren und Fettalkohole. Die Probe dient dazu, nach saurer oder alkalischer Verkochung festzustellen, ob dabei Fettalkohole oder Fettsäuren oder beide nebeneinander abgespalten werden.

Reagentien: a) 0,1%ige ätherische Lösung von *Schwarzbase BB*[1].
b) Äther, säurefrei, über Ätzkali destilliert und über Ätzkali aufbewahrt. Auch zur Herstellung des Reagens a) ist solcher Äther zu verwenden.
c) Methanol gegen Methylorange genau neutralisiert.
d) 0,05 n Natronlauge.

Ausführung der Probe: 1. *Bei saurer Verkochung.* Die abgekühlte saure Verkochung wird im kleinen Scheidetrichter mit Äther ausgeschüttelt. Nach erfolgter Phasentrennung gießt man den Äther von oben in ein Reagensglas ab. Nun setzt man 2 Tropfen Methylorange-Lösung zu, die zu Boden fallen und sich in den meisten Fällen durch Spuren mitgerissener Schwefelsäure rot färben. Unter kräftigem Umschütteln neutralisiert man tropfenweise mit 0,05 n Natronlauge. Man schüttet den Äther von der wäßrigen Phase in ein zweites Reagensglas ab und gibt einige Tropfen der *Schwarzbase-BB*-Lösung und etwa dieselbe Menge Methanol zu. Bei Anwesenheit von Fettsäuren ist die Lösung blau gefärbt[2]. Fettalkohole ergeben eine rote Färbung. Erhält man also eine rote Färbung, dann weiß man, daß keine Fettsäure abgespalten worden ist. Die Rotfärbung würde jedoch auch bei Abwesenheit von Fettalkoholen entstehen. Man muß die Fettalkohole also noch nach der *Fluorol-5 G-*

---

[1] BASF, Ludwigshafen/Rh.
[2] Vermutet man die gleichzeitige Anwesenheit von Fettsäuren und Fettalkoholen, dann macht man zweckmäßig nach der sauren Verkochung alkalisch und verfährt nach b.

Probe nachweisen. Man kann auch so verfahren, daß man die ätherische Lösung mit verd. Natronlauge durchschüttelt und den Äther abtrennt. Zeigt der Äther dann unter der UV-Analysenlampe eine starke Fluorescenz, so kann man mit Sicherheit auf die Anwesenheit von Fettalkoholen schließen.

2. *Bei alkalischer Verkochung.* Bei alkalischer Verkochung äthert man zunächst alkalisch aus. Der Äther würde die abgespaltenen Fettalkohole enthalten, deren Nachweis, wie oben beschrieben, erfolgen kann. Dann säuert man an und äthert erneut aus, um die eventuell abgespaltenen Fettsäuren in den Äther zu bekommen, die man dann genau, wie oben beschrieben, nachweisen kann.

Prüfung Nr. 20

Salicylaldehyd-Probe. Die Reaktion dient zum Nachweis verschiedener Verbindungstypen.

Reagentien: a) 10%ige Lösung von Salicylaldehyd in Methanol.
b) Konz. Schwefelsäure.
c) Methanol-Wasser-Mischung (90 Vol.-Teile Methanol, 10 Vol.-Teile dest. Wasser).

Ausführung der Probe: Man gibt in ein weites Reagensglas von etwa 65 bis 70 ml Inhalt (Durchmesser etwa 24 mm) 2 ml der methanolischen Lösung, 10 ml 90%iges Methanol und 1 ml Salicylaldehyd-Lösung. Während das Reagensglas ruhig steht, gibt man mittels einer Pipette 9 ml konz. Schwefelsäure in dem Tempo zu, daß das Methanol zum Sieden kommt, aber nicht überkocht. Nunmehr wird das Reaktionsgemisch einen Augenblick kurz durchgeschüttelt. Man beurteilt die auftretende Färbung sofort und nach etwa 1 Std. Je nach der Natur der capillaraktiven Substanz entstehen ganz charakteristische Färbungen. Mit oxäthylierten, auch sulfatierten Alkyl*phenolen* entsteht sofort eine violette Lösung, die nach 1 Std. stark violett geworden ist. Die Lösung bleibt völlig klar, während bei Alkyl-*naphtholen* sepiaartige Färbung auftritt, die nach 1 Std. wie stark grün fluorescierendes Schmieröl aussieht. Fettalkoholsulfate und Fettalkohol-Äthylenoxyd-Produkte geben, wenn sie gesättigt sind, nur klare, strohgelbe, später blaßgrüne Färbungen. Fettsäurehaltige Produkte, wie Seifen, *Igepon-A*- und *Igepon-T*-ähnliche Körper, Fettsäure-Äthylenoxyd-Addukte usw. verhalten sich wie die Fettalkohole, sind aber trüb.

Türkischrot-Öle verhalten sich wie ungesättigte Fettalkohol-Fettsäure-Produkte, *Prästabitöl* ist nach 1 Std. reingrau.

Kolophoniumseife ergibt ein kräftiges Rot, Naphthenseife nur ein schwaches Hellblaurotgrau. Bei den *Igeponen* sind die Lösungen klar.

Mersolate sind erst hellrosa, dann klar hellsepia. *Nekal*-ähnliche Körper sind anfangs hellgelbgrün, später hellgrün.

Über das Verhalten der Sulfobernstein- und Sulfophthalsäureester s. S. 1429.

Alkylarylsulfonate mit langem Alkyl sind bei Aryl-naphthyl gelbgrün, später trüb hellgrün, bei Aryl-phenyl sepia, später sepia mit grünlicher Aufsicht. Phenol- oder kresolhaltige Produkte ergeben rosa bis violettrosa Färbungen.

Man kann an Stelle des Salicylaldehyds auch Formaldehyd oder Furfurol verwenden, wobei sich naturgemäß etwas andere Farben ergeben, die aber ebenfalls für die einzelnen Verbindungsklassen charakteristisch sind. Es ist zweckmäßig, sich das Ergebnis dieser Reaktion an Hand von genau bekannten Substanzen einzuprägen. Sie gibt dann sehr gute Aufschlüsse bei der Analyse unbekannter Substanzen.

Prüfung Nr. 21

Salpetersäure-Probe. Diese Probe läßt rasch oxäthylierte Alkylnaphthol-Derivate sowie *Nekale* und Alkylbenzolsulfonate erkennen.

Reagentien: Salpetersäure 1 : 1.

Ausführung der Probe: Man versetzt 0,5 ml der methanolischen Lösung mit 3 ml Reagens und schüttelt bei Zimmertemperatur gut durch. Sind oxäthylierte Alkylnaphthole vorhanden, färbt sich die Lösung stark gelb. Tritt nur eine Spur gelblicher Färbung auf, dann deutet dies auf die Anwesenheit von Alkylbenzolsulfonaten. Unter der UV-Analysenlampe fluorescieren die oxäthylierten Alkylnaphthole nicht, *Nekal BX* und Alkylbenzolsulfonate dagegen leuchtend gelbgrün. Manchmal ist es zweckmäßig, die Lösung eben zum Sieden zu erhitzen, abzukühlen und noch einmal unter der UV-Analysenlampe zu betrachten. *Mersolate* neben *Nekalen* oder Alkylbenzolsulfonaten werden bei dieser Prüfung dadurch erkannt, daß sich am Rande der gelbgrün leuchtend fluorescierenden Flüssigkeit ein blau fluorescierender Rand ausbildet. Man kann diesen sehr gut beobachten, wenn man nicht in einem Reagensglas, sondern in einem Porzellantiegel arbeitet.

Prüfung Nr. 22

Schwefel-, Phosphor-, Chlor-Probe. Die Probe dient zum Nachweis von organisch gebundenem Schwefel, Phosphor und nicht ionogenem und organisch gebundenem Chlor.

A. Aufschluß (Soda-Salpeter-Schmelze). *Reagentien:* Fein pulverisiertes Gemisch von 1 Gewichtsteil Soda und 3 Gewichtsteilen Natriumnitrat. Das Gemisch darf in salzsaurer wäßriger Lösung mit Bariumchlorid keinen Niederschlag von Bariumsulfat geben und kein Chlorid enthalten.

Ausführung des Aufschlusses: In einen Porzellantiegel von 20 ml Inhalt gibt man eine etwa 3 mm dicke Schicht des Reagens. Auf diese tropft man etwa 5 ml der methanolischen Lösung und überschichtet mit einer etwa 3 mm dicken Reagensschicht. Man stellt den Tiegel in ein Tiegeldreieck und zündet mit Hilfe eines mit Methanol getränkten Fidibusses die entweichenden Methanol-Dämpfe an. Ist alles Methanol abgebrannt, erhitzt man langsam mit einer Flamme, so daß das Gemisch schmilzt. Die Flamme des Gasbrenners soll nicht über den Rand des Tiegels schlagen, weil deren Abgase meist schweflige Säure enthalten. Nach einigen Minuten hat man eine völlig klare Schmelze. Man läßt erkalten, gibt dest. Wasser bis zur Hälfte des Tiegels zu, erwärmt auf kleiner Flamme zum Kochen, bis alles gelöst ist, und filtriert (nur wenn nötig). Das erhaltene Filtrat teilt man in 3 Teile, die man einzeln folgenden Prüfungen unterwirft:

B. Prüfung auf Schwefel. *Reagentien:* a) Verd. Salzsäure 1 : 4. b) Perhydrol 30% ig. c) Bariumchlorid-Lösung 10% ig.

Ausführung der Probe: Man säuert mit Salzsäure schwach an, kocht nach Zugabe von einigen Tropfen Perhydrol kurz auf und versetzt mit Bariumchlorid-Lösung. Ein Niederschlag von Bariumsulfat bedeutet positiven Ausfall der Reaktion (+), d. h. die geprüfte Substanz enthält organisch gebundenen Schwefel. Andernfalls wird negative Reaktion (—) vermerkt.

C. Prüfung auf Phosphor. *Reagentien:* a) Ammoniumnitrat fest. b) Ammonium-molybdat-Lösung nach WOY: 7 g Ammoniummolybdat werden mit 50 ml dest. Wasser gelöst, 12 ml Salpetersäure (D = 1,4) und 7 g Ammoniumnitrat zugesetzt und das Ganze mit dest. Wasser zu 100 ml aufgefüllt.

Ausführung der Probe: Man gibt zu der Lösung etwas Ammoniumnitrat, erwärmt auf 60 bis 70° und prüft mit Ammoniummolybdat-Lösung nach WOY. Ein gelber Niederschlag zeigt positive Reaktion (+) auf Phosphor an.

D. Prüfung auf Chlor. *Reagentien:* a) Salpetersäure 1 : 4. b) Silbernitrat-Lösung 10% ig.

Ausführung der Probe: Man säuert die Lösung schwach mit Salpetersäure an und versetzt mit Silbernitrat. Eine Fällung bzw. eine sehr starke Opalescenz bedeutet positive Reaktion (+). Eine ganz schwache Opalescenz kann von Spuren Kochsalz herrühren, die aus der Originalsubstanz bei der Extraktion mit Methanol in dieses gelangt sind.

Anmerkung: Will man ganz sicher entscheiden, ob eine bei dieser Probe positiv (+) erhaltene Chlor-Probe wirklich von der organischen Substanz herrührt, so fällt man kation-capillaraktive Substanzen quantitativ mit einem chlorion- und chlorfreien, sauren Farbstoff aus und prüft im Filtrat auf Chlor-Ionen. Den ausgewaschenen Rückstand kann man trocknen und nochmals nach der obigen Aufschluß-Methode prüfen. Bei positivem Ausfall liegt organisch gebundenes Chlor vor.

Bei anion-capillaraktiven Substanzen verfährt man entsprechend mit basischen Farbstoffen. Dasselbe gilt sinngemäß für die Prüfung auf SO_4-Ionen und organisch gebundenen Schwefel.

Bei nicht ionogenen capillaraktiven Stoffen und bei Polyalkylenoxyd-Addukten kann man direkt in der wäßrigen Lösung auf Chlor-Ionen und SO_4-Ionen prüfen.

Man kann den Aufschluß für die Schwefel-, Phosphor- und Chlor-Probe auch in der Universalbombe nach WURZSCHMITT[1] durchführen (s. S. 443). In diesem Falle gibt man die 5 ml der methanolischen Lösung in den Tiegelbecher, verdampft das Methanol und beschickt dann die Bombenbecher wie üblich mit 8 Tropfen Äthylenglykol und Natriumperoxyd. Der Aufschluß ist in 1 Min. beendet. Der Inhalt der Bombe wird in üblicher Weise herausgespült, der Überschuß an Na_2O_2 durch Kochen zerstört und dann, wie oben beschrieben, weiter verfahren.

---

[1] B. WURZSCHMITT: Mikrochem. verein. Mikrochim. Acta **36/37**, 769 (1951); Chemiker-Ztg. **74**, 356 (1950).

Prüfung Nr. 23

Schwefelsäure-Probe. Diese Probe läßt oxäthylierte Alkylnaphthole und oxäthylierte Alkylphenole sehr schön erkennen.

Reagentien: Konz. Schwefelsäure.

Ausführung der Probe: 0,5 ml methanolische Substanz-Lösung werden in Eiswasser gekühlt und mit 5 ml eisgekühlter Schwefelsäure versetzt und gut durchgeschüttelt. Man beobachtet dann unter der UV-Analysenlampe. Nach einigen Minuten zeigen oxäthylierte Alkylnaphthole eine prachtvolle leuchtend grüngelbe Fluorescenz, während die oxäthylierten Alkylphenole eine moosgrüne Fluorescenz zeigen. Nunmehr stellt man ein Thermometer in das Reagensglas und erhitzt verhältnismäßig rasch bis auf 145° und läßt sofort erkalten. Oxäthylierte Alkylnaphthole werden dabei undurchsichtig grün wie Schmieröl, während oxäthylierte Alkylphenole dunkelrotbraun werden und schwachen Dichroismus zeigen. Auch jetzt noch sind die Fluorescenzfarben stark verschieden: Grellgelbgrün bis grellblaugrün einerseits und grüngraustichig andererseits.

Prüfung Nr. 24a

Tannin-Probe 1. Die Prüfung fällt positiv aus bei Polyglykolen etwa vom Mol-Gew. 998 ab, bei den ternären und quartären kation-capillaraktiven Verbindungen, auch wenn sie oxäthyliert sind, bei allen nicht sulfatierten Polyäthylenoxyd-Addukten, Polyäthyleniminen und Polyalkylenimin-Addukten (Ia—c).

Reagentien: 5%ige wäßrige Lösung von Tannin (Acidum tannicum — Gerbsäure DAB VI) mit 1 n Natronlauge gegen Universal-Indicator-Papier MERCK auf den p_H-Wert 7 bis 7,5 eingestellt und, wenn nötig, filtriert.

Ausführung der Probe: Einige ml der wäßrigen Lösung der Substanz werden tropfenweise mit der Tannin-Lösung versetzt. Der Ausfall der Probe wird als positiv (+) angesehen, wenn dabei eine starke — meist milchige — Ausscheidung erfolgt. Manchmal beobachtet man, daß sich die bei den ersten Tropfen an der Einfallstelle bildende Ausscheidung wieder auflöst. Man gibt dann so lange Reagens zu, bis sie bestehenbleibt. Hat man etwa dieselbe Menge Reagens, wie das Volumen der zu prüfenden Lösung beträgt, zugegeben, ohne daß eine bleibende Ausscheidung erfolgt, so wird die Reaktion als negativ bewertet (—).

Prüfung Nr. 24b

Tannin-Probe 2. Die Prüfung fällt positiv aus bei Polyglykolen schon vom Mol-Gew. 392 ab, bei den nicht sulfatierten Polyäthylenoxyd-Addukten, Polyäthyleniminen und Polyalkylenimin-Addukten (Ib). Sie ist im Gegensatz zu der Ausführungsform 1 negativ bei den ternären und quartären kationcapillaraktiven Substanzen (Ia)[1].

Reagentien: 5%ige wäßrige Lösung von Tannin (Acidum tannicum — Gerbsäure DAB VI) vom p_H-Wert etwa 2,5, wenn nötig, filtriert.

Ausführung der Probe: Einige ml der wäßrigen Lösung der Substanz werden tropfenweise mit der Tannin-Lösung versetzt. Der Ausfall der Probe wird als positiv (+) angesehen, wenn dabei eine starke — meist milchige — Ausscheidung erfolgt. Manchmal beobachtet man, daß sich die bei den ersten Tropfen an der Einfallstelle bildende Ausscheidung wieder auflöst. Man gibt dann so lange Reagens zu, bis sie bestehenbleibt. Hat man etwa dieselbe Menge Reagens wie das Volumen der zu prüfenden Lösung beträgt, zugegeben, ohne daß eine bleibende Ausscheidung erfolgt, so wird die Reaktion als negativ (—) bewertet.

Anmerkung: Soweit anion-capillaraktive Stoffe, wie z. B. Seifen, durch Säuren zerlegt werden, geben sie mit sauren Reagentien natürlich positive Reaktion.

Prüfung Nr. 24c

Tannin-Probe 3. Die Prüfung fällt positiv aus bei Polyglykolen vom Mol-Gew. 392 ab, bei Polyäthyleniminen, Polyalkylenimin-Addukten, ternären und quartären kation-capillaraktiven Stoffen, auch wenn sie oxäthyliert sind, und allen Äthylenoxyd-Addukten, unabhängig vom Oxäthylierungsgrad und der Größe des oxäthylierten Restes und von eventueller Sulfatierung.

Reagentien: 5%ige wäßrige Lösung von Tannin (Acidum tannicum — Gerbsäure DAB VI), der gleichzeitig auch 5% Natriumacetat zugemischt sind, vom p_H-Wert etwa 4,5, wenn erforderlich, filtriert.

---

[1] *Eulan NKFW* gibt positive Reaktion.

Ausführung der Probe: Einige ml der wäßrigen Lösung der Substanz werden tropfenweise mit der Tannin-Lösung versetzt. Der Ausfall der Probe wird als positiv (+) angesehen, wenn dabei eine starke — meist milchige — Ausscheidung erfolgt. Manchmal beobachtet man, daß sich die bei den ersten Tropfen an der Einfallstelle bildende Ausscheidung wieder auflöst. Man gibt dann so lange Reagens zu, bis sie bestehenbleibt. Hat man etwa dieselbe Menge Reagens, wie das Volumen der zu prüfenden Lösung beträgt, zugegeben, ohne daß eine bleibende Ausscheidung erfolgt, so wird die Reaktion als negativ (—) bewertet.

Die Kombination der Prüfungen nach 1 bis 3 gestattet eine Differentialdiagnose.

Anmerkung: Soweit anion-capillaraktive Stoffe, wie z. B. Seifen, durch Säuren zerlegt werden, geben sie mit sauren Reagentien natürlich positive Reaktion.

Prüfung Nr. 25

Triglykol-Magnesia-Alkali-Probe. Diese Probe dient zur Feststellung des Stickstoffgehaltes capillaraktiver Substanzen und gestattet außerdem noch eine Aussage darüber, ob der Stickstoff leicht oder fest gebunden vorliegt.

Reagentien: a) Triäthylenglykol $(HO \cdot CH_2 \cdot CH_2 \cdot O \cdot CH_2 \cdot CH_2 \cdot O \cdot CH_2 \cdot CH_2 \cdot OH)$.
b) Magnesiumoxyd fest.
c) Festes Kaliumhydroxyd in Plätzchenform.

Ausführung der Probe: 3 ml der methanolischen Lösung werden in einem Reagensglas von etwa 35 bis 40 ml Inhalt (innerer Durchmesser etwa 18 mm) mit 2 bis 3 ml Triglykol versetzt und unter kräftigem Schütteln langsam zum Sieden erhitzt. Die entweichenden Methanol-Dämpfe zündet man an und läßt sie ruhig abbrennen. (Reinigung des Triglykols siehe Prüfung Nr. 1 und 26.)

a) *Prüfung auf leicht gebundenen Stickstoff, z. B. Ammon- und Aminsalze.* Wenn das Methanol abdestilliert ist, was man einerseits am Volumen des Reagensglas-Inhaltes und andererseits daran erkennt, daß die Methanol-Flamme sehr klein wird bzw. erlischt, gibt man etwa 0,3 g festes Magnesiumoxyd zu (am besten aus einem Röhrchen, damit man die oberen Teile des Reagensglases nicht mit Magnesiumoxyd verunreinigt). Nun prüft man sofort mit einem angefeuchteten roten Lackmuspapier (auch das Universal-Indicator-Papier MERCK ist sehr gut geeignet) auf das Entweichen von Ammoniak oder leicht flüchtigen Aminen. Sollten diese noch nicht entweichen, so bringt man die Reaktionsflüssigkeit zum Sieden und prüft nochmals. Manchmal ist es nötig, einige Minuten zu kochen. Negative Reaktion wird mit (—), positive mit (+) bewertet.

b) *Prüfung auf fest gebundenen Stickstoff.* War die Reaktion mit Magnesiumoxyd positiv, dann kocht man so lange, bis die Reaktion negativ ist, was meist nach einigen Minuten der Fall ist. Bei sehr viel leicht gebundenem Stickstoff kann es erforderlich werden, noch einmal 2 bis 3 ml Triglykol und gegebenenfalls auch etwas Magnesiumoxyd nachzugeben. Ist die Reaktion mit Magnesiumoxyd absolut negativ geworden, so gibt man zu der siedendheißen Lösung etwa 1 g festes KOH (= 7 bis 8 Plätzchen) (vorher hat man sich ein angefeuchtetes Reagenspapier vorbereitet), schüttelt das Reaktionsgemisch, wobei es sehr stark ins Sieden kommt und prüft. Manchmal ergibt sich hierbei schon sofort erneut positive Reaktion, in anderen Fällen muß man noch einige Minuten zum Sieden erhitzen. Man vermerkt wiederum positive (+) und negative (—) Reaktion.

Prüfung Nr. 26

Verseifbarkeitsprobe. Die Probe dient zum direkten Nachweis der alkalischen Verseifbarkeit und fällt positiv aus bei allen Verbindungen, die Fettsäuren in Ester-Bindung enthalten. Auch manche amidartige Verbindungen werden gespalten, wobei sich wertvolle Unterschiede dadurch ergeben, ob dies schon in Äthylglykol (Sdp. 134°) oder erst in Glykol (Sdp. 197°), Diglykol (Sdp. 245°) oder Triglykol (Sdp. 276°) als Lösungsmittel erfolgt.

Reagentien: a) Etwa 0,02 n KOH-Lösung in Äthylglykol $(HO \cdot CH_2 \cdot CH_2 \cdot O \cdot C_2H_5)$ gereinigt
b) Phenolphthalein-Lösung (1 %ig in Methanol).
c) Wäßrige 1 %ige Methylorange-Lösung.
d) Etwa 0,05 n Palmitinsäure-Lösung in Äther.
e) Äthylglykol (Sdp. 134°) gereinigt.
f) Äthylenglykol gereinigt (Sdp. 197°).
g) Diäthylenglykol gereinigt (Sdp. 245°).
h) Triäthylenglykol gereinigt (Sdp. 276°).
i) 0,02 n methanolische KOH-Lösung.

Über die Reinigung des Äthylglykols siehe Prüfung Nr. 1 (Äthylglykol-Alkalischmelz-
und Kupplungsprobe). Auch die anderen Lösungsmittel sind in derselben Weise zu reinigen.

Beim Diäthylenglykol und Triäthylenglykol destilliert man am besten im Vakuum und
geht bei der Reaktion mit metallischem Natrium nicht über 100°. Sowohl zur Herstellung
der äthylglykolischen KOH-Lösung als auch bei der Verwendung als Lösungsmittel dürfen
nur Produkte benützt werden, die im Blindwert mit höchstens 2 bis 3 Tropfen äthylglykolischer Kalilauge dauernd positive Reaktion geben.

Ausführung der Probe: Man gibt in ein Reagensglas von etwa 18 mm oberem Durchmesser 3 Glasperlen als Siede-Erleichterer und hierauf 3 ml der methanolischen Lösung
des Methanol-Extraktes der zu prüfenden Substanz. Nunmehr fügt man einen Tropfen Methylorange-Lösung zu. Die Lösung muß gelb bleiben. Würde sie rot, die Lösung also sauer sein,
so müßte man mit einer etwa 0,02 n methanolischen KOH-Lösung auf Gelb stellen. Nunmehr wird $^1/_2$ ml der methanolischen Phenolphthalein-Lösung zugesetzt. Hierbei darf sich
die Lösung nicht röten. Tut sie dies, wird die Rötung eben mit der Palmitinsäure-Lösung
weggenommen. Nach Zusatz von 3 ml Äthylglykol wird der Destillier-Aufsatz (siehe Zeichnung) aufgesetzt und bei *a* zugekorkt. Man destilliert aus der meist etwas schäumenden
Lösung (Schaum nie höher als bis zur Hälfte des Reagensglases [Marke anbringen] steigen
lassen) das Methanol ab. Wenn praktisch alles Methanol abdestilliert und nur noch Äthylglykol vorhanden ist, was man am ganzen Siedeverlauf ohne weiteres bemerkt, entfernt
man den Korken bei *a* und titriert aus einer 10 ml Bürette mit der etwa 0,02 n äthylglykolischen Kalilauge 4-tropfenweise in die Lösung, die man durch einen klein gestellten Brenner
am Sieden hält. Man beobachtet, ob nach den ersten 3 bis 4 Tropfen eine Rotfärbung erfolgt
oder ob die äthylglykolische Kalilauge laufend verbraucht wird. Man muß dabei etwas die
Zeit in Rechnung setzen, die die Kalilauge zum Hinunterfließen braucht. Sobald die siedende
Lösung eine schwache Rotfärbung angenommen hat, setzt man den Stopfen bei *a* wieder auf
und erhitzt nach der Stoppuhr 3 Min. lang. Bleibt die Rotfärbung bestehen, so liest man den
Verbrauch an Kalilauge ab. Verschwindet sie, titriert man nach. Nach jedem Nachtitrieren
wartet man noch einmal 2 Min. Nach jedem Versuch werden das Reagensglas und die Glasperlen mit Wasser und Methanol gereinigt, das Kondensat wird aus dem Destillier-Aufsatz abgelassen.

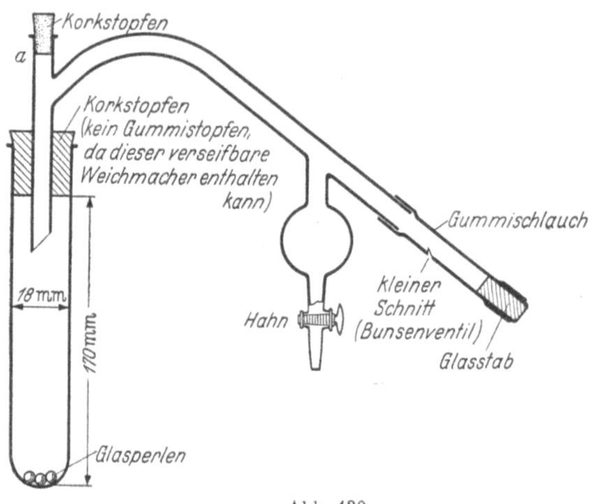

Abb. 439
Anordnung zur Durchführung der Verseifbarkeitsprobe

Hat man ein negatives Resultat der Verseifbarkeitsprobe erhalten, so wiederholt man den Versuch am besten gleich mit Triäthylenglykol (Sdp. 276°) als Lösungsmittel. Wird auch hier keine Verseifbarkeit festgestellt, so enthält die Probe sicher keinen abspaltbaren Säure-Rest. Bei gelegentlich notwendigen feineren Unterscheidungen kann man auch noch Diäthylenglykol (Sdp. 245°) und Äthylenglykol (Sdp. 197°) heranziehen.

Ammonium- und Aminsalze können bei dieser Prüfung eine positive Verseifungszahl vortäuschen. Man muß in diesen Fällen sich dann, wie im Textteil beschrieben, die Alkalisalze für die Prüfung herstellen.

Die Seifen zeigen nach dieser Probe negative Reaktion, mit Ausnahme der Gallenseife.

Dagegen haben alle von uns untersuchten sulfatierten Öle positive Reaktion ergeben,
ebenso die *Igepon-A*-ähnlichen Verbindungen. *Mersolate*, sulfierte Mineralöle, *Nekale*,
Alkylbenzolsulfonate, *Majamin*, *Ludigol*, die Äthylenoxyd-Addukte und die Fettalkoholsulfate, soweit sie nicht als Ammonium- oder Aminsalze vorliegen, ergeben negative Reaktion. Interessant ist, daß auch Fettsäure-Äthylenoxyd-Addukte negativ reagieren. Positiv
dagegen reagieren die Sulfodicarbonsäureester, *Dekol*, Eiweiß-Kondensationsprodukte,
Igepon T und die Kondensationsprodukte von Fettsäureamiden mit Oxyalkylsulfonsäuren.
Bei den *Igepon-T*-ähnlichen Produkten ist gewöhnlich eine Zunahme der Verseifbarkeit
beim Übergang von Äthylglykol zu Triäthylenglykol als Lösungsmittel zu verzeichnen.
Ebenso werden die Fettalkoholsulfate, die mit Äthylglykol als Lösungsmittel negativ
reagieren, mit Triäthylenglykol als Lösungsmittel verseift.

Die Verseifbarkeit kann auch mit Hilfe der VZ bestimmt werden (s. S. 530 ff.).

Prüfung Nr. 27

Verschiedene Reagentien und Reaktionen.

1. NESSLERS-Reagens-Probe.
Die übliche Probe mit NESSLERS Reagens ist nicht nur auf Ammonium- und Aminsalze spezifisch, sondern man kann sie sehr gut dazu benützen, sich rasch über die Anwesenheit ungesättigter oder sonstiger reduzierender Substanzen, wie z. B. von Alkylolaminen, zu orientieren. Kocht man die mit NESSLERS Reagens versetzte Probelösung, so erhält man nämlich in diesen Fällen eine schwarzgraue bis schwarze Fällung, je nach dem Grade der Ungesättigtheit oder der reduzierenden Wirkung. Besonders deutlich wird die Reaktion, wenn man außer NESSLERS Reagens (etwa gleiche Volumenteile zu untersuchende Probe und Reagens) noch etwa 5 bis 6 Plätzchen festes Kaliumhydroxyd vor dem Kochen zugibt.

2. Essigsäure-Probe.
Das Reagens für diese Probe ist 5%ige Essigsäure und dient zum Nachweis von Seifen.

3. Gelatine-Kochsalz-Probe.
Das Reagens wird wie folgt hergestellt: Man läßt 5 g reine Blattgelatine in 250 ml Wasser quellen und löst dann durch Erwärmen völlig auf. Nach Zusatz von 50 g Kochsalz wird zu 500 ml aufgefüllt.

4. WAGENAARsche Prüfung.
Polyglykole mit mindestens 2 Hydroxylgruppen an benachbarten Kohlenstoff-Atomen geben folgende Reaktion: Versetzt man ihre wäßrige Lösung mit etwas Kupfersulfat und dann tropfenweise mit überschüssiger Natron- oder Kalilauge, schüttelt gut durch und filtriert, so entsteht ein blaugefärbtes Filtrat.

5. Probe zum Nachweis von Mono-, Di- und Triäthanolaminsalzen capillaraktiver Substanzen.
Etwa 10 ml der wäßrigen Lösung der Substanz werden mit einem kationaktiven Farbstoff, z. B. *Rhodulinorange NO*, gefällt, bis beim Tüpfeln auf saugfähiges Filtrierpapier eben eine Spur Farbstoff im Auslauf zu erkennen ist. Nun setzt man tropfenweise Substanz-Lösung zu, bis dieser farbige Auslauf gerade wieder verschwunden ist. Man filtriert nun. Das klare Filtrat versetzt man mit etwa $^1/_2$ g feuchtem, gut ausgewaschenem Silberoxyd, schüttelt einige Minuten kräftig durch und filtriert. Es muß auf jeden Fall ein großer Überschuß von Silberoxyd auf dem Filter vorhanden sein. Das Reagensglas mit der klaren Lösung wird nun in ein Becherglas mit Wasser gestellt, das langsam erhitzt wird. Das Auftreten eines kräftigen, schönen Silberspiegels bei etwa 70° zeigt die Anwesenheit von Alkylolaminen an.

6. Reaktionen auf Gallenseifen.
a) *Reaktion von* LIEBERMANN *und* BURCHARD. Man versetzt die Lösung der Substanz in Chloroform unter Kühlung tropfenweise mit Essigsäureanhydrid und konz. Schwefelsäure. Die Lösung wird erst rosenrot, dann violett, blau und schließlich dunkelgrün.

b) *Reaktion von* SALKOWSKI. Zur Lösung der Substanz in Chloroform fügt man das gleiche Volumen konz. Schwefelsäure zu. Das Chloroform färbt sich blutrot und wird allmählich purpurrot, während die Schwefelsäure grün fluoresciert.

c) PETTENKOFER*sche Reaktion.* Wenn man die Lösung der Substanz unter Zusatz von Rohrzucker mit konz. Schwefelsäure unterschichtet, so erscheint an der Schichtgrenze ein roter bis violetter Ring.

d) *Furfurol-Schwefelsäure-Prüfung.* Die verdünnte alkoholische Lösung der Substanz, der 10 Tropfen 1%ige Furfurol-Lösung zugesetzt sind, unterschichtet man mit konz. Schwefelsäure. An der Berührungsstelle entsteht zunächst ein roter, dann blauviolett werdender Ring. Die Farbe bleibt einige Minuten bestehen.
Vgl. weitere spezielle Reaktionen S. 1449.
Dieser qualitative Analysengang von B. WURZSCHMITT ist in seinen Grundzügen zur Aufnahme in die DGF-Einheitsmethoden vorgesehen[1].

Die in Tab. 367 (S. 1422) aufgeführten Reaktionen gestatten es, bei Zweistoff-Systemen mit einfachen Mitteln die Zugehörigkeit zu den beiden Stoffklassen zu bestimmen. Voraussetzung für das Gelingen der Prüfung ist aber ein einigermaßen günstiges Mischungsverhältnis der Komponenten. Aus den nachstehen-

---

[1] H. HEMPEL u. A. HINTERMAIER: Fette · Seifen · Anstrichmittel **57**, 185 (1955).

den Untersuchungen von H. Hempel[1] geht hervor, daß bei Vorliegen ungünstiger Mischungsverhältnisse mitunter größere Schwierigkeiten des Nachweises auftreten können. Schon die Zumischung verhältnismäßig geringer Mengen kation- oder anionaktiver Substanzen zu einem Äthylenoxyd-Addukt läßt die Erwärmungsprobe 1 versagen. Da die Erwärmungsprobe 2 weit weniger gestört wird, ist der Nachweis von Äthylenoxyd-Addukten meist noch nicht gefährdet, jedoch versagt das sonst sehr angenehme Mittel der Schätzung der Äthylenoxyd-Kettenlänge durch den Trübungspunkt in diesen Fällen.

Schwierig werden die Verhältnisse oft, wenn der eine Mischungspartner im Überschuß vorhanden ist. Die am häufigsten anzutreffenden Mischungen von Stoffklassen sind solche zwischen anion- oder kationaktiven Substanzen einerseits und Äthylenoxyd-Addukten andererseits. Dabei können folgende Mischungsverhältnisse auftreten:

1. viel Äthylenoxyd - Addukt, wenig anionaktive Substanz,
2. viel Äthylenoxyd - Addukt, wenig kationaktive Substanz,
3. viel anionaktive Substanz, wenig Äthylenoxyd - Addukt,
4. viel kationaktive Substanz, wenig Äthylenoxyd - Addukt.

Für diese 4 Fälle sollen die Bestimmungsmöglichkeiten untersucht werden.

1. Die wichtigste und gebräuchlichste Reaktion auf anionaktive Substanzen ist die Probe auf Anion, d. h. die Beobachtung der durch Zusatz einer kationaktiven Substanz verursachten Fällung. Es gibt Fälle, bei denen man 10% anionaktiver Substanz neben 90% Äthylenoxyd-Addukt durch diese Reaktion noch nachweisen kann. Ist das Äthylenoxyd-Addukt aber ein sehr guter Emulgator, so wird schon bei einem größeren Gehalt an anionaktiver Substanz der zu erwartende Niederschlag emulgiert, so daß die Reaktion negativ oder zum mindesten sehr schwach und damit zweifelhaft wird. In diesen Fällen hilft die einfach auszuführende Methylenblau-Chloroform-Probe, die es gestattet, anionaktive Substanzen noch in einer Konzentration von 2% neben Äthylenoxyd-Addukten nachzuweisen.

2. Auf eine ähnliche Beeinflussung der Reaktionen stößt man bei Mischungen von kationaktiven Substanzen und Äthylenoxyd-Addukten. Die Probe auf Kation, die auf der Ausfällung der kationaktiven Substanz durch einen Zusatz einer anionaktiven Verbindung beruht, versagt bei Anwesenheit größerer Mengen von Äthylenoxyd-Addukten sehr häufig. In gleicher Weise versagt dann die Heteropolysäure-Probe 1, und auch *Heliogenblau SBL* erzeugt in vielen Fällen keinen Niederschlag. Hier hilft dann die Bromphenolblau-Probe, mit welcher man noch etwa 5% kationaktiver Substanz neben 95% Polyglykoläther nachweisen kann.

3. Nicht weniger schwierig liegen die Verhältnisse, wenn geringe Mengen eines Äthylenoxyd-Adduktes neben viel anionaktiver Substanz vorhanden sind. Beide Erwärmungsproben versagen dann, und auch die Heteropolysäure-Probe 2 gibt in ungünstigen Fällen keinen Niederschlag. Die Ammoniumkobaltrhodanid-Probe ist ebenfalls empfindlich gestört, vor allem, wenn die anionaktive Substanz eine längere Kohlenwasserstoff-Kette aufweist. Etwas günstiger liegen die Verhältnisse bei der Jod-Probe mit Jod-Jodkalium-Lösung (Jod-Probe 1 oder 2). Nach J. A. van der Hoeve[2] kann man mit dieser Reaktion unter günstigen Umständen einen Gehalt von 4% Äthylenoxyd-Addukt neben anionaktiver Substanz nachweisen, dagegen unter ungünstigen Bedingungen nicht weniger als 14%. In allen Fällen kann man die Bedingungen verbessern, wenn man die anionaktive Substanz ausfällt, z. B. mit Bariumchlorid, indem man die Jod-Probe 2 anwendet. Noch besser ist es aber, als Fällungsmittel *Lutan B* oder *Blancotan B* anzuwenden und dann mit Jod-Jodkalium zu testen. Ein dunkelbrauner Niederschlag oder zum mindesten eine braune Färbung, die man in Zweifelsfällen gegen einen Blindversuch abschätzen kann, zeigt gegebenenfalls die Anwesenheit eines Polyglykoläthers an.

4. Schließlich ist die Nachweismöglichkeit für ein Äthylenoxyd-Addukt, das in kleinen Mengen neben viel kationaktiver Substanz vorliegt, zu prüfen. Da die spezifischen Reaktionen von kationaktiven Substanzen und Polyglykoläthern sich stark ähneln, sind gerade bei diesem System die Nachweismöglichkeiten für die Polyglykol-Komponente ungünstig. J. A. van der Hoeve[2] gibt an, daß die Kaliumkobaltrhodanid-Probe mit allen kation-

---

[1] H. Hempel: Unveröffentliche Versuche, Privatmitteilung.
[2] J. A. van der Hoeve: J. Soc. Dyers Colourists **70**, 153 (1954).

aktiven Substanzen einen blauen Niederschlag und eine violette Lösung gibt; mit den
Äthylenoxyd-Addukten wird eine blaue Lösung erhalten. Es wurde gefunden, daß bei dieser
Reaktion ein blauer Niederschlag und eine blaue Lösung noch bei Mischungen erhalten
wurden, die aus 93% kationaktiver Substanz und 7% Lauryl-polyglykoläther bestanden.
Die Erwärmungsprobe 1 ist immer gestört und auch die Erwärmungsprobe 2 wird nur dann
positiv, wenn die kationaktive Substanz mit dem verwendeten Elektrolyten (z. B. $BaCl_2$)
einen Niederschlag bildet, den man abfiltriert, um dann im Filtrat zu prüfen.

Wenn es auch mit den beschriebenen Reaktionen bis zu einer gewissen
Grenze möglich ist, anion- und kation-capillaraktive Stoffe neben Äthylenoxyd-
Addukten und umgekehrt nachzuweisen, so ist doch der Nachweis der Stoffklassen allein nur ein beschränkt ausreichendes Resultat, und es bleibt der
Wunsch nach einer genaueren Charakterisierung der Substanzen. Der in der
Analyse übliche Weg der Trennung in die Komponenten ist auch hier mit Erfolg
anwendbar. Man kann hierzu Fällungsreaktionen benutzen, mit denen man
die Komponenten der einen Stoffklasse ausfällt, um dann im Filtrat, evtl. nach
einer zwischengeschalteten Abtrennung vom überschüssigen Fällungsmittel, die
zweite Komponente zu charakterisieren. Es ist nicht unbedingt damit zu rechnen, daß dieser Weg zu einer quantitativen Trennung führt, da Fällungsreaktionen, wie schon ausgeführt, durch die zweite capillaraktive Komponente stark
beeinflußt werden können. Immerhin ist die Methode für eine schnelle Prüfung
im Reagensglas oft anwendbar.

Für die angeführten speziellen Nachweisreaktionen werden nachstehend die
Arbeitsvorschriften wiedergegeben.

Bromphenolblau-Probe[1]. Die Probe ist spezifisch für kation-capillaraktive Verbindungen.
Alle anderen capillaraktiven Verbindungen geben diese Reaktion nicht.

Reagentien: Gepufferte Bromphenolblau-Lösung: 7,5 ml 0,2 n Natriumacetat-Lösung,
92,5 ml 0,2 n Essigsäure und 2 ml einer 0,1%igen Bromphenolblau-Lösung in 96%igem
Alkohol werden gemischt. Diese Lösung soll einen p_H-Wert von 3,6 bis 3,9 haben.

Ausführung der Probe: Zu 10 ml der obengenannten Bromphenolblau-Lösung fügt man
2 bis 5 Tropfen der 1%igen wäßrigen Lösung der zu untersuchenden Substanz. Der p_H-Wert
dieser Lösung soll bei 7 liegen. Kationaktive Substanzen erzeugen eine himmelblaue Färbung. 10% kationaktive Substanz neben 90% Polyglykoläther erzeugen noch eine kräftige
Blaufärbung, aber auch die durch 5% kationaktive Substanz erzeugte Färbung ist noch
gut wahrnehmbar, vor allem gegen einen Blindwert oder eine Vergleichssubstanz.

Methylenblau-Chloroform-Probe[2]. Die Probe ist spezifisch für anion-capillaraktive Substanzen und zeichnet sich durch eine besonders hohe Empfindlichkeit aus. Diese Empfindlichkeit ist nicht gleich hoch für alle Klassen, so sprechen z. B. Seifen schlecht an. Sie ist
jedoch ausgezeichnet für den Nachweis aller Sulfate und Sulfonate.

Reagentien: Wäßrige Methylenblau-Lösung 0,1 g im Liter; Chloroform.

Ausführung der Probe: Zu 5 ml der 1%igen wäßrigen Lösung der zu untersuchenden
Substanz fügt man 5 ml der Methylenblau-Lösung und 1 ml Chloroform und schüttelt die
Mischung kurz durch. Bei Anwesenheit einer anionaktiven Substanz bildet diese mit dem
Methylenblau einen Komplex, der sich in Chloroform löst. Eine Blaufärbung des Chloroforms zeigt eine positive Reaktion auf anionaktive Verbindungen an. Die Reaktion ist so
empfindlich, daß in vielen Fällen weniger als 2% anionaktiver Substanz neben 98% Poly-
glykol nachgewiesen werden können. Sie ist auch zu quantitativen colorimetrischen Bestimmungen anionaktiver Substanzen angewandt worden.

Trennung capillaraktiver Substanzen über Ionen-Austauscher[3]

Durch Ionen-Austauscher lassen sich nach Untersuchungen von H. HEMPEL[3] Gemische
aus typisch ionogenen Substanzen, wie sie in den kationaktiven und den anionaktiven Verbindungen vorliegen, und nicht-ionogenen Substanzen, wie z. B. Fettsäure-monoglyceriden,
Estern und Amiden der Alkanolamine, aber auch Äthylenoxyd-Addukten, trennen.

---

[1] C. KORTLAND u. H. F. DAMMERS: Chem. Weekbl. **49**, 341 (1953).

[2] J. H. JONES: J. Assoc. off. agric. Chemists **28**, 398 (1945).

[3] H. HEMPEL: Unveröffentlichte Versuche; Privatmitteilung. Zur Analyse kurzkettiger
Sulfocarbonsäure-Kondensate vgl. auch H. WINTERSCHEIDT: Seifen-Öle-Fette-Wachse **81**,
408, 433 (1955).

Läßt man z. B. die Lösung eines Gemisches aus anionaktiver Substanz mit einem Fettsäurealkylolamid, wie es in Waschmitteln häufig vorkommt, über eine Säule passieren, die einen basischen Anionen-Austauscher enthält, so wird die anionaktive Substanz gebunden, und im Auslauf findet man das Fettsäurealkylolamid. Ebenso leicht trennt man ein Gemisch aus anionaktiver Substanz mit Äthylenoxyd-Addukten, wobei in allen Fällen das Mischungsverhältnis ohne Einfluß auf den Trennungsverlauf ist. Die an den Austauscher gebundene anionaktive Substanz gewinnt man beim Regenerieren des Austauschers mit Alkalien und kann sie dann ebenfalls einer näheren Untersuchung zuführen. Die Anwendung eines Kationen-Austauschers ermöglicht wenigstens 2 Fälle von Trennungen, die nützlich sein können. Läßt man das Gemisch aus einer kationaktiven Substanz mit nicht-ionogenen Bestandteilen oder einem Äthylenoxyd-Addukt eine mit einem Kationen-Austauscher beschickte Säule passieren, dann wird die kationaktive Verbindung an den Austauscher gebunden, und der nicht-ionogene Anteil bzw. das Äthylenoxyd-Addukt erscheint im Auslauf, worin man jetzt den Nachweis in ungestörter Weise führen kann. Durch Regeneration des Austauschers mit Mineralsäure gewinnt man die kationaktive Substanz wieder und kann sie ebenfalls untersuchen. Eine zweite sehr praktische Anwendung des Kationen-Austauschers bietet sich, wenn eine anionaktive Substanz als Aminsalz vorliegt. In diesem Falle ist der Stickstoff-Nachweis behindert, da man zunächst nicht entscheiden kann, ob der Stickstoff nur im Kation gebunden vorliegt, oder ob auch das Anion Stickstoff enthält. Auch hier ist es zweckmäßig, durch Anwendung eines Kationen-Austauschers das Amin zu binden, um im Auslauf die anionaktive Substanz störungsfrei zu untersuchen. Man kann den Kationen-Austauscher auch zu quantitativen Untersuchungen ausnützen. Wenn es sicher ist, daß keine anorganischen Salze anwesend sind, kann man im Auslauf, der ja die anionaktive Substanz als freie Säure, z. B. als Sulfonsäure, enthält, durch Titration das Äquivalentgewicht ermitteln.

Da auch die Trennung von Gemischen in kationaktive bzw. anionaktive Substanzen einerseits und nicht-ionogene Verbindungen andererseits annähernd quantitativ geführt werden kann, ist es verhältnismäßig leicht, über die Zusammensetzung solcher Gemische zahlenmäßige Angaben zu machen. Wichtig ist es bei solchen Operationen, die richtige Wahl der Lösungsmittel zu treffen. Unter allen Umständen ist dafür zu sorgen, daß der nicht an den Austauscher gebundene Teil im Lösungsmittel gelöst bleibt. Eine anionaktive Substanz, die nur Carboxylgruppen enthält, wird nach Entfernung ihres Kations in Wasser nicht immer löslich genug sein. Es empfiehlt sich, in solchen Fällen nicht mit Wasser, sondern mit Methanol als Lösungsmittel zu arbeiten und evtl. sogar noch Chlorkohlenwasserstoffe zuzusetzen. Ebenso ist es aus dem gleichen Grunde ratsam, bei der Abtrennung von nicht-ionogenen Verbindungen, wie Fettsäurealkanolamiden von anionaktiven Substanzen, in verdünntem Alkohol zu arbeiten. Schließlich darf noch darauf hingewiesen werden, daß manche Ionen an Austauscher sehr fest gebunden werden, so daß ihre quantitative Gewinnung bei der Regeneration des Austauschers Schwierigkeiten macht. In diesen Fällen bewährte es sich auch, das Regenerationsmittel in alkoholischer Lösung anzuwenden.

Reagentien: a) *Austauscher:* Die erforderlichen Austauscher sind auf der Basis von Harzen aufgebaut, die zur Bindung befähigte aktive Gruppen tragen (vgl. hierzu S. 838). Da es manchmal erforderlich ist, die zu analysierende Substanz in einem organischen Lösungsmittel zu lösen, ist es ratsam, einen Austauscher zu wählen, dessen Harzgrundlage möglichst widerstandsfähig gegen Lösungsmittel ist. Diese Voraussetzung erfüllen am besten Polymerisationsharze, z. B. auf Polystyrol-Basis. Werden derartige Untersuchungen jedoch nur gelegentlich gemacht, dann spielen diese Überlegungen über die Haltbarkeit des Austauschers keine Rolle, zumal der Austauscher in den Pausen zwischen seiner Benützung immer unter Wasser aufbewahrt wird. Am günstigsten für analytische Zwecke ist ein Korn mit einem Durchmesser von 0,2 bis 0,4 mm.

Als Kationen-Austauscher kann man Lewatit S 100, Lewatit KS, Amberlite IR 120 oder ähnliche anwenden. Vor der Benützung wird der Austauscher mit Wasser eingequollen, da er erst im gequollenen Zustand seine Aktivität entfalten kann und außerdem in diesem Zustand ein anderes Volumen einnimmt. (Dauer des Einquellens 48 Stunden.) Zur Überführung in die Säureform behandelt man den Kationen-Austauscher mit 4 n Salzsäure und wäscht danach mit destilliertem Wasser neutral.

Als Anionen-Austauscher verwendet man Lewatit MN, Lewatit MIH, Amberlite IRA 400, Permutit ES, Dowex 2 oder ähnliche. Das Einquellen wird wie beim Kationen-Austauscher vorgenommen. Danach wird eine alternierende Behandlung mit 1 n HCl und 0,5 n NaOH durchgeführt, der sich eine Neutralwäsche mit Wasser anschließt.

b) *Lösungsmittel:* Methanol kann als Lösungsmittel genommen werden, wenn Wasser keine genügende Löslichkeit besitzt oder die Umsetzung in Wasser nicht quantitativ verläuft. Im Bedarfsfalle kann der Zusatz eines Chlorkohlenwasserstoffes, z. B. Methylenchlorid, fördernd sein. Man wendet dann ein Gemisch aus 4 Teilen Methanol und 1 Teil Methylenchlorid an.

c) *Regenerationslösungen:* Zum Regenerieren des Kationen-Austauschers nimmt man 5%ige reine Salzsäure. Wenn das Kation sehr fest adsorbiert ist, kann man die Konzentration der Säure auf das 2- bis 3fache erhöhen, beschreitet damit aber einen für die weitere Aufarbeitung unbequemen Weg. Da das saure Eluat die zu untersuchende kationaktive Substanz enthält, muß man nach erfolgter Neutralisation und Verdampfung des Wassers eine kleine Menge gesuchter Substanz aus einem großen Salzüberschuß mit Alkohol herauslösen. Praktischer ist es daher, die Regeneration des Austauschers mit einer 5%igen äthanolischen statt einer wäßrigen Salzsäure auszuführen. Bei der anschließenden Neutralisation fällt dann schon ein Teil des Salzes aus und kann abfiltriert werden. Beim Verdampfen des Filtrates hinterbleibt eine kleinere Salzmenge, aus der man die kation-capillaraktive Substanz mit Äthanol herauslöst.

Zum Regenerieren des Anionen-Austauschers nimmt man eine 5%ige Natronlauge und in schwereren Fällen eine 5%ige äthanolische Kalilauge. Es gelten die zum Regenerieren des Kationen-Austauschers charakterisierten Erfahrungen.

Apparatur: Die Austauscher-Säule (Abb. 440) besteht aus einem Glasrohr von etwa 400 mm Länge und einem Innendurchmesser von 24 mm. Am unteren Ende ist eine Glasfritte der Porung G 2 eingeschmolzen. Als Ablauf ist ferner am unteren Ende ein enges Glasrohr an-geschmolzen, das schwanenhalsähnlich bis etwa zur Hälfte der Säule heraufführt und durch einen Hahn verschlossen werden kann. Wenn dieses Ablaufrohr aus einer Capillare von etwa 2 mm Weite besteht, kann durch richtige Dimensionierung eine geeignete Tropfgeschwindigkeit bei geöffnetem Hahn eingestellt werden.

Ausführung der Trennung[1]. Wichtig ist die richtige Beschickung der Säule mit dem Austauscher, wobei besonders darauf zu achten ist, daß keine Luft in der Packung enthalten sein darf. In diesem Falle würden sich in der Säule Kanäle ausbilden, durch die die Untersuchungslösung passieren kann, ohne einen richtigen Kontakt mit dem Austauscher zu erhalten. Es ist daher ratsam, den in Wasser eingequollenen Austauscher mit dem Wasser in die gleichfalls mit Wasser zur Hälfte gefüllte Säule einzufüllen. Der Austauscher wird bis etwa 1 cm unterhalb des Scheitels des Ablaufrohres eingefüllt. Als oberen Abschluß bringt man eine Schicht Glaswolle an. Ist aus irgendeinem Grunde Luft in die Austauscher-Schicht geraten, so ist der schnellste und sicherste Weg zur Entfernung der Luftblasen die Entleerung der Säule und ihre neue Beschickung.

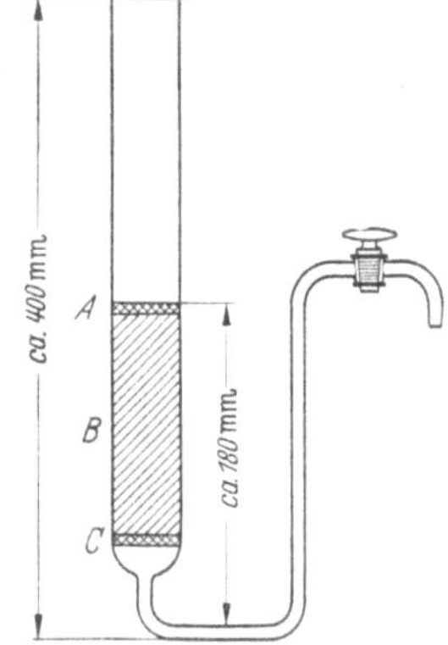

Abb. 440. Austauscher-Säule zur Trennung capillaraktiver Substanzen

A Glaswolle, *B* Austauscher, *C* Glasfritte

a) *Kationen-Austausch.* Zur Regeneration schickt man 100 ml 5%ige Salzsäure durch die Säule in einer Zeit von etwa 1 Stunde. Danach wird mit destilliertem Wasser neutral gewaschen. In der Säule bleibt immer so viel Wasser stehen, daß das Austauscherbett überschichtet ist.

Für die Trennung füllt man 100 ml einer 1%igen Lösung der zu untersuchenden Mischung, die eine kationaktive Substanz enthält, in den oberen leeren Teil des Trenn-

---

[1] Siehe auch O. SAMUELSON: Ion Exchangers in Analytical Chemistry. Stockholm: Almquist & Wiksell 1952; New York: J. Wiley & Sons 1953.

rohres, wobei man sich am besten einer Pipette bedient, um eine Durchmischung mit dem darunterstehenden Wasser möglichst zu vermeiden. Dann öffnet man den Hahn in der Überlaufleitung und läßt die Lösung durch den Austauscher innerhalb 1 Stunde passieren. Da zunächst das im Austauscher befindliche Wasser verdrängt wird, kann man die ersten Anteile dieses Ablaufes verwerfen, wobei man jedoch einige Vorsicht walten lassen soll. An die Durchgabe der Analysensubstanz schließt man die Waschperiode an. Hierzu gibt man, wieder mit der Pipette, destilliertes Wasser auf die Austauscher-Säule und läßt dieses im gleichen Tempo hindurchlaufen. Es werden dazu zweimal je 100 ml Wasser genommen. Die gesammelten Abläufe enthalten die vorhandene nicht-ionogene Substanz und die Äthylenoxyd-Addukte. Da sie außerdem das zum absorbierten Kation gehörende Anion enthalten, sind diese Abläufe sauer. Man neutralisiert mit Natronlauge, dampft auf dem Wasserbade ein und isoliert die capillaraktive Substanz durch Extraktion mit Äthanol. Die Wägung des zur Konstanz getrockneten Eindampfrückstandes läßt eine recht genaue Aussage über den Anteil der Mischung an nicht-ionogener Substanz oder Äthylenoxyd-Addukt bzw. an beiden zu. Die qualitative Untersuchung dieser abgetrennten Verbindungen läßt sich jetzt mit größerer Schärfe durchführen.

Der in der Säule befindliche Kationen-Austauscher enthält nun das capillaraktive Kation, das man durch Regenerierung des Austauschers gewinnen kann. Man läßt dazu in gleichem Tempo 100 ml 5%ige Salzsäure durch die Säule laufen und wäscht mit destilliertem Wasser nach. Das Eluat wird mit Natronlauge neutralisiert und auf dem Wasserbad eingedampft. Der Salzrückstand enthält die kationaktive Substanz, die man mit Äthanol extrahiert, wobei man den ersten Extrakt evtl. ein zweites Mal mit Alkohol aufnimmt. Wie schon erwähnt, werden die verhältnismäßig schweren Ionen capillaraktiver Substanzen häufig so fest an den Austauscher gebunden, daß ihre Regeneration oft Schwierigkeiten macht. Es ist daher meistens zweckmäßig, sich bei der Regeneration einer alkoholischen Salzsäure zu bedienen. In diesem Falle scheidet man bei der Neutralisation der Säure einen Teil des anorganischen Salzes als abfiltrierbaren Niederschlag ab, während die gesuchte kationaktive Substanz aus dem Filtrat isoliert wird.

b) *Anionen-Austausch.* Die Handhabung der Trennung ist identisch mit der unter a) beschriebenen Arbeitsweise mit dem Unterschied, daß sich in der Säule ein Anionen-Austauscher befindet. Da dieser in der OH-Form am besten anzuwenden ist, leitet man zunächst 100 ml 5%ige Natronlauge durch den Austauscher und wäscht anschließend mit destilliertem Wasser neutral. Die Aufgabe und Auswaschung der Analysensubstanz, die in diesem Falle anionaktive Verbindungen neben nicht-ionogenen und Äthylenoxyd-Produkten enthält, ist die gleiche, wie sie bei den kationaktiven Mischungen beschrieben ist. Auch die Gewinnung und Aufarbeitung der nicht-ionogenen Bestandteile ist unverändert.

Zur Regeneration der anionaktiven Substanz aus dem Austauscher bedient man sich jetzt einer 5%igen Natronlauge, jedoch wird man auch hier oft erleben, daß die Bindung des Anions sehr fest ist. Es ist daher in vielen Fällen ratsam, sich gleich einer alkoholischen Kalilauge zu bedienen.

Bei allen diesen Trennungsgängen muß die Überlegung angestellt werden, ob Wasser das geeignete Lösungsmittel in dem vorliegenden Falle ist. Diese Verhältnisse können oft aus einer qualitativen Vorprüfung auf vermutliche Bestandteile, wie sie nach Tab. 367 auf S. 1422 möglich ist, erkannt werden. In Zweifelsfällen wendet man besser einen wasserlöslichen Alkohol, Methanol oder Äthanol, an.

Analysengang nach C. Kortland und H. F. Dammers[1]

Der folgende Analysengang eignet sich für die qualitative und die quantitative Untersuchung von oberflächenaktiven Substanzen und ihren Gemischen zum Zwecke der Handelsanalyse.

Zwei Komponenten weisen meist eine unterschiedliche Löslichkeit in verschiedenen Lösungsmitteln auf. Ein Trennungsgang, der sich dieses Mittels bedient, ist von den obengenannten Autoren beschrieben worden. Man verwendet ein System aus 2 Lösungsmitteln, die ineinander nicht löslich sind, wobei die eine Phase aus einem wäßrigen Alkohol, die andere aus einem Kohlenwasserstoff, z. B. Pentan oder einer Petroläther-Fraktion, oder einem Äther oder auch aus Gemischen von Kohlenwasserstoffen und Äther bestehen kann. Hierbei erhält man eine Trennung in die mehr oder weniger hydrophilen bzw. hydrophoben

---

[1] C. Kortland und H. F. Dammers: Chem. Weekbl. **49**, 341 (1953); J. Amer. Oil Chemists' Soc. **32**, 58 (1955); s. a. „Seifen und Waschmittel", herausgegeben durch Schweiz. Ges. f. analyt. u. angew. Chem. Bern: Huber 1955.

Bestandteile des Gemisches. Diese Trennung kann durch systematische Änderung des p_H-Wertes und Einschaltung eines hydrolytischen Abbaues verfeinert werden. Dadurch gelingt es vor allem in der Klasse der anionaktiven Substanzen, eine recht befriedigende Trennung durchzuführen. Aber auch in den Klassen der nicht-ionogenen Verbindungen und Äthylenoxyd-Addukte ist ein Trennungsschema entwickelt worden.

Wie in den Vorschriften von WURZSCHMITT[1] und von GILBY und HODGSON[2] werden die Reaktionen bzw. Bestimmungen nach Entfernung der anorganischen Bestandteile aus dem Gemisch ausgeführt.

Das Schema macht von der Einteilung in anion-capillaraktive, kation-capillaraktive und nicht-ionogene Verbindungen Gebrauch.

Es muß betont werden, daß die Trennung in einen alkohollöslichen und einen alkohol-unlöslichen Teil, wie unten beschrieben, und manche Nachweis-Reaktionen (namentlich die, welche auf Gegenwart von Stickstoff beruhen) nur ausgeführt werden können, wenn als Kation ein Alkali- oder Erdalkalimetall vorliegt. Wo NH_4^+ als Kation vorhanden ist, kann es leicht identifiziert werden, z. B. durch NESSLERs Reagens, und nachfolgend mittels alkalischer Bromlösung (Reagens 6) folgendermaßen entfernt werden: Zu einer Lösung von 10 g Substanz in 50 ml Wasser fügt man 100 ml alkalische Bromlösung und läßt die Mischung 1 Min. bei Raumtemperatur stehen. (Danach soll ein Tropfen NESSLERs Reagens an einem Glasstab keine Braunfärbung mehr zeigen.) Um festzustellen, ob Salze von Aminen anwesend sind, werden 50 ml 30%ige Natronlauge zugegeben und das Gemisch 2 Std. lang unter Rückfluß gekocht. Der Dampf wird mit Lackmuspapier auf Amine geprüft. Blaufärbung zeigt Amine an.

Sind organische Kationen anwesend (Äthanolamine, Guanidin, Morpholin), so ist kein Anlaß zur Trennung mit Alkohol im Hinblick auf die Löslichkeit der entsprechenden Salze der anorganischen Anionen in Alkohol. Die Prüfung auf Amin-Stickstoff mit NESSLERs Reagens (s. Schema II = Tafel I in der Tasche) muß dann durch eine quantitative Stickstoff-Bestimmung ersetzt werden. In dem Fall kann nur eine ausführlichere Analyse die entscheidende Antwort auf die Frage geben, welche oberflächenaktive Verbindung vorliegt.

Analytisches Schema. Das analytische Schema, nach welchem gearbeitet wird, beruht auf der folgenden Einteilung:

I. Anion-capillaraktive Produkte.

Diese Verbindungen werden eingeteilt in drei Hauptgruppen:

1. Produkte, die noch Verbindungen enthalten, in denen als einzige hydrophile Gruppe die COOMe-Gruppe vorkommt (Me = Metall);

2. Produkte, die durch Kochen mit Mineralsäure aufgespalten werden können unter Bildung von höheren Alkoholen oder Fettsäuren;

3. Produkte, die durch Mineralsäuren nicht gespalten werden können.

II. Kation-capillaraktive Produkte.
1. Quartäre Ammoniumbasen;
2. Pyridin-Verbindungen;
3. salzsaure Salze hochmolekularer Amine;
4. Sulfonium-Verbindungen.

III. Nicht-ionogene Produkte.
1. Äthylenoxyd-Polymerisationsprodukte;
2. Ester von Polyalkoholen.

Erforderliche Reagentien: 1. Gepufferte Bromphenolblau-Lösung: 7,5 ml 0,2 n Natrium-acetat-Lösung, 92,5 ml 0,2 n Essigsäure, 2 ml Bromphenolblau-Lösung (0,1%ig in 96%igem Alkohol.) Der p_H-Wert dieser Lösung soll zwischen 3,6 und 3,9 liegen.

---

[1] B. WURZSCHMITT: Z. analyt. Chem. **130**, 106 (1950); Fette · Seifen · Anstrichmittel **53**, 209 (1951).

[2] J. A. GILBY u. H. W. HODGSON: Manufact. Chemist **21**, 371, 423 (1950).

2. 1%ige Lösung von *Solidogen BSE* (kationaktive Substanz der CASELLA-Werke, Frankfurt/Main) in Wasser.

3. NESSLERS Reagens: Zu 5 g KJ in 5 ml Wasser fügt man eine Quecksilber(II)-chlorid-Lösung, 1:20, bis die Fällung bestehenbleibt, filtriert durch Glaswolle, fügt eine Lösung von 15 g KOH in 30 ml Wasser zu und füllt mit Wasser auf 100 ml auf.

4. Diazo-Reagens: *Echtrotsalz AL* (diazotiertes α-Amino-anthrachinon), 2%ige Lösung in Wasser.

5. Naphthol-Reagens: 0,1% β-Naphthol in 1 n NaOH.

6. Alkalische Bromlösung: 31,2 g Brom und 15,6 g NaOH im Liter Wasser.

7. SPACUS Reagens[1]: Verdünnte Lösung von Kupfer(II)-acetat, der einige Tropfen 10%ige Kaliumrhodanid-Lösung zugefügt worden sind.

8. KJ_3-Reagens: 1,27 g J_2 + 2,0 g KJ im Liter.

Aufstellung der Proben für die qualitative Analyse. *Reaktion I. Anion-capillaraktive Verbindungen.* Zu 10 ml 1%iger Lösung der oberflächenaktiven Substanz in Wasser werden 10 ml 1%ige *Solidogen-BSE*-Lösung (Reagens 2) oder die einer anderen kation-capillaraktiven Substanz gegeben. Trübung oder Fällung zeigt Anwesenheit von anion-capillaraktiver Verbindung an.

Reaktion II. Kation-capillaraktive Verbindungen. Zu 10 ml gepufferter Bromphenolblau-Lösung (Reagens 1) fügt man 2 bis 5 Tropfen der ungefähr 1%igen Versuchslösung (der p_H-Wert der Lösung soll angenähert 7 sein). Kation-capillaraktive Verbindungen geben eine himmelblaue Farbe. Wenn sie vorhanden sind, können anion-capillaraktive Verbindungen nicht anwesend sein infolge gegenseitiger Reaktion von anion-capillaraktiven und kation-capillaraktiven Verbindungen, bei der in Wasser praktisch unlösliche Verbindungen entstehen.

Reaktion III. Nicht-ionogene Verbindungen. Fallen die beiden vorhergehenden Reaktionen negativ aus, so gehört das oberflächenaktive Material der Probe zu dieser Klasse, der die Polyäthylenoxyd-Kondensationsprodukte und die Ester der Polyalkohole angehören. Die ersteren sind die häufigeren und können leicht durch Zufügen einiger Tropfen der zu prüfenden Lösung zu 10 ml einer KJ_3-Lösung (Reagens 8) identifiziert werden. Verfärbung von Orange nach Rot oder Rötlichbraun oder Entstehung schmutzig-graubrauner Fällungen zeigt ihre Anwesenheit an.

Reaktion IV. Stickstoff. 200 mg getrocknetes Produkt werden mit 800 mg Natriumhydroxyd in einem Reagensglas gemischt. Danach wird die Öffnung durch einen Pfropfen aus Glaswolle verschlossen, das Rohr vorsichtig über kleiner Flamme oder im Sandbad auf 200° C erhitzt. Blaufärbung von rotem Lackmuspapier (oder Färbung von NESSLERS Reagens) zeigt Stickstoff an.

Reaktion V. Stickstoff (Biuret-Reaktion). Zu 10 ml einer 1%igen wäßrigen Lösung des ursprünglichen alkohollöslichen Teils des zu untersuchenden Produktes gibt man 1 ml einer 10%igen NaOH und 0,5 ml einer 0,3%igen Lösung von $CuSO_4 \cdot 5 H_2O$. Die Mischung wird schwach erhitzt. Erscheint eine violette Farbe, so ist die Reaktion positiv.

Reaktion VI. Stickstoff (NESSLERS Reagens). Die zu untersuchende Probe wird mit konz. Natronlauge alkalisch gemacht. Wird NESSLERS Reagens (Reagens 3) zugefügt, so ruft Ammoniak eine braune Farbe hervor. Gelbe und weiße Fällungen treten auf, wenn Amine zugegen sind.

Reaktion VII. Naphthalin-Ring. Wird eine 1%ige Lösung von Alkylnaphthalinsulfonat mit der gleichen Menge *Echtrotsalz-AL*-Reagens (Reagens 4) versetzt, so bildet sich eine braune Fällung. Die zu prüfende Lösung muß neutral sein, da alkalische Lösungen auf jeden Fall braune Fällungen ergeben.

Reaktion VIII. Erkennung von Einring-Aromaten (GUERBET-Reaktion[2]). Die folgende Methode weicht etwas von dem zitierten Verfahren ab. 100 mg getrocknete Aktiv-Masse werden mit 2 bis 3 ml rauchender Salpetersäure gemischt und auf einem Sandbad bei 200° C zur Trockne eingedampft. (Vorsicht, daß keine Verkohlung stattfindet!) Zum Rückstand werden 2 ml konz. Salzsäure und 5 ml absol. Alkohol hinzugefügt und unter Umrühren auf einem Sandbad mit 0,5 g Zinkstaub erhitzt, bis der Alkohol fast ganz verdampft ist. Dann wird die Lösung in einen Scheidetrichter übergeführt, mit Wasser auf 20 ml verdünnt und zweimal mit Äther extrahiert. Die wäßrige Schicht wird mit Wasser auf 40 ml verdünnt, 30%ige Natriumhydroxyd-Lösung zum Auflösen des Zinkhydroxyds hinzugefügt und zweimal mit Äther extrahiert. Die wäßrigen Äther-Auszüge werden mit 5 ml 3 n Salzsäure ausgeschüttelt, die Säure abgetrennt und mit 10 ml Wasser verdünnt.

---

[1] G. S. SPACU: Z. analyt. Chem. **64**, 332 (1924); **79**, 153 (1930).
[2] M. GUERBET: C. R. hebd. Séances Acad. Sci. **171**, 40 (1920).

Zu 5 ml der sauren Lösung werden unter Eiskühlung 5 ml 1%ige Natriumnitrit-Lösung innerhalb von 5 Min. zugegeben. Das Gemisch wird unter Rühren in 7 ml eisgekühlte 0,1%ige Lösung von β-Naphthol (Reagens 5) gegossen. Diese Lösung muß alkalische Reaktion zeigen. Alkylarylsulfonate geben orangerote Färbung. Der Farbstoff ist in Chloroform löslich.

Reaktion IX. Erkennung höherer sekundärer Alkohole[1]. Durch Einwirkung von Salpetersäure auf sekundäre Alkohole werden sauer reagierende Nitroalkane gebildet, die charakteristische Kalium- und Silbersalze liefern. 1 ml des zu prüfenden Alkohols wird mit dem gleichen Volumen Salpetersäure (D = 1,35) in einem Reagensglas erhitzt, nach Beendigung der Reaktion mit Wasser verdünnt, mit Äther ausgeschüttelt, die Äther-Schicht abgetrennt und der Äther verdampft. Der Rückstand wird in Alkohol aufgenommen, alkoholische Kalilauge hinzugefügt und das Gemisch einige Zeit ruhig stehengelassen. Sekundäre Alkohole geben gelbe Prismen von Nitroalkylsalzen. Primäre Alkohole — in gleicher Weise behandelt — bilden neutrale Ester von Salpeter- und salpetriger Säure, welche nicht ausfallen, wenn Kalilauge zugefügt wird.

Reaktion X. Erkennung von Pyridin-Verbindungen[2]. Die etwa 5%ige Lösung der Probe in Wasser wird mit konzentrierter Essigsäure eben sauer gemacht. Dazu gibt man die gleiche Menge Spacus Reagens (Reagens 7). Pyridin-Verbindungen geben eine schmutzig-grüne Farbe infolge Bildung von Kupferpyridinrhodanid.

Vorbereitung eines Produktes unbekannter Zusammensetzung zur Analyse. Die gegenwärtigen Handelsprodukte variieren stark in ihrem Gehalt an waschaktiven Stoffen. Darüber hinaus werden oft komplizierte „Builder"-Zusammensetzungen, insbesondere in Reinigungspulvern, gefunden. Deshalb ist es wünschenswert, vor Beginn der eigentlichen Untersuchung einen Einblick in den Gehalt an waschaktiven Stoffen zu bekommen. Sofern anion-capillaraktive Verbindungen, welche die große Mehrheit stellen, enthalten sind, können diese leicht durch die sogenannte Methylenblau-Titration[3] erhalten werden.

Diese Methode wird in einem Zweiphasen-System ausgeführt, wo Methylenblau als Indicator und eine kation-capillaraktive Substanz als Standard-Lösung wirken. Für die Umrechnung in Prozente kann ein Äquivalentgewicht von 350 angenommen werden. Es ist einleuchtend, daß dieses Verfahren nur einen rohen Einblick in den Gehalt an waschaktiven Stoffen gewährt. Nicht-ionogene Verbindungen und Seifen auf Fettsäure-Basis werden nicht erfaßt[4].

Diese „Voranalyse" ist für die weitere Untersuchung jedoch sehr nützlich.

Entfernung anorganischer Zusätze. Um die Hauptmenge der etwa anwesenden anorganischen Salze zu entfernen, wird so viel Isopropylalkohol zur wäßrigen Lösung der Probe gegeben, daß die endgültige Konzentration dieses Alkohols etwa 92% oder mehr beträgt. Pulver werden mit etwas Wasser zur Paste angerieben und nach Zufügen des Alkohols aufgekocht. Nach Filtration wird der Filterrückstand noch einmal in gleicher Weise behandelt[5], wonach er meist frei von Aktiv-Substanz ist. Die im Salz noch verbliebene Menge kann, falls erwünscht, durch die Methylenblau-Titration[3] (vgl. S. 1481) bestimmt werden.

Die alkoholische Lösung wird nun gegen Phenolphthalein gerade alkalisch eingestellt und dann unter mäßigem Vakuum (Druck etwa 20 bis 100 mm Hg) abdestilliert. Zugleich wird Wasser zugefügt, bis eine wäßrige Lösung mit 5 bis 10% Trockensubstanz und 10 bis 20% Alkohol erhalten wird. Im Hinblick auf die geringe Hitzebeständigkeit mancher Substanzen und die darauffolgende mögliche Säure-Bildung muß man sich ab und zu versichern, ob die Lösung gegen Phenolphthalein noch alkalisch reagiert; notfalls muß ein Tropfen Natron-

---

[1] G. Chancel: C. R. hebd. Séances Acad. Sci. **100**, 604 (1885).

[2] G. S. Spacu: Z. analyt. Chem. **64**, 332 (1924); **79**, 153 (1930).

[3] S. R. Epton: Trans. Faraday Soc. **44**, 226 (1948).

[4] Über eine Methode zur quant. Bestimmung der Äthylenoxyd-Produkte wurde von N. Schönfeldt (Nature [London] **172**, 820 (1953)) berichtet. Kaliumhexacyanoferrat(II) wird der zu prüfenden Lösung im Überschuß zugesetzt. Nach Abfiltrieren des Niederschlags wird der Gehalt an Kaliumhexacyanoferrat(II) im Filtrat durch Titration mit Zinksulfat bestimmt.

[5] Es ist dafür zu sorgen, daß der p_H-Wert dieser Lösung während dieser Behandlung nicht unter 7,5 fällt; notfalls kann ein Tropfen Alkali-Lösung zugefügt werden.

lauge zugegeben werden. Die für eine quantitative Gesamt-Analyse erforderliche Menge organischer Substanz hängt sehr von der Zusammensetzung der Komponenten ab und beträgt nicht mehr als etwa 15 g.

Unterscheidung der unbekannten Typen von Aktiv-Substanz (anion-capillaraktive, kation-capillaraktive und nicht-ionogene Verbindungen) (Schema I)

Das Schema fußt auf der primären Trennung in

   I. anion-capillaraktive Verbindungen,
  II. kation-capillaraktive Verbindungen,
 III. nicht-ionogene Verbindungen.

Anion-capillaraktive Verbindungen sind anwesend, wenn die Versuchslösung mit kation-capillaraktiven Substanzen eine Fällung ergibt oder wenn sie eine Trübung zeigt (Reaktion 1).

Kation-capillaraktive Verbindungen geben Fällungen mit anion-capillaraktiven Substanzen. Außerdem verändern sie die Farbe mancher Indicator-Lösungen. Mit einer gepufferten Bromphenolblau-Lösung wird eine himmelblaue Farbe erhalten (Reaktion 2).

Unbekannte oberflächenaktive Verbindungen
(anion-capillaraktive, kation-capillaraktive
und/oder nicht-ionogene)

Bromphenolblau-Reaktion:
Zu 10 ml gepufferter Bromphenolblau-Lösung
(Reagens 1) fügt man 2 bis 5 Tropfen der
ungefähr 1%igen Versuchslösung (ihr p_H-
Wert ist auf etwa 7 eingestellt)

negative Reaktion	positive Reaktion (himmelblaue Farbe)
anion-capillaraktive und/oder nicht-ionogene Verbindungen. Zu 10 ml 1%iger *Solidogen-BSE*-Lösung (Reagens 2) werden 10 ml der 1%igen Lösung der zu untersuchenden Substanz in Wasser hinzugefügt	**kation-capillaraktive Verbindungen** (können mit nicht-ionogenen Verbindungen vermischt sein)
Trübung oder Niederschlag	klar
anion-capillaraktive Verbindungen (rein oder zusammen mit nicht-ionogenen Verbindungen)	**nicht-ionogene Verbindungen**

Nicht-ionogene Verbindungen können, falls sie zu den Äthylenoxyd-Derivaten gehören, durch ihre Reaktion mit einer Lösung von Jod in Kaliumjodid identifiziert werden. Es treten dunkelrote Färbungen oder braune bis graue Fällungen auf (Reaktion 3). Da dieser Verbindungstyp manchmal im Gemisch mit anion-capillaraktiven Verbindungen vorkommt, ist es wünschenswert, daß diese Reaktion auch ausgeführt wird, wenn die Gegenwart von anion-capillaraktiver Substanz bereits nachgewiesen worden ist. Erwähnt muß werden, daß diese Methode bis herab zu einer Konzentration von ungefähr 0,05% in der zu untersuchenden Lösung anspricht.

Trennung der anion-capillaraktiven Verbindungen. Wenn in der Lösung anion-capillaraktive Verbindungen festgestellt worden sind, kann ihre Trennung durch wiederholte Extraktion, wie in Schema II (s. Tafel I in der Tasche) wiedergegeben, vorgenommen werden, wobei auch Beimischungen von höheren Alkoholen,

Fettsäureamiden und Fettsäurealkylolamiden (manchmal als Wasch- und Schaumförderer zugegeben) bestimmt werden können.

Um die quantitative Trennung besonders der oberflächenaktiven Verbindungen von waschkraft- und schaumfördernden Verbindungen zu sichern, darf die Konzentration der oberflächenaktiven Substanzen in der Probe, d. h. im alkohollöslichen Teil, nicht höher als 10 Gewichtsprozent sein, weil in einer konzentrierteren Lösung die Löslichkeit der waschkraft- und schaumfördernden Stoffe zu hoch ist. Gerade wenn die letzte Bedingung erfüllt ist, sind etwa anwesende waschkraft- und schaumfördernde Verbindungen schwer zu entfernen. Es ist deshalb angezeigt, die erste Extraktion mit Äther/Pentan fünf- bis zehnmal, jedesmal mit 50 ml Lösungsmittel, in einem Scheidetrichter zu wiederholen. Diese Behandlung kann auch durch vierstündige kontinuierliche Extraktion ersetzt werden.

Der Äther/Pentan-Extrakt wird einmal mit Wasser gewaschen (die Waschflüssigkeit wird mit der extrahierten Lösung vereinigt) und mit entwässertem Natriumsulfat getrocknet. Dann wird das Lösungsmittel abdestilliert.

Extrakt I. Dieser Auszug kann neben den oben erwähnten waschkraft- und schaumfördernden Stoffen noch Fette und Fettsäuren (etwa aus überfetteten Seifen) und Kohlenwasserstoffe aus oberflächenaktiven Substanzen, welche aus Kohlenwasserstoffen hergestellt worden sind, enthalten. Durch Bestimmung von Säurezahl, Verseifungszahl, Hydroxylzahl, Stickstoff-Gehalt, Molekulargewicht, Siedebereich usw. kann in den meisten Fällen entschieden werden, ob gewisse Produkte anwesend sind oder nicht.

Extrakt II. Dieser Auszug kann nur Fettsäuren aus Produkten mit einer Carboxylgruppe als einziger hydrophiler Gruppe enthalten:
1. Seife auf Fettsäure-Basis,
2. niedrig sulfierte Fette oder Fettsäuren (z. B. manche Türkischrot-Öle),
3. Fettsäure-Eiweiß-Kondensationsprodukte (z. B. *Lamepon A*).
Extrakt II enthält alle Fettsäuren aus Verbindungen (1), solche von (2) und (3) nur insoweit, als sie nicht sulfiert oder an Eiweiß-Abbauprodukte gebunden sind.

Die erste Art, die 3 Typen voneinander zu unterscheiden, ist die Probe auf Stickstoff (Reaktion IV), indem man eine Probe des alkohollöslichen Teiles des zu untersuchenden Produktes, das zur Trockene verdampft worden war, untersucht. Die Gegenwart von Stickstoff und positive Biuret-Reaktion (Reaktion V) zeigen die Anwesenheit von Fettsäure-Eiweiß-Kondensationsprodukten an.

Die Trennung wird mit dem schon vorhandenen, nicht extrahierbaren Teil II fortgeführt (s. Schema II = Tafel I in der Tasche). Niedrig sulfierte Fettsäuren sind zugegen, wenn in Extrakt IV Fettsäuren mit den gleichen oder beinahe gleichen Konstanten (Säurezahl, Verseifungszahl) wie bei denen von Extrakt II erhalten werden.

Falls weitere Extraktion keine Fraktion mehr ergibt, ist Seife auf Fettsäure-Basis als einziger oberflächenaktiver Stoff vorhanden.

Es muß bemerkt werden, daß mögliche Mischungen von Fettsäure-Eiweiß-Kondensationsprodukten mit Seife aus Fettsäuren oder mit sulfierten Fettsäuren entweder durch ein ungewöhnliches Verhältnis Fettsäure : Stickstoff oder durch zusätzliche Gegenwart von Schwefel als hydrolysierbares Sulfat charakterisiert werden.

Mischungen von Seife mit Fettalkoholsulfaten oder Salzen von Sulfobernsteinsäureestern werden charakterisiert durch die Gegenwart von Alkoholen in Extrakt III. Falls die Seife mit anderen komplizierteren Fettsäure-Derivaten gemischt ist, werden die Fettsäuren in Extrakt IV wiedergefunden. Aber in diesem Fall unterscheiden sich die Konstanten dieser Fettsäuren im allgemeinen von denen der in Extrakt II erhaltenen. Neben den Fettsäuren in Extrakt II geben Mischungen von Seife und Sulfonaten Sulfonsäuren in der wäßrigen Schicht I und II.

Bei der Hydrolyse des nicht extrahierbaren Teiles II, deren Bedingungen so hart sind, daß in der Regel die Produkte, welche schwer zu hydrolysieren sind (z. B. *Igepon T*), auch zersetzt werden, kann ein Gemisch von höheren Alkoholen und Fettsäuren entstehen, während Sulfonsäuren ebenfalls zugegen sein können. Sulfonsäuren können aus diesem Gemisch durch Waschen mit Wasser abgetrennt werden. Waschen mit 2 n Natronlauge ist eine wirksame Methode zur Trennung der Alkohole von den Fettsäuren, wodurch es möglich ist, die Konstanten der erhaltenen Substanzen zu bestimmen.

Extrakt III. Er enthält nur Alkohole aus
1. primären Alkylsulfaten (z. B. *Gardinol, Lorolsulfat*),
2. sekundären Alkylsulfaten (z. B. *Teepol*),
3. Sulfonaten der Bernsteinsäureester (z. B. *Aerosole*).

Extrakt IV. Dieser Auszug enthält Fettsäuren (in weiterem Sinn), welche aus folgenden Verbindungen stammen:

1. sulfatierten oder sulfonierten Fettsäureamiden (z. B. *Oratol*, *Igepon T*, *Humectol CX*, *Echfalon*),
2. sulfatierten Fettsäureestern (z. B. *Calsolene Öl*),
3. Fettsäure-Derivaten, welche mit einer Sulfat- oder Sulfonatgruppe über eine Esterbindung verbunden sind (*Igepon A*); sulfatierten Fettsäuremonoglyceriden (z. B. *Vel Beauty Bar*),
4. höchstsulfatierten Fettsäuren,
5. Fettsäure-Eiweiß-Kondensationsprodukten.

Wäßrige Lösungen I und II. Sind Sulfonate in dem zu untersuchenden Produkt vorhanden, so erscheinen sie in der wäßrigen Schicht I oder II als Sulfonsäuren, je nach Zusammensetzung des Produktes. Wenn sie in der wäßrigen Schicht I auftreten, ergibt Neutralisation mit Natronlauge zu p_H 7 eine Mischung von Sulfonaten und beispielsweise Natriumsulfat. Ist weitere quantitative Trennung erwünscht, kann dieses durch Abtrennung des Natriumsulfats mit Alkohol, Filtration und Eindampfen geschehen. Der Wert, welcher mittels Methylenblau-Titration (s. S. 1481) gefunden wird, ergibt unter Berücksichtigung der Einwaage an alkohollöslicher Menge den Gehalt an Sulfonaten.

Die üblichsten Typen sind: Alkylnaphthalinsulfonate (z. B. *Nekal BX*), Alkylbenzolsulfonate (z. B. *Oronit*) und aliphatische Sulfonate (*Mersolate*).

Die Alkylnaphthalinsulfonate können sofort erkannt werden durch eine braune Fällung, welche auftritt, wenn *Echtrotsalz AL* (Reagens 4) mit dem gleichen Volumen einer 1%igen Aktivstoff-Lösung, hergestellt aus der wäßrigen Schicht I oder II, gemischt wird (Reaktion VII). Diese Lösung darf nicht alkalisch sein, da in diesem Falle sonst das Reagens ausnahmslos eine braune Fällung ergibt.

Die Alkylbenzolsulfonate und andere Einring-Sulfonate können durch die GUERBET-Reaktion (s. S. 1454) erkannt werden. Wenn sie vorhanden sind, erscheint eine orangerote Färbung (Reaktion VIII).

Aliphatische Sulfonate allein geben eine lichtgelbe Verfärbung. Ein anderer, charakteristischer Unterschied zwischen aliphatischen und Alkylarylsulfonaten ist ihre UV-Lichtabsorption. Die letzteren zeigen eine sehr ausgeprägte Absorption zwischen 2200 und 2400 Å.

Schließlich erzeugen Alkylarylsulfonate in 0,5%iger Lösung Trübungen oder Niederschläge, wenn sie mit einem gleichen Volumen von 1 n Kalilauge versetzt werden. Die Lösung von aliphatischen Sulfonaten bleibt klar.

Trennung der kation-capillaraktiven Verbindungen. Die Gruppe der kation-capillaraktiven Verbindungen besteht aus quartären Ammoniumbasen (*Lissolamin A*), Pyridin-Verbindungen (*Fixanol C*), salzsauren Salzen von hochmolekularen Aminen und Sulfonium-Verbindungen. Die vierte Verbindung unterscheidet sich von den anderen durch Abwesenheit von Stickstoff (etwa vorhandener Ammoniak-Stickstoff ist bereits durch Behandlung mit alkalischer Bromlösung entfernt worden). Aus den salzsauren Salzen der hochmolekularen Amine scheiden sich die Amine ab, wenn sie mit Alkali behandelt werden. Die beiden anderen Gruppen können voneinander unterschieden werden auf Grund ihres Verhaltens gegen Kupferacetat [Kaliumrhodanid-Lösung; SPACUS Reagens (Reagens 7)]. Das eben Gesagte geht aus Schema III hervor.

Trennung der nicht-ionogenen Verbindungen. Die zwei Typen von nicht-ionogenen Verbindungen werden von Polyäthylenoxyd-Kondensationsprodukten und von Monoestern der Polyalkohole dargestellt (s. S. 1413). Sie können voneinander durch die KJ_3-Reaktion (Reagens 8) unterschieden werden. Dieses Reagens gibt mit den Äthylenoxyd-Kondensationsprodukten eine rote Verfärbung, oder es tritt ein brauner Niederschlag auf. Diese Gruppe kann unterteilt werden auf Grund unterschiedlicher Beständigkeit der verschiedenen Komponenten in saurem Medium.

Wird eine Probe von etwa 2 g 4 Stunden lang mit 40 ml 10%iger Salzsäure gekocht, so wird eine obenauf schwimmende Schicht von Fettsäuren erhalten, wenn diese an Poly-

Unbekannte Typen von kation-capillaraktiven Verbindungen (Schema III)

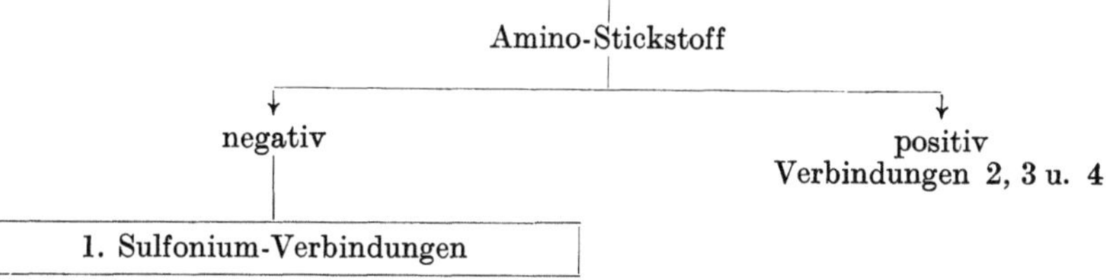

1. Sulfonium-Verbindungen

(wenn die Probe auf organisch gebundenen
Schwefel positiv war)

eine 1%ige Lösung der Originalprobe mit
Natronlauge alkalisch gemacht

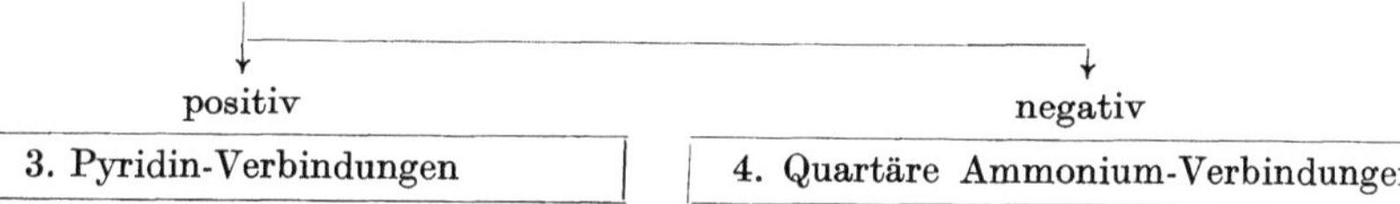

2 g Originalprobe werden 2 Std. mit 40 ml
30%iger Natronlauge gekocht

Reaktion mit SPACUS Reagens (Reagens 7)*:
3 ml der alkalischen wäßrigen Schicht
werden mit konzentrierter Essigsäure angesäuert und ein kleines Volumen SPACUS
Reagens hinzugefügt. Ein Niederschlag von
schmutziggrüner Farbe zeigt positive
Reaktion an

positiv

3. Pyridin-Verbindungen

negativ

4. Quartäre Ammonium-Verbindungen

* Die Probe mit SPACUS Reagens kann nur zu einer qualitativen Analyse verwendet
werden.

Zusatz: a) Werden Pyridin-Verbindungen gefunden, so können quartäre Ammonium-
Verbindungen dennoch zugegen sein.

b) Sind Salze hochmolekularer Amine gefunden worden und ist es erwünscht festzustellen, ob noch andere kation-capillaraktive Verbindungen mit Stickstoff-Gehalt vorhanden sind, müssen die abgetrennten Amine durch Extraktion mit Äther vor Ausführung der Reaktion mit SPACUS Reagens entfernt werden. Der negative Ausfall
dieser Reaktion wird in diesem Falle auch bedeuten, daß solche Verbindungen fehlen.
Zu dem Zweck muß die Lösung, aus der die hochmolekularen Amine entfernt worden
waren, wieder auf Gegenwart von Stickstoff und kationaktive Substanzen geprüft
werden.

äthylenoxyd gebunden waren. Fettsäureamid-Derivate geben ebenso Fettsäure-Abscheidung.

Polyäthylenoxyde und Kondensationsprodukte von Äthylenoxyd mit Fettalkoholen
und von Äthylenoxyd mit Aminen bleiben fast klar.

Unbekannte Typen von nicht-ionogenen Verbindungen (Schema IV)

Die Polyäthylenoxyd-Gruppe

1. Fettsäure-Alkylolamid-Polyglykoläther
2. Fettsäureester von Polyglykoläthern
3. Alkylnaphthol-Polyglykoläther
4. Alkylphenol-Polyglykoläther
5. Amino-Polyglykoläther
6. Fettalkohol-Polyglykoläther
7. Polyglykoläther

Eine Probe des alkohollöslichen Teiles wird
1 Std. lang mit 10%iger Salzsäure (20 ml HCl
je g Festsubstanz) zum Sieden erhitzt

obere Schicht abtrennen (Produkte 1 u. 2)	klar, trüb oder Bodensatz (Produkte 3 bis 7)

Extraktion mit Äther/Pentan

Prüfung des Extraktionsrückstandes auf schwache Säuren (gegebenenfalls Bestimmung der Säurezahl)

Prüfung der ursprünglichen Probe (alkohollöslicher Teil) auf Amino-Stickstoff mit NESSLERs Reagens (Reagens 3) nach Entfernen etwa vorhandener Ammonsalze mit Bromlösung

positiv — positiv — negativ (Produkte 3, 4, 6, 7)

5. Amino-Polyglykoläther[1]

Prüfung der ursprünglichen Probe (alkohollöslicher Teil) auf Amino-Stickstoff mit NESSLERs Reagens (Reagens 3) nach Entfernen der Ammoniumsalze mit Bromlauge

Prüfung der ursprünglichen Probe (alkohollöslicher Teil) mit *Echtrotsalz AL* (Reagens 4) zur Identifizierung von Naphthalin-Verbindungen

positiv (weiße bis gelbe Fällungen) — negativ

positiv — negativ (Produkte 4, 6 u. 7)

1. Fettsäure-Alkylolamid-Polyglykoläther[2]

2. Fettsäureester von Polyglykoläthern

3. Alkylnaphthol-Polyglykoläther[3]

GUERBET-Reaktion mit einer Probe des alkohollöslichen, zur Trockne verdampften Teiles

positive Reaktion (rote Färbung) — negative Reaktion (Produkte 6 u. 7)

4. Alkylphenol-Polyglykoläther

Zu einer 1%igen Lösung wird die gleiche Menge 5%ige Hydrochinon-Lösung hinzugefügt

Trübung oder Niederschlag — klar

6. Fettalkohol-Polyglykoläther

7. Polyglykoläther

---

[1] Möglicherweise zusammen mit den Verbindungen 3, 4, 6 und 7.
[2] Möglicherweise im Gemisch mit einem Fettsäureester eines Polyglykoläthers.
[3] Möglicherweise zusammen mit den Verbindungen 4, 6 und 7.

Schema IV gibt ein Bild für die weitere Trennung in dieser Gruppe.

Physikalische Methoden können auch in der Untersuchung von Reinigungsmitteln angewandt werden. Es wurde bereits eine Methode zur Unterscheidung zwischen rein aliphatischen und Alkylarylsulfonaten mit Hilfe von UV-Absorptionsspektren angeführt (s. S. 1458).

Ein Verfahren, das die Infrarot-Absorption anwendet, ist von DELSEMME[1] entwickelt worden, der auf diese Weise nicht nur die verschiedenen Typen (Alkylsulfate, Alkylarylsulfonate, Polyäthylenoxyd-Kondensate) bestimmt, sondern auch den Grad der Verzweigung des Alkylsulfats, die Kettenlänge der nichtionogenen Produkte auf Basis von Polyäthylenoxyden und — für die anioncapillaraktiven Verbindungen — das vorhandene Kation. Die Methode kann zusätzlich zur quantitativen Analyse herangezogen werden.

Kürzlich hat auch SADTLER[2] auf die Analyse synthetischer Reinigungsmittel mit Hilfe von Infrarot-Absorption hingewiesen.

β) Quantitative Bestimmung

Hier ist zu beachten, daß die einzelnen Vertreter der verschiedenen Gruppen capillaraktiver Stoffe[3] größtenteils zwar nicht chemisch einheitliche, jedoch fast immer isomere, homologe oder analoge Verbindungen sind und als technische Produkte Begleitstoffe verschiedener Art in meist untergeordneten Mengen enthalten. Dies rührt daher, daß schon die Ausgangsmaterialien vielfach nicht einheitlich sind, und daß sie von den Umsetzungen einerseits nicht völlig, andererseits aber auch mehrfach je Molekül erfaßt werden und nebenher häufig noch anorganische Salze als Reaktionsprodukte entstehen.

So werden z. B. Waschrohstoffe des *Mersolat*-Typs hergestellt, indem bestimmte Paraffin-Fraktionen unter Einwirkung von Licht bestimmter Wellenlänge mit einem gleichteiligen Gemisch von Schwefeldioxyd und Chlor zu Sulfochloriden umgesetzt und diese mit Lauge verseift werden. Die Paraffin-Fraktion umfaßt, ihrem weiten Siede-Intervall entsprechend, isomere und homologe Paraffine von etwa 12 bis 20 Kohlenstoff-Atomen je Molekül. Die Sulfochlorierung läßt einen Teil der Kohlenwasserstoffe völlig unangegriffen, in ihrem Hauptteil tritt die Sulfochloridgruppe einfach, in einem kleineren Teil mehrfach je Molekül ein, wobei die Eintrittstelle die Ausbildung weiterer Ortsisomerer bedingt. In geringem Grade findet auch Chlorierung der Paraffin-Kette statt. Die Verseifung gibt dann neben den sulfosauren Salzen namentlich Natriumchlorid und mitunter Natriumsulfit. Die folgende Reinigung entfernt die anorganischen Salze und unangegriffenen Paraffine zwar größtenteils, aber nicht völlig. So bestehen die handelsüblichen Vertreter des *Mersolat*-Typs hauptsächlich aus Monosulfonsäuren homologer Paraffine verschiedener Kettenlänge und verschiedener Stellung der Sulfogruppe und zu einem kleinen Teil aus Disulfonsäuren analoger Art. Daneben sind in noch kleineren Mengen Sulfonsäuren von Chlorparaffinen sowie unsulfonierte Paraffine und Chlorparaffine der gleichen Kettenlänge, Natriumchlorid, mitunter Natriumsulfit, dagegen kaum Natriumsulfat enthalten.

---

[1] A. H. DELSEMME: Meded. vlaamse chem. Veren. **13**, 152 (1951).

[2] P. SADTLER: ASTM Bull. **190**, 51 (1953).

[3] Vgl. die Zusammenstellungen von Textilhilfsmitteln von J. HETZER: Textilhilfsmittel-Tabellen, 2. Aufl. Berlin: Springer 1938; A. M. SCHWARTZ u. J. W. PERRY: Surface active agents. London: Interscience Publ. 1949; J. P. SISLEY: Index des huiles sulfonées et détergents modernes. Paris: Teintex 1949; J. W. McCUTCHEON: Chem. Industries **61**, 811 (1947); Soap Sanit. Chemicals **25**, Nr. 8, 33, Nr. 9, 42, Nr. 10, 40 (1949).

Die Sulfonsäuren gemischt aromatisch-aliphatischer Kohlenwasserstoffe sind hinsichtlich ihres aromatischen Kohlenwasserstoff-Anteiles — Benzol, Naphthalin usw. — regelmäßig einheitlich. Dessen Alkylierung und Sulfonierung erfolgt häufig im gleichen Arbeitsgang, wobei in bezug auf die Stellungen sowohl der Alkyl- als auch der Sulfogruppen ortsisomere Sulfonsäuren alkylierter aromatischer Kohlenwasserstoffe entstehen, kleinerenteils auch Überalkylierung und mehrfache Sulfonierung auftreten. Außerdem erscheint die überschüssige Schwefelsäure des Sulfonierungsgemisches nach Neutralisation im Endprodukt als Natriumsulfat, und es ist mitunter auch mit Natriumchlorid zu rechnen.

Von den Produkten dieser Art besitzen die Naphthalin-Derivate meist kürzere, die Benzol-Derivate meist längere paraffinische Seitenketten. Letztere werden im allgemeinen durch Kondensation von Chlorparaffin und Benzol mittels Aluminiumchlorid nach FRIEDEL-CRAFTS und nachfolgender Sulfonierung hergestellt, neuerdings auch durch Sulfonierung der durch Kernalkylierung von Aromaten mit Hilfe von Olefin-Kohlenwasserstoffen hergestellten Alkylaryl-Verbindungen.

Die von natürlichen Ölen und Fetten und deren Folgeprodukten, wie Fettsäurechloriden und -amiden, Fettalkoholen usw., ausgehenden capillaraktiven Stoffe vereinen in ihren Hauptbestandteilen jeweils Gruppen analoger Verbindungen, wie sie einerseits durch das in den Ölen und Fetten vorliegende Fettsäure-Gemisch gegeben sind und wie sie andererseits durch Sulfierung, Kondensation und Äthylenoxyd-Anlagerung entstehen. Daneben enthalten sie wiederum in kleinen Anteilen nicht umgesetzte oder andersartig umgesetzte Ausgangsstoffe, oft auch anorganische Salze. Hervorgehoben sei, daß als solche Begleitstoffe in den Kondensationsprodukten von Fettsäuren mit aliphatischen Oxy- oder Aminosulfonsäuren sowie Aminocarbonsäuren Seifen, in den Fettalkoholsulfaten neben freien Fettalkoholen auch Paraffine — nämlich bei zu weit gegangener Hydrierung während der Herstellung der Fettalkohole — und in den Äthylenoxyd-Addukten niedriger und höher oxäthylierte Produkte nebeneinander vorliegen können. Manchen dieser Begleitstoffe, wie den in den Kondensaten oft enthaltenen Seifen, kommen waschaktive Eigenschaften ohne weiteres zu; anderen, wie den unsulfiert gebliebenen Kohlenwasserstoffen oder Ölen, Fettalkoholen usw., können sie insofern zugebilligt werden, als sie fettlösend zu wirken vermögen.

Der quantitativen Analyse fällt die Aufgabe zu, namentlich die capillaraktiven neben den übrigen Bestandteilen zu bestimmen. Da infolge der Uneinheitlichkeit selbst des Hauptbestandteiles nicht mit bestimmten Molekulargewichten zu rechnen ist, sind zumeist die einzelnen Komponenten oder deren charakteristische Bestandteile in Substanz abzuscheiden und zu wägen, während sich Titrationen nur zur Bestimmung einzelner Atomgruppen anwenden lassen. In Sonderheit sind die abgetrennten Einzelbestandteile meist weiterhin durch Bestimmung von SZ, OHZ, JZ usw. zu kennzeichnen.

Dabei ist zu beachten, daß Analysen Zeit und Geld kosten, und zwar um so mehr, je kleiner die Probe, je höher der verlangte Genauigkeitsgrad und je größer die Zahl der zu bestimmenden Bestandteile ist. Vor jeder Analyse ist also zu überlegen, was erforderlich ist. Unerläßlich ist eine einwandfreie Probenahme. Die Untersuchungsprobe muß ein wirkliches Bild der zugrunde liegenden Ware sein. Gegen diese Forderung wird sehr häufig verstoßen, weil man der gerade bei diesen Produkten sehr häufig stark eintretenden Entmischung bei der Probenahme nicht genügend Rechnung trägt. Falsche Probenahme bedeutet aber unnötige Analysenkosten und vergeudete Zeit. Ebenso haben Analysen nur dann Wert, wenn sie zuverlässig und genügend genau sind und ihr Resultat innerhalb kurzer Zeit vorliegt.

Es seien deshalb nachstehend zunächst allgemein anwendbare Methoden zur Bestimmung der in Betracht kommenden Elemente, Atomgruppen und Verbindungen sowie zur Kennzeichnung abgetrennter Einzelbestandteile gegeben. Ihnen folgt nach Gruppen zusammengefaßt die systematische Analysenmethode für bekannte capillaraktive Stoffe, soweit sich diese Methoden bis jetzt bewährt haben.

1. Allgemeine Bestimmungen

Die Bestimmungen der in den capillaraktiven Stoffen bzw. in deren Spaltstücken enthaltenen Elemente und Atomgruppen sind meist nach altbekannten, in der Literatur ausgiebig beschriebenen Methoden durchzuführen, für die einige kurze Hinweise genügen.

Für die Bestimmung von *Kohlenstoff, Wasserstoff, Sauerstoff* und *Stickstoff* haben sich die Mikromethoden bestens bewährt. Stickstoff ist mit gleicher Sicherheit auch nach KJELDAHL zu bestimmen (s. S. 377).

Für die Bestimmung von *Chlor* und *Schwefel* ist die Oxydation mit Natriumperoxyd nach PRINGSHEIM und GIBSON oder in der Universalbombe nach WURZSCHMITT und anschließende Titration mit Silbernitrat bzw. Fällung mit Bariumchlorid empfehlenswert (s. S. 443). Hervorgehoben für die *Schwefel*-Bestimmung sei noch die besonders rasche Methode nach BÜRGER-ZIMMERMANN[1], nach der die trockene Substanz mit metallischem Kalium verglüht, das entstandene Alkalisulfid mit Salzsäure zerlegt, der frei gemachte Schwefelwasserstoff in Cadmiumacetat-Lösung aufgefangen und das gebildete Cadmiumsulfid jodometrisch titriert wird.

Die Bestimmung der *Alkalien*, von denen fast ausschließlich Natrium in Frage kommt, erfolgt zweckmäßig durch Auswägen als Sulfat. Andere Metalle sowie Phosphor-, Bor- und Silicium-Verbindungen müssen fehlen oder sind in üblicher Weise vor der Auswägung des Natriumsulfates zu entfernen.

Bestimmung als Sulfat-Asche. Die Probeeinwaage wird im Tiegel bei möglichst niedriger Temperatur verschwelt, worauf der Rückstand mit konz. Schwefelsäure durchfeuchtet, abgeraucht und verglüht wird. Abrauchen mit Schwefelsäure und Verglühen wird gegebenenfalls unter Zusatz von etwas konz. Salpetersäure wiederholt, bis der Rückstand keine kohlige Substanz mehr enthält und gewichtskonstant ist.

$$\frac{Na_2SO_4 = \text{Auswaage}}{\text{Probeneinwaage}} \cdot 32{,}38 = \% \ Na$$

Bestimmung durch nassen Aufschluß. Die Einwaage (bei Pasten und Lösungen vorher getrocknet) wird in einem Schliff-Rundkolben (500 ml, Jenaer Glas) mit 10 ml konz. Schwefelsäure übergossen. Dann wird ein Aufsatzrohr mit Schliff von etwa 40 mm Durchmesser und 350 mm Länge, das seitlich einen eingeschmolzenen Tropftrichter trägt, aufgesetzt, der Kolben zunächst vorsichtig, dann stärker erhitzt und aus dem Tropftrichter Salpetersäure (D = 1,4) in kleinen Anteilen zugegeben, solange sie noch verbraucht wird. Ist keine organische Substanz mehr sichtbar, so dampft man bis fast zur Trockne ein, was durch Einblasen eines schwachen, durch ein Wattefilter gereinigten Luftstromes in den Kolben kurz über die Oberfläche des Reaktionsgemisches sehr beschleunigt und wodurch auch das Stoßen trotz starker Erhitzung verhindert wird. Dann läßt man abkühlen, spült den Rückstand mit möglichst wenig Wasser in eine gewogene Platinschale über und bestimmt das Gesamt-Alkali nach Eindampfen und Verglühen in üblicher Weise als Sulfat.

$$\frac{Na_2SO_4 = \text{Auswaage}}{\text{Probeneinwaage}} \cdot 32{,}38 = \% \ Na$$

---

[1] K. BÜRGER: Angew. Chem. **54**, 479 (1941); Chemie **55**, 245 (1942); **57**, 25 (1944); W. ZIMMERMANN: Mikrochem. verein. Mikrochim. Acta **31**, 15 (1943); **33**, 122 (1948); **35**, 80 (1950).

Für die *Wasser*-Bestimmung kommen folgende Methoden in Frage:

1. Durch Bestimmung des *Trockenverlustes* im Vakuum bei Zimmertemperatur oder unter eventueller Mischung der Probe mit Seesand im Trockenschrank bei erhöhter Temperatur, z. B. 70 bis 130°, bis zur Gewichtskonstanz.

2. *Durch Destillation mit Benzol, Toluol oder Xylol* nach MARCUSSON[1] oder mit Tetrachloräthan nach TAUSZ und RUMM[2] (s. S. 471ff.).

3. Durch *Titration mit methanolischer Jod-SO_2-Pyridin-Lösung* nach K. FISCHER (s. S. 476), die jedoch für Produkte mit einem Gehalt an Metalloxyden, -hydroxyden, -carbonaten und -hydrogencarbonaten nicht anwendbar ist[2].

Zur Bestimmung des namentlich in sulfatierten und sulfonierten Produkten enthaltenen *Sulfates*, meist Natriumsulfat, ist in genügend hellen Produkten vielfach folgende *Rhodizonat-Titrationsmethode nach* A. MUTSCHIN *und* R. POLLAK[3] empfehlenswert:

Eine etwa 0,3 bis 0,4 g Natriumsulfat entsprechende Einwaage der Probe ($= e$) wird mit 35 ml Wasser und 25 ml Alkohol gelöst, mit 80 ml Alkohol verdünnt, in der Hitze mit 35 bis 40 ml 0,2 n Bariumchlorid-Lösung ($= b$) aus der Bürette tropfenweise versetzt, worauf 0,5 g Rhodizonat-Mischung (0,1 g Natriumrhodizonat + 40 g NH_4Cl innig verrieben) zugegeben werden und die jetzt rote Lösung mit 0,2 n Ammoniumsulfat-Lösung zurücktitriert wird, bis die Lösung beginnt, sich nach Orange zu verfärben. Nach kurzem Stehen, währenddessen sich der Farbton weiter nach Orangegelb verschiebt, wird tropfenweise langsam bis zur kanariengelben Färbung zu Ende titriert, wozu s ml 0,2 n Ammonsulfat-Lösung erforderlich seien. Zur Eliminierung des Salzfehlers[4] werden der Lösung jetzt $b - s$ ml 0,2 n Ammonsulfat-Lösung zugesetzt, worauf wieder b ml 0,2 n Bariumchlorid-Lösung vorgelegt werden und nach erneuter Zugabe von 0,5 g Rhodizonat-Mischung in der vorbeschriebenen Weise mit 0,2 n Ammonsulfat-Lösung zurücktitriert wird, wozu t ml verbraucht seien.

$$\frac{(b - s)^2 \cdot 1{,}4205}{(b - t) \cdot e} = \% \; Na_2SO_4$$

Die zur näheren Kennzeichnung der aus capillaraktiven Stoffen abgetrennten Einzelbestandteile notwendige Bestimmung von SZ und VZ darf als allgemein bekannt vorausgesetzt werden. Zur JZ-Bestimmung hat sich die Methode von KAUFMANN sehr bewährt. Sie läßt sich durch arsenometrische Rücktitration des Brom-Überschusses völlig jodfrei gestalten (s. S. 579).

Für die Bestimmung der OHZ eignen sich die nachstehenden Acetylierungsmethoden, von denen die erste für Fettalkohole und sonstige aliphatische Hydroxyl-Verbindungen und die zweite namentlich für Phenole bestimmt ist. Für die Bestimmung von Oxysäuren sind die auf S. 558ff. angegebenen Methoden am besten geeignet. Hervorzuheben ist, daß das in allen Methoden eingesetzte Pyridin, das zunächst die Acetylierung der Hydroxyl-Verbindung, dann die Hydratation des Essigsäureanhydrid-Überschusses katalysiert, rein, insbesondere wasserfrei sein muß. Zu beachten ist ferner, daß das Acetylierungsgemisch erst nach der Hydratation des Essigsäureanhydrid-Überschusses mit der alkoholischen Phenolphthalein-Lösung indiziert werden darf.

1. In ein Reagensglas, das etwa in der Mitte nicht zu eng ausgezogen ist, werden nacheinander 5 g der Probe und 5 g Essigsäureanhydrid genau eingewogen, worauf das Reagensglas mit noch etwa 8 ml Pyridin gefüllt und schließlich abgeschmolzen wird. Hierauf wird das Rohr in einem entsprechend gebohrten Kupferblock 1 Std. bei 120° gehalten, nach Abkühlung in eine bereits 20 ml Pyridin enthaltende Flasche fallen gelassen, so daß es zer-

---

[1] Vgl. B. WURZSCHMITT in LUNGE-BERL: Chem.-techn. Untersuchungsmethoden, 8. Aufl., III. Erg.-Bd., S. 610. Berlin: Springer 1940.

[2] J. TAUSZ u. H. RUMM: Z. angew. Chem. **39**, 155 (1926).

[3] A. MUTSCHIN u. R. POLLAK: Z. analyt. Chem. **108**, 8, 309 (1937).

[4] Nach einer noch nicht veröffentlichten Mitteilung von Dr. W. HILTNER† aus den FARBENFABRIKEN BAYER, Leverkusen.

springt und beide Flüssigkeiten sich mischen. Nach Verdünnen mit etwa 200 ml kohlensäurefreiem Wasser wird kräftig geschüttelt und hierauf mit 1 n Natronlauge gegen Phenolphthalein titriert. Der Wirkungswert des Essigsäureanhydrids wird in gleicher Weise, nur ohne Substanz-Zugabe ermittelt. Werden für a g Probe bei e g Essigsäureanhydrid-Einsatz n ml 1 n Natronlauge und im Blindversuch für p g Essigsäureanhydrid t ml 1 n Natronlauge verbraucht, so ist die

$$\text{OHZ} = \left(\frac{t \cdot e}{p} - n \right) \cdot \frac{56,1}{a}$$

Eine etwaige SZ der Probe ist gesondert zu bestimmen und zu addieren. Spaltet sich während der Acetylierung aus der Probe eine Halogenwasserstoffsäure ab, worauf bei halogenhaltigen Stoffen grundsätzlich zu prüfen ist, so ist nach der Rücktitration des Acetylierungsgemisches (mit halogenfreier Lauge) das Halogen-Ion nach MOHR oder durch potentiometrische Titration zu bestimmen. Bei Verbrauch von s ml 0,1 n Silbernitrat ist die

$$\text{OHZ} = \left(\frac{t \cdot e}{p} + \frac{s}{10} - n \right) \cdot \frac{56,1}{a}$$

2. 4 g Probe werden im trockenen ERLENMEYER-Kolben mit genau 25 ml eines frisch hergestellten Gemisches von 88 ml wasserfreiem Pyridin und 12 ml Essigsäureanhydrid gelöst und mit Uhrglas bedeckt 20 Min. im siedenden Wasserbad erhitzt, wonach abgekühlt, mit 25 ml Wasser gemischt, wieder abgekühlt und mit 1 n Natronlauge gegen Phenolphthalein titriert wird. Gleichzeitig wird ein Blindversuch durchgeführt. Im Hauptversuch seien bei a g Probeneinwaage h ml, im Blindversuch b ml 1 n Natronlauge verbraucht.

$$\text{OHZ} = \frac{b - h}{a} \cdot 56,1$$

2. Untersuchung einzelner Gruppen capillaraktiver Stoffe

Salze von Sulfonsäuren aliphatischer Kohlenwasserstoffe (Mersolat-Typ). Eine *Schnellmethode* ist dadurch gegeben, daß die geringen Mengen Unsulfiertes bereits bei 130° flüchtig sind und Natriumsulfat und -sulfit erfahrungsgemäß kaum vorkommen. Sie beschränkt sich darauf, den Gesamt-Salzgehalt durch Trocknen bei 130°, darin den Natriumchlorid-Gehalt argentometrisch zu bestimmen und den *Mersolat*-Gehalt aus der Differenz zu berechnen.

50 g Probe ($= e$) werden im Meßkolben mit Wasser zu 500 ml gelöst.

Gesamtsalze. 25 ml der Lösung werden in flacher Kristallisierschale auf dem Wasserbad zur Trockne gedampft, wonach der Rückstand mindestens 5 Std. bei 130° getrocknet wird. Er betrage a g. Das Produkt enthält dann:

$$A = \frac{a}{e} \cdot 2000 \ \% \ \text{Gesamtsalze.}$$

Natriumchlorid. 10 ml der Lösung werden schwach salpetersauer mit 0,1 n Silbernitrat-Lösung potentiometrisch titriert. Aus einem Verbrauch von b ml 0,1 n Silbernitrat-Lösung ergeben sich:

$$B = \frac{b}{e} \cdot 29,23 \ \% \ \text{Natriumchlorid.}$$

Der *Mersolat*-Gehalt ist somit $A - B\%$.

Einen meist ausreichenden Einblick in die Zusammensetzung der Produkte dieser Art gewährt eine etwas *erweiterte Methode*, die das Unsulfierte durch Ausschütteln der alkoholisch-wäßrigen Lösung mit Petroläther erfaßt, als Trockenrückstand der alkoholisch-wäßrigen Schicht die Gesamtsalze und durch Titration mit Silbernitrat das Natriumchlorid bestimmt. Den als Differenz sich ergebenden *Mersolat*-Gehalt kontrolliert sie durch eine direkte *Mersolat*-Bestimmung, die von etwaigem Sulfat- und Sulfit-Gehalt unabhängig ist und die darauf beruht, daß aus der vom Unsulfierten befreiten Lösung die *Mersolsäure* mit Salzsäure in Freiheit gesetzt, mit Isoamylalkohol ausgeschüttelt und nach Neutralisation und Abdampfen des Isoamylalkohols als *Mersolat* gewogen wird. Der hierbei in den Isoamylalkohol-Auszug mit übergehende Chlorwasserstoff wird mit neutralisiert, durch argentometrische Titration bestimmt und berücksichtigt.

Unsulfiertes (Unverseifbares, Neutralöl). Die Bestimmung erfolgt analog der Bestimmung des Unverseiften in Seifen, jedoch unter Berücksichtigung der leichteren Flüchtigkeit desselben.

50 g Probe ($= p$) werden mit etwa 200 ml Wasser und 200 ml Alkohol eventuell warm gelöst und 3- bis 4mal mit Petroläther (Sdp. 30 bis 60°) ausgeschüttelt. Die vereinigten Petroläther-Auszüge werden zweimal mit je 30 ml 50 vol.-%igem Alkohol gewaschen, mit geglühtem Natriumsulfat kurz getrocknet, filtriert, mit Petroläther nachgewaschen und in einem mit Siedesteinen tarierten Fraktionierkolben, in den sie mittels Tropftrichter nach und nach eingebracht werden, auf dem Wasserbad abdestilliert. Die letzten Reste Petroläther werden bei Zimmertemperatur durch mehrfach wiederholtes, kurzfristiges Anlegen eines Vakuums bis zur praktischen Gewichtskonstanz entfernt, die als erreicht gilt, wenn zwei aufeinanderfolgende Wägungen nur noch eine Gewichtsabnahme um 0,1 % ergeben. Der Rückstand betrage c g. Die Probe enthält dann:

$$C = \frac{c}{p} \cdot 100 \text{ \% Unsulfiertes (Unverseifbares, Neutralöl).}$$

Die wäßrige Schicht einschließlich der Waschwässer wird mit Wasser zu 1000 ml aufgefüllt.

Gesamtsalze. 25 ml der aufgefüllten Lösung werden im breiten Wägeglas auf dem Wasserbad eingedampft, wonach bei 130° bis zur Gewichtskonstanz getrocknet und gewogen wird. Bei einer Auswaage von d g ergeben sich:

$$D = \frac{d}{p} \cdot 4000 \text{ \% Gesamtsalze.}$$

Natriumchlorid. 20 ml der obigen Lösung werden nach Verdünnung und Ansäuern mit Salpetersäure potentiometrisch mit Silbernitrat-Lösung titriert. Aus einem Verbrauch von f ml 0,1 n Silbernitrat-Lösung folgen:

$$E = \frac{f}{p} \cdot 29{,}23 \text{ \% Natriumchlorid.}$$

Mersolat (direkt). 100 ml der obigen Lösung werden auf dem Wasserbad vom Alkohol befreit und mit Wasser in einen Scheidetrichter gespült, so daß das Volumen etwa 50 ml beträgt. Dann wird $^1/_3$ dieses Volumens an konz. Salzsäure zugemischt und nacheinander je 2 Min. gründlich mit 40, 20, 20 ml Isoamylalkohol (Sdp. 128 bis 130°) ausgeschüttelt. Die Isoamylalkohol-Auszüge werden im Meßkolben mit Alkohol zu 200 ml aufgefüllt und gemischt. 100 ml der gegebenenfalls filtrierten Lösung werden in einer tarierten Schale auf dem Wasserbad abgedampft, bis der größte Teil des gelösten Chlorwasserstoffes verflüchtigt ist, dann mit 0,5 n alkohol. Natronlauge gegen Phenolphthalein neutralisiert, mit 1 ml Überschuß derselben Lauge versetzt, um etwa entstandene Sulfonsäureester zu verseifen, und fast zur Trockne gedampft. Jetzt wird die noch überschüssige Lauge mit 0,5 n Salzsäure genau weggenommen, völlig zur Trockne gedampft, bei 130° konstant getrocknet und gewogen. Der Rückstand betrage h g. Er wird mit Wasser zu 250 ml im Meßkolben gelöst. 50 ml der Lösung werden schwach salpetersauer potentiometrisch mit 0,1 n Silbernitrat-Lösung titriert, wozu k ml verbraucht seien. Das Produkt enthält dann:

$$F = \frac{h - 0{,}02923 \cdot k}{p} \cdot 2000 \text{ \% } Mersolat.$$

Für eine *Gesamtanalyse* wird diese Methode noch durch die Bestimmung eines etwaigen Sulfat-Gehaltes nach Ausschütteln der *Mersolsulfonsäure* mittels Isoamylalkohol, eines etwaigen Sulfit-Gehaltes durch jodometrische Titration und des Wassergehaltes durch Destillation mit Xylol ergänzt. Aus der Bestimmung des Gesamt-Schwefels und des Gesamt-Chlors im Gesamtsalz kann unter Berücksichtigung des anorganisch gebundenen Schwefels und Chlors auf das durchschnittliche Verhältnis von Sulfogruppe zur Kettenlänge des Paraffins und auf den Gehalt an Chlorparaffinsulfonsäuren geschlossen werden. Analog sind aus der Chlor- und Schwefel-Bestimmung im Unsulfierten dessen Gehalte an Chlorparaffin und Dialkylsulfon zu schätzen.

Natriumsulfat. 5 g Probe ($= m$) werden mit 30 ml Wasser und 10 ml konz. Salzsäure zur Vertreibung etwa vorhandener schwefliger Säure etwa 1 Min. gekocht und dreimal mit je 25 ml Isoamylalkohol gründlich ausgeschüttelt. Die vereinigten Isoamylalkohol-Auszüge werden zweimal mit je 20 ml eines Gemisches aus 1 Vol. konz. Salzsäure und 2 Vol. Wasser gewaschen. Die vereinigten sauren wäßrigen Lösungen werden gegen Methylorange mit Ammoniak neutralisiert, mit 1 ml konz. Salzsäure wieder angesäuert, auf 300 bis 400 ml verdünnt und siedend heiß wie üblich mit Bariumchlorid gefällt. Werden n g Bariumsulfat ausgewogen, so enthält die Probe:

$$G = \frac{n}{m} \cdot 60{,}86 \ \% \ \text{Natriumsulfat.}$$

Sollte das Bariumsulfat teils flockig anfallen, also sulfonsaure Bariumsalze einschließen, so ist bei sonst gleicher Arbeitsweise bis auf eine Einwaage von 1 g Probe zurückzugehen.

Natriumsulfit. 5 g Probe ($= q$) werden mit 100 ml Wasser und 15 ml Alkohol kalt gelöst. Die Lösung wird in eine Mischung von 25 ml 0,1 n Jod-Lösung, 2 ml konz. Salzsäure und 50 ml Alkohol eingegossen und mit etwas Alkohol nachgespült, worauf sofort mit 0,1 n Natriumthiosulfat-Lösung zurücktitriert wird. — Nebenher wird ein Blindversuch durchgeführt. — Der Verbrauch an 0,1 n Thiosulfat-Lösung sei im Blindversuch r ml, im Hauptversuch s ml. Das Muster enthält dann:

$$H = \frac{r - s}{q} \cdot 0{,}63 \ \% \ \text{Natriumsulfit.}$$

Der *Mersolat-Gehalt* aus der Differenz ist demnach: $D - E - G - H$ %.

Wasser. Die Bestimmung erfolgt in bekannter Weise durch Destillation mit Xylol (s. S. 471 ff.). Es seien gefunden:

$$J \ \% \ \text{Wasser.}$$

Eine Kontrolle des direkt bestimmten Neutralöl-Gehaltes ergibt sich bei der Gesamtanalyse dadurch, daß C gleich $100 - (D + J)$ sein muß. Da das Neutralöl leichter flüchtige Anteile enthalten kann, kommt gegebenenfalls dem letzteren berechneten Wert die größere Sicherheit zu.

Schwefel- und Chlor-Bestimmung im neutralölfreien Anteil. Je 5 ml der neutralölfreien, auf 1 l aufgefüllten Lösung werden zur Trockne verdampft und oxydierend verschmolzen, worauf im ersten Falle die Lösung der Schmelze schwach salzsauer mit Bariumchlorid wie üblich gefällt, im zweiten Fall schwach salpetersauer mit 0,1 n Silbernitrat-Lösung potentiometrisch oder nach VOLHARD titriert wird. Es seien t g Bariumsulfat gewogen und u ml 0,1 n Silbernitrat-Lösung verbraucht worden. Das Muster enthält dann im neutralölfreien Anteil:

$$K = \frac{t}{p} \cdot 2746 \ \% \ \text{Schwefel,}$$

$$L = \frac{u}{p} \cdot 70{,}914 \ \% \ \text{Chlor}$$

und somit:

$$M = K - 0{,}2257 \, G - 0{,}25434 \, H \ \% \ \text{organisch gebundenen Schwefel,}$$

$$N = L - 0{,}6066 \, E \ \% \ \text{organisch gebundenes Chlor.}$$

Hieraus ergibt sich für die neutralölfreie capillaraktive Substanz ein Verhältnis von 1 Sulfogruppe auf eine durchschnittliche Kettenlänge von

$$\frac{(D - E - G - H - N - 3{,}2\,M) \cdot 32{,}06}{14\,M} \ \text{C-Atomen,}$$

und sie enthält: $N \cdot 10{,}2\%$ chlorparaffinsulfonsaures Natrium bei Berechnung des letzteren auf eine mittlere Kettenlänge von 16 C-Atomen.

Chlor- und Schwefel-Bestimmung im Neutralöl. Im isolierten Neutralöl werden in üblicher Weise durch Oxydationsschmelze Chlor und Schwefel bestimmt. Es seien $v\%$ Chlor und $w\%$ Schwefel gefunden. Unter Zugrundelegung einer mittleren Kettenlänge von 16 C-Atomen ergeben sich im Neutralöl:

$$P = v \cdot 7{,}36\% \ \text{Chlorparaffin,}$$

$$Q = w \cdot 16{,}06\% \ \text{Dialkylsulfon.}$$

In Sonderfällen kann eine Unterteilung der *Mersolsäuren* in Mono-, Di- und Polysulfonsäuren erwünscht sein. Man kann sie nach folgendem Prinzip[1] vornehmen:

Die neutralölfreie *Mersolat*-Lösung wird mit konz. Salzsäure im Volumenverhältnis 4:1 versetzt und mehrfach mit Äther ausgeschüttelt, in den die Monosulfonsäuren übergehen. Die salzsaure Schicht wird mit nochmals der gleichen Menge konz. Salzsäure versetzt — so daß ein Vol.-Verhältnis wäßrige Lösung zu konz. Salzsäure wie 2:1 entsteht — und mehrfach mit Isoamylalkohol ausgeschüttelt, in den die Disulfonsäuren übergehen, während die Polysulfonsäuren in der wäßrigen Schicht verbleiben.

Die Ausführung der Methode ist folgende:

100 ml der neutralölfreien, zum Liter aufgefüllten *Mersolat*-Lösung (p g *Mersolat*/l) werden zunächst zwecks Entfernung des enthaltenen Alkohols zur Trockne verdampft, dann mit 200 ml Wasser in einen Scheidetrichter gespült, mit 50 ml konz. Salzsäure gemischt und zweimal mit je 100 ml Äther ausgeschüttelt. Die vereinigten Äther-Auszüge werden auf 10 bis 20 ml eingeengt, mit etwas Alkohol versetzt und mit Natronlauge neutralisiert, worauf zur Trockne eingedampft und bei 130° gewichtskonstant getrocknet und gewogen wird (= a g Äther-Extrakt). Man läßt den hygroskopischen Salzrückstand an der Luft Feuchtigkeit anziehen, wägt wieder (= b g luftfeuchte Salze), mischt gut durch und bestimmt in einem Teil desselben Kohlenstoff und Schwefel (die luftfeuchte Substanz enthalte $c\%$ C und $s\%$ S), während man in einem anderen Teil durch potentiometrische Titration in schwach salpetersaurer Lösung mit Silbernitrat-Lösung titriert und auf NaCl berechnet (die luftfeuchte Substanz enthalte $n\%$ NaCl).

Das Muster enthält also:

$$\left(a - \frac{n \cdot b}{100}\right) \cdot \frac{1000}{p} \% \text{ paraffin-monosulfonsaures Natrium,}$$

und in diesem sind:

$$\frac{c}{s} \cdot 2{,}669 \text{ Kohlenstoff-Atome auf eine Sulfogruppe enthalten.}$$

Die wäßrige saure Schicht wird mit weiteren 50 ml konz. Salzsäure versetzt und dreimal mit je 70 ml Isoamylalkohol ausgeschüttelt. Die vereinigten Isoamylalkohol-Auszüge werden mit 100 ml Wasser versetzt und auf 10 bis 20 ml eingeengt, wonach sie mit Natronlauge genau neutralisiert, völlig eingedampft, bei 130° bis zum konstanten Gewicht getrocknet und gewogen werden (=a_1 g Isoamylalkohol-Extrakt). In ihm werden in der gleichen Weise wie im Äther-Extrakt dieselben Bestimmungen ausgeführt, woraus sich b_1 g luftfeuchte Salze und hierin $n_1\%$ Natriumchlorid sowie $c_1\%$ Kohlenstoff und $s_1\%$ Schwefel ergeben. Das Muster enthält dann:

$$\left(a_1 - \frac{n_1 \cdot b_1}{100}\right) \cdot \frac{1000}{p} \% \text{ paraffin-disulfonsaures Natrium}$$

und in diesem

$$\frac{c_1}{s_1} \cdot 2{,}669 \text{ Kohlenstoff-Atome je Sulfogruppe}.$$

Das nach den Extraktionen mit Äther und Isoamylalkohol verbleibende Sauerwasser wird völlig zur Trockne gedampft und dreimal mit je 50 ml Methanol heiß extrahiert. Der vereinigte Methanol-Extrakt wird nach Neutralisation mit Natronlauge zur Trockne eingedampft, bei 130° bis zum konstanten Gewicht getrocknet und gewogen (= a_2 g Methanol-Auszug). In ihm werden die gleichen Bestimmungen ausgeführt, und es ergeben sich sonach im Muster:

$$\left(a_2 - \frac{n_2 \cdot b_2}{100}\right) \cdot \frac{1000}{p} \% \text{ paraffin-polysulfonsaures Natrium}$$

mit

$$\frac{c_2}{s_2} \cdot 2{,}669 \text{ Kohlenstoff-Atomen je Sulfogruppe.}$$

---

[1] B. WURZSCHMITT, F. W. KERCKOW u. K. F. MÜLLER: Privatmitteilung.

Salze von Sulfonsäuren aliphatisch-aromatischer Kohlenwasserstoffe (Nekal-Typ). Der Gehalt an Unsulfiertem ist im allgemeinen so gering, daß er meist vernachlässigt werden kann. Als Begleitstoffe kommen meist nur Natriumsulfat in reichlicheren, Natriumchlorid in sehr geringen Mengen in Frage. Die Natriumsalze der Sulfonsäuren sind einerseits restlos in Alkohol löslich und können aus wäßriger Lösung unter Aussalzen mit Natriumchlorid größtenteils mit Äther ausgeschüttelt werden, wobei in beiden Fällen Natriumchlorid in den Extrakt mit übergeht. Der Gehalt an ätherlöslichen Sulfonsäuren wird meist — etwa im Verhältnis 105–106/100 — niedriger gefunden als der alkohollösliche Anteil, weil in Äther die disulfonsauren Salze nicht löslich sind.

Als *Schnellmethode* ist die Bestimmung des Alkohol- bzw. Äther-Löslichen unter Berücksichtigung des Natriumchlorid-Gehaltes des Extraktes geeignet.

Alkohollösliche organische Substanz. 2 g der trockenen Probe (e) werden mit 100 ml Alkohol am Rückflußkühler etwa 45 Min. gekocht (Siedestäbchen). Nach Durchspülen des Kühlrohres mit wenig Alkohol wird durch eine Glasfritte 2 G 3 (5 cm Durchmesser) abgesaugt, das Unlösliche mit dem Filtrat quantitativ in die Nutsche gebracht, mit 25 ml Alkohol in mehreren Anteilen nachgewaschen, bei 130° 1 Std. getrocknet und gewogen. Das Unlösliche betrage a g. Das Filtrat wird auf dem Wasserbad vom Lösungsmittel befreit, der Rückstand in Wasser gelöst und im Meßkolben auf 250 ml aufgefüllt, wonach 100 ml der Lösung schwach salpetersauer potentiometrisch mit Silbernitrat-Lösung titriert werden. Es seien b ml 0,1 n Silbernitrat-Lösung verbraucht worden. Der Wassergehalt der Probe betrage c%.

$$100 - \left(\frac{100 \cdot a + 1{,}46 \cdot b}{e} + c \right) = \text{\% gesamte capillaraktive Substanz.}$$

Ätherlösliche organische Substanz. 25 g der etwa 70%igen Paste oder 18 g Trockenprobe und 7 ml Wasser (p g Probeeinwaage) werden mit 25 ml gesättigter Natriumchlorid-Lösung und 25 ml Äther im ERLENMEYER-Kolben kräftig geschüttelt und in einen Scheidetrichter umgegossen. Nach abermaligem Schütteln und Klärung der Schichten wird getrennt. Die untere Schicht wird noch zweimal mit je 15 ml Äther, mit denen zuvor der ERLENMEYER-Kolben nachgespült wurde, ausgeschüttelt. Die vereinigten Äther-Auszüge werden noch zweimal mit je 15 ml gesättigter Natriumchlorid-Lösung, mit denen zuvor ebenfalls der ERLENMEYER-Kolben nachgespült wurde, ausgeschüttelt und mit der oben erhaltenen unteren Schicht vereinigt. Die Äther-Auszüge werden im Meßkolben mit Äther auf 100 ml aufgefüllt. 10 ml der Mischung werden auf dem Wasserbad abgedampft, worauf der Rückstand bei 130° konstant getrocknet und gewogen wird. Aus r g Rückstand errechnen sich:

$$B = \frac{r}{p} \cdot 1000 \text{ \% Äther-Lösliches.}$$

10 ml der Äther-Lösung werden auf dem Wasserbad vom Äther befreit, der Rückstand mit Wasser gelöst und schwach salpetersauer potentiometrisch mit Silbernitrat-Lösung titriert. Ein Verbrauch von c ml 0,1 n Silbernitrat-Lösung ergibt:

$$B - \frac{c}{p} \cdot 5{,}846 = \text{\% ätherlösliche organische Substanz.}$$

Dibutylnaphthalin-monosulfonsaures Natrium[1]. Etwa 4 bis 5 g Probe werden mit 200 ml dest. Wasser gelöst und 50 ml konz. Salzsäure zugegeben. 100 ml dieser Lösung werden dreimal mit je 50 ml Äther und anschließend nach Zugabe von weiteren 20 ml konz. Salzsäure dreimal mit je 50 ml Isoamylalkohol ausgeschüttelt. Die vereinigten Äther-Auszüge werden direkt, die vereinigten Isoamylalkohol-Auszüge nach Zugabe von 100 ml dest. Wasser auf dem Wasserbad von den Lösungsmitteln befreit, mit 50 ml Äthylalkohol versetzt und mit methanolischer 1 n Natronlauge gegen Phenolphthalein neutralisiert. Dann wird auf dem Wasserbad eingedampft, im Trockenschrank bei 130° gewichtskonstant getrocknet und ausgewogen. Vom Gewicht ist der potentiometrisch ermittelte Gehalt an Kochsalz abzuziehen. Diese so korrigierten Auswaagen aus dem Äther-Extrakt einerseits und dem Isoamylalkohol-Extrakt andererseits ergeben, mit dem Faktor $\dfrac{250}{\text{Einwaage}}$ multipliziert, den Prozentgehalt an dibutylnaphthalin-monosulfonsaurem Natrium bzw. der Summe von mono- und dibutylnaphthalin-disulfonsaurem Natrium.

---

[1] B. WURZSCHMITT, F. W. KERCKOW u. K. F. MÜLLER: Privatmitteilung.

Zur *Vollanalyse* sind diese Bestimmungen durch Ermittlung der Gehalte an Natriumsulfat, Natriumchlorid, Unsulfiertem und Wasser zu ergänzen. Aus der Kohlenstoff- und Schwefel-Bestimmung im Alkohol- oder Äther-Löslichen ist ferner auf das Verhältnis von Sulfogruppe zu Kohlenstoffzahl zu schließen.

Natriumsulfat. Die Bestimmung kann in der ursprünglichen Probe oder in der unteren salzhaltigen Schicht vom Äther-Löslichen erfolgen.

Im ersteren Falle wird 1 g der Probe ($= q$) in etwa 100 ml Wasser warm gelöst, mit 20 g sulfatfreiem Natriumchlorid und 3 g sulfatfreier Aktivkohle versetzt, etwa 15 Min. schwach gekocht und nach Abkühlung mit sulfatfreier, gesättigter Natriumchlorid-Lösung in einem 250 ml Meßkolben bis zur Marke aufgefüllt. Die Mischung wird durch ein trockenes Faltenfilter filtriert, worauf 200 ml des Filtrates nach Verdünnung auf 400 bis 500 ml und schwachem Ansäuern mit Salzsäure siedend heiß wie üblich mit Bariumchlorid gefällt werden. Aus s g Bariumsulfat-Auswaage ergeben sich:

$$S = \frac{s}{q} \cdot 76{,}075 \ \% \ \mathrm{Na_2SO_4}.$$

Im letzteren Falle werden die vereinigten unteren Schichten im Meßkolben auf 250 ml verdünnt und 25 ml der Lösung nach weiterem Verdünnen und Ansäuern mit Salzsäure wie üblich siedend heiß mit Bariumchlorid gefällt. Aus b g Bariumsulfat-Auswaage ergeben sich:

$$S = \frac{b}{p} \cdot 608{,}6 \ \% \ \text{Natriumsulfat}.$$

Natriumchlorid wird zweckmäßig in 1 g Einwaage in schwach salpetersaurer Lösung mit Silbernitrat-Lösung potentiometrisch titriert.

Wasser wird nach K. Fischer (s. S. 476) oder durch Destillation (s. S. 471 ff.) mit Xylol bestimmt.

Verhältnis von Sulfogruppe zu Kohlenstoffzahl. Im Äthylalkohol-, Äther- und im Isoamylalkohol-Löslichen werden einerseits Kohlenstoff, andererseits Gesamt-Schwefel bestimmt. Aus $k\%$ Kohlenstoff und $s\%$ Schwefel ergibt sich ein Verhältnis von

$$1 \text{ Sulfogruppe zu } \frac{k}{s} \cdot 2{,}67 \text{ Kohlenstoff-Atomen.}$$

Kondensationsprodukte von Fettsäuren mit Sulfonsäuren aliphatischer Alkohole (Igepon-A-Typ). Die Produkte dieser Gruppe können neben dem Kondensat noch Seife und geringe Mengen unverseifbare Fettsubstanz, Natriumsulfat, Natriumchlorid und das Natriumsalz überschüssiger Alkoholsulfonsäure sowie Wasser enthalten. Unverseifbares und als Seife gebundene Fettsäuren werden der alkoholisch-wäßrigen, essigsauren Lösung der Probe mit Petroläther entzogen und nach bekannten Methoden getrennt. Hiernach wird die im Kondensat gebundene Fettsäure durch Kochen mit verdünnter Salzsäure abgespalten und als Äther-Auszug gewogen. Zu ihrer Kennzeichnung werden das Molekulargewicht aus der VZ und die JZ bestimmt. Im Sauerwasser der Säurespaltung wird Natriumsulfat durch Fällen mit Bariumchlorid ermittelt, während Natriumchlorid durch Titration der ursprünglichen Probe mit Silbernitrat gefunden wird. Eine Bestimmung des Gesamt-Schwefels im Sauerwasser der Säurespaltung läßt ferner etwa überschüssige Alkoholsulfonsäure erkennen.

Unverseifbares und Seifen-Fettsäuren. 10 g Probe ($= a$) werden mit 50 ml Wasser gelöst oder suspendiert, mit 50 ml Alkohol gemischt, mit 10 ml Eisessig angesäuert und dreimal mit je 40 ml Petroläther (Sdp. 30 bis 60°) ausgeschüttelt. Die vereinigten Petroläther-Auszüge werden mit 50 vol.-%igem Alkohol gewaschen und auf dem Wasserbad vom Petroläther annähernd befreit. (Die essigsaure, alkohol.-wäßrige Schicht einschließlich der Waschflüssigkeit dient als Lösung I zur Bestimmung der Kondensat-Fettsäuren.) Der Rückstand des Petroläther-Auszuges wird mit etwa 50 ml 0,5 n alkohol. Kalilauge 30 Min. am Rückflußkühler gekocht, nach Erkalten mit 50 ml Wasser verdünnt und dreimal mit je 30 ml Petroläther (Sdp. 30 bis 60°) ausgeschüttelt. Die vereinigten Petroläther-Auszüge werden wieder mit 50%igem Alkohol gewaschen, dann abgedampft, bei 100° getrocknet und gewogen. (Die alkalische, alkoholisch-wäßrige Schicht einschließlich der Waschflüssigkeit dient als Lösung II zur unmittelbar nachfolgenden Bestimmung der Seifen-Fettsäuren.) Aus b g Petroläther-Extrakt ergeben sich:

$$U = \frac{b}{a} \cdot 100 \text{ \% Unverseifbares.}$$

Lösung II wird auf dem Wasserbad vom Alkohol befreit, mit 30 ml 1 n Salzsäure kurz aufgekocht und nach Erkalten dreimal mit Äther ausgeschüttelt. Die vereinigten Äther-Auszüge werden mit geglühtem Natriumsulfat 1 Std. getrocknet, filtriert, mit Äther nachgewaschen, auf dem Wasserbad abgedampft, bei 100° getrocknet und gewogen. c g Rückstand ergeben

$$S = \frac{c}{a} \cdot 100 \text{ \% Seifen-Fettsäuren.}$$

Kondensat-Fettsäuren. Lösung I wird auf dem Wasserbad vom Alkohol befreit, der Rückstand mit Wasser auf ein Volumen von 100 ml ergänzt, mit 25 ml konz. Salzsäure angesäuert und am Rückflußkühler 1 Std. gekocht, was wegen des anfänglichen Schäumens zunächst vorsichtig und wegen des späteren Stoßens unter Zugabe von Siedesteinen zu erfolgen hat. Nach Abkühlung wird das Reaktionsgemisch mit Wasser und Äther und unter Durchspülen des Kühlrohres in einen Scheidetrichter übergeführt, mehrfach mit Äther ausgeschüttelt und die vereinigten Äther-Auszüge mit salzsaurem Wasser gewaschen. Der Äther-Auszug wird mit Natriumsulfat getrocknet, abdestilliert, von letzten Äther-Resten im Vakuum befreit und gewogen. Aus d g Rückstand ergeben sich:

$$C = \frac{d}{a} \cdot 100 \text{ \% Kondensat-Fettsäuren.}$$

Kennzeichnung der Fettsäuren. In den Fettsäuren wird in üblicher Weise durch Verseifung das Molekulargewicht M und die JZ bestimmt. Das Muster enthält dann:

$$\frac{S \cdot (M + 22)}{M} \text{ \% Natronseife und}$$

$$\frac{C \cdot (M + 130)}{M} \text{ \% fettacyl-isäthionsaures Natrium.}$$

Natriumsulfat. Das Sauerwasser der Säurespaltung wird auf 1 l im Meßkolben aufgefüllt. 100 ml dieser Lösung werden wie üblich mit Bariumchlorid gefällt. Aus f g Bariumsulfat ergeben sich:

$$G = \frac{f}{a} \cdot 608{,}6 \text{ \% } Na_2SO_4.$$

Natriumchlorid wird zweckmäßig in 1 g Einwaage durch potentiometrische Titration in schwach salpetersaurer Lösung mit 0,1 n Silbernitrat-Lösung bestimmt.

Wasser. 5 g Probe werden mit geglühtem Seesand vermischt und bei 100° konstant getrocknet.

Alkoholsulfonsäure. 100 ml des auf 1000 ml aufgefüllten Sauerwassers der Säurespaltung werden neutralisiert und zur Trockne gedampft, worauf der Rückstand oxydierend verschmolzen und die schwach salzsaure Lösung der Schmelze wie üblich mit Bariumchlorid gefällt wird. Aus h g Bariumsulfat ergeben sich:

$$J = \frac{h - f}{a} \cdot 634{,}5 \text{ \% isäthionsaures Natrium (gesamt) und}$$

$$J - \frac{C}{M} \cdot 148{,}1 \text{ \% überschüssiges isäthionsaures Natrium.}$$

Kondensationsprodukte von Fettsäuren mit Sulfonsäuren aliphatischer Amine (Igepon-T-Typ). Die Produkte dieser Gruppe können analog denen der vorigen neben dem Kondensat noch Seife und geringe Mengen unverseifbare Fettsubstanz, Natriumsulfat, Natriumchlorid, überschüssiges Natriumsalz der Sulfonsäure des Amins und Wasser enthalten. Aus dem Kondensat ist die Fettsäure quantitativ nur durch Erhitzen mit verd. Salzsäure auf mindestens 150° unter Druck abzuspalten. Die mit der ursprünglichen Probe vorgenommene

Druckabspaltung ergibt die Gesamt-Fettsäuren und die unverseifbare Fettsubstanz zusammen. Ihre Trennung erfolgt nach bekannten Methoden. Die Fettsäuren werden durch Bestimmung des Molekulargewichtes aus der VZ und durch ihre JZ charakterisiert.

Bei Druckabspaltung von Fettsäuren mittels Salzsäure beobachtet man des öfteren, daß sich dabei Salzsäure in mehr oder minder großem Umfange an die Doppelbindung anlagern kann. Es ist deshalb immer zweckmäßig, die abgespaltenen Fettsäuren auf einen Chlor-Gehalt zu prüfen, diesen gegebenenfalls zu bestimmen und die aufgenommene HCl-Menge beim Gesamtgewicht und bei der Jodzahl rechnerisch zu berücksichtigen.

Außerdem werden die als Seife gebundenen Fettsäuren einschließlich des Unverseifbaren als Petroläther-Extrakt der wäßrig-alkoholischen, mit Essigsäure angesäuerten Lösung der Probe bestimmt. Aus den als Differenz zwischen dieser und der Gesamtfett-Bestimmung hervorgehenden, als Kondensat gebundenen Fettsäuren wird der Gehalt an Kondensat berechnet.

Die überschüssige Sulfonsäure des Amins wird nach Adsorption der capillaraktiven Substanz an Fullererde in mit Magnesiumcarbonat gepufferter Lösung mit m-Nitro-benzoldiazoniumchlorid-Lösung titriert. Natriumsulfat wird nach Aussalzen der organischen Substanz mittels Bariumchlorid bestimmt, Natriumchlorid in der ursprünglichen Probe potentiometrisch mit Silbernitrat-Lösung titriert und Wasser durch Trocknen mit Seesand bei 100° ermittelt.

Gesamt-Fettsubstanz. 5 bis 10 g Probe ($= e$) werden mit etwa 30 ml verd. Salzsäure (1 Vol. konz. Salzsäure und 4 Vol. Wasser) im Bombenrohr eingeschmolzen und mehrere Stunden, am besten über Nacht, auf 150 bis 180° erhitzt. Das erkaltete Reaktionsgemisch wird mit Wasser und Äther in einen Scheidetrichter gespült und mehrfach mit Äther ausgeschüttelt. Die vereinigten Äther-Auszüge werden mit salzsaurem Wasser gewaschen, mit geglühtem Natriumsulfat getrocknet, filtriert, auf dem Wasserbad vom Äther befreit, konstant getrocknet und gewogen. Aus a g Rückstand ergeben sich

$$G = \frac{a}{e} \cdot 100 \ \% \ \text{Gesamt-Fettsubstanz.}$$

Die Gesamt-Fettsubstanz wird in üblicher Weise in Unverseifbares und Fettsäuren zerlegt, wonach, auf die ursprüngliche Probe bezogen, gefunden seien

$$U \ \% \ \text{Unverseifbares und}$$

$$F \ \% \ \text{Fettsäuren.}$$

In den Fettsäuren wird einerseits durch Verseifung das Molekulargewicht M und andererseits die Jodzahl bestimmt.

Unverseifbares und Seifen-Fettsäuren. 10 g Probe ($= p$) werden mit 50 ml Wasser gelöst oder suspendiert, mit 50 ml Alkohol gemischt, mit 10 ml Eisessig angesäuert und dreimal mit je 30 ml Petroläther (Sdp. 30 bis 60°) ausgeschüttelt. Die vereinigten Petroläther-Auszüge werden mit 50 vol.-%igem Alkohol gewaschen, abgedampft, konstant getrocknet und gewogen. Aus b g Rückstand ergeben sich:

$$A = \frac{b}{p} \cdot 100 \ \% \ \text{Unverseifbares und Seifen-Fettsäuren.}$$

Hieraus folgt weiterhin:

$$C = G - A \ \% \ \text{Kondensat-Fettsäuren.}$$

$$S = F - C \ \% \ \text{Seifen-Fettsäuren}$$

und somit:

$$\frac{C \cdot (M + 143)}{M} \ \% \ \text{Fettacyl-methyltaurinnatrium und}$$

$$\frac{S \cdot (M + 22)}{M} \ \% \ \text{Natronseife.}$$

Freies Methyltaurinnatrium. 20 g Probe ($= e$) werden mit Wasser zum Liter gelöst, mit 75 g Fullererde etwa 30 Min. verrührt und abgesaugt. 500 ml Filtrat werden mit Salzsäure gegen Phenolphthalein schwach sauer eingestellt, mit 100 ml Magnesiumchlorid-Lösung

(500 g $MgCl_2 \cdot 6\,H_2O$ pro Liter), unter Rühren mit 150 ml 2 n Sodalösung versetzt und bei 0 bis 5° mit einer 0,1 n m-Nitro-benzoldiazoniumchlorid-Lösung[1] titriert, bis eben Überschuß an Diazonium-Lösung festzustellen ist. Zur Prüfung hierauf wird 1 Tropfen der Reaktionsflüssigkeit auf ein doppeltes, gutlaufendes Filterpapier (z. B. SCHLEICHER u. SCHÜLL Nr. 604) gebracht und die benetzte Stelle des unteren Filtrierpapiers mit einer verdünnten H-Salz-Lösung (1,8-Aminonaphthol-3,6-disulfonsaures Natrium) überstrichen. Eine innerhalb 15 bis 30 Sek. auftretende Violettfärbung zeigt Überschuß an Diazonium-Lösung an. Ein Verbrauch an d ml 0,1 n Diazonium-Lösung ergibt

$$\frac{d}{e} \cdot 3{,}222 \% \text{ freies Methyltaurinnatrium.}$$

Natriumsulfat. 1 g Probe ($= c$) wird in etwa 100 ml Wasser gelöst, mit etwa 20 g Natriumchlorid und 3 g Tierkohle (beide sulfatfrei!) ausgesalzen und etwa 15 Min. gekocht. Nach Abkühlung wird mit gesättigter Natriumchlorid-Lösung in einem 250 ml Meßkolben aufgefüllt, gemischt und durch ein trockenes Filter filtriert. 200 ml Filtrat werden mit 200 ml Wasser verdünnt und schwach salzsauer siedend heiß in üblicher Weise mit Bariumchlorid gefällt. Aus d g Bariumsulfat-Auswaage ergeben sich:

$$\frac{d}{c} \cdot 76{,}07 \% \text{ } Na_2SO_4.$$

Natriumchlorid. 1 g Probe ($= f$) wird mit etwa 100 ml Wasser gelöst und schwach salpetersauer mit 0,1 n Silbernitrat-Lösung potentiometrisch titriert. Ein Verbrauch von h ml 0,1 n Silbernitrat ergibt:

$$\frac{h}{f} \cdot 0{,}5845 \% \text{ } NaCl.$$

Wasser. Etwa 5 g Probe werden mit einer gewogenen Menge geglühten Seesandes gemischt und bei 100° bis zur Gewichtskonstanz getrocknet.

Fettalkoholsulfate. Die technischen Fettalkoholsulfate enthalten neben dem fettalkylschwefelsauren Salz regelmäßig noch freie, d. h. nicht sulfatierte Fettalkohole einschließlich etwa vorhandener Paraffine und als anorganische Begleitstoffe Sulfat, evtl. Chlorid und Wasser. Das Unsulfatierte wird wie bei Bestimmung des Unverseiften in Seifen der alkoholisch-wäßrigen Lösung der Probe mittels Petroläther entzogen und als Abdampfrückstand des Petroläther-Auszuges gewogen. Anschließend wird das Sulfat nach Abdampfen des Alkohols durch Kochen mit verd. Salzsäure hydrolytisch in Schwefelsäure einerseits und Fettalkohol andererseits gespalten, letzterer mit Äther ausgeschüttelt und als Abdampfrückstand des Äther-Auszuges ebenfalls gewogen. In dieser Art ist die Bestimmung der freien und als Sulfat gebundenen Fettalkohole für höhermolekulare und damit praktisch nichtflüchtige Fettalkohole einwandfrei. Da aber häufig, zumindest teilweise, mit leichter flüchtigen Fettalkoholen zu rechnen ist, wird die Säurespaltung zweckmäßig im BÜCHNER-Kolben ausgeführt, der abgespaltene Fettalkohol im graduierten Halsteil desselben dem Volumen nach gemessen und nach Bestimmung seiner Dichte und seines Wassergehaltes dem Gewicht nach berechnet. Diese Bestimmung wird einerseits auf die ursprüngliche Probe, andererseits auf die mit Petroläther vom Unsulfatierten befreite Lösung der Probe angewandt, so daß die Gehalte an Gesamt-Fettsubstanz einerseits und als Sulfat gebundenen Fettalkoholen andererseits gefunden werden und der Gehalt an freien Fettalkoholen einschließlich etwaiger Paraffine aus der Differenz beider hervorgeht. Die als Sulfat gebundenen Fettalkohole werden durch Bestimmung von OHZ und JZ gekennzeichnet. Aus ihnen kann auf die zur Sulfatierung eingesetzten Fettalkohole rückgeschlossen werden, wobei zu beachten ist, daß ungesättigte Fettalkohole zum Teil auch an der Doppelbindung zum Schwefelsäureester des entsprechenden

---

[1] 13,812 g reines m-Nitranilin werden mit 200 ml Wasser und 90 ml konz. Salzsäure warm gelöst, auf 5° abgekühlt, in einem Guß mit 100 ml 1 n Natriumnitrit-Lösung versetzt und nach 2 Min. mit Eiswasser im Meßkolben zu 1 l aufgefüllt.

Glykols sulfatiert werden. Die aus dem Sulfat abgespaltenen Fettalkohole weisen also gegenüber den ursprünglich eingesetzten eine höhere OHZ und niedrigere JZ auf. Die als Ester gebundene Schwefelsäure ist in genügend hellen Produkten titrimetrisch aus dem Aciditätszuwachs bei der Säurespaltung zu bestimmen, anderenfalls gemeinsam mit dem Sulfat durch Fällung im Sauerwasser von der Säurespaltung mittels Bariumchlorid. Das Sulfat selbst wird nach Aussalzen der capillaraktiven Substanz mit Natriumchlorid und Tierkohle als Bariumsulfat bestimmt. Chlorid wird zweckmäßig in der schwach salpetersauren Lösung der Probe potentiometrisch mit Silbernitrat titriert. Die Wasser-Bestimmung erfolgt am zuverlässigsten nach K. FISCHER (s. S. 476).

Gesamt-Fettsubstanz. In einem BÜCHNER-Kolben von ERLENMEYER-Form und 100 bis 150 ml Inhalt, dessen Hals aus einem 25 ml umfassenden Bürettenteil gebildet ist, werden 20 bis 30 g des Sulfats eingewogen, mit etwa 60 ml Wasser warm gelöst, mit etwa 15 ml konz. Salzsäure gemischt und im Wasserbad 1 Std. erhitzt, worauf noch warm mit gesättigter Natriumchlorid-Lösung aufgefüllt wird, so daß die abgeschiedene Fettalkohol-Schicht in den graduierten Halsteil gedrängt wird. Durch quirlartiges Drehen des Kolbens sind etwa an den Wandungen hängende Öltröpfchen zum Aufsteigen und zur Vereinigung mit der Fettalkohol-Schicht zu bringen. Der BÜCHNER-Kolben wird in ein hohes, konstant auf 60° gehaltenes Wasserbad so eingetaucht, daß die Fettalkohol-Schicht sich unterhalb der Wasseroberfläche befindet, worauf nach Temperatur-Ausgleich und Klärung der Schichten die obere Schicht dem Volumen nach genau abgelesen wird. Mittels Pipette wird aus ihr ein Teil in ein kleines Pyknometer (3 bis 5 ml) übergeführt und so bei gleicher Temperatur die Dichte bestimmt. In einem zweiten gewogenen Anteil der öligen Schicht wird der Wassergehalt nach K. FISCHER bestimmt. Wurden aus e g Probe f ml Fettalkohol-Schicht von der Dichte D und dem Wassergehalt w gemessen, so ergeben sich:

$$G = \frac{f \cdot D \cdot (100 - w)}{e} \text{ \% Gesamt-Fettsubstanz.}$$

Als Sulfat gebundene Fettalkohole. 20 bis 30 g Probe werden mit 60 ml Wasser warm gelöst, mit 60 ml Alkohol gemischt und dreimal mit je 40 ml Petroläther ausgeschüttelt. Die vereinigten Petroläther-Auszüge werden mit etwa 30 ml 50 vol.-%igem Alkohol gewaschen. Die wäßrig-alkohol. Schicht einschließlich der Waschflüssigkeit wird auf dem Wasserbad vom Alkohol befreit. Da die Lösung mit der Verarmung an Alkohol mehr und mehr schäumt, wird in einer geräumigen Schale abgedampft und übermäßiger Schaumbildung durch häufiges Zutropfen von Äther begegnet. Die restliche wäßrige Lösung wird in den BÜCHNER-Kolben gespült, wie vorher angesäuert und weiter behandelt. Wurden aus e_1 g Probe f_1 ml Fettalkohol von der Dichte D_1 und dem Wassergehalt w_1 gefunden, so ergeben sich:

$$F = \frac{f_1 \cdot D_1 \cdot (100 - w_1)}{e_1} \text{ \% als Sulfat gebundene Fettalkohole.}$$

Freie Fettalkohole einschließlich etwaiger Paraffine ergeben sich zu $U = G - F$ %.

Kennzeichnung der als Sulfat gebundenen Fettalkohole: Durch Bestimmung der OHZ und JZ, bei deren Berechnung ihr geringer Gehalt an Wasser zu berücksichtigen ist.

Esterschwefelsäure. 10 g Probe ($= a$) werden mit genau 50 ml 2 n Schwefelsäure am Rückflußkühler, dessen obere Öffnung mit einem mit etwas Wasser beschickten PELIGOT-Rohr verschlossen ist, 1 Std. gekocht, nach Abkühlung und Durchspülen des Kühlers mit dem Verschlußwasser und etwas frischem Wasser mit 1 n Natronlauge gegen Phenolphthalein titriert, wozu n ml 1 n Natronlauge verbraucht seien. — Zur Bestimmung eines etwaigen Gehaltes der Probe an freier Base oder Säure werden 10 g Probe ($= b$) mit etwa 150 ml Wasser gelöst und gegen Methylorange je nach Reaktion mit 1 n Salzsäure oder 1 n Natronlauge titriert, wozu s ml 1 n Salzsäure bzw. c ml 1 n Natronlauge verbraucht seien.
Es ergeben sich dann im Falle alkalischer Reaktion des Sulfats (üblicher Fall):

$$E = \left(\frac{n - 100}{a} + \frac{s}{b} \right) \cdot 8{,}006 \text{ \% } SO_3 \text{ als Esterschwefelsäure}$$

bzw. im Falle saurer Reaktion des Sulfats:

$$E_1 = \left(\frac{n - 100}{a} - \frac{c}{b} \right) \cdot 8{,}006 \text{ \% } SO_3 \text{ als Esterschwefelsäure.}$$

Esterschwefelsäure einschließlich Sulfat. 5 g Probe ($= p$) werden mit 80 ml Wasser warm gelöst, mit 20 ml konz. Salzsäure gemischt und 1 Std. am Rückflußkühler gekocht, worauf abgekühlt und unter Durchspülen des Kühlrohres in einen Scheidetrichter umgespült wird. Die Reaktionslösung wird mit etwa 50 ml Äther geschüttelt, worauf das Sauerwasser nach Klärung in einen 500 ml Meßkolben abgezogen, die Ätherschicht nochmals mit Wasser gewaschen, das Waschwasser ebenfalls in den 500 ml Meßkolben abgelassen und dieser bis zur Marke aufgefüllt wird. 50 ml der Mischung werden abpipettiert, auf etwa 300 bis 400 ml verdünnt und wie üblich siedend heiß mit Bariumchlorid gefällt. Aus d g Bariumsulfat-Auswaage ergeben sich:

$$D = \frac{d}{p} \cdot 343 \ \% \ SO_3 \text{ als Esterschwefelsäure und Sulfat.}$$

Sulfat. 2 g der Probe ($= q$) werden im 500 ml Meßkolben mit 200 ml Wasser gelöst, mit 20 g sulfatfreiem Natriumchlorid und 3 g sulfatfreier Tierkohle kurz zum Sieden erhitzt, abgekühlt, mit gesättigtem Salzwasser (sulfatfrei) zur Marke aufgefüllt, gemischt und durch ein trockenes Filter filtriert. 100 ml Filtrat werden auf etwa 300 bis 400 ml verdünnt und schwach salzsauer mit Bariumchlorid wie üblich gefällt. h g Bariumsulfat-Auswaage ergeben:

$$S = \frac{h}{p} \cdot 171,5 \ \% \ SO_3 \text{ als Sulfat.}$$

Der Esterschwefelsäure-Gehalt ergibt sich somit zu

$$E_2 = D - S \ \% \ SO_3 \text{ als Esterschwefelsäure.}$$

Chlorid. 2 g Probe ($= r$) werden mit etwa 100 ml Wasser gelöst und schwach salpetersauer mit 0,1 n Silbernitrat-Lösung potentiometrisch titriert. Ein Verbrauch von k ml 0,1 n Silbernitrat-Lösung ergibt

$$C = \frac{k}{r} \cdot 0,3546 \ \% \ \text{Chlor-Ion.}$$

Wasser. Durch Titration einer dem Wassergehalt angepaßten Einwaage in Methanol-Lösung nach K. FISCHER.

Zur Berechnung der gefundenen Werte auf Natriumsalze, die am häufigsten vorzuliegen pflegen, ergibt sich:

U % Unsulfatiertes (freie Fettalkohole und etwaige Paraffine),

$F + 1,275 \, E$ % fettalkylschwefelsaures Natrium,
$1,7743 \, S$ % Natriumsulfat,
$1,649 \, C$ % Natriumchlorid.

Äthylenoxyd-Addukte von Fettsäuren, Fettalkoholen oder Alkylphenolen. Die Produkte dieser Gruppe sind im allgemeinen frei von anorganischen Salzen und nichtoxäthylierten Ausgangsstoffen, können aber aus Addukten verschiedenen Oxäthylierungsgrades bestehen. Der Trockengehalt entspricht im allgemeinen dem Gehalt an wirksamer Substanz, die durch einen verhältnismäßig hohen Sauerstoff-Gehalt gekennzeichnet ist.

Äthylenoxyd-Addukte von *Fettsäuren* lassen sich wie die natürlichen Fette und Öle durch Verseifung spalten und hinsichtlich der Fettsäurebasis durch deren Mol.-Gew. aus der VZ und deren JZ charakterisieren. Die durchschnittliche Länge des Polyglykol-Anteiles wird zweckmäßig wie folgt berechnet:

Der Trockenrückstand enthalte f% Fettsäure vom Molekulargewicht m. Der Fettsäure kommt somit eine durchschnittliche Kettenlänge von $\dfrac{m - 32}{14}$ C-Atomen je Molekül zu, und für das Addukt errechnet sich ein mittleres Molekulargewicht von $\dfrac{m}{f} \cdot 100$. Je Molekül Fettsäure sind somit durchnittlich

$$\frac{m}{44} \cdot \left(\frac{100}{f} - 1 \right) \text{ Moleküle Äthylenoxyd addiert.}$$

Äthylenoxyd-Addukte von *Fettalkoholen* sind nicht verseifbar. Ihre Kennzeichnung kann dadurch erfolgen, daß in der wirksamen Substanz einerseits die Elementar-Analyse ausgeführt, andererseits die OHZ bestimmt wird. Sind hiernach K % Kohlenstoff, S % Sauerstoff und aus der OHZ ein Molekulargewicht M gefunden, so ergeben sich im Mol-Addukt:

$$\frac{K \cdot M}{1201} \text{ Atome Kohlenstoff und } \frac{S \cdot M}{1600} \text{ Atome Sauerstoff,}$$

woraus folgt, daß ein Addukt eines Fettalkohols von durchschnittlich

$$\frac{K \cdot M}{1201} - 2\left(\frac{S \cdot M}{1600} - 1\right) \text{ Kohlenstoff-Atomen}$$

mit

$$\frac{S \cdot M}{1600} - 1 \text{ Molekülen Äthylenoxyd vorliegt.}$$

Für Äthylenoxyd-Addukte der *gesättigten primären Fettalkohole* kann noch folgende Reaktion dienen. Beim anhaltenden Kochen mit verdünnter Salpetersäure tritt Spaltung ein, wobei der Fettalkohol zur entsprechenden Fettsäure und die Polyglykoläther-Kette zu Oxalsäure oxydiert wird, ohne daß allerdings diese Reaktion quantitativ abläuft.

Hierzu werden 10 bis 20 g Probe mit einem Gemisch aus 60 bis 120 ml Salpetersäure ($D = 1,4$) und 120 bis 240 ml Wasser etwa 8 Std. am Rückflußkühler schwach gekocht. Nach Abkühlung wird die abgeschiedene Fettsubstanz mit Äther ausgeschüttelt, aus dem Auszug der Äther abgedampft, der Rückstand mit alkohol. Lauge verseift und nach Verdünnen mit Wasser mittels Petroläther das Unverseifbare entfernt. Aus der Seifenlösung wird der Alkohol verjagt und nach Ansäuern die Fettsäure ausgeäthert, vom Äther befreit und in ihr durch Verseifung das Molekulargewicht bestimmt, das zu m gefunden sei.

In Verbindung mit dem durch Elementar-Analyse in dem ursprünglichen wasser- und salzfreien Äthylenoxyd-Addukt festgestellten Atomverhältnis $C : O = c : 1$ ergibt sich, daß ein Addukt eines Fettalkohols von $\dfrac{m - 32}{14}$ C-Atomen im Molekül mit $\dfrac{\dfrac{m - 32}{14} - c}{c - 2}$ Molekülen Äthylenoxyd vorliegt.

Äthylenoxyd-Addukte von *Alkylphenolen* sind ebenfalls unverseifbar. Beim Kochen mit verd. Salpetersäure in der eben beschriebenen Weise spalten auch sie sich, wobei neben Oxalsäure Nitro-Derivate des Phenol-Anteiles gebildet werden. Die so entstandene aromatisch gebundene Nitrogruppe ist durch Reduktion zur Aminogruppe, Diazotierung derselben und Kupplung des Diazotats mit einem β-Naphthol-Derivat zu einem Azofarbstoff nachzuweisen. Hierzu wird die mittels Äther aus der Salpetersäure-Lösung abgetrennte Nitro-Verbindung nach Verjagen des Äthers in Methanol gelöst, mit Salzsäure stark angesäuert und unter Schütteln mit Zinkstaub reduziert. Das Reduktionsgemisch wird vom überschüssigen Zinkstaub abfiltriert, das Filtrat bei 0° mit Nitrit-Lösung versetzt und die so diazotierte Lösung an eine soda-alkalische Lösung von R-Salz (2-naphthol-3,6-disulfonsaures Natrium) gekuppelt. Ein jetzt entstehender roter Farbstoff beweist das Vorliegen einer aromatisch gebundenen Nitrogruppe, damit also ein Phenol als Komponente des Äthylenoxyd-Adduktes. Aus den durch Elementaranalyse in der ursprünglichen wasser- und salzfreien wirksamen Substanz gefundenen Gehalten an K % Kohlenstoff und S % Sauerstoff, sowie aus dem aus der OHZ derselben Substanz bestimmten Molekulargewicht M ergibt sich, daß ein Addukt eines Phenols von

$$\frac{K \cdot M}{1201} - 2\left(\frac{S \cdot M}{1600} - 1\right) \text{ Atomen Kohlenstoff im Molekül}$$

mit

$$\frac{S \cdot M}{1600} - 1 \text{ Molen Äthylenoxyd vorliegt.}$$

WURZSCHMITT und MÜLLER[1] fanden bei Untersuchungen oxäthylierter Fettsäureamide, daß bei der Druckspaltung mit Salzsäure bei 160° meist nicht das aus der Elementar-Analyse unter Berücksichtigung der Fettsäure zu erwartende oxäthylierte sekundäre Amin entsteht, sondern nur Diäthanolamin. Sie konnten feststellen, daß bei der Druckspaltung neben der Abspaltung der Fettsäure unter Bildung von Glykolen bzw. Polyglykolen, auch zugleich eine Aufspaltung der Ätherbrücken höherer Oxäthyl-Reste stattfindet. Zur Feststellung des Oxäthylierungsgrades darf somit in diesen Fällen nicht die Analyse des abgespaltenen Amins, sondern nur die des gereinigten Ausgangsproduktes herangezogen werden.

Kondensationsprodukte von Fettsäuren mit Äthanolaminen. Die Produkte dieser Gruppe können Mono- oder Diäthanolamide von Fettsäuren oder Fettsäureester des Mono-, Di- oder Triäthanolamins sein bzw. beide Körperklassen nebeneinander enthalten. Als Begleitstoffe kommen das natürliche Unverseifbare der Fette und überschüssige Äthanolamine in Frage. Die Trockensubstanz entspricht dem Gehalt an wirksamer Substanz. Die Spaltung der Produkte dieser Art erfolgt öfter bereits durch Kochen mit stärkerer Salzsäure, sicher durch Erhitzen mit ihr unter Druck auf 150 bis 180°. Die abgespaltene Fettsubstanz wird wie üblich in Unverseifbares und Fettsäuren getrennt und die letzteren nach Mol.-Gew. und JZ gekennzeichnet. Im Sauerwasser wird nach Abdampfen der überschüssigen Salzsäure durch Elementaranalyse das Atomverhältnis C:N bestimmt, woraus Mono-, Di- oder Triäthanolamin zu erkennen ist. Die Entscheidung, ob oder bis zu welchen Gehalten einerseits ein Fettsäureäthanolamid, andererseits ein Fettsäureäthanolaminester vorliegt, ist dadurch zu treffen, daß ersteres im Gegensatz zu letzterem die basischen Eigenschaften der Äthanolamin-Komponente verloren hat. Die Titration der Probe nach NADEAU und BRANCHAN[2] in wasserfreiem Eisessig mit Überchlorsäure ergibt die Summe des esterartig gebundenen und freien Äthanolamins. Der amidartig gebundene Äthanolamin-Anteil entspricht der Differenz gegenüber dem Gesamtstickstoff-Gehalt. Aus dem gefundenen Gehalt an Fettsäure und deren Mol.-Gew. lassen sich dann Fettsäureäthanolamid, Fettsäureäthanolaminester und etwa überschüssiges Äthanolamin berechnen.

Fettsäuren und Unverseifbares. 10 g Probe (= e) werden mit etwa 30 ml eines Gemisches aus 4 Vol. Wasser und 1 Vol. konz. Salzsäure im Bombenrohr eingeschmolzen und mehrere Stunden, am besten über Nacht, auf 150 bis 180° erhitzt. Das erkaltete Reaktionsgemisch wird mit Wasser und Äther in einen Scheidetrichter übergespült und dreimal mit je 50 ml Äther ausgeschüttelt. (Die salzsaure Schicht dient zur Bestimmung der Äthanolamine, s. u.). Die vereinigten Äther-Auszüge werden fast völlig vom Äther befreit, worauf der Rückstand mit 100 ml 0,5 n alkohol. Lauge 30 Min. am Rückflußkühler gekocht, mit der gleichen Menge Wasser verdünnt und dreimal mit je 30 ml Petroläther (Sdp. 30 bis 60°) ausgeschüttelt wird. Die vereinigten Petroläther-Auszüge werden mit 50 ml 50 vol.-%igem Alkohol gewaschen, auf dem Wasserbad abgedampft, konstant getrocknet und gewogen. Aus a g Trockenrückstand ergeben sich

$$U = \frac{a}{e} \cdot 100 \text{ \% Unverseifbares.}$$

Die alkalische alkohol.-wäßrige Schicht einschließlich der Waschflüssigkeit wird auf dem Wasserbad vom Alkohol befreit, mit Salzsäure angesäuert und dreimal mit je 50 ml Äther ausgeschüttelt, worauf der vereinigte Äther-Auszug mit Wasser gewaschen, mit geglühtem Natriumsulfat getrocknet, filtriert und mit trocknem Äther nachgewaschen wird. Das Filtrat wird auf dem Wasserbad vom Äther befreit, der Rückstand konstant getrocknet und gewogen. Aus b g Rückstand ergeben sich

$$F = \frac{b}{e} \cdot 100 \text{ \% Fettsäuren.}$$

Zur Kennzeichnung der Fettsäuren wird in einem Teil derselben durch Verseifung das Molekulargewicht M, in einem anderen Teil die JZ bestimmt.

---

[1] B. WURZSCHMITT u. K. F. MÜLLER: Privatmitteilung.
[2] G. F. NADEAU u. L. E. BRANCHAN: J. Amer. chem. Soc. **57**, 1363 (1935).

Gesamt-Stickstoff. Die Bestimmung erfolgt in der ursprünglichen Probe nach KJELDAHL oder DUMAS, wonach $N\%$ gefunden seien.

Äthanolamin. Die salzsaure Schicht der Druckspaltung (s. o.) wird zur Sirupkonsistenz auf dem Wasserbad eingedampft und in ihm durch Elementar-Analyse das Atomverhältnis $C:N$ bestimmt, aus dem auf Mono-, Di- oder Triäthanolamin zu schließen ist.

Freie und als Ester gebundene Äthanolamine. Die Titration des freien und als Ester gebundenen Äthanolamins, das im Gegensatz zu dem als Säureamid gebundenen Äthanolamin seine basische Reaktion noch besitzt, erfolgt in wasserfreiem Eisessig mit einer ebenfalls wasserfreien 0,1 n Lösung von Überchlorsäure in Eisessig. Diese Lösung wird aus der käuflichen, etwa 30%igen wäßrigen Überchlorsäure hergestellt, indem diese mit der erforderlichen Menge Essigsäureanhydrid umgesetzt wird. Sie darf weder Wasser noch überschüssiges Essigsäureanhydrid enthalten, da bei einem Gehalt an letzterem das Amin acetyliert und damit nicht mehr titrierbar sein würde. Ihre Herstellung ist folgende:

0,1 n Überchlorsäure-Eisessig-Lösung: Zur Herstellung von 10 l der Lösung werden 1330 g Essigsäureanhydrid vorgelegt und unter äußerer Kühlung mit Eiswasser aus einem Tropftrichter langsam und tropfenweise mit 335 g 30%iger Überchlorsäure unter Schütteln versetzt, wobei die Zugabe so langsam erfolgen muß, daß die Temperatur des Gemisches nicht über 30° steigt. Die Mischung wird mit 8 l wasserfreiem Eisessig verdünnt und in folgender Weise auf Überschuß an Wasser bzw. Essigsäureanhydrid geprüft:

Je 50 ml der Lösung werden in einem Rundkölbchen, das sich zum Wärmeschutz in einem mit Watte ausgekleideten Holzfutteral befindet, unter Messung der Temperatur aus einer Meßpipette tropfenweise mit Essigsäureanhydrid bzw. Wasser versetzt, bis eine Temperatur-Erhöhung nicht mehr stattfindet. Aus der so für 50 ml der Lösung festgestellten Menge Essigsäureanhydrid bzw. Wasser wird der für die Gesamt-Lösung erforderliche Betrag berechnet und dieser zugesetzt.

Dieses Verfahren wird so oft wiederholt, bis die Lösung weder bei Zusatz von Essigsäureanhydrid noch Wasser eine Temperatur-Erhöhung ergibt. Die Titerstellung der erhaltenen Lösung ist folgende:

In einem 50 ml Meßkölbchen werden etwa 0,4 g bei 200° konstant getrocknete Soda ($= e$) in Eisessig gelöst und zur Marke aufgefüllt. 20 ml der Mischung werden unter Rühren mit der Überchlorsäure-Eisessig-Lösung potentiometrisch mit Hilfe einer Antimon- und Kalomel-Elektrode titriert. Sind hierzu v ml derselben verbraucht worden, so ist ihre Normalität:

$$\frac{e}{v} \cdot 7{,}5468$$

Titration der freien und veresterten Amin-Komponente. Etwa 1,5 g der Probe ($= c$) werden in etwa 30 ml Eisessig gelöst und wie bei der Titerstellung angegeben potentiometrisch mit 0,1 n Überchlorsäure-Eisessig titriert. Bei einem Verbrauch von d ml ergeben sich:

$$B = \frac{d}{c} \cdot 0{,}14008 \ \% \ \text{Stickstoff als freies und als Ester gebundenes Äthanolamin.}$$

Ist als Äthanolamin-Komponente ausschließlich Triäthanolamin festgestellt, so ist als Kondensat nur Fettsäure-triäthanolaminester möglich. Die Überchlorsäure-Titration muß dann den Gesamtstickstoff-Gehalt ergeben.

Die Berechnung für diesen Fall ist:

$$\frac{M + 131{,}18}{M} \cdot F \ \% \ \text{Fettsäure-triäthanolaminester}$$

und

$$\left(B - \frac{F \cdot 14{,}008}{M} \right) \cdot 149{,}2 \ \% \ \text{freies Triäthanolamin.}$$

Ist Diäthanolamin festgestellt, so berechnen sich:

$$\frac{N - B}{14{,}008} \cdot (M + 87{,}12) \ \% \ \text{Fettsäure-diäthanolamid,}$$

$$\left(\frac{F}{M} - \frac{N - B}{14{,}008} \right) \cdot (M + 87{,}12) \ \% \ \text{Fettsäure-diäthanolaminester,}$$

$$\left(\frac{N}{14{,}008} - \frac{F}{M} \right) \cdot 105{,}14 \ \% \ \text{freies Diäthanolamin.}$$

Mit Monoäthanolamin als Komponente ergeben sich:

$$\frac{N-B}{14{,}008} \cdot (M + 43{,}07)\,\% \text{ Fettsäure-monoäthanolamid,}$$

$$\left(\frac{F}{M} - \frac{N-B}{14{,}008}\right) \cdot (M + 43{,}07)\,\% \text{ Fettsäure-monoäthanolaminester,}$$

$$\left(\frac{N}{14{,}008} - \frac{F}{M}\right) \cdot 61{,}08\,\% \text{ freies Monoäthanolamin.}$$

Bei der Berechnung der Ester ist jeweils angenommen, daß nur eine Hydroxylgruppe per Äthanolamin-Komponente mit der Fettsäure verestert ist.

Kondensationsprodukte von Fettsäuren mit Aminocarbonsäuren. Die Produkte dieser Gruppe sind nur durch Erhitzen mit verd. Salzsäure unter Druck auf 200° in Fettsäure und die Aminocarbonsäure zu spalten. Ist letztere ein Eiweiß-Abbauprodukt, wie z. B. Lysalbin- und Protalbinsäure, so erleidet sie hierbei noch eine weitere hydrolytische Spaltung. Ist sie eine einfache Aminocarbonsäure, wie z. B. Sarkosin, so bleibt sie im Sauerwasser praktisch unverändert erhalten. Ob die eine oder andere Aminosäure-Komponente vorliegt, läßt sich leicht am Geruch der Spaltflüssigkeit erkennen, die bei Eiweiß-Abbauprodukten etwa nach MAGGIS Würze riecht, bei einfachen Aminocarbonsäuren praktisch geruchlos ist. In den Produkten dieser Art ist neben dem Kondensat noch mit einem Gehalt an Seife zu rechnen, daneben kann noch Natriumchlorid vorhanden sein.

Gesamt-Fettsäuren und Unverseifbares. 10 bis 20 g Probe werden mit etwa 30 ml eines Gemisches aus 4 Vol. Wasser und 1 Vol. konz. Salzsäure im Einschlußrohr mehrere Stunden, am besten über Nacht, auf 200° erhitzt. Das Reaktionsgemisch wird mit Wasser und Äther in einen Scheidetrichter übergespült, dreimal mit je 50 ml Äther ausgeschüttelt, worauf man die vereinigten Äther-Auszüge mit Wasser wäscht und nach Abdampfen des Äthers den Rückstand in üblicher Weise in Unverseifbares und Fettsäuren trennt. Letztere werden durch ihr Molekulargewicht, das aus der VZ berechnet wird, und ihre JZ näher charakterisiert.

Aminosäure-Komponente. Kann aus dem Geruch der Spaltlösung auf Eiweiß-Abbauprodukte geschlossen werden, so wird in der ursprünglichen Probe nach KJELDAHL oder DUMAS der Gesamtstickstoff-Gehalt bestimmt und aus ihm mit dem üblichen Faktor 6,25 auf Eiweiß umgerechnet. Liegt Sarkosin als Aminosäure-Komponente vor, so ist sie im Sauerwasser der Druckspaltung unter Pufferung mit Magnesiumcarbonat mit m-Nitrodiazobenzol wie folgt zu titrieren:
Das Sauerwasser der Druckspaltung einschließlich des Waschwassers wird annähernd neutralisiert, mit 50 g Magnesiumchlorid ($MgCl_2 \cdot 6\,H_2O$) bis zur Lösung verrührt, mit 150 ml 2 n Sodalösung gemischt und bei 5° mit 0,1 n m-Nitro-benzoldiazoniumchlorid-Lösung[1] titriert, bis der Auslauf eines Tropfens der Reaktionsflüssigkeit auf Filtrierpapier (zweckmäßig SCHLEICHER u. SCHÜLL Nr. 604) mit einer etwa 1%igen H-Säurelösung (1,8-Aminonaphthol-3,6-disulfonsaures Natrium) eine sofortige Farbstoffbildung ergibt. Ein Verbrauch von b ml 0,1 n Diazolösung für a g Einwaage an ursprünglicher Probe ergibt:

$$\frac{b}{a} \cdot 1{,}1108\,\% \text{ Sarkosinnatrium.}$$

Begleitsalze. Zur Natriumchlorid-Bestimmung werden 1 bis 5 g der Probe in schwach salpetersaurer Lösung mit 0,1 n Silbernitrat-Lösung potentiometrisch titriert[2].

γ) Übersicht über neuere in der Literatur beschriebene quantitative Methoden

Über diese generellen Methoden hinaus erscheinen noch einige Methoden erwähnenswert, die allerdings zur Voraussetzung haben, daß vorher Eichkurven

---

[1] 13,812 g reines m-Nitranilin werden mit 200 ml Wasser und 90 ml konz. Salzsäure warm gelöst, bei 5° mit 100 ml 1 n Natriumnitrit-Lösung in einem Guß versetzt und gemischt und nach 2 Min. im Meßkolben mit Eiswasser zu 1 l verdünnt.

[2] Die auf den Seiten 1463 bis 1479 beschriebenen quantitativen Bestimmungsmethoden wurden im Untersuchungslaboratorium der BASF, Ludwigshafen a. Rh., ausgearbeitet und langjährig erprobt.

ausgearbeitet werden. Die Produkte müssen dabei genau bekannt und in ihrer Zusammensetzung möglichst konstant sein. Als erste derartige Methode möchten wir die *polarographische Methode von* SCHÜTZ nennen.

Die Polarographie (s. S. 799 ff.) stellt ja bekanntlich eine Elektrolyse mit automatisch gesteigerter Spannung und einer Quecksilber-Tropfelektrode als Kathode dar. Im allgemeinen kann bei dieser Anordnung ein Strom erst fließen, wenn die Spannung zur kathodischen Reduktion eines in der Untersuchungslösung vorhandenen Stoffes ausreicht. Die Stromstärke wird als Ordinate auf rotierendem photographischem Papier mit Hilfe eines Spiegelgalvanometers gegen die Stromspannung als Abszisse aufgetragen. Jeder Reduktionsvorgang ergibt eine Stufe in der Kurve, wobei der Beginn der Stufe das Reduktionspotential, ihre Höhe die Konzentration des betreffenden Stoffes angibt. Sehr oft werden diese Stufen durch sogenannte Maxima gestört, die dann auftreten, wenn durch heftige Strömungen eine stärkere Depolarisation der Tropfenoberfläche bewirkt wird, als dies der normalen Diffusion entspricht. Man kann diese störenden Maxima durch verschiedene Zusätze zum Elektrolyten beseitigen, z. B. unter anderem auch durch oberflächenaktive Stoffe. Verwendet man einen geeigneten Grundelektrolyten, z. B. Kupfer(II)-chlorid-Lösung und 0,1 n Schwefelsäure als Leitsalz zur Abpufferung von Begleitsalzen, vor allen Dingen von Soda, so ist es nicht mehr erforderlich, jeweils die ganze Stromspannungskurve aufzunehmen, sondern es genügt das Abbruchpotential, also die Spannung zu ermitteln, bei der das Maximum eben abbricht. Die Eichkurve enthält die Differenzen zwischen der Abbruchsspannung der Grundlösung und der nach Zusatz der Eichsubstanzen gegen die Konzentration.

Diese Methode ist wohl nicht nur zur Gehaltsbestimmung, sondern vielleicht noch besser zur Überwachung der gleichbleibenden Qualität geeignet. Stellt man nämlich den Gehalt durch eine andere Methode sicher, z. B. als Methanol-Extrakt, so müßte die polarographische Methode ohne weiteres z. B. den Gehalt an Polysulfonsäuren oder freien Fettalkoholen erkennen lassen.

Die zweite *Methode zur Bestimmung anion-capillaraktiver Verbindungen* stammt von MARRON und SCHIFFERLI[1]. Sie beruht darauf, daß die Natriumsalze der waschaktiven Sulfonsäuren in wäßriger Phase mit einem Aminsalz einer starken anorganischen Säure, z. B. p-Toluidinhydrochlorid, unter Bildung des sulfonsauren Amins und des Natriumsalzes der anorganischen Säure umgesetzt werden. Das sulfonsaure Amin ist die einzige Reaktionskomponente dieses Gemisches, die sich in Tetrachlorkohlenstoff löst. Man schüttelt deshalb mit Tetrachlorkohlenstoff durch und erreicht dadurch quantitativen Umsatz und Trennung vom salzsauren Toluidin und anderen Salzen. Die abgetrennte Tetrachlorkohlenstoff-Schicht wird mit neutralem Alkohol versetzt und mit 0,1 n NaOH gegen m-Kresolrot titriert. Die Methode ist in kurzer Zeit durchführbar (20 Min.). Die Genauigkeit ist befriedigend. Man muß aber auch in diesem Falle das mittlere Mol.-Gew. der Verbindung kennen, damit man den gefundenen Titrationswert ausrechnen kann. Sie versagt also bei Gemischen mehrerer, verschieden konstituierter Waschmittel, während in diesem Falle z. B. die Methode der Bestimmung des Methanol-Extraktes wenigstens die Gesamtsumme der capillaraktiven Substanzen ergibt.

Wenn man, was allerdings die Autoren nicht vorgeschlagen haben, den Tetrachlorkohlenstoff-Auszug auf ein bestimmtes Volumen auffüllt und in aliquoten Teilen die acidimetrische Titration und die Bestimmung des Abdampfrückstandes durchführt, kann man

---

[1] T. U. MARRON u. J. SCHIFFERLI: Ind. Engng. Chem., analyt. Edit. **18**, 49 (1946).

aus diesen beiden Bestimmungen durch Subtraktion des durch die Titration erfaßten Toluidins vom Gesamt-Trockengehalt die Menge waschaktiver Substanz gewichtsmäßig und dadurch unabhängig vom Molekulargewicht erfassen. LOOMEIJER[1] fand, daß anionaktive Textilhilfsmittel aus Albumin-Bromkresolpurpur-Komplexen den Farbstoff zu verdrängen und freizumachen vermögen. Dieser kann durch Lichtabsorption bestimmt werden, da Proportionalität zwischen Menge des Textilhilfsmittels und in Freiheit gesetzten Farbstoffes besteht.

Besonders interessant erscheint die *Methode von* EPTON[2], die auf eine Arbeit von JONES[3] zurückgeht und von BARR, OLIVER und STUBBINGS[4] bestätigt und erweitert wurde. Sie beruht auf folgender Beobachtung: Gibt man zu einer etwa 0,004 molaren Lösung eines anion-capillaraktiven Stoffes eine 0,003 % ige, mit 1,2 % Schwefelsäure angesäuerte und mit Natriumsulfat versetzte Methylenblau-Lösung und schüttelt man nun mit Chloroform durch, so geht der Farbstoff in die Chloroform-Schicht. Läßt man nun eine 0,004 molare Lösung eines kation-capillaraktiven Stoffes (EPTON verwendet Cetylpyridiniumbromid) hinzutropfen und schüttelt nach jedem Zusatz um, so erfolgt mit fortschreitender Titration eine Wanderung des Farbstoffes in die wäßrige Phase. Beim „Neutralpunkt" zeigen wäßrige Schicht und Chloroform-Schicht gleiche Farbstärke, bei weiterer Zugabe des kation-capillaraktiven Stoffes wandert der Farbstoff allmählich völlig in die wäßrige Schicht. Nach EPTON wird die Endpunkt-Einstellung (gleiche Farbstärke der wäßrigen und Chloroform-Schicht) nicht durch überschüssige anorganische Salze und Säuren beeinflußt, Fettsäureseifen sollen nicht stören. Die Endpunkt-Bestimmung soll bis zu 0,1 ml Genauigkeit betragen. BARR, OLIVER und STUBBINGS[4] erweiterten die Methode zur Bestimmung kationcapillaraktiver Substanzen unter Verwendung von Bromphenolblau als Indicator und durch Titration mit einem geeigneten anion-capillaraktiven Stoff, wobei bei sonst gleicher Arbeitsweise bis zum Verschwinden (bei Umkehrung Erscheinen) der blauen Farbe in der Chloroform-Schicht titriert wird. In ähnlicher Weise arbeiten E. D. CARKHUFF und W. F. BOYD[5] mit Dimethylgelb als Indicator.

Die Methode von EPTON wurde unter Verwendung von *Zephirol*-Lösung nachgearbeitet[6]. Reine Lösungen von *Mersolat*, Alkylbenzolsulfonat, Fettalkoholsulfonat und *Nekal*, welche nur geringe Mengen anorganischer Salze enthielten, gaben gute Ergebnisse und zeigten direkte Proportionalität zwischen angewandter Menge und Verbrauch. Am Beispiel des Alkylbenzolsulfonats wurde der Einfluß der Verdünnung, der Zusatz von Kochsalz, Natriumsulfat, Seife und einem nicht-ionogenen Stoff untersucht. Verdünnung der 0,1 %igen Probelösung mit dem gleichen und dem doppelten Volumen Wasser beeinflußt das Resultat nicht. Anwesenheit von Kochsalz beeinflußt das Ergebnis mit steigenden Mengen. So wurden verbraucht für:

10 ml 0,1 %ige Alkylbenzolsulfonat-Lösung	8,30 ml *Zephirol*-Lösung,
10 ml 0,1 %ige Alkylbenzolsulfonat-Lösung + 0,03 g NaCl	8,40 ml *Zephirol*-Lösung,
10 ml 0,1 %ige Alkylbenzolsulfonat-Lösung + 0,1 g NaCl	8,50 ml *Zephirol*-Lösung,
10 ml 0,1 %ige Alkylbenzolsulfonat-Lösung + 0,25 g NaCl	9,00 ml *Zephirol*-Lösung,
10 ml 0,1 %ige Alkylbenzolsulfonat-Lösung + 0,40 g NaCl	9,40 ml *Zephirol*-Lösung.

Bei sehr großem Überschuß an Kochsalz (2 bis 4 g) bleibt der Farbstoff im Chloroform. Die Titration läßt sich dann nicht mehr durchführen. Natriumsulfat beeinflußt die Titration wenig. Seifenzusatz (10 mg und 30 mg auf 10 ml 0,1 %ige Lösung = 10 mg waschaktive Substanz) ergibt gleiche Werte wie bei reiner Lösung. Zusatz eines nicht-ionogenen Produktes (oxäthylierte Fettsäure) gibt erniedrigte Werte.

Da im *Mersolat* neben Salzen von Paraffin-monosulfonsäuren auch solche von -disulfonsäuren vorhanden sein können, wurden reine Paraffin-monosulfonsäure und reine

---

[1] F. J. LOOMEIJER: Analytica chim. Acta (Amsterdam) **10**, 147 (1954).
[2] S. R. EPTON: Nature (London) **160**, 795 (1947).
[3] J. H. JONES: J. Assoc. off. agric. Chemists **28**, 398 (1945).
[4] T. BARR, J. OLIVER u. W. V. STUBBINGS: J. Soc. chem. Ind. **67**, 45 (1948).
[5] E. D. CARKHUFF u. W. F. BOYD: J. Amer. Pharmac. Assoc. **43**, 240 (1954).
[6] K. F. MÜLLER: Privatmitteilung.

Paraffin-disulfonsäure untersucht. Die Monosulfonsäure verhält sich normal, die Disulfonsäure verdrängt schon ohne Zusatz des kation-capillaraktiven Stoffes den Farbstoff in die Wasserschicht. Ein Gemisch von 65% Mono- und 35% Disulfonsäure gibt ein von der reinen Monosulfonsäure stark abweichendes Ergebnis.

Da man in handelsüblichen Waschmitteln neben der capillaraktiven Substanz auch noch mit der Anwesenheit von Soda, Wasserglas und Tylose rechnen muß, wurde auch noch der Einfluß dieser Bestandteile auf die Bestimmung, z. B. des *Nekals*, nach dieser Methode untersucht.

10 ml der 0,1%igen *Nekal*-Lösung verbrauchten 7,80 ml der 0,004%igen *Zephirol*-Standard-Lösung, 20 ml der 0,1%igen *Nekal*-Lösung verbrauchten 15,80 ml der 0,004%igen *Zephirol*-Standard-Lösung. 10 ml derselben 0,1%igen *Nekal*-Lösung verbrauchten nach Zusatz von 40 mg Soda 7,80 ml, nach Zusatz von 10 mg Wasserglas 7,60 ml und nach Zusatz von 3 mg Tylose 7,60 ml der *Zephirol*-Lösung. 10 ml der 0,1%igen *Nekal*-Lösung, der gleichzeitig 60 mg Soda und 10 mg Wasserglas zugesetzt wurden, und 10 ml *Nekal*-Lösung, der gleichzeitig 44 mg Soda, 10 mg Wasserglas und 3 mg Tylose zugesetzt wurden, verbrauchten je 7,70 ml *Zephirol*-Lösung. Ein Einfluß von solchen Zusätzen im üblichen Rahmen ist also nicht wahrnehmbar und liegt innerhalb der Versuchsfehler der Methode. Allerdings ist beim Zusatz der Tylose der „Neutralpunkt" schwieriger zu erkennen.

Die Methode ist somit anwendbar bei anion-capillaraktiven und in ihrer Umkehrung auch bei kation-capillaraktiven Stoffen bekannter und gleichbleibender Zusammensetzung und nicht zu großem NaCl-Gehalt. Seife und Na_2SO_4 stören nicht; nicht-ionogene Stoffe können zu niedrige Werte geben. Soda, Wasserglas und Tylose stören im üblichen Rahmen nicht, so daß die Analyse von Waschmitteln nach dieser Methode durchaus möglich ist. Bei Analysen von *Mersolaten* darf der Gehalt an Disulfonsäuren nicht zu hoch sein. Das Verhältnis Mono-:Disulfonsäure muß einigermaßen konstant sein. Der Hauptvorteil dieser neuen Methode ist darin zu sehen, daß sie — wohl zum ersten Male — eine direkte Titration von sulfatierten und sulfonierten waschaktiven Substanzen neben Seifen in einfachster Weise gestattet.

Zur quantitativen Bestimmung anionaktiver Kolloid-Elektrolyte mit p-Toluidin, Methylenblau und anderen organischen Farbstoffen vgl. die Originalarbeiten von STÜPEL und v. SEGESSER[1], WIJGA[2], WICKBOLD[3], KARUSH und SONENBERG[4], HEKKER und SCHETS[5], LASSIEUR[6] und SCHWERDTNER[7].

Auf die *lichtelektrisch-colorimetrische* Methode zur Bestimmung quartärer Ammoniumsalze von E. L. COLICHMAN[8], die auf der Bildung des quartären Ammonium-Bromphenolblau-Salzes in Carbonat-Lösung und Messung der Farbintensität mit einem lichtelektrischen Colorimeter ohne Extraktion des Farbkomplexes beruht, sei verwiesen.

A. HART und E. W. LEE[9] haben gezeigt, daß die Farbe einer Erdalkalimetall-Lack-Dispersion des *Eriochrom Azurol B* (Farbindex 720, GEIGY Co.), in K_2CO_3-haltiger Lösung durch Vermischen mit einer Lösung von Polyvinylalkohol und Magnesiumsulfat hergestellt, durch kation-capillaraktive Substanzen stark beeinflußt wird, so daß die Bestimmung dieser Verbindungen mit Hilfe lichtelektrischer Absorptionsmessung mit Rotfilter möglich ist.

---

[1] H. STÜPEL u. A. v. SEGESSER: Helv. chim. Acta **34**, 1362 (1951); Fette · Seifen · Anstrichmittel **53**, 260 (1951).

[2] P. W. O. WIJGA: Chem. Weekbl. **45**, 477 (1949).

[3] R. WICKBOLD: Fette · Seifen · Anstrichmittel **54**, 394 (1952).

[4] F. KARUSH u. M. SONENBERG: Analytic. Chem. **22**, 175 (1950).

[5] T. HEKKER u. A. W. M. SCHETS: Chem. Weekbl. **45**, 582 (1949).

[6] A. LASSIEUR: Chim. analytique **33**, 306 (1951).

[7] H. SCHWERDTNER: Chem. Techn. **2**, 361 (1950).

[8] E. L. COLICHMAN: Analytic. Chem. **19**, 430 (1947).

[9] A. HART u. E. W. LEE: Tappi **34**, 77 (1951); C. A. **45**, 4449 (1951).

MICHEELS, HEIDLER, GROSS und v. ROLL und RATH[1] berichten über qualitative Nachweisreaktionen und quantitative Bestimmungsmethoden für *Eulane*, die zum Teil auf der Abscheidung einer Jod-Additionsverbindung nach Zusatz von Kaliumjodid (neutral oder sauer) und deren Auswägung, zum anderen Teil auf der Titration mit Jodlösung in Gegenwart von Stärke als Indicator beruhen. Diese Methoden sind natürlich nur für solche *Eulane* brauchbar, die quartäre Verbindungen sind. Sie lassen sich gegebenenfalls auch für andere Textilhilfsmittel dieser Klasse anwenden.

Für die Bestimmung von Polyäthylenoxyd-Addukten arbeiteten WURZSCHMITT und KERCKOW[2] noch eine Methode aus, die darauf beruht, daß das Polyäthylenoxyd-Addukt durch Zusatz von Bariumchlorid und Salzsäure zur Oxonium-Verbindung umgesetzt und an diese Jod zu einem unlöslichen Jod-Additionsprodukt angelagert wird. Durch Rücktitration des überschüssigen Jods erhält man die Menge des Adduktes. Die Methode wurde bisher an einem Polyäthylenoxyd-Addukt eines Fettsäureamids erprobt, ist aber mit größter Wahrscheinlichkeit auch auf andere polyoxäthylierte Verbindungen übertragbar und auch zur Bestimmung von Polyäthylenoxyd-Addukten neben anderen capillaraktiven Stoffen geeignet. Die Methode setzt eine Eichung mit dem betreffenden Äthylenoxyd-Addukt voraus, d. h. es ist an dem reinen Produkt das Verhältnis von Jod zu Äthylenoxyd-Addukt festzustellen.

Erforderliche Lösungen: 1. Jod-BaCl$_2$-HCl-Lösung. Im 1 l Meßkolben werden 750 ml 0,1 n Jodlösung mit 125 ml 10%iger Bariumchlorid-Lösung gemischt und mit einer Mischung aus 1 Vol. konz. Salzsäure und 4 Vol. Wasser bis zur Marke aufgefüllt.
2. 0,1 n Natriumthiosulfat-Lösung.
3. Stärkelösung, etwa 1%ig.
4. Filter Nr. 589,2 (Weißband, SCHLEICHER u. SCHÜLL), 11 cm Durchmesser.
Als Eichlösung wird eine wäßrige Lösung von 3 g/l des zu untersuchenden Polyäthylenoxyd-Adduktes angewandt.

Ausführung: In einen trockenen ERLENMEYER-Kolben werden nacheinander 25 ml der Eichlösung und 50 ml der Jod-BaCl$_2$-HCl-Lösung pipettiert, die Mischung 5 Min. stehengelassen und filtriert. Die ersten 10 ml des Filtrates fängt man in einem Meßzylinder auf und verwirft sie, das restliche Filtrat wird in einem trockenen Gefäß gesammelt. 25 ml des letzteren Filtrates titriert man wie üblich mit 0,1 n Natriumthiosulfat-Lösung gegen Stärke zurück. — Es seien hierzu *a* ml verbraucht.

Blindversuch: 25 ml Wasser und 50 ml Jod-BaCl$_2$-HCl-Lösung werden nach Mischen und 5 Min. langem Stehen durch ein gleichartiges Filter und auf gleiche Weise filtriert. 25 ml des zweiten Filtrates werden ebenso mit 0,1 n Natriumthiosulfat-Lösung titriert. — Der Verbrauch betrage *b* ml.
Enthält die Eichlösung *e* g des Polyäthylenoxyd-Adduktes im Liter, so entspricht:

$$1 \text{ Gramm-Atom Jod} = \frac{e}{b-a} \cdot \frac{250}{3} \text{ g Eichsubstanz.}$$

Auf Grund dieser Relation zwischen Jod und Polyäthylenoxyd-Addukt ist in analoger Weise der Gehalt desselben zu bestimmen.

Nach dem von N. SCHÖNFELDT[3] entwickelten Verfahren zur quantitativen Bestimmung von Polyäthylenoxyd-Addukten werden diese als Additionsprodukte mit K$_4$[Fe(CN)$_6$] in salzsaurer Lösung gefällt. Der Überschuß an K$_4$[Fe(CN)$_6$] wird im Filtrat durch Titration mit Zinksulfat ermittelt. Da eine Abhängigkeit zwischen dem Verbrauch an Zinksulfat und vorhandener Menge Äthoxy-Produkt besteht, kann diese Verbindung quantitativ bestimmt werden.

---

[1] O. MICHEELS: Melliand Textilber. **16**, 42 (1935); K. HEIDLER: ebenda **21**, 407 (1940); J. W. GROSS u. E. v. ROLL: ebenda **21**, 525 (1940); H. RATH: ebenda **21**, 640 (1940).
[2] B. WURZSCHMITT u. F. W. KERCKOW: Privatmitteilung.
[3] N. SCHÖNFELDT: J. Amer. Oil Chemists' Soc. **32**, 77 (1955).

E. G. Brown und T. J. Hayes[1] haben eine Bestimmung von Polyäthylen-glykol-monooleat durch Messung der optischen Dichte einer blauen Chloroform-Lösung beschrieben, die durch Umsetzen von Ammoniumkobaltrhodanid mit der Polyäthylen-Verbindung erhalten wird.

δ) Richtlinien zur Untersuchung unbekannter capillaraktiver Stoffe

Außer dem schon im Abschnitt „Qualitative Untersuchung" Gesagten sei hier noch auf folgendes hingewiesen:

Vielfach liegt die capillaraktive Substanz in Mischung mit anorganischen Salzen, die sowohl von der Herstellung herrühren, als auch absichtlich zugesetzt sein können, vor. In diesem Fall ist sie mit Hilfe eines organischen Lösungs-mittels, wie Methanol, Äthanol, Butanol, Äther, Benzol, zu isolieren. Hierzu wird das getrocknete, auch vom etwaigen Kristallwasser der Begleit-salze befreite Produkt mit dem Lösungsmittel oder auch Lösungsmittel-Gemisch, z. B. Alkohol-Chloroform, mehrfach ausgekocht oder in einem Extraktions-apparat extrahiert, die Lösung eingedampft und der Rückstand evtl. im Vakuum bis zur Konstanz getrocknet und gewogen. Häufig läßt sich aber namentlich aus Lösungen oder Pasten der Wirkstoff mit Natriumchlorid aussalzen und mit dem Lösungsmittel, z. B. Butanol, Benzol, Äther, ausschütteln und aus dem Auszug nach Abdampfen und Trocknen wie vorher wägen. Zu beachten ist hier-bei, daß Natriumchlorid vielfach in beiden Fällen in das Lösungsmittel mit übergeht, der Extrakt also neben dem Wirkstoff Natriumchlorid enthält.

Wie schon erwähnt, können durch die Lösungsmittel außer Natriumchlorid auch die Natriumsalze von Monocarbonsäuren und, wie Wurzschmitt und Mit-arbeiter neuerdings fanden, auch Natriummetaphosphate mit in dem Extrakt gelöst werden. In solchen Fällen empfiehlt es sich, wie schon auf Seite 1427 geschildert, die reinen Natriumsalze der waschaktiven Substanzen über die Fällung als Benzidinsalze herzustellen. Man kann auch den Tetrachlorkohlen-stoff-Extrakt nach Marron und Schifferli (vgl. S. 1480) nach der Titration mit Natronlauge zur Trockne dampfen, wodurch Alkohol, Tetrachlorkohlenstoff und das in Freiheit gesetzte p-Toluidin entfernt und die Natriumsalze der waschaktiven Substanzen als Rückstand erhalten werden.

Zur Bestimmung desselben, überhaupt zur weiteren Untersuchung des Wirkstoffes, ist der so erhaltene scharf getrocknete Extrakt wegen seiner Hygroskopizität meist nicht unmittelbar geeignet. Er wird deshalb mehrere Stunden, vor Staub geschützt, freier Luft ausgesetzt und wieder gewogen. Aus dem so erhaltenen luftfeuchten Extrakt werden nach Mischung die Einwaagen für die Natriumchlorid-Bestimmung durch potentiometrische Silbernitrat-Titration in schwach salpetersaurer Lösung und alle Einwaagen für die folgenden Bestim-mungen entnommen.

Ist
a = Gewicht des scharf getrockneten Extraktes,
b = Gewicht des luftfeuchten Extraktes,
c = % Natriumchlorid im luftfeuchten Extrakt,
so besteht der luftfeuchte Extrakt aus:

$$\frac{a}{b} \cdot 100 - c \text{ % kapillaraktiver Substanz,}$$

$$\frac{b-a}{b} \cdot 100 \text{ % Wasser,}$$

$$c \text{ % Natriumchlorid.}$$

---

[1] E. G. Brown u. T. J. Hayes: Analyst 80, 755 (1955).

Im luftfeuchten Extrakt werden zunächst alle vorhandenen Elemente, als welche Kohlenstoff, Wasserstoff, Sauerstoff, Stickstoff, Schwefel, Chlor und Natrium in Frage kommen können, bestimmt. Zur Berechnung des Atomverhältnisses der wirksamen Substanz sind zuvor an den gefundenen Werten für Wasserstoff und Sauerstoff die dem Wassergehalt entsprechenden Werte abzusetzen, ebenfalls vom gefundenen Gesamt-Natriumgehalt der dem Natriumchlorid entsprechende Natriumgehalt und vom Gesamt-Chlorgehalt der Chlorion-Gehalt. Aus dem für die capillaraktive Substanz gefundenen Atomverhältnis lassen sich nach WURZSCHMITT durch Aufstellung der Bilanz der Elementarbausteine bereits weitgehende Schlüsse auf deren Zusammensetzung ziehen.

Besteht der Wirkstoff ausschließlich aus Kohlenstoff, Wasserstoff und Sauerstoff, so kann es sich bei verhältnismäßigem Sauerstoff-Reichtum, also bei einem Atomverhältnis $O : C = 1 :$ etwa 3 bis 4 nur um ein Äthylenoxyd-Addukt handeln, andernfalls um ein Fettsäure-Kondensat mit Polyalkoholen.

Enthält die capillaraktive Substanz neben Kohlenstoff, Wasserstoff und Sauerstoff lediglich noch Natrium, so kann nur Seife vorhanden sein.

Setzt sich der capillaraktive Stoff aus Kohlenstoff, Wasserstoff, Sauerstoff und Stickstoff zusammen, so ist entweder Seife mit Ammoniak, einem Amin oder Äthanolamin als Kation vorhanden oder ein Kondensationsprodukt von Fettsäure mit Amin oder Äthanolamin, wobei letzteres sowohl ein Amid als auch ein Ester sein kann.

Besteht der Wirkstoff aus Kohlenstoff, Wasserstoff, Sauerstoff, Stickstoff und Natrium, so ist entweder ein Gemisch aus Seife und einem Kondensationsprodukt von Fettsäure mit Amin oder Äthanolamin vorhanden, oder es liegt ein Kondensat von Fettsäure mit Aminocarbonsäure vor.

Ist in der capillaraktiven Substanz Kohlenstoff, Wasserstoff, Sauerstoff, Schwefel und Natrium enthalten, so liegen Natriumsalze entweder von Sulfonsäuren oder von Schwefelsäureestern vor.

Ein Atomverhältnis der capillaraktiven Substanz $S : O = 1 : 3$ entscheidet für Sulfonsäuren von Kohlenwasserstoffen. Ob deren Kohlenwasserstoff-Anteil rein aliphatisch oder aliphatisch-aromatisch ist, geht einerseits aus dem Atomverhältnis $C : H$ hervor und ist andererseits nach den schon beschriebenen qualitativen Proben zu erkennen.

Wurde das Atomverhältnis $S : O = 1 : 5$ oder $1 : 7$ gefunden, so ist mit einem Kondensat von Fettsäure an eine Alkoholsulfonsäure bzw. einem Sulfodicarbonsäureester zu rechnen. Beim Kochen mit Salzsäure $1 : 4$ spaltet sich ersteres vollkommen in Fettsäure einerseits und die Alkoholsulfonsäure andererseits. Im Äther-Auszug dieser Säurespaltung ist die Fettsäure nach VZ und JZ zu charakterisieren und im Abdampfrückstand des Sauerwassers das Alkoholsulfat aus den Elementar-Bestimmungen. Der Sulfodicarbonsäureester wird zwar beim Kochen mit Salzsäure ebenfalls, mindestens teilweise, verseift, spaltet sich aber rascher und vollständig beim Kochen mit überschüssiger Lauge in die Alkohol-Komponente einerseits und die Sulfodicarbonsäure andererseits, was gleichzeitig mit der Bestimmung der VZ verbunden wird. Die Alkohol-Komponente läßt sich aus der alkalischen Verseifungslösung meist mit Dampf abdestillieren und nach Aussalzen und Trocknen mit Kaliumcarbonat aus Siedepunkt, Elementar-Zusammensetzung und OHZ identifizieren. Die Sulfodicarbonsäure wird aus der alkalischen Verseifungslösung nach deren Neutralisation mit Salzsäure in Siedehitze mit Bariumchlorid als Bariumsalz gefällt, abgesaugt, gewaschen und getrocknet. Die Elementar-Bestimmungen hierin lassen dann die Sulfodicarbonsäure ebenfalls feststellen.

Besteht der Wirkstoff aus Kohlenstoff, Wasserstoff, Sauerstoff, Stickstoff und Schwefel, so können statt der Natriumsalze der in den vorigen Abschnitten behandelten Schwefelsäureester und Sulfonsäuren deren Amin- oder Äthanolaminsalze vorliegen, die aber nach den gleichen Grundsätzen zu untersuchen sind.

Enthält der Wirkstoff Kohlenstoff, Wasserstoff, Stickstoff, Schwefel und Natrium, so können einerseits Schwefelsäureester von Fettsäure-Äthanolamiden und andererseits Sulfonsäuren, z. B. Kondensationsprodukte von Fettsäuren mit Aminosulfonsäuren, vorliegen.

Sind im Wirkstoff neben Kohlenstoff, Wasserstoff und Stickstoff noch Chlor-Ionen oder Sulfat-Ionen unmittelbar nachweisbar, wobei letzteren Ionen eine entsprechende Menge Natrium-Ion nicht gegenübersteht, so ist mit quartären Ammoniumsalzen zu rechnen, in welchen das Zentral-Stickstoff-Atom auch einem stickstoffhaltigen heterocyclischen Ring, z. B. Imidazol oder Pyridin, angehören kann. Im letzteren Fall ist meist noch etwas freies Pyridin vorhanden und bereits durch den Geruch erkennbar. Im übrigen muß versucht werden, das quartäre Salz durch trockne Destillation mit Ätzkali im Kupferkolben zu zerlegen und aus dem überdestillierenden tertiären Amin wenigstens teilweise zu identifizieren.

Einige Beispiele mögen dieses Verfahren erläutern:

Beispiel 1. Der waschaktive Stoff sei ein Gemisch aus Seife und dem Natriumsalz der Sulfonsäure eines aliphatischen Kohlenwasserstoffes.

Der Lösung des waschaktiven Stoffes in 50 vol.-%igem Alkohol wird durch Ausschütteln mit Petroläther das Unverseifte (der Seife) und das Unsulfonierte (des sulfonsauren Salzes) entzogen und nach Abdampfen des Petroläthers gewogen. Die alkohol.-wäßrige Schicht wird mit Essigsäure angesäuert und abermals mit Petroläther ausgeschüttelt, in den nunmehr die Seifen-Fettsäure übergeht, die nach Abdampfen des Petroläthers gewogen und hinsichtlich SZ und JZ gekennzeichnet wird. Die alkohol.-wäßrige Schicht wird abgedampft, in Salzsäure 1 : 4 gelöst und 1 Std. am Rückflußkühler gekocht. Ölabscheidungen treten nicht ein, es fehlen also Sulfate von Oxyfettsäuren, Fettalkoholen, Alkylphenyl-Polyglykoläthern und Produkte des *Igepon-A*-Typs, und es können nur noch Sulfonsäuren vorhanden sein. Die salzsaure Lösung wird zur Trockne gedampft und der konstant getrocknete Rückstand gewogen. In ihm wird durch Elementar-Analyse das Verhältnis C : H : O : S : Na : Cl festgestellt. Wird hiervon das dem Chlor entsprechende Natrium, welches das als Seife gebundene Natrium ist, abgezogen, so entspricht das restliche Verhältnis C : H : O : S : Na dem Natriumsalz der Sulfonsäure. Ist in diesem das Atomverhältnis S : O = 1 : 3, so liegt die Sulfonsäure eines Kohlenwasserstoffes vor. Ein Atomverhältnis C : H = 1 : 2 deutet auf eine rein aliphatische, ein wasserstoffärmeres auf eine aliphatisch-aromatische Sulfonsäure. Eine Entscheidung hierüber trifft weiterhin die bereits erwähnte Schmelz- und Kupplungsprobe.

Beispiel 2. Der capillaraktive Stoff war (unbekannterweise) eine Mischung eines Fettalkoholsulfats mit dem Natriumsalz der Sulfonsäure eines aliphatisch-aromatischen Kohlenwasserstoffes.

Die Lösung des capillaraktiven Stoffes in 50 vol.-%igem Alkohol wird mit Petroläther ausgeschüttelt und der Petroläther-Extrakt nach Abdampfen gewogen. Die mit Essigsäure angesäuerte alkohol.-wäßrige Schicht wird erneut mit Petroläther ausgeschüttelt und der Extrakt nach Abdampfen ebenfalls gewogen. In ihn würden etwa vorhandene aus Seifen stammende Fettsäuren übergehen, deren Fehlen hiermit bewiesen wird. Die alkohol.-wäßrige Schicht wird auf dem Wasserbad von Alkohol befreit, mit so viel konz. Salzsäure versetzt, daß 1 Vol. konz. Salzsäure auf 5 Vol. Gesamt-Flüssigkeit vorhanden ist, und 1 Std. am Rückflußkühler im schwachen Sieden gehalten, was wegen des Schäumens in einem geräumigen Kolben geschieht. Die Lösung wird mit Natronlauge neutralisiert, mit Essigsäure wieder angesäuert, mit etwa dem gleichen Volumen Alkohol gemischt und erneut mit Petroläther ausgeschüttelt. Der Petroläther-Extrakt wird nach Abdampfen gewogen und hinsichtlich VZ, OHZ und JZ sowie Elementar-Zusammensetzung gekennzeichnet. Mangelnde VZ bei entsprechender OHZ schließt Fettsäure als Sulfat-Komponente aus und spricht für Fettalkohole, wenn sich Sauerstoff-Gehalt und OHZ decken. Die wäßrig-alkohol. Schicht wird vom Alkohol auf dem Wasserbad befreit, ihr Schäumen deutet auf eine noch enthaltene Sulfonsäure. Sie wird mit Salzsäure angesäuert und völlig zur Trockne verdampft. Der konstant getrocknete Trockenrückstand wird gewogen, und in ihm werden durch Elementar-Analyse Kohlenstoff, Wasserstoff, Sauerstoff, Schwefel und Natrium und andererseits durch potentiometrische

Silbernitrat-Titration Chlor-Ion sowie nach Aussalzen mit Natriumchlorid und Tierkohle Sulfat-Ion bestimmt. Vom Gesamt-Natriumgehalt werden das dem Chlor-Ion und Sulfat-Ion entsprechende Natrium abgezogen, wonach aus dem Rest-Natrium in Verbindung mit dem organisch gebundenen Schwefel und den Kohlenstoff-, Wasserstoff- und Sauerstoff-Werten das Atomverhältnis des sulfonsauren Natriumsalzes zu berechnen ist.

Aus ihm spricht das Atomverhältnis $S : O = 1 : 3$ für die Sulfonsäure eines Kohlenwasserstoffes und weiterhin das Atomverhältnis $C : H = 1 : 2$ für eine aliphatische und ein wasserstoffärmeres für eine aliphatisch-aromatische Struktur des Kohlenwasserstoff-Anteiles. Die Entscheidung bringt wiederum die Schmelz- und Kupplungsprobe. Aus dem Sulfat-Gehalt des Trockenrückstandes ergibt sich ferner der Esterschwefelsäure-Anteil des enthaltenen Fettalkoholsulfats.

Beispiel 3. Die capillaraktive Substanz lag als wäßrige Paste vor. Zur Isolierung wurde der capillaraktive Stoff durch Mischen mit etwa der dreifachen Menge gesättigter Natriumchlorid-Lösung ausgesalzen und mit Äther ausgeschüttelt, wonach

29,5% capillaraktive Substanz

erhalten wurden. Diese war eine gelbe, kaum noch fließende Masse und enthielt neben Kohlenstoff, Wasserstoff und Sauerstoff nur noch Schwefel und Natrium, letztere im Atomverhältnis $1 : 1$. Nach dem Abkochen mit verd. Salzsäure ließ sich Sulfat-Ion im Sauerwasser nicht nachweisen. Schwefelsäureester sind also nicht vorhanden. Der capillaraktive Stoff war mit wäßriger Lauge verseifbar und gab hierbei eine VZ von 174. Bei dieser Verseifung schied sich eine Ölschicht ab, die sich als teils flüchtig, teils nichtflüchtig erwies. Der flüchtige Anteil wurde aus der alkalischen Verseifungsflüssigkeit mit Dampf abdestilliert und aus dem Destillat mit Kaliumcarbonat ausgesalzen und getrocknet, wonach sich im Wirkstoff

39,4% flüchtiges Unverseifbares

ergaben. Das nichtflüchtige Unverseifbare wurde anschließend aus der alkalischen, mit Dampf geblasenen Verseifungslösung mit Äther ausgeschüttelt und nach Abdampfen des Äthers gewogen. Der Wirkstoff enthielt

29,9% nichtflüchtiges Unverseifbares.

Das flüchtige Unverseifbare war eine farblose Flüssigkeit vom Sdp. 182 bis 183°, wies ein Atomverhältnis $C : H : O = 7,6 : 17 : 1$ auf und hatte eine OHZ von 458. Letztere deckt praktisch den gesamten Sauerstoff-Gehalt, womit das flüchtige Unverseifbare als ein Octanol identifiziert ist. Da es erst durch Verseifung in Freiheit gesetzt wurde, muß es die Alkohol-Komponente eines Esters sein. Die Säure-Komponente derselben ließ sich aus der mit Äther ausgezogenen Verseifungslösung nach deren Neutralisation mit Salzsäure als Bariumsalz mittels Bariumchlorid fällen. Das Bariumsalz, das nicht umkristallisiert werden konnte, wurde mit Wasser und Methanol gewaschen und getrocknet. Es ergab durch Elementar-Analyse ein Atomverhältnis $C : H : O : S : Ba = 3,6 : 4,1 : 7,6 : 1 : 1,5$. Es weist damit eine Sulfongruppe und zwei Carboxylgruppen auf, ist also eine Sulfodicarbonsäure und kann nach seinem Atomverhältnis nur Sulfobernsteinsäure sein. Ein Teil der capillaraktiven Substanz ist folglich als Natriumsalz des Sulfobernsteinsäure-dioctylesters identifiziert, und zwar sind gemäß der gefundenen VZ von 174 im Wirkstoff enthalten:

68% Natriumsalz des Sulfobernsteinsäure-dioctylesters,

die sich mit den gefundenen

29,9% nichtflüchtigem Unverseifbaren

zu nahezu 100% ergänzen. Dieses nichtflüchtige Unverseifbare schäumte in wäßriger Lösung, war also ein weiterer capillaraktiver Stoff, der sich offenbar durch Kochen mit Natronlauge nicht verändert hatte. Seine wäßrige Lösung trübte sich beim Erhitzen und klärte sich wieder beim Abkühlen, was ihn in die Gruppe der Äthylenoxyd-Addukte verwies, und zwar mußte, seiner Unverseifbarkeit wegen, ein Äthylenoxyd-Addukt entweder eines Fettalkohols oder eines Alkylphenols vorliegen. Bestätigt wurde dies durch sein Atomverhältnis $C : H : O = 3,46 : 6,45 : 1$ und seine OHZ von 107,3. Die Entscheidung traf die Kochprobe mit verd. Salpetersäure, nach der im löslichen Teil nach Absättigen mit Natriumacetat durch Calciumchlorid reichlich Oxalsäure nachgewiesen und im abgeschiedenen Teil durch Reduktion, Diazotierung und Kupplung eine aromatisch gebundene Nitrogruppe festgestellt wurde. Das nichtflüchtige Unverseifbare ist also ein Alkylphenol-Glykoläther, der nach Atomverhältnis und OHZ ein Adduktt eines Phenols von 15 Kohlenstoff-Atomen mit 7 Mol Äthylenoxyd im Mol darstellt. Die untersuchte capillaraktive Substanz setzt sich also aus

68% Natriumsalz des Sulfobernsteinsäure-dioctylesters

und 30% Addukt eines C_{15}-Phenols mit 7 Mol Äthylenoxyd

zusammen.

Ähnlich den geschilderten Beispielen werden sich auch für Mischungen anderer capillaraktiver Stoffe durch entsprechende Auswahl der angegebenen Reaktionen zum Erfolg führende Untersuchungsgänge ausarbeiten lassen.

Zum Schluß sei noch auf die Bestimmung des Natriumsalzes von Äthylen-diamin-tetraessigsäure eingegangen, das zwar nicht zu den capillaraktiven Stoffen zählt, aber in Verbindung mit solchen als deren wesentlicher, wenn auch geringer Zusatz gegen die Härtebildner des Wassers auftreten kann. In Umkehrung der von BIEDERMANN und SCHWARZENBACH[1] ausgearbeiteten komplexometrischen Titration von Erdalkalien und einigen anderen Metallen mittels Äthylendiamin-tetraessigsäure hat F. W. KERCKOW[2] die gleiche Reaktion zur Bestimmung der Äthylendiamin-tetraessigsäure durch Titration mittels Magnesiumsalz benützt.

Erforderliche Lösungen: 1. 0,1 m Magnesiumsalz-Lösung (Chlorid oder Nitrat).
2. Puffer-Lösung vom p_H-Wert 10: 1 n Ammoniumchlorid-Lösung und 1 n Ammoniak-Lösung werden im Volumenverhältnis 1 : 5 gemischt.
3. Indicator-Lösung: 0,2 g Eriochromschwarz T supra (GEIGY) werden in der Puffer-Lösung gelöst und zu 100 ml aufgefüllt. Die Indicator-Lösung ist nicht lange haltbar und deshalb oft frisch zu bereiten.
4. Wasser: Spuren von Kupfer stören die Titration mit Eriochromschwarz T. Zweckmäßig wird deshalb redestilliertes Wasser verwendet. Auch wird die für die Puffer-Lösung dienende Ammoniak-Lösung zweckmäßig durch Einleiten von gasförmigem Ammoniak in redestilliertes Wasser hergestellt. Notfalls kann ein etwaiger Kupfergehalt des Wassers durch Zugabe von wenig Cyanid unschädlich gemacht werden.

Ausführung: Eine etwa 0,0025 Mol Äthylendiamin-tetraessigsäure entsprechende Menge der Probe wird in etwa 25 ml Wasser gelöst, mit etwa 50 ml Puffer-Lösung gemischt, mit etwa 1 ml Indicator-Lösung versetzt und mit der 0,1 m Magnesiumsalz-Lösung titriert, bis der Farbton der Lösung über Violett in Rot umschlägt. Werden für a g Probe b ml 0,1 m Magnesiumsalz-Lösung verbraucht, so enthält die Probe: $b/a \cdot 3,802\%$ äthylendiamin-tetraessigsaures Natrium (Mol.-Gew. 380,2).

In Gegenwart von Seife wird, wie zu erwarten, die komplexometrische Titration völlig verhindert, da hierbei Magnesiumseife ausfällt. Seife ist aber aus der Lösung leicht zu entfernen, indem diese nach Ansäuern mit Äther ausgeschüttelt wird. In der wäßrigen Phase läßt sich nach Neutralisation die Titration durchführen. Die übrigen anion-capillaraktiven Stoffe, wie *Mersolat*, Alkylarylsulfonat, *Nekal*, Fettalkoholsulfat, beeinflussen zwar mitunter die Farbnuance des Indicators in geringfügiger Weise, lassen aber den Titrationsendpunkt noch eindeutig erkennen. Mit kation-capillaraktiven Stoffen gibt äthylendiamin-tetraessigsaures Natrium eine Fällung, so daß es als Zusatz zu diesen nicht in Frage kommt. Nitrilo-triessigsaures Natrium ist auf analoge Weise nicht bestimmbar.

4. Sulfatierte Öle und Fette*

Wie bereits in dem vorigen Kapitel: „Synthetische waschaktive Stoffe" (S. 1407) ausgeführt, ist je nach der Bindungsart des Schwefels wie folgt zu unterscheiden[3]:

---

* **Bearbeitet von Dr. H. Finken †, Krefeld.**
[1] W. BIEDERMANN u. G. SCHWARZENBACH: Chimia (Zürich) **2**, 56 (1948).
[2] F. W. KERCKOW: Z. analyt. Chem. **133**, 281 (1951).
[3] Siehe hierzu A. HINTERMAIER: Fette · Seifen · Anstrichmittel **54**, 780 (1952).

1. Einführung von Schwefel ganz allgemein, unabhängig von der Art der Bindung: *Sulfurierung*.

2. Einführung von Schwefel in Merkaptan-Bindung: *Sulfidierung*.

3. Einführung von SO_3, allgemein ohne Kennzeichnung der Bindungsart: *Sulfierung*.

a) Herstellung von Estern der Schwefelsäure ($-O-SO_3H$): *Sulfatierung*. Die Salze heißen Sulfate.

b) Herstellung von Sulfonsäuren $\left(\!>\!C-SO_3H\right)$: *Sulfonierung*. Die Salze heißen Sulfonate.

Die nachstehenden Darlegungen beziehen sich auf *sulfatierte Öle und Fette*, die früher als „sulfonierte" bezeichnet wurden. Die Analyse derartiger Produkte wird im Hinblick auf die Türkischrot-Öle und verwandte Erzeugnisse gebracht. Bei der Nomenklatur soll davon abgesehen werden, daß neben Sulfatierung auch Sulfonierung eintreten kann (s. S. 1492).

Charakteristisch für Schwefelsäureester ist es, daß durch Kochen mit Mineralsäure die organisch gebundene Schwefelsäure vollkommen abgespalten werden kann, während bei Sulfonsäuren die Schwefelsäure durch Kochen mit Mineralsäure nicht oder wenigstens nicht vollständig abzulösen ist.

Die sulfatierten Öle und Fette lassen sich in solche mit einem niedrigen, mittleren und hohen Sulfatierungsgrad einteilen. Der Sulfatierungsgrad gibt an, wieviel Prozent der Fettsäuren tatsächlich Schwefelsäure in organischer Bindung enthalten. Die Öle mit *niedrigem* Sulfatierungsgrad, die verhältnismäßig wenig organisch gebundene Schwefelsäure enthalten, sind meistens in Wasser nicht klar löslich. Sie ergeben opalisierende Lösungen oder auch Emulsionen. Diese Öle werden dort verwendet, wo man Wert darauf legt, daß der Charakter des Ausgangsmaterials trotz der Sulfatierung weitgehend erhalten bleibt. Sie werden in der Textil-Industrie, z. B. als Avivage- oder Appreturmittel, vor allem aber in der Leder-Industrie als Fettungsmittel gebraucht. Die Fettgrundlage bei diesen Ölen ist weniger Ricinusöl, dagegen häufiger Olivenöl, Klauenöl, Talg, Tran, Spermöl, Erdnußöl usw.

Zu den Ölen mit *mittlerem* Sulfatierungsgrad kann man die große Gruppe der Türkischrot-Öle rechnen. Diese Öle sind, wenn sie genügend weit neutralisiert wurden, in Wasser klar löslich. Gegen die Härtebildner des Wassers sind sie beständiger als Seifen. Sie haben ebenfalls eine höhere Säure- und Bittersalz-Beständigkeit und werden auch als Netzmittel gebraucht. Für die mannigfachen Verwendungszwecke dieser Öle seien nur einige Beispiele genannt. Bei sehr vielen Prozessen der Textil-Veredlung und Textil-Verarbeitung spielen sie eine wichtige Rolle. Auch die Leder-Industrie verwendet diese Öle. Als Emulgatoren finden sie weite Anwendung. Das hauptsächlichste Ausgangsmaterial ist das Ricinusöl.

Die *hochsulfatierten* Öle sind Produkte, die in ihrer Beständigkeit im allgemeinen den Ölen mit mittlerem Sulfatierungsgrad überlegen sind. Hervorzuheben ist vor allem die bessere Kalk-, Säure-, Bittersalz- und Alkali-Beständigkeit. Auch die Netzfähigkeit ist vielfach besser. Verwendung finden diese Öle hauptsächlich in der Textil- und Leder-Industrie; aber auch sonst ist ihre Anwendung mannigfach. Als wichtiges Ausgangsmaterial finden Ricinusöl, andere Öle und Fettsäuren Anwendung.

a) Herstellung von sulfatierten Ölen

Ganz allgemein werden sulfatierte Öle und Fette derart hergestellt, daß man die Ausgangsstoffe mit sulfatierenden Mitteln, wie konz. Schwefelsäure, Oleum oder Chlorsulfonsäure, behandelt, danach die nicht in Reaktion getretene Schwefelsäure auswäscht und das Endprodukt neutralisiert.

Das erste sulfatierte Öl, ein sulfatiertes Olivenöl, wurde technisch nach dem Patent von MERCER hergestellt. Später wurde auch Ricinusöl sulfatiert. Heute werden fast alle Öle und Fette als Sulfatierungsgrundlage verwandt. Die Herstellungsmethoden sind heute derart mannigfach, daß von dem oben angeführten Sulfatierungsverfahren nur noch das Prinzip übriggeblieben ist. Durch eine große Reihe von Patenten sind die verschiedensten Variationen des Sulfatierungsprozesses geschützt.

Im folgenden sollen nur die wichtigsten, bei der Sulfatierung eine Rolle spielenden Punkte behandelt werden. In den meisten Fällen werden bei Verwendung von Schwefelsäure die Sulfatierungen in verbleiten oder emaillierten, mit Rührwerk und Kühleinrichtung versehenen Kesseln vorgenommen. Das Auswaschen und die Neutralisation des Esters geschehen häufig im gleichen Apparat. In manchen Fällen wird jedoch in anderen Gefäßen, z. B. in Tongefäßen, ausgewaschen und neutralisiert. Bei Sulfatierungen mit Oleum sind vielfach Eisen-Apparate in Gebrauch, in denen aber nicht ausgewaschen werden kann. Emaille-Apparate finden bei Behandlung mit Chlorsulfonsäure Verwendung. Die Menge der sulfatierenden Mittel ist von den Eigenschaften, die man vom Endprodukt verlangt, und zudem noch von der Art des Sulfatierungsverfahrens abhängig. Bei Verwendung von Schwefelsäure werden bei Produkten mit mittlerem Sulfatierungsgrad zwischen 15 und 30% des Öles an Schwefelsäure 66° Bé verwandt. Bei Spezialprodukten ist die Menge der angewandten Schwefelsäure häufig wesentlich geringer, kann aber auch 100% und mehr des angewandten Öles betragen.

Die Temperatur ist beim Sulfatierungsprozeß von Wichtigkeit. Bei Ölen mit mittlerem Sulfatierungsgrad wird im allgemeinen bei einer Temperatur zwischen 20 und 35° gearbeitet. Da aber beim Eintragen des Sulfatierungsmittels die Temperatur je nach der Art des Ausgangsmaterials mehr oder weniger schnell ansteigt, ist eine Kühlung des Sulfatierungsgefäßes und eine gute Durchmischung des Ansatzes unbedingt erforderlich. Zu hohe Temperaturen bei der Sulfatierung ergeben durch Zersetzung dunkle Produkte. Bei niedriger Temperatur ist die Sulfatierungsdauer länger, und zudem wird das Produkt so zähflüssig, daß es nur schwer homogen gerührt werden kann. Nach dem Eintragen des Sulfatierungsmittels wird das Reaktionsprodukt weiter gerührt, bis es die gewünschte Löslichkeit hat. Der dann folgende Auswaschprozeß, der den Zweck hat, die nicht in Reaktion getretene Schwefelsäure weitgehend zu entfernen, ist für die Eigenschaften des Endproduktes ebenfalls von großer Bedeutung. Zum Auswaschen finden Wasser und Glaubersalz-Lösung Verwendung. Aber auch Kochsalz-Lösung wird gebraucht, meist aber nur zum Nachwaschen. Nach BERTSCH[1] bewirkt die beim Auswaschen mit NaCl-Lösung frei werdende Salzsäure eine Aufspaltung des Öles. Es wird in manchen Fällen der Waschflüssigkeit auch Lauge oder Soda zugesetzt. Die Temperatur spielt beim Auswaschen eine ebenso wichtige Rolle wie beim Sulfatieren. Das ausgewaschene Reaktionsprodukt wird dann neutralisiert, im allgemeinen mit Natronlauge, Kalilauge oder Ammoniak und mit Wasser auf den gewünschten Fettgehalt eingestellt. Die sulfatierten Öle dürfen nicht gegen Methylorange sauer reagieren, weil dann organisch gebundene Schwefelsäure abgespalten und ihre Haltbarkeit verringert wird. Gegen Phenolphthalein zeigen sie aber meistens in wäßriger Lösung saure Reaktion. Die organisch gebundene Schwefelsäure in sulfatierten Ölen muß vollständig neutralisiert sein. Die freien Carboxylgruppen werden teilweise oder auch ganz neutralisiert.

Leicht lassen sich Öle und Fette sulfatieren, die Oxygruppen und in der Hauptsache einfach ungesättigte Fettsäuren enthalten. Bei Ölen mit hochungesättigten Fettsäuren treten oft Verharzungen und Polymerisationen auf. Daher kann man aus ihnen unter den üblichen Arbeitsbedingungen sulfatierte Produkte mit mittlerem oder hohem Sulfatierungsgrad kaum oder gar nicht herstellen.

Als Ausgangsmaterial für die Sulfierung werden neuerdings auch Wachse verwandt. Neben Schwefelsäure werden als stärker wirkende Sulfierungsmittel Oleum, Chlorsulfonsäure und auch Schwefelsäureanhydrid gebraucht. In der Patentliteratur sind mannigfache Zusätze, z. B. Säuren, Säureanhydride, Säurechloride, beschrieben. Vielfach wird auch in Gegenwart von Lösungsmitteln sulfiert.

---

[1] H. BERTSCH: Ubbelohdes Handbuch der Öle und Fette, Bd. 3, 2. Aufl., S. 363. Leipzig: Hirzel 1929.

W. HERBIG[1] gibt eine Zusammenstellung der Verfahren, ebenso berichten hierüber A. VAN DER WERTH und F. MÜLLER[2]. In den Textil-Hilfsmittel-Tabellen von J. HETZER[3] ist eine Anzahl von Handelsprodukten zusammengestellt. Dort werden Angaben über Konstitution, Eigenschaften, Anwendung, Patente usw. gemacht. L. DISERENS[4] beschreibt ebenfalls eine Reihe von Handelsprodukten. Eine umfassende Aufzählung der verschiedenen Produkte findet sich auch bei J. P. SISLEY[5].

b) Chemie der Sulfatierung

Über die Reaktionen, die bei der Sulfatierung von Ölen und Fetten stattfinden, gibt es eine umfangreiche Literatur. W. HERBIG[1] hat über die auf diesem Gebiete erschienenen älteren Arbeiten berichtet. Verwiesen sei in diesem Zusammenhang auch auf die Ausführungen von BERGMANN[6]. Bei der Einwirkung von Schwefelsäure auf Öle und Fette finden eine Reihe von nebeneinander verlaufenden Reaktionen statt. Weiterhin treten Umsetzungen beim Aufarbeiten des Esters, vor allem beim Auswaschen desselben ein. In den sulfierten Ölen und Fetten liegt daher ein kompliziertes Gemenge von verschiedenen Reaktionsprodukten vor.

Werden Öle und Fette mit Oxysäuren (Ricinusöl) als Sulfierungsgrundlage verwandt, so bilden sich nach folgendem Reaktionsschema in der Hauptsache Schwefelsäureester:

$$R \cdot \underset{\overset{|}{OH}}{CH} \cdots COOH + H_2SO_4 = R \cdot \underset{\overset{|}{O-SO_3H}}{CH} \cdots COOH + H_2O$$

Beim Kochen mit Säure wird der Schwefelsäureester wieder gespalten und die Oxysäure zurückgebildet; Ricinolsäure-schwefelsäureester liefert z. B. Ricinolsäure und Schwefelsäure. Bei der Einwirkung von Schwefelsäure auf Fette mit einfach ungesättigten Fettsäuren (Ölsäure) tritt eine Anlagerung von Schwefelsäure unter Bildung von Schwefelsäureester ein, wie folgendes Reaktionsschema wiedergibt:

$$R \cdot CH = CH \cdots COOH + H_2SO_4 = R \cdot CH_2 \cdot \underset{\overset{|}{O-SO_3H}}{CH} \cdots COOH$$

Beim Kochen mit Säure werden die Schwefelsäureester in die entsprechenden Oxysäuren und Schwefelsäure gespalten. So liefert z. B. der aus Ölsäure durch Anlagerung von Schwefelsäure erhaltene Oxystearinsäure-schwefelsäureester Oxystearinsäure und Schwefelsäure.

$$R \cdot \underset{\overset{|}{O-SO_3H}}{CH} \cdots COOH + H-OH \longrightarrow R \cdot \underset{\overset{|}{OH}}{CH} \cdots COOH + H_2SO_4$$

Bei der Ricinolsäure tritt bei der Sulfatierung unter normalen Bedingungen in der Hauptsache eine Veresterung der OH-Gruppe mit Schwefelsäure ein. Es wird aber auch, wie R. M. KOPPENHOEFER[7] und andere festgestellt haben, Schwefelsäure an die Doppelbindung angelagert, so daß sich beim Aufspalten des sulfatierten Öles Dioxystearinsäure bildet. Weniger geklärt sind die Reaktionen, die bei hochungesättigten Fettsäuren, z. B. bei Seetierölen, eintreten, da hierbei die Reaktionsmöglichkeiten viel zahlreicher sind.

---

[1] W. HERBIG: Die Öle und Fette in der Textilindustrie. Stuttgart: Wissenschaftl. Verlagsges. 1929.

[2] A. VAN DER WERTH u. F. MÜLLER: Neuere Sulfonierungsverfahren zur Herstellung von Dispergiermitteln, Netz- und Waschmitteln. Berlin-Lichterfelde: Allg. Industrie-Verlag 1935.

[3] J. HETZER: Textil-Hilfsmittel-Tabellen, 2. Aufl. Berlin: Springer 1938.

[4] L. DISERENS: Die neuesten Fortschritte in der Anwendung der Farbstoffe. Basel: Birkhäuser 1941.

[5] J. P. SISLEY: Index des Huiles Sulfonées et Détergents Modernes. Paris: Editions Teintex 1949.

[6] M. BERGMANN u. W. GRASSMANN: Handbuch der Gerbereichemie und Lederfabrikation, Bd. 3, Teil I, S. 335, 406. Wien: Springer 1936.

[7] R. M. KOPPENHOEFER: J. Amer. Leather Chemists Assoc. **34**, 622 (1939).

Bei der Verwendung von rauchender Schwefelsäure als Sulfierungsmittel oder auch bei Sulfierung in Gegenwart von Kondensationsmitteln lagert sich Schwefelsäure an, die durch Kochen mit Säure nicht abgespalten werden kann. Hierbei handelt es sich um die Bildung von Sulfonsäuren. Manche hochsulfierten Handelsprodukte sind sulfonsäurehaltig.

$$R \cdot CH \cdots COOH$$
$$|$$
$$SO_3H$$

Beim Auswaschen des Reaktionsproduktes der Sulfatierung kann schon eine Spaltung des schon gebildeten Schwefelsäureesters eintreten, so daß im sulfatierten Öl auch Umwandlungsprodukte (Oxysäuren) enthalten sind, die sich durch die Umkehrung der Sulfatierungsreaktion gebildet haben.

Neben der eigentlichen Sulfatierung eines Öles tritt bei Verwendung von Neutralölen immer eine teilweise Verseifung des Fettsäure-Glycerids ein. Es bilden sich aus Triglyceriden Diglyceride, Monoglyceride und freie Fettsäuren. Vor allem beim Auswaschen des sauren Schwefelsäureesters tritt diese Spaltung auf, während sie bei der eigentlichen Sulfatierungsreaktion gering ist[1].

Zu erwähnen bleibt noch, daß sich in sulfatierten Ölen Kondensationsprodukte bilden können, z. B. Lactone und Lactide. Bei hochungesättigten Ölen entstehen, vor allem, wenn bei hoher Temperatur sulfatiert oder ausgewaschen wird, Verbindungen, über deren Zusammensetzung wenig bekannt ist.

Da die Reaktionen, die bei der Sulfatierung und bei der folgenden Aufarbeitung des Esters stattfinden, sehr mannigfach sind, kann auch das Endprodukt keine einheitliche Zusammensetzung haben. In sulfatierten Ölen können deshalb folgende Komponenten enthalten sein:

1. Unveränderte Triglyceride.
2. Diglyceride.
3. Monoglyceride.
4. Fettsäuren in freier Form oder als Seife.
5. Kondensations- oder Oxydationsprodukte.
6. Sulfierungsprodukte der unter 1 bis 5 angegebenen Verbindungen in Form von Schwefelsäureester, evtl. auch Sulfonsäure.
7. Anorganische Salze, meistens Sulfate.
8. Wasser.
9. Glycerin.
10. Organische Lösungsmittel.
11. Unverseifbare Bestandteile, wobei es sich um das Unverseifbare der als Ausgangsmaterial verwandten Öle oder um zugesetztes Unverseifbares, meistens Mineralöl, handeln kann.
12. Verunreinigungen und Zusätze verschiedener Art.

c) Analytische Untersuchung

Da die sulfatierten Öle, wie vorher gezeigt wurde, komplizierte Gemische der verschiedensten Verbindungen sind, ist es erklärlich, daß die analytische Untersuchung Schwierigkeiten bereitet. Die wichtigsten Bestandteile können häufig nur schlecht in der Form isoliert und bestimmt werden, wie sie in den sulfatierten Ölen enthalten sind. In den meisten Fällen begnügt man sich mit folgenden Bestimmungen:

1. Organisch gebundene Schwefelsäure. 2. Gesamtfett oder gesamte Fettsäure. 3. Neutralfett, nicht verseifbare organische Substanz. 4. Acidität oder Alkalität. 5. Anorganische Salze — Asche. 6. Wassergehalt. 7. Lösungsmittel.

Diese Daten genügen in vielen Fällen zur Charakterisierung eines sulfatierten Öles, manchmal ist dazu noch die Prüfung von Eigenschaften notwendig, die für den speziellen Verwendungszweck wichtig sind, z. B. die Prüfung der Löslichkeit, der Netzfähigkeit, der Säurebeständigkeit, der Bittersalz- und Kalkbeständigkeit.

In dem Nachtrag zu den einheitlichen Untersuchungsmethoden für die Fett- und Wachsindustrie wurden 1932 die Verfahren für die chemischen Unter-

---

[1] Nach einer unveröffentlichten Beobachtung von K. CREMER.

suchungen der WIZÖFF veröffentlicht. Sie sind heute weitgehend anerkannt, können aber nur bei Produkten angewandt werden, bei denen die organisch gebundene Schwefelsäure durch Kochen mit Säure leicht abspaltbar ist, also nicht bei Produkten, die Sulfonsäuren enthalten. Der amerikanische Normenausschuß (The American Society for Testing Material) hat 1941 Methoden für die Untersuchung von sulfonierten Ölen und Sulfatölen (sulfonated and sulfated oils) festgelegt, die 1945 revidiert wurden. Die hier aufgeführten amerikanischen Methoden sind diesen und den „Official and Tentative Methods" der American Oil Chemists' Society entnommen.

α) Qualitative Prüfung auf Sulfatierung[1] (s. unten)

Verfahren: Von der Probe im ursprünglichen oder, falls nötig, erst konzentrierten Zustand werden 2 g in ungefähr 20 ml absol. Alkohol gelöst oder, wenn dieser nicht zur Lösung genügt, in einer Mischung aus absol. Alkohol und Äther. Während das sulfatierte Produkt sich auflöst, fallen die anorganischen Salze aus. Der Niederschlag wird abfiltriert, das Filtrat zur Trockne eingedampft und der Rückstand mit etwa der doppelten Menge Salzsäure (D = 1,19) gekocht, bis das Fett klar abgeschieden ist, mindestens aber 1 Std. (Siedesteine). Der Kolben steht dabei auf einem Drahtnetz über kleiner Flamme, der Rückflußkühler ist aufgesetzt. Nach dem Erkalten wird durch ein angefeuchtetes Filter vom Fett abfiltriert und das Säurewasser dann in bekannter Weise auf Schwefelsäure-Gehalt geprüft.

Ist Schwefelsäure nachgewiesen, so kann die geprüfte Substanz ein sulfatiertes Produkt sein, sei es als solches selbst oder im Gemisch mit nicht sulfierten Fettprodukten.

Sind schwefelsaure Salze organischer Basen zugegen, so können sie in den Alkohol gehen und die Gegenwart eines sulfatierten Produktes vortäuschen.

Bei einer Nachprüfung der Einheitsmethoden durch den Türkischrot-Öl-Verband wurde der Vorschlag gemacht, *zweimal* in absol. Alkohol oder in einer Mischung von absol. Alkohol und Äther aufzunehmen, um eine quantitative Abtrennung der anorganischen Sulfate sicherer zu erreichen. Bei Gegenwart von Ammoniumsulfat und Triäthanolaminsulfat kann organisch gebundene Schwefelsäure vorgetäuscht werden.

β) Schwefelsäure-Bestimmung

Die Eigenschaften eines sulfatierten Öles und Fettes werden weitgehend durch den Gehalt an organisch gebundenem SO_3 bestimmt. Außerdem ist der Gehalt an anorganischen Sulfaten nicht ohne Bedeutung. Die Schwefelsäure-Bestimmungen sind wesentliche Bestandteile verschiedener Analysenmethoden. Eine Reihe von Methoden ist nur anwendbar bei Produkten, die nur esterartig gebundene Schwefelsäure enthalten, bei denen also die organisch gebundene Schwefelsäure durch Kochen mit Mineralsäure vollständig abgespalten werden kann. Aber auch für sulfonsäurehaltige Produkte sind Methoden beschrieben worden.

W. HERBIG[2] bestimmt das anorganisch gebundene SO_3, indem er mit absolutem Alkohol die sulfatierten Fettanteile löst und das anorganische Sulfat abfiltriert. Wenn die Fettanteile in Alkohol nicht vollständig löslich sind, kann man vorteilhaft mit einem Gemisch von Alkohol und Äther arbeiten. Das abfiltrierte Sulfat wird in Wasser gelöst und als Bariumsulfat bestimmt. Das organisch gebundene SO_3 läßt sich in der alkoholischen bzw. alkoholisch-ätherischen Lösung bestimmen, indem man das Lösungsmittel abdampft, den Rückstand mit Salzsäure zersetzt, das klar abgeschiedene Fett mit Äther isoliert und das organisch gebundene SO_3 nach der Spaltung im Säurewasser mit Bariumchlorid

---

[1] Deutsche Einheitsmethoden, Nachtrag 1932, WIZÖFF; siehe auch Chem. Umschau Gebiete Fette, Öle, Wachse, Harze **38**, 34 (1931).
[2] W. HERBIG: Melliand Textilber. **9**, 144 (1928).

fällt. R. HART[1] bestimmt das anorganische Sulfat, indem er das sulfatierte Öl nach Zusatz von Ölsäure entwässert und dann mit Tetrachlorkohlenstoff behandelt. Die anorganischen Salze bleiben ungelöst im Rückstand, werden abfiltriert, mit Tetrachlorkohlenstoff und Äther gewaschen und können dann bestimmt werden. In den ASTM- und AOCS-Methoden ist die Bestimmung der anorganischen Salze nach dieser Methode genau beschrieben. Bei Abwesenheit von Ammonium-Verbindungen werden die Salze geglüht und bei Anwesenheit derselben bei 125 bis 130° getrocknet (s. S. 1511).

Die Deutschen Einheitsmethoden sehen die Bestimmung der Gesamt-Schwefelsäure, der anorganisch gebundenen Schwefelsäure und die titrimetrische Bestimmung der organisch gebundenen Schwefelsäure vor. Die letzte Methode wird dort als schnell durchführbar, aber nur als orientierendes Verfahren bezeichnet. Sie besteht darin, daß die durch Kochen mit Mineralsäure frei werdende organisch gebundene Schwefelsäure durch Titration bestimmt wird. Für die Berechnung dieser Säuremenge ist die Kenntnis der Menge des in dem Produkt enthaltenen, gegen Methylorange titrierbaren Alkalis notwendig. Dieses ist jedoch in manchen Fällen, z. B. bei Gegenwart von Natriumacetat nicht genau bestimmbar.

Ausführung der Bestimmung[2]: Der Schwefelsäure-Gehalt wird stets in „% SO_3" berechnet, bezogen auf das untersuchte Produkt. Gravimetrisch bestimmt wird der Gehalt an Gesamt-Schwefelsäure und an anorganisch gebundener Schwefelsäure. Als Differenz beider Werte ergibt sich der Gehalt an organisch gebundener Schwefelsäure. Letztere ist auch unmittelbar maßanalytisch, aber nur angenähert und orientierungshalber bestimmbar.

1. Gravimetrische Bestimmung der Gesamt-Schwefelsäure. *Verfahren:* Die Gesamtmenge oder ein aliquoter Teil der vereinigten Säure- und Waschwässer von der Fettsäure-Bestimmung (vgl. S. 1502) wird mit Ammoniak neutralisiert (Methylorange), mit 1 ml Salzsäure (D = 1,19) wieder schwach angesäuert und mit Wasser auf rund 400 ml Gesamt-Volumen verdünnt. In bekannter Weise wird darin durch Fällen mit Bariumchlorid-Lösung in der Siedehitze die Schwefelsäure bestimmt.

Berechnung des Schwefelsäure-Gehaltes in % SO_3 bezogen auf das untersuchte Produkt.

2. Gravimetrische Bestimmung der anorganisch gebundenen Schwefelsäure. *Verfahren:* In einem Scheidetrichter werden 10 ml gesättigte, sulfatfreie Kochsalz-Lösung, 10 ml Äther und 15 ml Amylalkohol gemischt und mit 5 bis 7 g der zu untersuchenden Substanz, deren Menge durch Zurückwägen genau ermittelt werden muß, vorsichtig durchgeschüttelt. Die klar abgesetzte Kochsalz-Lösung wird von der ätherischen Schicht abgezogen, die man noch dreimal mit je 10 bis 20 ml gesättigter Kochsalz-Lösung auswäscht. Die vereinigten Salzlösungen werden auf 250 ml Gesamt-Volumen gebracht und mit 1 ml Salzsäure (D = 1,19) angesäuert. In dieser Lösung wird die Schwefelsäure wie oben bestimmt.

3. Berechnung der organisch gebundenen Schwefelsäure. Der Gehalt an organisch gebundener Schwefelsäure errechnet sich als Differenz der Werte für Gesamt-Schwefelsäure und anorganisch gebundener Schwefelsäure.

4. Titrimetrische Bestimmung der organisch gebundenen Schwefelsäure. Zur rascheren und direkten Bestimmung des Gehaltes an organisch gebundener Schwefelsäure kann als orientierendes Verfahren die folgende titrimetrische Bestimmungsweise empfohlen werden, die sich aus 2 Einzelbestimmungen zusammensetzt (a und b). Die Methode ist nicht anwendbar bei sulfatierten Produkten, die niedere, auf Methylorange reagierende organische Säuren, z. B. Essigsäure, enthalten.

a) *Gehalt an titrimetrisch bestimmbarem Alkali* (Indicator Methylorange). 5 bis 10 g des zu untersuchenden Produktes werden in einen 500 ml ERLENMEYER-Kolben eingewogen, in 50 ml Wasser gelöst und (falls hierzu kurz erwärmt werden mußte, nach dem Abkühlen)

---

[1] R. HART: Ind. Engng. Chem., analyt. Edit. **6**, 220 (1934); Rayon Melliand Textile Monthly **15**, 410, 449, 514 (1934).

[2] Deutsche Einheitsmethoden, Nachtrag 1932, WIZÖFF; siehe auch Chem. Umschau Gebiete Fette, Öle, Wachse, Harze **38**, 34 (1931).

mit je 50 ml konz. Kochsalz-Lösung und Äther versetzt. Nach Zugabe einiger Tropfen Methylorange-Lösung wird mit 0,5 n Salzsäure titriert, bis die wäßrige Schicht, die sich abtrennt, schwach sauer reagiert.

Berechnung:

$$A = \frac{28{,}055 \cdot a}{E}$$

E = Einwaage in g,
a = ml 0,5 n Salzsäure.

Der Wert A ist das Äquivalent des bei Gegenwart von Methylorange als Indicator titrierbaren Alkalis, ausgedrückt in mg KOH/g Probe.
$A/10$ entspricht dann dem prozentualen Alkali-Gehalt (berechnet als KOH).

b) *Titration der organisch gebundenen Schwefelsäure.* 8 bis 10 g Substanz werden in einem 500 ml ERLENMEYER-Kolben abgewogen und 1 Std. mit 25 ml ungefähr 2 n Schwefelsäure gekocht (Rückflußkühler, Siedesteine). Zu der Mischung werden nach Auswaschen des Kühlers und Erkalten je 50 ml konz. Kochsalz-Lösung und Äther sowie einige Tropfen Methylorange-Lösung gegeben. Beim anschließenden Zurücktitrieren des Säure-Überschusses mit 0,5 n Kalilauge wird nach jedem Laugenzusatz gut durchgeschüttelt.

Berechnung:

$$F = \frac{28{,}055 \cdot (a - b)}{E}$$

E = Einwaage in g,
a = verbrauchte ml 0,5 n Kalilauge im Hauptversuch,
b = verbrauchte ml 0,5 n Kalilauge zur Titration der 25 ml 2 n Schwefelsäure.
F ist das Alkali-Äquivalent (wie A berechnet in mg KOH/g Probe) der aus der Estergruppe frei werdenden Schwefelsäure, vermindert um den Wert A. Es kann auch der Fall eintreten, daß die aus der Estergruppe frei werdende Schwefelsäure durch das nach a) bestimmte Alkali überkompensiert ist, z. B., wenn der Wert A groß und die Menge organisch gebundener Schwefelsäure gering ist. In diesem Falle wird F negativ.
Die frei gemachte organisch gebundene Schwefelsäure entspricht dem Wert

$$A + F,$$

worin F mit seinem positiven oder negativen Wert einzusetzen ist. Der Prozentgehalt an organisch gebundener Schwefélsäure beträgt dann

$$\% \; SO_3 = \frac{8 \cdot (A + F)}{56{,}11} = 0{,}1426 \cdot (A + F)$$

γ) Sulfatierungsgrad

Der Sulfatierungsgrad gibt an, wieviel Prozent der in dem untersuchten Produkt enthaltenen Fettsäuren tatsächlich sulfatiert sind, unter der willkürlichen Annahme, daß die gesamte organisch gebundene Schwefelsäure (berechnet als SO_3) in Form von Ricinolsäure-monoschwefelsäureester vorliegt, nach der Gleichung:

$$CH_3(CH_2)_5CHOHCH_2CH = CH(CH_2)_7COOH + H_2SO_4 \; \longrightarrow$$
Ricinolsäure

$$CH_3(CH_2)_5CH(OSO_3H)CH_2CH = CH(CH_2)_7COOH + H_2O$$
Ricinolsäure-monoschwefelsäureester

Berechnung: Nach der vorstehenden Gleichung sind 80 g SO_3 äquivalent 298 g Ricinolsäure.

$$\text{Sulfatierungsgrad} = \frac{298 \cdot 100 \cdot a}{80 \cdot b} = \frac{373 \cdot a}{b}$$

(berechnet als Ricinolsäure-monoschwefelsäureester).
a = % organisch gebundenes SO_3 (s. S. 1494),
b = % Fettsäuren im untersuchten Produkt (s. S. 1501).
Auf das Öl selbst bezogen ist der Gehalt an sulfatierten Bestandteilen = $3{,}73 \cdot a\%$ (berechnet als Ricinolsäure-monoschwefelsäureester).

Zu den Einheitsmethoden ist folgendes zu bemerken:

K. Nishizawa und K. Winokuti[1] haben festgestellt, daß die sauren Fettschwefelsäureester, bei denen die organisch gebundene Schwefelsäure neutralisiert ist, die Carboxylgruppen aber frei sind, in gesättigter Kochsalz-Lösung unlöslich sind, und daß sich die neutralen Fettschwefelsäureester, bei denen auch die Carboxylgruppen neutralisiert sind, in 4 n NaCl-Lösung lösen und auch durch festes Kochsalz nur schwer ausgesalzen werden können. Da die im Handel befindlichen sulfatierten Öle mehr oder weniger große Mengen neutraler Fettschwefelsäureester enthalten, säuern die Autoren beim Ausschütteln der ätherischen oder alkoholisch-ätherischen Fettlösung mit gesättigter Kochsalz-Lösung dies mit Salzsäure gegen Methylorange an. Sie erreichen dadurch eine schnellere Schichtentrennung und erhalten auch da befriedigende Ergebnisse, wo diese Methode sonst versagt, weil eine scharfe Trennung der Schichten nicht eintritt. In dem Bericht über die Arbeiten der Öl- und Fettkommission der Deutschen Sektion der I.V.L.I.C.[2] gibt C. Riess[3] Versuche der Kommission bekannt, die ebenfalls ergeben haben, daß beim Ansäuern der Kochsalz-Lösung gegen Methylorange eine schnellere Schichtentrennung eintritt. Weiterhin wurde dort festgestellt, daß durch Ansäuern eine Abspaltung der organisch gebundenen Schwefelsäure nicht stattfindet, auch dann nicht, wenn mehr Salzsäure hinzugefügt wird als eben zum Ansäuern gegen Methylorange erforderlich ist.

Die ASTM-Methoden enthalten die Bestimmung des organisch gebundenen SO_3 in Sulfatölen nach der Titrationsmethode. Bei Ölen, die sich in wäßriger Lösung mit Säure gegen Methylorange nicht scharf titrieren lassen, isolieren sie zuerst die sulfatierten Fettanteile und bestimmen darin durch Titration das organisch gebundene SO_3. Endlich beschreiben sie auch noch die Bestimmung von organisch gebundenem SO_3 für Sulfatöle und sulfonierte Öle durch Veraschung der isolierten sulfierten Fettanteile. Diese Methoden wurden auch in die AOCS Methoden[4] aufgenommen.

d) Organisch gebundene Schwefelsäure

1. Titrationsmethode. Nach dieser Analysenmethode wird das organisch gebundene Schwefelsäureanhydrid in sulfatierten Ölen durch Kochen der Probe mit Schwefelsäure und Ermittlung des Säuregehaltes der Reaktionsmischung bestimmt. Dieses Verfahren kann nur bei Ölen angewandt werden, die ihr organisch gebundenes Schwefelsäureanhydrid durch Kochen mit Mineralsäure abspalten (Schwefelsäureester) und keine Substanzen enthalten, die sich in wäßriger Lösung gegen Methylorange nicht genau titrieren lassen.

Apparatur: Die notwendige Apparatur (Abb. 441) besteht aus einem Erlenmeyer-Kolben (Inhalt annähernd 300 ml), der mit einem Glasstopfen und einem Luftkühler versehen ist. Als Kühler wird ein Glasrohr von 915 mm Länge und 8 mm innerem Durchmesser benutzt. Am unteren Ende des Rohres soll ein Schliff angesetzt sein, der auf den Erlenmeyer-Kolben paßt. Zur Verhinderung des Stoßens werden perforierte Glaskugeln aus chemisch resistentem Glas mit einem Durchmesser von etwa 4 mm gebraucht. Vor Gebrauch müssen die Glasperlen mit Wasser mehrmals bis zur neutralen Reaktion gegen Methylorange ausgekocht werden.

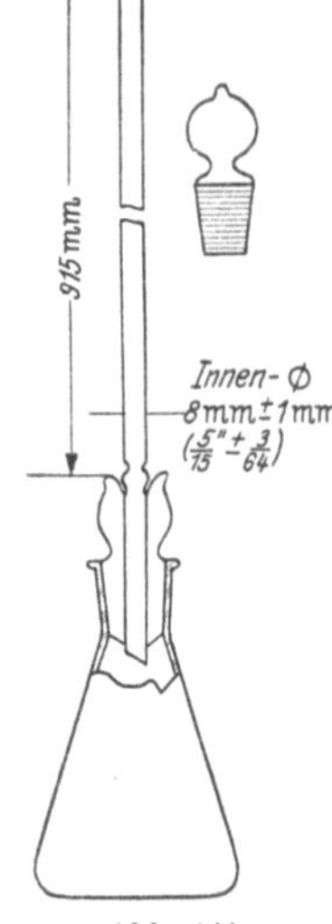

Abb. 441
Apparat zur Bestimmung der organisch gebundenen Schwefelsäure

---

[1] K. Nishizawa u. K. Winokuti: Chem. Umschau Gebiete Fette, Öle, Wachse, Harze **38**, 1 (1931).

[2] Internationaler Verein der Lederindustrie-Chemiker.

[3] C. Riess: Collegium **1934**, 644.

[4] AOCS Official Methods F 2a–2b–2c–44.

Reagentien: 1. Natronlauge (1 n), genau eingestellt.
2. Natronlauge (0,5 n), genau eingestellt.
3. Schwefelsäure (annähernd 1 n).
4. Schwefelsäure (0,5 n), genau eingestellt.
5. Äther.
6. Natriumchlorid, chemisch rein.
7. Methylorange, 0,1%ige wäßrige Lösung.

Verfahren: Das Verfahren besteht aus zwei Bestimmungen, nämlich a) der Alkalität der Probe, mit A bezeichnet, und b) der Zunahme der Acidität nach dem Kochen der Probe mit Schwefelsäure, mit F bezeichnet.

a) *Alkalität = A.* 10 g einer Probe werden in 100 ml Wasser in dem 300 ml ERLEN-MEYER-Kolben, der mit einem Glasstopfen versehen ist, wenn nötig unter Erwärmen, gelöst. Nach dem Abkühlen werden 30 g NaCl, 25 ml Äther und 5 Tropfen Methylorange zugegeben und dann 0,5 n H_2SO_4 unter häufigem, aber leichtem Schütteln bis zur sauren Reaktion. Dann werden zunächst einige Tropfen 0,5 n NaOH bis zur alkalischen Reaktion zugegeben, der Kolbeninhalt kräftig durchgeschüttelt und 1—2 Tropfen Säure bis zur Erreichung des Endpunktes zugefügt. Die Lösung muß nach jeder Reagenszugabe kräftig geschüttelt werden. Man wartet 3 Min., bevor man die Büretten abliest. Die Alkalität wird dann wie folgt berechnet:

$$A = \frac{(B \cdot D) - (C \cdot E)}{W}$$

Darin bedeuten:

A = Gesamt-Alkalität in mg KOH/g,
B = Säure in ml,
C = Lauge in ml,
D = Faktor der Säure in mg KOH/ml,
E = Faktor der Lauge in mg KOH/ml,
W = Gewicht der Probe in g.

b) *Zunahme der Acidität nach dem Kochen = F.* 10 g der Probe werden in den ERLEN-MEYER-Kolben eingewogen und am Luftkühler mit 1 n H_2SO_4 $1\frac{1}{2}$ Std. oder bis die Öl- und Wasserschicht vollkommen klar sind, gekocht. Zur Vermeidung des Stoßens werden Glaskugeln zugegeben. Man gibt genügend Schwefelsäure zu, so daß nach Neutralisation des Alkalis noch ein Überschuß von 25 ml vorhanden ist. Die Heizung wird so eingestellt, daß die Lösung ziemlich stark kocht, aber keine starke Verdampfung stattfindet. Nach dem Erhitzen läßt man abkühlen, spült den Kühler mit dest. Wasser aus und nimmt ihn ab. Dann gibt man 30 g NaCl, 25 ml Äther, 50 ml Wasser und 5 Tropfen Indicator zu und titriert die Lösung mit 1 n Natronlauge auf den gleichen Endpunkt wie bei a) beschrieben. Während der Titration stöpselt man den Kolben zu und schüttelt den Inhalt mehrere Male kräftig durch. Man läßt die Büretten 3 Min. nachlaufen und liest dann ab. Die titrierte Lösung wird für die darauffolgende Bestimmung des sulfatfreien Gesamtfettes aufgehoben. Unter den gleichen Bedingungen wie bei der Probe wird dann ein Blindversuch mit den gleichen Mengen H_2SO_4 und mit der annähernd gleichen Menge Glaskugeln ausgeführt. Erhitzen und Titrieren wird genauso wie bei der Probe durchgeführt. Die Erhöhung der Acidität nach dem Kochen wird dann wie folgt berechnet:

$$F = \frac{(S - B)\,N}{W}$$

Darin bedeuten:

F = Zunahme der Acidität nach dem Kochen in mg KOH/g,
S = die bei der Titration der Probe verbrauchten ml NaOH,
B = die bei der Blindprobe verbrauchten ml NaOH,
N = Faktor der Natronlauge in mg KOH/ml und
W = Gewicht der Probe in g.

Die Zunahme der Acidität kann negativ sein; in diesem Falle wird das Vorzeichen, das erhalten wird, in die Berechnung eingesetzt.

Berechnung: Der Prozentsatz des organisch gebundenen Schwefelsäureanhydrids wird wie folgt berechnet:

Organisch gebundenes Schwefelsäureanhydrid in % = $0{,}1427 \cdot (A + F)$

Darin bedeuten:

A = Gesamt-Alkali, $0{,}1427 = \frac{1}{10}$ des molekularen Verhältnisses von $SO_3 : KOH$,
F = Zunahme der Acidität nach dem Kochen in mg KOH/g.

2. Extraktion-Titrationsmethode (für sulfatierte Öle). Diese Analysenmethode bestimmt den Gehalt an organisch gebundenem Schwefelsäureanhydrid eines sulfatierten Öles durch Extraktion des nicht gespaltenen sulfatierten Fettes und anderer Fettbestandteile über einer sauren konz. Salzlösung, Kochen des Rückstandes mit Schwefelsäure nach dem Verdampfen des Lösungsmittels und Titration der Reaktionsprodukte. Diese Methode ist nur bei solchen sulfatierten Ölen anwendbar, die ihr gebundenes Schwefelsäureanhydrid beim Kochen mit Mineralsäuren abspalten (Schwefelsäureester), einschließlich solcher Proben, die Natriumacetat oder andere Komponenten enthalten, die in wäßriger Lösung mit Methylorange nicht genau titriert werden können.

Apparatur: Es wird dieselbe Apparatur, wie sie bei der Methode 1 beschrieben ist, verwendet.

Reagentien: Die Lösungen sind die gleichen wie bei Methode 1.

Verfahren: Das Verfahren besteht in der Isolierung und Reinigung der Fettbestandteile durch Lösen der Probe in einem Lösungsmittel, Ansäuern und Waschen mit einer konz. Salzlösung und Bestimmung der Aciditätszunahme der Probe nach dem Kochen mit Schwefelsäure. Die Aciditätszunahme wird mit F bezeichnet.

a) *Abtrennung des gereinigten Öles.* Je nach dem Fettgehalt werden 5 bis 10 g der Probe in einen 250 ml Scheidetrichter gegeben, der 50 ml konz. Kochsalz-Lösung, etwas festes Kochsalz, 5 Tropfen Methylorange und 50 ml Äther enthält. Die Mischung wird geschüttelt und mit annähernd 1 n H_2SO_4 neutralisiert, bis die untere Schicht deutlich rosa gefärbt ist (ungefähr 0,2 ml Überschuß). Hochsulfatierte Öle zeigen hierbei drei anstatt zwei Schichten. In solchen Fällen benutzt man als Lösungsmittel eine Mischung von 2 Teilen Äther und 1 Teil Alkohol. Man läßt die Mischung im Scheidetrichter 5 Min. absitzen, zieht die untere Schicht in einen zweiten Scheidetrichter ab und wäscht die Ätherschicht mehrmals mit je 25 ml Kochsalz-Lösung bis zur praktisch neutralen Reaktion gegen Methylorange, d. h. bis ein Tropfen einer 0,5 n Natronlauge das Waschwasser stark alkalisch macht. Bei jedem Waschen läßt man 5 Min. absitzen, vereinigt die wäßrigen Schichten und extrahiert sie zweimal mit 25 ml Äther. Die letzten beiden Äther-Extrakte werden zusammengegeben und mit Kochsalz-Lösung säurefrei gewaschen, wie es bei der Ätherschicht des ersten Scheidetrichters beschrieben ist. Alle Äther-Auszüge werden in einem ERLENMEYER-Kolben vereinigt und der Äther verdampft.

b) *Zunahme der Acidität nach dem Kochen = F.* Die Aciditätszunahme nach dem Kochen wird wie bei der Methode 1 b bestimmt. Die titrierte Lösung wird für die spätere Bestimmung des sulfatfreien Gesamtfettes aufgehoben. Nach Methode 1 b wird ein Blindversuch ausgeführt und die Aciditätszunahme berechnet.

Berechnung: Der Prozentsatz an organisch gebundenem Schwefelsäureanhydrid wird wie folgt berechnet:

$$\text{Organisch gebundenes Schwefelsäureanhydrid in } \% = 0,1427 \cdot F$$

Darin bedeuten:

$0,1427 = {}^1/_{10}$ des molekularen Verhältnisses $SO_3 : KOH$,
$F = $ Zuwachs der Acidität nach dem Kochen.

3. Gravimetrische Veraschungsmethode. Diese Analysenmethode bestimmt den Gehalt an organisch gebundenem Schwefelsäureanhydrid eines sulfonierten oder sulfatierten Öles durch Extraktion des nicht gespaltenen sulfonierten oder sulfatierten Fettes oder anderer Fettbestandteile über einer angesäuerten konz. Salzlösung und Veraschen des gereinigten Extraktes. Diese Methode ist anwendbar für alle Arten von sulfonierten und sulfatierten Ölen, einschließlich echter Sulfonsäure-Öle und solcher, die Natriumacetat oder ähnliche, nur teilweise titrierbare Komponenten enthalten.

Reagentien: 1. Äther, 2. Natriumchlorid, chemisch rein, 3. Natriumsulfat, wasserfrei, chemisch rein, 4. Methylorange, 0,1%ige wäßrige Lösung.

Verfahren: Das Verfahren besteht in der Isolierung und Reinigung der Fettbestandteile durch Lösen der Probe in einem Lösungsmittel, Ansäuern und Waschen mit einer gesättigten Salzlösung und Veraschen des gereinigten Extraktes. Enthält die Probe Ammoniak, so muß dieses vor der Bestimmung entfernt werden.

a) *Bei Abwesenheit von Ammoniak.* Es wird wie bei der Abtrennung des gereinigten Öles nach Methode 2a verfahren, jedoch werden die Äther-Extrakte besser in dem ersten Scheidetrichter als in einem ERLENMEYER-Kolben gesammelt. Wasser, welches sich eventuell abgeschieden hat, wird sorgfältig abgetrennt und die Ätherlösung wie folgt entwässert: Man gibt 5 g wasserfreies Natriumsulfat hinzu, schüttelt 5 Min. kräftig, filtriert direkt in ein 150 ml Becherglas und setzt dieses in ein heißes Wasserbad. Kolben und Filter werden mit Äther fettfrei gewaschen (nach dem Trocknen soll das Filtrierpapier keine Ölflecke haben), und das Filtrat wird ebenfalls in das Becherglas gegeben. Um ein Kriechen des Öles zu vermeiden, darf der Becherinhalt während des Filtrierens und Waschens niemals 50 ml überschreiten.

Die Ätherlösung wird auf ungefähr 20 ml eingeengt und der Rückstand in einen gewogenen 50 ml Tiegel (hohe Form) übergeführt. Dieser wird in ein 100 ml Becherglas, das warmes Wasser enthält, gesetzt und der Äther verdampft. Das erste Becherglas wird zweimal mit je 10 ml und dreimal mit je 5 ml Äther, oder bis das gesamte Öl in den Tiegel übergeführt ist, ausgespült. Man rührt die Lösung mit einem Glasstab, um die Verdampfung zu beschleunigen und um ein Kriechen des Öles zu vermeiden. Bevor das Öl verascht wird, wischt man den Glasstab mit aschefreiem Filterpapier ab und gibt dieses in den Tiegel. Der lösungsmittelfreie Rückstand wird vorsichtig verascht und dann bei schwacher Rotglut bis zur Gewichtskonstanz geglüht. Zur Oxydation von Spuren von Kohlenstoff oder Natriumsulfid, die sich gebildet haben können, befeuchtet man die Asche mit 30%igem Wasserstoffperoxyd und glüht wiederum sorgfältig bis zur Gewichtskonstanz. Der Gehalt an Asche wird wie folgt berechnet:

$$\% \text{ Extrakt-Asche} = \frac{\text{Gewicht der Asche in g}}{\text{Gewicht der Probe in g}} \cdot 100$$

b) *Bei Anwesenheit von Ammoniak.* 5 bis 8 g der Probe werden in 80 ml Wasser in einem 300 ml Becherglas gelöst, 10 ml 1 n Natronlauge hinzugefügt und die Lösung leicht gekocht, bis feuchtes Lackmuspapier kein Ammoniak mehr anzeigt. Die Lösung wird abgekühlt, in einen 300 ml Scheidetrichter übergeführt und ungefähr 35 g festes NaCl oder die Menge, die zur Herstellung einer 25%igen NaCl-Lösung nötig ist, zugegeben. Darauf fügt man 5 Tropfen Methylorange hinzu, neutralisiert, extrahiert usw. gemäß dem Verfahren in a).

Berechnung: Der Prozentsatz an organisch gebundenem Schwefelsäureanhydrid wird wie folgt berechnet:

% organisch gebundenes Schwefelsäureanhydrid = 1,1272 · % Asche im Extrakt.

Darin bedeutet:

1,1272 = molekulares Verhältnis von $2\,SO_3 : Na_2SO_4$.

Bei Produkten mit nur esterartig gebundenem SO_3 bestimmen D. BURTON und G. F. ROBERTSHAW[1] das organisch gebundene SO_3 durch Titration wie in den Deutschen Einheitsmethoden und in den ASTM-Methoden. Bei Produkten mit Sulfonsäure ermitteln sie das Gesamt-SO_3 durch Veraschen des Öles mit Soda und Salpeter und Bestimmung des Sulfates in der Schmelze als Bariumsulfat. Das anorganische Sulfat bestimmen sie im Prinzip, wie es bei den Einheitsmethoden beschrieben wird. Sie trennen das anorganische Sulfat ab, indem sie eine ätherische Lösung des Öles mit gesättigter Kochsalz-Lösung ausschütteln. Bei einigen Ölen verwenden sie als Lösungsmittel für das sulfatierte Öl Äther und Benzol. Nach Angaben der Autoren lassen sich aber manche Öle mit hohem Gehalt an organisch gebundenem SO_3 nach dieser Methode nicht untersuchen, da die gesättigte Kochsalz-Lösung die organischen Substanzen nicht vollständig aussalzt. In diesen Fällen trennen sie die anorganischen Sulfate ab, indem sie die organischen Substanzen mit absol. Alkohol oder Propylalkohol, unter Umständen nach Zusatz von Äther, auflösen. H. GERBER und J. SPORLEDER[2] beschreiben eine Methode zur Bestimmung des gesamten SO_3 bei sulfierten Ölen, nach der das Produkt mit $BaCO_3$ und BaO_2 verascht, die Asche mit Wasser und Säure behandelt, mit Brom oxydiert und das unlösliche Bariumsulfat gewogen wird. Das anorganisch gebundene SO_3 trennen die Autoren durch Behandlung des Öles mit Butanol ab.

R. HART[3] löst bei Produkten, die SO_3 esterartig und auch als Sulfonsäure gebunden enthalten, die Substanz in Äther bzw. in Alkohol und Äther, säuert mit Salzsäure an und schüttelt mehrmals mit konz. Ammoniumchlorid-Lösung aus. Dadurch überführt er die Alkalisalze in der Lösungsmittelschicht in Ammoniumsalze und setzt diese dann durch weiteres Ausschütteln mit konz. Natriumsulfat-Lösung wieder in Natriumsalze um. Das dem organisch gebundenen SO_3 äquivalente Ammoniak geht in die Natriumsulfat-Lösung und wird hierin bestimmt.

[1] D. BURTON u. G. F. ROBERTSHAW: Collegium **1931**, 856.
[2] H. GERBER u. J. SPORLEDER: Melliand Textilber. **20**, 212 (1939).
[3] R. HART: Ind. Engng. Chem., analyt. Edit. **10**, 688 (1938).

ε) Bestimmung des Fettes

Mit der Bestimmung der Fettsubstanz in sulfatierten Ölen haben sich eine Reihe von Autoren befaßt, da gerade durch den Fettgehalt der Gebrauchswert seine sulfatierten Öles weitgehend bestimmt wird. HERBIG[1] bestimmt das Gesamtfett in sulfatierten Ölen durch Kochen mit Salzsäure, wobei die organisch gebundene Schwefelsäure abgespalten wird. Die Fettsubstanz kann durch Ausschütteln mit Äther isoliert werden. Bei der Bestimmung der gesamten entsulfatierten Fettsubstanz in Sulfatölen nach den ASTM- und den AOCS-Methoden wird analog verfahren. Diese Methode hat den Nachteil, daß das in dem Öl enthaltene Unverseifbare mitbestimmt wird. Durch Kochen mit Mineralsäure wird nicht nur die esterartig gebundene Schwefelsäure abgespalten, es tritt auch eine Anhydrisierung der sich dadurch bildenden und im sulfatierten Öl enthaltenen Oxysäuren ein. Bei Triglyceriden tritt eine Abspaltung des Glycerins durch das Kochen mit Säure kaum ein. Anders ist es bei Mono- und Diglyceriden. Diese werden durch Kochen mit Säure weitgehend in Glycerin und Fettsäuren gespalten. Diese Fehler werden wenigstens zum Teil vermieden, wenn man nach den Deutschen Einheitsmethoden die Gesamt-Fettsäure nach Abtrennung des Unverseifbaren bestimmt und auf die Bestimmung des gesamten an Fett gebundenen Glycerins verzichtet. Die Anhydrisierung der Oxyfettsäuren wird weitgehend vermieden, wenn man die Fettsäuren aus der Seifenlösung nach Abtrennung des Unverseifbaren mit wenig Salzsäure abscheidet und dabei nur auf 50° erwärmt. Auch die Isolierung der Fettsäuren mit Äther wird vorsichtig durchgeführt.

Die in den Deutschen Einheitsmethoden als orientierende Methode bezeichnete volumetrische Bestimmung des Gesamtfettes gibt für manche Fälle in der Praxis hinreichend genaue Werte, besonders wenn man die Bestimmung in der von H. LEUE[2] beschriebenen Apparatur durchführt. Durch Arbeiten in einem Wasserbad mit wärmebeständigen Glasscheiben kann man das Fettvolumen bei 100° ablesen, ohne die Bestimmungskolben aus dem Heizbad zu nehmen. Produkte mit Lösungsmitteln und Sulfonsäuren können nach dieser Methode nicht untersucht werden.

Volumetrische Gesamtfett-Bestimmung[3]. Das „Gesamtfett" in sulfatierten Produkten umfaßt die gesamten fettartigen Bestandteile einschließlich der nicht verseifbaren organischen Substanzen. Das folgende Verfahren soll lediglich dazu dienen, daß der nicht über besondere chemische Einrichtungen verfügenden Verbraucher auf einfache, für die Praxis aber hinreichend genaue Weise den Gesamt-Fettgehalt eines Türkischrot-Öles bestimmen kann. Es handelt sich also wohlgemerkt nur um eine Orientierungsmethode, die ausschließlich zur Untersuchung nicht lösungsmittelhaltiger Produkte bestimmt ist.

In einem 100 ml Becherglas werden genau 10 g hochprozentiges oder genau 20 g niedrigprozentiges Türkischrot-Öl abgewogen und mit 25 ml Wasser erwärmt, bis Lösung eingetreten ist. Die Lösung wird unter wiederholtem Nachwaschen quantitativ in einen sogenannten BÜCHNERschen Fettsäure-Bestimmungskolben[4] (vgl. Abb. 442) übergeführt und nach Zusatz von 50 ml Salzsäure (D = 1,19) auf dem Drahtnetz über kleiner Flamme so lange — mindestens 1 Std. — gekocht, bis sich das Fett klar abgeschieden hat (Siedesteine).

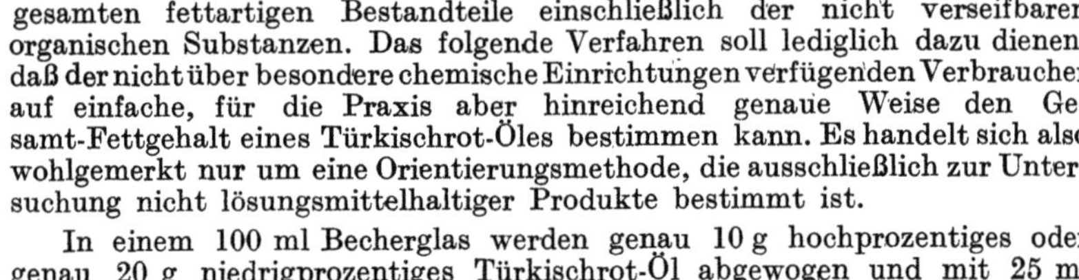

Durch Auffüllen mit konz., etwa 100° heißer Kochsalz-Lösung wird die Fettschicht in den graduierten Hals des BÜCHNERschen Kolbens gedrängt. Dann wird der Kolben bis zum Hals in ein lebhaft siedendes Wasserbad

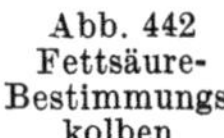

Abb. 442
Fettsäure-
Bestimmungs-
kolben

---

[1] W. HERBIG: Chem. Revue Fett- u. Harz-Ind. **13**, 187 (1906).

[2] H. LEUE: Fette u. Seifen **46**, 133 (1939).

[3] Deutsche Einheitsmethoden, Nachtrag 1932, WIZÖFF; siehe auch Chem. Umschau Gebiete Fette, Öle, Wachse, Harze **38**, 34 (1931).

[4] Bezugsquelle STRÖHLEIN & Co. GmbH, Düsseldorf 39, Adersstr. 93.

gestellt. Zuerst nach 15, darauf nach weiteren 10 Min. wird das Volumen der Fettschicht abgelesen. Unterscheiden sich die Ablesungen, so sind sie in Abständen von je 10 Min. zu wiederholen, bis zwei aufeinanderfolgende Ablesungen übereinstimmen.

$$\% \text{ Gesamtfett} = \frac{100 \cdot a \cdot d}{E}$$

$E =$ Einwaage in g,
$a =$ ml Gesamtfett,
$d =$ spezifisches Gewicht des Gesamtfettes[1].
Die Berechnungsformel vereinfacht sich

bei 10 g Einwaage zu: $\%$ Gesamtfett $= 10 \cdot a \cdot d$
bei 20 g Einwaage zu: $\%$ Gesamtfett $= 5 \cdot a \cdot d$

Wird auf die Bestimmung des spezifischen Gewichtes verzichtet, so kann ein Durchschnittswert

$$d = 0,9$$

eingesetzt werden.

Rechenbeispiel: Eingewogen 20 g Türkischrot-Öl, gefunden 8 ml Gesamtfett. Spez. Gewicht dieses Gesamtfettes im Pyknometer bei 99° gefunden zu 0,894 (d. h. $D_{99} = 0,894$).

$$\% \text{ Gesamtfett} = 5 \cdot 8 \cdot 0,894 = 35,8$$

In manchen Betrieben ist für die Betriebskontrolle noch die Wachskuchen-Methode[2] im Gebrauch und leistet gute Dienste, da sie schnell durchzuführen ist und bei einiger Übung gut reproduzierbare Werte liefert. Hochsulfatierte und sulfonsäurehaltige Produkte und solche mit hochsiedenden Lösungsmitteln und größeren Mengen wasserlöslicher Fettsäure lassen sich nach dieser Methode nicht untersuchen. Das für die Methode gebrauchte Wachs ist sorgfältig zu prüfen, am besten derart, daß man einen Blindversuch und einen Versuch mit reinem Fett macht. Das Abwägen des Wachses kann dadurch erleichtert werden, daß man das Wachs zu etwa 0,5 cm dicken Platten ausgießt.

Fettsäure-Bestimmung (Ätherextrakt-Methode)[3]. Der nach folgender Vorschrift gewonnene Äther-Extrakt stellt die von den nicht verseifbaren organischen Substanzen befreiten Fettsäuren dar, die das ursprüngliche Produkt in freier, veresterter oder verseifbarer Form enthält. Der Fettsäure-Gehalt ist in Verbindung mit dem Gehalt an organisch gebundener Schwefelsäure ein wichtiger Bewertungsfaktor für sulfatierte Produkte.

Verfahren: Ist der Fettsäure-Gehalt des zu untersuchenden Produktes ungefähr bekannt, so werden bei einem „50% handelsüblichen Öl" etwa 8 g, bei einem „100% handelsüblichen Öl" 4 bis 5 g, sonst 6 bis 8 g in einen Extraktionskolben eingewogen, der mit einem eingeschliffenen Rückflußkühler verbunden werden kann. Die Probe wird in 25 ml Wasser gelöst und mit 50 ml Salzsäure ($D = 1,19$) gekocht, bis sich das Fett völlig klar abgeschieden hat, mindestens aber 1 Std. (Siedesteine). Der Kolben steht dabei auf einem Drahtnetz über kleiner Flamme, der Rückflußkühler ist aufgesetzt. Nach dem Erkalten wird der Kolbeninhalt mit wenig Wasser und Äther quantitativ in einen Scheidetrichter übergespült. Sobald sich die Schichten getrennt haben, wird das klare Säurewasser in einen zweiten Scheidetrichter abgezogen und zweimal mit je 25 ml Äther ausgeschüttelt. Die vereinigten ätherischen Lösungen werden mehrmals mit je 20 ml sulfatfreier (!) 10%iger Kochsalz-Lösung mineralsäurefrei gewaschen (Prüfung der Waschwässer mit Methylorange).

Treten bei dieser Behandlung Emulsionen auf oder scheiden sich beim Ansäuern der Waschwässer mit Salzsäure wieder fettartige Anteile ab, so enthält das zu untersuchende Produkt noch Sulfonsäuren. Es kann in diesem Falle nicht nach diesen Vorschriften untersucht werden.

Die vereinigten Säure- und Waschwässer dienen zur Bestimmung der Gesamt-Schwefelsäure.

Die ätherische Lösung wird quantitativ in einen Extraktionskolben übergeführt, die Hauptmenge Äther auf dem Wasserbad abdestilliert und der Rückstand mit 50 ml alkohol.

---

[1] Das spez. Gewicht wird in bekannter Weise bei 99° mit einem Pyknometer bestimmt $= D_4^{99}$. Vgl. Deutsche Einheitsmethoden 1930, S. 208, Wizöff.

[2] W. Herbig: Öle und Fette in der Textilindustrie, S. 403. Stuttgart: Wissenschaftl. Verlagsges. 1929.

[3] Deutsche Einheitsmethoden, Nachtrag 1932, Wizöff; siehe auch Chem. Umschau Gebiete Fette, Öle, Wachse, Harze **38**, 34 (1931).

1 n Kalilauge $^1/_2$ Std. gekocht (Siedesteine, Rückflußkühler). Falls ein Wasserbad benutzt wird, muß der Kolben tief genug in das stark kochende Wasser tauchen. Von der erhaltenen alkohol. Seifenlösung wird die Hauptmenge Alkohol (etwa 30 ml) abdestilliert. Der Rückstand wird mit 50 ml Wasser in einen Scheidetrichter übergespült, dann in bekannter Weise zur Entfernung der nicht verseifbaren organischen Bestandteile ausgeäthert. Im allgemeinen genügt Ausschütteln mit zuerst 50, danach zweimal mit je 25 ml Äther. Mit dreimal je 20 ml Wasser werden aus den vereinigten ätherischen Auszügen die mitgelösten geringen Seifenmengen herausgewaschen. Sollten sich die Schichten beim Ausäthern und Nachwaschen nicht glatt absetzen, so läßt man einige ml Alkohol an der Wandung des Scheidetrichters herabfließen.

Die mit den Waschwässern vereinigte Seifenlösung wird zur Entfernung des Alkohols eingedampft, der Rückstand in Wasser gelöst mit 65 ml 1 n Salzsäure etwa 10 Min. auf 50° erwärmt, wobei öfters umzuschwenken ist. (Längeres und stärkeres Erwärmen ist wegen sonst eintretender Estolid-Bildung zu vermeiden.) Das Zersetzungsgemisch mit den abgeschiedenen Fettsäuren wird nach dem Erkalten mit etwa 50 ml Äther quantitativ in einen Scheidetrichter übergespült und das abgezogene Säurewasser noch zweimal mit je 25 ml Äther extrahiert. Die vereinigten ätherischen Auszüge werden mehrmals mit je 20 ml sulfatfreier 10%iger Kochsalz-Lösung mineralsäurefrei gewaschen (Methylorange) und unter Nachspülen mit Äther in einen ERLENMEYER-Kolben gegossen, der etwa 5 g entwässertes Natriumsulfat enthält. Nach etwa 1 Std. ist die öfters umzuschwenkende ätherische Lösung entwässert. Sie wird dann durch ein trockenes Filter in einen weithalsigen, gewogenen Kolben filtriert. Mit ebenfalls über entwässertem Natriumsulfat getrocknetem Äther sind Kolben und Filter völlig fettfrei zu waschen. Von der ätherischen Fettlösung wird auf dem Wasserbad der Äther abdestilliert. Der Rest des Lösungsmittels ist dann leicht zu entfernen, wenn man nach Aufhören der Destillation und Abnehmen des Destillationsaufsatzes mit einem Handgebläse auf den Rückstand bläst, während der Kolben auf dem stark kochenden Wasserbad bleibt. Man trocknet den Rückstand 1 Std. im Trockenschrank bei einer Temperatur von 100 bis 105°, läßt im Exsiccator erkalten und wägt zurück. Von einem wiederholten Trocknen bis zur Gewichtskonstanz ist abzusehen.

Berechnung: Die so ermittelte Fettsäuremenge wird auf Prozentgehalt umgerechnet.

Bei der Überarbeitung der Deutschen Einheitsmethoden durch den Türkischrot-Öl-Verband wurde vorgeschlagen, die Konzentration der Salzsäure bei der Zersetzung der Substanz derart herabzusetzen, daß man die Zersetzung mit 50 ml Wasser und 50 ml Salzsäure (D = 1,19) durchführt und nicht wie in den Einheitsmethoden 25 ml Wasser und 50 ml Salzsäure nimmt. Es hat sich herausgestellt, daß die niedrige Salzsäure-Konzentration genügt, und daß das Arbeiten angenehmer ist, weil bei der Zersetzung Salzsäure nicht mehr aus dem Kühler entweicht. Eine Mindestkochzeit von $^1/_2$ Std. reicht aus. Da die Bestimmung der Fettsäure sehr umständlich ist und für viele Zwecke die des Gesamtfettes, nach W. HERBIG[1] und nach den ASTM- und den AOCS-Methoden ausreicht, kann die Entfernung des Unverseifbaren unterbleiben. In diesem Fall werden die ätherischen Lösungen des Gesamtfettes mit Natriumsulfat getrocknet, der Äther wird abdestilliert, das Gesamtfett getrocknet und gewogen. Weiterhin wurde vorgeschlagen, bei der Abtrennung des Unverseifbaren die Alkohol-Konzentration genauer zu definieren und auf 20 bis 25% festzulegen. In dem Bericht über die Arbeiten des I.V.L.I.C. wurde von H. GNAMM[2] erwähnt, daß dort ebenfalls vorgeschlagen wurde, die Zersetzung der Substanz mit geringerer Salzsäure-Konzentration (1:4) durchzuführen, um das Entweichen der Salzsäure-Dämpfe zu vermeiden. An dieser Stelle werden auch Bedenken geäußert gegen das Trocknen der ätherischen Fettlösung mit Natriumsulfat. Es wird vorgeschlagen, das Wasser durch Abdampfen mit Alkohol zu entfernen. D. BURTON und G. F. ROBERTSHAW[3] weisen darauf hin, daß bei der Untersuchung von hochungesättigten sulfatierten Ölen erhebliche

[1] W. HERBIG: Die Öle und Fette in der Textilindustrie. Stuttgart: Wissenschaftl. Verlagsges. 1929; Chem. Revue Fett- u. Harz-Ind. **13**, 187 (1906).
[2] H. GNAMM: Collegium **1933**, 454.
[3] D. BURTON u. G. F. ROBERTSHAW: Collegium **1933**, 145.

Schwierigkeiten dadurch entstehen können, daß bei der Abspaltung der organisch gebundenen Schwefelsäure durch Kochen mit Salzsäure eine Bildung von Stoffen eintritt, die in Äther nicht oder nur schwer löslich sind. In solchen Fällen schlagen sie vor, zuerst das Unverseifbare abzutrennen, die Seifenlösung im Wasserbad oder in der Kälte mit Salzsäure zu zersetzen und dann die Fettsubstanz mit Äther oder Tetrachlorkohlenstoff zu isolieren. Bei dieser Arbeitsweise erreicht man nicht immer die vollständige Abspaltung der organisch gebundenen Schwefelsäure.

Sulfatfreies Gesamtfett[1] Bei diesem Analysenverfahren wird das sulfatfreie Gesamtfett in einem sulfatierten Öl durch Zersetzung mit verd. Mineralsäuren und Extraktion des abgespaltenen Fettes bestimmt. Diese Methode kann nicht bei Ölen angewandt werden, die sich nicht vollständig durch kochende Mineralsäure zersetzen lassen.

Reagentien: 1. Schwefelsäure (annähernd 1 n). 2. Äther.

Verfahren: Das Verfahren besteht in der Zersetzung der Probe mit Schwefelsäure, Extraktion der Fettsubstanz mit Äther, Verdampfung des Lösungsmittels und Wägung des Rückstandes. Nach dem Abkühlen wird die titrierte Lösung, die bei der Bestimmung des organisch gebundenen Schwefelsäureanhydrids nach Methode 1 b oder 2 b (S. 1497) erhalten wird, in einen 250 ml Scheidetrichter überführt und mit 50 ml Äther ausgeschüttelt. Die wäßrige Schicht wird in einen anderen Scheidetrichter abgezogen und zweimal mit je 25 ml Äther ausgeschüttelt. Die vereinigten Äther-Auszüge werden mit jeweils 15 ml Wasser so lange gewaschen, bis das Wasser gegen Methylorange neutral ist. Die Ätherschicht wird dann in ein ausgewogenes 150 ml Becherglas überführt, das Lösungsmittel auf dem Wasserbad verdampft, der Rückstand in einem Trockenschrank bei 105 bis 110° 30 Min. getrocknet, im Exsiccator abgekühlt und gewogen. Das Erhitzen im Trockenschrank wird bis zur Gewichtskonstanz wiederholt. Die extrahierte Fettsubstanz wird für die folgende Bestimmung des Unverseifbaren aufbewahrt.

Berechnung: Die sulfatfreie Fettsubstanz wird wie folgt berechnet:

$$\text{Sulfatfreies Gesamtfett in } \% = \frac{\text{Gewicht des Rückstandes in g}}{\text{Gewicht der Probe in g}} \cdot 100$$

Die bisher beschriebenen Methoden gelten, nur für sulfatierte Öle, bei denen die organisch gebundene Schwefelsäure vollständig durch Kochen mit Salzsäure abgespalten werden kann und nicht für sulfonsäurehaltige Produkte. R. HART[2] beschreibt eine Methode zur Untersuchung von sulfierten Ölen, die auch Sulfonsäure enthalten können. Sie besteht darin, daß man die wirksame Substanz aus einer angesäuerten, mit Kochsalz gesättigten Lösung mit Äther ausschüttelt. Bei hochsulfierten Ölen, zu denen auch die sulfonsäurehaltigen Produkte zu rechnen sind, wird noch etwas Alkohol hinzugefügt. Aus dem nach dieser Methode erhaltenen Gehalt an wirksamen Bestandteilen errechnet HART den Fettgehalt, indem er von dem erhaltenen Wert das organisch gebundene SO_3 als $SO_3Na—H$ abzieht. Dieses Verfahren ist in die ASTM-Methoden aufgenommen worden und wird dort auch bei der Bestimmung des organisch gebundenen SO_3 angewandt. Ferner stimmt es mit der AOCS-Official Method[1] überein.

ζ) Gesamte wirksame Substanz

Diese Analysenmethode erfaßt die gesamte wirksame Substanz eines sulfonierten oder sulfatierten Öles durch Extraktion des nicht gespaltenen sulfonierten oder sulfatierten Fettes oder anderer Fettbestandteile über einer angesäuerten konz. Salzlösung. Freies Alkali oder als Seife gebundenes Alkali werden nicht miterfasst. Nur bei sulfatierten Ölen kann die gesamte wirksame Substanz durch Berechnung bestimmt werden, da diese gleich der Summe aus sulfatfreien Fettbestandteilen und neutralisierter organisch gebundener Schwefelsäure ist.

---

[1] AOCS Official Method F 4–44.
[2] R. HART: Ind. Engng. Chem., analyt. Edit. **7**, 137 (1935).

Reagentien: 1. Äther. 2. Natriumchlorid, chemisch rein. 3. Natriumsulfat, wasserfrei, chemisch rein. 4. Methylorange, 0,1%ige wäßrige Lösung. 5. alkohol. Kalilauge (0,5 n), genau eingestellt.

Verfahren: Das Verfahren besteht in der Isolierung und Reinigung der Fettbestandteile, durch Lösen der Probe in einem Lösungsmittel, Ansäuern und Waschen mit einer gesättigten Salzlösung und Wägen des gereinigten Extraktes. Man verfährt, wie bei der Bestimmung der organisch gebundenen Schwefelsäure, Methode 3, bei Abwesenheit von Ammoniak (S. 1499) beschrieben ist. Die isolierte wirksame Substanz wird nicht in einen Tiegel gebracht, sondern verbleibt in dem 150 ml Becherglas, welches vorher getrocknet, auf Raumtemperatur abgekühlt und gewogen wurde. Das Filtrat wird auf annähernd 20 ml eingeengt, genau 2 ml alkohol. Kalilauge werden zugefügt, die Bestandteile durch Schütteln gemischt, und endlich wird der Äther vollkommen abgedampft. Bei hochsulfonierten oder sulfatierten Ölen kann es ratsam sein, 5 bis 10 ml alkohol. Kalilauge zur Stabilisation des Rückstandes zuzufügen.

Der Rückstand wird $1^1/_2$ Std. bei 108 bis 112° getrocknet, im Exsiccator abgekühlt und gewogen. Dann wird das Trocknen für jeweils 30 Min. wiederholt, bis Gewichtskonstanz erreicht ist.

Berechnung: Korrektur für das hinzugefügte Alkali.

Korrektur für zugefügtes Alkali in g = 0,0006789 (ml KOH · S)

Darin bedeuten:

0,0006789 = molekulares Verhältnis von (K—H) : KOH dividiert durch 1000,
S = Stärke der Kalilauge in mg/ml KOH.

Gesamte wirksame Substanz.

$$\text{Gesamte wirksame Substanz in \%} = \frac{\text{Gewicht des Rückstandes in g} - \text{Alkali-Korrektur}}{\text{Gewicht der Probe in g}} \cdot 100$$

Nur für sulfatierte Öle. — Die gesamte wirksame Substanz kann bei sulfatierten Ölen auf folgende Weise berechnet werden:

$$T = P + \left(\frac{\text{NaSO}_4}{\text{SO}_3}\right) \cdot Y$$

oder

$$T = P + 1,4871 \cdot Y$$

Darin bedeuten:

T = gesamte wirksame Substanz in %,
P = sulfatfreies Gesamtfett in % (s. u.),
Y = % gebundenes SO_3.

Der Faktor 1,4871 basiert auf der Annahme, daß die sulfatfreien Bestandteile bei der Abspaltung des SO_3 ohne Bildung von Hydroxyl-Gruppen polymerisieren. Bilden sich Hydroxyl-Gruppen, so wandelt sich der Faktor in

$$\frac{\text{NaSO}_3 - 1}{\text{SO}_3} = 1,271$$

Die berechneten Werte stimmen mit den gefundenen besser überein, wenn der höhere Faktor gebraucht wird.

D. BURTON und G. F. ROBERTSHAW[1] geben eine Methode an, die auch bei sulfonsäurehaltigen Produkten anwendbar ist. Sie besteht darin, daß man zu einer Mischung von Tetrachlorkohlenstoff (50 ml), dest. Wasser (100 ml) und Salzsäure (50 ml, D = 1,19) 5 g sulfiertes Öl gibt und kräftig ausschüttelt. Das sulfierte Öl löst sich in Tetrachlorkohlenstoff. Das Ausschütteln wird 2 bis 3 mal mit kleinen Mengen Tetrachlorkohlenstoff wiederholt, der Tetrachlorkohlenstoff abdestilliert und das sulfierte Öl getrocknet und gewogen.

---

[1] D. BURTON u. G. F. ROBERTSHAW: Fette u. Seifen **43**, 152 (1936).

η) Unverseifbare, nicht flüchtige Substanz[1]

Nach diesem Analysenverfahren wird die unverseifbare, nicht flüchtige Substanz eines sulfatierten Öles durch Verseifung der sulfatfreien Fettsubstanz und Extraktion des Unverseifbaren aus der Seifenlösung mit Äther bestimmt.

Apparatur: Die Verseifungsapparatur besteht aus einem Glaskolben und einem Luftkühler und ist identisch mit der Apparatur, die bei der Bestimmung des organisch gebundenen Schwefelsäureanhydrids (Methode 1) beschrieben ist (S. 1496).

Reagentien: 1. Kalilauge (0,5 n). 2. alkohol. Kalilauge (0,5 n). 3. Äther, 4. Salzsäure (D = 1,19). 5. Phenolphthalein, 1%ige Lösung in 95%igem Äthanol.

Verfahren: Das Verfahren besteht in der Zersetzung der Probe mit Mineralsäure, Extraktion der sulfatfreien Fettsubstanz, Verseifung letzterer und Extraktion des Unverseifbaren aus der Seifenlösung mit Äther.

2 bis 2,5 g sulfatfreies Gesamtfett (s. o.) werden genau in einen Kolben eingewogen, 25 ml alkohol. Kalilauge zugefügt und der Kolbeninhalt (ohne Verlust an Alkohol) 1 Std. unter gelegentlichem Umschwenken auf einer elektrischen Heizplatte oder einer anderen Heizquelle erhitzt. Der Kolbeninhalt wird in einen 250 ml Scheidetrichter übergeführt und der Kolben mehrere Male mit insgesamt 50 ml Wasser ausgespült, die in den Scheidetrichter gegeben werden. Die noch warme Lösung (etwa 30°) schüttelt man mit 50 ml Äther aus (mit dem Äther wird vorher der Verseifungskolben ausgespült), 1 Min. schüttelt man kräftig durch und läßt dann die Schichten sich absetzen. Die untere Schicht wird in einen zweiten 250 ml Scheidetrichter abgezogen und in gleicher Weise zweimal mit je 50 ml Äther ausgeschüttelt. Nun gibt man 20 ml Wasser zu den vereinigten Äther-Auszügen, dreht Scheidetrichter mit Inhalt vorsichtig sechsmal um und läßt die Schichten absitzen. Die untere Schicht wird abgezogen und verworfen. Die Ätherschicht wird noch zweimal mit je 20 ml Wasser gewaschen, wobei nach jeder Wasserzugabe kräftig durchgeschüttelt wird.

Zu dem ausgewaschenen Äther-Extrakt gibt man 20 ml 0,5 n wäßrige Kalilauge, dreht den Scheidetrichter mit Inhalt vorsichtig sechsmal um und läßt die Schichten absitzen und klären. Die untere Schicht wird abgezogen und verworfen. Die Ätherschicht wird zweimal mit 20 ml Wasser gewaschen und kräftig durchgeschüttelt. Das Waschen mit 20 ml 0,5 n Kalilauge und anschließend mit 20 ml Wasser wird so lange fortgesetzt, bis die Alkalischicht nach dem Ansäuern mit HCl nach einigen Minuten Warten nur noch schwach opalesciert. Zum Schluß wird die Ätherschicht mehrmals mit je 20 ml Wasser gewaschen, bis das Waschwasser gegen Phenolphthalein nicht mehr alkalisch reagiert.

Die ätherische Lösung bringt man quantitativ in einen gewogenen Kolben und entfernt das Lösungmittel durch Abdestillieren auf dem Wasserbad möglichst weitgehend. Dann wird der Kolben auf 75 bis 80° bis zur Gewichtskonstanz getrocknet und gewogen.

Berechnung: Der Gehalt an Unverseifbarem wird wie folgt berechnet:

$$U = \frac{R}{G} \cdot P$$

U = Unverseifbares in %,
R = Gewicht des Rückstandes in g,
G = Gewicht des sulfatfreien Gesamtfettes in g,
P = sulfatfreies Gesamtfett in %.

Anmerkungen. 1. Am geeignetsten ist eine 30%ige alkohol. Lösung (Vol.-%) zum Ausschütteln des Unverseifbaren.

2. Bilden sich Emulsionen, so fügt man 5 ml Alkohol hinzu, den man an der Trichterwand entlang einlaufen läßt.

3. Es ist wichtig, daß das Äther-Volumen nicht weniger als 150 ml beträgt, da sonst leicht kleine Mengen Unverseifbares verlorengehen können.

---

[1] AOCS Official Method F5–44.

4. Zur Prüfung, ob das Unverseifbare frei von Fettsäuren ist, wird der Rückstand in 10 ml frisch destilliertem, neutralem Alkohol gelöst und mit 0,1 n alkohol. Kalilauge unter Verwendung von Phenolphthalein als Indicator titriert. Nicht mehr als 0,1 ml darf zur Neutralisation verbraucht werden. Ist der Verbrauch größer, so war die Trennung nicht einwandfrei und muß wiederholt werden.

ϑ) Bestimmung von Neutralfett und nicht verseifbaren, organischen Substanzen[1]

Das Neutralfett (Fettsäure-Glyceride) wird nicht direkt bestimmt, sondern man scheidet die in ihm enthaltenen Fettsäuren ab und errechnet aus ihrer Menge den Gehalt an Neutralfett.

In dem gleichen Untersuchungsgang werden die nicht verseifbaren organischen, mit Wasserdampf nicht flüchtigen Substanzen abgeschieden. Die mit Wasserdampf flüchtigen, nicht verseifbaren organischen Substanzen gelten als Lösungsmittel.

Abscheidung der fettartigen Bestandteile. 30 g des zu untersuchenden Produktes, in 50 ml Wasser gelöst, werden mit 20 ml Ammoniak ($D_4^{15} = 0,91$) und 30 ml Glycerin gemischt und dreimal mit je 100 ml Äther ausgeschüttelt. Die vereinigten ätherischen Auszüge können das Neutralfett, die nicht verseifbaren organischen Substanzen und die Lösungsmittel enthalten. Sie werden zur Entfernung der in geringen Mengen mitgelösten Seife dreimal mit je 20 ml Wasser gewaschen. Der Äther wird abdestilliert und der Rückstand mit 25 ml 1 n alkohol. Kalilauge unter Rückfluß 1 Std. gekocht. Aus der Seifenlösung wird die Hauptmenge Alkohol (etwa 15 ml) durch Eindampfen verjagt. (Dabei kann bereits ein Teil der leicht flüchtigen Lösungsmittel mitentfernt werden). Der Rückstand wird mit 20 ml Wasser aufgenommen, mit weiteren 30 bis 40 ml Wasser und einigen ml Äther quantitativ in einen Scheidetrichter übergespült und die so verd. Lösung dreimal mit je 50 ml Äther ausgeschüttelt. Zur Entfernung der in geringen Mengen mitgelösten Seifen werden die ätherischen Auszüge wieder dreimal mit je 20 ml Wasser gewaschen.

Bestimmung des Neutralfettes. Die mit den Waschwässern vereinigte Seifenlösung enthält das Neutralfett als Seife, die nun durch kurzes Erwärmen mit 65 ml 0,5 n Salzsäure auf 50° zersetzt wird. Die Fettsäuren werden wie bei der Fettsäure-Bestimmung (Ätherextrakt-Methode) beschrieben, abgeschieden und gewogen.

Berechnung:

$$\% \text{ Neutralfett} = \frac{100 \cdot a \cdot f}{E}$$

E = Einwaage in g,
a = Fettsäuren in g,
f = Faktor zur Umrechnung von Fettsäuren in Neutralfett.

Für die Umrechnung von Ricinolsäure auf Triricinolein ist $f = 1,0425$, für die Umrechnung von Ölsäure auf Triolein $f = 1,045$.

Bestimmung der nicht verseifbaren organischen Substanzen. Diese sind mit den Lösungsmittel-Resten im ätherischen Auszug enthalten. Die Lösungsmittel werden nach dem Abdestillieren des Äthers mit Wasserdampf verjagt, als Rückstand bleiben die nicht mit Wasserdampf flüchtigen, nicht verseifbaren organischen Substanzen, die zusammen mit dem Kondenswasser quantitativ (durch Nachspülen mit Äther) in einen Scheidetrichter übergeführt und dreimal mit je 50 ml Äther extrahiert werden. Die vereinigten ätherischen Auszüge werden sinngemäß weiterbehandelt.

Der in Prozenten der untersuchten Probe berechnete Äther-Extrakt stellt die nicht mit Wasserdampf flüchtigen, nicht verseifbaren organischen Substanzen dar. Durch Ermittlung von Kennzahlen wie Hydroxylzahl, Jodzahl, Refraktion, spezifisches Gewicht usw. kann eine Bewertung des Rückstandes angestrebt werden.

ι) Acidität, Alkalität, Ammoniak und Gehalt an freien Fettsäuren

Für die Eigenschaften der sulfatierten Öle ist der Gehalt an freien Carboxylgruppen wichtig. Zur Prüfung der „Einstellung" von Türkischrot-Ölen und türkischrotölartigen Produkten neutralisiert man die Öle in wäßriger Lösung

---

[1] Deutsche Einheitsmethoden, Nachtrag 1932, WIZÖFF; siehe auch Chem. Umschau Gebiete Fette, Öle, Wachse, Harze **38**, 34 (1931).

gegen Phenolphthalein. Man bestimmt ihre Acidität oder Alkalität. Bei sulfatierten Ölen ist es auch üblich, sie in alkoholisch-ätherischer Lösung gegen Phenolphthalein zu titrieren und dadurch den Gehalt an freien Fettsäuren zu ermitteln. Diese Titration ergibt bei Ölen, die schwache Basen, wie Ammoniak oder Triäthanolamin enthalten, keine einwandfreien Werte. Die ASTM-Methoden sehen nur die Bestimmung der freien Fettsäure vor.

Acidität und Alkalität[1]. Türkischrotöl-Produkte reagieren im allgemeinen gegen Phenolphthalein sauer, gegen Methylorange alkalisch. Die mit Kalilauge in wäßriger Lösung bei Gegenwart von Phenolphthalein titrierte Alkali-Aufnahme gilt als Acidität und kann folgendermaßen berechnet werden:

1. als Neutralisationszahl in mg KOH/g eingewogene Substanz,
2. wie in der Türkischrotöl-Industrie vielfach üblich in mg KOH/g Fettsäure.

Bei alkalisch reagierenden Türkischrotöl-Produkten ergibt die Titration mit Salz- oder Schwefelsäure in Gegenwart von Phenolphthalein die Alkalität.

Bei Ammoniak enthaltenden Produkten geben die nachstehenden Verfahren nur Annäherungswerte.

Acidität. 5 g der zu untersuchenden Substanz werden in 95 ml Wasser gelöst und nach Zusatz einiger Tropfen Phenolphthalein-Lösung mit 0,5 n Kalilauge bis zur Rosafärbung titriert.

1. Acidität (in mg KOH/g Einwaage) $= \dfrac{28{,}055 \cdot a}{E}$

2. Acidität (in mg KOH/g Fettsäure bei $f\%$ Fettsäure-Gehalt des untersuchten Produktes)

$$= \frac{2805{,}5 \cdot a}{E \cdot f}$$

E = Einwaage in g,
a = ml 0,5 n Kalilauge,
f = % Fettsäuren im untersuchten Produkt.

Alkalität. 5 g der zu untersuchenden Substanz werden in 95 ml Wasser gelöst und nach Zusatz einiger Tropfen Phenolphthalein-Lösung mit 0,5 n Salz- oder Schwefelsäure bis zur Farblosigkeit titriert.

1. Alkalität (in mg KOH/g Einwaage) $= \dfrac{28{,}055 \cdot a}{E}$

2. Alkalität (in mg KOH/g Fettsäure bei $f\%$ Fettsäure-Gehalt des untersuchten Produktes)

$$= \frac{2805{,}5 \cdot a}{E \cdot f}$$

E = Einwaage in g,
a = ml 0,5 n Säure,
f = % Fettsäuren im untersuchten Produkt.

Die Berechnungsweise ist stets durch die Angaben in den Klammern zu erläutern.

Gesamt-Alkalität[2]. Dieses Analysenverfahren ist anwendbar auf sulfonierte oder sulfatierte Öle und erfaßt die gesamte Alkalität des als Seife gebundenen Alkalis, Ammoniaks und Triäthanolamins, des freien Alkalis und der titrierbaren Alkalisalze, jedoch nicht die Alkalität der nicht titrierbaren Alkalisalze, durch Titration der wäßrigen Lösung mit Mineralsäure bei Gegenwart von Methylorange als Indicator.

Man verfährt wie bei der Bestimmung der Alkalität im Kapitel „Organisch gebundenes Schwefelsäureanhydrid", Methode 1, beschrieben ist. Die Berechnung wird ebenfalls, wie dort angegeben, durchgeführt.

Gesamt-Ammoniak[3] (vgl. auch Stickstoff-Bestimmung nach KJELDAHL, S. 377). Diese Analysenmethode bestimmt den gesamten Ammoniak-Gehalt eines sulfonierten oder sulfatierten Öles durch Kochen der wäßrigen Lösung mit überschüssigem Alkali und Rücktitration des nicht verbrauchten Alkalis.

---

[1] Deutsche Einheitsmethoden, Nachtrag 1932, WIZÖFF; siehe auch Chem. Umschau Gebiete Fette, Öle, Wachse, Harze **38**, 34 (1931).
[2] AOCS Official Method F 7–44.
[3] AOCS Official Method F 8–44.

Das Verfahren besteht aus zwei Bestimmungen: 1. der Gesamt-Alkalität und 2. des Verbrauchs an Alkali nach dem Kochen mit überschüssiger Natronlauge.

1. *Gesamt-Alkalität.* Man bestimmt die Gesamt-Alkalität wie im Kapitel ,,Organisch gebundenes Schwefelsäureanhydrid", Methode 1, beschrieben.

2. *Alkalität nach dem Kochen.* Man löst 10 g der Probe in 100 ml Wasser in einem 500 ml Becherglas, fügt 25 ml 0,5 n NaOH hinzu und kocht die Mischung 30 Min. oder bis sich das gesamte Ammoniak verflüchtigt hat. Dieses wird durch feuchtes rotes Lackmuspapier angezeigt. Dann kühlt man den Inhalt ab, fügt Methylorange (0,1%) hinzu und titriert annähernd bis zum Endpunkt. Jetzt führt man die Mischung in einen mit einem Glasstöpsel versehenen 250 ml Kolben über und beendet die Titration (nach Zusatz von Salz und Äther), wie bei der Bestimmung des organisch gebundenen Schwefelsäureanhydrids, Methode 1 d.

Der Gehalt an Ammoniak wird wie folgt berechnet:

$$\text{Gesamt-Ammoniak in } \% = 0,0303 \, T.$$

$$T = A + \frac{(B - C) \cdot 28,05}{W}$$

T = gesamter Ammoniak-Gehalt in mg KOH/g,
A = Gesamt-Alkalität in mg KOH/g,
B = zugefügtes Alkali in ml,
C = zugefügte Säure in ml,
W = Gewicht der Probe in g.

Bei Ölen, die frei von Ammonium-Verbindungen sind, ist die Titration mit Lauge gegen Phenolphthalein in alkoholischer oder alkoholisch-ätherischer Lösung ein Maß für den Gehalt an freier Fettsäure. Das Ergebnis kann in mg KOH/g ausgedrückt oder in % Fettsäuren umgerechnet werden. Bei stark gefärbten Ölen, die Ammonium- und Triäthanolamin-Verbindungen nicht enthalten, sehen die ASTM-Methoden eine Bestimmung der freien Fettsäure vor, die darin besteht, daß eine wäßrige Lösung des Produktes bei Gegenwart von Kochsalz, Äther und Alkohol gegen Phenolphthalein titriert wird. Die Bestimmung der freien Fettsäuren in Ammoniak-Ölen beschreibt C. RIESS[1] in dem Bericht der Öl- und Fettkommission der I.V.L.I.C. Es werden dort drei Methoden verglichen[2]. Zwei bestehen im Prinzip darin, daß man eine ätherische Lösung des Öles mit HCl ansäuert, mit gesättigter Kochsalz-Lösung ausschüttelt und dann die ätherische Lösung nach Zusatz von Alkohol gegen Phenolphthalein titriert. Durch das Ausschütteln mit gesättigter Kochsalz-Lösung werden die Ammonium-Verbindungen in Natriumsalze verwandelt. Die ätherische Lösung wird dann gegen Methylorange neutralisiert, so daß die im Produkt enthaltenen neutralisierten und freien Carboxylgruppen frei vorliegen und gegen Phenolphthalein titriert werden können. Das Ergebnis wird in mg KOH/g Substanz ausgedrückt. Vermindert man diesen Wert um die bei der Titration des Gesamt-Alkalis erhaltene Zahl, so erhält man ein Maß für den Gehalt an freier Fettsäure. Nach der dritten geprüften Methode[3] wird eine alkoholische Lösung des Produktes mit 0,1 n Kalilauge gegen Phenolphthalein titriert und das freie Ammoniak durch leichtes Kochen vertrieben. Es wird so lange Kalilauge zugesetzt, wie noch Ammoniak entweicht, dann wird die gegen Phenolphthalein schwach alkalische Lösung nach Zusatz von Wasser und Methylorange mit 0,1 n Schwefelsäure titriert. Der bei dieser Titration erhaltene Wert, ausgedrückt in mg KOH/g Substanz vermindert um das Gesamt-Alkali ergibt ebenfalls ein Maß für den Gehalt an freier Fettsäure.

---

[1] C. RIESS: Collegium **1934**, 644.
[2] H. GNAMM: Collegium **1933**, 456.
[3] D. BURTON u. G. F. ROBERTSHAW: Collegium **1931**, 859.

Durch das Kochen mit Kalilauge zur Vertreibung des Ammoniaks werden aber die im Öl enthaltenen Ester bereits etwas verseift. Es werden daher zu hohe Ammoniak-Werte gefunden[1]. Bei Gegenwart von Ammonium- oder Triäthanol-amin-Seifen kann nach den ASTM- und den AOCS-Methoden der Gehalt an freier Fettsäure ermittelt werden, indem man das Gesamt-Alkali und die Summe der freien und an Alkali gebundenen Fettsäure titriert. Die Differenz der erhaltenen Werte entspricht dem Gehalt an freier Fettsäure. Der Wert für die freien und an Alkali gebundenen Fettsäuren wird durch Titration der gesamten wirksamen Substanz in alkoholischer Lösung gegen Phenolphthalein erhalten.

Acidität als Säurezahl[2]. 1. In Abwesenheit von Ammonium- oder Triäthanol-amin-Seifen. Dieses Analysenverfahren erfaßt die freien Fettsäuren in einem sulfonierten oder sulfatierten Öl durch Titration der in einem Lösungsmittel gelösten Probe. Es kann jedoch nicht angewandt werden bei Anwesenheit von Ammonium- oder Triäthanolamin-Seifen oder -Salzen oder anderen Verbindungen, deren alkohol. Lösung gegen Phenolphthalein nicht neutral reagiert.

Reagentien: 1. Äther. 2. Äthanol 95% ig; vor Gebrauch wird der Alkohol gegen Phenolphthalein neutralisiert. 3. Phenolphthalein, 1% in 95% igem Alkohol. 4. Natron- oder Kalilauge, 0,5 n.

Verfahren: Man löst 10 g der Probe in einer Mischung von 50 ml neutralem Alkohol und 25 ml Äther, fügt 5 Tropfen Phenolphthalein-Lösung hinzu und titriert die Lösung mit 0,5 n NaOH oder KOH, bis die rosa Farbe auch nach kräftigem Schütteln noch 30 Sek. bestehenbleibt.

Acidität:

$$K = \frac{C \cdot 28,05}{W}$$

K = Acidität als Säurezahl in mg KOH/g,
C = ml 0,5 n Alkali,
W = Gewicht der Probe in g.

2. Bei dunkelgefärbten Ölen, aber in Abwesenheit von Ammonium- oder Triäthanolamin-Seifen. Dieses Analysenverfahren erfaßt die Fettsäuren in einem sulfonierten oder sulfatierten Öl durch Titration einer wäßrigen, kochsalzhaltigen Lösung gegen Phenolphthalein als Indicator. Es kann nicht angewandt werden bei Anwesenheit von Ammonium- oder Triäthanolamin-Seifen oder sauren Salzen.

Reagentien: 1. Kochsalz. 2. Äther. 3. Phenolphthalein, 1% in 95% igem Alkohol. 4. Äthanol 95%, gegen Phenolphthalein mit Alkali neutralisiert. 5. Natronlauge 0,5 n.

10 g der Probe werden in 100 ml Wasser in einem mit einem Glasstöpsel versehenen 250 ml ERLENMEYER-Kolben gelöst und, falls erforderlich, erwärmt. Nach dem Abkühlen werden 30 g NaCl, 25 ml Äther und 50 ml neutraler Alkohol hinzugefügt. Man setzt 5 Tropfen Phenolphthalein-Lösung hinzu und titriert den Inhalt des Kolbens mit 0,5 n NaOH, bis die wäßrige Schicht rosa gefärbt ist. Nach jeder Laugen-Zugabe schüttelt man kräftig.

Die Acidität wird berechnet wie bei Methode 1 beschrieben.

3. Bei Anwesenheit von Ammonium- oder Triäthanolamin-Seifen. Dieses Analysenverfahren bestimmt die Acidität in einem sulfonierten oder sulfatierten Öl bei Anwesenheit von Ammonium- oder Triäthanolamin-Seifen oder beiden durch Berechnung aus der Gesamt-Alkalität und den freien und an Alkali gebundenen Fettsäuren.

Das Verfahren besteht aus der Bestimmung der Gesamt-Alkalität und der freien und an Alkali gebundenen Fettsäuren.

1. *Gesamt-Alkalität.* Die Gesamt-Alkalität wird, wie bei der Bestimmung des organisch gebundenen Schwefelsäureanhydrids, Methode 1, beschrieben, ermittelt.

---

[1] C. RIESS: Fettchem. Umschau **41**, 199, 201 (1934).
[2] AOCS Official Method F 9 a, b, c–44.

2. *Freie und an Alkali gebundene Fettsäuren.* Die gesamte sulfatierte und sulfonierte Fettsubstanz wird extrahiert wie bei der Bestimmung der gesamten wirksamen Substanz beschrieben, aber ohne den Extrakt zu entwässern. Bei Anwesenheit von Acetaten wird die Ätherschicht sorgfältig mit konz. Kochsalz-Lösung gewaschen, bis die Waschflüssigkeit nach Zugabe von 1 bis 2 Tropfen 0,5 n NaOH gegen Phenolphthalein neutral reagiert. Dann gibt man genau 0,5 ml 0,5 n NaOH zu dem Extrakt, dampft den Äther auf ein Volumen von etwa 25 ml ein, fügt etwa 50 ml neutralen Alkohol hinzu und titriert die Mischung mit 0,5 n Natronlauge weiter bis zum Umschlag gegen Phenolphtalein. Der Gehalt an freien und an Alkali gebundenen Fettsäuren wird berechnet, wie bei der Bestimmung der Acidität, Methode 1, angegeben.

Die Acidität wird bei Anwesenheit von Ammonium- oder Triäthanolamin-Seifen wie folgt berechnet:

$$K = J - A$$

K = Acidität als Säurezahl in mg KOH/g,
J = freie und an Alkali gebundene Fettsäuren,
A = Gesamt-Alkalität.

ϰ) Asche

Unter Asche wird der Rückstand verstanden, den man durch Abbrennen der Probe und gelindes Glühen des Rückstandes unter Einhaltung besonderer Versuchsbedingungen erhält. Die Bestimmung erfolgt wie bei Fetten, siehe S. 469. Die Reaktionen, die bei der Veraschung eintreten, sind mannigfach. Die organisch gebundene Schwefelsäure ergibt zuerst Hydrogensulfat, das, wenn genügend Alkali zur Neutralisation vorhanden ist, in Sulfat übergeht oder aber, wenn das nicht der Fall ist, durch Abspalten von SO_3 beim Erhitzen in Sulfat übergeführt wird. Das an den Carboxylgruppen organischer Säuren gebundene Alkali ergibt Carbonat, das mit dem Hydrogensulfat zu Sulfat reagiert. Chloride können ebenfalls Hydrogensulfat in Sulfat überführen. Zu berücksichtigen ist weiterhin, daß besonders bei nicht vorsichtigem Arbeiten, Sulfate beim Erhitzen mit organischer Substanz oder Kohlenstoff zu Sulfiten oder Sulfiden reduziert werden können. Ammoniumsalze und Salze organischer Basen, z.B. des Triäthanolamins, ergeben natürlich keine Asche. Man erhält für die Asche nur einwandfreie Werte, wenn man das sulfatierte Öl mit Schwefelsäure abraucht und dadurch die Alkali-Verbindungen in Alkalisulfat überführt. Aus dieser „Sulfat-Asche" kann man den gesamten Gehalt des Öles an Natrium oder Kalium errechnen.

λ) Bestimmung der anorganischen Salze[1]

Dieses Analysenverfahren bestimmt in einem sulfonierten oder sulfatierten Öl die anorganischen Salze (Sulfate, Chloride usw.), die in einer Mischung von Ölsäure und Tetrachlorkohlenstoff unlöslich sind.

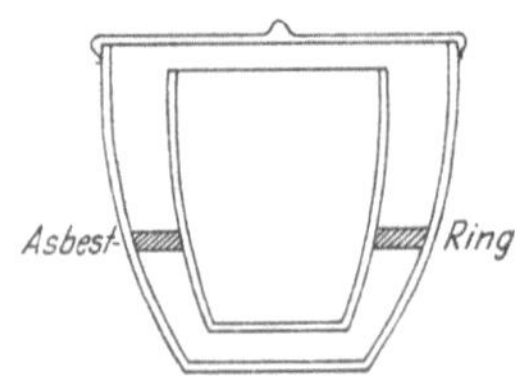

Abb. 443. GOOCH-Tiegel. Anordnung für die Bestimmung anorganischer Salze

Apparatur. Entweder ist ein GOOCH-Tiegel oder ein Filterpapier zum Filtrieren zu benützen. Beim Erhitzen wird der GOOCH-Tiegel mit Hilfe eines Asbestringes (s. Abb. 443) in einen größeren Tiegel gestellt. Als Filterpapier wird 9 cm WHATMAN Nr. 40 oder eine ähnliche Art von aschefreiem Papier vorgeschlagen.

Der GOOCH-Tiegel wird präpariert, indem man eine dünne Aufschlämmung von Asbestfaser in Wasser durchfiltriert, bis sich eine etwa 2 mm dicke Schicht gebildet hat. Diese wird getrocknet und 30 Min. zuerst schwach und dann stärker geglüht. Darauf läßt man 75 ml Tetrachlorkohlenstoff durchlaufen, erhitzt wieder, läßt im Exsiccator abkühlen und wiegt. Das Waschen mit Tetrachlorkohlenstoff wird so oft wiederholt, bis kein Gewichtsverlust mehr festgestellt wird.

---

[1] AOCS Official Method F 6–44.

Reagentien: 1. Ölsäure. 2. Tetrachlorkohlenstoff. 3. Äther. 4. Asbest — Asbestfaser, die mit Lauge und Säure gewaschen ist.

Verfahren: Das Verfahren besteht im Entwässern der Probe, Lösen in einem Lösungsmittel, Filtrieren, Erhitzen und Wiegen des Rückstandes. Bei Anwesenheit von Ammoniumsalzen wird der Rückstand nicht erhitzt, sondern nur bis zur Gewichtskonstanz getrocknet. Anwesenheit von Natriumacetat stört diese Methode nicht. 3 bis 5 g der Probe werden in ein 250 ml Becherglas eingewogen. Dann wird annähernd die gleiche Menge Ölsäure hinzugegeben und die Mischung auf einem Ölbad unter ständigem Rühren mit einem Thermometer so lange auf 105 bis 110° erhitzt, bis praktisch das gesamte Wasser verdampft ist. Das Erhitzen wird fortgesetzt bis auf 118 bis 120°, und man hält diese Temperatur 5 Min. bei. Wenn die entwässerte Probe nach dem Abkühlen nicht flüssig bleibt, fügt man noch etwas Ölsäure hinzu. Dann löst man die entwässerte Probe in 100 ml 50 bis 55° warmem Tetrachlorkohlenstoff und filtriert durch ein Papierfilter oder einen vorbereiteten GOOCH-Tiegel.

Der Rückstand wird dreimal mit je 15 ml einer 2%igen Lösung von Ölsäure in Tetrachlorkohlenstoff gewaschen, dann sechsmal mit je 15 ml heißem Tetrachlorkohlenstoff und schließlich zweimal mit 15 ml Äther oder bis der Rückstand ölfrei ist. Man achte darauf, daß die Spitze des Filters vollkommen ausgewaschen wird. Wenn das Lösungsmittel verdampft ist und die Salze nicht mehr festhaften, bringt man die letzten Spuren des Rückstandes auf das Filter. Der Rückstand wird 45 Min. bei 125 bis 130° getrocknet, im Exsiccator abgekühlt und gewogen. Darauf wird er 15 Min. bei kräftiger Rotglut (500 bis 550°) erhitzt, gewogen und diese Operation wiederholt, bis konstantes Gewicht erreicht ist.

Bei Anwesenheit von Ammoniumsalzen wird der Rückstand nicht geglüht, sondern bei 125 bis 130° während 15 Min. getrocknet. Das Trocknen wird bis zum Erreichen der Gewichtskonstanz wiederholt.

Berechnung: Die Berechnungsmethode hängt davon ab, ob Ammoniumsalze vorhanden sind oder nicht.

1. Der Gehalt an anorganischen Sulfaten und Chloriden einschließlich Ammoniumsalzen wird wie folgt berechnet:

Anorganische Sulfate und Chloride einschließlich Ammoniumsalzen in %

$$= \frac{\text{Gewicht des getrockneten Rückstandes in g}}{\text{Gewicht der Probe in g}} \cdot 100$$

2. Der Gehalt an nicht flüchtigen anorganischen Sulfaten und Chloriden (bei Abwesenheit von Ammoniumsalzen) wird wie folgt berechnet:

Nichtflüchtige anorganische Sulfate und Chloride in %

$$= \frac{\text{Gewicht des geglühten Rückstandes in g}}{\text{Gewicht der Probe in g}} \cdot 100$$

Anmerkung: Bei Abwesenheit von Ammoniumsalzen soll die Differenz zwischen den Prozentsätzen an getrocknetem und geglühtem Rückstand nicht mehr als 0,25% betragen.

Die gemeinsame Bestimmung der anorganischen Salze gemäß AOCS Official Method F 6–44 ist sehr langwierig. Die Verwendung eines Porzellan-Filtertiegels statt eines GOOCH-Tiegels dürfte einfacher sein. In den meisten Fällen kommen als anorganische Salze in den sulfatierten Ölen nur Alkalisulfate und Chloride vor. Wenn nur Salze eines Alkalimetalls vorhanden sind, so kann man aus der anorganisch gebundenen Schwefelsäure (S. 1494) das Alkalisulfat errechnen. Das Chlorid läßt sich in einer angesäuerten Lösung des sulfatierten Öles direkt potentiometrisch ermitteln, oder man kann ähnlich wie bei der gravimetrischen Bestimmung der anorganisch gebundenen Schwefelsäure verfahren und das Chlorid mit einer gesättigten Kaliumnitrat-Lösung auswaschen. In der Nitrat-Lösung wird das Chlorid titriert, zweckmäßig nach VOLHARD in salpetersaurer Lösung, um Störungen zu vermeiden.

μ) Trockenrückstand

Der Trockenrückstand ergibt sich nach Bestimmung der flüchtigen Bestandteile (s. S. 1512) durch Subtraktion des erhaltenen Wertes von 100.

Das Plan-Wägegläschen von W. HEIDBRINK[1] läßt sich für die Bestimmung des Trockenrückstandes gut verwenden. Die damit erhaltenen Werte sind gut reproduzierbar und werden in kurzer Zeit erhalten.

---

[1] Hersteller: Dr. DINKELACKER & Co. GmbH., Heidenheim/Brenz.

Manche sulfatierte Öle neigen aber zu starkem Kleben. Nach H. Finken verrührt man zweckmäßig die Substanz mit etwas getrocknetem Seesand und rührt während der Bestimmung mehrmals durch.

v) Bestimmung der Feuchtigkeit und der flüchtigen Substanzen mit Hilfe der Heizplatten-Methode[1]

Dieses Analysenverfahren erfaßt den Gehalt an Wasser und anderen bei etwa 100° flüchtigen Verbindungen in sulfonierten oder sulfatierten Ölen. Es kann nur angewandt werden, wenn die sulfonierten und sulfatierten Öle folgende Verbindungen nicht enthalten: Ammoniak, Essigsäure oder auch ähnlich flüchtige Säuren, Mineralsäuren, freie Sulfonsäuren oder Schwefelsäureester; Alkalihydroxyde, -carbonate, -acetate oder ähnliche Salze, die mit Ölsäure bei höheren Temperaturen unter Bildung der flüchtigen Säuren reagieren können; ferner Glycerin, Diäthylenglykol, Xylol oder andere Verbindungen ähnlicher Flüchtigkeit.

Apparatur: 1. Wägegläschen mit Glasdeckel, 10 bis 15 ml Inhalt.

2. Becherglas. Ein Griffin-Becherglas niedriger Form von etwa 150 ml Inhalt mit einem Durchmesser von etwa 5 cm wird benutzt.

3. Heizquelle. Als Heizquelle kann entweder eine elektrische Heizplatte mit oder ohne Asbest-Auflage dienen oder ein Gasbrenner mit Asbest-Drahtnetz.

4. Thermometer, 90—150° C, Länge etwa 7,5 cm.

Reagentien: Ölsäure.

Verfahren. 1. Man wägt etwa 5 g Ölsäure in das Becherglas ein und erhitzt die Ölsäure langsam unter ständigem Rühren mit dem Thermometer, bis die Temperatur auf 130° gestiegen ist. Darauf wird das Becherglas für 15 Min. in einen Trockenschrank von 105 bis 110° gestellt, im Exsiccator abgekühlt und gewogen. Das Erhitzen über der Heizplatte und im Trockenschrank wird fortgesetzt, bis der Unterschied zwischen zwei aufeinanderfolgenden Wägungen weniger als 1,5 mg beträgt.

2. Etwa 6 g der Proben werden aus einem Wägegläschen in das Becherglas genau eingewogen, welches die Ölsäure und das Thermometer enthält. Die Mischung wird dann in derselben Weise, wie unter 1. beschrieben, erhitzt. Der Gewichtsverlust entspricht dem Feuchtigkeitsgehalt der Probe.

Berechnung: Der Prozentgehalt an Wasser und flüchtiger Substanz in der Probe wird wie folgt berechnet:

$$\text{Wasser und flüchtige Substanz in \%} = \frac{\text{Gewichtsverlust in g}}{\text{Gewicht d. Probe in g}} \cdot 100$$

ξ) Wassergehalt

Da die Methoden zur direkten Bestimmung des Wassergehaltes bei Anwendung auf sulfatierte Öle und Fette manche Mängel aufweisen, ist hierüber schon viel gearbeitet worden.

Die Bestimmung des Wassers durch Destillation mit nicht mit Wasser mischbaren Flüssigkeiten hat sich für die Untersuchung von sulfatierten Ölen und Fetten weitgehend durchgesetzt. Sowohl die Deutschen Einheitsmethoden wie auch die ASTM-Vorschriften sehen eine Destillation mit Xylol als Lösungsmittel vor. F. G. H. Tate und L. A. Warren[2], die sich eingehend mit der Destillationsmethode befaßt haben, verwenden bei 98 bis 99° siedendes Heptan als Lösungsmittel. H. Finken und H. Hölters[3] haben die von H. P. Kaufmann und S. Funke[4] beschriebene titrimetrische Bestimmung des Wassergehaltes mit Pyridin und Acetylchlorid (s. S. 477 ff.) für die Prüfung von sulfatierten Ölen angewandt und sind dabei zu dem Ergebnis gekommen, daß diese Methode auch bei alkoholhaltigen Produkten gute Ergebnisse liefert. Auch die Titration nach K. Fischer hat hier einen weiten Anwendungsbereich[5].

Die AOCS-Einheitsmethoden geben zur Bestimmung des Wassers in sulfonierten und sulfatierten Ölen eine spezielle Destillationsmethode an, die im folgenden aufgeführt wird.

[1] AOCS Official Method F 1b–44.

[2] F. G. H. Tate u. L. A. Warren: Analyst **61**, 367 (1936).

[3] H. Finken u. H. Hölters: Fette u. Seifen **46**, 70 (1939).

[4] H. P. Kaufmann u. S. Funke: Fette u. Seifen **44**, 386 (1937).

[5] K. Fischer: Angew. Chem. **48**, 394 (1935); W. Vauck u. K. H. Kallies: Textil- u. Faserstofftechn. **5**, 575 (1955).

Wasserbestimmung durch Destillation mit einem flüchtigen Lösungsmittel[1]. Dieses Verfahren kann nur angewandt werden, wenn die sulfonierten und sulfatierten Öle folgende Verbindungen nicht enthalten: Mineralsäuren, freie Sulfonsäure, freie saure Schwefelsäureester, Alkalihydroxyde, -carbonate oder -acetate, Alkohol, Glycerin, Diäthylenglykol, Aceton oder andere mit Wasser mischbare, flüchtige Bestandteile.

Apparatur: 1. Es wird die gleiche Destillationsapparatur benutzt, wie sie zur Wasser-Bestimmung in Fetten und Ölen nach der Xylol-Methode in der DGF-Einheitsmethode C–III 13 (53) oder in der AOCS Official Method Ca 2a–45 angegeben ist (siehe Bd. I, Abb. 97, S. 474).

Sie besteht aus:

a) 500 ml Kurzhals-Rundkolben oder 500 ml ERLENMEYER-Kolben.

b) Wasserkühler, Mantel von etwa 400 mm Länge; äußerer Durchmesser des Innenrohres 9,5 bis 12,7 mm.

Das untere Ende des Kühlers ist in einem Winkel von 30° zur Vertikalachse abgeschliffen. Nach Einsetzen des Kühlers in das Auffanggefäß soll sich bei Destillationsbedingungen die untere Spitze etwa 7 mm über der Flüssigkeitsoberfläche befinden.

c) Auffanggefäß aus wärmebeständigem Glas mit einem Inhalt von 5 ml bei 20°, unterteilt in 0,1 ml. Jeder 1 ml-Teilstrich ist beziffert, wobei 5 oben ist. Der Ablesefehler darf 0,05 ml nicht überschreiten.

d) Das vom Kolben zum Auffanggefäß führende Verbindungsstück und eventuell auch der Kolben selbst werden zwecks besserer Isolation mit Asbest umwickelt.

e) Zur Eichung der Apparatur fügt man 1 ml ($\pm$ 0,01 ml) Wasser zu 100 g Xylol und führt die Destillation wie unten beschrieben durch. Wenn das gesamte Wasser überdestilliert ist, läßt man die Apparatur abkühlen, setzt ein weiteres Gramm Wasser hinzu und wiederholt die Destillation. Die Eichung wird fortgesetzt, bis das Fassungsvermögen des Auffangrohres erreicht ist.

2. 1,0 ml-Pipette in 0,01 ml unterteilt.

3. Heizquelle, Gasflamme, Ölbad oder elektrische Heizplatte, die mit einer Reguliervorrichtung versehen ist.

4. Kupfer- oder Nickel-Chromdraht, der an einem Ende zu einer Spirale von einem solchen Durchmesser gewickelt ist, daß diese sich im Auffanggefäß noch eben auf und ab bewegen läßt. Der Draht muß so lang sein, daß die Spirale durch den Kühler in das Auffanggefäß eingeführt werden kann.

Reagentien: 1. Xylol, chemisch rein.

2. Ölsäure, vor Gebrauch 5 bis 10 Min. über freier Flamme auf eine Temperatur von 130 bis 135° erhitzen.

Verfahren: Die ganze Apparatur muß vor Gebrauch sauber und vollkommen trocken sein. Dann wiegt man eine etwa 4 ml Wasser ergebende Menge Substanz ein, am besten mit Hilfe eines Wägegläschens. 100 ml Xylol und eine annähernd dem $2^{1}/_{2}$fachen Gewicht der eingewogenen Probe entsprechende Menge Ölsäure werden hinzugefügt, letztere, um das Schäumen und Gallertigwerden des Kolben-Inhalts zu verhindern. Zur Vermeidung des Stoßens werden einige Glaskugeln zugegeben, und der Kolben-Inhalt wird durch kräftiges Schütteln gemischt. Die Apparatur wird zusammengesetzt und das Auffanggefäß durch den Kühler mit so viel Lösungsmittel gefüllt, daß dieses in den Destillationskolben überläuft. Oben in den Kühler gibt man einen losen Baumwollstopfen, um die Kondensation atmosphärischer Feuchtigkeit in dem Kühlrohr zu verhindern. Dann wird der Kolben so erhitzt, daß etwa 100 Tropfen in der Minute übergehen. Nachdem das meiste Wasser überdestilliert ist, wird die Destillationsgeschwindigkeit auf 200 Tropfen in der Minute erhöht und die Destillation so lange fortgesetzt, bis der Wasserspiegel im Auffanggefäß 30 Min. unverändert bleibt. Darauf schaltet man die Heizung ab, entfernt mit der Spirale die Wassertropfen an der Wandung und wäscht den Kühler mit 5 ml Xylol aus. Das Auffanggefäß wird nun $^{1}/_{4}$ Std. in etwa 40° C warmes Wasser gestellt, mindestens aber bis zur klaren Trennung der Xylolschicht. Dann werden Volumen und Temperatur des Wassers bestimmt, und aus der nachfolgenden Tabelle wird das der Temperatur entsprechende spezifische Gewicht entnommen.

---

[1] AOCS Official Method F 1a–44.

Berechnung:

$$\% \text{ Wasser} = \frac{\text{Wasser-Volumen} \cdot \text{spezifisches Gewicht} \cdot 100}{\text{Gewicht der Probe}}$$

Temperatur °C	Spezifisches Gewicht	Temperatur °C	Spezifisches Gewicht
4	1,000	40	0,992
35	0,994	41	0,992
36	0,994	42	0,991
37	0,993	43	0,991
38	0,993	44	0,991
39	0,993	45	0,990

o) Lösungsmittel-Bestimmung[1]

Nach den Deutschen Einheitsmethoden[1] gelten die mit Wasserdampf flüchtigen, nicht verseifbaren organischen Substanzen als Lösungsmittel. Bei der Bestimmung wird das Ergebnis durch Alkohol beeinflußt.

Verfahren: 25 g der zu untersuchenden Substanz werden in einem Becherglas abgewogen, in kaltem Wasser gelöst und in einen langhalsigen Rundkolben von etwa 500 ml Inhalt umgefüllt. Zum Lösen und Nachspülen sollen etwa 100 ml Wasser ausreichen. Nach Zusatz von Calciumchlorid zur Umsetzung der schäumenden Alkaliseifen in nicht schäumende Kalkseifen (je nach Fettgehalt 2 bis 4 g $CaCl_2$ in wäßriger Lösung) wird dann so lange mit Wasserdampf destilliert, bis keine öligen Tropfen mehr im Kühlrohr zu beobachten sind. Das Kühlwasser wird nun abgestellt. Dann setzt man die Destillation fort, bis aus dem Kühlrohr Dampf austritt. Das Destillat wird in einer geeigneten Vorlage aufgefangen und mit Kochsalz versetzt. Besonders zweckmäßig als Vorlage sind oben und unten lang ausgezogene graduierte Scheidetrichter, in denen zugleich die Volumina der über oder unter dem Wasser sich sammelnden Lösungsmittel gemessen werden können.

Berechnung:

$$\% \text{ Lösungsmittel} = \frac{100 \cdot a \cdot s}{E}$$

E = Einwaage,
a = ml wasserunlösliches Destillat,
s = D_{20} dieses Destillates.

Falls Lösungsmittel gefunden werden, die teils leichter, teils schwerer sind als Wasser, werden die Prozentmengen getrennt berechnet und angegeben.

Bei Anwesenheit von wasserlöslichen Lösungsmitteln, z. B. Methylhexalin, muß das klare Destillationswasser (also nach Abtrennung der bereits abgesetzten Schichten!) mit Äther extrahiert werden. Der ätherische Auszug wird durch 1 stdg. Stehenlassen über 2 bis 3 g entwässertem Natriumsulfat getrocknet und filtriert. Natriumsulfat und Filter werden mit absol. Äther nachgewaschen. Nach dem Abdestillieren des Äthers wird der Rückstand $1/2$ Std. bei etwa 60° getrocknet und gewogen. Die gefundene Extraktmenge wird zu dem übrigen Lösungsmittel-Anteil addiert, falls nicht die getrennte Angabe der Lösungsmittel erwünscht ist.

Die Identifizierung der Lösungsmittel erfolgt nach Geruch, spezifischem Gewicht, Siedekurve, Refraktion usw. sowie nach ihren auf S. 1572ff. beschriebenen Reaktionen.

Nach der Definition der Deutschen Einheitsmethoden gelten alle mit Wasserdampf flüchtigen, nicht verseifbaren organischen Substanzen als Lösungsmittel. Lösungsmittel mit hochsiedenden Anteilen, wie z. B. Terpentinöl oder Pine-oil sind nicht immer mit Wasserdampf restlos destillierbar. Kleine Anteile werden sich daher im Unverseifbaren wiederfinden, das nach der Einheitsmethode als nicht verseifbare, organische, mit Wasserdampf nicht flüchtige Substanz definiert ist. Umgekehrt destillieren höhermolekulare Alkohole und Mineralöle teilweise bei der Wasserdampf-Destillation mit über und werden als Lösungs-

---

[1] Deutsche Einheitsmethoden, Nachtrag 1932, WIZÖFF; siehe auch Chem. Umschau Gebiete Fette, Öle, Wachse, Harze **38**, 34 (1931).

mittel erfaßt. Die ASTM- und die AOCS-Methoden benützen für die Bestimmung der Lösungsmittel, die schwerer als Wasser sind, die für die Wasserbestimmung dort beschriebene Apparatur. In dem graduierten Teil des Zwischenstückes sammelt sich das schwere Lösungsmittel, während das überdestillierte Wasser in den Kolben zurückfließt. Für die Bestimmung von Lösungsmitteln, deren spez. Gewicht unter 1 ist, wird ein anderes Zwischenstück beschrieben, das ein V-förmig gebogenes Rohr enthält. Vom Kühler aus fließt das Gemisch von Wasser und Lösungsmittel in den einen mit Graduierung versehenen Schenkel dieses Rohres. Das spezifisch leichtere Lösungsmittel sammelt sich in dem graduierten Teil, während das spezifisch schwerere Wasser durch den zweiten Schenkel in den Kolben zurückfließt. Bei Proben, die leichte und schwere Lösungsmittel enthalten, wird zuerst das Lösungsmittel mit dem spez. Gewicht über 1 bestimmt und dann, nach dem Auswechseln des Zwischenstückes, der Gehalt an Lösungsmittel mit dem spez. Gewicht unter 1 ermittelt. Bei wasserlöslichen Lösungsmitteln wird dieses aus der wäßrigen Lösung des Zwischenstückes isoliert. Bei Gegenwart von Kresol (cresolic acid) wird eine genau dosierte Menge Pine-Oil hinzugefügt, um das spez. Gewicht zu verringern und eine Bestimmung in dem Apparat für leichte Lösungsmittel zu ermöglichen.

Bestimmung der mit Wasser nicht mischbaren organischen Lösungsmittel[1]

Dieses Analysenverfahren erfaßt die mit Wasser nicht mischbaren, doch mit Wasserdampf flüchtigen organischen Lösungsmittel in einem sulfonierten oder sulfatierten Öl.

Apparatur: 1. Die erforderliche Apparatur besteht aus einem Glas-Destillationskolben, dessen Einzelheiten aus der Zeichnung ersichtlich sind.

a 500 ml Kurzhals-Rundkolben.

b) Wasserkühler.

c) Das Auffanggefäß für Lösungsmittel, die schwerer als Wasser sind, entspricht dem bei der Wasserbestimmung verwendeten. Zur Eichung des Auffanggefäßes verfährt man wie dort beschrieben.

d) Zur Bestimmung von Lösungsmitteln, die leichter als Wasser sind, wird ein Auffanggefäß benützt, das gemäß Abb. 444 konstruiert und mit einer Graduierung von 0 bis 5 ml, in 0,1 ml-Abschnitte aufgeteilt, versehen ist. Der Fehler der Teilung darf nicht größer als 0,05 ml sein. Zur Eichung verschließt man die untere Öffnung des Gefäßes mit einem einfach durchbohrten

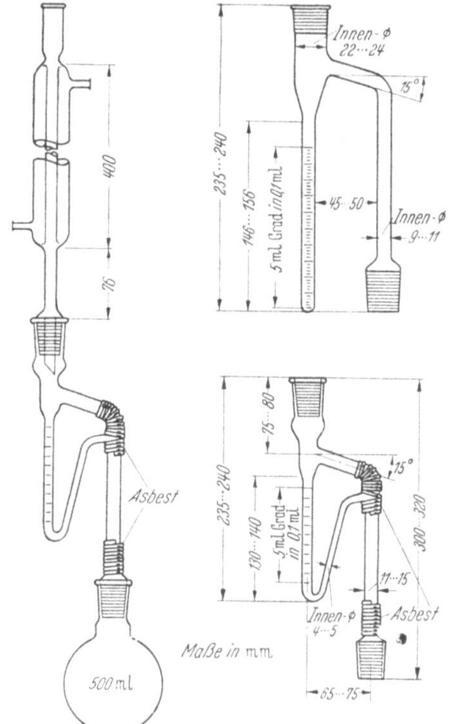

Abb. 444. Anordnung zur Bestimmung mit Wasser nicht mischbarer Lösungsmittel. (Aus AOCS Official Method F 10–44)

Stopfen, durch den ein kurzes Glasrohr geführt ist, welches über einen Gummischlauch mit einem Scheidetrichter verbunden ist. Man füllt den Trichter mit Dichloräthyläther oder einem anderen Lösungsmittel, das schwerer als Wasser und damit nicht mischbar ist. Dann öffnet man den Hahn und hebt den Scheidetrichter vorsichtig, bis die Flüssigkeit im graduierten Teil ungefähr die 0,3 ml Marke erreicht. Mit einer geeichten Pipette gibt man genau 1 ml Wasser in das graduierte Rohr, fügt einen Tropfen Pine-Oil

---

[1] AOCS Official Method F 10–44.

(zur Verhinderung der Verdampfung an der Oberfläche) hinzu und mißt das Volumen des Wassers in dem Rohr. Man läßt die Oberfläche des Lösungsmittels im graduierten Teil um etwa 1 ml steigen, indem man mehr Flüssigkeit aus dem Trichter zulaufen läßt, und mißt erneut das Volumen des Wassers. Dieses Verfahren wird fortgesetzt, bis der gesamte graduierte Teil des Auffanggefäßes geeicht ist.

e) Pyknometer, 2 ml Inhalt.

Reagentien: 1. 1 n Natron- oder Kalilauge. 2. Phenolphthalein, pulverisiert. 3. Natriumcarbonat. 4. Calciumchlorid.

Verfahren: Vor Gebrauch werden Kühler und Auffanggefäß gründlich gespült und getrocknet. Man gibt etwa 50 ml Wasser in den Destillationskolben. Von der Substanz wiegt man eine etwa 4 ml Lösungsmittel enthaltende Menge mit Hilfe eines Wägegläschens ein. Bei leicht flüchtigen Lösungsmitteln ist es besser, den Stöpsel des Wägegläschens abzunehmen und dieses mit seinem Inhalt in den Kolben zu werfen. Bei Anwesenheit von Kresol nimmt man eine 2,5 ml-Lösungsmittel ergebende Einwaage, der man, genau abgewogen, etwa 1,5 ml Pine-Oil zur Herabsetzung des spezifischen Gewichtes des Destillates zusetzt. Man neutralisiert die Lösung schnell mit 1 n Lauge bis zur schwach alkalischen Reaktion gegen Phenolphthalein. Das Phenolphthalein wird am besten als Pulver zugegeben. Dann gibt man zu der Mischung im Kolben 2 g Soda, genügend Calciumchlorid zur Verhinderung des Schäumens (3 bis 5 g werden gewöhnlich genügen) und ein paar Glasperlen oder Bimsstein zur Verhinderung des Stoßens. Das Auffanggefäß wird mit dem Kühler verbunden und durch den Kühler mit Wasser gefüllt. Unmittelbar darauf wird der Destillationskolben angeschlossen und mit der Destillation begonnen. Man beginnt mit Wasser von Zimmertemperatur und erhitzt den Kolben so, daß der Rückfluß 7 bis 10 Min. nach dem Beginn des Erhitzens einsetzt. 2 Std. nach Destillationsbeginn liest man die Menge an Lösungsmittel ab, die im Auffanggefäß gesammelt ist, und wiederholt dieses Ablesen in Abständen von 1 Std., bis die Analyse beendet, d. h. bis das Lösungsmittel-Volumen zwischen 2 aufeinanderfolgenden Ablesungen nicht mehr als um 0,1 ml gestiegen ist. Bevor man abliest, entfernt man die Heizquelle unter dem Kolben und läßt diesen 3 Min. abkühlen. Als weitere Vorsichtsmaßnahme kann man für weitere 15 bis 30 Min. die Destillation mit dem von Wasser geleerten Kühler fortsetzen.

Nach Beendigung der Destillation läßt man das Destillat mindestens 40 Min. stehen, damit es sich klar absetzt und allmählich annähernd auf Zimmertemperatur abkühlt. Dann liest man das Lösungsmittel-Volumen im Auffanggefäß ab und entnimmt mit einer Pipette 2,5 ml Lösungsmittel zur Bestimmung des spezifischen Gewichtes im 2 ml Pyknometer. Wenn das Lösungsmittel schwerer als Wasser ist, trennt man das Lösungsmittel vom Wasser mit Hilfe eines kleinen Scheidetrichters.

Berechnung: Der Gehalt an mit Wasser nicht mischbarem, flüchtigem Lösungsmittel berechnet sich wie folgt:

$$A = \frac{(B \cdot C) - D}{E} \cdot 100$$

Darin bedeuten:

A = Prozentsatz (Gewichts-) an mit Wasser nicht mischbaren, flüchtigen Lösungsmitteln,
B = ml Lösungsmittel in dem Auffanggefäß,
C = Spezifisches Gewicht der Lösungsmittel im Auffanggefäß,
D = Korrektur bei eventuellem Zusatz von Pine-Oil,
E = Gewicht der Probe in g.

Anmerkungen: Bei Anwesenheit wasserlöslicher Lösungsmittel (z. B. Alkohol), die auch mit den wasserunlöslichen mischbar sind, werden die ersteren teilweise auch in der Lösungsmittel-Schicht gefunden. Besteht eine größere Differenz zwischen den Siedepunkten und den spezifischen Gewichten der beiden Lösungsmittel-Typen, so kann man sie qualitativ durch eine fraktionierte Destillation trennen und die spezifischen Gewichte der Fraktionen ermitteln. Aus diesen Werten und dem spezifischen Gewicht der Lösungsmittel-Schicht kann man die Menge des wasserunlöslichen Lösungsmittels errechnen.

Wenn Pine-Oil oder Kresol mit Alkohol gemischt sind, kann man den Alkohol verflüchtigen, indem man mit einer Heizplatte auf etwa 150° erhitzt und dabei ständig rührt. Dann bestimmt man das spezifische Gewicht des Rückstandes. Der Gehalt an mit Wasser nicht mischbaren Lösungsmitteln wird berechnet wie beim vorhergehenden Verfahren. Diese Methode kann bei allen Gemischen angewandt werden, wenn ein beträchtlicher Unterschied in Siedepunkt und spezifischem Gewicht besteht und das spezifische Gewicht eines Lösungsmittels bekannt ist.

Wenn nur ein Unterschied im spezifischen Gewicht, aber nicht im Siedepunkt besteht und das spezifische Gewicht des mit Wasser mischbaren Lösungsmittels bekannt ist, kann das mit Wasser nicht mischbare Lösungsmittel mit Äther über Wasser ausgezogen werden. Der Äther wird verdampft und das spezifische Gewicht des Rückstandes bestimmt. Bei diesem Verfahren ist jedoch Voraussetzung, daß der Siedepunkt des mit Wasser nicht mischbaren Lösungsmittels beträchtlich über dem des Äthers liegt. In allen anderen Fällen muß das mit Wasser nicht mischbare Lösungsmittel durch quantitative Destillation oder auf chemischem Wege bestimmt werden.

Bei Proben, die schwerere und leichtere Destillate als Wasser ergeben, führt man die Destillation zuerst mit dem Auffanggefäß für Lösungsmittel, die spezifisch schwerer als Wasser sind, durch. Dann gibt man die gesamte Lösungsmittelmenge, die sich auf der Wasserschicht befindet, in den Destillationskolben zurück und führt die Analyse mit dem Auffanggefäß für spezifisch leichtere Lösungsmittel zu Ende.

π) Fraktionier-Methoden

Die Zerlegung sulfatierter Öle und Fette durch Lösungsmittel in verschiedene Fraktionen wurde von einigen Autoren bearbeitet. Vor allem die Lederchemiker haben für die Fraktionierung Interesse. Für sie ist es wichtig zu wissen, in welchen Mengen die einzelnen Verbindungen vorhanden sind, da diese auf das Leder verschieden einwirken. Das Neutralöl wirkt fettend und schmierend; Fettsäuren sind bei Gegenwart von Alkali Emulgatoren. Sulfierte Fette haben noch bessere Emulgier-Wirkung. Diese Fraktionier-Methoden können als Ergänzung zu den Standard-Methoden wertvolle Dienste leisten, sie haben aber andererseits den großen Nachteil, daß die Trennung der einzelnen Komponenten nie ganz vollständig ist.

E. STIASNY und C. RIESS[1] spalten sulfatierte Öle durch Petroläther und 80%igen Alkohol in drei Fraktionen auf. Sie isolieren den Teil A, der alkohollöslich, aber petrolätherunlöslich, den Teil B, der alkohol- und petrolätherlöslich und Teil C, der alkoholunlöslich, aber petrolätherlöslich ist. Mit wachsendem Sulfatierungsgrad wird der Teil A, der die sulfierten Verbindungen enthält, größer und der Teil C, in dem keine Schwefelsäure-Verbindungen enthalten sind, kleiner. W. SCHINDLER und F. SCHACHERL[2] trennen sulfatierte Öle durch verschiedene Lösungsmittel in sechs Fraktionen. Diese Fraktionierung ist schematisch in der folgenden Tabelle[3] wiedergegeben. E. R. THEIS und J. M. GRAHAM[4] unterzogen die SCHINDLERsche Fraktionier-Methode einer Prüfung und stellten fest, daß die Trennung der einzelnen Fraktionen ungenau ist. Sie modifizierten die Methode und erreichten eine bessere Trennung. D. BURTON und G. F. ROBERTSHAW[5] geben diese Methode wieder und besprechen sie kritisch. R. HART[6] bezeichnet die SCHINDLERsche Methode als unübersichtlich, sehr zeitraubend, lästig und ungenau. Er gibt eine Trennungsmethode an, nach der sulfatiertes Öl in Neutralfett, Fettsäure und sulfatierte Anteile zerlegt wird, indem eine ziemlich konz. saure wäßrige Lösung des Öles mit Äther ausgeschüttelt und so Neutralfett und Fettsäure isoliert werden, die dann in üblicher Weise getrennt werden. Aus der sauren wäßrigen Lösung werden dann die sulfierten Fette nach Sättigung mit Kochsalz mit Äther ausgeschüttelt. Aus einer Untersuchung der Sulfo-Fraktion zieht HART Rückschlüsse über

[1] E. STIASNY u. C. RIESS: Collegium **1925**, 498.
[2] W. SCHINDLER u. F. SCHACHERL: Collegium **1930**, 97.
[3] M. BERGMANN u. W. GRASSMANN: Handbuch für Gerberei-Chemie und Lederfabrikation, Bd. 3, Teil I, S. 426. Wien: Springer 1936.
[4] E. R. THEIS u. J. M. GRAHAM: J. Amer. Leather Chemists Assoc. **1933**, 52; Chem. Umschau Gebiete Fette, Öle, Wachse, Harze **40**, 110 (1933).
[5] D. BURTON u. G. F. ROBERTSHAW: Collegium **1933**, 145.
[6] R. HART: Ind. Engng. Chem., analyt. Edit. **9**, 177 (1937).

den Verlauf der Sulfatierung bei Olivenöl. R. M. KOPPENHOEFER[1] trennt nach der Methode von HART sulfatiertes Ricinusöl, Klauenöl und Dorschöl und untersucht die einzelnen Fraktionen genauer. A. PANZER und W. NIEBUER[2] haben eine weitere Methode zur Fraktionierung vorgeschlagen.

Tabelle 371. *Übersicht über die* SCHINDLER*sche Fraktionierungsmethode*

Ölprobe
(mit Alkohol ausgeschüttelt und filtriert)

- Rückstand γ (mit Tetra-Aceton gelöst, mit Tetra nachgewaschen und filtriert)
  - Lösung γ_1
  - auf Filter γ_2
- alkohol. Lösung $\alpha + \beta + \delta$ (mit Wasser-Eisessig-Petroläther ausgeschüttelt)
  - alkoholische Schicht $\beta + \delta$ (ausschütteln mit Wasser, Salzsäure und Tetra)
    - Tetra-Lösung β
    - alkohol. salzsaure Lösung nach Eindampfen und Ausschütteln mit Tetra δ
  - Petroläther-Schicht α (Behandlung mit alkohol. Kalilauge)
    - Petroläther-Schicht nach Waschen mit alkohol. Salzsäure α_1
    - Alkohol-Schicht nach Versetzen mit Wasser und Salzsäure und Ausschütteln mit Tetra α_2

γ_1	γ_2	β	δ	α_1	α_2
Neutrale Kondensationsprodukte (in Alkohol unlöslich). Hochoxydierte und polymerisierte Stoffe unbekannter Zusammensetzung	Verunreinigungen, anorganische Salze. Hochoxydierte und polymerisierte Stoffe unbekannter Zusammensetzung	Fettschwefelsäureester	Gewisse Schwefelsäureester	Unverändertes Öl, unverändertes neutrales, verseifbares und unverseifbares Öl. Neutrale, petrolätherlösliche Stoffe unbekannter Zusammensetzung. Zugefügtes verseifbares oder unverseifbares Öl	Freie Fettsäuren

d) Bewertung sulfatierter Öle

Die beschriebenen Untersuchungsmethoden können Aufschluß darüber geben, in welchem Verhältnis die einzelnen Bestandteile in einem sulfatierten Öl enthalten sind. Die Kenntnis mancher Daten ist für den Hersteller wichtig, um seine Produktion zu überwachen, und ebenso für den Verbraucher, um die Gleichmäßigkeit der Lieferung eines Handelsproduktes zu kontrollieren. In den meisten Fällen kann man sich damit begnügen, einzelne charakteristische Daten zu bestimmen, z. B. äußere Beschaffenheit, Löslichkeit, Neutralisations-

---

[1] R. M. KOPPENHOEFER: J. Amer. Leather Chemists Assoc. **34**, 622 (1939).
[2] A. PANZER u. W. NIEBUER: Leder **3**, 219 (1952); siehe auch O. DIETSCHE u. H. LÜBBE: Leder **7**, 119 (1956).

zustand, Fettgehalt und organisch gebundene Schwefelsäure. Häufig genügt auch eine einzelne Bestimmung. Zu den am häufigsten bestimmten Daten gehört der Fett- bzw. der Fettsäure-Gehalt. Da die exakte Bestimmung aber vielfach zu umständlich ist, wurden auch verschiedene Vorschläge gemacht, den Fettgehalt zu errechnen. Die Fettzahl, die als Maß für den Fettungswert eines Lederöles während des Krieges durch eine Anordnung der damaligen Reichsstelle für Lederwirtschaft eingeführt wurde, wird errechnet, indem man die bei 100° flüchtigen Anteile (aus der Trockensubstanz errechnet) und die Mineralstoffe (Asche) von 100 subtrahiert. Da sowohl die Trockensubstanz wie auch die Asche häufig wenig definierte Größen sind, kann auch die Fettzahl nur wenig charakteristisch sein.

Das als Ausgangsmaterial eines sulfatierten Produktes verwandte Öl oder Fett kann man an Hand der im isolierten Fett ermittelten Kennzahlen nur dann eindeutig bestimmen, wenn durch die Sulfatierung und die Abspaltung der organisch gebundenen Schwefelsäure das Ausgangsmaterial in seiner Konstitution nicht oder nur unwesentlich verändert wurde. Dies ist aber nur der Fall, wenn das sulfatierte Öl auf Basis von Ricinusöl unter normalen Bedingungen hergestellt wurde. Bei allen anderen Ölen und Fetten sind die Veränderungen durch die Sulfatierung und durch die Abspaltung der organisch gebundenen Schwefelsäure meistens so groß, daß man an den Kennzahlen das Ausgangsmaterial nicht mehr erkennen kann.

Für die Bewertung eines sulfatierten Öles sind in erster Linie die Eigenschaften wichtig, die je nach dem Verwendungszweck gefordert werden müssen. Wenn in der Textil-Industrie ein sulfatiertes Öl als Netzmittel gebraucht werden soll, so ist seine Netzfähigkeit von ausschlaggebender Bedeutung. Oder wenn in der Leder-Industrie ein sulfatiertes Öl als Fettungsmittel Verwendung finden soll, dann ist sein Wert durch seinen Gehalt an fettend wirkenden Stoffen charakterisiert, die wieder besondere Eigenschaften haben müssen, je nach der Art des Leders, das hergestellt werden soll. Da nun aber die Verwendungszwecke bei sulfatierten Ölen außerordentlich mannigfach sind, ist es im Rahmen dieses Buches nicht möglich, für diese wichtigen Prüfungen Methoden anzugeben. In den meisten Fällen kann nur der praktische Versuch entscheiden.

Für Textilhilfsmittel gibt P. HEERMANN[1] Methoden zur Prüfung der Netzfähigkeit, Kalk-, Magnesia-, Säure-, Bittersalz- und Alkali-Beständigkeit an. Sie wurden nicht allgemein anerkannt. Verbraucher und Erzeuger arbeiten an einheitlichen Untersuchungsmethoden.

Unter Vermittlung des Reichsausschusses für Lieferbedingungen wurden im Jahre 1933 von den Vertretern der Erzeuger-, Händler- und Verbraucherorganisationen, der Behörden und Wissenschaft Lieferbedingungen für Türkischrot-Öle vereinbart. Diese Lieferbedingungen gelten nicht allgemein für sulfierte Öle und Fette, sondern nur für diejenigen, die nach den Lieferbedingungen als Türkischrot-Öle definiert sind.

e) Lieferbedingungen für Türkischrot-Öle
(Nr. 839 A der Liste des Reichsausschusses für Lieferbedingungen)

Begriffsbestimmung. Türkischrot-Öle sind Erzeugnisse, die aus Ricinusöl oder Olivenöl bzw. deren Fettsäuren oder Gemischen dieser Öle bzw. Fettsäuren durch Behandlung mit Schwefelsäure (Sulfatierung) hergestellt sind. Sie enthalten als Fettbestandteile neben

---

[1] P. HEERMANN: Färberei- u. textilchemische Untersuchungen, 7. Aufl. Berlin: Springer 1940.

Neutralfett Fettsäuren und deren Alkali- oder Ammoniumseifen, esterartige Verbindungen der Ausgangsstoffe mit Schwefelsäure (Sulfonate[1]) in Form ihrer Alkali- oder Ammoniumsalze.

Andere sulfierte Öle sind keine Türkischrot-Öle im Sinne dieser Lieferbedingungen.

Bezeichnung und Sorten. Türkischrot-Öle werden nach ihrem Gehalt an Sulfonaten unter der Bezeichnung

„Türkischrot-Öl x % handelsüblich"

gehandelt. Die Prozentzahl gibt also den Sulfonat-Gehalt des Türkischrot-Öles an. Diese Bezeichnung bedeutet, daß zur Herstellung von 100 kg Türkischrot-Öl x kg „Sulfonat" (sulfatiertes und ausgewaschenes Öl) verwendet wurden.

Anmerkung: Der Fettsäure-Gehalt des Sulfonates beträgt durchschnittlich 74%. Es enthält demnach:

Türkischrot-Öl	Sulfonat-Gehalt %	Fettsäure-Gehalt durchschnittlich %
Türkischrot-Öl	30 handelsüblich	22,2
,,	40 ,,	29,6
,,	50 ,,	37,0
,,	60 ,,	44,4
,,	70 ,,	51,8
,,	80 ,,	59,2
,,	90 ,,	66,6
,,	100 ,,	74,0

Für den Fettsäure-Gehalt gilt eine Toleranz von $\pm 1\%$.

Türkischrot-Öle, die aus Ricinusöl zweiter Pressung oder aus Sulfur-Olivenöl hergestellt worden sind, müssen ausdrücklich als solche gekennzeichnet werden.

Eigenschaften. Türkischrot-Öle müssen gegen Methylorange neutral reagieren, d. h. sie dürfen weder freie Schwefelsäure noch freie Fettschwefelsäureester enthalten.

Türkischrot-Öle zeigen im Gegensatz zu Seifen eine gewisse Beständigkeit gegenüber Säuren und Alkalien, gegenüber den Härtebildnern des Wassers und anderen Salzen, z. B. Glaubersalz und Bittersalz.

Neutrale und (gegen Phenolphthalein) schwach saure Türkischrot-Öle lösen sich in Wasser klar.

Türkischrot-Öle, die eine opalescierende Lösung ergeben, sind stark sauer eingestellt. Türkischrot-Öle, die sich unter Bildung von Emulsionen lösen, sind sehr stark sauer eingestellt. Alkali-Zusatz ergibt in diesen beiden Fällen klare Lösungen.

Türkischrot-Öle, deren wäßrige Lösung trüb ist und auf Alkali-Zusatz nicht klar wird, sind schwach oder schlecht sulfatiert und daher nicht einwandfrei.

Türkischrot-Öle aus Ricinusöl erster Pressung sind je nach Fettgehalt hellgelbe bis gelblichbraune Flüssigkeiten von öliger Beschaffenheit. Türkischrot-Öle aus Ricinusöl zweiter Pressung sind gelbgrün bis braun. Türkischrot-Öle aus Olivenöl neigen zu Abscheidungen, besonders bei tiefen Temperaturen. Sie sind dunkler als Türkischrot-Öle aus Ricinusöl.

Verpackung und Frachtberechnung. Türkischrot-Öle werden in Holz- oder Eisenfässern geliefert und nach dem Nettogewicht berechnet.

Im Angebot ist anzugeben, ob sich der Preis einschließlich oder ausschließlich Verpackung oder ob er sich frachtfrei Station des Empfängers oder ab Fabrik versteht.

Probenahme. Für die Probenahme gelten sinngemäß die Vorschriften der Deutschen Einheitsmethoden.

Prüfverfahren. Die Untersuchung von Türkischrot-Ölen ist nach den von der „Wissenschaftlichen Zentralstelle für Öl- und Fettforschung" (WIZÖFF) herausgegebenen Methoden zur „Untersuchung von Türkischrot-Ölen und türkischrotöl-artigen Produkten", Stuttgart 1932, vorzunehmen.

---

[1] Der Ausdruck „Sulfonat" wird hier als eingeführter technischer Begriff benützt, ohne Rücksicht auf den wissenschaftlichen Sprachgebrauch.

5. Anstrichmittel *

In dem allgemeinen Teil des Buches sind die grundlegenden Begriffe dieses Gebietes (S. 2091f.) und die Entstehung von Anstrichfilmen erörtert worden (S. 225 ff.). Im Vordergrund stehen in bezug auf den mengen- und wertmäßigen Verbrauch noch immer die trocknenden Öle. Infolge der Verwendung dieser in Kombinationslacken, in styrolisierten Ölen und Maleinatölen, des Glycerins und der Fettsäuren in Alkydharzen usw., der Gleichartigkeit der benutzten Pigmente, Lösungsmittel, Weichmacher und Sikkative sowie der Prüfmethoden sind trotz zahlreicher synthetischer Rohstoffe die an Öllacken gewonnenen Erkenntnisse nach wie vor die Grundlage der Lackforschung. Aus Platzmangel konnten aber nur solche Lacke und deren Rohstoffe berücksichtigt werden, die unmittelbar mit Fetten und Ölen in Verbindung stehen. Auf die Besprechung der anderen Anstrichmittel, aber auch auf die der Pigmente und der Gebrauchswertprüfungen, mußte verzichtet und auf das Schrifttum verwiesen werden[1].

a) Rohstoffe

α) Bindemittel

Die wichtigsten Bindemittel sind trocknende Öle, natürliche und künstliche Harze, lösliche Kunststoffe, Cellulose-Derivate, Chlorkautschuk, Wachse und Bitumina. Dazu kommen wasserlösliche „Binder", wie z. B. Stärke, quellbare Cellulose-Derivate, Leime und Wasserglas.

Von den Ölen werden normalerweise nur die trocknenden und die halbtrocknenden verwandt. Nichttrocknende Öle, wie z. B. Ricinusöl, werden durch vorherige Behandlung trocknend gemacht (s. S. 1525) oder auch in Alkydharze für Einbrennlacke eingebaut. Bei den Harzen ist eine genügende Löslichkeit in organischen Lösungsmitteln Voraussetzung. Das gleiche gilt für Cellulose-Derivate. Asphalte und Peche finden nur in dunkelgefärbten Lacken Verwendung.

Nach der Art der Entstehung des Anstrichfilms unterscheidet man zwei Gruppen von Bindemitteln:

1. Bindemittel, deren Lösungen durch den physikalischen Prozeß der Verdunstung des Lösungsmittels verfilmen, wie z. B. Cellulose-Derivate (physikalische Trocknung, Verdunstungsfilme).

2. Bindemittel, die durch chemische Vorgänge verfilmen, sei es durch Oxydation, Polymerisation oder Kondensation.

Kunstharze können sowohl zur ersten Gruppe (z. B. Phenolharze) als auch zur zweiten („Reaktionslacke") gehören.

---

* **Bearbeitet von Dr. G. Zeidler, Berlin, mitbearbeitet von Dr. E. Gulinsky, Münster.**
[1] J. J. MATTIELLO: Protective and Decorative Coatings. New York: J. Wiley 1947; H. A. GARDNER u. G. G. SWARD: Physical and Chemical Examination of Paints, Varnishes, Lacquers and Colors. Bethesda/Maryland: Selbstverlag 1947; E. STOCK: Taschenbuch für die Farben- und Lackindustrie. Stuttgart: Wissenschaftl. Verlagsgesellschaft 1954; F. WILBORN: Physikalische und technologische Prüfverfahren für Lacke und ihre Rohstoffe. Stuttgart: Berliner Union 1954; G. CHAMPETIER u. H. RABATÉ: Chimie des peintures, vernis et pigments. Paris: Dunad 1956; H. F. PAYNE: Organic Coating Technology. New York: Wiley & Sons 1954.

1. Öle[1]

I. Vorkommen und Eigenschaften

Die in der Anstrichtechnik verwendeten Öle sind überwiegend pflanzlichen Ursprungs, doch werden auch Seetieröle sowie modifizierte Mineralöle gebraucht. Die wichtigsten trocknenden Öle sind Leinöl, Perillaöl, Holzöl und Oiticicaöl. Halbtrocknende Öle nehmen Sauerstoff nur langsam auf, und die Filme bleiben längere Zeit klebrig. Zu dieser Gruppe gehören Sojabohnenöl, Walnußöl, Mohnöl u. a. Tallöl ist kein „fettes" Öl, da es aus Mischungen von Fett- und Harzsäuren besteht (s. S. 1070 ff.). Bei der Herstellung von Cellulose gewonnen, wechselt, je nach Provenienz des Holzes, das Verhältnis zwischen Harz- und Fettsäuren.

Je nach der Art der vorhandenen Fettsäuren unterscheidet man zwischen *Konjuenölen* und *Isolenölen*. Konjuenöle sind solche, die hauptsächlich aus Glyceriden konjugiert-ungesättigter Fettsäuren bestehen. Sie trocknen schnell unter Ausbildung von harten und wasserbeständigen Filmen (Holzöl, Oiticicaöl, Lumbangöl, Essangöl, Po-Yoakaöl u. a.). Isolenöle enthalten überwiegend ungesättigte Fettsäuren mit zwei oder drei isolierten Doppelbindungen (Leinöl und Perillaöl). Bei halbtrocknenden Isolenölen ist der Anteil an dreifach ungesättigten Fettsäuren klein. Durch geeignete Behandlung können Isolenöle teilweise in Konjuenöle umgewandelt werden. Über den Trocknungsvorgang s. S. 225 ff.

Die trocknenden Öle in ursprünglicher Form weisen manche Nachteile, wie Nachkleben, Runzelbildung oder Quellen, auf, die durch physikalische oder chemische Behandlungsmethoden zum Teil behoben werden können. Zu den ältesten gehören das Kochen und Blasen (Standöle und geblasene Öle). Neuerdings veredelt man trocknende Öle auch durch Copolymerisation mit anderen ungesättigten Verbindungen. Die *Standöl-Bereitung* geschieht durch Erhitzen von Isolenölen bzw. Konjuenölen in Abwesenheit von Luft. Durch die hohe Temperatur (280 bis 300°), bei der die Standöl-Bereitung durchgeführt wird, werden die Öle eingedickt, wobei die Zahl der Doppelbindungen abnimmt[2]. Das *Blasen der Öle* besteht in einem Durchleiten von Luft, wobei geeignete Temperaturen eingehalten werden müssen, damit helle Produkte entstehen[3]. Eine Kombination von abwechselndem Kochen und Blasen stellt das Bisöl-Verfahren dar. Bei der Copolymerisation[4] erhitzt man das Öl mit Maleinsäureanhydrid, Styrol, Cyclopentadien usw., um eine Reaktion zwischen den Doppelbindungen der Fettsäuren und den zugefügten Stoffen zu erzwingen. Die so erhaltenen Produkte werden z. B. als Maleinatöle bzw. styrolisierte Öle bezeichnet. Sie geben harte und widerstandsfähige Filme. Alkydharze werden

---

[1] H. P. KAUFMANN: Studien auf dem Fettgebiet. Berlin: Verlag Chemie 1935; A. E. BAILEY: Industrial Oil and Fat Products. London: Interscience Publishers 1951; H. J. DEUEL JR.: The Lipids. New York: Interscience Publishers Inc. 1951; F. FRITZ: Trocknende Öle und Trockenstoffe. Hannover: Vincentz 1949; Holzöl. Berlin: W. Pansegrau 1951; E. FONROBERT: Holzöl. Stuttgart: Berliner Union 1951.

[2] Über den Chemismus der Standöl-Kochung siehe z. B. H. P. KAUFMANN, J. BALTES u. H. BÜTER: Fette u. Seifen **46**, 289 (1937); J. PETIT: Bull. schweiz. Lackchem. **12**, 5 (1950); T. F. BRADLEY: Ind. Engng. Chem., ind. Edit. **29**, 440 (1937); **30**, 689 (1938); W. H. CAROTHERS: J. Amer. chem. Soc. **51**, 2548 (1929); E. SUNDERLAND: J. Oil Colour Chemists' Assoc. **28**, 137 (1945); J. S. LONG u. Mitarbeiter: Ind. Engng. Chem., ind. Edit. **28**, 1245, 1252 (1936); **29**, 903 (1937); J. BERGER: Peintures, Pigments, Vernis **30**, 1019 (1954); J. J. SLEIGHTHOLME u. A. J. SEAVELL: J. Oil Colour Chemist's Assoc. **38**, 178 (1955).

[3] H. P. KAUFMANN u. P. KIRSCH: Fette u. Seifen **47**, 108, 152 (1940).

[4] C. P. A. KAPPELMEIER, J. H. VAN DER NEUT u. W. R. VAN GOOR: Kunststoffe **40**, 81 (1950); C. P. A. KAPPELMEIER u. Mitarbeiter: Verfkroniek **23**, 263 (1950); A. G. HOVEY: J. Amer. Oil Chemists' Soc. **27**, 481 (1950).

aus trocknenden, halbtrocknenden oder nichttrocknenden Ölen, Dicarbonsäuren (Phthalsäureanhydrid, Isophthalsäure u. a.) und Polyalkoholen (Glycerin, Pentaerythrit u. a.) hergestellt.

Zu den wichtigsten trocknenden und halbtrocknenden Ölen gehören:

Natürliche Öle

Leinöl[1]. Durch Pressen und Extraktion aus den Samen von *Linum usitatissimum* (Argentinien, Indien, Kanada, USA, UdSSR). Die Zusammensetzung ist vom Klima abhängig. Gesättigte Fettsäuren 10%, Ölsäure 25,7 bis 26,1%, Linolsäure 15,0 bis 17,6%, Linolensäure 48,6 bis 52,5%. Durch weitgehende Entschleimung und Raffination wird „Lackleinöl" hergestellt. Reste von Phosphatiden wirken bei der Lackbereitung störend[2].

Perillaöl[3]. Kommt in den Samen der *Perilla ocymoides* vor (Indien, Mandschurei und Japan). Die Samen enthalten bis zu 35% Öl. Zusammensetzung: 6 bis 8% gesättigte Fettsäuren, 14 bis 18% Ölsäure, 13 bis 16% Linolsäure, 54 bis 59% Linolensäure.

Holzöl[4]. Durch Pressen und Extraktion der Früchte von *Aleurites cordata* bzw. *Aleurites fordii*, die bis zu 53% Öl (China, Japan, Indochina und neuerdings in Afrika und USA) enthalten. Das Öl der ersten Pressung ist hellgelb (weißes Tungöl). Durch heißes Pressen erhält man das schwarze Tungöl. Holzöl trocknet unter Eisblumen-Erscheinung. Bei 280° gelatiniert es in etwa 15 Min. Zusammensetzung: 3 bis 6% gesättigte Fettsäuren, 3 bis 10% Ölsäure, 9 bis 15% Linolsäure, 72 bis 82% Elaeostearinsäure. Bei der Verkochung des Öles müssen besondere Maßnahmen getroffen werden, da es sich stark erwärmen kann.

Bagilumbangöl[5]. Aus den Nüssen der *Aleurites trisperma*. Das Öl ist dem Holzöl ähnlich. Zusammensetzung: 17% gesättigte Fettsäuren, 10% Ölsäure, 18% Linolsäure, 47% Elaeostearinsäure.

Essangöl[6]. Aus Fruchtkernen von *Ricinodendron africanum* (Kongogebiet). Es wird oft als Holzölersatz verwendet. Zusammensetzung: 11% gesättigte Fettsäuren, 10% Ölsäure, 26% Linolsäure, 53% Elaeostearinsäure.

Oiticicaöl[7]. Gewonnen wird es aus den Nüssen von *Licania rigida* (Brasilien). Nach kurzer Zeit erstarrt das Öl zu einem festen Fett. Durch Erhitzen des Öles auf etwa 250° entsteht Cicöl, das auch in der Kälte nicht mehr erstarrt. Durch Verarbeitung von Cicöl mit Harzen entstehen außerordentlich beständige und helle Lacke. Zusammensetzung: 10% gesättigte Fettsäuren, 5 bis 10% Ölsäure, 5 bis 10% Linolsäure, 70 bis 78% Licansäure.

Po-Yoakaöl[8]. Wird aus Po-Yoaka-Baumfrüchten gewonnen. Es enthält sowohl Elaeostearinsäure als auch Licansäure. Fruchtkerne enthalten bis zu 60% Öl. Das Öl ist dickflüssig und hat einen holzölähnlichen Geruch.

Sojabohnenöl[9]. Durch Pressen und Extraktion von Früchten der *Soja hispida*. Die Samen enthalten bis zu 20% Öl. Lacke, die Sojaöl enthalten, vergilben im Anstrich nicht. Zusammensetzung: 12 bis 18% gesättigte Fettsäuren, 11 bis 57% Ölsäure, 28 bis 65% Linolsäure, 0,3 bis 10% Linolensäure.

Mohnöl[10]. Durch Extraktion oder Pressen aus *Papaver somniferum* (Indien, China, Persien und Kleinasien). Die Saat enthält bis zu 40% Öl. Die Mohnöl-Filme zeigen die Synerese-Erscheinung. Zusammensetzung: 10 bis 14% gesättigte Fettsäuren, 11 bis 25% Ölsäure, 65 bis 73% Linolsäure.

[1] H. P. Kaufmann: Fette · Seifen · Anstrichmittel **58**, 492 (1956).

[2] H. P. Kaufmann u. C. W. Schmidt: Fette · Seifen · Anstrichmittel **54**, 346, 399 (1952); H. Fähnrich: Farbe u. Lack **63**, 5, 65 (1957).

[3] H. P. Kaufmann u. R. H. Walther: Allg. Öl- u. Fett-Ztg. **27**, 3 (1930); J. Tischer: Fette · Seifen · Anstrichmittel **59**, 313 (1957).

[4] H. P. Kaufmann u. J. Baltes: Ber. dtsch. chem. Ges. **69**, 2676 (1936); T. P. Hilditch u. A. Mendelowitz: J. Sci. Food Agric. **2**, 548 (1951).

[5] E. D. G. Frahm u. D. R. Koolhaas: Recueil Trav. chim. Pays-Bas **58**, 277 (1939).

[6] T. P. Hilditch u. J. P. Riley: J. Soc. chem. Ind. **65**, 74 (1946).

[7] F. Wilborn u. A. Löwa: Farben-Ztg. **35**, 388 (1930); H. P. Kaufmann u. J. Baltes: Ber. dtsch. chem. Ges. **69**, 2679 (1936); R. S. McKinney u. G. S. Jamieson: Oil and Soap **13**, 10 (1936).

[8] A. Steger u. J. van Loon: Farben-Ztg. **47**, 483 (1942).

[9] K. S. Markley: Soybeans and Soybeans Products. New York: Interscience Publishers Inc. 1950.

[10] H. P. Kaufmann u. W. Wolf: Fette u. Seifen **48**, 51 (1941); E. Iselin: Mitt. Gebiete Lebensmittelunters. Hyg. **36**, 377 (1945); R. E. Bridges, M. M. Chakrabarty u. T. P. Hilditch: J. Oil Colour Chemists' Assoc. **34**, 354 (1951).

Sonnenblumenöl[1]. Aus den Samen von *Helianthus annuus* (Rußland, Mexiko, Indien, China, Ungarn). Es trocknet sehr langsam, und die Filme sind denen des Mohnöles ähnlich. Für technische Zwecke wird es im Autoklaven eingedickt und dann bei 100° mit Luft geblasen. Zusammensetzung: 7 bis 14% gesättigte Fettsäuren, 14 bis 72% Ölsäure, 19 bis 72% Linolsäure.

Hanföl[2]. Durch Extraktion und Pressen von Hanfsamen (*Cannabis sativa*) (Nordindien, Sibirien, Osteuropa). In Rußland wird das Öl für Künstlerfarben verwendet. Zusammensetzung: 7,5 bis 15% gesättigte Fettsäuren, 6 bis 16% Ölsäure, 46 bis 70% Linolsäure, 15 bis 28% Linolensäure.

Walnußöl[3]. Durch Pressen oder Extraktion von Walnußkernen (Italien, Frankreich und neuerdings China). Als reines Öl wird es nur sehr wenig in den Handel gebracht. Zusammensetzung: 7% gesättigte Fettsäuren, 14 bis 15% Ölsäure, 70 bis 80% Linolsäure, 4 bis 5% Linolensäure.

Leindotteröl („deutsches Sesamöl")[4]. Durch Extraktion von *Camelina sativa*. Wird nur als Verfälschungsmittel für andere Öle angewandt. Zusammensetzung: etwa 9% gesättigte, 42% Öl- bzw. Eicosensäure, 12 bis 16% Linolsäure, 36 bis 37% Linolensäure, außerdem eine einfach ungesättigte Oxysäure.

Safloröl[5]. In China seit langem für lacktechnische Zwecke verwendet. Es besitzt gute Trocknungsfähigkeit. Die Safloröl-Filme haben einen hohen Glanz und eine ausgezeichnete Elastizität. Zusammensetzung: 7,9% gesättigte Fettsäuren, 16,6% Ölsäure, 69,8% Linolsäure, 5,7% Linolensäure.

Bolekoöl (auch Isano-, Herkules- oder Kongoöl genannt) wird durch Pressung oder Extraktion von Nüssen des Onguekobaumes gewonnen. Obwohl das Öl Fettsäuren mit konjugierten Dreifachbindungen enthält, trocknet es ohne vorherige Behandlung an der Luft nicht. Erst nachdem es allein oder mit anderen trocknenden Ölen verkocht ist, bildet es an der Luft einen wasserfesten Film. Kennzahlen[6]: Viscosität bei 50°: 143 cP; n_D^{50} 1,4913; SZ 16,4; VZ 189,8; OHZ 84,1; JZ nach KAUFMANN zwischen 150 und 212. Zusammensetzung[7]: 3% gesättigte Säuren, 15% Isansäure (Octadeca-17-en-9,11-diin-säure), 17% Ölsäure, 4% Linol- und Linolensäure, 45% Isanolsäure (Octadeca-14-en-10,12-diin-8-ol-säure). Nicht erfaßt sind 16% der Gesamtsäuren.

Acajou-(Cashew-) Öl[8]. Aus den Nüssen von *Anacardium occidentale* (Elefantenlaus-Baum) gewinnt man einerseits ein fettes Öl aus den Kernen, andererseits liefert die Schale eine Flüssigkeit, „Cashew Nutshell Liquid" (CNSL), die reich an ungesättigten phenolischen Komponenten ist und als Rohstoff für Lacke, Harze und Kunstmassen dient. Die Nüsse werden in Afrika, hauptsächlich aber in Indien gewonnen, wo die Aufarbeitung erfolgt. Die Kennzahlen der Schalenflüssigkeit sind stark vom Herstellungsprozeß abhängig: SZ 90 bis 100, VZ 106 bis 132, JZ 240 bis 270 (extrahiert); SZ 19,7 bis 30,8, BrZ 139 bis 170, AcZ 118 bis 162, VZ 19 bis 34 (technisch gewonnen). CNSL besteht zu etwa 90% aus Anacardia-

---

[1] G. RANKOFF: Fette u. Seifen **44**, 465 (1937); H. NOBORI: J. Soc. chem. Ind., Japan, suppl. Binding **44**, 705, 720 (1941); R. DIETERLE: Seifensieder-Ztg. **69**, 316 (1942); R. VIOLLIER u. E. ISELIN: Mitt. Gebiete Lebensmittelunters. Hyg. **33**, 295 (1942); S. UENO u. P. H. WAN: J. agric. chem. Soc. Japan **19**, 735 (1943); R. T. MILNER, J. E. HUBBARD u. M. B. WIELE: Oil and Soap **22**, 304 (1945); G. WINTER: J. Amer. Oil Chemists' Soc. **27**, 82 (1950); C. BARKER u. T. P. HILDITCH: J. Soc. chem. Ind. **69**, 15, 16 (1950); J. Sci. Food Agric. **1**, 118, 140 (1950); R. E. BRIDGES, A. CROSSLEY u. T. P. HILDITCH: J. Sci. Food Agric. **2**, 472 (1951); D. N. GRINDLEY: J. Sci. Food Agric. **3**, 82 (1952).

[2] H. P. KAUFMANN u. S. JUSCHKEWITSCH: Z. angew. Chem. **43**, 90 (1930); H. N. GRIFFITHS u. T. P. HILDITCH: J. Soc. chem. Ind. **53**, 75 (1934); T. P. HILDITCH u. A. J. SEAVELL: J. Oil Colour Chemists' Assoc. **33**, 24 (1950); R. E. BRIDGES u. T. P. HILDITCH: J. Sci. Food Agric. **2**, 547 (1951).

[3] S. UENO u. Y. NISHIKAWA: J. Soc. chem. Ind., Japan, suppl. Binding **40**, 313 (1937).

[4] J. D. v. MIKUSCH: Farbe u. Lack **58**, 402 (1952).

[5] H. P. KAUFMANN u. H. FIEDLER: Fette u. Seifen **44**, 420 (1937); G. WINTER: J. Amer. Oil Chemists' Soc. **27**, 82 (1950); C. D. THURMOND, A. R. HEMPEL u. P. E. MARLING: ebenda **28**, 354 (1951).

[6] H. P. KAUFMANN, J. BALTES u. H. HERMINGHAUS: Fette · Seifen · Anstrichmittel **53**, 537 (1951).

[7] A. SEHER: Arch. Pharmaz. Ber. dtsch. pharmaz. Ges. **287**, 548 (1954).

[8] M. S. PATEL u. N. M. PATEL: J. Indian chem. Soc., ind. News Edit. **1**, 83 (1938); J. Univ. Bombay **5**, 114 (1936); S. L. BAFNA: Paintindia April **1952**, 78; G. N. AJMANI: ebenda Mai **1952**, 18; N. R. KAMATH: ebenda Juli **1952**, 20; S. KRISHNAMURTHY: ebenda April **1953**, 79.

säure (1-Oxy-3-pentadecadienylbenzol-carbonsäure-2), zu 10% aus Cardol (1,3-Dioxy-5-pentadecadienylbenzol) und liefert nach Destillation das Cardanol (1-Oxy-3-pentadecenyl-benzol). Anacardiasäure decarboxyliert bei Hitzebehandlung zu Anacardol (1-Oxy-3-penta-decadienylbenzol).

Fischöle und Trane[1]. Das durch Auspressen gewonnene Sardinenöl zeigt gute Trocknungs-eigenschaften. Pilchardöl ist ein gut trocknendes Öl, dessen Eigenschaften durch Raffination weiter verbessert werden. Die Filme sind jedoch sehr weich. Menhadenöl wird aus Fischen des Atlantischen Ozeans gewonnen. Die Trockenkraft ist gut, wird jedoch durch Zusatz von Trockenstoffen nicht verändert. Heringsöl ist gelbbraun und enthält oft größere Mengen an freien Fettsäuren. Die Trocknungseigenschaften sind nur mäßig. Waltran wird durch Kochen des Specks der verschiedenen Walarten in Form eines hellgelben bis dunkelbraunen Öles gewonnen. Dorschlebertran wurde bereits vor dem Kriege zur Firnis-Herstellung ver-wendet. Er besitzt jedoch nur mäßige Trocknungseigenschaften. Robbentran wird aus dem Speck der Robben und Walrosse gewonnen. Seine Anwendung in der Lackindustrie ist jedoch nur gering.

Künstlich umgewandelte Öle

Ricinenöl (Synourynöl). Wird durch Dehydratisierung aus Ricinusöl gewonnen. Das Öl ist sehr viscos und hat eine hellgelbe Farbe. Kennzahlen[2]: D_4^{15} 0,949 bis 0,955; n_D^{20} 1,483; SZ bis 12; VZ 180 bis 190; JZ 130 bis 150; HJZ 170 bis 181; RhZ 86,9; DZ 20 bis 21; AcZ 13,5; Viscosität 160 bis 260 cP. Zusammensetzung: 30 bis 50% 9,11-Linolsäure, 40 bis 50% 9,12-Linolsäure, 7,5 bis 10% Ölsäure und 3 bis 8% Oxysäuren.

Isomerisiertes Leinöl. Wird durch Isomerisation des Leinöls erhalten. Dies kann mit Alkali, SO_2 oder anderen Katalysatoren bewirkt werden. Kennzahlen[3]: D_4^{20} 0,930; n_D^{20} 1,492 bis 1,493; JZ 180 bis 190; SZ 0,1 bis 0,3; VZ 186 bis 190; Unv. etwa 1%; Pandienzahl 40 bis 45. Aus spektrographischen Messungen wurden 32% Diene und 14% Triene ermittelt.

In der Natur gibt es noch eine große Anzahl anderer trocknender und halb-trocknender Öle. Sie besitzen jedoch keine technische Bedeutung, da sie entweder schwer zu gewinnen sind oder in zu kleinen Mengen vorkommen. Als Ersatz für pflanzliche und tierische Öle werden Mineralöle in der Lackindustrie nur in geringem Umfang verwandt. Über Versuche, aus Mineralölen trocknende Öle herzustellen, siehe das Schrifttum[4].

II. Untersuchung

Trocknende Öle

Sofern keine besonderen Vorschriften vorliegen, werden trocknende Öle auf Kennzahlen und Zusammensetzung nach den üblichen Methoden der Fettanalyse untersucht (s. Bd. I). Besondere Vorschriften sind z. B. in den RAL-Liefer-bedingungen und DIN-Blättern angeführt. Sie unterscheiden sich nicht wesent-lich von den üblichen Untersuchungsmethoden. In Deutschland sind die deut-schen Einheitsmethoden (DGF) richtungsgebend.

Bestimmung der Trocknungsfähigkeit. Zur Prüfung eines Öles auf sein Trock-nungsvermögen bestimmt man die Zeit, innerhalb welcher es in dünner Schicht einen Film bildet. Die Trocknung ist immer mit einer Gewichtsveränderung ver-

---

[1] T. P. HILDITCH: Oil Colour Trades J. Nr. 1924, 633 (1934); S. UENO: J. Soc. chem. Ind., Japan, suppl. Binding **41**, 200 (1938); L. J. REIZENSTEIN: Paint Technol. **1**, 315 (1936); Y. TOYAMA, S. IGARASHI u. T. YAMAMOTO: Mem. Fac. Engng., Nagoya Univ. **4**, 239 (1952); J. Oil Chemists' Soc. Japan **2**, 63 (1953).

[2] J. D. v. MIKUSCH: Ind. Engng. Chem., ind. Edit. **32**, 1314 (1940); Fette u. Seifen **48**, 374 (1941); Y. TOYAMA u. Y. IWAMOTO: J. chem Soc. Japan, ind. Chem. Sect. **54**, 190 (1951). J. SCHEIBER: DRP. 513540; E.P. 306452; A.P. 1942778; H. P. KAUFMANN u. G. GANEFF: Fette u. Seifen **50**, 425 (1943).

[3] J. D. v. MIKUSCH u. K. MEBES: Farbe u. Lack **59**, 223 (1953).

[4] E. STOCK: Farben-Ztg. **43**, 472 (1938); H. KEMNER: Farben, Lacke, Anstrichstoffe **1**, 85 (1947); H. KÖLLN: ebenda **1**, 83 (1947).

bunden. Sowohl die Gewichtszunahme als auch die Trocknungszeit sind von vielen Versuchsbedingungen (Temperatur, Belichtung, Feuchtigkeitsgrad der Luft) sowie von den Begleitstoffen des Öles (Sterine, Phosphatide, Pro- und Antioxydantien) abhängig.

Drei Tropfen Öl werden auf eine Glasplatte 9×12 cm aufgebracht, und zwar so, daß sie sich in etwa gleichen Abständen auf der kleineren Halbierungslinie befinden. Durch abwechselndes Verstreichen mit der Fingerkuppe in der Längs- und Querrichtung werden die Tropfen gleichmäßig auf die ganze Platte verteilt, die dann waagerecht der Luft ausgesetzt wird. Das Trocknen soll möglichst bei einer Temperatur von 20° und nicht über 25° im zerstreuten Tageslicht erfolgen. Die Trockenzeit soll bei Leinöl im Sommer nicht länger als 4 Tage, im Winter nicht länger als 6 Tage betragen. Bei dauernd feuchtem Wetter kann sie sich um 2 Tage verlängern. Über den Trocknungsfaktor als Maß für die Trocknung s. S. 235.

Trockenkurven. Trocknende Öle erleiden während der Trocknung Gewichtsveränderungen, die zeitlich verfolgt werden können. Trägt man die prozentuale Gewichtszunahme gegen die Zeit in einem Diagramm auf, so bekommt man sogenannte Trockenkurven (M. WEGER[1]). Sie erlauben bedingt Rückschlüsse auf den anstrichtechnischen Wert der Öle und auf die Art der Vorbehandlung derselben[2].

a) *Glasplatten-Verfahren.* Glasplatten von 9×12 cm werden gut gereinigt und mit einer dünnen Schicht Öl oder Firnis versehen (siehe Bestimmung der Trockenzeit). Nachdem man durch Wägung festgestellt hat, wieviel Öl sich auf der Platte befindet, wird diese waagerecht auf zwei Glasstäbe aufgelegt, die ihrerseits auf weißem Papier ruhen. Nun wägt man in bestimmten Abständen, und zwar um so schneller hintereinander, je rascher das Öl trocknet; vor allem achtet man sorgfältig darauf, den Kulminationspunkt nicht zu übersehen, der meist kurz hinter dem Punkt der Staubtrockne liegt.

b) *Baumwollgarn-Methode nach* FAHRION[3]. Das mit verd. Lauge ausgekochte, mit siedendem Wasser gewaschene und anschließend an der Luft getrocknete Garn wird in Stückchen von 2 bis 5 mm Länge zugeschnitten. Man wägt einige g Öl in eine Schale ein und verdünnt mit Petroläther auf das doppelte Volumen; dann wird eine ungefähr gleiche Gewichtsmenge Garn in die Lösung gebracht und möglichst gleichmäßig verteilt. Der Petroläther verdunstet rasch. Die Porzellanschale läßt man an der Luft stehen und wägt alle 24 Std. Bei schnell trocknenden Ölen muß in kürzeren Abständen gewogen werden. Nach jeder Wägung wird das Garn umgedreht. Ein Nachteil bei dieser Methode liegt in der Hygroskopizität des Baumwollgarnes.

c) *Filmograph-Verfahren* nach H.P.KAUFMANN[4] Der Filmograph (Abb. 445) besteht aus einer elektronischen Mikrowaage, die nach dem Prinzip der automatischen Kompensation arbeitet. Ein selbsttätiger Regelvorgang gleicht das von der Gewichtsveränderung herrührende Drehmoment mit Hilfe der entgegengerichteten Kraftwirkung eines elektrischen Stromes nahezu vollständig aus. Hierzu befindet sich an dem Waagebalken aus Quarz, der in Spannbändern aufgehängt ist, eine kleine Drehspule, die sich im magnetischen Feld einer Hochfrequenzspule und eines Dauermagneten bewegt und sowohl als Indicator für die Lage des Balkens als auch zur Erzeugung des Drehmomentes dient. Ein elektronisches Regelgerät wertet

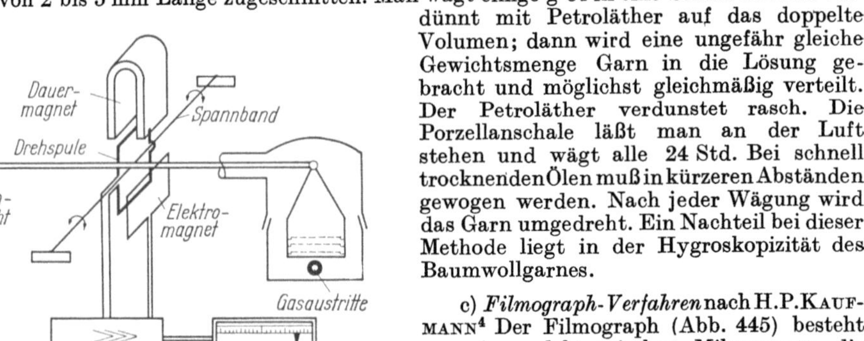
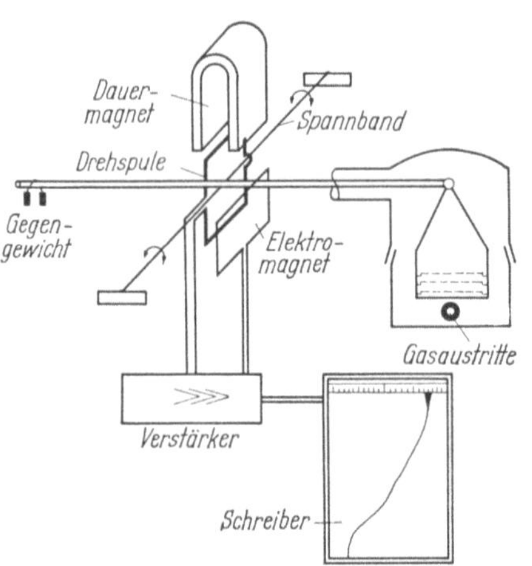

Abb. 445. Schematische Darstellung einer „Dünnschicht-Waage" (Filmograph)

<hr>

[1] M. WEGER: Chem. Rev. Fett- u. Harz-Ind. **1898**, 213.
[2] Siehe A. EIBNER: Über fette Öle, Leinöl-Ersatzmittel und Ölfarben. München 1922.
[3] W. FAHRION: Z. angew. Chem. **23**, 722 (1910).
[4] H. P. KAUFMANN: Fette · Seifen · Anstrichmittel **58**, 844 (1956).

die von der Drehspule erzeugte Spannung aus und liefert den kompensierenden Strom an die Waage zurück. Schaltungstechnische Kunstgriffe erzielen eine wirkungsvolle Dämpfung. Der nach Einstellung des Gleichgewichtes fließende Strom ist der Last streng proportional. Er wird von einem automatischen Schreiber aufgezeichnet. Je nach Größe der zu erwartenden Gewichtsveränderung kann die Empfindlichkeit der Waage verändert werden. Die Waage ist in einem Quarzgefäß mit Ein- und Austrittsöffnung für Gase eingebaut. An dem rechten Teil des Waagebalkens hängt eine Aufnahmevorrichtung, die bis zu 4 dünne Plättchen von je 12,5 cm² tragen kann und zum Aufbringen des Untersuchungsmaterials in dünner Schicht bestimmt ist. Auf der linken Seite befinden sich zwei Reiter, die als Gegengewicht zur Last dienen.

Bei der Untersuchung von trocknenden Ölen wird das Öl auf die Plättchen aufgetragen, gut verstrichen und auf die Waage gelegt. Nach Einschalten des Registriergerätes wird die Trockenkurve automatisch aufgezeichnet.

Erhitzungsprobe. Ein Öl, das für lacktechnische Zwecke verwendet werden soll, muß häufig frei von Schleimstoffen und Phosphatiden sein. Zum Nachweis der Schleimstoffe wird die sogenannte Erhitzungsprobe (vgl. S. 425) durchgeführt.

In einem bis zu etwa $^2/_3$ gefüllten Reagensglas wird das Öl mit großer Flamme schnell auf 300° erhitzt. Die Thermometerkugel soll sich dabei in der Mitte des Öles befinden, das Erhitzen erfolgt ohne Umrühren. Der bei dieser Probe sich abscheidende Schleim soll hell oder mäßig bräunlich, jedenfalls nicht dunkelbraun gefärbt sein, die Ausscheidung gallertig und nicht pulverig oder körnig, das Öl nach dem Erhitzen und Filtrieren klar und etwas heller als das nicht erhitzte.

Phosphatid-Bestimmung. Die quantitative Bestimmung der Phosphatide erfolgt nach den für Fette und Öle üblichen Methoden[1] (s. S. 481 ff.). Zur Untersuchung von Lackleinölen haben H. P. KAUFMANN und C. W. SCHMIDT[2] das Verfahren von H. THALER und E. JUST[3] unter Erhöhung der Einwaage mit Erfolg angewandt.

Eibnersche Probe[4]. Mennige und Leinöl werden zu einer gut streichbaren Konsistenz angerieben (75 g Mennige und 25 g Öl) und auf einer Glasplatte ausgestrichen. Nach dem Trocknen werden Anstrichspäne abgeschabt und mit Äther geschüttelt. Sie sollen sich dabei nicht auflösen, und der Äther darf nur geringe Rotfärbung durch aufgeschwemmte Mennige zeigen. Bei schwach trocknenden Ölen (mohnölartig) lösen sich die Schnitzel nach kurzem Schütteln, der Äther färbt sich durch die aufgeschwemmte Mennige rot und läßt nach kurzer Zeit den Farbkörper pulverförmig ausfallen.

Film-Schmelzprobe[4]. Filmschnitzel werden in Schmelzpunkt-Röhrchen eingeführt und in einem Schmelzpunkt-Apparat erhitzt. Leinöl-Filme sowie Leinölstandöl-Filme schmelzen nicht, sondern verkohlen bei 280°. Die Filme von Mohnöl erweichen bei 100° und schmelzen unter Gasentwicklung bei etwa 120°.

Überstreich-Probe[4]. Mennige wird mit dem zu untersuchenden Öl angerieben und auf Glasplatten gestrichen. Nach der Trocknung wird der Anstrich mit anderen Anreibungen aus gleichem Öl überstrichen. Als Pigmente sollen Kobaltblau dunkel, venezianische Grünerde, deutscher Ocker, Zinkweiß, Elfenbeinschwarz oder Krapplack verwendet werden. Nun wird beobachtet, ob und wie stark die Anstriche während des Austrocknens reißen. Beim Leinöl, Perillaöl und Holzöl tritt kein Reißen ein. Holunderbeerenöl, Fichtensamenöl, Nußöl, Sojaöl und Sonnenblumenöl dagegen bewirken ein Reißen des Films.

Gelatinierungsprobe[5]. Diese Prüfung erfordert die genaue Einhaltung der auf umstehender Zeichnung (Abb. 446) angegebenen Maße.

In ein Ölbad (*A*) mit aufgesetzter Deckplatte (*B*), die drei Öffnungen bestimmter Lage (*C*) besitzt, wird nach Erwärmen der Badflüssigkeit auf 293° ein mit 5 ml des zu unter-

[1] J. GROSSFELD u. A. ZEISSET: Z. Unters. Lebensmittel **85**, 321 (1943).

[2] H. P. KAUFMANN u. C. W. SCHMIDT: Fette · Seifen · Anstrichmittel **54**, 346 (1952).

[3] H. THALER u. E. JUST: Fette u. Seifen **51**, 55 (1944).

[4] A. EIBNER: Über fette Öle, Leinöl-Ersatzmittel und Ölfarben. München: 1922.

[5] H. A. GARDNER u. G. G. SWARD: Physical and chemical Examination of Paints, Varnishes, Laquers and Colours. Bethesda/Maryland: Selbstverlag 1946.

suchenden Öles beschicktes Reagensglas (D) eingeführt. Dieses ist mit einem durchbohrten Stopfen verschlossen, durch den ein frei beweglicher Glasstab (F) in das Glas hineinreicht. Die Temperatur wird an einem Thermometer (E) abgelesen, dessen Quecksilberkugel in gleicher Höhe mit dem Boden des Reagensglases abschließt und das so graduiert sein soll, daß es ein Intervall von 210 bis 310° bei einem Abstand der Marken von mindestens 5 cm anzeigt. Nach Einsetzen des Reagensglases wird das Erhitzen der Badflüssigkeit etwa 45 Sek. unterbrochen, wobei die Temperatur in höchstens 2 Min. auf 282° sinkt und dann auf dieser Höhe genau eingehalten werden muß. 9 Min. nach Einsetzen des Reagensglases in das Bad wird der Glasstab alle 15 Sek. angehoben, bis das Öl so fest ist, daß sich das Reagensglas mithebt. Unverfälschtes Holzöl braucht dafür höchstens 12 Min.

Bodensatz-Bestimmung (vgl. S. 1609). 100 ml der gut durchgeschüttelten Probe werden in ein geeichtes konisches Röhrchen gegeben. Nach 96 stündigem Stehen bei 20° wird das Absetzvolumen am Boden des Röhrchens abgelesen und als Bodensatz in Volumprozenten angegeben.

Prüfung von Leinöl auf Harzsäuren (Kolophonium) („STORCH-MORAWSKI-Reaktion", s. S. 1061). 3 Tropfen Öl werden gründlich mit 3 ml Essigsäureanhydrid vermischt und mit einem Tropfen 85% iger Schwefelsäure versetzt. Wenn die vorübergehende Violettfärbung nicht dunkler ist als die einer 0,001 n Natriumpermanganat-Lösung, so enthält das Öl keine Harzsäuren.

Prüfung auf Fischöl. 1,5 ml freie Fettsäuren werden in 40 ml Äther und 5 ml Eisessig gelöst und bei 0° bromiert. Nach 3 stündigem Kühlen in Eiswasser wird der Niederschlag abfiltriert und mit kaltem Äther gewaschen und getrocknet.

0,1 g des Niederschlages wird auf seine Löslichkeit in 1,5 ml siedender Eisessig-Chloroform-Mischung (1:1) untersucht. Tritt eine schwache oder stärkere Trübung auf, so ist Fischöl anwesend.

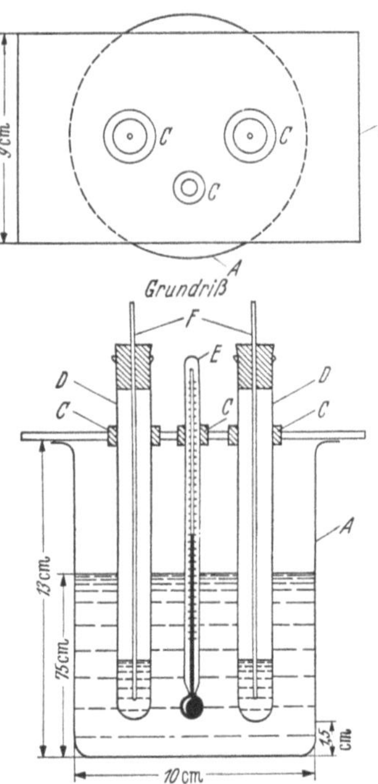

Abb. 446. Gerät für die Gelatinierungsprobe. (Zeichenerklärung im Text)

Reaktion auf Holzöl. *1.* LEPPERT-MAJEWSKA-*Reaktion*[1]. Die Reaktion beruht darauf, daß sich ein Tropfen Schwefelsäure auf dem zu untersuchenden Öl zu einer kantigen Figur (Polyeder) ausbreitet, wenn Holzöl oder Holzöl- bzw.

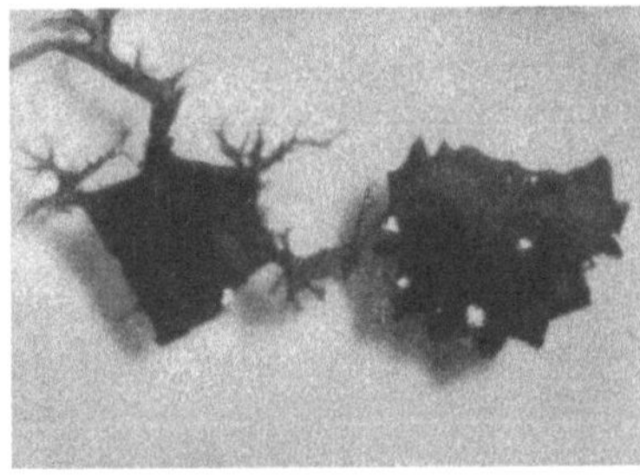

Abb. 447. Mischung 20% Holzöl, 80% Leinöl, links mit Schwefelsäure nach Vorschrift, rechts mit konz. Schwefelsäure. Reaktionen positiv

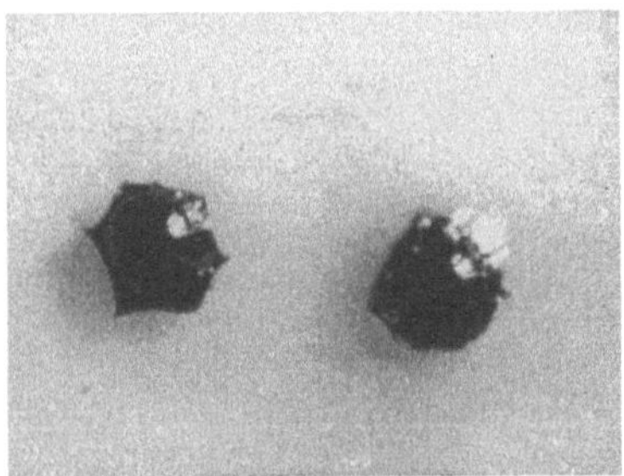

Abb. 448. Holzöl rein, rechts mit konz. Schwefelsäure, links mit Schwefelsäure nach Vorschrift. Reaktion positiv

Oiticicastandöl (bis etwa 10% in der Ölmischung) zugegen ist, aber in Schlieren verläuft, wenn nur andere Standöle vorhanden sind.

---

[1] Z. LEPPERT u. Z. MAJEWSKA: Przemysl chem. **18**, 471 (1934).

Ein Tropfen Öl wird auf dem Uhrglas mit einem Tropfen Schwefelsäure (7 Teile konz. H_2SO_4 (D = 1,84) + 1 Teil Wasser) versetzt. In Gegenwart von Holzöl zerfließt die Säure nicht, sondern hält sich auf der Oberfläche des Öles, wird bald dunkel infolge Bildung eines charakteristischen Films und nimmt schließlich die Form eines Polyeders an. Die Zeichnung ist um so klarer, je mehr Holzöl die Probe enthält. Bei Standölen u. dgl. ist die Probe zuverlässig bei mindestens 10% Holzöl-Gehalt.

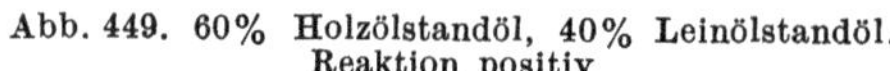
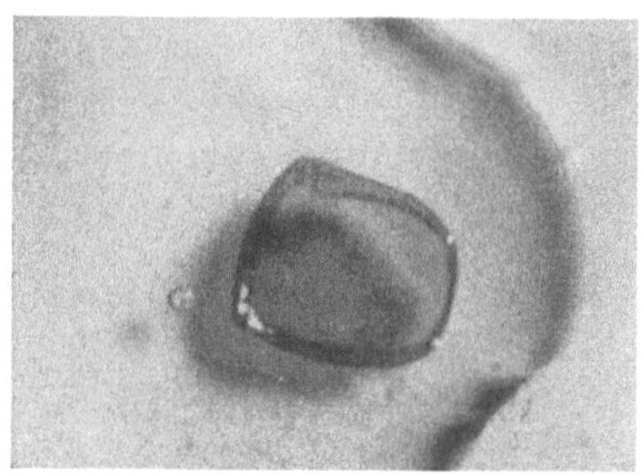

Abb. 449. 60% Holzölstandöl, 40% Leinölstandöl. Reaktion positiv

Abb. 450. Leinölstandöl. Reaktion negativ

2. Tetranitromethan-Reaktion. Tetranitromethan gibt nach H. P. KAUFMANN mit Konjuenölen in Chloroform eine charakteristische Färbung (s. S. 432).

Standöle

Standöle müssen vor allem auf Farbe, Viscosität, Brechungsindex, Unverseifbares, Dichte, JZ, SZ, VZ, OHZ, Peroxydzahl und Hexabromidzahl untersucht werden, vgl. DIN 55934. Die Dichte liegt zwischen 0,935 und 0,970, der Brechungsindex zwischen 1,483 und 1,495. Die SZ darf nicht über 20 betragen, und die VZ soll möglichst zwischen 185 und 197 liegen. Leinölstandöl darf keine Hexabromidzahl aufweisen.

Auch die Aufnahme von Trockenkurven der Standöle ist häufig von Bedeutung. Standöle der Konjuenöle sind durch den eigenartigen Geruch von Leinölstandölen oft zu unterscheiden. Außerdem geben die Tetranitromethan-Probe sowie die LEPPERT-MAJEWSKA-Reaktion mitunter Aufschluß darüber, ob es sich um Standöle der Isolenöle oder Konjuenöle handelt. Bei Holzölstandöl sowie Oiticicastandöl ist nur in seltenen Fällen eine Isolierung der Elaeostearinsäure bzw. Licansäure möglich, da diese im allgemeinen durch den Polymerisationsprozeß stark verändert werden. Zum Nachweis, ob Standöle aus Konjuenölen hergestellt wurden, dient die UV-Absorptionsspektroskopie (S. 754 ff.).

Von großer Bedeutung für die Lackherstellung ist die Verträglichkeit von Standölen mit basischen Pigmenten. Darüber können weder die Säurezahl noch andere Kennzahlen bindende Aussagen machen. Während manche Standöle mit hoher SZ nach dem Vermischen mit Zinkweiß nicht eindicken, können andere mit einer viel niedrigeren SZ mit dem gleichen Pigment nach kurzer Zeit zu einer dicken Masse erstarren. Vor dem Gebrauch muß daher ein Standöl durch Verreiben mit basischen Pigmenten auf die Verträglichkeit mit diesen untersucht werden. In der Regel wird die sogenannte Eindickungsprobe durchgeführt.

Eindickungsprobe. 500 g Zinkweiß werden mit 400 bis 500 g Standöl auf einer Laboratoriumstrichtermühle verrieben. Es muß ein gut flüssiges Material entstehen. Nach 24 Std. wird beobachtet, ob daraus eine zähe Paste geworden ist. Tritt ein Eindicken ein, so ist das Standöl für Zinkweißfarben nicht brauchbar.

Prüfung von Leinölstandöl auf Leinöl. Die Leinölstandöl-Probe wird verseift, und die freien Fettsäuren werden isoliert. Diese verwendet man nun für die Polybromidzahl (s. S. 601). Bildet sich bei der Bromierung sofort ein kristalliner Niederschlag, so ist Leinöl anwesend.

Entsteht neben den Kristallen auch eine Emulsion bzw. eine schwer flüssige Schicht, so muß man die Mischung mit auf 0° gekühltem Äther soweit verdünnen, bis die schwer flüssige Schicht sich aufgelöst hat. Nun prüft man auf die Anwesenheit von Kristallen. Ist keine kristalline Ausscheidung festzustellen, so war kein oder nur wenig Leinöl vorhanden.

Bestimmung von dimeren und trimeren Polymerisationsprodukten. Standöle[1] werden durch Umesterung oder Verseifung und Veresterung mit Methylalkohol (s. S. 439) in Methylester übergeführt. Diese fraktioniert man bei gutem Vakuum (5 bis 10 mm). Die Ester der monomeren Säuren destillieren unterhalb von etwa 210°. Dann erhöht man das Vakuum (1 mm) und destilliert bis 300° weiter, wodurch auch Ester von Polymeren, insbesondere der dimeren Säuren, überdestillieren. Der Brechungsindex der einzelnen Fraktionen gibt bereits darüber Auskunft, ob mono-, di- oder trimere Säuren vorliegen. Es handelt sich im Prinzip um das gleiche Verfahren, das zum Nachweis der ernährungsphysiologisch bedenklichen „Polyöle" mit Erfolg benützt wird. Brauchbare Methoden der Fraktionierung von Glyceriden selbst in Standölen bieten Adsorptionstrennungen (s. S. 807 ff.) mit Hilfe geeigneter Säulen oder auch die Papier-Chromatographie[2].

Trübungstitration[3]. Um über den Homogenitätsgrad von Standölen Aussagen machen zu können, verwendet man das Verfahren der Trübungstitration. Mit seiner Hilfe läßt sich feststellen, ob zwei Standöle gleicher Herkunft und Viscosität aus ein und derselben Kochung stammen oder durch Mischen mehrerer Standöle verschiedener Viscositäten hergestellt wurden. Es handelt sich um ein Vergleichsverfahren, dessen Bedingungen genau eingehalten werden müssen.

In einem Reagensglas wird 1 g (oder 1 ml) Öl in 5 ml Toluol gelöst, auf genau 20° temperiert und dann tropfenweise aus einer Bürette mit Äthylalkohol versetzt. An der Einlaufstelle trübt sich die Lösung durch ausgeschiedenes Öl. Man verschließt das Reagensglas mit dem Daumen, schüttelt kräftig um, temperiert erneut und gibt wieder einige Tropfen Alkohol dazu. Dieser Vorgang wird so lange wiederholt, bis eine erste, deutlich bleibende Trübung auftritt, die durch kräftiges Schütteln nicht verschwindet. Es ist dabei sorgfältig auf die Einhaltung der konstanten Temperatur von 20° zu achten, da das Auftreten der Trübung stark temperaturabhängig ist.

Die bis zum Auftreten der ersten Trübung verbrauchten ml Alkohol werden notiert. Nun wird der geschilderte Vorgang mit den gleichen Mengen Untersuchungsmaterial in einem zweiten Reagensglas wiederholt, wobei man aber nach Erreichen der ersten bleibenden Trübung so lange Alkohol zugibt, bis diese, nachdem sie sich zunächst nicht veränderte, plötzlich stark zunimmt. Die verbrauchten ml Alkohol werden ebenfalls notiert. Nun wird in zwei anderen Reagensgläsern das Vergleichsstandöl derselben Viscosität in gleicher Weise und bis zu genau demselben Trübungsgrad titriert wie das zuerst untersuchte Öl und die Anzahl der verbrauchten ml Alkohol festgestellt.

Standöle, die einen verschiedenen Polymerisationsgrad aufweisen (nach neuerer Ansicht[4] liegt auch bei hochviscosen Standölen kaum mehr als das Trimere des Ausgangsöles vor), zeigen auch bei der Titration ein unterschiedliches Verhalten. Stimmt die Zahl der ml Äthylalkohol, die bis zum ersten Trübungspunkt verbraucht wurden, bei zwei Ölen überein, so handelt es sich in der Regel nicht um ein gemischtes Öl, sondern um gleichwertige Standöle. Ist aber ein mehr oder weniger großer Unterschied zwischen dem ersten und zweiten Trübungspunkt zu erkennen, so ist damit ein Hinweis auf das Vermischen von hochviscosen und niedrigviscosen Standölen gegeben.

---

[1] J. C. Cowan, L. B. Falkenburg u. H. M. Teeter: Ind. Engng. Chem., analyt. Edit. **16**, 90 (1944).

[2] H. P. Kaufmann u. C. W. Schmidt: Fette · Seifen · Anstrichmittel **54**, 623 (1952); H. P. Kaufmann u. J. Budwig: Fette · Seifen · Anstrichmittel **54**, 348 (1952).

[3] G. V. Schulz: Z. physik. Chem. **179**, 321 (1937); F. Wachholtz u. F. W. Lörken: Fette u. Seifen **47**, 263 (1940); B. Jürgensons: J. prakt. Chem. **161**, 30 (1942).

[4] A. V. Blom: Grundlagen der Anstrichwissenschaft. Zürich: Wissenschaftl. Verlagsges. 1954.

Molekulargewichtsbestimmung. Die Molekulargewichtsbestimmung von Standölen nach der bekannten Methode von RAST ist nur von orientierendem Wert.
Es sei jedoch auf die Durchführung dieses Verfahrens in der von E. ROSSMANN[1]
angegebenen Form verwiesen.

Eignung für Kombinationen mit Nitrocellulose. Trocknende pflanzliche und
tierische Öle, namentlich die aus ihnen bereiteten Standöle und geblasenen
Öle, werden in Verbindung mit Kollodiumwolle in „Kombinationslacken" verwendet. Folgende Eigenschaftsprüfungen sind vorzunehmen[2]:

1. Feststellung der Verträglichkeit mit Kollodiumwolle.
2. Verhalten der Öl-Nitrocellulose-Lösungen hinsichtlich Streichfähigkeit,
Verlauf und Trockenzeit.
3. Verhalten des Lackfilms: a) Beeinflussung der mechanischen Festigkeits-
eigenschaft, b) Widerstandsfähigkeit gegen Licht, Wärme, Kälte, Wasser, Lauge.

Erhält man keine klare und klar austrocknende Lösung, so versuche man,
eine solche durch Zusatz von ungefähr 5 bis 10 Teilen Cyclohexylacetat (*Adronol-
acetat*) oder Methylcyclohexanon (*Methylanon*) zu erreichen. Auch Amylacetat
oder Isobutylacetat, an Stelle von Butylacetat verwendet, führen oft zum Ziel.

Im allgemeinen sind stark polare Lösungsmittel für derartige Lacke mit
den an sich schwach polaren Ölen weniger geeignet.

Geblasene Öle

Auch geblasene Öle werden mit Hilfe der üblichen physikalischen und che-
mischen Kennzahlen geprüft. Besonders wichtig ist neben der Untersuchung
auf Farbe und Viscosität die Bestimmung der Peroxydzahl, CO-Zahl sowie der
OH-Zahl. Die erhaltenen Werte richten sich danach, ob es sich um stark oder
schwach geblasene Öle handelt. Aufschlußreich ist auch die Untersuchung der
Löslichkeit von geblasenen Ölen in Kohlenwasserstoffen und Alkoholen.
Während nicht geblasene Öle nur in Kohlenwasserstoffen löslich sind, steigt die
Löslichkeit der geblasenen Öle in Alkohol mit dem Oxydationsgrad. So lösen
sich stark geblasene Öle viel besser in Alkohol als in Kohlenwasserstoffen.

Zur Unterscheidung der geblasenen Öle von nicht geblasenen Standölen
werden die Fettsäuren isoliert und auf ihre Löslichkeit geprüft. Die Fettsäuren
der Standöle sind fast quantitativ in Petroläther löslich, die Fettsäuren der
geblasenen Öle dagegen nur zu einem geringen Prozentsatz. Der größte Teil ist
in Äther oder Alkohol löslich. Extrahiert man die Fettsäuren der geblasenen Öle
zunächst mit Petroläther und dann mit Äther, so können die oxydierten von
den nicht oxydierten Fettsäuren getrennt werden.

Über den *Oxydationsgrad* eines Öles gibt die Verseifungsjodfarbzahl (VJFZ)
Anhaltspunkte[3]. Sie ist um so höher, je stärker das zu untersuchende Öl oxydiert wurde (vgl. auch DIN 55934).

2. Harze

I. Allgemeines und Einteilung

Im Gegensatz zu den trocknenden Ölen entstehen die Harzfilme, von Alkyd-
und Reaktionsharzen abgesehen, durch Verdunsten des Lösungsmittels (Ver-
dunstungsfilm).

---

[1] E. ROSSMANN: Fette u. Seifen **44**, 189 (1937); vgl. K. RAST: Ber. dtsch. chem. Ges.
55, 1051 (1922); F. PREGL: Die quantitative organische Mikroanalyse. Berlin: Springer
1930; J. PIRSCH: Ber. dtsch. chem. Ges. **65**, 862 (1932).
[2] A. KRAUS: Farbe u. Lack **36**, 587 (1930); H. WOLFF: Veröffentlichung des Farben-
ausschusses für Anstrichtechnik, Heft 14, S. 6. Berlin: VDI-Verlag 1933.
[3] F. PALLAUF: Seifen-Öle-Fette-Wachse **75**, 51 (1949); Fette · Seifen · Anstrichmittel
52, 370 (1950).

Die Harze werden in drei Hauptgruppen eingeteilt:

Naturharze. Exkrete, vorwiegend pflanzlichen Ursprungs, die schon seit langem ihre Verwendung in der Lackindustrie finden (z. B. Kopal). Ihre Untersuchung wird im Kapitel: Analyse der Harze, S. 1049ff., beschrieben.

Modifizierte (veredelte) Naturharze. Durch Verkochung von Naturharzen mit anderen Reaktionskomponenten.

Oxydiertes Kolophonium. Es wird mit 15 bis 30% Bleichpulver vermahlen und bei Luftzutritt stehengelassen[1]. Nach dem Auslaugen mit Wasser wird das Harz auf 150 bis 200° erhitzt. Auch mit Kaliumpermanganat[2] ist es möglich, Kolophonium zu oxydieren.

Hydriertes Kolophonium. Das auf katalytischem Wege hydrierte Kolophonium von heller Farbe ist gegen Oxydationsmittel sehr beständig. SZ 160 bis 170; VZ 170; Unv. 75 bis 80%.

Kalkhartharz. Durch Härten von Kolophonium mit 3 bis 10% Kalk, Zinkoxyd oder einer Mischung derselben bei etwa 240° hergestellt. Auch eine Härtung in Lösungsmitteln (Testbenzin) ist gebräuchlich, vor allem dann, wenn das Harz sofort weiterverarbeitet wird.

Harzester. Durch Veresterung[3] von Kolophonium mit höheren Alkoholen (Glycerin, Pentaerythrit) hergestellt. Die SZ des Endproduktes soll nicht über 8 sein.

Kopalester. Er ist in Weißlacken weniger nachgilbend und wird wie Harzester hergestellt.

Acetokopal. Wird aus Essigsäureanhydrid und Kopal gewonnen und findet als Weichmacher bei Celluloselacken Verwendung.

Kunstharze. Die Zahl der Kunstharze, die sich im Handel befinden, ist so groß, daß ihre Behandlung im einzelnen hier nicht möglich ist. Die wichtigsten Gruppen der Kunstharze und ihre Eigenschaften sind in Tab. 372 zusammengestellt. Nach A. GRETH[4] und C. P. A. KAPPELMEIER[5] können die Harze wie folgt eingeteilt werden[6]:

Polykondensationsharze

    I. Phenol-Harze: härtbare Phenol-Harze, Resole; nicht härtbare, reine Phenol-Harze, Novolake; Alkylphenol-Harze; Terpenphenol-Harze; modifizierte Phenol-Harze.
    II. Carbonyl-Harze: Aldehyd-Harze; Keton-Harze.
    III. Harnstoff-Harze: Harnstoff-Formaldehyd-Harze; Melamin-Harze; Thioharnstoff-Harze.
    IV. Alkyd-Harze; modifizierte Alkyd-Harze (mit nichttrocknenden und mit trocknenden Fettsäuren ev. auch Harzsäuren).
    V. Phenolharz-Mischester.
    VI. Maleinat-Harze.
    VII. Epoxy-Harze.
    VIII. Silicone.

Polymerisationsharze

    I. Cumaron-Harze.
    II. Polystyrol-Harze.
    III. Polyvinyl-Harze: Polyvinylacetat; Polyvinylacetal; Polyvinylalkohole; Polyvinyläther; Polyvinylchloride.
    IV. Polyacryl- und Polymethacrylsäureester.
    V. Mischpolymerisate.
    VI. Butadien-Abkömmlinge und Olefin-Polymerisate.

Nachfolgende Tab. 372 gibt einen kurzen Überblick über Zusammensetzung, Eigenschaften, Löslichkeit, Verwendung und Verträglichkeit der Kunstharze mit anderen Lackrohstoffen.

---

[1] D. I. SCHILOV: Russ.P. 46654.   [2] N. N.: Peintures, Pigments, Vernis **14**, 52 (1938).
[3] T. CREBERT: Fette u. Seifen **46**, 287 (1939).
[4] A. GRETH: Kunststoffe **28**, 129 (1938).
[5] C. P. A. KAPPELMEIER: Verfkroniek **17**, 17 (1944).
[6] E. KARSTEN: Lackrohstofftabellen Hannover: C. R. Vincentz 1955 H. KITTEL: Tabellen für die Lackindustrie. Stuttgart: Wissenschaftl. Verlagsges. mbH. 1956.

Tabelle 372

Gruppe und Name	Zusammensetzung	Löslichkeit	Verwendung	Verträglichkeit
Spritlösliche Phenol-Harze, Hitze und Katalysator härtend	Kondensation von Phenol oder Kresol mit Formaldehyd	Spiritus	Einbrennlacke, schnell und hart trocknende Spirituslacke, Kunststoff-Industrie	Alkyd-Harz, zum Teil Novolak
Benzol-KW-lösliche Phenol-Harze	Kondensation von Phenol oder Kresol mit Formaldehyd unter Einbau geeigneter Produkte	Benzol, Toluol, Xylol	Einbrennlacke, Kunststoff-Industrie	Öl, Alkyd-Harz, zum Teil Nitrocellulose, Polyvinylacetat
Plastifizierte Resole	Kondensation von Phenol oder Kresol mit Formaldehyd und Stoffen mit langgestreckten Fadenmolekülen	Benzol-KW	Teils Luft-, teils Einbrennlacke, Kunststoff-Industrie	Alkyd-Harz, zum Teil Novolak, Polyvinylacetat
Nicht härtbare Phenol-Harze, Novolak	Kondensation von Phenol und Aldehyden	Spiritus	Isolierlacke und Klebelacke, Gritlacke	Schellack, Kopal (Manila), zum Teil Resol
Alkylphenol-Harze	Alkylierte Phenole mit überschüssigem Formaldehyd	Öle und KW	Bootslacke	Öl, Naturharz, Harzester, Cumaron-Harz, Inden-Harz, Clophen-Harz
Terpenphenol-Harze	Phenolterpene und konjugierte Terpen-KW mit Phenolen und Formaldehyd	Aromaten, Eisessig, Essigester, Ketone, Alkohole	Isolierlacke, Imprägnierungsmittel, Aufbaugrundlage für andere Harze	Öl, Harz
Modifizierte Phenol-Harze	Phenol, Formaldehyd und Harz- bzw. Fettsäuren	Öle und KW	Industrie- und Malerlacke, wasser- und wetterbeständige Anstriche	Öl, Harz, Chlorkautschuk, Nitrocellulose
Aldehyd-Harze	Acetaldehyd bei Gegenwart von Alkalien. Zur Verbesserung werden Zusätze von Ricinusöl oder Fettsäuren zugegeben	Ester, Glykole, Glykolester und spezielle Löser	Polituren, Mattinen, Kitte, Klebelacke	Schellack, Manila-Kopal
Keton- und Aldehyd-Kondensationsprodukte	Cyclohexanon, Methylcyclohexanon, bei Gegenwart von Alkalien und Säuren	In fast allen organischen Lösungsmitteln	Weißlacke, Nitrocellulose und Alkydharz-Lacke, Ahornlack	Öl, Naturharz, Alkyd-Harz, Kollodium, Polystyrol, Sulfonamid-Harz
Harnstoff-Formaldehyd-Harze	Harnstoff sowie dessen Derivate mit Formaldehyd	Alkohole, Äther, Ester, Ketone	Zusatzprodukte für Nitrolacke und Alkyd-Harze	Nitrocellulose, Alkyd-Harz, Melamin-Harz, Polyvinylacetat

Fortsetzung nächste Seite

Tabelle 372 (Fortsetzung)

Gruppe und Name	Zusammensetzung	Löslichkeit	Verwendung	Verträglichkeit
Melamin-Harze	Melamin und Formaldehyd	Alkohol, Ester	Spezielle Industrielacke, Kunststoffe	Alkyd-Harz, Nitrocellulose, Harnstoff-Harz
Glyptal-Harze	Phthalsäure und Glycerin		Nur sehr bedingte Verwendung in der Lack-Industrie	Naturharz, Maleinat-Harz
Nichttrocknende Alkyd-Harze	Zweibasige Säuren, mehrwertige Alkohole und nichttrocknende Öle	Aromatische sowie aliphatische KW	Kombination mit Celluloselacken und als Weichmacher	Öl, Naturharz, Harzester, Maleinat-Harz, Nitrocellulose, Chlorkautschuk u. a.
Trocknende Alkyd-Harze	Dicarbonsäuren, Polyalkohole, trocknende Öle	Aromatische sowie aliphatische KW	Luft- und ofentrocknende Lacke	Öl, Naturharz, Harzester, Maleinat-Harz, Nitrocellulose, Chlorkautschuk u. a.
Maleinat-Harze	Hochmolekulare Kunstharzsäuren, Fettsäuren, trocknende Öle, Maleinsäure	Aromatische sowie aliphatische KW	Luft- und ofentrocknende Lacke	Öl, Naturharz, Harzester, Maleinat-Harz, Nitrocellulose, Chlorkautschuk u. a.
Maleinat-Harze, Kombinationsester	Abietinsäure-Maleinsäure-Addukt, Harzsäure und Glycerin	Ester, Ketone, KW, Terpentinöl	Silberlacke, Nitrocellulose-Lacke, Druckfarben-Öllacke	Öl, Naturharz, Kunstharz, Harzester, Nitrocellulose
Epoxy-Harze	Kondensation von Epichlorhydrin und Diphenylolpropan	Aromaten, Ketone	Luft- und ofentrocknende Lacke, Reaktionslacke	Resol, Harnstoff-Harz, Melamin-Harz, Polyamid-Harz
Ungesättigte Polyester-Harze	Kondensation v. Dicarbonsäuren mit Dialkoholen	Aromaten	Reaktionslacke	zum Teil mit Weichmachern
Cumaron-Harze	Cumaron-Polymerisate	Aromatische KW und Celluloselöser, Terpentin, Lackbenzin	Cumaronharz-Lacke, Cellulosc-Lacke, Isoliermittel, Dichtung	Öl, Naturharz, Harzester, Alkyd-Harz, Chlorkautschuk
Modifizierte Cumaron-Harze	Cumaron und Phenol-Polymerisate	Niedrige Alkohole	Nitrocellulose-Lacke	Natur- und Kunstharz, Äthylcellulose, Chlorkautschuk
Polystyrol	Styrol-Polymerisate	Ester, Aromaten, Chlor-KW	Elastische Werkstoffe, Klarlacke zum Überziehen von Plakaten	Alkyd-Harz, Maleinat-Harz Cumaron-Harz, Nitrocellulose, Chlorkautschuk
Polyvinylacetat	Vinylacetat	In üblichen Lacklösungsmitteln	Streich- und Spritzlacke, Metall-Lacke	Alkyd-Harz, Phenol-Harz, Chlorkautschuk, Nitrocellulose

	Monomere	Lösungsmittel	Verwendung	Kombinierbar mit
Polyvinylacetale	Polyvinylacetal, Polyvinylalkohol mit Aldehyden und Ketonen	Niedrige Alkohole, Ester, Ketone	Kombination mit Harnstoff-Harzen, Cumaron-Harzen und selbständig	Alkyd-Harz, plastifiziertes Resol, Polyvinyl-Mischester
Polyvinylalkohol	Vinylalkohol	Wasser	Klebemittel, Schutzkolloid für Tusche, Tinte und Druckfarben	Alkyd-Harz, Maleinat-Harz, sonst wenig verträglich
Polyvinylchlorid	Vinylchlorid	Ketone, Chlor-KW	Metall-Lacke für Brücken, Rohre, Mauerwerk und Holz	Harz, Harzester, Alkyd-Harz, Keton-Harz, Cumaron-Harz
Polyvinyläther	Vinyläther	Alkohole, Aromaten, Ester, Wasser	Nitrolack-Weichmacher, Klebelacke	Naturharz, mod. Phenol-Harz, Keton-Harz
Acryl- und Methacrylsäureester-Harze	Acryl- bzw. Methacrylsäureester	Ketone, Ester und Mischlöser	Kombinationslacke, Konservendosen-Lacke, Dichtungsmittel	Alkyd-Harz, Alkylphenol-Harz, Cumaron-Harz, Nitrocellulose
Chlorkautschuk	Chlorkautschuk	Aromaten, Ester, Chlor-KW	Chemikalienbeständige Lacke	Öl, Naturharz, Harzester, Phenol-Harz, Alkyd-Harz, Vinyl-Harz

II. Allgemeine Untersuchungsmethoden

Die im Kapitel: Analyse der Harze (s. S. 1049 ff.) gebrachten allgemeinen Methoden sind weitgehend auch für die als Lackrohstoffe verwendeten, verschiedenartigen Kunstharz-Typen gültig und können dort eingesehen werden. An dieser Stelle werden nur Untersuchungsverfahren gebracht, die für den Lackchemiker von besonderem Interesse sind[1].

Fluorescenz-Analyse. Anhaltspunkte für die qualitative Zusammensetzung eines Harzes liefert die Beobachtung des geschmolzenen, von Lösungsmitteln und Weichmachern freien Materials unter der Analysen-Quarzlampe[2]: Kolophonium-Maleinsäure-Harze: schwach gelbliche Fluorescenz; harzmodifizierte Albertole: schwach gelbliche Fluorescenz; AW-2-Harze: grünliche Fluorescenz; Cumaron-Harze, TC-Harz: schwach violette Fluorescenz; Alkyd-Harze: fahlgrüne Fluorescenz; Polystyrol: intensiv violette Fluorescenz; WACKER-Schellack: keine Fluorescenz; Polyvinylester: an unzersetzten Stellen schwach gelbliche Fluorescenz; Chlorkautschuk: keine Fluorescenz.

G. BANDEL[3] gibt folgende Fluorescenz-Farben an: Kolophonium: hellviolettblau; Novolake, Resole, Resite: starkblauviolett; Harnstoff-Harze: bläulichweiß; Polyvinylacetat: hellweißblau; Polyvinylchlorid: mattblaugrün; Polyacrylsäure: starkblau mit rosa.

Fällungsanalyse. Durch Fällung gelöster Stoffe mit verschiedenen Lösungsmitteln erhalten A. GORDIJENKO und H. J. SCHENCK[4] „Fällungsbilder", die eine schnelle und übersichtliche Beurteilung der Eigenschaften von Lackrohstoffen erlauben sollen (Abb. 451).

Von dem gelösten Lackrohstoff wägt man 1 g in ein Reagensglas ein und fügt 10 ml des entsprechenden Lösungsmittels zu. Man schüttelt gut um, beobachtet nach 1 Std. die Fällung bzw. Trübung und trägt das Ergebnis in das Fällungsdiagramm ein.

Prüfung der modifizierten Naturharze und Kunstharze auf Öl-Verträglichkeit[5]. 1. Eine Lösung von Kunstharz und Testbenzin wird

[1] D. HUMMEL: Kunststoff-, Lack- und Gummi-Analyse. München: Hanser 1958.
[2] H. WAGNER u. H. SCHIRMER: Farben-Ztg. **43**, 131 (1938).
[3] G. BANDEL: Angew. Chem. **51**, 570 (1938).
[4] A. GORDIJENKO u. H. J. SCHENCK: Kunststoffe **37**, 123 (1947); **39**, 29 (1949).
[5] F. WILBORN: Physikalische u. technologische Prüfverfahren für Lacke und ihre Rohstoffe. Stuttgart: Berliner Union 1954.

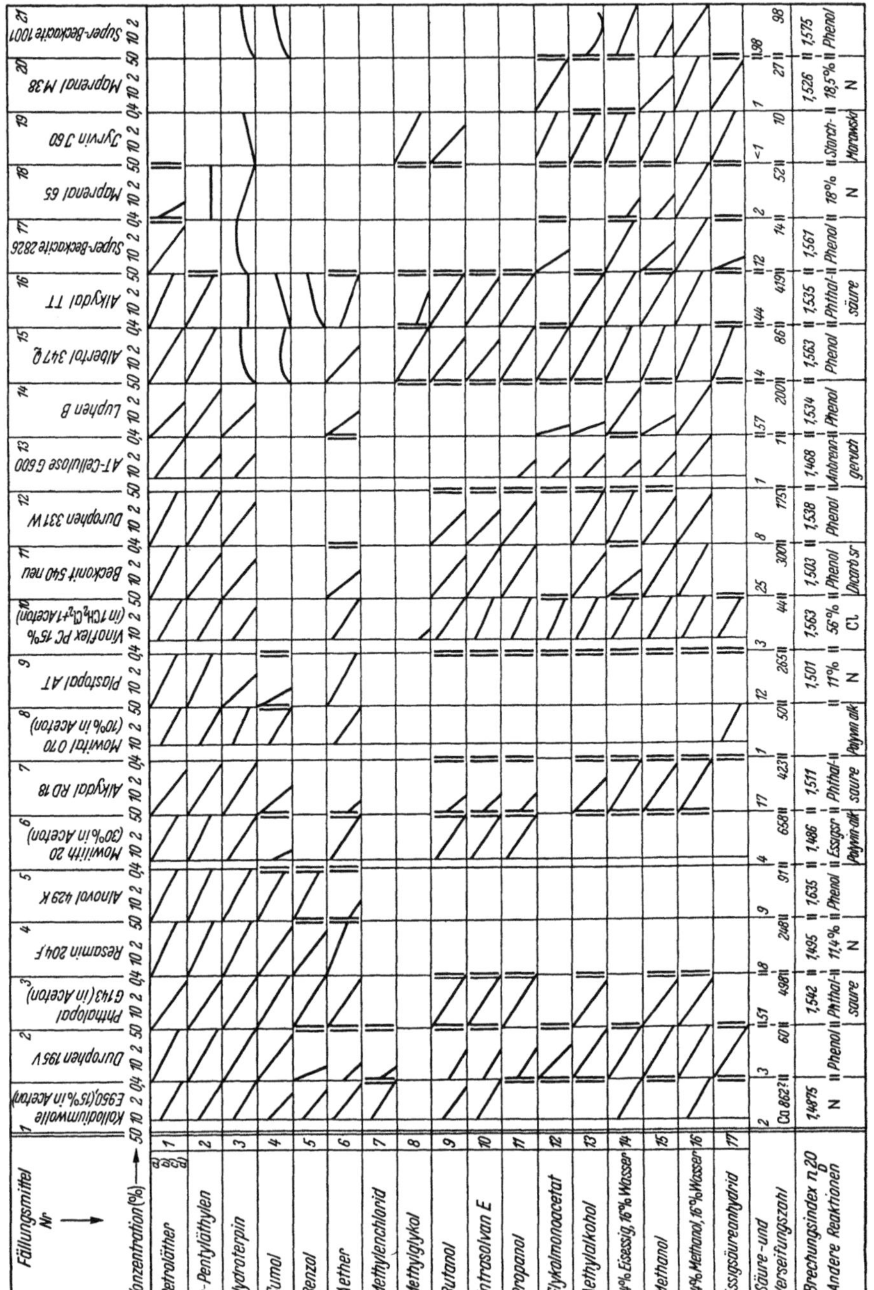

Abb. 451. Fällungsdiagramme von Kunstharzen.

Zeichenerklärungen: Die Kurven bedeuten Fällung, *a* (obere Querlinie) Ausscheidung; *b* (halbe Höhe) starke Trübung; *c* schwache Trübung; *d* (Grundlinie) Opalisieren; die Unterschiede zwischen zwei benachbarten Harzen sind durch Doppelstriche kenntlich gemacht.

mit Leinölstandöl bzw. Holzölstandöl im Verhältnis 1 : 1 vermischt. Werden dabei klare Lösungen erhalten, so gibt man weiteres Öl hinzu, bis das Verhältnis Harz zu Öl 1 : 3 ist. Ist keine Trübung aufgetreten, so prüft man das Verhalten beim Verdünnen mit Testbenzin.

2. Niedrigviscoses Leinölstandöl, Holzölstandöl usw. werden auf wenige Grade über den Schmelzpunkt des Harzes erhitzt. Dann gibt man in kleinen Portionen das Harz zu, bis eine klare Schmelze erhalten wird. Ist dies nicht der Fall, steigert man die Temperatur,

bis eine klare Schmelze entsteht, die sich auch beim Erkalten nicht trübt. Zum Schluß wird die klare Schmelze mit Testbenzin verdünnt und beobachtet, ob nicht ein Teil der Lösung ausfällt.

3. Lackleinöl wird auf 200° erhitzt und dann mit gleichen Mengen Harz in kleinen Portionen vermischt. Wird nach einiger Zeit bei derselben Temperatur die Schmelze nicht klar, so erhitzt man auf 250° und prüft, ob die Schmelze nun klar geworden ist. Danach verdünnt man mit Testbenzin und untersucht die Verträglichkeit.

Verträglichkeit von Harzen für Öllacke (Chatfield-Test). Die Verträglichkeit von Harzen für Öllacke mit Lackbenzin läßt sich durch die einfache Titrier-Probe bis zur auftretenden Trübung nicht befriedigend ermitteln. In einem verbesserten Test von CHATFIELD[1] werden bei 50° hergestellte Lösungen von 450 g Harz und 550 ml Lackbenzin nach 48stündigem Stehen im Verhältnis 2 : 1, 4 : 1, 6 : 1, 8 : 1 und 10 : 1 mit Lackbenzin versetzt und nach 7 Tagen auf Trübung geprüft.

Verträglichkeit von Harzen mit Nitro- und anderen Cellulose-Lacken[2]. Wenn ein Harz für Nitro- und andere Celluloselacke verwendbar sein kann, muß es unbedingt in bestimmten Lösungsmitteln löslich und mit Cellulose-Derivaten verträglich sein. Die Bestimmung der Löslichkeit des Harzes kann nach der auf S. 1054 beschriebenen Methode durchgeführt werden. Als Lösungsmittel für Nitrocellulose-Lacke kommen in erster Linie Ester und Ketone, in zweiter Linie Alkohole in Betracht. Ist das Harz in keinem der erwähnten Lösungsmittel löslich, so versucht man, es in Lösungsmittel-Gemischen zu lösen.

Das betreffende Harz muß mit Nitro- und anderen Cellulose-Derivaten und Weichmachern klare Lösungen bilden. Zu diesem Zweck werden konz. Nitrocellulose- und Harz-Lösungen in wechselnden Mengen zusammengemischt. Ähnlich wird die Verträglichkeit mit Weichmachern geprüft. Nachdem man festgestellt hat, daß ein Harz für Nitrolacke verwendbar ist, sollen auch die Film-Eigenschaften der Nitrolacke bei Gegenwart derartiger Harze untersucht werden. Unter anderem wird der Einfluß des Harzes auf Härte, Lösungs-mittel-Abgabe, Biegefestigkeit sowie Widerstandsfähigkeit gegen starke Temperatur-Schwankungen des Lackes untersucht. Außerdem müssen Schleifbarkeit, Druckfestigkeit und Beständigkeit gegen Wasser, Laugen und Alkohole geprüft werden. Aus den Unterschieden kann auf die Brauchbarkeit des Harzes geschlossen werden.

Kennzahlen von Harzen. Es empfiehlt sich, die Säurezahl zu bestimmen, da manche Kunstharze eine höhere SZ haben und dadurch nicht mit allen Pigmenten verträglich sind.

Zinkharze kann man nicht mit alkoholischer Kalilauge titrieren, weil sich diese sofort zu einem Zinkat-System umsetzen. In diesem Fall muß man die Säurezahl indirekt bestimmen.

Dazu werden beispielsweise 100 g Zinkharz mit 200 ml Äthanol 5 Min. lang ausgeschüttelt; alles freie Harz geht in den Alkohol über, während das Zinkresinat im Alkohol ungelöst bleibt. Die Zinkharz-Suspension wird abfiltriert und das klare Filtrat gegen Phenolphthalein mit 0,1 n alkoholischer Kalilauge titriert. Der Verbrauch an KOH wird unter Berücksichtigung der eingewogenen Menge Zinkharz auf die Säurezahl umgerechnet.

Die *Verseifungszahl* erlaubt Rückschlüsse auf die Natur der Kunstharze. Als Lösungsmittel wird ein hochsiedender Alkohol, z. B. Butylalkohol, empfohlen. Zur Auswertung der VZ können folgende Anhalte dienen[3]:

VZ unter 100: Polystyrole, Polyvinyläther, Polyvinylacetale, Polyisobutylene, Olefin-Harze, Cumaron-Harze, Carbonyl-Harze, nicht modifizierte Phenol-Harze, Celluloseäther und Polymethacrylester.

---

[1] H. W. CHATFIELD: Paint Manufact. **20**, 121 (1950).
[2] A. KRAUS: Farben-Ztg. **39**, 1191 (1934); **42**, 615 (1937); A. KRAUS, A. LENDE u. S. A. POLAINE: J. Oil Colour Chemists' Assoc. **33**, 159 (1950); A Study in resin compatibility, its effect on lacquer films and a method of measurement. Hercules Chemist Nr. 20, S. 25 (1950).
[3] H. WAGNER u. H. SCHIRMER: Zit. S. 1535, Fußnote 2.

VZ zwischen 100 und 200: Harzester, Kolophonium-Maleinsäure-(KM)-Harze, modifizierte Phenol-Harze.

VZ über 200: Celluloseester, Polyvinylester, Polyacrylester, Alkyd-Harze.

Storch-Morawski-Reaktion (s. S. 1061). Nach G. ZEIDLER und H. SCHUSTER[1] beobachtet man bei Kunstharzen folgende Färbungen:

Alkyd-Harze meist farblos; KM-Harz erst rot, dann violett, dann braun; Phenol-Harze je nach Type farblos, gelblich bis gelb, rosa (vorübergehend), bräunlich, eventuell schwach violett, aber niemals charakteristisch; Harnstoff-Harze farblos; Melamin-Harze farblos; Polyamid-Harze farblos; Cumaron-Harze rosarot, je nach Konzentration; Keton-Harze rosa bis dunkelbordeauxrot, je nach Konzentration, charakteristisch; Aldehyd-Harze rotbraun; Sulfonamid-Harze stark rotbraun; Polystyrole farblos; Polyvinylacetale dunkelgelb bis braun; Polyvinylacetate blau-blaugrün, nur in konz. Lösung, beim Abkühlen verschwindend; Polyvinyläther blau bis blau- bzw. schwarzgrün, auch in der Kälte; sonstige Polyvinylharze, ferner Cellulose-Derivate, Chlorkautschuk, Polyisobutylene farblos.

Über die Anwendung der an sich wenig spezifischen STORCH-MORAWSKI-Reaktion auf synthetische Harze, Naturharze und Weichmacher siehe auch P. COLOMB[2].

Trockene Destillation. Beim Erhitzen von kleinen Mengen Harz im Reagensglas werden Polystyrole, Polyacryl- und Polymethacrylester in die monomeren Produkte umgewandelt. Thioplaste liefern bei der trockenen Destillation Schwefelwasserstoff, der in üblicher Weise erkannt wird. Eine Wiederholung der Probe unter Einhängen von Kurkuma-, Lackmus- und Kongopapier kann zu folgenden Färbungen führen: Braunfärbung von Kurkumapapier: Harnstoff-Harze, Polyamid- und Urethan-Harze; Rotfärbung von Lackmus: Polyvinylchloride, Polyvinylester, Celluloseester; Blaufärbung von Kongopapier: Polyvinylchlorid, Chlorkautschuk.

Carbonat-Schmelze. Beim Schmelzen von Harzen mit Natrium- oder Kaliumcarbonat werden die bei der Zersetzung entstehenden Säuren gebunden. Somit kann eine bessere Identifizierung des Geruches erfolgen.

Eine kleine Menge Harz wird mit dem Carbonat (wasserfrei) im Reagensglas erhitzt, wobei man Geruch, Rauch, Flüchtigkeit und die Zersetzungstendenz beobachtet.

Prüfung auf Nitrocellulose[3]. Nitrolackfilme und Nitrocellulose werden am schnellsten mit Hilfe von Diphenylamin-Schwefelsäure nachgewiesen.

Betupft man einen Nitrolackfilm mit 1 bis 2 Tropfen Diphenylamin-Schwefelsäure-Lösung (einige Kristalle Diphenylamin in 0,5 ml 90%iger Schwefelsäure gelöst), so tritt eine intensiv blaue Färbung auf, die bei Zusatz von Wasser zerstört wird. Diese Probe kann auch an Fertigobjekten, ohne daß der Film beschädigt wird, durchgeführt werden.

Prüfung auf Phthalsäure. a) *Fluorescein-Probe[4].* Eine geringe Menge der zu prüfenden Substanz wird zusammen mit Resorcin im Reagensglas bis zur Dunkelfärbung erhitzt und nach dem Erkalten mit 25%iger Natronlauge aufgenommen. Auftretende gelbgrüne Fluorescenz (Fluorescein) deutet auf Vorliegen von Phthalsäure.

b) *Thymolphthalein-Probe[5].* Die Substanz wird mit der dreifachen Menge Thymol in Anwesenheit von 5 Tropfen konz. Schwefelsäure 10 Min. auf 120 bis 130° erhitzt. Nach Erkalten wird die Masse mit 5 bis 10 ml Alkohol aufgenommen und mit verd. Natronlauge alkalisch gemacht. Bei Anwesenheit von Phthalsäure tritt eine tiefblaue Färbung ein.

c) *Phenolphthalein-Probe[6].* 1 g der zu untersuchenden Substanz wird mit 5 ml alkohol. Kalilauge (0,1 n) übergossen und etwa $^1/_4$ Std. im siedenden Wasserbad erhitzt. Bei Gegen-

[1] G. ZEIDLER: Laboratoriumsbuch für die Lack- und Anstrichmittel-Industrie. Düsseldorf: W. Knapp 1957; M. MORITZ, F. DUPNY u. H. RABATÉ: Peintures, Pigments, Vernis **30**, 358 (1954).

[2] P. COLOMB: Lack- u. Farben-Chem. (Däniken) **3**, 89, 107, 177 (1949).

[3] R. G. ROBERTS: Kunststoffe **39**, 124 (1949).

[4] E. STORFER: Farben-Ztg. **42**, 483 (1937).

[5] W. TOELDTE: Farben-Ztg. **45**, 67 (1940).

[6] O. KOHN: Ber. dtsch. chem. Ges. **17**, 358 (1884).

wart von Phthalsäure scheidet sich Kaliumphthalat aus, das an seiner charakteristischen Kristallgestalt erkannt werden kann. Sicherheitshalber saugt man die Kristalle ab und wäscht sie 1- bis 2mal mit wenig absol. Alkohol nach. Diese bringt man nun in ein Reagensglas, fügt etwa die gleiche Menge Phenol sowie 1 bis 2 Tropfen konz. Schwefelsäure hinzu und erhitzt etwa 20 Sek. über einer kleinen Flamme, verdünnt mit Wasser und macht mit verd. Natronlauge alkalisch. Bei Gegenwart von Phthalsäure färbt sich die Lösung rot.

Prüfung auf Phenol. 1. *p-Nitranilin-Probe*[1]. Eine Probe des Harzes wird mit Ätzkali im Tiegel geschmolzen, die Schmelze in heißem Wasser gelöst und die Lösung mit Schwefelsäure angesäuert. Darauf treibt man das Phenol mit Wasserdampf in eine Vorlage. Die abdestillierte Lösung wird alkalisch gemacht, abgekühlt und mit diazotiertem p-Nitranilin gekuppelt. Die Anwesenheit von Phenol erzeugt eine rote Färbung oder einen roten Niederschlag.

2. *Echtrotsalz-3GL-Probe*[2] (haltbare Diazo-Verbindung mit 2-Nitro-4-chlor-anilin). Eine Harzprobe wird mit alkohol. Kalilauge auf dem siedenden Wasserbad bis zur Trockne eingedampft. Diese Operation wird noch einmal wiederholt, der Niederschlag mit Kalilauge aufgenommen und nach dem Abkühlen und Filtrieren mit *Echtrotsalz-3GL*-Lösung versetzt. Die Anwesenheit des Phenols zeigt sich durch Rotfärbung an (0,5 g *Echtrotsalz 3GL* werden mit 5 ml Wasser und 1 ml 4 n Salzsäure in Lösung gebracht).

3. MILLON*sche Probe*[3]. Eine kleine Menge Substanz wird mit dem MILLONschen Reagens zusammengebracht und 2 Min. gekocht. Eine rote Farbe gilt als Nachweis für Phenole (MILLONsches Reagens: 10 g Hg in 10 ml konz. HNO_3 lösen, mit 20 ml Wasser verdünnen und filtrieren).

Prüfung auf Harnstoff[4]. Das Harz wird mit der 10fachen Menge Anilin erhitzt, wobei Ammoniak entweicht und sich beim langsamen Abkühlen Diphenylharnstoff vom Schmp. 239° C abscheidet.

Carbonsäureester-Nachweis[5]. Eine kleine Menge Substanz wird mit 1 ml 6%iger alkohol. Natrium- oder Kaliumhydroxyd-Lösung und 1 Tropfen einer gesättigten alkohol. Lösung von Hydroxylaminhydrochlorid versetzt. Nach 5 Min. erhitzt man die Probe 30 Sek. zum Sieden und gibt 1 Tropfen $FeCl_3$-Lösung zu. Nun säuert man mit 10%iger HCl an und beobachtet die entstandene Farbe. Eine intensiv violette Färbung deutet auf Anwesenheit von organischen Estern hin.

Formaldehyd-Probe[6]. Die Substanz wird mit 2 ml einer 72%igen Schwefelsäure und wenigen Kristallen von Chromotropsäure versetzt und 10 Min. auf 60 bis 70° erhitzt. Gleichzeitig wird ein Blindversuch durchgeführt. Eine stark violette Farbe deutet auf Formaldehyd. Die Farbe soll erst nach 1stündigem Stehen bei Zimmertemperatur beobachtet werden.

Xanthoprotein-Reaktion[6]. Ein kleines Stück Harz wird mit konz. Salpetersäure 1 Min. erhitzt, abgekühlt und mit Ammoniak im Überschuß versetzt. In Gegenwart von Phenylgruppen wird die Salpetersäure gelb, und die Farbe schlägt bei Zugabe von Ammoniak in Orange um.

Nachweis von Aldehyden in Acetalen[6]. Man erhitzt kleine Harzproben mit 1 ml einer Lösung von Azobenzolphenylhydrazin-sulfonsäure (0,01 g Sulfonsäure in 100 ml dest. Wasser) und 0,4 ml H_2SO_4 auf einem Dampfbad (2 bis 3 Min.). Nach Abkühlen gibt man wenige Tropfen Methanol hinzu und unterschichtet mit Chloroform. Nun säuert man an und schüttelt gut durch. Bei Gegenwart von Aldehyden färbt sich die Chloroform-Schicht rot bis purpurrot.

Essigsäure und Acetate[7]. 1 bis 3 ml der auf Essigsäure zu prüfenden Lösung werden nacheinander mit 1 ml Lanthannitrat-Lösung (5%ig), 1 ml 0,2 n Jodlösung und einigen Tropfen Ammoniak versetzt und langsam bis zum Sieden erwärmt. Bei Gegenwart größerer Acetatmengen tritt bereits in der Kälte eine Blaufärbung auf, kleinere Acetatmengen geben diese Reaktion erst nach dem Erhitzen.

[1] E. RIEGLER: Bul. Soc. sciinte Bucureski **8**, 51 (1899).

[2] C. P. A. KAPPELMEIER: Farben-Ztg. **42**, 561 (1937).

[3] E. MILLON: C. R. hebd. Séances Acad. Sci. **27**, 40 (1899).

[4] C. P. A. KAPPELMEIER: Farben-Ztg. **42**, 561 (1937).

[5] R. E. BUCKLES u. C. J. THELEN: Analytic. Chem. **22**, 676 (1950).

[6] H. A. GARDNER u. G. G. SWARD: Physical and Chemical Examination, Paints, Varnishes, Lacquers and Colors, S. 481. Bethesda/Maryland: Selbstverlag 1946.

[7] D. KRÜGER u. E. TSCHIRCH: Ber. dtsch. chem. Ges. **62**, 2776 (1929).

Von den anorganischen Ionen sind Nitrate, Chloride, Bromide und Jodide ohne wesentlichen Einfluß auf die Jod-Lanthanacetat-Reaktion, wenngleich natürlich die Intensität der Blaufärbung geschwächt wird. Um bei Gegenwart noch größerer Mengen dieser Salze die Acetat-Ionen einwandfrei nachweisen zu können, bedient man sich vorteilhaft der Alkohol-Trennung. Diese beruht auf der relativ leichten Löslichkeit des Natriumacetats in absol. Alkohol. Man zieht den zur Trockne eingedampften Salzrückstand mit absol. Alkohol aus, filtriert, verjagt den Alkohol auf dem Wasserbad, löst den Rückstand in einigen ml H_2O auf und prüft die Lösung in der oben angegebenen Weise.

Ein die Jod-Lanthanacetat-Reaktion stark störendes anorganisches Ion ist das Sulfat-Ion. Schon die Gegenwart verhältnismäßig kleiner Sulfatmengen verhindert das Eintreten der Blaufärbung völlig. Auch stören Anionen, die mit Lanthan schwerlösliche Salze bilden (z. B. Phosphate), oder Kationen, die mit Ammoniak Fällungen geben. Sulfate und Phosphate kann man durch Bariumnitrat ausfällen und das Acetat nach der Jod-Lanthanacetat-Methode nachweisen.

Oxalate und Formiate kann man durch Oxydation mit Bromwasser in der Hitze entfernen. Nach Verjagen des Broms nimmt man in der nun farblosen Flüssigkeit die Jod-Lanthanacetat-Reaktion vor.

Bei Gegenwart von Tartraten, Citraten und anderen nichtflüchtigen Verbindungen greift man zweckmäßig zur Destillation. Die mit verd. Schwefelsäure leicht austreibbare Essigsäure kann dann im Destillat, wie oben beschrieben, nachgewiesen werden. Stark störend wirken ferner die Homologen der Essigsäure. Propionat reagiert mit Lanthan und Jod in ähnlicher Weise wie Acetat. Die Gegenwart von Butyrat und Valerianat läßt die Jod-Lanthanacetat-Reaktion völlig versagen.

III. Untersuchung einzelner Harze

Acetaldehyd-Harze sind neutral und unverseifbar. Beim Erhitzen tritt ein zimtartiger Geruch auf, der später stechend wird. Die STORCH-MORAWSKI-Reaktion liefert eine braune bis rotbraune Färbung, die nur wenig charakteristisch ist.

Keton-Harze. Neutral und unverseifbar. STORCH-MORAWSKI-Reaktion dunkel → bordeauxrot → rosa. Die Färbung ist beständig und charakteristisch, doch ist zu beachten, daß auch Holzöl ähnliche Farbtönungen von relativ langer Dauer gibt. Die Anwesenheit von Cyclohexanon kann mit Diphenylamin in Schwefelsäure nachgewiesen werden (rote bis violette Farbe).

Harnstoff-Harze. Harnstoff-Nachweis positiv. Zersetzungsprobe macht Ammoniak und Formaldehyd frei. Auch Kochen mit Natronlauge bzw. Erhitzen mit Natronkalk[1] erzeugt Ammoniak. Beim Kochen mit 20%iger Schwefelsäure bildet sich Formaldehyd, der mit Wasserdampf abdestilliert und dann nachgewiesen werden kann[2]. Fluorescenz-Probe bläulich-weiß. Brennen in der BUNSEN-Flamme nur schwer, wobei Formaldehyd-Geruch wahrzunehmen ist. G. WIDMER[3] verseift das Harz mit Essigsäure und versetzt die klar filtrierte Lösung mit Xanthydrol-Lösung. Nach Eindampfen zur Trockne wird der Rückstand mit wenig Pyridin unter Erwärmen gelöst. Bei Anwesenheit von Harnstoff bildet sich ein kristalliner Niederschlag von Harnstoff-dixanthat, der im Mikroskop leicht identifiziert werden kann.

Für die Betriebsuntersuchung kommt, namentlich bei den zahlreichen, Lösungsmittel enthaltenden Handelssorten, vor allem die Bestimmung des Körpergehaltes in Frage:

2 g werden in einer flachen Schale (PETRI-Schale vom Durchmesser 9 cm) bei 100° bis zur Gewichtskonstanz getrocknet. Gegebenenfalls muß man durch Zugabe eines geeigneten Lösungsmittels dafür sorgen, daß sich die Substanz durch Umschwenken der PETRI-Schale gleichmäßig auf dem Boden in dünner Schicht verteilt.

---

[1] F. PETKE: Off. Digest Federat. Paint Varnish Product. Clubs **1952**, 731.
[2] L. METZ: Kunststoffe **27**, 269 (1937).
[3] G. WIDMER: Textil-Rdsch. [St. Gallen] **4**, 279 (1949).

Ferner ist das Verhalten gegen Lösungs- und Verschnittmittel bzw. Lösungsmittel-Gemische sowie das Verhalten bei Ofen- und Säurehärtung zu prüfen.

Zur genaueren Kennzeichnung kann auch der Stickstoff-Gehalt nach KJELDAHL (s. S. 377 ff.) sowie der Gehalt an Formaldehyd, Harnstoff und Butanol nach einer der nachstehenden Methoden bestimmt werden.

Bestimmung von Harnstoff-Harzen nach M. H. SWANN und G. ESPOSITO[1]. Zu einer in einem Schliffkolben eingewogenen Menge einer Harz-Lösung, die 0,2 bis 0,4 g nichtflüchtige Anteile enthält, werden 25 ml einer 14%igen KOH-Lösung in Äthylenglykol zugegeben. Ein Luftstrom wird durch den Kolben und anschließend durch eine mit 100 ml 0,1 n Schwefelsäure gefüllte Waschflasche geleitet. Nach dem Erhitzen des Kolbeninhalts zum Sieden wird eine Stunde lang Luft durchgeblasen. Zum Schluß wird die vorgelegte 0,1 n Schwefelsäure mit 0,1 n NaOH gegen Methylrot zurücktitriert. Parallel dazu wird ein Blindversuch durchgeführt.

Berechnung:

$a =$ verbrauchte ml NaOH im Blindversuch,
$b =$ verbrauchte ml NaOH im Hauptversuch,
$E =$ Einwaage in g.

$$\% \text{ Harnstoff-Harz} = \frac{6{,}58\,(a-b)\cdot F}{E}$$

oder

$$\% \text{ Stickstoff} = \frac{1{,}401\,(a-b)\cdot F}{E}$$

Formaldehyd-Gehalt[2]. 1. In einen mit Tropftrichter versehenen Destillierkolben werden zu 1 g des Harzes 50 ml 55%ige Phosphorsäure gegeben. Man destilliert nun durch einen Kühler in eine Vorlage, die mit 50 ml 0,5 n Natronlauge und 60 ml 3%igem Wasserstoffperoxyd beschickt ist. Während der Destillation läßt man aus dem Tropftrichter Wasser zutropfen, um das Volumen der Lösung im Kolben unverändert zu lassen. Nachdem 200 ml überdestilliert sind, erhitzt man die Vorlage am Rückflußkühler etwa $^1/_2$ Std. und titriert nach Abkühlen mit 0,5 n Salzsäure zurück (Methylrot oder Methylorange als Indicator).

Weiter titriert man eine Mischung von 50 ml 0,5 n Natronlauge und 60 ml des verwendeten Wasserstoffperoxyds.

Hat man zu dieser Titration a ml 0,5 n Salzsäure und beim Hauptversuch b ml zum Zurücktitrieren verbraucht, so ist der Gehalt an Formaldehyd (bei Einwaage von genau 1 g):

$$1{,}5\,(a-b)\,\%.$$

2. G. COPPA-ZUCCARI[3] spaltet das Kondensat mit 8%iger Natronlauge und oxydiert den Aldehyd mit 30%igem Wasserstoffperoxyd zu Ameisensäure. 1 g Harz wird in 100 ml Wasser, 10 ml Natronlauge (18%ig) und 40 ml 30%igem Wasserstoffperoxyd gelöst und 15 Min. stehengelassen, dann 1 Std. auf dem kochenden Wasserbad erhitzt, um die vollständige Zersetzung des Harzes zu erreichen. Nun wird mit 20%iger Schwefelsäure angesäuert und mit Wasserdampf so lange destilliert, bis 600 ml Destillat übergegangen sind. Ein aliquoter Teil des Destillats wird mit 0,5 n Natronlauge titriert. Der Verbrauch an 0,5 n Natronlauge, multipliziert mit 0,015, ergibt den Formaldehyd-Gehalt.

3. J. BOUGAULT und J. LEBOUCQ[4] bestimmen den Formaldehyd-Gehalt mit NESSLER-Lösung, jedoch nur bei Harzen, die ammoniakfrei sind.

Man löst 1 g Substanz mit einigen ml Wasser und setzt 35 ml NESSLER-Lösung (13,55 g Quecksilberchlorid $+$ 36 g Kaliumjodid $+$ 500 ml Wasser) zu. Nach Zugabe von 20 ml Natriumhydroxyd-Lösung wird auf dem Wasserbad 10 Min. erwärmt. Nach dem Abkühlen neutralisiert man mit Salzsäure und versetzt mit 200 ml 0,1 n Jod-Lösung. Der Überschuß an Jod wird in üblicher Weise mit 0,1 n Thiosulfat-Lösung zurücktitriert.

Harnstoff-Bestimmung. Die Harnstoff-Bestimmung[5] geschieht mit einer Probe von 0,5 g. Diese wird mit 15 ml Benzylamin 8 bis 16 Std. erhitzt. Dabei tritt Ammonolyse ein, wobei

[1] M. H. SWANN u. G. G. ESPOSITO: Analytic. Chem. **28**, 1984 (1956).
[2] J. J. LEVERSON: Ind. Engng. Chem., analyt. Edit. **12**, 332 (1940).
[3] G. COPPA-ZUCCARI: Ind. Plastiques **4**, 183 (1948).
[4] J. BOUGAULT u. J. LEBOUCQ: J. Pharmac. Chim. (8) **17**, 193 (1933).
[5] C. P. A. KAPPELMEIER: Paint Technol. **11**, Nr. 121 (1946); C. P. A. KAPPELMEIER u. J. MOSTERT: Verfkroniek **29**, 40 (1956); G. WIDMER: Kunststoffe **46**, 359 (1956); P. P. GRAND: Paint, Oil chem. Rev. **115**, 20 (1952).

schließlich Dibenzylharnstoff entsteht. Beim Ansäuern fällt dieser quantitativ aus und muß nach dem Abfiltrieren und Trocknen nur noch gewogen werden. Die Methode ist für flüssige und feste Harze verwendbar.

Butanol-Gehalt. In einen etwa 500 ml fassenden Kolben wird 1 g des Harzes eingewogen und etwa 1 g m-Phenylendiamin und 50 ml 55%iger Phosphorsäure sowie einige Siedesteinchen zugegeben. Man erhitzt nun 1 Std. zum Sieden an einem mit Dampfverschluß versehenen Rückflußkühler. Kühler und Verschluß werden dann ausgespült und das Spülwasser in den Kolben gegeben, dessen Inhalt mit Wasser auf 350 ml gebracht wird. Nun werden 200 ml in einen KJELDAHL-Kolben abdestilliert. Nach beendeter Destillation werden auf den KJELDAHL-Kolben ein Tropftrichter und ein Rückflußkühler aufgesetzt und durch diesen 100 ml einer Lösung von 100 g Kaliumdichromat in 900 ml konz. Schwefelsäure zugesetzt. Nun wärmt man den Inhalt des KJELDAHL-Kolbens $^{1}/_{2}$ Std. mäßig an und erhitzt dann $^{3}/_{4}$ Std. zum Sieden.

Alsdann destilliert man unter Vorlage einiger ml Wasser ab, bis der Kolbeninhalt 400 ml beträgt, und dann weiter unter Ersatz der verdampften Wassermenge mit Hilfe des Tropftrichters. Nach Überdestillieren von 900 ml titriert man das Destillat mit 0,5 n Natronlauge (Phenolphthalein als Indicator).

Nach erfolgter Titration gibt man noch einige ml 0,5 n Lauge und Bariumchlorid-Lösung hinzu. Das ausfallende Bariumcarbonat wird abfiltriert (am besten im GOOCH-Tiegel oder einem Glasfiltertiegel für feine Niederschläge), mit Wasser ausgewaschen und in einem abgemessenen Volumen 0,5 n Salzsäure aufgelöst. Nach Wegkochen des Kohlendioxyds titriert man mit 0,5 n Lauge zurück.

Ist die Differenz zwischen 0,5 n Säure und Lauge bei dieser Titration $= a$ ml und sind zur Titration des Destillates b ml 0,5 n Lauge verbraucht worden, so beträgt der Gehalt an Butanol bei Anwendung von genau 1 g Substanz: $3{,}7\,(b - a)$ %.

Thioharnstoff-Harze. Thioharnstoff-Harze ergeben beim Kochen mit Anilin unter Abspaltung von Ammoniak Diphenylthioharnstoff und andererseits unter Abspaltung von Schwefelwasserstoff Triphenylguanidin. Darauf beruht folgende Probe nach KAPPELMEIER[1]:

Das zu prüfende Harz kocht man — wie bei der Anilin-Probe angegeben — 2 Std. unter Rückfluß mit der zehnfachen Menge Anilin. Es entweicht neben Ammoniak Schwefelwasserstoff, die zusammen im Kühlerhals einen Niederschlag von Ammoniumsulfid ergeben. Dieser Nachweis ist bereits als charakteristisch anzusehen. Nach dem Abkühlen der Reaktionsmischung kristallisiert meist der Diphenylthioharnstoff aus und kann nach Umkristallisieren durch seinen Schmp. (153°) nachgewiesen werden. Gelingt die Kristallisation nicht, dann gibt man einen Überschuß von Salzsäure hinzu und schüttelt das Ganze mit Äther aus. Aus der ätherischen Lösung läßt sich dann der Diphenylthioharnstoff leichter isolieren. Aus der salzsauren Lösung kann man durch Behandeln mit Alkali und Aufnehmen in Äther die freie Base Triphenylguanidin gewinnen und durch den Schmp. (144°) kennzeichnen.

Nach E. STORFER[2] wird die Thioharnstoff enthaltende Lösung sorgfältig neutralisiert und mit Kupfer(I)-chlorid 2 bis 3 Min. gekocht. Ein Tropfen der klaren Lösung, auf ein mit kaltgesättigter Kaliumhexacyanoferrat(III)-Lösung getränktes Tüpfelpapier gebracht, erzeugt eine violette bis blaue Färbung, die eindeutig zu erkennen ist.

Zur genauen Bestimmung des Thioharnstoffes wird das Harz mit kochender Salpetersäure oxydiert und die entstandenen SO_4-Ionen mit Bariumchlorid gefällt.

Nach Z. BRADA[3] kann man Thioharnstoff titrimetrisch bestimmen. Die Thioharnstoff-Lösung wird mit konz. Salpetersäure und 1 ml 1%iger Wismutnitrat-Lösung versetzt und dann mit 0,1 mol. Kupfersulfat-Lösung titriert. Thioharnstoff bildet mit Bi^{3+} einen gelblichen Komplex, der durch das Kupfersulfat zu einem farblosen Kupferkomplex umgesetzt wird.

Melamin-Harze. Etwa 3 g des Harzes werden nach KAPPELMEIER[1] unter Zusatz von 50 ml 45%iger Phosphorsäure am LIEBIG-Kühler destilliert. Das während der Destillation verdampfende Wasser muß laufend durch einen Tropftrichter ergänzt werden, so daß sich im Kolben immer ungefähr 50 ml befinden. In das Destillat geht Formaldehyd über. Nachweis s. S. 1539 u. 1541. Um eine vollständige Zersetzung des Melamin-Harzes zu erreichen, soll 8 Std. destilliert werden! Nach Abkühlen findet man dann im Destillierkolben meist eine reichliche Menge Kristalle von Cyanursäure. Beim Erhitzen einer kleinen Probe derselben

---

[1] C. P. A. KAPPELMEIER: Lack- u. Farben-Chem. **3**, 56 (1949).
[2] E. STORFER: Mikrochim. Acta **1**, 260 (1937).
[3] Z. BRADA: Analytica chim. Acta (Amsterdam) **3**, 53 (1949).

entsteht Cyansäure, die am charakteristischen Geruch erkennbar ist. Aber schon die langen glänzenden Nadeln der kristallisierten Cyanursäure sind charakteristisch und ebenfalls die Tatsache, daß beim Trocknen dieser Kristallnadeln im Vakuumexsiccator oder bei 100° durch Verdunsten des Kristallwassers der Glanz verlorengeht.

Nach Candlin[1] wird das Harz mit Säuren hydrolysiert, der Formaldehyd oxydiert und das Melamin als Pikrat gefällt (Schmp. 312 bis 315°). G. Widmer[2] benützt ebenfalls das Pikrat zum Nachweis des Melamins, nur daß er das Harz mit 80%iger Essigsäure hydrolysiert.

Die quantitative Bestimmung des Formaldehyds wird in der gleichen Weise wie bei Harnstoff-Formaldehyd-Harzen durchgeführt.

Hirt und Mitarbeiter[3] benützten zum Nachweis von Melamin die starke Absorption desselben bei 235 mμ. Das Harz wird mit 0,1 n Salzsäure hydrolysiert und das Melamin spektrographisch nachgewiesen. Nach Widmer[4] wird die Substanz nach Verseifung mit 80%iger Essigsäure zur Trockne eingedampft, mit wenig Aluminiumgrieß vermischt und in einem Glühröhrchen im Vakuum auf etwa 300° erhitzt. An den kälteren Teilen des Röhrchens scheidet sich Melamin ab. Durch Lösen des Sublimats in wenig Wasser können im Mikroskop die charakteristischen Melamin-Kristalle nachgewiesen werden.

Beim Erhitzen von Melamin mit Natronkalk bildet sich Ammoniak, das leicht wahrzunehmen ist[5].

Gemische von Harnstoff- und Melamin-Harzen. Quantitativ wird Harnstoff durch 12stündiges Erhitzen der Probe mit Benzylamin in Diphenylharnstoff übergeführt[6]. Melamin wird durch Ammonolyse in Freiheit gesetzt und dann als Pikrat bestimmt.

Mischungen von Alkyd-Harzen, Melamin-, Formaldehyd- und Harnstoff-Harzen werden schnell mit Hilfe der Infrarot-Analyse durch die charakteristischen Banden für Alkyd-Harze bei 5,8 μ, Harnstoff-Formaldehyd-Harze bei 6,1 μ und Melamin-Formaldehyd-Harze bei 12,25 μ charakterisiert[7].

Sulfonamid-Harze. Qualitativ werden diese ähnlich wie die Harnstoff-Harze nachgewiesen. Schwefelprobe positiv. D = 1,31 bis 1,36; n_D = 1,56 bis 1,60.

Man löst nach Kappelmeier das zu prüfende Harz in Benzol — mitunter bewährt sich auch eine Mischung aus gleichen Teilen Benzol und Butanol — und schüttelt die Lösung längere Zeit bei Zimmertemperatur mit 4 n Kalilauge. So wird bis auf einen kleinen Rest das ganze Sulfonamid-Harz durch die Lauge aus der Benzol-Lösung aufgenommen. Man trennt die beiden Schichten. In der Benzol-Schicht kann gegebenenfalls nach dem Verdunsten des Lösungsmittels die Prüfung auf Harnstoff-Harze nach der Anilin-Probe (s. S. 1539) durchgeführt werden. Die alkalische Schicht wird mit 4 n Salzsäure vorsichtig angesäuert, wobei Toluolsulfonamid ausfällt. Es kann aus Wasser umkristallisiert und durch seinen Schmp. (137°) charakterisiert werden.

Bei Harzen aus reinem Toluolsulfonamid stimmt der Schmelzpunkt ohne weiteres. Bei Kombinationen von o- und p-Verbindungen entstehen Schwierigkeiten. Man kann diese aber meistens in der Weise umgehen, daß man aus der alkalischen Lösung das Sulfonamid fraktioniert ausfällt und die verschiedenen Fraktionen gesondert prüft. In der Regel erhält man unschwer eine aus reinem p-Sulfonamid bestehende Substanz. Übrigens läßt sich auch das Gemenge aus o- und p-Verbindung leicht mit Sicherheit als solches durch verschiedene charakteristische Merkmale identifizieren, z. B. Löslichkeit in verd. Lauge sowie positive Reaktion auf Stickstoff und Schwefel.

Polyamid-Harze. D = 1,05 bis 1,18; n_D^{20} = 1,53; Fluorescenz-Probe: leuchtend bläulichweiß bis stark blau und violett, je nach Marke und Fabrikat. In der Flamme brennt das Harz mit leuchtender Flamme, wobei die Polyamide schmelzen und nach unten tropfen. Es tritt der Geruch nach verbrannten Haaren auf. Eine Depolymerisation findet nicht statt.

[1] E. J. Candlin: J. Soc. Dyers Colourists **63**, 144 (1947).
[2] G. Widmer: Kunststoffe **29**, 278 (1930).
[3] R. C. Hirt, F. T. King u. R. G. Schmitt: Analytic. Chem. **26**, 1273 (1954).
[4] G. Widmer: Textil-Rdsch. [St. Gallen] **4**, 279 (1949).
[5] F. Petke: Off. Digest Federat. Paint Varnish Product. Clubs **1952**, 731.
[6] G. Widmer: Kunststoffe **46**, 359 (1956); C. P. A. Kappelmeier u. J. Mostert: Verfkroniek **21**, 40 (1956).
[7] C. D. Miller u. O. W. Shreve: Analytic. Chem. **28**, 200 (1956).

Zur Identifizierung der einzelnen Polyamide können nach R. ALLION und
H. LENORMANT[1] die Infrarot-Absorptionsspektren dienen (s. S. 765 ff.). Außerdem können leicht Hexamethylendiamin und Adipinsäure nachgewiesen werden.

Da sich nach einem Hinweis von BANDEL die Polyamide in der Hitze durch verd. Mineralsäuren hydrolytisch zersetzen, führt man folgenden Nachweis durch:
Ungefähr 5 g Polyamid-Harz[2] werden mit 50 ml 20%iger Salzsäure 4 Std. unter Rückfluß gekocht. Das Harz löst sich dabei vollständig auf. Die dunkelbraun gewordene Flüssigkeit wird mit etwas Bleicherde oder Aktivkohle gekocht und filtriert. Nach dem Abkühlen
wird das Filtrat längere Zeit mit Äther geschüttelt. Die gebildete Adipinsäure geht dabei
vollständig in den Äther über und wird nach dem Umkristallisieren aus heißem Wasser
durch den Schmp. identifiziert (151°). Die salzsaure Flüssigkeit wird auf dem Wasserbad eingedampft. Der braune sirupöse Rückstand wird in heißem Alkohol gelöst und die Flüssigkeit mit Aktivkohle entfärbt und filtriert. Nach dem Abkühlen scheidet sich aus dem Filtrat
das gut kristallisierende Dichlorhydrat des Hexamethylendiamins aus. Kennzeichnung
durch den Schmp. (248°) und durch den Chlorgehalt (37,56%).

Urethan-Harze. Während Polyamide von konz. Salzsäure gelöst werden,
sind Polyurethane unlöslich. Außerdem sind sie in solchen Lösungsmitteln, die
für Polyamide in Frage kommen, unlöslich. 73%ige Schwefelsäure löst sowohl
Polyamide als auch Polyurethane.

Charakteristisch für DD-Lacke ist ihr Verhalten bei hoher Einbrenn-Temperatur (360°; zunächst Erweichen und dann wieder Erhärtung), ebenso die vorzügliche Lötbarkeit von mit DD-Lacken überzogenen Drähten[3].

Urethan-Harze geben mit Anilin oder Benzylamin die gleichen Reaktionen
wie Harnstoff-Harze. Sie unterscheiden sich aber von letzteren durch die Bildung
von Kaliumcarbonat bei der Verseifung mit alkohol. Kalilauge.

Urethanöle geben, wie Harnstoff-Formaldehyd-Harze, bei der Ammonolyse
mit Anilin symmetrischen Diphenylharnstoff. Außerdem lassen sie sich leicht
zerlegen in Fettsäuren, Polyalkohole und die den verwendeten Isocyanaten zugrunde liegenden Diamine.

So z. B. findet bei mehrstündigem Kochen eines Urethanöles unter Rückfluß mit überschüssigem Methanol, dem vorher 1 bis 2 %konz. Schwefelsäure zugefügt wurde, vollständige Umesterung statt. Nach Ausgießen der Reaktionsflüssigkeit in Wasser lassen sich die
Methylester der Fettsäuren unschwer abtrennen und qualitativ bestimmen (Ausschütteln
mit Äther). Die schwefelsaure Lösung gibt mit Diazo-Verbindungen, z. B. mit *Echtrotsalz 3 GL*,
starke Rotfärbung (Nachweis der aromatischen Aminogruppen).

Phenol-Harze. $D = 1,1$ bis $1,27$; $n_D^{20} = 1,47$ bis $1,7$. Trockne Destillation
ergibt Phenol und Formaldehyd. Fluorescenz nach BANDEL intensiv bläulich-
violett. *Novolake* und *Resole* lösen sich in wäßrigen Alkalien.

Zum Nachweis, ob das Harz durch saure oder basische Kondensationsmittel
entstanden ist, wird nach J. SCHEIBER und F. SEEBACH[4] geprüft. Die Anwesenheit von Isomeren des Dioxydiphenylmethans deutet auf die oben erwähnten
Kondensationen. Das Auftreten der p,p'-Verbindung deutet auf saure Kondensation. Das Auftreten von o,p-Verbindungen beweist, daß ein alkalisches Kondensationsmittel verwendet wurde.

Zum Nachweis kleiner Mengen ätherbrückenhaltiger Phenol-Harze verwendet
R. KRETZ[5] die Chinonmethid- bzw. Eisenchlorid-Reaktion.

Die Substanz wird in wenig Benzol gelöst und die Lösung mit Chlorwasserstoff gesättigt.
Nach dem Abfiltrieren und Abdampfen der Lösung im Vakuum wird der Rückstand in Äther

---

[1] R. ALLION u. H. LENORMANT: C. R. hebd. Séances Acad. Sci. **224**, 904 (1947).
[2] C. P. A. KAPPELMEIER u. W. R. VAN GOOR: Verfkroniek **17**, 36 (1949).
[3] R. J. SCHEER: Farbe u. Lack **59**, 54 (1953).
[4] J. SCHEIBER u. F. SEEBACH: Angew. Chem. **50**, 278 (1937).
[5] R. KRETZ: Fette · Seifen · Anstrichmittel **57**, 95 (1955).

aufgenommen. Mit Natronlauge gibt die Äther-Lösung vorübergehend eine hellgelbe Farbreaktion (Chinonmethid-Reaktion).

Wird die Äther-Lösung mit Aceton und dann mit Wasser versetzt, so tritt bei 64° völlige Hydrolyse ein. Nach dem Abkühlen versetzt man mit Alkohol und Eisenchlorid-Lösung. Die Anwesenheit von ätherbrückenhaltigen Phenol-Harzen zeigt sich durch Auftreten einer blauen bis grünblauen Farbe.

Lacktechnisch wichtig ist die Prüfung auf Öllöslichkeit — soweit es sich um dafür geeignete Sorten handelt — und die Prüfung auf Lichtbeständigkeit. Die erstere Eigenschaft prüft man durch Probeansätze mit einem für Fußboden- oder Schleiflacke geeigneten Harz-Öl-Verhältnis 1 : 1, wenn nicht (Alkylphenol-Harze) andere Öl-Harz-Verhältnisse vorgeschrieben sind. Gelatinierung der Verkochung und Unlöslichkeit der Öl-Harz-Verkochung in Testbenzin dürfen dabei nicht eintreten.

Die Lichtbeständigkeit von Phenol-Harzen, besonders der säurehärtenden, wird am sichersten durch Bewitterungsversuch mit Lacken, die mit Titandioxyd pigmentiert sind, geprüft. Es gibt Harze, die schon nach einigen Wochen den der Sonnenbestrahlung ausgesetzten Versuchsanstrich von Weiß bis zu Dunkelbraun verändern.

Von Bedeutung ist die Bestimmung des freien Phenols. Die Isolierung kann durch Wasserdampf-Destillation oder Ausschütteln mit Alkali erreicht werden.

1 bis 10 g Phenol-Harz werden mit der 10- bis 15fachen Menge Sand verrieben und dann mit Wasserdampf behandelt. Es sollen 1 bis 2 l Destillat aufgefangen werden[1]. 50 ml des Destillates versetzt man mit 15 bis 25 ml 0,1 n Bromid-Bromat-Lösung. Nach Zugabe von 15 ml 50%iger Schwefelsäure wird die Lösung gut verschlossen und kräftig geschüttelt. Nach etwa 15 bis 20 Min. setzt man 10 bis 15 ml Kaliumjodid-Lösung hinzu und bestimmt das frei gewordene Jod in üblicher Weise.

Da bei der SCHEIBERschen Methode die Resole weiter härten, extrahiert C. A. REDFARN[2] das Phenol durch Digerieren mit der 15fachen Menge Wasser bei 50°. Nach dem Filtrieren wird der Niederschlag mit kleinen Portionen Wasser gründlich gewaschen. Dem Filtrat setzt man 5 ml Natriumhydrogencarbonat-Lösung und 10 ml 0,03 n Jod-Lösung zu. Nach etwa 10 Min. werden 5 ml 20%iger Kaliumjodid-Lösung zugegeben und das Jod mit Thiosulfat-Lösung titriert. Auf 1 Mol Phenol sind 3 Mol Jod notwendig.

EPPRECHT[3] extrahierte das Phenol im SOXHLET mit Wasser. Auch durch Lösen und Ausfällen des Harzes kann es leicht getrennt werden. 5 g feingepulvertes Harz werden in 200 ml 2%iger Natronlauge gelöst. Durch Zugabe von 200 ml 4%iger Schwefelsäure fällt man das Harz aus, das nun abfiltriert und ausgewaschen werden muß. Diese Operation wird nochmals wiederholt. Die Filtrate und die Waschwässer werden vereinigt, auf p_H 7 gebracht. Phenol wird abdestilliert und nach der Bromid-Bromat-Methode titriert. Schnell wird freies Phenol in Phenol-Formaldehyd-Harzen durch die Absorption im IR bei 14,38 μ nachgewiesen[4].

Unterscheidung von Phenol- und Kresol-Harzen. Die Unterscheidung von Phenol- und Kresol-Harzen wird mit Chromschwefelsäure durchgeführt. Bei dem oxydativen Abbau geben Kresol-Harze Essigsäure, Phenol-Harze dagegen Kohlendioxyd und Wasser.

Alkyd-Harze. D = 1,1 bis 1,4; n_D^{20} = 1,54 bis 1,59. Alkyd-Harze unterscheiden sich, abgesehen von der Art der Fett-Harz-Komponente, durch den Gehalt an Phthalsäure oder deren Isomeren. In den meisten Fällen wird die Feststellung des Phthalsäure-Gehaltes zur Charakterisierung erforderlich sein und ausreichen. Die Fett-Harz-Komponente untersucht man nach erfolgter Verseifung und Ausscheidung des gebildeten Kaliumphthalats nach den Regeln der Öllack-Analyse (s. S. 1625 ff.).

Bestimmung der Phthalsäure nach KAPPELMEIER[5]. Eine abgewogene Menge von 0,5 bis 5 g des zu untersuchenden Stoffes wird in einem ERLENMEYER-Kolben in 5 ml Benzol auf-

---

[1] J. SCHEIBER u. R. BARTHEL: Chemie und Technologie der künstlichen Harze, S. 458. Stuttgart: Wissenschaftl. Verlagsges. 1943.

[2] C. A. REDFARN: Brit. Plastics mould. Products Trader **13**, 139 (1941).

[3] R. HOUWINK: Elastomers and Plastomers, Bd. III, S. 103. New York: Elsevier Publ. Co. 1949.

[4] J. J. SMITH, E. M. Rugg u. H. M. BOWMAN: Analytic. Chem. **24**, 497 (1952).

[5] C. P. A. KAPPELMEIER: Farben-Ztg. **40**, 1141 (1935); **41**, 161 (1936); **42**, 509, 535, 561 (1937).

gelöst und mit 0,5 n alkohol. Kalilauge (absol. Alkohol) verseift. Nach einer Verseifungs-dauer von $1^1/_2$ Std. kühlt man den Kolben ab, spült den Kühler mit einem Gemisch von absol. Alkohol und Äther (3 : 1) sorgfältig nach und fügt noch so viel Äther im Verhältnis zu der ursprünglich gebrauchten alkohol. Lauge hinzu, daß das Lösungsmittel am Ende ungefähr aus 3 Teilen Alkohol und 1 Teil Äther besteht. Das Kristallisat wird abgesaugt (Glasfiltertiegel G4), mit Alkohol-Äther nachgespült und getrocknet. Das Arbeiten muß schnell vor sich gehen, da das Kaliumphthalat sehr hygroskopisch ist.

Das so erhaltene Kaliumsalz enthält 1 Mol Alkohol; 1 mg hiervon entspricht 0,5165 mg Phthalsäureanhydrid. Die gefundenen Ergebnisse weichen selten mehr als 0,1 bis 0,2% von den berechneten Werten ab.

Bei Lackanalysen müssen die Sikkative vorher entfernt werden, weil in der alkalischen Flüssigkeit die Metallhydroxyde ausfallen und mit dem Kaliumphthalat gewogen werden. Von den organischen Stoffen stören nur Tallöle.

Identifizierung des Kaliumphthalats. Das nach oben angegebener Vorschrift isolierte Salz wird nach einer der bereits besprochenen Proben auf Phthalsäure geprüft (s. S. 1538).

Bestimmung der Phthalsäure nach KERCKOW[1]. 10 g Alkydharz werden mit 100 ml 1n alko-hol. KOH unter Zusatz von 15 ml Wasser am Rückfluß verseift, der Alkohol verdampft und der Rückstand in 500 ml Wasser gelöst. Nun werden 110 ml 1 n Schwefelsäure zugesetzt und dreimal mit je 150 ml Benzol ausgeschüttelt. Die vereinigten Benzol-Auszüge werden neutral gewaschen und die Waschwässer der ausgeschüttelten Flüssigkeit zugegeben. Nach Zusatz von Phenolphthalein wird mit 1 n KOH titriert. Werden bis zum Umschlag *a* ml Lauge verbraucht, so ist der Phthalsäure-Gehalt nach folgender Formel auszurechnen:

$$\% \text{ Anhydrid} = (a - 10) \cdot 0,74$$

Eine schnelle Bestimmung des Phthalsäureanhydrids in Alkyd-Harzen kann polaro-graphisch[2] bzw. UV-spektroskopisch[3] durchgeführt werden. Zum Polarographieren wird die Probe verseift und das Kaliumphthalat nach dem Abfiltrieren in Schwefelsäure gelöst. Der Diffusionsstrom wird an einer Hg-Tropfelektrode gemessen. Die Wellenhöhe ist der Konzentration proportional. Die UV-Absorption der Phthalsäure liegt bei 276 mμ. Andere Dicarbonsäuren stören bei der Messung der Absorption nicht.

Bestimmung von Phthalsäureanhydrid neben Phthalsäure in Alkyd-Harzen. Von dem Harz wird zunächst die sog. ,,scheinbare Säurezahl" bestimmt durch Lösen von Harz in Methanol-Benzol (1 : 1) und Titrieren mit 0,1 n methanolischer Kalilauge gegen Thymol-phthalein. Parallel dazu wird die ,,effektive Säurezahl" bestimmt durch Lösen der Probe in Aceton/tert. Butylalkohol-Mischung (3 : 1) und Titrieren mit 0,1 n Kalilauge gegen Thymol-phthalein (in Aceton gelöst). Der von dem Phthalsäureanhydrid stammende Aciditätsanteil ergibt sich als: $SZ_{eff} - SZ_{schein}$[4].

Bestimmung von anderen zweibasigen Säuren. Die quantitative Bestimmung von Adipinsäure[5] macht keine Schwierigkeiten, auch nicht in plastifizierten Harnstoff-Harzen, die als zweibasige Säuren allein Adipinsäure enthalten.

Man kann hierbei genau in der gleichen Weise vorgehen wie bei der beschriebenen Me-thode für die Bestimmung des Phthalsäure-Gehaltes. Man muß jedoch beachten, daß das Kaliumadipat zwar ohne Kristallalkohol kristallisiert, jedoch die letzten Alkoholreste hartnäckig festhält. Zweckmäßig erhitzt man das Salz auf 120°. 1 mg Kaliumadipat entspricht 0,5761 mg Adipinsäureanhydrid. Zur Identifizierung wird das Salz in die freie Säure über-geführt und der Schmelzpunkt bestimmt (151°).

Qualitative Trennung von Phthalsäure und anderen zweibasigen Säuren[5]. Phthalsäure und auch Maleinsäure oder Fumarsäure sind leicht nachzuweisen, schwieriger Adipinsäure und Bernsteinsäure, wenn sie neben Phthalsäure vor-liegen. Eine Trennung durch Kristallisation läßt sich nur schwer durchführen,

[1] F. W. KERCKOW: Farben-Ztg. **44**, 33 (1939).

[2] P. D. GARN u. E. W. HALLINE: Analytic. Chem. **27**, 1563 (1955).

[3] M. H. SWANN, M. L. ADAMS u. D. J. WEIL: Analytic. Chem. **27**, 1604 (1955); O. D. SHREVE u. M. R. HEETHER: Analytic. Chem. **23**, 441 (1951).

[4] W. KLAUSCH: Farbe u. Lack **63**, 119 (1957).

[5] C. P. A. KAPPELMEIER u. W. R. VAN GOOR: Lack- u. Farben-Chem. **2**, 30 (1948); siehe auch A. SEHER: Fette · Seifen · Anstrichmittel **58**, 401 (1956).

da der Unterschied der Löslichkeit in verschiedenen organischen Flüssigkeiten sehr gering ist. Für qualitative Zwecke läßt sich jedoch eine befriedigende Trennung auf Grund der Tatsache durchführen, daß bei der Veresterung der Phthalsäure durch Kochen mit Alkohol nur eine Carboxylgruppe verestert wird, während bei den übrigen zweibasigen Säuren unter den gleichen Umständen eine vollständige Veresterung stattfindet.

2 bis 5 g des Gemisches der Kaliumsalze, die zu diesem Zweck nicht getrocknet zu werden brauchen, werden unter Zusatz von 1 ml konz. Schwefelsäure mit 100 ml absol. Alkohol 1 Std. unter Rückfluß gekocht. Nach Abkühlung wird die Flüssigkeit in einen Scheidetrichter, in dem sich etwa 300 ml Wasser befinden, gegossen. Nun wird mit 100 ml Äther ausgeschüttelt, die unterste Schicht abgelassen, der Äther mit Kaliumcarbonat-Lösung und Salzsäure nacheinander ausgeschüttelt und die ätherische Phase mit gesättigter Kochsalz-Lösung neutral gewaschen. Nach Trocknen und Abdestillieren des Äthers wird der Rückstand mit alkohol. Lauge verseift, die Lösung der Kaliumsalze eingedampft, der Rest in einer kleinen Menge verd. Salzsäure aufgenommen, die heiße Lösung mit Aktivkohle entfärbt und die Dicarbonsäure durch Kristallisieren ausgeschieden. Sie kann durch Schmelzpunkt, SZ bzw. VZ identifiziert werden. In der zum Ausschütteln des Äthers gebrauchten Kaliumcarbonat-Lösung befinden sich die Kaliumsalze der nicht vollständig veresterten Phthalsäure und der Schwefelsäure.

Bestimmung der Fettsäuren in Alkyd-Harzen[1]. Enthält ein Alkyd-Harz ausschließlich nichtflüchtige Fettsäuren, so ist die Bestimmung der Gesamt-Fettsäuren ohne Schwierigkeiten nach einer der bekannten Methoden (s. S. 450 f.) auszuführen. Sie kann leicht mit der Phthalsäure-Bestimmung kombiniert werden. In dem Filtrat des Kaliumphthalats sind alle Fettsäuren als Kaliumseifen gelöst. Bei Anwesenheit von flüchtigen Fettsäuren wird wie folgt gearbeitet:

Die Seifenlösung wird mit 90 ml warmen Wassers in einen Rundkolben gespült, mit 0,6 bis 0,7 g Bimssteinkörner und 50 ml verd. Schwefelsäure versetzt. Man verbindet den Kolben mit dem Aufsatz einer Apparatur, wie sie für die Bestimmung der Po-Z und der R-M-Z (s. S. 544) gebräuchlich ist. Nun wird genau wie bei der Po-Z-Bestimmung destilliert. Das Destillat wird mit reinem Alkohol in eine gewogene Porzellanschale gebracht, worauf man die Fettsäuren mit 0,5 n Natronlauge titriert. Die so erhaltene Seifenlösung wird eingedampft, der Rückstand bis zur Gewichtskonstanz getrocknet und gewogen. Aus diesem Gewicht und der verbrauchten Menge Natronlauge wird der Gehalt an flüchtigen Fettsäuren berechnet. In dem Destillationsrückstand befinden sich die nicht flüchtigen Fettsäuren.

Bestimmung von Benzoesäure in Alkyd-Harzen[2]. Das Harz wird mit alkohol. Kalilauge verseift und nach dem Abfiltrieren des Niederschlages der Salze von Dicarbonsäuren das Filtrat mit Salzsäure angesäuert. Die Abtrennung der Fettsäuren wird mit Tetrachlorkohlenstoff erreicht. Die Tetrachlorkohlenstoff-Schicht wird zwei- bis dreimal mit Wasser gewaschen, und die wäßrigen Schichten werden vereinigt. In der wäßrigen Lösung kann Benzoesäure durch UV-Spektroskopie bestimmt werden. Die charakteristische Absorption liegt bei 273 mμ.

Nachweis höherer Alkohole. In der Regel dienen als alkoholische Veresterungskomponenten Glykol, Glycerin, Polyglycerin und Pentaerythrit. Um diese nachzuweisen, verfährt man wie folgt:

Die Alkohole befinden sich in der sauren, wäßrigen Flüssigkeit, aus der die Fettsäuren sowie die Dicarbonsäuren abgeschieden wurden. Diese saure, wäßrige Flüssigkeit wird in eine Porzellanschale gebracht und mit 4 n KOH behandelt, bis sie nur noch schwach sauer reagiert. Die vollständige Neutralisation der Flüssigkeit wird mit einem Brei von Bariumcarbonat durchgeführt. Danach wird die ganze Masse auf dem Wasserbad bis zur Trockne eingedampft und im SOXHLET-Apparat mit Alkohol extrahiert. Nach dem Abdestillieren des Alkohols hinterbleiben im Rückstand die gesamten mehrwertigen Alkohole. Sie werden in einem Trockenschrank bei 100° getrocknet und dann gewogen.

---

[1] C. P. A. KAPPELMEIER: Lack- u. Farben-Chem. **2**, 7 (1948).
[2] M. H. SWANN, M. L. ADAMS u. D. J. WEIL: Analytic. Chem. **28**, 72 (1956).

Die Identifizierung der Polyalkohole ist leicht, wenn es sich nur um einheitliche Stoffe handelt, z. B. Glycerin oder Pentaerythrit. Der letztgenannte Stoff scheidet sich unter den angegebenen Bedingungen auch aus Mischungen mit anderen mehrwertigen Alkoholen meist leicht in kristalliner Form ab und kann nach Umkristallisieren aus Alkohol durch seinen Schmelzpunkt identifiziert werden. Glycerin läßt sich mit Hilfe des Brechungsindex erkennen. Die Refraktion von Äthylenglykol liegt wesentlich niedriger, so daß eine Verwechslung der beiden Produkte in reinem Zustand kaum möglich ist (vgl. auch S. 1694).

Nach KAPPELMEIER[1] verfährt man wie folgt: Etwa 3 g Harz werden mit 6 ml β-Phenyläthylamin 3 Std. unter Rückfluß zum Sieden erhitzt. Nach dem Abkühlen werden 50 ml Chloroform zugegeben und weitere 20 Min. gekocht. Danach wird das auskristallisierte Pentaerythrit heiß abfiltriert und mit warmem Chloroform nachgewaschen. Die Kristalle werden anschließend bei 120° C bis zur Gewichtskonstanz getrocknet. Mit Hilfe des Schmelzpunktes und der Hydroxylzahl kann Pentaerythrit identifiziert werden. Schmp. um 200° C; OHZ etwa 1580 bis 1620.

Ist Glycerin neben Pentaerythrit anwesend, so geht ersteres beim Abfiltrieren des Pentaerythrits mit dem Chloroform in das Filtrat. Wenn man dieses Filtrat in einem Scheidetrichter mit Wasser durchschüttelt, läßt sich die Anwesenheit von Glycerin in der wäßrigen Schicht durch bekannte Reaktionen (s. S. 1701 ff.) nachweisen.

J. MLEZIVA[2] verwendet zum Nachweis und zur Bestimmung des Pentaerythrits eine modifizierte Methode von KRAFT:

5 bis 10 g Alkyd-Harz werden verseift und nach Entfernung der Phthalsäure und der Fettsäuren sowie nach Neutralisation der wäßrigen Lösung zur Trockne eingedampft. Der Rückstand wird im SOXHLET-Apparat mit Alkohol extrahiert. Nach beendigter Extraktion wird der Alkohol im Vakuum abdestilliert und der Rückstand mit 10 ml Wasser und 10 ml Äthanol aufgenommen. Man gibt 2 ml Salzsäure (D = 1,19) und 2,5 ml Benzaldehyd zu und mischt durch mäßiges Schütteln. Nach wenigen Augenblicken beginnt die Ausscheidung der Dibenzalpentaerythrit-Kristalle. Nach Stehen über Nacht werden die Kristalle abfiltriert, mit 100 ml Wasser gewaschen und bei 105 bis 110° C getrocknet.

$$\% \text{ Pentaerythrit} = \frac{(a + 0{,}0377) \cdot 43{,}59}{b}$$

a = Dibenzalpentaerythrit in g,
b = Einwaage der Probe in g.

Epoxy-Harze. Den Verarbeiter von Epoxy-Harzen interessieren neben den qualitativen Nachweis-Methoden und den üblichen Analysen-Daten — wie Farbe, Dichte, Brechungsindex, Viscosität, Schmelzpunkt, Molekulargewicht, die Aufschluß geben über das physikalische Verhalten des Harzes — in erster Linie Angaben, die die Reaktionsfähigkeit des Harzes bei der Modifizierung betreffen. Dazu sind geeignet der *Epoxy-Wert* (Mol Epoxyd/100 g Harz), der *Hydroxyl-Wert* (Mol Hydroxyl/100 g Harz) und der *Ester-Wert* (Mol einbasige Säure, die zur Veresterung von 100 g Harz erforderlich sind).

Qualitative Methoden. M. J. FOUCRY[3] gab einige Reaktionen an, die zur Erkennung von Epoxy-Harzen dienen können.

Je 1 ml einer kalt hergestellten schwefelsauren Lösung des gepulverten Harzes (etwa 1 g in 100 ml H_2SO_4 von 66° Bé) wird versetzt mit:

1. 1 ml HNO_3 (40° Bé); nach Umschütteln und einigen Minuten Wartezeit gießt man die Mischung in 100 ml etwa 1 n NaOH; man erhält eine intensiv orangerote Färbung;

[1] C. P. A. KAPPELMEIER: Fette · Seifen · Anstrichmittel **57**, 229 (1955).

[2] J. MLEZIVA: Fette · Seifen · Anstrichmittel **57**, 691 (1955).

[3] M. J. FOUCRY: Peintures, Pigments, Vernis **30**, 925 (1954); vgl. auch H. W. RUDD u. J. J. ZONSVELD: J. Oil Colour Chemists' Assoc. **39**, 314 (1956).

2. 1 bis 2 Tropfen Formaldehyd 40%ig; man erhält eine orange Färbung, die ihr Intensitätsmaximum nach einigen Minuten erreicht; beim Verdünnen mit Wasser schlägt der Farbton in Blauviolett um;

3. 5 ml einer Lösung von HgO in verd. Schwefelsäure; es bildet sich sofort eine gelbe Fällung;

4. 5 ml einer Eisen(III)-sulfat-Lösung; ein annähernd schwarzer Niederschlag fällt aus.

Diese Reaktionen nach FOUCRY konnten u. a. auch bei pigmentierten Epoxy-Anstrichfilmen bestätigt werden.

Eine andere Methode der qualitativen Bestimmung für Epoxy-Harze in Anstrichmitteln beruht auf einer Umsetzung mit *Phenylendiamin*[1]. Beim Erhitzen von 0,5 bis 1,0 g Epoxy-Harz in einer Lösung von 30 mg Phenylendiamin in 8 ml dest. Wasser stellt sich nach 3 Min. eine Rosafärbung ein, die bei 12stdg. Stehen noch intensiver wird. Handelt es sich um den Nachweis von Epoxy-Harz in einem Lackbindemittel, das Öle oder Alkyd-Harze, aber keine Phenol- oder Harnstoff-Harze enthält, so löst man die Lackprobe in *Cellosolve* (Glykolmonoäther) und verseift mit alkohol. KOH. Das Epoxy-Harz wird bei Zusatz von Wasser quantitativ ausgefällt und läßt sich mit der obigen Farbreaktion nachweisen. In Gegenwart von Phenol- oder Amin-Harzen wendet man die Säure-Hydrolyse nach C. P. A. KAPPELMEIER an[2]. Nach der Extraktion wird das Epoxy-Harz aus dem Rückstand mit z. B. *Cellosolve* extrahiert.

Ein anderer Nachweis, der auf der Reaktion der veresterten Diphenol-Gruppierung beruht, wurde von M. H. SWANN und G. G. ESPOSITO[3] beschrieben (s. S. 1553). Auch die *Infrarot-Spektroskopie* kann zum qualitativen Nachweis von Epoxy-Verbindungen beitragen. Eine charakteristische Bande des Epoxy-Ringes liegt bei 8 μ. Zwei andere Banden, deren Lagen mit dem Typ der Verbindung veränderlich sind, liegen zwischen 10,52 und 11,58 μ sowie zwischen 11,57 und 12,72 μ[4].

Quantitative Methoden. a) *Epoxy-Wert*. Zur Bestimmung des Epoxy-Gehaltes von Harzen bedient man sich einer Methode, die von D. SWERN und Mitarbeitern[5] eingeführt, später von G. KING[6] modifiziert wurde. Das Verfahren beruht auf der Fähigkeit von Epoxy-Gruppen, unter Ring-Aufspaltung HCl anzulagern. Es bildet sich ein Chlorhydrin-Derivat. Die verbrauchte Menge an HCl ist ein Maß für die vorhandenen α-Epoxy-Gruppen, die den Gehalt an reaktionsfähigen Epoxy-Gruppen im Harz ausmachen. Etwa anwesende freie Säuren oder Basen müssen im Endresultat berücksichtigt werden.

Reagentien: Indicator-Lösung: 0,1 g Kresolrot wird in 100 ml 50%igem Äthanol und 2,62 ml 0,1 n NaOH gelöst. Von dieser Lösung wird 1 ml zu 100 ml Äthanol gegeben und bis zum Auftreten einer violetten Farbe titrimetrisch neutralisiert.

1,4-Dioxan p. a.: 1,8 l Dioxan werden mit 25 ml konz. HCl und 100 ml Wasser 8 Std. am Rückfluß erhitzt. Nach dem Abkühlen fügt man 100 g festes KOH zu und erhitzt weitere 3 Std. zum Sieden. Die wäßrige Schicht wird im Scheidetrichter abgetrennt und das Dioxan über Nacht über 50 g festem NaOH

[1] G. LEWIN, H. GERLINGS u. A. WIJLING: Verfkroniek **27**, 292 (1954).
[2] C. P. A. KAPPELMEIER: Chem. Weekbl. **34**, 217 (1937).
[3] M. H. SWANN u. G. G. ESPOSITO: Analytic. Chem. **28**, 1006 (1956).
[4] W. A. PATTERSON: Analytic. Chem. **26**, 823 (1954).
[5] D. SWERN, T. W. FINDLEY, G. N. BILLEN u. J. T. SCANLAN: Analytic. Chem. **19**, 414 (1947).
[6] G. KING: Nature (London) **164**, 706 (1949); vgl. auch G. A. STENMARK: Analytic. Chem. **29**, 1367 (1957).

aufbewahrt. Das Dioxan wird dann dekantiert und unter Einleiten von Stickstoff fraktioniert. Ein Vorlauf von 100 ml wird verworfen, ebenso ein Rückstand von 200 ml.

Dioxan-HCl-Lösung: Genau 1,5 ml konz. HCl werden in 100 ml 1,4-Dioxan, die sich in einer braunen Flasche befinden, pipettiert. Es wird gründlich durchgemischt, bis eine homogene Lösung entsteht.

Ausführung der Bestimmung: Eine Probemenge wird in einen 200 ml ERLENMEYER-Kolben (mit Schliffstopfen) eingewogen und in 25 ml Dioxan p. a. gelöst. Dann werden 25 ml HCl-Dioxan-Lösung zugegeben. Nach 15 Min. werden 25 ml einer neutralen äthanolischen Kresolrot-Indicator-Lösung zugesetzt und die überschüssige Säure mit 0,1 n methanol. KOH bis zum Erscheinen einer violetten Farbe am Endpunkt titriert. In gleicher Weise wird eine Blindprobe durchgeführt. Der Gehalt an freier Säure bzw. Base wird mit einer gesonderten, gleich großen Einwaage bestimmt.

Berechnung:

$$\text{Epoxy-Wert} = \frac{(B - P) \cdot n}{10 \cdot E} + S$$

$B =$ verbrauchte ml KOH im Blindversuch,
$P =$ verbrauchte ml KOH im Hauptversuch,
$n =$ Normalität der KOH-Lösung,
$E =$ Einwaage in g,
$S =$ Säure-Gehalt der Probe in Äquiv./100 g. (S ist negativ, wenn die Probe basisch reagiert.)

Aus dem Epoxy-Wert errechnet sich das Epoxy-Äquivalentgewicht (g Harz, die 1 Mol Epoxyd enthalten $= \dfrac{100}{\text{Epoxy-Wert}}$).

Nach dem gleichen Prinzip arbeitet die AOCS-Methode Cd 9–56 zur Bestimmung von Epoxy- oder Oxiran-Sauerstoff in epoxydierten Fetten. Jedoch kommt hierbei Pyridin an Stelle von Dioxan als Lösungsmittel zur Anwendung. L. SHECHTER und Mitarbeiter[1] empfehlen techn. Dimethylformamid als Lösungsmittel. Genauer als dieses Verfahren soll die Essigsäure-Bromwasserstoff-Methode (AOCS-Methode C d9–57) sein, die auch einfacher durchzuführen ist. Der Brücken-Sauerstoff wird mit Bromwasserstoff in Eisessig gegen Kristallviolett als Indicator *direkt* titriert. Nachstehend wird die ausführliche Vorschrift dieser Methode wiedergegeben:

Reagentien: Eisessig p. a., 99 bis 100%ig.
Kristallviolett-Indicator-Lösung: 0,1 g Kristallviolett werden in 100 ml Eisessig gelöst.
0,1 n Bromwasserstoff-Lösung in Eisessig: Bromwasserstoff wird in Eisessig eingeleitet, bis die Lösung 0,1 n ist, was durch Wägung auf einer Torsionswaage festgestellt werden kann.
Titerstellung der 0,1 n HBr-Lösung: 0,1 g ($\pm$ 0,0001 g) Natriumcarbonat p. a., wasserfrei, fein gepulvert und 3 Std. bei 120° getrocknet, werden in etwa 5 ml Eisessig gelöst und nach Zusatz von 5 Tropfen Kristallviolett-Indicator-Lösung mit der 0,1 n HBr-Lösung titriert.

$$\text{Faktor} = \frac{\text{Gewicht von Na}_2\text{CO}_3}{0,053 \cdot \text{ml HBr-Lösung}}$$

Verfahren: 0,3 bis 0,5 g ($\pm$0,0001 g) der Probe werden in einem 50 ml ERLENMEYER-Kolben in 5 ml Benzol oder Chlorbenzol gelöst (Epoxy-Harze werden in Chlorbenzol gelöst). Nach Zusatz von 5 Tropfen Kristallviolett und Einbringen eines mit einer Schutzschicht umgebenen Magnetrührers wird der Kolben mit einem einmal durchlöcherten Gummistopfen verschlossen. Das Loch im Gummistopfen soll so groß sein, daß die Bürettenspitze darin Platz hat und außerdem noch eine kleine Seitenöffnung bleibt, damit die Luft während der Titration aus dem Kolben entweichen kann. Die Spitze der Bürette wird so weit in den Kolben eingetaucht, bis sie sich direkt oberhalb der Lösung befindet. Dieses ist not-

---

[1] L. SHECHTER, J. WYNSTRA u. R. P. KURKJY: Ind. Engng. Chem. **48**, 94 (1956).

wendig, um einen Verlust an Bromwasserstoff zu vermeiden. Unter vorsichtigem Rühren mit Hilfe des Magnetrührers wird die Lösung (zuerst schnell) mit der 0,1 n HBr-Lösung bis zum Umschlag nach blaugrün titriert.

Berechnung:

$$\% \ \text{Epoxy-Sauerstoff} = \frac{\text{ml HBr-Lösung} \cdot \text{Faktor} \cdot 1{,}60}{\text{Einwaage}}$$

Eine andere Methode zur Bestimmung von Epoxy-Werten beruht auf der Umsetzung von Epoxyden mit Natriumsulfit[1]. Dabei wird eine Einwaage von 0,02 bis 0,1 Mol Epoxyd in eine Ampulle eingeschmolzen und in einem Jodzahl-Kolben, in dem sich 50 ml einer gesättigten, auf p_H 9,4 bis 9,6 eingestellten Na_2SO_3-Lösung befinden, zertrümmert. Nachdem 30 Min. bis 3 Std. gerührt wurde, wird mit HCl auf p_H 9,4 bis 9,6 titriert, wobei der Neutralpunkt mittels eines Indicators oder potentiometrisch festgestellt werden kann.

Für Reihenanalysen eignet sich eine neuere Methode, die sich durch große Genauigkeit und schnelle Durchführbarkeit auszeichnet[2]. Epoxy-Sauerstoff wird dabei mit HCl-Eisessig potentiometrisch titriert.

Reagentien: 0,2 n HCl-Eisessig, hergestellt durch Einleiten von trockenem HCl in Eisessig. Die Lösung wird gegen Natriumcarbonat als Urtiter eingestellt.

Ausführung der Bestimmung: 0,5 bis 1,0 g des Epoxy-Harzes werden in einem 50 ml Becherglas mit 20 ml Eisessig gelöst und eine Glaselektrode in die Lösung eingetaucht. Eine elektrolytische Brücke, die mit einer gesättigten Lösung von LiCl in Eisessig gefüllt ist, stellt die Verbindung mit der Kalomel-Elektrode her. Die Lösung von HCl in Eisessig läßt man aus einer KARL-FISCHER-Bürette zutropfen und liest nach jeder Zugabe den Ausschlag des Millivoltmeters ab. Die Titrationskurve läßt eine deutliche Erkennung des Umschlagpunktes zu.

Berechnung:

$$\% \ \text{Epoxy-Sauerstoff} = \frac{A \cdot n \cdot 1{,}6}{E}$$

$A =$ verbrauchte ml HCl-Eisessig-Lösung,
$n =$ Normalität der HCl-Eisessig-Lösung,
$E =$ Einwaage in g.

b) *Hydroxyl-Wert.* Zur Bestimmung des aktiven Wasserstoffes in den Hydroxyl-Gruppen der Epoxy-Harze ist die bekannte Methode von ZEREWITINOFF geeignet. An Stelle von Methylmagnesiumjodid verwendet man jedoch Lithiumaluminiumhydrid. Es soll dem ZEREWITINOFF-Reagens überlegen sein; sterische Einflüsse und Möglichkeiten für Nebenreaktionen sind geringer. Epoxy-Gruppen stören die Bestimmung nicht. Bei der Analyse von Epoxy-Harzen bilden sich unmittelbar nach dem Vermischen des Harzes mit dem $LiAlH_4$-Reagens dichte Niederschläge. Die Einstellung des Gleichgewichtes erfolgt dadurch langsam, so daß niedrigmolekulare Harze eine Reaktionsdauer von 1 bis 1,5 Std., höhermolekulare Harze eine Reaktionszeit von 2 Std. benötigen.

Apparatur: Das Reaktionsgefäß besteht aus einem 50 ml Rundkolben mit einem Seitenarm, der etwa 10 ml faßt. Für die Einführung von $LiAlH_4$-Reagens mittels einer Injektionsspritze ist eine Öffnung am oberen Teil des Seitenarmes vorgesehen. Das Gasmeßgerät besteht im wesentlichen aus einer graduierten 100 ml Bürette, die mit einem Wassermantel und am unteren Ende mit einem Vierwegehahn versehen ist, ferner einem Steigrohr, einem unter Normaldruck und Vakuum bedienbaren Quecksilberheber und einem Capillarrohr aus nicht-

[1] J. D. SWAN: Analytic. Chem. **26**, 878 (1954).
[2] A. J. DURBETAKI: J. Amer. Oil Chemists' Soc. **23**, 221 (1956).

rostendem Stahl. Die Gasbürette ist am unteren Ende mit dem Quecksilberheber, am oberen Ende durch das Capillarrohr mit dem Reaktionsgefäß verbunden. Das Capillarrohr enthält mehrere Windungen, so daß sich das Reaktionsgefäß frei bewegen läßt[1].

Reagentien: 11 g $LiAlH_4$ werden in 100 ml Tetrahydrofuran gelöst. Diese Operation wird unter trockenem Stickstoff durchgeführt. Das verwendete Tetrahydrofuran wird vorher durch 8stdg. Kochen am Rückfluß mit festem KOH und darauf durch Destillation gereinigt. Während sämtlicher Arbeiten muß für eine trockene Atmosphäre gesorgt werden.

Versuchsausführung: In das Reaktionsgefäß wird eine Probe eingewogen, die einer Wasserstoff-Entwicklung von etwa 60 bis 80 ml entspricht. Sie wird mit 5 bis 10 ml Tetrahydrofuran in Lösung gebracht. Mittels einer Injektionsspritze werden 5 ml $LiAlH_4$-Reagens in den Seitenarm des Gefäßes gegeben. Das Gasmeßgerät wird gründlich mit trockenem Stickstoff ausgespült und darauf das Reaktionsgefäß mit diesem verbunden. Bevor man durch Neigen des Reaktionsgefäßes das Reagens aus dem Seitenarm in die Lösung der Probe fließen läßt, sorgt man durch Einbetten in ein Eisbad für die Einstellung des Druckgleichgewichtes. Sobald das Volumen des entwickelten Wasserstoffes 15 Min. lang konstant bleibt, werden das Gasvolumen, die Büretten-Temperatur und der Barometerstand abgelesen. Die Blindprobe wird ohne Harz, aber mit den gleichen Mengen Tetrahydrofuran und unter sonst gleichen Bedingungen wie oben beschrieben durchgeführt. Der Wasser-Gehalt des Musters wird mit FISCHER-Reagens bestimmt.

Berechnung:

$$\text{Hydroxyl-Wert} = \frac{(V - B) \cdot 1{,}604 \cdot P}{(T + 273) \cdot E \cdot 1000} - (W + S)$$

V = entwickeltes Gasvolumen der Analysenprobe in ml,
B = entwickeltes Gasvolumen bei der Blindprobe in ml,
P = Atmosphärendruck in mm Hg,
T = Büretten-Temperatur,
E = Einwaage,
W = Wasser-Gehalt der Probe in Äquiv./100 g,
S = Säure-Gehalt der Probe in Äquiv./100 g.

c) *Ester-Wert.* Eines der wichtigsten Charakteristika von Epoxy-Harzen ist deren Fähigkeit, mit verschiedenen Säuren bei höheren Temperaturen zu reagieren. In Anlehnung an die technische Herstellung von Epoxy-Harzestern wurde von der DEVOE & RAYNOLD Co. eine Methode zur Bestimmung des Ester-Wertes ausgearbeitet, die auf einer Veresterung der beiden reaktiven Gruppen durch eine ungesättigte Fettsäure beruht.

Ausführung der Bestimmung: 200 g Fettsäure (Leinöl-Fettsäuren, Stearinsäure) werden in den Destillationskolben eingewogen. Epoxy-Harz wird in einer solchen Menge zugegeben, daß der Überschuß an Fettsäure etwa 30% beträgt. Nachdem der Destillationsvorstoß mit Xylol gefüllt ist, erhitzt man die Reaktionsmischung 10 Std. auf 265° C. Das Wasser, das sich im Laufe der Reaktion im Destillationsvorstoß ansammelt, wird von Zeit zu Zeit entfernt. Nach Beendigung der Reaktion wird das Gewicht des Destillationskolbens erneut festgestellt. Einen aliquoten Teil der Reaktionsmischung verwendet man zur

---

[1] Vgl. auch T. ZEREWITINOFF: Ber. dtsch. chem. Ges. **40**, 2026 (1907).

Feststellung der SZ nach der üblichen Methode, nach der man auch die SZ der verwendeten Fettsäure ermittelt hat.

Berechnung:

$$\text{Ester-Wert} = \frac{P \cdot A - \dfrac{S \cdot n \cdot M}{10 \cdot a}}{E}$$

P = Einwaage Fettsäure in g,
A = SZ der Fettsäure in Äquiv./100 g,
S = verbrauchte ml alkohol. KOH-Lösung für die Titration des aliquoten Teiles Epoxy-Harzester,
n = Normalität der alkohol. KOH-Lösung,
M = Gewicht der Reaktionsmischung nach Beendigung der Reaktion,
a = Gewicht des aliquoten Teiles Epoxy-Harzester,
E = Einwaage Epoxy-Harz in g.

Die auf vorstehend beschriebenem Wege ermittelten Analysenwerte für Epoxy-Harze (Epoxy-Wert, Hydroxyl-Wert, Ester-Wert) lassen sich durch folgende Gleichung in Beziehung setzen:

$$\text{Hydroxyl-Wert} = \text{Ester-Wert} - 2 \cdot \text{Epoxy-Wert}$$

Für die Analyse von Lacken kann es wichtig sein, den Prozentgehalt an Epoxy-Harzen im Anstrichmittel zu bestimmen. Zweckmäßig verwendet man dabei eine bereits erwähnte Methode, die auf der Reaktion der veresterten Diphenol-Gruppierung beruht[1].

Ausführung der Bestimmung: Ein aliquoter Teil des in Methyläthylketon gelösten Versuchsmaterials wird über Nacht bei 105 bis 110° C getrocknet. Dann werden 3 ml konz. H_2SO_4 zugegeben und 30 Min. in einem Wasserbad von 40° C erwärmt. Luftfeuchtigkeit wird durch Verwendung eines $CaCl_2$-Rohres ferngehalten. 2 ml einer Lösung von 0,15 g Paraformaldehyd in 100 ml 90%iger H_2SO_4 werden zugegeben und weitere 30 Min. bei 40° C erwärmt. Die Lösung wird in 180 ml Wasser eingegossen und auf genau 200 ml aufgefüllt. Nach 2 Std. kann die colorimetrische Bestimmung durchgeführt werden (Wellenlänge 650 mμ). Zur Eichung werden Substanzen mit bekanntem Gehalt an Epoxy-Harz herangezogen.

Maleinat-Harze. Bei der STORCH-MORAWSKI-Reaktion geben Maleinat-Harze, falls nur sie allein vorliegen, tiefrote Färbungen. Von anderen Harzen unterscheiden sie sich durch die hohe Säurezahl der frei gemachten Harzsäuren. Die theoretische Säurezahl von Maleinsäure ist 402, die von Abietinsäure 185.

Nach KAPPELMEIER[2] kann Maleinsäureanhydrid durch die Umsetzung mit Anilin bestimmt werden, die wie folgt quantitativ verläuft:

$$
\begin{array}{c}
-\text{CH}-\text{CO} \\
\qquad\qquad \diagdown \\
\qquad\qquad\;\; \text{O} + C_6H_5NH_2 \rightarrow \\
\qquad\qquad \diagup \\
-\text{CH}-\text{CO}
\end{array}
\qquad
\begin{array}{c}
-\text{CH}-\text{CONH}-C_6H_5 \\
| \\
-\text{CH}-\text{COOH}
\end{array}
$$

Die gebildete Anilsäure läßt sich mit Lauge gegen Phenolphthalein scharf titrieren. Aus den erhaltenen Ergebnissen leitet man die *Anilsäurezahl* ab. Qualitativ kann man über das Vorliegen von Additionsverbindungen mit Malein-

---

[1] M. H. SWANN u. G. G. ESPOSITO: Zit. S. 1549, Fußnote 3.
[2] C. P. A. KAPPELMEIER u. J. H. VAN DER NEUT: Kunststoffe **40**, 81 (1950).

säureanhydrid auch durch Zugabe von Dimethylanilin Aussagen machen, da das letztere mit Maleinsäureanhydrid eine intensiv orangerote Additionsverbindung gibt. Es läßt sich so noch ein Gehalt von weniger als 1% Maleinsäureanhydrid in gebleichtem Leinöl feststellen.

Cumaron-Harze. Cumaron-Harze sind neutral und unverseifbar. Sie werden in Gruppen eingeteilt nach den sich immer weiter entwickelnden Erfahrungen der Teer-Industrie. Für die Prüfung liegen Vorschriften der Verkaufsvereinigung für Teer-Erzeugnisse vor.

Gehalt an freier und gebundener Schwefelsäure: 20 g Harz werden in 60 ml Toluol gelöst und dreimal mit je 20 ml Wasser ausgeschüttelt. Die vereinigten wäßrigen Lösungen werden bei 20° mit Bariumchlorid-Lösung versetzt. Tritt eine Fällung ein, so wird das ausgefallene Bariumsulfat filtriert, gewaschen, verascht und gewogen.

Die wasserlösliche, durch Sulfurierung gebundene Schwefelsäure wird wie folgt bestimmt: Das Filtrat des wie oben gewonnenen Bariumsulfats wird mit Soda alkalisch gemacht und eingedampft, zuletzt im Platintiegel. Nach Zusatz von Salpeter wird bis zum Schmelzen erhitzt, die Schmelze mit Wasser aufgenommen und das Sulfat mit Bariumchlorid gefällt.

Cumaronharz-Probe nach WOLFF[1]. Eine Messerspitze Harz wird in einem Reagensglas erhitzt bis Dämpfe aufsteigen. Im oberen Teil des Reagensglases befindet sich ein Pfropfen Glaswolle (3 cm von der Harzschicht entfernt). Die in der Glaswolle gesammelten Dämpfe werden in ein zweites Reagensglas gebracht und mit einigen ml Essigsäureanhydrid und 2 Tropfen Schwefelsäure versetzt. Cumaronharze geben einen lange anhaltenden, orange bis roten Farbton. Kolophonium überdeckt diese Farbe. Da aber die violette Färbung der STORCH-MORAWSKI-Reaktion schnell einer braunen Platz macht, so kann bei einiger Übung die Cumaronharz-Färbung doch noch erkannt werden.

Vinyl- und Acryl-Harze[2]. Die Vinyl- und Acryl-Polymerisate lassen sich bisweilen durch ihre Löslichkeit unterscheiden. Meist liegt eine mehr oder weniger gute Löslichkeit in Benzol-Kohlenwasserstoffen vor, die zum Teil mit steigendem Polymerisationsgrad absinkt.

Dabei ist die Verträglichkeit mit höheren Homologen des Benzols vielfach beschränkter als mit Benzol oder Toluol. So ist z. B. der bekannteste Polyvinylchlorid-Abkömmling *Vinoflex PC* wohl in Toluol gut löslich, doch nur beschränkt in Xylol, während ein anderes Polyvinylchlorid niederer Viscosität (*Vinoflex PCU*; U = nachträglich „un"-chloriert)

Tabelle 373. *Einige charakteristische Reaktionen auf Polyvinyl- und Polyacryl-Harze*

Harz	Brennprobe	Trockene Destillation	Fluorescenz
Polyvinylacetal	brennt mit blauer Flamme; Geruch nach ranziger Butter	Zersetzung unter Freiwerden von Aldehyden	dunkelblau
Polyvinylchlorid	brennt mit fahler Flamme; erlischt beim Herausnehmen aus dem Bunsenbrenner	Zersetzung unter Bildung von Salzsäure	blauviolett
Polyvinyläther	—	—	grünlich bis weißlichblau
Polyvinylacetat	wird in der Flamme weich und brennt nur wenig	Zersetzung und Bildung von rotbraunen Dämpfen, die nach Essigsäure riechen	blau bis dunkelblau
Polyacrylester	brennt mit gelblicher Flamme auch außerhalb des Brenners	Bildung der monomeren Produkte: Sdp. 80 bis 100° C; Geruch nach Acrolein oder Ester	
Polymethacrylester	brennt mit blauer Farbe, die eine weiße Spitze hat	Bildung der monomeren Produkte; Sdp. 98—110°C; süßlicher Geruch	

---

[1] H. WOLFF: Farbe u. Lack **1928**, 85.
[2] C. ELLIS: The Chemistry of Synthetic Resins. London: Chapman & Hall 1936.

auch in Benzol befriedigende Löslichkeit aufweist. Xylol ist auch für die Vinylacetat-Marken allein als Lösungsmittel nicht geeignet. Andererseits kann auch eine Löslichkeit in Wasser bestehen. Dies trifft zu, wenn das Polymerisat stark polaren Charakter trägt, so z. B. bei den Polyvinylalkoholen. Ferner zeigen einige niederpolymere Vinyl- und Acryl-Verbindungen eine gewisse Wasserlöslichkeit, die mit steigendem Polymerisationsgrad verschwindet, so daß nur noch ein Quellen eintritt. Ähnlich liegen die Verhältnisse hinsichtlich anderer Lösungsmittel, wie Alkohol, Ester u. dgl.

Die Polymerisate besitzen zumeist eine verhältnismäßig hohe Eigen-Viscosität, da die betreffenden Produkte durchweg unter einem bestimmten Viscositätsminimum keine genügenden mechanischen Werte aufweisen. Auch ist ein rascher Anstieg der Viscosität mit wachsender Konzentration charakteristisch für die Polymerisate.

Unterscheidung von Vinylacetat und Vinyläthern. Nach der von H. Schuster[1] angegebenen Modifikation der Storch-Morawski-Reaktion (s. S. 1061) lassen sich diese Harze gut voneinander unterscheiden. Die Erscheinung beruht darauf, daß bei Zugabe der Schwefelsäure zur Reaktionslösung in üblicher Ausführungsform Erwärmung eintritt. *Kühlt man während der Reaktion,* so geben Vinylacetat-Harze keine Färbung, dagegen die Vinyläther. Man beobachtet dabei deutliche Blaufärbung, die bleibt oder ins Grüne übergeht. In der folgenden Übersicht sind einige Beispiele angeführt.

Acetatharze:	*Färbung:*	*Bemerkung:*
Mowilith 115	blau	möglichst konzentrierte Lösungen
Mowilith N	blau	verwenden! *Bei Kühlung keine*
Vinnapas B 17	blau, in blaugrün übergehend, sehr verdünnt: violett	*Färbung!*

Vinyläther:		
Igevin M 40	blau, blaugrün — schwarzgrün	*Färbung auch bei Kühlung!*
Igevin A 50	blau — blaugrün	
Igevin A 25	blau	
Igevin I	moosgrün	

Vinylacetat-Harze. Die Gegenwart dieser Harze läßt sich am besten durch den Nachweis des Polyvinylalkohols erkennen.

Man verseift einige mg Harz mit alkohol. Kalilauge. Bei Gegenwart von Polyvinylacetat scheidet sich der Polyvinylalkohol als voluminöse Masse ab. Man gießt dann die Lösung von dem Niederschlag ab, wäscht mehrmals mit Alkohol aus und löst ihn in Wasser[2]. Die Auflösung kann durch Einstellen in warmes Wasser beschleunigt werden. Zu einem Teil der Lösung gibt man etwas mit verd. Schwefelsäure angesäuerte Jod-Jodkalium-Lösung. Die Anwesenheit von Polyvinylalkohol macht sich durch eine blaue bis grünblaue Farbe bemerkbar, die beim Erwärmen wieder verschwindet. Ein anderer Teil der Lösung wird mit Alkohol oder Aceton versetzt, wobei der Polyvinylalkohol ausfällt und somit leicht von anderen Bestandteilen zu trennen ist.

Typisch für die Polyvinylacetate ist der bei trockenem Erhitzen im Reagensglas auftretende Zersetzungsgeruch nach „saurem Bier", ferner die Klarheit der Benzolkohlenwasserstoff-Lösungen und die einwandfreie Verträglichkeit mit Nitrocellulose, insbesondere bei den niedrigviscosen Einstellungen (Polyvinylacetat ist mit anderen Bindemitteln allgemein unverträglich).

Die Viscosität ist je nach den Handelsmarken sehr verschieden und bewegt sich zwischen 3 und 3000 cP. Am besten lassen sich die Polyvinylacetate physikalisch durch die Erhitzungsprobe, ihren Brechungsindex und ihre Wasserquellbarkeit erfassen.

Polyvinylchloride[3]. Die Polyvinylchlorid-Marken sind weiße bis leicht gelblichbräunliche, pulverige einheitliche Stoffe mit Aschegehalten von etwa 0,05 bis

---

[1] G. Zeidler u. H. Schuster: Laboratoriumsbuch für die Lack- u. Anstrichmittelindustrie. S. 199. Düsseldorf: Knapp 1957.

[2] H. Gibello: Rev. gén. Caoutchouc **18**, 198 (1941).

[3] C. Ellis: Zit. S. 1554, Fußnote 2.

2%. Sie ergeben Filme von geringer bis mittlerer Eigen-Elastizität und guter Lichtechtheit, sind wasserfest, unverseifbar, unverträglich mit Nitrocellulose und unlöslich in Alkoholen.

Die Polyvinylchlorid-Verbindungen besitzen im allgemeinen nur eine mehr oder weniger beschränkte Löslichkeit. Vielfach sind sie in Benzol-Kohlenwasserstoffen bzw. Mischungen von Benzol-Kohlenwasserstoffen, ferner in Methylenchlorid löslich. Zum Teil bedürfen sie auch zur Lösung der Erwärmung auf 50 bis 60°, wobei sich Gemische aus Benzol-Kohlenwasserstoffen, Estern und Cyclohexanon besonders eignen.

Die Oberflächenhärte der Polyvinylchlorid-Filme ist groß, die Feuchtigkeitsempfindlichkeit meist außerordentlich gering, so daß diese Eigenschaften zur Charakterisierung, besonders in Verbindung mit der Brand-Probe, herangezogen werden können.

Die Viscositätsgrenzen sind wesentlich enger als bei Polyvinylacetaten, da ähnlich niedrigviscose Materialien wie bei Polyvinylacetaten lacktechnisch ungeeignet sind.

Kennzeichnend für die Polyvinylchloride sind die starke BEILSTEIN-Reaktion sowie die Unverträglichkeit mit vielen anderen Bindemitteln.

Vinyl-, Chlorvinyl- und Acryl-Harze. In vielen Fällen kann die nachstehende Untersuchung nützliche Hinweise geben.

Einige Gramm des Lackkörpers werden aus einem kleinen Rundkölbchen mit konz. Phosphorsäure destilliert. Das Destillat wird in Wasser aufgefangen. Mit dem sauren Destillat werden die folgenden Reaktionen angestellt:

a) Chlorid-Reaktion: Zugabe einiger Tropfen Silbernitrat-Lösung. Der ausfallende käsige Niederschlag muß sich bei Zugabe von Ammoniak im Überschuß lösen und beim Ansäuern mit Salpetersäure wieder ausfallen. Positive Reaktion deutet auf Anwesenheit von chloriertem Vinyl-Harz (*Vinoflex* usw.). Unterscheidung von Chlorkautschuk s. unten.

b) Das Destillat wird auf Acrylsäure geprüft (s. a. S. 1557). Der Geruch des Destillats wird geprüft. Acrylsäure riecht ähnlich wie Essigsäure, läßt sich bei einiger Übung aber von dieser unterscheiden. Außerdem werden zum Destillat 2 Tropfen Permanganat-Lösung gegeben. Tritt Entfärbung ein, so ist die Anwesenheit von Acrylsäure wahrscheinlich.

c) Prüfung auf Essigsäure nach dem Geruch oder mit der Jod-Lanthanacetat-Reaktion s. S. 1539. Anwesenheit von Essigsäure im Destillat deutet auf Vinylacetat-Harz hin.

Unterscheidung von Chlorkautschuk und chloriertem Vinyl-Harz. Eine Unterscheidung durch verschiedenes Verhalten gegen Lösungsmittel führt selten zum Ziele, da sich die verschiedenen Chlorvinyl-Harze wenig durch verschiedene Löslichkeit auszeichnen.

Zunächst fällt man die chlorierten Produkte aus ihren Lösungen aus, was vielfach durch Zugabe von Petroläther oder Alkohol zu erreichen ist. Die Fällung wird in einem geeigneten Lösungsmittel, meistens Benzol oder Toluol, wieder gelöst und aus der Lösung wieder gefällt. Dies wird mehrmals wiederholt. Schließlich trocknet man den Niederschlag bei nicht zu hoher Temperatur und bringt ihn in ein Reagensglas. An dieses schließt man zwei kleine Waschflaschen an, von denen die erste mit Wasser, die zweite mit Natronlauge beschickt ist. Nun erhitzt man das Reagensglas. Liegt Polyvinylchlorid vor, so erhält man Gase mit einem aromatischen Geruch, während bei Chlorkautschuk die Abgase einen muffigen Geruch aufweisen.

Ferner erhält man bei Vorliegen von Vinylchlorid ein öliges Destillat (in der ersten Waschflasche), das bei der Reaktion nach STORCH-MORAWSKI einen rötlichen Farbton gibt.

Trennung von Chlorkautschuk und Polyvinylchlorid. Da der Chlorgehalt beider Materialien in ähnlicher Größenordnung liegt, kann eine Chlorbestimmung keinen Aufschluß über die vermutliche Zusammensetzung geben. Nach einem Vorschlag von THINIUS[1] kann man aber eine annähernde Trennung beider Komponenten erreichen, wenn man als Trennmittel für Mischfilme aus Chlorkautschuk und Polyvinylchlorid Tetrachlorkohlenstoff verwendet. In Tetrachlorkohlenstoff

---

[1] K. THINIUS: Chem. Techn. **3**, 59 (1951).

ist der Chlorkautschuk leicht löslich, während das Polyvinylchlorid erheblich schwerer in Lösung zu bringen ist. Man kann auch die nach der ersten Trennung erhaltenen Phasen in Essigester und Toluol auflösen und die Lösung dann mit 94%igem Alkohol ausfällen. Eine quantitative Trennung ist in beiden Fällen nicht möglich.

Polyvinyläther. Außer den erwähnten Proben nach SCHUSTER und ZEIDLER kann man noch folgende Untersuchungen als Ergänzung ausführen:

Eine Probe der auf Polyvinyläther zu untersuchenden Substanz wird 30 Min. mit 1 n methanol. Kalilauge erhitzt. Man verdünnt mit Wasser und zieht mit Äther die unverseifbaren Anteile aus. Nach Abdampfen des Äthers geben diese bei der üblichen STORCH-MORAWSKI-Reaktion eine grüne Färbung.

Ferner erhitzt man das Unverseifbare mit etwa der gleichen Menge Essigsäureanhydrid unter Zugabe von 1 bis 2 Tropfen konz. Schwefelsäure. Nach Zusatz von Äthylalkohol erhitzt man noch $^{1}/_{4}$ Std. am Rückflußkühler, fügt dann alkohol. Kalilauge hinzu und verseift das durch die Behandlung mit Essigsäureanhydrid entstandene Polyvinylacetat. Der bei der Verseifung ausfallende Polyvinylalkohol wird wie oben identifiziert.

Polyvinylacetale. Die Prüfung auf Formale, Acetale usw. im Lackkörper (z. B. in *Polygom* oder *Mowital*) läuft darauf hinaus, daß man den Aldehyd abspaltet und für sich prüft. In den meisten Fällen gelingt es, die Identifizierung durch längeres Kochen mit verd. Schwefelsäure, gegebenenfalls mit alkohol. Schwefelsäure, herbeizuführen, wobei die Acetale mindestens teilweise in Polyvinylalkohol und den betreffenden Aldehyd gespalten werden. Der Aldehyd kann dann abdestilliert und im Destillat durch Bindung an Natriumhydrogensulfit nachgewiesen werden, während Polyvinylalkohol, wie oben beschrieben, in dem Destillationsrückstand identifiziert wird. Es empfiehlt sich, den Nachweis in dem unverseifbaren Teil durchzuführen, doch ist es zweckmäßig, hierbei nicht durch Erhitzen bis zum Sieden zu verseifen, sondern durch etwa 1 stdg. Erwärmen mit alkohol. 0,5 n Kalilauge bei 50 bis 60°.

Polyacrylsäure-Verbindungen. Die Polyacrylsäureester und die Polymethacrylsäureester stellen zähe, kautschukartige, hoch lichtechte, schwer verseifbare Massen dar, die sich durch gute Löslichkeit in Benzol-Kohlenwasserstoffen, Ketonen und Estern auszeichnen. Dagegen sind Alkohole und Paraffin-Kohlenwasserstoffe ausgesprochene Nichtlöser. Mit einigen Bindemitteln, insbesondere Nitrocellulose, Celluloseacetobutyrat, Benzylcellulose und Chlorkautschuk besteht vielfach gute Verträglichkeit. Kennzeichnend sind für diese polymeren Carbonsäureester das „Fadenziehen", die hervorragende Geschmeidigkeit und Haftfestigkeit der daraus hergestellten Filme und ihre Kältebeständigkeit. Die Werte für die Oberflächenhärte liegen zwischen denen für Polyvinylchlorid und Polyvinylacetat.

Eine Reihe von Polymerisaten, wie die Vinyl-Kohlenwasserstoffe, die Vinyläther, die Vinylchloride und gewisse Acrylate, zeichnen sich durch ihre chemische Widerstandsfähigkeit (s. S. 1561) aus, die in besonderer Prüfung untersucht werden muß.

Acrylsäure-Harze. Der Nachweis von Acrylsäure-Harzen (z. B. in *Plexigum*) läuft darauf hinaus, daß man sich die gegenüber anderen Lackkörper-Bestandteilen schwerere Verseifbarkeit des Acrylsäureesters zunutze macht.

Zum Nachweis trennt man zunächst den schwer verseifbaren Polyacrylsäureester von leicht verseifbaren Lackbestandteilen dadurch, daß man den Lackkörper in einem (möglichst nicht esterartigen) Lösungsmittel löst und mit alkohol. 0,5 n Kalilauge 1 Std. auf 60° erwärmt. Das in Frage kommende Lösungsmittel muß von Fall zu Fall ausgesucht werden. Nun trennt man in üblicher Weise das Unverseifbare und Unverseifte von dem verseiften Anteil und verseift das noch Unverseifte durch längeres Kochen am Rückflußkühler.

Aus der Reaktionsflüssigkeit destilliert man den Alkohol ab und prüft nach S. 1585 auf Methanol. Dessen Gegenwart macht das Vorliegen von Acrylsäure-Harz wahrscheinlich. Den Destillationsrückstand dampft man auf dem Wasserbad zur Trockne ein und säuert unter Vermeidung eines zu großen Überschusses mit verd. Salzsäure an. Nun zieht man mit Alkohol aus, wobei die Acrylsäure in Lösung geht. Durch Abdampfen des Alkohols aus dem Extrakt kann man sie gewinnen und bei genügender Substanzmenge durch ihren Siedepunkt (102°) identifizieren (s. a. weiter unten!). Zur Sicherung des Ergebnisses bromiert man die Acrylsäure, indem man sie in einem Schälchen in einen Exsiccator bringt, auf dessen Boden man etwas Brom gibt. Durch Lösen in Äther und langsames Verdunstenlassen des Lösungsmittels gelingt es gewöhnlich, die gebildete *Dibrompropionsäure* kristallisiert zu erhalten. Deren Schmelzpunkt kann zur Identifizierung dienen (64°). Ferner ist eine Bestimmung des Bromgehaltes vorzunehmen (entsprechend der Chlorbestimmung s. S. 1559). Der Bromgehalt beträgt 69 %.

Methacrylsäure-Harze. Das nachstehende Verfahren zum Nachweis dieser Harze im Lackkörper baut sich auf der praktischen Unverseifbarkeit des Methacrylsäureesters auf.

Man verseift zunächst den Lackkörper durch längeres Kochen mit methanolischer Kalilauge (etwa 1 n) und trennt das Unverseifbare, das den unmittelbar nicht verseifbaren Methylacrylsäureester enthält, in üblicher Weise ab. Dieses mischt man mit etwa der gleichen Menge Kieselsäurepulver (eventuell feinem, gewaschenem und geglühtem Seesand) und destilliert aus einem kleinen Kölbchen. Das Destillat, das nunmehr den monomeren Ester enthält, verseift man mit 1 n alkohol. Kalilauge und prüft das Destillat nach S. 1584 auf Methanol. Den Destillationsrückstand dampft man auf dem Wasserbade zur Trockne ein, nimmt mit etwas Wasser auf und reduziert mit verd. Schwefelsäure und Zinkstaub unter schwachem Erwärmen. Bei Gegenwart von Methacrylsäure entsteht der charakteristische Geruch der gebildeten Isobuttersäure (Gegenprobe mit bekanntem Material!).

Unterscheidung von Acryl- und Methacrylsäure. Aus der Substanz kann man durch Erhitzen die Säure durch Depolymerisation frei machen oder aus der Verseifungslösung der Ester mit Mineralsäuren in Freiheit setzen und ausäthern. Die Reduktion mit Natriumamalgam ergibt bei der Acrylsäure Propionsäure und bei der Methacrylsäure Isobuttersäure (Geruch unverkennbar). Der monomere Ester der Methacrylsäure riecht im allgemeinen angenehm. Acrylsäure Schmp. 13° C, Sdp. 141° C, Methacrylsäure Schmp. 15° C, Sdp. 161° C.

Chlorkautschuk. *Stabilität.* Die hervorragenden Eigenschaften von Chlorkautschuk können nur dann richtig ausgenutzt werden, wenn eine Abspaltung von Chlorwasserstoff weitgehend verhindert ist. Die Untersuchung in dieser Richtung gilt daher als wichtigste Prüfung für Chlorkautschuk. Sie wird als Stabilitätsprüfung[1] bezeichnet und wie folgt durchgeführt:

Reagensgläser, etwa in der Größenabmessung 25 × 160 mm, werden mit 7 g Xylol und 3 g Chlorkautschuk beschickt. Eine zweckmäßig mit Hilfe einer Glasglocke gehaltene Glaspinzette wird als Verschluß aufgesetzt und in die Pinzette Kongorot-Papier als Indicator auf Salzsäure eingesteckt. Das Papier soll $^1/_2$ cm aus der Pinzette herausstehen und bis 5 cm an die Flüssigkeitsoberfläche heranreichen.

Die einzelnen Prüfgläser werden in ein Heizbad von 100° eingesetzt und die Zeit beobachtet, bis sich das Kongorot-Papier an seinem unteren Ende kornblumenblau anfärbt. Durch das sich kondensierende Xylol wird das Papier in seiner Farbe etwas verändert, jedoch ist der Umschlag deutlich zu erkennen.

Die Zeit, die bis zum Umschlag des Kongorot-Papiers verstreicht, wird als Maß für die Stabilität angegeben. Gut stabile Chlorkautschuk-Marken dürfen auch nach mehrstündigem Erhitzen auf 100° noch keine Abspaltung von Chlorwasserstoff zeigen.

Manchmal wird die Prüfung, wenn bei gut stabiler Sorte die Zeit bis zum Umschlag gemessen werden soll, zur Abkürzung bei 130° vorgenommen. Diese die Dauerbeanspruchung für Chlorkautschuk in der Praxis weit übersteigende Temperatur kann jedoch die Stabilitätsunterschiede in einem Verhältnis zeigen, das der praktischen Stabilität bei normaler Temperatur nicht ganz entspricht und auch weitgehend stabile Sorten unter Umständen zu schlecht erscheinen läßt.

---

[1] A. Nielsen: Chlorkautschuk und die übrigen Halogen-Verbindungen des Kautschuks. Leipzig: Hirzel 1937.

Wenn Chlorkautschuk-Sorten bei 130° viele Stunden beständig sind, dann kann man sicher sein, daß äußerst stabile Produkte vorliegen; wenn sie aber z. B. schon nach 5 bis 10 Min. Chlorwasserstoff abspalten, können unbrauchbare Produkte vorliegen. Eine Nachprüfung bei 100° erscheint dann zur richtigen Beurteilung nötig.

Quantitative Bestimmung des Chlors. Die quantitative Bestimmung des Chlorgehaltes von Chlorkautschuk und anderen Chlor enthaltenden Polymerisaten kann nach mehreren Verfahren durchgeführt werden.

In einem Eisen- oder Nickeltiegel[1] werden 0,2 bis 0,5 g des Chlor enthaltenden festen Stoffes in einigen ml eines chlorfreien Lösungsmittels gelöst und mit etwa 3 g wasserfreiem Natriumcarbonat vermengt. Unter häufigem Rühren verjagt man nun das Lösungsmittel und vermischt den Rückstand mit dem etwa gleichen Volumen Natriumperoxyd. Die Mischung bedeckt man mit einer dünnen Schicht von Natriumcarbonat und erhitzt, vom Rande her anfangend, die Masse, bis diese nur noch schwach grau gefärbt ist. Der Rückstand wird in Wasser gelöst und die Lösung etwa $^1/_4$ Std. zum Sieden erhitzt. Dann läßt man abkühlen, gibt chlorfreie verd. Salpetersäure bis zur deutlich sauren Reaktion und 50 ml 0,1 n Silbernitrat-Lösung hinzu.

Nach Zugabe von etwa 1 ml etwa 10%iger Eisen(III)-sulfat-Lösung titriert man den Überschuß der Silbernitrat-Lösung mit 0,1 n Kalium- oder Ammoniumrhodanid-Lösung zurück bis zur schwachen Rotfärbung.

Ist die angewendete Substanzmenge $= a$ und die zum Zurücktitrieren verbrauchte Menge in ml $= b$, so ist der Chlorgehalt in %:

$$0,3546\,(50 - b)/a$$

Liegt der chlorhaltige Stoff in Lösung vor, so kann man unmittelbar die Lösung einwägen und mit Natriumcarbonat vermischen usw., vorausgesetzt, daß das Lösungsmittel chlorfrei ist. Bei chlorhaltigem Lösungsmittel muß dieses erst entfernt werden, sei es durch Abdampfen der Lösung oder durch Abtreiben mit Wasserdampf oder durch Ausfällen des chlorierten Produktes (z. B. mit Leichtbenzin). Im letzteren Fall muß das ausgefallene Produkt dann in einem geeigneten Lösungsmittel gelöst und wieder gefällt werden, um alles chlorhaltige Lösungsmittel sicher zu entfernen.

Bei der Berechnung bringt man für Chlorkautschuk und chloriertes Polyvinylchlorid 64% Chlorgehalt in Ansatz, bei Polyvinylchlorid 55%. Am sichersten geht man, wenn man mit dem nach Löslichkeitseigenschaften und Viscosität usw. vermutlich vorliegenden chlorhaltigen Filmbildner die unbedingt erforderliche Blindprobe (Chlorbestimmung) vornimmt und diese der Berechnung zugrunde legt.

Bei Serien-Untersuchungen empfiehlt sich das Verfahren von W. GROTE und H. KREKELER[2], nach dem sich die Chlorbestimmung in organischen Stoffen schnell und exakt durchführen läßt.

Die chlorhaltige Substanz wird am Quarzkontakt verbrannt und das chlorwasserstoffhaltige Gas absorbiert. Die Apparatur besteht aus einem 500 mm langen Quarzrohr von 17 mm lichter Weite. In diesem Rohr sind 3 Ansätze eingeschmolzen. Außerdem enthält das Quarzrohr innen eine durchlöcherte Klarquarzplatte und 2 Quarzfilterplatten. Das Quarzrohr ist an der einen Seite mit der Absorptionsvorlage durch einen Schliff verbunden, auf der anderen Seite befinden sich 2 Waschflaschen zur Reinigung der Luft oder des Sauerstoffes. In der Absorptionsvorlage, an eine Wasserstrahlpumpe angeschlossen, befinden sich eine Glasfritte und unterhalb dieser eine Anzahl von Glasperlen. Die Vorlage wird mit einer Lösung von 8% Natriumsulfit in 0,1 n Natronlauge gefüllt, und zwar jeweils zur Hälfte oberhalb und unterhalb der Glasfritte. Die Substanz wird in ein Schiffchen eingewogen und in das Quarzrohr zwischen Klarquarzplatte und Lufteintrittsöffnung geschoben. Das Quarzrohr wird zunächst zwischen den Quarzfilterplatten auf Rotglut erhitzt. Nun öffnet man die Wasserstrahlpumpe, und zwar so, daß etwa 3 Luftblasen pro Min. durchperlen. Das Schiffchen wird dann von der Plattenseite her erhitzt und hierbei der Luftdruck so eingestellt, daß ein völlig rußfreies Verbrennen stattfindet. Nach der Verbrennung wird der Inhalt der Vorlage in ein Becherglas übergespült und mit verd. Schwefelsäure angesäuert. Nach dem Verkochen des Schwefeldioxyds werden noch 6 ml konz. Schwefelsäure zugefügt und das Chlorid nach VOLHARD bestimmt.

---

[1] K. STOECKHERT: Kunststoffe **37**, 53 (1942).

[2] W. GROTE u. H. KREKELER: Angew. Chem. **46**, 106 (1933); H. KREKELER: ebenda **50**, 337 (1937).

B. E. GELLER[1] verascht die Substanz statt mit Natriumperoxyd mit Natriumperborat. Im übrigen ist die Methode mit der von STOECKHERT vollkommen
identisch. H. HOFMEIER und W. SCHRÖDER[2] schlugen vor, die Bestimmung
des Chlors in Polyvinylchlorid unter Benutzung von Mischsäure vorzunehmen.
Schließlich sei noch die Methode von H. HUNSDIECKER[3] erwähnt, bei der die
Bestimmung des aliphatisch gebundenen Halogens durch Umsetzen mit Pyridin
quantitativ vorgenommen wird.

Polymere Kohlenwasserstoffe[4]. Die polymeren Kohlenwasserstoffe sind unverseifbare, helle, lichtechte, zähflüssige bis kautschukähnliche Produkte, sofern
sie aliphatischer Natur sind. Sie können aber auch harzähnliche Pulver oder
Gläser sein, wenn sie sich von aromatischen Monomeren ableiten. Praktisch
sind sie mit anderen Bindemitteln nicht verträglich. Hierin besteht ein Unter-
scheidungsmerkmal gegenüber den Polyvinyläthern.

Die bekanntesten Vertreter sind Polyisobutylen und Polystyrol. Ersteres
ist physikalisch leicht zu kennzeichnen durch seine weichkautschukähnlichen
Eigenschaften im Film, durch seine gute Haftfestigkeit auf den verschiedensten
Untergründen und durch seine Löslichkeit, die sich in der Hauptsache auf
Kohlenwasserstoffe beschränkt.

Polystyrol ist durch seine völlige Farblosigkeit und absolute Lichtechtheit
charakterisiert. Es besitzt ein spezifisches Gewicht von 1,06 und einen Brechungsindex von über 1,50, löst sich in Benzol-Chlorkohlenwasserstoffen,
höheren Estern und Cyclohexanon, dagegen nicht in Mineralölen.

Polystyrol läßt sich auch physikalisch durch die Bestimmung des Verlust-
winkels oder der Dielektrizitätskonstanten erfassen, da diese Werte sehr hoch
liegen und von Feuchtigkeit praktisch nicht beeinflußt werden.

Verlustwinkel: tgδ etwa 0,0002. Dielektrizitätskonstante: $\sim$2,5.

Polystyrol-Harze. Die Prüfung auf Polystyrol-Harze verbindet man zweckmäßig mit der Prüfung auf Cumaron-Harze (s. S. 1554).

In einer kleinen Retorte zersetzt man die Substanz durch Erhitzen und fängt einige ml
des Destillates auf. Bei wenig Substanz wird in einem kleinen Reagensglas, in dessen oberem
Teil sich ein Pfropfen aus Glaswolle befindet, erhitzt. Das aufgefangene Destillat, welches
im Falle des Polystyrols aus monomerem Produkt besteht, wird in wenig Äther gelöst und
mit einem Überschuß an Brom-Dämpfen behandelt. Nach dem Verdunsten des Äthers erhält man Kristalle von Dibromstyrol, die aus Benzin umkristallisiert werden können
(Schmp. 74°). Verd. Salpetersäure oxydiert das Styrol bei gelinder Erwärmung zu Benzoesäure, die dann isoliert und nachgewiesen werden kann.

Styrol-Bestimmung in Kohlenwasserstoff-Harzen. R. C. CRIPPEN und C. F. BONILLA[5] bestimmen Styrol durch Depolymerisation des Polystyrols und Überdestillieren der monomeren Produkte mit überhitztem Wasserdampf in eine Vorlage, die mit Tetrachlorkohlenstoff beschickt ist. Ein aliquoter Teil der Tetrachlorkohlenstoff-Lösung wird nun mit Mischsäure nitriert und die in der wäßrigen Schicht auftretende Farbe colorimetrisch gemessen.
Die Farbintensität ist proportional dem Styrol-Gehalt.

Am einfachsten kann Monostyrol durch spektrographische Analyse nachgewiesen und
quantitativ bestimmt werden[6].

Trennung von Polystyrol und Polyisobutylen. Wenn dieser analytische Sonder-
fall bei der Lackanalyse auch verhältnismäßig selten vorkommt, so sei doch
hier der Hinweis von K. THINIUS[7] angebracht.

[1] B. E. GELLER: Betriebs-Lab. (Russ.) **16**, 266 (1950).
[2] H. HOFMEIER u. W. SCHRÖDER: Kunststoffe verein. Kunststoff-Techn. u. -Anwend.
34, 104 (1944).
[3] H. HUNSDIECKER: Ber. dtsch. chem. Ges. **76**, 264 (1943).
[4] C. ELLIS: Zit. S. 1554, Fußnote 2.
[5] R. C. CRIPPEN u. C. F. BONILLA: Kunststoffe **39**, 124 (1949).
[6] J. E. NEWELL: Analytic. Chem. **23**, 445 (1951).
[7] K. THINIUS: Farben, Lacke, Anstrichstoffe **4**, 381 (1950).

Qualitativ. Polystyrol gibt bei Behandlung mit einem Gemisch von Methylenchlorid mit konz. Salpetersäure (45 %ig) eine rotbraune Färbung. Ist weniger Polystyrol vorhanden, so geht die Färbung ins Gelbliche über.

Quantitativ. Polystyrol löst sich sehr leicht in Äthylacetat, während Polyisobutylen darin nur schwach quellfähig ist. Extrahiert man Mischfilme aus beiden Komponenten längere Zeit (4 Tage), so kann man eine annähernde Abtrennung beider Komponenten erzielen.

Eine einfache Methode zur Analyse von Polybutadien und Butadien-Styrol-Copolymeren liegt in der IR-Spektroskopie[1] vor.

Unterscheidung von Naturkautschuk und Buna. Beim Kochen der Substanz mit Chromsäure-Lösung entsteht bei Naturkautschuk durch oxydativen Abbau Essigsäure, die abdestilliert und nachgewiesen werden kann (s. S. 1539). Buna zeigt am Tageslicht violettbraune Verfärbung der Oberfläche, die von der hellen Farbe frischer Schnittflächen absticht. Buna S ergibt beim Erwärmen Styrol.

Polyisobutylen. Polyisobutylen ist ein gesättigter Kohlenwasserstoff, der in seiner äußeren Erscheinungsform dem Rohkautschuk ähnlich ist. Der polymere Charakter bestimmt auch seine Verträglichkeit mit anderen hochmolekularen Stoffen, wie z. B. Kautschuk, Guttapercha, Polystyrol und Polyäthylen. Charakteristische Nachweisreaktionen sind bis heute nicht bekannt. Die Charakterisierung der Brennbarkeit von Isobutylen kann mit der Bezeichnung „festes Petroleum" erfolgen. Bei der trockenen Destillation tritt Depolymerisation ein.

Styrolisierte Öle und Harze. Die analytische Untersuchung dieser Lackrohstoffe läuft in erster Linie darauf hinaus, daß man qualitativ die Anwesenheit von Styrol feststellt und quantitativ nach dem Vorschlag von C. P. A. KAPPELMEIER und W. R. VAN GOOR[2] aus der Verseifungszahl den Gehalt an Styrol berechnet.

Die qualitative Prüfung auf die Anwesenheit von Styrol läßt sich (nach Verflüchtigung des evtl. vorhandenen Lösungsmittels) einfach dadurch erbringen (vgl. S. 1560), daß man durch Erhitzen das anwesende Polystyrol wieder depolymerisiert und durch den charakteristischen Geruch und evtl. durch Addition von Brom in Chloroform-Lösung das Styroldibromid mit dem Schmp. 74,5° herstellt.

Quantitative Untersuchung. Unter der Voraussetzung, daß bei styrolisierten Ölen und Harzen keine Fremdbestandteile zugegen sind — und dies wird in der Regel deswegen der Fall sein, weil sich styrolisierte Öle und Harze mit anderen Lackrohstoffen schlecht vertragen —, kann man nach KAPPELMEIER und GOOR aus der VZ den annähernden Gehalt an Styrol berechnen. Dabei wird bei trocknenden Ölen eine durchschnittliche VZ von 190 angenommen, und unter diesem Vorbehalt ist dann der Prozentgehalt an trocknendem Öl im styrolisierten Öl:

$$\% \text{ Ölgehalt} = \frac{10 \cdot \text{VZ}}{19}$$

Der Gehalt an Styrol ist dann die Ergänzung zu 100.

Voraussetzung ist hierbei aber, daß die Verseifungszahl nicht in der üblichen Weise nach den Einheitsmethoden bestimmt wird, sondern daß darauf geachtet werden muß, daß während der Verseifung keine Niederschläge eintreten, was in der Regel durch den Zusatz einer ausreichenden Menge Benzin oder Toluol verhindert werden kann.

Da bei der Analyse von styrolisierten Ölen damit zu rechnen ist, daß Katalysatoren, wie Dibenzoylperoxyd, verwendet wurden, die bei der Polymerisation zu Benzoesäureestern umgewandelt werden können, ist mit einer Erhöhung der Verseifungszahl zu rechnen.

[1] J. L. BINDER: Analytic. Chem. **26**, 1877 (1954).
[2] C. P. A. KAPPELMEIER u. W. R. VAN GOOR: Verfkroniek **23**, 263 (1950).

Trotzdem zeigen die der Veröffentlichung von KAPPELMEIER und GOOR entnommenen Zahlen (vgl. Tab. 374), daß die Verseifungszahl eines styrolisierten Öles eine brauchbare Methode zur Analyse dieser Produkte sein kann.

Zur Bestimmung von Polystyrol in styrolisierten Alkyd-Harzen wird häufig so vorgegangen, daß man das Untersuchungsmaterial verseift, von Dicarbonsäuren abfiltriert und zur Trockne eindampft. Aus dem Rückstand extrahiert man dann das Styrol mit 87%igem Methanol[1].

Um den Grad der Styrolisierung sowie das nicht umgesetzte Styrol bzw. Polystyrol in einem styrolisierten Öl zu bestimmen, bedient man sich der Arbeitsmethode von K. HAMANN[2]. Nach der Verseifung wird die Mischung von Fettsäuren und Styrol bzw. Polystyrol über einen Ionen-Austauscher geschickt. Auf diese Weise werden die styrolisierten Fettsäuren von Styrol bzw. Polystyrol getrennt. Die styrolisierten Fettsäuren können nach der Veresterung mit Methanol durch fraktionierte Destillation in Monostyrol-, Distyrolfettsäureester und höhere styrolisierte Fettsäureester getrennt werden.

Zu beachten ist bei styrolisiertem Alkyd-Harz (KAPPELMEIER und GOOR) die Anwesenheit von Benzol:

5 g styrolisiertes Alkydharz werden in 75 ml Benzol aufgelöst und mit 50 ml 1 n Kalilauge, die mit *absol.* Alkohol hergestellt ist, versetzt. Es wird $1^{1}/_{2}$ Std. gekocht, und nach dem Abkühlen werden 16 ml Äther zugefügt. Der hierbei entstehende Niederschlag wird mit einer Mischung von ungefähr gleichen Volumenteilen absol. Alkohol, Benzol und Äther ausgewaschen. Auf diese Weise erhält man das Kaliumphthalat frei von Verunreinigungen durch Styrol-Produkte.

Aus dem Filtrat wird nunmehr das Lösungsmittel-Gemisch abdestilliert und der Rückstand auf bekannte Weise mit verd. Salzsäure ausgewaschen. Dann wird mit Äther ausgeschüttelt und neutral gewaschen, und nunmehr hat man die styrolisierten Fettsäuren isoliert vorliegen. Die Phthalsäuren und die mehrwertigen Alkohole (Glycerin usw.) sind abgetrennt und können nach den Regeln der Ölanalyse (vgl. S. 1625) für sich analysiert werden. Die Bestimmung des Polystyrol-Gehaltes erfolgt nach den unten angegebenen Richtlinien für styrolisierte Öle.

Tabelle 374

Verseifungszahlen	Gehalt an Styrol in %	
	berechnet auf die Zusammensetzung	berechnet auf die Verseifungszahlen
172	10,0	9,5
136/137	30,0	28,0; 28,0
116/119	40,0	39,0; 37,5
99	50,0	48,0
89/90	60,0	53,0; 52,0
62	70,0	67,5
46/47	80,0	76,0; 75,0
25	90,0	87,0

Hinsichtlich der Schlußfolgerungen, die man aus der hier gegebenen Analytik auf die Konstitution der Styrol-Lackrohstoffe ziehen kann, sei auf die angegebene Originalliteratur verwiesen.

Die Anwendung der UV-Spektroskopie bei der Analyse von stryolisierten Ölen in Aldehyd-Harzen beschreiben HIRT und Mitarbeiter[3].

Trennung und Identifizierung von Kunstharz-Gemischen. Liegt ein Gemisch von unbekannten Kunstharzen vor, so kann man mit Hilfe einzelner Nachweise nur schlecht zum Ziele kommen, da manche Reaktionen verschiedenen

[1] M. H. SWANN: Analytic. Chem. **25**, 1735 (1953).
[2] K. HAMANN: Dtsch. Farben-Z. **10**, 93 (1956).
[3] R. C. HIRT, R. W. STAFFORD u. R. G. SCHMITT: Analytic. Chem. **27**, 354 (1955), vgl. auch D. HUMMEL: Zit. S. 1535, Fußnote 1.

Tabelle 375. *Löslichkeit von Kunstharzen nach* O. MERZ

	Cumaron-Harz	Aldehyd-Harze	Phenol-Harze (Novolake)	Phenol-Harze (Resole)	Alkylphenol-Harze	Modifizierte Phenol-Harze	Harnstoff-Harze	Polyvinylacetate	Polyvinylchloride	Polyvinylchloracetate	Polyvinylacetale	Polyacrylate	Polyvinyläther	Maleinat-Harze	Alkyd-Harze	Cyclohexanon-Harze	Polystyrole	Celluloseacetat	Cellulosenitrat	Äthylcellulose	Benzylcellulose	Chlorkautschuk
Äthylalkohol	u	l	l	l	t	u	l.	t	u	u	u	u	l	u	u	u	u	u	u	l	u	u
Äthyläther	l	l	l	u	l	l	u	u	u	t	u	u	l	l_1	l_1	l	u	u	l	l	—	u
Äthylacetat	l	l	l	l	l	l	t	l	l	l	u	l	l	l	l	l	u	u	l	l	t	l
Äthylglykol	t	l	l	l	l	l_1	l	l	t	l	u	u	l	u	l	l	u	u	l	l	l	l
Äthylglykolacetat	l	l	—	l	l	l	t	l	l	l	t	l	l	l	l	l	u	u	l	t	t	l
Amylalkohol	t	l	l	l	l	t	l	t	u	u	u	u	—	t	u	l	u	u	u	l	t	u
Amylacetat	l	t	l	l	l	l	t	l	l	l	—	t	l	l	l	l	ul	l	l	l	l	l
Aceton	t	l	l	l	l	l_1	t	l	l	l	t	l	l	l	l	l	u	u	l	l	t	l
Benzin	u	u	u	u	l	l_1	u	u	u	u	u	u	t	l_1	l	l_1	u	u	u	u	u	u
Benzol	l	u	u	u	l	l	t	l_2	t	t	u	l	l	l	l	l	u	u	u	l	u	l
Benzylalkohol	l	l	l	ul	l	l	l	u	u	t	—	l	—	l	l	l	l	l	l	l	l	—
Butanol	t	l	l	l	l	u	l	u	l	u	t	u	t	t	u	l	u	u	u	u	—	u
Butoxyl	l	t	—	l	l	l	l_1	l	l	l	u	l	l	l	l	l	u	u	l	l	l	l
Butylacetat 100%	l	l	l	l	l	l	t	l	l	l	u	l	l	l	l	l	u	u	l	l	l	l
Butylacetat 85%	l	l	l	l	l	l	t	l	t	l	t	l	l	l	l	l	u	u	l	l	l	—
Butylglykol	l	t	—	l	l	l	l	u	t	l	l	u	t	l	l	l	u	u	l	t	t	l
Butylpropionat	l	t	l	l	l	l	t	l	l	l	—	t	—	l	l	l	l	—	—	u	l	l
Chlorbenzol	l	t	—	u	l	l	l	l	l	—	u	l	l	t	l	l	l	u	u	l	l	l
Chlortoluol	l	u	—	u	l	l	l	l	l	—	u	l	l	t	l	l	l	u	t	l	—	l
Diacetonalkohol	t	l	l	l	l	t	l	l	t	l	—	l	—	t	l	u	u	l	t	u	l	l
G.B.-Ester	l	t	—	l	l	l	t	l	l	—	l	l	t	t	l	u	u	t	l	u	l	l
Hochsieder Bu	l	u	—	u	l	l	l	t	l	—	u	l	t	l	l	l	—	u	l	l	—	l
Isopropanol	l	l	l	l	l	u	l	u	u	u	—	u	—	t	u	u	u	u	u	l	u	u
Lösungsmittel E 13	t	l	—	l	l	u	l	t	u	t	l	l	l_1	l_1	l	l_1	u	l	l	l	u	t
Lösungsmittel E 33	t	l	—	l	l	t	l	l	t	u	l	l	l	u	l	l_1	u	l	l	l	—	u
Lösungsmittel EMA	—	l	l	l	—	u	l	l	—	—	—	l	—	l	l	l_1	l	l	l	l	—	l
Lösungsmittel TA	—	—	—	l	—	l	l	l	l	—	l	—	l	l	l	l	l	l	l	l	—	l
Metal.	l	l	—	—	—	—	l	—	—	—	l	—	—	l	—	—	l	l	u	—	—	—
Methanol	t	t	l	t	t	u	l_1	l	u	u	—	u	l	u	u	u	u	u	u	l	u	u
Methyläthylketon	l	l	l	l	l	l	l_1	l	l	l	l	l	l	l	l	l	l	l	l	l	l	l

Tabelle 375. *Löslichkeit von Kunstharzen nach* O. MERZ *(Fortsetzung)*

	Cumaron-Harz	Aldehyd-Harze	Phenol-Harze (Novolake)	Phenol-Harze (Resole)	Alkylphenol-Harze	Modifizierte Phenol-Harze	Harnstoff-Harze	Polyvinylacetate	Polyvinylchloride	Polyvinylchloracetate	Polyvinylacetale	Polyacrylate	Polyvinyläther	Maleinat-Harze	Alkyd-Harze	Cyclohexanon-Harze	Polystyroe	Celluloseacetat	Cellulosenitrat	Äthylcellulose	Benzylcellulose	Chlorkautschuk
Methylacetat	u	l	l	l	l	u	t	l	t	t	—	l	l	l	l	l	ul	l	l	l	l	l
Methylenchlorid	l	t	—	l	l	l	l	l	l	l	—	l	l	l	l	l	l	u	u	l	l	l
Methylglykol	u	—	—	l	l	u	l	l	t	l	—	u	—	u	l_1	u	u	l	l	—	l	—
Methylglykolacetat	u	t	—	l	l	u	l	l	l	l	—	l	l	l_1	l	l_1	l	l	l	l	l	l
Methylcyclohexanon	—	—	—	—	—	l	l	l	—	—	—	—	—	—	l	l	—	l	l	l	l	l
n-Propanol	—	—	—	—	—	u	l	l	u	u	—	u	—	t	u	u	u	u	u	t	—	u
n-Propylacetat	l	l	l	l	l	l	t	l	l	l	—	l	—	l	l	l	l	u	l	l	l	l
Propylglykol	l	t	—	—	l	l	l	l	t	t	—	u	t	l	l	l	u	u	l	l	l	l
Terpentinöl	—	u	u	u	l	l	u	u	u	—	u	u	u	—	l	l	t	u	u	—	—	u
Tetrachlorkohlenstoff	l	l_4	—	u	l	l	u	l	u	—	u	l	t	—	l	l	l	u	u	l	u	l
Tetralin	l	u	l_3	u	l	l	l	u	t	—	u	l	tl	—	l	l	l	u	u	t	—	l
Toluol	l	u	u	ul	l	l	u	l	l	l	—	l	l	l	l	l	l	u	u	l	u	l
Trichloräthylen	l	u	—	l	l	l	u	l	l	—	u	l	l	l	l	l	l	u	u	l	l	l
Verdünner BB	l	u	—	u	l	l	l	u	u	—	u	l	l	l	l	l	l	u	u	u	—	t
Xylol	l	u	u	ul	l	l	u	u	t	l	—	u	l	l	l	l	l	u	u	l	u	l
Cyclohexanol (Hexalin)	l	l	—	—	l	l	l	u	u	—	u	u	t	t	l	l	u	l	u	l	—	u
Cyclohexanon (Anon)	l	t	—	l	l	l	l	l	l	—	t	l	l	—	l	l	l	l	l	l	l	l
Cyclohexanolacetat (Hexalinacetat)	l	t	l	l	l	l	t	l	l	t	—	l	—	l	l	l	l	l	l	l	—	l

l = löslich, l_1 = löslich im Verhältnis 1:1, bei weiterem Verdünnen erfolgt Trübung oder Ausscheidung, l_2 = löslich im Verhältnis 1:1, bei 0° C Ausscheidung, l_3 = unter Erwärmen löslich, kalt wieder ausfallend, l_4 = unter Erwärmen löslich, in der Kälte nicht mehr ausfallend, l_5 = löslich in Gegenwart von Äthanol, t = teilweise löslich, u = praktisch unlöslich, ul = unlösliche und lösliche Typen, — = Löslichkeitsverhältnis nicht bekannt.

Kunstharzen gemeinsam sind. Oft kommt es aber auch vor, daß bei Kunstharz-Gemischen die Erkennung der einzelnen Farbreaktionen nicht möglich ist, da sie von farbigen Substanzen überdeckt werden. Im Jahre 1938 beschrieb G. BANDEL eine Trennung der Kunstharze nach spezifischen Reaktionen und ihrer Löslichkeit. Er versuchte bestimmte Elemente oder charakteristische Gruppen zu identifizieren und dann die entsprechenden Harze mit Hilfe der Lösungsmittel zu trennen. Auch die Verseifungszahl, die viele Anhaltspunkte über das vorliegende Harzgemisch gibt, hat BANDEL zur Charakterisierung der Harze verwandt.

Auf den Arbeiten von G. BANDEL basierend, hat T. P. G. SHAW[1] einen Trennungsgang für die Kunstharze entwickelt, der in Form von Tabellen nachstehend wiedergegeben wird. Der Vollständigkeit halber wurden solche Lackbestandteile, die in diesem Abschnitt aus Platzmangel unbesprochen bleiben mußten, nicht aus der Übersicht gestrichen.

Nach SHAW wird zunächst das Kunstharz-Gemisch auf Anwesenheit oder Abwesenheit von Halogen, Stickstoff und Schwefel geprüft. Schon aus dieser Prüfung kann, je nachdem, ob die erwähnten Elemente anwesend oder abwesend sind, nach bestimmten Gruppen weiter untersucht werden. Ist Stickstoff, Halogen oder Schwefel abwesend, so wird die Verseifungszahl bestimmt und aus der Höhe derselben das Harzgemisch in bestimmte Gruppen unterteilt. Ist die Verseifungszahl kleiner als 120, so wird die Acetylzahl bestimmt. Aus dieser ergibt sich schließlich eine weitere Unterteilung der Kunstharze.

Tabelle 376. *Kunstharz-Analyse*

Übersichtsschema über die Trennung der Kunstharze nach den charakteristischen Gruppen
(nach T. P. G. SHAW)

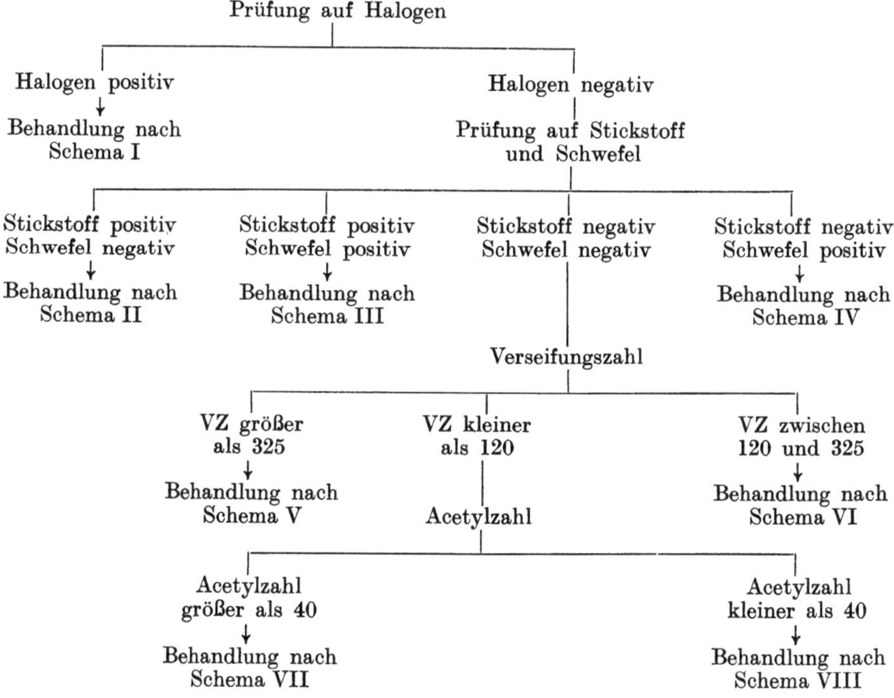

[1] T. P. G. SHAW: Ind. Engng. Chem., analyt. Edit. **16**, 541 (1944); G. LIOTTA: Pitture e Vernici **8**, 163 (1952); A. PALUZZI: Ind. Vernice **8**, 61, 93, 175 (1954).

Schema I
Trennungsgang der halogenhaltigen Harze

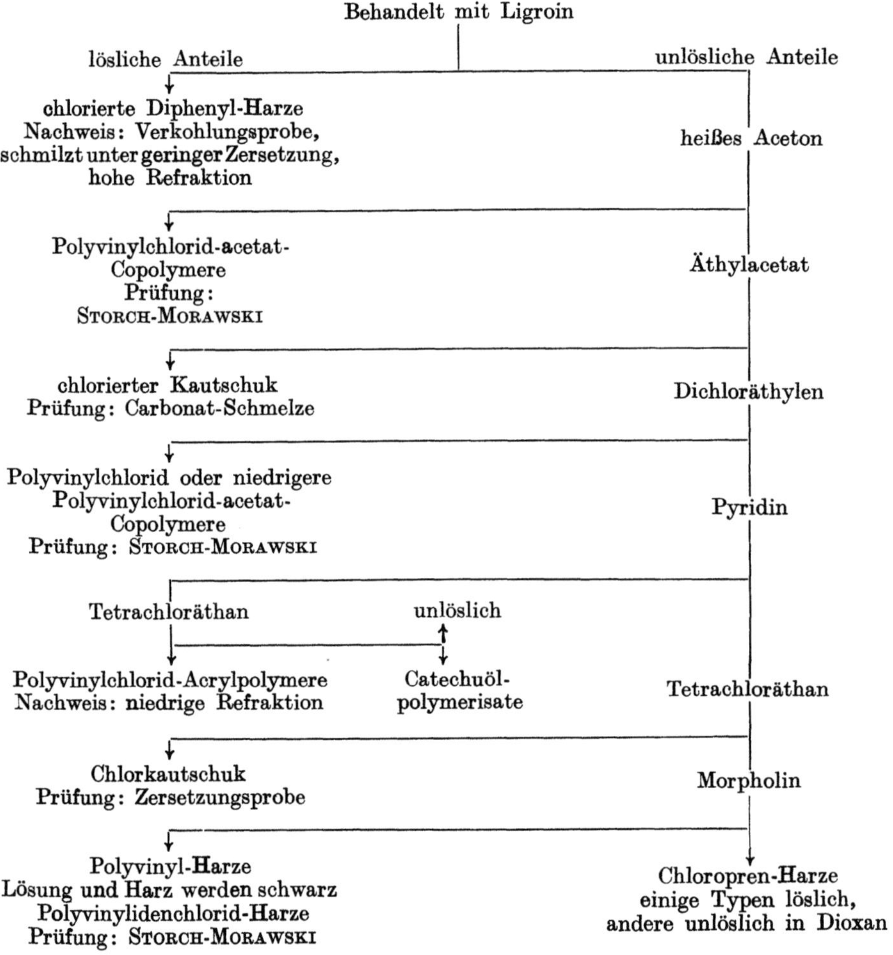

Schema II
Trennungsgang der stickstoffhaltigen Harze
(Schwefel negativ)

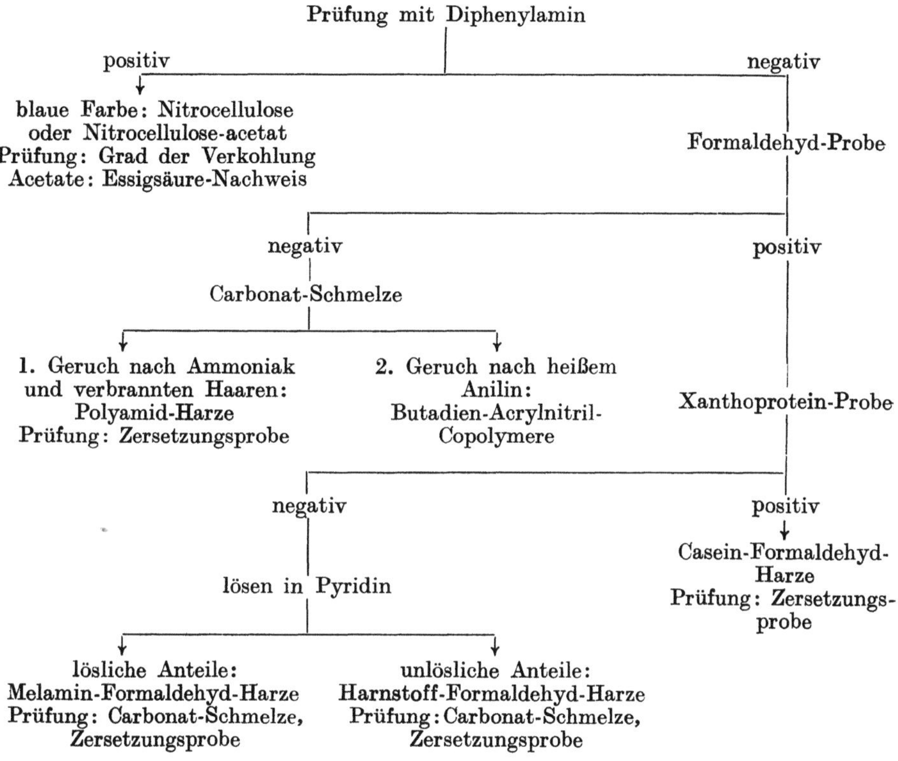

Schema III
Trennung der stickstoff- und schwefelhaltigen Harze

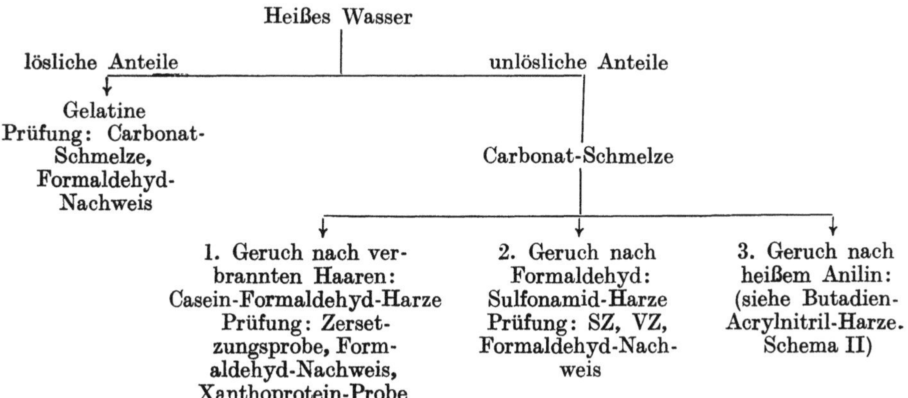

Schema IV
Trennung der schwefelhaltigen Harze

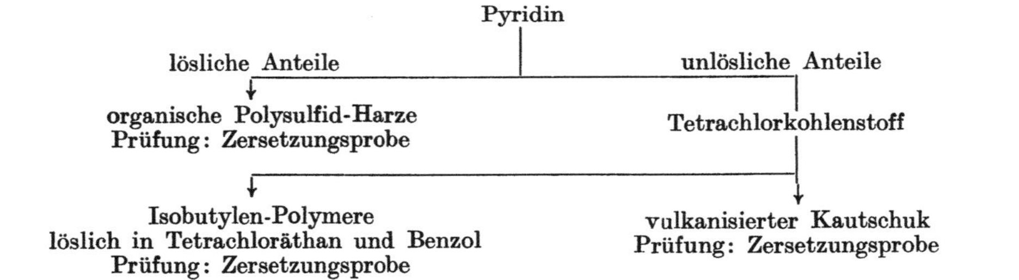

Schema V
Trennung der Kunstharze (VZ größer als 325)

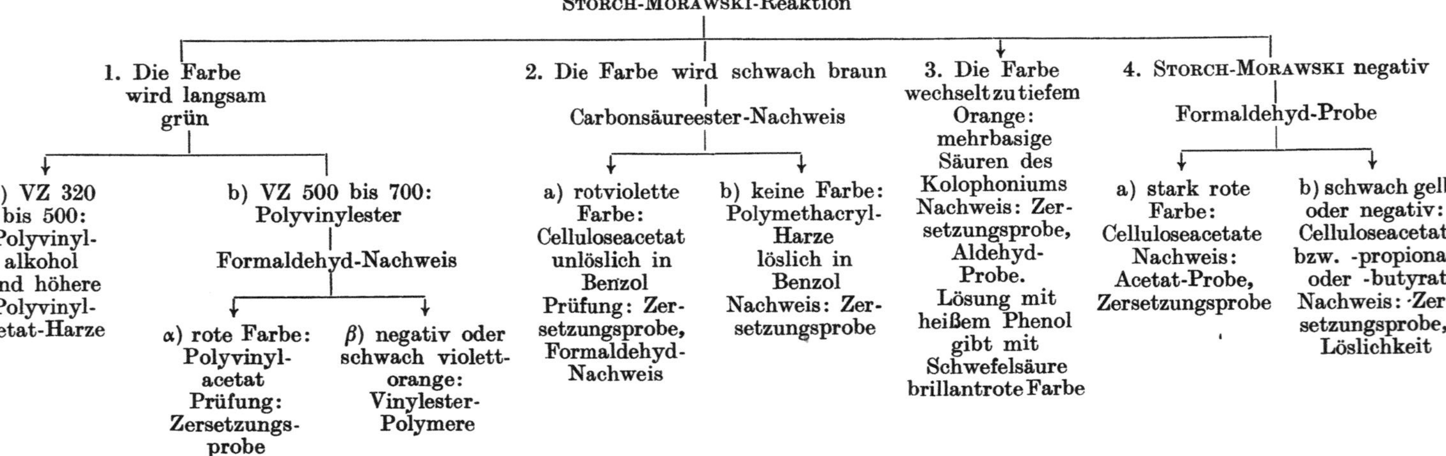

Schema VI
Trennung der Kunstharze (VZ 120 bis 325)

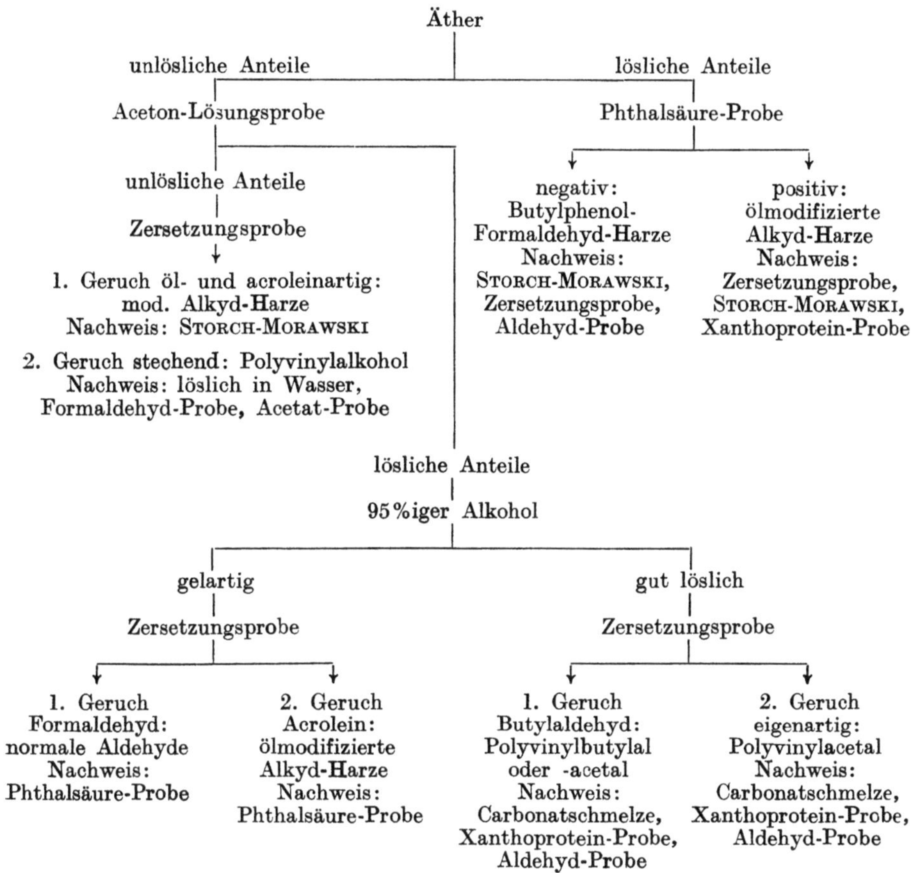

Schema
Trennung der Kunstharze (VZ 120,

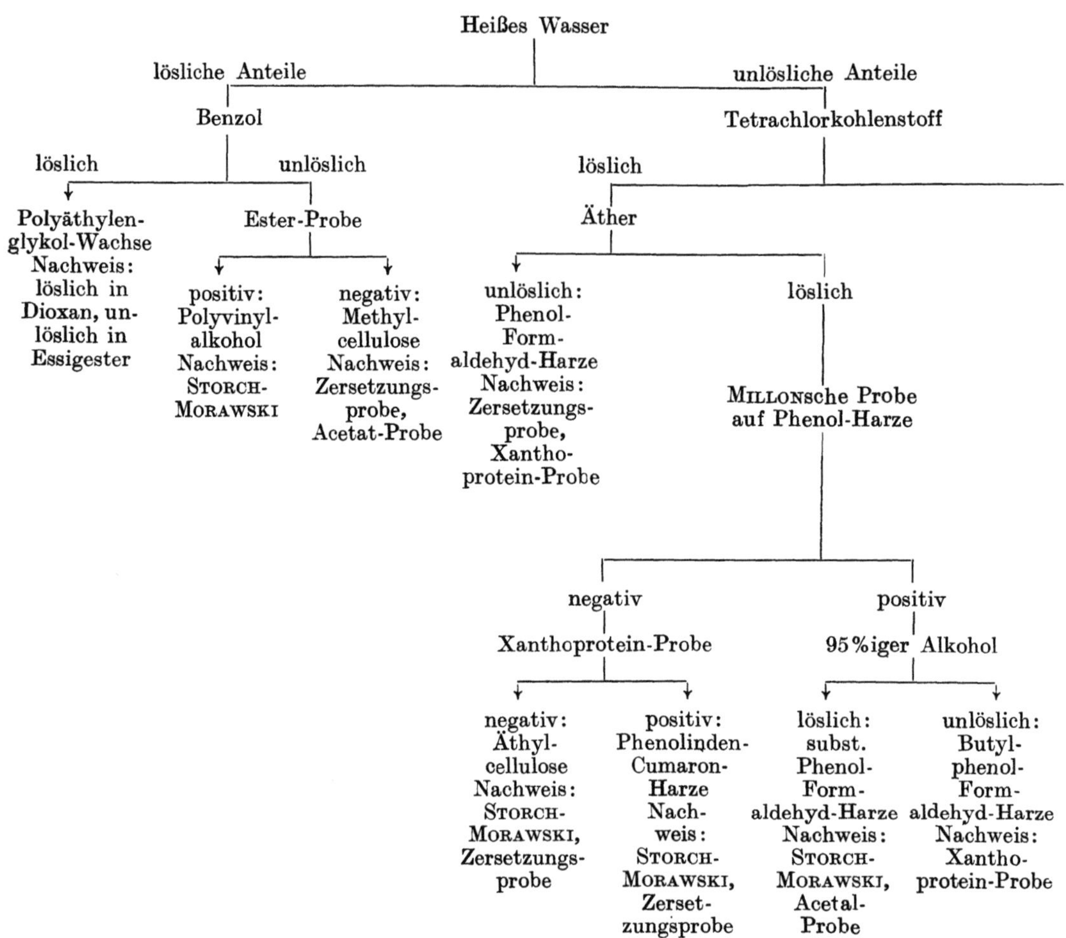

II
cetylzahl größer als 40)

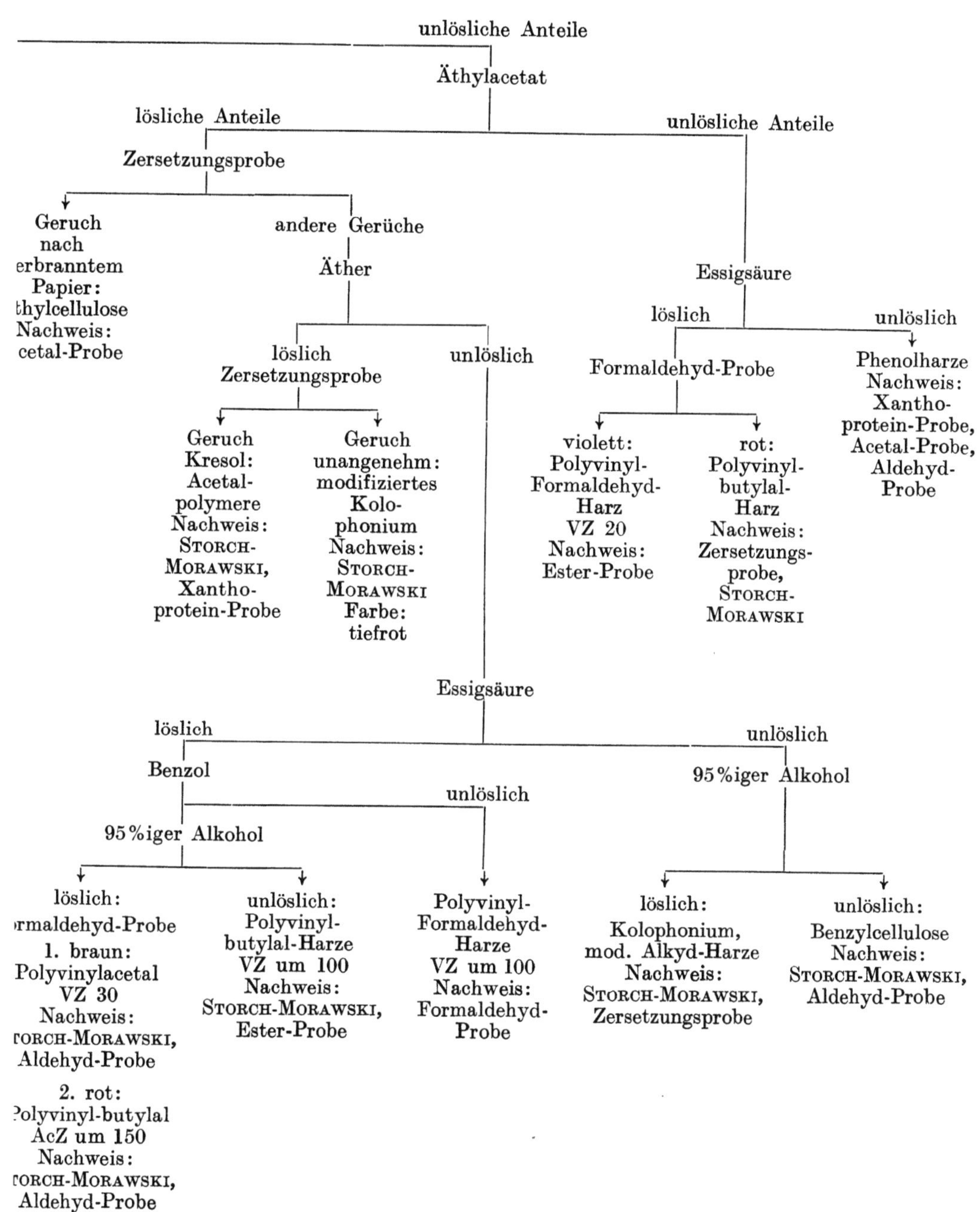

Schema
Trennung der Kunstharze (VZ kleiner

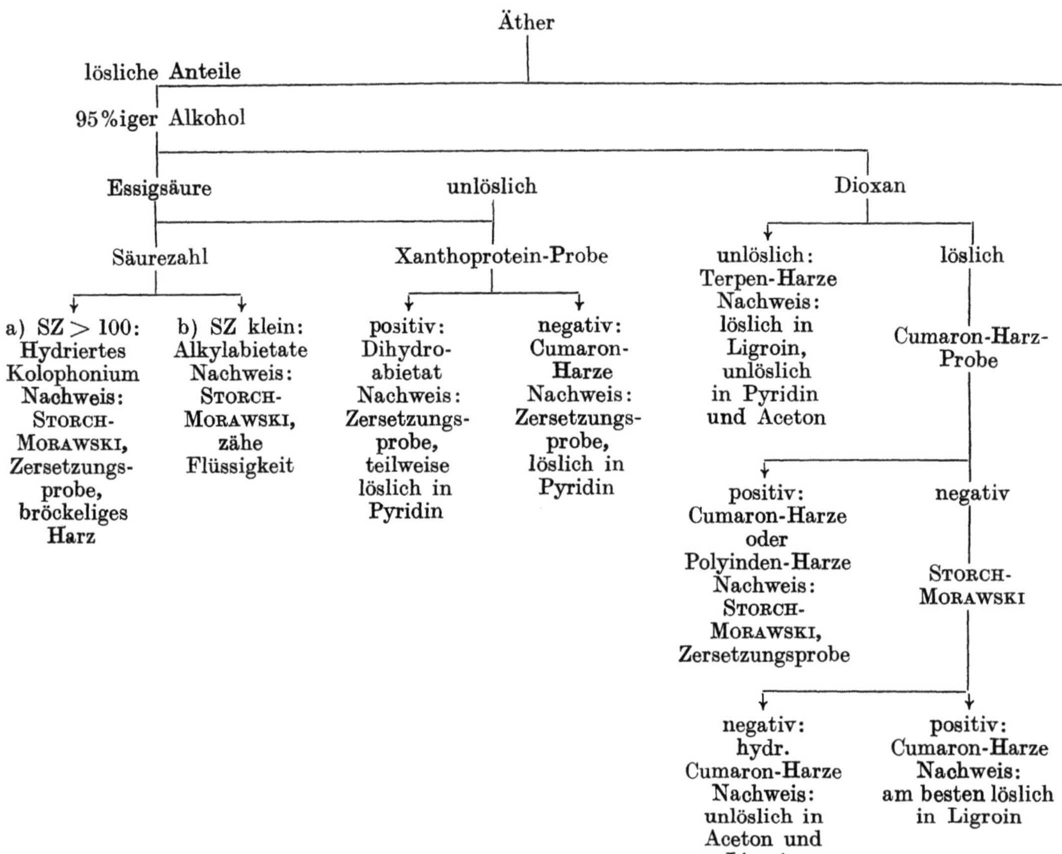

β) Lösungsmittel

Die Untersuchung von Lösungsmitteln ist notwendig bei der Extraktion der Ölsaaten, bei Lösungsmittel-Seifen, Wachs- und kosmetischen Erzeugnissen, besonders aber bei Anstrichmitteln.

Die im vorliegenden Zusammenhang wichtigsten Lösungsmittel sind mit den dazugehörigen Kennzahlen in der Tab. 377 aufgeführt. Nach der chemischen Konstitution können sie in folgende Gruppen eingeteilt werden:

Ester, Ketone, Äther, Alkohole, aliphatische Kohlenwasserstoffe, aromatische Kohlenwasserstoffe, Chlorkohlenwasserstoffe, hydrierte Kohlenwasserstoffe, Methylale, Acetale, Terpen-Derivate (Terpentinöl), Furane.

Sehr häufig liegen auch Mischlösungsmittel aus den genannten Komponenten vor, deren Zusammensetzung nicht bekannt ist, deren Eigenschaften aber nach physikalischen Gesichtspunkten charakterisiert werden. Über ,,latente" Lösungsmittel, Gemische, bei denen die einzelne Komponente kein echtes Lösungsmittel darstellt, vgl. A. Kraus[1].

Da Lösungsmittel allgemein leichtflüchtige Stoffe sind, ist es nicht zu verhindern, daß dort, wo mit diesen Stoffen gearbeitet wird, die Atmosphäre kleinere oder größere Mengen von Lösungsmittel-Dämpfen enthält. Diese, wenn auch chemisch indifferent, haben fast

---

[1] A. Kraus: Handbuch der Nitrocelluloselacke. Teil 1: Lackaufbaustoffe, Lösungsmittel. Berlin: Pansegrau 1955; F. Fritz: Neuere Lösungsmittel und Weichmachungsmittel. Berlin: VEB-Verlag Technik 1957.

III
s 120; AcZ kleiner als 40)

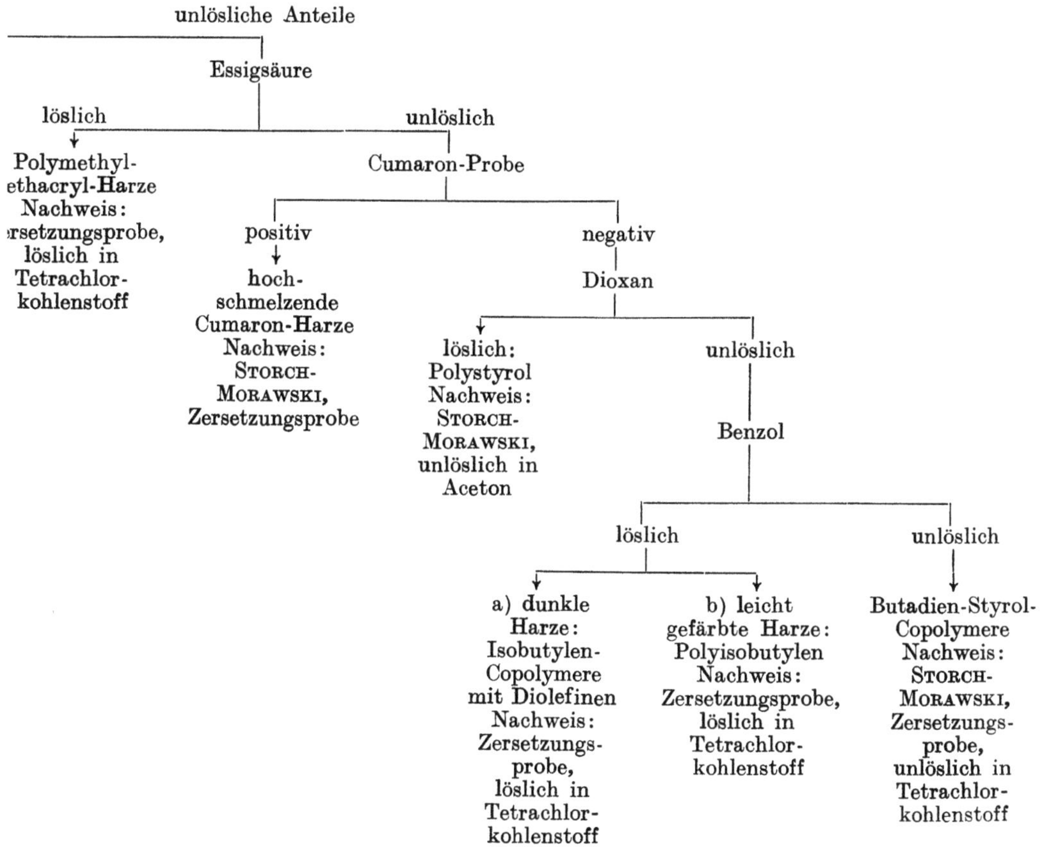

immer einen gewissen physiologischen Einfluß auf den menschlichen Organismus. Die Giftigkeit der Lösungsmittel kennzeichnet FLURY[1] wie folgt:

Allgemeine Nervengifte: Grundwirkung Narkose, aber ohne spezifische Giftwirkung (Benzin, Äther, Ketone, einige Ester); *Lungengifte:* Lösungsmittel mit Reizgas-Charakter, insbesondere Ester, die Ameisensäure abspalten; *Blut-* und *Blutgefäßgifte* (Benzol); *Stoffwechselgifte* (fast alle Chlorkohlenwasserstoffe); *spezifische Nervengifte* (Trichloräthylen, Tetrachlorkohlenstoff); *Nervengifte* (Glykole, Tetrachloräthan).

Auch die Explosionsfähigkeit von Gemischen der Lösungsmittel-Dämpfe und Luft sowie die Brennbarkeit derselben sind zu beachten.

1. Allgemeine Untersuchungsmethoden

Zur Beurteilung und Prüfung von Lösungsmitteln bestimmt man zunächst die wichtigsten physikalischen Konstanten, z. B. Dichte (s. S. 609 ff.), Brechungsindex (s. S. 728 ff.) und Verdunstungszahl. Weiter interessieren die Farbe (siehe S. 716 ff.), der Brennpunkt (s. S. 715) und der Flammpunkt. Dieser kann nach mehreren Methoden (s. S. 713 f.) bestimmt werden[2]. Da für eine genauere Unter-

[1] F. FLURY: Chem. Fabrik **12**, 5 (1939); K. B. LEHMANN und F. FLURY: Toxikologie und Hygiene der technischen Lösungsmittel. Berlin: Springer 1938.
[2] G. ZEIDLER: Dtsch. Farben-Z. **10**, 292 (1956).

Tabelle 377. *Kennzahlen der wichtigsten Lösungsmittel*

Lösungsmittel	Siedebereich	Brechungsindex	Spez. Gew.	Flamm-punkt	VZ bzw. AcZ	Verd.-Zahl
Kohlenwasserstoffe:						
Testbenzin	135—200	1,42—1,44	0,76—0,82	mind. +21	—	88
Leichtbenzin	40—60	1,38—1,41	0,68—0,72	unter —20	—	8,3
Benzol	80	1,50—1,52	0,88	etwa — 8	—	3
Toluol	110	1,489	0,86—0,87	5	—	6
Xylol	135—145	1,49	0,86—0,868	20	—	13,5
Tetralin.	205—210	1,54	0,975—0,977	78	—	190
Dekalin.	185—192	1,475	0,890	57	—	94
Cyclohexan	81	1,426—1,429	0,779	—	—	3,4
Chlorkohlenwasserstoffe:						
Tetrachlorkohlenstoff .	75—77	1,46	1,594—1,596	—	—	4
Methylenchlorid . . .	38—41	1,431	1,324—1,326	—	—	1,8
Chloroform	57—62	1,447	1,498—1,5	—	—	2,5
Trichloräthylen . . .	87—88	1,478	1,46 —1,47	—	—	3,8
Alkohole:						
Methanol	64—65	1,33	0,796	6,5	1750	6,3
Äthanol	80	1,362	0,812	18	1155	8,3
n-Propanol	95—97	1,386	0,802	22	—	17
Isopropanol	80—82	1,379	0,786—0,796	18	—	21
n-Butanol.	114—118	1,395	0,810—0,814	34	750	33
Amylalkohol	100—145	1,40—1,42	0,80—0,81	—	—	62
Benzylalkohol	204—208	1,538	1,045	96	373	1767
Diacetonalkohol . . .	155—156	1,420	0,93	45	—	147
Cyclohexanol	155—165	1,468	0,945	68	561	403
Methylcyclohexanol .	170—180	1,46	0,93	68	492	807
Ketone:						
Aceton	56—72	1,36—1,38	0,79—0,80	—17	0—10	2
Methyläthylketon . .	80	1,379	0,81—0,82	—14	—	6,3
Cyclohexanon	150—156	1,452	0,947	44	—	40
Methylcyclohexanon .	170—175	1,44—1,45	0,919	45	—	47
Ester:						
Methylacetat	56—60	etwa 1,36	0,909	—15	750	2,2
Äthylacetat	75—77	etwa 1,372	0,89—0,90	— 2	600	2,9
n-Propylacetat. . . .	95—105	1,379	0,900	14	549	6,1
Isopropylacetat . . .	85—90	1,3789	0,869	0	—	4,3
n-Butylacetat	123—127	1,395	0,879	25	483	12
Amylacetat	100—145	1,49	0,87	23	400	13
Polysolvan AN . . .	130—160	—	etwa 0,869	31	—	27
Polysolvan HSN . .	160—180	—	etwa 0,874	50	—	75
Polysolvan O	150—195	—	0,98	55	—	460
Butoxyl	167—171	1,407	0,954	60	418	97
Äthylpropionat . . .	95—98	1,390	0,888	8	550	5,9
Butylpropionat . . .	130—143	1,398	0,88	45	—	43
Lösungsmittel E 13 .	55—72	1,356	0,88—0,89	—10	—	2,5
Lösungsmittel E 16 .	77—82	—	0,89	— 5	—	4,7
Lösungsmittel E 33 .	52—60	—	0,89	—10	—	2,3
Glykole und Derivate:						
Methylglykol	122—130	1,40	0,96	36	739	34,5
Äthylglykol	126—138	1,40	0,932	40	—	43
Propylglykol	147—153	1,413	0,910	14	—	68
Butylglykol	168—178	1,41	0,90	60	475	163
Methylglykolacetat . .	138—150	1,40	1,00	44	475	35
Äthylglykolacetat . .	149—160	1,40	0,97	47	4,25	52
Terpenkohlenwasser-stoffe:						
Depanol 7	170—190	—	0,885	50	—	—
Depanol NJV	50—110	—	0,88	50	—	—
Terpentinöl	156—162	1,46	0,85	36	—	—

suchung der Lösungsmittel die genannten Prüfungen nicht ausreichen, folgt nachstehend die Beschreibung weiterer allgemein anwendbarer Verfahren.

Dampfdruck. Aus Gründen der Betriebssicherheit ist es unerläßlich, den Dampfdruck einer Flüssigkeit zu kennen, hauptsächlich dann, wenn bei Zimmertemperatur gefüllte Apparaturen auf höhere Wärmegrade erhitzt werden.

Man füllt ein einseitig geschlossenes Rohr von 80 bis 100 cm Länge mit Quecksilber, taucht es nach Verschließen mit der Öffnung nach unten in Quecksilber ein und öffnet es. Die zu prüfende Substanz wird nun mittels einer umgebogenen Pipette in das Rohr gebracht, wo sie in das Vakuum aufsteigt und dort verdampft. Das mit Quecksilber gefüllte Rohr ist von einem zweiten umgeben, um eine möglichst konstante Temperatur zu halten. Der Dampfdruck ist:

$$p = h - \left(h_1 + \frac{h_2 \cdot D}{13{,}6}\right)$$

h und h_1 = Höhe des Quecksilberspiegels in dem Rohr vor und nach dem Einbringen der Substanz; h_2 = Höhe der nicht verdampften Substanzschicht; D = Dichte der Substanz.

Bei höheren Temperaturen ist der Dampfdruck des Quecksilbers bei der betreffenden Temperatur von dem berechneten Betrag abzuziehen.

Siedebereich und Destillation. Für die Charakterisierung und Untersuchung von Lösungsmitteln ist die fraktionierte Destillation eine der wichtigsten Methoden. Da die in der Technik benützten Lösungsmittel fast ausnahmslos keine einheitlichen Substanzen sind, haben sie keinen scharfen Siedepunkt, sondern destillieren innerhalb oft recht weiter Grenzen. In einigen Fällen ist es üblich, die ganze Siedeskala aufzustellen, d. h. anzugeben, wieviel Volumprozente bis zu den verschiedenen Temperaturen destillieren oder innerhalb bestimmter Temperatur-Intervalle übergehen. In anderen Fällen gibt man neben dem Siedebeginn nur den Prozentsatz an, der bis zu einer bestimmten Temperatur überdestilliert.

Da der Destillationsverlauf u. a. auch von der Art und den Dimensionen der Apparatur abhängt, hat man sich auf bestimmte Apparaturen geeinigt. Im allgemeinen wird die Destillation nach ENGLER (in der Abänderung von HOLDE und UBBELOHDE[1]) ausgeführt, bei den Benzol-Typen ist die Vorrichtung von SPILKER und KRÄMER[2] anzuwenden.

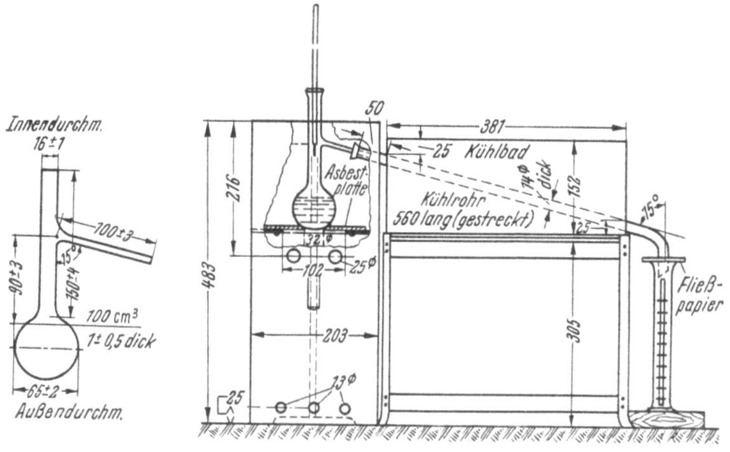

Abb. 452. Gerät zur ENGLER-Destillation

---

[1] L. UBBELOHDE: Mitt. Materialprüfungsamtes **25**, 261 (1907).
[2] G. KRÄMER u. A. SPILKER: Techn. Chemie **8**, 35 (1898).

ENGLER-*Destillation*. 100 ml des Lösungsmittels werden in den „ENGLER-Kolben" eingefüllt, dessen Dimensionen aus der Abb. 452 hervorgehen. Der in einem Schutzgehäuse stehende Kolben wird an einen 60 cm langen Kühler angeschlossen. Als Vorlage dienen in 0,5 ml eingeteilte Meßzylinder. Man destilliert so, daß in jeder Sekunde 2 Tropfen übergehen. Als Siedebeginn gilt die Temperatur, die abgelesen wird, wenn der erste Tropfen vom Kühlerende abfällt. Weiter notiert man die Temperaturen, bei denen je 5 oder 10 oder auch 20 Vol.-% destilliert sind. Vielfach wird auch umgekehrt verfahren, indem man die Volumenprozente angibt, die bis zu bestimmten Temperaturen übergehen. Als Siedeende gilt die Temperatur, bei der plötzliche Nebelbildung im Kolben eintritt oder die Temperatur stark zu sinken beginnt. Außerdem empfiehlt es sich stets, nach Abkühlen den im Kolben befindlichen Rest zu messen. Bei sorgfältiger Destillation und guter Kühlung darf die Differenz gegen 100 nur wenige Zehntel Prozente betragen.

Bei sehr niedrigsiedenden Lösungsmitteln können etwas höhere Differenzen auftreten, jedoch ist wohl 1,5% auch in solchen Fällen als Maximum anzusehen.

Siedeanalyse nach KRÄMER *und* SPILKER[1]. Hier wird ein Kupferkolben benutzt, auf den ein gläserner Aufsatz aufgesetzt wird. Die Dimensionen sind aus Abb. 453 zu ersehen. Die Destillationsgeschwindigkeit ist die gleiche wie bei der ENGLER-Destillation. Beobachtet wird bei der Untersuchung von Benzol-Typen der Siedebeginn und die bis zu einer bestimmten Temperatur (s. S. 1589) übergegangene Menge bzw. bei einzelnen Typen die innerhalb eines bestimmten Temperatur-Bereiches destillierte Menge.

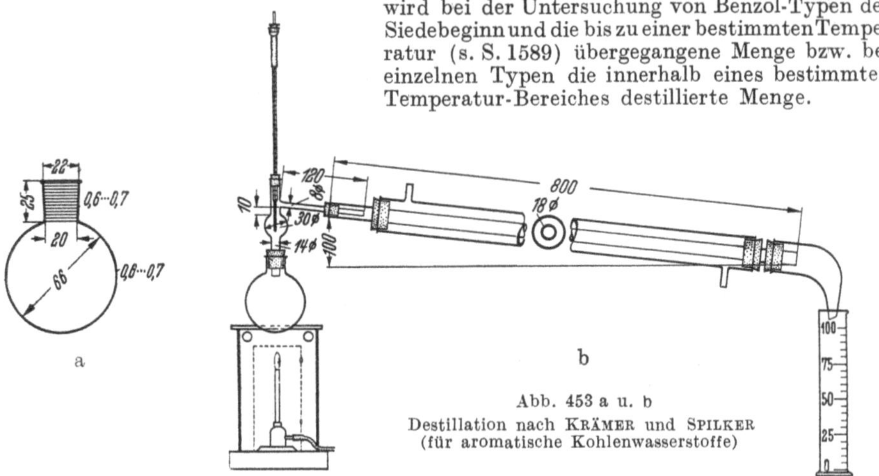

Abb. 453 a u. b
Destillation nach KRÄMER und SPILKER
(für aromatische Kohlenwasserstoffe)

Trennung von Gemischen durch Destillation. Wenn es sich nicht um die Charakterisierung eines bestimmten Lösungsmittels, sondern um möglichst weitgehende Trennung der Komponenten eines Lösungsmittel-Gemisches handelt, wird man nicht einen der oben beschriebenen Apparate benützen, sondern einen Rundkolben, der eine Fraktionierkolonne trägt. Derartige Aufsätze sind in großer Zahl angegeben; einer der einfachsten und dabei wirksamsten ist der von HEMPEL, der aus einer Röhre mit angeschmolzenem seitlichem Rohr besteht. Die Röhre wird mit Glaskugeln oder dergleichen gefüllt. Man destilliert zunächst bis zu einer Temperatur, bei der ein aufzufindendes Lösungsmittel übergeht. Dann läßt man etwas abkühlen (etwa 10 bis 20°) und destilliert noch einmal bis zu der gleichen Temperatur, wobei häufig noch eine geringe Menge übergeht. Dann wechselt man die Vorlage und destilliert bis zu einer höheren Temperatur. Wie groß die Temperatur-Intervalle zu wählen sind, läßt sich nicht grundsätzlich vorschreiben; je nach dem Gesamt-Siedebereich wird man Intervalle von 5 oder 10° nehmen. Sollten sich bei der Destillation deutliche Temperatursprünge zeigen durch plötzlich rascheres Ansteigen der Temperatur, so unterbricht man bei den entsprechenden Temperaturen unter Wechsel der Vorlage.

Zu beachten ist bei allen Destillationen, daß der Siedebereich von dem Luftdruck abhängig ist. Die Literaturangaben beziehen sich, wenn anderes nicht bemerkt ist, auf den Normaldruck von 760 Torr. (Bei technischen Analysen brauchen im allgemeinen Luftdruck-Abweichungen von weniger als 10 mm nicht berücksichtigt zu werden.) Besonders hingewiesen sei auf die Irrtümer, die sich bei der Destillation von Gemischen durch das Auftreten *azeotroper Gemische* ergeben. Solche sind bei Lack-Lösungsmittel-Gemischen viel zahlreicher, als im Schrifttum angegeben! Man sollte sich stets das vermutete Gemisch aus den Komponenten zusammensetzen und dann eine Kontroll-Destillation ausführen!

---

[1] G. KRÄMER u. A. SPILKER: Zit. S. 1575, Fußnote 2.

Ferner ist, besonders bei hochsiedenden Fraktionen, der durch den herausragenden Thermometerfaden bedingte Fehler zu berücksichtigen, der unter Umständen mehrere Grade betragen kann.

Flammpunkt. Ergänzend zu den auf S. 713 f. beschriebenen Methoden wird nachstehend ein einfaches Verfahren der Deutschen Bundesbahn[1] gebracht. Der verwendete Apparat stellt eine Modifikation des Flammpunktprüfers nach MARCUSSON dar.

In eine Eisenschale, die als Luftbad dient und mit einem Asbestdeckel versehen ist, wird ein zur Aufnahme der Probe bestimmter Porzellantiegel eingesetzt. Das von einem Halter getragene Thermometer ist so angebracht, daß seine Kugel etwa in mittlerer Höhe im Öl steht. Die 10 mm lange Zündflamme steht bei der Prüfung im Winkel von 45° nach unten. Nach Schwenken des um eine horizontale Achse drehbaren Zündrohres kann sie von oben herab der Oberfläche im Tiegel genähert werden. Der richtige Abstand der Flamme von der Oberfläche ist ein für allemal durch einen am Zündrohr angebrachten halbkreisförmigen Bügel, der sich bei der Prüfung auf den Tiegelrand legt, sichergestellt. Eine mit Schauglas versehene Asbestplatte schützt den Beobachter vor der Hitze des Brenners.

Selbstentzündungstemperatur. In Tab. 378 sind die Selbstentzündungstemperaturen einiger Lösungsmittel zusammengestellt. Ihre Kenntnis ist vor allem dann wichtig, wenn Lösungsmittel auf hohe Temperaturen erhitzt werden.

Tabelle 378. *Selbstentzündungstemperaturen von Lösungsmitteln*

Lösungsmittel	°C	Lösungsmittel	°C
Schwefelkohlenstoff . . .	120	Äthylacetat	484
Äther	178	Methylacetat	506
Leichtbenzin	267	Toluol	553
Hexan	300	Benzol	588
Äthylalkohol	404	Aceton	630

Explosionsfähigkeit. Die Bestimmung des Explosionsbereiches eines Lösungsmittels kann aus dem Flammpunkt nicht abgeleitet werden und ist sehr umständlich. Hier soll nur das Verfahren als solches kurz angedeutet werden:

In einem Gasometer, in dem bereits ein genaues Volumen Luft abgeschlossen ist, wird eine bestimmte Menge des Lösungsmittels völlig verdampft. Die Luft-Dampf-Mischung wird in eine HEMPELsche Explosionsbürette eingeführt und mit Hilfe eines Induktionsapparates ein Funke hindurchgeschickt. Durch wechselnde Mengen des Lösungsmittels erhält man die Grenzen der Explosibilität. Ist der Explosionsbereich eng, so ist auch die Explosionsgefahr klein; umgekehrt ist die Explosionsgefahr groß, wenn der Explosionsbereich breit ist.

Die Berechnung der unteren Explosionsgrenze von Lösungsmittel-Gemischen gibt die folgende Formel:

$$G = \frac{100}{\dfrac{P_1}{N_1} + \dfrac{P_2}{N_2} + \dfrac{P_3}{N_3} + \cdots}$$

G = die gesuchte untere Explosionsgrenze in Vol.-%,
P_1, P_2, P_3 = % der einzelnen Bestandteile,
N_1, N_2, N_3 = untere Explosionsgrenze der einzelnen Bestandteile.

Flüchtigkeit[2] (Verdunstungsprobe). Für die Verdunstungsprobe hat sich bis heute noch keine einheitliche Anordnung herausgebildet, obwohl für die

---

[1] M. FRIEDEBACH: Petroleum **25**, 94 (1929).
[2] O. MERZ: Lösungsmittel und Weichmachungsmittel, S. 26. Halle 1933; H. WOLFF u. G. ZEIDLER: Farben-Chemiker **7**, 285 (1936); A. V. BLOM: Farben-Ztg. **36**, 875 (1931).

Lackfabrikation die Verdampfung des Lösungsmittels aus dem Filmbildner von größter Bedeutung ist. Allgemein begnügt man sich damit, das Lösungsmittel auf ein Uhrglas zu gießen und zu beobachten, ob nach Verdunsten ein Rückstand hinterbleibt. Oft wägt man auf Uhrgläsern eine bestimmte Menge Substanz ein und bestimmt durch regelmäßige Wägungen die Gewichtsabnahme.

Eine einfache, häufig angewendete Methode ist folgende: Man gibt aus einer in 0,01 ml geteilten Meßpipette etwa 0,5 ml auf ein Filterpapier (SCHLEICHER & SCHÜLL), hängt dieses unmittelbar darauf an einem zugfreien Platz auf und beobachtet, in welcher Zeit der gebildete Fleck verschwunden ist bzw. ob ein kleiner Fleck sehr lange oder dauernd zurückbleibt.

Bei der Ermittlung der Verdunstung wird die Verdunstungszeit von Äther gleich 1 gesetzt. Die Verdunstungszahl 30 gibt z. B. an, daß das betreffende Lösungsmittel 30 mal langsamer als Äther verdunstet. Gelegentlich wird auch die Verdunstungszeit von Essigester oder Aceton als Grundlage gewählt.

Weitere Verfahren geben KANTOROWICZ und KEISERMANN[1] sowie F. A. BENT und S. N. WIK[2] an.

Nach der amerikanischen Standardmethode werden 5 ml Lösungsmittel in einer Porzellanschale (Durchmesser 4 cm) bei Zimmertemperatur (15 bis 20°) vor Zugluft geschützt stehengelassen. Dann wird die Zeit festgestellt, die zur Verdunstung erforderlich ist.

Man hat zu beachten, daß aus der Verdunstungszahl der Lösungsmittel nur annähernd Rückschlüsse auf das Verdunsten aus dem Anstrichmittel gezogen werden können. Das feinkörnige Pigment und das Bindemittel verändern den Verdunstungsverlauf durch selektive Adsorption oft beachtlich.

Säurezahl. Da manche Lösungsmittel kleine Mengen freier Säuren enthalten, ist es ratsam, die Säurezahl zu bestimmen. Die Durchführung dieser Bestimmung erfolgt nach den in der Fettanalyse üblichen Methoden.

Verseifungszahl. Die Bestimmung der Verseifungszahl erfolgt ähnlich wie bei Fetten:

Eine kleine, genau gewogene oder gemessene Menge Lösungsmittel wird in einen Kolben gebracht und mit einer abgemessenen Menge alkohol. 1 n Kalilauge versetzt. Nun wird der Kolben gut verschlossen und 10 bis 15 Std. bei Zimmertemperatur stehengelassen, mit Phenolphthalein versetzt und der Überschuß an Kalilauge mit 1 n Schwefelsäure zurücktitriert. Ein Erhitzen am Rückflußkühler wird wegen der leichten Flüchtigkeit der Ester vermieden.

Berechnung: Wurden a g Substanz eingewogen, b ml 1 n Kalilauge zugefügt und c ml 1 n Schwefelsäure verbraucht, so ist die VZ $= 56,1\,(b-c)/a$.

Acetylierungszahl[3]. Die „Acetylierungszahl" entspricht der Acetylzahl der Fette und sollte durch die Hydroxylzahl (S. 558 ff.) ersetzt werden. Sie gibt die Menge KOH in mg an, die zur Neutralisation derjenigen Säuremenge erforderlich ist, welche bei der Veresterung von 1 g Alkohol gebunden wird.

Zur Ermittlung wägt man in ein etwa 10 cm langes, dünnwandiges, unten rund zugeschmolzenes Glasrohr von 0,6 bis 0,8 cm lichter Weite etwa 0,5 g der Substanz ein, versetzt mit etwa 1 ml Essigsäureanhydrid und zieht das obere Ende in eine Capillare aus, während man das untere Ende durch Eintauchen in kaltes Wasser kühlt. Das zugeschmolzene Röhrchen wird in ein Becherglas mit Wasser eingetaucht und das Wasser zum Sieden erhitzt. Nach 1 stdg. Erhitzen nimmt man das Röhrchen heraus und bringt es nach Abkühlen in eine starkwandige Flasche mit gut eingeschliffenem Stopfen, in der sich etwa 50 ml Wasser befinden. Nun wird die Flasche geschlossen und das Röhrchen durch starkes Schütteln zerschlagen. Man bindet jetzt den Stopfen fest, taucht die Flasche in ein auf 50° angewärmtes Wasserbad und beläßt sie bei dieser Temperatur $^1/_2$ Std. unter häufigem Schütteln. Nach dem Erkalten wird der Inhalt nach Zusatz von Phenolphthalein neutralisiert. Man fügt im Überschuß 1 n alkohol. Kalilauge hinzu und versetzt mit so viel Alkohol,

---

[1] H. KANTOROWICZ u. KEISERMANN: Chemiker-Ztg. **35**, 1374 (1911).
[2] F. A. BENT u. S. N. WIK: Ind. Engng. Chem., analyt. Edit. **28**, 312 (1936).
[3] H. WOLFF: Chem. Umschau Gebiete Fette, Öle, Wachse, Harze **29**, 2 (1922).

daß eine klare Lösung entsteht. Die Verseifung wird durch Stehenlassen bei Zimmertemperatur erreicht. Zum Schluß titriert man zurück. Die Berechnung ist die gleiche wie bei der Verseifungszahl. Sind gleichzeitig Ester und Alkohole zugegen, so muß von dem gefundenen KOH-Verbrauch die Verseifungszahl abgezogen werden, um die Acetylierungszahl zu erhalten.

Wassergehalt der Lösungsmittel. Zur Bestimmung des Wassergehaltes in Benzin, Äther und anderen Lösungsmitteln wurde von M. Cords[1] folgende Methode entwickelt:

Als Apparatur wird eine Büchner-Bürette verwandt, die unten trichterförmig erweitert und mittels eines angegossenen Glasstopfens in einen Glasbehälter eingesetzt ist, der einen spitzzulaufenden Boden und eine Einfüllöffnung besitzt. Ein Stückchen frisches Natrium wird auf den Boden des Behälters gebracht. Dann gibt man etwas wasserfreies Benzin durch die Einfüllöffnung zu und füllt mit dieser Flüssigkeit die Bürette durch Ansaugen. Nun läßt man eine abgemessene Menge des zu prüfenden Lösungsmittels durch die Einfüllöffnung in den Apparat zulaufen und schließt sorgfältig. Nach 48 Std. liest man die Menge des gebildeten Wasserstoffes ab. 1 ml Wasserstoff = 0,803 mg Wasser.

Auch die auf S. 471 ff. geschilderte Destillationsmethode zur Wasser-Bestimmung läßt sich auf Lösungsmittel anwenden. Voraussetzung ist jedoch, daß diese entsprechend hohe Siedepunkte haben.

Anilinpunkt[2]. Die Bestimmung des Anilinpunktes ist eine indirekte Methode zur Ermittlung von aromatischen und ungesättigten Kohlenwasserstoffen in Paraffinen.

10 ml Lösungsmittel (über Natriumsulfat getrocknet) und 10 ml Anilin (über NaOH getrocknet und frisch destilliert) werden unter lebhaftem Durchmischen mit einem Eisendrahtbügel in einem Reagensglas bis zur klaren Lösung erwärmt. Dann läßt man unter fortgesetztem Rühren langsam abkühlen (0,5 bis 1° in der Minute), bis die auftretende Trübung deutlich zunimmt und Anilin und Lösungsmittel sich wieder trennen. Die Temperatur, bei der dies eintritt, ist der Anilinpunkt des Lösungsmittels. Dieser soll nach drei Wiederholungen konstant sein.

Bei Lösungsmitteln mit sehr niedrigem Anilinpunkt bestimmt man den sogenannten Misch-Anilinpunkt. Unter genau denselben Bedingungen wie oben werden 10 ml Anilin, 5 ml Lösungsmittel und 5 ml Heptan (Anilinpunkt des Heptans: 69,5 ± 4°) bis zur klaren Lösung erwärmt und dann die Entmischung beobachtet.

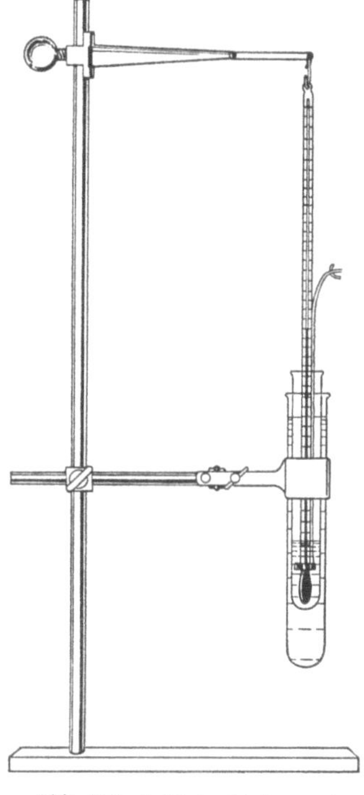

Abb. 454. Anilinpunkt-Apparat

Kauri-Butanol-Test[3]. 100 g pulverisierter Kauri-Kopal werden durch Erhitzen am Rückflußkühler in 500 g Butanol gelöst. Nach 96 stdg. Stehen dekantiert man die so erhaltene „Normal-Kauri-Butanol-Lösung" in eine trockene und saubere Flasche. 20 g der klaren Lösung werden in einem 200 ml Erlenmeyer-Kolben bei 25° mit dem zu prüfenden

---

[1] M. Cords: Chemiker-Ztg. **59**, 288 (1935).

[2] G. Chavanne u. L. J. Simon: C. R. hebd. Séances Acad. Sci. **168**, 1111, 1324 (1918); **169**, 70, 185, 285 (1919); H. T. Tizard u. A. G. Marshall: J. Soc. chem. Ind. **40**, 20 (1921); ASTM Standards Suppl. **1951**, Teil 5, S. 118; J. M. Chenet: Analytic. Chem. **23**, 1703 (1951).

[3] L. C. Beard, V. L. Shipp u. W. E. Spelshouse: Ind. Engng. Chem., analyt. Edit. **5**, 307 (1933); Paint Colour Oil Varnish Ink Lacquer Manufact. **3**, 328 (1933); Philadelphia Paint and Varnish Prod. Club. Sci. Circular Nr. 546, S. 273 (1937).

Verdünnungsmittel titriert, und zwar so lange, bis die eingetretene Trübung so stark ist, daß die Schrift eines untergelegten Druckes nicht mehr lesbar ist. Die Anzahl der verbrauchten ml Verdünnungsmittel ist zugleich der „Kauri-Butanol-Wert", ein Test, dessen diagnostischer Wert aber umstritten ist.

Stehen von einem Lösungsmittel nur Proben von weniger als 1 ml zur Verfügung, so kann der Kauri-Test mit hinreichender Genauigkeit wie folgt nach E. L. BALDESCHWIELER, M. D. MORGAN und W. J. TROELLER[1] bestimmt werden: In einem kleinen Reagensglas mit flachem Boden werden 0,2 bis 0,4 g Normal-Kauri-Lösung abgewogen und in ein Wasserbad von 25° gestellt. Hat die Lösung die Wasserbad-Temperatur erreicht, so wird aus einer 1 ml Bürette tropfenweise das Lösungsmittel bis zu einer bleibenden Trübung zugegeben. Die Genauigkeit beträgt höchstens 2%.

Da die erhaltenen Werte von der benützten Kauri-Kopalsorte abhängig sind, soll nach BEARD, SHIPP und SPELSHOUSE die Kauri-Butanol-Lösung zuerst durch Titration mit einer Toluol-Heptan-Mischung geeicht werden, um dann den Kauri-Butanol-Wert des Lösungsmittels auf die Toluol-Heptan-Mischung von gleichem Kauri-Butanol-Wert zu beziehen.

Drakorubin-Probe. Beim Eintauchen von mit Drachenblutharz getränktem Papierstreifen in die einzelnen Lösungsmittel werden diese verschiedenartig gefärbt. Diese Färbung kann zur Kennzeichnung der Lösungsmittel herangezogen werden. Die Färbungen der einzelnen Lösungsmittel sind in Tab. 379 angegeben.

Colorimetrische Analyse von Lösungsmitteln mit Hilfe der Solvatochromie. Die Erscheinung, daß Farbstoffe mit verschiedenen Lösungsmitteln unterschiedliche Färbungen geben, nennt man Solvatochromie. Sie wurde von W. JOHN

[1] E. L. BALDESCHWIELER, M.D. MORGAN u. W. J. TROELLER: Ind. Engng. Chem., analyt. Edit. **9**, 540 (1937).

Tabelle 379. *Prüfung von Lösungsmitteln mit Drakorubin-Papier*[1]

Lösungsmittel	Nach 1 Std.	Nach 12 Std.	Beschaffenheit des trockenen Papiers
Benzol, Xylol, Toluol	dunkelrot	dunkelrot	ganz hell, bei Xylol etwas punktig
Benzine	unverändert	gelblichorange oder schwach rosa	unverändert
Äther	schwache Rotfärbung	dunkelblutrot	ziegelrot
Alkohol	untere Hälfte blut-, obere hellkupferrot	schwarzrot undurchsichtig	sehr helles Rosa
Amylalkohol	stark gefärbt	wie bei Alkohol	helles Rosa, am Rande am stärksten entfärbt
Aceton	wie bei Amylalkohol	wie bei Alkohol	noch heller als bei Amylalkohol
Essigester	wie bei Amylalkohol	wie bei Alkohol	heller als bei Aceton
Tetrachlorkohlenstoff	gleichmäßig orange	gleichmäßig gefärbt	ziegelrot
Trichloräthylen	starke Rotfärbung	ähnlich wie bei Benzol	helles Ziegelrot
Schwefelkohlenstoff	gleichmäßig rot	wie nach 1 Std.	wie bei Tetrachlorkohlenstoff
Terpentinöl	schwach gelb	untere Hälfte dunkelrot, obere schwach rosa	am oberen Rande meist stärker entfärbt
Amylacetat	etwa $^1/_3$ unten tief dunkelrot, sonst gelbstichig hellrot	wie nach 1 Std.	untere Hälfte ziegelrot, obere hellrosa
30%iges Schwerbenzin	am Grunde schwachgelb, sonst farblos	hellrot, durchsichtig	ziegelrot, marmoriert
70%iges Terpentinöl			

[1] Diese Probe ist nur sinnvoll in Verbindung mit anderen analytischen Untersuchungen.

und W. Emte[1] bei den Oxyphenazin-Farbstoffen festgestellt. Ersterer benützte daraufhin diese Farbstoffe zum Nachweis von Lösungsmitteln oder Lösungsmittel-Gemischen[2].

476,00 mg des Trimethoxyphenazins werden in reinem Benzylalkohol durch gelindes Erwärmen gelöst und in einem Meßkolben auf 100 ml aufgefüllt. Von dieser Lösung werden 1,8 ml zu je 50 ml der zu untersuchenden Flüssigkeiten gegeben und nach dem Durchschütteln sofort in einer 30 ml Küvette von 3 cm Schichtdicke in einem Colorimeter gemessen. Da auf konstante Temperatur geachtet werden muß, umgibt man während der Messung die Küvette mit einem genau auf 24° geheizten Wassermantel. Es werden mehrere Messungen durchgeführt und Mittelwerte gebildet. Die Lichtquelle muß während der Messung konstant gehalten werden. In Tab. 380 sind die Ergebnisse von John bei der Untersuchung von Kohlenwasserstoffen eingetragen. Die Farbwert-Zahlen bedeuten die prozentuale Absorption in dem betreffenden Filterbereich, d. h. der höchsten Zahl entspricht die am tiefsten gefärbte Lösung. Nach W. John gibt es noch zahlreiche andere Farbstoffe, die ausgesprochene solvatochromische Erscheinungen aufweisen.

Tabelle 380. *Farbwerte verschiedener Kohlenwasserstoffe bei der Solvatochromie mit Trimethoxyphenazin*
(gemessen mit dem Lange-Colorimeter)

Lösungsmittel	Filter			
	gelb	grün	blaugrün	dunkelblau
n-Hexan	49,1	78,9	86,5	85,5
n-Heptan	48,2	76,5	84,6	83,5
Octan	46,9	75,4	83,2	83,2
Petroläther	49,8	75,8	84,7	83,7
Normalbenzin	42,9	70,5	79,5	80,5
Ligroin	45,6	77,3	83,7	83,3
Cyclohexan.	48,6	77,8	83,3	84,6
Dekalin	47,2	75,4	82,4	80,4
Tetralin	22,4	41,5	53,5	66,4
Benzol	14,4	28,6	40,5	57,6
Toluol	14,4	27,9	40,3	56,4
Äthylbenzol	18,3	34,5	46,3	60,8
n-Propylbenzol	17,7	36,3	46,7	60,8
1-Methyl-naphthalin . .	30,2	53,8	64,2	72,4
1,6-Dimethyl-naphthalin .	29,0	53,3	61,7	70,4

Lösevermögen. Unter der Bezeichnung „Lösevermögen" oder „Lösungsfähigkeit" werden — nicht ganz folgerichtig — verschiedene Eigenschaften verstanden[3]: 1. Die Verteilungsfähigkeit, d. h. die Fähigkeit, den gelösten Stoff in verschiedenen Ausmaßen zu verteilen (dispergieren) und zwar kolloiddispers, molekulardispers und grobdispers. 2. Die Fähigkeit, einen löslichen Stoff bis zu einer bestimmten Konzentration zu lösen. Geht man von dem gelösten Stoff aus, so spricht man von der Löslichkeit desselben. 3. Die Lösungsgeschwindigkeit. 4. Vielfach faßt man den Begriff „Verschneidbarkeit" mit unter den Sammelbegriff „Lösevermögen"; er stellt aber die Eigenschaft einer Lösung und nicht eines Lösungsmittels dar[4].

Verteilungsfähigkeit. Man stellt zum Vergleich Lösungen gleicher Konzentration mit verschiedenen Lösungsmitteln her und bestimmt die Viscosität bei gleicher Temperatur. Als Maß für die Verteilungsfähigkeit dient die „relative Viscosität", d. h. der Quotient aus

[1] W. John u. W. Emte: Hoppe-Seyler's Z. physiol. Chem. **268**, 85 (1941).
[2] W. John: Angew. Chem. **59**, 188 (1947).
[3] A. Kraus: Farben-Ztg. **45**, 601 (1940); Farben-Chemiker **10**, 236 (1939).
[4] G. Zeidler: Laboratoriumsbuch für die Lack- und Anstrichmittelindustrie, S. 77. Düsseldorf: Knapp 1957.

Viscosität der Lösung und Viscosität des Lösungsmittels. Je niedriger sie ist, desto besser ist die Verteilungsfähigkeit.

Anmerkung: Wie wichtig für die Beurteilung der Lösungsmittel die relative Viscosität im Gegensatz zur absoluten ist, zeigen etwa 9%ige Lösungen einer Nitrocellulose in einem Gemisch von Butylacetat und Butanol. Ein Ersatz des Acetates durch den Alkohol steigert die absol. Viscosität derart, daß bei einem Gemisch von etwa 20% Butylacetat und 8% Butanol infolge der höheren Viscosität des letzteren die absol. Viscosität auf etwa das $2^{1}/_{2}$fache gestiegen, die relative aber gleichgeblieben ist. Erst aus der Betrachtung des Verlaufes der relativen Viscosität folgt also, daß Butanol in Gegenwart von Butylacetat ein Lösungsmittel für Kollodiumwolle ist.

Lösefähigkeit. Man trägt in eine beliebige Menge Lösungsmittel so lange steigende Mengen des zu lösenden Stoffes ein, bis keine Lösung mehr erfolgt. Dann wägt man eine bestimmte Menge der Lösung ab und ermittelt den Gehalt an gelöstem Stoff durch Abdampfen des Lösungsmittels und Wägen des Rückstandes. Waren das Gewicht der Lösung a g, das des Rückstandes b g und das spezifische Gewicht des Lösungsmittels p, so ist die Löslichkeit in diesem Sinne:

$$L = \frac{a \cdot p}{a - b} \text{ ml Lösefähigkeit.}$$

Je größer L ist, desto besser ist die Lösefähigkeit des Lösungsmittels. Für den Vergleich verschiedener Lösungsmittel kann die Ermittlung von L nur Sinn haben, wenn es gelingt, „gesättigte Lösungen" herzustellen, also solche mit Bodenkörper.

Wichtig ist, daß man eine Kontrollbestimmung durch Abdampfen des Lösungsmittels vornimmt, nachdem man vorher noch weitere Mengen des zu lösenden Stoffes eingetragen hat, ungeachtet des schon vorhandenen unlöslichen Bodensatzes. So vermeidet man, daß man die Lösefähigkeit nur wegen einer unlöslichen Verunreinigung zu klein beurteilt.

Lösegeschwindigkeit. KRAUS[1] hat für die Bestimmung der Lösegeschwindigkeit von Nitrocellulose-Lösungsmitteln folgendes Verfahren ausgearbeitet:

Zunächst stellt man Filme von der Dicke 0,1 mm her. Aus diesen schneidet man 50 mm lange und 5 mm breite Stücke aus und klemmt diese in mit einem Schlitz versehene Korken mit der Schmalseite ein. Die Korken werden auf Reagensgläser gesetzt, die so hoch mit dem Lösungsmittel gefüllt sind, daß der Filmstreifen 1 cm tief eintaucht.

Man beobachtet die Zeit, nach der der eingetauchte Filmteil ruckartig abfällt. (Zur Erleichterung der Beobachtung kann man den Filmstreifen mit einem passenden Farbstoff anfärben.)

Oft ist es zweckmäßig, das Lösevermögen auf Aceton = 100 zu beziehen. Man bestimmt dann vorher nach der gleichen Arbeitsweise die Lösezeit für Aceton. Das relative Lösevermögen L, bezogen auf Aceton = 100, ist dann

$$L = 100 \frac{e}{A} ,$$

wobei e und A die gefundenen Lösezeiten für das Lösungsmittel und Aceton bedeuten.

Diese Methode kann auch für andere Stoffe angewendet werden, wenn sich aus diesen Filme herstellen lassen (auf gründliche Durchtrocknung und genau gleiche Versuchsbedingungen achten!). Die relative Lösezeit ist also der Quotient aus der Lösezeit des zu prüfenden Lösungsmittels durch die Lösezeit unter Anwendung des Norm-Lösungsmittels.

Ganz allgemein bringt man den zu lösenden Stoff in das Lösungsmittel und beobachtet den Lösungsvorgang und vor allem den Endzustand. Das Ergebnis schildert man in wesentlichen Merkmalen: 1. völlig löslich (die Lösung ist klar); 2. teilweise löslich: trübe Löslichkeit (kein Bodensatz), erheblich löslich (trüb und/oder geringer Bodensatz), wenig löslich (trüb und/oder viel Bodensatz), nur quellbar (reines Lösungsmittel neben gequollenem Bodensatz); 3. nicht löslich (fester Stoff und Lösungsmittel unverändert).

Eine teilweise Löslichkeit von Naturharzen beruht im allgemeinen nicht auf der Eigenschaft des Lösungsmittels, Lösungen nur bis zu einer bestimmten Konzentration zu lösen, sondern darauf, daß die Harze Gemische verschiedener Stoffe mit vielfach sehr verschiedenen Löslichkeiten sind.

---

[1] A. KRAUS: Handbuch der Nitrocelluloselacke, Teil I: Lösungsmittel. Berlin: Pansegrau 1956.

Verschneidbarkeit. Zum Vergleich der Verschneidbarkeit von Nitrocellulose-Lösungen mit den Lösungsmitteln *a* und *b* wurden Lösungen von 20, 15, 10 und 5 g in *a* und *b* hergestellt und die Lösungen auf 100 ml aufgefüllt. Je 5 ml dieser Lösungen wurden mit einem bestimmten Leichtbenzin titriert und folgender Benzin-Verbrauch festgestellt:

Nitrocellulose-Gehalt der Ausgangslösung %	Benzin-Verbrauch für 5 ml Lösungsmittel	
	a ml	b ml
20	8,0	8,5
15	8,5	11,0
10	10,5	14,5
5	11,5	15,0

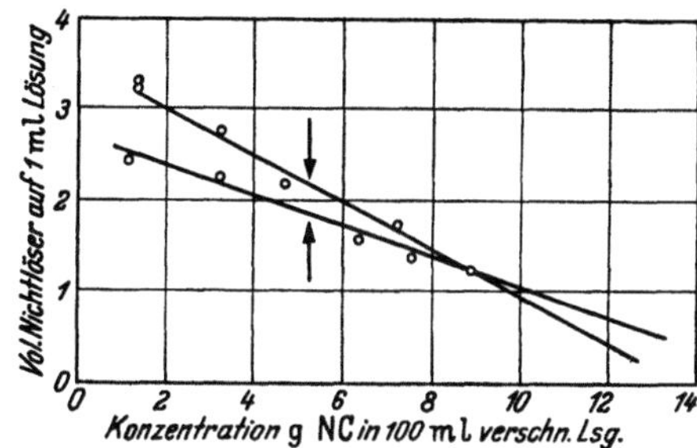

Abb. 455
Graphische Auswertung der Verschneidbarkeit

Die Auswertung geschieht am besten an Hand einer graphischen Darstellung. In Abb. 455 sind die Konzentrationen (g Nitrocellulose in 100 ml verschnittener Lösung) auf der Ordinate aufgetragen. Für die End-Konzentration von 5 g in 100 ml Lösung sind danach die Verschneidbarkeiten in Volumen Nichtlöser auf 1 Volumen Lösung für *a* etwa 1,8 und für *b* etwa 2,2. Ähnlich kann für andere End-Konzentrationen die Verschneidbarkeit abgelesen werden.

2. Prüfung der wichtigsten Lösungsmittel

Die in der Lackindustrie benützten Lösungsmittel sind fast ausnahmslos nur von technischer Reinheit. Vielfach werden unter Phantasienamen Gemische von Estern, Alkoholen, Ketonen u. a. m. benützt, ohne daß es unbedingt nötig ist, die genaue Zusammensetzung zu kennen. Hier kommt es oft nur auf die Feststellung der Verdunstungszeit, des Lösungsvermögens, der Siedegrenzen usw. nach den in diesem Buch angegebenen allgemeinen Verfahren an.

I. Alkohole

Zum Nachweis von alkoholischen Hydroxylgruppen benützen DUKE und SMITH[1] salpetersaure Ammonium-Cer(IV)-nitrat-Lösung, wobei eine Rotfärbung durch Bildung eines Komplexsalzes entsteht. Die tertiären Alkohole geben die beständigste Färbung, die sekundären die am wenigsten beständige. FEARON und MITCHELL[2] weisen primäre und sekundäre Alkohole mit salpetersaurer Natriumchromat-Lösung nach. Nach MARIN und CLAVER[3] können Alkohole als Vanadium-Oxychinolin-Komplexe nachgewiesen werden. Man fällt aus einer Ammoniumvanadat-Lösung, die 20 bis 30 mg Vanadium pro Liter enthält, mit 2,5%iger Oxychinolin-Lösung in 6%iger Essigsäure den Komplex aus und setzt etwa das gleiche Volumen des zu untersuchenden Lösungsmittels zu. Sind Alkohole vorhanden, so entwickelt sich in etwa 15 Min. eine klare Rotfärbung.

Methanol. Folgende Anforderungen können zugrunde gelegt werden:

Die Dichte soll nicht über 0,799 liegen. Mindestens 95 Vol.-% sollen innerhalb eines Grades sieden. Mit der doppelten Menge 66%iger Schwefelsäure versetzt, soll sich höchstens eine lichtgelbe Färbung ergeben. Bei Mischung mit Natronlauge darf sich keine Färbung zeigen. 1 ml einer 0,1%igen $KMnO_4$-Lösung soll durch 5 ml Methanol nicht sofort entfärbt werden. 1 ml einer Bromlösung

---

[1] F. R. DUKE u. G. F. SMITH: Ind. Engng. Chem., analyt. Edit. **12**, 201 (1940).
[2] W. R. FEARON u. D. M. MITCHELL: Analyst **57**, 372 (1932).
[3] MARIN u. CLAVER: Analytica chim. Acta (Amsterdam) **3**, 310 (1949).

(1 g Brom in 80 ml 50%iger Essigsäure) soll 25 ml Methanol noch deutlich gelb färben. Der Aceton-Gehalt soll nach dem unten angegebenen Verfahren nicht über 0,7% betragen.

Methanol darf nach der Verordnung vom 6. August 1942 des ehemaligen RGBl. 1489 in spritzfertigen Lacken und Anstrichmitteln zu nicht mehr als 15%, in tauchfertigen Lack- und Anstrichmitteln zu nicht mehr als 20%, in Lösungs- und Verdünnungsmitteln zu nicht mehr als 25% vorhanden sein. Tauchfertige Lacke und Anstrichmittel, die mehr als 15% Methanol enthalten, sollen deutlich gekennzeichnet werden: ,,Ungeeignet zum Spritzen! Methanolhaltig!"

Prüfung auf Methanol nach dem DAB VI[1]. 1 ml Methanol bzw. des methanolhaltigen Destillates wird mit 4 ml verd. Schwefelsäure gemischt. Die Mischung wird unter guter Kühlung und stetem Umschütteln nach und nach mit 1 g fein zerriebenem Kaliumpermanganat versetzt. Sobald die Violettfärbung verschwunden ist, wird durch ein kleines, trocknes Filter filtriert und das meist schwach rötlich gefärbte Filtrat einige Sekunden bis zur Farblosigkeit erwärmt. Nach Erkalten gibt man aus einer Pipette 3 bis 5 Tropfen der Flüssigkeit zu 0,5 ml einer frisch bereiteten und gut gekühlten Lösung von 0,02 g Guajakol in 10 ml Schwefelsäure, die sich auf einem auf weißer Unterlage ruhenden Uhrglas befindet. Dabei nähert man die Ausflußöffnung der Pipette so weit wie möglich der Oberfläche der Guajakol-Lösung. Bei Anwesenheit von Methanol tritt, eventuell erst nach einiger Zeit, eine Rosafärbung auf.

Prüfung nach WEBER. Man oxydiert 1 ml der Probe mit 10 Tropfen BECKMANNscher Lösung durch gelindes Erhitzen (BECKMANNsche Lösung: 50 g Kaliumdichromat, 28 ml konz. Schwefelsäure, 300 ml Wasser). Einige Tropfen der Reaktionsmischung versetzt man mit 5 ml Wasser und 1 ml Schwefelsäure. Man gibt nach dem Abkühlen 5 ml Fuchsin-Lösung (s. u.) zu, schüttelt und beobachtet nach 15 Min., ob sich die für Methanol typische blauviolette Färbung eingestellt hat.

Fuchsin-Lösung. Zu einer Lösung von 1 g Fuchsin in 1 l Wasser gibt man 20 ml 38%ige Natriumhydrogensulfit-Lösung und nach 10 Min. 20 ml Salzsäure vom spez. Gew. 1,19. Nach 2 Std. ist die Lösung gebrauchsfertig.

Quantitative Bestimmung. Zur quantitativen Bestimmung des Methanols in wäßrigen Lösungen sowie auch neben anderen Substanzen, wie Aceton und Formaldehyd, eignet sich die Methode von WIMMER[2]. Voraussetzung ist jedoch, daß keine anderen leichtflüchtigen Alkohole vorhanden sind.

Die alkoholhaltige Flüssigkeit wird mit einem Überschuß an Ameisensäure und etwas Schwefelsäure als Katalysator versetzt und durch eine kleine Fraktionierkolonne mit mäßiger Geschwindigkeit destilliert. Der Ester wird in eine mit eingestellter Natronlauge beschickte PELIGOT-Röhre übergetrieben und dort sofort wieder quantitativ verseift. Nach Zurücktitrieren der Natronlauge läßt sich der Alkohol aus der verbrauchten Lauge errechnen. Die letzten Reste des Esters müssen in einem indifferenten Gasstrom übergetrieben werden. Die Dauer des Durchleitens beträgt etwa 10 Min.

Quantitative Bestimmung von Aceton in Methanol[3]. 10 ml einer Lösung von 1 ml Methanol (Capillarpipette!) in 100 ml Wasser werden mit 20 ml 1 n Natronlauge in einem Jodzahlkolben versetzt. Nach Zugabe von 50 ml 0,1 n Jod-Lösung und Schütteln wird nach 3 Min. mit 2 ml 1 n Schwefelsäure versetzt. Das nicht verbrauchte Jod wird in üblicher Weise (zuletzt Stärkelösung als Indicator) mit 0,1 n Natriumthiosulfat-Lösung zurücktitriert. 1 ml verbrauchter Jod-Lösung entspricht 0,966 mg Aceton.

Äthanol. *Wassergehalt.* Dieser wird nach Bestimmung der Dichte und Umrechnung auf $\frac{15^{\circ}}{15^{\circ}}$ aus den bekannten Tabellen für Alkohol-Wasser-Mischungen abgelesen. Der durch die Tatsache, daß in der Lackindustrie meist mit 2% Toluol vergällter Alkohol verwendet wird, geschaffene Fehler kann dabei unberücksichtigt bleiben. Mit Toluol vergällter Alkohol trübt sich beim Verdünnen mit der doppelten Menge Wasser.

Unzulässige Gehalte an Säure werden durch Titrieren mit 0,1 n Natronlauge erkannt (1 ml 0,1 n Lauge = 12 mg Essigsäure), unzulässige Beimengungen an Ester durch Bestimmung der VZ nach S. 1578 (1 ml verbrauchter 0,1 n Lauge = 8,8 mg Äthylacetat).

Die hier meist nicht erforderliche Untersuchung auf Vergällungsmittel erfolgt in der bekannten, bei den Lösungsmitteln beschriebenen Weise.

---

[1] H. MATTHES: Pharmaz. Ztg. **71**, 1508 (1927); H. WOLFF: Chemiker-Ztg. **43**, 555 (1919); DAB. VI, S. 54. Berlin: R. v. Decker's Verlag 1926.

[2] J. WIMMER: Z. angew. Chem. **38**, 721 (1925).

[3] W. H. O. WAHLEY: Farben-Ztg. **34**, 2778 (1929).

Nachweis (Jodoform-Probe). Eine kleine Probe der zu untersuchenden Substanz wird mit einem Körnchen Jod und einer zur Entfärbung gerade ausreichenden Menge Kalilauge erwärmt. Der ausgeschiedene gelbe Niederschlag von Jodoform wird an der Farbe und Kristallform erkannt. Voraussetzung ist, daß kein Aceton oder andere Methylketone anwesend sind.

Quantitativ kann auch der Äthylalkohol nach der Methode von WIMMER bestimmt werden (s. S. 1584).

Höhere Alkohole. Der charakteristische Geruch ist oft ein Hilfsmittel zur Erkennung. Bei den Propylalkoholen ist er noch nicht so ausgeprägt. Man kann diese aber (abgesehen von den Kennzahlen) vom Methanol und Äthanol leicht durch ihre Fähigkeit, sich aus wäßrigen Lösungen durch Kochsalz-Zusatz aussalzen zu lassen, unterscheiden.

Nachweis von Alkoholen mittels der Xanthogenat-Reaktion.
Jeder Alkohol besitzt eine charakteristische Xanthogenat-Zahl[1], die wie folgt bestimmt wird:

Die 1,2-molare Menge Alkohol wird mit der 1,0-molaren Menge gepulverten Kaliumhydroxyds versetzt und unter Rühren zur Auflösung des Alkalis erhitzt. Nach dem Abkühlen wird die Mischung mit der gleichen Menge trockenen Äthers versetzt und dann in verschiedenen Anteilen unter kräftigem Rühren die 1,5-molare Menge Schwefelkohlenstoff hinzugegeben. Das gebildete Xanthogenat wird nach Zusatz von zwei weiteren Volumenteilen Äther durch einen BÜCHNER-Trichter filtriert und mit trockenem Äther ausgewaschen. Zur Reinigung wird es in wenig heißem Äthylalkohol oder Aceton gelöst und nach dem Filtrieren mit trockenem Äther gefällt. Nach der Trocknung des Niederschlages im Exsiccator löst man 0,15 bis 0,25 g in 200 ml Wasser auf und titriert nach Zugabe von 4 ml frischer Stärkelösung mit 1 n Jod-Lösung, bis die Blaufärbung mindestens 5 Min. bestehenbleibt. Die Jod-Äquivalentwerte der Xanthogenate werden nach der Formel berechnet:

$$KX + J = KJ + X$$

Unter der *Xanthogenat-Zahl* wird diejenige Menge Jod in mg verstanden, die von 1 mg Xanthogenat verbraucht wird. Auch die Schmelzpunkte der Xanthogenate sind für die einzelnen Alkohole charakteristisch. In der Tab. 381 sind die *Xanthogenat-Zahlen* und die Schmelzpunkte der Xanthogenate angegeben.

Tabelle 381. *Xanthogenat-Zahlen von Alkoholen*

Alkohol	Jod-Äquivalent des Xanthogenats	Schmelzpunkt des Xanthogenats °C
Methylalkohol	869	200
Äthylalkohol	793	215
Propylalkohol	729	205,7
Butylalkohol	675	223,9
Amylalkohol	628	225
sek. Butylalkohol	675	244,1
sek. Amylalkohol	628	211,7
Cyclohexanol	593	—
Äthylglykol	622	185,7
Methylglykol	668	202,5
Butylglykol	512	167,9

Bestimmung von Äthylalkohol neben Methylalkohol in Benzin-Alkohol-Gemischen. 200 g des zu untersuchenden Benzin-Alkohol-Gemisches[2] werden mit 100 g dest. Wasser geschüttelt. Nach Trennung der Schichten bestimmt man durch Differenz-Wägung den vom Wasser aufgenommenen Gesamt-Alkohol. Zur Bestimmung der beiden Alkohole oxydiert man die wäßrig-alkohol. Lösungen mit Chromsäure und ermittelt durch Titration mit Natriumthiosulfat-Lösung den Verbrauch an Chromsäure. Die Berechnung des vorhandenen Äthylalkohols wird nach folgender Formel durchgeführt:

$$\text{Äthylalkohol} = 1,929\,G - 0,1029\,B$$

G = Gesamt-Gewicht beider Alkohole in g,
B = verbrauchte ml 1 n Natriumthiosulfat-Lösung.

---

[1] W. F. WHITMORE u. E. LIEBER: Ind Engng. Chem., analyt. Edit. **7**, 127 (1935).
[2] H. SCHILDWÄCHTER: Angew. Chem. **50**, 599 (1937).

Kaufmann, Analyse der Fette

Durchführung der Oxydation: Ein bestimmter Teil der wäßrig-alkohol. Lösung von bekanntem Gesamt-Alkohol-Gehalt wird mit Wasser auf 100 ml aufgefüllt. In diesen 100 ml sollen etwa 3 bis 5 g Alkohol-Gemisch vorhanden sein. 10 ml dieser Lösung läßt man in eine eisgekühlte Mischung von 50 ml 2 n Chromsäure und 20 ml konz. Schwefelsäure langsam eintropfen. Nach Beendigung der Reaktion erhitzt man 10 bis 15 Min. zum Sieden, kühlt ab, füllt mit dest. Wasser auf und titriert 50 ml dieser Lösung nach Zusatz einer konz. wäßrigen Lösung von 3 bis 5 g Kaliumjodid mit 0,1 n Natriumthiosulfat-Lösung.

Hinweis. Bei der Bestimmung von Alkoholen in Anstrichmitteln ist zu beachten, daß niemals chemisch reine Induviduen verwendet werden. Äthanol wird mit „Petroleumbenzin", mit Toluol und anderen, zollamtlich zugelassenen Lösungsmitteln vergällt. Daher können sich diejenigen Kennzahlen, die man bei der Analytik von Alkoholen, die aus Anstrichmitteln gewonnen worden sind, in einem gewissen Umfang ändern.

Bestimmung geringer Mengen von Äthyl- und Butylalkohol. 10 ml der zu untersuchenden Probe[1], die nicht mehr als 15 mg Alkohol enthalten soll, werden zusammen mit 5 ml kohlensäurefreiem Wasser in das Rohr des Destillationsapparates eingefüllt, in das vorher 10 ml Oxydationslösung gegeben worden sind.

Nachdem das Rohr mit einem Gummistopfen verschlossen worden ist, erhitzt man genau 5 Min. in siedendem Wasser, kühlt ab und verbindet mit der Destillationsanlage. Es werden 2 Fraktionen von je 10 ml in 25 ml ERLENMEYER-Kolben destilliert und mit 0,1 n Ba(OH)$_2$-Lösung titriert (Indicator Phenolrot). Das Ende der Titration ist durch eine rötliche Farbe gekennzeichnet. Die Oxydationslösung wird aus gleichen Teilen 3 n Kaliumdichromat-Lösung und 10 n Schwefelsäure hergestellt. Die Mengen der Alkohole werden wie folgt berechnet:

$$\text{Butylalkohol} = \frac{1{,}334 \cdot a - b}{0{,}0975} \text{ mg,}$$

$$\text{Äthylalkohol} = \frac{a - 0{,}098 \cdot b}{0{.}0958} \text{ mg.}$$

a und b bedeuten die Titrationswerte in ml 0,1 n Bariumhydroxyd-Lösung.

II. Ester

Für die Prüfung der Ester wird meistens die Festlegung der Siedegrenzen und der Dichte genügen. Unzulässiger Wassergehalt und Verschnitte mit Kohlenwasserstoffen werden, wie weiter unten angegeben, festgestellt. Über den wirklich vorliegenden Estergehalt gibt die VZ Auskunft, die bei technischen Produkten mitunter bis zu 20 Einheiten unter der theoretischen VZ liegt. Gegebenenfalls acetyliert man den Ester noch (vgl. S. 1578), um einen Anhalt über Beimengungen an Alkoholen zu bekommen.

Prüfung auf nichtflüchtige Stoffe. 50 ml Ester werden in einer PETRI-Schale auf dem Wasserbad verdampft. Es darf kein wägbarer Rückstand hinterbleiben.

Prüfung auf Säuren durch angefeuchtetes Lackmuspapier.

Prüfung auf Wassergehalt (wichtig bei Methylacetat und Äthylacetat): 10 ml Ester werden mit 50 ml Toluol, das vorher mit Wasser gesättigt wurde, geschüttelt. Die Lösung soll klar bleiben oder sich nur opalescierend trüben. Größere Mengen Wasser scheiden sich nach vorangegangener Trübung ab und können abgemessen werden. Schüttelt man 25 ml Ester mit 25 ml gesättigter Calciumchlorid-Lösung, so vermehrt sich die Calciumchlorid-Schicht nach dem Absetzen um den im Essigester vorhandenen Anteil an Äthylalkohol und Wasser. Ist dieser Anteil erheblich, so ist der Wassergehalt nach S. 471 ff. zu bestimmen. Der Alkohol-Anteil kann dann aus der Differenz ermittelt werden und durch Bestimmung der Acetylzahl nach S. 1578 kontrolliert werden.

III. Äther

Die Bestimmung der physikalischen Kennzahlen wird für die Untersuchung meist ausreichen. Beim Äthyläther ist — namentlich wenn größere Mengen gelagert werden — von Zeit zu Zeit eine Kontrolle auf Peroxyd-Gehalt (s. S. 377 u. S. 1587) erforderlich.

---

[1] M. J. JOHNSON: Ind. Engng. Chem., analyt. Edit. **4**, 20 (1932).

Beim Abdampfen von größeren Mengen Äther, der längere Zeit mit Luft in Berührung war, ist mit der Möglichkeit zu rechnen, daß am Ende heftige Explosionen erfolgen, die auf einen Gehalt an Peroxyden im Äther zurückzuführen sind. Dieser Äther riecht stechend. Aus angesäuerter KJ-Lösung macht er Jod frei.

10 ml Äther werden mit 1 ml 10%iger Kaliumjodid-Lösung in einer Schüttelbürette geschüttelt. Das Reaktionsgemisch wird im Dunkeln aufbewahrt und alle 10 Min. wieder geschüttelt. Nach 2 Std. beobachtet man, ob eine gelbliche Färbung (Ausscheidung von Jod) entstanden ist. In diesem Falle ist der geprüfte Äther als explosionsgefährlich anzusehen[1].

A. RIECHE[2] weist Peroxyde in Äther mit Benzidin wie folgt nach:

5 ml kalt gesättigte wäßrige Benzidin-Lösung werden mit 5 ml kalt gesättigter Natriumchlorid-Lösung gemischt und mit einigen Tropfen stark verd. Eisen(II)-sulfat-Lösung versetzt. Peroxydhaltige Äther geben mit dieser Lösung nach einigen Minuten eine deutliche Blaufärbung.

IV. Ketone

Prüfung auf Aceton. Der Aceton-Gehalt des technischen Acetons soll wenigstens 92% betragen. Er wird jodometrisch bestimmt, indem man aus einer Capillarpipette genau 5 ml des Produktes in einen Meßkolben von 1 l Inhalt gibt, der zu drei Viertel mit Wasser gefüllt ist. Man füllt auf und verwendet 10 ml für die Untersuchung nach S. 1616. Bei Verdunsten von 25 ml Aceton auf einer PETRI-Schale soll sich kein wägbarer Rückstand bilden. Gleiche Teile Wasser und Aceton sollen sich mischen und dürfen höchstens eine unbedeutende Trübung ergeben. Auf keinen Fall darf Schichtenbildung eintreten.

Prüfung mit Nitroprussidnatrium. Ein Körnchen des Reagens wird in Wasser gelöst, und von dieser Lösung werden einige Tropfen, bei Vorliegen von nur wenig Keton einige ml, der Probe zugegeben[3]. Man macht mit einem Tropfen 10%iger Kalilauge alkalisch und säuert sogleich wieder mit Essigsäure an. Es entsteht — schon bei Anwesenheit von nur wenig Aceton — eine violettrote Färbung. Auch höhere Ketone ergeben Färbungen.

Prüfung mit o-Nitrobenzaldehyd. Man löst 1 g o-Nitrobenzaldehyd in 100 ml 5%iger Kalilauge. Davon werden 5 ml in einen Meßzylinder von 25 ml Inhalt gegeben. Nach Zugabe von 0,5 ml der zu untersuchenden Probe wird *sofort* mit 96%igem Alkohol auf 25 ml aufgefüllt und kräftig umgeschüttelt. Bei Aceton und Methyläthylketon entsteht eine gelbe Färbung, die unter Abscheidung von Flocken in Grün übergeht. Bei Cyclohexanon und Methylcyclohexanon geht die zunächst auch gelbliche (bisweilen auch schwach bläuliche) Färbung allmählich über Violett in ein tiefes Braun über, und zwar bei Cyclohexanon bedeutend schneller als bei der Methylverbindung. Das Maximum der Färbung ist meist nach 1 Std. (Umschütteln in der Zwischenzeit!) erreicht. Nach ZEIDLER und KREIS kann man so auch durch Colorimetrieren den Gehalt an diesen Ketonen quantitativ bestimmen[4].

Prüfung auf Cyclohexanon. Zum Nachweis von Cyclohexanon neben Cyclohexanol[5] werden in einem Reagensglas 30 mg p-Oxybenzaldehyd und 1 bis 3 ml Analysensubstanz vermischt und mit 5 ml konzentrierter Schwefelsäure versetzt. Nach der Lösung erhitzt man 30 Min. im Wasserbad, kühlt ab, verdünnt mit Schwefelsäure (1 : 1) auf 25 ml und beobachtet die entstandene Farbe. Beim Verdünnen der Lösung verschwindet die Farbe, wenn nur Cyclohexanol anwesend ist, während die des Cyclohexanons bestehenbleibt.

Nach CASTIGLIONI und BIONDA[6] wird Cyclohexanon quantitativ wie folgt bestimmt:

Zu einer Lösung von etwa 0,1 g Cyclohexanon in wäßrigem Alkohol fügt man 10 ml einer 10%igen Piperonylaldehyd-Lösung in 95%igem Alkohol und 10 ml einer 10%igen Natronlauge zu. Nach Durchschütteln und 12stündigem Stehen wird der Niederschlag gesammelt, mit Wasser gewaschen und bei 100° getrocknet.

[1] G. ZEIDLER u. H. SCHUSTER: Farben, Lacke, Anstrichstoffe **3**, 337 (1949).
[2] A. RIECHE: Z. angew. Chem. **44**, 896 (1931).
[3] E. LEGAL: Z. analyt. Chem. **22**, 64 (1883).
[4] G. ZEIDLER u. H. KREIS: Angew. Chem. **54**, 360 (1941).
[5] A. KOMAROWSKY: Chemiker-Ztg. **27**, 807, 1086 (1903).
[6] A. CASTIGLIONI u. G. BIONDA: Z. analyt. Chem. **141**, 38 (1954).

V. Chlorkohlenwasserstoffe

Die Dichte gibt zusammen mit den Siedegrenzen einen wesentlichen Hinweis, welcher Stoff vorliegt. Mit alkohol. Kalilauge versetzt, spalten alle Chlorkohlenwasserstoffe Salzsäure ab, die sich als KCl ausscheidet und sich — in Wasser gelöst — mit Silbernitrat nachweisen läßt.

Prüfung auf Säuren. Chlorkohlenwasserstoffe können lacktechnisch schädliche Beimengungen an Salzsäure enthalten oder solche beim Lagern abspalten, wenn sie nicht hinreichend stabilisiert wurden.

Man schüttelt zur Prüfung 20 ml des Produktes im Scheidetrichter mit der gleichen Menge dest. Wasser, und zwar so oft, bis dieses neutral reagiert. Dann titriert man die vereinigten wäßrigen Auszüge mit 0,1 n wäßriger Lauge (Methylorange): 1 ml Laugenverbrauch = 0,00365 g HCl.

Nadel-Probe. (Einfache Prüfung auf Säuregehalt.) Einige blanke Nähnadeln werden im Reagensglas mit dem zu prüfenden Chlorkohlenwasserstoff überdeckt. Das Glas bleibt verschlossen — am besten im Dunkeln, um Zersetzungen durch Licht zu vermeiden — stehen. Ist über Nacht kein Anflug von Rost auf den Nadeln entstanden, so ist das Lösungsmittel praktisch säurefrei. Bei stärkerem Säuregehalt tritt ein Rost-Anflug in viel kürzerer Zeit ein.

Nachweis von Chloroform nach S. Lustgarten[1], modifiziert nach N. G. Mofitt. 2 g β-Naphthol werden in 100 ml 40%iger Kalilauge gelöst und 5 ml Chloroform mit 95%igem Äthanol auf 1 l aufgefüllt. In gleichen Reagensgläsern werden je 10 ml der β-Naphthol-Lösung mit verschiedenen Volumina der Chloroform-Lösung versetzt und mit 95%igem Äthanol zu gleichen Volumina ergänzt. Ebenso wird mit der zu prüfenden Substanz verfahren, die in gemessener Menge in Äthanol aufgelöst wurde. Nach dem Durchschütteln und Stehenlassen (5 bis 10 Min.) werden die Proben im Colorimeter verglichen.

Der Nachweis von Chloroform ist auch in Gegenwart von Methylenchlorid, symmetrischem und unsymmetrischem Dichloräthylen, Tetrachlorkohlenstoff, Äthylenchlorid und Trichloräthylen möglich.

Nachweis von Trichloräthylen nach H. Schmalfuss und H. Werner[2]. Trichloräthylen und Quecksilber(II)-cyanid reagieren in alkalischer Lösung nach K. A. Hofmann und H. Kirmreuther[3] unter Bildung von kristallinem Quecksilber(II)-trichloräthylenid $Hg(CCl = CCl_2)_2$ vom Schmp. 82°.

In einer mit Glasstopfen gut verschließbaren 10 ml Flasche werden 4 ml der zu untersuchenden Flüssigkeit und 4 ml alkalische Quecksilber(II)-cyanid-Lösung (50 g Quecksilber(II)-cyanid, 23 g Kaliumhydroxyd in 200 ml Wasser) 18 Std. maschinell geschüttelt. Die untere Phase mit dem Chlorkohlenwasserstoff wird durch ein kleines Filter in eine gewogene Schale filtriert. Die wäßrige Phase wird zweimal mit 1 ml Tetrachlorkohlenstoff ausgeschüttelt und die untere Schicht ebenfalls in die Schale filtriert. Das Filtrat wird auf dem Wasserbad abgedunstet und der Rückstand gewogen. Die Auswertung des erhaltenen Rückstandes erfolgt auf einer Kurve, die mit unter denselben Bedingungen festgestellten Mengen von Trichloräthylen erhalten wird.

VI. Hydrierte Kohlenwasserstoffe (Naphthalin-Derivate)

Diese Lösungsmittel können oft durch den Geruch deutlich erkannt werden. *Dekalin* läßt sich von *Tetralin* leicht dadurch unterscheiden, daß es, mit dem gleichen Volumen 85%iger Schwefelsäure geschüttelt, unlöslich ist, während Tetralin unter Braunfärbung breiartige Ausscheidungen gibt. Außerdem ist

[1] S. Lustgarten: Mh. Chem. **3**, 715 (1882).
[2] H. Schmalfuss u. H. Werner: Z. analyt. Chem. **97**, 314 (1934).
[3] K. A. Hofmann u. H. Kirmreuther: Ber. dtsch. chem. Ges. **41**, 314 (1908); **42**, 4232 (1909).

Tetralin in Essigsäureanhydrid löslich, während Dekalin darin fast unlöslich ist. Das dekalinhaltige Hydroterpin erkennt man an dem charakteristischen Terpentinöl-Geruch (Bromzahl etwa 40).

VII. Benzol-Kohlenwasserstoffe

Die aromatischen Kohlenwasserstoffe werden zweckmäßig nach Vorschlägen des Benzol-Verbandes, Bochum, untersucht.

Einteilung der Benzol-Kohlenwasserstoffe nach Siedegrenzen. Die Siedeanalyse nach KRÄMER-SPILKER ist nach S. 1576 auszuführen.

Vorlauf[1]	bis 79° müssen mindestens 60% übergehen.
Reinbenzol[1]	vom Siedebeginn müssen 90% innerhalb 0,6° und 95% innerhalb 0,8° übergehen.
Benzol, gereinigt[1]	Siedebeginn bei 80°. Bis 85° müssen mindestens 95% übergehen.
90er Benzol, gereinigt[1] .	bis 100° müssen mindestens 90% und dürfen höchstens 93% übergehen.
Reintoluol[1]	vom Siedebeginn müssen 90% innerhalb 0,6° und 95% innerhalb 0,8° übergehen.
Gereinigtes Toluol I[1] . . .	Siedebeginn nicht unter 100°. Bis 120° müssen mindestens 90% übergehen.
Gereinigtes Toluol II[1] . . .	Siedebeginn nicht unter 90°. Bis 100° dürfen nicht mehr als 45% übergehen.
Reinxylol[1]	Siedebeginn nicht unter 135°. Bis 145° müssen mindestens 95% übergehen.
Lösungsbenzol II[2]	Siedebeginn nicht unter 135°. Bis 180° müssen mindestens 90% übergehen.
Schwerbenzol[3]	Siedebeginn nicht unter 160°. Bis 200° müssen mindestens 90% übergehen.

Die Benzol-Kohlenwasserstoffe werden weiter unterschieden nach der Dichte, der Farbe, dem Raffinationsgrad, der Schwefelsäure-Reaktion (s. S. 1617) und dem Brom-Verbrauch.

Folgende Aufstellung gibt die Anforderungen:

Tabelle 382

Name	Dichte bei 15°	Farbe	Raffinations-grad höchstens	Brom-Verbrauch höchstens
Reinbenzol	etwa 0,884	wasserhell	0,3	0,5
Benzol, gereinigt	mind. 0,882	wasserhell	1,0	1,5
davon die Fraktion zwischen 10% und 90%	etwa 0,880	wasserhell	1,5	0,8
90er Benzol, gereinigt . . .	—	wasserhell	1,5	0,8
Reintoluol	0,8690—0,8710	wasserhell	0,3	0,4
Gereinigtes Toluol I	0,8680—0,8720	wasserhell	0,5	0,8
Gereinigtes Toluol II	0,872 —0,878	wasserhell	1,5	0,8
Reinxylol	0,860 —0,868	wasserhell	2	—
Lösungsbenzol II	0,870	wasserhell bis gelblich	—	—
Schwerbenzol	—	—	—	—

[1] Das Produkt muß frei von Wasser und von festen Fremdkörpern sein und darf Kupfer nicht angreifen.

[2] Lösungsbenzol II muß frei von sichtbarem Wasser und festen Fremdkörpern sein.

[3] Schwerbenzol muß entphenolt sein. Während der Destillation dürfen sich im Kühler keine nennenswerten Naphthalin-Ausscheidungen zeigen.

Raffinationsprobe. 5 ml der Probe werden mit 5 ml konz. Schwefelsäure (66° Bé) in einem 10 ml Schüttelzylinder 5 Min. geschüttelt. Die Farbe der Schwefelsäure wird dann mit derjenigen von Dichromat-Lösungen verglichen, und zwar in einem gleichartigen Schüttelzylinder, in dem man 5 ml der Vergleichslösung mit 5 ml reinem Benzol überschichtet hat. Die Konzentration der Vergleichslösungen ergibt sich aus vorstehender Tabelle, indem man die dort angegebene Menge Kaliumdichromat (Spalte Raffinationsgrad) in g in 1 l 50%iger Schwefelsäure auflöst.

Brom-Verbrauch. 5 ml der Probe[1] werden mit 10 ml 20%iger Schwefelsäure in einem ERLENMEYER-Kolben geschüttelt. Dann gibt man schnell 2,5 ml Bromat-Lösung zu (2,783 g Kaliumbromat und 9,9167 g Kaliumbromid in 1 l Wasser; 1 ml entspricht 0,008 g Brom). Bleibt die Lösung 15 Min. unter Schütteln gelborange gefärbt, so ist der Brom-Verbrauch kleiner als 0,4 g Brom pro 100 ml Lösungsmittel. Anderenfalls titriert man aus einer Bürette weiter bis zur bleibenden Gelbfärbung (Indicator: Blaufärbung von Kaliumjodid-Stärke-Papier). Aus der verbrauchten Menge an Brom-Lösung berechnet man dann den Brom-Verbrauch wie folgt: Brom-Verbrauch = 0,16 · ml Brom-Lösung.

Phenol-Gehalt. Kleine Mengen freier Phenole können in Benzol-Kohlenwasserstoffen, die als Lösungsmittel für Lacke verwendet werden, störend sein. Darum ist mitunter auf Phenol zu prüfen.

Qualitative Probe: 1 ml der Probe wird mit verd. Eisen(III)-chlorid-Lösung geschüttelt. Unzulässig hohe Phenol-Beimengungen bewirken eine tiefgrüne, fast schwarze Färbung.

Quantitative Bestimmung: 100 ml der Probe werden mit 10 ml 30%iger Natronlauge 2 Min. kräftig geschüttelt. Den wäßrigen Anteil läßt man ab und schüttelt die Probe nochmals mit 5 ml Lauge. Die alkalischen Lösungen werden in einem 100 ml Meßkolben, dessen Hals eine 0,1 ml-Teilung besitzt, mit konz. Salzsäure angesäuert (Methylorange). Man füllt dann mit gesättigter Kochsalz-Lösung so auf, daß sich etwa abgeschiedene Phenole im Kolbenhals befinden, deren Volumen abgelesen wird. Mengen über 0,3% müssen als bedenklich angesehen werden.

VIII. Benzine

Bei Benzinen sind die üblichen chemischen und physikalischen Kennzahlen von geringerer Bedeutung. Wichtig sind die Siedegrenzen, der Raffinationsgrad und der Flammpunkt. Wertvoll für die Lackherstellung sind nur solche Benzine, die wasserhell sind, beim Schütteln mit Wasser keine sauren Bestandteile an das Wasser abgeben und deren Raffinationsgrad etwa dem des Reinbenzols (s. S. 1589) entspricht.

Charakterisiert werden die Benzine, abgesehen vom Flammpunkt nach ABEL-PENSKY[2] und PENSKY-MARTENS (s. S. 713f.), der beim Testbenzin über 21° liegen muß, durch die Siedegrenzen. Die Dichte D_4^{20} liegt bei den Zaponbenzinen (s. u.) zwischen 0,68 und 0,72, beim Testbenzin zwischen 0,76 und 0,81.

Man kann — ohne daß bestimmte Abmachungen vorliegen — unterscheiden zwischen „Zaponbenzinen" oder „Siedegrenzenbenzinen" und Testbenzin, das, wie nachstehend ausgeführt, nach DIN 51632 zu untersuchen ist.

Zaponbenzine (Siedegrenzenbenzine) sieden zwischen   60 und   95°
„   80 und 100°
„   100 und 125°
„   100 und 140°
Testbenzin (Lackbenzin oder auch Terpentin-Ersatz genannt) etwa zwischen 100 und 230° (s. Testbenzin).

Die Untersuchung der Benzine auf unzulässige Beimengungen geschieht nach den Grundsätzen der Lösungsmittel-Analyse (s. d.). Zu beachten ist, daß Benzol-Kohlenwasserstoffe die Dispersion wesentlich erhöhen und daß beim Ausschütteln mit rauchender Schwefelsäure nicht nur Benzol-Kohlenwasserstoffe sulfuriert werden, sondern auch naphthenische Kohlenwasserstoffe in Benzinen. Auch von

---

[1] H. WOLFF u. C. DORN: Farben-Ztg. **27**, 2831 (1922).
[2] Entwurf DIN 51755 vom Nov. 1950; vgl. auch Erdöl u. Kohle **3**, 556 (1950).

Testbenzinen können also daher bis etwa 10% (bei Zaponbenzinen weniger) beim Ausschütteln „verschwinden", obwohl Benzol-Kohlenwasserstoffe nicht zugegen sind.

Vorproben[1]. 1. *Verdunstungsprüfung* (s. S. 1578).

2. *Prüfung auf Schwärzen von Blei-Verbindungen.* Etwa 10 g Bleiweiß werden im Mörser mit so viel Testbenzin verrieben, daß eine weiche Paste entsteht. Die Paste wird im Trockenschrank bei 120° vom Benzin befreit und 2 Std. bei dieser Temperatur stehengelassen. Das zurückgebliebene Bleiweiß darf keine Verfärbung zeigen. Durch einen Blindversuch ohne Testbenzin ist festzustellen, daß Schwefel-Verbindungen außerhalb des Testbenzins keinen Einfluß auf das Ergebnis ausgeübt haben.

Genaue Prüfverfahren. 1. *Feststellung des Verdunstungsrückstandes* siehe S. 1577.

2. *Flammpunkt.* Der Flammpunkt wird nach DIN 51755 ermittelt.

Tabelle 383. *Kennzahlen von Benzinen*

	Spez. Gewicht bei 20° C	Siedegrenzen	Flammpunkt
Leichtbenzin	0,68—0,72	mind. 90% bis 100° C, Siedeende 120° C	unter −20° C
Schwerbenzin	0,70—0,75	100—150° C	unter −10° C

3. *Siedeverhalten.* Das Siedeverhalten wird durch Destillation nach ENGLER-UBBELOHDE (s. S. 1575f.) ermittelt.

γ) Weichmacher

Unter Weichmachern versteht man Stoffe, die die Fähigkeit besitzen, hart und spröde auftrocknende Lacke geschmeidig und biegsam zu machen. Sie können organische, hochsiedende Flüssigkeiten, aber auch feste Stoffe sein. Bei letzteren kann die Gefahr bestehen, daß sie mit der Zeit auskristallisieren und dadurch den Filmzusammenhang beeinträchtigen.

Neben gutem Weichmachungsvermögen soll ein Weichmachungsmittel nach M. R. TRIMMER und M. MUNTZINGER[2] folgenden Anforderungen entsprechen: Geringe Flüchtigkeit, gutes Lösevermögen für Nitrocellulose und Harze, leichte Mischbarkeit mit den üblichen Lösungsmitteln, Geruchlosigkeit, Farblosigkeit, neutraler Charakter, Nichtmischbarkeit mit Wasser, Feuerfestigkeit, die Fähigkeit, sich mit Pigmenten auf Walzenmühlen vermahlen zu lassen, Licht-Beständigkeit, Verträglichkeit mit Farbstoffen, Kälte-, Wasser- und Alkali-Beständigkeit.

A. KRAUS[3] ordnet die Weichmacher nach ihrem Einfluß auf die Dehnbarkeit der Lackfilme. Danach gibt es Weichmacher mit hoher, mittlerer und geringerer Wirksamkeit. Auf Grund dieser Einteilung fand er die folgenden Zusammenhänge zwischen den Eigenschaften der Weichmacher und ihrer chemischen Natur:

1. Aliphatische Verbindungen mit langen Kohlenstoff-Ketten bewirken hohe Dehnbarkeit, die jedoch gegen ultraviolettes Licht nicht beständig ist; geringe Vergilbung.

2. Ersetzt man die aliphatische Kette durch aromatische Reste, so erhält man Verbindungen, die zwar die Dehnbarkeit und Kälte-Beständigkeit verringern, jedoch die Reißfestigkeit sowie die Beständigkeit gegen UV-Licht erhöhen; Steigerung der Vergilbung.

3. Doppelbindungen — in offenen Ketten — setzen die Dehnbarkeit herab.

Nach der chemischen Zusammensetzung werden die Weichmacher in folgende 4 Gruppen eingeteilt:

1. Ester: Phthalsäureester, Phosphorsäureester, Triglyceride sowie Ester anderer Säuren (Essigsäure, Naphthensäure u. a.).

2. Stickstoffhaltige Weichmacher: Stoffe, die Amido- oder Harnstoff-Gruppen enthalten, z. B. Harnstoff-Derivate, Sulfamide, Anilide und Sulfanilide.

3. Stickstofffreie Weichmacher: Alkohole, Äther und Ketone.

4. Weichmacher mit unbekannter Zusammensetzung.

---

[1] Entwurf DIN 51755 vom Nov. 1950; vgl. auch Erdöl u. Kohle **3**, 446 (1950).

[2] M. R. TRIMMER u. M. MUNTZINGER: Technologie der Weichmachungsmittel, S. 19. 1935.

[3] A. KRAUS: Chemiker-Ztg. **65**, 45 (1941).

1. Allgemeine Untersuchungsmethoden

Farbe, Brechungsindex, Dichte, Viscosität, Säurezahl, Verseifungszahl und Löslichkeit werden nach den üblichen Methoden (s. Bd. I) bestimmt.

Verhalten gegen Lösungsmittel. Zur Bestimmung der Löslichkeit wird der Weichmacher in Reagensgläsern mit Lösungsmitteln (Äthanol, Äthylacetat, Benzol, Benzin und anderen) im Verhältnis 1:1 gemischt, kräftig geschüttelt und beobachtet, wie die Löslichkeitsverhältnisse sind.

Verhalten der Weichmacher untereinander. Das zu untersuchende Weichmachungsmittel wird mit anderen Weichmachern in Reagensgläsern gemischt und auf die Verträglichkeit geprüft.

Flüchtigkeit[1]. a) 10 g Weichmacher werden in einem Wägeglas von 75 mm Durchmesser und 18 mm Höhe eingewogen. Man erhitzt in einem Trockenschrank auf 100° und wägt nach 24, 48, 72 und 96 Std.

b) Man bestimmt die Flüchtigkeit in einem mit 10 Schalen besetzten BRABENDERschen Wasser-Bestimmer nach 24, 48 und 72 Std. bei 100°. Dabei muß der Teller des Apparates sich entweder dauernd langsam drehen oder, wenn dies nicht möglich ist, jede Stunde um ein Feld weiterbewegt werden (S. 371 f.).

Säure-Abspaltung[2]. Etwa 50 g Weichmacher werden in einen 250 ml ERLENMEYER-Kolben eingewogen, mit 50 ml dest. Wasser versetzt und 5 Std. am Rückfluß gekocht. Nach dem Abkühlen wird die SZ bestimmt und diese mit der des unbehandelten Weichmachers verglichen.

Unter Säure-Abspaltung versteht man die Differenz der Säurezahlen nach und vor der Hydrolyse.

Prüfung auf Verunreinigungen. Nach MALM und Mitarbeitern[3] bringt man 5 mg Weichmacher in ein Reagensglas. Nun läßt man einen 1,25 × 5 cm großen Streifen Filterpapier hineingleiten, der dabei etwa zur Hälfte in den Weichmacher eintaucht, und erhitzt das offene Glas eine Stunde in einem Ölbad auf 180°. Eine Verfärbung des Papiers zeigt die Gegenwart von schädlichen Verunreinigungen an. 0,001% Diäthylsulfat-Zusatz färbt z. B. das Papier schwach, 0,01% braun und 0,1% schwarz.

Siedeverlauf. Die Prüfung auf Einheitlichkeit eines Weichmachers kann man oft mittels einer Vakuum-Destillation durchführen. Je nach Zusammensetzung und Beständigkeit des Weichmachers wird jeweils ein Druck zwischen 4 und 20 Torr gewählt.

In einem CLAISEN-Kolben von etwa 500 ml Inhalt werden 100 ml Weichmacher der Destillation unterworfen. Die Länge des Luftkühlers beträgt etwa 110 bis 120 cm. Zum Auffangen des Destillats dient ein HOLTKAMP-Zylinder. Es wird die Temperatur bestimmt, bei der der erste Tropfen in den Zylinder fällt, sowie die Temperatur, bis zu der 5 bzw. 90 ml Destillat übergegangen sind.

Brennbarkeit. Für die Brennbarkeit von Weichmachern kann der Flammpunkt im offenen Tiegel DIN-DVM 3661 als Maß dienen.

Lichtempfindlichkeit. Nitrocelluloselack-Filme zeigen u. U. nach längerer Zeit Vergilbungen, die sich besonders bei Weißlacken unangenehm bemerkbar machen. Meist wird der Weichmacher für solche Erscheinungen verantwortlich gemacht. Um festzustellen, ob ein Weichmacher im Licht sich nicht verändert, wird eine Probe längere Zeit dem Tageslicht oder UV-Licht ausgesetzt, und man mißt in bestimmten Zeitabständen die Farbveränderung mit dem HELLIGE-Colorimeter oder nach DIN 6167 (Gilbungsskala). Es sei bemerkt, daß die Er-

---

[1] E. v. MÜHLENDAHL u. H. SCHULZ: Farbe u. Lack **33**, 276 (1927).

[2] M. R. TRIMMER: Farbe u. Lack **1926**, 441.

[3] C. J. MALM, L. B. GENUNG u. M. L. TOWNSEND: Analytic. Chem. **23**, 1692 (1931).

gebnisse, die man mit UV-Lampen bekommt, oft ein falsches Bild ergeben, da die Bestrahlung mit UV nicht mit der Sonnenbestrahlung zu vergleichen ist.

Gelierungsvermögen und Gelierungsgeschwindigkeit. Das Gelierungsvermögen wie auch die Gelierungsgeschwindigkeit stehen im engen Zusammenhang mit der chemischen Konstitution der Weichmacher. Die bei den betriebsüblichen Mischvorgängen auftretenden Verformungswiderstände entsprechen den Gelierkräften zwischen den beiden Komponenten Bindemittel und angewandtem Weichmachungsmittel. A. KRAUS[1] bestimmt die Gelierfähigkeit eines Weichmachers an Hand der Lösegeschwindigkeit. P. SCHMIDT[2] mißt diese Eigenschaften, d. h. Gelierungsvermögen und Gelierungsgeschwindigkeit, mit Hilfe des BRABENDER-Plastographen.

Wasserlöslichkeit und Wasserbeständigkeit. Im allgemeinen kann die Löslichkeit von Weichmachern in Wasser ähnlich wie die Löslichkeit in Lösungsmitteln bestimmt werden. R. N. HAWARD[3] hat eine Methode für genauere Bestimmungen des Löslichkeitsgrades vorgeschlagen.

Man füllt in eine PETRI-Schale (Durchmesser 20 cm), die auf eine matte, schwarze Unterlage gestellt und von oben und hinten beleuchtet wird, 100 bis 150 ml Wasser. Danach läßt man aus einer Mikropipette einen Tropfen des Weichmachers oder seiner Lösung in einem Lösungsmittel zufließen und beobachtet das Ölauge nach dem Verdunsten des Lösungsmittels. Entsteht kein Auge, so gibt man erneut einen Tropfen Weichmacher-Lösung zu, so lange, bis beständige Ölaugen erhalten bleiben. Der Endpunkt ist erreicht, wenn bei leichtem Schütteln der Schale während 5 Min. sich die Größe der Augen nicht merklich vermindert.

Für einige Weichmacher gibt HAWARD folgende Löslichkeitswerte in % an:

Dimethylphthalat	0,40	Äthylphthalyläthylglykol	0,85
Diäthylphthalat	0,06	Tributylcitrat	0,006
Dibutylphthalat	0,0011	Dimethylcyclohexanoloxalat	0,0002
Methylphthalyläthylglykol	0,11	Butylglykolphthalat	0,002
Methylglykolphthalat	0,88		

Qualitative Nachweisreaktionen. Die Identifizierung eines unbekannten Weichmachers ist sehr schwierig, da das spezifische Gewicht sowie die Siedegrenzen wenig über seine Natur aussagen. Einen Hinweis auf die Zusammensetzung des Weichmachers ergibt zunächst der Nachweis bestimmter Elemente, wie z. B. Stickstoff und Schwefel. Weiter prüft man auf Phthalsäure (s. S. 1538) und Phosphorsäure.

In USA wird die Identifizierung von Weichmachern auch auf Grund ihres dielektrischen Verhaltens durchgeführt[4]. Die Bestimmung der dielektrischen Daten erfolgt bei einer Frequenz von 10 Megahertz in Abhängigkeit von der Temperatur. Die einzelnen Weichmacher-Typen sollen reproduzierbare, charakteristische Kurvenbilder ergeben. Auch bei sehr kleinen Proben ist die Methode anwendbar.

2. Prüfung von Weichmacher-Gruppen

Phosphorsäureester. Die wichtigsten Phosphorsäureester, die als Weichmacher eine besondere Rolle spielen, sind Trikresylphosphat, Tributylphosphat, Hexyl- und Octylphosphat, β-Chloräthylphosphat, Triphenylphosphat und Trixylenylphosphat.

---

[1] A. KRAUS: Farbe u. Lack **36**, 493, 499, 505 (1930).
[2] P. SCHMIDT: Kunststoffe **41**, 23 (1951); **42**, 142 (1952).
[3] R. N. HAWARD: Analyst **68**, 303 (1943).
[4] M. A. ELLIOTT, A. R. JONES u. L. B. LOCKHART: Analytic. Chem. **19**, 10 (1947).

Die Fluorescenz-Probe ermöglicht eine schnelle Entscheidung darüber, ob aliphatische oder aromatische Ester vorliegen. Während die aliphatischen Phosphate keine Fluorescenz zeigen, fluorescieren die aromatischen Phosphate kräftig blau. Eindeutig können die Phosphorsäureester von anderen Weichmachern durch ihren hohen Brechungsindex unterschieden werden. Bei den meisten Phosphorsäureestern ist der Brechungsindex höher als 1,43.

Die Erkennung der einzelnen Phosphorsäureester gelingt auf Grund der beträchtlichen Unterschiede in ihren Viscositäten.

Tributylphosphat	4,5 cP	Trichloräthylphosphat	38,8 cP
Trihexylphosphat	12,6 cP	Trikresylphosphat	100 cP
Trioctylphosphat	12,8 cP	Trixylenylphosphat	90 cP

Was die Löslichkeit der Phosphorsäureester betrifft, so sind nur Trichloräthylphosphat und Triphenylphosphat in Benzin unlöslich.

Quantitative Bestimmung der phosphorsäurehaltigen Weichmacher. 0,2 bis 0,4 g Ester werden in einem KJELDAHL-Kolben mit 10 ml konz. Schwefelsäure versetzt und nach Zugabe von 1 bis 10 ml konz. Salpetersäure über einer kleinen Flamme langsam erhitzt. Die so erhaltene Phosphorsäure-Lösung wird in üblicher Weise weiter aufgearbeitet[1]. Nach K. THINIUS[2] wird die Lösung verdünnt, mit Ammoniummolybdat versetzt, der Niederschlag in das Phosphorsäure-molybdänsäureanhydrid übergeführt und nach der Trocknung zur Wägung gebracht.

1 g Phosphat-Niederschlag entspricht 0,205 g Trikresylphosphat.

Unterscheidung von Trikresylphosphat und Tributylphosphat. Um festzustellen, ob es sich tatsächlich um Trikresylphosphat und nicht um Tributylphosphat handelt, verseift man etwa 3 g Lackkörper[3] mit etwa 1 ml 50%iger Kalilauge und 50 ml Alkohol durch Eindampfen auf dem Wasserbad. Dann nimmt man den Rückstand mit Wasser auf und säuert mit verd. Schwefelsäure bis zur deutlich sauren Reaktion an. Nun destilliert man, bis etwa das halbe Volumen der Lösung abdestilliert ist. Gewöhnlich macht sich bei Gegenwart von Trikresylphosphat im Destillat der Kresol-Geruch bereits deutlich bemerkbar. Sollte dies nicht der Fall sein, so prüft man das Destillat auf Phenole.

Ist Kresol nicht vorhanden, so nimmt man bei Gegenwart von Tributylphosphat den Butanol-Geruch meistens deutlich wahr, wie unten beschrieben.

Will man neben Phenolen noch Butanol nachweisen, so neutralisiert man das Destillat mit Natronlauge und extrahiert nach Zugabe eines geringen Laugen-Überschusses mehrmals mit Äther. Den Äther verdampft man nach Trennung von der wäßrigen Schicht bei niedriger Temperatur (40 bis 50°) und entfernt den letzten Rest durch Blasen mit Luft bei Zimmertemperatur. Den Rückstand prüft man, falls sich Butanol-Geruch nicht bereits bemerkbar macht, nach S. 1585.

Trikresylphosphat. Qualitativ: 5 Tropfen Öl werden mit wenig Natriumhydroxyd und 1 ml Äthylalkohol verseift, und die erhaltene Seifenlösung wird mit 5 ml Wasser verdünnt. Zu dieser Lösung gibt man einige Tropfen einer Diazobenzol-Lösung. Entsteht eine Rotfärbung oder ein roter Niederschlag, so ist Trikresylphosphat zugegen. (Phenol-Harze dürfen nicht anwesend sein.)

Die Diazo-Lösung wird wie folgt hergestellt: Eine kleine Menge p-Nitranilin wird in etwa 0,5 ml konz. HCl durch Kochen gelöst und dann mit etwa 10 ml Wasser verdünnt. Die Lösung soll nur schwach gelblich sein. Zu einigen ml dieser Lösung gibt man etwas Natriumnitrit, wodurch der gelbe Farbton der Lösung verschwinden muß.

Quantitativ: In einen Eisentiegel von etwa 80 ml Inhalt wägt man 0,5 bis 1 g des Weichmachers ein und gibt 20 bis 40 ml einer etwa 2 n alkohol. Kalilauge sowie etwa je 3 g Natriumcarbonat (calc.) und Natrium- oder Kaliumnitrat und etwa 1 g Magnesiumoxyd hinzu. Nach gutem Durchmischen mit einem Glasstab dampft man unter häufigem Rühren auf dem Wasserbad bis nahe zur Trockne ein. Dann wischt man mit einem Stückchen Filtrier-

---

[1] F. P. TREADWELL: Analytische Chemie II, 10. Aufl., S. 372. Wien: Springer 1922.

[2] K. THINIUS: Analytische Chemie der Plaste. Berlin-Göttingen-Heidelberg: Springer 1952; I. SARUDI: Z. analyt. Chem. **129**, 100 (1949).

[3] Um diesen zu erhalten, verdampft man — am besten in dem Kolben, in dem man die Verseifung vornimmt — das Lösungsmittel und trocknet etwa $1/2$ Std. im Trockenschrank bei 100 bis 105°.

papier den Glasstab ab und wirft das Papier in den Tiegel. Nun dampft man ein, bis die Masse ganz trocken ist. Nunmehr wird der Tiegel mit einer großen Flamme erhitzt, wobei man zunächst die Wand des Tiegels erhitzt. Wenn die Masse zu glimmen beginnt, entfernt man die Flamme und erhitzt erst weiter, wenn das Glimmen aufgehört hat. Gegebenenfalls unterstützt man die Verbrennung durch Einstreuen von feingepulvertem Salpeter. Nach erfolgter Verbrennung (geringe Mengen kohliger Teilchen können unberücksichtigt bleiben) läßt man erkalten und löst den Tiegelinhalt unter Erwärmen in Wasser. Die entstandene Natriumphosphat-Lösung spült man in ein nicht zu kleines Becherglas und säuert vorsichtig mit Salpetersäure an. Falls man keine klare Lösung erhält, erhitzt man einige Minuten zum lebhaften Sieden und filtriert.

Die klare Lösung wird nun zum Sieden erhitzt. Dann entfernt man die Flamme und gibt sofort 25 bis 50 ml Ammoniummolybdat-Lösung hinzu. Nach mindestens 3 stdg. Stehen (besser Stehen über Nacht) filtriert man den Niederschlag durch einen (nicht gewogenen) Filter-Tiegel und wäscht etwa 10 mal mit je 3 bis 5 ml Wasser aus, indem man jedesmal das Wasser vollständig ablaufen läßt. Nun bringt man den Niederschlag in einen ERLEN-MEYER-Kolben und gibt aus einer Pipette 25 ml 0,5 n Natronlauge hinzu. Mit der Lauge spült man dabei den Tiegel aus, um an der Wand haftenden Niederschlag zu lösen. Man spült gründlich mit Wasser nach und fügt, falls noch gelbe Teilchen zu erkennen sind, nochmals 25 ml 0,5 n Natronlauge hinzu. Wenn keine gelben Teilchen sichtbar sind (Erwärmen ist zu unterlassen!), titriert man nach Zugabe von Phenolphthalein den Laugen-Überschuß mit 0,5 n Salzsäure zurück.

Hatte man S g Substanz eingewogen und hatte man a ml 0,5 n Lauge und b ml 0,5 n Salzsäure verbraucht, so ist der Gehalt an Trikresylphosphat

$$0,8\,\frac{(a-b)}{S}\,\%\,.$$

Die von E. TSCHIRCH[1] angegebenen qualitativen und quantitativen Nachweise von Trikresylphosphat erschöpfen sich in der Feststellung des P_2O_5 und Nachweis des Phenols bzw. Kresols mit p-Nitranilin. Diese Nachweise gelten für die drei isomeren Trikresylphosphate.

o-Trikresylphosphat. Für den Nachweis der giftigen o-Verbindung hat B. WURZSCHMITT[2] folgendes Verfahren vorgeschlagen:

Ein Tropfen o-Kresol wird in einem Reagensglas (15 mm Durchmesser) mit 1 bis 2 Tropfen Benzaldehyd und 10 bis 12 Tropfen 75%iger H_2SO_4 versetzt und kurz geschüttelt. Nun erwärmt man in einem Öl- oder Luftbad einige Minuten auf 140°, kühlt ab, setzt 5 ml Wasser zu, schüttelt und gießt die wäßrige Lösung von dem entstandenen Harz ab. Das Harz wird in etwa 10 ml Methanol, gegebenenfalls unter Erwärmen, gelöst. Die orangerote Lösung wird in zwei Teile geteilt, der eine Teil mit Schwefelsäure angesäuert, der andere mit Natronlauge alkalisch gemacht. Die saure Lösung färbt sich rot, die alkalische blau-violett. p-Kresol und m-Kresol zeigen diese Farbreaktion nicht. Bei geringem o-Kresol-Gehalt müssen die Mengen entsprechend erhöht werden. Zweckmäßig soll man die doppelte bis dreifache Volumenmenge Schwefelsäure anwenden, als das Volumen der Kresol- und Benzaldehyd-Mischung beträgt. Außerdem muß die Kondensationszeit auf $^1/_2$ Std. verlängert werden. Verwendet man 10 bis 20 Tropfen Kresol-Gemisch, ebenso viele Tropfen Benzaldehyd und 2 bis 5 ml H_2SO_4, so kann man noch 0,5% o-Kresol in technischen Kresol-Gemischen gut nachweisen. Die Temperatur darf 145° nicht übersteigen.

Weichmacher auf Phthalsäure-Grundlage. Diese Produkte zeigen keine Luminescenz. Brechungsindex sowie spezifisches Gewicht nehmen mit der Länge der Kohlenstoff-Kette des aliphatischen Alkohols ab. Auch mit Lösungsmitteln ist eine Trennung der einzelnen Weichmacher dieser Gruppe nicht möglich, da sie ähnliche Löslichkeiten besitzen.

Als Gruppennachweis für diese Weichmacher dienen die Reaktionen auf Phthalsäure (s. S. 1538). Es ist jedoch zu bemerken, daß die Bildung eines Niederschlages bei der Verseifung nicht ohne weiteres als Kaliumphthalat anzusehen ist, da auch andere Dicarbonsäuren unlösliche Kaliumsalze bilden. Auch

[1] E. TSCHIRCH: Z. analyt. Chem. **131**, 320 (1950); Pharmaz. Zentralhalle Deutschland **88**, 337 (1949).
[2] B. WURZSCHMITT: Z. analyt. Chem. **129**, 233 (1949); Kunststoffe **39**, 219 (1949).

die Resorcin-Schmelze, wenn sie nicht mit isoliertem Kaliumphthalat durchgeführt wird, ist oft unzuverlässig[1]. Gelegentlich ist es möglich, die Phthalsäure an ihrer Sublimation zu erkennen. Dies ist dann der Fall, wenn die Weichmacher unter normalem Druck destilliert werden[2].

Die quantitative Bestimmung der Phthalsäure wird in gleicher Weise wie bei Alkyd-Harzen durchgeführt (s. S. 1545). Einige Autoren[3] zweifeln an der Zuverlässigkeit der KAPPELMEIERschen Methode und fällen die Phthalsäure mit Blei. Diese Methode ist jedoch sehr umständlich. Auch die Arbeitsweise von J. SCHEIBER[4] gibt nur annähernd zufriedenstellende Resultate. Nach den Feststellungen von THAMES[5] können Phthalsäureester nicht vollständig mit alkohol. Kalilauge verseift werden, wenn neben Phthalaten noch aromatische Nitroverbindungen vorliegen. In einem solchen Falle muß mit Salpetersäure oxydiert werden. Erst nach der Oxydation kann die Phthalsäure isoliert und identifiziert werden.

Bei Weichmachern, die mit anderen Dicarbonsäuren als mit Phthalsäure verestert sind, kann die Isolierung der Dicarbonsäuren nach S. 1546 erreicht werden.

Weichmacher auf Grundlage von Monocarbonsäuren. Die Löslichkeitseigenschaften dieser Weichmacher sind einander so ähnlich, daß an Hand dieser Eigenschaften eine Trennung nicht möglich ist. Die Analyse dieser Stoffe wird genauso wie die Analyse von Fetten und Seifen durchgeführt, wenn die einzelnen Fettsäuren identifiziert werden sollen. Die Untersuchung der in diesen Weichmachern enthaltenen Alkohole kann, sofern es sich um Polyalkohole handelt, nach den Vorschriften, die bei Alkyd-Harzen beschrieben wurden, durchgeführt werden (s. S. 1547).

Weichmacher-Gemische. a) *Phthal- und Phosphorsäure.* Bei Gemischen von Phthalsäureestern und Phosphorsäureestern bestätigte sich die LORENZ-LORENTZ-Regel[6]. Der Brechungsindex nimmt nach der LORENZ-LORENTZ-Regel mit steigender Menge Phosphorsäureester linear ab. Somit ist die Möglichkeit gegeben, durch Bestimmung des Brechungsindex eine quantitative Analyse der Gemische von Phthalsäureestern und Phosphorsäureestern durchzuführen. Die Voraussetzung ist jedoch, daß man die einzelnen Komponenten vorher identifiziert hat.

b) *Benzoe- und Phthalsäure.* Die Trennung von Benzoesäure und Phthalsäure beruht darauf, daß Phthalsäure unlösliche Kaliumsalze bildet. Bemerkt sei jedoch, daß auch Kaliumbenzoat zu etwa 1% unlöslich ist, so daß es mit Phthalsäure teilweise ausfällt.

Bei der Durchführung der Bestimmung von Benzoesäure trennt man das Kaliumphthalat vom Kaliumbenzoat, indem man das abfiltrierte Gemisch von Kaliumphthalat und Kaliumbenzoat mit Salzsäure versetzt und die Benzoesäure mit Chloroform ausschüttelt. Die so isolierte Benzoesäure wird von Chloroform befreit und mit 0,1 n Lauge titriert. Der größte Teil der Benzoesäure befindet sich in dem Kaliumphthalat Filtrat und wird aus dieser Lösung nach dem Ansäuern in üblicher Weise isoliert.

c) *Trennung von Phosphat, Phthalat und Benzoat.* Die Trennung solcher ternären Gemische geht verhältnismäßig einfach vor sich. In einer Probe be-

---

[1] C. P. A. KAPPELMEIER: Farben-Ztg. **40**, 1142 (1935); A. KRAUS: ebenda **41**, 111 (1936); D. HOLDE u. Mitarbeiter: Z. angew. Chem. **47**, 283 (1929).

[2] G. BANDEL: Angew. Chem. **51**, 573 (1938).

[3] Siehe K. THINIUS: Farben, Lacke, Anstrichstoffe **4**, 113 (1950).

[4] J. SCHEIBER: Farbe u. Lack **47**, 592 (1933).

[5] F. C. THAMES: Ind. Engng. Chem., analyt. Edit. **8**, 418 (1936).

[6] K. THINIUS: Analytische Chemie der Plaste, S. 416. Berlin-Göttingen-Heidelberg: Springer 1952.

stimmt man zunächst Phosphorsäure (s. S. 1594), in einer anderen wird dann genau wie bei Gemischen von Phthalsäure und Benzoesäure verfahren.

d) *Fette Öle und Phthalate.* Die Trennung von fetten Ölen und Phthalaten wird in gleicher Weise wie bei Alkyd-Harzen durchgeführt, wobei Kaliumphthalat bei der Verseifung vollständig ausfällt und nach KAPPELMEIER bestimmt werden kann. In dem Filtrat des Kaliumphthalats befinden sich die übrigen Fettsäuren. Auch mit Hilfe der LORENZ-LORENTZ-Regel sind quantitative Aussagen über die Mischungsverhältnisse zwischen fetten Ölen und Phthalaten möglich.

e) *Nachweis einwertiger Alkohole.* Für den Nachweis von einwertigen Alkoholen kann die Xanthogenat-Reaktion (s. S. 1585) gute Dienste leisten, da die Schmelzpunkte der Xanthogenate für die jeweiligen Alkohole charakteristisch und spezifisch sind.

δ) Trockenstoffe (Sikkative)

Die natürlichen Öle enthalten in roher Form kleine Mengen verschiedener Begleitstoffe, von denen die einen die Filmbildung beschleunigen (Prooxydantien), die anderen sie verzögern (Antioxydantien) (S. 222 ff.). Bei Verarbeitung trocknender Öle zu Lackölen oder Firnissen werden die natürlichen Pro- und Antioxydantien zum Teil zerstört. Vom lacktechnischen Standpunkt aus gesehen, sind die Prooxydantien willkommene Begleitstoffe, da sie die trocknenden Eigenschaften der Öle verbessern. Ihre Menge ist jedoch nicht ausreichend, so daß „Trockenstoffe" oder „Sikkative" hinzugesetzt werden müssen. Derartige Zusätze bestehen aus Schwermetallsalzen der Fettsäuren, Harzsäuren oder Naphthensäure. Als metallische Komponenten der Sikkative haben sich Co, Pb, Mn und Zn sowie Ce und Zr als geeignet erwiesen. Je nach der Säure, die zur Herstellung von Sikkativen verwendet wird, unterscheidet man zwischen Oleaten, Linoleaten, Resinaten, Octoaten und Naphthenaten.

Je nach dem Herstellungsverfahren kann man zwischen geschmolzenen und gefällten Trockenstoffen unterscheiden. Die „geschmolzenen Trockenstoffe" werden durch Erhitzen der Fettsäuren oder Öle mit entsprechenden Metalloxyden bzw. Hydroxyden auf 200 bis 250° hergestellt. Durch Versetzen von Alkalisalz-Lösungen der Säuren mit den betreffenden Metallsalzen entstehen die „gefällten Trockenstoffe". Unter Sikkativen versteht man oft die Lösungen von Trockenstoffen in geeigneten Lösungsmitteln.

Da die Wirksamkeit eines Trockenstoffes vom Metall und seiner Löslichkeit abhängt, ist die Kenntnis der letzteren Voraussetzung für seine richtige Anwendung.

In den folgenden Tabellen sind die Metallgehalte der Linoleate, Resinate und Naphthenate aufgeführt.

Tabelle 384. *Metallgehalte für Trockenstoff-Linoleate und -Resinate*[1]

Trockenstoff	Geschmolzen %	Gefällt %
Bleiresinat	12 Pb	18 Pb
Bleilinoleat	24 Pb	24 Pb
Manganresinat	2,5 Mn	6 Mn
Manganlinoleat	7 Mn	8 Mn
Kobaltresinat	2,5 Co	6 Co
Kobaltlinoleat	6 Co	9 Co
Blei-Mangan-Resinat	{ 6 Pb { 1,5 Mn	11 Pb 2,7 Mn
Blei-Mangan-Linoleat	{ 11 Pb { 2,7 Mn	14 Pb 3,5 Mn

---

[1] DIN 55901.

Tabelle 385. *Feste Soligene*[1]

Trockenstoff	Co %	Mn %	Pb %	Zn %
Kobalt	11,0	—	—	—
Mangan	—	10,0	—	—
Blei	—	—	31,0	—
Zink	—	—	—	12,0
Kobalt-Mangan	1,5	9,0	—	—
Kobalt-Blei	2,5	—	23,5	—
Kobalt-Blei spez.	6,5	—	12,0	—
Kobalt-Zink	2,5	—	—	9,5
Blei-Mangan	—	4,0	18,5	—
Blei-Mangan F	—	7,5	8,0	—
Kobalt-Blei-Mangan extra	6,0	2,0	9,0	—
Kobalt-Zink-Mangan	2,0	1,5	—	8,0

Im allgemeinen muß ein Sikkativ folgenden Bedingungen entsprechen: gute Löslichkeit in Ölen und Lacklösungsmitteln; helle Farbe; gutes Trocknungsvermögen; kein Ausflocken während der Lagerung.

Es sei noch erwähnt, daß auch manche Pigmente, wie z.'B. Mennige, eine sikkativierende Wirkung auf die trocknenden Öle ausüben. Ihre Wirkung ist aber infolge ihrer Unlöslichkeit nur gering. Im Gegensatz dazu gibt es viele Metallsalze der oben erwähnten Säuren (Zn, Ca, Al u. a.), die zwar keine sikkativierende Kraft besitzen, aber trotzdem Anwendung in der Lackindustrie finden. Diese Stoffe dienen als Dispergierungsmittel, d. h. sie verhindern das Absetzen der Pigmente während der Lagerung. Kupfersalze der Fettsäuren werden vor allem in Schiffsbodenlacke eingearbeitet und dienen so als Fungicide. Über metallfreie und Rapid-Trockner s. S. 235. Auf die Wirkung des Zirkons als Aktivator für die genannten Sikkative sei noch besonders hingewiesen[2].

Isolierung der Metalle. Die Isolierung der Metalle aus den Trockenstoffen wird entweder durch Veraschung oder durch Extraktion mit Säuren erreicht. Die Veraschung wird in üblicher Weise vorgenommen. Um eine genügende Menge an Veraschungsrückständen zu erhalten, empfiehlt es sich, etwa 5 g Trockenstoff bzw. 20 g Sikkativ-Lösung in einem geräumigen Porzellantiegel zu veraschen.

Die Extraktion von Metall-Ionen wird wie folgt durchgeführt:

5 bis 6 g Trockenstoff oder 15 bis 20 g Sikkativ-Lösung werden in Äther oder Petroläther gelöst und zweimal mit je 20 ml 4 n Salzsäure ausgeschüttelt. Die organischen Bestandteile bleiben in der Ätherschicht gelöst, während die Metalle in die Salzsäure-Lösung übergehen.

H. Flaschka und H. Lackner[3] empfehlen die Abtrennung der Metalle der Schwefelwasserstoff-Gruppe mit Hilfe von Thioacetamid.

Marwedel[4] trennt die Metall-Ionen von den organischen Säuren mit Hilfe der Oxalsäure. Das zu untersuchende Sikkativ wird in Lösung gebracht, auf Oxalsäure, die sich in einem Filtertiegel befindet, aufgetropft und einige Min. auf 100° erhitzt. Durch Auswaschen der Mischung mit siedendem Alkohol, Toluol und einem Gemisch der beiden Lösungsmittel werden die Oxalsäure und die organischen Anteile des Sikkativs von den Metalloxalaten getrennt. Die ersteren gehen in das Filtrat über, wo sie für sich nachgewiesen werden können, während die Metalle sich im Niederschlag befinden.

Qualitative Prüfung auf Metalle. Die qualitative Untersuchung des Veraschungsrückstandes oder der Salzsäure-Lösung auf Metalle wird in üblicher Weise durchgeführt.

---

[1] Entnommen der Soligen-Broschüre der FARBWERKE HÖCHST.
[2] A. FOULON: Prakt. Chem. (Wien) **8**, 322 (1957).
[3] H. FLASCHKA u. H. LACKNER: Fette · Seifen · Anstrichmittel **53**, 80 (1951).
[4] G. MARWEDEL: Farbe u. Lack **62**, 92 (1956).

R. M. LOVENDER[1] löst die zu untersuchende Probe in der doppelten Menge Äther, neutralisiert mit Ammoniak gegen Phenolphthalein und fügt einen Überschuß kalter 10%iger alkohol. Oxalsäure-Lösung hinzu. Die Metalle scheiden sich als Oxalate ab. Der Oxalat-Niederschlag wird zunächst mit Äther, dann mit Äthanol gewaschen und anschließend durch Tüpfel-Reaktionen auf die einzelnen Metall-Ionen geprüft.

Quantitative Prüfung auf Metalle. Wurde durch qualitative Prüfung festgestellt, daß der Trockner nur ein einziges Metall enthält, so führt man den in Frage kommenden Teil des Trennungsganges durch. Besteht der Trockner aus mehreren Metallkomponenten, so muß der ganze Trennungsgang berücksichtigt werden. Hierbei werden die üblichen Methoden der anorganischen Analyse benützt. Die Methoden sind im DIN-Blatt 55901 verankert. (Vgl. auch S. 1601.)

Die Mikrobestimmung von Blei führt FLASCHKA wie folgt durch:

Man wägt so viel vom Trockenstoff ein, daß der Bleigehalt ungefähr 5 bis 10 mg ausmacht. Die Probe wird nun in Benzol unter Erwärmen gelöst und mit einer kleinen Spatelspitze Thioacetamid versetzt. Nach Hinzufügen von 1 bis 2 ml 0,2 n alkohol. Kalilauge kocht man die Lösung kurz auf, kühlt ab, zentrifugiert und filtriert die überstehende klare Flüssigkeit ab. Den Niederschlag löst man nun mit konz. Salpetersäure und fällt das Blei in üblicher Weise als Chromat. Nach dem Abfiltrieren und Auswaschen wird der Niederschlag mit 3 n Salzsäure gelöst, mit einer Spatelspitze MOHRschem Salz sowie einem Tropfen 10%iger Kaliumthiocyanat-Lösung versetzt und mit Titan(III)-chlorid von Rot auf Farblos bzw. Schwachgrün titriert.

H. P. KAUFMANN und Mitarbeiter[2] entwickelten eine polarographische Methode zur qualitativen und quantitativen Bestimmung von Sikkativen. Sie hat den Vorzug, daß in einem Arbeitsgang mehrere Metalle nebeneinander ermittelt werden können. Zu diesem Zweck werden die Sikkative in einem geeigneten Lösungsmittel gelöst und dann polarographisch gemessen. (Die Beschreibung sowie die Handhabung des Polarographen s. S. 799 ff.) Bemerkenswert an dieser Methode ist ferner, daß die in verschiedenen Wertigkeitsstufen auftretenden Metalle nebeneinander bestimmt werden können. So läßt sich z. B. in einfacher Weise die Bestimmung von Pb(II) und Pb(IV) quantitativ durchführen[3]. Aber auch verschiedene Metallsikkative lassen sich nebeneinander polarographisch bestimmen[4].

Organische Komponenten. Zunächst zersetzt man den Trockenstoff mit Äther-Salzsäure in der Kälte, dann in der Wärme auf dem Wasserbad unter Ergänzung des verdampfenden Äthers. Darauf wird ausgeäthert und der ätherische Extrakt gewogen. Schon aus seiner äußeren Beschaffenheit wird man erkennen, ob es sich um einen Harz- oder einen Öltrockenstoff handelt. Bei sogenannten Trockenstoff-Extrakten (konz. Lösungen von Trockenstoff in Leinöl) kann dann die Menge des vorhandenen Öles angenähert aus der EZ (Differenz von SZ und VZ) durch Multiplikation mit 0,47 berechnet werden (nähere Kennzeichnung von Harz gemäß S. 1049 ff.). Sonst ist der Äther-Extrakt zu verseifen, die etwa vorhandenen unverseifbaren Stoffe sind nach S. 447 ff. zu bestimmen, aus der Seifenlösung die Gesamtsäuren zu gewinnen (durch Ansäuern und Ausäthern) und nach S. 1627 in Harz- und Fettsäuren zu trennen. Gegebenenfalls sind auch aus dem veresterten Teil durch Verseifung die Fettsäuren zu gewinnen und diese durch Beobachtung der Fluorescenzfarbe im UV-Licht der Analysen-Quarzlampe, durch Erstarrungspunkt, JZ, Hexabromidzahl usw. als Leinöl-Fettsäuren oder Säuren anderer Art näher zu identifizieren.

Etwa vorhandene Lösungsmittel sind durch Wasserdampf zu isolieren und weiter zu untersuchen nach S. 1614.

Löslichkeitsprüfung. Zunächst wird man feststellen, bei welcher Temperatur ein Trockenstoff löslich ist. Zu diesem Zweck beginnt man bei 100°.

[1] R. M. LOVENDER: Paint Technol. **16**, 427 (1951).
[2] H. P. KAUFMANN, D. SCHWEITZER u. P. WIERTZ: Fette · Seifen · Anstrichmittel **54**, 623 (1952).
[3] J. BALTES u. P. WIERTZ: Fette · Seifen · Anstrichmittel **56**, 84 (1954).
[4] H. P. KAUFMANN u. M. BERNARD: Fette · Seifen · Anstrichmittel **59**, 843 (1957); J. MOJŽÍŠ: Sbornik 1. mezinarodnik. polarogr. Sjezdor v Praze **1**, 638 (1951).

Man erhitzt eine gewogene Menge Leinöl auf diese Temperatur und trägt zweckmäßig in kleinen Portionen den gewogenen, feingepulverten Trockenstoff so ein, daß jede neue Portion erst zugegeben wird, wenn die vorhergehende aufgelöst ist. Man hört mit der Zugabe auf, wenn sich der Trockenstoff nicht mehr löst und bestimmt durch Rückwaage des nicht zugegebenen Restes die gelöste Menge als Differenz. Mehr als 5% zuzugeben, ist überflüssig mit Ausnahme bei sogenannten Extrakten u. dgl. Löst sich der Trockenstoff bei 100° nicht, so steigert man die Temperatur auf etwa 150°; tritt auch hierbei keine Lösung ein, auf 200°. Wenn man noch genauere Temperatur-Angaben haben will, so wird man, nachdem man so die Grenzen ermittelt hat, bei denen sich der Trockenstoff löst bzw. dies noch nicht tut, mit neuem Öl Versuche zwischen diesen Temperatur-Grenzen anstellen. Ebenso kann man bei leichtlöslichen Trockenstoffen Temperaturen unter 100° zur Anwendung bringen. Ob dies zweckmäßig oder notwendig ist, ist nur von Fall zu Fall zu entscheiden.

Wirksamkeitsprüfung. Man stellt eine 5%ige Lösung des Trockenstoffes in Leinöl her und benutzt einen Teil derselben unmittelbar zur Untersuchung. Einen anderen Teil verdünnt man mit Leinöl etwa im Verhältnis 4 Teile Lösung : 1 Teil Leinöl, wieder einen anderen im Verhältnis 3 : 2 usw. Die Firnisse werden gleichzeitig mit dem unverd. Öl geprüft auf Trockenzeit und Beschaffenheit des Anstriches, wie dies beim Leinöl beschrieben ist. Bei ausführlichen Untersuchungen werden die Trockenstoffe mit dem Öl noch verschieden lange auf verschiedene Temperaturen erhitzt und gleichfalls geprüft, um diejenigen Temperatur- und Zeitverhältnisse zu erfahren, bei denen der Trockenstoff am zweckmäßigsten verwendet werden kann. Als „Blindprobe" soll ein Trockenstoff mitgeprüft werden, der sich in der Fabrikation als gut erwiesen hat, oder ein „Normaltrockenstoff"[1]. Über den „Trocknungsfaktor" s. S. 235.

Schnellprobe. Die Wirksamkeit von Trockenstoffen oder das Trocknungsvermögen fertiger Firnisse kann man ermitteln, wenn man die zu untersuchenden Proben (zweckmäßig auf Glasplatten) in einen Exsiccator legt, durch den langsam Sauerstoff geleitet wird. Bei dieser Arbeitsweise tritt die Verfilmung bereits in wenigen Stunden ein. Durch Zwischenproben — Betupfen mit der Fingerspitze — gewinnt man so auch schnell Anhaltspunkte über den Verlauf der Verfilmung[2].

Die Prüfung der Firnisse sollte nicht unmittelbar nach ihrer Herstellung erfolgen, sondern frühestens 8 Tage darauf, zweckmäßig auch nochmals nach einer längeren Zeit. Inzwischen sind die Firnisse gut verschlossen aufzubewahren. Neben der Trockenzeit ist auch auf Farbe und Geruch zu achten sowie auf entstehende Trübungen. Letztere sind meist nicht auf die Beschaffenheit des Trockenstoffes, sondern auf die des Öles zurückzuführen. Es können — je nach dem kolloidalen Zustand des Öles — unter sonst gleichen Bedingungen auch bei außergewöhnlich reinem Trockenstoff Trübungen eintreten. Hier spielen die Schleimstoffe oder ein Teil derselben eine Rolle, indem sie unter gewissen Bedingungen die Rolle von Schutzkolloiden übernehmen, die das Zustandekommen der Trübungen verhindern. Als trübende Ausscheidungen treten z. B. Bleisalze der gesättigten Fettsäuren und der Oxyfettsäuren auf.

Mitunter ist auch von Interesse festzustellen, ob und wie die Wirksamkeit von Trockenstoffen in Lacken durch Adsorption an aktiven Pigmenten, z. B. Ruß, nachläßt. In diesem Falle geht man von einer feingemahlenen Leinöl-Ruß-Paste aus, die man mit Leinöl, in dem der zu prüfende Trockenstoff gelöst ist, bis zur Streichfähigkeit verdünnt. Man prüft dann die Trocknung auf Glasplatten nach DIN-Blatt 53150 (vgl. auch S. 1526 u. 1601) sofort, nach 2 Tagen und nach 4 Wochen.

---

[1] *Die Herstellung eines „Normaltrockenstoffes":* Reine Abietinsäure wird mit Hilfe von alkoholischer Kalilauge in Alkohol-Lösung genau neutralisiert und der Alkohol nach Wasserzusatz verdampft. Dann wird mit Wasser stark verdünnt und mit einer verd. Mangansulfat-Lösung gefällt, bis kein Niederschlag nach weiterem Zusatz mehr entsteht. Der gefällte Trockenstoff wird abgesaugt, mit Wasser gewaschen und endlich auf dem Wasserbade getrocknet. Die Abietinsäure wird durch Ausziehen von hellem Harz mit 60%igem Alkohol und mehrfachem Umkristallisieren des Ungelösten aus verd. Methanol gewonnen. Der Firnis wird durch Auflösen von 3% Trockenstoff in Leinöl bei 150° und halbstündigem Belassen bei dieser Temperatur gewonnen. Entschleimtes Öl soll nicht verwendet werden. Bei der Lösung des Trockenstoffes soll möglichst wenig gerührt werden.

[2] Unveröffentlichte Arbeit der Staatl. Ingenieurschule Beuth, Berlin, Abt. Techn. Chemie.

Prüfung nach DIN 55901

Bestimmung der Trockenzeit.

Prüfgeräte und Prüfmittel: Saubere Glasplatte 90 × 120 mm; Glasstab, 5 bis 6 mm dick und 200 mm lang, dessen eines Ende halbkugelförmig und dessen anderes Ende etwa 20 mm lang ausgezogen ist und verdickt in einer Kugel (Halbmesser etwa 1 mm) endet; Tafelwaage mit einer Meßfehlergrenze von $\pm$ 0,5 g; Filterpapier; Lackleinöl mit bekannten Kennzahlen.

Durchführung: Die Prüfung ist bei Raumtemperatur (20 $\pm$ 2°), zerstreutem Tageslicht, Raumluft ohne merklichen Zug und ohne Laboratoriumsdünste und bei einer relativen Luftfeuchtigkeit von 65 $\pm$ 5% durchzuführen.

Trockenstoffe werden bei etwa 150° in Lackleinöl aufgelöst. Sikkative werden bei Raumtemperatur mit Lackleinöl durch Einrühren innig vermischt. Das Mengenverhältnis wird hierbei so gewählt, daß die für 7 bis 8 Std. Trockenzeit (gemessen für Trockengrad 1) erforderliche Metallmenge zugesetzt wird. Das so sikkativierte Lackleinöl wird auf die Glasplatte aufgegossen oder mit einem Pinsel satt aufgetragen und die Glasplatte sofort anschließend senkrecht und hochkant auf eine gut saugfähige Unterlage, z. B. mehrere Lagen Filterpapier, gestellt. Nach etwa 5 Min. wird die Glasplatte so verschoben, daß sie auf einer neuen, noch nicht mit der Lösung durchtränkten Stelle des Filterpapiers steht.

Nach etwa 5 bis 6 Std. wird die Glasplatte waagerecht mit der Schichtseite nach oben gelegt und in Abständen von je $^1/_4$ Std. der Trockengrad der aufgetragenen Schicht festgestellt. Maßgebend für das Prüfergebnis ist der Befund in der Plattenmitte.

Trockengrad 1: Der Glasstab wird am dicken Ende leicht angefaßt und mit dem ausgezogenen Ende ohne Druck unter einem Winkel von etwa 30° in weniger als $^1/_2$ Sek. über die 120 mm lange Platte gezogen. Trockengrad 1 (staubtrocken) ist erreicht, wenn hierbei eine punktierte Linie .... auf der Schicht zum ersten Male deutlich sichtbar wird.

Trockengrad 2: Der Glasstab wird am ausgezogenen Ende unter einem Winkel von etwa 30° und 100 g Anpreßkraft an der Berührungsstelle innerhalb $^1/_2$ Sek. über die 120 mm lange Platte gezogen. Trockengrad 2 (durchgetrocknet) ist erreicht, wenn hierbei keine Kratzspur auf der Schicht sichtbar wird.

Zur Bestimmung des Trockengrades 2 kann in der Mitte des Glasstabes ein 200 g Gewichtstück befestigt werden, oder die Glasplatte wird mit der Schichtseite nach oben auf eine Waage gelegt und der Glasstab beim Überstreichen so niedergedrückt, daß die Waage durch das Überstreichen ein Mehrgewicht von 100 $\pm$ 5 g anzeigt.

Bestimmung des Gehaltes an flüchtigen Lösungsmitteln.

Zweck und Anwendung: Die Prüfung dient dazu, den Gehalt an flüchtigen Lösungsmitteln in Sikkativen und Ölsikkativen zu bestimmen.

Prüfgerät: Eindruckdeckel von Lackdosen (80 mm Durchmesser) (oder PETRI-Schale oder Wägeglas) mit dicht aufliegendem Deckel.

Durchführung: Auf den Eindruckdeckel wird etwa 1 g Sikkativ gebracht und sofort dicht abgedeckt. Das Ganze wird gewogen. Um die Probe auf dem Deckel gleichmäßig zu verteilen, werden dann einige Tropfen eines gut lösenden, leicht flüssigen Lösungsmittels, z. B. Benzol, hinzugefügt. Die Probe wird im waagerecht gelagerten, jetzt offenen Eindruckdeckel 15 Min. bei 150° getrocknet und der Gewichtsverlust gegenüber der Einwaage festgestellt.

Auswertung: % Gehalt an flüchtigen Lösungsmitteln = $\dfrac{\text{Gewichtsverlust}}{\text{Einwaage}} \cdot 100$

Bestimmung des Metallgehaltes.

Gehalt an unlöslichem (unwirksamem) Metall. Durch Auflösen des Trockenstoffes in einem Lösungsmittel und anschließendes Abfiltrieren wird der Anteil an Unlöslichem bestimmt, aus dem der Gehalt an unwirksamem Metall ermittelt und in % des Trockenstoffes angegeben wird.

Gehalt an löslichem (wirksamem) Metall in Trockenstoffen. Je nach Metallgehalt wird die Einwaage von 1 bis 5 g vorsichtig verascht und der Rückstand in HNO_3 oder $HCl + H_2O_2$ gelöst. Zn-, Co- und Mn-Trockenstoffe sind vor dem Veraschen mit H_2SO_4 anzufeuchten, da sich sonst durch Verflüchtigung leicht zu niedrige Werte ergeben können.

K o b a l t. *Gravimetrische Bestimmung:* Co wird als Kobaltnitrosonaphthol $(C_{10}H_6ONO)_3Co \cdot 2 H_2O$ bestimmt. Die Lösung soll nicht mehr als 0,1 g Co enthalten. Sie wird auf 200 ml verdünnt, mit 5 bis 10 Tropfen Perhydrol (30%iges H_2O_2), darauf mit 10%iger NaOH bis zur vollständigen Fällung des Co als $Co(OH)_3$ versetzt. Der Niederschlag wird in 10 bis 20 ml Eisessig (unter Umständen unter Erwärmen) aufgelöst, die Lösung mit kochendem Wasser auf 200 ml verdünnt und hierauf das dreiwertige Co tropfenweise mit filtrierter 2%iger Lösung von α-Nitroso-β-naphthol in 50%igem Eisessig gefällt. Nach dem Aufkochen wird der zusammengeballte Niederschlag in einem Porzellan-Filtertiegel gesammelt, zuerst mit 33%iger Essigsäure, dann mit kochend heißem Wasser ausgewaschen, bei 130° getrocknet und gewogen.

Co in g = Niederschlag in g $\cdot$ 0,0964.

Elektrolytische Bestimmung: Die salzsaure Lösung soll nicht mehr als 0,1 g Co enthalten. Sie wird neutralisiert, auf 100 ml verdünnt und mit 35 ml konz. NH_3-Lösung (D = 0,91) und 2 bis 5 g $(NH_4)_2SO_4$ versetzt. Das Co wird bei Raumtemperatur mit 0,5 bis 1 Amp. und 3 bis 4 Volt in etwa 2 Std. auf einer gewogenen Platinnetz-Elektrode abgeschieden. Die Elektrode wird unter Spannung aus dem Bad entfernt, mit Wasser und anschließend mit Äthanol abgespritzt, im Trockenschrank getrocknet und nach $^1/_4$ Std. gewogen.

Co in g = Gewichtszunahme der Elektrode.

Mangan. *Gravimetrische Bestimmung:* Mn wird als Manganpyrophosphat $(Mn_2P_2O_7)$ bestimmt. 100 ml der salzsauren Lösung sollen etwa 0,05 g Mangan enthalten. 100 ml Lösung werden mit 10 ml 10%iger NH_4Cl-Lösung, dann mit 10%iger $(NH_4)_2HPO_4$-Lösung in 10% Überschuß versetzt und zum Sieden erhitzt; dann wird verd. Ammoniak tropfenweise ohne Umrühren zugegeben, bis ein deutlicher NH_3-Geruch auftritt, und etwa $^1/_2$ Std. auf dem Wasserbad erwärmt. Hierauf wird durch ein Blaubandfilter filtriert, dreimal heiß mit 1%iger $(NH_4)_2HPO_4$-Lösung, dann dreimal mit 60%igem Alkohol gewaschen. Der Niederschlag wird bei 900° zu $Mn_2P_2O_7$ verglüht und gewogen.

Mn in g = Niederschlag in g $\cdot$ 0,3869

Maßanalytische Bestimmung: Mn wird durch Überführung der zweiwertigen in die vierwertige Form bestimmt.

Die, wie oben beschrieben, aus 5 g Trockenstoff gewonnene salzsaure Lösung wird in einer Porzellan-Kasserolle unter Zufügen von 10 ml konz. H_2SO_4 zweimal bis zum Auftreten von dichten SO_3-Dämpfen abgeraucht, hierauf in einen 250 ml Meßkolben gespült, mit einer Suspension von reinem ZnO in dest. Wasser zur Neutralisation im Überschuß versetzt und bis zur Marke mit dest. Wasser aufgefüllt. Nach Durchschütteln und Absetzen werden 50 ml abpipettiert und in einem ERLENMEYER-Kolben mit der gleichen Menge Wasser verdünnt, zwei Tropfen konz. HNO_3 zugefügt, auf rund 90° erhitzt und mit 0,1 n $KMnO_4$ unter Schütteln nach jeweiligem Absetzen heiß auf bleibende Rotfärbung titriert.

Mn in g = verbrauchte ml 0,1 n $KMnO_4$ $\cdot$ 0,001 648

Da rasch titriert werden muß, wird im ersten Versuch der ungefähre Wert ermittelt und in einem zweiten zu 50 ml abpipettierter Lösung fast die gesamte benötigte Menge an Titerflüssigkeit auf einmal zugegeben, umgeschüttelt und dann sorgfältig zu Ende titriert. Es wird empfohlen, die $KMnO_4$-Lösung mit Mangansalz-Lösung von bestimmtem Gehalt unter den gleichen Bedingungen einzustellen.

Blei. *Gravimetrische Bestimmung:* Pb wird als $PbSO_4$ bestimmt.

Die salpetersaure Lösung wird mit H_2SO_4 im Überschuß versetzt (z. B. drei ml konz. H_2SO_4 auf 100 ml Flüssigkeit), eingedampft und die überschüssige H_2SO_4 bis auf einen kleinen Rest abgeraucht. Falls nach dem Erkalten der Rückstand nicht mehr schwefelsäurefeucht ist, werden nochmals 2 ml verdünnte H_2SO_4, andernfalls 2 ml Wasser zugesetzt und ein zweites Mal bis zum Auftreten von SO_3-Dämpfen abgeraucht. Nach dem Erkalten werden 30 ml Wasser zugesetzt und aufgekocht. Der Niederschlag wird nach mindestens 3 stdg. Stehen auf einem Porzellan-Filtertiegel abgesaugt, mit 2- bis 3%iger $(NH_4)_2SO_4$-Lösung gewaschen, hierauf der Tiegel im Tiegelschuh zwischen 500 und 700° zur Gewichtskonstanz gebracht und der $PbSO_4$-Niederschlag gewogen.

Pb in g = Niederschlag in g $\cdot$ 0,6833

Maßanalytische Bestimmung: Pb wird als $PbCrO_4$ abgeschieden und jodometrisch bestimmt. 100 ml salpetersaure Lösung werden mit 1 ml konz. HNO_3 versetzt und tropfenweise in der Siedehitze mit $(NH_4)_2CrO_4$ gefällt. Nach 2 stdg. Stehen wird abfiltriert, mit dem 1 : 10 mit Wasser verd. Fällungsmittel und dann mit Wasser ausgewaschen. Der Niederschlag wird in verd. HCl gelöst (50 ml Flüssigkeit), 10 ml 20%ige KJ-Lösung zugesetzt und mit 0,1 n Natriumthiosulfat-Lösung unter Verwendung von Stärkelösung auf Entfärbung titriert.

Pb in g = verbrauchte ml 0,1 n $Na_2S_2O_3$ $\cdot$ 0,0068

Zink. Zink wird gravimetrisch als Zinkammoniumphosphat $(ZnNH_4PO_4)$ oder -pyrophosphat $(Zn_2P_2O_7)$ bestimmt.

Von der Lösung wird eine Menge, die etwa 0,1 g Zn enthält, neutralisiert, mit 5 g NH_4Cl und 2 bis 3 g Natriumacetat versetzt, auf 100 ml verdünnt und 10 ml 10%iges $(NH_4)_2HPO_4$ tropfenweise auf dem erhitzten Wasserbad zugegeben, ohne die Lösung zu kochen. Nach 2 stdg. Stehen auf dem Wasserbad hat sich der p_H-Wert auf 6,4 bis 6,9 eingestellt und ein kristalliner Niederschlag gebildet. Der Niederschlag wird in einem Porzellantiegel gesammelt, mit kaltem Wasser, zum Schluß mit Äthanol gewaschen und entweder bei 130° getrocknet und als $ZnNH_4PO_4$ gewogen oder bei über 900° zu $Zn_2P_2O_7$ geglüht und gewogen.

$$\text{Zn in g} = ZnNH_4PO_4\text{-Niederschlag in g} \cdot 0,3664$$
$$\text{oder} = Zn_2P_2O_7\text{-Niederschlag in g} \cdot 0,4290$$

Gehalt an wirksamem Metall in mehrmetalligen Trockenstoffen. Aufbereitung der Proben wie oben.

Kobalt und Mangan. *Gravimetrische Bestimmung:* Die salzsaure Lösung wird neutralisiert und durch Zusatz von 4 g $(NH_4)_2SO_4$ und 4 ml Eisessig auf p_H 4,5 eingestellt (gepuffert), mit Wasser auf 200 ml verdünnt und bei 80 bis 100° mit H_2S gesättigt. Durch ein- bzw. mehrmaligen Zusatz von 5 ml 5%iger Na_2SO_3-Lösung und weiteres Einleiten von H_2S (5 Min.) werden eventuell kolloidale Sulfid-Anteile mit der Schwefelmilch niedergeschlagen.

Co: Der abfiltrierte Niederschlag wird mit 0,5%iger Essigsäure, die mit H_2S gesättigt ist, gewaschen, in Königswasser gelöst, die Lösung von H_2S, Schwefel und Königswasser befreit und das Co elektrolytisch bestimmt.

Mn: Nach Zugabe von H_2SO_4 zum Filtrat wird H_2S verkocht, die Lösung eventuell filtriert und das Mn wie oben bestimmt.

Maßanalytische Bestimmung: Co: Die Lösung wird neutralisiert, durch Zusatz von 5 ml Eisessig und 4 g Natriumacetat auf p_H 4,3 gepuffert und auf 150 ml verdünnt. Hierauf wird das Co mit einer 3%igen alkohol. Lösung von Oxychinolin in der Wärme gefällt, die Lösung zum Sieden erhitzt, bis der entstandene Oxychinolin-Niederschlag kristallin geworden ist. Der kalte, durch einen Filtertiegel abfiltrierte, 4- bis 5mal mit warmem Wasser gewaschene Niederschlag stellt $Co(C_9H_6ON)_2 \cdot 2H_2O$ dar. Er wird in warmer Salzsäure gelöst, mit einigen Tropfen Methylrot-Indicator versetzt und 0,1 n $KBrO_3$-/KBr-Lösung in geringem Überschuß zugegeben, so daß der Indicator zerstört wird. Hierauf wird nach Zugabe von 3 bis 5 ml 20%iger KJ-Lösung mit 0,1 n $Na_2S_2O_3$-Lösung auf Entfärbung zurücktitriert (Stärkezusatz).

Co in g = verbrauchte ml 0,1 n $KBrO_3$-Lösung — 0,1 n $Na_2S_2O_3$-Lösung · 0,000 737

Mn: Das Filtrat von der Oxychinolat-Fällung wird mit NH_3 schwach alkalisch gemacht und in der Wärme mit 10 bis 20 ml 3%iger Oxychinolin-Lösung versetzt, wodurch nun auch das Mn quantitativ als Oxychinolat gefällt wird. Der mit Wasser gewaschene Niederschlag wird in verd. Salzsäure gelöst und in gleicher Weise wie bei der Co-Bestimmung mit $KBrO_3$ titriert.

Mn in g = verbrauchte ml 0,1 n $KBrO_3$-Lösung — 0,1 n $Na_2S_2O_3$-Lösung · 0,000 687

Kobalt und Blei. Pb: Zuerst wird das Pb gravimetrisch als $PbSO_4$ bestimmt.
Co: Im verbleibenden Filtrat wird das Co elektrolytisch bestimmt.

Blei und Mangan. Pb: Zuerst wird das Pb gravimetrisch als $PbSO_4$ bestimmt.
Mn: Im verbleibenden Filtrat wird das Mn wie oben titrimetrisch bestimmt.

Kobalt und Zink. Zn: Die salzsaure Lösung wird neutralisiert und mit 15 Tropfen 10%iger Salzsäure und 10 ml $(NH_4)_2SO_4$-Lösung (1:5) auf p_H 2,5 eingestellt. Die Lösung wird auf 200 bis 300 ml verdünnt, auf 80° erhitzt und unter Umschütteln mit H_2S gesättigt. Der ZnS-Niederschlag wird nach 1- bis 2stdg. Absetzen durch ein Papierfilter filtriert und 5- bis 6mal mit H_2S-haltigem Wasser, in dem 2% $(NH_4)_2SO_4$ gelöst sind, gewaschen. Der Niederschlag[1] wird getrocknet, zunächst das Filter im Rose-Tiegel verascht, der Niederschlag zum veraschten Filter gegeben, darauf der Tiegelinhalt mit der 4fachen Menge Schwefel überschichtet, im Wasserstoffstrom geglüht, abgekühlt und hierauf das ZnS gewogen.

Zn in g = Niederschlag in g · 0,6710

Co: Das Filtrat von der H_2S-Fällung wird mit H_2SO_4 versetzt, der H_2S verkocht, eventuell filtriert und das Co elektrolytisch bestimmt.

Kobalt, Blei und Mangan. Pb: Aus der salpetersauren Lösung wird das Pb gravimetrisch bestimmt.

Co, Mn: Aus dem verbleibenden Filtrat der $PbSO_4$-Fällung werden Co und Mn (s. o.) bestimmt.

b) Untersuchung der Anstrichmittel

α) Probenahme

Bei der Untersuchung von Anstrichmitteln gehört die fachgerechte Probenahme zu den wichtigsten Voraussetzungen. So selbstverständlich diese Forderung erscheint, so schwierig ist sie mitunter in der Praxis bei solchen Anstrichmitteln durchzuführen, die infolge ihrer spezifischen Schwere (z. B. Eisenglimmer, Bleimennige u. a.) Neigung zum Absetzen zeigen. Es ist selbstverständlich, daß man die zur Untersuchung gelangende Probe aus einem Gefäß entnehmen muß, dessen Inhalt vollständig homogen durchgerührt ist. Dies bereitet in der Praxis häufig Schwierigkeiten. Deshalb geht man beim Aufrühren

---

[1] Der Niederschlag kann auch in HCl gelöst und das Zn bestimmt werden.

des Inhaltes größerer Kannen in der Regel so vor, daß man den gesamten Inhalt der Kanne in eine zweite leere und gleich große Kanne überführt und sich durch Augenschein davon überzeugt, daß in der ersten Kanne kein Bodensatz vorhanden ist.

Bei Probenahmen aus größeren Gebinden ist die Anwendung eines transportablen Elektro-Rührers erforderlich. Zur Kontrolle der Arbeit ist ein für diese Zwecke eigens konstruierter Probenehmer entwickelt worden (vgl. Abb. 456).

Mit Hilfe dieses Gerätes kann man Untersuchungsproben aus verschiedenen Schichten des Füllgutes im Gebinde entnehmen und mithin auch Aussagen über die Sedimentation des Pigmentes im Gebinde machen.

Bei der Herstellung von Einwaagen auf der analytischen Waage kann es mitunter erforderlich sein, daß eine Hilfskraft durch dauerndes Rühren den stark zu Bodensatzbildung neigenden Farbkörper in der Schwebe hält, damit mehrere Einwaagen gleicher Zusammensetzung hintereinander gemacht werden können.

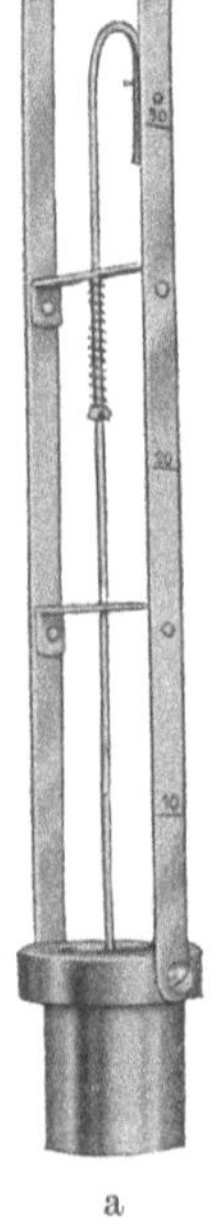

a   b

Abb. 456. Visko-Probebecher, Type 274

β) Allgemeine Prüfungen

1. Dichte

Man bedient sich des Aräometers, der MOHRschen Waage oder des Pyknometers (s. S. 612 ff.). In der Lackindustrie genügen vielfach orientierende Schnellbestimmungen[1].

Man füllt einen 100 ml fassenden Meßkolben bis zur Marke und stellt das Gewicht der Füllung auf einer technischen Waage, möglichst bei 20°, fest. Die Dichte ist dann:

$$D = 0{,}01 \cdot F,$$

wobei F das bis auf 0,1 g genau ermittelte Gewicht der Flüssigkeit darstellt. Diese Ergebnisse sind jedoch nur bis zur zweiten Dezimale zuverlässig.

E. A. BECKER[2] hat ein Verfahren entwickelt, die Dichte mit Hilfe einer Spritze zu bestimmen, deren Inhalt einmal mit dem Anstrichmittel, zum anderen mit Wasser gewogen wird. Auf dieses Verfahren sei hier nur verwiesen. Für eine schnelle und betriebstechnisch ausreichende Ermittlung der Dichte pigmentierter Lack- und Anstrichfarben benützt der gleiche Autor einen mit Skala versehenen „Meßstab", der in einen tarierten Metallzylinder, gefüllt mit 1 kg Anstrichmittel, eingetaucht und wieder herausgezogen wird. Auf dem Meßstab wird das Volumen

---

[1] Normblatt DIN 1306 (1938).

[2] E. A. BECKER: Farben-Ztg. **39**, 1311 (1934); H. HARMS: Die Dichte flüssiger und fester Stoffe. Braunschweig: Vieweg 1941.

abgelesen, das Gewicht des verdrängten Anstrichmittels durch Zurückwiegen des Zylinders ermittelt.

2. Konsistenz (Fließvermögen)

Durch die nebenstehend abgebildete *Konsistenzskala*[1] ist man in der Lage, eine praktische Betriebskontrolle vorzunehmen. Sie stellt eine einfache Meßvorrichtung dar, die zur Feststellung der Konsistenz von Flüssigkeiten geeignet ist; sie umfaßt die Konsistenzwerte von 6,2 bis 153600 cP.

Eine Anzahl Glasröhrchen ist mit Flüssigkeiten verschiedener Zähigkeitsgrade gefüllt. *Das Meßprinzip:* Das Untersuchungsmaterial wird in ein Vergleichsrohr eingefüllt, und zwar so viel, daß nach dem Verschließen eine 10 mm lange Luftblase vorhanden ist. Die vergleichenden Rohre werden gut temperiert. Das Versuchsröhrchen wird in die Mitte eines Halters eingesteckt, rechts und links davon diejenigen Röhrchen der Skala, die einmal eine höhere und einmal ein niedrigere Konsistenzstufe haben. Beim Messen wird der Halter um 180° gekippt. Nach dem Umdrehen des Halters mit den 3 Röhrchen beobachtet man die Steiggeschwindigkeit der Blasen. Durch den Vergleich der Steiggeschwindigkeit der Blase mit den Steiggeschwindigkeiten derselben in den Vergleichsröhrchen kann man die Einstufung in die Skala vornehmen.

Der Endpunkt der Messung ist (nach Umdrehen des Röhrchenhalters) dann gegeben, wenn die ansteigende Blase den Mantel des Röhrchenhalters erreicht. Natürlich wird

Abb. 457. Konsistenzskala (Modell 1958)

man nicht immer die bestimmte Konsistenzstufe treffen, sondern man wird dann z. B. angeben: die Konsistenz eines Lacks liegt zwischen Stufe 14 und 15. Solche Angaben reichen aber für die Praxis völlig aus, besonders wenn man etwaige Unterschiede zwischen Lieferung und Muster feststellen will.

ZEIDLER hat eine Universal-Konsistenzskala entwickelt, die nach oben und unten entsprechend erweitert wurde, und bei der nicht jedes drittfolgende Röhrchen die doppelte Viscosität besitzt wie das Ausgangsröhrchen, sondern immer das übernächste. Damit kommt man zu einer Skala, die 30 Stufen besitzt und die wie folgt eingeteilt ist:

Einteilung der Universal-Konsistenzskala

Wert der Stufe					
Nr.	cP	Nr.	cP	Nr.	cP
1	6,2	11	200	21	6400
2	9,3	12	300	22	9600
3	12,5	13	400	23	12800
4	18,7	14	600	24	19200
5	25,0	15	800	25	25600
6	37,5	16	1200	26	38400
7	50	17	1600	27	51200
8	75	18	2400	28	76800
9	100	19	3200	29	102400
10	150	20	4800	30	153600

---

[1] E. WASSMUTH u. W. KRUMBHAAR: Mitt. Inst. Lackforsch. **5**, 45 (1932).

Die Skala beginnt also mit 6,2 cP und endigt mit 153 600 cP und umfaßt damit das gesamte, nach diesem Meßverfahren kontrollierbare Gebiet.

Die Skala ist bei 20° auf $\pm\,0{,}05°$ eingestellt worden. Man sollte anstreben, immer bei ungefährer Zimmertemperatur zu arbeiten. Je weiter man sich von 20° entfernt, desto größer kann der Fehler werden, der unvermeidbar durch verschiedene Temperatur-Viscositätssteilheit der Proben eingeht.

In der Lackindustrie bedient man sich weiter der Kugelfall-Methode, z. B. des HÖPPLER-Viscosimeters (s. S. 918), des Turbo-Viscosimeters (s. S. 1609), des Auslaufbechers (s. S. 1611) und mancher anderer Meßprinzipien, die aus dem strukturmechanischen Verhalten der Anstrichmittel entwickelt wurden.

Mobilometer von Gardner-Droste. Dieses Gerät gibt sehr gute Vergleichswerte bei den dünnsten sowie bei den dicksten Anstrichmitteln und gestattet zugleich Aussagen über ihre Plastizität und Thixotropie[1].

Es besteht aus einem Becher (250 mm Länge und 40 mm Durchmesser), in den die zu untersuchende Substanz gebracht wird. In diesen taucht eine Siebplatte (139,5 mm Durchmesser), die 51 Löcher von 1,5 mm lichter Weite besitzt. Die Siebplatte ist an einem Führungsstab befestigt. Am oberen Ende des Stabes befindet sich ein Teller, auf den Gewichte aufgelegt werden. Der Becher wird mit Substanz gefüllt und die Siebplatte 10 mal mit der Hand hin und her bewegt. Zur Messung läßt man die Siebplatte unter ihrem Eigengewicht oder unter Belastung durch Gewichtssteine in die Farbe einsinken und bestimmt die Einsinkzeit auf einer Strecke von 20 cm. Diese Strecke wird mit Hilfe eines Zeigers, der auf dem Führungsstab befestigt ist und an einem Meßstab vorbeigleitet, bestimmt. Für genaue Bestimmungen sind 4 Messungen bei verschiedener Belastung des Siebes notwendig. Außerdem ist darauf zu achten, daß die Messung bei 20 bis 25° durchgeführt wird und daß die Siebplatte nirgends an die Wände des Bechers anstößt.

Bei einer bestimmten Belastung ist die Einsinkzeit-Bestimmung mehrfach zu wiederholen. Der Druck auf die Siebplatte ist

$$P = \frac{G_1 + G_2}{E}\ \text{g/cm}^2$$

$G_1 =$ Gewicht von Siebplatte mit Führungsstab,
$G_2 =$ Zusatzbelastung durch aufgelegte Gewichte,
$E\ =$ Fläche der Siebplatte.
Die Fließgeschwindigkeit des Anstrichmittels durch die Siebplatte wird durch den Quotienten von V und t ausgedrückt.

$V =$ Farbvolumen, das durch die Siebplatte geflossen ist,
$t =$ Einsinkzeit der Siebplatte über 20 cm Einsinkstrecke.

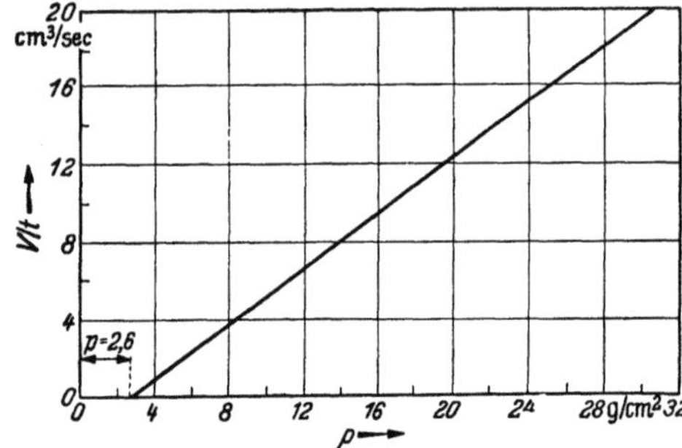

Abb. 458. Mobilometer-Messung eines Anstrichmittels, bestehend aus 55 Gewichtsteilen Zinkweiß R S und 45 Gewichtsteilen Leinölfirnis

Tabelle 386

G_2	t	$P = \dfrac{68 + G_2}{12}$	$\dfrac{V}{t} = \dfrac{250}{t}$	p	$1/\mathrm{m} = \dfrac{P - 2{,}6}{\dfrac{V}{t}}$
g	sec	g/cm²	cm³/sec		
300	12,6	30,7	19,8		1,41
250	14,7	26,5	17,0		1,40
200	18,0	22,4	13,9		1,42
150	22,1	18,2	11,3	2,6	1,38
100	31,0	14,0	8,1		1,41
70	39,8	11,5	6,3		1,41

Mittelwert: 1,41

Der Wert $p = 2{,}6$ wurde graphisch ermittelt
(s. Abb. 458)

[1] E. C. BINGHAM: J. Rheology **1**, 510 (1930); W. H. DROSTE: Farben-Ztg. **37**, 619 (1932); **39**, 499 (1934); Chem. Fabrik **7**, 249 (1934); Farben, Lacke, Anstrichstoffe **3**, 61 (1949); Lack- u. Farben-Chem. (Däniken) **3**, 194 (1949).

Wird nun in einem Diagramm V/t gegen die P-Werte aufgetragen, so kann die Fließfestigkeit p ermittelt werden. Die aufgetragenen Werte ergeben eine Gerade, die in Verlängerung die Abszisse schneidet. Der Abstand zwischen Schnitt- und Nullpunkt ist der

Tabelle 387

Beispiel Nr.	A	B	C	D	E
p ist:	klein	mittel	groß	groß	klein bis mittel
z. B. =	1,0	3,0	6,0	10,0	2,5
1/m ist:	klein	mittel	groß	klein	groß
z B. =	0,25	1,0	4,0	0,4	6,0
Es liegen z.B. vor:	Farben mit viel Verdünner (spritzfähig)	reine Ölfarben ohne Verdünner	hochpigmentierte Farben	sehr plastische Farben mit viel Verdünner (auch Leimfarben)	Farben mit hochviskosem Bindemittel (Emaillelacke)
F wird:	22,5	80	260	120	235

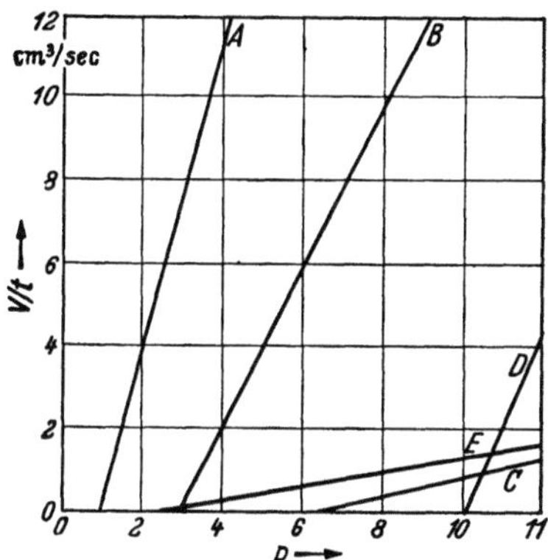

Abb. 459. Auswertung der Mobilometer-Messung. Graphische Darstellung der Beispiele aus Tab. 387

p-Wert. Ist p ermittelt worden, so kann man nach BINGHAM die Steifigkeit wie folgt errechnen:

$$\text{Steifigkeit} = \frac{1}{m} = \frac{P - p}{V/t}$$

Tab. 386 sowie die Abb. 458 geben ein Beispiel für die Errechnung des p-Wertes. Tab. 387 und die Abb. 459 sollen einen Anhalt geben, wie durch die Zahlengrößen p, $1/m$ und F die Konsistenz-Eigenschaften der Anstrichmittel gekennzeichnet werden. F wird als Streichfähigkeit bezeichnet und aus Steifigkeit $\frac{1}{m}$ sowie Fließfestigkeit p nach der Formel

$$F = 50 \cdot \frac{1}{m} + 10 \cdot p$$

berechnet.

Fließzahl-Meßgerät nach Schmid. Da in der Praxis die Bestimmung der *Streich- und Spritzfähigkeit* von großer Wichtigkeit ist und diese Eigenschaften auch von der Konsistenz abhängig sind, hat F. SCHMID[1] in Anlehnung an Vorschläge von H. MALLISON und H. VOLLMANN ein Fließzahl-Meßgerät entwickelt.

Es besteht aus einem Metallgestell mit Kippbügel und 3 Fließrinnen. Der Kippbügel kann in senkrechter Stellung festgeklemmt werden. In dieser Lage werden die Fließrinnen eingesetzt. Sie bestehen aus Röhren von etwa 180 mm Länge und 14,5 mm innerem Durchmesser. Der zylindrische Teil wird mit einer Verschraubung abgeschlossen, wobei ein Becher von 5 ml Fassungsvermögen entsteht. Die Rinnen werden mit dem gefüllten Becher bei senkrechter Stellung des Kippbügels eingesetzt. Durch Umlegen in die steile oder flache Stellung wird die Flüssigkeit zum Auslaufen gebracht und die Zeit vom Augenblick des Umklappens bis zu dem Augenblick ermittelt, wo eine angebrachte Marke von der Flüssigkeit erreicht wird. Nun können die Rinnen wieder in die senkrechte Stellung gebracht und nach dem Zurücklaufen die Messungen wiederholt werden. Die Versuchstemperatur soll 20° betragen. Es kann auch bei anderen Temperaturen

Abb. 460. Fließmesser nach DANIER

[1] H. MALLISON: Chemiker-Ztg. **45**, 135 (1921); H. VOLLMANN: Farben-Ztg. **32**, 1904 (1927); ebenda **32**, 138 (1926); F. SCHMID: ebenda **42**, 36 (1937); Öleinsparung bei Weißfarben, S. 17. Berlin: 1937 (Bücher der Anstrichtechnik).

gemessen und an Hand einer Kurve, die die ermittelte Abhängigkeit der Fließzahl von der Temperatur für ein bestimmtes Erzeugnis veranschaulicht, auf die Temperatur von 20° umgerechnet werden. Die Fließzahlen, flach und steil, verhalten sich wie 1 zu 4. Das gleiche Meßprinzip befolgt der Fließmesser nach DANIER (Abb. 460).

Fließmesser nach Gardner. Er besteht aus einer waagerecht aufgestellten Metallplatte mit konzentrischen Ringen, auf der eine Glasplatte ruht. Auf dem Unterbau ist ein Halter für

das zylindrische Gefäß zur Aufnahme des Anstrichmittels angebracht. Vor dem Versuch wird der Zylinder auf die Glasplatte gebracht, mit einer Schraube auf dieser festgehalten und mit Farbe bis zur Marke gefüllt. Nun lockert man die Schraube, worauf der Zylinder hochschnellt (mit Hilfe einer Stahlfeder) und das Anstrichmittel sich auf der Glasplatte ausbreitet. Mit einer Stoppuhr kann nun die Zeit bestimmt werden, die das Material benötigt, um die einzelnen Ringe zu erreichen. Man muß die Platte zunächst mit einem benzingetränkten Lappen sorgfältig reinigen, mit Wasser und Seife waschen, mit Äthanol oder Äthanol-Benzol abreiben und zum Schluß mit einem weichen Tuche trocknen (Abb. 461).

Abb. 461. Fließmesser nach GARDNER

Pasten-Konsistenzmesser nach Droste. Die Prüfung des Fließverhaltens von Pigmentpasten kann oft recht aufschlußreich mit dem in Abb. 462 gezeigten Gerät durchgeführt werden.

Die zu untersuchende Paste wird in den Kastenbecher B eingefüllt. Damit keine Luftblasen in der Masse verbleiben, muß die Paste in kleinen Portionen eingefüllt werden, wobei der Becher mehrfach kräftig auf den Arbeitstisch aufgestoßen wird. Um eine glatte Oberfläche zu erhalten, streicht man die überschüssige Paste mit einem über den Rand des Bechers geführten Spatel ab. Nachdem der Becher auf der Grundplatte der Apparatur festgemacht ist, wird der Fallkegel bei geschlossener Festhaltevorrichtung F vorsichtig so weit gezogen, daß die untere Kegelspitze genau die Pasten-Oberfläche berührt. Sobald dies geschehen ist, verschiebt man den Schieber S bis zum Berührungspunkt mit dem Anzeigegewicht A und liest seine Stellung an einem angebrachten Maßstab ab. Nun wird die Festhaltevorrichtung gelöst, und der Fallkegel sinkt in die Paste ein. Ist der Fallkegel zur Ruhe gekommen, so wird mit dem Schieber S die neue Ruhestellung des Anzeigegewichtes A am Meßstab M abgelesen. Aus der Differenz der beiden Ablesungen ergibt sich die Einsinktiefe des Kegels in die Paste. Die Messung wird nach Abwischen des Kegels mehrmals wiederholt und aus den Einzelmessungen der Mittelwert gebildet.

Die Zähigkeit Z einer Paste wird nach der Formel

$$Z = \frac{K \cdot D}{V \cdot U}\, \mathrm{g} \cdot \mathrm{cm}^{-2}$$

errechnet.

K = Gewicht des Fallkegels in g,
D = Einsinktiefe des Fallkegels in cm,
V = die verdrängte Pastenmenge durch den Kegel in ml,
U = die durch die verschiedenen Durchmesser der Rollen R_1 und R_2 gegebene Vergrößerung der Meßstab-Ablesung.

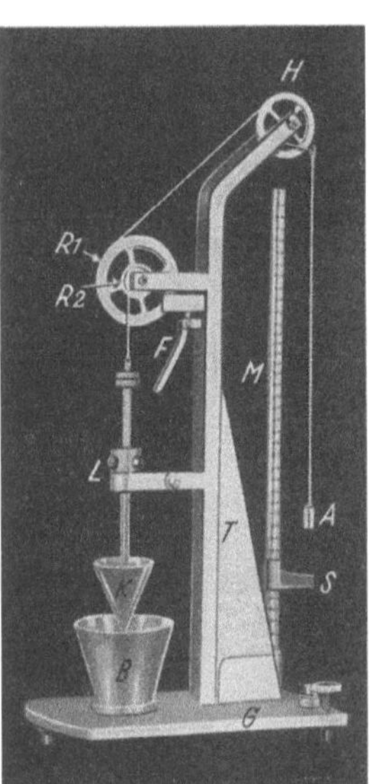

Abb. 462. Pasten-Konsistenzmesser (Erläuterungen im Text)

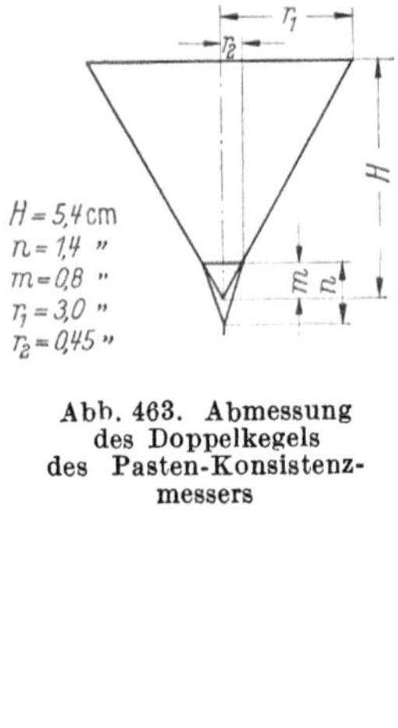

Abb. 463. Abmessung des Doppelkegels des Pasten-Konsistenzmessers

Die Berechnung von V kann, je nachdem, ob nur der untere oder auch der obere Kegel in die Paste einsinkt, auf zwei Arten erfolgen. Für den kleineren Kegel wird die Formel

$$V = \frac{\pi}{3} \cdot \frac{r_2^2}{n^2 \cdot U^3} D^3$$

angewandt.

Sinkt auch der obere Kegel ein, was im allgemeinen der Fall ist, so muß nachstehende Formel in die Rechnung eingesetzt werden:

$$V = \frac{\pi}{3} \left[\frac{r_1^2}{H^2} \frac{[D - U(n - m)]}{U^3} + r_2^2 (n - m) \right]$$

Bodensatz-Meßgerät nach Wassmuth-Boller[1]. Ein flüssiges Anstrichmittel verändert sein Fließverhalten auch dadurch, daß das spezifisch schwerere Pigment die Neigung zum Sedimentieren hat, eine Eigenschaft, die bei thixotropen Anstrichmitteln vermindert ist. Andererseits können sich durch Sedimentieren auch pigmentreiche Bodensätze bilden, die nach einiger Zeit nicht mehr aufrührbar sind. Eine Kontrolle dieser Erscheinungen ist durch das in Abb. 464 gezeigte Gerät möglich.

Es wird ein definierter Prüfkegel, der an einer senkrecht angeordneten, austarierbaren Führungsstange montiert ist, durch steigende Gewichtsbelastung bis zum Boden des Prüfgefäßes geführt. Das Gewicht, ausgedrückt in Gramm, welches erforderlich ist, um den Gefäßboden zu erreichen und die Zeit, ausgedrückt in Minuten, welche der Kegel bis zum Erreichen des Gefäßbodens benötigt, kennzeichnen die Bodensatz-Bildung.

Die Bewegung des Kegels wird durch eine ebenfalls an der Führungsstange seitlich befestigte Feder auf einer durch Uhrwerk angetriebene Schreibtrommel aufgezeichnet. Die Umdrehungsgeschwindigkeit der Schreibtrommel ist so gewählt, daß jeder Millimeter auf dem auf der Schreibtrommel aufgespannten Millimeterpapier einer Zeitdauer von 2 Min. entspricht.

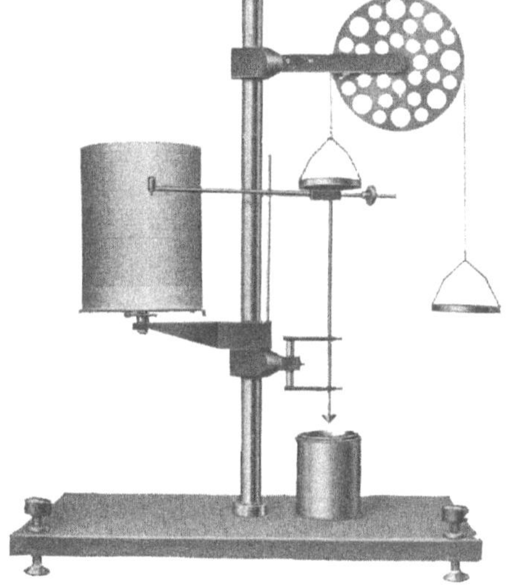

Abb. 464
Bodensatz-Meßgerät nach WASSMUTH-BOLLER

Rotationsviscosimeter nach Wolff-Hoepke. Das in Abb. 465 gezeigte Prüfgerät arbeitet nach dem Rotationsprinzip, ohne die rheologische Genauigkeit beanspruchen zu wollen, wie sie anderen Viscosimetern, die nach den Überlegungen von COUETTE entwickelt wurden, zukommt. In der Praxis hat sich dieses preiswerte Gerät gut bewährt zur Beurteilung des gesamten Konsistenz-Verhaltens von Anstrichmitteln, auch von zähflüssigen Pasten (Schwellen-Wert) und thixotropen Systemen. Im neuen Modell 1958 ist die Möglichkeit gegeben, den *Evolventen-Rührer* von UMSTÄTTER einzuschalten und die Rückspulung des Rührers zu betätigen, ohne daß die durch den vorangegangenen Meßvorgang bewirkte Struktur des Prüfgutes im kolloidchemischen Sinne beeinflußt wird (Thixotropie).

Arbeitsweise. Das Rotationsviscosimeter (Abb. 465) besteht aus einem verstellbaren Tisch (A), einem Gefäß zur Aufnahme des zu messenden Anstrichmittels (B) und einem Rührer (C), der mit der Schraube (D) an der Achse befestigt und mit der Schraube (E) festgestellt werden kann. Die Achse des Rührers trägt eine kleine Seiltrommel (F), an der eine Schnur befestigt ist, die zwei Marken im Abstand 1 m trägt. Die Schnur läuft über ein Rad (G) und trägt am freien Ende einen kleinen Haken, an den das Gewichtstöpfchen (H) gehängt wird.

Ausführung der Messung: Das gut durchgemischte Material wird in das Gefäß (B) bis zur Marke eingefüllt und durch vorsichtiges Erwärmen oder Abkühlen auf die gewünschte Temperatur (in der Regel 20°) gebracht.

Nun wird das Gefäß auf das Tischchen gestellt, so daß die drei Zapfen in seinem Boden in die Löcher des Tischchens eingreifen. Nach Befestigung des Rührers (C) mit der Schraube (D) wird das Töpfchen (H) hochgewunden. Jetzt wird der Rührer mit der Schraube (E) festgestellt, der Tisch hochgeschoben und mit der Schraube (I) festgestellt. Es muß darauf geachtet werden, daß der Tisch bis zum Anschlag hochgehoben und in dieser Stellung befestigt wird.

---

[1] C. BOLLER: Fette · Seifen · Anstrichmittel **56**, 81 (1954).

Ein der Viscosität des Anstrichmittels entsprechendes Gewicht (bei streichfertigen Ölfarben etwa 100 g, bei spritzbaren etwa 30 g, bei Standölfarben etwa 150 g) wird dann in das
Gewichtstöpfchen (H) gelegt und die Schraube (E) entgegen dem Uhrzeiger um etwa 180°
gedreht. Sollte das Gewichtstöpfchen sich nicht oder nur langsam bewegen, so dreht man
die Schraube (E) wieder fest, vergrößert
das Gewicht und lockert die Schraube
von neuem.

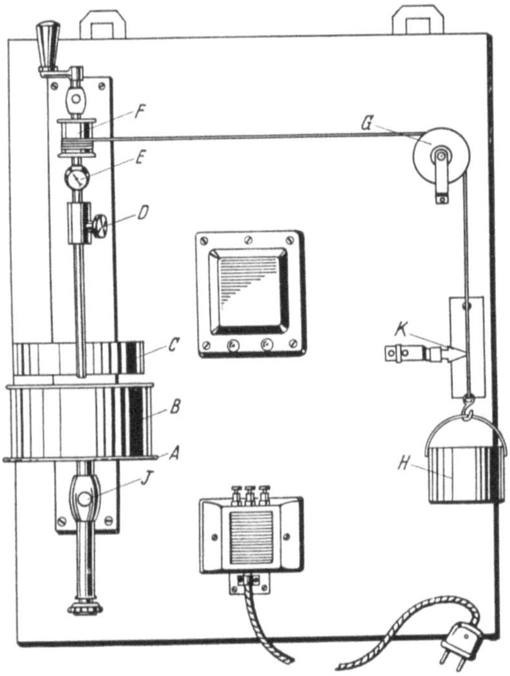

Nun wird die Fallzeit des Gewichtstöpfchens für 1 m auf $^1/_{10}$ oder $^1/_5$ Sek.
genau gemessen. Die Messung erfolgt
durch akustische Markierung (je ein
kurzer Summton am Anfang und Ende
der Fallstrecke), bei dem alten Modell
auch optisch durch Beobachtung des
Durchganges der an der Schnur befindlichen Marken unter der Zeiger-
spitze (K).

Je nachdem die Fallzeit mehr oder
weniger als 10 Sek. betragen hat, wird
nun das Gewicht vergrößert oder verringert und die Messung nach Hochwinden des Gewichtstöpfchens wiederholt. Beim Hochwinden wird zweckmäßig der Rührer durch Lösen der
Schraube (D) von der Achse gelöst und
erst nach erfolgtem Hochwinden wieder
befestigt. (Rührer bis zum Anstoß einführen!) Die Messung wird unter jedesmal verändertem Gewicht so lange
wiederholt, bis man je einen Wert etwas
über und etwas unter 10 Sek. gefunden hat. (Fallzeiten über 20 und unter
7 Sek. zu messen, ist im allgemeinen
zwecklos.)

Aus den gefundenen Werten wird
nun in folgender Weise die „Turbo-
Viscosität" berechnet, d. h. dasjenige

Abb. 465. Rotationsviscosimeter

Gewicht, bei dem die Fallzeit gerade 10 Sek. beträgt:

Es seien t_1 und t_2 die beiden dicht über bzw. unter 10 Sek. liegenden Fallzeiten, G_1 und
G_2 die dazugehörigen Gewichte (einschließlich des Gewichtes des Töpfchens H!). Dann ist
die Turbo-Viscosität:

$$TV = G_1 + (t_1 - 10) \cdot \frac{G_2 - G_1}{t_1 - t_2}$$

Um Irrtümer durch einzelne Fehlbestimmungen zu vermeiden, kann man die „Turbo-
Viscosität" auch graphisch ermitteln: Man trägt zu diesem Zwecke in ein Achsenkreuz die
Gewichte als Waagerechte und die dazugehörigen Fallgeschwindigkeiten als Senkrechte ein.
Die so erhaltenen Punkte verbindet man durch eine Gerade und liest an ihrem Schnittpunkt
mit der Abszissen-Parallele 10 das zugehörige Gewicht, also die „Turbo-Viscosität", ab.

Bei Ölfarben ohne oder mit nur geringen Mengen an Verdünnungsmitteln können unter Umständen durch Thixotropie Unsicherheiten hervorgerufen werden. Es ist dann entweder
für jedes Gewicht eine neue Einfüllung zu benützen bzw. vor Ausführung der Messung mindestens $^1/_2$ Std. stehenzulassen oder besser mit jedem Gewicht die Messung so oft zu wiederholen, bis die Fallzeit konstant bleibt. Im letzteren Fall soll der Rührer — nur noch bei
älteren Modellen erforderlich — beim Hochwinden des Gewichtstöpfchens nicht von der
Achse gelöst werden. Übrigens macht sich bei streichfertigen Farben bei einer Fallzeit
nahe 10 Sek. die Thixotropie gewöhnlich nur wenig bemerkbar. Ist dies aber der Fall, so ist
anzugeben, ob man die Viscosität als Anfangs- oder Endwert bestimmt hat. (Der Unterschied zwischen beiden Werten könnte gleichfalls als Maß für die Struktur-Viskosität gelten.)

Bestimmung des „Schwellen-Wertes": Den Schwellen-Wert bestimmt man so, daß man
zunächst das Gewichtstöpfchen nicht weiter belastet und die Schraube (E) löst. Bewegt
sich der Rührer nicht, so stößt man den zum Aufwinden bestimmten Griff ganz leicht an
und beobachtet, ob die Bewegung bald aufhört. Ist dies der Fall, so gibt man 3 g in das
Töpfchen und verfährt wie vorher. Man vergrößert das Gewicht um je 3 g so lange, bis
sich die Bewegung dauernd fortsetzt. Das Gewicht, bei dem sich die Bewegung gerade

(gegebenenfalls nach leichtem Anstoßen) fortsetzt, ist der Schwellen-Wert. Je kleiner er ist, desto besser ist in der Regel der Verlauf. Ruft schon das Gewicht des leeren Töpfchens spontane Bewegung hervor, so hängt man das Töpfchen ab und befestigt kleine Gewichte mit einer Schlinge unmittelbar an der Schnur.

Eichung des Turbo-Viscosimeters: Zu einer vollständigen Eichung benötigt man drei Flüssigkeiten, deren Viscosität bekannt ist und in Höhe von etwa 1 P, 10 P und 30 P liegt. (Für etwa 1 P kann man nichttrocknende fette Öle oder entsprechende Mineralöle verwenden, für etwa 10 P Ricinusöl und für etwa 30 P Mineral-

öle.) Man mißt nun die Turbo-Viscosität der drei Öle und trägt in ein doppelt logarithmisches Koordinatensystem die Turbo-Viscositäten gegen die Poise ein (s. Abb. 466). Die Verbindungslinie der drei Punkte, die nur ganz geringe Abweichungen von einer Geraden hat, ermöglicht die Angabe der Viscosität im absoluten Maß, soweit die Flüssigkeit keine oder nur eine unwesentliche Struktur-Viscosität besitzt.

Zur gelegentlichen Nachprüfung des Gerätes, die dringend zu empfehlen ist, genügt es, die Turbo-Viscosität von Ricinusöl mit bekannter Viscosität von Zeit zu Zeit zu bestimmen.

Das Gerät ist sehr standhaft gebaut; es ist aber bei seinem ständigen Gebrauch im Betriebs-laboratorium darauf zu achten, daß die Tisch platte stets sauber gehalten wird und die Flügel bei der Reinigung nicht verbogen werden[1]. (Nach-messen mit einem Meßstab!)

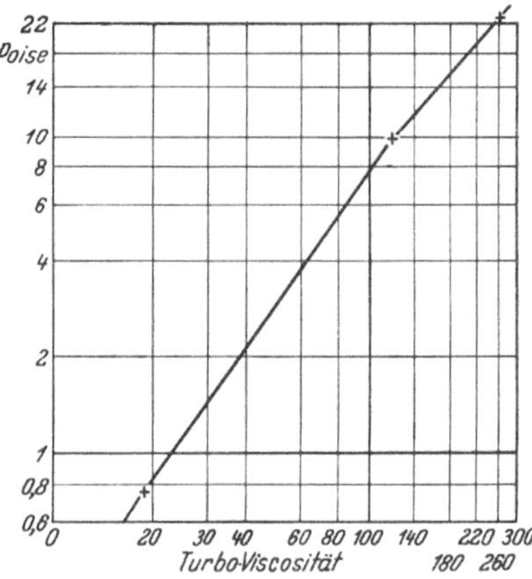

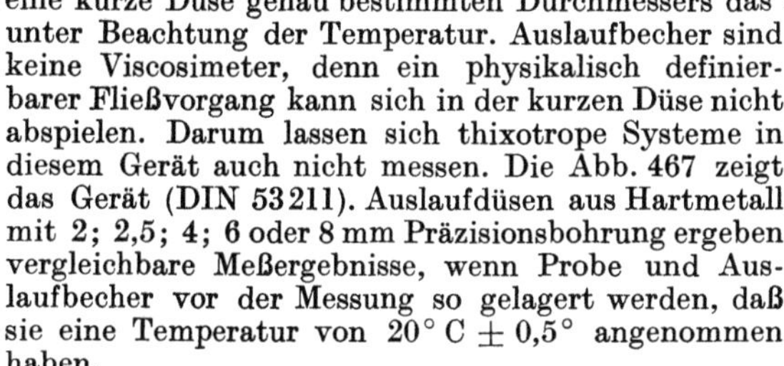

Abb. 466. Eichung des Turbo-Viscosimeters mit drei Flüssigkeiten bekannter Viscosität

Der Auslaufbecher. Zur schnellen Orientierung über die Konsistenz eines Anstrichmittels dient der in vielen Ländern genormte Auslaufbecher.

Aus einem mit Überlauf versehenen Behälter von 100 ml Fassungsvermögen läßt man durch eine kurze Düse genau bestimmten Durchmessers das zu untersuchende Material ausfließen unter Beachtung der Temperatur. Auslaufbecher sind keine Viscosimeter, denn ein physikalisch definier-barer Fließvorgang kann sich in der kurzen Düse nicht abspielen. Darum lassen sich thixotrope Systeme in diesem Gerät auch nicht messen. Die Abb. 467 zeigt das Gerät (DIN 53211). Auslaufdüsen aus Hartmetall mit 2; 2,5; 4; 6 oder 8 mm Präzisionsbohrung ergeben vergleichbare Meßergebnisse, wenn Probe und Aus-laufbecher vor der Messung so gelagert werden, daß sie eine Temperatur von 20° C ± 0,5° angenommen haben.

Es gibt auch *Tauch-Auslaufbecher*[2], die einfacher noch den gleichen Zweck erfüllen: schnelle Orientie-rung über den Konsistenzgrad des Anstrichmittels. In diesem Fall wird der ganze Becher an einem Halter in das Prüfgut getaucht, und die Stoppuhr wird im Augenblick des Heraushebens bedient und — genau wie bei dem DIN-Auslaufbecher — abgestoppt, wenn der Flüssigkeitsfaden aus der Düse abreißt. Auch hier ist natürlich zu beachten, daß die Konsistenz *stark* abhängig ist von der Temperatur.

Einstellung von Lacken auf bestimmte Viscosität. Die Einstellung eines Lacks auf eine bestimmte Viscosität ist zwar kein schwieriges Problem, doch kann sie sehr zeitraubend sein. Man muß bedenken, daß allein die Temperierung der Flüssigkeit min-destens 10 Min. dauert, bis man überhaupt die Be-stimmung vornehmen kann. Man kann sich nun diese Arbeit wesentlich erleichtern, wenn man von einer

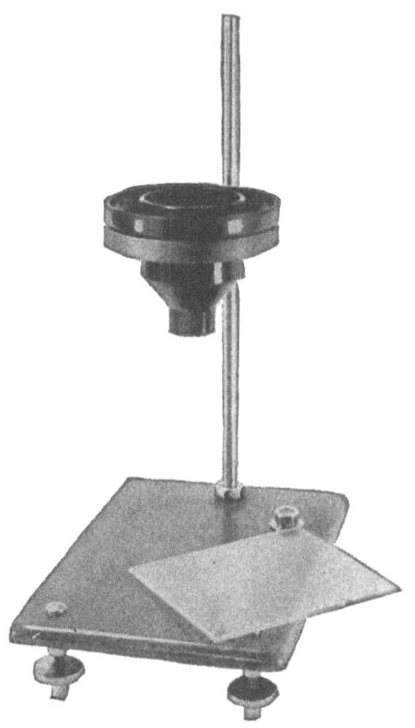

Abb. 467. Auslaufbecher

---

[1] H. WOLFF: Chemiker-Ztg. **48**, 647 (1924); H. WOLFF u. W. A. COHN: Farben-Ztg. **30**, 1805 (1925); G. ZEIDLER u. F. WILBORN: ebenda **45**, 36 (1940).
[2] Lieferfirma: F. K. M. ARNDT, Hannover-Bemerode.

Beziehung zwischen Konzentration und Viscosität ausgeht, die zwar nicht streng gilt, aber doch innerhalb weiter Grenzen hinreichend zutrifft.

Bezeichnen wir die Viscosität mit a und die Konzentration (in Gew.-%) mit p, so besteht annähernd die Beziehung:

$$\frac{\log a}{p} = \text{konst.}$$

Man bestimmt die Viscosität a_0 des unverd. Lacks im Auslaufbecher nach S. 1611 und die eines Lacks, der durch Zusatz von v g Verdünnungsmittel zu 100 g Lack hergestellt ist (sie sei a_v). Es läßt sich dann leicht aus der oben angeführten Beziehung berechnen, daß der auf eine Viscosität a_x zu verdünnende Lack einen Gehalt an (*zugesetztem*) Verdünnungsmittel von

$$x = \frac{100\,v \cdot \log (a_0/a_x)}{(100 + v) \log (a_0/a_v)}\ \%$$

enthalten muß, d. h., daß zu 100 g Lack $\dfrac{100\,x}{100 - x}$ g Verdünnungsmittel zugesetzt werden müssen.

Man kann sich auch die Rechnung ersparen, wenn man die folgende graphische Methode anwendet:

In ein halblogarithmisches Koordinatensystem trägt man auf der Ordinatenachse die Viscosität a_0 im logarithmischen Maßstab ein (s. Abb. 468). Dann trägt man auf der Abszisse $\dfrac{100\,v}{100 + v}$ die Viscosität ein. Die Gerade, die beide Punkte verbindet, erlaubt den zu beliebigen Viscositäten gehörenden Verdünnungsgrad abzulesen, und zwar in Hundertteilen des verd. Lacks. Ist diese Zahl x, dann ist $\dfrac{100\,x}{100 - x}$ die Grammenge Verdünnungsmittel, die zu 100 g Lack zugesetzt werden muß, um zu der betreffenden Viscosität zu gelangen.

Zwei *Beispiele* mögen die Arbeitsweise erläutern:

Ein Lack sollte auf eine Viscosität von 170 bis 180 a (a = Auslaufzeit) eingestellt werden. Er hatte die Viscosität (bei 20°) 376 a.

Es wurden nun 66,7 g Verdünnungsmittel zu 100 g Lack zugesetzt. Bei $v = 66{,}7$ ergibt sich nach Formel bei der Viscosität 49 a des verd. Lacks: Für die mittlere Viscosität 175 a sind 17,8 g Verdünnung zu 100 g Lack zuzusetzen. (Die Nachprüfung ergab die Viscosität 174,9 a.) Für 170 a bzw. 180 a sind zu 100 g Lack 19,1 bzw. 17,3 g Verdünnungsmittel zuzufügen.

Bei einem anderen Beispiel war ein Lack, dessen Viscosität 120 a betrug, auf 80 bis 90 a zu verdünnen. Der Lack wurde zunächst durch Zusatz von 15 g Verdünnung zu 100 g Lack verdünnt. Die Viscosität betrug dann 74 a.

Bei der graphischen Ermittlung der zur Erfüllung der gestellten Bedingung erforderlichen Verdünnermenge wurde gemäß den obigen Ausführungen auf der Ordinatenachse die Viscosität 120 logarithmisch eingetragen und auf der Abszisse $\dfrac{100 \cdot 15}{100 + 15} = 13{,}0$ die Verdünnung (s. Abb. 468). Aus der graphischen Darstellung läßt sich ablesen, daß für die Viscosität 80 bzw. 90 a der verd.

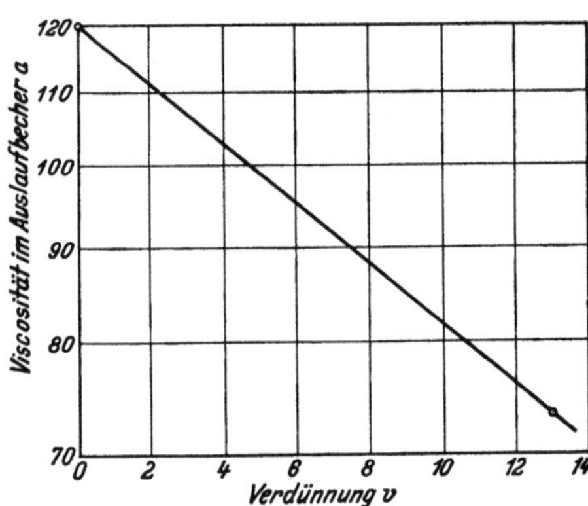

Abb. 468
Einstellen von Lacken auf bestimmte Viscosität

Lack einen Gehalt an zugesetztem Verdünnungsmittel von 10,9 bzw. 7,7% haben muß, d. h. zu 100 g Lack sind 12,2 bzw. 8,35 g Verdünnungsmittel zuzusetzen.

Man geht also so vor, daß man zunächst einen zu dicken Lack und dann einen zu stark verd. Lack im Auslaufbecher mißt. Die beiden so gefundenen Punkte werden nach dem oben geschilderten Vorgang in ein halblogarithmisches Koordinatensystem eingetragen. So entsteht ein Schaubild, aus dem man sofort ablesen kann, wieviel Verdünnungsmittel dem zu dicken Lack noch zugesetzt werden muß, um eine Konsistenz bestimmter Auslaufzeit zu erhalten.

Das beschriebene Verfahren zur Einstellung von Lacken mit zwei verschiedenen Konsistenzgraden auf einen gewünschten Konsistenzgrad hat für die Lackpraxis eine nicht unerhebliche Bedeutung, und zwar deshalb, weil es häufig im Zuge der neueren Normungsbestrebungen vorkommt, daß der Abnehmer von Lacken (sei es nun der Verbraucher oder der Verarbeiter) für sein Material ganz bestimmte Konsistenzen wünscht, die im Sommer naturgemäß anders sein müssen als im Winter. Darum ist jede Arbeitsweise, die gestattet, ohne langes Probieren zur gewünschten Konsistenz des Anstrichstoffes zu kommen, zu begrüßen. O. TELEN[1] berechnet die Viscosität in diesem Fall wie folgt: Wenn die Komponenten mit A und B bezeichnet werden, X den Prozentgehalt darstellt und v die Viscosität bezeichnet, dann berechnet sich die Viscosität der Mischung der beiden Bestandteile nach folgender Formel:

$$\log v_m = \frac{(100 - X) \log v_A + X \log v_B}{100}$$

Allgemeines über Konsistenz-Messung auf dem Anstrichmittelgebiet. Im vorangegangenen Abschnitt sind nur die wichtigsten Verfahren gebracht worden, die in der Praxis der Konsistenz-Untersuchung üblich sind. Festzuhalten ist — von wenigen Ausnahmen abgesehen —, daß Anstrichmittel dem NEWTON-schen Fließgesetz nicht gehorchen. Das gilt ganz besonders für pigmentierte Systeme. Mithin ist es häufig sinnlos, einem bestimmten Anstrichmittel eine genaue POISE-Zahl zuzuordnen. Man muß bei wissenschaftlich orientierten Betrachtungen das gesamte Viscositätsspektrum des zu untersuchenden Materials zum Ausgangspunkt der Betrachtung machen.

Fruchtbarer als die NEWTONschen Fließvorstellungen sind daher die Überlegungen von MAXWELL, deren Kernpunkt die Betrachtung der Relaxationszeit ist. Diese Relaxationsdauer kennzeichnet daher auch am besten das Verhalten der thixotropen Anstrichmittel. Die wissenschaftliche Deutung dieser Erscheinungen ist das Lebenswerk von H. UMSTÄTTER[2] gewesen. Danach ist eine Umrechnung von Konsistenz-Kennzahlen, die aus einem für die Praxis entwickelten Gerät resultieren, auf Kennzahlen, die mit einem anderen derartigen Apparat gewonnen wurden, aus wissenschaftlichen Gründen nur mit Einschränkung möglich.

γ) Bestimmung der Bestandteile von Anstrichmitteln

Bei der exakten Untersuchung eines Lacks ist es unumgänglich, zunächst die Hauptbestandteile voneinander zu trennen, um diese qualitativ und quantitativ, soweit möglich, bestimmen zu können. Diese Aufgabe ist schwierig, da sich insbesondere die Bindemittel während der Fabrikation oder Lagerung verändern können. Nachstehend wird zunächst die Trennung und Untersuchung der Lösungsmittel, Bindemittel und Pigmente beschrieben, anschließend schematisch die Analyse der Öllacke. Die aufgeführten Methoden sind nicht als allgemein anwendbare Normen der Lackanalyse zu betrachten. Es bleibt vielmehr jedem Analytiker überlassen, Abweichungen nach Bedarf im Analysengang vorzunehmen. Vorproben müssen zeigen, welche Art von Lack vorliegt, damit der günstigste Trennungsgang ausgewählt werden kann.

---

[1] O. TELEN: Verfkroniek **17**, 258 (1944).
[2] H. UMSTÄTTER: Strukturmechanik. Ein Beitrag zur Physik der Kolloide. Dresden-Leipzig: Steinkopff 1948.

1. Lösungsmittel

Da es sich bei Lösungsmitteln um Substanzen verschiedener Flüchtigkeit handelt, müssen bei der Isolierung derselben verschiedene Wege eingeschlagen werden. Welche von den unten angegebenen Methoden am besten angewandt wird, ist von Fall zu Fall zu entscheiden. Die Abtrennung kann durch Wasserdampf-Destillation, gewöhnliche Destillation und Vakuum-Destillation erreicht werden. In letztgenannten Fällen muß auf die Bindemittel geachtet werden, da bei manchen (Nitrocellulose) durch höhere Temperaturen Zersetzungen eintreten und dadurch die destillierten Produkte verunreinigt werden können. Andererseits kann die Wasserdampf-Destillation nur dort angewandt werden, wo es sich um nicht wasserlösliche Lösungsmittel handelt. Nachdem man sich durch Feststellung der nicht flüchtigen Anteile überzeugt hat, wieviel Lösungsmittel überhaupt vorhanden ist, kann man zu seiner Isolierung schreiten.

Bestimmung des Gehaltes an Lösungsmitteln. In folgender Weise kann man mit sehr geringem Materialaufwand (20 g Einwaage) den Lösungsmittel-Anteil nach C. P. A. KAPPELMEIER[1] in einer besonderen Glasapparatur bestimmen.

Man gibt in einen ERLENMEYER-Kolben, auf dem sich ein besonders konstruierter Rückflußkühler befindet, 200 ml Wasser und eine abgewogene Menge Lack unter Zugabe von Siedesteinen. Die Destillation kann dann fast ohne Aufsicht vor sich gehen. Will man die Gewichtsprozente haben, so ist eine nachträgliche Bestimmung des spezifischen Gewichtes erforderlich. Oder aber man folgt dem Vorschlag von H. LACKNER[2] und baut ein beiderseitig graduiertes U-Rohr in die Destillationsanlage ein. Dadurch erübrigt sich die Dichte-Bestimmung, und die überdest. Lösungsmittelmenge kann sofort gewichtsmäßig festgestellt werden. Man richtet es hierzu so ein, daß durch vorsichtiges Ablassen des im unteren Teil des Gerätes befindlichen Wassers in beiden Schenkeln Gleichgewicht herrscht. Das Gewicht des überdest. Lösungsmittels ergibt sich aus der Anzahl der ml der Wassersäule. Dieses Verfahren läßt sich natürlich nur durchführen, wenn wasserunlösliche Lösungsmittel vorliegen.

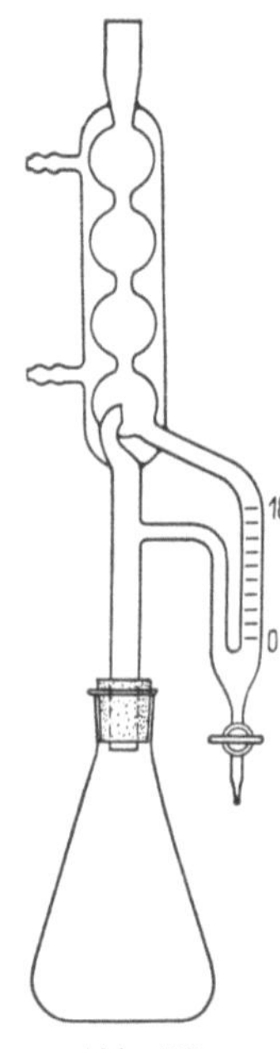

Abb. 469
Apparatur
zur Bestimmung
des Gehaltes
an Lösungsmitteln

Nach der Bundesbahn-Methode arbeitet man wie folgt:

Eine flache Porzellanschale von 10 cm Durchmesser und ein kleiner Glasstab werden abgewogen. Nun gibt man 5 g Lack in die Schale und erwärmt auf einem Sandbad vorsichtig unter dauerndem Umrühren bis zur Gewichtskonstanz, die in 1 bis $1\frac{1}{2}$ Std. erreicht ist. Die Differenz gibt die Menge des Verdünnungs- und des Lösungsmittels an.

Wasserdampf-Destillation. 100 g Lack werden in einem geräumigen Langhalskolben mit 150 ml Wasser unterschichtet und erhitzt. Kurz vor dem Sieden wird Wasserdampf aus einem Dampfentwickler eingeleitet. Ist nur wenig wasserunlösliches Lösungsmittel zugegen, so kann man sich oft die gesonderte Dampfeinleitung ersparen und erhitzt direkt, bis das Volumen des Destillates über dem Wasser in der Vorlage nicht mehr zunimmt. Gewöhnlich aber müssen größere Mengen Wasserdampf übergetrieben werden, um das gesamte Lösungsmittel auszutreiben. Dazu verwendet man eine Vorlage wie unten beschrieben.

Durch den Stopfen einer Pulverflasche führt man ein kalibriertes Rohr, das groß genug sein muß, um die gesamte überdest. Menge Lösungsmittel zu fassen, und außerdem ein rechtwinklig gebogenes Rohr, dessen waagerechter Teil einige Zentimeter tiefer steht als das obere Ende des kalibrierten Rohres. Man kann in die nach Art der Florentiner Flasche wirkende Vorlage das Lösungsmittel mit beliebigen Mengen Wasserdampf ohne Gefahr des Überlaufens übertreiben und dann unmittelbar die Menge in ml ablesen. Durch ein Röhrchen, das man schließlich auf das kalibrierte Rohr aufsetzt, kann man am Schluß durch Einblasen in das Niveaurohr das Lösungsmittel fast restlos abfüllen.

---

[1] C. P. A. KAPPELMEIER: Farben-Ztg. **42**, 509 (1937); Peintures, Pigments, Vernis **25**, 18 (1949).

[2] H. LACKNER: Fette · Seifen · Anstrichmittel **52**, 553 (1950).

Sind solche Bestimmungen häufiger durchzuführen, so empfiehlt sich die von KAPPEL-
MEIER vorgeschlagene Einrichtung (Abb. 470).

Auf jeden Fall destilliert man so lange, bis eine Zunahme des wasserunlöslichen Destillates nicht mehr stattfindet. Dann entfernt man das abgeschiedene Lösungsmittel, versetzt
mit 5 g trocknem Natriumsulfat und bestimmt nach dem Um-
schütteln das spezifische Gewicht nach S. 612 ff. Die daraus berechnete Gewichtsmenge an Lösungsmittel soll mit der aus der
Lackkörper-Bestimmung berechneten bis auf −3% übereinstimmen. Anderenfalls sind gesondert zu isolierende wasserlösliche Lösungsmittel zugegen. Das mit Natriumsulfat getrocknete Lösungsmittel wird dann nach den weiter unten
angegebenen Richtlinien untersucht.

Vakuum-Destillation. Man bringt so viel Lack usw. in einen
Destillierkolben, daß man mindestens 50 ml Lösungsmittel erhält.
Die Einwaage nimmt man auf einer technischen Waage auf 0,5 g
genau vor. Der Kolben wird an einen mindestens 60 cm langen
Kühler angeschlossen, dessen Ende durch einen Vorstoß mit
einer gut gekühlten Vorlage verbunden ist. Der Kolben wird
nun in einem Ölbad (oder Metallbad) erwärmt, dessen Temperatur
zunächst jedoch 105° nicht überschreiten darf. Geht bei dieser
Temperatur nichts mehr über oder verläuft die Destillation nur
außerordentlich langsam, dann wechselt man die Vorlage aus
und setzt unter Evakuieren die Destillation fort, bis die Temperatur 200° beträgt, bei Nitrocelluloselacken jedoch nur bis 140°.
Eine Fraktionierung (s. weiter unten) bei der Destillation ist
nicht zweckmäßig, doch empfiehlt es sich, den Siedebeginn festzustellen und zu beobachten, innerhalb welchen Temperatur-
Intervalls die Hauptmenge destilliert.

Nun vereinigt man die beiden Destillate und bestimmt deren
Gewicht, um festzustellen, ob das Lösungsmittel vollständig
übergetrieben wurde. Differenzen bis zu 3% gegenüber dem bei
der Bestimmung der Lösungsmittelmenge aus der Lackkörper-
Bestimmung erhaltenen Prozentsatz können vernachlässigt werden. Ist die Differenz groß, so kann dies darauf zurückzuführen
sein, daß sehr hochsiedende Lösungsmittel vorhanden waren
(was namentlich bei ofentrocknenden Bitumenlacken bisweilen

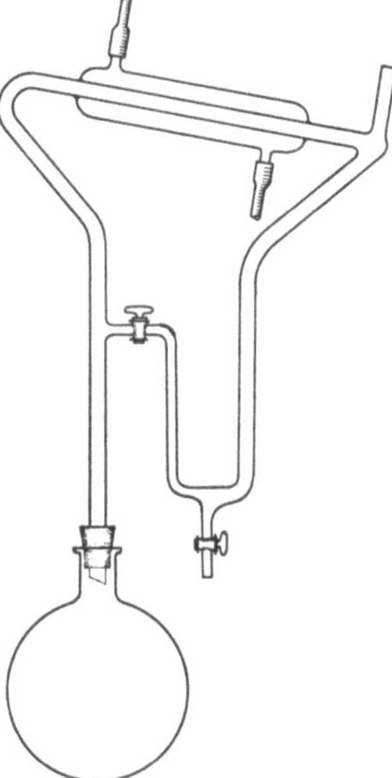

Abb. 470
Gerät nach KAPPELMEIER
für kontinuierliche Wasserdampf-Destillation

vorkommt), falls es sich nicht um einen Verlust durch undichte Apparatur, ungenügende
Kühlung usw. handelt. Man destilliert dann zunächst den im Kolben befindlichen Rück-
stand in der vorbeschriebenen Weise mit Wasserdampf. Etwa vorhandene hochsiedende
Lösungsmittel gehen über.

Die Beobachtung der Siedetemperatur sollte nur als Anhalt, nicht aber als bindender
Rückschluß auf die Art des vorliegenden Lösungsmittels gewertet werden. Einmal sind die
im Schrifttum angegebenen Siedegrenzen für technische Lösungsmittel nicht bindend,
zum anderen verändern sich die Siedegrenzen, wenn das Lösungsmittel aus einem Lackkörper abgetrieben wird, und schließlich gibt es noch so viel unbekannte azeotrope Lösungsmittel-Gemische, daß die Feststellung des Siede,,punktes" bei der Lösungsmittel-Isolierung
von geringem analytischen Wert ist. Daher erübrigt sich auch eine Fraktionierung. Anders
ist es, wenn das einmal gewonnene Lösungsmittel-Gemisch für sich erneut destilliert und
fraktioniert wird. Aber auch hier sind die genannten Fehlerquellen zu berücksichtigen.

Trennung in wasserlösliche und -unlösliche Lösungsmittel. Man bringt das
gesamte Lösungsmittel in eine Schüttelbürette und liest sein Volumen ab. Dann
fügt man etwa das halbe Volumen kaltgesättigter Kochsalz-Lösung zu und
schüttelt kurz durch. Nach Trennung der Schichten bestimmt man die Abnahme
des Lösungsmittel-Volumens. Ist diese erheblich, so trennt man den wäßrigen
Teil ab, schüttelt den wasserunlöslichen Teil nochmals mit dem halben Volumen
Kochsalz-Lösung aus und trennt nach Absetzen der Schichten. Die wäßrigen
Anteile vereinigt man und destilliert zunächst etwa 10 ml ab. Sollten sich im
Destillat 2 Schichten bilden, so destilliert man weiter in eine neue Vorlage,
bis das gesamte Destillat etwa die Hälfte des Volumens der insgesamt be-
nützten Kochsalz-Lösung beträgt. Anderenfalls destilliert man ohne Wechsel der
Vorlage.

Hatten sich zuerst 2 Schichten gebildet, so trennt man diese in einem Mikroscheidetrichter und fügt den wasserunlöslichen Anteil zu dem Hauptteil des wasserunlöslichen hinzu, die beiden wasserlöslichen Anteile fügt man zusammen.

Wasserlöslicher Anteil. Im wäßrigen Anteil wird man hauptsächlich auf Aceton, Methanol, Äthanol, Essigester und Methylacetat zu prüfen haben. Einige nicht häufig vorkommende Lösungsmittel, wie Dioxan[1], Diacetonalkohol, Milchsäureäthylester, Methylglykol, Äthylglykol, erkennt man am Geruch, am Siedeverhalten und an der Dichte, nachdem man durch Zugabe von genügend calciniertem Natriumsulfat getrocknet hat. Die folgenden Bestimmungen werden mit der wäßrigen Lösung direkt vorgenommen. Das Ergebnis wird auf den Lösungsmittel-Anteil im Lack (durch Abdampfverlust bestimmt) umgerechnet.

Aceton. Qualitativ wird auf Aceton geprüft, indem man 1 ml der Lösung mit 1 ml einer 5%igen Lösung von Nitroprussidnatrium versetzt und dann weiter nach S. 1587 vorgeht. Fällt diese Reaktion positiv aus, so wird Aceton quantitativ bestimmt, indem man zu 20 ml dest. Wassers, das sich in einem ERLENMEYER-Kolben befindet, *genau* 1 ml des wäßrigen Lösungsmittel-Anteiles zufließen läßt. Nach Zugabe von 10 ml 1n Kalilauge und 10 ml 0,1n Jodlösung läßt man 3 Min. stehen und säuert mit Schwefel- bzw. Salzsäure an. Nun titriert man mit 0,1n Thiosulfat-Lösung zurück.

Wurden zum Zurücktitrieren a ml 0,1 n Thiosulfat-Lösung verbraucht, so ist der Gehalt an Aceton im wäßrigen Anteil:

$$0{,}122 \cdot (50 - a) \text{ Vol.-}\%$$

unter der Voraussetzung, daß die Temperatur des wäßrigen Anteiles beim Abmessen 20° betrug.

Methylacetat, Äthylacetat. Der Gehalt an diesen Estern kann nur annähernd aus der VZ geschlossen werden. Welcher Ester vorliegt kann durch Destillationsanalyse (s. S. 1575 u. 1615) des mit Natriumsulfat getrockneten Anteiles und aus seiner Verdunstungsgeschwindigkeit geschlossen werden.

Zu 20 ml dest. Wasser, die sich in einem ERLENMEYER-Kolben befinden, setzt man genau 1 ml des wäßrigen Lösungsmittelteiles zu und gibt 25 ml 0,5 n Natron- oder Kalilauge hinzu. Dann erwärmt man am Rückflußkühler im Wasserbad bei etwa 80° ungefähr $^1/_2$ Std. und titriert mit 0,5 n Säure zurück.

1 ml verbrauchter 0,5 n Lauge entspricht:

37 mg bzw. (bei 20°) 0,04 ml Methylacetat bzw.
44 mg bzw. (bei 20°) 0,049 ml Äthylacetat.

Methanol. Über Prüfung auf Methanol und Bestimmung s. S. 1583.

Äthanol. Der Anteil an Äthanol im wäßrigen Anteil kann annähernd aus dem spezifischen Gewicht ermittelt werden. Da das spezifische Gewicht durch Gegenwart von Aceton und Äthylacetat beeinflußt wird, liegen folgende drei Fälle vor:

1. Äthylacetat ist zugegen, Aceton ist abwesend. War der Äthylacetat-Gehalt a Vol.-% und das spezifische Gewicht des wäßrigen Anteiles d, dann ist die Dichte des zugrunde liegenden wäßrigen Äthanols annähernd:

$$\frac{100d - 0{,}9a}{100 - a}$$

2. Waren b Vol.-% Aceton zugegen, nicht aber Äthylacetat, dann ist sie annähernd:

$$\frac{100d - 0{,}8b}{100 - b}$$

3. Waren sowohl a Vol.-% Äthylacetat als auch b Vol.-% Aceton zugegen, dann ist sie annähernd:

$$\frac{100d - 0{,}9a - 0{,}8b}{100 - a - b}$$

---

[1] Die im Schrifttum angegebene Prüfung auf Dioxan durch Zugabe einiger Tropfen Tetranitromethan (Gelbfärbung!) ist so wenig spezifisch, daß sie nicht empfohlen werden kann. Viele andere Lösungsmittel, so z. B. Testbenzin, geben tiefere Gelbfärbungen.

Wasserunlöslicher Anteil. Bei der weiteren Untersuchung von Lösungsmittel-Gemischen spielt die Überlegung eine Rolle, daß aliphatische Kohlenwasserstoffe und Chlorkohlenwasserstoffe von rauchender Schwefelsäure kaum sulfiert werden, also beim Ausschütteln zurückbleiben. Andererseits werden beim Ausschütteln mit nur 85%iger Schwefelsäure aromatische Kohlenwasserstoffe noch nicht sulfiert, dagegen werden andere gebräuchliche Lösungsmittel, wie Ester, höhere Alkohole, hydrierte Kohlenwasserstoffe, Terpentinöl u. a. sulfiert. Für die praktische Lösungsmittel-Analyse gilt dies aber alles nur angenähert. Da z. B. die gebräuchlichen Benzine oft beträchtliche Anteile an ungesättigten Verbindungen enthalten, darf man bei einem Verlust von etwa 15% beim Ausschütteln mit rauchender Schwefelsäure noch nicht auf Anwesenheit von 15% aromatischer Kohlenwasserstoffe schließen. Nach ZEIDLER muß daher die nachstehende Arbeitsweise *genauestens* eingehalten werden, um den ohnehin unvermeidlichen Fehler nicht noch durch unrichtige Handhabung der Sulfurierung zu vergrößern.

85%ige Schwefelsäure: 5 ml des wasserunlöslichen Anteiles werden in einer Schüttelbürette mit 8 ml 85%iger Schwefelsäure (D = 1,78 bei 20°) bei Kühlung unter der Wasserleitung *kurz* durchgeschüttelt. Löst sich alles, so sind Kohlenwasserstoffe nicht oder höchstens in unwesentlicher Menge zugegen. Anderenfalls scheidet sich eine Schicht ab, deren Volumen nach 24 Std. abgelesen wird[1].

In dem abgeschiedenen Teil können vorhanden sein: Aromatische Kohlenwasserstoffe[2], Chlorkohlenwasserstoffe, Benzine (deren Menge kann nach der vorhergegangenen Ausschüttelung mit rauchender Schwefelsäure in Abzug gebracht werden), Anteile von Terpentinöl, Dekalin und Tetralin. Letzteres macht sich durch das Auftreten einer rotbraunen Fällung im sauren Anteil der Ausschüttelung bemerkbar. Auf die Menge an Terpentinöl kann durch Bestimmung der Bromzahl nach S. 1100 im ursprünglichen Lösungsmittel oder im wasserunlöslichen Anteil geschlossen werden, auf die Menge an Chlorkohlenwasserstoffen durch Ermittlung der Dichte, die je nach Art des Chlorkohlenwasserstoffes immer bedeutend in die Höhe getrieben wird.

Diese Untersuchungen lassen sich aber nicht im Rahmen eines Schemas bewerkstelligen. Daher wird auf den folgenden Seiten eine Reihe bewährter Verfahren für die erweiterte Lösungsmittel-Analyse angegeben, die man entweder mit dem durch direkte Destillation aus dem Lack abgetriebenen Lösungsmittel, dem wasserunlöslichen Anteil oder dem in 85%iger Schwefelsäure unlöslichen Anteil ausführt.

Rauchende Schwefelsäure: 5 ml rauchende Schwefelsäure mit 33% Anhydrid[3] und 15 ml konz. Schwefelsäure (D = 1,84) werden in einem Kölbchen mit 10 ml fassendem kalibrierten Hals mit 10 ml des zu untersuchenden wasserunlöslichen Lösungsmittels, das man langsam aus der Pipette hineintropfen läßt, gut durchgeschüttelt und ½ Std. im Wasserbad (nicht kochen lassen) unter öfterem Schütteln stehengelassen. Nach dem Abkühlen wird mit konz. Schwefelsäure (D = 1,84) aufgefüllt. Man liest das Volumen von Zeit zu Zeit ab, bis keine Zunahme der Schicht mehr stattfindet. Die abgelesenen ml geben die Aliphaten in Vol.-% an.

Das Ergebnis bezieht sich allerdings nur auf die *gesättigten* Aliphaten, was berücksichtigt werden muß. Handelsübliche Benzine enthalten bis zu 20% sulfierbare Anteile. Es ist also stets ein entsprechender Zuschlag zu machen! Zur Sicherung ermittelt man — bei Abwesenheit von Chlorkohlenwasserstoffen! — die Refraktion bei 20°, die bei Testbenzin etwa zwischen 1,42 und 1,44, bei leichteren Benzinen, je nach Benzin-Art, bis etwa 1,38 herab liegt.

Bei der Ausschüttelung mit rauchender Schwefelsäure ist weiter in Rechnung zu setzen, daß darin Chlorkohlenwasserstoffe nicht vollständig unlöslich sind. Bei Anwendung von 10 ml Chlorkohlenwasserstoff und 25 ml rauchender Schwefelsäure gehen nach Untersuchungen ZEIDLERS in die Schwefelsäure über: bei Methylenchlorid 10%, bei Tetrachlorkohlenstoff 2%, bei Äthylendichlorid 16%.

---

[1] H. H. WEBER: Prakt. Lösungsmittelanalyse. Leipzig: Barth 1936; C. E. WEITHS: Ind. Engng. Chem., analyt. Edit. **6**, 262 (1934).

[2] Es ist bei der Auswertung zu berücksichtigen, daß sich auch Anteile der aromatischen Kohlenwasserstoffe in der Schwefelsäure lösen. Dieser Anteil schwankt zwischen 1 und 10%, je nachdem, ob 100% oder nur wenige Prozente in der Lösungsmittel-Mischung vorhanden waren.

[3] C. C. ALLEN u. H. W. DUCKWALL: Ind. Engng. Chem., analyt. Edit. **16**, 558 (1944).

Handelt es sich um die genaue Bestimmung eines bestimmten Chlorkohlenwasserstoffes (s. auch S. 1619) durch Ausschüttelung mit rauchender Schwefelsäure, dann ist ein Blindversuch mit dem vermuteten Chlorkohlenwasserstoff erforderlich.

Aromatische Kohlenwasserstoffe. Wenn die vorher geschilderte Untersuchung ergeben hat, daß aromatische Kohlenwasserstoffe allein oder zusammen mit aliphatischen und Chlorkohlenwasserstoffen vorliegen, ist es erforderlich, eine größere Menge Lösungsmittel durch Ausschütteln mit 85%iger Schwefelsäure nach der angegebenen Arbeitsweise zu isolieren. Man schüttelt also mehrere Portionen aus, so daß man möglichst 50 ml, besser 100 ml für die jetzt folgende Fraktionierung zur Verfügung hat. In besonderen Fällen bei Vorliegen von nur wenig Substanz wird eine Mikro-Destillation durchgeführt.

Man destilliert nun unter Beachtung des auf S. 1615 Gesagten und fängt folgende Fraktionen auf:

I. Fraktion 80 bis 90°, II. Fraktion 90 bis 112°, III. Fraktion 112 bis 130°, IV. Fraktion über 130°.

Die IV. Fraktion kann hochsiedende aromatische Kohlenwasserstoffe enthalten. Bei gleichzeitiger Anwesenheit von Testbenzin kann man auf dessen Menge durch Ermittlung der Refraktion und Dispersion schließen. Blindversuch mit selbst hergestellten Mischungen ist stets erforderlich!

Bei den anderen 3 Fraktionen prüft man auf Benzol, Toluol und Xylol nach WEBER wie folgt:

Fraktion I (Prüfung auf Benzol)[1]. Höchstens 0,5 ml (bei Gegenwart größerer Mengen aliphatischer oder Chlorkohlenwasserstoffe entsprechend mehr) werden mit 1 ml konz. Salpetersäure und 2 ml 100%iger Schwefelsäure (Schwefelsäuremonohydrat) versetzt und unter kräftigem Schütteln kurz zum Sieden erhitzt. Man kühlt ab und entnimmt 0,1 ml der sauren Schicht, versetzt mit 1 ml dest. Wasser und fügt zu 0,5 ml der entstandenen milchigen Flüssigkeit 1 ml Isoamylalkohol (reinst, zur Analyse) und einige Stückchen Natriumhydroxyd (pur. in rotulis) hinzu und schüttelt, nötigenfalls unter Kühlung. Ist nur Benzol vorhanden, so bleibt die Amylalkohol-Schicht im wesentlichen farblos (gelegentlich treten schwachrote Färbungen auf). Bei Gegenwart von Benzol-Homologen wird der Amylalkohol nach vorübergehenden, wechselnden Färbungen schmutzigbraun. Unter Zugabe von weiteren Stückchen Natriumhydroxyd und Aufrechterhaltung einer mäßigen Reaktionswärme schüttelt man so lange sehr kräftig, bis sich eine Art Brei bildet. Am Schluß soll noch festes Natriumhydroxyd vorhanden sein. Nach Abkühlen überschichtet man nun mit 1 ml Aceton: Bei Gegenwart von Benzol färbt sich dieses intensiv blau bis violett; bei längerem Stehen geht die Färbung in Braun über.

Die Reaktion ist außerordentlich empfindlich, so daß schon geringe Mengen an höheren Homologen des Benzols deutliche Reaktionen geben.

Fraktion II (Prüfung auf Toluol). Man behandelt 0,5 ml wie bei Benzol mit Salpeter- und Schwefelsäure. 0,5 ml der milchigen Suspension versetzt man mit 1 ml Benzylalkohol und schüttelt. Dann macht man mit 2 n Natronlauge alkalisch und schüttelt wieder sehr kräftig. Die Alkoholschicht färbt sich bei Gegenwart von Toluol — zuweilen über violett — charakteristisch braunrötlich (kakaofarbig). Benzol und Xylol geben keine oder nur schwach graugrüne Färbungen.

Fraktion III (Prüfung auf Xylol)[2]. 0,5 ml werden wie bei Benzol mit Salpeter- und Schwefelsäure behandelt. Von der milchigen Suspension werden 0,5 ml mit 1 ml Cyclohexanol geschüttelt, dann mit 2 n Natronlauge alkalisch gemacht und nochmals sehr kräftig geschüttelt. Bei Gegenwart von Xylol färbt sich die Alkoholschicht grün. Benzol und Toluol stören, wenn mehr als 10% vorhanden sind.

Chlorkohlenwasserstoffe. Die Anwesenheit von Chlorkohlenwasserstoffen ist leicht mit der BEILSTEIN-Probe (s. S. 443) nachzuweisen. Mitunter ist es aber erforderlich, auch kleinste Mengen so nachzuweisen, denn diese können sich

[1] R. FABRE, R. TRUHAUT u. M. PÉRON: Ann. pharmac. franç. **8**, 613 (1950); J. V. JANOVSKY: Ber. dtsch. chem. Ges. **24**, 971 (1891); B. H. DOLIN: Ind. Engng. Chem., analyt. Edit. **15**, 242 (1943).

[2] H. J. BAERNSTEIN: Ind. Engng. Chem., analyt. Edit. **15**, 251 (1943).

in Lösungsmittel-Rückgewinnungsanlagen sehr nachteilig auswirken, wenn sie nicht genügend „stabilisiert" waren und Salzsäure abspalten. Als Vorprobe verwendet man die genannte BEILSTEIN-Probe und verfährt im übrigen nach der in der organisch-chemischen Analyse üblichen Weise der Halogen-Bestimmung.

Unterscheidung der einzelnen Chlorkohlenwasserstoffe. Wenn man weiß, welcher Chlorkohlenwasserstoff vorliegt, so kann man aus der durch ihn bewirkten Erhöhung der Dichte ungefähr auf die Menge im Lösungsmittel-Gemisch schließen. Auch die Siedegrenzen geben — namentlich für Methylenchlorid — einen Hinweis. Dies gilt aber nur in ganz großen Zügen, denn so wie der Flammpunkt von Lösungsmitteln durch Methylenchlorid unerwartet heruntergedrückt werden kann, so werden auch (ohne Ausbildung azeotroper Gemische) die Siedegrenzen bei Lösungsmittel-Gemischen so unübersichtlich, daß daraus nur mit Vorbehalt Schlüsse zu ziehen sind.

Die folgenden Prüfungen nach WEBER[1] geben einen besseren Anhalt als die Rückschlüsse aus der Siede-Analyse.

Die Methode beruht auf den Reaktionen, welche die Chlorkohlenwasserstoffe mit Cyclohexanol und Cyclopentanol geben. Es werden 5 Reagentien angewendet:

Reagens A: 2%ige Lösung von α-Naphthol in Cyclohexanol,
Reagens B: Cyclopentanol,
Reagens C: 2%ige Lösung von Phenolphthalein in Cyclohexanol,
Reagens S: 85%ige Schwefelsäure,
Reagens E: Eisessig.

Nachweis mit Reagens A und B. Man erhitzt einen Tropfen der Chlorkohlenwasserstoffe mit 2 ml Reagens A oder B und einem linsengroßen Stück Natriumhydroxyd 25 Sek. bis zum Kochen, gießt das Gemisch in ein Reagensglas ab und läßt es erkalten. Man beobachtet die entstehende Färbung und unterschichtet hierauf mit 85%iger Schwefelsäure oder mit Eisessig in gleichem Volumenverhältnis. Man läßt dann 1 Min. stehen und schüttelt durch. Die bei den einzelnen Chlorkohlenwasserstoffen auftretenden Färbungen sind aus Tab. 388 zu ersehen.

Nachweis mit Lösung C. Man gibt in einen 200 ml ERLENMEYER-Kolben 30 ml Glykol und einige Siedesteine, stellt in den Kolben ein großes Reagensglas und in dieses ein kleines als Rückflußkühler. Dann gibt man in das große Reagensglas zwei Tropfen Chlorkohlenwasserstoff, 2 ml Lösung C und ein Stück Natriumhydroxyd und stellt es 5 Min. in das siedende Glykolbad des ERLENMEYER-Kolbens. Hierauf wird das Gemisch in ein weiteres Reagensglas abgegossen. Man gibt 1 ml Eisessig und einige Glasperlen hinzu und schüttelt durch, bis sich die vorhandenen Krusten gelöst haben.

Di- und Trichloräthylen neben anderen Chlorkohlenwasserstoffen[2]. *Dichloräthylen.* Man schüttelt 4 ml des zu prüfenden Gemisches in einem 10 ml Fläschchen mit Glasstöpsel mit 4 ml einer Lösung, die aus 200 g Wasser, 50 g Quecksilber(II)-cyanid und 23 g Kaliumhydroxyd besteht, etwa 20 Std. auf einer Schüttelmaschine. Ist in dem Gemisch Dichloräthylen enthalten, so scheidet sich Quecksilber(II)-chloracetylid in weißen Täfelchen ab, die bei 135° verpuffen.

Trichloräthylen. Man verfährt, wie bei Dichloräthylen angegeben. Nach dem Schütteln filtriert man die Chlorkohlenwasserstoff-Schicht in ein Glasfläschchen und dampft sie auf einem siedenden Wasserbad (unter dem Abzug!) ein. War Trichloräthylen zugegen, so bleibt nach dem Abdampfen ein Öl zurück, das beim Abkühlen zu weißen, plättchenförmigen Kristallen (Quecksilber(II)-trichloräthylenid) erstarrt. Die Kristalle schmelzen nach dem Umkristallisieren aus Chloroform bei 83°.

Auch Farbreaktionen, die Chlorkohlenwasserstoffe mit Pyridin und Natronlauge geben, können zur Identifizierung und zum Nachweis verwendet werden[3].

---

[1] H. H. WEBER: Chemiker-Ztg. **57**, 836 (1933); **61**, 807 (1937).
[2] K. THINIUS: Anleitung zur Analyse der Lösungsmittel. Leipzig: Barth 1953.
[3] A. S. V. BURGEN: Brit. med. J. **1948** I, 1238; K. FUJAWARA: Ber. naturforsch. Ges. Rostock N. F. **6**, 33 (1914); B. R. P. DUROGA u. A. G. PALLAT: J. Soc. chem. Ind. **60**, 218 (1941); R. FABRE, R. TRUHAUT u. S. LAHAM: Ann. pharmac. franç. **9**, 251 (1951).

Tabelle 388. *Prüfung der wichtigsten Chlorkohlenwasserstoffe*

Name	D_4^{20}	n_D^{20}	mittlerer Siedepunkt °C	Farbreaktionen nach WEBER					Flammpunkt °C
				A nach dem Kochen	A nach Zugabe von S	A nach Zugabe von E	B nach Zugabe von E	C nach Zugabe von E	
Methylenchlorid	1,33	1,431	42	blau	grünblau	gelb	gelblich	farblos	etwa 5
Chloroform	1,48	1,443	61	blau	intensiv blau	orangegelb	gelblich	rötlichgelb	brennt nicht
Tetrachlorkohlenstoff . . .	1,59	1,463	77	blau	intensiv blau	rot	hellbraun	rötlichgelb	brennt nicht
Äthylenchlorid (Dichloräthan)	1,25	1,4419	83,5	gelbbraun	farblos bis sehr schwach grünlich	farblos	gelblich	lila	12
Tetrachloräthan (sym. Acetylentetrachlorid) . .	1,56	1,495	146	grau	intensiv grünblau	gelblich	grün	lilarötlich	70
Pentachloräthan (Pentalin)	1,68	1,5035	159	braun	graugrün	gelb	gelblich	farblos	—
Perchloräthylen (Tetrachloräthylen)	1,62	1,504	120	gelbbraun	grün	farblos	gelblich	fast farblos	—
Trichloräthylen	1,47	1,480	87	gelbbraun	intensiv grünblau	gelblich	grün	fast farblos	—
Acetylendichlorid (sym. Dichloräthylen)	1,26	1,4488	60	gelbbraun	violett	farblos	gelblich	fast farblos	etwa 11
		1,4455	48	gelbbraun	rötlichviolett	gelb	gelblich	fast farblos	

Alkohole und Ester. Man bestimmt die Hydroxyl- und Verseifungszahl des Lösungsmittel-Gemisches. Chlorkohlenwasserstoffe müssen abwesend sein. Um einen Anhalt über die Größenordnung des Gehaltes an Alkoholen und Estern zu bekommen, berechnet man nach S. 1542 den Gehalt als Butanol bzw. Butylacetat, falls nicht der Siedeverlust bei der Isolierung des Lösungsmittels deren Anwesenheit unwahrscheinlich macht.

Neben dieser unspezifischen Bestimmung von Alkoholen kann der ungefähre Gehalt an höheren Alkoholen (Butanol, Amylalkohol) in Lösungsmittel-Gemischen auch bei Gegenwart von Kohlenwasserstoffen, Äthanol, Estern und Aceton nach H. WOLFF bestimmt werden.

Das Verfahren beruht auf der Beobachtung, daß sich Helianthin in höheren Alkoholen mit tief blauroter Farbe löst. In den anderen genannten Lösungsmitteln löst sich der Farbstoff entweder gar nicht oder gelb. Da größere Mengen an wasserlöslichen Lösungsmitteln stören, ist das zu untersuchende Lösungsmittel-Gemisch durch Zugabe einer genau abgemessenen, bei der späteren Berechnung zu berücksichtigenden Menge von Toluol so zu präparieren, daß nicht mehr als 20 Vol.-% in eine gesättigte Kochsalz-Lösung beim Ausschütteln übergehen.

Testlösung: 50 ml gesättigte Kochsalz-Lösung werden mit 20 ml Salzsäure (D = 1,125) vermischt. In einem 25 ml Schüttelzylinder werden dann 10 ml dieser Lösung mit 10 ml folgenden Gemisches versetzt: Butanol 2 ml, Butylacetat 4 ml, Toluol 4 ml.

Nach Zugabe von 6 Tropfen einer 0,3%igen Lösung von Methylorange (Helianthin) in Wasser wird gut geschüttelt. Die Farbe des sich absetzenden Lösungsmittels — annähernd einer 0,002 n $KMnO_4$-Lösung entsprechend — dient zum Vergleich bei der eigentlichen Bestimmung.

Bestimmung: Genau wie bei der Herstellung der Testlösung gibt man zu 10 ml gesättigter Kochsalz-Lösung 10 ml des zu prüfenden Lösungsmittels. Die entstandene Farbe muß *heller* sein als die der Testlösung. In diesem Falle gibt man aus einer Bürette so lange immer je 0,2 ml Butanol zu, bis nach dem Durchschütteln die Farbe mit derjenigen der Testlösung übereinstimmt.

Ist im untersuchten Lösungsmittel der Gehalt an Butanol größer als 20 Vol.-%, so verdünnt man vor der Bestimmung mit einer genau bekannten Menge einer Mischung aus 1 Vol.-Teil Butylacetat mit 2 Vol.-Teilen Toluol, so daß die Färbung nach Zugabe des Helianthins heller als die der Testlösung ist. Dann „titriert" man, wie oben beschrieben, mit Butanol.

Werden zum „Titrieren" a ml verbraucht, so ist der Gehalt an höheren Alkoholen in der Mischung:

$$20 - 8a \text{ Vol.-\%.}$$

Ist vorher verdünnt worden — etwa von 5 ml auf 10 ml — so ist das Ergebnis mit dem entsprechenden Faktor — in diesem Falle also 2 — zu multiplizieren.

Wenngleich die folgenden Farbreaktionen nach H. H. WEBER[1] bei den vielfältigen Gemischen, wie sie der Analytiker in der Lackindustrie vorfindet, nur bedingt brauchbar sind, so können sie doch als wertvolle Stütze zur Sicherung des auf anderem Wege gewonnenen Ergebnisses bei der Lösungsmittel-Analyse herangezogen werden. Da Aldehyde leichter Farbreaktionen geben als die Alkohole, ist in manchen Fällen deren Oxydation erforderlich.

Die alkoholhaltige Lösung wird mit 8 bis 15 Tropfen BECKMANNscher Mischung (50 g Kaliumdichromat, 28 ml konz. Schwefelsäure, 300 ml Wasser) durch *kurzes* Sieden im Reagensglas oxydiert. Nach dem Erkalten werden die weiteren Reaktionen mit der klaren (eventuell filtrierten) oberen Schicht ausgeführt.

n-Propanol. Das oxydierte Reaktionsprodukt (Propionaldehyd) wird mit einigen Körnchen o-Nitrobenzaldehyd sowie mit der 2- bis 3fachen Menge 2 n Natronlauge versetzt und kräftig geschüttelt. Propionaldehyd gibt sich durch eine violette, dann weinrot werdende obere Schicht zu erkennen.

Isopropanol. Zu 0,5 ml der Probe werden einige Körnchen reines o-Oxydiphenyl gegeben und mit 1 ml konz. Schwefelsäure unterschichtet. Nach 20 Min. wird geschüttelt. Wenn nach abermaligem Stehen (20 Min.) sich eine Fällung, die sich bis zu breiartiger Konsistenz verstärken kann, abscheidet, so ist das Vorliegen von Isopropanol wahrscheinlich.

---

[1] H. H. WEBER: Zit. S. 1617, Fußnote 1.

n-Butanol. Das oxydierte, Butyraldehyd enthaltende Reaktionsgemisch wird, wie bei n-Propanol angegeben, mit o-Oxybenzaldehyd behandelt. In der oberen Schicht entsteht eine nicht sehr charakteristische braune bis rotbraune Färbung, in der unteren Schicht eine erst nach mehrfachem Schütteln auftretende violette bis stahlblaue Färbung, wenn n-Butanol zugegen war.

Isobutanol. Die oxydierte Lösung wird mit einigen Körnchen p-Nitrobenzoylchlorid sowie der 2- bis 3fachen Menge 2 n Natronlauge 30 Sek. zum Sieden erhitzt. Bei Anwesenheit von Isobutanol entsteht eine tiefrote bis violette Färbung.

Isoamylalkohol. 0,5 ml 25%ige Salzsäure werden zum Sieden erhitzt, mit der gleichen Menge der zu untersuchenden Lösung überschichtet und mit einer Messerspitze Piperonal versetzt. Nach 5 Min. wird zum Sieden erhitzt. Amylalkohol färbt die obere Schicht schön blau. Die Färbung ist mit Chloroform ausschüttelbar. Die übrigen Alkohole geben diese Reaktion nicht. Cyclohexanol und dessen Methylverbindung geben eine rote, Diacetonalkohol gibt eine Blaufärbung des Chloroforms.

Acetale in Lösungsmittel-Gemischen. Für den qualitativen Nachweis kann die von G. ZEIDLER und N. POGRANITZKY[1] ausgearbeitete Methode dienen. Diese beruht auf der Überlegung, daß sich Methylale, Acetale usw. durch Säure-Einfluß zersetzen.

Man gibt in einen ERLENMEYER-Kolben mit eingeschliffenem Glasstopfen 10 ml acetalhaltiges Lösungsmittel-Gemisch, dazu 5 ml 37%ige Salzsäure und 10 ml dest.

[1] G. ZEIDLER u. N. POGRANITZKY: Farben-Ztg. **1943**, 140.

Tabelle 389. *Lösungsmittel-Analyse* (Schematische Darstellung)

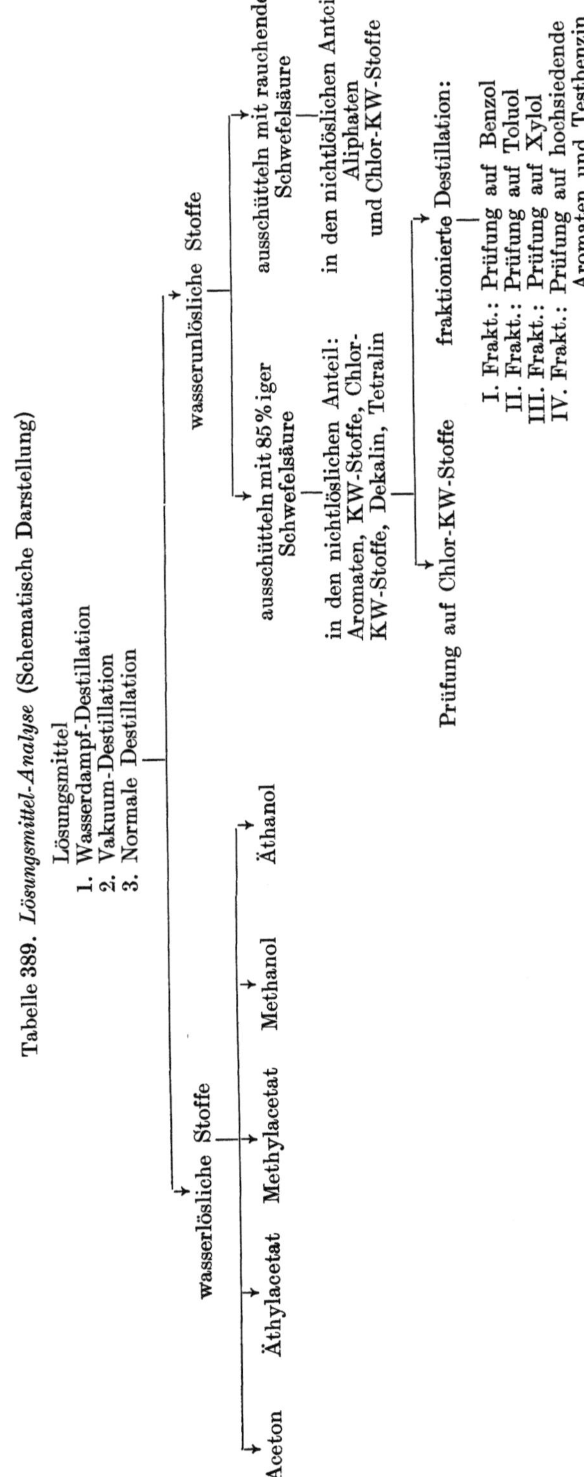

Wasser und erhitzt 1 Std. unter Rückfluß. Man kann zur Sicherheit den Rückflußkühler mit einem einfachen Absorptionsaufsatz versehen, in dem die entweichenden Dämpfe in Wasser geleitet werden, das ebenfalls zur Aldehyd-Bestimmung benützt wird.

Nach dem Abkühlen spült man das Reaktionsgemisch in einen Scheidetrichter. Nach Abtrennung der nicht wäßrigen Schicht führt man den wäßrigen Anteil in einen 100 ml Meßkolben über, neutralisiert mit wäßriger Natronlauge und füllt auf. Man nimmt dann 25 ml und läßt diese Menge in einem ERLENMEYER-Kolben mit Glasstopfen nach Zusatz von 20 ml n/2 wäßriger Natronlauge und 50 ml 0,1 n Jodlösung 10 Min. lang stehen. Anschließend säuert man mit 10 ml 10%iger Salzsäure an und titriert das nicht verbrauchte Jod in üblicher Weise mit 0,1 n Natriumthiosulfat-Lösung zurück (Jodverbrauch A). In einem zweiten Versuch wird der Jodverbrauch des nicht mit Säure behandelten Lösungsmittels bestimmt (Jodverbrauch B). *Die Differenz zwischen Jodverbrauch A und Jodverbrauch B ist ein Anhalt für den Anteil an Acetalen im Lösungsmittel-Gemisch.*

Liegt A erheblich (mindestens um 5 Einheiten) höher als B, so ist die Gegenwart von Acetalen sicher.

2. Pigmente

Zur *Abtrennung* des Pigmentes stehen zwei Wege zur Verfügung:

Veraschung. In vielen Fällen ist der Weg der Veraschung von 1 bis 3 g Anstrichmittel im Porzellantiegel der bequemste. Man erhält hierbei das Pigment frei von organischen Bestandteilen. Allerdings finden sich dann auch die — anteilig meist sehr geringen — anorganischen Bestandteile des Bindemittels und der Zusatzstoffe, z. B. Sikkativmetalle, Calcium und Zink aus Hartharz usw., in der Asche. Hierbei ist zu beachten, daß manche Lackbestandteile bei der Veraschung eine chemische Veränderung erleiden, z. B. daß das Zinksulfid sich teilweise in Oxyd umwandelt. Bei Bleiverbindungen in Lacken und Lackrohstoffen ist auf die Reduktion durch Kohlenstoff zu achten. Antimonoxyd („Timonox") ist flüchtig bei der Veraschung.

Um genügende Mengen von anorganischen Rückständen zu erhalten, empfiehlt es sich, etwa 25 g der zu untersuchenden Substanz in einem größeren Porzellantiegel zu veraschen. Im übrigen erfolgt die Analyse nach den üblichen Methoden.

Extraktion. Liegen Lacke vor, die mit Äther nicht verdünnbar sind, so ersetzt man diesen durch ein anderes Extraktionsmittel mit möglichst niedrigem Siedebereich. In solchen Fällen hat sich oft Methylenchlorid oder Petroläther bewährt.

Die letzten Reste organischer Bindemittel lassen sich durch Extraktion mit Lösungsmitteln nicht entfernen. Das durch Extraktion gewonnene Pigment kann bis zu 5% organischer Stoffe zurückhalten. Deren Menge muß jedenfalls bei der Berechnung der im Lack wirklich vorhanden gewesenen Menge berücksichtigt werden. Am besten führt man neben der Extraktion eine Bestimmung des Pigmentes durch Veraschung durch und erhält so ein besseres Urteil über die Menge an Pigment, die maximal im Lack vorhanden war, wenn natürlich nicht Gewichtsverlust durch Abgabe von Kristallwasser, flüchtigen anorganischen Verbindungen (z. B. Antimonoxyd) oder durch organische Farbstoffe eingetreten ist.

Für die Trennung des Pigmentes von der Lösung lassen sich keine allgemeingültigen Anweisungen geben. Zuweilen genügt einfache Filtration durch ein engporiges Filter. Manchmal ballen sich durch Zugabe eines Tropfens Salzsäure zum Extraktionsmittel kolloidale Teile des Pigmentes zusammen, so daß die Lösung gut filtrierbar ist. Oft führt ein Wechsel des Extraktionsmittels (s. S. 1624) zum gleichen Ziele. In der Regel ist eine hochtourige Zentrifuge (30000 U/min) erforderlich. Nach dem Zentrifugieren — mindestens 30 Min. — gießt man vom Bodensatz ab und gibt neues Extraktionsmittel hinzu, wobei man den Bodensatz mit einem dünnen Draht aufrührt. Nach dreimaligem Zentrifugieren liegt das Pigment meist praktisch frei vom Bindemittel vor und kann unmittelbar im Zentrifugenglas gewogen werden.

C. P. A. KAPPELMEIER[1] empfiehlt vor der weiteren Untersuchung des Pigmentes eine Benetzung mit 96%igem Alkohol. Aus gleichem Grunde sollte man das lästige Schäumen, das bei Gas entwickelnden Reaktionen (H_2S, CO_2) auftritt, durch Zugabe einer Spur Äther vermindern.

Wägung des Pigmentes. a) In ein bei 50 bis 60° getrocknetes und nach dem Erkalten gewogenes ERLENMEYER-Kölbchen werden mindestens 5 g des gut durchgemischten Anstrichmittels eingewogen, sodann zunächst nur einige ml Äther zugegeben. Nach Durchmischung wird die etwa 10fache Äthermenge der Einwaage zugegeben und wiederum gut durchgerührt. Nachdem sich das Pigment größtenteils abgesetzt hat, filtriert man durch ein bei 50 bis 60° getrocknetes und dann gewogenes Filter, ohne die Hauptmenge des Pigmentes auf das Filter zu bringen.

Macht die Filtration Schwierigkeiten, so versucht man zunächst, ob man mit Petroläther bessere Resultate erhält. Ist dies der Fall, so wird mit Petroläther in der oben geschilderten Weise ausgezogen und dann mit Äther weitergearbeitet. Bringt auch Petroläther keine Änderung, so wird ein Lösungsmittel, bestehend aus 10 Vol.-% Äther, 6 Vol.-% Benzol, 4 Vol.-% Methylalkohol und 1 Vol.-% Aceton, an Stelle des Äthers verwendet, zum Schluß aber mindestens noch zweimal mit Äther extrahiert.

Das zurückbleibende Pigment wird erneut mit Äther in gleicher Weise behandelt und dies mehrmals (mindestens viermal) durchgeführt.

Das Filter mit dem Pigment wird nun in das ERLENMEYER-Kölbchen gegeben und mit diesem zusammen bei 50 bis 60° getrocknet und nach dem Erkalten gewogen.

War das Gewicht des Kölbchens K g, das des Filters F g, das der Einwaage E g und endlich das Gewicht der Endwägung S g, so ist die Menge des Pigmentes:

$$P = \frac{100 \cdot [S - (K + F)]}{E} \%$$

b) Will man in besonderen Fällen noch Reste der vom Pigment festgehaltenen organischen Stoffe entfernen, so verfährt man zunächst wie unter a) angegeben.

Nachdem das Pigment gewogen ist, wird eine bestimmte Menge desselben mit salzsäurehaltigem Äther behandelt. Sodann wird nach Entfernung der Hauptmenge des Äthers mit alkohol. Kalilauge erwärmt und filtriert. Aus dem Filtrat werden gelöste Fettsäuren mit Salzsäure in Freiheit gesetzt und (nach Zugabe von Wasser) ausgeäthert. Die ätherische Lösung wird abgetrennt und nach Trocknen mit wasserfreiem Natriumsulfat und Filtration eingedampft und der Rückstand gewogen.

Die Menge der hierbei erhaltenen organischen Stoffe wird auf das gesamte Pigment umgerechnet und von diesem abgezogen.

Berechnung: War die nach a) bestimmte Pigmentmenge = P%, die Einwaage zur Abtrennung der organischen Stoffe = a und die Menge der letzteren = b, so ist der wirkliche Pigmentgehalt unter Berücksichtigung der unlöslichen organischen Stoffe:

$$P = \frac{1 - b}{a} \%$$

Läßt sich nach a) und b) keine einwandfreie Trennung beider Komponenten durchführen oder liegt ein Anstrich vor, bei dem das Bindemittel durch oxydative Trocknung in Lösungsmitteln unlöslich geworden ist, so führt oft eine Trennung durch Verseifung zum Ziel.

Etwa 5 g des Anstrichmittels (genau gewogen) werden in einem Kolben (Inhalt etwa 250 ml) mit 40 bis 50 ml etwa 0,5 n alkohol. Kalilauge unter häufigem Umschütteln $^1/_2$ Std. am Rückflußkühler zum Sieden erhitzt. Dann gibt man 50 ml Wasser hinzu, filtriert und wäscht einige Male mit 50%igem Alkohol nach. Aus dem Filtrat verdampft man den größten Teil des Alkohols, säuert dann mit Salzsäure an und extrahiert mit Äther. Inzwischen behandelt man den Rückstand mit ätherischer Salzsäure, filtriert und wiederholt die Behandlung noch mindestens dreimal. Die ätherischen Lösungen werden vereinigt, dreimal mit

---

[1] C. P. A. KAPPELMEIER: Farben-Ztg. **43**, 605, 643, 669, 698 (1938).

gesättigter Kochsalz-Lösung gewaschen und mit wasserfreiem Natriumsulfat getrocknet. Dann wird der Äther verdampft und der Rückstand im Vakuum vom Rest des Lösungsmittels befreit.

Da sämtliche Fettsäuren sich jetzt im freien Zustand befinden, ist es nötig, den Rückstand zur Umrechnung auf Öl mit dem Durchschnittsfaktor 1,05 zu multiplizieren. Die Pigmentmenge wird in diesen Ausnahmefällen indirekt durch Abziehen der Summe der Prozentzahlen von flüchtigem Lösungsmittel und nichtflüchtigem Bindemittel von 100 ermittelt.

Zur qualitativen und quantitativen Bestimmung der einzelnen Pigmente muß auf das Schrifttum der analytischen Chemie verwiesen werden[1].

3. Bindemittel

Bestimmung des Lackkörpers. In eine gewogene Glasschale mit flachem Boden (PETRI-Schale) vom Durchmesser etwa 6 cm wägt man durch Rückwägung 1 bis 2 g Lack ein. Nun verdünnt man durch Zugabe von (wenig) Lösungsmittel (bei Öllacken Leichtbenzin oder Äther, bei Nitrocelluloselacken Essigester, bei Kunstharzlacken Benzol oder ein der Art des Lacks angepaßtes, möglichst leichtflüchtiges Lösungsmittel). Nach guter Verteilung des Lacks durch Hin- und Herneigen der Schale stellt man diese waagerecht auf ein Wasserbad und verdampft das Lösungsmittel. Schließlich trocknet man im Trockenschrank bei etwa 80° (bei Nitrocelluloselacken bei 60°) nach. Nach dem Abkühlen im Exsiccator wägt man zurück[2].

Bei Lacken mit sehr schnell flüchtigen Lösungsmitteln, namentlich bei Nitrocelluloselacken, empfiehlt es sich, das Lösungsmittel nicht auf dem Wasserbad abzudampfen, sondern bei Zimmertemperatur verdunsten zu lassen und dann im Trockenschrank nachzutrocknen.

Fehler können dadurch entstehen, daß man die Einwaage zu groß gewählt hat, mithin ein zu dicker Film zurückbleibt, der Lösungsmittel-Reste zurückhält.

Einbrennrückstand. Zu unterscheiden vom Abdampfrückstand eines Lacks ist der Einbrennrückstand bei Lacken, die durch Anwendung von Wärme in den Filmzustand gebracht werden. Häufig spielen sich hierbei Kondensationsreaktionen ab, bei denen sich Wasser als Folge dieser Reaktion verflüchtigt[3]. Daher ist der Einbrennrückstand solcher ofentrocknenden Lacke stets niedriger als der Abdampfrückstand.

4 g Untersuchungsgut werden auf einem Blechdeckel von 8 cm Durchmesser (vorher ausglühen) schnell dünn verstrichen und eingewogen, dann im schon vorgewärmten Trockenschrank 2 Std. auf 170° C erhitzt.

$$\% \text{ Einbrennrückstand} = \frac{A \cdot 100}{E}$$

$E =$ Einwaage,
$A =$ Auswaage.

d) Öllacke

Vorbemerkung. Die klassische Öllack-Analyse, also die Analyse des vom Lösungsmittel und evtl. vom Pigment befreiten Bindemittels[4] baut auf der Methodik der Fettanalyse auf. Es handelt sich also um die Aufspaltung der Esterbindung durch Verseifen, nachfolgendes Freisetzen der verschiedenen Fettsäuren und Harzsäuren und um Wiederveresterung dieser beiden Komponenten unter Ausnutzung der verschiedenen Veresterungsgeschwindigkeiten (H. WOLFF). Da aber Phenolisierung (Methylenbrücken), Styrolisierung (Dien-Synthese),

---

[1] E. STOCK: Analyse der Körperfarben. Stuttgart: Wissenschaftl. Verlagsges. mbH. 1957.

[2] C. P. A. KAPPELMEIER: Farben-Ztg. **42**, 535 (1937).

[3] G. ZEIDLER: Laboratoriumsbuch für die Lack- und Anstrichmittel-Industrie. Düsseldorf: W. Knapp 1957.

[4] Unter „Bindemittel" versteht man im deutschen Sprachgebrauch den nichtflüchtigen Anteil an organischen Substanzen, der im Film das Pigment bindet. Im angelsächsischen Sprachgebrauch ist „vehicle" = Bindemittel + Lösungsmittel, und „non volatile vehicle" ist gleichbedeutend mit dem deutschen „Bindemittel".

Maleinisierung, Pyronisierung und Faktisierung (Schwefelbrücken) von fetten Ölen zu Öllacken („Kunstharzlacke", „vollsynthetische Lacke") neuer Prägung führen, ist das hier behandelte Analysen-Schema nur bedingt anwendbar. Seiner grundsätzlichen Bedeutung wegen wird es aber ausführlicher abgehandelt.

In großen Zügen ergeben sich folgende Arbeitsgänge:

1. Trennung des Lösungsmittels vom Lackkörper (s. S. 1614 u. 1625).

2. Prüfung der gelösten Bestandteile nach Abdunsten des Lösungsmittels. Beobachtung der Art der Verfilmung. Durch Sauerstoff-Aufnahme nimmt der Lackkörper unter Umständen an Gewicht zu. (Leicht kontrollierbar mit dem „Planwägeglas" nach HEIDBRINGK[1]).

3. Abtrennung der verseifbaren Stoffe (s. S. 1627). Oxydierte Fettsäuren lösen sich schlecht in Petroläther. Nach dem Ansäuern der Seifenlösung können daher die nicht oxydierten Fett- und Harzsäuren herausgelöst werden. Prüfung auf:

a) Fettsäuren. Anwendung der üblichen Methoden der systematischen Fettanalyse.

b) Harzsäuren. Abietinsäure kann leicht nach S. 1080 ff. nachgewiesen werden. Kopalharzsäuren lösen sich in 85%igem Alkohol schlechter als die Kolophonium-Harzsäuren. Im Gemisch mit Fettsäuren schwerere Veresterung (s. S. 1627).

c) Phthalsäure als Kaliumphthalat. Auch andere Dicarbonsäuren bilden unlösliche Kaliumsalze, wie Maleinsäure, Adipinsäure usw.

4. Prüfung der unverseifbaren Anteile:

a) Alkohole, wie Glykol, Glycerin, Pentaerythrit u. a.

b) Anteile von Kopalen, Dammar, Keton-Harzen, Phenol-Harzen, Cumaron-Harzen, Chlorkautschuk, Celluloseäthern und von Ester-Harzen.

5. Abtrennung der Sikkativmetalle, gegebenenfalls vor der Phthalsäure-Bestimmung, da diese als Hydroxyde ausfallen und dadurch stören.

Die Öllack-Analyse hat also die Zerlegung des Bindemittels zum Inhalt. Daß vorher Pigment (Öllackfarbe) und Lösungsmittel (Verdünnungsmittel) nach den bereits beschriebenen Methoden entfernt wurden, ist selbstverständlich. Das durch Extraktion (meist mit Äther, mitunter auch mit Petroläther oder Methylenchlorid) gewonnene Bindemittel ist vor Sauerstoff-Einfluß zu schützen. (Vakuum- oder mit CO_2 oder N_2 beschickter Exsiccator.)

Spezielle Hinweise. Für jede Öllack-Analyse benötigt man 3 Scheidetrichter mit *kurzem* Abflußrohr. 500 ml Scheidetrichter sollten ausreichen, damit man gezwungen ist, mit möglichst geringen Flüssigkeitsmengen zu operieren. Das häufig notwendige dreimalige Auswaschen verleitet jedoch zum Gegenteil!

Freie Fett- und Harzsäuren. 5 g Bindemittel werden in 250 ml Äther gelöst, 50 ml Alkohol sowie einige Tropfen Phenolphthalein-Lösung zugegeben und mit alkohol. KOH versetzt, bis die Lösung alkalisch wird. Nun versetzt man mit dest. Wasser und schüttelt, worauf nach der Trennung der beiden Schichten die wäßrige Schicht abgelassen und mit Äther gewaschen wird. Die ätherische Schicht muß mit Wasser ausgeschüttelt werden. Die wäßrigen Anteile werden vereinigt und die durch Ansäuern mit Salzsäure in Freiheit gesetzten Säuren in Äther aufgenommen. Das Ausschütteln mit Äther wird noch zweimal wiederholt. Die vereinigten Äther-Schichten werden mit Kochsalz-Lösung gewaschen und der Äther mit Natriumsulfat getrocknet. Nach dem Abdampfen des Äthers hinterbleiben die freien Säuren, die im Vakuum getrocknet und gewogen werden. Zweckmäßig erfolgt anschließend die Abtrennung der Trockenstoffe.

Trockenstoff-Metalle. Die nach dem Ausschütteln mit Kalilauge zurückgebliebene Äther-Lösung wird dreimal mit 4 n HCl gewaschen und dann mit Wasser bis zur neutralen Reaktion geschüttelt. Die Äther-Schicht wird weiter zur Verseifung (s. S. 1627) benötigt. Die wäßrigen Extrakte werden vereinigt, und aus dieser Lösung können nun die einzelnen Sikkativmetalle qualitativ sowie quantitativ bestimmt werden.

Da Sikkative nur in kleinen Mengen vorhanden sein können, empfiehlt es sich, zur Bestimmung der einzelnen Metalle eine größere Menge Lack zu lösen und mit 4 n Salzsäure zu extrahieren.

Abtrennung des organischen Anteiles der Sikkative. Die bei der Abtrennung der Sikkativmetalle zurückgebliebene Äther-Lösung wird mit Lauge genau wie bei der Bestimmung der freien Fettsäuren behandelt. Auf diese Weise erhält man die organischen Säuren, die als Metallsalze im Lack gebunden waren.

---

[1] Hersteller: Dr. DINKELACKER, Mainz.

Nachdem freie Säuren und Sikkative entfernt worden sind, können die in der Äther-Lösung befindlichen Stoffe verseift werden. Sie liefern die bei den angewandten Versuchsverhältnissen unlöslichen Kaliumsalze der Phthalsäure und anderer Dicarbonsäuren neben den löslichen Kaliumsalzen von Fett- und Harzsäuren.

Zu beachten ist bei dieser Methodik, daß die gewinnbaren Kaliumsalze der genannten Säuren wasserlöslich sind. Daher bringt schon die Anwendung von 96%igem Äthanol Fehlerquellen mit sich. Da die Verwendung von unvergälltem Äthanol auf zolltechnische Schwierigkeiten stößt, werden besser Methanol (wasserfrei) und Propanol benützt.

Phthalsäure und andere Dicarbonsäuren. Bei Gegenwart dieser Säuren scheiden sich deren Kaliumsalze ab. Zur möglichst weitgehenden Ausfällung versetzt man mit 30 ml Äther, filtriert durch ein quantitatives Filter ab und wäscht mit 80 ml einer Mischung aus gleichen Raumteilen absol. Alkohol und Äther nach.

An dieser Stelle scheiden sich auch Maleinsäure, Adipinsäure, Fumarsäure u. a. in Form ihrer schwerlöslichen Kaliumsalze ab. Trennung und Nachweis derselben werden nach S. 1546 durchgeführt.

Gebundene Fett- und Harzsäuren. Die Seifenlösung wird jetzt zusammen mit der Äther.-Alkohol-Mischung aus der Reinigung des Kaliumphthalats in eine kleine Porzellanschale (eventuell portionsweise) übergeführt und auf dem Wasserbad zur Trockne eingedampft. Vorteilhafter ist eine Platinschale, da das beim Eindampfen sich konzentrierende Alkali die Glasur angreift. Aus der zur Trockne eingedampften Reaktionsmischung gewinnt man dann das Unverseifbare und die Gesamt-Harzfettsäuren.

Handelt es sich um die Frage, ob bei fetten Lacken mit hohem Öl-Anteil mit Luft geblasene Öle verwendet worden sind, so empfiehlt sich bereits jetzt die Abtrennung der Oxyfettsäuren aus den Gesamtsäuren. In diesem Fall führt man die ätherische Lösung der Gesamtsäuren in einen Rundkolben über, verdampft den Äther und extrahiert die in Petroläther löslichen nichtoxydierten Fettsäuren (auch Anteile an oxydierten Harzsäuren können dabei sein!) nach der weiter unten beschriebenen Arbeitsanweisung. Meistens wird man aber vorher eine Trennung in Harz- und Fettsäuren vornehmen.

Trennung von Harz- und Fettsäuren durch partielle Veresterung mit Methanol. Man führt die Gesamtsäuren in einen kleinen Rundkolben über und verdampft im Vakuum die letzten Reste Lösungsmittel. Dann gibt man 10 ml Toluol hinzu, wodurch glatte Lösung erfolgen muß. Die Veresterung erfolgt jetzt durch Zugabe von genau 25 ml einer Lösung, die aus 1,4 ml konz. Schwefelsäure in 1000 ml Methanol besteht. Man erhitzt sofort nach Zugabe am Rückfluß genau 15 Min. zum Sieden und kühlt dann schnell durch Einstellen in kaltes Wasser ab. Dann neutralisiert man nach Zugabe einiger Tropfen Phenolphthalein-Lösung mit 2 n alkohol. Kalilauge, fügt noch 2 ml im Überschuß zu und verdünnt sofort mit dem dreifachen Volumen Wasser. Das Gemisch wird in einen Scheidetrichter übergeführt und dreimal mit Äther extrahiert. In den dreimal mit Wasser unter Zusatz von wenig Äthanol ausgewaschenen, vereinigten Äther-Extrakten befinden sich jetzt die Methylester der Fettsäuren, während die wäßrige Schicht nicht veresterte Harzsäuren enthält.

Die Veresterung der freien Fettsäuren kann auch mit p-Toluolsulfonsäure durchgeführt werden. Zur Gewinnung der Fettsäuren verseift man deren Ester, destilliert den Äther ab (geringe Reste braucht man nicht zu entfernen) und gibt etwa 25 ml einer etwa 1 n alkohol. Kalilauge hinzu. Nach etwa $^{1}/_{4}$ stdg. Kochen am Rückflußkühler und Abkühlen überführt man die Seifenlösung in einen Scheidetrichter, säuert mit Salzsäure an und extrahiert nach Zugabe von 50 bis 75 ml Kochsalz-Lösung (etwa 20%ig) dreimal mit Äther. Die vereinigten ätherischen Auszüge wäscht man dreimal mit je etwa 20 ml Kochsalz-Lösung, trocknet sie dann mit Natriumsulfat und filtriert in einen gewogenen Rundkolben. Nach Abdestillieren des Äthers trocknet man im Vakuum wie oben nach und wägt.

Man beobachtet die Beschaffenheit der so gewonnenen Fettsäuren (ob leicht- oder schwerflüssig, zäh, harzartig usw.), bestimmt den Brechungsexponenten und mit dem Rest die Säurezahl (auch die Verseifungszahl, da man unter Umständen durch Anhydrisierung zu niedrige Säurezahlen erhält!). Liegt die Säurezahl nahe 200, so kann man annehmen, daß es sich um Fettsäuren handelt. Wesentlich höhere Säurezahlen können außer durch niedrigmolekulare Säuren (z. B. synthetische Fettsäuren aus der Paraffinoxydation) auch durch *Oxysäuren* hervorgerufen werden. Über letztere gibt die Hydroxylzahl Auskunft. Man kann sie auch präparativ abscheiden. Die Identifizierung der Fett- und Harzsäuren erfolgt im übrigen nach der auf S. 1092 ausführlich beschriebenen Methode.

Dieser *Gang* einer Öllack-Analyse muß mit allen Vorbehalten, die sich aus den eingangs gebrachten Darlegungen über kombinierte Öllacke ergeben, wiedergegeben werden. Die Beobachtungsfähigkeit und die Erfahrung des Analytikers sind ausschlaggebend. Dieser wird z. B. folgende Überlegungen anstellen: Wenn nur wenige Prozente Unverseifbares gefunden wurden, so ist die Anwesenheit von Kopalen, Bernstein, Dammar, Keton-Harzen und anderen Harzen mit vorwiegend unverseifbaren Anteilen ausgeschlossen. Beträgt bei Abwesenheit von Kunstharzen die Menge des Unverseifbaren weniger als die Menge der gesamten ausgewogenen Harzsäuren, so ist die Anwesenheit von Kopalen um so wahrschein-

Tabelle 390. *Schema der Öllack-Analyse*

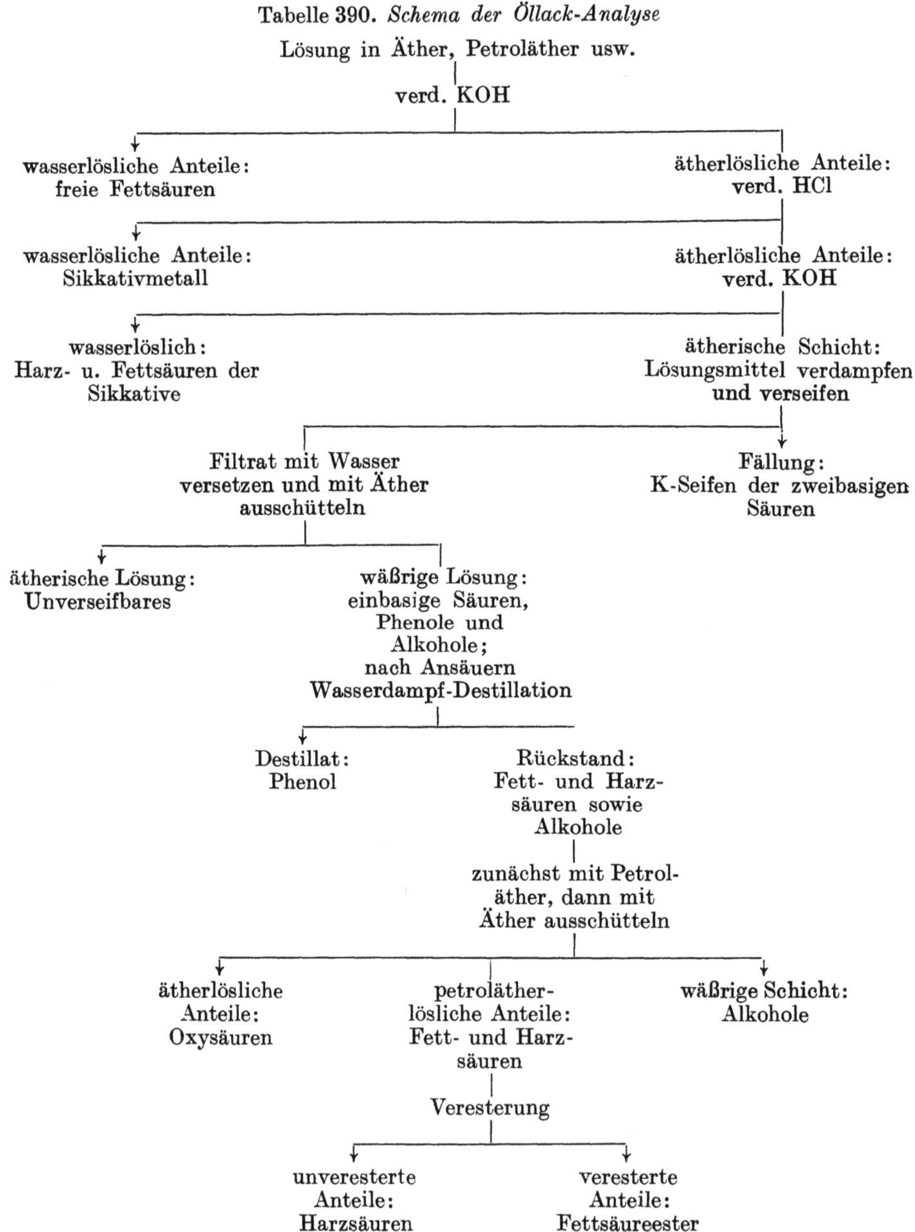

licher, je mehr sich die Menge des Unverseifbaren der der Fettsäuren nähert. Wenn — bei Abwesenheit von Kunstharzen — die Menge der Harzsäuren wesentlich kleiner als die des Unverseifbaren ist, so ist die Anwesenheit von Dammar wahrscheinlich.

Ölgehalt. Bestimmung durch die Verseifungsgeschwindigkeit nach WOLFF-ZEIDLER[1]. Bei Öllacken, die kein Alkyd-Harz enthalten, kann man den Ölgehalt annähernd durch Feststellung der Verseifungsgeschwindigkeit berechnen. Das Verfahren beruht auf der Überlegung, daß sich Fettsäureester leichter verseifen lassen als Harzsäure- und Kongokopalester. Man wählt zweckmäßig eine Verseifungsdauer von 1 Std. und eine Verseifungstemperatur von 40°. Diese Daten sind allerdings *genau* wie die nach folgenden Richtlinien herzustellenden Einwaagen und Konzentrationen einzuhalten, weil sonst die der Berechnung zugrunde liegende Verseifungskonstante nicht mehr zutrifft.

Die Einwaage ist stets so einzurichten, daß etwa 1,5 g ($\pm$ 0,1 g) an Lackkörper dem Verseifungsprozeß unterworfen werden. Um die richtige Einwaage vornehmen zu können, ist es also notwendig, durch einen Vorversuch (am besten durch Abdampfen von etwa 2 g Lack in einer PETRI-Schale auf dem Wasserbad) den Gehalt an nichtflüchtigen Bestandteilen zu ermitteln. Der für die Verseifung bestimmte Lack wird dann in 20 ml Toluol gelöst, mit 0,5 n alkohol. Kalilauge neutralisiert (daraus SZ berechnen!) und dann mit 25 ml 0,5 n alkohol. Kalilauge versetzt. Man läßt dann bei 40° ($\pm$ 1°) 1 Std. im Wasserbad stehen und titriert dann schnell mit 0,5 n Salzsäure zurück. Aus den zur Neutralisation verbrauchten ml Kalilauge und den zur Verseifung benötigten berechnet sich der Ölgehalt wie folgt:

Wenn VZp die gefundene partielle Verseifungszahl und SZ die Säurezahl des Lacks bedeutet, dann ist (unter den erwähnten Voraussetzungen)

$$\text{Ölgehalt in \%} = 0{,}54 \cdot (\text{VZp} - \text{SZ})$$

Diese Bestimmung gilt nicht für Lacke mit sehr hohen Säurezahlen und solche, die Alkyd-Harz enthalten.

Die vorstehende Tab. 390 soll verdeutlichen, wie eine Öllack-Analyse im Prinzip vor sich gehen kann.

Die in diesem Abschnitt aus der Fettanalytik entwickelte Öllack-Analyse gibt einen prinzipiellen Hinweis, wie man bei der Zerlegung von Bindemitteln, die aus dem Anstrichmittel isoliert worden sind, vorgehen kann.

6. Die Untersuchung von Faktis *

Einführung. Unter der Bezeichnung „Faktis" (Rubber substitute, Caoutchouc factice, Vulcanized oil) werden druckelastische Umsetzungsprodukte von mehrfach ungesättigten Ölen mit Schwefel oder Chlorschwefel zusammengefaßt, deren wesentliches Merkmal darin besteht, daß mit steigender Temperatur die Elastizität zunimmt. Es handelt sich hier also um ein Verhalten, das dem des vulkanisierten Kautschuks entspricht, so daß die Bezeichnung „vulkanisierte Öle" durchaus angebracht ist. Faktis findet seine Hauptanwendung in der Kautschuk-Industrie als geschätzter Verarbeitungshilfsstoff sowie in einigen anderen Industriezweigen, auf die in diesem Zusammenhang nicht näher einzugehen ist.

Grundsätzlich ist zwischen *Chlorschwefel-* und *Schwefelfaktis* zu unterscheiden. Ersterer, auf kaltem Wege hergestellt, besitzt zumeist weiße bis hellgelbe Farbe und wird durchweg in feingemahlenem Zustand in den Handel gebracht. Schwefelfaktis wird dagegen stets bei Temperaturen über 130° hergestellt und hat je nach dem Herstellungsverfahren hellgelbe, gelbe oder hellbraune bis schwarzbraune Farbe. Auch hier werden die hellen Ausführungen meist gemahlen, die braunen dagegen durchweg in groben Stücken geliefert.

---

* **Bearbeitet von Dr. H. Lohmann, Hamburg.**
[1] G. ZEIDLER: Laboratoriumsbuch für die Lack- und Antsrichmittel-Industrie. Düsseldorf: W. Knapp 1957.

Für die Verwendung in der Gummi-Industrie bestehen zwischen diesen beiden Typen grundsätzliche Unterschiede. Schwefelfaktis eignet sich sowohl für die Warmvulkanisation als auch für die Kaltvulkanisation mit Chlorschwefel. Dagegen ist Chlorschwefelfaktis im allgemeinen nur für kaltvulkanisierte Gummimischungen verwendbar. Die Warmvulkanisation, die jetzt durchweg mit Beschleunigern durchgeführt wird, verbietet im allgemeinen die Anwendung von Chlorschwefelfaktis, da dieser die Beschleuniger „vergiftet". Bei entsprechendem Mischungsaufbau ist allerdings auch Chlorschwefelfaktis für warmvulkanisierte Gebrauchsgegenstände (z. B. Radiergummi, Wringwalzen usw.) zu verwenden, während die sogenannten „beschleunigerfesten" Chlorschwefelfaktisse — durch besondere Nachbehandlung hergestellt — ohne weiteres für beschleunigerhaltige, warmvulkanisierte Mischungen einzusetzen sind.

Als Rohstoff für die Herstellung von Faktis dienten früher ausschließlich ungesättigte, verseifbare Öle. In erster Linie wurde Rüböl verwendet, da Rübölfaktisse die günstigsten Eigenschaften besitzen: helle Farbe, niedriger Aceton-Extrakt, beste Standfestigkeit usw. Daneben finden je nach den Beschaffungsmöglichkeiten auch Senf-, Soja-, Sonnenblumen-, Mohn- und Leinöl, ferner Trane, Fischöl usw. Verwendung, für Spezialzwecke auch Ricinus-öl. Alle aus diesen Ölen hergestellten Faktisse sind aber denen aus Rüböl nicht ebenbürtig, meist ist die Farbe dunkler, der Aceton-Extrakt höher, die Standfestigkeit geringer, um nur einige Abweichungen anzuführen.

Während des letzten Krieges führte der Mangel an verseifbaren Ölen dazu, auch synthetische Produkte als Faktis-Rohstoffe heranzuziehen. Vorzüglich geeignet hierfür war eine besondere Ausführung eines flüssigen Butadien-Polymerisates. Die hiermit hergestellten Schwefel- bzw. Chlorschwefelfaktisse haben sich als durchaus geeignet erwiesen, insbesondere für Buna-Vulkanisate. Chlorschwefelfaktisse auf dieser Grundlage zeigten zudem noch den Vorteil, die Beschleuniger der Gummimischungen nicht zu „vergiften".

Je nach dem Verwendungszweck des einzelnen Faktis, wie auch aus herstellungstechnischen Gründen, werden neben den bereits genannten Rohstoffen noch weitere flüssige oder feste Zusatzstoffe bei der Herstellung verwendet. So werden Chlorschwefelfaktissen stets eine gewisse Menge alkalischer Stoffe, vorzugsweise Magnesiumoxyd oder -carbonat, daneben auch Kalk oder Kreide beigemischt, um dem Faktis eine alkalische Reaktion zu verleihen und damit einer möglichen Abspaltung von Chlorwasserstoff zu begegnen. Chlorschwefelfaktisse werden also stets einen gewissen Asche-Gehalt aufweisen. Dagegen ist im Schwefelfaktis eine Verwendung derartiger Zuschläge unnötig und auch nicht üblich. Ferner können beide Faktis-Typen außerdem Mineralöle oder andere Kohlenwasserstoffe enthalten, wie Weißöle, Spindelöle, ungesättigte Mineralöl-Produkte (sogenannte „Dunkelöle"), vereinzelt auch Paraffin oder Ceresin sowie Bitumina (Erdölpeche verschiedener Art). Schließlich enthalten „beschleunigerfeste" Chlorschwefelfaktisse oft auch geringe Mengen von Vulkanisationsbeschleunigern oder andere geeignete Zuschlagstoffe.

Die *Untersuchung eines Faktis*, über die eine Reihe von Veröffentlichungen vorliegen[1], muß nach unterschiedlichen Gesichtspunkten vorgenommen werden, je nachdem, ob es sich um die Aufklärung der Zusammensetzung, also der verwendeten Rohstoffe, handelt oder um eine reine Gebrauchswert-Feststellung. Letztere hat besonders für den Gummi-Techniker Bedeutung, und seine Untersuchung wird sich vornehmlich auf Vergleichsbestimmungen zu bekannten Faktis-Typen beschränken. Wenn auch für ihn eine Anzahl der rein analytischen Bestimmungen unerläßlich sein wird, so ist eine klare Entscheidung über den Wert eines Faktis letzten Endes nur durch eine Vergleichsvulkanisation in einer geeigneten Gummimischung zu finden.

Faktis ist seiner Zusammensetzung nach ein abgewandeltes Naturprodukt; deshalb können keine eindeutigen Analysenwerte angegeben werden, und alle Bestimmungsmethoden sind in erster Linie Vergleichsprüfungen. Auch bei noch so gleichmäßiger Herstellung sind geringe Unterschiede in den Prüfungsergebnissen nicht zu vermeiden; je nach Herkunft der ungesättigten Öle und deren Bearbeitung vor der Faktis-Herstellung (Entsäuerung, Bleichung usw.) können gleichartig zusammengesetzte Faktisse abweichende Analysenzahlen ergeben, die besonders bei der Bestimmung physikalischer Konstanten (z. B. Härte,

---

[1] Siehe z. B. Deutsche Ölfabrik Dr. Grandel & Co., Hamburg:Kautschuk **7**, 48 (1931).

Aceton-Extrakt) Streuungen der Werte ergeben, die unvermeidbar sind, aber unbedenklich in Kauf genommen werden können, wenn die Abweichungen nicht zu große Beträge erreichen. Außerdem können sich durch verfahrensmäßige Unterschiede in der Faktis-Herstellung Faktis-Typen gleicher Zusammensetzung analytisch unterscheiden, ohne im Gebrauch ein wesentlich verschiedenes Verhalten zu zeigen. Endlich sind bei den verschiedenen Faktis-Interessenten oft abweichende Bestimmungsmethoden in Gebrauch, z. B. für die Bestimmung der Härte oder des freien Schwefels, die zwar jeweils einwandfreie Vergleichswerte liefern, aber durch fehlende Normung keine allgemeine Geltung haben.

Die nachstehenden Vorschriften sind in erster Linie so gehalten, daß sie ohne Aufwand besonderer Mittel durchzuführen sind. Es handelt sich dabei um die Methoden, die in der Faktis-Industrie üblich sind. Soweit verschiedene Vorschriften zur Verfügung standen, wurde die Auswahl auf Grund eigener Erfahrung nach Zweckmäßigkeit getroffen.

Liegt ein Faktis unbekannter Zusammensetzung vor, so ist zunächst die Unterscheidung zwischen Schwefel- oder Chlorschwefelfaktis zu treffen. Eine Vorprüfung nach der bekannten Kupferdraht-Probe in der entleuchteten Bunsenflamme wird die Anwesenheit von Chlor qualitativ nachweisen; auch durch Auskochen einer Faktis-Probe mit Wasser und Prüfung des salpetersauren Filtrates mit Silbernitrat ist dieser Nachweis zu erbringen. Weiter ist die Unterscheidung zwischen Faktis aus verseifbaren Ölen oder Butadien-Polymerisat zweckmäßig. Da letztere durchweg mit hohem Mineralöl-Gehalt hergestellt werden, können sie wie Kampfer angezündet werden. Faktisse aus verseifbaren Ölen verlöschen nach Entfernung der Flamme.

Die weitere Untersuchung ist von vorstehender Einreihung unabhängig. Die verschiedenen Arbeitsweisen sind für alle Typen einheitlich und unterscheiden sich nur im Ergebnis.

Es erscheint zweckmäßig, die Untersuchung von Faktis wie folgt zu unterteilen:

I. *Faktis-Eigenschaften:* Farbe, Geruch, Geschmack, Verhalten beim Erhitzen, Standfestigkeit, spez. Gewicht, Härte, Elastizität.

II. *Faktis-Zusammensetzung:* Aceton-Extrakt, freier elementarer Schwefel, wirksamer Schwefel, Gesamt-Schwefel, Gesamt-Chlor, abspaltbares Chlor, Unverseifbares, Glüh-Asche, Anilin-Asche, Verunreinigungen, Verdunstungsverluste, Säurezahl, Jodzahl.

III. *Spezielle Untersuchungsmethoden.*

a) Faktis-Eigenschaften

Die *Farbe* eines Faktis-Musters wird zweckmäßig an Hand von Vergleichsproben bestimmt. Je heller und klarer die Farbe eines Faktis ausfällt, desto wertvoller ist er für den Verbraucher. Unter den für Faktis verwendeten verseifbaren Ölen ergibt, wie bereits gesagt, Rüböl die hellsten Faktisse, wobei Unterschiede je nach der mehr oder weniger weitgetriebenen Raffination des Öles auftreten können. Sind außerdem noch andere Rohstoffe im Faktis enthalten, so haben auch diese einen wesentlichen Einfluß auf die Farbe. Hierüber gibt dann die Farbe des Aceton-Extraktes weiteren Aufschluß. Es ist zu beachten, daß die Farbe des Faktis am Licht ausbleicht, Vergleichsproben sind deshalb lichtgeschützt aufzubewahren. Da hochgeschwefelte Faktisse und solche, die mit Paraffin od. dgl. hergestellt werden, oberflächlich einen Beschlag aufweisen können, empfiehlt es sich grundsätzlich, die Farbe nur im frischzerkleinerten Zustand (z. B. Reibschale) zu vergleichen. Sehr geeignet ist auch der

Farbvergleich von Preßproben (s. S. 1637), wobei gleichzeitig Transparenz und Verunreinigungen bewertet werden können.

Der *Geruch* ist für die einzelnen Faktis-Typen charakteristisch und ist vom Rohmaterial (Rüböl, Tran, Ricinusöl, Butadien-Polymerisat), dem Herstellungsverfahren (Schwefel-, Chlorschwefelfaktis) sowie von sonstigen Zuschlagstoffen (Mineralöl, Dunkelöl) usw. abhängig. Faktis mit „Parfümgeruch" (z. B. Nitrobenzol) erweckt den Verdacht einer Geruchsüberdeckung. Geringer Schwefelwasserstoff-Geruch, besonders bei in Stücken vorliegendem Schwefelfaktis, ist unbedenklich, wenn keine größeren Blasen im Stück festgestellt werden. Er verliert sich bald, spätestens während der Vulkanisation der Kautschukmischung. Blasiger Faktis ist nur dann zu beanstanden, wenn die ganze Faktis-Masse schwammig ist, da dann durch Überhitzung eine Zersetzung unter Schwefelwasserstoff-Entwicklung eingetreten ist. In diesem Falle wird auch der Aceton-Extrakt wesentlich höher als üblich ausfallen. Diese Eigenschaften sind aber nur bei gleichzeitigem Auftreten eines starken Schwefelwasserstoff-Geruches bedenklich; fehlt dieser, so ist die schwammige Struktur auf andere Ursachen zurückzuführen, die teils durch die Herstellung bedingt, teils auch absichtlich herbeigeführt wurden.

Faktis, der für physiologisch einwandfreie Gummiwaren (z. B. Konservenringe, chirurgische Artikel) Verwendung finden soll, muß unbedingt einen einwandfreien *Geschmack* besitzen. Nur dann ist die Gewähr gegeben, daß keine Bestandteile an wäßrige Flüssigkeiten abgegeben werden können. Als Vorprobe hierfür kann man ein Stück Faktis zerkauen und den dabei im Munde auftretenden Geschmack prüfen. Besser ist die Aufbewahrung einer Faktis-Probe in einer geeigneten Flüssigkeit (Bier, Wein, Mineralwasser usw.) für längere Zeit oder Kochen in diesen Flüssigkeiten und Feststellung der gegebenenfalls auftretenden Geschmacksbeeinflussung, zweckmäßig durch mehrere Personen. Diese Prüfung ist besonders bei mineralölhaltigen Qualitäten angebracht, da ungeeignete Mineralöle oft einen typischen „Petroleum-Geschmack" hervorrufen.

Die Untersuchung von Faktis auf das *Verhalten beim Erhitzen* hat in mehrfacher Hinsicht Bedeutung. Aus der Temperatur, bei der sich die zerkleinerte Faktis-Probe zu zersetzen beginnt, können Rückschlüsse auf die Ölgrundlage gezogen werden. Für diese Prüfung wird in erster Linie der Rückstand von der Aceton-Extraktion verwendet. Wichtig ist besonders, daß sich Faktis aus verseifbaren Ölen schon unterhalb 200°, Faktis aus Butadien-Polymerisat aber erst erheblich höher zersetzt. In keinem Fall ist ein scharfer Schmelzpunkt erkennbar; festzulegen ist lediglich der Beginn der Zersetzung (s. S. 1637).

Da sowohl helle Schwefel- als auch gewisse Chlorschwefelfaktisse für die Warmvulkanisation Verwendung finden, besonders zur Herstellung weißer oder hellfarbiger Mischungen, darf sich Faktis bei Vulkanisationstemperatur, also bis etwa 145°, nicht oder nicht wesentlich verfärben. Auch wenn Chlorschwefelfaktis nur für kaltvulkanisierte Artikel verwendet werden soll, darf er bis etwa 110° keine Säuredämpfe entwickeln. (Ausführung dieser Prüfungen s. S. 1638.)

Wesentlich ist für den Gummitechniker die Feststellung der *Standfestigkeit* einer Faktis-Sorte, da in vielen Fällen, insbesondere bei Hohlartikeln (Schläuche), Faktis der Kautschuk-Mischung als „Gerüstbildner" zugesetzt wird, um dem Erweichen der Mischung vor Einsetzen der Vulkanisation begegnen zu können. Wenn auch das Aceton-Unlösliche schon als Wertmesser hierfür angesehen werden kann, so ergeben zur weiteren Prüfung die S. 1638 angegebenen Arbeitsweisen recht gute Anhaltspunkte, die die Auswahl der Sorten erleichtern.

Die Bestimmung des *spezifischen Gewichtes* von Faktis, soweit er im Stück vorliegt, kann nach bekannten Methoden durchgeführt werden, z. B. durch

Bestimmung des Auftriebes in Wasser. Man achte darauf, daß das Faktis-Stück keine Blasen einschließt. Für gemahlenen Faktis ist dagegen die später angegebene Spezialvorschrift zu empfehlen (S. 1638), die besonders auch für Chlorschwefelfaktis anwendbar ist, da das stets vorhandene anorganische Material Ungleichheiten im spezifischen Gewicht der einzelnen Faktis-Partikel bedingt und oft auch erst nach der Herstellung dem Faktis zugemischt wird. Deshalb ist auch die früher angegebene Schwebemethode in einer Kochsalz-Lösung nicht anwendbar, weil ein gleichmäßiges Schweben der gesamten Faktis-Teilchen nicht eintritt und entweder nur die (leichteren) reinen Faktis-Teilchen oder die (schwereren) aschehaltigen Teilchen erfaßt werden.

Für die Bestimmung der *Härte* von Faktis-Stücken ist eine allgemein gültige Methode noch nicht eingeführt. Die deutsche Faktis-Industrie verwendet einen SHORE-Härteprüfer üblicher Bauweise mit einer weicheren Feder und einer Kugel von 3,2 mm Durchmesser als Taster. Ein ähnliches Gerät ist in den USA für die Faktis-Härteprüfung üblich (SHORE-Durometer „0"). Es empfiehlt sich, für die Härtebestimmung die Eindrucktiefe einer 10 mm Stahlkugel nach 30 Sek. Belastung mit 500 oder 1000 g (z. B. Härteprüfer nach SCHOPPER) als Vergleichsprüfung durchzuführen, entsprechend der Bestimmung der Weichheit von Weichgummiwaren nach DIN DVM 53 503.

Zur Bestimmung der *Elastizität* der Faktis-Probe wird anschließend an die zuletzt genannte Härtebestimmung sofort entlastet und nach weiteren 30 Sek. der Rückgang, also die Verringerung der Eindrucktiefe bestimmt. Das Verhältnis der Werte: Rückgang nach Entlastung zu Eindrucktiefe nach Belastung, ausgedrückt in %, ergibt die Elastizität des Faktis.

b) Faktis-Zusammensetzung

Als wichtigste Bestimmung bei der Faktis-Untersuchung ist die Bestimmung des *Aceton-Extraktes* anzusehen (S. 1638). Diese ergibt das Verhältnis der echten, unlöslichen Faktis-Substanz zu den unpolymerisiert gebliebenen löslichen Anteilen. Sie ermöglicht somit ein eindeutiges Werturteil über die zu untersuchende Faktis-Sorte, soweit nicht andere Gründe für eine besonders weiche Faktis-Sorte sprechen, die stets einen höheren Aceton-Extrakt ergeben muß. Dieser Extrakt enthält neben den unpolymerisiert gebliebenen Anteilen der verseifbaren Öle auch das gesamte acetonlösliche Unverseifbare des Faktis, also Mineralöle, Bitumina, Paraffin usw., sowie andere, mit Aceton extrahierbare Anteile, insbesondere den ungebundenen elementaren Schwefel. Es ist unbedingt dafür Sorge zu tragen, daß das zur Anwendung kommende Aceton wasserfrei ist, anderenfalls können auch Salze (Chloride bei weißem Faktis!) in den Aceton-Extrakt übergehen und das Ergebnis verfälschen. Die Farbe des Aceton-Extraktes ist abhängig von der der Faktis-Probe sowie von den herausgelösten Zuschlagstoffen (z. B. Bitumina, Dunkelöle) und läßt Rückschlüsse auf deren Herkunft zu. Ebenfalls gibt Höhe und Konsistenz des Extraktes wichtige Hinweise: Reiner Chlorschwefelfaktis ergibt bei Rüböl nur etwa 3 bis 8% Extrakt von heller Farbe, entsprechende reine Schwefelfaktisse 10 bis 20% von brauner Farbe, in beiden Fällen von niedriger Viscosität. Bei anderen verseifbaren Ölen liegen diese durchweg höher und sind dunkler, können gegebenenfalls entsprechend den Eigenschaften des Ausgangsmaterials auch höhere Viscosität besitzen oder salbenartig erstarren. Die Höhe des Aceton-Extraktes ist abhängig von der zur Faktis-Bildung verwendeten Schwefel- bzw. Chlorschwefel-Menge, also auch von der Härte des Faktis. Sind Mineralöle oder andere Kohlenwasserstoffe im Faktis vorhanden, so erhöht sich der Aceton-Extrakt ungefähr um deren Mengen.

Paraffin, Ceresin oder Mineralöle hoher Viscosität ergeben naturgemäß mehr oder weniger feste oder viscose Extrakte. Faktisse aus Butadien-Polymerisaten enthalten stets hohe Anteile an Kohlenwasserstoffen und ergeben dadurch hohe Aceton-Extrakte, die durchweg frei sind von Anteilen des Butadien-Polymerisates. Eine wesentliche Ausnahme bilden Faktisse aus unbehandeltem Ricinusöl. Dieses ist nicht mit Mineralöl mischbar, deshalb finden sich im Aceton-Extrakt auch keine unverseifbaren Bestandteile. Der Extrakt erstarrt oft faktisartig, weil sich die niedrigpolymerisierten Faktis-Anteile im Aceton lösen.

Mit dem Aceton-Extrakt wird auch der gesamte *freie elementare Schwefel* aus dem Faktis herausgelöst, also der Schwefel, der bei der Faktis-Herstellung nicht mehr gebunden worden ist. Dieser kristallisiert nach einiger Zeit aus dem Extrakt aus und kann bestimmt werden. Die Menge dieses freien Schwefels ist im allgemeinen sehr gering (unter 0,5%) und wird nur bei überschwefelten Faktissen, die sich meist schon durch einen grauen Schwefelbelag auszeichnen, höhere Werte erreichen.

Es ist der Gummi-Industrie schon lange bekannt, daß manche Faktisse die Vulkanisation von Beschleuniger enthaltenden Kautschuk-Mischungen beeinflussen und unterstützen. Mischungen, die sehr aktive Beschleuniger enthalten, können bei Zusatz geeigneter Faktisse schon während der Verarbeitung oder bei Lagerung der unvulkanisierten, fertigen Rohmischung anvulkanisieren („anbrennen"). Ebenso ist es möglich, beim Vorhandensein geeigneter Faktisse ohne weitere Zugabe von Schwefel zur Mischung eine einwandfreie Vulkanisation zu erreichen. Andererseits kann es vorkommen, daß faktishaltige Mischungen nach erfolgter optimaler Vulkanisation doch nach einiger Zeit einen grauen Schwefelbelag zeigen, obgleich der zugesetzte Mischungsschwefel mengenmäßig durchaus richtig dosiert war.

Für alle diese Erscheinungen ist der im Faktis vorhandene elementare Schwefel nicht allein verantwortlich zu machen, da dessen Menge in keinem Falle ausreicht. Dagegen konnte nachgewiesen werden, daß auch die reine Faktis-Substanz in der Lage ist, gebundenen Schwefel für die Vulkanisation freizugeben. Die Bestimmung des im Faktis vorhandenen, für die Vulkanisation *wirksamen Schwefels*, der sich aus dem aus der Faktis-Substanz abspaltbaren und dem elementaren Schwefel zusammensetzt, hat demnach für die Belange der Gummi-Industrie eine sehr große Bedeutung.

Eingehende Vergleichsversuche zwischen Vulkanisationsreihen, die einerseits mit steigendem Mischungsschwefel, andererseits mit Faktissen gleicher Zusammensetzung, aber steigendem Faktisschwefel, durchgeführt wurden, ergaben, daß es möglich ist, schon auf diesem Wege den Anteil des wirksamen Schwefels im Faktis zu ermitteln. Geeigneter ist eine Bestimmungsmethode, die zuerst von W. BOLOTNIKOW und W. GUROWA[1] angegeben und später von E. W. OLDHAM, L. M. BAKER und M. W. CRAYTOR[2] abgewandelt wurde, um den wahren freien Schwefel in Kautschuk-Mischungen zu bestimmen (s. S. 1638 f.)[3]. Für die Anwendung dieser Methode auf Faktis mußten geringfügige Abänderungen eingeführt werden. Die erhaltenen Ergebnisse zeigen eine recht gute Übereinstimmung mit den vorstehenden Vulkanisationsreihen. Behandelt man den *gesamten* Faktis in zerkleinertem Zustand nach dieser Vorschrift mit Natriumsulfit, so wird der gesamte wirksame Schwefel des Faktis vom Sulfit als Thio-

---

[1] W. BOLOTNIKOW u. W. GUROWA: Rubber Chem. Technol. 8, 87 (1935).

[2] E. W. OLDHAM, L. M. BAKER u. M. W. CRAYTOR: Ind. Engng. Chem., analyt. Edit. 8, 41 (1935).

[3] Siehe auch H. BARRON: Chemische Technologie des Kautschuks, S. 250. Berlin: Union Dtsch. Verlagsges. 1941.

sulfat gebunden und kann in bekannter Weise mit Jodlösung titriert werden. Die erhaltenen Werte für den wirksamen Schwefel können ohne Bedenken beim Aufbau der Mischung berücksichtigt und so Übervulkanisation oder Ausschwefeln usw. des Vulkanisates vermieden werden.

Die Bestimmung des *Gesamt-Schwefels* im Faktis ist für die Ermittlung der Zusammensetzung eines Faktis eine der wichtigsten Analysenmethoden. Daneben kann auch die Kenntnis der im extrahierten Faktis oder im Aceton-Extrakt vorhandenen Schwefelmenge Bedeutung haben. Es sind hierfür verschiedene Arbeitsweisen angegeben worden, so von F. FRANK und E. MARCKWALD[1], ferner von ROTHE[2]. Außerdem ist auch die allgemeine Schwefel-Bestimmungs-methode nach W. GROTE und H. KREKELER[3] sehr gut anwendbar, stellt allerdings apparativ besondere Anforderungen.

Eine in der Faktis-Industrie übliche Bestimmungsweise, die relativ einfach durchzuführen ist, ist auf S. 1639 angegeben und führt zu einwandfreien Ergebnissen.

Die Bestimmung des *Gesamt-Chlors* im Faktis wird in ähnlicher Weise durchgeführt. Normalerweise wird im gewöhnlichen Chlorschwefelfaktis der Chlorgehalt etwa 10% über dem des Schwefels liegen. Abweichungen von dieser Regel treten dann auf, wenn der Chlorschwefelfaktis einer Nachbehandlung zur Abspaltung von Chlor unterworfen wurde oder wenn durch Behandlung geschwefelter Öle mit Chlorschwefel erzeugte Spezialfaktisse („Black snow") vorliegen.

Gewöhnlicher Chlorschwefelfaktis spaltet unter Vulkanisationsbedingungen einen Teil des gebundenen Chlors als Chlorwasserstoff ab, wodurch die bereits erwähnte „Beschleuniger-Vergiftung" verursacht wird, für die außerdem auch im Faktis vorhandene Erdalkalichloride verantwortlich zu machen sind. Die Menge des *abspaltbaren Chlorwasserstoffes* kann durch einstündiges Erhitzen einer, gegebenenfalls mit Aceton extrahierten Faktis-Probe im Einschmelzrohr unter Zugabe von Wasser auf 140° und anschließende Ermittlung des im Filtrat vorhandenen Chlorids nach bekannten Methoden bestimmt werden.

Sehr wichtig für die Beurteilung eines Faktis ist die Bestimmung der *unverseifbaren Bestandteile*, also der Anteile, die nicht an der Bildung der Gerüstsubstanz des Faktis beteiligt sind. Diese quellen in das Faktis-Gel ein und werden aus verschiedenen Gründen bei der Herstellung des Faktis mitverwendet. Hierbei können auch Kalkulationsgründe eine Rolle spielen; in den meisten Fällen werden aber durch Mitverwendung dieser Rohstoffe besondere Wirkungen erzielt, die von der Gummi-Industrie gewünscht werden. So wird durch Spindelöle, Weißöl usw. das spez. Gewicht des Faktis erniedrigt, so daß der Faktis im Wasser schwimmt. Weiter besteht die Möglichkeit, Kautschuk-Mischungen (Radiergummi!) durch die Anwesenheit von Mineralöl in Faktis für große Füllstoffmengen aufnahmefähig zu machen, ohne das Mineralöl direkt der Mischung zusetzen zu müssen. Bei Faktissen aus Butadien-Polymerisaten ist die Mitverwendung von Mineralöl aus herstellungstechnischen Gründen nicht zu umgehen; diese Faktisse werden dadurch überhaupt erst für das Einarbeiten in die Kautschuk-Mischung verwendbar. Durch den Zusatz von Erdöl-Bitumina werden Spezialfaktisse erzeugt, die in vielen Fällen schon in dieser Form als Werkstoff Verwendung finden.

---

[1] F. FRANK u. E. MARCKWALD in G. LUNGE u. E. BERL: Chemisch-technische Untersuchungsmethoden, S. 1209 u. 1220. Berlin: Springer 1923.

[2] ROTHE: Untersuchungen des Niederl. Staatl. Kautschuk-Prüfamtes, Teil V; Sonderabdruck aus Kolloidchem. Beih. **12**, 131 (1920).

[3] W. GROTE u. H. KREKELER: Angew. Chem. **46**, 106 (1933).

Die Ermittlung der unverseifbaren Anteile erfolgt direkt aus dem vorliegenden Faktis oder aus dem Aceton-Extrakt, in diesem Falle nach den üblichen Methoden. Zu beachten ist, daß bei Bitumenfaktis nicht die gesamten Anteile der Bitumina erhalten werden, da stets ein Teil im Rückstand der Verseifung bzw. des Aceton-Extraktes zurückgehalten wird. Mineralöle u. dgl. werden aber stets voll erfaßt. Ergibt die Bestimmung geringe Werte für das Unverseifbare, so können diese aus den verwendeten verseifbaren Ölen stammen, die bis zu 1,5% Unverseifbares enthalten. Faktisse aus Butadien-Polymerisat, die frei von verseifbaren Zusätzen sind, ergeben als Aceton-Extrakt bereits die Menge der zugesetzten Mineralöle. Nur wenn der Verdacht besteht, daß auch verseifbare Anteile anwesend sein können, ist der Aceton-Extrakt weiter zu untersuchen.

Gewisse fette Öle, z. B. Haitran, Spermtran, enthalten bereits im natürlichen Zustand unverseifbare Anteile (Squalen, Fettalkohole), die bei der Bestimmung des Unverseifbaren im Faktis mit erfaßt werden. Bei Verdacht des Vorliegens derartiger Öle ist das erhaltene Unverseifbare noch einer eingehenderen Prüfung, z. B. auf Schwefelgehalt oder OH-Zahl, zu unterziehen.

Ein weiteres Kriterium für die Beurteilung eines Faktis ist die Bestimmung der im Faktis enthaltenen anorganischen Zuschlagstoffe, zumeist als *Glüh-Asche*. Diese erfolgt in üblicher Weise durch vorsichtige Verbrennung einer Faktis-Probe im Porzellantiegel und nachfolgendes starkes Glühen bis zur Gewichtskonstanz. Man wird hierbei naturgemäß nicht immer die Stoffe erhalten, die tatsächlich dem Faktis zugesetzt wurden. Carbonate (Kreide, Magnesiumcarbonat) gehen in die entsprechenden Oxyde über usw. Zumeist ist die Asche durch Eisensalze, herrührend aus dem verseifbaren Öl (Seifen!) oder auch aus dem Chlorschwefel, schwachgelb gefärbt. Dies ist als unbedenklich anzusehen, dagegen empfiehlt es sich, die Asche auf gummischädliche Bestandteile (Cu, Mn) zu prüfen, besonders, wenn die Farbe der Asche abweichend ist. Schwefelfaktisse sind normalerweise aschefrei, geringe Werte, weit unter 1%, stammen aus den Rohstoffen. Dagegen sind in Chlorschwefelfaktissen stets mehr oder weniger erhebliche Aschemengen (bis zu 30%) vorhanden, die herstellungstechnisch bedingt sind oder zur Stabilisierung des Faktis dienen oder auch für die Weiterverarbeitung gewünscht werden.

Um die anorganischen Bestandteile in der im Faktis vorliegenden Form zu erhalten, wird der Faktis durch Anilin zersetzt, die ausfallenden anorganischen Bestandteile werden abgetrennt und auf ihre Zusammensetzung untersucht.

Im allgemeinen kommen als Zuschlagstoffe in Frage: Magnesiumoxyd und -carbonat, Kalk, Kreide und vereinzelt Soda. Zumeist wird ein qualitativer Nachweis genügen. Kunstradiergummi, Reinigungsgummi („soap eraser") und elastische Schleifmittel, die auf Faktis-Basis aufgebaut sind, enthalten sogar bis zu 80% mineralische Bestandteile, die neben den bereits angeführten Stoffen auch aus Schwerspat, Lithopone, Quarzmehl, Elektrokorund, Siliciumcarbid usw. bestehen können. Gegebenenfalls ist die Prüfung auch auf diese Stoffe auszudehnen.

Faktis soll grundsätzlich frei von gröberen *Verunreinigungen* sein, da sich diese bei der Verarbeitung mit Kautschuk nicht genügend zerteilen und, in erster Linie bei dünnwandigen Artikeln (Fahrradschläuchen), kleine Löcher im Vulkanisat und damit Ausschuß hervorrufen. Diese „Stippen" können auftreten durch unsachgemäße Herstellung des Faktis (Unsauberkeit, ungeeignete Rohstoffe) oder durch Sorglosigkeit bei der Lagerung und Verpackung des Faktis. Die Gefahr ist bei gemahlenen Sorten geringer, weil beim Mahlprozeß auch diese Teilchen genügend zerkleinert werden. Immerhin ist auch hier eine Prüfung angebracht, die am besten so vorgenommen wird, daß man die zerkleinerte Faktis-Probe mit Tetrachlorkohlenstoff anquillt und zwischen Glasplatten ausquetscht. Die Verunreinigungen zeigen sich dann als dunkle, ungequollene Stücke und können gegebenenfalls herausgeholt und näher untersucht werden. Auch die unten beschriebene Arbeitsweise ist anwendbar.

Obwohl Schwefelfaktisse stets bei Temperaturen über 130° hergestellt werden, ist eine Prüfung auf *Verdunstungsverluste* auch bei diesen stets angebracht. Wichtiger ist diese Prüfung bei Chlorschwefelfaktissen, auch wenn diese nur in kalt vulkanisierten Mischungen Verwendung finden sollen. Die Ursache einer Gewichtsverminderung bei höheren Temperaturen kann auf Feuchtigkeit, Gas-Einschlüsse (Chlorwasserstoff, Schwefelwasserstoff) sowie ungeeignete Mineralöle (mit zu niedrigem Flammpunkt) zurückgeführt werden und Störungen bei der Vulkanisation (Schwund, Blasenbildung im Vulkanisat) bewirken. Zweckmäßig wird diese Prüfung im Trockenschrank (1 Std./140°) durchgeführt.

Die Bestimmung der *Säurezahl* kann bei Faktis im Aceton-Extrakt durchgeführt werden. Sie läßt einen gewissen Rückschluß auf die Qualität (Raffinationsgrad) der verwendeten verseifbaren Öle zu, sollte aber nur bei gleichartigen Faktissen als Vergleichsprüfung Anwendung finden, da störende Einflüsse (Seifenbildung, Salzsäure-Abspaltung usw.) auftreten können.

Die Feststellung der *Jodzahl* ist bei Faktis ohne Bedeutung. Schwefelfaktis ergibt bei geringem Schwefelgehalt eine gegenüber dem Ausgangsöl niedrigere JZ, die mit steigendem Schwefelgehalt erheblich über die des Ausgangsöles hinausgehen kann, ohne aber unter Berücksichtigung des Schwefelgehaltes einen Rückschluß auf die JZ des Ausgangsöles zuzulassen. Chlorschwefelfaktis dagegen zeigt durchweg eine unter der des Ausgangsöles liegende JZ.

Die Anlagerung wechselnder Mengen Schwefel oder Chlorschwefel an ungesättigte Öle bei der Faktis-Bildung (wobei auch Ölmischungen vorhanden sein können) und die Unmöglichkeit, diesen Prozeß unter Wiedergewinnung des unveränderten ungesättigten Öles rückgängig machen zu können, zeigt schon die Schwierigkeiten an, die eine eindeutige Bestimmung der Ölgrundlage eines Faktis aus Analysendaten und Kennzahlen behindern. Die einzige Möglichkeit besteht darin, den zu untersuchenden Faktis mit solchen aus bekannten Ölen zu vergleichen, die nach erhaltenen Untersuchungsbefunden, in erster Linie Schwefel- und Chlorgehalt, Unverseifbares, Asche usw., aufgebaut sind. Stets wird dieses Verfahren aber nur zu einer Wahrscheinlichkeit, in den seltensten Fällen zu einer Gewißheit über die Zusammensetzung des fraglichen Faktis führen. Es werden immer noch Abweichungen in den Untersuchungsbefunden bestehenbleiben, die im Herstellungsverfahren oder in der Vorbehandlung der Rohstoffe liegen und sich jeglicher Erfassung entziehen.

c) Spezielle Untersuchungsmethoden

Farbe und Verunreinigungen. Die Methode ist nur dann anwendbar, wenn eine Vulkanisierpresse vorhanden ist, die Temperaturen von etwa 140 bis 150 °C und einen Preßdruck von etwa 20 atü erreicht.

Ausführung Zerkleinerter Faktis wird zwischen Cellophanblättern (10 × 10 cm) und in diesen zwischen die Preßplatten der Presse gebracht. Um für Vergleiche stets die gleiche Schichtdicke zu erreichen, werden außerdem zwei Blechstreifen von 0,5 mm Stärke mit eingelegt. Nach Zufahren der Presse wird Druck gegeben und 10 bis 60 Min. bei 140° geheizt. Nahezu alle Faktis-Sorten ergeben homogene Schichten, die durch die Zellophanblättchen geschützt sind und für spätere Vergleiche aufbewahrt werden können.

Zersetzungspunkt. In ein kleines Reagensglas (15 mm Durchmesser) wird gemahlener Faktis etwa 1,5 cm hoch fest eingedrückt und ein Thermometer in die Faktis-Masse eingeführt. Das Reagensglas wird in ein ebenfalls mit Thermometer versehenes Paraffinölbad o eingesetzt, daß es von allen Seiten vom Paraffinöl umspült wird. Die Erwärmung des

Bades kann zunächst bis zu einer Badtemperatur von 160° schnell erfolgen, dann wird nur so stark erhitzt, daß das äußere Thermometer dem inneren stets nur um etwa 10° voraus ist. Temperatur-Steigerung pro Minute etwa 2 bis 3°. Als Zersetzungspunkt wird am *inneren* Thermometer die Temperatur abgelesen, bei der der Faktis erweicht und durch Zersetzung zu steigen beginnt.

Verhalten bei Vulkanisationstemperatur. Gemahlener Faktis wird in ein normales Reagensrohr eingefüllt und im Trockenschrank auf Vulkanisationstemperatur (etwa 140°) 1 Std. erhitzt. Bei weißem Faktis ist außerdem ein Streifen Lackmuspapier in das Glas einzuführen und festzustellen, ob bei 110° eine Rotfärbung eintritt.

Standfestigkeit. Liegt der zu prüfende Faktis im Stück vor, so sind Würfel von etwa 15 mm Kantenlänge herauszuschneiden und diese 1 Std. auf 140° im Trockenschrank zu erwärmen. Je nach der Qualität des Faktis werden nach dieser Zeit Verformungen des Faktis-Stückes festgestellt werden können. Die ersten Anzeichen treten zumeist an den Kanten des Würfels auf, die sich zunächst abrunden. Bei weiterem Erweichen des Faktis erfolgt allmählich ein Zusammensinken des Würfels. Dieser Vergleichsversuch kann noch empfindlicher gestaltet werden, wenn der Würfel mit einem senkrecht geführten Stempel von 50 g Gesamtgewicht und einer Auflagefläche auf dem Faktis-Würfel von etwa 25 mm Durchmesser belastet wird.

Gemahlener Faktis kann auf vorstehende Weise nicht verglichen werden. In diesem Falle wird auf der Laboratoriumswalze eine Mischung aus 100 Teilen Naturkautschuk und 20 Teilen Faktis hergestellt. Man zieht aus dieser Mischung glatte Platten von etwa 1 mm Stärke. Streifen von 10 mm Breite und 100 mm Länge werden im Trockenschrank bei 110° aufgehängt und nach 15 oder 30 Min. die Längenzunahme der Proben ermittelt. Je besser die Standfestigkeit des Faktis, desto geringer ist die Längenzunahme. Auch das Verhalten von zerkleinertem Faktis beim Erhitzen (Sintern) kann zur Beurteilung der Standfestigkeit dienen[1].

Spezifisches Gewicht von gemahlenem Faktis. In einen 100 ml Meßkolben werden 5 bis 20 g feingemahlener Faktis eingewogen und der Kolben mit dest. Wasser etwa zu $^2/_3$ gefüllt. Durch Einstellen des Kolbens in einen hohen Vakuumexsiccator und vorsichtiges Evakuieren werden die dem Faktis anhaftenden Luftbläschen entfernt, gegebenenfalls ist die Zugabe eines geeigneten Netzmittels (Alkohol, Lauge) in geringster Menge von Vorteil. Sind auch bei vollem Vakuum keine Bläschen mehr erkennbar, wird der Kolben bis zur Marke aufgefüllt und gewogen. Anschließend wird in gleicher Weise das Gewicht des Kolbens mit Wasserfüllung ohne Faktis bestimmt. Sämtliche Bestimmungen sind bei 15° auszuführen.

Berechnung:

Gewicht des Faktis = Faktis-Einwaage,
Volumen des Faktis = Gewicht (Faktis) + Gewicht (Kolben + Wasser)
— Gewicht (Kolben + Wasser + Faktis).

$$\text{Spez. Gew. des Faktis} = \frac{\text{Gew. (Faktis)}}{\text{Vol. (Faktis)}}$$

Aceton-Extrakt. 5 g feingemahlener Faktis werden in eine Filterhülse (SCHLEICHER & SCHÜLL Nr. 603) eingewogen und mit einem Wattepfropfen überdeckt, um das Herausspülen von Faktis-Teilchen während der Extraktion zu verhindern. Die gefüllte Hülse wird in den Mittelteil eines SOXHLET-Apparates (etwa 36,5 × 3,8 cm) eingebracht und dieser auf den zur Hälfte mit *wasserfreiem* Aceton gefüllten gewogenen Rundkolben (250 ml) aufgesetzt. Extraktionsdauer 8 Std., hiernach Abdestillieren des Acetons mit Destillationsaufsatz, Trocknen des Rückstandes höchstens 1 Std. bei 80 bis 90° und Wägung nach dem Erkalten.

Eine anschließende Trocknung bei 140° bis zur Gewichtskonstanz kann, besonders bei mineralölhaltigen Faktis-Sorten, für die Bestimmung flüchtiger Anteile im Faktis ausgenützt werden.

Freier elementarer Schwefel. Zu dem erhaltenen Aceton-Extrakt werden 25 ml einer mit Schwefel gesättigten Mischung von Benzol/Aceton (1 : 1) so zugegeben, daß keine Benetzung des Kolbenhalses erfolgt. Der Kolben wird sofort mit einem Gummistopfen dicht verschlossen und öfters umgeschüttelt. Nach längstens 2 Std. ist in der Regel der Aceton-Extrakt gelöst, und der Schwefel hat sich in gröberen Kristallen am Boden abgesetzt. Von diesen wird vorsichtig dekantiert, der Rückstand sehr schnell mit je 2 ml Petroläther nachgewaschen, der Kolben bei 90° getrocknet und gewogen.

---

[1] F. KIRCHHOF: Kautschuk u. Gummi **3**, 92 (1950).

Wirksamer Schwefel. Etwa 1,5 g feinzerriebener Faktis werden in einem 250 ml Kolben mit 30 ml Natriumsulfit-Lösung (10%ig) unter Zugabe von 5 ml Natriumstearat-Lösung (1%ig) oder 5 ml Alkohol 2 Std. gekocht. Nach dem Abkühlen werden 10 ml Formaldehyd (40%ig) zugegeben, um überschüssiges Sulfit zu zerstören. Anschließend erfolgt Zugabe von 10 ml Strontiumchlorid-Lösung (10%ig) sowie 5 ml Cadmiumchlorid-Lösung (3%ig) zwecks Ausfällung freier Fettsäuren. Nach $^1/_2$ stdg. Stehen werden Faktis und Niederschlag durch ein Wattefilter abfiltriert, das klare Filtrat wird mit 15 ml Essigsäure (20%ig) angesäuert und nach Zusatz von Stärkelösung und Abkühlung auf 15° mit Jodlösung titriert.

$$1 \text{ ml } 0,1 \text{ n Jodlösung} = 0,003\,206 \text{ g Schwefel}$$

Gesamt-Schwefel. 0,5 bis 0,7 g Faktis werden in einem geräumigen Nickeltiegel mit etwa 15 g eines Gemisches aus gleichen Teilen Soda und Salpeter so lange mit einem kleinen Pistill verrieben, bis sich keine Faktis-Teilchen mehr erkennen lassen. Der Tiegel wird mit einem Deckel bedeckt und zunächst auf sehr kleiner Flamme $^1/_2$ Std. vorsichtig erhitzt, ohne daß der Tiegelboden zum Glühen kommt. Dann wird stärker erhitzt, bis nach einer weiteren Stunde der Inhalt des Tiegels zu einer klaren Flüssigkeit geschmolzen ist (kein Gebläse verwenden!). Tiegel und Deckel werden nach dem Erkalten in einem 400 ml Becherglas in 150 ml heißes Wasser gebracht und weiter erwärmt, bis die gesamte Schmelze gelöst ist. Tiegel und Deckel sorgfältig abspülen, Flüssigkeit unter dem Abzug sehr vorsichtig mit aufgelegtem Uhrglas mit Salzsäure ansäuern, filtrieren und Filter nachwaschen.

Im Filtrat wird in bekannter Weise der Schwefel durch Fällung mit Bariumchlorid als Sulfat bestimmt.

Gesamt-Chlor. Der Faktis wird in gleicher Weise wie bei der Bestimmung des Gesamt-Schwefels mit Soda-Salpeter (chlorid- und chloratfrei!) geschmolzen, die gelöste Schmelze aber mit Salpetersäure angesäuert und im Filtrat das Chlor in bekannter Weise durch Fällung mit Silbernitrat oder durch Titration nach VOLHARD als Chlorid bestimmt.

Unverseifbares. a) *Qualitativer Nachweis.* Etwa 0,1 g feingemahlener Faktis wird im Reagensglas mit einer Lösung von etwa 1 g Kaliumhydroxyd in 5 ml absol. Alkohol $^1/_4$ Std. unter Rückfluß gekocht, vom Rückstand abfiltriert und das Filtrat mit 5 ml heißem Wasser verdünnt. Tritt Trübung auf, so ist mit der Anwesenheit von unverseifbaren Anteilen zu rechnen.

b) *Bestimmung.* 2 g Faktis werden in einem Acetylierungskolben eingewogen und mit 15 ml einer 2 n alkohol. Kalilauge $^3/_4$ Std. über kleiner Flamme unter Rückfluß verseift. Nach Zugabe von 15 ml Wasser läßt man kurz aufkochen, überführt den Inhalt des Kolbens nach dem Erkalten in einen 500 ml Scheidetrichter und spült mit 25 ml 50%igem Alkohol nach. Man schüttelt dreimal mit je 25 ml Petroläther aus, behandelt die Petroläther-Auszüge einmal mit 25 ml 50%igem Alkohol unter Zusatz von 2 Tropfen alkohol. Kalilauge, dann zweimal mit je 25 ml 50%igem Alkohol und bestimmt in üblicher Weise nach Abdestillieren des Petroläthers die darin enthaltenen unverseifbaren Anteile. Bei aschehaltigen Faktissen sind die Petroläther-Auszüge vorher noch zu filtrieren. Die Trocknung hat bei 95° zu erfolgen, um Verdunstungsverluste aus den Mineralölen zu vermeiden.

Anorganische Bestandteile. 5 bis 10 g Faktis werden in etwa 50 g Anilin bis zur Auflösung gekocht, die unlöslichen anorganischen Bestandteile abfiltriert, mit Benzol und Äther nachgewaschen, getrocknet und gewogen.

7. Leder-Fettungsmittel *

a) Allgemeines

Wer Leder-Fettungsmittel untersuchen oder ihre Brauchbarkeit beurteilen will, muß nicht nur mit den üblichen Fett-Analysenmethoden vertraut sein. Es ist notwendig, daß er sich über den Begriff „Leder-Fettungsmittel" und ebenso über die Rolle, welche diese Fette im Leder spielen, ein richtiges Bild machen kann, daß er ferner über den technischen Vorgang der Lederfettung einigermaßen unterrichtet ist und daß er weiß, welche Fette bzw. Fettprodukte für die Lederfettung etwa in Frage kommen.

Jedes Leder erfährt im Laufe seiner Herstellung eine Behandlung mit mehr oder weniger Fett. Würde man das Leder nach der Gerbung auftrocknen, so würde es hart und blechig

---

* **Bearbeitet von Dr.-Ing. H. Gnamm, Stuttgart.**

werden, seine Narben-Oberfläche würde leicht zum Brechen und Platzen neigen. Es wäre ein dunkel gefärbtes, unansehnliches Produkt. Erst durch die der Gerbung folgende sogenannte Zurichtung erhält das Leder seine charakteristischen Eigenschaften, die man — je nach dem Verwendungszweck — von ihm erwartet. Ein besonders wichtiger Prozeß bei der Lederzurichtung ist nun eben die Fettung. Sie wird nach verschiedenen Methoden vorgenommen und bewirkt, daß das Leder zu jenem elastischen, zähen, griffigen, geschmeidigen Werkstoff wird, der dieser charakteristischen Eigenschaften wegen besonders geschätzt ist.

Die bei der Leder-Herstellung vorgenommene Fettung des Leders, zu der die verschiedensten Fettstoffe oder Fettgemische verwendet werden, beruht in einer Einlagerung der Fette in das Fasergefüge des Leders. Tierische Haut stellt ein dicht verwobenes Geflecht von Kollagen-Faserbündeln dar, die beim Gerbprozeß durch Anlagerung von Gerbstoffen ihre Eigenschaften stark verändern, so daß sie beim Auftrocknen nicht mehr hornartig verkleben und gegen Fäulnis und Wasser widerstandsfähig geworden sind. Trotzdem besteht im gegerbten, nicht gefetteten Leder noch ein erheblicher Reibungswiderstand zwischen den Lederfasern. Sie liegen trocken aneinander und sind schwer gegeneinander verschiebbar, weshalb das nicht gefettete Leder sich hart und blechig, wenig biegsam oder, wie man sagt, eben nicht „lederartig" anfühlt. Durch das Einlagern von Fettstoffen mit Hilfe eines der üblichen Fettungsprozesse erfolgt eine Art Schmierung der Lederfasern, welche beim Biegen und Dehnen des Leders den Reibungswiderstand zwischen den Fasern aufhebt und so dem Leder seine Geschmeidigkeit und Zähigkeit verleiht. Die unmittelbare Auswirkung dieser Geschmeidigkeit und Dehnbarkeit ist dann fast immer eine Erhöhung der Zerreißfestigkeit und Elastizität, die für die Brauchbarkeit vieler Leder eine unerläßliche Voraussetzung bildet. Endlich wird durch stärkere Fettung oder gar durch Imprägnierung die Wasserfestigkeit bzw. Wasser-Undurchlässigkeit mancher Leder erhöht, da durch das Ausfüllen der Faser-Zwischenräume mit Fett die capillaren Eigenschaften des Leders verändert werden und die Saugwirkung gegenüber Wasser wesentlich verringert wird. Aus diesem Grunde kann deshalb lohgares, nicht gefettetes Sohlleder auch bei noch so fester Gerbung und Zurichtung niemals wasserdicht sein, im Gegensatz zu den in den letzten Jahrzehnten hergestellten stark gefetteten Chrom-Sohlledern, die 20% und mehr an festen Fettstoffen enthalten.

Endlich erfährt die gesamte Leder-Substanz durch die Fettung eine Art Konservierung, welche ihre durch alle möglichen Faktoren bedingten stofflichen Veränderungen hemmt. Diese Schutzwirkung des Fettes auf das Leder haben besonders V. KUBELKA und Z. SCHNELLER[1] durch hydrothermische Prüfungen nachweisen können. Nicht zu den Lederfetten in dem beschriebenen Sinn gehören die Öle (meist trocknende Öle), die bei der Herstellung von Lackleder Verwendung finden. Sie sind bei den Öllacken der Hauptbestandteil oder aber dienen bei Nitrozellulose-Lederlacken als Weichmachungsmittel.

Die folgende Übersicht gibt ein Bild von den Fettmengen, die im allgemeinen den einzelnen Ledersorten einverleibt werden:

a) *Pflanzlich gegerbte Leder*

Unterleder nicht über	2,0%	Futterleder	3 bis 8%
Brandsohlleder nicht über	2,0%	Schweißleder	3 bis 8%
Fahlleder	17 bis 23%	Portfeuilleleder bis	6%
Blankleder	5 bis 12%	Spaltleder für Schaftversteifungen nicht über	10%
Riemenleder			
kalt geschmiert bis	12%	Vachettenleder	4 bis 9%
warm gefettet bis	17%	Schweinstäschnerleder	2 bis 7%
eingebrannt bis	25%	Schweinsoberleder	17 bis 23%
Geschirrleder	10 bis 25%		

b) *Chromleder*

Rindboxleder	2 bis 6%	Chrom-Riemenleder	
Boxcalf	2 bis 6%	kalt gefettet bis	12%
Chevreau und Chevrette	4 bis 8%	warm gefettet bis	17%
Chromvachetten	6 bis 13%	eingebrannt bis	25%
Chromsohlleder	20 bis 35%	Chrom-Schlagriemenleder	
Schweinsoberleder		höchstens	35%
schwach gefettet	4 bis 8%	Chrom-Handschuhleder	
stark gefettet	17 bis 23%	nicht über	10%
Schweinshandschuhleder	3 bis 8%	Chrom-Bekleidungsleder	10 bis 18%
Waterproof	17 bis 23%	Chrom-fettgares Leder	
		nicht über	35%

---

[1] V. KUBELKA u. Z. SCHNELLER: Collegium **1937**, 270.

c) *Sonstige Leder* (nicht lohgar und nicht chromgar)

Fettgare Leder höchstens 35%	Glacé-, Chair-Mockaleder nicht über 7%
Putz- und Waschleder, sämisch . . 10%	Nappaleder nicht über 7%
Bekleidungsleder, sämisch, höchstens 10%	Handschuhleder, sämisch, nicht über 10%

Wie man sieht, ist der Fettgehalt bei manchen Ledersorten beträchtlich hoch. Die besonders starke Fettung von sogenanntem fettgarem Leder ist dadurch begründet, daß diese Leder nur eine leichte Vorgerbung mit Alaun erhalten und somit die Fettstoffe einen Teil der konservierenden Wirkung auf das Hautfasergefüge übernehmen müssen.

Neben dieser während der Herstellung erfolgten Fettung des Leders gibt es aber noch eine weitere Art der Fettung des Leders während des Gebrauches durch solche *Leder-Pflegemittel*, die im Gegensatz zu den nur an der Oberfläche wirkenden Ledercremes usw. eine Tiefenwirkung besitzen. Durch den Gebrauch, besonders in der Feuchtigkeit, verlieren viele Leder von ihrem ursprünglichen Fettgehalt. Diese Verminderung des Fettgehaltes führt aber, besonders bei gleichzeitiger Einlagerung von Schmutz und Staub, zu einer Versprödung und begünstigt das Brüchigwerden des Leders. Deshalb ist ein Ersatz der ausgeschiedenen Fettstoffe durch Lederfette in Form von Leder-Pflegemitteln für viele Leder, besonders auch für viele technische Leder, unerläßlich, wenn nicht eine erhebliche Verminderung ihrer Lebensdauer eintreten soll. Es ist ohne weiteres verständlich, daß an solche als Leder-Pflegemittel verwendete Lederfette die gleichen Anforderungen gestellt werden müssen wie an die bei der Leder-Herstellung eingesetzten Fettprodukte.

Eine besondere Art von Lederfetten sind endlich jene Öle, welche eine direkte Gerbwirkung ausüben, die also Gerbstoffe in gewissem Sinne zu ersetzen vermögen, wie dies bei der sogenannten *Sämisch-Gerbung* geschieht. Hier erfolgt eine Bindung des Fettes an die Hautfaser, nicht nur eine Einlagerung. Für diese Fett- oder Sämisch-Gerbung eignen sich nur ganz wenige Öle.

Zusammenfassend läßt sich sagen, daß die Lederfette ihre wichtigste Rolle bei der Fettung des Leders während der Fabrikation spielen, daß sie weiterhin als Leder-Pflegemittel und einzelne Öle als Gerbmittel bei der Sämisch-Gerbung Verwendung finden.

b) Methoden der Lederfettung

Bei allen Methoden der Lederfettung muß erreicht werden, daß nicht nur eine bestimmte Menge Fett vom Leder aufgenommen, sondern daß dieses Fett auch möglichst gleichmäßig im Leder verteilt wird. Man kann das Leder entweder in *nassem* Zustand bei Temperaturen, die zwischen der Raumtemperatur und den Schmelzpunktstemperaturen der Fette liegen, fetten, oder aber man imprägniert das vorher auf einen möglichst geringen Wassergehalt *getrocknete* Leder, indem man es kürzere oder längere Zeit in eine auf 80 bis 90° erwärmte Fettlösung einhängt. Die erste Methode wird beim sogenannten „*Abölen*", „*Schmieren*", „*Faßschmieren*" und „*Fettlickern*", die zweite beim sogenannten „*Einbrennen*" des Leders angewandt. Die ungefähre Kenntnis dieser Prozesse ist für eine richtige technologische Beurteilung der Lederfette unerläßlich.

Dabei ist für den Nichtfachmann noch eine kurze Orientierung über die verschiedenen *Gerb-Methoden* notwendig. Man kann die tierische Haut mit pflanzlichen Gerbmitteln (Auszügen von gerbstoffhaltigen Rinden, Hölzern, Früchten) gerben. Das dabei erhaltene Leder heißt „*lohgar*". Man kann Leder auch mit Hilfe von Metallsalzen als Gerbmittel gerben. Das wichtigste der so erhaltenen „*mineralgaren*" Leder ist das „*Chromleder*". Eine geringere Rolle spielt das „*Eisenleder*". Aluminiumsalze (Alaune) finden bei der *Weißgerbung* und *Pelzgerbung* Verwendung. Die Herstellung von *Sämischleder* und *fettgarem* Leder wurde bereits erwähnt. In einigen wenigen Fällen wird Formaldehyd als Gerbstoff verwendet. Zwischen den einzelnen Gerbmethoden sind Kombinationen möglich, bei denen besonders die *synthetischen Gerbmittel* eine Rolle spielen. Von der Masse des heute hergestellten Leders sind etwa 55% lohgar gegerbt, wobei meist die synthetischen Gerbstoffe mitverwendet werden, und 40% Chromleder. Der Rest entfällt auf sonstige Gerb-Methoden. Unterleder für Schuhe, Sattler- und Täschnerleder sind vorwiegend lohgar, Oberleder hauptsächlich chromgar gegerbt. Technische Leder werden nach beiden Methoden hergestellt.

Abölen des Leders. Das lohgar gegerbte Leder wird vor dem Trocknen — also in nassem Zustand — abgeölt. Hierzu wird die Narbenseite mit einem mit Öl getränkten Lappen oder Putzwolleballen abgerieben, so daß eine leichte Fettung der Narben-Oberfläche erreicht wird. Hängt man dann die Leder zum Trocknen auf, so zieht das Fett in die Narbenschicht ein und bewirkt, daß sie auch nach dem Trocknen geschmeidig bleibt und beim Biegen nicht bricht. Außerdem verhindert die dünne Ölschicht — es werden etwa 1,5% Öl (vom Hautgewicht) aufgetragen — beim Trocknen eine Oxydation des Gerbstoffes durch den Luftsauerstoff und damit eine Dunkelfärbung der Narben-Oberfläche. Durch das Abölen wird

nur die Narbenschicht gefettet. Man verwendet vorwiegend Trane, in Einzelfällen auch
Leinöl, beide häufig vermischt mit Mineralöl.

Während des Krieges traten Fettaustauschstoffe an ihre Stelle. Sie kommen auch heute
noch zur Verwendung (s. S. 1665). Zur Erzielung einer besonders hellen Leder-Oberfläche
werden mitunter Bleichöle empfohlen. Da sie sehr sauer eingestellt sind, ist bei ihrer Verwendung Vorsicht geboten.

Schmieren des Leders. Das Schmieren des Leders kann entweder auf der Tafel durch
Auftragen des Fettgemisches mit der Hand oder im Fettfaß erfolgen. Beim Tafelschmieren
wird die nasse Haut auf der Stoßtafel ausgebreitet und das Fett mit einem Lappen oder
mit einer Bürste auf der Fleischseite aufgetragen. Beim Faßschmieren kommen die feuchten
Leder zusammen mit den Fettstoffen in ein rotierendes Faß, das durch die hohle Achse mit
Warmluft geheizt werden kann. Während man beim Schmieren des Leders auf der Tafel
Fettgemische verwenden muß, die bei gewöhnlicher Temperatur dickflüssig sind, gestattet
das Faßschmieren die Verwendung von Fetten mit höherem Schmelzpunkt. Die auf der
Tafel gefetteten Leder werden anschließend in warmen Trockenräumen aufgehängt, deren
Temperatur so gehalten wird, daß das aufgetragene Fett zwar weich bleibt, aber nicht ab-
tropft. Während das Wasser aus dem Leder über die Narbenseite verdunstet, wird gleichzeitig durch die damit verbundene Saugwirkung das Fett in das Leder eingezogen, so daß es
während des Auftrocknens alle Schichten des Leders durchdringt.

Beim Fetten des Leders im Faß wird durch die mechanische Bewegung schon im Faß
das Leder durch und durch gefettet. Die Verteilung des Fettes ist eine gleichmäßigere
als beim Schmieren auf der Tafel. Auch die im Faß gefetteten Leder werden anschließend
in warmen Räumen zum Trocknen aufgehängt. Der Vorteil des Faßschmierens besteht
unter anderem darin, daß man dabei Fette ins Leder einbringen kann, die bei gewöhnlicher
Temperatur fest sind.

Von größter Bedeutung für ein richtiges, d. h. gleichmäßiges Schmieren des Leders
sowohl auf der Tafel wie im Faß, ist der richtige Feuchtigkeitsgehalt des Leders vor dem
Fettungsprozeß. Ist er zu hoch, so bleibt das Fett auf der Oberfläche sitzen, ist er zu gering,
d. h. ist das Leder zu trocken, so schlägt das Fett rasch und ungleichmäßig durch das Leder
durch, und es entstehen Fettflecken.

Zum Schmieren werden sogenannte Lederschmieren angesetzt, die aus Talg, Pferdekammfett, Tran, Degras, Wollfett und Mineralöl bestehen können. Beim Schmieren im
Faß kann man auch Stearin und Paraffin mitverwenden. Während des Krieges wurden für
das Schmieren Fettaustauschstoffe benützt. Die Fettindustrie bietet dem Gerber außerdem
heute eine ganze Reihe von Fettprodukten mit Phantasienamen an, die für die Lederschmieren empfohlen werden. Teilweise werden beim Ansetzen der Lederschmieren auch
Seife oder Alkoholsulfate mitverwendet, die das Eindringen des Fettes ins Leder beschleunigen.

Fettlickern. Unter Fettlickern versteht man die Behandlung des Leders mit wäßrigen
Öl- und Fettemulsionen. Auch dieser Fettungsprozeß wird im Faß durchgeführt, wobei das
Leder aus der wäßrigen Fettbrühe (engl. „fat liquor") das für die Zurichtung erforderliche
Fett aufnimmt. Fast alle leichteren Leder, wie Chrom-Oberleder, Möbel- und Autovachetten-
leder, Portefeuilleleder, Bekleidungsleder und viele kombiniert gegerbten Leder werden durch
Lickern gefettet. Für die Herstellung der Lickerbrühen gibt es viele Möglichkeiten. Früher
wurden natürlich Öle mit Seife emulgiert, später waren Türkischrot-Öl oder sulfatiertes Klauenöl die wichtigsten Lickeröle, ihnen folgten die sulfatierten Trane, und heute gibt es unzählige
nach den verschiedensten Methoden hergestellte wasserlösliche Öle, die unter Phantasienamen
der Leder-Industrie angeboten werden. Als Emulgierungsmittel für nichtwasserlösliche Öle
wurden ursprünglich Seife und Eigelb verwendet, zu denen dann später außer den erwähnten sulfatierten Ölen auch sulfatierte Alkohole kamen, mit denen sich besonders beständige
Emulsionen herstellen lassen. Seifen-Emulsionen, die nur im alkalischen Gebiet beständig
sind, verändern die Farbe des lohgaren Leders. Schon aus diesem Grund bedeutete die Herstellung sulfatierter Öle einen großen Fortschritt für den Lickerprozeß. Beim Lickern
werden die Leder mit 100 bis 200% Wasser, in dem die berechnete Menge Fett emulgiert ist,
bei 35 bis 45° im Faß etwa 45 Min. bewegt. Das Fett wird durch die hohle Achse in das
laufende Faß gegeben. Das verwendete Wasser darf keine Härte besitzen (Kondenswasser).
In neuerer Zeit sind auch kalkbeständige Öle auf den Markt gebracht worden, die gegen
hartes Wasser unempfindlich sind. Das Leder muß vor dem Lickern durch Auswaschen mit
Wasser von überflüssigen Gerbstoffen, das Chromleder durch Neutralisieren von Säuren
befreit sein, da sonst ein gleichmäßiges Eindringen des Fettes in das Leder erschwert wird.

Einbrennen. Beim Einbrennen oder Imprägnieren wird das vorher durch Trocknen so
weit wie möglich von Feuchtigkeit befreite Leder in flüssiges Fett von Temperaturen zwi-

schen 80 und 90° eingetaucht. Dabei entweicht die von den Lederfasern eingeschlossene Luft (kleine aufsteigende Bläschen), und gleichzeitig wird das Leder durch und durch mit Fett getränkt. Je nach der Einwirkungsdauer können auf diese Weise dem Leder bis zu 40% Fett einverleibt werden, das hierdurch weitgehend wasserdicht wird. Lohgares Leder sollte bei nicht mehr als 85° eingebrannt werden, Chromleder vertragen Temperaturen bis 100°. Auch durch Auftragen des heißen Fettes mit Pinseln auf das trockene Leder kann ein Einbrenn-Effekt erzielt werden; jedoch sind hierbei die Fettmengen, die dem Leder einverleibt werden können, nicht so groß wie beim Tauchverfahren. Nach dem Einbrennen läßt man die Leder noch eine Zeitlang in warmen Räumen hängen, bis alles noch an der Oberfläche sitzende Fett ins Leder eingezogen ist. Die Leder haben dann meist eine tiefdunkle, schwarzbraune Farbe angenommen. Zur Wiederherstellung der natürlichen Lederfarbe läßt man die eingebrannten Leder 24 Std. in Wasser liegen. Sie nehmen dabei eine bestimmte Menge Wasser auf und werden dadurch wieder geschmeidig. Die Oberfläche wird sodann mit einer schwachen Sodalösung ausgebürstet, wobei das Fett aus den Außenschichten entfernt (verseift) wird. Leder, die nur mit unverseifbaren Stoffen eingebrannt worden sind, lassen sich deshalb nur schwer von Oberflächenfett befreien. Anschließend bürstet man mit einer schwachen (1%igen) Säurelösung zur Neutralisierung der überschüssigen Soda nach, spült mit Wasser ab und hängt die Leder, die nunmehr wieder ihre helle Naturfarbe haben, zum Trocknen auf.

Durch *Einbrennen* gefettet bzw. imprägniert werden Treibriemenleder und andere technische Leder, die starkem Verschleiß ausgesetzt sind, Chrom-Sohlleder, bestimmte Geschirrleder u. a. Als Einbrennfette kommen meist Fette und Fettprodukte zur Verwendung mit Schmelzpunkten zwischen 42 und 62°, so z. B. Paraffin, Stearin, Ceresin, Montanwachs, gehärtete Trane und in manchen Fällen auch Harze als Zusatz. In neuerer Zeit sind auch synthetische Wachse zum Einbrennen mitverwendet worden. Meist werden bestimmte Gemische der genannten Produkte hergestellt.

c) Übersicht über die als „Leder-Fettungsmittel" verwendeten Fette und fettartigen Produkte

Die Bezeichnung „Leder-Fettungsmittel" bedarf einer Erläuterung. Zum Fetten des Leders werden keineswegs nur Stoffe verwendet, die unter den streng abgegrenzten Begriff „Fette und fette Öle" fallen und chemisch als Fettsäure-glyceride gekennzeichnet und daher verseifbar sind. Zu den in der Leder-Industrie verwendeten „Fettstoffen" gehören außerdem Umwandlungsprodukte der Fette, und zwar *sulfatierte, sulfonierte, oxydierte, gehärtete* Öle, ferner von den Spaltprodukten die *Seifen* und *Stearin*, von den *Erdölprodukten* (oft als „mineralische Fettstoffe" bezeichnet) Mineralöle und Paraffin, von den *Erdwachsen* das Ozokerit bzw. das Ceresin. Außerdem aber hat unter den Lederfetten jene Gruppe von Fettstoffen eine erhebliche Bedeutung erlangt, deren Zusammensetzung nur teilweise oder gar nicht bekannt ist und die unter Deck- und Phantasienamen der Leder-Industrie als Lederöle und Lederfette mit besonderen Eigenschaften oder für Spezialzwecke angeboten werden. Eine neue Gruppe von Lederfetten sind die bereits erwähnten *synthetischen Fettaustauschstoffe*, die während des letzten Krieges infolge Fettmangels von der chemischen Industrie entwickelt worden sind (s. S. 1665). Auch *Wachse* und *Harze* finden beim Fetten, Imprägnieren und Zurichten des Leders noch als Zusatzstoffe Verwendung. Eine besondere Stellung nehmen die bei der *Fettgerbung* (Sämisch-Gerbung) verwendeten Öle ein. Zu den Lederfetten müssen endlich auch alle Produkte gerechnet werden, welche als die schon erwähnten *Leder-Pflegemittel* mit Tiefenwirkung im Gebrauch sind, und durch deren Verwendung die aus dem Leder abgewanderten Fettstoffe wieder ersetzt werden.

Alle diese Stoffe werden unter der Bezeichnung Leder-Fettungsmittel zusammengefaßt. Für eine analytische und technologische Bewertung ist deshalb eine systematische Einteilung aller dieser Fette, Fettprodukte und fettähnlicher Stoffe notwendig.

d) Die Untersuchung und Beurteilung der Lederfette[1]

Eine Untersuchung und Beurteilung von „Lederfetten" kann sich, wie aus Tab. 391 zu ersehen, auf sehr zahlreiche und ihrer chemischen Natur nach recht verschiedenartige Produkte erstrecken. Dabei sind es nicht in erster Linie die fettanalytischen Daten, die, soweit sie überhaupt bestimmbar sind, den

Tabelle 391. *Übersicht über die als „Leder-Fettungsmittel" verwendeten Fette, Öle, Fettprodukte und fettähnliche Stoffe*

1. *Feste Lederfette:* Rindertalg, Hirschtalg, Pferdetalg, Japantalg, gehärtete Trane, Stearin, Paraffin, Vaselin, Ceresin, Wollfett.
2. *Flüssige Lederfette (Öle):*
   a) wasserunlöslich: Seetieröle, Klauenöl, Leinöl, Degras, Mineralöle (seltener: Maisöl, Rüböl).
   b) wasserlöslich: Sulfatierte und sulfonierte Öle verschiedener Art (insbesondere sulfatierte Trane, Türkischrot-Öl und sulfatiertes Klauenöl), Eigelb.
3. *Lederfette mit Phantasienamen,* deren chemische Zusammensetzung nur teilweise oder überhaupt nicht bekannt ist.
4. *Fettersatz-Produkte* (Synthetische Fettaustauschstoffe der chemischen Industrie).
5. *Hilfs- und Zusatzstoffe für die Lederfettung:* Natürliche Wachse, synthetische Wachsprodukte, Seifen, Harze, Fettalkoholsulfate.
6. *Öle für die Fettgerbung:* Trane, synthetische Produkte wie Immergan.
7. *Leder-Pflegemittel:* Ledercreme, fetthaltige Leder-Pflegemittel, Treibriemen-Pflegemittel, Imprägnierungsmittel zum Wasserdichtmachen.

Gerber interessieren. Er legt bei der Bewertung eines Lederfettes besonderen Wert auf die ledertechnischen Eigenschaften, die das Fett oder Öl beim Fettungsprozeß aufweisen soll, sowie auf die spezifische Fettwirkung, die für die Erzielung besonderer Leder-Eigenschaften erwünscht ist (Fettungsvermögen, gleichmäßige Fettaufnahme durch das Leder, gutes Eindringungsvermögen, weich- und griffigmachende Wirkung, Vermeiden von Fettausschlägen, Verträglichkeit mit Leder-Farbstoffen u. ä.). Die kurz als „Analyse der Lederfette" bezeichnete Untersuchung wird deshalb stets auch diesem Gesichtspunkt Rechnung tragen müssen, wenn sie für den Gerber einen praktischen Wert besitzen sollen. Es ist klar, daß von einer „Fettanalyse" nicht ohne weiteres Aufschluß über die obigen gerberei-technologischen Eigenschaften eines Fettes erwartet werden kann. Es wird aber dabei verständlich, warum im Abschnitt a) für die Untersuchung von Lederfetten hinweisende ledertechnische Kenntnisse als Voraussetzung bezeichnet sind.

Für die Untersuchung von Lederfetten, wie sie nicht nur vom Gerbereichemiker der Praxis, sondern auch von öffentlichen Chemikern oder Untersuchungsanstalten gefordert werden kann, kommen folgende Erwägungen und Gesichtspunkte in Frage: Das Lederfett kann einmal auf seine *Reinheit* geprüft werden, sofern es sich seiner Zusammensetzung nach um ein einheitliches Produkt handelt und es als solches bekannt ist (Talg, Tran, Mineralöl, Türkischrot-Öl, Eigelb usw.). Man wird hierzu die bekannten bzw. anerkannten Methoden der Analysen für Fette und Öle, für Kohlenwasserstoffe, für Seifen, Wachse, Türkischrot-Öle usw. heranziehen und durch die Bestimmung von Einzelkomponenten, wie Fettsäuren, Unverseifbares, Wasser u. dgl. ein Bild vom Reinheitsgrad des Produktes zu gewinnen suchen.

Es ist ferner möglich, die Art und in manchen Fällen auch die Menge von zugesetzten *Streckungsmitteln* und *Verunreinigungen* zu ermitteln. Dies wird durch Bestimmung von Kennzahlen, Aschegehalt, Schmutzstoffen sowie durch charakteristische Einzelreaktionen möglich sein. So lassen sich Lederfette,

---

[1] Vgl. auch H. HERFELD: Die Qualitätsbeurteilung von Leder, Lederaustauschwerkstoffen und Lederbehandlungsmitteln. Berlin: Akademie-Verlag 1950.

die angeblich ein einheitliches Produkt darstellen sollen, auf diese Weise mitunter als Gemische von Komponenten identifizieren, die einzeln keineswegs immer als geringwertig anzusehen sind, die aber eben in einem als ein bestimmtes Lederfett bezeichneten Produkt nicht enthalten sein dürfen.

Ein schwieriger Punkt ist die *Beurteilung* des zur Untersuchung vorliegenden Produktes *als Lederfett*, weil hierzu, wie im ersten Teil kurz aufzuzeigen versucht worden ist, technologische Kenntnisse auf dem Gebiet der Lederfettung erforderlich sind. Dieser Gesichtspunkt wird in der Besprechung der Untersuchung der einzelnen Lederfette soweit als möglich berücksichtigt werden. Hier sei für das Verständnis der Bedeutung und Schwierigkeit dieser technologischen Bewertung das Beispiel des Tranes angeführt. Tran wird für verschiedene Zwecke verwendet (z. B. Margarine-Herstellung, Seifen-Fabrikation, Lederfettung usw.). Irgendein Tran von bestimmter Zusammensetzung und bekannten chemischen Kennzahlen, der für die Seifen-Herstellung brauchbar ist, kann trotzdem als Lederfett z. B. wegen einer hohen SZ, mehr oder weniger beanstandet werden. Ein anderes Tran-Produkt, das z. B. 10 % Mineralöl enthält, wird für die Seifen-Fabrikation abgelehnt werden, ist aber als Lederfett noch durchaus brauchbar (wenn der kaufmännische Gesichtspunkt, daß der Mineralöl-Zusatz vom Verkäufer etwa verschwiegen worden ist, außer Betracht bleibt). Andererseits kann bei einem Tran ein hoher Gehalt an unverseifbaren Stoffen die Geeignetheit als Lederfett dann in Frage stellen, wenn diese Stoffe aus dem Tran selbst stammen und sich als feste Bestandteile absetzen, wenn also dieser Gehalt an Unverseifbarem nicht auf Mineralöl-Zusatz zurückzuführen ist. Besonders schwierig, weil keineswegs sicher geklärt, ist die Bewertung der JZ eines Tranes als charakteristisches Merkmal eines Lederfettes. Sie kann für die Identifizierung gewisser Tran-Sorten gute Dienste leisten und auch für den Reinheitsgrad Hinweise geben. Bei der Frage der Eignung als Lederfett aber ist die Entscheidung sehr vom Verwendungszweck des Lederfettes abhängig. Dabei darf nicht vergessen werden, daß die Ansichten auch von Fachleuten mitunter keineswegs übereinstimmen. Es wäre falsch zu verschweigen, daß es solche Bereiche der Unsicherheit bei der technologischen Beurteilung der Lederfette gibt.

Dieses Beispiel des Tranes zeigt, daß man bei der Untersuchung von Lederfetten mit den üblichen Analysenmethoden allein schwer zu Ergebnissen gelangt, mit denen die gerberische Praxis etwas anfangen kann, sondern das notwendigerweise eine technologische Bewertung, die *nur zum Teil* auf Grund der chemischen Untersuchung möglich ist, hinzukommen muß. Das Problem birgt aber noch eine weitere Schwierigkeit, weil es möglich ist, daß selbst innerhalb der Leder-Fabrikation ein und derselbe Tran in einem Fall als direktes Fettungsmittel, z. B. wegen sehr hohem Gehalt an natürlichen unverseifbaren Stoffen, abzulehnen ist und trotzdem noch als sulfatierter Tran ein brauchbares Lickeröl darstellen kann. Wenn weiterhin daran gedacht werden muß, daß die Verträglichkeit mancher Lederfette dem pflanzlich gegerbten Leder gegenüber eine ganz andere ist als gegenüber Chromleder, daß die Anwesenheit freier Fettsäuren in Ledern, die mit Metallen in Berührung kommen, zu Lederschädigungen führen kann, daß feste Fettsäuren dabei sich anders verhalten als ungesättigte (flüssige) Fettsäuren, daß die Eigenschaften bestimmter Fette, die in Naturledern sich nicht bemerkbar machen, bei Farbledern unter Umständen den Färbprozeß stören können, so mag diese Fülle von Faktoren, welche bei dem Lederfetten eine Rolle spielen, den der Leder-Technologie etwas ferner stehenden Analytiker bzw. Gutachter vielleicht etwas verwirren. Sie soll jedoch zeigen, daß man die Frage, ob ein Lederfett brauchbar ist oder nicht, allgemein nicht befriedigend beantworten kann, sondern daß dies nur unter Berücksichtigung des Verwendungszweckes des betreffenden Fettes oder Fettproduktes möglich ist.

Noch unbefriedigender aber sind die rein fettanalytischen Methoden gegenüber Lederfetten mit unbekannter Zusammensetzung, die unter Decknamen angeboten werden, und deren Brauchbarkeit als Leder-Fettungsmittel für diesen oder jenen Zweck geprüft werden soll. Hier gibt fast immer nur der praktische Fettungsversuch eine brauchbare Auskunft. Solche Versuche sind aber meist nur im Betrieb, höchstens in Speziallaboratorien möglich. Weiteres hierüber siehe im Abschnitt über die Untersuchung von Lederfetten mit unbekannter Zusammensetzung.

In noch höherem Maße gilt dies von den neuen synthetischen Lederfetten (Fettaustauschstoffen), die chemisch mit den eigentlichen Fetten nichts mehr zu tun haben und bei deren Untersuchung die üblichen Fett-Analysenmethoden deshalb versagen. Die Beurteilung solcher Produkte muß nach ganz anderen Gesichtspunkten erfolgen. STATHER und HERFELD[1] haben in ihren Veröffentlichungen „Über neuere Produkte für die Lederfettung" (I—IV) Richtlinien aufgezeigt, nach denen eine Begutachtung solcher Lederfette möglich ist. (Siehe auch die Abschnitte S. 1666.)

Es sind mit Absicht die Schwierigkeiten deutlich hervorgehoben worden, die bei der Untersuchung und Bewertung von Lederfetten einem verantwortungsbewußten Analytiker oder Gutachter bekannt sein müssen. Die Erfahrung hat gezeigt, daß mitunter Lederfette, welche der Leder-Industrie angeboten werden, Beurteilungen erfahren, bei denen man sich fragt, ob man über die Leichtfertigkeit des Verkäufers oder über die Gutgläubigkeit des Abnehmers mehr staunen soll. Andererseits muß gerade im Hinblick auf solche Fehlurteile, die naturgemäß in Zeiten des Fettmangels besonders häufig auftreten, darauf hingewiesen werden, daß es mit Hilfe der vorhandenen analytischen Methoden und mit einigen gerberei-technologischen Kenntnissen durchaus möglich ist, den Gebrauchswert der Lederfette — die im Abschnitt c) erwähnten vielleicht teilweise ausgenommenen — mit weitgehender Sicherheit festzustellen und zu kennzeichnen.

a) Feste Lederfette

1. Talge

Rindertalg wird in großem Ausmaß zum Fetten des Leders verwendet, in geringerem Umfang Hammel- und Hirschtalg. Die in der Leder-Industrie verwendbaren Rindertalg-Sorten brauchen keineswegs die Reinheit der als Speisetalg in den Handel kommenden Marken zu haben. Die üblichen Kennzahlen geben über den Reinheitsgrad hinreichend Auskunft.

Für die Beurteilung als Lederfett ist für den Gerber wichtig:

> der Wassergehalt,
> die Säurezahl,
> die Menge des Unverseifbaren und
> der Nachweis von Verfälschungen und Verunreinigungen.

Der **Wassergehalt,** der nach einer der üblichen Methoden (s. S. 471 ff.) bestimmt wird, spielt nur aus Preisgründen eine Rolle. Die *Säurezahl* ist für den Gerber von großer Bedeutung, da sie den Gehalt an freien Fettsäuren anzeigt. Dieser Gehalt an freien Fettsäuren ist bei den einzelnen Handelssorten sehr

---

[1] F. STATHER u. H. HERFELD: Collegium **1942**, 81, 121, 313; **1943**, 176.

verschieden und kann bis zu 25% betragen. Dabei entspricht eine Säurezahl-Einheit etwa 0,45% Palmitinsäure oder 0,5% Ölsäure. Frische Talg-Sorten haben Säurezahlen unter 5. Talg-Sorten mit Säurezahlen über 10 sind für die Fettung von Ledern, die später mit Metallteilen (besonders Kupfer, Messing, Nickel) in Berührung kommen, nicht geeignet[1].

Schmelzpunkt. Guter Gerbertalg soll einen Schmelzpunkt von 40 bis 42° besitzen. Die Bestimmung des sogenannten Talg-Titers, d. h. des Erstarrungspunktes der Fettsäuren, ist in der Leder-Industrie nicht üblich. Je niedriger der Schmelzpunkt des Talges, um so höher ist sein Gehalt an flüssigen Fettsäuren, die für Lederfette nicht erwünscht sind.

Verfälschungen und Verunreinigungen. Auch der als Lederfett verwendete Talg soll möglichst eine gelbe bis weiße Farbe haben. Dunkle Verfärbungen können, müssen aber nicht in Verunreinigungen begründet sein.

Eine einfache Prüfung auf wasserlösliche Verunreinigungen besteht im Ausschütteln von 50 bis 100 g Talg mit heißem Wasser und der Untersuchung der wäßrigen Schicht. Diese Lösung kann unter Umständen auch Schwefelsäure, von der Raffination herrührend, enthalten, die den Talg für die Lederfettung unbrauchbar macht.

Zum Nachweis *wasserunlöslicher Nichtfettstoffe* extrahiert man 20 g Talg mit Chloroform und filtriert durch ein vorher getrocknetes und gewogenes Filter. Man wäscht den Rückstand, der Hautbestandteile, Pflanzenteile und Schmutz enthalten kann, mit Chloroform gut aus, trocknet bei 100° und wägt. Tritt beim Befeuchten des Rückstandes mit Jodlösung Blaufärbung auf, so sind stärkehaltige Substanzen (Stärkemehl, Mehl, Kartoffelmehl) vorhanden.

Verunreinigungen durch Kreide, Ton u. dgl. können in der Asche des Rückstandes nachgewiesen werden. Auch geringe Mengen von Eisen-Verbindungen machen den Talg für Gerberzwecke unbrauchbar. In manchen ausländischen Talg-Sorten ist Kalk festgestellt worden, der offenbar zur Erhöhung des Schmelzpunktes zugesetzt wurde. Auch Beschwerung mit Kochsalz kommt vor.

Als *Verfälschungsmittel* fettartiger Natur werden Paraffin, Hammeltalg, Baumwollstearin, Wollschweißfett, Pferdekammfett und Trane genannt.

Der Nachweis von Paraffin ist an Hand der VZ und der JZ möglich, der von Baumwollstearin durch die Cottonöl-Probe (s. S. 1183 f) und von Wollschweißfett — wenn er gewünscht wird — durch die Cholesterin-Probe (s. S. 1682). Ein Paraffin-Gehalt ist stets zu beanstanden. Trane verraten sich beim Kochen einer Talgprobe mit Kochsalz-Lösung durch den typischen Trangeruch. Eine u. U. vorkommende Verfälschung mit Pferdekammfett ist kaum nachweisbar, braucht aber vom Standpunkt des Gerbers aus nicht unbedingt beanstandet zu werden. Es setzt den Schmelzpunkt etwas herab. .

Talgsorten aus Mittel- und Nordeuropa sowie aus Nordamerika waren bisher selten verfälscht (siehe aber die obige Angabe). Südamerikanische Sorten können Verfälschungen aufweisen, australische Sorten sind meist geringwertig. Chinesischer Talg bestand früher aus 80% Rinder- und 20% Hammeltalg. Dalmatinischer Talg ist fast stets mit Ziegen- und Hammelfett verschnitten, die beide aber kaum nachweisbar sind. In neuester Zeit sind amerikanische Rindertalge mit auffallenden niedrigen Schmelzpunkten und fettig-schmierigem Aussehen im Handel erschienen, bei denen Zusätze von Schweinefett vermutet werden konnten. Ein sicherer Nachweis mit einfachen analytischen Methoden ist kaum möglich.

Japantalg. Dieses wachsartige Pflanzenfett (aus den Früchten von *Myrica japanensis*) stammend, ist vereinzelt in der Leder-Industrie für besondere Zwecke

---

[1] Siehe hier auch die Untersuchungen von V. KUBELKA, V. NĚMEC u. S. ŽURAVLEV sowie von F. STATHER u. R. LAUFFMANN: Collegium **1935**, 533, 541.

als Fettungs- und Imprägnierungsmittel verwendet worden (z. B. für ein lange Zeit in Skandinavien hergestelltes, wasserdichtes, als „Bärenleder" bezeichnetes Chrom-Sohlleder). Ein guter, für solche Zwecke brauchbarer Japantalg soll eine VZ von etwa 215, eine JZ unter 3 und einen Schmelzpunkt von etwa 42° aufweisen.

2. Gehärtete Trane

Dem Rindertalg in seinen Eigenschaften sehr ähnlich sind die gehärteten Trane, die unter den Bezeichnungen Talgole, Candelite, Krutolin, Nofalit (norwegisches Produkt) in neuerer Zeit auch als *Pellastol C und T* im Handel erschienen sind und als Lederfette Verwendung gefunden haben. Wie die folgende Zusammenstellung zeigt, unterscheiden sich die Kennzahlen gehärteter Trane von denen des Talges praktisch nicht.

Tabelle 392

	Talg	Talgol	Talgol extra	Candelite	Pellastol C u. T
Verseifungszahl . .	190—200	192	192	192—195	185—190
Jodzahl	32—47	65—70	45—55	20—30	18—35
Unverseifbares . . .	1%	1%	1%	1%	2—2,5%
Schmelzpunkt °C . .	40—42	35—40	42—45	42—48	40—52

Wenn die Untersuchung gehärteter Trane diese Übereinstimmung der Kennzahlen mit denen des Talges bestätigt, (wobei allerdings der Schmelzpunkt nicht unter 40° liegen sollte) ist das untersuchte Produkt als Lederfett zum Ersatz von Talg geeignet. Die geringen in gehärteten Tranen vorkommenden Nickelmengen stören nicht. Dagegen ist Eisenfreiheit zu verlangen.

Soll von unbekannten Produkten festgestellt werden, ob sie ganz oder teilweise aus gehärteten Fetten bestehen, so ist die Isoölsäure-Probe (s. S. 455 ff.) bzw. Nickel-Probe (s. S. 445) durchzuführen. Außerdem sei auf die zollamtlichen Vorschriften für die Prüfung gehärteter fetter Öle und Trane (Anleitung für die Zollabfertigung III. Teil, S. 106, 1939) hingewiesen.

3. Stearin

Stearin wird in der Leder-Industrie zur Herstellung von Fettgemischen mit hohem Schmelzpunkt benützt, wie sie S. 1642 erwähnt worden sind (Faßfetten und Einbrennen von technischen Ledern und Chromsohlleder). Das verwendete Stearin ist meist sogenannte „Destillat-Ware", ein destilliertes und gepreßtes Gemisch von Palmitin- und Stearinsäure mit geringen Mengen Ölsäure. Eine kurze Zusammenfassung über neuere Methoden zur Fabrikation von Stearin gibt G. B. Martinenghi.[1]

Der **Schmelzpunkt** des als Lederfett verwendeten Stearins soll bei 50 bis 52° liegen. Besondere doppelt gepreßte Stearinsorten, die deshalb auch teurer sind, weisen Schmpp. bis 56° auf. Früher wurden in der Leder-Industrie auch Stearin-Sorten mit Schmpp. von etwa 42° verwendet. Sie enthielten beträchtliche Mengen Ölsäure.

Die **Farbe** soll weißlichgelb sein. Das Aussehen des Stearins besagt allerdings noch nicht viel über seine Qualität, da die Farbe vielfach durch Zusatz von Methylviolett verbessert sein kann. Wie alle Lederfette muß auch Stearin *eisenfrei* sein, um für das Fetten von Leder verwendet werden zu können.

Zur Prüfung der Abwesenheit von Eisen kocht man wenige Gramm Stearin mit etwas dest. Wasser, das mit eisenfreier Salzsäure angesäuert ist, filtriert das Wasser ab und prüft mit einem der üblichen Reagentien auf Eisen. Die Probe ist für jedes in der Leder-Industrie verwendete Fett brauchbar.

[1] G. B. Martinenghi: Seifen-Industrie-Kalender, S. 81. Berlin-Bielefeld: Delius, Klasing & Co. 1958.

Verfälschungen mit Paraffin sind möglich, weshalb stets die Bestimmung der unverseifbaren Bestandteile empfehlenswert ist. Ein Gehalt von 1 bis 2% unverseifbarer Anteile, die bei der Destillation durch Überhitzen entstanden sein können, sind nicht als Verfälschung aufzufassen. Verdünnt man eine mit starkem Alkali verseifte Stearin-Probe mit viel Wasser, so scheiden sich etwa vorhandene *größere* Mengen Paraffin oder Ceresin fein verteilt aus. Derartige Proben sind zu beanstanden.

Hat man ein unbekanntes festes Lederfettungs- oder Einbrennmittel zu prüfen, in dem man Stearin und daneben Paraffin vermutet, so kann Tab. 393 zur allgemeinen Orientierung gute Dienste leisten.

Tabelle 393. *Schmelzpunkte von Stearin 58° mit weichem und hartem Paraffin*

Mischungsverhältnisse		Schmelzpunkt der Mischung	
		Bei einem Paraffin-Schmelzpunkt	
Paraffin %	Stearin %	von 40° C	von 62° C
100	0	40,0	62
90	10	39,4	61,4
80	20	40,9	60,2
70	30	44,7	59,4
60	40	47,5	58,4
50	50	49,8	56,2
40	60	52,0	53,9
30	70	53,6	54,0
20	80	54,6	55,7
10	90	55,6	57,1
0	100	58,0	58,0

Die schädliche Wirkung, die Fettsäuren bei Berührung mit Metallen auf Leder ausüben können, wurde bereits erwähnt. Gutes Stearin oder mit ihm hergestellte Fettgemische geben der Rückseite (Fleischseite) des lohgaren Leders eine schöne helle Farbe. Auch die Farbe vom Chromleder (z. B. Chrom-Riemenleder) wird durch die Fettung mit Stearin stark aufgehellt.

4. Paraffin, Vaselin, Ceresin

Kohlenwasserstoffe finden im großen Umfang als Lederfette Verwendung, und zwar in gleicher Weise wie Stearin zur Herstellung von Fettgemischen, die bei gewöhnlicher Temperatur halbfest oder fest sind.

Paraffin. In den Jahren nach dem Kriegsende wurden der Leder-Industrie unter den Bezeichnungen Paraffin, Paraffinmasse, Rohparaffin u. dgl. Produkte angeboten, die von völlig unbrauchbaren schwarz gefärbten Schmieren sich bis zu einigermaßen an normale Paraffin-Sorten erinnernde festere Ware erstreckten. Der allgemeine Fettmangel hat manchen Gerber dazu gezwungen, diese Produkte, die er früher ohne weiteres abgelehnt hätte, zur Fettung des Leders mitzuverwenden, woraus ihm viel Schwierigkeiten und Ärger entstanden sind.

Das zur Lederfettung verwendete Paraffin soll eine nahezu weiße Farbe haben. Je nach der Sorte liegt der Schmp. bei 42° oder bei 51 bis 54°. Die härtere Ware wird am meisten verwendet. Sie weist einen kristallenen Bruch auf, soll nahezu geruchlos sein und beim Klopfen einen klingenden Ton geben. Die Differenz zwischen Beginn und Endpunkt des Schmelzens im Schmelzröhrchen soll 4° nicht übersteigen. Neuerdings werden Paraffin-Sorten mit Schmelzpunkten bis 95° hergestellt.

Die Bestimmung des Erstarrungspunktes im Schmelzrohr liefert schärfer begrenzte Werte. Im Paraffin-Handel ist vielfach die sogenannte *Halle*sche

Methode zur Ermittlung des Erstarrungspunktes im Gebrauch, bei der zolltechnischen Prüfung von Paraffin-Produkten ist sie vorgeschrieben.

In einem kleinen Becherglas, etwa 7 cm hoch, 4 cm Durchmesser, wird Wasser auf etwa 70° erwärmt. Auf das Wasser wird ein so großes Stück Paraffin geworfen, daß es geschmolzen ein rundes Auge von höchstens 6 mm Durchmesser bildet. Sobald dieses flüssig ist, taucht man in das Wasser ein Normal-Thermometer so tief ein, daß das Quecksilbergefäß ganz von Wasser bedeckt ist. In dem Augenblick, in dem sich in dem Paraffinauge ein Häutchen bildet, liest man den Erstarrungspunkt ab. Das Becherglas muß während des Versuches durch Glastafeln vor Zugluft geschützt werden. Auch darf der Hauch des Mundes beim Beobachten der Skala das Paraffin nicht treffen[1].

Außer den genannten Prüfungen ist bei Paraffin als Lederfett höchstens noch die Bestimmung mechanischer Verunreinigungen von Bedeutung. Hierzu löst man 5 bis 10 g Paraffin in 150 ml Tetrachlorkohlenstoff, läßt die Lösung über Nacht stehen und filtriert sie durch ein bei 105° vorgetrocknetes, gewogenes Filter. Die Menge der auf dem Filter verbleibenden Stoffe wird als Verunreinigung angesehen und bestimmt.

In neuerer Zeit werden zur Herstellung hochschmelzender Einbrenn-Fettgemische auch Paraffine mit Schmelzpunkten von über 90° verwendet, die beim FISCHER-TROPSCH-Prozeß gewonnen werden. Auch das aus Nordamerika stammende sogenannte Microcristallin-Wachs ist ein bei etwa 86° schmelzendes Gemisch von Paraffin-Kohlenwasserstoffen, das für hochschmelzende Lederfett-Kompositionen Verwendung findet (s. Wachse, S. 1667).

Die Unterschiede zwischen Erdöl- und Braunkohlen-Paraffin spielen bei der Verwendung als Lederfette keine Rolle.

Vaselin findet zur Herstellung von Fettschmieren Verwendung. Das gute Vaselin soll farblos und nicht durchscheinend sein. Geringere technische Sorten, die zur Herstellung von Lederfett-Gemischen aber durchaus geeignet sein können, sind gelblich und bräunlich gefärbt. Dunkelbraune Ware ist weniger geeignet. Das sogenannte „*künstliche Vaselin*" ist ein Gemisch von Paraffinöl und Ceresin oder Paraffin. Es unterscheidet sich vom natürlichen Vaselin dadurch, daß es beim Erwärmen plötzlich aus der breiigen in die flüssige Form übergeht, während Naturvaselin sich beim Schmelzen mehr wie ein tierisches Fett verhält. Deshalb sind die beiden Sorten als Lederfett auch nicht gleichwertig.

Bei dem zeitweise auftretenden Mangel an Vaselin ist ein Verschnitt mit billigen oder minderwertigen tierischen Fetten denkbar. Sie würden durch die Verseifungszahl nachgewiesen werden können.

Vaselin als Lederfett muß säure- und eisenfrei sein[2].

Ceresin. Ceresin wird sehr häufig als Lederfett zum Einbrennen solcher Leder verwendet, die eine hohe Wasserfestigkeit haben sollen. Es unterscheidet sich vom Paraffin durch seine Zähigkeit bei höherem Schmelzpunkt.

Unter Ceresin versteht man, streng genommen, das Raffinationsprodukt des in Galizien gewonnenen Erdwachses Ozokerit, dessen Schmelzpunkte je nach Sorte zwischen 66 und 75° liegen. Der Schmelzpunkt des Raffinats, des Ceresins, liegt meist noch etwa 2° höher.

Da infolge seines hohen Preises Ceresin nicht selten mit dem wesentlich billigeren Paraffin verfälscht wird, ist eine der wichtigsten Prüfungsmethoden der Nachweis von etwa beigemischtem Paraffin. Daneben hat die Bestimmung des Schmelzpunktes Bedeutung, einmal, weil der Gerber den Härtungswert des verwendeten Ceresins für seine Fettgemische kennen muß (die meist zusammen mit Paraffin und Stearin angesetzt werden), und zweitens, weil der Schmelzpunkt bereits einen ungefähren Anhalt für den Reinheitsgrad des Ceresins gibt, wie die Tab. 394 zeigt. Leider sind mitunter sogenannte Handelsceresine auf dem Markt erschienen, die überhaupt kein Ozokerit enthielten.

Der direkte Nachweis von Paraffin in Ceresin ist nicht einfach. Die üblichen Methoden sind umstritten. Hier sei folgendes Verfahren[3] angegeben:

Etwa 1 g des mit Schwefelsäure gereinigten Ceresins wird unter schwachem Erwärmen in 50 ml Chloroform gelöst. Zu der abgekühlten Lösung fügt man 18 ml absol. Alkohol.

---

[1] Anleitung für die Zollabfertigung Teil III, S. 127, 1930.

[2] Für genauere Vaselin-Prüfungen sei auf K. H. SCHÜNEMANN in C. ZERBE: Mineralöle und verwandte Produkte, S. 400. Berlin-Göttingen-Heidelberg: Springer 1952, verwiesen.

[3] Siehe hierzu: K. H. SCHÜNEMANN in C. ZERBE: Mineralöle und verwandte Produkte, S. 1238. Berlin-Göttingen-Heidelberg: Springer 1952.

Das Ceresin scheidet sich amorph aus und wird abgesaugt. Zum Filtrat gibt man 40 ml absol. Alkohol, hält die Temperatur auf 20° und saugt den erneut entstehenden Niederschlag ab, dessen kristallinisches Aussehen Paraffin verrät.

Tabelle 394. *Schmelz- und Erstarrungspunkte von Ceresin-Paraffin-Gemischen*

Ceresin %	Paraffin %	Schmelzpunkt °C	Erstarrungspunkt °C
100	—	70 —75	69,5
95	5	69 —73	68,5
90	10	68 —72	66,5
80	20	66 —71,5	65,0
70	30	64,5—70	63,0
60	40	62 —66	62,0
50	50	58,5—67	60,0
40	60	56,5—65	59,0
30	70	54,5—62	57,0
20	80	52,5—58,5	54,0
10	90	49,5—54,5	49,0
—	100	47 —52	47,0

Einen Hinweis auf die Beimischung von Paraffin kann schon die Schnittfläche geben. Sie ist um so glatter, je mehr Paraffin im Ceresin enthalten ist. Reines Ceresin bleibt beim Schneiden am Messer hängen. Es muß sich außerdem ohne Zerbröckeln kneten lassen. Bei Ceresinen mit sehr hohen Schmelzpunkten (über 75°), wie sie neuerdings vereinzelt angeboten werden, besteht der Verdacht eines härtenden Zusatzes. Da in den letzten Jahren synthetische Wachse mit Schmelzpunkten bis zu 100° hergestellt worden sind, könnte dabei an die Beimischung solcher Produkte gedacht werden, sofern sie preislich für den Hersteller tragbar wären. Ein Nachweis solcher Zusätze ist für den Gerber zwar sehr erwünscht, jedoch mit den üblichen analytischen Methoden kaum möglich. Ein schädigender Einfluß auf das Leder, zu dessen Imprägnierung solche Gemische verwendet werden, besteht nicht.

Manche Handelsceresine sind mit *Farbstoffen* gefärbt. Sie lassen sich meist mit Alkohol aus einer geschmolzenen Probe ausschütteln. Kolophonium-Zusätze, die auch den Gerber interessieren, können durch erschöpfende Extraktion mit 70%igem Alkohol ausgezogen und nachgewiesen werden (STORCH-MORAWSKIsche Reaktion).

5. Wollfett

Das zu den Wachsen zählende Wollfett (vgl. S. 1676 ff.) wird zur Herstellung von Lederschmieren für die Tafel- und Faßschmierung der Leder verwendet. Das rohe Wollfett ist dunkel gefärbt und besitzt einen unangenehmen Geruch. Das gereinigte Wollfett ist hellgelb und durchscheinend. Es löst sich in Chloroform, Äther und Äthylacetat. Wollfett besitzt die wichtige Eigenschaft, unter Bildung haltbarer Emulsionen beträchtliche Mengen Wasser aufzunehmen. Deshalb findet es auch zur Herstellung von künstlichem Degras (s. S. 1656) Verwendung.

Die als Lederfett verwendeten Wollfett-Sorten zeigen verschiedene Reinheitsgrade. Meist gibt die Farbe schon einen Hinweis. Je dunkler das Wollfett, um so unreiner ist es. Auch die Menge des Unverseifbaren (38 bis 43%) kann für den Reinheitsgrad als Anhalt dienen. Die Verseifungszahl soll etwa um 100 liegen.

Wollfett-Stearin (bei der Wasserdampf-Destillation des Wollfettes über 310° übergehende Anteile, die nach dem Erkalten abgepreßt worden sind) hat ebenfalls schon als Leder-Fettungsmittel Verwendung gefunden. Das technisch reine Produkt soll eine JZ von 47 bis 56 und 32 bis 42% unverseifbare Stoffe aufweisen. Es ist eine dunkelgelbe Masse, die zwischen 45 und 50° schmilzt.

Ein sicherer *Nachweis von Wollfett* besteht in der Abscheidung der hochschmelzenden Lanocerinsäure, die von LIFSCHÜTZ[1] beschrieben worden ist. Über den Nachweis von Wollfett in Degras s. S. 1657.

---

[1] Vgl. G. STALMANN in C. ZERBE: Mineralöle und verwandte Produkte, S. 1338. Berlin-Göttingen-Heidelberg: Springer 1952.

β) Flüssige Lederfette (Lederöle)

1. Wasserunlösliche Öle (Natürliche Öle)

I. Seetieröle (Trane)

Von allen Lederfetten sind in normalen Zeiten wohl die Trane die wichtigsten und besten. Trane sind, mit oder ohne Mineralöl-Zusatz, die geeignetsten Öle zum Abölen des Leders vor dem Trocknen, sie bilden die beste Grundlage für Lederschmieren, sie sind der wichtigste Bestandteil des als „Degras" bezeichneten Lederfettes (s. S. 1656), sie werden in sulfatierter Form als wasserlösliches Lickeröl verwendet, und sie dienen endlich bei der Sämisch-Gerbung als Gerbstoff. In vielen Lederölen mit Phantasienamen und unbekannter Zusammensetzung sind Trane enthalten.

In der Leder-Industrie wurden in den Zeiten mit unbehinderten Ankaufsmöglichkeiten hauptsächlich Lebertrane, seltener Robbentrane, Waltrane und Sardinentrane verwendet. Sie wurden auch ausdrücklich als solche bezeichnet. Trane mit der Bezeichnung „Gerbertran" u. dgl. sind von vornherein als unsichere Produkte anzusehen. Zum mindesten ist ein Mißtrauen gegen derartige Produkte berechtigt, weil nicht einzusehen ist, warum ein Produkt, das aus reinem Dorschlebertran, Robbentran oder sonst einem einheitlichen Tran besteht, nicht als solcher gekennzeichnet und zum Verkauf angeboten wird. In Zeiten der Tran-Knappheit sind naturgemäß alle möglichen Tran-Sorten mit oft völlig unbekannter Herkunft angeboten worden.

Die allgemeinen Kennzeichen für die als Lederfett gut verwendbaren Trane sind Klarheit (nicht dasselbe wie helle Farbe!), geringe Satzbildung beim Stehen, möglichst niedrige SZ, Gehalt an unverseifbaren Stoffen nicht über 2%, kein unangenehmer Fäulnis- oder Zersetzungsgeruch. Über die JZ und ihre Bewertung bei Tranen, die für die Lederfettung verwendet werden, sind die Ansichten nicht einheitlich (siehe die späteren Ausführungen). Bei den Untersuchungen von Tranen für die Leder-Industrie handelt es sich neben den oben erwähnten Gesichtspunkten auch um die Feststellung, inwieweit die einzelnen Produkte gewissen anerkannten oder vereinbarten Gütegraden entsprechen.

Dorschlebertran. Die Dorschlebertrane, auch kurz Dorschtrane genannt, sind ohne Zweifel für den Gerber die wertvollsten Trane. Die Kennzahlen des reinen Dorschlebertrans stehen in verhältnismäßig engen Grenzen fest, so daß durch die Kennzahlen-Bestimmung der Reinheitsgrad der technischen Dorschtrane weitgehend ermittelt werden kann.

Bei den als Lederfett verwendeten Dorschtranen unterscheidet man ganz allgemein *hellblanke, braunblanke* und *braune Trane.* Die hellblanken Trane gelten als die besten.

Das Unverseifbare soll bei Hellblank-Tran nicht über 2,5%, bei braunblanken Tranen nicht über 5% betragen. Braune Dorschtrane, die sehr häufig trüb sind, enthalten mitunter weit größere Mengen an unverseifbaren Stoffen.

Die SZZ der technischen Dorschtrane schwanken und sind von der Art der Herstellung abhängig. Als Lederfett verwendbare Dorschtrane sollen möglichst geringe Säurezahlen aufweisen. Reiner Dorschlebertran enthält höchstens 1,5% freie Fettsäure (SZ 2 bis 3). Bei braunblanken und braunen Dorschtranen sind die SZZ häufig wesentlich höher, da diese Trane mitunter 20% und mehr freie Fettsäuren enthalten. Für manche Leder sind solche Trane abzulehnen.

Von den für Reinheitsprüfungen vorgeschlagenen *Farbreaktionen* ist allenfalls die folgende brauchbar:

Schüttelt man eine Probe mit $^1/_{10}$ ihres Volumens Salpeter-Schwefelsäure (1:1), so entsteht bei reinem Dorschlebertran erst eine feurige Rotfärbung, die rasch in Citronengelb übergeht.

Der sichere Nachweis fremder Lebertrane im Dorschlebertran ist nicht möglich. Verschnitt mit Mineralöl erhöht das Unverseifbare erheblich. Wenn auch ein mäßiger Mineralöl-Zusatz die Eigenschaft des Dorschlebertrans als Lederfett nicht sehr beeinträchtigt, so will der Gerber doch aus preislichen Gründen über solche Zusätze unterrichtet sein. Nach R. H. COMMON[1] soll die Anwesenheit von Mineralöl in Dorschlebertran sich durch eine typische hellblaue Fluorescenz unter der Quecksilber-Quarz-Lampe nachweisen lassen.

---

[1] R. H. COMMON: Analyst **62**, 784 (1937).

Braunblanke und braune Dorschtrane, die als Lederfette Verwendung finden, sollten stets auf Satzbildung bei längerem Stehen und zwar sowohl bei gewöhnlicher Temperatur wie bei mäßiger Abkühlung geprüft werden. Solche Trane 'enthalten mitunter beträchtliche Mengen an sogenanntem „Fischstearin", das sich beim Abkühlen in festen Flocken absetzt. Derartige Dorschtrane können z. B. die gleichmäßige Färbbarkeit von lohgaren Ledern beeinträchtigen. Solche Ausscheidungen können außerdem aus Seifen bestehen, die sich bilden, wenn Trane mit hoher SZ, also mit viel freien Fettsäuren, mit Alkali behandelt worden sind.

Auch der Geruch der Dorschlebertrane ist für ihre Verwendung als Lederfett keineswegs gleichgültig. Trane, die einen scharfen, unangenehmen Geruch aufweisen, übertragen diesen auf das Leder. Dieser Geruch kann bei Chromleder besonders unangenehm wirken.

Die JZ und ebenso die RhZ der Dorschtrane haben für die Bewertung als Lederfett nur insoweit Bedeutung, als sie mit zur Reinheitsprüfung herangezogen werden können. Die JZ selbst ist kein Ausdruck für Unterschiede in den typischen Lederfett-Eigenschaften. Auch sind die Unterschiede, die in JZ und RhZ zwischen Medizinal-, hellblankem, braunblankem und braunem Dorschlebertran bestehen, nur sehr gering, wie Untersuchungen von H. P. KAUFMANN[1] und Mitarbeitern gezeigt haben. Es wurden bei Dorschlebertranen des Handels folgende Werte gefunden:

Tran-Art	JZ	RhZ
Medizinal-Lebertran I.	160,5	102,5
Medizinal-Lebertran II	156,0	100,0
Hellblanker Dorschlebertran . . .	153,0	98,5
Braunblanker Dorschlebertran . .	153,0	98,0
Brauner Dorschlebertran	149,0	101,0

Die Qualitätsunterschiede, die für die einzelnen Tran-Typen in bezug auf ihre Verwendbarkeit als Lederfette gelten, kommen also weder in der JZ noch in der RhZ deutlich zum Ausdruck.

Die Gesichtspunkte für die Untersuchung und Bewertung von Dorschlebertran als Lederfett gelten ganz allgemein auch für die übrigen Trane, die zum Fetten des Leders verwendet werden sollen. Diese Trane sind deshalb im folgenden nur ganz kurz behandelt.

Haifischlebertran. In den Nachkriegsjahren ist der Leder-Industrie vielfach Haifischlebertran angeboten worden. Er ist an seinem sehr hohen Gehalt an Unverseifbarem (bis zu 40%) zu erkennen.

Die Unterscheidung zwischen einem mit Mineralöl vermischten Dorschlebertran und einem Haifischlebertran mit hohem Gehalt an Unverseifbarem ist schwierig. Sie ist unter anderem durch die Polybromid-Probe möglich, da die Fettsäuren des Haifischleberöles nur 12 bis 15% eines unlöslichen Bromids liefern, während Dorschlebertran etwa 30% gibt.

Robbentran. Der aus dem Speck der Seehunde gewonnene Robbentran ist der Leder-Industrie häufig angeboten worden. Der frühere sogenannte „Grönländer Dreikronentran" war ein Gemisch verschiedener Tran-Sorten, enthielt aber hauptsächlich Robbentran.

Guter Robbentran ist als Lederfett durchaus verwendbar. Er ist meist von sehr heller Farbe, seine VZ ist wenig höher, seine JZ etwas niedriger als die der Dorschtrane, der Gehalt an Unv. soll 1,5% nicht übersteigen. Für die SZ gilt das gleiche wie für Dorschtran (s. S. 1652).

Waltrane. Obwohl Waltrane zweifellos für die Fettung des Leders geeignet sind — jedenfalls weit besser als manches fragwürdige Fett-Ersatzprodukt während der Kriegszeit —, wurden sie früher doch verhältnismäßig wenig als Lederfett verwendet, da ihnen fast immer die Dorschlebertrane vorgezogen wurden. Sehr wahrscheinlich finden sie aber in vielen Lederölen mit Phantasienamen Verwendung.

---

[1] H. P. KAUFMANN: Studien auf dem Fettgebiet, S. 145. Berlin: Verlag Chemie 1935.

Die Kennzahlen guter Waltrane weichen von denen der Dorschlebertrane nur wenig ab, mit Ausnahme der JZ, die etwa bei 115 liegt. Der Gehalt an freien Fettsäuren ist bei neuzeitlich hergestellten Waltranen auch nach längerem Lagern sehr gering (meist unter 1 %), das Unv. soll 2,0 % nicht übersteigen.

Für die Untersuchung und Bewertung der Waltrane als Lederfette gelten die gleichen Gesichtspunkte wie für Dorschlebertrane. Wichtig ist noch die von der *Deutschen Gesellschaft für Fettforschung* im Jahre 1937 zusammen mit dem norwegischen Normenausschuß vorgeschlagene Klassifizierung für die Waltran-Bewertung, die auch vom Gesichtspunkt der Verwendung als Lederfette Bedeutung hat[1]:

Walöl Nr. 1: höchstens 1% freie Fettsäuren, nicht mehr als 0,5% Wasser und Schmutz, Unverseifbares nicht über 1,5%.

Walöl Nr. 2: höchstens 3,5% freie Fettsäuren, nicht mehr als 0,5% Wasser und Schmutz, Unverseifbares nicht über 1,75%.

Walöl Nr. 3: höchstens 15% freie Fettsäuren, nicht mehr als 1,5% Wasser und Schmutz, Unverseifbares nicht über 2%.

Die VZ soll bei allen drei Typen zwischen 185 und 205 liegen.

Gegen die Verwendung von Walöl Nr. 3 als Lederfett müssen wegen des hohen Gehaltes an freien Fettsäuren Bedenken erhoben werden.

Auf eine von E. R. BOLTON und K. A. WILLIAMS[2] vorgeschlagene Methode zum Nachweis von Mineralöl in Waltran sei hier nur kurz hingewiesen (vgl. auch S. 940).

Sardinentran (Japantran). Von den aus ganzen Fischen gewonnenen Fischölen (Fischtranen) wird der Sardinentran am häufigsten der Leder-Industrie angeboten. Seine Kennzahlen von reinen Produkten unterscheiden sich nur sehr wenig von denen des Dorschlebertrans, trotzdem ist er als Lederfett diesem nicht gleichzusetzen.

Die Sardinentrane können in Farbe sowie SZ und JZ große Schwankungen aufweisen, je nach dem bei der Herstellung verwendeten Fischmaterial. Alte Sardinentrane enthalten beträchtliche Mengen natürlicher Oxydationsprodukte[3], die bei der Analyse daran erkannt werden können, daß sie sich bei der Aufnahme der freien Fettsäuren in Petroläther in Form schwarzbrauner, zäher Flocken an der Wand des Scheidetrichters absetzen. Die Auswirkung größerer Mengen derartiger Oxydationsprodukte im Leder ist unsicher. Man verwendet deshalb alte Sardinentrane besser nicht als Lederfett. Daß SZZ von 30 und mehr für Sardinentrane, die zum Fetten des Leders verwendet werden sollen, unerwünscht sind, ist bereits früher erwähnt worden. Das Unv. von brauchbaren Sardinentranen soll unter 1% liegen. Er soll Eiweiß-Substanzen nicht in nennenswerten Mengen enthalten.

Daß in der gegenwärtigen Zeit außer den genannten Tran-Sorten noch andere Trane der Leder-Industrie als Fettungsmittel angeboten werden oder in unbekannten Lederölen enthalten sind, ist wahrscheinlich. Der Herkunftsnachweis ist meist unmöglich. Es ist lediglich eine Untersuchung nach den beschriebenen Gesichtspunkten möglich. Sehr viele solcher Trane eignen sich zweifellos als Lederfettungsmittel oder Grundlagen für Lederöle recht gut, wenn sie einigermaßen den beschriebenen Bedingungen entsprechen.

Es wird oft die Frage gestellt, ob dieser oder jener Tran, der als Lederfett verwendet wird, zu der als *„Ausharzen"* bezeichneten Veränderung im Leder neige. Unter Ausharzen versteht man die manchmal nach längerem Lagern auftretende Ausscheidung von Tran auf der Leder-Oberfläche in Form von zähen, klebrigen, harzartigen Tropfen. Man hat zwischen der Neigung eines Tranes zum Ausharzen und seiner JZ einen Zusammenhang sehen wollen. Dies trifft nicht zu. Ob ein Tran auf dem Leder leicht oder schwer oder gar nicht ausharzt, ist aus den Kennzahlen nicht zu ersehen und auch durch sonstige Untersuchungen nicht zu ermitteln. Offenbar handelt es sich beim Ausharzen um Autoxydationsverzögerungen, die auf das Zusammenwirken mehrerer Faktoren (Tran- und Leder-Eigenschaften, Temperatur und Feuchtigkeit des Lederraumes usw.) zurückzuführen sind.

Über **Spermöl** siehe S. 1655.

II. Klauenöl

Das Klauenöl ist eines der hochwertigsten Lederfette. Es wird in der Leder-Industrie als natürliches, vorwiegend aber als sulfatiertes Klauenöl (s. S. 1660) verwendet.

---

[1] H. P. KAUFMANN: Fette u. Seifen **44**, 196 (1937).

[2] E. R. BOLTON u. K. A. WILLIAMS: Analyst **63**, 84 (1938); W. SCHÜTZE: Fette u. Seifen **45**, 353 (1938).

[3] A. EIBNER u. E. SEMMELBAUER [Chem. Umschau Gebiete Fette, Öle, Wachse, Harze **31**, 189 (1924)] nannten sie Oxysäuren.

Der Gerber hat ein berechtigtes Interesse daran, für den hohen Preis des Klauenöles eine reine, d. h. unverfälschte Ware zu erhalten, selbst wenn die etwa beigemischten Zusätze die Eigenschaften des Klauenöles wenig beeinflussen würden. Deshalb ist bei einer Untersuchung der als Lederfett verwendeten Klauenöle in erster Linie der Reinheitszustand des Öles festzustellen. Weiterhin ist von solchen Klauenölen eine hohe Kältebeständigkeit zu fordern, da nicht kältebeständige Öle auf manchen Ledern Fettausschläge verursachen. Nach H. P. KAUFMANN[1] läßt sich die Kältebeständigkeit rhodanometrisch überprüfen.

Die Anwesenheit pflanzlicher Öle kann ziemlich sicher durch die Phytosterinacetat-Probe festgestellt werden (s. S. 950). Auch die JZ gibt hier Hinweise. Fischöle (die sich schon durch den Geruch verraten) lassen sich mit der Polybromid-Probe (s. S. 432) nachweisen. Die JZ ist im übrigen aber kein sicheres Mittel für die Reinheitsprüfung. Je höher die Kältebeständigkeit eines Klauenöles ist, um so höher wird seine JZ sein. Fischöl-Zusätze erhöhen die JZ ebenfalls. Die SZ eines guten Klauenöles soll um 1 liegen. Nach ECKART[2] steigt die SZ beim Lagern im Licht an. Mineralöle lassen sich durch Bestimmung des Unv. nachweisen, dessen Menge in guten Ölen nur etwa 0,5% beträgt.

Als Lederfette verwendete Klauenöle sollen auch möglichst keine organischen Verunreinigungen enthalten. Für ihre Bestimmung (einschließlich säurelöslicher Mineralstoffe) wird auf eine von STADLINGER[3] empfohlene Methode hingewiesen.

In letzter Zeit sind manche Hersteller von Lederölen infolge der hohen Preise für Klauenöl dazu übergegangen, Klauenöle mit *Spermöl* zu verschneiden und diese Produkte unter besonderen Markenbezeichnungen anzubieten. Von den Kennzahlen solcher Produkte können allenfalls die Verseifungszahl und der Gehalt an Unverseifbarem auf Verschnitt mit Spermöl hinweisen. (VZ des Klauenöles 192 bis 196, des Spermöles 120 bis 150. Unv. des Klauenöles 0,5 bis 1%, des Spermöles bis zu 40%.) Sichere Nachweismethoden einfacher Art sind bisher nicht bekannt. Durch Mineralöl-Zusatz wird bei Klauenöl außer der VZ auch die JZ vermindert (im Gegensatz zu Spermöl-Zusatz).

Die Kältebeständigkeit von Klauenölen wird nach den von der Wizöff 1930 festgelegten einheitlichen Untersuchungsmethoden geprüft[4].

III. Leinöl

Leinöl ist eigentlich kein häufig verwendetes Lederfett. Es wird vereinzelt zum Abölen von feuchtem, lohgarem Leder (z. B. Bodenleder) verwendet und braucht hierzu keinen besonderen Qualitätsansprüchen genügen, es sei denn der Anforderung, daß es keinen Schmutz enthält, nicht oxydiert und nicht allzu dunkel gefärbt ist.

Sehr viel wird Leinöl dagegen zur Herstellung von Öllacken für Lackleder verwendet. Solche Leinöle müssen möglichst hell und klar sein. Ihre Prüfung gehört in das Gebiet der Analyse von Lackrohstoffen.

IV. Sonstige pflanzliche Öle

Gewisse pflanzliche Öle haben als Lederfette örtliche Bedeutung erlangt, so das Rüböl, ferner das Sonnenblumenöl in gewissen Teilen Rußlands, das Maisöl in Südamerika, Baumwollsamenöl in Nordamerika usw. Sie sind, wie letzten

---

[1] H. P. KAUFMANN: Studien auf dem Fettgebiet, S. 105. Berlin: Verlag Chemie 1935
[2] H. ECKART: Chem. Umschau Gebiete Fette, Öle, Wachse, Harze **30**, 55 (1923).
[3] H. STADLINGER: Chem. Umschau Gebiete Fette, Öle, Wachse, Harze **30**, 258 (1923).
[4] Tagungsbericht der WIZÖFF: Chem. Umschau Gebiete Fette, Öle, Wachse, Harze **38**, 157 (1931).

Endes alle fetten Öle, als Lederfette durchaus geeignet. Ihre etwa als notwendig erachtete Untersuchung wird sich zur Feststellung des Reinheitsgrades auf die VZ und die JZ, zur Untersuchung der Acidität auf die SZ und zum Nachweis von Mineralöl-Zusätzen auf die VZ und den Gehalt an Unverseifbarem erstrecken.

V. Degras

Die Analyse und Beurteilung von Degras, der eines der wichtigsten Lederfette darstellt, setzt eine hinreichende Kenntnis des Begriffes Degras und seiner Wandlungen voraus.

Unter Degras oder Moellon verstand man ursprünglich lediglich ein bei der Sämisch-Gerbung abfallendes Fettprodukt, das aus den mit Tran gegerbten Fellen mit Sodalösung ausgewaschen wurde. Es war ein durch Oxydation verdickter und durch Soda teilweise verseifter Tran, der als dunkles Öl aus den Waschwässern mit Schwefelsäure abgeschieden wurde. Der hohe Wert dieses Produktes als Lederfett führte dann dazu, die Degras-Herstellung zum Hauptzweck der Hautbehandlung mit Tran zu machen, indem man die verwendeten Häute so lange immer wieder mit Tran walkte und den Tran abpreßte, bis das ganze Hautmaterial verbraucht war. Das so hergestellte Lederfett wurde *echter Degras* genannt.

Die heutige Degras-Fabrikation hat diese Methode fast ganz verlassen und erreicht die Oxydation des Tranes, welche die Grundlage für die Degras-Bildung darstellt, durch Blasen mit Luft bei erhöhter Temperatur, bis der geblasene Tran Sirup-Konsistenz aufweist. Auch das Blasen mit Luft ist heute teilweise verlassen und durch besondere Verfahren ersetzt, bei denen Oxydationsmittel u. dgl. angewandt werden. Derartige Degras-Sorten werden als *künstlicher Degras* bezeichnet.

Leider wurden aber auch Degras-Sorten hergestellt — und mit ihrer Herstellung wird immer zu rechnen sein —, in denen weder echter noch künstlicher Degras enthalten ist und die lediglich Gemische von Tranen, Mineralöl, Wollfett, Harzen, Harzölen und sonstigen für die Lederfettung mehr oder weniger geeigneten Fettstoffen darstellen. Alle Degras-Sorten enthalten Wasser.

Da also von einer gleichmäßigen chemischen Zusammensetzung der im Handel anzutreffenden Degras-Sorten keine Rede sein kann, stellt die Degras-Analyse auch den erfahrenen Chemiker vor keine leichte Aufgabe. Die Untersuchung von Degras und Moellon wird nach der Methode durchgeführt, die im Jahre 1931 von der Fettanalysen-Kommission des Internationalen Vereins der Lederindustrie-Chemiker (IVLIC) vorgeschlagen und von diesem Verein anerkannt worden ist. Für die Bestimmung von Wollfett und Mineralöl in Degras steht außerdem die Methode von W. RIESS zur Verfügung.

Methode des IVLIC[1]. Bemusterung: Zur ordnungsmäßigen Bemusterung ist es unbedingt notwendig, den Deckel der Fässer abzunehmen und die Masse, die zum Entmischen neigt, gut durchzuarbeiten. Das Muster kann dann durch Abtropfenlassen von dem Durchmischungsstock gezogen werden. Empfehlenswert ist der Musterstecher nach den Einheitsmethoden, S. 419, der zu erkennen gestattet, ob die Ware gut durchgemischt ist.

Analysengang: Für die Untersuchung der in Frage kommenden Produkte bildet die Grundlage der Analysengang, der von W. FAHRION ausgearbeitet wurde und der entsprechend den neueren Anforderungen unter Zugrundelegung der *Einheitsmethoden* einige Abänderungen erfahren hat[2].

a) *Wasser.* Die Bestimmung des Wassers erfolgt nach der Xylol-Destillationsmethode mit einer Einwaage von 10 bis 20 g (s. S. 471 ff.).

Nach W. RIESS[3] gibt diese Methode um 0,6 bis 0,8% zu niedrige Werte, während nach der folgenden Alkohol-Äther-Methode zuverlässige Werte erhalten werden:

Etwa 3 g Degras werden in ein 100 ml Becherglas (hohe Form) schnell eingewogen. Hierauf wird nach Einhängen in die Dampf-Atmosphäre eines stark siedenden Wasserbades dreimal mit je etwa 20 ml Äther-Alkohol (1:1) abgedampft. Es ist dabei darauf zu achten, daß sich der Äther-Alkohol mit Degras gut vermischt. Zum Schluß wird die Probe noch mit

---

[1] M. AUERBACH: Collegium **1931**, 311.
[2] W. FAHRION: Collegium **1911**, 53.
[3] W. RIESS: Collegium **1936**, 347.

10 ml absol. Alkohol abgedampft und nach dem Verschwinden des Alkohol-Geruches noch 40 bis 60 Min. auf dem Wasserbad belassen. Nach dem Erkalten wird zurückgewogen und der Verdampfungsverlust in % der Einwaage ausgerechnet.

b) *Asche.* 2 bis 3 g Substanz werden nach S. 469 verascht, der Rückstand wird gewogen. Läßt dessen Farbe auf unzulässige Mengen Eisen schließen, so ist eine quantitative Eisen-Bestimmung vorzunehmen. Der Eisengehalt darf nicht mehr als 0,05% Fe_2O_3 betragen.

c) *Unverseifbares.* 5 g Fett werden mit 12 bis 15 ml alkohol. 0,5 n Kalilauge in einer Schale auf dem Sandbad verseift, wobei das Gemisch unter vorsichtigem Erwärmen bis zur Trockne gerührt wird. Die Seife wird mit etwa 50 ml Wasser unter Nachspülen mit etwa 10 ml Alkohol in einen Scheidetrichter gebracht, die abgekühlte Seifenlösung mit 50 ml Äther ausgeschüttelt und dies ein- bis zweimal mit je 25 ml Äther wiederholt. Sollten sich die Schichten nicht glatt absetzen, so läßt man einige ml Alkohol am Rande des Scheidetrichters herabfließen.

Die vereinigten Äther-Auszüge werden mit 1 bis 2 ml 1 n Salzsäure und 8 ml Wasser unter Zusatz von Methylorange gewaschen und nach dem Abziehen der Säureschicht mit 3 ml alkohol. 0,5 n Kalilauge und 7 ml Wasser entsäuert. Nach einigem Stehen wird die alkohol. Schicht abgezogen und die ätherische Lösung destilliert. Der Äther-Extrakt wird bei 100° getrocknet, bis sich das Gewicht nach 15 Min. Trocknen nur noch um höchstens 0,1% ändert.

Da es sich bei Degras um Tran- und eventuell Wollfett-Produkte handelt, führt die Bestimmung des Unverseifbaren nach SPITZ und HÖNIG zu falschen Resultaten.

d) *Oxyfettsäuren und Gesamt-Fettsäuren.* Beide Bestimmungen werden nach den allgemein üblichen Methoden (s. S. 450 ff.) ausgeführt.

e) *Freie Säure.* Der Gehalt an freier Säure wird im ursprünglichen Degras durch Auflösen einer Degras-Probe in neutralem Alkohol-Äther bzw. Alkohol-Benzol und Titration der Lösung mit 0,1 n Lauge bestimmt.

f) *Ausgangsmaterial.* Die Identifizierung der dem Produkt zugrunde liegenden Fette hat durch Bestimmung der JZ, VZ usw. an den abgeschiedenen Fettsäuren zu geschehen. Es ist aber zu berücksichtigen, daß das ursprüngliche Fett durch den Oxydationsprozeß bei der Herstellung schon gewisse Veränderungen erlitten haben kann.

g) *Prüfung auf Harz.* Die Prüfung auf Harz (Kolophonium) geschieht qualitativ nach STORCH-MORAWSKI. Die Fettsäuren werden in Essigsäureanhydrid unter Erwärmen gelöst. Die Lösung wird nach Abkühlen mit einem Tropfen Schwefelsäure (spez. Gew. 1,53) versetzt. Bei Gegenwart von Harzsäure tritt eine rotviolette Farbe auf, die allmählich in Braungelb umschlägt und schließlich grünlich fluorescierend wird.

Die quantitative Bestimmung der Harzsäuren erfolgt nach S. 1092 ff.

h) *Prüfung auf Wollfett.* Die Anwesenheit von Wollfett ist durch die LIEBERMANNsche Reaktion ohne Schwierigkeit festzustellen.

Die quantitative Bestimmung des Wollfettes erfolgt nach der von W. RIESS (s. u.) vorgeschlagenen Methode.

i) *Prüfung auf Mineralöl.* Die Menge des vorhandenen Mineralöles kann durch Bestimmung des Unverseifbaren ermittelt werden. Siehe außerdem die unten beschriebene Methode von C. RIESS.

k) *Prüfung auf Naphthensäuren und Sulfatharz.* Die Prüfung auf Sulfatharz kann mit Hilfe der STORCH-MORAWSKIschen Reaktion erfolgen. Naphthensäuren sind nur qualitativ feststellbar.

Bestimmung von Wollfett in Degras nach Riess[1]. Da die OHZ des Unv. der Wollfette ziemlich konstant etwa 150 beträgt, kann man den Gehalt eines Degras oder Moellons an Wollfett-Unv. mit ziemlicher Genauigkeit berechnen, indem man den gefundenen Gehalt an Unv. mit dessen OHZ multipliziert und durch 150 dividiert. Zieht man das so berechnete Unv. des Wollfettes von dem Gesamt-Unv. ab, so erhält man angenähert den *Mineralöl-Gehalt* des Degras.

Die Gehalte an Unv. der technischen Wollfette liegen in der Regel nahe bei 42%, so daß man den *Wollfett-Gehalt* des Degras angenähert aus dem wie oben ermittelten Gehalt an Wollfett-Unv. durch Multiplizieren mit 2,38 errechnen kann.

Die Methode setzt voraus, daß in dem zur Herstellung des Degras verwendeten Tran keine größeren Mengen von Unv. enthalten sind, was auch im allgemeinen

---

[1] W. RIESS: Collegium **1936**, 343.

der Fall ist. Als Mittel kann man einen Gehalt von etwa 1,4% Unv. im Tran annehmen.

Ausführung: Das wie üblich isolierte, zuvor quantitativ ausgewogene Unverseifbare wird in einem Acetylierungskolben mit der 2,5- bis 3fachen Menge Essigsäureanhydrid am Rückflußkühler auf dem Sandbad 2 bis 3 Std. erhitzt. Hierauf wird der Kolbeninhalt mit 60 bis 80 ml 50%iger Essigsäure und etwa 90 ml Petroläther in einen Scheidetrichter übergespült und die Petroläther-Lösung achtmal mit je 20 ml 50%iger Essigsäure ausgeschüttelt. Die vereinigten Waschwässer werden nochmals mit 40 bis 50 ml Petroläther extrahiert und anschließend wie oben mit Essigsäure gründlich ausgewaschen. Die vereinigten Petroläther-Auszüge werden viermal mit Wasser ausgeschüttelt, wobei man dem letzten Waschwasser 1 bis 3 Tropfen 0,5 n Natronlauge und ein Stückchen Lackmuspapier zugibt, das sich nach einigem Umschütteln schwach blau färben muß. Die Petroläther-Lösung wird mit entwässertem Natriumsulfat getrocknet, der Petroläther abdestilliert und der Rückstand $^{1}/_{2}$ bis $^{3}/_{4}$ Std. bei 80 bis 90° getrocknet. Die Bestimmung der VZ des acetylierten Produktes erfolgt mit 0,8 bis 2 g Einwaage, die mit 25 ml Benzol-Alkohol (2:1) und 30 ml 0,5 n alkohol. Kalilauge in einem Kolben aus Neutralglas mit eingeschliffenem Rückflußkühler 1 Std. erhitzt wird. Nach dem Erkalten wird sofort mit 0,5 n Salzsäure gegen Phenolphthalein oder Alkaliblau 6 B zurücktitriert. In gleicher Weise wird ein Blindversuch ausgeführt und die Differenz beider Titrationen in die VZ umgerechnet.

Normen des Verbandes der Degras- und Lederöl-Fabrikanten e.V. von 1926.
a) Normen für Lederöle. 1. *Harzgehalt.* Ein Harzgehalt in einem Lederöl kann nicht unbedingt und in allen Fällen als schädlich angesehen werden; für den Verbraucher ist es aber wichtig und notwendig zu wissen, ob ein Lederöl Harz enthält oder nicht. Ein in einem Lederöl vorhandener Harzgehalt muß deshalb unbedingt angegeben werden.

2. *Mineralöl-Gehalt.* Die Mineralöle haben sich für die Zwecke der Lederfettung in vielen Fällen als wichtig und zweckdienlich bzw. unerläßlich erwiesen. Zu leicht flüchtige Mineralöle, wie sie die billigen Putz- und Gasöle oder Mischungen derselben darstellen, sollten zur Herstellung von Lederölen nicht verwendet werden. Es dürfen nur solche Mineralöle verwendet werden, die folgende Kennzahlen als niedrigste Grenzzahlen aufweisen: Ein spez. Gewicht nicht unter 0,875, eine Viscosität nach ENGLER von 3 bis 4 bei 20° oder von 1 bis 3 bei 50 °C.

Werden aus bestimmten Gründen leichter flüchtige Mineralöle zur Herstellung von Lederölen verwendet, als diesen Grenzzahlen entsprechen, dann ist deren Verwendung besonders anzugeben.

3. *Naphthensäure und Sulfatharze.* Diese sind für die Zwecke der Lederfettung nicht in jedem Falle als schädlich zu bezeichnen. Sind sie in einem Lederöl enthalten, dann muß deren Gehalt angegeben werden.

Wird also ein Lederöl als den Normen des Verbandes der Degras- und Lederöl-Fabrikanten entsprechend verkauft, dann kann der Käufer verlangen, daß dasselbe keinen Harzgehalt aufweist, frei ist von Naphthensäuren und Sulfatharzen, und daß das Unverseifbare, wenn solches vorhanden ist, aus Mineralöl besteht, das mindestens die oben angegebenen Kennzahlen aufweist.

b) Normen für Degras.

Tabelle 395

	Gesamtfett	Flüchtige Bestandteile	Verseifbares	Unverseifbares	Oxyfettsäuren	Asche
Moellon Marke M handelsüblich	80	20	70	10	6—8	Der Aschegehalt soll 1% nicht überschreiten
Moellon-Degras Marke MD handelsüblich	78	22	63	15	5—7	
Degras Marke D handelsüblich	75	25	55	20	4—6	

Der Gehalt an Gesamtfett bzw. an Verseifbarem darf bis um 2% von den obigen Normen abweichen; größere Schwankungen berechtigen den Abnehmer nicht, die Ware zur Verfügung zu stellen, werden aber pro rata verrechnet.

Eine Verwendung von Harz zur Herstellung von Degras, selbst der geringsten Sorte, ist grundsätzlich verboten; sobald in einem Degras qualitativ Harz festgestellt wird, ist das Produkt als den Verbandsvorschriften nicht entsprechend zu bezeichnen.

VI. Mineralöle

Die als Lederfette und ebenso bei der Herstellung vieler Lederöle und Leder-Pflegemittel verwendeten Mineralöle sind Kohlenwasserstofföle, die aus Erdöl gewonnen werden. Sie stellen Gemische von aliphatischen und naphthenischen Kohlenwasserstoffen dar.

Die Mineralöle, die als Lederöle in Frage kommen, gehören zur großen Gruppe der Vaselinöle, d. h. den Fraktionen, die nach den Leuchtölen gewonnen werden. Ihr spezifisches Gewicht liegt im Bereich von 0,860 bis 0,900.

Über den schmierenden Wert der Mineralöle besteht auch heute noch keine einheitliche Anschauung. Mineralöle allein sind keine geeigneten Leder-Fettungsmittel. Zum mindesten wird ihre Eignung als Lederfett von der Mineralöl-Industrie oft mit einer der Wirklichkeit nicht entsprechenden Sicherheit betont. Der oft erwähnte Vergleich mit der schmierenden Wirkung auf Maschinenteile ist schwach. Andererseits muß zugegeben werden, daß ein mäßiger Mineralöl-Zusatz für Lederfett-Gemische vorteilhaft ist, weil Kohlenwasserstofföle rascher ins Leder eindringen als Fette und fette Öle. Außerdem spalten sie keine freien Säuren ab, und sie scheinen überhaupt die Stabilität von Lederfett-Gemischen zu erhöhen.

Die Frage des Zusatzes von Mineralölen zu Lederfetten und -ölen interessiert den Gerber jedoch hauptsächlich deshalb, weil es als sicher gelten kann, daß in den meisten Fällen derartige Zusätze von den Lederöl-Herstellern mehr nach kommerziellen als nach technischen Grundsätzen vorgenommen werden. Mineralöl-Zusätze sind für den Gerber am billigsten, wenn er sie selbst vornimmt, daher die berechtigte Frage nach dem Mineralöl-Gehalt bei der Beurteilung jedes Lederöles von unbekannter Zusammensetzung.

Die Untersuchung von Mineralölen, die für die Lederfettung oder für die Mitverwendung bei der Herstellung von Lederölen geeignet sein sollen, kann sich auf folgende Gesichtspunkte erstrecken:

Eine Neigung der Öle zur *Ausscheidung* von Paraffin ist nicht erwünscht. Die Bestimmung des Erstarrungspunktes kann hierüber Aufklärung geben. Besser ist folgende Prüfung:

Eine Ölprobe wird im Reagensglas in eine Kältemischung gebracht. In das Öl taucht, an einem Faden hängend, ein Thermometer ein (Skala $-20°$ bis $+20°$ C). Die Quecksilberkugel soll unmittelbar über dem Boden schweben. Die Temperatur, bei der eine leichte, durch Ausscheidung von Paraffinkriställchen hervorgerufene Trübung eben sichtbar wird, ist die kritische Temperatur für die Paraffin-Ausscheidung.

Säurefreiheit ist für die als Lederöle verwendeten Mineralöle unbedingt zu fordern. Helle raffinierte Öle enthalten im allgemeinen keine freien Säuren oder höchstens Spuren organischer Säuren (bis 0,03% als SO_3 berechnet). In dunklen, unraffinierten Ölen können bis 0,3%, ausnahmsweise bis 0,5% gefunden werden. Solche Öle sind als Lederöle abzulehnen. Die quantitative Säurebestimmung erfolgt bei durchsichtigen Produkten nach der üblichen Methode (s. S. 527 ff.). Bei undurchsichtigen Ölen kann nach der von D. HOLDE[1] vorgeschlagenen Arbeitsweise verfahren werden:

Man schüttelt 20 ml Öl in einem mit Glasstopfen verschlossenen Meßzylinder von 100 ml Inhalt mit 40 ml neutralisiertem Alkohol (bei dicken Ölen unter Erwärmung) gut durch. Nach Trennung der Flüssigkeiten wird die Hälfte der alkohol. Schicht abgegossen, mit neutralisiertem Alkohol verdünnt und nach Zusatz von 2 ml Alkaliblau 6 B mit 0,1 n alkohol. Natronlauge titriert. Beträgt die gefundene Säurezahl mehr als 0,4, so muß nach

---

[1] D. HOLDE: Kohlenwasserstofföle und Fette, S. 109. Berlin: Springer 1933; siehe auch W. SEEMANN in C. ZERBE: Mineralöle und verwandte Produkte, S. 179. Berlin-Göttingen-Heidelberg: Springer 1952.

Abgießen des Alkohol-Restes der im Zylinder verbliebene Ölrest noch mehrfach mit 40 m Alkohol geschüttelt und von neuem titriert werden. Die Summe der bei sämtlichen Titrationen gefundenen Säuregehalte entspricht der vorhandenen Säuremenge.

Harzartige Stoffe (in 70%igem Alkohol löslich) sollen in hellen Mineralölen nicht über 0,6%, in dunklen Ölen nicht mehr als 1% betragen. Schlecht raffinierte Öle enthalten oft bis zu 3,5%.

2. Wasserlösliche Öle

Der Begriff „wasserlösliche Lederöle" umschließt keineswegs eine chemisch eindeutig definierbare Gruppe von Produkten. Zwar sind die meisten wasserlöslichen Lederöle sulfiert. Die Sulfierungsverfahren sind aber heute so verschiedener Art, daß die dabei erzielten wasserlöslichen Öle teilweise gar nicht mehr miteinander verglichen werden können. Die einzelnen meist durch Patente geschützten Sulfierungsverfahren interessieren den Gerber wenig. Für ihn und ebenso den Analytiker hat eigentlich nur die Unterscheidung zweier Hauptgruppen von sulfierten Ölen Interesse:

α) Sulfatierte Öle, hergestellt nach Art der Türkischrot-Öle, die mit Salzsäure *spaltbar* sind. Hierher gehören die Türkischrot-Öle, die sulfatierten Klauenöle und sulfatierten Trane.

β) Die nach besonderen, meist unbekannten Verfahren sulfonierten Öle, die mit Salzsäure *nicht spaltbar* sind.

Zur Feststellung der Spaltbarkeit empfiehlt B. Wurzschmitt[1] die *Fluorol-5G*-Probe.

Die Probe dient zur raschen Orientierung, ob bei einer sauren Verkochung mit Schwefelsäure (1:3) Fettsäuren oder Fettalkohole abgespalten oder ob nur die entsprechenden Säuren der anioncapillaraktiven Substanzen in Freiheit gesetzt worden sind. Sie ist auf S. 1439 bereits beschrieben worden.

Ferner bilden jene wasserlöslichen Lederöle noch eine besondere Gruppe, welche *nicht sulfiert*, sondern lediglich durch Zusatz eines Emulgators wasserlöslich gemacht sind.

Sulfatierte Öle. Die sulfatierten Ricinusöle, Klauenöle und Trane werden schon seit langer Zeit als Lickeröle zum Fetten von Leder, hauptsächlich Chromleder, verwendet. Sie sind durch Kochen mit starker Salzsäure spaltbar. Schon bei der Reagensglas-Probe (2 g Öl in 20 ml absol. Alkohol gelöst) zeigt sich nach dem Erhitzen mit Salzsäure eine Ölabscheidung, die als meist dunkel gefärbte Schicht auf der wäßrigen Schicht schwimmt. Die Anwesenheit von Schwefelsäure im abfiltrierten Sauerwasser deutet auf Sulfatierung. Für die allgemeine Untersuchung solcher Öle gelten die im Kapitel „Sulfatierte Öle und Fette" (S. 1488 ff.) gemachten Angaben.

Für Lederöle von Bedeutung sind die Bestimmung des Fettsäure-Gehaltes, des Schwefelsäure-Gehaltes und Sulfatierungsgrades, der unverseifbaren Stoffe und des Wasser-Gehaltes.

Mineralöl-Zusätze zeigen sich durch einen hohen Gehalt an Unverseifbarem an.

Außerdem ist für den Gerber die Emulgierfähigkeit und Beständigkeit der wäßrigen Emulsionen, u. U. auch ihre Kalkbeständigkeit von Interesse. Es ist für ein brauchbares Lickeröl keineswegs erforderlich, daß seine mit Wasser gebildeten Emulsionen besonders lange haltbar sind. Beim Lickerprozeß wird durch die ständige Bewegung der Leder und der Fettemulsion die Emulgierung aufrecht erhalten. Nach amerikanischen Urteilen haben Emulsionen von mittlerer Beständigkeit die günstigste fettende Wirkung, da sie am besten vom Leder aufgenommen werden[2]. Andererseits muß eine eindeutige Wasserlöslichkeit ohne sofortige Fettaufrahmung gewährleistet sein. Gewöhnliche sulfatierte

---

[1] B. Wurzschmitt: Z. analyt. Chem. **130**, 171 (1950).
[2] J. A. Wilson: J. Amer. Leather Chemists Assoc. **22**, 559 (1927).

Öle sind meist nicht kalkbeständig, so daß sie mit enthärtetem oder Kondenswasser verwendet werden müssen. Bei der Prüfung sollte dies festgestellt werden. Mitunter ist es wichtig, den p_H-Wert von Lederölen und ihren wäßrigen Emulsionen zu prüfen, da z. B. alkalisch reagierende wasserlösliche Lederöle für pflanzlich gegerbtes Leder nicht verwendbar sind, weil sie diese dunkel färben (p_H-Wert-Reaktion des Gerbstoffes). In vielen Fällen ist es erforderlich, die Bestimmung des Aschegehaltes sulfatierter Öle und der Art etwa zugesetzter Salze in die Untersuchung einzubeziehen.

Der *Harzgehalt* — mit einem solchen ist in manchen sulfatierten Ölen, die nicht als reine Produkte deklariert sind, zu rechnen — wird am besten und schnellsten nach der folgenden, von W. RIESS[1] vorgeschlagenen Methode bestimmt.

Man dampft 3 g des zu untersuchenden Produktes in einem 100 ml Becherglas (hohe Form) dreimal mit wenig Methylalkohol ab. Hierauf wird eine Mischung aus 30 ml Methylalkohol und 5 ml konz. Schwefelsäure zugegeben und unter leichtem Umschwenken etwa 5 Min. zum schwachen Sieden erhitzt. Nach raschem Abkühlen wird der Inhalt des Becherglases mit Äther und einer reichlichen Menge gesättigter Kochsalz-Lösung in einen Scheidetrichter gespült und dreimal mit je etwa 50 ml Äther ausgeschüttelt. Die vereinigten Äther-Auszüge werden hierauf so lange mit gesättigter Kochsalz-Lösung ausgewaschen, bis die Waschflüssigkeit gegen Lackmuspapier neutral reagiert. Die ätherische Lösung wird dann mit der gleichen Menge neutralisierten Alkohols versetzt und die Lösung mit 0,5 n NaOH gegen Phenolphthalein titriert.

$$\% \text{ Harzsäuren} = \frac{\text{ml } 0,5 \text{ n NaOH} \cdot 17,76}{\text{Einwaage}} - 1,6$$

Die handelsüblichen Sorten- und Fettgehaltsbezeichnungen für Türkischrot-Öle sind in den „Lieferbedingungen für Türkischrot-Öle" (RAL 839 A) festgelegt (s. S. 1519 f.).

Tabelle 396. *Beispiele für die Eigenschaften und Zusammensetzung von sulfatierten Lederölen* (nach KOPPENHOEFER[2])

Art des Lederöles	Sulfatiertes Ricinusöl	Sulfatiertes Klauenöl	Sulfatierter Dorschtran
% Wasser	28,6	3,75	25,6
% Asche	7,7	3,3	5,9
% gebund. SO_3	4,9	3,0	3,5
Säurezahl	35,6	100,9	59,6
% Gesamt-Fettsäuren	62,3	88,4	67,6
% Unverseifbares	0,75	0,15	0,9
% Ammoniak	0,0	0,02	0,0

Sulfonierte Lederöle, die nach besonderem Verfahren hergestellt und nicht spaltbar sind. Im Gegensatz zu den türkischrotölartigen Produkten mit ihren einfachen Fettschwefelsäureestern enthalten die nach besonderen Methoden sulfonierten Öle in größerem oder geringerem Umfang echte *Sulfonsäuren*, die mit Salzsäure nicht abspaltbar sind. Solche Lederöle sind analytisch nur schwer zu charakterisieren. In den meisten Fällen ist eine Bewertung auf Grund analytischer Methoden aussichtslos und nur durch den praktischen Fettungsversuch möglich. Die Einteilung in spaltbare und nicht spaltbare wasserlösliche Lederöle bedeutet aber keineswegs eine scharfe Abgrenzung zweier Gruppen von Produkten. Hier sind Übergangstypen möglich. Die Klassifizierung soll dem untersuchenden Chemiker nur die Möglichkeit geben, die heute nach zahllosen Methoden herstellbaren sulfonierten Lederöle nach einfachen Gesichtspunkten zu gruppieren. Gleichzeitig soll gezeigt werden, warum der analytischen Bewertung aller „sulfonierten Öle" Grenzen gesetzt sind.

---

[1] W. RIESS: Collegium **1936**, 348.
[2] R. M. KOPPENHOEFER: J. Amer. Leather Chemists Assoc. **34**, 622 (1939).

3. Eigelb

Die Leder-Industrie hat früher große Mengen technischen Eigelbs als Fettungs- und Füllmittel für bestimmte Leder verwendet. Eigelb besitzt eine hervorragende weichmachende Wirkung und ist ein ausgezeichnetes Emulgierungsmittel für nicht wasserlösliche Lederfette. Seine Verwendung beschränkte sich aber immer mehr auf die Glacéleder-Herstellung und die Fettung besonderer Chromleder-Arten. Die Hauptmenge des technischen Eigelbes, das vorwiegend von Hühner- und Enteneiern stammte, kam aus China und Amerika und war daher meist konserviert. Bei der Herstellung von Glacéleder ist das Eigelb zur Bereitung der sogenannten „Glacénahrung" auch heute noch der wichtigste Hilfsstoff, für den wirklich geeignete Ersatzprodukte bisher nicht gefunden werden konnten. Die verschiedenen auf dem Markt erschienenen Eigelb-Ersatzprodukte enthalten meist Lecithin als Emulgator.

Die fettende und weichmachende Wirkung des Eigelbes beruht auf seinem Gehalt an Eieröl (etwa 23%). Das Öl ist sehr fein im Eigelb verteilt. Die Farbe des technischen Eigelbes wechselt zwischen Hellgelb und Dunkelorange. Manche Sorten waren früher mit hydroschwefligsauren Salzen oder seltener mit Formaldehyd-sulfoxylsäure gebleicht. Der für die Konservierung erforderliche Kochsalz-Zusatz liegt zwischen 10 und 12%. Mitunter werden auch Borax und Borsäure als Konservierungsmittel zugesetzt.

Für die *Untersuchung* des in der Leder-Industrie verwendeten Eigelbes gelten die im Jahre 1931 von der Fettanalysen-Kommission des Internationalen Vereins der Lederindustrie-Chemiker (IVLIC) vorgeschlagenen Methoden[1]:

Wasser. Die Wasserbestimmung wird zweckmäßigerweise nach der Xylol-Methode (s. S. 473) durchgeführt.

Fettgehalt. Das mit Sand getrocknete Eigelb wird quantitativ in eine Papierhülse übergeführt und im SOXHLET-Apparat extrahiert. Die Extraktionswerte wechseln je nach der Art des verwendeten Lösungsmittels. Bei Reinheitsprüfungen gilt Petroläther als das Lösungsmittel, das allein richtige Werte ergibt[2].

Asche. Etwa 10 g Eigelb werden in einer Platinschale getrocknet und verkohlt. Der Rückstand wird ausgelaugt und die Kohle vollständig verbrannt; dann gibt man den wäßrigen Auszug dazu, verdampft zur Trockne und erhitzt auf 110 bis 120°.

Ein sofortiges starkes Glühen ist nicht statthaft, da hierdurch Verluste an Salzen und Borsäure eintreten können.

Salz. Das Eigelb wird getrocknet und bis zur vollständigen Verkohlung erhitzt, mit Wasser extrahiert und in dem Auszug das Chlor in üblicher Weise maßanalytisch bestimmt.

$$1 \text{ ml } 0{,}1 \text{ n AgNO}_3 = 0{,}00585 \text{ g NaCl.}$$

Da bei dieser allgemein üblichen Arbeitsweise beträchtliche Verluste an Chlor entstehen können, empfiehlt es sich, für genauere Bestimmungen die folgende Methode von MACH und BEGGER anzuwenden:

5 g Eigelb werden mit ungefähr 40 ml Wasser gründlich ausgeschüttelt. Man gibt 40 ml einer Fällungslösung hinzu, füllt auf und bestimmt im Filtrat das Chlor titrimetrisch. Das Fällen geschieht in folgender Weise: Nach jedesmaligem Umschwenken werden 5 ml 10%iger Gerbsäure-Lösung und 10 ml 10%iger Eisen(III)-sulfat-Lösung, gesättigte Sodalösung bis zur alkalischen Reaktion (der Schaum wird rotbraun), 1 ml 3%iges Wasserstoffperoxyd und Essigsäure bis zur schwach sauren Reaktion zugefügt.

Der Kochsalz-Gehalt kann auch aus einer 2%igen wäßrigen Lösung bestimmt werden, aus der vorher das Eigelb durch Kochen und dann durch Fällen mit Phosphorwolframsäure abgeschieden worden ist[3].

---

[1] M. AUERBACH: Collegium **1931**, 396.
[2] Die Glacégerberei verlangt im Eigelb einen Gehalt von 22 bis 26% Eieröl.
[3] H. ULEX: Chemiker-Ztg. **51**, 758 (1927).

Konservierungsmittel. Der Nachweis und die Bestimmung von Konservierungsmitteln erfolgt nach den einschlägigen Methoden der Lebensmitteluntersuchung.

Reinheitsgrad. Liegt der Verdacht vor, daß Eigelb oder Eieröl nicht rein sind, so wird die Verseifungszahl, die Jodzahl, das Unverseifbare, der Phosphat- und der Stickstoff-Gehalt bestimmt. Geringe Mengen von Mineralöl können nicht als Verfälschung angesehen werden, da das zum Konservieren benützte Salz mit Petroleum denaturiert sein kann. Eigelb-Sorten mit hoher Säurezahl eignen sich nicht für die Glacégerberei. Gutes Eigelb muß sich beim Anrühren mit Wasser von 30° rasch und leicht emulsionsartig verteilen, während bei minderwertigen oder unbrauchbaren Sorten Klumpen am Boden liegenbleiben.

Es sei noch die Fettbestimmung nach H. Popp[1] angeführt, bei der man den Fettsäure-Bestandteil des Lecithins ohne Phosphorsäure bestimmt.

5 g Eigelb werden in einem Rundkölbchen mit etwa 10 ml rauchender Salzsäure am Rückflußkühler einige Minuten gekocht. Man läßt auf 40 bis 50° abkühlen und gibt genau 100 ml Trichloräthylen von Zimmertemperatur zu, mit dem man unter Zusatz von etwas Bimssteinpulver 5 bis 10 Min. lang am Rückflußkühler kocht. Den auf 39° abgekühlten Kolbeninhalt bringt man in einen Scheidetrichter, trennt die Fettlösung ab und schüttelt sie mit etwas Gips. 25 ml der abgekühlten, klar filtrierten Trichloräthylen-Lösung werden abpipettiert und zur Trockne verdampft. Der Rückstand wird getrocknet und gewogen. Der Fettgehalt des zu untersuchenden Eigelbes ist dann

$$\% \text{ Fettgehalt} = \frac{100 \cdot a}{25 - \dfrac{a}{d}} \cdot \frac{100}{\text{Einwaage}}$$

Hierin bedeutet a den Trockenrückstand von 25 ml der Lösung und d das spezifische Gewicht des Fettes.

Anmerkung: Beim Kochen am Rückflußkühler ist eine Schliffapparatur zu verwenden. Das Filter ist während des Filtrierens bedeckt zu halten.

γ) Lederfette mit Phantasienamen, deren Aufbau nur teilweise oder überhaupt nicht bekannt ist

Schon seit einigen Jahrzehnten ist die Fett-Industrie dazu übergegangen, dem Gerber für die verschiedenen Gebiete der Lederfettung fertige Lederfette und Lederöle anzubieten, die ihm die Mühe ersparen sollen, Fettgemische aus mehreren Ölen und Fetten selbst anzusetzen. Diese Produkte, deren Herstellung von den Firmen natürlich geheimgehalten wurde, erhielten Phantasienamen, die in keiner Weise Schlüsse auf die Zusammensetzung zuließen. Gleichzeitig trat immer mehr das Bestreben hervor, ,,Spezial-Lederöle'' herauszubringen, denen eine besondere Geeignetheit für die immer zahlreicher werdenden Leder-Arten zugesprochen wurde. So vermehrte sich die Anzahl der angebotenen Lederöle mit Decknamen ständig, und dies besonders, seitdem die Herstellung wasserlöslicher Öle sich nicht mehr nur auf die einfache Sulfatierung nach Art des alten Türkischrot-Öles beschränkte.

Es ist außer Zweifel, daß sich unter diesen Produkten ausgezeichnete Lederfette befinden, die dem Gerber wertvolle Dienste leisten. Andererseits hat die Erfahrung gezeigt, daß mitunter dem Gerber ,,Spezialöle'' für die Lederfettung angeboten werden, die er in der gleichen Zusammensetzung viel besser und billiger selbst herstellen kann. Denn es ist nicht einzusehen, warum er z. B. für ein ,,Spezial-Lederöl XY'', das zu 85% aus einem Tran unsicherer Qualität und 15% Mineralöl besteht, mehr bezahlen soll als für ein Gemisch aus gutem bewährtem Tran und Mineralöl, das er selbst ansetzt, oder warum ein sulfatiertes Klauenöl, das angeblich keine sonstigen Zusätze enthält, als ,,Lickeröl 2012'' verkauft werden soll. Es ist deshalb verständlich, daß der Gerber nicht nur über die technische Verwendbarkeit solcher unbekannten Lederfette und -öle Sicherheit haben, sondern auch ihre Zusammensetzung wissen will. Die erstere gibt ihm der praktische Fettungsversuch, über die letztere erwartet er häufig durch eine chemische Untersuchung Aufschluß zu erhalten.

Der Chemiker, der vor die Aufgabe gestellt wird, derartige Lederfette zu untersuchen, kann die Erwartungen des Gerbers nur teilweise erfüllen, zumal

---

[1] H. Popp: Z. Unters. Nahrungs- u. Genußmittel **50**, 135 (1925).

in Fällen, in denen Öle völlig unbekannter Natur vorliegen. Er wird zwar ohne
weiteres feststellen können, ob ein Lederöl wasserlöslich ist, ob die mit ihm
hergestellte Emulsion haltbar und gegen Salze und Säuren beständig ist und
endlich, ob ein wasserlösliches Öl mit Salzsäure spaltbar ist oder nicht. Auf die
Untersuchungsmethoden für wasserlösliche spaltbare Öle und die Schwierigkeiten bei der Untersuchung nicht spaltbarer Öle ist im letzten Abschnitt hingewiesen worden (s. S. 1661). Auch der Wassergehalt wird sich bei den meisten
Produkten nach einer der üblichen Methoden bestimmen lassen.

Weiterhin empfiehlt es sich in allen Fällen, bei nicht wasserlöslichen Ölen
die *Säurezahl*, und bei wasserlöslichen die Acidität bzw. Alkalität festzustellen.
Bei Lederölen sind diese Bestimmungen immer aufschlußreich. Ferner ist eine
Prüfung auf *Mineralöl-Zusatz* zu versuchen. Bei manchen Lederölen unbekannter
Zusammensetzung, die nach besonderen Verfahren wasserlöslich gemacht sind
oder gar Zusätze von Austausch-Fettstoffen erhalten haben, ist diese Prüfung
nicht durchführbar, oder sie führt wenigstens zu keinen sicheren Ergebnissen.
Bei anderen, die nur einfache Gemische natürlicher Öle mit Kohlenwasserstoff-
ölen darstellen, genügt die Verseifungszahl für eine hinreichende Charakterisierung. Es wird bei den Lederölen mit Phantasienamen aber stets eine Gruppe
sich den Bemühungen des Analytikers entziehen, und zwar die wiederholt erwähnten *wasserlöslichen Lederöle, die mit Säure nicht spaltbar sind.* Zu ihnen
kommen dann allerdings noch die später besprochenen Fettaustauschstoffe
hinzu.

Es ist mit Sicherheit anzunehmen, daß die diese Produkte herstellende Industrie wenigstens teilweise über Methoden verfügt, die eine analytische Bewertung dieser Öle ermöglichen, zumal sie ja die Herstellung mit solchen Methoden überwachen muß. Es ist verständlich, daß diese Methoden, die zugleich einen Einblick in den Aufbau solcher Öle ermöglichen würden, geheimgehalten werden. Der Leder-Industrie bleibt deshalb nichts übrig,
als derartige analytisch nicht bewertbaren Lederfette und -öle dem untrüglichen Urteil
des praktischen Fettungsversuches zu unterwerfen und je nach dem Ergebnis diese Produkte
anzuerkennen oder abzulehnen.

Mit Ausnahme dieser Gruppe „schwer angreifbarer" Öle gibt es aber unter den mit
Phantasienamen bezeichneten Lederfetten und -ölen des Handels sehr viele, deren Bewertung
auf Grund der in den bisherigen Abschnitten besprochenen Untersuchungsmethoden durchaus möglich ist. Dies gilt besonders für Öle und Fette, bei denen über den chemischen Charakter oder über ihren technischen Aufbau von seiten der Hersteller Angaben gemacht werden.
Derartigen Ölen wird von vornherein von seiten des Gerbers mit Recht mehr Vertrauen
entgegengebracht als jenen Produkten, deren angebliche Vorzüge als Leder-Fettungsmittel
auf Treu und Glauben hingenommen werden müssen.

In vielen Fällen gelingt es, in Lederfetten unbekannter Natur auch die eine
oder andere Ölsorte nachzuweisen. Jedenfalls sollte man, wenn notwendig,
die folgenden Prüfungen in Erwägung ziehen:

Nachweis von Pflanzenölen:	Phytosterinacetat-Probe (S. 429).
Nachweis von Tranen:	Polybromid-Probe (S. 432).
Nachweis von Rüböl:	(S. 507 ff.).
Nachweis gehärteter Trane:	Nickel-Probe (S. 445) oder Isoölsäure-Probe (S. 455 ff.); siehe auch S. 1192.
Nachweis von Ricinusöl:	Hydroxylzahl (S. 558).
Wollfett:	(S. 1684).

Es sei hier noch auf eine Methode der Charakterisierung von Lederfetten hingewiesen,
die während des Krieges durch die frühere *Reichsstelle für Lederwirtschaft* eingeführt worden
ist, nämlich die sogenannte „*Fettzahl*". Nach den damaligen Anordnungen gab die Fettzahl
eines Lederfettes oder -öles den Gesamtgehalt an nichtflüchtigen organischen Substanzen
bezogen auf 100 kg an. Sie wurde ermittelt „aus der Gesamtmenge des Fettstoffes abzüg-
lich des Gehaltes an bei 100° flüchtigen Stoffen (Trockendauer 5 Std.) und des Gehaltes an
Mineralstoffen (Glührückstand)". Da auch heute noch bei manchen Lederfett-Angeboten
diese Fettzahl genannt wird, gegen deren Heranziehung zur Beurteilung eines Lederfettes
gewichtige Einwände erhoben werden können, sei auf sie ausdrücklich hingewiesen.

d) Fettaustausch-Produkte als Lederfette

Der Fettmangel der Kriegsjahre hat die deutsche chemische Industrie veranlaßt, Fettaustausch-Produkte — synthetische Lederfette — herzustellen, und es ist ihr gelungen, dadurch die auch für die Leder-Industrie fühlbar gewordene Fettlücke einigermaßen auszufüllen. Eine Untersuchung dieser Austausch-Fettstoffe nach rein analytischen Methoden ist nicht möglich, da es sich bei diesen Stoffen um die verschiedenartigsten synthetischen Produkte handelt. Über ihre Brauchbarkeit als Lederfette entscheidet allein der praktische Fettungsversuch.

Die frühere Deutsche Versuchsanstalt für Leder-Industrie (jetzt Deutsches Leder-Institut) Freiberg/Sa. hat in den Jahren 1942 und 1943 die meisten der von der chemischen Industrie herausgebrachten Austausch-Fettstoffe auf ihre Verwendbarkeit als Lederfette geprüft. Die Art dieser Prüfung bzw. Bewertung kann als eine Methode angesehen werden, die zu einer gewissen Charakterisierung und auch für den Gerber brauchbaren technologischen Beurteilung derartiger synthetischer Produkte führen kann.

Diese Prüfung[1] erstreckte sich außer auf praktische Fettungsversuche auf folgende Untersuchungen:

Trockenrückstand,
Bestimmung der bei 100° flüchtigen Stoffe,
Mineralstoff-Gehalt des Trockenrückstandes,
p_H-Wert des wäßrigen Auszugs,
Löslichkeit (Emulsion oder klare Lösung),
Säurezahl,
Bestimmung der verseifbaren und unverseifbaren Anteile.

Die bei einzelnen Fettaustauschstoffen bestimmten Jodzahlen haben für die technologische Beurteilung keine Bedeutung, da es sich ja nicht um Produkte mit einem Gehalt an ungesättigten Fettsäuren handelt.

Die Beurteilung der Fettaustauschstoffe durch die *Deutsche Versuchsanstalt für Leder-Industrie, Freiberg/Sa.*, stützte sich aber in erster Linie auf Fettungsversuche, die, wenn auch in kleinem Ausmaß, mit allen Produkten vorgenommen worden sind, und denen sich Untersuchungen der gefetteten Lederproben anschlossen. Einzelheiten sind in den angeführten Arbeiten zu finden.

Technische Analyse. Es sei hier ein Vorschlag von F. STATHER und R. SCHUBERT[2] erwähnt, da die Leder-Fettungsmittel aus so verschiedenen Stoffgruppen stammen, daß die bisherigen einheitlichen Methoden der Fettuntersuchung versagen; denn Produkte, die nicht nur Gemische natürlicher Fettstoffe sind, sondern möglicherweise rohe, sulfierte oder chlorierte Mineralöle, Teerdestillate, Fettsäuren aus der Paraffinoxydation, äther- und esterartig aufgebaute Fettaustauschstoffe, Oxyäthylierungsprodukte usw. enthalten, können nicht nach Methoden für bestimmte Stoffgruppen eindeutiger chemischer Zusammensetzung untersucht werden.

F. STATHER und R. SCHUBERT haben Einzelbestimmungen für zwei Typen von Fettungsmitteln vorgeschlagen:

Für den Typus der wasserunlöslichen Fettschmiere:	*Für den Typus Fettlicker (wasserlösliche Fettungsmittel):*
Wasser	Wasser
Mineralstoffe, Eisen-Verbindungen	Mineralstoffe, Eisen-Verbindungen
Organisches Nichtfett	Unverseifbares
Unverseifbares	Gesamt-Fettsäuren
Säurezahl	Sulfierungsintensität
p_H-Wert und Differenzzahl	p_H-Wert und Differenzzahl

[1] F. STATHER u. H. HERFELD: Collegium **1942**, 81, 121, 313; **1943**, 176.
[2] F. STATHER u. R. SCHUBERT: Gesammelte Abh. dtsch. Lederinst. Freiberg/Sa. **1**, 84 (1949).

a) *Wasser.* Es wird die Xylol-Methode vorgeschlagen (s. S. 473).

b) *Mineralstoffe.* Es wird vorgeschlagen, die Proben so zu verwenden, wie sie aus der Versand-Emballage entnommen werden, d. h. ohne Filtration.

c) *Organisches Nichtfett.* Bestimmung des organischen Nichtfettes, wobei alle Substanzen, welche weder nach ihrer chemischen Herkunft noch nach ihrem physikalischen Verhalten einen fettartigen Charakter besitzen, als Verunreinigungen angesehen werden. Hierher gehören neben den Mineralstoffen mechanische Verunreinigungen (Erde, Sand usw.), Kohlenhydrate, gewisse stickstoffhaltige Verbindungen, gewisse Harze, Kalkseifen usw. Die Bestimmung des organischen Nichtfettes soll durch die SOXHLET-Extraktion mit Petroläther durchgeführt werden, bei der das „Fett" erfaßt wird. Es muß darauf hingewiesen werden, daß hierbei Mineralöle und ähnliche Produkte als „Fett" erscheinen.

d) *Unverseifbares.* Es wird die Petroläther-Methode der DGF-Einheitsmethoden vorgeschlagen (s. S. 448).

e) *Säurezahl.* Es wird die DGF-Einheitsmethode vorgeschlagen (s. S. 527 ff.).

f) *p_H-Wert.* Zur Bestimmung der Aciditätsverhältnisse wird der p_H-Wert in einer Ausschüttelung des Fettungsproduktes mit der 50 fachen Wassermenge nach 24 stündigem Stehen elektrometrisch mit der Glaselektrode ermittelt. Dazu wird der p_H-Wert der 10 fachen wäßrigen Verdünnung dieser Ausschüttelung bestimmt und aus beiden p_H-Werten die Differenzzahl errechnet. Das Ausschütteln mit Wasser erfolgt bei einer Temperatur, bei der das zu untersuchende Fettungsprodukt völlig geschmolzen ist.

g) *Gesamt-Fettsäuren bei sulfierten Ölen.* Eine analytische Untersuchung und quantitative Bestimmung ist nur bei solchen Produkten möglich, welche sich durch Salzsäure-Kochung aus wäßriger Emulsion vollständig abscheiden lassen. Hierbei wird zweckmäßig nach den im Kapitel „Sulfatierte Öle und Fette" angegebenen Vorschriften (S. 1500 ff.) gearbeitet, wobei wiederum wegen der besseren Löslichkeit für Ceresin usw. als Lösungsmittel beim Ausschütteln Petroläther zu empfehlen ist.

Grundsätzliche Schwierigkeiten treten unter Beachtung der bisherigen Methoden nicht auf. Es erweist sich als zweckmäßig, nicht nur die Gesamt-Fettsäuren, sondern daneben auch das Unverseifbare zu bestimmen. Aus der Differenz zwischen Gesamtfett (berechnet aus der Differenz zwischen Einwaage und Wasser- und Mineralstoff-Gehalt) und der Summe an Gesamt-Fettsäuren und Unverseifbarem lassen sich unter Umständen Rückschlüsse auf die Anwesenheit von Fettalkoholsulfaten ziehen.

h) *Sulfierungsintensität.* Nach der Definition der früheren WIZÖFF gibt der „Sulfierungsgrad" (früher „Sulfonierungsgrad") an, wieviel Prozent der in dem untersuchten Produkt enthaltenen Fettsäuren sulfiert sind, unter der willkürlichen Annahme, daß die gesamte organisch gebundene Schwefelsäure in Form von Ricinolsäure-monoschwefelsäureester vorliegt. Diese Definition und entsprechend die Berechnung des Sulfierungsgrades weist für die heutigen Leder-Fettungsmittel zwei wesentliche Nachteile auf:

α) Man kann mit größter Wahrscheinlichkeit annehmen, daß in sulfierten Ölen überhaupt kein Ricinusöl enthalten ist, so daß für die Berechnung ein anderes mittleres Molekulargewicht der Fettsäuren zugrunde gelegt werden müßte.

β) Bei unverschnittenen sulfierten Ölen, in denen die Fettsäuren praktisch die alleinige Fettkomponente darstellen, ergibt die Berechnung des Sulfierungsgrades auf den Fettsäure-Gehalt ein klares Bild; technische Gemische aus sulfierten Ölen mit Mineralöl und anderen unverseifbaren Anteilen verschieben aber den so errechneten Sulfierungsgrad zu einer falschen Beurteilungsgrundlage. Ein Gemisch aus z. B. 10% hochsulfiertem Klauenöl und 90% unverseifbaren Substanzen ergibt (auf Fettsäuremenge berechnet) einen Sulfierungsgrad von etwa 30 in gleicher Weise wie ein Gemisch aus 80% des gleichen hochsulfierten Klauenöles mit 20% Mineralöl, obgleich auf die gesamte Fettmenge gesehen der Charakter eines sulfierten Öles bei dem letzteren Produkt wesentlich stärker ausgeprägt ist. Liegt andererseits z. B. ein Gemisch aus Mersol oder ähnlich aufgebauten Produkten, also von sulfonierten, unverseifbaren Kohlenwasserstoffen mit einem unsulfatierten Pflanzenöl vor, so tritt das Paradoxon auf, daß sich für den unsulfatierten verseifbaren Ölanteil ein Sulfierungsgrad von 50 und noch mehr errechnet, obwohl die organisch gebundene Schwefelsäure mit den unverseifbaren Anteilen, dagegen nicht mit den vorliegenden Fettsäuren verbunden ist.

Um den tatsächlichen Verhältnissen besser gerecht zu werden, wird daher vorgeschlagen, an Stelle der Errechnung des Sulfierungsgrades die Sulfierungsintensität auf das Gesamtprodukt zu beziehen und lediglich in der Form von Gesamt-Schwefelsäure und organisch gebundener Schwefelsäure (jeweils als SO_3 berechnet) anzugeben. Für die einheitliche Charakterisierung wird vorgeschlagen, anstatt den SO_3-Gehalt in Prozent der Gesamt-Substanz (Einwaage) auszudrücken, besser eine Umrechnung auf wasser- und mineralstofffreie „Gesamt-Fettsubstanz" vorzunehmen.

Zu den letztgenannten Bemerkungen von F. STATHER und R. SCHUBERT ist zu sagen, daß es nicht zutrifft, daß in heutigen sulfierten Leder-Fettungsmitteln überhaupt kein Ricinusöl vorhanden ist. Der Vorschlag für die Bestimmung der „Sulfierungsintensität" ist berechtigt, wenn alle unverseifbaren Anteile als „Fett" bezeichnet werden. Daß dies nicht richtig ist, wurde bereits mehrfach betont.

Endlich sei noch auf eine Methode von B. WURZSCHMITT[1] hingewiesen, die den Nachweis der Anwesenheit von Fettsäuren oder Fettalkoholen ermöglicht und auf S. 1660 bereits beschrieben wurde.

ε) Hilfs- und Zusatzstoffe für die Lederfettung

Natürliche Wachse. Wachse werden zur Herstellung von Appreturen und als Härtungsmittel für Einbrenn-Fettgemische verwendet. Die Prüfung von *Bienenwachs* erfolgt nach S. 1041. Den Gerber interessieren in erster Linie Verfälschungen mit Paraffin und Ceresin (s. Tab. 397).

Tabelle 397. *Spez. Gewicht von Mischungen zwischen Bienenwachs und Paraffin nach* LÜDECKE

Wachs %	Paraffin %	Spez. Gewicht	Wachs %	Paraffin %	Spez. Gewicht
0	100	0,871	75	25	0,942
25	75	0,893	80	20	0,948
50	50	0,920	100	0	0,969

Carnaubawachs wird häufig Einbrenn-Fettgemischen zugesetzt, um den Schmelzpunkt dieser Gemische zu erhöhen. Es genügt im allgemeinen, den Schmelzpunkt zu bestimmen, der über 80° C liegen soll. Der Schmelzpunkt des gebleichten Carnaubawachses liegt meist bei 68 bis 70°, der der Carnaubawachs-Rückstände bei 66 bis 68°.

Montanwachs wird zur Herstellung hochschmelzender Einbrenn-Fettgemische für Leder, die wasserdicht sein sollen, verwendet. Es wird sowohl rohes als auch gebleichtes Montan-

---

[1] B. WURZSCHMITT: Z. analyt. Chem. **130**, 177 (1950).

wachs benützt. Auch bei den Montanwachsen ist für den Gerber der Schmelzpunkt die wichtigste Kennzahl, die für die Begutachtung von rohem Montanwachs, das selten verfälscht wird, in den meisten Fällen ausreicht. Bei der Bewertung von gebleichten Montanwachssorten empfiehlt sich zur näheren Orientierung über die Qualität die Feststellung auch anderer Kennzahlen. Die Angaben in Tab. 398 können als Anhalt für gängige Handelsprodukte dienen.

Tabelle 398. *Kennzahlen der gebleichten Montanwachse*

	Spez. Gewicht	Schmp.	SZ	EZ	VZ	Benzol- Unl. %	Asche %
Dopp. gebl. Montanwachs A .	0,96—0,97	84/87	68—72	2— 6	70—78	0	0,2—0,3
Dopp. gebl. Montanwachs St	0,93—0,94	72/76	80—86	2— 6	82—92	0	0
Dopp. gebl. Montanwachs TV	0,97—0,98	81/84	48—58	15—24	63—72	0	0
Montanillawachs superfein . .	0,89—0,90	78/81	32—34	0— 6	32—40	0	0,1—0,2
Montanillawachs gelb	0,93—0,94	73/75	34—39	3— 6	37—45	0	0,1
Montanillawachs extra weiß .	0,84—0,85	76/79	17—18	0— 3	17—21	0	0,1
Gebl. Montanwachs Nova . .	0,88—0,89	62/65	20—24	0— 5	20—29	0	0
Montanweichwachs DFST . .	0,91—0,92	46/50	18—22	3— 6	21—28	0	0

Auch das Sperm- oder Walratöl findet seit einiger Zeit zur Herstellung von Lederölen Verwendung. Es stammt aus dem Kopf des Pottwals (VZ 120 bis 150, JZ 62 bis 93, Unverseifbares 25 bis 40%). Sein sicherer Nachweis in Seetierölen ist kaum möglich.

Synthetische Wachse[1]. Synthetische Wachse besitzen meist einen sehr hohen Schmelzpunkt. Sie werden im Gemisch mit anderen festen Lederfetten zum Einbrennen von Riemenleder, Chromsohlleder u. dgl. verwendet. Bei der Untersuchung gibt die Bestimmung des Schmelzpunktes und der VZ in manchen Fällen auch der SZ hinreichende Anhaltspunkte für ihre Verwendbarkeit. Die Kennzahlen einiger synthetischer Wachse sind in Tab. 399 angegeben.

Tabelle 399. *Kennzahlen einiger synthetischer Wachse*

Marke	Schmelzpunkt ° C	SZ	VZ	Unv. %	Spez. Gewicht
Wachs S	80— 83	145—160	165—185	7—10	1,01—1,02
Wachs L	80— 83	125—145	150—170	7—10	0,99—1,00
Wachs O . . .	102—106	10— 15	110—125	7—10	1,03—1,04
Wachs OP . . .	102—106	10— 15	110—125	7—10	1,03—1,04
Wachs KP . . .	80— 83	20— 30	130—145	12—14	1,02—1,03

Seifen. Bei den in der Leder-Industrie zur Herstellung von Leder-Fettschmieren verwendeten Seifen ist eine Untersuchung selten erforderlich. Wird sie gewünscht, so erfolgt sie nach S. 1343ff. Von Interesse können vor allem sein: Wassergehalt, Gehalt an freiem Alkali, Gehalt an anorganischen Füllstoffen. Werden Seifen — was nur noch vereinzelt vorkommt — als Emulgatoren für Fettlicker verwendet, so ist auch die Bestimmung der Gesamt-Fettsäuren von Wichtigkeit, da der Fettanteil einer Lickerseife als Fettungsmittel für das Leder angesehen und unter Umständen bei der Berechnung der für das Leder verwendeten Gesamtfettmenge berücksichtigt werden muß.

Harze. Harze werden ebenso wie manche Wachse als Zusätze zu Leder-Einbrenngemischen verwendet; meist handelt es sich dabei um Kolophonium. Besondere Untersuchungen sind selten erforderlich. Den Gerber interessiert nur der Schmelzpunkt und die schmelzpunkterhöhende Wirkung auf Fettgemische (von Paraffin, Ceresin, Stearin u. dgl.).

Fettalkohole und andere Emulgatoren. Fettalkohole finden in sulfatierter Form in beträchtlichem Umfang als Emulgierungsmittel bei der Lederfettung Verwendung. Solche Alkoholsulfate und -sulfonate und auch andere Emulgatoren sind unter verschiedenen Bezeichnungen im Handel erschienen. Bei der Untersuchung dieser Produkte ergeben sich meist die gleichen Schwierigkeiten wie bei

---

[1] Siehe auch M. ASCHENBRENNER: Fette u. Seifen **46**, 26 (1939).

den nicht spaltbaren wasserlöslichen Ölen. Für den Gerber ist die Analyse ohne Bedeutung. Lediglich die Emulgierfähigkeit der Alkoholsulfate, die auch im kleinen Versuch ermittelt werden kann, entscheidet über ihre Geeignetheit als Hilfsstoff für die Lederfettung. Dabei ist auch die Salz- und Säure-Beständigkeit des Emulgators festzustellen.

ζ) Trane als Gerbmittel

Bei der Sämisch-Gerbung werden Trane als Gerbmittel verwendet. Bei der Behandlung der tierischen Haut mit Tran und anschließender Erwärmung geht ein Teil des Tranes mit der Kollagenfaser der Haut eine Bindung ein, die einen Gerbvorgang darstellt. Die oft erhobene Frage, ob dieser oder jener Tran sich zur Sämisch-Gerbung eigne bzw. welche Eigenschaften die für die Sämisch-Gerbung verwendbaren Trane aufweisen sollen, hat deshalb Berechtigung, zumal nicht alle Trane die gleiche Gerbwirkung aufweisen.

Nach den bisherigen Untersuchungen von STATHER[1], KLENOW[2], JÁNY[3] u. a., stellt die Jodzahl wohl am ehesten ein gewisses Maß für die Gerbfähigkeit von Tranen dar, aber sie ist nicht allein maßgebend. Dies geht aus der Tab. 400 hervor, in der die gerbenden Eigenschaften verschiedener Trane, ausgedrückt durch die Menge des von der Haut gebundenen Fettes, angegeben sind.

Tabelle 400. *Gerbende Eigenschaften verschiedener Trane* (STATHER und SLUYTER)

Versuchs-Nr.	Tran-Art	Jodzahl (HANUS)	Tran-Behandlung 30 Tage bei 30° C		Tran-Behandlung 15 Tage bei 60° C	
			Gebundenes Fett in Prozenten	Aussehen des behandelten u. extrahierten Hautpulvers	Gebundenes Fett in Prozenten	Aussehen des behandelten u. extrahierten Hautpulvers
1	Dorschtran . . .	150	0,93	leicht gelblich	0,70	leicht gelblich
2	Dorschtran . . .	153	0,40	weiß-gelb	0,40	leicht gelb
3	Dorschtran . . .	168	1,28	gelbbraun	1,27	gelbbraun
4	Robbentran . .	143	0,33	weiß-gelblich	0,37	weiß-gelblich
5	Robbentran . .	137	0,37	leicht gelb	0,40	leicht gelblich
6	Haitran	112	0,40	weiß	0,27	weiß
7	Haitran	104	0,32	weiß-gelblich	0,35	weiß-gelblich
8	Sardinentran . .	169	0,33	gelblich	10,63	intensiv gelb
9	Sardinentran . .	168	0,30	gelblich	7,10	intensiv gelbbraun
10	Heringstran . .	140	0,20	weiß-gelblich	0,28	weiß-gelblich
11	Heringstran . .	141	0,30	weiß-gelblich	0,27	gelbbraun
12	Waltran	118	0,30	weiß-gelblich	2,29	weiß-gelblich
13	Waltran	119	0,23	weiß-gelblich	1,29	gelblich
14	Spermwaltran .	79	0,27	weiß	0,37	weiß

Die Werte der Tab. 400 zeigen, daß bei gewöhnlicher Temperatur ein Unterschied in der Gerbwirkung zwischen Tranen mit verschiedener JZ praktisch nicht besteht. Dagegen haben bei höheren Temperaturen (60°) — abgesehen von dem aus der Reihe fallenden Tran Nr. 3 — die Trane mit den höchsten JZZ auch die stärkste Gerbwirkung. Einheitlich gilt aber diese Gesetzmäßigkeit nicht. Dies hängt zweifellos mit den verschieden hohen SZZ der Trane zusammen, da nach den Untersuchungen von KLENOW[4] die Gerbwirkung eines Tranes mit steigender SZ zunimmt bzw. sich die Gerbwirkung eines Tranes durch Zusatz von Milchsäure erhöhen läßt.

Man kann deshalb im allgemeinen einen Tran als Gerbmittel für die Sämisch-Gerbung dann für geeignet halten, wenn seine JZ über 140 und seine SZ zwischen

[1] F. STATHER u. H. SLUYTER: Collegium **1935**, 51.
[2] L. KLENOW: Collegium **1926**, 201.
[3] J. JÁNY: Fette u. Seifen **46**, 340 (1939).
[4] L. KLENOW: Collegium **1926**, 201.

10 und 15 liegt. JZZ über 160 sind nicht erwünscht, da der Sämisch-Gerbprozeß mit solchen Tranen zu rasch verläuft und beim Erwärmen der mit Tran behandelten Felle in der „Brut" leicht Überhitzungen eintreten können.

Es ist auch vorgeschlagen worden, für die Beurteilung der Gerbfähigkeit von Tranen die Zunahme des Gehaltes an Oxysäuren nach 6 stdg. Blasen mit heißer Luft als Grundlage zu nehmen. Gut gerbende Trane zeigen vor dem Blasen mit Luft 0,4 bis 0,6%, nach dem Blasen 1,1 bis 1,17% Oxysäuren. Bei nicht gerbenden Tranen tritt durch das Blasen mit Luft so gut wie keine Veränderung des Oxysäure-Gehaltes ein.

In neuerer Zeit sind auch für die Sämisch-Gerbung Austauschprodukte hergestellt worden, mit denen sich Tran teilweise ersetzen läßt. Eine chemische Untersuchung dieser Produkte hat für den Gerber keine Bedeutung. Für ihre Verwendung sind von den Herstellern genaue Arbeitsvorschriften angegeben.

η) Leder-Pflegemittel[1]

Unter Leder-Pflegemitteln werden alle Produkte verstanden, mit denen das Aussehen und die Haltbarkeit von Gebrauchsleder jeder Art erhalten werden soll, insbesondere Lederschwärzen, Ledercremes, Lederöle und -fette, Leder-Imprägnierungsmittel und Treibriemen-Pflegemittel. Soweit diese Produkte von anerkannt erfahrenen Firmen als Markenartikel hergestellt werden, sind sie meist sachgemäß zusammengesetzt. Da aber auch viele kleine Betriebe die Fabrikation solcher Leder-Pflegemittel ohne ausreichende Fachkenntnisse lediglich nach irgendwelchen Rezepten aufgenommen haben, sind mitunter Produkte auf dem Markt, die nicht nur als unbrauchbar, sondern als lederschädigend angesprochen werden müssen. Die Kontrolle der Leder-Pflegemittel durch eine chemische Untersuchung hat deshalb große Bedeutung. Die in den verschiedenen technischen Lieferbedingungen aufgestellten Gütevorschriften können als Richtlinien für derartige Untersuchungen angesehen werden.

Leder-Pflegemittel, die das Leder nicht schädigen sollen, dürfen ganz allgemein folgende Stoffe *nicht* enthalten:
starkwirkende freie Säuren (Schwefel-, Salz-, Oxalsäure u. dgl.),
freies Alkali,
Eisen-Verbindungen,
größere Mengen von Mineralstoffen,
verklebende Substanzen, wie Harze usw.,
gesundheitsschädliche Stoffe.

Man kann die Leder-Pflegemittel in zwei Gruppen einteilen, solche mit spezifischer *Oberflächenwirkung* (Lederschwärzen und Ledercremes) und solche Produkte, die eine *Tiefenwirkung* besitzen und in das Fasergefüge des Leders eindringen (Lederöle und -fette, Leder-Imprägnierungsmittel und Treibriemen-Pflegemittel).

Auf die zahlreichen Typen der ersten Gruppe (*Lederschwärzen* und *Ledercremes*) und ihre Untersuchung soll hier nicht weiter eingegangen werden, da sie keine eigentlichen Leder-Fettungsmittel darstellen. Es sollen lediglich die während des Krieges aufgestellten Güterichtlinien für Ledercremes angegeben werden (Tab. 401).

Lederfette und Lederöle als Leder-Pflegemittel. Da sich der Fettgehalt des Leders erfahrungsgemäß während des Gebrauches vermindert und da hiermit besonders in Verbindung mit Schmutz und Staub ein Brüchigwerden und Versprödung des Leders verbunden ist, muß in vielen Fällen das im Leder enthaltene Fett durch geeignete Leder-Pflegemittel wieder ersetzt werden. Für derartige fetthaltige Leder-Pflegemittel wurden in Zeiten freier Fettwirtschaft fast ausschließlich verseifbare Öle und Fette tierischen und pflanzlichen Ursprungs verwendet, denen geringe Zusätze mineralischer Fettstoffe beigemischt waren. Die Güterichtlinien für derartige fetthaltige Leder-Pflegemittel sind in Tab. 402 angegeben.

---

[1] L. Ivanovszky: Ausputz-, Färbe-, Glanz- und Schmiermittel für Leder. Wien-Leipzig: Hartleben 1937; C. Becher jr.: Leder-Konservierungsmittel und Treibriemen-Adhäsionsmittel. Augsburg 1929; H. Herfeld: Über Leder-Pflegemittel. Beiheft Nr. 53 zu der Zeitschrift „Die Chemie". Weinheim: Verlag Chemie 1945; Zit. S. 1644, Fußnote 1.

Im übrigen sind an Lederfette und -öle, die als Leder-Pflegemittel verwendet werden, die gleichen Anforderungen zu stellen wie an die Fette und Öle, die bei der Leder-Herstellung (Zurichtung) zur Verwendung kommen.

Leder-Imprägnierungsmittel. Leder-Imprägnierungen, für deren Herstellung es zahlreiche in- und ausländische Patente gibt, werden vorgenommen, um Leder für bestimmte Verwendungszwecke geeignet zu machen, für die besondere Eigenschaften, wie Wasserfestigkeit u. dgl. erforderlich sind. Schon das Einbrennen des Leders, wie es S. 1642 beschrieben ist, stellt eine Art von Imprägnierung des Leders dar. Für die Erzielung von Wasserdichtigkeit und zur Verbesserung des Abnutzungswiderstandes sind Paraffin, Ozokerit bzw. Ceresin, synthetische Wachse, Montanwachs und Kolophonium die besten Imprägnierungsmittel. Für Unterleder kommen auch Harze als Imprägnierungsmittel in Frage[1].

Die Anforderungen, die an derartige Imprägnierungsmittel zu stellen sind, wurden, soweit es sich um Lederfette handelt, in den bisherigen Abschnitten erläutert. Die frühere Deutsche Versuchsanstalt für Leder-Industrie, Freiberg/Sa., hat außerdem folgende *Güte-Anforderungen* aufgestellt[2], die zwar vorwiegend für Heeresausrüstung (Schuhzeug) in Frage kamen, aber auch heute noch als Richtlinien dienen können:

1. Schuhzeug-Imprägnierungsmittel müssen möglichst homogen sein und dürfen auch nach 48 stdg. Stehen bei Zimmertemperatur (15 bis 20°) in verschlossenen Gefäßen keine stärkeren Abscheidungen aufweisen.

2. Der Gehalt an Mineralstoffen (Glührückstand) darf 2,0% nicht überschreiten.

3. Eisen-Verbindungen dürfen nicht über 0,1%, als Eisenoxyd (Fe_2O_3) berechnet, vorhanden sein.

4. Der Trockenrückstand beim Trocknen während 10 Std. bei 50° unter einem Druck von 100 mm Quecksilbersäule muß mindestens 15% betragen.

5. Der nach Verdunsten der Lösungsmittel bei Zimmertemperatur zurückbleibende Rückstand darf weder spröde sein noch kleben.

6. Schuhzeug-Imprägnierungsmittel müssen frei sein von für die Lederfaser schädlichen, stark wirkenden freien Säuren oder freien Alkalien. Der p_H-Wert einer wäßrigen Ausschüttlung von 2,0 g des Produktes mit 100 ml frisch dest. Wasser darf, mit der Glaselektrode gemessen, nicht unter 3,5 und nicht über 8 liegen. Die Differenz dieses p_H-Wertes zum p_H-Wert der 10 fachen Verdünnung der wäßrigen Ausschüttlung muß weniger als 0,7 betragen.

7. Oberleder-Imprägnierungsmittel dürfen keine Naturharze enthalten. In Imprägnierungsmitteln für Unterleder dürfen Harze nur enthalten sein, wenn gleichzeitig Fettstoffe oder sonstige weichmachende Stoffe in solchen Mengen vorhanden sind, daß eine versprödende Wirkung auf den Trockenrückstand vermieden wird.

8. Das Produkt muß frei sein von gesundheitsschädlichen Stoffen wie Nitrobenzol, freien Aminen, Diaminen, Aminophenolen usw.

9. Bei Imprägnierung von Leder mit 5% des Schuhzeug-Imprägnierungsmittels, bezogen auf Ledergewicht und Trockensubstanz-Gehalt des Produktes, muß bei einseitigem Auftrag auf Kernleder die angewandte Menge des Imprägnierungsmittels gut und gleichmäßig in das Leder eindringen und vom Lederfaser-Gefüge restlos aufgenommen werden, ohne eine klebende oder schmierende Schicht auf der Leder-Oberfläche zu hinterlassen. Dabei erfolgt die Imprägnierung bei pflanzlich gegerbtem Unterleder von der Narbenseite nach vorherigem Abbimsen der äußersten Narbenschicht, bei Fahlleder von der Fleischseite. Nach der Imprägnierung und dem Verdunsten etwa vorhandener Lösungsmittel (72 Std. Lagerung nach der Imprägnierung bei $20 \pm 2°$ und 65% relativer Luftfeuchtigkeit) darf das Leder nicht brüchig sein, Oberleder auch seine geschmeidige Beschaffenheit nicht einbüßen und andererseits nicht lappig werden.

10. Imprägnierungsmittel für *Unterleder* müssen in jedem Fall den *Abnutzungswiderstand* erheblich verbessern, d. h. der Abnutzungskoeffizient des imprägnierten Leders nach STATHER-HERFELD[3] darf höchstens die Hälfte des Abnutzungskoeffizienten des ursprünglichen Leders betragen. Soweit die Imprägnierungsmittel für Schuhzeug eingesetzt werden, bei dem in der praktischen Beanspruchung starke Nässe-Einwirkung eintritt (Schuhzeug für Naßarbeiten usw.), muß neben der Verbesserung des Abnutzungswiderstandes eine gute

---

[1] Siehe hier auch die Untersuchungen von F. STATHER u. H. HERFELD: Collegium **1941**, 247.

[2] H. HERFELD: Über Leder-Pflegemittel. Beiheft Nr. 53 zu der Zeitschrift „Die Chemie". Weinheim: Verlag Chemie 1945; Zit. S. 1644, Fußnote 1.

[3] H. HERFELD: Die Qualitätsbeurteilung von Leder, Lederaustausch-Werkstoffen und Leder-Behandlungsmitteln, S. 77 ff. Berlin: Akademie-Verlag 1950.

Tabelle 401. *Güte-Richtlinien für Ledercremes*

	Ölware	Mischware	Stangenware
Äußere Beschaffenheit	Dosencremes müssen gleichmäßige Massen von salbenartig fester Konsistenz darstellen, die keine Körnchen- oder Grießbildung aufweisen. Tubencremes müssen gleichmäßige Massen darstellen, die auch bei längerer Lagerung keinerlei Zersetzung erleiden. Flüssige Cremes dürfen nach Durchschütteln innerhalb 1 Std. kein Absetzen oder Trennen in einzelne Schichten zeigen.		—
Mineralstoffe (Glührückstand)	Weniger als 1,0%	Weniger als 2,0%	Weniger als 1,0%
Eisen-Verbindungen	Weniger als 0,1% Fe_2O_3		
Trockensubstanz (Trocknen bei 100° bis zur Gewichtskonstanz)	Dosenware mind. 25%, Mischware einschließlich Tubenware mind. 15%, flüssige Ware mind. 10%		nicht über 80%
Art der Lösungsmittel	Nur organische Lösungsmittel (Terpentinöl-Ersatzstoffe mit Siedepunkten nicht unter 130°). Ausgenommen sind Nitro-, Amino- und aromatische Hydroxyl-Verbindungen.	Neben Wasser mind. 20 ml organische Lösungsmittel in 100 g Creme	Mind. 20% organische Lösungsmittel
Verdunstungsgeschwindigkeit der Lösungsmittel bei Dosenwaren (7 Tage Lagerung der offenen Dose bei 20 ± 2°)	Gewichtsverlust bei Ölware höchstens 15%, bei Mischware höchstens 25% der insgesamt vorhandenen flüchtigen Stoffe		Das Produkt muß nach 7 tägiger Lagerung ohne Verpackung noch mind. 17% bei 100° flüchtige Stoffe enthalten. Die gelagerte Probe darf keine Rißbildung zeigen und nicht zerbröckeln.
Acidität bzw. Alkalität	Der p_H-Wert einer wäßrigen Ausschüttelung von 2,0 g Ledercreme mit 100 ml frisch dest. Wasser darf mit der Glaselektrode gemessen nicht unter 4,50 und nicht über 9,00 betragen.		
Schädliche Stoffe	Ledercremes dürfen keine für die Lederfaser schädlichen Bestandteile wie freies Harz usw. enthalten. Der Trockenrückstand darf nicht kleben. Die Ledercremes dürfen keine gesundheitsschädlichen Stoffe wie Nitrobenzol, von der Farbstoff-Herstellung herrührende Amine (Anilin), Diamine und Aminophenole und keines der oben angeführten ungeeigneten organischen Lösungsmittel enthalten.		
Verhalten auf Leder	Ledercremes müssen sich auf dem Leder in dünnen Schichten gut verteilen lassen. Sie müssen einen Film liefern, der sich gut glänzen läßt, eine trockene, nicht klebrige Beschaffenheit besitzt, eine einwandfreie Elastizität aufweist und beim Knicken nicht abblättert und nicht stark abfärbt.		

Tabelle 402. *Güte-Richtlinien für Fettungsmittel für Leder*

	Lederöle und -fette in Friedensprodukten	Lederfett in Kriegsprodukten
Äußere Beschaffenheit	Lederöle sind klare Flüssigkeiten, die auch bei längerem Stehen bei $20 \pm 2°C$ keinen stärkeren Bodensatz aufweisen dürfen. Lederfette müssen von salbenartiger Konsistenz sein.	Lederfette müssen von salbenartig fester Konsistenz sein.
Mineralstoffe (Glührückstand)	Nicht über 2,0%	
Eisen-Verbindungen	Nicht über 0,1% Fe_2O_3	
Flüchtige Stoffe (Trocknen bei 100° bis zur Gewichtskonstanz)	Nicht über 10,0%	Bei einer Trockendauer von 5 Std. nicht über 10%. Nach weiterer Trocknung bis 24 Std. Zunahme nicht mehr als weitere 5% (bezogen auf Gesamtgewicht) über den nach 5 Std. bestimmten Wert hinaus
In Äther unlösliche organische Bestandteile	Nicht über 5,0%	—
Säurezahl	Nicht über 30	
Jodzahl nach HANUS	Nicht über 125	
Acidität (bzw. Alkalität)	Lederöle und -fette dürfen keine stark wirkenden freien Säuren oder freien Alkalien enthalten. Der p_H-Wert einer wäßrigen Ausschüttelung von 2,0 g des Produktes mit 100 ml frisch dest. Wasser darf mit der Glaselektrode gemessen nicht unter 4,50 und nicht über 7,50 betragen.	
Schädliche Stoffe	Lederöle und -fette dürfen keine für die Lederfaser schädlichen Bestandteile wie freies Harz usw. enthalten. Der Trockenrückstand darf nicht kleben. Sie dürfen keine gesundheitsschädlichen Stoffe wie Nitrobenzol, Amine (Anilin), Diamine und Aminophenole enthalten.	
Verhalten auf Leder	Lederöle und -fette müssen gut und gleichmäßig in das Leder einziehen, dürfen auf der Oberfläche keine klebende Schicht hinterlassen und dürfen auch bei längerer Lagerung nicht aus dem Leder ausharzen.	Bei Fettung von Fahllederproben von 10×10 cm Fläche und 2,5 bis 3 mm Dicke mit 0,5 g des Fettes von der Fleischseite her muß das Fett gut und vollständig in das Leder eindringen, ohne auf der Oberfläche eine klebende oder schmierende Schicht zu hinterlassen. Das Fett darf auch bei 3 Std. Lagerung des so gefetteten Leders bei 35° nicht durch das Leder durchschlagen, nicht aus diesem ausharzen oder ausschwitzen und beim stärkeren doppelten Umbiegen des Leders nicht wieder aus diesem austreten. Das Leder muß eine gewisse Weichheit und Geschmeidigkeit erhalten, ohne lappig zu werden.

Verbesserung der *Wasserdichtigkeit* erreicht werden, d. h. bei einem Leder mit einem ursprünglichen Wasserdurchlässigkeitsquotienten nach STATHER-HERFELD[1] zwischen 0,2 und 0,4 muß durch die Imprägnierung der Wasserdurchlässigkeitsquotient um mindestens 0,3 erhöht werden. Hierbei kann die Verminderung der Luftdurchlässigkeit unberücksichtigt bleiben. Soweit die Imprägnierungsmittel für Zwecke eingesetzt werden, bei denen die Erhaltung guter *Luftdurchlässigkeit* im Vordergrund steht (z. B. Marschstiefel), die Wasserdichtigkeit dagegen nicht von allein ausschlaggebender Bedeutung ist, darf der Luftdurchlässigkeitskoeffizient des imprägnierten Leders nach BERGMANN (DIN-Blatt 53334) nicht weniger als $1/_4$ des Wertes des ursprünglichen Leders betragen. Dabei beziehen sich die angeführten Vergleichsdaten jeweils auf eine Imprägnierung mit 5% des Imprägnierungsmittels, bezogen auf Ledergewicht und Trockensubstanz-Gehalt des Imprägnierungsmittels.

11. Imprägnierungsmittel für *Oberleder* müssen die *Wasserdichtigkeit* des Leders erheblich verbessern, d. h. bei einem Leder mit einem ursprünglichen Wasserdurchlässigkeitsquotienten nach STATHER-HERFELD[1] zwischen 0,2 und 0,4 muß durch die Imprägnierung der Wasserdurchlässigkeitsquotient um mindestens 0,3 erhöht werden. Soweit die Imprägnierungsmittel bei Schuhzeug eingesetzt werden, bei dem besonders die *Luftdurchlässigkeit* zu erhalten ist (Marschstiefel usw.), darf gleichzeitig der Luftdurchlässigkeitsquotient nach BERGMANN (DIN-Blatt 53334) nicht weniger als $1/_4$ des Wertes des ursprünglichen Leders betragen, wobei dann der Wasserdurchlässigkeitsquotient nur um mindestens 0,2 erhöht zu werden braucht. Dabei beziehen sich die angeführten Vergleichsdaten jeweils auf eine Imprägnierung mit 5% des Imprägnierungsmittels, bezogen auf Ledergewicht und Trockensubstanz-Gehalt des Imprägnierungsmittels.

Treibriemen-Pflegemittel. Durch eine sachgemäße Pflege kann die Lebensdauer der Ledertreibriemen wesentlich verlängert, durch Verwendung ungeeigneter Pflegemittel aber ebenso verringert werden. Treibriemen-Pflegemittel sind flüssige und salbenartige Substanzen, die dazu dienen, das Leder weich und geschmeidig zu erhalten und dadurch die natürliche Adhäsion des Riemens steigern bzw. wiederherstellen sowie ein gleichmäßiges Ansaugen des Riemens auf der Scheibe und die Erhöhung der Durchzugskraft bewirken. Daneben sind noch besondere *Adhäsionsmittel* im Gebrauch, mit denen eine zusätzliche Haftung durch Erzeugung einer klebenden Oberfläche erzielt wird, wobei aber die Klebewirkung nur kurzfristig sein darf. Sie beeinträchtigen in den meisten Fällen die Lebensdauer des Riemens.

Für Riemen-Pflegemittel werden vorwiegend Fettstoffe, wie Stearin, Tran, Talg, Degras, Wollfett, in sachgemäßer Mischung verwendet.

Für die Untersuchung von Treibriemenpflege- und Adhäsionsmitteln sind folgende Güteforderungen maßgebend[2]:

a) Sie müssen möglichst homogen sein. Flüssige Mittel dürfen nach 48 stdg. Stehen bei Zimmertemperatur (15 bis 20°) im geschlossenen Gefäß bei einer Schichthöhe von 200 mm einen Bodensatz von höchstens 1 mm Höhe aufweisen.

b) Der Trockensubstanz-Gehalt muß beim Trocknen bei 100° bis zu einer Trockendauer von höchstens 20 Std. mind. 25% betragen.

c) Der nach völligem Verdunsten der Lösungsmittel bei Zimmertemperatur (15 bis 20°) zurückbleibende Rückstand darf nicht spröde sein.

d) Der Gehalt an Mineralstoffen (Glührückstand) darf 2,0% nicht überschreiten. Eisen-Verbindungen dürfen nicht über 0,1%, als Eisenoxyd (Fe_2O_3) berechnet, vorhanden sein.

e) Sie müssen frei sein von starkwirkenden freien Säuren und freien Alkalien, die der Lederfaser schädlich sind. Der p_H-Wert einer wäßrigen Ausschüttlung von 2,0 g des Mittels mit 100 ml frisch dest. Wasser darf nicht unter 3,5 und nicht über 8,0 liegen. Die Differenz dieses p_H-Wertes zum p_H-Wert der 10fachen Verdünnung der wäßrigen Ausschüttlung muß weniger als 0,70 betragen.

f) Sie dürfen keine größeren Mengen an freien Fettsäuren aufweisen, d. h. die SZ des Trockenrückstandes (nach Abschnitt 1 b) darf 20 nicht übersteigen.

g) Sie dürfen keine Gummizusätze, keine Naturharze in unveränderter Form und keine verharzenden Stoffe enthalten. Kunststoffe und Naturharze

---

[1] F. STATHER u. H. HERFELD: Collegium **1935**, 13.
[2] RAL-Bedingungen 890 B.

in veränderter Form können nur so weit verwendet werden, als sie bei Prüfung nach Abschnitt c) keinen spröden Trockenrückstand bewirken und auf dem Leder keine klebrige Oberflächen-Beschaffenheit erzeugen.

h) Beim Behandeln von Treibriemenleder von der Fleischseite müssen sie nach Lagern des behandelten Leders während 12 Std. gut und gleichmäßig in das Leder eingedrungen sein, ohne eine klebende Schicht auf der Leder-Oberfläche zu hinterlassen. Nach der Behandlung darf das Leder nicht brüchig sein und seine natürliche Geschmeidigkeit nicht einbüßen, es muß vielmehr auch nach längerer Lagerung weich und geschmeidig bleiben. Die Zugfestigkeit der imprägnierten Leder darf nicht niedriger sein als vor der Imprägnierung. Die bleibende Dehnung darf durch die Imprägnierung um nicht mehr als 10% der Dehnung vor der Imprägnierung erhöht werden.

i) Beim Aufbringen auf die Laufseite des stillstehenden Riemens müssen sie sich gleichmäßig verteilen lassen. Sie dürfen beim Laufen des Riemens keine Fäden ziehen und müssen innerhalb von 5 Min. in das Leder einziehen, ohne eine klebrige Oberfläche des Riemens zu hinterlassen oder die Scheibe klebrig zu machen. Der behandelte Riemen muß ruhig laufen und darf nicht auf der Riemenscheibe rutschen.

Adhäsionsmittel für Ledertreibriemen müssen den gleichen Anforderungen wie Abschnitt a) bis i) entsprechen mit der Ausnahme, daß eine anfängliche klebrige Beschaffenheit des mit dem Mittel behandelten Leders bei Prüfung nach Abschnitt i) nicht zu beanstanden ist. Dagegen muß diese klebrige Beschaffenheit nach einer Laufdauer von 30 Min. verschwunden sein und auf der Riemenscheibe darf keine klebende Schicht zurückbleiben.

ϑ) Aus Leder extrahierte Fettstoffe

In besonderen Fällen (Nachweis der Herkunft bestimmter Leder, Aufklärung von Lederfehlern u. dgl.) kann es notwendig werden, die Eigenschaften von Lederfetten oder -fettgemischen, die aus Leder extrahierbar sind, näher zu bestimmen. Die Extraktion des Leders, wie sie zur Bestimmung des Fettgehaltes von Leder üblich ist, erfolgt nach S. 357 ff.

Bei der Untersuchung des Fettextraktes wird, falls das Fettgemisch fest ist, zunächst der *Schmelzpunkt* ermittelt, um über Art und Umfang des Anteiles fester Lederfette ein Bild zu erhalten. Sodann wird die *Verseifungszahl* bestimmt, aus der sich der unverseifbare Anteil (Paraffine) ziemlich genau abschätzen läßt, sofern nicht größere Mengen Wollfett anwesend sind. *Jodzahlen* von festen oder halbfesten extrahierten Fettgemischen, die über 60 liegen, deuten stets auf die Anwesenheit von Tranen hin, da Leinöl selten in solchen Gemischen Verwendung findet. Noch aufschlußreicher ist die Bestimmung der *Rhodanzahl*, am sichersten die *Polybromid-Probe*. Die *Säurezahl* besagt wenig, es sei denn, daß sie besonders hoch ist und dann auf die Anwesenheit von Stearin schließen läßt. Der Gehalt an Harzen kann nach den DGF-Einheitsmethoden bestimmt werden. Für den Nachweis einzelner Fette siehe auch die Angaben S. 1664.

Wie weit an Hand dieser analytisch ermittelten Unterlagen sich einigermaßen sichere Angaben über die Zusammensetzung eines Fettextraktes machen lassen, wird viel von der Geschicklichkeit und Erfahrung des Chemikers abhängen. Jedenfalls läßt sich auf die beschriebene Weise mit weitgehender Sicherheit feststellen, ob zwei vorliegende Lederproben aus einer Partie Leder stammen können, wie dies z. B. bei Streitfällen nachzuweisen von Wichtigkeit sein kann. Denn zwei Lederproben von gleichem Fettgehalt, deren Fettextrakte zwei verschiedene VZZ von 40 und 80 aufweisen oder Schmpp. von 35 und 48° besitzen, können unmöglich von der gleichen Lederpartie stammen. Oder um ein anderes Beispiel aus dem Gebiet gerichtlicher Untersuchungen zu nennen: Eine Partie Arbeitsschuhe war mit gestohlenem Treibriemenleder besohlt worden. Der Beklagte gab dies für ein Paar zu, bestritt dies aber für 10 weitere Paare, die bereits getragen waren, so daß das äußere Aussehen der Sohlen wenig verriet. Die Extraktion einer Probe der Sohlen des zugegebenen Paares und einiger Proben von Sohlen der strittigen Paare ergaben den gleichen Fettgehalt der Leder (16%) sowie VZZ der Fettgemische von 160, 162 und 159 und Schmpp. von 46 bis 48°. Da normales Sohlleder nur 1 bis 2% Fett enthält und die analytischen Daten der extrahierten Fette völlig übereinstimmten, war kein Zweifel darüber möglich, daß die Sohlen des zugegebenen Schuhpaares und die der strittigen Paare von dem gleichen Leder stammten.

Noch an einem weiteren Beispiel sei die Bedeutung, die derartige Untersuchungen haben können, erläutert. Ein schwerer, wertvoller Treibriemen war bei normaler Beanspruchung frühzeitig brüchig und unbrauchbar geworden. Die Treibriemenfabrik gab die Reklamation an die Lederfabrik weiter, von der das Leder für den Riemen nachweislich bezogen war. Eine Untersuchung des brüchig gewordenen Riemens ergab, daß das aus einer Probe extrahierte Fett einen auffallend hohen Gehalt an Harz aufwies, während die Lederfarbik glaubhaft nachweisen konnte, daß für das kalt geschmierte Riemenleder in keinem Fall Harz verwendet worden war. Es stellte sich heraus, daß ein den Riemenantrieb bedienender Arbeiter wiederholt gepulvertes Kolophonium auf den laufenden Riemen gegeben hatte, um den Durchzug des Riemens zu verbessern. Hierdurch war eine frühzeitige Versprödung und ein Brüchigwerden des Riemens eingetreten.

Diese Beispiele mögen einen Hinweis dafür geben, in welchen Fällen und bis zu welchen Grenzen die Untersuchung von Fettgemischen, die aus Leder extrahierbar sind, praktische Bedeutung erlangen können.

8. Wollfett und Wollfettprodukte [*]

Das Wollfett ist eine Absonderung aus der Haut des Schafes. Es entstammt einerseits den Drüsen an der Haarwurzel, von denen es dem wachsenden Haar laufend mitgegeben wird, andererseits den Ausscheidungen der Talg- und Schweißdrüsen der Haut. Die Wollfaser wird dadurch gleichmäßig mit Wollfett überzogen, gegen mechanische und atmosphärische Einflüsse geschützt und die Epidermis vor zu starkem Feuchtigkeitsentzug behütet. Außer dem Wollfett schwitzt die Haut des Schafes auch „Schweißsäuren" aus. Diese würden einen zerstörenden Einfluß auf die Wolle und die Haut ausüben, wenn nicht von den Hautdrüsen gleichzeitig auch alkalische Stoffe, in der Hauptsache Kalium-Verbindungen, abgesondert würden, welche die „Schweißsäuren" neutralisieren und unschädlich machen. Das Wollfett ist ein schwerverseifbares Fett und wird von den Kalium-Verbindungen nicht angegriffen. Die Rohwolle enthält je nach Provenienz und Qualität bis zu 15% Wollfett, teilweise bis zu 20% und mehr.

Zur Gewinnung des Wollfettes werden die Ausscheidungen der Schafhaut, also außer dem Wollfett die Kaliumsalze und die sekundär durch Gärung der stickstoffhaltigen Schweißabsonderungen entstandenen Verbindungen zusammen mit den beim Lagern der Schafe aufgenommenen Erd- und Sandteilen, Kot- und Urinresten in den Wollwäschereien von der Wolle entfernt. Zu diesem Zweck wird die Wolle zunächst mit kaltem Wasser sorgfältig ausgelaugt. Dabei gehen die Wollschweiß-Kaliseifen in Lösung. Die erhaltene Lauge wird konzentriert und in geeigneten Calcinieröfen verascht. Es entsteht rohe Pottasche (Wollschweißasche) mit etwa 72 bis 75% Kaliumcarbonat (Kaliumsilicat und Kaliumphosphat) und Kaliumsulfid. Die vom Schweiß befreite Schmutzwolle enthält noch das Wollfett. Sie wird in Waschmaschinen, sogenannten Leviathanen, mit Seifen oder synthetischen Waschmitteln, Soda usw. gewaschen. Andere Verfahren gehen dahin, die Rohwolle durch direkte Extraktion mit Lösungsmitteln (Benzin, Schwefelkohlenstoff, Trichloräthylen, Methylenchlorid, Aceton) zunächst vom Wollfett zu befreien. In den USA ist ein Verfahren entwickelt, Wolle durch Gefrieren zu reinigen[1]. Bis zu 90% der erdigen Unreinheiten werden dadurch vom Vließ zusammen mit etwa 80% der anwesenden pflanzlichen Bestandteile und etwa 33% des Wollfettes entfernt. Die Wolle wird sodann in üblicher Weise leicht gewaschen. E. C. Duhamel[2] wäscht die Rohwolle in ihrem eigenen Schweiß (Wollschweißlauge) und zentrifugiert laufend das Wollfett aus der Lauge ab, die dem Waschprozeß wieder zugeführt wird (Kreislauf-Verfahren). Aus den Wollwaschwässern kann das Wollfett mit Hilfe geeigneter Zentrifugen

---

[*] **Bearbeitet von Dr. W. Gänssle, Hannover.**
[1] H. C. Turner: Refrigerating Engng. **34**, 365 (1937).
[2] E. C. Duhamel: B.P. 247092.

abgeschleudert werden, wodurch ein halbneutrales Wollfett mit einer niedrigen Säurezahl je nach Provenienz der Wolle erhalten wird.

Andere Verfahren bestehen darin, daß die Woll-Waschwässer, in welchen das Wollfett emulgiert ist, über Absetzbehälter geleitet werden, um Sand und schwere Sinkstoffe zu beseitigen. Die Brechung der Emulsion erfolgt mit Schwefelsäure. Hierbei werden Wollfett, Schmutz usw. gleichzeitig mit eventuell vorhandenen Seifen-Fettsäuren in Form eines dicken, schweren Schlammes ausgeschieden und in entsprechenden Klärbecken gesammelt. Anschließend wird durch geeignete Lösungsmittel, wie Benzin, Trichloräthylen, Methylenchlorid usw., das Wollfett extrahiert.

An Stelle von Schwefelsäure können die Woll-Waschwässer auch mit Calciumchlorid, Kalk und Magnesiumsulfat versetzt werden. Der so erhaltene Schlamm wird mit Salzsäure zersetzt und das Fett durch Extraktion gewonnen.

Nach den verschiedenen Extraktionsverfahren erhält man ein Roh-Wollfett mit einem mehr oder weniger hohen Gehalt an freier Fettsäure, der zwischen 10 und 25% schwankt, je nach den zur Rohwollwäsche verwendeten Waschmitteln.

Durch Neutralisieren bzw. Entfernen der freien Fettsäure aus dem rohen Wollfett gelangt man zum Neutral-Wollfett und durch entsprechende Raffinationen und Desodorisierung zu gereinigtem Wollfett: *Adeps Lanae anhydricus*.

a) Zusammensetzung und Eigenschaften

Das Wollfett muß seiner Zusammensetzung nach zu den tierischen Wachsen gerechnet werden. Es besteht aus einem Gemisch von Fettsäureestern höherer Fettalkohole, freien höheren Alkoholen und freien Fettsäuren. Letztere sind teilweise artfremd und gelangen durch den Reinigungsprozeß der Rohwolle je nach dem Gewinnungsverfahren des Wollfettes in dasselbe. Der Anteil an Wollfettalkoholen in gereinigtem Wollfett, Neutral-Wollfett bzw. Adeps Lanae anhydr. liegt bei etwa 37 bis 45%. Vorherrschend sind die polycyclisch-hydroaromatischen Sterine, während die aliphatischen höhermolekularen Alkohole zurücktreten. Der Anteil an *freiem* Cholesterin beträgt etwa 2 bis $2^1/_2\%$.

Bereits 1868 wies F. Hartmann[1] auf das Vorkommen von Cholesterin-Fettsäureestern und auf die Abwesenheit von Glycerin hin. Später bestätigte E. Schulze[2] die Arbeit von F. Hartmann und gab den Isomeren des Cholesterins die Bezeichnung „Iso-Cholesterin". L. Darmstädter und J. Lifschütz[3] erkannten die aliphatischen Alkohole im Wollfett als „Cetylalkohol"($C_{16}H_{34}O$), „Cerylalkohol"($C_{26}H_{54}O$) und „Carnaubylalkohol"($C_{24}H_{50}O$). O. Braun[4] entdeckte die Wasser-Aufnahmefähigkeit des Wollfettes und gab der mit 25% Wasser entstehenden Salbe den Namen „Lanolin". Liebreich empfahl Lanolin als Salbengrundlage und hob als hervorstechendste Eigenschaft die große Wasser-Aufnahmefähigkeit hervor, wie sie bei keinem anderen Körper bekannt sei. Ferner stellte er fest, daß Lanolin leicht in die Haut einzureiben ist und daß reine Präparate unzersetzlich sind. Lifschütz wollte Oxycholesterin im Wollfett festgestellt haben und in einer späteren Arbeit auch sogenanntes Metacholesterin, dem er die hohe Wasser-Aufnahmefähigkeit des Wollfettes zuschrieb. J. C. Drummond und L. C. Baker[5] fanden im gereinigten Wollfett 37,5% Unverseifbares, das überwiegend aus höheren Fettalkoholen besteht, davon mindestens 30% Cholesterin, neben Dihydrocholesterin, Cetylalkohol und Cerylalkohol. Das von Lifschütz erwähnte Oxycholesterin wurde als ein durch Sauerstoff-Einwirkung auf Cholesterin entstandenes Oxydationsprodukt erkannt, das aber nicht ursprünglich im Wollfett vorhanden ist.

Cholesterin ($C_{27}H_{45}OH$) ist ein gut kristallisierender, optisch aktiver, einwertiger sekundärer Alkohol, Schmp. 148°, und besitzt im Molekül eine Doppelbindung. Die Konstitution dieser komplizierten Verbindung haben insbesondere Windaus[6] und seine Schüler aufgeklärt (s. S. 260ff.).

[1] F. Hartmann: Diss. Göttingen 1868.

[2] E. Schulze: J. prakt. Chem. **7**, 163 (1873); **9**, 321 (1874).

[3] L. Darmstädter u. J. Lifschütz: Ber. dtsch. chem. Ges. **28**, 3133 (1895); **29**, 618, 1474, 2890 (1896); **31**, 97, 1122 (1898).

[4] O. Braun: DRP. 22516; O. Braun u. O. Liebreich: A.P. 271192.

[5] J. C. Drummond u. L. C. Baker: J. Soc. chem. Ind. **48**, 232 (1929).

[6] A. Windaus: Nachr. Ges. Wiss. Göttingen **1919**, 237; C. **1920** I, 82.

WINDAUS und TSCHESCHE[1] gelang es, das sogenannte „Isocholesterin" als ein Gemisch von etwa 8% Agnosterin ($C_{30}H_{48}O$) und etwa 90% Lanosterin ($C_{30}H_{50}O$) zu erkennen. C. DORÉE und D. C. GARRATT[2] konnten das Vorkommen von Lanosterin bestätigen, und SCHULZE[3] zeigte, daß Agnosterin und Lanosterin nicht in die Gruppe der Sterine gehören, sondern auf Grund der Dehydrierung den Triterpenen zuzuordnen sind. R. SCHÖNHEIMER und H. v. BEHRING[4] zeigten, daß die mit Digitonin fällbaren Sterine des Wollfettes bis zu 18% gesättigte Sterine enthalten, vor allem Dihydrocholesterin. Das sogenannte Metacholesterin von I. LIFSCHÜTZ[5], dem der hydrophile Charakter des Wollféttes zugeschrieben wurde, ist, wie P. MOHS[6] darlegte, ein verunreinigtes Cholesterin.

Nach dem derzeitigen Stand der Forschung setzen sich die Wollfett-Alkohole wie folgt zusammen:

Sterine	Mol.-Gew.	Formel	Schmp. °C	Anteil im Unverseifbaren des Wollfettes %
Cholesterin . . .	386,4	$C_{27}H_{46}O$	148,5	etwa 25—33
Lanosterin . . .	426	$C_{30}H_{50}O$	140—141	etwa 20—25
Agnosterin . . .	424	$C_{30}H_{48}O$	162	etwa 0—5

Die restlichen Anteile entfallen auf isomere Sterine und aliphatische Alkohole, die 20 bis 22,5% der Wollwachsalkohole ausmachen[7]. Die Zusammensetzung dieser aliphatischen Alkohole ist noch nicht restlos bekannt (vgl. S. 315 ff.). Die Tatsache, daß das Unverseifbare des Wollwachses ein sehr kompliziertes Gemisch ist, hat zu widersprechenden Ergebnissen geführt. Bisher wurden 22 Alkohole isoliert[8], die 4 verschiedenen Gruppen angehören: normale Alkohole, Diole, iso- und ante-iso- Alkohole. Von den normalen Alkoholen wurden bisher 6 über die Harnstoff-Additionsverbindungen identifiziert, und zwar C_8, C_{20}, C_{22}, C_{24}, C_{28} und C_{30}. Einige von ihnen wurden bereits früher von anderen Autoren gefunden, obschon die Angaben verschiedener Autoren sehr unterschiedlich sind[9]. Als weitere Wollwachsalkohole wurden bisher 1,2-Diole gefunden[10], deren Identifizierung noch Schwierigkeiten bereitet, weil sie wahrscheinlich verzweigte Ketten enthalten[11]. Die verzweigten Monooxyalkohole jedoch wurden eingehend untersucht. K. E. MURRAY und R. SCHOENFELD[12] gelang es, 6 rechtsdrehende

[1] A. WINDAUS u. R. TSCHESCHE: Hoppe-Seyler's Z. physiol. Chem. **190**, 54 (1930).

[2] C. DORÉE u. D. C. GARRATT: J. Soc. chem. Ind. **52**, 141, 355 (1933).

[3] H. SCHULZE: Hoppe-Seyler's Z. physiol. Chem. **238**, 35 (1936).

[4] R. SCHÖNHEIMER u. H. v. BEHRING: Hoppe-Seyler's Z. physiol. Chem. **192**, 95, 111 (1930).

[5] I. LIFSCHÜTZ: Biochem. Z. **129**, 115 (1922).

[6] P. MOHS: Fette u. Seifen **45**, 152 (1938).

[7] E. V. TRUTER: Quart. Rev. (chem. Soc., London) **5**, 390 (1951); E. v. RUDLOFF: Chem. and Ind. **1951**, 338; K. E. MURRAY u. R. SCHOENFELD: J. Amer. Oil Chemists' Soc. **29**, 416 (1952).

[8] Vgl. H. W. KNOL: J. Amer. Oil Chemists' Soc. **31**, 59 (1954).

[9] M. A. BUISINE: Bull. Soc. chim. France **42**, 201 (1884); H. STÜRCKE: Liebigs Ann. Chem. **223**, 283 (1884); J. J. LEWKOWITSCH: J. Soc. chem. Ind. **11**, 134 (1892); G. MARCHETTI: Gazz. chim. ital. **25**, 22 (1895); L. DARMSTÄDTER u. J. LIFSCHÜTZ: Ber. dtsch. chem. Ges. **28**, 3133 (1895); **29**, 1474, 2890 (1896); F. RÖHMANN: Biochem. Z. **77**, 298 (1916); A. HEIDUSCHKA, E. NIER u. F. GRASSOW: ebenda **148**, 61 (1924); J. C. DRUMMOND u. L. C. BAKER: J. Soc. chem. Ind. **48**, 232 (1929); A. C. CHIBNALL, S. H. PIPER, A. POLLARD, E. F. WILLIAMS u. P. N. SAHAI: Biochem. J. **28**, 2189 (1934); K. LINDNER: Seifensieder-Ztg. **61**, 470, 491, 833, 856 (1934); H. SCHWARZ: ebenda **63**, 238 (1936); K. LINDNER: Fette u. Seifen **50**, 551 (1943); A. H. WARTH: The Chemistry and Technology of Waxes. New York: Reinhold Publishing Co. 1947; F. GIESER: Fette · Seifen · Anstrichmittel **54**, 92 (1952).

[10] E. v. RUDLOFF: Chem. and Ind. **1951**, 338; J. TIEDT u. E. V. TRUTER: Zit. S. 316, Fußnote 4.

[11] D. H. S. HORN u. F. W. HOUGEN: Chem. and Ind. **1951**, 670.

[12] K. E. MURRAY u. R. SCHOENFELD: J. Amer. Oil Chemists' Soc. **28**, 461 (1951); **29**, 416 (1952).

„ante-iso"-Alkohole mit einer ungeraden Anzahl von C-Atomen und 4 linksdrehende „iso"-Alkohole mit einer geraden Anzahl von C-Atomen zu isolieren, deren Daten im Abschnitt „Chemie der Wachse" (s. S. 321) zusammengestellt sind.

Die Hinweise in der Literatur, daß in Wollfett geringe Mengen stickstoff- und phosphorhaltige Fettstoffe aufgefunden wurden, dürften auf einem Irrtum beruhen bzw. auf die Untersuchung nicht genügend gereinigter Wollfett-Produkte zurückzuführen sein.

Die Zusammensetzung der Fettsäuren aus den Wollfettestern ist nach wie vor umstritten. G. DE SANCTIS[1] fand hauptsächlich Palmitin- und Cerotinsäure neben wenig Öl- und Stearinsäure sowie flüchtige Säuren. J. C. DRUMMOND und L. C. BAKER[2] gaben als Hauptbestandteile gleichfalls Cerotinsäure sowie Palmitin- und Stearinsäure an. L. DARMSTÄDTER und J. LIFSCHÜTZ[3] bestreiten dagegen das Vorkommen größerer Mengen der letzteren Säuren; ferner verneint LIFSCHÜTZ[4] besonders die Anwesenheit der Ölsäure in reinen Wollfetten. Nach diesen Autoren enthält das Wollfett außer Myristinsäure $(C_{14}H_{28}O_2)$, Carnaubasäure $(C_{24}H_{48}O_2)$ und Cerotinsäure $(C_{27}H_{54}O_2)$ als charakteristische Bestandteile die Oxysäuren Lanocerinsäure $(C_{30}H_{60}O_4)$, Schmp. 104 bis 105°, und Lanopalmitinsäure $(C_{16}H_{32}O_3)$, Schmp. 87/88°, sowie eine flüssige, aber nicht mit Ölsäure identische Fettsäure. Die Anwesenheit der Lanocerinsäure, die nach GRASSOW[5] sehr leicht in ein inneres, noch saures Anhydrid $C_{30}H_{58}O_3$ vom Schmp. 102/104° oder ein neutrales Lacton vom Schmp. 86° übergeht, wurde zwar von DRUMMOND und BAKER bestritten; die Säure läßt sich aber nach der Vorschrift von LIFSCHÜTZ leicht abscheiden.

D. HOLDE[6] berichtet, daß es ihm nicht gelang, aus dem von J. LIFSCHÜTZ hergestellten rohen Kaliumsalz der Lanocerinsäure eine der Formel $C_{30}H_{60}O_4$ entsprechende freie Säure abzuscheiden. Die abgeschiedene Säure schmolz nach wiederholter Umkristallisation aus Tetrachlorkohlenstoff, Extraktion mit Äther und Aceton und weiterer Kristallisation aus Cyclohexan konstant bei 106 bis 107° (also 2° höher als oben angegeben). Die Ergebnisse der Elementar-Analyse paßten aber weder auf die Formel der freien Dioxysäure $C_{30}H_{60}O_4$ noch auf die des sogenannten „sauren" Anhydrids $C_{30}H_{58}O_3$, sondern vielmehr genau auf die einer Monooxysäure $C_{30}H_{60}O_3$. Das neutrale Lacton (Schmp. 86° bzw. nach GRASSOW 88°) der Lanocerinsäure, welches nach den Literaturangaben so überaus leicht entstehen soll, konnte aus der gereinigten Säure weder beim Erhitzen im Hochvakuum bis 300° noch beim Kochen mit verd. Salz- oder Schwefelsäure erhalten werden. Bei der Behandlung des Silbersalzes der Säure mit Methyljodid in Tetrachlorkohlenstoff entstand als Hauptprodukt nicht der von GRASSOW beschriebene Methylester vom Schmp. 78,5 bis 80°, sondern ein bei 88 bis 89° schmelzender Körper, dessen Elementar-Analyse nicht der Formel $C_{31}H_{62}O_4$ (entsprechend GRASSOW), sondern der Formel $C_{31}H_{62}O_3$ entsprach[7].

Die Carnauba- und Cerotinsäure dürften nach den bei der „Cerotinsäure" aus Bienenwachs, der Lignocerinsäure usw. gemachten Erfahrungen sicherlich als Gemische mehrerer homologer Säuren aufzufassen sein, wie auch schon aus den einander widersprechenden Angaben über die Formel der Wollfett-„Cerotinsäure" — nach L. DARMSTÄDTER und J. LIFSCHÜTZ und nach GRASSOW $C_{27}H_{54}O_2$ bzw. nach J. C. DRUMMOND und L. C. BAKER $C_{26}H_{52}O_2$ — hervorgeht.

---

[1] G. DE SANCTIS: Gazz. chim. ital. **24**, 14 (1894).
[2] J. C. DRUMMOND u. L. C. BAKER: J. Soc. chem. Ind. **48**, 232 (1929).
[3] L. DARMSTÄDTER u. J. LIFSCHÜTZ: Ber. dtsch. chem. Ges. **29**, 618, 1474, 2890 (1896).
[4] J. LIFSCHÜTZ: Hoppe-Seyler's Z. physiol. Chem. **56**, 451 (1908); **110**, 19 (1920).
[5] F. GRASSOW: Biochem. Z. **148**, 61 (1924).
[6] D. HOLDE: Kohlenwasserstofföle und Fette, 7. Aufl., S. 986. Berlin: Springer 1933; siehe auch C. ZERBE: Mineralöle und verwandte Produkte, S. 1336. Berlin-Göttingen-Heidelberg: Springer 1952.
[7] Nach L. LIFSCHÜTZ (Privatmitteilung) sind diese Widersprüche vielleicht dadurch zu erklären, daß die richtige Lanocerinsäure sehr leicht veränderlich ist.

T. Kuwata und Y. Ishii[1] isolierten die Lanocerinsäure, Lanomyristinsäure ($C_{14}H_{28}O_2$), Lanopalmitinsäure ($C_{16}H_{32}O_2$), Lanostearinsäure ($C_{18}H_{36}O_2$) und Lanoarachinsäure ($C_{20}H_{40}O_2$).

A. W. Weitkamp[2] hat in einem neutralen Wollfett, also frei von freien Fettsäuren, die veresterten Fettsäuren isoliert und bestimmt (s. S. 92). Er hat 32 Säuren ermittelt, welche in 4 homologe Serien eingereiht werden können:

I. 9 normale Fettsäuren

$$CH_3(CH_2)_{2n}COOH \text{ von } C_{10} \text{ bis } C_{26}.$$

II. 2 optisch aktive Oxyfettsäuren

$$CH_3(CH_2)_{2n-1}CHCOOH \text{ von } C_{14} \text{ und } C_{16}.$$
$$\underset{\displaystyle OH}{|}$$

III. 10 iso-Säuren

$$CH_3CH(CH_2)_{2n}COOH \text{ von } C_{10} \text{ bis } C_{28}.$$
$$\underset{\displaystyle CH_3}{|}$$

IV. 11 optisch rechtsdrehende ante-iso-Säuren[3]

$$CH_3CH_2CH(CH_2)_{2n}COOH \text{ von } C_9 \text{ bis } C_{27} \text{ und } C_{31}.$$
$$\underset{\displaystyle CH_3}{|}$$

Die Säuren C_{29} und C_{30} wurden von Weitkamp nicht isoliert.

Die Zusammensetzung des Wollfettes gibt ihm nicht nur eine Sonderstellung unter allen anderen Fetten, sondern verleiht ihm auch ganz spezielle Eigenschaften. Die Wollfett-Produkte sind gegenüber Wärme, Licht und sonstigen atmosphärischen Einflüssen praktisch unempfindlich, sie bleiben unverändert und zeigen im Gegensatz zu den Glyceriden kaum eine zunehmende Säurebildung. Sie besitzen eine große Widerstandsfähigkeit gegen die Einwirkung von Alkalien und Erdalkalien, aber auch anorganische und organische Säuren wirken in verdünntem Zustande so gut wie nicht auf das Wollfett ein. Es ist unter gewöhnlichen Verhältnissen schwer verseifbar, nur unter Druck und bei Anwendung höherer Temperatur tritt nach längerer Zeit Verseifung ein. Die hervorstechendste Eigenschaft des Wollfettes ist der hydrophile Charakter, der durch seinen Gehalt an Cholesterin und Cholesterinestern bedingt ist. Es ist im Wasser leicht emulgierbar und kann das Doppelte und mehr seines Gewichtes an Wasser in haltbarer Form einer Wasser-in-Öl-Emulsion aufnehmen. Es ist in Äther, Aceton, Benzin, Benzol usw. leichtlöslich, in Wasser unlöslich und in Äthylalkohol schwerlöslich.

Roh-Wollfett ist von mittel- bis dunkelbrauner Farbe, klar schmelzend und bockartig riechend. Infolge eines sehr weit zu fassenden Sammelbegriffes schwanken seine Kennzahlen je nach der Art der Gewinnung. SZ 20 bis 50, VZ 100 bis 130, Tropfpunkt nach Ubbelohde 36 bis 40°, Trockenverlust bei 105° 1 bis 2%, Asche etwa 0,1%.

Neutral-Wollfett ist von brauner bis gelbbrauner Farbe mit folgenden Kennzahlen, SZ 1,0 bis 3,0, VZ 90 bis 100, Tropfpunkt nach Ubbelohde 38 bis 42°, RhZ 11 bis 14, spez. Gewicht 0,960, Trockenverlust bei 105° etwa 0,1%, Asche 0,1 bis 0,2%. Es enthält etwa 1,5 bis 2% freies, mit Digitonin fällbares Cholesterin und etwa 12 bis 14% Cholesterinester.

---

[1] T. Kuwata u. Y. Ishii: J. Soc. chem. Ind., Japan, suppl. Binding **39**, 317 B, 358 B (1936).
[2] A. W. Weitkamp: J. Amer. chem. Soc. **67**, 447 (1945).
[3] Da es entsprechend den Iso-Verbindungen keine Bezeichnung gibt für Methylgruppen, welche am 3. Kohlenstoff-Atom liegen, wurde von Weitkamp für Verbindungen dieser Art der Name „Ante-iso-" gewählt.

Adeps Lanae anhydricus (Lanolin anhydr.) ist reinstes, neutrales Wollfett, praktisch frei von freien Fettsäuren und enthält weder Glycerin, Glycerinfette noch Mineralsäuren. Es darf keinerlei Alkalien, weder frei noch in gebundenem Zustand, enthalten. Von Mikroorganismen wird es nicht zersetzt und stellt keinen Nährboden für diese dar. Adeps Lanae anhydricus ist von hellgelber Farbe und äußerst geruchsschwach. Die Reinheitsprüfung erfolgt nach den Vorschriften des Deutschen Arzneibuches, 6. Ausgabe.

Adeps Lanae anhydricus schmilzt bei ungefähr 40° und ist in Äther, Petroläther, Chloroform oder siedendem absol. Alkohol löslich, in Weingeist wenig löslich und in Wasser un-löslich.

Wollfett läßt sich, ohne seine salbenartige Beschaffenheit zu verlieren, mit dem doppelten Gewicht Wasser mischen. Schichtet man 1 ml einer Lösung von Wollfett in Chloroform (1 + 49) vorsichtig auf 1 bis 2 ml Schwefelsäure, so tritt an der Berührungsstelle beider Flüssigkeiten eine lebhaft braunrote Färbung auf, während die Schwefelsäure grüne Fluorescenz zeigt.

Der Gehalt an freien Fettsäuren darf 0,28%, auf Ölsäure berechnet, nicht überschreiten.

Werden 10 g Wollfett mit 50 ml Wasser unter ständigem Umrühren im siedenden Wasserbad geschmolzen, so muß es sich von der wäßrigen Flüssigkeit in kurzer Zeit wieder scharf trennen. Die wäßrige Flüssigkeit muß klar sein, sie darf Lackmuspapier nicht ver-ändern. Versetzt man 10 ml der wäßrigen Flüssigkeit mit 10 Tropfen Natronlauge und er-hitzt zum Sieden, so darf der Dampf Lackmuspapier nicht bläuen (Ammoniumsalze). Dampft man 10 ml der wäßrigen Flüssigkeit auf dem Wasserbade vollständig ein und ver-reibt den Rückstand mit 0,2 g Borsäure, so darf beim Erhitzen des Gemisches in einem Glühröhrchen bis zum Schmelzen der Geruch des Acroleins nicht auftreten (Glycerin). 10 ml der filtrierten wäßrigen Flüssigkeit müssen nach Zusatz von 2 Tropfen Kaliumper-manganat-Lösung mindestens 15 Min. lang rot gefärbt bleiben (oxydierbare organische Verunreinigungen).

1 g Wollfett darf durch 1stdg. Trocknen bei 100° kaum an Gewicht verlieren (Wasser) und nach dem Verbrennen höchstens 0,001 g Rückstand hinterlassen.

Im übrigen gelten die Kennzahlen des Neutral-Wollfettes.

Durch die verschiedenen Arten der Raffination von Adeps Lanae anhydricus sind noch folgende Reinheitsprüfungen zu empfehlen:

a) Chloride. 1 g Wollfett wird mit 20 ml abs. Alkohol erhitzt, die erkaltete Lösung filtriert und mit einer alkoholischen Silbernitrat-Lösung (1 : 20) ver-setzt. Die Lösung, wenn auch zunächst getrübt, sollte nach dem Erwärmen wie-der klar werden oder höchstens ein geringes Opalisieren zeigen.

b) Organisch gebundenes Chlor. Die BEILSTEIN-Probe soll negativ ausfallen. Ein Kupferdraht wird in der farblosen Bunsenflamme ausgeglüht, dann mit etwas Untersuchungssubstanz beschickt und von neuem in die Flamme gehalten, bei Anwesenheit von Chlor entsteht eine grüne Flammenfärbung.

c) Peroxydzahl. Soll bei Adeps Lanae anhydricus nicht höher liegen als 2. (DGF-Einheitsmethoden, s. S. 1294 f.)

Unter der Bezeichnung „*Lanolin*" versteht man entsprechend dem DAB VI eine gelblich-weiße, fast geruchlose, salbenartige Masse folgender Zusammen-setzung:

13 Teile Adeps Lanae anhydr. DAB VI = 65%

4 Teile dest. Wasser = 20%

3 Teile Paraffinöl = 15%

Adeps Lanae cum aqua ist eine Emulsion von

75 Teilen Adeps Lanae anhydr. DAB VI mit

25 Teilen dest. Wasser,

entsprechend der Vorschrift des DAB IV (1900).

Wollfett-Alkohole (irrtümlich auch Wollwachs genannt) sind praktisch frei von Fettsäureestern und enthalten etwa 25 bis 30% Cholesterin. Die Farbe schwankt zwischen dunkel- bis hellbraun. Bei Temperaturen um 10° ist das Material sehr spröde, wechselt seinen Zustand sehr auffallend von äußerster Sprödigkeit bis zu einer sehr klebrigen Flüssigkeit. Es dauert viele Stunden, bis das verflüssigte Produkt seinen ursprünglichen Zustand wieder erreicht hat. SZ 1 bis 2, VZ 5 bis 10, Tropfpunkt nach Ubbelohde 55 bis 60°, RhZ 26 bis 28, AcZ 120 bis 130, Asche 0,1%, Trockenverlust bei 100° etwa 0,1%, spez. Gewicht 0,979.

Wollfett-Fettsäuren fallen je nach dem Rohprodukt und der Raffinationsmethode in wechselnder Zusammensetzung an und sind von dunkelbrauner bis schwarzer Farbe, enthalten schwankende Mengen von Wollfettestern, Oxyfettsäuren, Lactonen und Anhydriden. SZ 90 bis 120, VZ 150 bis 160.

b) Untersuchung

Farbreaktionen. Zum Nachweis werden verschiedene Farbreaktionen angegeben, die auf der Anwesenheit von Cholesterin evtl. Oxycholesterin beruhen, zum Beispiel die Liebermann-Burchardsche und die Hager-Salkowskische Reaktion sowie die Reaktion nach Lifschütz, die zum Nachweis der Sterine benützt werden und dort angegeben worden sind (s. S. 943 f.). Da die meisten Fette und Öle entweder Cholesterin und Phytosterin (welches analoge Farbreaktionen wie Cholesterin gibt) enthalten, bildet ein schwach positiver Ausfall der betreffenden Reaktionen keinen sicheren Beweis für die Gegenwart von Wollfett.

Nach Jungkunz[1] soll die Hager-Salkowskische Reaktion weniger geeignet sein als die Reaktion nach Liebermann-Burchard oder Lifschütz.

Essig-Schwefelsäure-Reaktion auf Oxycholesterin nach Lifschütz. 0,1 g Wollfett wird in etwas Chloroform gelöst und mit 2 bis 3 ml Eisessig ausgekocht; das kalte, klare Filtrat wird mit 8 Tropfen konz. Schwefelsäure versetzt und färbt sich ziemlich schnell gelblichrot, dann blaugrün und schließlich reingrün, mit dem Endspektrum (dunkler Streifen) im Rot. Die Reaktion tritt auf Zusatz eines Tropfens Eisenchlorid in Eisessig sogar schon nach wenigen Sekunden ein, wobei die Lösung sofort intensivgrün wird. Cholesterine geben die Reaktion nicht.

Der Liebermann-Burchardschen Cholesterin-Reaktion ist unbedingt der Vorzug zu geben, und es ist zu empfehlen, mindestens mit 2 bis 3 ml konz. Schwefelsäure vorsichtig zu unterschichten, dann tritt bei Anwesenheit von Cholesterin eine eindeutige kräftige Grünfärbung der Chloroform-Essigsäureanhydrid-Schicht ein.

Lanosterin und Agnosterin geben eine schwache, gelbgrüne Farbreaktion, die nach kurzer Zeit in ein reines Gelb übergeht. Durch Vergleichsproben ist der Unterschied gegenüber einer reinen Cholesterin-Reaktion selbst bei Spuren leicht zu erkennen.

Bestimmung der unverseifbaren Anteile. Das Verfahren mit Petroläther ist bei Wollfett und Wollfett-Produkten in der Ausführung und Handhabung einfacher, ergibt aber zu niedrige Werte. Nachfolgende Abwandlung des Äther-Verfahrens hat sich bewährt:

Man erhitze 3 bis 5 g Wollfett unter Zugabe von 2 g Kaliumhydroxyd und 25 ml 96%igem Äthylalkohol 4 Std. am Rückflußkühler, wobei gelegentlich umzuschütteln ist. Durch den Kühler gibt man vorsichtig 75 ml dest. Wasser hinzu und kocht nochmals kurz auf. Die Lösung wird in einen Schütteltrichter von 500 ml Inhalt gebracht und mit Äther erschöpfend extrahiert. Durchschnittlich genügen 2 bis 3 Ausschüttelungen, wobei zu empfehlen ist, vor

---

[1] R. Jungkunz: Seifensieder-Ztg. **57**, 105 (1930).

jeder einzelnen Ausschüttelung die Lösung nochmals vorsichtig anzuwärmen, um die Ausscheidung von schwerlöslichen Kaliseifen auf ein Mindestmaß zu reduzieren. Die vereinigten Äther-Auszüge werden mit Wasser von etwa 40° gewaschen. Man läßt das Wasser rundherum an den Wandungen des Schütteltrichters herunterlaufen und wiederholt diese Operation 2 bis 3mal, ohne zu schütteln. Auf diese Weise entfernt man den Hauptteil der Seifen ohne lästige Emulsionsbildung. Anschließend schüttelt man mit etwa 25%igem warmem Alkohol aus, bis das Waschwasser gegen Phenolphthalein keine Rotfärbung mehr zeigt. Das Auswaschen muß sehr sorgfältig durchgeführt werden, da das Unverseifbare hartnäckig Seifen und Alkalien zurückhält.

Man verdampft die Äther-Lösung in bekannter Weise und trocknet bei 105°. Der Extrakt muß aschefrei sein und neutral reagieren.

Bestimmung der Fettsäuren. Der Seifen-Extrakt vom Unverseifbaren und die ersten Auswaschungen werden vereinigt und eingedampft, bis eventuell vorhandener Äther völlig verjagt ist. Die Seifenlösung überführt man in einen Scheidetrichter und versetzt mit verd. Salzsäure, um anschließend mit Petroläther (Sdp. 40 bis 65°, spez. Gew. 0,655, welcher vollkommen rückstandfrei verdunstet) die freien Fettsäuren erschöpfend auszuschütteln. Eventuell vorhandene Oxyfettsäuren setzen sich in der Zwischenschicht ab oder haften an den Wandungen des Schütteltrichters fest. Der Petroläther-Extrakt wird säurefrei gewaschen und anschließend die Lösung durch ein Filter abgelassen, um die unlöslichen Oxyfettsäuren zurückzuhalten. Dann wird die Petroläther-Lösung eingedampft und bei 105° getrocknet. Zur Erfassung der vorhandenen Oxyfettsäuren wird der Schütteltrichter mit heißem 96%igem Alkohol ausgespült, dieser über das vorher gut mit Petroläther nachgewaschene Filter in eine gewogene Schale abgelassen, die nach dem Verdampfen des Alkohols gewogen wird.

Wassergehalt. Der Wassergehalt wird durch Trocknen bei etwa 105° ermittelt, am vorteilhaftesten in einer Platinschale, um im Anschluß daran den Aschegehalt zu ermitteln. Die Asche muß neutral reagieren (evtl. Anwesenheit von Seifen).

Säurezahl. Bei neutralem Wollfett, besonders bei Adeps Lanae anhydricus, ist eine Einwaage von mindestens 6 bis 8 g zu empfehlen.

Verseifungszahl. Etwa 1 bis 1,5 g Wollfett werden mit 25 ml alkohol. 0,5 n Kalilauge 4 Std. am Rückflußkühler gekocht. Die Rücktitration wird in warmem Zustande vorgenommen unter Verwendung einer 2%igen Alkaliblau-6B-Lösung als Indicator. Außerdem wird ein Blindversuch unter denselben Bedingungen angesetzt.

Durch Zugabe von Lösungsmitteln, wie Xylol, Benzin usw., erreicht man *keine* Abkürzung der Verseifungsdauer.

Jodzahl. Als Kennzahl für eine Reinheitsprüfung des Wollfettes bzw. seine Erkennung ist die JZ wenig geeignet, da infolge Anwesenheit von aromatischen und hydroaromatischen Verbindungen neben der normalen Halogen-Addition auch Substitutionen und evtl. Aufspaltungen von Brücken-Verbindungen eintreten[1,2].

Bei Bestimmung der JZ von Wollfett oder wollfetthaltigen Produkten darf, um vergleichbare Werte zu erhalten, die Einwaage höchstens um 20 mg variieren, und der Titer der verwendeten Jodlösung muß gleichbleibend sein.

Rhodanzahl. Gut reproduzierbare Werte liefert die Rhodanzahl nach H. P. KAUFMANN[2] (s. S. 589). Neutral-Wollfett, gereinigtes Wollfett, Adeps Lanae anhydricus, weisen Rhodanzahlen zwischen 12 und 14 auf.

Acetylzahl. Die Acetylzahl der Wollfett-Alkohole liegt zwischen 115 bis 130 und wird nach S. 557 bestimmt.

Tropfpunkt. Dieser wird nach der Methode von UBBELOHDE (s. S. 652) bestimmt. Zu diesem Zweck schmilzt man in die Glas- bzw. Metallhülse das

---

[1] A. GRÜN: Analyse der Fette und Wachse, S. 182, 299. Berlin: Springer 1925.

[2] W. GÄNSSLE: Fette u. Seifen **44**, 460 (1937); Fette · Seifen · Anstrichmittel **52**, 164 (1950).

Fett ein und schraubt die Apparatur nach dem Festwerden zusammen. Wollfett benötigt viele Stunden, um wieder in seinen Original-Aggregatzustand zurückzukehren. Aus diesem Grunde läßt man am besten die Apparatur über Nacht an einem kühlen Ort stehen und bestimmt anschließend den Tropfpunkt in der Weise, daß man die Temperatur-Steigerung nicht über 1 bis $1^1/_2$ ° pro Min. vornimmt.

Nachweise von Wollfett. a) Nach J. LIFSCHÜTZ ist ein zuverlässiger Nachweis des Wollfettes auch in Mischungen, die nur 5 bis 10% enthalten, durch die Abscheidung der sehr schwerlöslichen, erst bei 104 bis 105° schmelzenden Lanocerinsäure gegeben, die bisher in keinem anderen Fett oder Wachs aufgefunden wurde. Bei Untersuchungen von Fettmischungen, Salben usw., die außer wechselnden Mengen von Wollfett oder Wollfett-Alkoholen, Wasser, die verschiedensten Öle, Fette, Kohlenwasserstoffe sowie sonstige Ingredienzien enthalten, verfährt man wie folgt:

Das zu untersuchende Produkt wird entwässert, dann zieht man den wasserfreien Rückstand mit möglichst wenig warmem Äther erschöpfend aus. Vorhandenes Paraffin scheidet sich beim Erkalten der Ätherlösung größtenteils aus und wird abfiltriert. Der nach dem Abdestillieren des Äthers verbleibende Rückstand wird entsprechend den Vorschriften zur Ermittlung des Unverseifbaren behandelt, wobei man im Gegensatz zu den oben angegebenen Richtlinien die schwerlöslichen Kalisalze, welche sich in der Zwischenschicht abzuscheiden pflegen, in der Form isoliert, daß man die alkohol. Seifenlösung aus dem Scheidetrichter abläßt und dann die in der Ätherlösung schwimmenden Kalisalze in einem Filter erfaßt. Bei weiteren Ausschüttelungen wird dieser Vorgang wiederholt, anschließend werden die Kaliseifen mit Äther gewaschen. Das Filter wird mit kleinen Mengen alkoholhaltigem Wasser ausgekocht und die seifenleimartige trübe Schlemmflüssigkeit mit Salzsäure angesäuert. Die freien Säuren werden mit Benzol aufgenommen und zur Wägung gebracht. Man erhält fast reine, bei etwa 102 bis 104° schmelzende Lanocerinsäure.

b) Da der Anteil des *Unverseifbaren* (s. S. 447 ff.) im Wollfett gegenüber allen anderen Fetten sehr hoch liegt, ist es angebracht, die Identifizierung auf das Unverseifbare abzustellen.

Außer den oben angeführten Farbreaktionen werden nachfolgende Methoden empfohlen.

α) Die Bestimmung der *Acetylzahl* (s. S. 557), wobei als Norm für die reinen Wollfett-Alkohole eine solche von etwa 120 bis 130 anzunehmen ist.

β) Neutrales Wollfett enthält etwa 2 bis 3% freies Cholesterin und etwa 13 bis 14% Cholesterinester. Die Bestimmung der Menge an Cholesterin gibt eine gute Handhabe, um in Fettmischungen annähernde Rückschlüsse auf ihren Gehalt an Wollfett-Alkoholen bzw. gereinigtem Wollfett zu machen. Die Untersuchung wird nach einem etwas abgewandelten Verfahren nach A. WINDAUS[1] und unter Berücksichtigung der bemerkenswerten Arbeiten von T. E. HESS THAYSEN[2] und J. FEX[3] durchgeführt.

Bei der Fällung von Cholesterin mit Digitonin entsteht Cholesterindigitonid ($C_{27}H_{46}O \cdot C_{55}H_{94}O_{28}$), eine Anlagerungsverbindung. Dihydrocholesterin wird ebenfalls von Digitonin ausgefällt. Oxycholesterin, sofern überhaupt anwesend (s. Zusammensetzung), bildet eine Digitonin-Verbindung, die aber in Alkohol leichter löslich ist als Cholesterindigitonid und in die Mutterlauge geht.

Lanosterin und Agnosterin werden von Digitonin nicht gefällt.

Zur Bestimmung des gesamten Cholesterins wird das Unverseifbare isoliert und darin das Cholesterin bestimmt. Das freie Cholesterin kann in dem vorliegenden Fett direkt bestimmt werden, wobei darauf zu achten ist, daß es

---

[1] A. WINDAUS: Ber. dtsch. chem. Ges. **42**, 238 (1909); Hoppe-Seyler's Z. physiol. Chem. **65**, 110 (1910).

[2] T. E. HESS THAYSEN: Biochem. Z. **62**, 89 (1914).

[3] J. FEX: Biochem. Z. **104**, 82 (1920).

absolut frei von Alkali und Seifen ist, da Digitonin aus alkoholisch-alkalischen Lösungen ausgefällt wird.

70 bis 80 mg des Produktes werden auf 0,1 mg genau in ein kleines Becherglas eingewogen und in 20 ml 96%igem Alkohol gelöst. Liegen Fettmischungen mit in Alkohol unlöslichen Kohlenwasserstoffen usw. vor, so empfiehlt es sich, die alkohol. Lösung etwa 12 bis 24 Std. bei Zimmertemperatur stehen zu lassen, durch einen Filtertiegel G 3 oder G 4 zu filtrieren und mit 10 ml Alkohol nachzuwaschen.

Das Filtrat wird vorsichtig auf etwa 20 ml eingeengt und mit 12 ml einer 1%igen alkoholischen Digitonin-Lösung gefällt. Man läßt über Nacht stehen und filtriert durch einen Filtertiegel G 3 oder G 4. Mit 3 bis 4 ml 96%igem Alkohol wäscht man den Niederschlag in den Tiegel, saugt scharf ab und wäscht mit 10 ml Äther nach. Der Tiegel wird 10 Min. bei 60° getrocknet und dann nochmals mit 6 ml Äther gewaschen, anschließend 30 Min. bei 100° getrocknet und zur Wägung gebracht.

Faktor 0,2431.

Die zur Fällung verwendete Digitoninmenge muß mindestens das 4fache des zu erwartenden Cholesterin-Gehaltes betragen.

A. SCHRAMME[1] empfiehlt zur Bestimmung der Sterine die auf S. 945 angegebene Methode. B. F. PUTNEY und R. CALVO[2] bestimmen die freien und gebundenen Sterine im Wollfett spektrophotometrisch.

γ) Die Prüfung des Unverseifbaren mit Essigsäureanhydrid, in dem gleiche Teile Substanz und Essigsäureanhydrid 2 Std. am Rückflußkühler gekocht werden. Auswertung s. S. 939 f.

δ) Sehr charakteristisch für Wollfett-Alkohole ist die geringe Löslichkeit von Agnosterin und Lanosterin in Methylalkohol. Nach LIFSCHÜTZ wird das Unverseifbare mit Methylalkohol bei 60° einige Zeit digeriert, wobei Agno- und Lanosterin als weiße Pulver zurückbleiben. Es kann in Äthylalkohol gelöst und mit dem gleichen Volumen Methylalkohol gefällt und auf diese Weise rein erhalten werden. Selbst kleine Mengen lassen sich so isolieren und identifizieren.

Fremde, verseifbare Fette sind durch einen Glycerin-Gehalt kenntlich, der nach S. 1715 ff. zu ermitteln ist.

Harz ist durch die STORCH-MORAWSKISche Reaktion nicht nachzuweisen, da Wollfett infolge des vorhandenen Cholesterins selbst mit Essigsäureanhydrid und Schwefelsäure starke Farbreaktionen gibt.

Liegt infolge einer hohen SZ und klebriger Beschaffenheit des mit 70%igem Alkohol hergestellten Extraktes der Verdacht auf Harz vor, so extrahiert man eine Ätherlösung des Fettes mit 0,1 n Natronlauge, säuert den Auszug an und prüft die ausgeschiedenen Fettsäuren nach der STORCH-MORAWSKISchen Reaktion (S. 1061) bzw. quantitativ auf Harz gemäß S. 1092 ff.

c) Wollfett-Destillate

Die Wollfett-Destillate werden durch Destillation von Roh-Wollfett oder der bei der Raffination anfallenden Fettsäuren mit überhitztem Wasserdampf erhalten. Je nach Führung des Destillationsprozesses und Herausschneiden der einzelnen Fraktionen erhält man Produkte von wechselnder Zusammensetzung, wobei es vorteilhaft ist, die Destillation bei möglichst hohem Vakuum vorzunehmen.

Wollfett-Oleostearin (Graisse blanche) ist bei der Destillation die Fraktion, welche bis zu etwa 300° übergeht und anschließend zur Kristallisation gebracht wird. Das Olein wird abgepreßt und zurück bleibt Wollfett-Oleostearin, eine weiße bis hellgelbe Masse, mit einem Tropfpunkt unter 45°. Die LIEBERMANNsche Cholesterin-Reaktion ist positiv.

---

[1] A. SCHRAMME: Fette u. Seifen **46**, 443 (1939).

[2] B. F. PUTNEY und R. CALVO: J. Amer. pharmac. Assoc. **47**, 205 (1958); Vgl. auch H. JANECKE u. G. SENFT: Pharmaz. Zentralhalle Deutschland **96**, 431 (1957).

Wollfett-Stearin (Graisse jaune). Dieses Produkt wird durch Kristallisieren der über 300° übergehenden Wollfett-Fraktion erhalten. Das Produkt wird in Filterpressen einem Druck von 200 bis 300 atü ausgesetzt, wobei das Olein abläuft, und in den Preßtüchern bleibt das gelbe bis dunkelgelbe nach Wollfett riechende Stearin zurück, welches einen Tropfpunkt von 50 bis 60° aufweist. Von gewöhnlichem Stearin unterscheidet es sich durch seine amorphe Struktur und die LIEBERMANNsche Cholesterin-Reaktion.

Wollfett-Oleine. Gelbe bis rotbraune, teils blau fluorescierende Öle von wollfettartigem Geruch mit einem spez. Gewicht von 0,90 bis 0,92. Charakteristisch ist die LIEBERMANN-BURCHARDsche Reaktion S. 943.

Wollfett-Pech. Der in der Destillationsblase zurückbleibende Rückstand von der Destillation des Wollfettes.

Nachstehende Tabelle gibt einige Kennzahlen der verschiedenen Wollfett-Destillationsprodukte:

Tabelle 403. *Kennzahlen verschiedener Wollfett-Destillationsprodukte*

Qualität	SZ	VZ	Unv. %	Tropfp. °C	JZ[1]	Farbe
Wollfett-Oleostearin	170—185	190	5—7	36—37	34—36	weißgelb
Wollfett-Stearin .	120—140	150—160	11—16	50—53	24—26	gelbbraun
Wollfett-Olein (dtsch. Herkunft)	100—110	110—130	40	—	42—45	D.: 0,903 rotbraun
Graisse blanche . .	153	165	20,5	35—42	—	strohgelb
Graisse jaune . .	103	100	40,5	55—60	26—28	gelbbraun
Wollfett-Olein (franz. Herkunft)	110	124	45,3	—	40—45	dunkelrot
Pale flake Stearine	149	155	18,2	52—55	31—33	gelbbraun
Wollfett-Olein . .	143	158	23,7	—	44—50	dunkelrot
Brown flake Stearine (engl. Herkunft)	90	94	—	55—60	—	dunkelbraun
Pech	10—12	—	—	50—60 80—120	—	D.: 1,03—1,07

Die Bestandteile der Wollfett-Oleine sind etwa 40 bis 60% freie Fettsäuren, ungesättigte neben gesättigten Kohlenwasserstoffen (10 bis 50%), geringe Mengen unzersetzter Ester und freie höhere Alkohole. Lanocerinsäure und die anderen höhermolekularen Säuren des Wollfettes fehlen in den Destillaten, da sie sich bei der Destillation zersetzen und (zersetzt) im Pech verbleiben.

Der Wert eines Wollfett-Oleins wird, wie oben erwähnt, wesentlich durch unverseifbare Stoffe beeinträchtigt. Nach MARCUSSON und v. SKOPNIK[2] wird das Unverseifbare wie folgt bestimmt:

3 g Olein werden mit 30 ml 0,5 n NaOH, wie oben beschrieben, verseift. Durch Ausziehen des neutralisierten und eingedampften Saponifikates mit reinem Äther wird das Unverseifbare (S. 447) gewonnen. Der Extrakt wird mit dem doppelten Volumen Essigsäureanhydrid 2 Std. am Rückflußkühler zur Abtrennung der höheren Alkohole gekocht. Die in Essigsäureanhydrid unlöslichen Anteile sehen nach völligem Auswaschen mit heißem Wasser wie leichte Mineralöle aus, unterscheiden sich aber von letzteren durch die Reaktion der unverseifbaren Kohlenwasserstoffe. Sie geben die LIEBERMANNsche Reaktion, die aber für die Herkunft der Substanzen aus Wollfett nicht unbedingt entscheidend ist und zeigen

---

[1] Die JZZ werden nach der Methode von HANUS ermittelt, Einwaage etwa 0,83 bis 0,85 g. 25 ml Jodlösung verbrauchen 46 bis 48 ml 0,1 n Natriumthiosulfat-Lösung.

[2] J. MARCUSSON u. A. v. SKOPNIK: Z. angew. Chem. **25**, 2577 (1912).

starkes Drehungsvermögen $[\alpha]_D$ $+18°$ bis $+28°$ (Mineralöle nicht über 2,2°). Ein größerer Mineralöl-Gehalt wird sich daher durch Erniedrigung des Drehungsvermögens (unter 18°) und der JZ der unverseifbaren Kohlenwasserstoffe der Wollfett-Oleine (unter 50) zu erkennen geben.

Eine sehr einfache, allerdings nur bei negativem Ausfall zuverlässige Prüfung auf Reinheit des Wollfett-Oleins bietet auch die Löslichkeit in Alkohol.

Schüttelt man 5 ml des Oleins nach WINTERFELD und MECKLENBURG[1] mit 5 ml eines Gemisches von Äthyl- und Methylalkohol (10 : 90) bei 20° durch, so lösen sich die meisten mineralölfreien Wollfett-Oleine — wenn sie nicht besonders reich an arteigenen unverseifbaren Stoffen sind[2] — klar oder mit schwacher Trübung auf. Schon ein Zusatz von 10% Mineralöl bedingt milchige Beschaffenheit der Flüssigkeit und nach einigem Stehen ein Absetzen von Öltröpfchen. Bei eintretender Trübung ist das Unlösliche zu sammeln und nach den oben angegebenen Gesichtspunkten zu prüfen. Bleibt die Lösung nahezu klar, so kann auf Abwesenheit von Mineralöl geschlossen werden. Mittels dieser Probe lassen sich auch Harzöl-Zusätze (bis zu 20% herab) nachweisen. Zur weiteren Stütze werden die abgeschiedenen unverseifbaren Stoffe geprüft. Diese zeigen bei Fehlen von Harzöl $n_D^{20} = 1,49$ bis 1,51 (wie Mineralöle), bei Gegenwart von Harzöl entsprechend höhere Werte und höheres spez. Gewicht (Harzöl $D = 0,97$ bis 0,98, Olein-Anteile $D = 0,905$ bis 0,912).

Harz-Zusatz wird qualitativ nach STORCH-MORAWSKI, quantitativ nach S. 1092ff. bestimmt. Wichtig ist bei der qualitativen Prüfung auf Harz, daß zuvor die unverseifbaren Anteile der Oleine, welche die der MORAWSKIschen Reaktion sehr ähnliche LIEBERMANNsche geben, abgeschieden und die aus der Seifenlösung gewonnenen Säuren geprüft werden. Diese geben bei harzfreien Oleinen keine Rotviolettfärbung.

9. Nachweis und Bestimmung von Glycerin und anderen mehrwertigen Alkoholen*

Über das Vorkommen, die Gewinnung und Verwendungsmöglichkeiten des Glycerins ist bereits auf S. 133 berichtet worden.

Nachstehend werden die physikalischen und chemischen Methoden zur Untersuchung des *Glycerins* und der *Glykole* gebracht, denen eine Übersicht über die wichtigsten Handelsprodukte und einige Bemerkungen zur Probenahme vorangestellt sind.

a) Handelsprodukte des Glycerins

Die verschiedenen Glycerine werden eingeteilt in Rohglycerine, Raffinate und Destillate
Zu den *Rohglycerinen* zählen die aus den Unterlaugen der Seifenfabriken gewonnenen und die aus der Spaltung der Fette und Öle im Autoklaven, mit TWITCHELL-Reaktiv oder mit Fermenten anfallenden Konzentrate. Die Rohglycerine aus Unterlaugen werden durch Destillation weiterverarbeitet. Die Konzentrate aus Spaltwässern können je nach dem Reinheitsgrad durch chemische oder mechanische Behandlung ohne Destillation weiterverarbeitet werden. Zu den Destillaten gehören die Dynamit-Glycerine und die Arzneibuchware.

α) Rohstoffe

Unterlaugen aus der Seifen-Industrie. Der Glycerin-Gehalt ist beträchtlichen Schwankungen unterworfen. Gute Unterlaugen sollen 5 bis 10% Glycerin enthalten. Die Verunreinigungen sind meistens sehr stark und bestehen aus anorganischen Salzen und organischen Substanzen.
Autoklaven-Glycerinwässer. Die aus der Druckspaltung kommenden Spaltwässer enthalten durchschnittlich 10% Glycerin; der Gehalt ist aber schwankend und liegt zwischen

---

* **Bearbeitet von Dr. R. Neu, Karlsruhe.**
[1] G. WINTERFELD u. W. MECKLENBURG: Mitt. Materialprüf.-Amt. Berlin-Dahlem **28**, 471 (1910).
[2] Privater Hinweis von J. DAVIDSOHN.

6 und 16%. Die Spaltwässer der Hochdruckspaltung enthalten keine Chemikalien, die der Niederdruckspaltung die verwendeten Spaltmittel, wie Zink-, Magnesium- oder Calcium-Verbindungen.

Twitchell-*Spaltwässer.* Der Glycerin-Gehalt soll bei etwa 10 bis 15% liegen. Verunreinigungen sind nur wenig vorhanden.

Ferment-Glycerinwässer. Diese kommen weniger vor. Die Bildung erfolgt bei der Spaltung der Fette und Öle mit Ricinuslipasen. Der Glycerin-Gehalt soll durchschnittlich 15% betragen. Die Verunreinigungen anorganischer Natur sind gering, dafür finden sich aber um so mehr organische.

Krebitz-*Wässer.* Glycerin-Gehalt etwa 6 bis 8%. Die Verunreinigungen bestehen in der Hauptsache in einem beträchtlichen Calcium-Gehalt.

Schlempen. Schwankender Glycerin-Gehalt. Vielfältige Verunreinigungen.

β) Die Glycerine

Rohglycerin aus Unterlaugen. Die Gewinnung erfolgt aus Seifensieder-Unterlauge nach entsprechender Vorreinigung und Eindampfen. Folgende Anforderungen werden gestellt: *Farbe:* gelb bis braun, jedoch nicht schwarz. *Geruch:* nicht unangenehm und nicht nach Trimethylamin. *Reaktion:* nur schwach alkalisch. *Anorganischer Rückstand:* durchschnittlich 7 bis 8%, jedoch höchstens 10%. Eisen soll nur in Spuren vorhanden und der Calcium-Gehalt möglichst niedrig sein. Die Asche soll in der Hauptsache aus Natriumchlorid bestehen. *Organischer Rückstand:* nicht über 3%. Fett- und Harzsäuren sollen nur wenig vorhanden sein. Zucker ist unerwünscht. Schwefel-Verbindungen dürfen nur wenig vorhanden sein. Mischungen von Rohglycerin mit Wasser (1:1) müssen nach dem Ansäuern (p_H 3) mindestens 2 Std. klar bleiben[1].

Das normale Rohglycerin soll 80%[2] Glycerin enthalten. Ein Unterlaugen-Rohglycerin, das 81 oder mehr Prozente an Glycerin enthält, wird höher bezahlt, wobei für jedes Prozent über 80 so viel mehr bezahlt wird, wie sich bei Umrechnung auf den vereinbarten Preis des 80%igen Glycerins ergibt. Dagegen wird für das Rohglycerin, das weniger als 80%, aber mehr als 78% Glycerin enthält, unter Zugrundelegung der gleichen Umrechnung für jedes unter 80 liegende Prozent das Eineinhalbfache des vereinbarten Preises in Abzug gebracht. Ein Rohglycerin mit weniger als 78% Glycerin kann vom Käufer zurückgewiesen werden. Bei einem Aschegehalt über 10%, jedoch nicht über 10,5%, wird der Mehrgehalt prozentual vom vereinbarten Preis in Abzug gebracht. Bei einem über 10,5% liegenden Aschegehalt muß der Verkäufer doppelt so hoch vergüten, als sich prozentual aus dem vereinbarten Preis ergeben würde. Ein Rohglycerin mit einem Aschegehalt über 11% kann vom Käufer abgelehnt werden.

Bei einem über 3% liegenden Gehalt an organischem Rückstand muß vom Verkäufer prozentual mit dem Dreifachen des vereinbarten Preises vergütet werden. Ein Rohglycerin mit einem Gehalt über 3,75% organischem Rückstand kann vom Käufer zurückgewiesen werden.

Saponifikat-Rohglycerin. Die Gewinnung erfolgt aus gegebenenfalls vorgereinigten und eingedampften Spaltwässern, aus der Spaltung im Autoklaven, nach Twitchell oder durch Fermente. Folgende Anforderungen werden gestellt: *Farbe:* hellgelb bis dunkelbraun. *Geschmack:* rein, süß. *Geruch:* nicht unangenehm und nicht brenzlich. *Reaktion:* möglichst neutral. *Anorganischer Rückstand:* nicht höher als 0,5%. *Organischer Rückstand:* nicht höher als 1%. Saponifikat-Rohglycerin soll möglichst wenig Eisen und Calcium enthalten. Ferner sollen keine Fett- und Harzsäuren und kein Zucker vorhanden sein.

Der Glycerin-Gehalt soll 88% betragen. Bei einem Glycerin-Gehalt von 89% oder höher wird prozentual mehr bezahlt, wobei für jedes über 88 liegende Prozent so viel vergütet wird, wie sich bei Umrechnung auf den vereinbarten Preis des 88%igen Glycerins ergibt. Wenn der Glycerin-Gehalt weniger als 88%, aber mehr als 86% beträgt, wird für jedes unter 88 liegende Prozent das Eineinhalbfache des vereinbarten Preises abgezogen. Ein Rohglycerin, das weniger als 86% Glycerin enthält, kann vom Käufer zurückgewiesen werden. Den über 1% liegenden organischen Rückstand muß der Verkäufer mit dem Doppelten des sich prozentual errechnenden Preises vergüten. Ein Saponifikat-Rohglycerin mit einem höheren Gehalt an organischem Rückstand als 2% kann vom Käufer zurückgewiesen werden.

Raffinationsglycerine. Glycerine, die aus nicht destilliertem Ausgangsmaterial — meist Saponifikat-Rohglycerin — durch Entfernung der anorganischen Bestandteile, Entfärbung

---

[1] Dieser Anforderung entsprechen die wenigsten Rohglycerine aus Unterlauge, weil die Reinigungsverfahren nicht in jeder Hinsicht befriedigen, auch wenn der Gehalt an Asche und organischem Rückstand die übliche Grenze nicht überschreitet.

[2] Die Angabe des Prozentgehaltes in Beaumé-Graden ist vermieden worden.

mit Aktivkohlen und Eindampfen gewonnen werden, sind die sogenannten Raffinationsglycerine. Die Anforderungen sind im allgemeinen nicht klar. Der Aschegehalt soll nicht über 0,5% liegen und die Ware neutral sein. Die Qualitäten der Raffinate werden mit I und II angegeben; davon ist I farblos, kalk- und säurefrei, II gelblich, kalk- und säurefrei. Die Erzeugung von Raffinationsglycerin ist weitgehend abhängig von dem zur Verfügung stehenden Ausgangsmaterial.

Destillierte Glycerine. *Einfach destilliertes Glycerin.* Ein einfach destilliertes Glycerin wird in seiner Qualität nach dem Nobel-Test bewertet, der folgende Anforderungen stellt: Die Dichte darf nicht weniger als 1,262 bei 15,5°/15,5° betragen. Das Aussehen soll hellfarbig[1] sein. Beim Erwärmen auf 100° darf sich kein schlechter Geruch entwickeln. Die Reaktion gegen Lackmus muß neutral sein. Der nach der ISM-Methode, dem modifizierten Perjodat-Verfahren, bestimmte Glycerin-Gehalt muß mindestens 98,5% betragen. Der Gehalt an Asche darf 0,05% und der Wasser-Gehalt 1,5% nicht übersteigen. Der Chlorid-Gehalt — als Natriumchlorid berechnet — ist mit maximal 0,01% begrenzt. Werden 10 ml einer 10%igen Lösung von Glycerin mit je 10 ml 10%igem wäßrigen Ammoniak und 10%iger Silbernitrat-Lösung versetzt und auf 60° erhitzt, dann darf beim Aufbewahren unter Lichtabschluß innerhalb 10 Min. keine wahrnehmbare Silber-Ausscheidung auftreten. Die Menge an Alkali verbrauchenden Substanzen darf, in Na_2O ausgedrückt, 0,1% nicht übersteigen. Für diese Bestimmung werden 100 g Glycerin nach Zusatz von 3 ml 1 n Natronlauge und 200 ml kohlensäurefreiem, ausgekochtem Wasser in einem verschlossenen Kolben 1 Std. auf einem siedenden Wasserbad erhitzt. Nach dem Abkühlen wird mit 1 n Salzsäure und Phenolphthalein als Indicator zurücktitriert.

Außer dem Nobel-Test ist noch der Ätna-Test bekannt, nach dem verlangt wird, daß ein Gemisch von 5 ml Glycerin und 5 ml 4%iger Silbernitrat-Lösung nach 10 Min. beim Stehen im Dunkeln gegenüber einer Lösung, die aus einem Gemisch gleicher Teile Glycerin und dest. Wasser hergestellt ist, keine Farbänderung aufweist.

Doppelt destilliertes Glycerin. Hierunter fallen die Glycerine, die in der Pharmazie und Kosmetik verwendet werden und für welche der Qualitätsbegriff durch die Arzneibücher der verschiedenen Staaten genau festgelegt ist.

Das DAB VI schreibt einen Gehalt von 84 bis 87% wasserfreiem Glycerin vor und stellt folgende Bedingungen: Klare, farblose, süße, sirupartige Flüssigkeit, die bei großen Mengen einen schwach wahrnehmbaren, eigenartigen Geruch besitzt und in jedem Verhältnis in Wasser, Alkohol und in Äther-Alkohol, nicht aber in Äther, Chloroform oder fetten Ölen löslich ist und Lackmuspapier nicht verändert. Dichte: 1,221 bis 1,231.

Verreibt man etwa 1 g Glycerin zwischen den Händen, so darf kein fremdartiger Geruch wahrnehmbar sein. Eine Mischung von 1 ml Glycerin und 3 ml Natriumhypophosphit-Lösung darf nach ½ stdg. Erhitzen im siedenden Wasserbad keine dunklere Färbung annehmen (Arsen-Verbindungen). Die wäßrige Lösung (1 + 5) darf durch Bariumnitrat-Lösung (Schwefelsäure) nicht sofort verändert und durch Silbernitrat-Lösung (Salzsäure) höchstens opalisierend getrübt werden. Die wäßrige Lösung (1 + 5) darf weder durch Ammoniumoxalat-Lösung (Calciumsalze) noch durch verd. Calciumchlorid-Lösung (Oxalsäure), noch nach Zusatz von 3 Tropfen verd. Essigsäure durch 3 Tropfen Natriumsulfid-Lösung (Schwermetallsalze) verändert werden. Die wäßrige Lösung (1 + 5) darf nach Zusatz von einigen Tropfen Salzsäure durch 0,5 ml Kaliumhexacyanoferrat(II)-Lösung nicht sofort gebläut werden (Eisensalze).

5 ml Glycerin müssen, in offener Schale bis zum Sieden erhitzt und angezündet, bis auf einen dunklen Anflug verbrennen (fremde Beimengungen, Zucker); bei weiterem Erhitzen darf kein wägbarer Rückstand hinterbleiben. Wird eine Mischung von 1 ml Glycerin und 1 ml Ammoniak im Wasserbad auf 60° erwärmt, so darf sie sich nicht gelb färben (Acrolein); wird sie nach dem Entfernen aus dem Wasserbade sofort mit 3 Tropfen Silbernitrat-Lösung versetzt, so darf innerhalb 5 Min. weder eine Färbung noch eine braunschwarze Ausscheidung eintreten (reduzierende Stoffe). Die Mischung von 1 ml Glycerin und 1 ml Natronlauge darf beim Erwärmen im siedenden Wasserbad sich weder färben (Traubenzucker), noch Ammoniak (Ammonium-Verbindungen) entwickeln, noch den Geruch von leimartigen Stoffen erkennen lassen. 5 ml Glycerin dürfen sich beim Kochen mit 5 ml verd. Schwefelsäure nicht gelb färben (Schönungsmittel)[2].

Wird eine Mischung von 50 ml Glycerin, 50 ml Wasser und 10 ml 0,1 n Kalilauge 15 Min. im siedenden Wasserbad erwärmt, so müssen zum Neutralisieren der abgekühlten Flüssig-

---

[1] Die Bezeichnung hellfarbig ist zu ungenau. Die Farbe sollte entweder in Lovibond-Einheiten oder als Vergleichswerte mit leicht herstellbaren Farbstoff-Lösungen angegeben werden.

[2] Die Probe auf Schönungsmittel ist keine spezifische Reaktion. Nach eigenen Untersuchungen gaben DAB-Glycerine eine Reaktion, obgleich nachweisbar kein Schönungsmittel zugesetzt wurde.

keit mindestens 4 ml 0,1 n Salzsäure verbraucht werden, Phenolphthalein als Indicator (unzulässige Menge Fettsäureester)[1].

Die Anforderungen der Arzneibücher der Länder Frankreich, Großbritannien, Italien und den USA sind in nachstehender Tabelle wiedergegeben.

Tabelle 404. *Anforderungen an Glycerin in verschiedenen Arzneibüchern*

	Frankreich	Großbritannien	Italien	USA
Äußeres	klar, geruchlos[2]	—	—	farblos, geruchlos
Reaktion	neutral	neutral	neutral	neutral
Dichte	1,256/15°	1,260	1,226—1,235	1,249/25°
Reinglycerin . . . %	—	—	84—87	95
Mit H_2S ausfällbare Metalle	0	0	0	0
Mit $(NH_4)_2S$ ausfällbare Metalle	0	0	0	—
$Ca^{\cdot\cdot}$ (Prüfung mit NH_4-Oxalat)	0	—	0	—
SO_4'' (Prüfung mit $BaCl_2$)	0	0	0	0
Cl' (Prüfung mit $AgNO_3$)	0	0	höchstens Opalescenz	0
NH_3 (Prüfung mit NaOH)	—	0	0[3]	—
Arsen	— (Marsh)	0,000004%	— (Bettendorf)	0,00001% (Gutzeit)
Oxalsäure	—	—	0	0
Verbrennungsrückstand	—	sehr gering[4]	—	0,007%
Erhitzen mit verd. H_2SO_4	—	schwach gelb	kein ranziger Geruch	schwach gelb
Schönungsmittel (konz. H_2SO_4)	keine Verfärbung	schwach strohgelb	—	—
Reduzierende Stoffe	0[5]	0[6]	0[7]	—
Weitere Vorschriften	Beim Erhitzen mit Alkohol und verd. Schwefelsäure kein Ester-Geruch. Mit 2 Vol. Alkohol klare Lösung. Äther-Extrakt = 0	Lösung 1:4 mit 1 Tropfen NH_3-Lösung u. 1 Tropfen Tannin-Lösung höchstens vorübergehende Rotfärbung	Mit absolutem Alkohol keine Trübung. Neutrale wäßrige Lösung reduziert nicht Fehling-Lösung	Prüfung auf Fettsäureester ähnlich wie DAB.

b) Probenahme

Die Probenahme erfolgt analog der Probenahme flüssiger Fette und wird unter Beachtung der dort angegebenen Vorschriften vorgenommen (S. 418f.)[8].

In bezug auf die Probenahme von konzentrierten Glycerinen ist zu beachten, daß man sie möglichst nicht bei feuchtem Wetter vornimmt. Auch erfolgt die

---

[1] Nach V. Lucas [Rev. Assoc. brasil. Farmaceuticos **19**, 252 (1938)] führen die in den einzelnen Arzneibüchern angegebenen verschiedenen Untersuchungsmethoden zu Fehlresultaten. Der Autor hat bereits versucht, eine Standardisierung zu erreichen. Eine solche Aufgabe kann aber nur durch die gemeinsame Arbeit aller Nationen durch Schaffung eines internationalen Arzneibuches gelöst werden.

[2] Auch beim Verreiben zwischen den Händen.

[3] Gleiche Volumteile Glycerin und Wasser mit 15%iger Natronlauge erhitzt müssen farb- und geruchlos bleiben.

[4] Beim Glühen kein Geruch nach verbranntem Zucker.

[5] Keine Verfärbung der mit NaOH alkalisch gemachten Lösung beim Erhitzen mit $AgNO_3$-Lösung.

[6] Prüfung mit NH_3 und $AgNO_3$ ähnlich wie nach DAB.

[7] Je 1 ml Glycerin und Ammoniak auf 60° erwärmt und mit 3 Tropfen $AgNO_3$-Lösung versetzt dürfen nach 5 Min. keine Braunfärbung geben.

[8] Vgl. auch DGF-Einheitsmethode E-I 2 (55).

Probenahme für Glycerin allgemein zweckmäßig sofort nach dem Abfüllen in die Eisenfässer, bevor durch längeres Lagern eine Trennung in flüssige und feste Anteile eingetreten ist. Glycerine mit Bodensatz lassen sich schlecht mit einer einwandfreien Durchschnittsprobe bemustern.

c) Physikalische Methoden
zur Ermittlung des Glycerin-Gehaltes wäßriger Lösungen

Dichte. Bei reinen Glycerinen oder Glycerin-Lösungen, die außer Wasser höchstens Spuren von Verunreinigungen enthalten, ist die Bestimmung des Prozentgehaltes durch Ermittlung des spezifischen Gewichtes die einfachste Methode.

Die genaue Feststellung des spezifischen Gewichtes von Glycerinen wird praktisch nur mit Hilfe des Pyknometers (S. 615) bzw. der Waage durchgeführt. Für die Betriebskontrolle kommen die Senkspindel und die MOHR-WESTPHALsche Waage in Betracht. Beide genügen aber nicht für eine sichere Ermittlung der Prozente, weil das Ablesen an der Spindel die geringfügigen Unterschiede im Gehalt nicht zu erkennen erlaubt. Die mit Hilfe der hydrostatischen Waage ermittelten Werte werden als nicht einwandfrei angesehen.

Die jüngsten Untersuchungen über die Dichte von Glycerinen sind von L. W. BOSART und A. O. SNODDY[1] durchgeführt worden, die vor allem einen größeren Temperaturbereich berücksichtigt haben, während sich die früheren Bearbeiter meist auf eine Bezugstemperatur von 15° beschränkten (Tab. 405).

Bestimmung der scheinbaren Dichte bei 25°/25° mit dem Pyknometer. In den AOCS-Methoden[2] wurde wahlweise nachstehendes Verfahren aufgenommen[3].

Erklärung: Die Methode ermittelt das spezifische Gewicht von Glycerin in wäßrigen Lösungen, das in Beziehung zu der Glycerin-Konzentration steht.

Anwendungsbereich: Die Methode ist für jede Glycerin-Lösung in Wasser geeignet, aber im wesentlichen für dest. Glycerine. Nicht anwendbar ist das Verfahren, wenn irgendwelche merklichen Mengen anderer Substanzen als Glycerin und Wasser vorhanden sind.

Apparate: Pyknometer oder Gefäß zur Bestimmung des spezifischen Gewichtes vom LEACH-Typ (vgl. Abb. 471) mit einem Fassungsvermögen von 25 ml oder besser von 50 ml Inhalt. Das Thermometer des Pyknometers soll in 0,2° geteilt sein und mit einem geeichten Thermometer bei 25° verglichen werden. Der Temperaturbereich liegt zweckmäßig zwischen 10 bis 40°.

Außer dem genannten Pyknometer sind auch die auf S. 614 u. 615 angeführten Typen für die Bestimmung brauchbar. An gleicher Stelle finden sich die allgemeinen Arbeitsregeln (Eichung, Temperierung usw.).

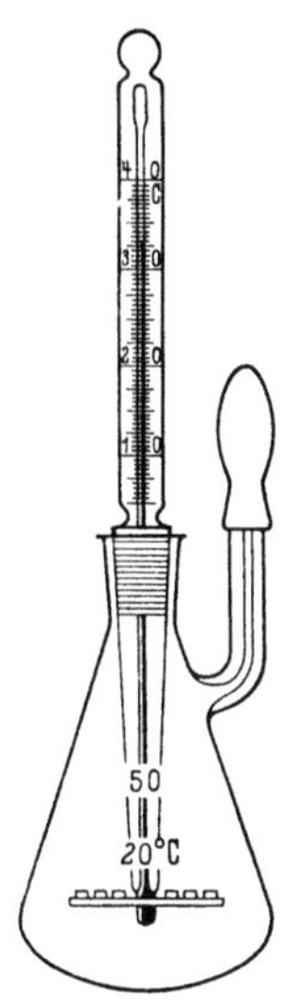

Abb. 471
Pyknometer
nach LEACH

Ausführung: Zur Beachtung: Bei allen Untersuchungen muß die Probe vor der Aufnahme von Feuchtigkeit wegen der hygroskopischen Natur des Glycerins geschützt werden.

1. Das Glycerin muß frei von Luftbläschen sein. Wenn das nicht der Fall ist, ist Erwärmen oder Zentrifugieren der Probe notwendig.

2. Die Probe wird auf 20° abgekühlt und in das gereinigte, getrocknete und gewogene Pyknometer (s. Anm. 1) derart eingefüllt, daß vorsichtig entlang der Halsseite eingegossen wird, bis Seitentubus und Hals überfließen. Dann wird das Thermometer eingeführt und auf Luftblasen geprüft.

3. Wenn keine Luftblasen vorhanden sind, wird das Gefäß ohne die Kappe des Seitentubus in das Wasserbad eingestellt und die Probe, wie vorstehend beschrieben, auf 25° gebracht.

[1] L. W. BOSART u. A. O. SNODDY: Ind. Engng. Chem., ind. Edit. **19**, 506 (1927).
[2] E a 7-50.   [3] Vgl. auch DGF-Einheismethode E-III 1 (55).

Tabelle 405. *Dichte und Prozentgehalt wäßriger Glycerin-Lösungen*[1]

Glycerin Gew.-%	Dichte bei				
	15° C	15,5° C	20° C	25° C	30° C
100	1,26415	1,26381	1,26108	1,25802	1,25495
99	1,26160	1,26125	1,25850	1.25545	1,25235
98	1,25900	1,25865	1,25590	1,25290	1,24975
97	1,25645	1,25610	1,25335	1,25030	1,24710
96	1,25385	1,25350	1,25080	1,24770	1,24450
95	1,25130	1,25095	1,24825	1,24515	1,24190
94	1,24865	1,24830	1,24560	1,24250	1,23930
93	1,24600	1,24565	1,24300	1,23985	1,23670
92	1,24340	1,24305	1,24035	1,23725	1,23410
91	1,24075	1,24040	1,23770	1,23460	1,23150
90	1,23810	1,23775	1,23510	1,23200	1,22890
89	1,23545	1,23510	1,23245	1,22935	1,22625
88	1,23280	1,23245	1,22975	1,22665	1,22360
87	1,23015	1,22980	1,22710	1,22400	1,22095
86	1,22750	1,22710	1,22445	1,22135	1,21830
85	1,22485	1,22445	1,22180	1,21870	1,21565
84	1,22220	1,22180	1,21915	1,21605	1,21300
83	1,21955	1,21915	1,21650	1,21340	1,21035
82	1,21690	1,21650	1,21380	1,21075	1,20770
81	1,21425	1,21385	1,21115	1,20810	1,20505
80	1,21160	1,21120	1,20850	1,20545	1,20240
79	1,20885	1,20845	1,20575	1,20275	1,19970
78	1,20610	1,20570	1,20305	1,20005	1,19705
77	1,20335	1,20300	1,20030	1,19735	1,19435
76	1,20060	1,20025	1,19760	1,19465	1,19170
75	1,19785	1,19750	1,19485	1,19195	1,18900
74	1,19510	1,19480	1,19215	1,18925	1,18635
73	1,19235	1,19205	1,18940	1,18650	1,18365
72	1,18965	1,18930	1,18670	1,18380	1,18100
71	1,18690	1,18655	1,18395	1,18110	1,17830
70	1,18415	1,18385	1,18125	1,17840	1,17565
69	1,18135	1,18105	1,17850	1,17565	1,17290
68	1,17860	1,17830	1,17575	1,17295	1,17020
67	1,17585	1,17555	1,17300	1,17020	1,16745
66	1,17305	1,17275	1,17025	1,16745	1,16470
65	1,17030	1,17000	1,16750	1,16475	1,16195
64	1,16755	1,16725	1,16475	1,16200	1,15925
63	1,16480	1,16445	1,16205	1,15925	1,15650
62	1,16200	1,16170	1,15930	1,15655	1,15375
61	1,15925	1,15895	1,15655	1,15380	1,15100
60	1,15650	1,15615	1,15380	1,15105	1,14830
59	1,15370	1,15340	1,15105	1,14835	1,14555
58	1,15095	1,15065	1,14830	1,14560	1,14285
57	1,14815	1,14785	1,14555	1,14285	1,14010
56	1,14535	1,14510	1,14280	1,14015	1,13740
55	1,14260	1,14230	1,14005	1,13740	1,13470
54	1,13980	1,13955	1,13730	1,13465	1,13195
53	1,13705	1,13680	1,13455	1,13195	1,12925
52	1,13425	1,13400	1,13180	1,12920	1,12650
51	1,13150	1,13125	1,12905	1,12650	1,12380
50	1,12870	1,12845	1,12630	1,12360	1,12110
49	1,12600	1,12575	1,12375	1,12110	1,11845
48	1,12325	1,12305	1,12090	1,11840	1,11580
47	1,12055	1,12030	1,11820	1,11575	1,11320
46	1,11780	1,11760	1,11550	1,11310	1,11055

[1] L. W. Bosart u. A. O. Snoddy: Ind. Engng. Chem., ind. Edit. **20**, 1377 (1928).

Tabelle 405. *Dichte und Prozentgehalt wäßriger Glycerin-Lösungen*[1] (Fortsetzung)

Glycerin Gew.-%	Dichte bei				
	15° C	15,5° C	20° C	25° C	30° C
45	1,11510	1,11490	1,11280	1,11040	1,10795
44	1,11235	1,11215	1,11010	1,10775	1,10530
43	1,10960	1,10945	1,10740	1,10510	1,10265
42	1,10690	1,10670	1,10470	1,10240	1,10005
41	1,10415	1,10400	1,10200	1,09975	1,09740
40	1,10145	1,10130	1,09930	1,09710	1,09475
39	1,09875	1,09860	1,09665	1,09445	1,09215
38	1,09605	1,09590	1,09400	1,09180	1,08955
37	1,09340	1,09320	1,09135	1,08915	1,08690
36	1,09070	1,09050	1,08865	1,08655	1,08430
35	1,08800	1,08780	1,08600	1,08390	1,08165
34	1,08530	1,08515	1,08335	1,08125	1,07905
33	1,08265	1,08245	1,08070	1,07860	1,07645
32	1,07995	1,07975	1,07800	1,07600	1,07380
31	1,07725	1,07705	1,07535	1,07335	1,07120
30	1,07455	1,07435	1,07270	1,07070	1,06855
29	1,07195	1,07175	1,07010	1,06815	1,06605
28	1,06935	1,06915	1,06755	1,06560	1,06355
27	1,06670	1,06655	1,06495	1,06305	1,06105
26	1,06410	1,06390	1,06240	1,06055	1,05855
25	1,06150	1,06130	1,05980	1,05800	1,05605
24	1,05885	1,05870	1,05720	1,05545	1,05350
23	1,05625	1,05610	1,05465	1,05290	1,05100
22	1,05365	1,05350	1,05205	1,05035	1,04850
21	1,05100	1,05090	1,04950	1,04780	1,04600
20	1,04840	1,04825	1,04690	1,04525	1,04350
19	1,04590	1,04575	1,04440	1,04280	1,04105
18	1,04335	1,04325	1,04195	1,04035	1,03860
17	1,04085	1,04075	1,03945	1,03790	1,03615
16	1,03835	1,03825	1,03695	1,03545	1,03370
15	1,03580	1,03570	1,03450	1,03300	1,03130
14	1,03330	1,03320	1,03200	1,03055	1,02885
13	1,03080	1,03070	1,02955	1,02805	1,02640
12	1,02830	1,02820	1,02705	1,02560	1,02395
11	1,02575	1,02565	1,02455	1,02315	1,02150
10	1,02325	1,02315	1,02210	1,02070	1,01905
9	1,02085	1,02075	1,01970	1,01835	1,01670
8	1,01840	1,01835	1,01730	1,01600	1,01440
7	1,01600	1,01590	1,01495	1,01360	1,01205
6	1,01360	1,01350	1,01255	1,01125	1,00970
5	1,01120	1,01110	1,01015	1,00890	1,00735
4	1,00875	1,00870	1,00780	1,00655	1,00505
3	1,00635	1,00630	1,00540	1,00415	1,00270
2	1,00395	1,00385	1,00300	1,00180	1,00035
1	1,00155	1,00145	1,00060	0,99945	0,99800
0	0,99913	0,99905	0,99823	0,99708	0,99568

4. Der Überschuß an Glycerin wird sorgfältig aus der Spitze des Seitentubus entfernt, die Kappe aufgesetzt, das Pyknometer aus dem Bad genommen, unter Vermeidung zu heftigen Reibens vollständig abgetrocknet und gewogen. Darauf wird wieder mit einem Tuch abgetrocknet und erneut gewogen.

Berechnung: Gewicht der Probe im Pyknometer bei 25° = (Gewicht des Pyknometers + Gewicht der Probe) — Gewicht des Pyknometers.

$$\text{Scheinbares spezifisches Gewicht bei } 25°/25° = \frac{\text{Gewicht der Probe im Pyknometer bei } 25°}{\text{Gewicht des Wassers im Pyknometer bei } 25°}$$

[1] L. W. Bosart u. A. O. Snoddy: Ind. Engng. Chem., ind. Edit. **20**, 1377 (1928).

Anmerkung: Die Überführung des scheinbaren spezifischen Gewichtes der dest. Glycerine von 25°/25° auf andere Temperaturen und die Umrechnung in Prozent Glycerin erfolgt mit Hilfe vorstehend wiedergegebener Formeln und Tabellen.

Thermische Ausdehnung. Die Ausdehnung von Glycerin-Wasser-Gemischen zwischen 15° und 25° kann nach folgender Formel berechnet werden:

$$\text{Formel 1:} \quad B = \frac{dc - ab}{(T - t)\,c}$$

darin bedeuten:

a = spezifisches Gewicht von Glycerin bei $T°/T°$,
d = spezifisches Gewicht von Glycerin bei $t°/t°$,
b = spezifisches Gewicht von Wasser bei $T°$,
c = spezifisches Gewicht von Wasser bei $t°$,
B = Änderung im spezifischen Gewicht des Glycerins pro Grad,
T = höhere Temperatur der spezifischen Gewichtsbestimmung,
t = niedere Temperatur der spezifischen Gewichtsbestimmung.

Zur Umrechnung des spezifischen Gewichtes von einer höheren auf eine niedere Temperatur kann nachfolgende Formel verwendet werden:

$$\text{Formel 2:} \quad d = \frac{ab + Bc(T - t)}{c}$$

Zum Umrechnen des spezifischen Gewichtes von niederer auf höhere Temperatur gilt nachstehende Formel:

$$\text{Formel 3:} \quad a = \frac{dc - Bc(T - t)}{b}$$

Die Ausdehnung von Glycerin-Wasser-Gemischen ist in nachfolgender Tabelle wiedergegeben:

Tabelle 406. *Thermische Ausdehnung von Glycerin-Wasser-Gemischen*

Glycerin Gew.-%	Änderung der Dichte pro Grad		
	15°/20°	15°/25°	20°/25°
100	0,000615	0,000615	0,000610
97,5	0,000620	0,000615	0,000605
95	0,000615	0,000615	0,000615
90	0,000610	0,000615	0,000620
80	0,000620	0,000615	0,000610
70	0,000580	0,000570	0,000565
60	0,000540	0,000545	0,000550
50	0,000485	0,000495	0,000510
40	0,000430	0,000435	0,000445
30	0,000370	0,000385	0,000400
20	0,000300	0,000315	0,000325
10	0,000230	0,000255	0,000280
Wasser	0,000180	0,000205	0,000230

Lichtbrechung[1]. Die am schnellsten mögliche Ermittlung des Glycerin-Gehaltes bei reinen Proben kann mit Hilfe des Lichtbrechungsvermögens erfolgen. Glycerin-Lösungen, die weniger als 28% Glycerin enthalten, werden mit dem Eintauch-Refraktometer von PULFRICH untersucht. Das Refraktometer nach ABBE läßt sich aber ebensogut verwenden. Die Bestimmungen werden heute bei der Temperatur von 20° durchgeführt. Die Prozentgehalte an Glycerin werden aus dem gefundenen Brechungsexponenten direkt nachstehender Tabelle entnommen, die von L. F. HOYT[2] aufgestellt wurde.

---

[1] DGF-Einheitsmethode E-III 2 (55).
[2] L. F. HOYT: Ind. Engng. Chem., ind. Edit. **26**, 329 (1934).

Tabelle 407. *Refraktion von Glycerin-Lösungen bei 20° C*

Glycerin Gew.-%	Refraktion n_D^{20}	Differenz für 1%	Glycerin Gew.-%	Refraktion n_D^{20}	Differenz für 1%
100	1,47399	0,00165	50	1,39809	0,00149
99	1,47234	0,00163	49	1,39660	0,00147
98	1,47071	0,00162	48	1,39513	0,00145
97	1,46909	0,00157	47	1,39368	0,00141
96	1,46752	0,00155	46	1,39227	0,00138
95	1,46597	0,00154	45	1,39089	0,00136
94	1,46443	0,00153	44	1,38953	0,00135
93	1,46290	0,00151	43	1,38818	0,00135
92	1,46139	0,00150	42	1,38683	0,00135
91	1,45989	0,00150	41	1,38548	0,00135
90	1,45839	0,00150	40	1,38413	0,00135
89	1,45689	0,00150	39	1,38278	0,00135
88	1,45539	0,00150	38	1,38143	0,00135
87	1,45389	0,00152	37	1,38008	0,00134
86	1,45237	0,00152	36	1,37874	0,00134
85	1,45085	0,00155	35	1,37740	0,00134
84	1,44930	0,00160	34	1,37606	0,00134
83	1,44770	0,00158	33	1,37472	0,00134
82	1,44612	0,00162	32	1,37338	0,00134
81	1,44450	0,00160	31	1,37204	0,00134
80	1,44290	0,00155	30	1,37070	0,00134
79	1,44135	0,00153	29	1,36936	0,00134
78	1,43982	0,00150	28	1,36802	0,00133
77	1,43832	0,00149	27	1,36669	0,00133
76	1,43683	0,00149	26	1,36536	0,00132
75	1,43534	0,00149	25	1,36404	0,00132
74	1,43385	0,00149	24	1,36272	0,00131
73	1,43236	0,00149	23	1,36141	0,00131
72	1,43087	0,00149	22	1,36010	0,00131
71	1,42938	0,00149	21	1,35879	0,00130
70	1,42789	0,00149	20	1,35749	0,00130
69	1,42640	0,00149	19	1,35619	0,00129
68	1,42491	0,00149	18	1,35490	0,00129
67	1,42342	0,00149	17	1,35361	0,00128
66	1,42193	0,00149	16	1,35233	0,00127
65	1,42044	0,00149	15	1,35106	0,00126
64	1,41895	0,00149	14	1,34980	0,00126
63	1,41746	0,00149	13	1,34834	0,00125
62	1,41597	0,00149	12	1,34729	0,00125
61	1,41448	0,00149	11	1,34604	0,00123
60	1,41299	0,00149	10	1,34481	0,00122
59	1,41150	0,00149	9	1,34359	0,00121
58	1,41001	0,00149	8	1,34238	0,00120
57	1,40852	0,00149	7	1,34118	0,00119
56	1,40703	0,00149	6	1,33999	0,00119
55	1,40554	0,00149	5	1,33880	0,00118
54	1,40405	0,00149	4	1,33762	0,00117
53	1,40256	0,00149	3	1,33645	0,00115
52	1,40107	0,00149	2	1,33530	0,00114
51	1,39958	0,00149	1	1,33416	0,00113
			0	1,33303	—

Tabelle 408. *Absolute Viscositäten von Glycerin-Lösungen*

Spez. Gew. (25°/25° C)	Glycerin Gew.-%	Viscosität				
		20° C	22,5° C	25° C	27,5° C	30° C
		Centipoises				
1,00000	0,00 (Wasser)	1,005	—	0,893	—	0,800
1,00235	1,00	1,029	—	0,912	—	0,817
1,00475	2,00	1,055	—	0,935	—	0,836
1,00710	3,00	1,083	—	0,959	—	0,856
1,00950	4,00	1,112	—	0,984	—	0,877
1,01185	5,00	1,143	—	1,010	—	0,900
1,01425	6,00	1,175	—	1,037	—	0,924
1,01660	7,00	1,207	—	1,064	—	0,948
1,01900	8,00	1,239	—	1,092	—	0,972
1,02135	9,00	1,274	—	1,121	—	0,997
1,02370	10,00	1,311	—	1,153	—	1,024
1,02620	11,00	1,350	—	1,186	—	1,052
1,02865	12,00	1,390	—	1,221	—	1,082
1,03110	13,00	1,431	—	1,256	—	1,112
1,03360	14,00	1,473	—	1,292	—	1,143
1,03605	15,00	1,517	—	1,331	—	1,174
1,03850	16,00	1,565	—	1,370	—	1,207
1,04100	17,00	1,614	—	1,411	—	1,244
1,04345	18,00	1,664	—	1,453	—	1,281
1,04590	19,00	1,715	—	1,495	—	1,320
1,04840	20,00	1,769	—	1,542	—	1,360
1,05095	21,00	1,829	—	1,592	—	1,403
1,05350	22,00	1,892	—	1,644	—	1,447
1,05605	23,00	1,957	—	1,699	—	1,494
1,05860	24,00	2,025	—	1,754	—	1,541
1,06115	25,00	2,095	—	1,810	—	1,590
1,06370	26,00	2,167	—	1,870	—	1,641
1,06625	27,00	2,242	—	1,934	—	1,695
1,06880	28,00	2,324	—	2,008	—	1,752
1,07135	29,00	2,410	—	2,082	—	1,812
1,07395	30,00	2,501	—	2,157	—	1,876
1,07660	31,00	2,597	—	2,235	—	1,942
1,07925	32,00	2,700	—	2,318	—	2,012
1,08190	33,00	2,809	—	2,407	—	2,088
1,08455	34,00	2,921	—	2,502	—	2,167
1,08715	35,00	3,040	—	2,600	—	2,249
1,08980	36,00	3,169	—	2,706	—	2,335
1,09245	37,00	3,300	—	2,817	—	2,427
1,09510	38,00	3,440	—	2,932	—	2,523
1,09775	39,00	3,593	—	3,052	—	2,624
1,10040	40,00	3,750	—	3,181	—	2,731
1,10310	41,00	3,917	—	3,319	—	2,845
1,10575	42,00	4,106	—	3,466	—	2,966
1,10845	43,00	4,307	—	3,624	—	3,094
1,11115	44,00	4,509	—	3,787	—	3,231
1,11380	45,00	4,715	—	3,967	—	3,380
1,11650	46,00	4,952	—	4,165	—	3,540
1,11915	47,00	5,206	—	4,367	—	3,706
1,12185	48,00	5,465	—	4,571	—	3,873
1,12450	49,00	5,730	—	4,787	—	4,051
1,12720	50,00	6,050	—	5,041	—	4,247
1,12995	51,00	6,396	—	5,319	—	4,467
1,13265	52,00	6,764	—	5,597	—	4,709
1,13540	53,00	7,158	—	5,910	—	4,957
1,13815	54,00	7,562	—	6,230	—	5,210

Tabelle 408. *Absolute Viscositäten von Glycerin-Lösungen* (Fortsetzung)

Spez. Gew. (25°/25°C)	Glycerin Gew.-%	Viscosität				
		20° C	22,5° C	25° C	27,5° C	30° C
		Centipoises				
1,14090	55,00	7,997	7,247	6,582	—	5,494
1,14365	56,00	8,482	7,676	6,963	—	5,816
1,14640	57,00	9,018	8,147	7,394	—	6,148
1,14915	58,00	9,586	8,652	7,830	7,124	6,495
1,15185	59,00	10,25	9,226	8,312	7,552	6,870
1,15460	60,00	10,96	9,83	8,823	8,015	7,312
1,15735	61,00	11,71	10,54	9,428	8,544	7,740
1,16010	62,00	12,52	11,26	10,11	9,107	8,260
1,16285	63,00	13,43	12,04	10,83	9,73	8,812
1,16560	64,00	14,42	12,90	11,57	10,38	9,386
1,16835	65,00	15,54	13,80	12,36	11,10	10,02
1,17110	66,00	16,73	14,84	13,22	11,88	10,68
1,17385	67,00	17,96	15,92	14,18	12,72	11,45
1,17660	68,00	19,40	17,19	15,33	13,64	12,33
1,17935	69,00	21,07	18,66	16,62	14,66	13,27
1,18210	70,00	22,94	20,23	17,96	15,96	14,32
1,18480	71,00	25,17	21,97	19,53	17,38	15,56
1,18755	72,00	27,56	24,01	21,29	18,89	16,88
1,19025	73,00	30,21	26,41	23,28	20,53	18,34
1,19295	74,00	33,04	28,96	25,46	22,34	19,93
1,19565	75,00	36,46	31,62	27,73	24,47	21,68
1,19840	76,00	40,19	34,87	30,56	26,84	23,60
1,20110	77,00	44,53	38,50	33,58	29,59	25,90
1,20380	78,00	49,57	42,65	37,18	32,58	28,68
1,20655	79,00	55,47	47,53	41,16	36,06	31,62
1,20925	80,00	62,0	52,77	45,86	40,00	34,92
1,21190	81,00	69,3	58,74	51,02	44,15	38,56
1,21455	82,00	77,9	66,1	56,90	49,30	42,92
1,21720	83,00	87,9	74,5	64,2	55,10	47,90
1,21990	84,00	99,6	84,3	72,2	62,0	53,63
1,22255	85,00	112,9	95,5	81,5	70,2	60,05
1,22520	86,00	129,6	109,1	92,6	79,0	68,1
1,22790	87,00	150,4	125,6	106,1	90,5	77,5
1,23055	88,00	174,5	145,7	122,6	104,0	88,8
1,23320	89,00	201,4	169,1	141,8	119,1	101,1
1,23585	90,00	234,6	194,6	163,6	137,3	115,3
1,23718	90,50	255,0	210,4	175,6	147,6	124,3
1,23850	91,00	278,4	227,0	189,3	158,8	134,4
1,23983	91,50	302,8	246,2	204,0	171,3	145,0
1,24115	92,00	328,4	267,9	221,8	185,6	156,5
1,24248	92,50	356,2	292,5	241,2	201,2	169,3
1,24380	93,00	387,7	318,6	262,9	217,7	182,8
1,24513	93,50	421,3	344,8	285,7	237,0	196,2
1,24645	94,00	457,7	374,0	308,7	255,8	212,0
1,24778	94,50	498,5	406,0	335,6	278,2	229,0
1,24910	95,00	545	443,8	366,0	301,8	248,8
1,25038	95,50	601	495,0	397,8	327,5	271,4
1,25165	96,00	661	532,0	435,0	357,6	296,7
1,25295	96,50	731	584,0	476,8	391,5	324,3
1,25425	97,00	805	645	522,9	428,4	354,0
1,25555	97,50	885	713	571	470,0	387,4
1,25685	98,00	974	784	629	514,4	424,0
1,25815	98,50	1080	867	698	567	465,3
1,25945	99,00	1197	957	775	629	511,0
1,26073	99,50	1337	1065	856	694	564
1,26201	100,00	1499	1186	945	764	624

Die Genauigkeit der refraktometrischen Gehaltsbestimmung von Glycerinen im Vergleich mit der Dichte-Bestimmung im Pyknometer wird von A. TSCHE-TAJEW[1] bestätigt.

Inwieweit die von S. MATUMOTO[2] angegebene Formel zur Ermittlung des Glycerin-Gehaltes in Unterlaugen aus der Bestimmung des Brechungsindex brauchbar ist, ist nicht bekannt geworden.

Der Gehalt an freiem Glycerin bei der Fabrikation von Lacken kann nach A. M. KULIKOW[3] mit Hilfe der Refraktion ermittelt werden.

10 g der zu untersuchenden Substanz werden mit 50 ml dest. Wasser 10 Min. gekocht und dann in ein vorher gewogenes 50 ml fassendes Gefäß abfiltriert. Das Filter wird so ausgewaschen, daß das Gesamtgewicht des Filtrates 50 g beträgt. Vom Filtrat werden 1 bis 2 Tropfen zur Bestimmung der Refraktion benötigt. Der Glycerin-Gehalt wird aus einer Tabelle abgelesen. Die Analysendauer beträgt 20 Min.

Viscosität. Zur Prüfung der Reinheit von chemisch reinen Glycerinen wird von J. KELLNER[4] die Bestimmung der Viscosität empfohlen, die auch zur Feststellung des Glycerin-Gehaltes geeignet ist. M. L. SHEELY[5] hat die in Tab. 408 aufgestellten Viscositäten bestimmt (s. S. 1696 u. 1697).

In der Tabelle nach J. KELLNER sind die Zähigkeiten wäßriger Glycerin-Lösungen in ENGLER-Graden bei 24° wiedergegeben.

Tabelle 409. *Viscosität wäßriger Glycerine in* ENGLER-*Graden nach* J. KELLNER[6]

Glycerin Gew.-%	ENGLER-Grade bei 24° C	Glycerin Gew.-%	ENGLER-Grade bei 24° C	Glycerin Gew.-%	ENGLER-Grade bei 24° C
100	105,00	89	14,70	79	5,00
99	77,00	88	12,85	78	4,62
98	64,75	87	11,30	77	4,28
97	53,75	86	10,00	76	3,95
96	45,00	85	8,90	75	3,65
95	38,00	84	7,90	74	3,40
94	32,35	83	7,20	73	3,15
93	27,65	82	6,50	72	2,95
92	23,50	81	5,90	71	2,75
91	20,00	80	5,40	70	2,61
90	17,00				

Die vorstehende Tabelle kann zur Erkennung unbekannter Verunreinigungen herangezogen werden (s. S. 1742).

Erstarrungspunkte von Glycerin-Wasser-Gemischen. Für technische Zwecke ist es vorteilhaft, die Erstarrungspunkte von Glycerin-Wasser-Gemischen zu kennen, die von L. B. LANE[7] bestimmt worden sind.

Siedepunkt. Nach A. SCHLEIERMACHER[8] wird die Siede-Temperatur einer Substanz aus der Gleichheit der Dampftension mit dem Atmosphärendruck bestimmt. Das Verfahren haben A. GRÜN und T. WIRTH[9] für die Gehaltsbestimmung hochkonzentrierter Glycerine verwendet und modifiziert. Da sich bereits Unterschiede im Wassergehalt von 0,1% in einer Siede-Differenz von mehreren Graden bemerkbar machen, ist das Verfahren besonders brauchbar.

[1] A. TSCHETAJEW: Öl- u. Fett-Ind. (russ.) **11**, 18 (1935).
[2] S. MATUMOTO: Rep. chem. Res. Inst., Tokyo **3**, 1 (1940).
[3] A. M. KULIKOW: Ind. org. Chem. **7**, 521 (1940).
[4] J. KELLNER: Z. dtsch. Öl- u. Fettind. **40**, 677 (1920).
[5] M. L. SHEELY: Ind. Engng. Chem., ind. Edit. **24**, 1060 (1932).
[6] C. DEITE u. J. KELLNER: Das Glycerin. Berlin: Springer 1923.
[7] L. B. LANE: Ind. Engng. Chem., ind. Edit. **17**, 924 (1925).
[8] A. SCHLEIERMACHER: Ber. dtsch. chem. Ges. **24**, 944 (1891).
[9] A. GRÜN u. T. WIRTH: Z. angew. Chem. **32**, 59 (1919).

Die übliche Destillationsmethode ist zu langwierig, erfordert größere Mengen an Substanz und bedingt einen größeren apparativen Aufwand. Die Siedepunktsbestimmung nach A. SCHLEIERMACHER erfordert nur eine Glasröhre, kleinste Mengen Substanz und ist schnell durchführbar.

Ausführung. Eine Glasröhre von 6 bis 8 mm Durchmesser und 1 mm Wandstärke wird mit Chromschwefelsäure sorgfältig gereinigt und nach dem Trocknen zunächst zu einer haarfeinen Capillare von 1 bis 2 mm ausgezogen. Dann wird die Capillare zugeschmolzen, zu einem U-Rohr umgebogen und auf die in der Abb. 472 angegebenen Maße zugeschnitten.

Zur Füllung des so vorbereiteten Röhrchens wird die Capillare abgebrochen, das Rohrknie schwach angewärmt, worauf man mit Hilfe eines langen Capillartrichters 4 bis 5 Tropfen Glycerin in das untere Ende des langen Rohres einbringt. Beim Herausnehmen des Trichters ist ein Benetzen der Rohrwand zu vermeiden. Das Siederohr wird dann stark geneigt und so viel trockenes, reines Quecksilber einfließen gelassen, bis das kurze Rohr etwa zu zwei Drittel gefüllt ist, während in dem langen Rohr noch so viel Quecksilber sein soll, um das eine Drittel des kurzen Rohres vollständig zu füllen. Das eingebrachte Glycerin befindet sich über dem Quecksilber. Ein im längeren Rohr verbleibender Rest ist ohne Bedeutung. Durch schwaches Erwärmen und Klopfen werden Luftbläschen, die an der Wand des kurzen Rohres haften, gelockert, so daß sie sich über dem Glycerin ansammeln. An einem sorgfältig gereinigten Rohr haften keine Luftbläschen. Das Rohr wird nun vorsichtig weiter geneigt, bis das Glycerin in die Capillare eintritt und etwa 2 mm von der Spitze entfernt ist. In diesem Augenblick wird die Capillare mit einer Stichflamme zugeschmolzen, wobei das Glycerin nicht erhitzt werden soll. In der Spitze der Capillare befindet sich bei richtiger Durchführung nur eine ganz kleine Luftblase. Wegen der Hygroskopizität der hochkonzentrierten Glycerine ist ein schnelles Arbeiten erforderlich.

Das Siederohr wird in ein Ölbad so tief eingebracht, daß auch die Capillare bedeckt ist. Zur Ablesung der Temperatur taucht man ein Thermometer so tief ein, daß sich seine Quecksilberkugel an der Mitte des kleinen Rohres befindet. Die Temperatur wird unter gutem Umrühren so schnell gesteigert, bis sich unter der Capillare eine Dampfblase zu bilden beginnt; dann muß langsam weiter erhitzt werden. Der Dampfraum im kleinen Rohr nimmt zu, und das Quecksilber steigt in dem großen Rohr hoch, bis das Niveau gleich hoch ist. Das Thermometer zeigt dann die dem vorliegenden Barometerstand entsprechende Siede-Temperatur an. Zur Bestimmung der Siede-Temperatur bei 760 mm empfehlen A. GRÜN und T. WIRTH so lange vorsichtig weiter zu erhitzen, bis das Quecksilber-Niveau um so viel höher im großen Rohr gestiegen ist, als es der Differenz von 760 mm minus Barometerstand in Millimetern entspricht. Pro Millimeter Quecksilbersäule wird mit einer Siedepunkt-Verlagerung von etwa 0,04° gerechnet. Hat das Quecksilber-Niveau den Stand, der einem Druck von 760 mm entspricht, erreicht, so soll bei 5 Min. langem Konstanthalten der Temperatur keine Änderung im Stand des Quecksilbers eintreten. Durch Änderung der Temperatur kann das Quecksilber-Niveau schwach gehoben und gesenkt werden; bei einem mittleren Stand wird der richtige Siedepunkt der Glycerinprobe erhalten. Nach dem Abkühlen der Rohre bis zur fast völligen Füllung des kurzen Rohres kann die Bestimmung wiederholt werden. Die Genauigkeit wird mit einem bzw. mindestens zwei Grad angegeben.

A. GRÜN und T. WIRTH haben nach der beschriebenen Methode die Siedepunkte hochkonzentrierter Glycerine bei 760 mm Druck bestimmt, die in umstehender Tab. 410 wiedergegeben sind.

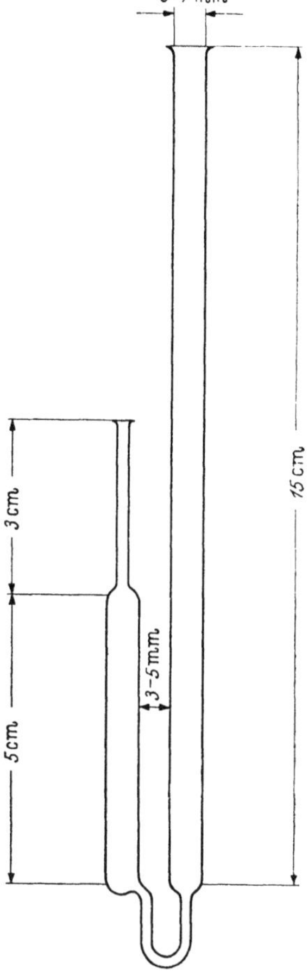

Abb. 472. U-Rohr zur Siedepunktsbestimmung[1]. Maßstab 2:3

---

[1] A. GRÜN u. T. WIRTH: Zit. S. 1698, Fußnote 9.

Tabelle 410. *Siedepunkte höchstkonzentrierter Glycerine nach* GRÜN *und* WIRTH

Glycerin-Gehalt Gew.-%	Siedepunkt bei 760 mm °C	Glycerin-Gehalt Gew.-%	Siedepunkt bei 760 mm °C	Glycerin-Gehalt Gew.-%	Siedepunkt bei 760 mm °C
100	290	98,5	207—208	96,5	171—172
99,95	283—284	98	195—196	96	167—168
99,5	243—244	97,5	185—186	95,5	163—164
99	224—225	97	178—179	95	160—161

Verbrennungswärme. B. RAWITSCH[1] empfiehlt, zur Gehaltsermittlung von Rein-Glycerin in Lösungen die Bestimmung der Verbrennungswärme in der calorimetrischen Bombe vorzunehmen und die erhaltenen Werte mit 100%igem Glycerin zu vergleichen. Andere Beobachtungen über die Eignung der Calorimetrie für die Feststellung des Glycerin-Gehaltes sind nicht bekannt geworden, auch nicht über die Anwendung bei praktischen Untersuchungen.

Tabelle 411. *Siedepunkte von reinen Glycerin-Lösungen*

Glycerin Gew.-%	Druck in mm/Hg								
	40	92	100	149	150	200	234	250	300
0	34,0	50,0	51,6	60,0	60,1	66,4	70,0	71,6	75,9
10	34,4	50,2	52,1	60,3	60,7	67,0	70,4	72,3	76,6
20	34,9	50,9	52,7	61,0	61,3	67,7	71,2	73,0	77,3
30	35,5	52,1	53,4	62,2	62,1	68,6	72,4	73,8	78,2
40	36,4	53,4	54,4	63,5	63,1	69,5	73,7	74,9	79,3
50	37,5	55,2	55,7	65,5	64,5	71,1	75,6	76,4	80,9
60	39,5	57,6	58,0	68,1	66,9	73,5	78,5	79,0	83,3
70	43,0	61,0	61,7	71,5	70,8	77,6	82,2	83,1	87,7
80	49,1	66,2	68,2	77,3	77,4	84,3	88,3	90,0	94,6
90	59,5	80,1	80,2	92,0	90,3	97,7	104,0	103,9	109,1
95	—	—	—	—	—	—	—	—	—
95,5	—	—	—	—	—	—	—	—	—
95,64	—	103,1	—	117,6	—	—	132,1	—	—
96	—	—	—	—	—	—	—	—	—
96,5	—	—	—	—	—	—	—	—	—
97	—	—	—	—	—	—	—	—	—
97,5	—	—	—	—	—	—	—	—	—
98	—	—	—	—	—	—	—	—	—
98,5	—	—	—	—	—	—	—	—	—
99	—	—	—	—	—	—	—	—	—
99,5	—	—	—	—	—	—	—	—	—
99,95	—	—	—	—	—	—	—	—	—
100	210,0	—	227,5	—	238,6	246,8	—	253,6	259,2
0	—	56,5	—	66,8	—	—	77,7	—	—
10	—	56,1	—	66,6	—	—	77,3	—	—
20	—	57,0	—	67,6	—	—	78,1	—	—
30	—	58,2	—	68,6	—	—	79,3	—	—
40	—	59,4	—	70,0	—	—	80,6	—	—
50	—	60,6	—	71,3	—	—	82,0	—	—
60	—	62,6	—	73,4	—	—	84,2	—	—
70	—	65,6	—	76,6	—	—	87,7	—	—
80	—	71,7	—	83,1	—	—	94,5	—	—
90	—	87,2	—	98,9	—	—	111,6	—	—
95,64	—	105,8	—	120,5	—	—	135,2	—	—

---

[1] B. RAWITSCH: J. Chim. appl. (russ.) **12**, 1571 (1939).

d) Chemische Methoden

α) Qualitative Nachweise von Glycerin

Für den qualitativen Nachweis von Glycerin steht eine beträchtliche Anzahl von Reaktionen zur Verfügung.

Der qualitative Nachweis des Glycerins ist einmal wichtig, um Öle und Fette von Wachsen zu unterscheiden, und ferner für die Erkennung in pharmazeutischen und technischen Produkten, z. B. Emulgatoren. Gewisse Emulgatoren enthalten als Alkohole entweder Glycerin oder Glykole in Form von Fettsäure-monoestern bzw. -diestern. Daß Fettsäureester als alkohol. Anteil auch andere mehrwertige Alkohole, wie Sorbit, Mannit, Pentaerythrit u. a., enthalten, soll hier nur bemerkt werden. Außerdem sind Waschmittel auf der Basis von sulfatierten Fettsäure-monoglyceriden bekannt geworden[1].

Liegt das Glycerin in gebundener Form vor, so muß es zunächst durch Hydrolyse frei gemacht werden. Fette verseift man mit alkohol. Kalilauge (S. 436), scheidet die Fettsäuren ab und extrahiert das Glycerin mit Alkohol aus dem zuvor neutralisierten und eingedampften Sauerwasser. Die Spaltung von Fett-

und von mit NaCl gesättigten Glycerin-Lösungen

Druck in mm/Hg										
350	355	400	450	500	526	550	600	650	700	760
79,6	80	82,9	85,9	88,7	90,0	91,2	93,5	95,7	97,7	100,0
80,3	80,5	83,7	86,7	89,5	90,6	92,0	94,3	96,6	98,6	100,9
81,1	81,4	84,4	87,5	90,3	91,5	92,9	95,2	97,4	99,5	101,8
82,0	82,6	85,3	88,4	91,3	92,8	93,8	96,2	98,4	100,4	102,8
83,1	84,0	86,4	89,5	92,4	94,2	95,0	97,3	99,6	101,7	104,0
84,8	86,0	88,2	91,3	94,2	96,3	96,8	99,2	101,5	103,6	106,0
87,4	88,8	90,9	94,1	97,0	99,3	99,7	102,1	104,4	106,6	109,0
91,7	92,8	95,2	98,4	101,4	103,5	104,1	106,6	109,9	111,1	113,6
98,7	99,3	102,3	105,6	108,7	110,3	111,4	113,9	116,3	118,5	121,0
113,5	116	117,4	121,0	124,4	127,8	127,4	130,2	132,8	135,2	138,0
—	—	—	—	—	—	—	—	—	—	160/1
—	—	—	—	—	—	—	—	—	—	163/4
—	146,5	—	—	—	161,1	—	—	—	—	165/8
—	—	—	—	—	—	—	—	—	—	167/8
—	—	—	—	—	—	—	—	—	—	171/2
—	—	—	—	—	—	—	—	—	—	178/9
—	—	—	—	—	—	—	—	—	—	185/6
—	—	—	—	—	—	—	—	—	—	195/6
—	—	—	—	—	—	—	—	—	—	207/8
—	—	—	—	—	—	—	—	—	—	224/5
—	—	—	—	—	—	—	—	—	—	243/4
—	—	—	—	—	—	—	—	—	—	283/4
264,3	—	268,2	272,1	275,7	—	278,8	281,3	284,6	287,1	290,0
—	87,7	—	—	—	98,2	—	—	—	—	108,7
—	87,9	—	—	—	98,5	—	—	—	—	109,1
—	88,7	—	—	—	99,2	—	—	—	—	109,8
—	89,9	—	—	—	100,5	—	—	—	—	111,1
—	91,2	—	—	—	101,8	—	—	—	—	112,5
—	92,8	—	—	—	103,5	—	—	—	—	114,2
—	95,0	—	—	—	106,0	—	—	—	—	116,8
—	98,7	—	—	—	109,8	—	—	—	—	120,9
—	106,0	—	—	—	117,6	—	—	—	—	129,0
—	124,4	—	—	—	137,1	—	—	—	—	149,8
—	149,9	—	—	—	164,7	—	—	—	—	179,3

---

[1] Colgate-Palmolive-Peet Co.: F.P. 812793.

säure-monoglyceriden wird gewöhnlich im sauren Medium vorgenommen. Bei einigen Nachweis-Reaktionen können die Glyceride direkt untersucht werden, doch ist eine Abtrennung von Ballast-Substanzen vor der Untersuchung immer von Vorteil, zumal auch andere Polyoxy-Verbindungen gleich oder ähnlich reagieren.

Der Nachweis des Glycerins kann durch die Überführung in Dehydratations- oder Oxydationsprodukte, wie Acrolein, Glycerinaldehyd und Dioxyaceton, erfolgen.

1. Acrolein-Probe

Diese Reaktion wird als die sicherste Probe auf Glycerin angesehen. Beim Vorliegen reinen Glycerins bildet sich Acrolein durch schnelles Erhitzen und wird an der Reizwirkung auf die Schleimhäute und seinem scharfen, unangenehmen Geruch erkannt.

$$C_3H_5(OH)_3 - 2H_2O \rightarrow CH_2{=}CH \cdot CHO$$

Zur schnellen Durchführung der Reaktion empfiehlt es sich, die Probe auf rotglühendes Eisen auftropfen zu lassen. Zweckmäßiger wird das Erhitzen des Glycerins mit wasserentziehenden Mitteln, wie Kaliumhydrogensulfat, kristallisierter Phosphorsäure oder Borsäureanhydrid, vorgenommen.

Der Nachweis geringer Mengen Acrolein ist aber oft nicht allein durch einen sinnenphysiologischen Reiz möglich. Deshalb sollte mindestens noch eine chemische Prüfung herangezogen werden, um das Ergebnis zu sichern.

L. Grünhut[1] empfiehlt hierfür die Prüfung des Acroleins durch seine Reduktionswirkung auf ammoniakalische Silberlösung.

Bedeutend spezifischer läßt sich aber der Nachweis des Glycerins bzw. des Acroleins dadurch führen, daß das Acrolein nach K. Täufel und H. Thaler[2] in Epihydrinaldehyd übergeführt wird, der mit Phloroglucin-Salzsäure eine charakteristische Farbreaktion ergibt, die auch spektroskopisch ausgewertet werden kann. Die von den beiden Autoren angegebene Arbeitsweise erfolgt unter Verwendung nebenstehender Apparatur (Abb. 473) folgendermaßen:

Die auf Glycerin zu prüfende Probe muß frei von Zucker sein. Vorhandener Zucker wird nach dem Invertieren mit Kalk und Alkohol entfernt. Die Probe wird gegebenenfalls zur Trockne verdampft und mit 15 Tropfen sirupöse Phosphorsäure und etwas Bimssteinpulver versetzt. Die Zersetzung wird eingeleitet durch Erhitzen mit kleiner Flamme, worauf nach kurzer Zeit das durch den Kühler kondensierte Destillat in einem Reagensglas von 100 mm Länge und 13 mm Durchmesser aufgefangen werden kann. Die Destillation wird fortgesetzt bis zum Aufhören des Siedens, was meist nach etwa 5 Min. der Fall ist. Zu dem aus einigen Tropfen bestehenden Destillat wird 1 Tropfen 3%iges Wasserstoffperoxyd und dann sofort 1 ml konz. Salzsäure gegeben. Unter Kühlung mit fließendem Wasser wird 1 Min. gründlich geschüttelt. Das überschüssig vorhandene Wasserstoffperoxyd wird mit 1 Tropfen 10%iger Kaliumjodid-Lösung zerstört und das ausgeschiedene Jod sofort wieder durch eine 10%ige Natriumthiosulfat-Lösung entfernt. Nachdem vorhandenes Acrolein derart in Epihydrinaldehyd übergeführt ist, wird die Lösung mit 0,5 ml einer 0,15%igen alkohol. Lösung von Phloroglucin versetzt und umgeschüttelt. In Gegenwart von Epihydrinaldehyd entsteht eine rote bis rotviolette Färbung, deren Maximum in spätestens 30 Min. erreicht

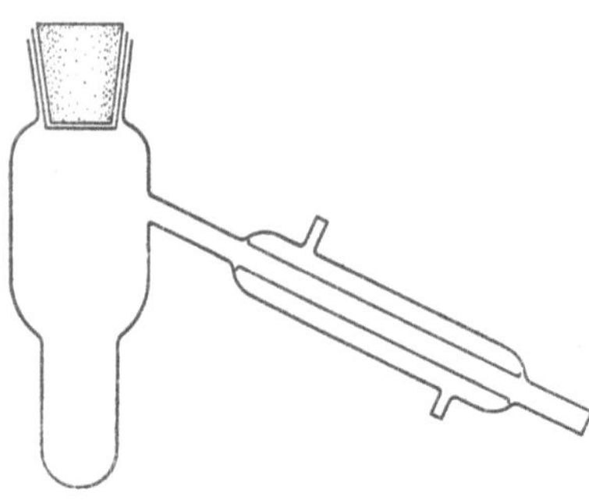

Abb. 473. Vorrichtung zur Prüfung auf Glycerin nach Täufel und Thaler

---

[1] L. Grünhut: Z. analyt. Chem. **38**, 37 (1899).
[2] K. Täufel u. H. Thaler: Z. analyt. Chem. **95**, 235 (1933).

ist. K. Täufel und H. Thaler geben an, daß bei einem gelben Reaktionsgemisch die Feststellung der roten Farbe erschwert ist. Durch Wasserzusatz geht ausgefallenes Natriumchlorid in Lösung, und gleichzeitig tritt unter Verschwinden der gelben Farbe die reine Rotfärbung auf. Das Maximum der Rotfärbung bei spektroskopischer Untersuchung liegt bei 561 mμ.

Die Epihydrinaldehyd-Reaktion[1] wird ferner mit Resorcin oder Naphthoresorcin (1,3-Dioxy-naphthalin) erhalten, soll aber nach K. Täufel und F. K. Russow[2] mit diesen Reagentien weniger empfindlich sein.

Weitere Reaktionen, die auf dem Nachweis des Acroleins basieren, sind folgende:

Versetzt man das Destillat mit Nitroprussidnatrium und Piperidin, so tritt je nach dem Acrolein-Gehalt eine enzianblaue bzw. grünliche Färbung auf (Empfindlichkeit 1:3000). Die Färbung wird durch Ammoniak violett, durch Natronlauge rosaviolett, dann rostfarbig, durch Eisessig blaugrün, durch Mineralsäuren rostbraun und durch Wasserstoffperoxyd schmutzigbraun[3]. Bei Ersatz von Piperidin durch Dimethylamin wird die Empfindlichkeit der Reaktion herabgesetzt. Nitroprussidnatrium und Alkali ergeben eine Kirschrotfärbung, die schließlich in Braunrot übergeht. Durch Essigsäure tritt keine Veränderung ein.

Voisenet-Formaldehyd-Reagens[4] bildet mit Acrolein-Lösungen (1:500 bis 1:2000) eine grüne bzw. erst eine grüne, dann grünlichblaue Färbung bei geringerer Konzentration. Die Färbung weist ein Absorptionsband im Rot auf. Die Reaktion ist sehr empfindlich und liegt höher als 1:1000000.

Das Reagens nach Voisenet besteht aus zwei Lösungen:

I. 200 ml Salzsäure (D = 1,18) + 0,1 ml 3,6%ige Lösung von Kaliumnitrit.

II. Ein Eiweiß wird energisch mit 5 bis 7 ml dest. Wasser geschlagen und unter Auspressen durch ein Tuch filtriert.

Ein von J. M. Kolthoff[5] nach Beobachtungen von C. H. la Wall[6] empfohlenes Nachweisverfahren beruht ebenfalls auf der Entstehung von Acrolein.

5 ml der gegebenenfalls durch Kochen vom Methylalkohol befreiten Probe werden mit 2 ml 4 n Phosphorsäure und 2 ml Kaliumpermanganat-Lösung (3%ig) versetzt. Nach 10 Min. wird 1 ml Oxalsäure-Lösung (10%ig) zugegeben und stehengelassen, bis die Mischung hellbraun ist. Dann werden 1 ml verd. Schwefelsäure und 5 ml Schiffsches Reagens zugesetzt. Tritt nach 10 Min. Stehen eine rotviolette Färbung auf, dann ist Glycerin vorhanden. 0,04% Glycerin geben noch eine deutlich positive Reaktion.

J. Grossfeld[7] hat das vorstehend beschriebene Verfahren colorimetrisch zur Abschätzung des Glycerins in Seife angewendet.

10 g Seifenspäne werden in einem Becherglas von 100 ml Inhalt mit 25 ml Phosphorsäure (25%ig) übergossen und auf dem Wasserbad zur Abscheidung der Fettsäuren erwärmt. Zu dem warmen Gemisch werden 25 ml heißes Wasser gegeben und so lange mit aufgelegtem Uhrglas erwärmt, bis sich die Fettsäuren klar auf der Oberfläche abgeschieden haben. Durch Abkühlen erstarren die Fettsäuren. Die wäßrige Lösung wird filtriert. Vom Filtrat werden 5 ml (= 1 g Seife) nach dem obenstehenden Verfahren von J. M. Kolthoff oxydiert und mit dem Schiffschen Reagens versetzt. Daneben werden als Vergleichslösungen

---

[1] Epihydrinaldehyd bildet sich auch beim Verderben der fetten Öle, wobei aber die Bildung nicht vom Glycerin herrührt. Der Nachweis des Epihydrinaldehyds erfolgt so, wie vorstehend beschrieben, aber unter anderen Voraussetzungen [vgl. R. Neu: Chemiker-Ztg. **61**, 733 (1937)]. In der zit. Arbeit sind spektroskopische Aufnahmen des Epihydrinaldehyds aus fetten Ölen und Fettsäuren wiedergegeben.

[2] K. Täufel u. F. K. Russow: Z. Unters. Lebensmittel **65**, 540 (1933).

[3] L. Lewin: Ber. dtsch. chem. Ges. **32**, 3388 (1899).

[4] E. Voisenet: J. Pharmac. Chim. **2** (7), 214 (1910).

[5] I. M. Kolthoff: Pharmac. Weekbl. **61**, 1497 (1924); Z. Unters. Lebensmittel **51**, 77 (1926).

[6] C. H. la Wall: Amer. J. Pharmacy Sci. support. publ. Health **96**, 226 (1924).

[7] J. Grossfeld in A. Bömer, A. Juckenack u. J. Tillmans: Handbuch der Lebensmittelchemie, Bd. IV, S. 237. Berlin: Springer 1939.

je 5 ml mit bekanntem Glycerin-Gehalt angesetzt und in gleicher Weise behandelt. Nach 20 Min. werden die entstandenen Färbungen mit der zu untersuchenden Probe verglichen, wodurch der Glycerin-Gehalt in 1 g Seife ermittelt wird.

Zur genaueren Bestimmung wird der Versuch unter Variation der Vergleichsmengen wiederholt, indem die Glycerinmenge durch Verdünnen auf 5 bis 25 mg/ 5 ml gebracht wird. Die Färbungen sind 24 Std. haltbar.

2. Nachweis als Dioxyaceton

Aus Glycerin entsteht durch Oxydation mit Bromwasser in der Wärme Dioxyaceton ($HOCH_2 \cdot CO \cdot CH_2OH$), das durch Farbreaktionen auch in geringen Mengen nachgewiesen werden kann. Die von DENIGÈS[1] angegebenen Reaktionen sind nur bei reinem Glycerin zweifelsfrei, vorhandene Begleitsubstanzen können u. U. zu einer Störung führen[2].

In einem Reagensglas werden 0,08 bis 0,1 g Glycerin mit 10 ml frisch hergestelltem 0,3%igem Bromwasser im siedenden Wasserbad 20 Min. erhitzt. Dann wird das überschüssige Brom verkocht. Mit dieser Lösung, die das Dioxyaceton enthält, werden nachfolgende Farb- und Fällungsreaktionen durchgeführt.
0,1 ml *Codein*-Lösung (5% alkohol.), 0,2 ml Wasser, 0,2 ml Probelösung und 2 ml konz. Schwefelsäure werden im siedenden Wasserbad 2 Min. erhitzt: grünlichblaue Färbung mit einem Absorptionsband im Rot.
0,1 ml *β-Naphthol* (2% alkohol.), 0,4 ml Probelösung und 2 ml konz. Schwefelsäure werden im siedenden Wasserbad 2 Min. erhitzt: smaragdgrüne Färbung mit gleicher Fluorescenz, Absorptionsband im Grün und im Rot.
0,1 ml *Resorcin* (5% alkohol.), 0,4 ml Probelösung und 2 ml konz. Schwefelsäure bleiben 2 Min. bei Zimmertemperatur stehen: blutrote Färbung, die auf Zusatz von Eisessig oder Schwefelsäure in Rotgelb bzw. Gelb übergeht. Absorptionsband im Blau und im Gelb.
0,1 ml *Thymol* (5% alkohol.), 0,4 ml Probelösung, 2 ml konz. Schwefelsäure: weinrote Farbe, bei Verdünnung mit Eisessig oder Schwefelsäure wird diese rosarot.

Die Farbreaktionen mit Salicylsäure, Guajakol und Gallussäure treten in Gegenwart von Kaliumbromid besonders deutlich hervor.

0,1 ml *Salicylsäure* (5% alkohol.), 0,4 ml Probelösung, 0,1 ml Kaliumbromid-Lösung (4%ig) und 2 ml konz. Schwefelsäure werden im siedenden Wasserbad erhitzt: violettrote Färbung, deren Spektrum einen breiten Absorptionsstreifen im Gelb und einen breiteren im Blau zeigt. Bei gleichzeitigem Blindversuch ist noch der Nachweis von 1 mg Dioxyaceton/ 1000 ml möglich.
0,1 ml *Guajakol* (5% alkohol.), 0,4 ml Probelösung und 0,1 ml Kaliumbromid-Lösung (4%ig) werden 2 Min. im siedenden Wasserbad erhitzt. Blauviolette Färbung mit starkem Absorptionsband im Orange.

Wie Guajakol verhält sich auch Gallussäure, die auftretende violette Färbung ist jedoch schwächer. Die Farbreaktion mit Codein und Salicylsäure wird bei einer Grenzkonzentration von 0,05 mg Glycerin als die empfindlichste angegeben. Nach E. EEGRIWE[3] kann auch m-Oxybenzoesäure als Reagens in der mit Brom oxydierten Probe verwendet werden.

Zur Ausführung von *Fällungsreaktionen* werden 0,5 ml Probelösung, 0,5 ml einer Lösung aus 1 ml Phenylhydrazin, 4 ml Eisessig und 20 ml Natriumacetat (10%ig) im Reagensglas 20 Min. im siedenden Wasserbad erhitzt. Nach dem Erkalten scheiden sich innerhalb einer Std. Nadeln von Glycerosazon ab, die mikroskopisch festgestellt werden können.

---

[1] G. DENIGÈS: C. R. hebd. Séances Acad. Sci. **148**, 570 (1909); Bull. Soc. chim. France **5**, 421 (1909); Ann. Chim. Phys. **18**, 158 (1909).
[2] Nach H. WOLFF [Chemiker-Ztg. **41**, 608 (1917)] sollen die Farbreaktionen nach DENIGÈS keine Unterscheidung zwischen Glycerin und Äthylenglykol erlauben.
[3] E. EEGRIWE: Z. analyt. Chem. **100**, 31 (1935).

Aus 5 ml Probelösung und 1 ml konz. Schwefelsäure werden im Fraktions-kölbchen 1,5 bis 2 ml abdestilliert und 1 ml des Destillates mit vorstehendem Phenylhydrazin-Reagens gemischt. Es entsteht ein gelblichweißer, langsam kristallin werdender Niederschlag von Methylglyoxalosazon.

Die Probelösung reduziert NESSLERS-Reagens und FEHLINGsche Lösung.

3. Mikrochemische Nachweise

Die Mikronachweise beruhen ebenfalls auf den vorbeschriebenen Reaktionen.

Nachweis als Acrolein-p-nitrophenylhydrazon. Acrolein liefert nur mit o- und p-Nitrophenylhydrazin Kristalle[1]. Einige Kriställchen p-Nitrophenylhydrazin werden mit so viel 15%iger Essigsäure angerieben, daß noch etwas ungelöst bleibt. Dann wird durch ein 10 mm hohes, glattes Filter filtriert. Das Untersuchungsmaterial wird in einen Mikrobecher von 10 mm Höhe und 12 mm lichter Weite gegeben, worauf man 0,05 g Kaliumhydrogensulfat und 1 bis 2 Tropfen Wasser zusetzt. Das Gemisch wird zur Trockne verdampft, auf ein Drahtnetz gestellt, mit einem flachen Glasschälchen von etwa doppeltem Durchmesser mit plangeschliffenem oder jedenfalls ebenem Boden bedeckt. In das Glasschälchen wird etwas Wasser eingefüllt und 1 Tropfen des Reagens als „Hängetropfen" auf den Boden gebracht. Das Becherchen wird nun vorsichtig erhitzt. Bei Anwesenheit von Glycerin wird der Tropfen undurchsichtig und gelb. Die Erfassungsgrenze beträgt 5 γ Glycerin.

Eine etwas geänderte Ausführung gab R. OPFER-SCHAUM[2] an, indem der Mikrobecher auf dem Schmelzpunkt-Bestimmungsapparat auf 180 bis 200° erhitzt wird. Die bei Anwesenheit von Glycerin entstehenden gelben Kristallnadeln des Acrolein-p-nitrophenyl-hydrazons können nach demselben Autor noch durch Bestimmung des Schmelzpunktes und der eutektischen Temperatur mit einer Testsubstanz gesichert werden[3].

Eutektische Temperatur des Acrolein-p-nitrophenylhydrazons mit Phenacetin: 117°.

Schmelzpunkt des Acrolein-p-nitrophenylhydrazons: 160°.

Nachweis mit 2,7-Dioxy-naphthalin. Ein weiterer Nachweis geringster Mengen von Glycerin beruht nach K. FÜRST[4] auf der Bildung eines Kondensations-produktes mit 2,7-Dioxy-naphthalin in Gegenwart von konz. Schwefelsäure[5], das sich durch intensive gelbe bis gelbrote Farbe und charakteristische tiefgrüne Fluorescenz auszeichnet. Die Erfassungsgrenze beträgt: 1,5 γ bei einer Grenz-konzentration von 1 : 33000.

Der Nachweis besteht darin, 2 ml einer 0,01%igen Lösung von 2,7-Dioxy-naphthalin in 100 ml konz. Schwefelsäure p. a. (D = 1,84) mit 1 bis 2 Tropfen einer wäßrigen Glycerin-Lösung im Reagensglas 20 bis 25 Min. zu erhitzen.

Das Reagens zeigt, frisch hergestellt, eine tiefgelbe Färbung mit deutlicher Fluorescenz, die beim Stehen über Nacht oder beim Erhitzen im Wasserbad verlorengeht. Die Halt-barkeit beträgt etwa 1 Monat. Oxydationsmittel färben das Reagens violett, während län-geres Stehen an der Luft eine schwachrötliche bis rotviolette Färbung verursacht. Schwach-rötliche Lösungen sind für den Glycerin-Nachweis noch brauchbar, trotzdem wird ein Blind-versuch empfohlen.

Der Nachweis des Glycerins in fetten Ölen erfolgt durch übliche Verseifung einiger Centi-gramme mit alkohol. Kalilauge unter Erwärmen, Verdampfen des Alkohols und Zersetzen mit verd. Schwefelsäure. Die Fettsäuren werden abfiltriert und das Filtrat mit reinem Cal-ciumoxyd bis zur Bildung eines steifen Breies versetzt. Dieser wird auf dem Wasserbad getrocknet und mit absol. Alkohol-Äther (1 : 1) extrahiert. Nach dem Abtrennen des Alkohol-Äther-Gemisches und Verdampfen im Reagensglas wird der Rückstand mit 2 ml der Reagens-Lösung versetzt. Gelbfärbung mit grüner Fluorescenz zeigt Glycerin an. Störende

[1] C. GRIEBEL u. F. WEISS: Z. Unters. Lebensmittel **56**, 163 (1928); Mikrochemie **5**, 146 (1927).

[2] R. OPFER-SCHAUM: Angew. Chem. **62**, 144 (1950).

[3] L. u. A. KOFLER: Mikro-Methoden zur Kennzeichnung organischer Stoffe und Stoff-gemische, S. 44. Innsbruck: Universitätsverlag Wagner GmbH 1947.

[4] K. FÜRST: Scientia pharmac. **16**, 85 (1948).

[5] BADISCHE ANILIN- u. SODAFABRIK: DRP. 283066; P. FRIEDLÄNDER: Fortschritte der Teerfarbenfabrikation **12**, 497 (1914/16).

Begleitsubstanzen — Sterine bzw. Unverseifbares — können die Farbreaktion überdecken. Zu diesem Zweck wird der alkohol-ätherische Auszug in der Apparatur nach Abb. 474 vom Lösungsmittel befreit. Der Rückstand wird mit der zehnfachen Menge glasiger Phosphorsäure oder Borsäure versetzt. Die Apparatur wird am aufsteigenden Teil des Destillationsrohres (a) an der Stelle (d) an einem Stativ befestigt. Das Absorptionsgefäß (c)

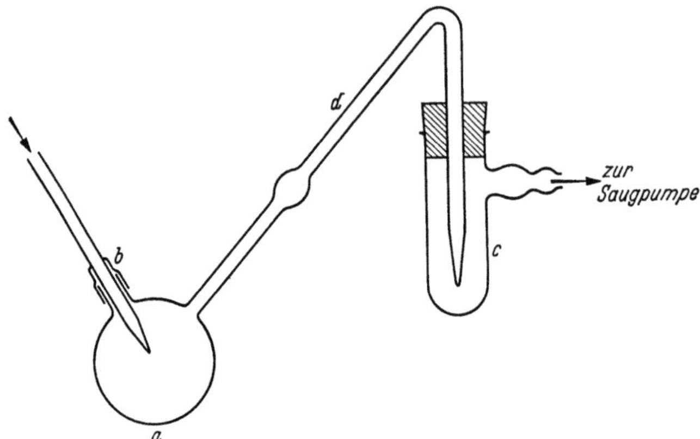

Abb. 474. Apparatur zum Glycerin-Nachweis nach Fürst
a Destillationsgefäß; b Einfüllöffnung mit eingesetztem Glasrohr und Gummidichtung; c Reaktionsgefäß; d Befestigungsstelle

enthält 2 ml der 2,7-Dioxy-naphthalin-Lösung. Das Destillationsgefäß wird nun vorsichtig mit einem Mikrobrenner erhitzt, bis Schäumen auftritt. Gleichzeitig wird durch die Apparatur vorsichtig ein Luftstrom gesaugt. Das Auftreten der Farbreaktion und der Fluorescenz zeigen Glycerin an.

Die Anwendung des Verfahrens von K. Fürst durch direkte Destillation der Fette und Öle mit glasiger Phosphorsäure oder Borsäure in der angegebenen Glasapparatur ist zwar möglich, meist aber stören die gleichzeitig mit dem Acrolein übergehenden Zersetzungsprodukte durch Veränderung und Überdeckung der Farbreaktion, während die grüne Fluorescenz gewöhnlich deutlich erkennbar bleibt.

Beim Vorliegen kohlenhydrathaltiger Proben wird das Produkt gegebenenfalls mit Wasser verdünnt und mit etwa 40%igem Kalkbrei versetzt. Das Gemisch wird unter Befeuchten mit Wasser und Zerkleinern mit einem Glasstab wiederholt zur Trockne verdampft. Der Rückstand wird mit Alkohol durchfeuchtet und mehrmals mit einigen ml eines Gemisches aus absol. Alkohol und Äther (1:1) ausgezogen. Das Filtrat wird in der oben angegebenen Apparatur vom Lösungsmittel befreit und der Rückstand wie üblich weiter behandelt. Der Nachweis des Glycerins ist dadurch auch in Gegenwart von Glucose, Maltose, Galactose, Lactose, Invertzucker, Stärke, Mannit, Dulcit, Sorbit, Arabinose und Xylose möglich. Saccharose muß vor Zusatz des Kalkbreies invertiert werden. Eiweiß stört den Nachweis ebenfalls nicht. Das Glycerin läßt sich in Mengen von 1 bis 3 mg sicher nachweisen. Entsprechend diesem empfindlichen Nachweis ist auch der Einsatz der zur Untersuchung erforderlichen Mengen sehr gering.

Der mikrochemische Nachweis des Glycerins nach K. Fürst hat bei der Untersuchung der Lipoid-Extrakte aus den verschiedensten Pflanzen recht gute Dienste geleistet, insbesondere, wenn es sich darum handelte, festzustellen, ob ein Fett oder ein Wachs vorlag. Die Durchführung der Reaktion ist mit sehr geringen Extraktmengen möglich und erlaubt nach dem Verseifen des Extraktes, Entfernen des Unverseifbaren, Abscheiden der Fettsäuren, Eindampfen und Extrahieren des Sauerwassers eine sichere Entscheidung, ob ein Fettsäure-Glycerid oder ein Wachsester vorliegt. Der Nachweis, ob auch noch Wachsester im Lipoid-Extrakt vorhanden sind, ist mit dem Unverseifbaren zu führen, worauf an dieser Stelle nicht eingegangen werden soll.

Auch andere Dioxynaphthaline wurden von R. NEU in ihrem Verhalten gegen verschiedene Oxy-Verbindungen geprüft (Tab. 412). Die Konzentrationen der Dioxynaphthaline betrugen je 0,01% in 100 ml reiner konz. Schwefelsäure. Die Proben wurden mit dem Reagens 10 Min. im Wasserbad erhitzt.

Tabelle 412. *Farbreaktionen von Oxy-Verbindungen mit Dioxynaphthalinen*

Oxy-Verbindungen	2,3-	1,4-	1,5-	1,6-	1,7-; 2,8-	2,6-	2,7-
	Dioxy-naphthalin						
Glycerin	hell-braunrot	—	kirschrot	braun, gelbgrüne Fluorescenz	—	—	gelb, gelbgrüne Fluorescenz
Äthylen-glykol	hellbraun	—	—	braun, Fluorescenz	—	—	—
Tylose KN 2000[1]	kirschrot	—	—	erdbeerrot	—	—	cyclamen-farbig
Tylose HBR[1]	kirschrot	—	—	erdbeer-rot	—	—	cyclamen-farbig
Zelluton Dr 46a[1]	kirschrot	—	—	erdbeer-rot	—	—	cyclamen-farbig
Zelluton Dr 46b[1]	kirschrot	—	—	erdbeer-rot	—	—	cyclamen-farbig
Zelluton T2, 8000, hoch[1]	kirschrot	—	—	erdbeer-rot	—	—	cyclamen-farbig
Pentaerythrit	hellrot	—	—	braunrot	—	—	violettrot
Milchzucker	rotbraun	gelbbraun	dunkel-grün	rotbraun	—	—	kirschrot
Trauben-zucker	rotbraun	gelbbraun	dunkel-grün	rotbraun	—	—	kirschrot
Weinsäure	blau	—	kirschrot	—	—	—	gelbbraun
Oxalsäure	blaßlila	—	—	—	olivgrün	—	—
Alginat	keine eindeutigen Farbreaktionen						
Mannit	rotbraun	—	—	braun	—	—	braun, gelblich-grüne Fluorescenz

Nur das 1,6-Dioxy-naphthalin gibt mit Glycerin noch eine gelbgrüne Fluorescenz, die aber nicht so stark erscheint wie beim 2,7-Derivat. Cellulose-Derivate lassen sich gut erkennen[2]. Den vorstehenden Nachweis von R. NEU hat H. FREYTAG[3] modifiziert:

Entweder werden etwa 2 mg oder 0,5 ml der Probe mit 0,5 ml obiger 2,7-Dioxy-naphthalin-Lösung versetzt und bei Raumtemperatur 50 bis 60 Min. stehengelassen, wobei sich eine sehr schwach rotviolette Färbung entwickelt. Nach dem Zusatz von 0,5 ml Wasser wird das Gemisch umgeschüttelt und unter der UV-Lampe betrachtet. Cellulose-Derivate zeigen eine gelbe Fluorescenz. Die Probemengen können auch erhöht werden. Das Reagens wird unterschichtet. An der Berührungsfläche treten dann die farbigen Ringe auf. Vor der Betrachtung im UV-Licht wird mit 1 ml Wasser versetzt.

---

[1] Celluloseglykolsäureäther.

[2] R. NEU: Dtsch. Lebensmittel-Rdsch. **46**, 207 (1950); vgl. auch Abschnitt Seifenanalyse.

[3] H. FREYTAG: Z. analyt. Chem. **133**, 129 (1951).

Nachweis als Benzanthron. Von F. Schütz[1] wurde ein Verfahren vorgeschlagen, eine 0,1%ige Lösung von Anthron in konz. Schwefelsäure mit Glycerin (bzw. Acrolein, Epichlorhydrin, Glyceriden u. a.) bei 175° zu Benzanthron zu kondensieren. Die hierbei auftretende rotgelbe Farbe, verbunden mit einer Fluorescenz, ist noch in starker Verdünnung bemerkbar. Die Empfindlichkeit wird mit $2\,\gamma$ angegeben, bei einer Grenzkonzentration von $1 : 500\,000$.

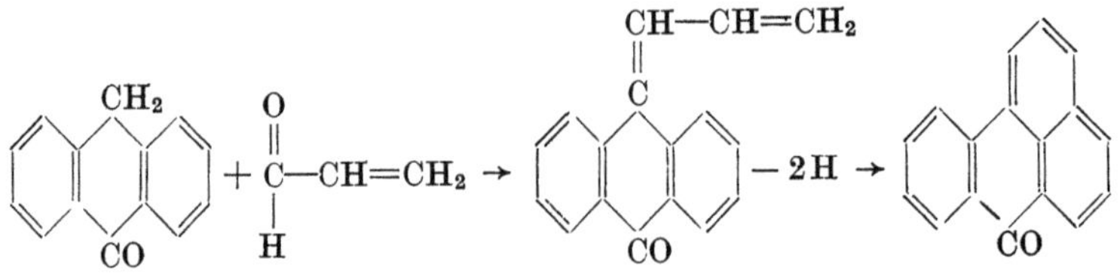

$$\text{Anthron} + \underset{\substack{|\\H}}{\overset{\substack{O\\||}}{C}}\!-\!CH{=}CH_2 \;\rightarrow\; \text{(Zwischenprodukt)} \;-2H\;\rightarrow\; \text{Benzanthron}$$

Benzanthron

Anthron kann aus Anthrachinon durch Reduktion mit Zink und Salzsäure hergestellt werden. Es läßt sich durch dieses ersetzen, wobei das Glycerin zunächst reduzierend wirkt.

Nachweis als Chinolin. Ein anderer empfindlicher und spezifischer Nachweis für Glycerin ($1 : 10\,000$), die Kondensation mit Anilin zu Chinolin, ist von B. Stempel[2] angegeben worden. Es liegt ihm die Skraupsche Chinolin-Synthese zugrunde. Durch Titration des entstandenen Chinolins mit 0,1 n Lauge unter Verwendung eines Mischindicators aus Dimethylgelb-Methylenblau (p_H 3,25) werden 90% des Chinolins gefunden. Der Nachweis oder die Bestimmung des Chinolins aus der abdestillierten alkalischen Lösung erfolgt durch Kaliumquecksilberjodid, mit dem quantitativ eine gelblich-weiße Fällung entsteht[3].

Ausführung: In einem Porzellanschälchen werden 5 bis 10 ml der zu untersuchenden Lösung unter Zusatz von 0,5 ml frisch destilliertem Anilin, 0,5 ml Nitrobenzol und 1 ml konz. Schwefelsäure in einem auf 130° erhitzten Sandbad zur Sirupdicke eingedampft. Der Inhalt des Schälchens wird in einen Langhalskolben mit etwa 50 ml Wasser übergespült, tropfenweise mit 20 ml einer 5%igen Lösung von Natriumnitrit versetzt und der Kolben $^1/_2$ Std. auf dem Dampfbad erhitzt. Danach werden 5 g festes Natriumhydroxyd und 30 g Natriumchlorid zugesetzt und mittels Wasserdampf etwa 30 ml Destillat gewonnen. Das Destillat wird mit einigen Tropfen 0,1 n Salzsäure versetzt und auf etwa 5 ml eingedampft. Durch Zusatz von Kaliumquecksilberjodid-Lösung[4] wird das Chinolin quantitativ gefällt. 1 mg Glycerin ist mit Sicherheit nachzuweisen.

Nachweis als Dioxyaceton. Einen Nachweis als Dioxyaceton im Vergleich zu Glykol und Mannit beschrieb H. Alber[5].

Eine etwa 0,1 g Glycerin entsprechende Menge Untersuchungsmaterial versetzt man mit dem Fünffachen an kalt gesättigter Sodalösung und behandelt mit Bromdampf. Nach 10 Min. Stehen, vor Staub geschützt, läßt man Schwefeldioxyd gasförmig einwirken. Dabei tritt eine schwache Kohlensäure-Entwicklung auf, deren Ende abgewartet wird. Dann ist eventuell noch ein Zusatz von wenig schwefliger Säure erforderlich. Die Probe wird darauf kurze Zeit mit dem Mikrobrenner erwärmt und mittels Capillarpipette in Röhrchen von 2 bis 3 mm Innendurchmesser und 40 mm Länge gegeben. Darauf gibt man 1 bis 2 Tropfen 1- bis 2%ige alkohol. Lösungen von α- oder β-Naphthol zu und unterschichtet mit konz. Schwefelsäure.

---

[1] F. Schütz: Papierfabrikant **36**, 55 (1938).

[2] B. Stempel: Z. analyt. Chem. **129**, 232 (1949).

[3] O. Reichard u. H. Gspahn: Z. analyt. Chem. **141**, 252 (1954).

[4] 100 g KJ werden in 200 ml H_2O gelöst und diese Lösung in eine solche von 40,8 g $HgCl_2$ in 500 ml H_2O gegeben. Sodann wird tropfenweise eine 5%ige $HgCl_2$-Lösung zugefügt, bis eine eben beginnende rötliche Trübung auftritt. Anschließend wird mit H_2O auf 1 l aufgefüllt.

[5] H. Alber: Mikrochemie **7**, 21 (1929).

Nachweisgrenzen und Unterscheidung von Äthylenglykol und Mannit sind in nachfolgender Tabelle wiedergegeben.

Tabelle 413. *Empfindlichkeit der Nachweis-Reaktionen von Glykol, Glycerin und Mannit*

Reagens	Glykol	Glycerin	Mannit
FEHLING	$800\,\gamma$	$20\,\gamma$	$90\,\gamma$
α-Naphthol	$800\,\gamma$ (violettrosa)	$20\,\gamma$ (violett)	$10\,\gamma$ (violett)
β-Naphthol	$300\,\gamma$ (rötlich)	$60\,\gamma$ (grün)	$30\,\gamma$ (rötlichgelb)
Salicylsäure	$300\,\gamma$ (violett)	$6\,\gamma$ (violett)	$10\,\gamma$ (braun)

Hierbei ist die Reaktion mit Salicylsäure sehr empfindlich.

Nachweis als Kohlensäure. Von O. FREHDEN und C. M. HUANG[1] wird die beim Erhitzen von Glycerin mit kristallisierter Oxalsäure auf 100 bis 110° entstehende Kohlensäure durch Phenolphthalein-Soda-Reagens nachgewiesen.

Der Vorgang beruht darauf, daß beim Erhitzen von kristallisierter Oxalsäure mit Glycerin auf 100 bis 110° der Zerfall in Kohlensäure und Ameisensäure eintritt. Aus der Ameisensäure und Glycerin entsteht Monoformin. Die frei werdende Kohlensäure überführt das Natriumcarbonat in Natriumhydrogencarbonat, wobei es zu einer Entfärbung des Phenolphthalein-Soda-Reagenses kommt.

Nachweis als Hydroxamsäure. Das aus Glycerin und Oxalsäure gebildete Monoformin

$$C_3H_5(OH)_2(OOCH)$$

kann über das Eisensalz seiner Hydroxamsäure nachgewiesen werden, wie von F. FEIGL, V. ANGER und O. FREHDEN[2] angegeben wurde.

Nachweis als Ameisensäure. Die Reaktion von L. MALAPRADE[3], nach der sich durch Perjodsäure-Oxydation aus mehrwertigen Alkoholen Ameisensäure bildet, ist von O. FREHDEN und K. FÜRST[4] zu einem Mikronachweis verwendet worden. Die entstehende Ameisensäure wird durch Brom nach der Gleichung

$$HCOOH + Br_2 = 2\,HBr + CO_2$$

zerlegt und die gebildete Kohlensäure mikrochemisch nachgewiesen. Diese Reaktion gehört zu den empfindlichsten Nachweisen; bereits $2{,}5\,\gamma$ Glycerin können so bestimmt werden. Der Nachweis ist nicht spezifisch für Glycerin, sondern allgemein für mehrwertige Alkohole.

4. Nachweis von Glycerin neben Glykolen[5]

Ein weiterer Nachweis von Glycerin nach E. KRÖLLER[6] beruht auf der Farbreaktion von Glycerin mit frisch bereiteter 5%iger *Pyrogallol*-Lösung in konz. Schwefelsäure. Beim schwachen Erwärmen tritt bei Gegenwart von Glycerin eine intensive Kirschrotfärbung auf. Unter den gleichen Bedingungen

---

[1] O. FREHDEN u. C. M. HUANG: Mikrochim. Acta (Wien) **2**, 20 (1937).
[2] F. FEIGL, V. ANGER u. O. FREHDEN: Mikrochemie **15**, 12 (1934).
[3] L. MALAPRADE: C. R. hebd. Séances Acad. Sci. **186**, 382 (1928); P. FLEURY: Chim. analytique **35**, 197 (1953).
[4] O. FREHDEN u. K. FÜRST: Mikrochem. verein. Mikrochim. Acta **26**, 36 (1939).
[5] Vgl. auch DGF-Einheitsmethode E–II 1 (55).
[6] E. KRÖLLER: Dtsch. Lebensmittel-Rdsch. **45**, 46 (1949).

geben die Glykole nur eine schwache Gelbfärbung. E. KRÖLLER hat ein weiteres Verfahren angegeben, in dem gleichzeitig auch Glykole erkannt werden können, so daß eine Unterscheidung zwischen Glycerin und Glykolen möglich ist.

Zur Analyse werden 10 g des zu untersuchenden Produktes (Hautcreme, Salbe usw.) mit 20 ml dest. Wasser kurz aufgekocht und nach dem Erkalten vom Unlöslichen abfiltriert. Beim Vorliegen von Emulsionen oder parfümhaltigen Präparaten wird die Lösung mit etwa 50 ml Chloroform oder Tetrachlorkohlenstoff versetzt und durchgeschüttelt. Nach Zusatz von etwas Kieselgur oder Aluminiumhydroxyd wird die wäßrige Schicht entweder durch Absitzenlassen oder schneller durch Zentrifugieren abgetrennt. Der wäßrige Anteil wird zu je 5 ml in zwei Reagensgläser verteilt. Zu einem Reagensglas wird eine 5 %ige Pyrogallol-Schwefelsäure zugegeben. Tritt hier beim Erwärmen eine dunkelkirschrote Färbung auf, dann ist Glycerin vorhanden[1]. In das andere Reagensglas werden 1 Tropfen Schwefelsäure (5 %ig) und 1 bis 2 ml 3 %ige Kaliumpermanganat-Lösung gegeben. Der gebildete Braunstein wird abfiltriert und zum Filtrat 1 ml einer 5 %igen Lösung von Kupfersulfat zugesetzt. Bei Anwesenheit von Glykolen tritt ein hellgraublauer Niederschlag auf.

Bei vorhandenem Glycerin entsteht diese Fällung nicht. Dagegen tritt bei Trimethylenglykol, Äthylenglykol und Propylenglykol der Niederschlag auf. Das verschiedene Verhalten von Glykol und Glycerin erlaubt nun, sowohl beide Substanzen einzeln als auch im Gemisch zu erkennen.

Diese einfache Reaktion scheint von besonderer Bedeutung für die Untersuchung kosmetischer und pharmazeutischer Produkte zu sein. Emulgatoren auf der Basis von Fettsäure-glycerin- bzw. -glykolestern müssen vorher durch Verseifung gespalten werden. Bei der Untersuchung von Fett-Wachs-Gemischen wird nach vorheriger Hydrolyse die Reaktion ebenfalls gute Dienste leisten.

Die Grenzen des Nachweises einiger Glykole nach E. KRÖLLER wurden von R. NEU[2] bestimmt. So lassen sich 0,4 % Äthylenglykol, ebenso 1,2 % 1,2-Propylenglykol und 2 % 1,4-Butylenglykol neben der zehnfachen Menge an Glycerin noch sicher feststellen.

Dem Verfahren von E. KRÖLLER kommt insbesondere zur qualitativen Feststellung von Trimethylenglykol in Glycerinen Bedeutung zu, da hierfür nur wenig Untersuchungsmöglichkeiten bekannt sind[3].

Einen wichtigen Beitrag zum qualitativen Nachweis von Glycerin neben Äthylenglykol in verdünnten wäßrigen Lösungen haben A. G. HOVEY und T. S. HODGINS[4] gebracht. Er beruht darauf, daß Glycerin mit *Brenzcatechin* und konz. Schwefelsäure eine blutorange Färbung gibt, während Äthylenglykol, Diäthylenglykol oder Alkohol keine Farbreaktion zeigen. Acrolein bildet einen purpurroten, flockigen Niederschlag. Dadurch kann Acrolein neben Glycerin nachgewiesen werden.

3 ml der zu untersuchenden Lösung werden mit 3 ml 10 %iger wäßriger Lösung von Brenzcatechin und 6 ml konz. Schwefelsäure versetzt und erwärmt.

Das Verfahren wurde für die Analyse von Alkydharzen ausgearbeitet.

Ein weiterer Nachweis von Glykol neben Glycerin ist von A. W. MIDDLETON[5] angegeben worden. Danach sind 0,3 g Glykol neben 0,7 g Glycerin in 10 ml wäßriger Lösung noch nachweisbar.

---

[1] Die Reaktion wird empfindlicher, wenn die wäßrige Lösung in einer Porzellanschale auf dem Wasserbad eingedampft und mit dem Rückstand die Reaktion durchgeführt wird.

[2] R. NEU: Pharmazie **5**, 217 (1950).

[3] Trimethylenglykol (1,3-Propandiol) findet sich in Rohglycerinen, die bei der Vergärung in Gegenwart von Alkalisulfiten entstehen. Glycerin kann auch durch *Bacterium Freudii* (BRAEK, Diss. Delft 1928) und Schimmelpilze in Trimethylenglykol übergeführt werden. W. CONNSTEIN u. C. LÜDECKE: Ber. dtsch. chem. Ges. **52**, 1388 (1919); C. NEUBERG u. E. FARBER: Biochem. Z. **78**, 248 (1916); E. VOISENET: Ann. Inst. Pasteur **28**, 807 (1914).

[4] A. G. HOVEY u. T. S. HODGINS: Ind. Engng. Chem., analyt. Edit. **9**, 509 (1937).

[5] A. W. MIDDLETON: Analyst **59**, 522 (1934).

Tabelle 414. *Nachweis-Reaktionen der mehrwertigen Alkohole*

Reaktion	Glycerin	1,3-Butylenglykol	1,4-Butylenglykol	Äthylenglykol
OH-Zahl (ausgedrückt in mg KOH/g Substanz)	1829	1247	1247	1807
Reduktion von NESSLERS Reagens	sehr starke Reduktion	Reduktion	Reduktion	Reduktion
Löslichkeit von Jod	farblos (bis schwach gelb)	rotgelb	rotgelb	rotgelb
Wasser-Abspaltung mit Kaliumhydrogensulfat Anschließende Reaktion: a) mit NESSLERS Reagens b) mit Nitroprussidnatrium und Piperidin	stechender Acrolein-Geruch Schwarzfärbung Blaufärbung (mit NaOH rosa)	anfangs Butadien-Geruch — —	süßlich ätherischer Geruch mit stark bitterem Nachgeschmack — —	— — Blaufärbung (mit NaOH rosa)
Farbreaktion mit Äthylalkohol und Schwefelsäure	—	scharf rostroter Ring, nach den Rändern hin gelb	scharf dunkelbrauner Ring, nach den Rändern hin gelb	—
Farbreaktion mit Pyrogallol-Schwefelsäure	tiefrot, nach Verdünnung mit H_2O kirschrot	roter Ring, beim Schütteln rostbraun, nach Verdünnung mit H_2O trüborange	goldrot, nach Verdünnung mit H_2O rosaviolett	schwach schmutzigviolett
Farbreaktion mit Vanillin-Schwefelsäure	rotviolett, nach Verdünnung mit H_2O sehr schwach schmutziggelbbraun	tiefblau, nach Verdünnung mit H_2O stark grün	rotviolett, nach Verdünnung mit H_2O schön violett	rotviolett, nach Verdünnung mit H_2O hell gelbgrün
Farbreaktion mit Bromwasser und Guajakol	tiefblau	gelbrotbraun	schön violett	schwach rosaviolett
Farbreaktion mit Bromwasser und „R-Säure"	blaugrüner Ring	citronengelber Ring	erikaroter Ring	blaugrüner Ring

Die Einwirkung von *Überjodsäure* auf Glycerin und Äthylenglykol, die zu Ameisensäure bzw. Formaldehyd führt, kann zur qualitativen Unterscheidung benützt werden, wenn nur beide Polyalkohole vorliegen[1].

Kürzlich haben F. SALZER und G. WEBER[2] in einer Arbeit die Nachweise mehrwertiger Alkohole geprüft. Die Autoren kommen zu dem Ergebnis, daß stets mehrere Reaktionen durchzuführen sind, da die Glykole teilweise gleiche Reaktionen zeigen. Die physikalischen Daten geben lediglich einen Hinweis auf die Zusammensetzung des Gemisches. In der qualitativen Charakterisierung eines Gemisches ist nur die chemische Reaktion erfolgreich.

Die Ergebnisse sind vorstehend in Tab. 414 zusammengefaßt, die Durchführung der Reaktionen und die Zusammensetzung der Reagentien unten angegeben.

Tabelle 415. *Nachweismöglichkeiten*
von Beimengungen und Verunreinigungen in einigen mehrwertigen Alkoholen[3]

Nebenbestandteil	Hauptbestandteil des Gemisches			
	Glycerin	1,3-Butylenglykol	1,4-Butylenglykol	Äthylenglykol
Glycerin	—	Reaktion Nr. 3, 3a, 3b	Reaktion Nr. 3a, 3b	Reaktion Nr. 3, 3a
1,3-Butylenglykol .	Reaktion Nr. 4, 7	—	Reaktion Nr. 7	Reaktion Nr. 4, 7
1,4-Butylenglykol .	Reaktion Nr. 2, 4, 6	Reaktion Nr. 3	—	Reaktion Nr. 3, 4
Äthylenglykol . . .	Reaktion Nr. 2	Reaktion Nr. 3b	Reaktion Nr. 3b	—

1. Reduktion von Nesslers Reagens. 0,5 ml der Probe werden mit 1 ml Wasser verdünnt und mit 0,5 ml NESSLERS *Reagens* versetzt. Alle aufgeführten Alkohole geben mit NESSLERS *Reagens* einen gelben Niederschlag, der unter schwachem Erwärmen bei Glycerin schnell und intensiv, bei Äthylenglykol etwas langsamer und bei 1,3- und 1,4-Butylenglykol noch langsamer in Grau umschlägt.

2. Löslichkeit von Jod[4]. Man schüttelt einige ml des Alkohols mit einem Körnchen Jod. — Glycerin löst Jod nicht oder nur in ganz geringem Maße. Es bleibt farblos oder wird schwach gelb, wenn es, wie bei der DAB VI-Qualität, geringe Mengen Wasser enthält (etwa 5 %). Äthylenglykol, 1,3- und 1,4-Butylenglykol lösen mehr Jod. Das Glykol wird gelbrot gefärbt.

3. Wasser-Abspaltung mit Kaliumhydrogensulfat und anschließende Reaktion der Produkte mit Nesslers Reagens bzw. mit Nitroprussidnatrium und Piperidin[5]. Zu einer Spatelspitze Kaliumhydrogensulfat gibt man im Glühröhrchen einen Tropfen der Probe, erhitzt erst vorsichtig, nachher etwas kräftiger. — Bei Glycerin entsteht der stechende Geruch des Acroleins. Bei 1,3-Butylenglykol ist im ersten Augenblick der etwas dumpfe Geruch nach technischem Butadien festzustellen. 1,4-Butylenglykol bildet bei der Wasser-Abspaltung Tetrahydrofuran, das einen sehr charakteristischen, süßlich-ätherartigen Geruch mit bitterem Nachgeschmack besitzt. Dieser Geruch ist so intensiv, daß selbst geringe Mengen 1,4-Butylenglykol sicher nachgewiesen werden können.

a) Hält man über die entweichenden Dämpfe einen mit NESSLERS *Reagens* angefeuchteten Filterpapierstreifen, so wird dieser in Gegenwart von Glycerin geschwärzt.

b) Ein mit frisch bereiteter 1 %iger Nitroprussidnatrium-Lösung und 1 Tropfen Piperidin angefeuchteter Filterpapierstreifen wird durch die entweichenden Dämpfe schnell intensiv blau gefärbt, wenn Glycerin oder Äthylenglykol vorliegen. Mit Natronlauge schlägt das Blau in Rosa um. 1,3- und 1,4-Butylenglykol färben das Papier nicht.

4. Schichtprobe mit Äthylalkohol und konz. Schwefelsäure. 0,1 ml des zu prüfenden Alkohols werden mit 2 ml Äthylalkohol verdünnt. 1 ml dieser Lösung wird mit 2 ml konz.

---

[1] G. F. SMITH: Analytic. Applicat. of Perodic Acid and Jodic Acid. 5. Aufl., S. 56. Columbus, Ohio: The G. F. Smith Chemical Co. 1950.

[2] F. SALZER u. G. WEBER: Z. Lebensmittel-Unters. u. -Forsch. **91**, 174 (1950).

[3] Die Nummern der Reaktionen entsprechen der Bezifferung der Reaktionen im Text (S. 1712 u. 1713).

[4] K. KUNTZE: Pharmaz. Ztg. **83**, 424 (1947).

[5] K. H. BAUER u. H. MOLL: Die organische Analyse, S. 81. Leipzig: Akademische Verlagsges. Geest & Portig K.-G. 1945.

Schwefelsäure unterschichtet. Die Trennungsschicht bleibt bei Glycerin und Äthylenglykol farblos. Bei 1,3-Butylenglykol bildet sich ein rostroter, an den Rändern in Gelb übergehender Ring. 1,4-Butylenglykol zeigt einen ausgeprägt dunkelbraunen Ring, der an den Rändern ebenfalls in Gelb übergeht.

5. Farbreaktion mit Pyrogallol-Schwefelsäure[1]. 0,1 ml der Probe werden mit 2 ml Wasser verdünnt und mit 3 ml einer 5%igen Lösung von Pyrogallol in konz. Schwefelsäure vorsichtig versetzt. — Glycerin färbt tiefrot. Beim Verdünnen mit 5 ml Wasser geht die Farbe in Kirschrot über. Bei 1,3-Butylenglykol tritt zunächst ein deutlich roter Ring auf. Beim Durchschütteln wird die Lösung rotbraun und geht beim Verdünnen mit 5 ml Wasser in Trüborange über. Bei 1,4-Butylenglykol entsteht eine goldrote, nach Verdünnen rosaviolette Färbung.

6. Farbreaktion mit Vanillin-Schwefelsäure[2]. 0,5 ml der Probe werden mit 1 ml Äthylalkohol und 0,5 ml einer 10%igen alkohol. Vanillin-Lösung versetzt. Zu dieser Lösung gibt man langsam unter Schütteln 0,5 ml konz. Schwefelsäure. — Glycerin, Äthylenglykol und 1,4-Butylenglykol färben rotviolett, 1,3-Butylenglykol tiefblau.

7. Farbreaktion mit Bromwasser und Guajakol[3]. Man gibt zu 0,1 ml der Probe 10 ml frisch bereitetes Bromwasser (0,3 ml Brom in 100 ml H_2O), erwärmt im verschlossenen Gefäß 20 Min. auf dem Wasserbad und vertreibt dann das überschüssige Brom. Dann versetzt man 0,4 ml der oxydierten Probe mit 0,1 ml einer 4%igen Kaliumbromid-Lösung und vorsichtig mit 2 ml konz. Schwefelsäure. Die Lösung wird intensiv gelb. Nach kurzem Abkühlen gibt man 1 ml einer 5%igen alkohol. Lösung von Guajakol zu und schüttelt kurz durch. — Bei Glycerin verschwindet die Gelbfärbung zunächst. Dann wird die Lösung intensiv blau. Bei Äthylenglykol entsteht nach der Entfärbung eine schwach rosaviolette Färbung. Bei 1,3-Butylenglykol verschwindet die gelbe Farbe nicht. Sie wird allmählich intensiver. 1.4-Butylenglykol wird zunächst farblos und anschließend violett. Die Farben vertiefen sich, wenn man 2 Min. auf dem Wasserbad erwärmt.

8. Farbreaktion mit Bromwasser und „R-Säure"[4]. Man verdünnt 0,5 ml der Probe mit 10 ml Wasser. 0,5 ml der verdünnten Probe oxydiert man mit 5 ml Bromwasser 20 Min. auf dem Wasserbad und vertreibt das überschüssige Brom durch Erwärmen. Dann fügt man 3 ml einer Lösung von 1 T. „R-Säure" (β-Naphthol-3,6-disulfonsäure)[5] in 300 T. konz. Schwefelsäure zu. — Bei Glycerin und Äthylenglykol entsteht ein grünblauer, bei 1,3-Butylenglykol ein citronengelber und bei 1,4-Butylenglykol ein erikaroter Ring.

Im 1,3-Butylenglykol ist eine Verunreinigung mit 1,4-Butylenglykol z. B. deutlich mit Hilfe der Reaktion 3 (H_2O-Abspaltung mit $KHSO_4$) zu erkennen. Erhitzt man vorsichtig in einem kleinen Destillationskolben, so ist in dem ersten Destillat der Tetrahydrofuran-Geruch festzustellen. (Sdp. des Tetrahydrofurans: 65°.) Bei längerem Erhitzen wird er durch die aus dem 1,3-Butylenglykol entstandenen ungesättigten Alkohole Allylcarbinol und Crotylalkohol verdeckt.

Gilt es, geringe Mengen Äthylenglykol im 1,3-Butylenglykol nachzuweisen, so benützt man ebenfalls die Reaktion 3. Bei der Prüfung mit Nitroprussidnatrium und Piperidin tritt bei Gegenwart von Äthylenglykol eine deutliche Blaufärbung des Filterpapierstreifens auf.

Im Glycerin lassen sich geringe Mengen Äthylenglykol durch Reaktion 2 (Löslichkeit von Jod) ermitteln. Dabei muß allerdings berücksichtigt werden, daß die Proben nur geringe Mengen Wasser enthalten dürfen, da Jod auch in Wasser löslich ist.

Zum Nachweis von 1,4-Butylenglykol in Glycerin eignen sich die Reaktionen 4 und 6.

K. Kuntze[6] hat zur Durchführung eine Schnellprüfung für Glycerin und Glykol angegeben, wobei sich *Kodein-Schwefelsäure* mit Glycerin intensiv braun

---

[1] E. Kröller: Dtsch. Lebensmittel-Rdsch. **45**, 46 (1949).

[2] K. Kuntze: Zit. S. 1712, Fußnote 4.

[3] K. H. Bauer u. H. Moll: Zit. S. 1712, Fußnote 5.

[4] P. Thomas u. A. Micsa: Bul. Soc. Stiinte Cluj, Romania (Bull. Soc. Sci. Cluj., Roum.) **2**, 222 (1924); C. **1925** I, 136.

[5] β-Naphthol-3,6-disulfonsäure ist von der Fa. Bayer-Leverkusen zu beziehen.

[6] K. Kuntze: Pharmaz. Ztg. **83**, 423 (1947).

Tabelle 416. *Eigenschaften von Glykolen, Glykoläthern und Glycerin*

Bezeichnung der Glykole	Aussehen, Geruch, Geschmack	Dichte bei 15°	Sdp. °C	Löslichkeit in						Verhalten gegen		Refraktion bei 20°
				Wasser	Alkohol	Äther	Petroläther	Benzol	Chloroform	FEHLINGsche Lösung	Fuchsinschweflige Säure	
Methylglykol $HO \cdot CH_2 \cdot CH_2 \cdot O \cdot CH_3$	klar, farblos, leicht beweglich, ätherischer Geruch, eigenartiger Geschmack	0,9698	116—118	+	+	+	—	+	+	nicht reduziert	violett	1,4030
Äthylglykol $HO \cdot CH_2 \cdot CH_2 \cdot O \cdot C_2H_5$	klar, farblos, leicht beweglich, senfölartiger Geruch, Geschmack wie oben	0,9365	126—128	+	+	+	+	+	+	,,	,,	1,4068
Butylglykol $HO \cdot CH_2 \cdot CH_2 \cdot O \cdot C_4H_9$	klar, farblos, leicht beweglich, etwas ranziger Geruch, Geschmack brennend scharf	0,9108	168	+	+	+	+	+	+	,,	,,	1,4190
Äthylenglykol $HO \cdot CH_2 \cdot CH_2 \cdot OH$	klar, farblos, geruchlos, zähflüssig, Geschmack kräftig süß	1,1180	192—193	+	+	etwas löslich	—	—	—	,,	,,	1,4300
1,3-Butylenglykol $CH_3 \cdot CH(OH) \cdot CH_2 \cdot CH_2 \cdot OH$	klar, farblos, geruchlos, leicht zähflüssig, Geschmack süßlich	1,0100	202—204	+	+	—	—	—	+	,,	keine Färbung	1,4385
1,4-Butylenglykol $HO \cdot CH_2 \cdot CH_2 \cdot CH_2 \cdot CH_2 \cdot OH$	klar, farblos, geruchlos, zähflüssig, Geschmack süßlich, jodoformähnlich	1,0226	222—224	+	+	—	—	—	+	,,	,,	1,4435
1,2-Propylenglykol $CH_3 \cdot CH(OH) \cdot CH_2 \cdot OH$	klar, farblos, geruchlos, leicht zähflüssig, Geschmack süßlich	1,0395	182—184	+	+	—	—	—	+	,,	violett	1,4325
Triäthylenglykol, Triglykol $HO \cdot CH_2 \cdot CH_2 \cdot O \cdot CH_2 \cdot CH_2 \cdot O \cdot CH_2 \cdot CH_2 \cdot OH$	klar, farblos, geruchlos, zähflüssig, Geschmack kaum süß	1,1256	270—274	+	+	—	—	—	+	,,	,,	1,4500

und mit Glykol rotviolett färbt. Nach L. EKKERT[1] entsteht mit Kodein-Schwefelsäure und Glycerin eine intensiv blaue Färbung.

Eine Nachprüfung der von K. KUNTZE und L. EKKERT angegebenen Farbreaktionen ergab, daß die Farbunterschiede durch die Art des Erhitzens entstehen. Durch Erwärmen im Wasserbad tritt Blaufärbung, bei weiterem Erhitzen über der Sparflamme Braunfärbung auf. Die Reaktion nach EKKERT wird derart durchgeführt, daß 2 Tropfen Glycerin, 0,02 g Kodein und 4 Tropfen konz. Schwefelsäure beim vorsichtigen Erwärmen blau werden. Oder man unterschichtet eine Mischung von 1 Tropfen Glycerin, 0,02 g Kodein und 0,5 ml Wasser mit 1 ml Schwefelsäure; hierbei entsteht eine blaue Farbzone, die beim Schütteln das Gemisch blau färbt. Calciumglycerinophosphat gibt bereits mit Kodein-Schwefelsäure ohne Erwärmen eine dunkelgrüne Färbung. Verwendet man eine 50%ige Lösung von Calciumglycerinophosphat, die mit 4 Teilen Wasser verdünnt ist, und unterschichtet diese Lösung mit 1 ml einer Lösung aus 0,02 g Kodein und 1,5 ml Schwefelsäure, so bildet sich allmählich eine blaue Farbzone und ein weißer Niederschlag. Wenn nach 10 Min. das Gemisch geschüttelt wird, so färbt sich die trübe Lösung blau. Nach EKKERT entsteht beim Erwärmen von Glycerin und Resorcin eine blutrote Färbung.

Wie G. JAYME und M. SÄTRE[2] gefunden haben, lassen sich Glycerin und Glykol qualitativ durch die verschiedene Löslichkeit der *p-Nitrobenzoate* nachweisen. Glycerin-tri-p-nitrobenzoat löst sich in heißem Aceton und Glykol-di-p-nitrobenzoat in heißem Alkohol.

Zur Unterscheidung der Glykole, Glykoläther und des Glycerins sind in der nebenstehenden Tabelle von A. SCHMIDT und G. MARCZINKE[3] deren Eigenschaften zusammengestellt. Nach den Autoren soll sich der Nachweis bei ausreichendem Untersuchungsmaterial bereits durch die physikalischen Eigenschaften führen lassen. Die Schwierigkeit der eindeutigen Feststellung tritt bei Vorliegen nur geringer Mengen Materials ein. In solchen Fällen soll die Bestimmung des Mikrosiedepunktes (s. S. 1698 f.), der Refraktion (s. S. 1694) und die Methode nach C. GRIEBEL und F. WEISS (s. S. 1705) eine Untersuchung ermöglichen.

β) **Quantitative Methoden zur Bestimmung von Glycerin**[4]

Zur Feststellung des Glycerin-Gehaltes verschiedener Provenienz gibt es eine Anzahl von Methoden, die jedoch nicht alle als handelsübliche Analysen anerkannt werden. Das seit dem Jahre 1888 bekannte Acetin-Verfahren von R. BENEDIKT und M. CANTOR[5] wurde bis zum Jahre 1955

[1] L. EKKERT: Pharmaz. Zentralhalle Deutschland 73, 339 (1932).

[2] G. JAYME u. M. SÄTRE: Ber. dtsch. chem. Ges. 77, 256 (1944).

[3] A. SCHMIDT u. G. MARCZINKE: Pharmaz. Zentralhalle Deutschland 88, 203, 236 (1949).

[4] Vgl. auch DGF-Einheitsmethode E–III 3 (55).

[5] R. BENEDIKT u. M. CANTOR: Z. angew. Chem. 1, 460 (1888); Mh. Chem. 9, 521 (1888).

108*

Nebenstehende Tabelle (landscape gedruckt):

Substanz	Eigenschaften	Dichte	Siedepunkt							Reduktion	Farbe	n_D
Diäthylenglykol, Diglykol $HO \cdot CH_2 \cdot CH_2 \cdot O \cdot CH_2 \cdot CH_2 \cdot OH$	klar, farblos, geruchlos, zähflüssig, Geschmack kräftig süß	1,1250	236—240	+	+	−	−	−	+	nicht reduziert	violett	1,4450
Polyäthylenglykol	klar, farblos, geruchlos, zähflüssig, Geschmack eigenartig, nicht süß	1,0024	170—172	+	+	−	−	+	+	„	„	1,4225
Glycerin $HO \cdot CH_2 \cdot CH(OH) \cdot CH_2 \cdot OH$	klar, farblos, geruchlos, zähflüssig, Geschmack kräftig süß	1,2300	280—282	+	+	−	−	−	−	„	„	1,4720

international angewendet. Nach neueren Ermittlungen wird das Glycerin aber nicht 100%ig wiedergefunden. Eine weitere Anzahl der bekannt gewordenen Verfahren beruht im wesentlichen auf der Oxydation des Glycerins und Messung entweder der Reaktionsprodukte oder des überschüssigen Oxydationsmittels. Andere analytische Methoden führen das Glycerin in Isopropyljodid über und stellen das darin enthaltene Jod fest. Von geringerer Bedeutung sind direkte gewichtsanalytische Bestimmungen des Glycerins.

Für die Analyse von Rohglycerinen sind die Internationalen Standard-Methoden (Analysis of Crude Glycerine, British Export Committee's Report, London 1911) als maßgebend anzusehen, obschon sie teilweise mangelhaft und veraltet sind. Den Standard-Methoden sind folgende DGF-Einheitsmethoden angeglichen: E–I 2, E–III 3 d, E–III 3 e, E–III 4, E–III 5, E–III 6, E–III 7, E–III 8, E–III 9.

Bevor die Methoden in ihren Einzelheiten beschrieben werden, seien sie zunächst kurz erläutert.

1. Übersicht

I. Oxydationsmethoden

Oxydation mit Permanganat. In alkalischem Medium reagiert Kaliumpermanganat mit Glycerin in der Kälte wie folgt:

$$C_3H_5(OH)_3 + 3O_2 = (COOH)_2 + CO_2 + 3H_2O$$

Die gebildete Oxalsäure wird als Calciumsalz gefällt und dann mit Permanganat nach der von W. Fox[1] angegebenen und von R. Benedikt und R. Zsigmondy[2] modifizierten Methode titriert.

In saurem Medium kann in der Wärme zu Kohlendioxyd oxydiert, das Gas aufgefangen und bestimmt werden[3] bzw. der Überschuß an Permanganat durch Oxalsäure zurücktitriert werden[4].

Bei Durchführung der Oxydation in der Wärme werden nach Angaben von W. Herbig[5] auch in Wasser lösliche Fettsäuren zu Oxalsäure oxydiert.

Oxydation mit Chromsäure. Die Oxydation erfolgt mit einer Lösung von Dichromat und Schwefelsäure:

$$3C_3H_5(OH)_3 + 7K_2Cr_2O_7 + 28H_2SO_4 = 9CO_2 + 7Cr_2(SO_4)_3 + 7K_2SO_4 + 40H_2O$$

Hierbei handelt es sich um das von O. Hehner[6] angegebene Verfahren bzw. um dessen Modifikation nach L. Semichon und M. Flanzy[7].

Die Bestimmung erfolgt unter Verwendung von Eisen(II)-ammonsulfat, womit der Oxydationswert der Dichromat-Lösung sowie der bei der Analyse nicht in Reaktion getretene Überschuß festgelegt werden. Außerdem kann das durch Dichromat aus Kaliumjodid frei gemachte Jod mit Thiosulfat titriert werden[8].

Von anderen Autoren wird das bei der Reaktion gebildete Kohlendioxyd gemessen[9].

---

[1] W. Fox: Chemiker-Ztg. **9**, 66 (1885).

[2] R. Benedikt u. R. Zsigmondy: Chemiker-Ztg. **9**, 975 (1885).

[3] Planchon: C. R. hebd. Séances Acad. Sci. **107**, 246 (1888).

[4] A. Ravenna: Zymol. Chim. Colloidi **3**, 174 (1928); C. A. **23**, 1593 (1929).

[5] W. Herbig: Chem. Umschau Gebiete Fette, Öle, Wachse, Harze **10**, 8 (1903).

[6] O. Hehner: Z. analyt. Chem. **27**, 518 (1888); **28**, 362 (1889); J. Soc. chem. Ind. **107**, 246 (1888).

[7] L. Semichon u. M. Flanzy: Ann. Falsificat. Fraudes **23**, 583 (1930); C. R. hebd. Séances Acad. Sci. **195**, 256 (1932).

[8] K. Braun: Chemiker-Ztg. **29**, 763 (1905); W. Steinfels: Seifensieder-Ztg. **41**, 1257 (1914); **42**, 721 (1915).

[9] S. Fachini u. S. Somazzi: Atti Congr. naz. Chim. pura appl., IV Congr., Roma **1923**, 491; Ztschr. Dtsch. Öl- u. Fettind. **44**, 109 (1923); C. A. **17**, 3149 (1923); **18**, 645 (1924); L. Legler: Z. analyt. Chem. **27**, 516 (1888); C. F. Cross u. E. J. Bevan: Chem. News **55**, 2 (1887); Ganther: C. **1895** II, 695; F. Schulze: Chemiker-Ztg. **29**, 976 (1905).

Oxydation mit Jodsäure.

$$5\,C_3H_5(OH)_3 + 7\,J_2O_5 = 15\,CO_2 + 20\,H_2O + 7\,J_2$$

Das gebildete Jod wird mit Thiosulfat bestimmt[1].

Oxydation mit Perjodsäure bzw. Perjodat. Überjodsäure reagiert in der Kälte mit allen löslichen Polyolen mit zwei benachbarten Hydroxylgruppen unter Reduktion[2]:

$$CH_2(OH)\cdot CH(OH)\cdot CH_2(OH) + 2\,HJO_4 = HCOOH + 2\,HCHO + 2\,HJO_3 + H_2O$$

Das Verfahren ist als quantitative Bestimmungsmethode brauchbar, benötigt jedoch bis zum vollständigen Ablauf etwa 2 bis 3 Std.[3] Der Mechanismus der Oxydation von α-Glykolen durch Perjodsäure wurde kürzlich untersucht[4]. Die Bestimmung kann acidimetrisch durchgeführt werden. Sehr schwache Basen oder Säuren dürfen nicht vorhanden sein. Untersuchungen von P. FLEURY und M. FATOME[5] haben ergeben, daß die Fehlergrenze etwa 1% beträgt. Die Titration der überschüssigen Überjodsäure kann auch mit Hilfe von Arsenit erfolgen:

$$H_3AsO_3 + HJO_4 = H_3AsO_4 + HJO_3$$
$$H_3AsO_3 + J_2 + H_2O = H_3AsO_4 + 2\,HJ$$

Die Brauchbarkeit des Verfahrens wird noch gewährleistet, wenn auf 1 Teil Glycerin höchstens 20 Teile Saccharose oder 10 Teile Glucose vorhanden sind.

In gleicher Weise reagieren die Alkalisalze der Überjodsäure, z. B. das Natriumsalz, in etwa 20 Min. bei Zimmertemperatur:

$$CH_2(OH)\cdot CH(OH)\cdot CH_2(OH) + 2\,NaJO_4 = HCOOH + 2\,HCHO + 2\,NaJO_3 + H_2O$$

Die gebildete Ameisensäure kann mit Hilfe von Methylrot titriert werden[6]. Wie $NaJO_4$ reagiert auch $H_3K_2JO_6$.

Oxydation mit Cerat. Von G. F. SMITH und F. R. DUKE[7] wurde ein Verfahren angegeben, das auf der Oxydation des Glycerins in perchlorsaurer Lösung mit eingestellter Perchlorat-Cerat-Lösung und Rücktitration des überschüssigen Cerat-Ions mit Natriumoxalat-Lösung unter Verwendung von *Nitroferroin* als Indicator beruht. In den Fällen, die die Verwendung von Überchlorsäure als nicht ratsam erscheinen lassen, wird Schwefelsäure eingesetzt und die Perchlorat-Cerat-Lösung durch Sulfat-Cerat-Lösung ersetzt. Hierbei wird mit Eisen(II)-sulfat titriert und *Ferroin* als Indicator verwendet. Die Reaktion verläuft nach folgender Gleichung:

$$CH_2(OH)\cdot CH(OH)\cdot CH_2(OH) + 8\,H_2Ce(ClO_4)_6 + 3\,H_2O =$$
$$= 3\,HCOOH + 8\,Ce(ClO_4)_3 + 24\,HClO_4$$

Der Vorteil der Cerat-Oxydimetrie bei der Glycerin-Bestimmung liegt darin, daß die Oxydationszeit nur 15 Min. bei 50° beträgt gegenüber der Dichromat-Oxydation mit einer Dauer von 2 Std. und einer Temperatur von 90 bis 100°. Die Fehlergrenze wird mit $\pm\,0{,}2\%$ angegeben. Während für die Oxydation von

[1] A. CHAUMEIL: Bull. Soc. chim. France **27**, 629 (1902); K. STREBINGER u. J. STREIT: Z. analyt. Chem. **64**, 136 (1924).
[2] P. FLEURY u. J. COURTOIS: L'acide périodique, oxydant sélectif en chimie organique. Le mécanisme de l'oxydation. Brüssel: Stoops 1950.
[3] L. MALAPRADE: Bull. Soc. chim. France (4) **43**, 683 (1928).
[4] G. J. BUIST u. C. A. BUNTON: J. chem. Soc. [London] **1954**, 1406; L. HARTMANN: J. chem. Soc. [London] **1954**, 4024.
[5] P. FLEURY u. M. FATOME: J. Pharmac. Chim. **21** (8), 127, 247 (1935).
[6] L. MALAPRADE: Bull. Soc. chim. France **1**, 833 (1934).
[7] G. F. SMITH u. F. R. DUKE: Ind. Engng. Chem., analyt. Edit. **13**, 558 (1941).

Glycerin 8 Äquivalente Perchlorat-Cerat erforderlich sind, werden für die von Äthylenglykol nur 6 benötigt:

$$CH_2(OH) \cdot CH_2(OH) + 6\,H_2Ce(ClO_4)_6 + 2\,H_2O = 2\,HCOOH + 6\,Ce(ClO_4)_3 + 18\,HClO_4$$

Die Titration zur Einstellung bzw. zur Bestimmung des überschüssigen Cerates erfolgt mit Oxalsäure:

$$2\,H_2Ce(ClO_4)_6 + (COOH)_2 = 2\,CO_2 + 2\,Ce(ClO_4)_3 + 6\,HClO_4$$

Außerdem lassen sich nach demselben Verfahren auch noch andere Polyoxyalkohole, Oxycarbonsäuren, Aldosen und Ketosen bestimmen. Das Endprodukt der Oxydation ist bei den genannten Stoffklassen Ameisensäure, die von dem Oxydationsmittel unter den gewählten Bedingungen nicht angegriffen wird. Der Cerat-Oxydimetrie sollte vor der Dichromat-Oxydation bei der Glycerin-Analyse aus den geschilderten Gründen der Vorzug gegeben werden.

II. Andere Methoden

Überführung in Isopropyljodid. Durch überschüssigen Jodwasserstoff ($D = 1,7$; Sdp. 127°) wird Glycerin beim Kochen quantitativ in Isopropyljodid übergeführt, das sich in alkohol. Silbernitrat-Lösung zu Silberjodid umsetzt:

$$C_3H_5(OH)_3 + 5\,HJ = C_3H_7J + 3\,H_2O + 2\,J_2$$

$$C_3H_7J + AgNO_3 = AgJ + C_3H_6 + HNO_3$$

Das von S. ZEISEL und R. FANTO[1] gefundene Verfahren wurde von R. WILLSTÄTTER und A. MADINAVEITIA[2] modifiziert und von R. GUILLEMET[3] als Mikromethode ausgestaltet.

Bestimmung nach dem Acetin-Verfahren. Das Glycerin wird nach dem Verfahren von R. BENEDIKT und M. CANTOR[4] 1 bis $1^1/_2$ Std. mit einem Überschuß von Essigsäureanhydrid unter Zusatz von wasserfreiem Natriumacetat erhitzt. Nach Zerlegung des nicht in Umsetzung getretenen Essigsäureanhydrids und genauer Neutralisation der Essigsäure wird vom gebildeten Triacetin die Verseifungszahl bestimmt. Wichtig ist die vorsichtige Neutralisation der überschüssigen Essigsäure, um das leicht hydrolysierbare Triacetin nicht zu verseifen.

Bei dem Acetin-Verfahren werden, wie W. E. SHAEFER[5] festgestellt hat, nur 97,9% des Glycerins wiedergefunden[6].

2. Durchführung der Verfahren

I. Oxydationsmethoden

Oxydation mit Permanganat nach Benedikt und Zsigmondy[7]. Zur Durchführung des Verfahrens werden 2 bis 3 g Fett mit Kaliumhydroxyd und reinem Methanol am Rückflußkühler 1 Std. gekocht. Die Verwendung von Äthanol führt bei der Oxydation ebenfalls zu Oxalsäure, so daß dieses Lösungsmittel nicht verwendet werden darf. Das Methanol wird abgedampft, und die Fettsäuren werden aus der Seife nach dem Lösen in heißem Wasser mit 20%iger Salzsäure frei gemacht. Nach dem klaren Abscheiden der Fettsäuren, eventuell unter Zusatz von Paraffin bei Ölen, läßt man erkalten, filtriert das Sauerwasser

[1] S. ZEISEL u. R. FANTO: Z. analyt. Chem. **42**, 549, 579 (1903).

[2] R. WILLSTÄTTER u. A. MADINAVEITIA: Ber. dtsch. chem. Ges. **45**, 2825 (1912).

[3] R. GUILLEMET: Bull. Soc. chim. France **51**, 1547 (1932).

[4] R. BENEDIKT u. M. CANTOR: Z. angew. Chem. **1**, 460 (1888); Mh. Chem. **9**, 521 (1888).

[5] W. E. SHAEFER: Ind. Engng. Chem. **9**, 449 (1937).

[6] Anm. des Verf.: In Anbetracht des Ergebnisses, daß beim Acetin-Verfahren etwa 2% des vorhandenen Glycerins nicht erfaßt werden sollen, wurde diese Frage in Deutschland durch den Arbeitskreis der DGF für die „Deutschen Einheitsmethoden zur Untersuchung von Fetten und Fettprodukten" geklärt.

[7] R. BENEDIKT u. R. ZSIGMONDY: Chemiker-Ztg. **9** 975 (1885); W. HERBIG: Chem. Umschau Gebiete Fette, Öle, Wachse, Harze, **10**, 8 (1903).

in einen 1000 ml ERLENMEYER-Kolben und wäscht das Filter gründlich mit Wasser nach. Der Kolbeninhalt wird gegen Methylorange mit Kalilauge neutralisiert, dann werden 10 g festes Kaliumhydroxyd und so viel 5%ige Kaliumpermanganat-Lösung zugegeben, bis die Flüssigkeit einen blauen oder schwärzlichen Farbton hat. Das Gemisch bleibt $^1/_2$ Std. bei Zimmertemperatur stehen; dann wird das überschüssige Permanganat durch eine eben ausreichende Menge an schwefliger Säure oder Wasserstoffperoxyd entfärbt. Bei Verwendung von schwefliger Säure muß die Lösung alkalisch bleiben. Die Lösung wird in einem Meßkolben auf 1000 ml aufgefüllt, durch ein trockenes Faltenfilter filtriert und in 500 ml nach dem Ansäuern mit Essigsäure die gebildete Oxalsäure mit Calciumchlorid als Calciumsalz abgeschieden. Der Calciumoxalat-Niederschlag wird abfiltriert, mit Wasser gewaschen und nun entweder die Oxalsäure mit 0,1 n Kaliumpermanganat-Lösung titriert oder der Niederschlag verglüht. Das gebildete Calciumoxyd wird durch Zusatz eines überschüssigen gemessenen Volumens 0,5 n Salzsäure gelöst und gegen Methylorange mit 0,5 n Alkalilauge zurücktitriert.

1 ml 0,1 n Kaliumpermanganat entsprechen 4,5 mg Oxalsäure oder 4,6 mg Glycerin. 1 ml 0,5 n Kalilauge entspricht 23 mg Glycerin.

MARCONI[1] hat eine Halbmikromethode unter Verwendung von Kaliumpermanganat angegeben, die statistisch mit der Kaliumdichromat-Oxydation äquivalent ist. Die Glycerin-Lösungen werden mit Silbercarbonat und bas. Bleiacetat vorbehandelt. In einem Kolben werden 0,1 n Kaliumpermanganat-Lösung und 30%ige Natronlauge vorgelegt, die Probe mit etwa 0,02 g Glycerin zugegeben, 15 bis 20 Min. stehengelassen, mit Wasser verdünnt und mit Schwefelsäure angesäuert. Dann erfolgt Zusatz von 0,5 n Oxalsäure und 50%iger Mangansulfat-Lösung, worauf man mit 0,1 n Kaliumpermanganat-Lösung auf Rosafärbung titriert.

Oxydation mit Chromsäure[2]. Zur Vervollständigung der auf S. 1716 formulierten Oxydation wird 2 Std. auf 90 bis 100° erhitzt. Der Überschuß an Dichromat wird zurücktitriert. Die Schwefelsäure-Konzentration beim Zurücktitrieren soll etwa 4 n sein. Die nach erfolgter Oxydation vorhandene grüne Farbe der Reaktionslösung erfordert entweder ein Tüpfeln mit Kaliumhexacyanoferrat(III), jodometrische Bestimmung oder eine potentiometrische Titration.

Fehler in der Dichromat-Methode treten auf bei Anwesenheit von Trimethylenglykol, nicht ausgefällten Oxysäuren, stickstoffhaltigen Spaltprodukten aus Eiweißkörpern, niederen Fettsäuren sowie Fettsäureamiden, die ebenfalls Oxydationsmittel verbrauchen und als Verunreinigungen in Rohglycerinen aus Abfallfetten und minderwertigen Fischölen vorkommen können. Die Ursachen der Verunreinigungen außer Trimethylenglykol sind meist auf nicht einwandfreie Vorreinigung der Unterlaugen oder Spaltwässer zurückzuführen.

Zur Entfernung der oxydierbaren Verunreinigungen wird die Glycerin enthaltende Lösung mit Bleiacetat behandelt.

Erforderliche Reagentien: *Frisch hergestelltes Silbercarbonat.* 140 ml einer 0,4%igen Silbernitrat-Lösung werden mit 5 ml einer 1 n Natriumcarbonat-Lösung versetzt. Der Niederschlag von Silbercarbonat wird zwei- bis dreimal mit Wasser aufgeschlämmt und dekantiert.

Basisches Bleiacetat. 100 g Bleioxyd werden 1 Std. mit 1000 ml einer 10%igen Bleiacetat-Lösung gekocht und nach dem Erkalten filtriert.

Schwefelsäure. D = 1,23. Hergestellt durch Mischen von 315 g konz. Schwefelsäure mit 685 g Wasser.

Vorbehandlung der Probe: Die Einwaage soll so bemessen sein, daß höchstens 2 g Reinglycerin für die Analyse eingesetzt werden. Auch bei der Untersuchung hochprozentiger Glycerine darf die Einwaage, auf Reinglycerin bezogen, nicht größer als 2 g sein. 10 bis 20 g Glycerinwasser werden nach gutem Mischen des Untersuchungsmaterials abgewogen, mit verd. Essigsäure oder Kalilauge in einem 250 ml Meßkolben neutralisiert und mit einer Aufschlämmung von frisch hergestelltem Silbercarbonat versetzt. Die mit Silbercarbonat versetzte Flüssigkeit wird wiederholt kräftig umgeschüttelt und nach 10 Min. vorsichtig mit so viel einer carbonatfreien basischen Bleiacetat-Lösung gefällt, daß ein weiterer Tropfen keinen Niederschlag mehr entstehen läßt.

---

[1] M. MARCONI: Chimica (Milano) **7**, 336 (1952).
[2] DGF-Einheitsmethode E–III 3 e (55).

Nach dem Absetzen des Niederschlages muß die darüberstehende Flüssigkeit klar sein. Durch Zusatz von wenig basischer Bleiacetat-Lösung überzeugt man sich, daß keine weitere Fällung eintritt, andernfalls ist die Entfernung von oxydierbaren Verunreinigungen usw. durch mehr basisches Bleiacetat zu vervollständigen. Die erforderliche Menge an basischer Bleiacetat-Lösung beträgt etwa 5 ml. Das Gemisch wird dann mit Wasser bis zur Marke (250 ml) aufgefüllt. Um das Volumen der Silber- und Bleisalze zu kompensieren, werden aus einer Bürette 0,15 ml dest. Wasser plus je 0,15 ml dest. Wasser für je 10 ml verbrauchter basischer Bleiacetat-Lösung zugesetzt. Dann schüttelt man gut durch und läßt 10 Min. stehen, bis sich der Niederschlag abgesetzt hat und die darüberstehende Lösung klar geworden ist. Die Lösung wird dann durch ein Faltenfilter filtriert. Falls das Filtrat trübe ist, sind die ersten Anteile zu verwerfen. Vom Filtrat werden 25 ml (d. i. $^1/_{10}$ der Einwaage) in ein mit Chromschwefelsäure gereinigtes, 250 ml fassendes Becherglas abpipettiert und die vorhandenen Blei- und Silberspuren durch einige Tropfen verd. Schwefelsäure (D = 1,23) und 10%iger Kochsalz-Lösung ausgefällt.

Bei Glycerinen oder Glycerinwässern, die weniger verunreinigt sind, ist eine Behandlung mit Silbercarbonat nicht notwendig, vor allem dann nicht, wenn wenig Chloride vorhanden sind. Die zuweilen empfohlene Reinigung mit 20 bis 25 ml 10%iger Zinksulfat-Lösung an Stelle von basischer Bleiacetat-Lösung bei weniger verunreinigten Proben ist zwar einfach, aber nicht zuverlässig. Die mit Zinksulfat gereinigten Proben sind auch meist gelblich gefärbt, während die mit basischer Bleiacetat-Lösung behandelten praktisch farblos sind. Auf die von F. GOLDSCHMIDT[1] angewandte Reinigung der angesäuerten Proben mit Entfärbungskohle, die zum Aufhellen von Unterlaugen zur Bestimmung der Alkalität angewendet wurde, soll nur hingewiesen werden.

Von L. HABICHT[2] wurde festgestellt, daß der bei der Dichromat-Oxydation nach O. HEHNER in Fetten ermittelte Glycerin-Gehalt zu hoch gefunden wird, obgleich die mit dem Oxydationsmittel reagierenden Verunreinigungen vorher durch basisches Bleiacetat entfernt werden. Die Ursache sind die in den Glycerin-Lösungen vorhandenen niederen Fettsäuren, die mehr oder weniger wasserlöslich sind und durch Dichromat-Schwefelsäure angegriffen werden, wodurch ein höherer Glycerin-Gehalt vorgetäuscht wird. L. HABICHT hat deshalb eine Verbesserung der ursprünglichen HEHNER-Methode vorgeschlagen, die darin besteht, daß die niederen Fettsäuren vor der Oxydation mit Äther entfernt werden.

100 ml der mit basischem Bleiacetat bereits vorgereinigten Glycerin-Lösung werden zur Entfernung überschüssigen Bleies mit einigen Tropfen Schwefelsäure versetzt und mit 100 ml Äther ausgeschüttelt. Nach dem Absitzenlassen bei klarer Schichtentrennung wird die untere wäßrige Schicht abgezogen. Durch Erwärmen auf dem Wasserbad werden die in die wäßrige Phase übergegangenen Spuren von Äther entfernt und die Lösung dann wie üblich der Dichromat-Oxydation unterworfen. Der Äther kann nach Auswaschen mit verd. Alkalilauge und Neutralwaschen wieder verwendet werden. Von R. NEU nach der Methode von L. HABICHT durchgeführte Glycerin-Bestimmungen in Unterlaugen bestätigen diese Befunde[3].

Durchführung der Oxydation. *Erforderliche Reagentien: Dichromat-Schwefelsäure zur Glycerin-Analyse.* 75 g Kaliumdichromat p. a., bei 110 bis 120° getrocknet, werden in einem 1000 ml Meßkolben in wenig dest. Wasser gelöst und vorsichtig 150 ml konz. Schwefelsäure zugesetzt. Der Meßkolben wird dann auf 1000 ml bei 20° aufgefüllt. Zu dem gereinigten, abgemessenen Glycerin werden aus einer PELLETH-Bürette langsam 25 ml „Dichromat-Schwefelsäure zur Glycerin-Analyse" gegeben. Eine Verwendung von Pipetten ist aus gesundheitlichen Gründen und wegen des hohen Ausdehnungskoeffizienten der Dichromat-Lösung, wodurch die Meßgenauigkeit bei Nichteinhaltung der Eichtemperatur leidet, nicht zu empfehlen. Das Ablesen an der Bürette bzw. das Ablassen der Dichromat-Lösung muß möglichst bei gleicher Zeitdauer erfolgen.

Dieselben Voraussetzungen sind selbstverständlich auch bei dem erforderlichen Blindversuch zu beachten. Außerdem werden zu dem Gemisch Glycerin-Dichromat noch 50 ml Schwefelsäure (D = 1,23) gegeben, die unter Umständen zum Abspülen der inneren Gefäßwand dienen können, falls dort Dichromat haftet.

Die Bechergläser oder ERLENMEYER-Kolben werden in geeigneten Haltevorrichtungen 2 Std. in ein siedendes Wasserbad gehängt. Die Gefäßöffnungen werden entweder mit einem

[1] F. GOLDSCHMIDT: Z. dtsch. Öl- u. Fettind. **43**, 36 (1923).
[2] L. HABICHT: Fette · Seifen · Anstrichmittel **52**, 174 (1950).
[3] R. NEU: Fette · Seifen · Anstrichmittel **53**, 205 (1951).

Uhrglas oder kleinen Kölbchen bedeckt. Unerläßlich ist der gleichzeitig anzusetzende Blindversuch, der in derselben Weise durchgeführt wird. Bei einer unter Umständen notwendigen Kontrollanalyse ist stets von einer frischen Einwaage auszugehen.

Die titrimetrische Bestimmung des überschüssigen Dichromats. Die analytische Festlegung des nicht verbrauchten Kaliumdichromats kann durch drei Methoden erfolgen, und zwar mittels Tüpfeln, jodometrisch und potentiometrisch.

Die Tüpfelmethode ist immer noch die Methode bei Reihenuntersuchungen und für Betriebszwecke, vor allem deshalb, weil die notwendigen Reagentien entsprechend billig und in jedem Laboratorium vorrätig sind[1]. Die jodometrische Bestimmung eignet sich am besten für Einzeluntersuchungen. Für Betriebsanalysen ist sie jedoch nicht wirtschaftlich. Die potentiometrische Methode ist modern und elegant. Ihre Durchführung erfordert aber die entsprechende Einrichtung.

Tüpfelmethode.
Erforderliche Reagentien: Eisen(II)-Ammonsulfat-Lösung: 240 g MOHRsches Salz werden in 100 ml Schwefelsäure gelöst und mit Wasser auf 1000 ml aufgefüllt. Die Lösung ist nicht titerbeständig und muß vor jeder Versuchsreihe mit verd. Kaliumdichromat-Lösung kontrolliert werden, wozu auch eine 0,1 n Lösung verwendet werden kann.
0,1 n Kaliumdichromat-Lösung: 4,9033 g/l.
Kaliumhexacyanoferrat(III)-Lösung: 1 g Kaliumhexacyanoferrat(III) wird in 1000 ml dest. Wasser gelöst. Nach der Reaktionsgleichung

$$K_2Cr_2O_7 + 6\,FeSO_4 + 7\,H_2SO_4 = Cr_2(SO_4)_3 + 3\,Fe_2(SO_4)_3 + K_2SO_4 + 7\,H_2O$$

entspricht 1 Gramm-Atom Chrom 3 Gramm-Atomen Eisen.
Ausführung: Das ganze Oxydationsgemisch wird ohne Zusatz von Wasser auf Zimmertemperatur abgekühlt und so lange aus einer Bürette mit der Eisen(II)-Ammoniumsulfat-Lösung versetzt, bis ein Tropfen aus dem Titrationsgemisch mit einem Tropfen einer frisch bereiteten Kaliumhexacyanoferrat(III)-Lösung (1 : 1000) die Bildung von Berliner Blau anzeigt. Darauf wird noch ein geringer Überschuß der Eisen(II)-Ammonsulfat-Lösung zugesetzt und mit verd. Kaliumdichromat-Lösung unter Tüpfeln zurücktitriert. Hierbei ist unter Tüpfeln der Endpunkt zu verstehen, bei dem zwischen einem Tropfen des Titrationsgemisches und der Kaliumhexacyanoferrat(III)-Lösung gerade *keine* Fällung von Berliner Blau mehr eintritt[2].
Berechnung: Entsprechen 10 ml Eisen(II)-Ammonsulfat-Lösung x ml 0,1 n Kaliumdichromat-Lösung beim Tüpfeln, dann entspricht 1 ml der Eisen(II)-Lösung = $0,06576 \cdot x$ mg Glycerin.
Bei Verwendung einer Dichromat-Lösung, die 7,458 g bei 110 bis 120° getrocknetes Kaliumdichromat p. a. und 5 ml Schwefelsäure pro Liter enthält, und bei einem Verbrauch von y ml Dichromat-Lösung für 10 ml der Eisenlösung entspricht 1 ml Eisenlösung = $(0,1 \cdot y)$ mg Glycerin.

$$\% \text{ Glycerin (Dichromat-Tüpfelmethode)} = \frac{0{,}06576 \cdot x \cdot (a - b)}{e} = \frac{0{,}1 \cdot y \cdot (a - b)}{e}$$

e = Einwaage (unter Berücksichtigung der vorgenommenen Verdünnung der Einwaage von 1 : 10),
a = verbrauchte ml Eisen(II)-Ammonsulfat-Lösung für den Blindversuch,
b = verbrauchte ml Eisen(II)-Ammonsulfat-Lösung für den Hauptversuch.

In dem Bestreben, die Dichromat-Methode einerseits zu beschleunigen und andererseits die Kosten für Chemikalien nicht zu erhöhen, hat P. FUCHS[3] die Oxydation wie üblich mit 2 n Chromat-Lösung durchgeführt, das überschüssige

---

[1] Trotz mancher Verbesserung zur beschleunigten Durchführung der Dichromat-Methode hat sich die umständliche Arbeitsweise in vielen Laboratorien gehalten. Die neuen DGF-Einheitsmethoden empfehlen in erster Linie das jodometrische Verfahren [E–III 3 e (55), Seite 3].

[2] Eine Modifikation der offiziellen Dichromat-Methode ist in der Zeitschrift Olii minerali, Olii Grassi, Colori Vernici **15**, 75 (1935) angegeben, auf die hier verwiesen werden soll.

[3] P. FUCHS: Chemiker-Ztg. **66**, 73 (1942).

Cr_2O_7'' mit einem Überschuß eingestellter Eisen(II)-Ammonsulfat-Lösung reduziert und den Überschuß mit 0,1 n Kaliumpermanganat-Lösung zurücktitriert.

Damit das Tüpfeln fortfällt, hat E. RANDA[1] zur Schnellbestimmung des Glycerins in Seifen und Unterlaugen die Verwendung von Diphenylamin als Indicator vorgeschlagen.

Zur Bestimmung des Glycerins nach der Dichromat-Methode in Seifen, die Celluloseglykolsäureäther enthalten, trennt W. SCHULZE[2] letztere vom Glycerin mit Hilfe einer semipermeablen Membran C aus Kuprofan (Qualität 15). Das diffundierte Glycerin wird dann nach der Dichromat-Methode bestimmt. Gegebenenfalls diffundierter Zucker muß berücksichtigt werden. Das äußere Gefäß ist an Stelle von reinem Wasser mit einer glycerinfreien Seifenlösung zu füllen, damit die Membran nicht reißt. Die Diffusionsdauer beträgt 48 Std.

Jodometrische Bestimmung.

Ausführung: Das Oxydationsgemisch wird auf Zimmertemperatur abgekühlt, in einen 500 ml Meßkolben überführt und bis zur Marke unter Einhaltung der Temperatur von 20° aufgefüllt. In einen 500 ml Weithals-ERLENMEYER-Kolben oder ein Becherglas werden mittels Meßzylinder 20 ml 10%ige Kaliumjodid-Lösung, 20 ml 20%ige Salzsäure und 50 ml der aufgefüllten, mit 50 ml Wasser verdünnten Lösung gegeben. Das ausgeschiedene Jod wird zurücktitriert. Der Blindversuch dient zur Bestimmung des Titers der Dichromat-Lösung.

Die Kaliumjodid-Lösung soll farblos sein. Bei einer gelb gefärbten Lösung empfiehlt sich, das Abmessen der Lösung mit einer Pipette für den Haupt- und Blindversuch vorzunehmen.

Berechnung:

e = Einwaage (unter Berücksichtigung der vorgenommenen Verdünnung der Einwaage von $1:10:100$),
a = verbrauchte ml Natriumthiosulfat-Lösung für den Blindversuch,
b = verbrauchte ml Natriumthiosulfat-Lösung für den Hauptversuch.

$$\% \text{ Glycerin (jodometrisch nach Dichromat-Methode)} = \frac{6{,}576 \cdot (a-b)}{e}$$

Potentiometrische Bestimmung.

Die Bestimmung von Glycerin nach dem Dichromat-Verfahren und Titration des Dichromats mit Eisen(II)-Salzlösung auf elektrometrischem Wege unter Verwendung von Platin-Wolfram-Elektroden hat die PROCTER & GAMBLE CO., Chemical Division[3], beschrieben. Die Methode ist sehr einfach, schnell und genau mit scharfer Endpunktsanzeige, so daß auch ungelernte Kräfte die Arbeit ausführen können. W. E. SHENK und F. FENWICK[4] haben auch Platin-Wolfram-Elektroden und eine elektrisch arbeitende Bürette, die mit automatischer Stoppvorrichtung versehen war, verwendet.

Mikro-Dichromat-Methode zur Glycerin-Bestimmung. T. v. FELLENBERG[5] hat die Dichromat-Methode zu einem Mikroverfahren umgestaltet. Das Verfahren ist ursprünglich für die Bestimmung des Glycerins in Wein angegeben worden; es läßt sich aber auch direkt für Glycerin anwenden. Das Prinzip der Arbeitsweise besteht darin, in einer Probe alle oxydierbaren Stoffe und in einer anderen die nach Entfernung des Glycerins verbleibenden oxydierbaren Stoffe zu bestimmen. Die Differenz zwischen beiden Werten entspricht dem Glycerin-Gehalt.

---

[1] E. RANDA: Oil and Soap **14**, 7 (1937).

[2] W. SCHULZE: Fette u. Seifen **46**, 66 (1939).

[3] PROCTER u. GAMBLE Co., Chemical Division: Ind. Engng. Chem., analyt. Edit. **9**, 515 (1937).

[4] W. E. SHENK & F. FENWICK: Ind. Engng. Chem., analyt. Edit. **7**, 194 (1935).

[5] T. v. FELLENBERG: Mitt. Gebiete Lebensmittelunters. Hyg. **22**, 231 (1931).

Nach G. Hoepe[1] wird bei obiger Mikromethode keine vollständige Entfernung des Glycerins erreicht, weil die Bad- und Dampftemperaturen zu niedrig sind[2].

Oxydation mit „Nitrochromsäure" zur Glycerin-Bestimmung. Ein Mikroverfahren, Glycerin quantitativ mit Hilfe von „Nitrochromsäure" zu bestimmen, wurde von R. Ravex[3] beschrieben. Das nicht in Reaktion getretene Cr_2O_7'' wird mit Kaliumhexacyanoferrat(II) und Diphenylbenzidin als Indicator zurücktitriert.

L. Thivolle und G. Sonntag[4] haben die Chromometrie auf die Mikroanalyse angewendet und z. B. ein Mikroverfahren zur Bestimmung von Äthanol angegeben. Die verwendete „Nitrochromsäure", eine Salpetersäure-Chromsäure-Lösung, ist nach H. Cordebard[5] als Oxydationsmittel einer Schwefelsäure-Chromsäure-Lösung überlegen. Die Lösungen sind vollkommen haltbar. Bei der Oxydation von Äthanol mit Salpetersäure-Chromsäure-Lösung entsteht nur Essigsäure, während mit einer Schwefelsäure-Chromsäure-Lösung die Oxydation teilweise bis zur Bildung von Kohlendioxyd verläuft.

Eine colorimetrische Bestimmung von Glycerin in Mengen von 1 bis 1300 γ/ml Lösung mit Kaliumdichromat-Schwefelsäure haben H. D. Reese und M. B. Williams[6] angegeben, die in einer spektrophotometrischen Messung bei 540 mμ des überschüssigen Cr^{VI} durch eine Farbreaktion mit Diphenylcarbazid besteht. Störungen bei dieser Analyse erfolgen durch vorhandene reduzierende Stoffe und solche Metall-Ionen, die mit Diphenylcarbazid gefärbte Verbindungen geben.

Mit dem Mechanismus der Reaktion zwischen Dichromat und Diphenylcarbazid hat sich M. Bose[7] beschäftigt. Der Nachweis von Chrom durch Diphenylcarbazid in saurem Medium ergibt die gleiche Färbung mit Cr^{VI} und Diphenylcarbazid, Cr^{VI} und Diphenylcarbazon bzw. Cr^{II} und Diphenylcarbazon. Bei einem Überschuß von Cr^{II} oder Cr^{VI} wird die Farbe zerstört. Alle drei Systeme absorbieren bei 540 mμ.

Oxydation mit Perjodsäure (Bestimmung des Glycerins neben Glykolen). Eine häufig vorkommende Aufgabe ist die Untersuchung von Glycerinen, die noch Glykol enthalten, und deren genaue Bestimmung noch erhebliche Schwierigkeiten bereitet. G. Hoepe und W. D. Treadwell[8] haben mit Hilfe der Perjodat-Oxydation gezeigt, daß eine quantitative Bestimmung von Glycerin neben zwei Glykolen, Äthylenglykol und 1,2-Propylenglykol, leicht durchzuführen ist. Glycerin und Äthylenglykol reagieren mit Perjodat quantitativ nach den Gleichungen

$$CH_2(OH) \cdot CH(OH) \cdot CH_2(OH) + 2\,KJO_4 = 2\,CH_2O + HCOOH + 2\,KJO_3 + H_2O$$

$$CH_2(OH) \cdot CH_2(OH) + KJO_4 = 2\,CH_2O + KJO_3 + H_2O$$

Auch 1,2-Propylenglykol setzt sich vollständig um

$$CH_3 \cdot CH(OH) \cdot CH_2(OH) + KJO_4 = CH_2O + CH_3CHO + KJO_3 + H_2O$$

Die aus Glycerin entstehende Ameisensäure wird gegen Methylrot mit Alkalilauge bestimmt. Die Bestimmung der gesamten Aldehyde erfolgt mit Sulfit, wobei pro Mol Aldehyd 1 Mol NaOH gebildet wird, das mit Thymolphthalein als Indicator bestimmt werden kann. Der Formaldehyd wird nach der Cyanid-

---

[1] G. Hoepe: Helv. chim. Acta **26**, 1931 (1943).

[2] Vgl. die Bestimmung von Glycerin neben 2,3-Butylenglykol von G. Hoepe: Helv. chim. Acta **26**, 1931 (1943).

[3] R. Ravex: Ann. Chim. analyt. **25**, 70 (1943).

[4] L. Thivolle u. G. Sonntag: Bull. Soc. Chim. biol. **21**, 1353, 1369 (1939).

[5] H. Cordebard: J. Pharmac. Chim. (8) **30**, 131, 263 (1940).

[6] H. D. Reese u. M. B. Williams: Analytic. Chem. **26**, 568 (1954).

[7] M. Bose: Nature (London) **170**, 213 (1952).

[8] G. Hoepe u. W. D. Treadwell: Helv. chim. Acta **25**, 353 (1942).

Methode bestimmt. Hierbei lagert Formaldehyd Kaliumcyanid an, worauf in saurer Lösung der Überschuß des Cyanids mit einem Überschuß von Silbernitrat gefällt und dessen Verbrauch mit Ammoniumrhodanid titriert wird.

Oxydation: Zur Durchführung der Methode werden 0,4 bis 0,5 g des Glykol-Glycerin-Gemisches in 50 ml Wasser in eine mit Glasstopfen gut verschließbare, 100 ml fassende Flasche gebracht und mit etwa 2,5 bis 3 g reinem Kaliumperjodat versetzt. Das Gemisch wird 2 Std. auf der Maschine geschüttelt, das überschüssige Kaliumperjodat abfiltriert, mit wenig Wasser gewaschen und in einem 100 ml Meßkolben bis zur Marke aufgefüllt.

Bestimmung des Glycerins: 20 ml der Lösung werden mit 0,1 n Natronlauge gegen Methylrot neutralisiert. Die zur Neutralisation erforderliche Menge an normaler Alkalilauge entspricht der aus dem Glycerin entstandenen Ameisensäure.

1 ml 0,1 n Natronlauge entspricht 0,0092 g Glycerin.

Bestimmung der gesamten Aldehyde: 25 ml der Lösung werden mit 50 ml Natriumsulfit-Lösung (125 g Na_2SO_3/l) und einigen Tropfen Thymolphthalein versetzt. Die entstandene Natronlauge wird mit 0,1 n Salzsäure zurücktitriert. Außerdem wird in einer Blindprobe bei gleicher Verdünnung die Alkalität der Natriumsulfit-Lösung mit Thymolphthalein als Indicator bestimmt. Das Resultat wird vom Hauptversuch in Abzug gebracht.

1 ml 0,1 n Salzsäure entspricht 0,0029 g —CHO

Bestimmung des Formaldehyds: Der Silberverbrauch der mit Kaliumperjodat oxydierten Lösung, die Jodat und Perjodat enthält, muß in einer besonderen Untersuchung festgestellt werden. In einer Blindprobe werden 25 ml der Lösung mit 0,5 ml 50%iger Salpetersäure und 30 ml 0,1 n Silbernitrat-Lösung versetzt. Der aus Silberjodat und Silberperjodat bestehende Niederschlag wird abfiltriert, mit wenig salpetersäurehaltigem Wasser gewaschen und der im Filtrat vorhandene Überschuß an Silbernitrat mit 0,1 n Ammoniumrhodanid und mit Eisen(III)-ammoniumalaun als Indicator zurücktitriert.

Zur Bestimmung des Formaldehyds werden 25 ml der Lösung mit 30 ml 0,1 n Kaliumcyanid-Lösung versetzt, dann mit 0,5 ml 50%iger Salpetersäure angesäuert und 30 ml 0,1 n Silbernitrat-Lösung zugesetzt. Durch den Zusatz des Silbernitrates wird das im Überschuß vorhandene Cyanid-, Jodat- und Perjodat-Ion gefällt. Hierauf wird geschüttelt, bis sich der Niederschlag zusammenballt. Er wird abfiltriert und mit salpetersäurehaltigem Wasser gewaschen. Der im Filtrat vorhandene Überschuß an Silbernitrat wird wie üblich mit 0,1 n Ammoniumrhodanid-Lösung zurücktitriert. Die Differenz zum Blindversuch ergibt die Menge des verbrauchten Cyanids und damit ein Maß für den bei der Oxydation gebildeten Formaldehyd. Die Salpetersäure und das Cyanid müssen chloridfrei sein. Die Autoren empfehlen, den Titer der Cyanid-Lösung nach E. Müller[1] potentiometrisch zu bestimmen.

1 ml 0,1 n Kaliumcyanid entspricht 0,0029 g —CHO bzw. 0,003 g CH_2O

Die Berechnung des Gehaltes an 1,2-Propylenglykol erfolgt aus dem Formaldehyd-Gehalt, der vom Gesamt-Aldehyd-Gehalt abgezogen wird. Die restliche Menge an —CHO entspricht dem gebildeten Acetaldehyd. Aus 1 Molekül 1,2-Propylenglykol entsteht 1 Molekül Acetaldehyd.

1 g —CHO = 1,517 g CH_3CHO = 2,6207 g 1,2-Propylenglykol

Die Berechnung des Äthylenglykols erfolgt aus dem Gehalt an Gesamt-Aldehyd, von dem die Formaldehyd-Werte aus dem Glycerin und Propylenglykol abgezogen werden. Die verbleibende Menge an —CHO wird auf Äthylenglykol umgerechnet, wobei 1 Molekül Formaldehyd 0,5 Molekül Äthylenglykol entsprechen:

1 g —CHO = 1,0344 g CH_2O = 1,0681 g Äthylenglykol

Das Verfahren erlaubt, auch geringe Mengen an Formaldehyd neben einem großen Überschuß an Acetaldehyd sehr genau zu bestimmen, wobei die Fehlergrenze 1% beträgt. Ebenso ermöglicht es eine Bestimmung des Glycerins neben vic.-Glykolen mit nur einem Oxydationsmittel. Bei der Acetin-Methode und den Oxydationsverfahren dagegen werden alle Alkohole zusammen bestimmt.

Nach demselben Verfahren lassen sich nach G. Hoepe[2] auch Glycerin und 2,3-Butylenglykol nebeneinander bestimmen. Die gebildete Ameisensäure ist

---

[1] E. Müller: Elektrometrische Maßanalyse, S. 132. Dresden-Leipzig: Steinkopff 1932.
[2] G. Hoepe: Helv. chim. Acta **26**, 1931 (1943).

das Maß für das vorhandene Glycerin und der gebildete Acetaldehyd für das vorhandene 2,3-Butylenglykol:

$$CH_3 \cdot (CHOH)_2 \cdot CH_3 + KJO_4 = 2\,CH_3CHO + H_2O + KJO_3$$

Die Abtrennung von den Verunreinigungen geschieht z. B. aus 15 ml (mit 5,2 g Glycerin und 2 g 2,3-Butylenglykol im Liter) durch Abtreiben des Glycerins und Butylenglykols mit auf 320° erhitztem Wasserdampf während 1 Std. aus der im Ölbad auf 140° erhitzten Probe. Die Berechnung des Gehaltes an 2,3-Butylenglykol erfolgt aus dem erhaltenen Formaldehyd-Wert, der vom Gesamt-Aldehyd-Wert abgezogen wird. Die verbleibende —CHO-Menge entspricht dem gebildeten Acetaldehyd und kann auf Butylenglykol umgerechnet werden.

$$1\,g\ {—}CHO = 1{,}517\,g\ \text{Acetaldehyd} = 1{,}55\,g\ 2{,}3\text{-Butylenglykol}$$

Der Nachteil des Verfahrens besteht darin, daß aus einer verunreinigten Probe Glycerin und Glykol mit Wasserdampf abgetrieben werden müssen, wodurch eine starke Verdünnung entsteht.

Glycerin läßt sich auch neben reduzierenden Aldosen (Monosacchariden) nach F. RAPPAPORT, I. REIFER und H. WEINMANN[1] mit Hilfe von Perjodat maßanalytisch nachweisen.

Ein Verfahren, um verschiedene mehrwertige Alkohole nebeneinander zu bestimmen, wurde von N. ALLEN, H. Y. CHARBONNIER und R. M. COLEMAN[2] ebenfalls unter Verwendung von Überjodsäure (HJO_4 bzw. H_5JO_6) veröffentlicht.

Die Reaktionsgleichung für Glycerin ist auf S. 1717 wiedergegeben. Glykol reagiert wie folgt:

$$CH_2(OH) \cdot CH_2(OH) + HJO_4 = 2\,HCHO + H_2O + HJO_3$$

Die Menge Glycerin bestimmt man durch acidimetrische Titration der daraus entstandenen Ameisensäure. Die Summe von Glykol und Glycerin erhält man jodometrisch und aus beiden Bestimmungen berechnet sich die Menge an Glykol.

Dieselben Autoren geben eine potentiometrische Methode zur Bestimmung von Glycerin und Glykol nach Durchführung der Perjodsäure-Oxydation an.

Beim Vorliegen eines dritten Glykols, das ebenfalls durch Überjodsäure oxydiert wird, muß außerdem noch eine Dichromat-Oxydation durchgeführt werden.

Potentiometrische Bestimmung. 50 ml der Überjodsäure-Lösung werden mit 150 ml dest. Wasser verdünnt und mit 0,1 n Natronlauge unter Verwendung einer Glaselektrode titriert. Der erste Äquivalenzpunkt liegt bei einem p_H von 5,5 (B). Nach Zusatz der gleichen Menge 0,1 n Natronlauge wird ein p_H von 10,0 gemessen.

Eine Probe wird, wie oben beschrieben, mit Überjodsäure oxydiert, mit 100 ml dest. Wasser verdünnt und mit 0,1 n Natronlauge bis zum ersten Äquivalenzpunkt neutralisiert (A), der im Blindversuch ermittelt wurde. Dann wird bis zum zweiten Äquivalenzpunkt neutralisiert (C), der sich aus dem Blindversuch ergibt.

Berechnung:

$$\% \text{ Glycerin} = \frac{(A - B) \cdot 0{,}092\,06 \cdot \text{Normalität} \cdot 100}{e}$$

$$\% \text{ Äthylenglykol} = \frac{(3\,B - C - A) \cdot 0{,}062\,05 \cdot \text{Normalität} \cdot 100}{e}$$

1 ml 1 n Natronlauge entspricht: 0,092 06 g Glycerin, 0,062 05 g Äthylenglykol.
B = verbrauchte ml Natronlauge für den Blindversuch, bis zum ersten Äquivalenzpunkt,
A = verbrauchte ml Natronlauge für den Hauptversuch, bis zum ersten Äquivalenzpunkt,
C = verbrauchte ml Natronlauge für den Hauptversuch, bis zum zweiten Äquivalenzpunkt,
e = Einwaage.

[1] F. RAPPAPORT, I. REIFER u. H. WEINMANN: Mikrochim. Acta (Wien) **1**, 290 (1937).
[2] N. ALLEN, H. Y. CHARBONNIER u. R. M. COLEMAN: Ind. Engng. Chem., analyt. Edit. **12**, 384 (1940).

Von P. J. ELVING, B. WARSHOWSKY, E. SHOEMAKER und J. MARGOLIT[1] wurde eine Bestimmung von Glycerin in Glycerin-Wasser-, Glycerin-Glucose-Gemischen und in Gärungsrückständen angegeben. Das Prinzip dieses Verfahrens beruht ebenfalls auf der Oxydation des Glycerins mittels Perjodsäure. Störende Substanzen werden mit Kalk und Äthanol entfernt. Die Ermittlung des Formaldehyds kann polarographisch oder nach der Sulfit-Methode mit anschließender elektrometrischer Titration, die für die Reihenuntersuchungen die beste ist, vorgenommen werden.

AOCS-Methode. Der amerikanische Glycerin-Analysen-Ausschuß hat eine neue Methode zur Bestimmung von Glycerin veröffentlicht[2], die sich der Oxydation mit Natriumperjodat bedient. Sie wurde auch in die Einheitsmethoden der *American Oil Chemists' Society*[3] sowie der DGF[4] übernommen und soll im folgenden wiedergegeben werden.

Erläuterungen: Nach dieser Methode werden Glycerin und andere Polyalkohole, die drei oder mehr benachbarte Hydroxylgruppen enthalten, bestimmt. Das Glycerin reagiert mit der Überjodsäure unter Bildung von Aldehyden und Ameisensäure. Letztere ist ein Maß für das in der Probe vorhandene Glycerin.

Das Verfahren ist auf alle Glycerin-Lösungen anwendbar, aber besonders brauchbar zur Untersuchung solcher Proben, die oxydable organische Verunreinigungen und gewisse hydroxylierte Verbindungen enthalten, welche die Dichromat- bzw. die Acetin-Methode beeinflussen. (Das Verfahren ist für Glycerin spezifischer als irgendein anderes anerkanntes. Trimethylenglykol und andere Polyalkohole, bei denen die Hydroxylgruppen nicht benachbart sind, reagieren nicht bei Zimmertemperatur.)

Apparate: 1. Bürette, 50 ml, kalibriert. Die Auslaufzeit darf nicht weniger als 90 Sek. für 50 ml betragen.

2. Vergrößerungsglas, das das Ablesen der Bürette auf 0,01 ml ermöglicht.

3. Pipette, 50 ml. Die Auslaufzeit muß geeicht sein, so daß gleiche Mengen bei dem Haupt- und Blindversuch eingesetzt werden.

4. Rührer mit Regulierung der Geschwindigkeit.

5. Elektrometrischer p_H-Messer mit Glaselektroden.

Reagentien: 1. Natriumperjodat-Lösung. a) 60 g Natrium-meta-perjodat ($NaJO_4$), p. a. werden in dest. Wasser, das 120 ml 0,1 n Schwefelsäure enthält, zu 1000 ml gelöst. Das Wasser zum Lösen des Natriumperjodates darf nicht erwärmt werden. Falls die Lösung nicht klar ist, wird sie durch einen Glassintertiegel filtriert. Die Lösung wird in einer dunklen, mit Glasstopfen versehenen Flasche aufbewahrt (s. Anmerkung 2). Die Acidität des Reagenses verändert sich allmählich, so daß bei jeder Analysenreihe ein Blindversuch durchzuführen ist.

b) Untersuchung der Qualität. 10 ml der Natriumperjodat-Lösung werden in einen 250 ml Meßkolben abpipettiert und bis zur Marke aufgefüllt. Zu 0,5 bis 0,6 g handelsüblich reinem Glycerin in 50 ml dest. Wasser werden 50 ml der verd. Natriumperjodat-Lösung mit der Pipette zugegeben. Gleichzeitig wird ein Blindversuch mit 50 ml dest. Wasser angesetzt. Beide Versuche bleiben 30 Min. stehen, dann werden 5 ml konz. Salzsäure und 10 ml 15%ige Kaliumjodid-Lösung zugesetzt und gut gemischt. Nach 5 Min. Stehen wird mit 100 ml dest. Wasser verdünnt und mit 0,1 n Natriumthiosulfat-Lösung wie üblich gegen Stärke als Indicator titriert. Das Natriumperjodat ist brauchbar, wenn der Quotient aus den bei der glycerinhaltigen Lösung und den beim Blindversuch verbrauchten ml 0,1 n Thiosulfat-Lösung 0,750 bis 0,765 beträgt.

2. Natronlauge, etwa 0,125 n, genau mit saurem Kaliumphthalat und Phenolphthalein als Indicator eingestellt.

3. Natronlauge, etwa 0,05 n.

4. Schwefelsäure, 0,2 n.

5. Saures Kaliumphthalat, acidimetrisch eingestellt und vollständig trocken.

---

[1] P. J. ELVING, B. WARSHOWSKY, E. SHOEMAKER u. J. MARGOLIT: Analytic. Chem. **20**, 25 (1948).

[2] Report of the Glycerin Analysis Committee: J. Amer. Oil Chemists' Soc. **27**, 412 (1950).

[3] Ea 6–51.

[4] E–III 3a (55) bzw. E–III 3b (57).

Bemerkung: Der ,,Bezugsstandard'' saures Kaliumphthalat mit Analysen-Attest kann vom NATIONAL BUREAU OF STANDARDS, Washington D. C., bezogen werden. Dieses Muster wird als Ursubstanz für die Methode besonders empfohlen. Die Anwendung erfolgt, wie in dem Probe beigefügten Analysen-Attest angegeben ist.

6. Phenolphthalein-Indicator-Lösung, 1%ig in 95%igem Alkohol.

7. Bromthymolblau-Indicator-Lösung, 0,1%ig in dest. Wasser. 0,1 g trockener Indicator werden in 16 ml 0,01 n Natronlauge in einer Reibschale verrieben, in einen 100 ml Meßkolben übergeführt und mit dest. Wasser bis zur Marke aufgefüllt.

8. Äthylenglykol-Lösung. Ein Volumen Äthylenglykol wird mit einem Volumen dest. Wasser gemischt.

9. Natriumthiosulfat-Lösung, 0,1 n.

10. Salzsäure, D = 1,19.

11. Stärke-Indicator-Lösung, hergestellt aus einer homogenen Paste von 10 g löslicher Stärke in kaltem dest. Wasser. Zu dieser Paste werden 1000 ml kochendes dest. Wasser hinzugefügt, gründlich umgerührt und abgekühlt. Zur Konservierung des Indicators wird Salicylsäure (1,25 g/l) verwendet. Bei längerer Aufbewahrungszeit muß die Lösung im Eisschrank auf 4 bis 10° gehalten werden. Frischer Indicator muß hergestellt werden, wenn der Endpunkt der Titration von Blau nach Farblos scharf sein soll.

12. Eingestellte Puffer-Lösung: 50 g des sauren Kaliumphthalats werden bei 100° getrocknet und in einem Exsiccator auf Zimmertemperatur abgekühlt. 40,84 g hiervon werden in einem Meßkolben gelöst und auf 1000 ml aufgefüllt.

Vorbereitung der Probe: Bodensatz sowie ausgefallene Salze enthaltende Proben werden erwärmt und gründlich gerührt. In manchen Fällen neigt der Niederschlag dazu, auf dem Boden sitzen zu bleiben, und die Viscosität des Glycerins verzögert eine rasche Durchmischung. Sorgfältige Vorbereitung der Probe ist jedoch für eine genaue Analyse unerläßlich.

Verfahren: 1. Alle Wägungen sollen genau und schnell durchgeführt werden. Bei einem Glycerin-Gehalt über 20% wird die Probe mittels Wägepipette in ein 600 ml Becherglas eingewogen. Enthält die Probe weniger als 20% Glycerin, kann in eine tarierte Schale eingewogen und mit dest. Wasser in ein 600 ml Becherglas gespült werden. Wenn das Volumen der Probe weniger als 50 ml beträgt, wird mit dest. Wasser auf 50 ml verdünnt.

Die besten Analysen erhält man, wenn der Glycerin-Gehalt der zu untersuchenden Probe zwischen 0,32 und 0,50 g liegt. In nachfolgender Tabelle sind deshalb die einzuwiegenden Mengen bei entsprechendem Gehalt angegeben. Geringere Einwaagen geben im allgemeinen höhere und weniger genaue Resultate. Bei der Untersuchung eines Salzes, das ungefähr 2,5% Glycerin enthält, werden etwa 18 g eingewogen und in 100 ml dest. Wasser gelöst. Enthält ein Salz weniger als 1% Glycerin, dann nimmt man eine Einwaage von 25 g und löst in 150 ml. Bei unbekanntem Glycerin-Gehalt macht man eine Vorprobe, indem man den Glycerin-Gehalt als 100%ig annimmt und aus dem erhaltenen Ergebnis die dem wahren Glycerin-Gehalt entsprechende Einwaage errechnet.

Tabelle 417. *Einwaage für die Analyse unter Berücksichtigung des Glycerin-Gehaltes*

Glycerin-Gehalt der Probe in %	Einwaage in g	Glycerin-Gehalt der Probe in %	Einwaage in g
90—100	0,45	20 —30	1,50
80— 90	0,50	10 —20	2,20
70— 80	0,55	5 —10	4,50
60— 70	0,65	2,5— 5	9,00
50— 60	0,75	1,0— 2,5	18,00
40— 50	0,90	0,5— 1,0	40,00
30— 40	1,10	0,5 oder weniger	80,00

2. Der Probe in dem 600 ml Becherglas werden 5 bis 7 Tropfen Bromthymolblau-Indicator-Lösung zugesetzt und mit 0,2 n Schwefelsäure bis zum Auftreten einer grünen oder grüngelben Farbe angesäuert. Darauf wird mit 0,05 n Natronlauge bis zum Auftreten einer rein blauen Farbe neutralisiert. Die Farbe soll beim Erreichen des Endpunktes scharf von Grün nach Blau umschlagen. Falls die Farbe der Lösung (s. Anmerkung 1) die Erkennung der Farbänderung des Indicators störend beeinflußt, soll ein p_H-Meter verwendet und auf einen p_H-Wert 8,1 ± 0,1 eingestellt werden.

3. Dann wird ein Blindversuch mit 50 ml dest. Wasser, aber ohne Glycerin, angesetzt und damit in gleicher Weise wie mit der Probe verfahren.

4. 50 ml Natriumperjodat-Lösung werden mittels Pipette zugesetzt, gut gemischt, mit einem Uhrglas bedeckt und 30 Min. lang bei Zimmertemperatur stehengelassen.

5. Danach setzt man 10 ml 50%iges Äthylenglykol-Wasser-Gemisch zu und läßt 20 Min. stehen.

6. Dann wird auf etwa 300 ml mit dest. Wasser verdünnt und unter Verwendung eines p_H-Meters titriert, und zwar mit einem Endpunkt für den Blindversuch von p_H 6,5 $\pm$ 0,1 und für den Hauptversuch von p_H 8,1 $\pm$ 0,1. In der Nähe des Endpunktes wird das Alkali vorsichtig zugesetzt. Die Bürette wird auf 0,01 ml abgelesen und das abgelesene Volumen notiert.

Berechnung:

$$\% \text{ Glycerin} = \frac{(S - B) \cdot n \cdot 9{,}209}{E}$$

$S =$ ml NaOH, für den Hauptversuch,
$B =$ ml NaOH, für den Blindversuch, B soll nicht kleiner sein als 4,5 ml,
$n =$ Normalität der Natronlauge,
$E =$ Einwaage.

Anmerkungen: 1. Enthält die Probe wesentliche Mengen an puffernd wirkenden Substanzen, muß der p_H-Wert mit dem p_H-Meter auf den Endpunkt berichtigt werden, bei dem die Probe titriert wird. In einigen Fällen ist die puffernde Wirkung so groß, daß eine gute Reproduzierbarkeit der Resultate verhindert wird.

2. Es dürfen keine Korkstopfen benützt werden.

3. Ob ein ausreichender Überschuß an Natriumperjodat in einer Analyse vorliegt, kann wie folgt festgestellt werden: Eine Menge, die $^3/_4$ der Einwaage der Probe entspricht, wird analysiert. Dies kann bei Doppelbestimmungen erfolgen, indem eine Einwaage $^3/_4$ der anderen ist. Wenn die Analyse der kleineren Einwaage mit der der größeren übereinstimmt, dann ist in beiden Fällen der Überschuß an Natriumperjodat ausreichend. Zeigt das Ergebnis der kleineren Einwaage einen höheren Glycerin-Gehalt und beträgt die Differenz mehr als den Analysenfehler, so war der Überschuß an Natriumperjodat zur Oxydation der größeren Einwaage nicht ausreichend. Bei unbekanntem Glycerin-Gehalt wiegt man eine 100% Glycerin entsprechende Menge ein. Aus dem erhaltenen Ergebnis kann die dem eigentlichen Glycerin-Gehalt entsprechende Menge berechnet werden. Man muß jedoch dabei berücksichtigen, daß verhältnismäßig zu hohe Ergebnisse erhalten werden, da die Einwaage kleiner ist, als dem wahren Glycerin-Gehalt entsprechen würde.

Diese Methode wurde im Nachtrag I_1 — 1955 von der Fettkommission der internationalen Union für reine und angewandte Chemie als internationale Standard-Methode (ISM) erklärt. Lediglich ist als Reaktionstemperatur 35° vorgeschrieben.

Eine weitere Methode geben I. G. REZNIKOV und E. L. FARBER[1] an.

Bestimmung von Glycerin neben Mono- und Diacetin. Die quantitative Bestimmung von Glycerin bei gleichzeitiger Anwesenheit von Mono- und Diacetin hat I. NAKAMORI[2] mit Hilfe der Perjodat-Methode untersucht, die besser ist als das Dichromat-Verfahren. In Gegenwart von Mono- und Diacetin läßt sich aus der durch die Perjodat-Oxydation gebildeten Ameisensäure das Glycerin bestimmen:

$$C_3H_5(OH)_3 + 2\,HJO_4 = HCOOH + 2\,HCHO + 2\,HJO_3 + H_2O$$

$$C_3H_5(OH)_2(O \cdot COCH_3) + HJO_4 = HCOH + CHOCH_2 \cdot O \cdot COCH_3 + HJO_3 + H_2O$$

Die Bestimmung des Glycerins in Gärungsflüssigkeiten und Melasse bereitet wegen der darin enthaltenen Nebenprodukte, die sich schlecht entfernen lassen, oft Schwierigkeiten. Wie nun K. SPOREK und A. F. WILLIAMS[3] gefunden haben, ist Aluminiumoxyd ein sehr gutes Adsorbens für Glycerin und auch für andere Zucker und Polysaccharide. Die Trennwirkung kann noch gesteigert werden, wenn der zu untersuchenden Lösung vor der Adsorption noch Natriumsulfit und Natriumacetat zugesetzt werden. Das vom Aluminiumoxyd adsorbierte Glycerin wird mit Aceton, dem wenig Wasser und Spuren von Essigsäure zugegeben wurden, eluiert und im Eluat mit Natriumperjodat bestimmt.

---

[1] I. G. REZNIKOV u. E. L. FARBER: Öl- u. Fett-Ind. (russ.) **18**, 13 (1953).
[2] I. NAKAMORI J. chem. Soc. Japan, ind. Chem. Sect. **54**, 420 (1951).
[3] K. SPOREK u. A. F. WILLIAMS: Analyst **79**, 63 (1954).

Oxydation mit Cerat. Das Verfahren[1] beruht auf der Oxydation von Glycerin mit Cerat-Perchlorat (s. S. 1717). Es ist nicht spezifisch für Glycerin, da auch andere Oxy-Verbindungen angegriffen werden, jedoch wurden Verfahren ausgearbeitet zur Glycerin-Bestimmung bei Anwesenheit von Dextrose[2] und Xylose[3]. Besonders geeignet ist dieses Verfahren zur Schnellbestimmung von Glycerin in Seife[4].

Reagentien: *1,1 n Ammonium-Perchlorat-Cerat-Lösung.* 55 bis 56 g $(NH_4)_2Ce(NO_3)_6$ werden zu 340 bis 345 ml 72%iger Überchlorsäure, die sich in einem 1000 ml Becherglas befindet, gegeben. Das Gemisch wird gut umgerührt und 100 ml Wasser zugegeben. Nach erneutem Vermischen werden wieder 100 ml Wasser zugesetzt und dasselbe so lange wiederholt, bis das Volumen 1000 ml beträgt. Das Reagens ist sehr sorgfältig vor Licht geschützt aufzubewahren, indem eine 1000 ml Glasstopfenflasche vollständig mit schwarzem Isolierband beklebt wird. Der Titer der Lösung ist nicht sehr konstant und soll etwa alle 15 Tage kontrolliert werden. Zweckmäßig wird aber bei der Untersuchung von Glycerinen stets, wie auch bei anderen Verfahren üblich, ein Blindversuch angesetzt.

Die Titerstellung erfolgt mit 0,1 n Natriumoxalat-Lösung nach G. F. SMITH und C. A. GETZ[5] unter Verwendung von „Nitroferroin" als Indicator.

Durch Kohle oder Staub wird die Perchlorat-Cerat-Lösung allmählich zersetzt.

0,1 n Sulfat-Cerat-Lösung. 63 bis 65 g $(NH_4)_4Ce(SO_4)_4 \cdot 2H_2O$ werden in 1000 ml 0,5 n Schwefelsäure gelöst. Die Lösung hält sich beim Aufbewahren unverändert und benötigt auch keine Vorsichtsmaßregeln gegenüber Licht.

Natriumoxalat in 0,1 n Überchlorsäure. In 1000 ml 0,1 n Überchlorsäure werden 13,412 g Natriumoxalat p. a. gelöst. Die Lösung hält sich unverändert. Sie dient zur Einstellung der Perchlorat-Cerat-Lösung und zum Zurücktitrieren des überschüssigen Perchlorat-Cerates bei der Glycerin-Untersuchung. Hierbei findet *Nitroferroin* als Indicator Verwendung.

Eisen(II)-sulfat-Lösung. 40 g MOHRsches Salz $(FeSO_4 \cdot (NH_4)_2SO_4 \cdot 6H_2O)$ werden in 1000 ml 0,5 n Schwefelsäure gelöst und unter Wasserstoff aufbewahrt. Die Lösung wird mit Perchlorat-Cerat-Lösung eingestellt, wobei *Ferroin* als Indicator zur Anwendung gelangt.

Ferroin und Nitroferroin. Der Eisen(II)-sulfat-Komplex mit 1,10-Phenanthrolin (*Ferroin*) und mit Nitro-1,10-Phenanthrolin (*Nitroferroin*) werden als Indicator benötigt (s. weiter unten!).

Basisches Bleiacetat. 100 g Bleiacetat p. a. werden in etwa 750 ml Wasser in einem 1,5 l ERLENMEYER-Kolben gelöst, 100 g PbO (Bleioxyd) zugegeben und das Ganze 1 Std. am Rückflußkühler gekocht. Die noch heiße Lösung wird sofort ohne Rücksicht auf eine im Filtrat entstehende Trübung filtriert.

Vorbehandlung der Proben: a) *Ausgangsmaterial fette Öle.* Die Probe wird im Dampfbad auf etwa 80° erwärmt, durch einen Heißwassertrichter filtriert und das blanke, fette Öl von sich eventuell abscheidendem Wasser abgetrennt. 10 g fettes Öl werden in einem 250 ml fassenden ERLENMEYER-Kolben abgewogen, mit 100 ml 0,5 n alkohol. Kalilauge versetzt und nach Zugabe von Siedesteinchen $1^1/_2$ Std. am Rückflußkühler gekocht. Dann wird die Seifenlösung in ein 600 ml fassendes Becherglas gegossen, der ERLENMEYER-Kolben gut mit heißem Wasser ausgespült und das Spülwasser ebenfalls in das Becherglas gegeben. Das Gesamt-Volumen soll 350 ml betragen. Auf einem Dampfbad wird die Flüssigkeit auf etwa 50 ml eingedampft, erneut mit Wasser auf ein Volumen von 250 ml gebracht und durch Abdampfen wieder auf 50 ml reduziert.

Zu dieser Seifenlösung werden 100 ml Überchlorsäure (20 ml 72%ige Überchlorsäure und 80 ml Wasser) gegeben und bis zum klaren Abscheiden der Fettsäuren auf dem Wasserbad erwärmt. Der abgeschiedene Fettsäure-Kuchen und das ausfallende Kaliumperchlorat werden abfiltriert und Filter sowie Rückstand mit kaltem Wasser ausgewaschen.

Das Filtrat wird mit basischer Bleiacetat-Lösung versetzt und wie üblich auf vollständige Ausfällung der Proteine geprüft. Ein Überschuß ist, wie schon beim Dichromat-Verfahren beschrieben, zu vermeiden. Nach Entfernung der durch basisches Bleiacetat fällbaren Verunreinigungen wird filtriert, das Filtrat, wenn erforderlich, im Dampfbad konzentriert, in einen 500 ml Meßkolben gebracht und bis zur Marke aufgefüllt.

Daneben wird ein Blindversuch als Kontrolle angesetzt, wobei nur das fette Öl fortgelassen wird.

---

[1] G. F. SMITH u. F. R. DUKE: Ind. Engng. Chem., analyt. Edit. **13**, 558 (1941); **15**, 120 (1943).

[2] E. I. FULMER, R. J. HICKEY u. L. A. UNDERKOFLER: Ind. Engng. Chem., analyt. Edit. **12**, 729 (1940).

[3] R. P. MULL: Arch. Biochemistry **2**, 425 (1943).

[4] L. SILVERMAN: J. Amer. Oil Chemists' Soc. **24**, 410 (1947).

[5] G. F. SMITH u. C. A. GETZ: Ind. Engng. Chem., analyt. Edit. **10**, 304 (1938).

b) *Ausgangsmaterial, rohe und behandelte Unterlauge und Glycerine.* Von vorstehenden Materialien wird so viel eingewogen[1], daß etwa 1 g Reinglycerin in der Einwaage enthalten ist. Durch Zusatz von Wasser wird das Volumen auf 250 ml gebracht und mit Bleiacetat auf damit fällbare Proteine geprüft. Nach eventuell notwendiger, bereits oben beschriebener Vorreinigung wird das Filtrat in einen 500 ml Meßkolben gebracht und dieser mit Wasser aufgefüllt.

Oxydation mit Perchlorat-Cerat. Aus der auf 500 ml aufgefüllten Lösung werden je 10 ml in ein 400 ml fassendes Becherglas abpipettiert. Dazu werden eine genau abgemessene Menge von 25 ml 0,1 n Perchlorat-Cerat-Lösung gegeben, wobei das Oxydationsmittel in genügendem Überschuß vorhanden sein muß. Das Gemisch wird dann auf 100 ml mit 4 n Überchlorsäure verdünnt und auf dem Wasserbad auf 50° während 15 Min. erwärmt. Die Temperatur soll 60° nicht übersteigen. (Zweckmäßig wird das Becherglas in einen auf 50° eingestellten Thermostaten gehängt.)

Das Reaktionsgemisch wird abgekühlt und der Überschuß an Perchlorat-Cerat mit Natriumoxalat-Lösung unter Verwendung von 2 Tropfen 0,025 molarer *Nitroferroin*-Lösung als Indicator zurücktitriert.

Berechnung:
a = vorgelegte Anzahl ml Cerat-Lösung (eventuell multipliziert mit Faktor),
b = verbrauchte Anzahl ml 0,1 n Natriumoxalat-Lösung (eventuell multipliziert mit Faktor),
c = ml Gesamt-Volumen der Probe,
d = ml zur Analyse eingesetzt,
e = Einwaage.

$$\% \text{ Glycerin} = \frac{92 \cdot c(a-b)}{80 \cdot d \cdot e} = \frac{1{,}15 \cdot c(a-b)}{d \cdot e}$$

Oxydation mit Sulfat-Cerat. Die erforderlichen Reagentien sind bereits oben angegeben worden.

In Fällen, in denen die Oxydation mit Perchlorat-Cerat nicht vorgenommen werden kann, ist der Einsatz von Sulfat-Cerat angezeigt. Die Oxydation wird dann in schwefelsaurer Lösung durchgeführt. Das Oxydationsgemisch wird 90 Min. auf 90 bis 100° erhitzt und nach dem Abkühlen unter Verwendung einer Eisen(II)-sulfat-Lösung mit *Ferroin* als Indicator zurücktitriert.

Der Vorteil, der sich bei Verwendung von Perchlorat-Cerat ergibt, geht beim Einsatz von Sulfat-Cerat zum Teil verloren, weil die Reaktionstemperatur höher und die Reaktionszeit länger ist. Allerdings bleibt der Vorteil der Farblosigkeit der Reaktionslösung, so daß mit Hilfe eines zugesetzten Indicators (*Ferroin*) direkt titriert werden kann und eine potentiometrische Bestimmung sowie das umständliche Tüpfeln sich erübrigen.

Zum Vergleich der Dichromat- mit der Cerat-Methode sind nachfolgende Zahlen interessant. Der Glycerin-Gehalt von Palmöl wurde nach dem Dichromat-Verfahren in 10 Bestimmungen im Durchschnitt zu 9,65 % und nach dem Perchlorat- bzw. Sulfat-Cerat-Verfahren zu 9,64; 9,66; 9,66; 9,67 % bzw. 9,60; 9,64; 9,65; 9,66 % gefunden. Aus 6 Bestimmungen von destilliertem Glycerin nach der Dichromat-Methode wurden 97,81 % und nach der Perchlorat- bzw. Sulfat-Cerat-Methode 97,86; 97,86 97,74, 97,92 % bzw. 97,87; 97,92; 97,92; 97,97 % gefunden[2]. Aus diesen Gegenüberstellungen geht die Brauchbarkeit des neuen Oxydationsverfahrens hervor.

Der Redox-Indicator ist das Tri-1,10-phenanthrolin-Eisen(II)-Ion, das intensiv rot gefärbt ist. Bei der Oxydation entsteht das blaßblau gefärbte Tri-1,10-phenanthrolin-Eisen(III)-Ion

$$Fe(C_{12}H_8N_2)_3{}^{\cdot\cdot} \;\rightleftharpoons\; Fe(C_{12}H_8N_2)_3{}^{\cdot\cdot\cdot} + e$$

Dieser Indicator wurde von G. H. WALDEN JR., L. P. HAMMETT und R. P. CHAPMAN[3] zuerst in die Oxydimetrie eingeführt[4]. Der Farbumschlag von Rot

---

[1] Rohglycerine und andere hochprozentige Glycerine werden zweckmäßig aus verschließbaren Wägegläschen oder Wägepipetten entnommen und die Wägegläschen bzw. Wägepipetten vor und nach der Entnahme der Probe gewogen.

[2] G. F. SMITH: Cerate Oxidimetry, S. 99. Columbus, Ohio: The G. F. Smith Chemical Co. 1942.

[3] G. H. WALDEN JR., L. P. HAMMETT u. R. P. CHAPMAN: J. Amer. chem. Soc. **53**, 3908 (1931).

[4] Vgl. E. MERCK, Darmstadt: Der Tri-o-phenanthrolin-Eisen(II)-Komplex und Cer(IV)-sulfat in der maßanalytischen Praxis. Berlin: Verlag Chemie 1942.

nach Blaßblau und auch umgekehrt findet augenblicklich statt und ist außerdem gut feststellbar. Säuren, wie auch starke Oxydationsmittel, z. B. Kaliumpermanganat, Kaliumdichromat und Cer(IV)-Sulfat sind bei Zimmertemperatur ohne Einfluß auf die Stabilität des Indicators. Von K. GLEU[1] stammt der Vorschlag, den roten Tri-1,10-phenanthrolin-Eisen(II)-Komplex als *Ferroin* und den blauen Tri-1,10-phenanthrolin-Eisen(III)-Komplex als *Ferriin* zu bezeichnen[2]. G. H. WALDEN JR., L. P. HAMMETT und R. P. CHAPMAN[3] schlugen als Indicator-Konzentration eine 0,025 molare und K. GLEU[4] eine 0,01 molare wäßrige Lösung vor.

Die Herstellung der *Ferroin*-Lösung kann nach folgender Zusammenstellung erfolgen:

0,025 molare Lösung. 1,624 g 1,10-Phenanthrolinhydrochlorid (zur Analyse „MERCK") werden in 25 ml säurefreier 0,1 n Eisen(II)-sulfat-Lösung gelöst und mit dest. Wasser auf 100 ml verdünnt. Man kann die Lösung auch durch Lösen von 1,624 g 1,10-Phenanthrolinhydrochlorid und 0,695 g kristallisiertem Eisen(II)-sulfat (zur Analyse „MERCK") in Wasser und Verdünnen auf 100 ml herstellen.

0,01 molare Lösung. Die Herstellung erfolgt durch Verdünnen von 40 ml 0,025 molarer Lösung mit dest. Wasser auf 100 ml.

G. F. SMITH und F. P. RICHTER[5] geben zur Herstellung der Indicatoren nachstehende Mengen an:

Tabelle 418

Organische Base	Mol.-Gew.	Organische Base g		FeSO$_4$·7 H$_2$O g	
		0,01 n	0,025 n	0,01 n	0,025 n
1,10-Phenanthrolin (C$_{12}$H$_8$N$_2$ · H$_2$O)	198,216	5,9465	14,8662	2,7802	6,9505
5-Nitro-1,10-phenanthrolin (C$_{12}$H$_7$N$_2$NO$_2$)	225,20	6,756	16,89	2,7802	6,9505

Die angegebenen Mengen werden zu 1 l mit dest. Wasser gelöst.

Der *Nitro-Ferroin*-Indicator ist 5(6)-Nitro-1,10-phenanthrolin, das nach G. F. SMITH und F. P. RICHTER[6] aus 1,10-Phenanthrolin hergestellt werden kann.

Ein Gemisch aus 1 g 1,10-Phenanthrolin (Schmp. 117°), 5 ml konz. Schwefelsäure (D = 1,84) und 3 ml Salpetersäure (D = 1,42) wird 2 Std. im Ölbad auf 120° erhitzt. Die gelbe Lösung wird auf 50 g zerstoßenes Eis gegeben und in der Kälte mit 30%iger Natronlauge neutralisiert. Nach dem Absaugen wird das Produkt aus 95%igem Alkohol umkristallisiert. Die Ausbeute beträgt 0,75 g = 60% der theoretischen Menge.

Das Dinitro-Derivat bildet sich unter den angegebenen Bedingungen nicht.

Bestimmung durch Oxydation mit Bromwasser. O. JUHLIN[7] hat die bereits bei dem qualitativen Glycerin-Nachweis erwähnte Bildung des Dioxyacetons aus Glycerin in verd. und konz. Lösungen durch überschüssiges Bromwasser und Titration des nicht umgesetzten Broms zu einer Gehaltsbestimmung verwendet.

---

[1] K. GLEU: Z. analyt. Chem. **95**, 305 (1933).
[2] Diese Bezeichnung ist auch in der amerikanischen chemischen Literatur zu finden.
[3] G. H. WALDEN JR., L. P. HAMMETT u. R. P. CHAPMAN: J. Amer. chem. Soc. **53**, 3908 (1931).
[4] K. GLEU: Z. analyt. Chem. **95**, 305 (1933).
[5] G. F. SMITH u. F. P. RICHTER: Phenanthroline and substituted phenanthroline indicators, S. 23. Columbus, Ohio: The G. F. Smith Chemical Co. 1944.
[6] G. F. SMITH u. F. P. RICHTER: Phenanthroline and substituted phenanthroline indicators, S. 11. Columbus, Ohio: The G. F. Smith Chemical Co. 1944.
[7] O. JUHLIN: Z. analyt. Chem. **113**, 339 (1938).

0,02 bis 0,04 g Glycerin werden gegebenenfalls mit 0,1 n Kalilauge gegen Methylorange neutralisiert und in einem Jodzahl-Kolben mit 10 ml 0,1%igem Bromwasser versetzt. Der Stopfen des Jodzahl-Kolbens wird mit Kaliumjodid-Lösung benetzt und die Lösung 15 Min. stehengelassen. Dann werden 10 ml 10%ige Kaliumjodid-Lösung und 50 bis 100 ml dest. Wasser zugesetzt und das ausgeschiedene Jod mit Natriumthiosulfat-Lösung titriert. Gleichzeitig wird ein Blindversuch angesetzt.

Berechnung:

$$\% \text{ Glycerin} = \frac{0,4603\,(a - b) \cdot N}{e}$$

$a =$ verbrauchte Anzahl ml Natriumthiosulfat-Lösung im Blindversuch,
$b =$ verbrauchte Anzahl ml Natriumthiosulfat-Lösung im Hauptversuch,
$N =$ Normalität der Natriumthiosulfat-Lösung,
$e =$ Einwaage in g.

II. Andere Methoden

Acetin-Methode[1]. *Erläuterung.* Das Prinzip der Methode wurde bereits auf S. 1718 erklärt. Der Glycerin-Gehalt ist beim Untersuchungsbefund mit dem Vermerk ,,Acetin-Methode" anzugeben. Saponifikat-Glycerine können im Inlandsgeschäft auch nach der Dichromat-Methode bestimmt werden.

Vorbereitung der Proben: Die weniger als 50% Glycerin enthaltenden Proben, wie z. B. Glycerinwasser und Unterlaugen, werden nach dem Einwägen mit wenig heißem Wasser verdünnt, in eine Porzellanschale filtriert, das Filter gründlich mit Wasser nachgewaschen und das Filtrat auf dem Wasserbad bis zur Sirupdicke eingedampft. Der Rückstand in der Schale wird wiederholt mit absol. Alkohol ausgezogen, die alkohol. Lösung in einen Acetylierungskolben filtriert und das Filter mit Alkohol gründlich nachgespült. Der Alkohol wird nach Zusatz von einigen Siedesteinchen auf dem Wasserbad verdampft. Der Rückstand im Kolben soll 1,25 bis 1,5 g betragen und wird zur Acetylierung verwendet.

Als Acetylierungskolben werden zweckmäßig 200 ml fassende KJELDAHL-Kolben mit Normalschliff NS 29 und passendem LIEBIG-Kühler, ebenfalls mit Normalschliff, verwendet. Kork- oder Gummistopfen sind zu vermeiden.

Reagentien: 1. *Essigsäureanhydrid.* Dieses darf sich mit wasserfreiem Natriumacetat während des Blindversuches bei 1stdg. Kochdauer nur schwach färben. Freie Essigsäure darf höchstens in Spuren vorhanden sein. Die Prüfung erfolgt durch Verseifung und Anilid-Bildung. Nach den ISM-Vorschriften darf einwandfreies Essigsäureanhydrid nicht mehr als 0,1 ml 1 n Natronlauge zur Verseifung der Verunreinigungen verbrauchen, wenn der Blindversuch mit 7,5 ml durchgeführt wird.

2. *Wasserfreies Natriumacetat.* Das Salz wird in einer Platin-, Quarz- oder Nickelschale geschmolzen, wobei es nicht zu einer Braunfärbung oder Verkohlung kommen darf[2]. Das Natriumacetat ist zu pulvern und in einer dicht schließenden Glasflasche aufzubewahren.

3. *0,5 n und 1 n Natronlauge.* Die notwendigen Natronlaugen werden mit kohlensäurefreiem Wasser hergestellt, das durch Auskochen gewonnen wird. Das im Ätznatron vorhandene Carbonat wird durch Filtrieren nach dem Auflösen in der zwei- bis dreifachen Menge Wasser entfernt.

4. *1 n Salzsäure.*

5. *0,5%ige neutrale alkohol. Phenolphthalein-Lösung.*

Verfahren: Das im Acetylierungskolben befindliche, genau gewogene Glycerin (1,25 bis 1,5 g) wird mit 3 g wasserfreiem Natriumacetat und 7,5 ml Essigsäureanhydrid während 1 Std. mit kleiner Flamme zum Sieden erhitzt. Der Kolbeninhalt bleibt zuweilen ungelöst; durch Zusatz von 1 bis 2 Tropfen Wasser kann dieser Nachteil behoben werden. Nach dem Abkühlen auf Zimmertemperatur, gegebenenfalls durch Einstellen in kaltes Wasser, werden durch den Kühler 50 ml kohlensäurefreies, d. h. ausgekochtes, etwa 80° warmes dest. Wasser eingegossen. Durch Umschütteln wird der Kolbeninhalt zur Auflösung gebracht. Der Kühler wird nochmals mit Wasser ausgespült, das Kühlrohr vom Kolben abgenommen und der Schliff mit Wasser abgespült. Der Kolbeninhalt wird durch ein vorher mit verd. Salzsäure und anschließend neutral gewaschenes Filter in einen 1000 ml fassenden ERLEN-MEYER- oder Kochkolben aus Jenaer Glas filtriert. Das Filter wird mit kaltem, ausgekochtem Wasser ausgewaschen, und dem Filtrat werden 2 ml Phenolphthalein-Lösung zugesetzt. Das Filtrat wird vorsichtig unter Umschwenken mit 0,5 n Natronlauge bis zur schwach rötlich-gelben Färbung neutralisiert. Der neutralisierten Lösung werden 50 ml oder durch eine Bürette abgemessene größere Menge 1 n Natronlauge zugesetzt. Die Lösung wird 15 Min. zum Kochen

---

[1] DGF-Einheitsmethode E–III 3 d (55).

[2] Recht gute Erfahrungen wurden bei der Verwendung des Natrium acetic. puriss. sicc. der Fa. E. MERCK, Darmstadt, gemacht.

erhitzt, in einem Wasserbad mit aufgelegtem Uhrglas abgekühlt und mit 1 n Mineralsäure bis zum Farbumschlag titriert.

Gleichzeitig wird mit denselben Reagentien unter denselben Bedingungen wie beim Hauptversuch ein Blindversuch durchgeführt. Von den verbrauchten ml 1 n Lauge ist der Verbrauch für den Blindversuch abzuziehen und außerdem die Korrektur für die Volumen-Änderung der Normallösungen mit der Temperatur anzubringen. (Der Ausdehnungskoeffizient der Normallösung für 1 ml und 1° beträgt 0,000 33.)

Berechnung:

$$\% \text{ Glycerin (Acetin-Methode)} = \frac{3{,}069\,(a - b)}{e}$$

$a =$ verbrauchte ml 1 n Lauge im Hauptversuch,
$b =$ verbrauchte ml 1 n Lauge im Blindversuch,
$e =$ Einwaage.

$$1 \text{ ml } 1 \text{ n Lauge entspricht } \frac{0{,}09206}{3} = 0{,}03069 \text{ g Glycerin}$$

Der gefundene Glycerin-Gehalt kann meistens ohne weiteres als solcher eingesetzt werden. Falls aber der organische Rückstand von Rohglycerinen aus Unterlaugen und anderen Glycerinen den Gehalt von 2,5 % (unkorrigiert) übersteigt, muß der Acetin-Wert des organischen Rückstandes bestimmt werden.

Zur Bestimmung des *Acetin-Wertes des organischen Rückstandes* wird dieser in 1 bis 2 ml dest. Wasser gelöst und die Lösung in einen kleinen Acetylierungskolben mit Schliff von etwa 120 ml Inhalt gespült. Das zugesetzte Wasser wird wieder verdampft. Der Rückstand wird nach dem Zusatz von wasserfreiem Natriumacetat und Essigsäureanhydrid, genau wie bei der Acetin-Methode beschrieben, behandelt. Ergibt sich aus der Bestimmung ein scheinbarer Glycerin-Gehalt von mehr als 0,5 % im organischen Rückstand, dann muß dieser Mehrwert vom vorher bestimmten Glycerin-Gehalt des Rohglycerins abgezogen werden. Beträgt der organische Rückstand mehr als 1 % bei Saponifikat-, Raffinat-, Destillat- und reineren Glycerinen, dann muß zur Korrektur des Glycerin-Gehaltes acetyliert werden. Der gefundene scheinbare Glycerin-Gehalt wird um 0,5 % vermindert und vom Glycerin-Gehalt des Rohglycerins abgezogen. In der ISM ist diese Angabe unklar. Sie ist wohl dahin zu interpretieren, daß vom scheinbaren Glycerin-Gehalt die absolute Zahl 0,5 abgezogen werden soll.

Essigsäureanhydrid-Pyridin-Verfahren[1]. Das Verfahren von A. Verley und F. Bölsing[2] liefert auch bei wasserhaltigen Glycerinen noch verläßliche Werte.

Zur Analyse wird 0,1 g Glycerin in ein 25 ml fassendes Schliffkölbchen eingewogen und 5 ml 12 % Essigsäureanhydrid enthaltendes, trockenes Pyridin zugesetzt, worauf der Kolben wieder gewogen wird. Dann wird er mit einem 30 cm langen Steigrohr versehen und mindestens 60 Min. im siedenden Wasserbad erhitzt. Nach dem Erkalten wird durch den Kühler etwas dest. Wasser gegeben, der Kolbeninhalt in einen Weithals-Erlenmeyer-Kolben übergeführt und das Kölbchen zweimal mit je 10 ml Wasser und einmal mit 10 ml Alkohol ausgespült. Das Reaktionsgemisch wird mit 0,2 n Natronlauge und Kresolphthalein als Indicator titriert. Außerdem wird ein Blindversuch mit 5 ml Reagens durchgeführt.
Die Berechnung des Glycerins wird nach folgender Formel vorgenommen:

$$\% \text{ Glycerin} = \left(b\,\frac{r_1}{r_2} \right) - a \left(n\,\frac{c}{e} \right)$$

Darin bedeuten:

$a =$ ml Natronlauge für den Hauptversuch,
$b =$ ml Natronlauge für den Blindversuch,
$e =$ Einwaage,
$r_1 =$ g Reagens für den Hauptversuch,
$r_2 =$ g Reagens für den Blindversuch,
$n =$ Normalität der Natronlauge,
$c =$ 3,069 für Glycerin.

Glykol kann nach der Methode ebenfalls bestimmt werden; der Wert für c beträgt dann 3,102. Trimethylenglykol wird bei dieser Analyse mitbestimmt.
S. Kawai und H. Nobori[3] haben ein Verfahren zur Bestimmung des Glycerin-

---

[1] W. E. Schaefer: Ind. Engng. Chem. **9**, 449 (1937); V. Öhman u. G. Laurent: Svensk kem. Tidskr. **50**, 35 (1935).
[2] A. Verley u. F. Bölsing: Ber. dtsch. chem. Ges. **34**, 3354 (1901).
[3] S. Kawai u. H. Nobori: J. Soc. chem. Ind., Japan, suppl. Binding **46**, 146 (1943).

Gehaltes in Rohglycerinen angegeben, das mit der von H. P. KAUFMANN[1] beschriebenen Bestimmung der Hydroxylzahl praktisch übereinstimmt (S. 558 f.).

Druckröhrchen-Methode[2]. Eine wesentliche Ergänzung der Acetin-Methode ist die unter Druck arbeitende nachstehend beschriebene Methode, die in jedem Laboratorium durchgeführt werden kann und ausgezeichnete Ergebnisse liefert. Die Acetylierung erfolgt in einem geschlossenen Reagensglas.

In ein Reagensglas werden 0,02 Gramm-Äquivalent Glycerin und dazu etwa 5 ml Essigsäureanhydrid genau eingewogen. Der obere Teil des Reagensglases wird ausgezogen, und nach dem Erkalten des Glases setzt man 10 ml reines, wasserfreies Pyridin[3] (Sdp. nicht unter 114°) zu. Darauf wird das Reagensglas mit einem Gummistopfen verschlossen, im Kältebad (−80°) abgekühlt und zugeschmolzen, wobei darauf zu achten ist, daß das Glas vor dem Ausziehen erst etwas ineinanderfällt. Das Glas wird 1 bis 2 Std. in einem Heizblock, der entsprechende Bohrungen für die Röhrchen aufweist und mit einer eisernen Haube bedeckt ist, erhitzt. Nach dem Erkalten (Handschuhe und Brille!) wird das Reagensglas, dessen Inhalt gelöst sein muß, in eine dickwandige 1 l fassende Weithalsflasche, die 300 ml dest. Wasser enthält, gebracht und durch kräftiges Schütteln zertrümmert. Hierbei ist darauf zu achten, daß auch die ausgezogene Spitze zerkleinert wird. Dann wird 1 ml 1%ige alkohol. Phenolphthalein-Lösung zugegeben und mit 1 n carbonatfreier Natronlauge titriert (*c* ml).

Das verwendete Essigsäureanhydrid wird auf dieselbe Weise, jedoch ohne Zusatz der zu acetylierenden Substanz, auf seinen Wirkungswert bestimmt. Der Wirkungswert (*W*) wird in ml 1 n Natronlauge/1 g Essigsäureanhydrid ausgedrückt.

Für die Berechnung der Hydroxylzahl, bei einer Einwaage von *b* g Essigsäureanhydrid, ergibt sich folgende Formel:

$$\mathrm{OHZ} = \frac{(b\,W) - c}{\text{Einwaage Substanz}} \cdot 56{,}1$$

Für die Bestimmung des Glycerins gilt nachstehende Formel:

$$\%\ \mathrm{Glycerin} = \frac{(b\,W) - c}{\text{Einwaage Substanz}} \cdot 3{,}07$$

Beträgt der Wassergehalt der Probe mehr als 25%, so ist die Einwaage entsprechend zu reduzieren, weil bekanntlich eine Molekel Wasser eine Molekel Essigsäureanhydrid zerlegt. So werden bei einem 20%igen Glycerin mit 80% Wasser und mit einer Einwaage von 0,8 g und 5 bis 5,5 ml Essigsäureanhydrid bei einem Verbrauch zwischen 5 bis 6 ml 1 n Natronlauge (Mikrobürette) noch gute Werte erhalten.

Falls nach der Zerkleinerung des Reagensglases sich ein klebriger Klumpen absetzt, muß die Bestimmung noch einmal angesetzt werden, weil das Harz größere Mengen der Essigsäure, die bei der Titration nicht mit erfaßt werden, einschließt. Von dem Röhrchen wird nach der Herausnahme aus dem Heizblock sorgfältig die Spitze abgebrochen und der Inhalt des Rohres unter Umschwenken in Wasser eingetropft. Das Harz fällt hierbei zwar flockig aus, schließt jedoch keine Säure ein.

Nach einer anderen Durchführungsform kann beim Auftreten eines Klumpens mit Benzol überschichtet werden und die Emulsion unter kräftigem Schwenken titriert werden. Außerdem kann die Benzolschicht auch abgetrennt und ausgewaschen werden. Bei gefärbten bzw. dunklen Lösungen wird die Bestimmung potentiometrisch vorgenommen.

Gegenüber dem Acetin-Verfahren ist die Druckröhrchen-Methode der schnelleren Durchführung wegen im Vorteil.

Glycerin-Bestimmung in ungespaltenem Fett nach Bull[4]. Das Verfahren beruht auf einer Umesterung der Fette mit Natriumalkoholat unter Ausschluß von Wasser. Hierbei wird das Glycerin in Mononatriumglycerat übergeführt, das dann titrimetrisch bestimmt wird.

$$C_3H_5(OOCR)_3 + C_2H_5ONa + 2\,C_2H_5OH = C_3H_5(OH)_2ONa + 3\,RCOOC_2H_5$$

$$C_3H_5(OH)_2ONa + HCl = C_3H_5(OH)_3 + NaCl$$

[1] H. P. KAUFMANN: Fette u. Seifen **46**, 513 (1939).
[2] DGF-Einheitsmethode E–III 3 c (55).
[3] Die Reinigung des Pyridins erfolgt wie üblich durch mehrstündiges Kochen mit Bariumoxyd.
[4] H. BULL: Chemiker-Ztg. **24**, 845 (1900); **40**, 690 (1916).

Ob tatsächlich Mononatriumglycerat bei dieser Methode entsteht, ist wiederholt angezweifelt und eine Komplex-Verbindung aus Glycerin und Natriumäthylat ($C_3H_5(OH)_3$ + C_2H_5ONa) angenommen worden.

Der bisher beobachtete Fehler bei dieser Bestimmungsmethode ist auf Alkoholat-Ausscheidung zurückzuführen und kann durch Verdünnen des Alkoholates mit etwas Petroläther oder absolutem Alkohol vermieden werden. Der Autor gibt eine modifizierte Methode an, die den Fehler vermeidet und gute Resultate liefert[1].

4 g Fett oder fettes Öl werden zur Entfernung eventuell vorhandener Fettsäuren in einem 100 ml fassenden Zentrifugenglas mit etwa 70 ml Petroläther gemischt und darauf mit 10 ml glycerinhaltiger Kalilauge (20 ml Kalilauge 50%ig, 240 ml Glycerin, 240 ml Wasser) versetzt. Das Gemisch wird, ohne es zu schütteln, gut durchgemischt. Nach dem Zentrifugieren wird mit einer Pipette die schwere Seifenlösung vom Boden abgezogen, die Fettlösung quantitativ in einen 100 ml Meßkolben übergeführt und bis zur Marke mit Petroläther aufgefüllt. In ein weites, trockenes Reagensglas werden zunächst 3 ml Natriumalkoholat-Lösung (2,3 g metallisches Natrium werden in 50 ml absol. Äthanol gelöst und 150 ml Petroläther zugegeben; eventuell vorhandenes Restwasser wird durch Erwärmen mit Calciumcarbid entfernt) eingebracht, und dann werden unter Einleiten von Wasserstoff innerhalb 1 Min. 15 ml der fettsäurefreien Fettlösung aus einer Pipette zugesetzt. Über der Pipette ist ein Dreiwegehahn angebracht, dessen waagerechter Arm zum Ansaugen der Fettlösung dient, während der senkrechte durch ein Stück Gummischlauch mit Klemmschraube mit der Pipette verbunden ist und ein langsames Entleeren durch Drosselung der Einströmungsgeschwindigkeit der Luft ermöglicht. Nach der Fällung wird erneut zentrifugiert, und die obere klare Lösung wird nach Zusatz von 15 ml Petroläther nochmals zentrifugiert. Der Niederschlag wird in 0,5 ml dest. Wasser gelöst, etwa 5 ml phenolphthaleinhaltiges Äthanol zugesetzt und unter Durchleiten eines Wasserstoff-Stromes mit einer 0,1 n Salzsäure aus einer in 0,001 ml geteilten Mikrobürette titriert.

Das Verfahren wird gewöhnlich als eine Verseifung beschrieben. In Wirklichkeit handelt es sich aber um eine Umesterung der Fettsäureglycerinester in Fettsäureäthylester, wobei Glycerin frei wird, das als Mononatriumglycerat ausfällt.

Isopropyljodid-Verfahren. Gewichtsanalytische Methode. Das von S. ZEISEL und R. FANTO[2] zur Glycerin-Bestimmung angegebene und von R. FANTO[3] in die Fettanalyse eingeführte Verfahren wird von F. SCHULZE[4] als besonders zuverlässig angesehen und vor allem für wissenschaftliche Untersuchungen empfohlen[5]. Aus diesem Grunde wurde von VERBEEK[6] vorgeschlagen, das Isopropyljodid-Verfahren als offizielle Untersuchungsmethode an Stelle der Dichromat- und Acetin-Methode einzuführen.

Nach S. ZEISEL und R. FANTO muß das Fett vorher durch alkalische Verseifung zerlegt und das Glycerin nach Zerlegung der Seife in einem aliquoten Teil bestimmt werden. Vergeblich hatten beide Autoren versucht, die Herstellung der wäßrigen Glycerin-Lösung zu umgehen. Erst R. WILLSTÄTTER und A. MADINAVEITIA[7] gelang es, die Verseifung mit Jodwasserstoffsäure direkt mit dem Fett vorzunehmen.

Zur Ausführung nach S. ZEISEL und R. FANTO werden 20 g Fett mit 2 n alkohol. Kalilauge oder noch besser mit konz. Kalilauge verseift und die Fettsäuren mit Hilfe von Essigsäure frei gemacht. Die sonst zur Abscheidung der Fettsäuren verwendete Salzsäure oder Schwefelsäure darf nicht genommen werden. Das Verseifen und erneute Zerlegen der Seife

[1] H. BULL: Tidsskr. Kjemi Bergves. **12**, 78 (1932).
[2] S. ZEISEL u. R. FANTO: Z. Landw. Versuchsw. Österreich **4**, 977 (1904); **5**, 729 (1905).
[3] R. FANTO: Z. angew. Chem. **16**, 413 (1903); **17**, 420 (1904).
[4] F. SCHULZE: Chemiker-Ztg. **29**, 976 (1905).
[5] Den Mechanismus der Reaktion zwischen Glycerin und Jodwasserstoff hat R. B. BRADBURY [J. Amer. chem. Soc. **74**, 2709 (1952)] untersucht.
[6] P. VERBEEK: Seifensieder-Ztg. **46**, 732 (1919).
[7] R. WILLSTÄTTER u. A. MADINAVEITIA: Ber. dtsch. chem. Ges. **45**, 2825 (1912).

wird wiederholt. Das im Sauerwasser und den Waschwässern befindliche Glycerin wird durch Eindampfen auf ein Volumen von etwa 50 ml konzentriert, in einen 100 ml Meßkolben übergeführt und wie üblich bis zur Marke aufgefüllt. 5 ml dieser Lösung werden für die Analyse eingesetzt. Nach Zusatz von 15 ml Jodwasserstoffsäure (D = 1,90 bis 1,96) in das Siedekölbchen des von STRITAR[1] modifizierten ZEISEL-FANTOschen Methoxyl-Bestimmungsapparates wird Kohlensäure (3 Blasen/Sek.) durch die Apparatur geleitet und im Glycerinbad auf 100 bis 115° erhitzt, bis die Reaktion zu Ende ist; darauf wird die Temperatur noch 1 Std. auf 130 bis 140° gehalten. Die Dauer des Erhitzens beträgt zusammen 2 bis 3 Std. Die Vorlagen werden vorher bis zur Marke mit Silbernitrat-Lösung (40 g $AgNO_3$ in 100 ml Wasser lösen und mit Äthanol auf 1 l auffüllen, Zusatz von 1 ml 10%iger HNO_3) beschickt. Nach Beendigung der Reaktion werden die $AgNO_3$-Lösung und der Niederschlag mit Wasser in ein Becherglas übergespült und nach Zusatz von etwas verd. Salpetersäure noch 1 Std. auf dem siedenden Wasserbad erhitzt. Dann filtriert man das abgeschiedene AgJ durch einen GOOCH-Tiegel und trocknet bei 130°. Das gebildete Silberjodid wird gewogen.

Berechnung:
a = Auswaage g Silberjodid,
e = Einwaage.

$$\% \text{ Glycerin} = \frac{a \cdot 0.3921 \cdot 20 \cdot 100}{e} = \frac{784,2\,a}{e}$$

Eine Modifikation besteht in der Verwendung von Pyridin an Stelle der alkohol. Silbernitrat-Lösung[2].

Das entstehende Isopropyljodid wird in drei Vorlagen geleitet, wovon die erste und zweite je 20 ml, die dritte 10 ml reines Pyridin enthalten. Das Inertgas geht während der Analyse wie beschrieben durch die Apparatur. Nach dem Abkühlen wird das in den Vorlagen befindliche Isopropyl-pyridiniumjodid mit Alkohol in einen $1^1/_2$ l ERLENMEYER-Kolben sorgfältig übergespült, mit 30 bis 50 ml 0,1 n Silbernitrat-Lösung versetzt, dann mit 750 ml dest. Wasser (nicht umgekehrt) und mit konz. Salpetersäure angesäuert. Das Gemisch wird auf dem Wasserbad erwärmt, abgekühlt und der Überschuß an Silbernitrat mit 0,1 n Ammoniumrhodanid-Lösung und Eisen(III)-ammonsulfat als Indicator zurücktitriert.

Maßanalytische Methode. Das gebildete Alkyljodid kann auch *maßanalytisch* bestimmt werden.

Ein Vorschlag von F. VIEBÖCK und A. SCHWAPPACH[3] vermeidet die Verwendung von Silbersalz. Die Absorptionsflüssigkeit, die absolut sicher wirkt, besteht aus Brom und Eisessig und enthält zur Abstumpfung der entstehenden Mineralsäure einen Zusatz von Natrium- oder Kaliumacetat.

Das beim Erhitzen von Glycerin mit Jodwasserstoffsäure entstehende Isopropyljodid addiert Brom zu Isopropyljodid-dibromid, das wegen seiner Unbeständigkeit in Jodmonobromid und Isopropylbromid zerfällt. Aus dem Jodmonobromid entsteht durch die Gegenwart von Alkaliacetat und freiem Brom die Jodsäure, die jodometrisch nach Zerstörung des überschüssigen Broms durch Ameisensäure bestimmt werden kann.

$$C_3H_7J + Br_2 = C_3H_7Br + JBr$$

$$JBr + 2\,Br_2 + 3\,H_2O = HJO_3 + 5\,HBr$$

$$HJO_3 + 5\,HJ = 3\,J_2 + 3\,H_2O$$

1 Molekül Isopropyljodid bzw. eine Methoxyl-Gruppe entsprechen 6 Atomen Jod. Zur Titration des ausgeschiedenen Jods wird viel Thiosulfat-Lösung verbraucht, wodurch auch bei geringer Einwaage eine große Genauigkeit erreicht wird.

[1] M. J. STRITAR: Z. analyt. Chem. **42**, 579 (1903).
[2] A. KIRPAL u. T. BUEHN: Ber. dtsch. chem. Ges. **47**, 1084 (1914); Mh. Chem. **36**, 853 (1919).
[3] F. VIEBÖCK u. A. SCHWAPPACH: Ber. dtsch. chem. Ges. **63**, 2818 (1930); Z. analyt. Chem. **91**, 360 (1933).

Das Verfahren von F. Vieböck und A. Schwappach benötigt nachfolgende Reagentien: 30 g Kaliumacetat in 200 ml Eisessig, jodfreies Brom, Natriumacetat (analysenrein), Kaliumjodid (jodatfrei), grob- und feingepulverter amorpher Phosphor.

Arbeitsweise: In das Siedekölbchen werden 5 ml Jodwasserstoff, 0,2 g Phosphor und 20 bis 50 mg Substanz gebracht. Der Wäscher ist mit etwa 5 ml einer dicken Aufschwemmung von feingepulvertem Phosphor in Wasser beschickt, das Absorptionsgefäß enthält 10 ml Essigsäure-Kaliumacetat und 6 bis 8 Tropfen Brom. Durch Schwenken werden etwa $^1/_3$ in die zweite Vorlage gebracht. Das dritte offene Gefäßchen enthält zur Zerstörung von mitgerissenen Brom-Dämpfen eine Lösung von Natriumacetat und Ameisensäure. Während der Analyse wird durch die Apparatur als Treibgas ein langsamer Stickstoff-Strom geleitet. Die Apparatur mit ihren Maßen gibt nebenstehende Abb. 475 wieder.

Das Kölbchen wird in einem geeigneten Bad (z. B. Glycerin) auf etwa 140° geheizt. Nach etwa 50 bis 60 Min. ist meistens alles Alkyljodid übergetrieben. Der Vorstoß wird entfernt, die Vorlage abgenommen und in das Einleitungsrohr einige ml Wasser eingebracht. Der Inhalt der Vorlage wird mit 1 bis 1,5 g Natriumacetat versetzt und in einen 250 ml Erlenmeyer-Kolben umgefüllt. Hierbei ist zu beachten, daß an der Wandung kein festes Salz haften bleibt, weil es sonst zur Bromat-Bildung kommen kann. Die Vorlage wird wiederholt ausgespült. Das gesamte Volumen, das etwa 100 bis 150 ml betragen soll, wird mit 0,3 bis 0,5 ml Ameisensäure versetzt. Falls die Brom-Farbe nicht nach kurzer Zeit verschwindet, fehlt Natriumacetat. Durch starkes Schütteln wird auch das über der Flüssigkeit befindliche Brom zur Absorption gebracht, die

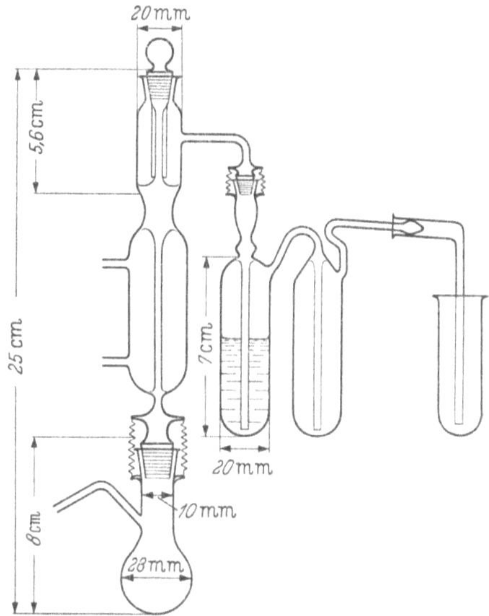

Abb. 475. Apparatur zur Glycerin-Bestimmung nach dem Isopropyljodid-Verfahren [1]

Gefäßwand abgespült und etwa 1 Min. nach Verschwinden der Brom-Farbe wird mit einem zugesetzten Tropfen Methylrot-Lösung geprüft, ob die rote Farbe bestehenbleibt. Wenn das der Fall ist, werden 0,5 bis 1 g Kaliumjodid zugegeben, mit verd. Schwefelsäure angesäuert und das ausgeschiedene Jod mit 0,1 n Natriumthiosulfat-Lösung titriert.

1 ml 0,1 n $Na_2S_2O_3$ entspricht 0,517 06 mg CH_3O bzw. 0,750 67 mg C_2H_5O.

Isopropyljodid-Mikroverfahren. Von F. v. Bruchhausen [2] wurde eine Mikro-Methoxyl-Bestimmung veröffentlicht, die auf das Verfahren von F. Vieböck und C. Brecher [3] zurückgeht.

In das Zersetzungskölbchen des Mikro-Methoxyl-Apparates nach Pregl werden 1,5 ml Jodwasserstoffsäure ($D = 1,7$), 0,2 g Jod und in kleinen Anteilen 0,1 g roter Phosphor gegeben. An Stelle dieses Gemisches kann auch Jodwasserstoffsäure der Dichte 1,9 eingesetzt werden. 0,3 bis 0,5 g der etwa 1%igen Glycerin-Lösung werden dazugegeben und unter langsamem Durchleiten von Kohlendioxyd (2 Blasen/Sek.) $1^1/_2$ Std. zum schwachen Sieden erhitzt. Das entstehende Isopropyljodid wird in 4 ml 20%ige Natriumacetat-Lösung enthaltenden Eisessig, der mit 3 Tropfen Brom versetzt ist, eingeleitet. Nach dem Kochen wird der Inhalt der Vorlage in einen Sendtner-Kolben übergeführt, der vorher mit 0,3 g Natriumacetat, das in der geringstmöglichen Menge Wasser vollständig gelöst ist, beschickt wird. Der Brom-Überschuß wird durch wenig Ameisensäure zerstört. Für die Bestimmung der Jodsäure ist wichtig, daß alles Brom, auch das in der Dampfphase vorhandene, zerstört ist. Von der Vernichtung des Broms überzeugt der Zusatz einer Spur von Methylrot, das durch Spuren von Brom entfärbt wird. Daraufhin werden 0,3 g Kaliumjodid und 1 ml 25%ige Schwefelsäure zugegeben und das ausgeschiedene Jod mit 0,03 n Natriumthiosulfat-Lösung unter Verwendung von Stärke als Indicator titriert. Die 0,03 n Natrium-

---

[1] F. Vieböck u. A. Schwappach: Zit. S. 1736, Fußnote 3.
[2] F. v. Bruchhausen: Z. Unters. Lebensmittel **68**, 32 (1934).
[3] F. Vieböck u. C. Brecher: Ber. dtsch. chem. Ges. **63**, 3207 (1930).

thiosulfat-Lösung wird durch Auflösen von 8,3 bis 8,5 g Natriumthiosulfat (zur Analyse, mit Garantieschein) in 1000 ml ausgekochtem dest. Wasser hergestellt. Die Lösung wird durch Zusatz von 0,5 g reinem Kaliumfluorid haltbar gemacht. 1 ml 0,03 n Natriumthiosulfat-Lösung entspricht 0,51 mg Glycerin bzw. 6 Atome Jod entsprechen einer Molekel Glycerin. Neben dem Hauptversuch ist in gleicher Weise ein Blindversuch durchzuführen.

Das wiedergefundene Glycerin beträgt 96,5 bis 97,5% der Einwaage. Dem Verfahren nach F. v. BRUCHHAUSEN kommt besondere Bedeutung für die Mikroanalyse von Glyceriden, Phosphatiden usw. zu und gibt nach G. BLIX[1] zuverlässige Resultate (s. S. 997).

Glycerin-Bestimmung als Kupferkomplexsalz. Wie S. H. BERTRAM und R. RÜTGERS[2] gefunden haben, läßt sich mit Hilfe eines kupferhaltigen Komplexes, der aus Glycerin und Kupfer(II)-chlorid entsteht, das Glycerin außerordentlich genau bestimmen. Ein evtl. vorhandener Gehalt an Trimethylenglykol wird bei dieser Methode nicht mitbestimmt. Dadurch erhält das Verfahren eine besondere Bedeutung.

Die ursprüngliche Methode wurde von N. SCHOORL[3] verbessert, weil bei einem nur geringen Überschuß an Kupfer(II)-chlorid und Verwendung stark verdünnter Glycerin-Lösungen nicht alles Glycerin unter Komplexbildung reagiert und deshalb zu wenig Glycerin gefunden wird. Andere Stoffe, die mit Kupfer ähnlich wie Glycerin reagieren, z. B. andere mehrwertige Alkohole, Zucker, Oxy- und Aminosäuren, stören und dürfen nicht vorhanden sein.

Überführung in Chinolin. Die Methode beruht auf der Überführung in Chinolin durch Kondensation mit Anilin nach der SKRAUPschen Synthese. Nach den von H. GROHMANN und F. H. MÜHLBERGER[4] festgelegten Bedingungen werden für den Bereich von 15 bis 200 mg Glycerin nach dem Abtreiben des Chinolins im Wasserdampf-Strom gleichbleibende Ausbeuten erhalten. Das Chinolin wird als Chinolin-Quecksilberjodid gefällt und gewogen. Die Berechnung des Glycerins aus dem Niederschlag erfolgt mit einem empirischen Faktor von 11,9. Schwierigkeiten, welche bei der Bestimmung von weniger als 10 mg Glycerin auftreten, lassen sich in einfacher Weise durch Zusatz von genau 12 mg Glycerin zur Reaktionslösung beheben.

Gewichtsanalytische Verfahren. Das erste bisher bekannt gewordene Verfahren, das Glycerin unmittelbar zur Wägung zu bringen, wurde von A. A. SHUKOFF und P. J. SCHESTAKOFF[5] angegeben. Das Verfahren beruht auf der Löslichkeit des Glycerins in wasserfreiem Aceton und diente ursprünglich für die Bestimmung in fetten Ölen.

V. CUNHA[6] hat ein verändertes Extraktionsverfahren für Glycerin beschrieben.

Die Methode von A. A. SHUKOFF und P. J. SCHESTAKOFF[5] wird häufig zur quantitativen Bestimmung von Glycerin in durch Zusatz von Fett verfälschten Wachsen verwendet[7].

Eine gewichtsanalytische Schnellbestimmung des Glycerins in Suspensionen von Textildruckfarben wurde von A. BOHANES[8] vorgeschlagen.

---

[1] G. BLIX: Mikrochim. Acta (Wien) **1**, 75 (1937).
[2] S. H. BERTRAM u. R. RÜTGERS: Recueil Trav. chim. Pays-Bas **57**, 681 (1938).
[3] N. SCHOORL: Pharmac. Weekbl. **76**, 777 (1939).
[4] H. GROHMANN u. F. H. MÜHLBERGER: Z. Lebensmittel-Unters. u. -Forsch. **103**, 177 (1956).
[5] A. A. SHUKOFF u. P. J. SCHESTAKOFF: Z. angew. Chem. **18**, 294, 1665 (1905).
[6] V. CUNHA: Ann. Soc. Pharmac. Chim. Sao Paulo **3**, 13 (1938).
[7] L. UBBELOHDE, F. GOLDSCHMIDT u. M. HARTMANN: Handbuch der Chemie und Technologie der Öle und Fette, Bd. IV, S. 573. Leipzig: Hirzel 1926.
[8] A. BOHANES: Chem. Obzor **10**, 28 (1935).

10 g Farbe werden in einem Meßzylinder eingewogen, 50 ml absol. Äthanol zugesetzt und auf 100 ml mit Äther aufgefüllt. Nach dem Durchschütteln bleibt das Gemisch eine oder auch mehrere Stunden stehen. Von der klaren Flüssigkeit werden 25 ml abpipettiert und der Eindampf-Rückstand bei 105° bestimmt.

Für die Extraktion von Glycerin empfehlen P. JACQUIN und J. TAVERNIER an Stelle von Äther Isopropylacetat, wenn die Bestimmung durch Oxydation mit Perjodsäure durchgeführt wird[1].

III. Papier-Chromatographie von Glycerin und Glykolen

Durch eine papierchromatographische Analyse läßt sich schnell entscheiden, ob Glycerin allein oder im Gemisch mit Glykolen vorliegt, wenn auch die Kennzeichnung evtl. mehrerer vorhandener Glykole durch die R_f-Werte schwierig ist.

K. G. BERGNER und H. SPERLICH[2] arbeiten nach der aufsteigenden Methode und verwenden Filterpapier SCHLEICHER & SCHÜLL Nr. 2043a oder 2045a (12 × 15 cm). Aufgetragen werden etwa 2 μl einer Lösung, die etwa 5% Glycerin und 1,2,4-Butantriol, 10% 1,3- und 1,4-Diole und 20% andere Polyalkohole enthalten soll. Die Entwicklungsflüssigkeiten bestehen entweder aus 8 Vol. Chloroform + 2 Vol. 96%igem Alkohol oder aus wassergesättigtem Äther. Eine Steighöhe von 15 cm soll wegen der Diffusion der Glykole in das Papier nicht überschritten werden. Die getrockneten Chromatogramme werden mit ammoniakalischer Silbernitrat-Lösung (9 Vol. 5%iges AgNO$_3$ + 1 Vol. 25%iges Ammoniak) besprüht und 15 bis 20 Min. bei 100° getrocknet. Polyalkohole mit mindestens zwei freien Hydroxylgruppen geben dunkelbraune bis schwarzbraune Flecken auf gelbbraun gefärbtem Untergrund. Die Flecken können durch Entfernung des überschüssigen Silbers mit einer schwach schwefelsauren, 10%igen Thioharnstoff-Lösung haltbar gemacht werden.
Die R_f-Werte sind in nachstehender Tabelle wiedergegeben.

Tabelle 419. *R_f-Werte verschiedener Glykole*

Substanzen	R_f-Werte Chloroform-Äthanol (8:2)	wassergesättigter Äther	Substanzen	R_f-Werte Chloroform-Äthanol (8:2)	wassergesättigter Äther
Glycerin	0,18	0	Diäthylenglykol . .	0,72	0,08
1,2,4-Butantriol . .	0,20	0	1,4-Butylenglykol .	0,74	0,26
Äthylenglykol . . .	0,47	0,08	1,3-Butylenglykol .	0,76	0,35
1,3-Propylenglykol .	0,55	0,14	2,3-Butylenglykol .	0,78	0,48
1,2-Propylenglykol .	0,67	0,24	Triäthylenglykol . .	0,83	0,08

e) Bestimmung der Verunreinigungen in Glycerinen[3]

α) Anorganische Verunreinigungen

Asche[4]. Die Bestimmung der Asche erfolgt im Platintiegel unter vorsichtigem Abrauchen und Glühen der Substanz. Man verfährt im einzelnen wie auf S. 469 bei Fetten beschrieben. Der erhaltene Rückstand wird zur Bestimmung des Gesamt-Alkalis (s. S. 1740) benützt.

Vorbereitungen zur Bestimmung des Gesamt-Rückstandes bei 160°. Für die Bestimmung des Gesamt-Rückstandes soll das Rohglycerin schwach alkalisch sein und höchstens 0,2% Na$_2$O aufweisen. Bei saurer Reaktion müssen die Rohglycerine erst auf ihren Säuregehalt und bei alkalischer Reaktion erst auf ihren Alkaligehalt untersucht werden. Fast neutrale

---

[1] P. JACQUIN u. J. TAVERNIER: Ind. agric. aliment. **69**, 497 (1952).
[2] K. G. BERGNER u. H. SPERLICH: Z. Lebensmittel-Unters. u. -Forsch. **97**, 253 (1953); R. J. BLOCK, E. L. DURRUM u. G. ZWEIG: Paper chromatography, S. 150. New York: Acad. Press Inc. Publ. 1955; H. SULSER: Mitt. Gebiete Lebensmittelunters. Hyg. [Bern] **42**, 376 (1951); H. SULSER u. O. HOEGL: ebenda **42**, 395 (1951).
[3] Vgl. auch DGF-Einheitsmethode E–II 5 (55).
[4] Vgl. auch DGF-Einheitsmethode E–III 4 (55).

Glycerine können ohne weiteres für die Bestimmung verwendet werden, nachdem auf 10 g Einwaage ein Zusatz von 1 ml 2 n Natriumcarbonat-Lösung erfolgt ist.

Freie Säuren[1]. 10 g Glycerin werden mit 50 ml frisch ausgekochtem und wieder erkaltetem dest. Wasser versetzt und mit 0,1 n Natronlauge gegen Phenolphthalein titriert.

Berechnung:

10 g Einwaage,
a = verbrauchte Anzahl ml 0,1 n Lauge,
% freie Säure = 0,031 a (berechnet als Na_2O).

Freies Alkalihydroxyd[2]. 20 g Glycerin werden in einem 100 ml Meßkolben mit 50 ml frisch ausgekochtem dest. Wasser versetzt, ein Überschuß neutraler 10%iger Bariumchlorid-Lösung zugegeben und mit dest. Wasser bis zur Marke aufgefüllt. Der Kolbeninhalt wird kräftig durchgeschüttelt, der Niederschlag absitzen gelassen, 50 ml der über dem Niederschlag stehenden klaren Flüssigkeit abpipettiert und mit 0,5 n Mineralsäure gegen Methylorange oder besser Methylrot titriert.

Berechnung:

10 g Einwaage,
a = verbrauchte Anzahl ml 0,5 n Säure,
% freies Alkali = 0,155 a (berechnet als Na_2O).

Alkalicarbonat[3]. 10 g Glycerin in einem ERLENMEYER-Kolben von 300 ml Inhalt werden mit 50 ml ausgekochtem dest. Wasser versetzt und etwas mehr 0,5 n Mineralsäure zugegeben, als dem gefundenen Gehalt an Gesamt-Alkali-Äquivalent ist. Die Flüssigkeit wird 15 Min. am Rückflußkühler gekocht, der Kühler mit frisch ausgekochtem dest. Wasser ausgespült und der Kolbeninhalt mit 0,5 n Natronlauge gegen Phenolphthalein zurücktitriert.

Berechnung:

10 g Einwaage,
a = vorgelegte Anzahl ml 0,5 n Säure,
b = verbrauchte Anzahl ml 0,5 n Lauge,
c = freies Alkali.
% kohlensaures Alkali = 0,155 $(a - b) - c$ (berechnet als Na_2O).

Gesamt-Alkali[4]. Die erhaltene Asche wird in frisch ausgekochtem dest. Wasser gelöst und bei Zimmertemperatur mit 0,1 n Mineralsäure gegen Methylorange oder besser Methylrot als Indicator titriert.

Berechnung:

a = verbrauchte Anzahl ml 0,1 n Säure,
e = Einwaage an Glycerin.

$$\% \text{ Gesamt-Alkali} = \frac{0{,}31\,a}{e} \quad \text{(berechnet als } Na_2O\text{)}.$$

Gebundenes Alkali[4]. Unter dem gebundenen Alkali ist das an organische Säuren, wie Fettsäuren, sowie das an anorganische Säuren gebundene Alkali zu verstehen. Die Berechnung erfolgt aus der Differenz zwischen Gesamt-Alkali und freiem + kohlensaurem Alkali und wird in Na_2O ausgedrückt.

% gebundenes Alkali = Gesamt-Alkali − (freies + kohlensaures Alkali) (berechnet als Na_2O).

Gesamt-Rückstand bei 160°[5]. Die als Gesamt-Rückstand und organischer Rückstand zu bestimmenden Mengen sind reine vertragsmäßige Begriffsbestimmungen. Für die Ausführung werden runde Glasschalen aus Jenaer Glas verwendet, die einen Durchmesser von 50 mm und eine Höhe von 20 mm haben. Jede Bestimmung muß doppelt durchgeführt werden.

10 g Glycerin werden in einem 100 ml Meßkolben mit ausgekochtem dest. Wasser bis zur Marke aufgefüllt und vorher mit der aus vorstehenden Analysen festgestellten Menge 0,5 n Salzsäure oder Sodalösung versetzt, damit der erforderliche Gehalt von 0,2% Na_2O erreicht wird. Nach erfolgter Durchmischung werden zweimal je 10 ml in das genau gewogene Schälchen pipettiert und zunächst auf dem Wasserbad die Hauptmenge des Wassers entfernt. Das restliche Wasser wird im Trockenschrank durch Erhitzen auf 130 bis 140° langsam verdampft. Die Schälchen werden dann einige Zeit bei 160° weiter erhitzt, der Rückstand nach dem Erkalten mit 1 ml dest. Wasser verdünnt und wie beschrieben eingedampft. Dasselbe wird dreimal wiederholt. Von der dritten Wiederholung ab wird das Erhitzen auf

---

[1] DGF-Einheitsmethode E–III 5 (55).   [2] DGF-Einheitsmethode E–III 7 (55).
[3] DGF-Einheitsmethode E–III 8 (55).   [4] DGF-Einheitsmethode E–III 6 (55).
[5] Vgl. DGF-Einheitsmethode E–III 9 (55).

160° genau auf 1 Std. ausgedehnt. Danach werden die Schälchen im Exsiccator erkalten gelassen und gewogen. Das Verfahren wird so oft wiederholt, bis die Wägungen höchstens um 1 bis 1,5 mg voneinander abweichen. Der Rückstand soll zwischen 30 bis 40 mg betragen. Im Falle größerer Abweichungen ist eine neue Bestimmung durchzuführen, wobei die Einwaage aus dem zuerst erhaltenen Ergebnis abgeschätzt werden kann.

Beim Vorliegen saurer Glycerine wird für jeden zugesetzten ml 0,5 n Sodalösung der Betrag von 0,011 g vom Gesamt-Rückstand in Abzug gebracht.

Beim Vorliegen alkalischer Glycerine entsteht die Gewichtszunahme durch die Umsetzung des freien, kohlensauren und gebundenen Alkalis zu Natriumchlorid. Die Gewichtszunahme wird vom Gewicht des Gesamt-Rückstandes abgezogen.

Der vorstehend beschriebene korrigierte Gesamt-Rückstand wird auf Prozentgehalt umgerechnet.

β) Organische Verunreinigungen

Der aus der Differenz zwischen „Gesamt-Rückstand bei 160°" (S. 1740) und „Asche" (S. 1741) erhaltene Betrag ist die annähernde Menge des organischen Rückstandes. Der organische Rückstand besteht aus den organischen Verunreinigungen des Glycerins, die sich bei der Destillation störend auswirken.

γ) Bestimmung des Wassers

In den *ISM* zur Bestimmung des Wassers ist ein von den üblichen Verfahren abweichendes angegeben. Die Methode wird wegen mangelnder Genauigkeit und erschwerter Durchführbarkeit in der Praxis meistens abgelehnt[1].

Die auf S. 476 beschriebene Methode der *titrimetrischen* Wasserbestimmung nach K. FISCHER wurde zur Bestimmung des Wassers in Glycerinen in die Einheitsmethoden der AOCS[2] sowie der DGF[3] übernommen. Es kann auch die von W. SEAMAN, W. H. McCOMAS und G. A. ALLEN[4] angegebene Modifikation benützt werden.

Ein Nachteil der K. FISCHER-Methode, die auch geringste Mengen an Wasser anzeigt, liegt darin, daß überall Luftfeuchtigkeit und an den Wandungen der Titriergefäße Wasser adsorptiv vorhanden ist.

Die Füllung der Trockenröhrchen soll kein Silicagel, sondern gut getrocknetes Calciumchlorid oder wasserfreies Calciumsulfat (als *Drierite* auf dem Markt) enthalten.

Die Wichtigkeit des Ausschlusses von Wasser haben R. L. MENVILLE und S. R. HENDERSON[5] zu einer Titrationsanordnung veranlaßt, die darin besteht, die Titrationsgefäße durch eine Gummikappe mit zwei kleinen Schlitzen, die 4 bis 5 mm lang sind, im Abstand von 1,5 cm, zu verschließen. Der eine Schlitz dient zum Einführen der Spitze der K. FISCHER-Bürette und der andere als BUNSEN-Ventil. Die zu titrierende Flüssigkeit wird magnetisch bewegt. Die Luftfeuchtigkeit ist zwischen 30 Min. und mehreren Stunden ohne Einfluß. Die Proben können auch durch die Schlitze eingeführt werden, so daß es nur zu einer geringen Berührung mit der Außenluft kommt.

Zur Fettung der Hähne werden Silicon-Schmiermittel (DC Valve-Seal A, Herst. DOW CORNING CORP. oder Silicone Grease GE 81049, Herst. GENERAL ELECTRIC, Bezugsquelle in Deutschland: DEUTSCHE METROHM, Überlingen-Bodensee) empfohlen.

Zur Bestimmung des Wassers in Glycerin, Glykolen usw. kann auch die Acetylchlorid-Methode nach H. P. KAUFMANN und S. FUNKE (s. S. 477 ff.) angewandt werden[6].

δ) Andere Verunreinigungen

Niedere Fettsäuren. Die Unterlaugen und die Spaltwässer enthalten besonders bei Verarbeitung von Cocosöl bzw. Palmkernöl mehr oder weniger niedere Fettsäuren. Diese niederen Fettsäuren täuschen bei der Bestimmung des Glycerin-Gehaltes nach der Dichromat-Methode einen höheren Gehalt vor. Es lassen

---

[1] In den Einheitlichen Untersuchungsmethoden für die Fett- und Wachsindustrie, Stuttgart 1930, ist der Originaltext der ISM angegeben.

[2] E a 8—56.   [3] E–III 10 (55).

[4] W. SEAMAN, W. H. McCOMAS JR. u. G. A. ALLEN: Analytic. Chem. **21**, 510 (1949).

[5] R. L. MENVILLE u. S. R. HENDERSON: Analytic. Chem. **25**, 840 (1953).

[6] H. P. KAUFMANN: Pharm. Zentralhalle **91**, 379 (1952).

sich aus niedere Fettsäuren enthaltenden Rohglycerinen nur schwierig einwandfreie Glycerin-Qualitäten, besonders Arzneibuchware, herstellen. Die Reinigung von Unterlaugen auf den bisher üblichen Wegen entfernt die niederen Fettsäuren nicht im erforderlichen Maße [1]. Durch Ansäuern von Rohglycerinen mit Salzsäure lassen sich die niederen Fettsäuren an ihrem schweißigen Geruch leicht durch Sinnenprüfung erkennen [2]. Von R. NEU wurde als quantitative Probe die Bestimmung der REICHERT-MEISSL- und der POLENSKE-Zahl zur Bewertung der Rohglycerine angewendet und hieran auch der Grad der Reinigung von Unterlaugen und Glycerinwässern kontrolliert. Während das Verfahren nach L. HABICHT sich auf die Richtigstellung des Glycerin-Gehaltes bezieht, wird bei der von R. NEU angewendeten Methode eine Betriebskontrolle ermöglicht.

Die Erfassung der niederen Fettsäuren mittels der R-M-Z bzw. Po-Z erfolgt allerdings nicht durch eine einmalige Destillation, sondern es wird so oft destilliert, bis die Werte sehr klein werden. Hierbei wurde das Verfahren von A. JUCKENACK und R. PASTERNACK [3] mit einer Abänderung angewendet. An Stelle der verdünnten Schwefelsäure wird eine 5%ige Weinsäure-Lösung eingesetzt. Die Durchführung der Bestimmung muß selbstverständlich immer in der gleichen Weise vorgenommen und außerdem der Blindversuch in Abzug gebracht werden. Die Apparatur ist auf S. 544 bereits beschrieben worden.

Bei kochsalzhaltigen Proben wird eventuell schwach alkalisch gemacht, zur Trockne eingedampft und im TWISSELMANN-Apparat mit Alkohol extrahiert, der Alkohol abdestilliert und der Rückstand zur Bestimmung der R-M-Z verwendet. Nach fünf Wiederholungen sind im allgemeinen alle flüchtigen Fettsäuren übergetrieben.

Schönungsmittel. Die Probe auf Schönungsmittel nach dem DAB VI ist nicht sicher, da auch garantiert reine Glycerine ohne Zusatz von Schönungsmitteln u. U. eine positive Reaktion beim Erhitzen mit 15%iger Schwefelsäure geben können. Die Ursachen müssen deshalb von anderen Substanzen herrühren. Als Schönungsmittel wird meistens ein Rosanilinfarbstoff, das Methylviolett, verwendet, das praktisch nur in äußerst verdünnten Mengen im Glycerin vorliegt. Von A. GRÜN [4] wird empfohlen, das Glycerin unter Verwendung eines Heißwassertrichters durch reinweißes Papier zu filtrieren. Bessere Ergebnisse in der Erkennung des Zusatzes von Farbstoffen wurden bei der Anwendung der Adsorptionsanalyse erhalten (R. NEU). Dabei läßt sich ein eventueller Farbstoffzusatz auf geringsten Raum konzentrieren [5].

Unbekannte Verunreinigungen. Die bekannten Analysen-Vorschriften erfassen anscheinend nicht alle Verunreinigungen. So gibt z. B. die Skatol-Salzsäure-Reaktion mit DAB-Glycerin eine mehr oder weniger stark auftretende violette Verfärbung. Allgemein zeigt Skatol-Salzsäure die Gegenwart von Traubenzucker an. Trotzdem fällt aber die Probe auf Traubenzucker nach dem DAB negativ aus [6]. Sehr geringe Mengen nicht bekannter oder auch nicht erfaßbarer un-

---

[1] Eine vollständige Entfernung der störenden niederen Fettsäuren ist auf eine sehr einfache Weise möglich (R. NEU: Unveröffentlichte Versuche).

[2] Eine Mischung gleicher Volumina Rohglycerin und Wasser soll nach dem Ansäuern auf $p_H = 3$ wenigstens 2 Std. blank bleiben. Hierbei tritt dann meist auch der Geruch der niederen Fettsäuren auf.

[3] A. JUCKENACK u. R. PASTERNACK: Z. Unters. Nahrungs- u. Genußmittel **7**, 193 (1904).

[4] A. GRÜN: Analyse der Fette und Wachse, S. 537. Berlin: Springer 1925.

[5] R. NEU: Unveröffentlichte Versuche.

[6] R. NEU: Seifen-Öle-Fette-Wachse **76**, 445 (1950).

bekannter organischer Verunreinigungen in destillierten Glycerinen zeigen eine veränderte Viscosität an, wie J. KELLNER[1] feststellte. Von demselben Autor stammt der Vorschlag, die Untersuchung chemisch reiner Glycerine und Dynamit-Glycerine noch durch die Bestimmung der Viscosität zu ergänzen. Zu diesem Zweck kann der Apparat nach ENGLER und die Tab. 409 (S. 1698) verwendet werden.

Metalle. Die Prüfung des Glycerins auf Verunreinigungen durch Metalle ist bereits auf S. 1690 angegeben worden. Die quantitative Bestimmung erfolgt nach den üblichen Analysen-Vorschriften. Zweckmäßig wird bei der quantitativen Analyse eine größere Menge des Glycerins vorher verascht und mit der salzsauren Lösung der Asche die Bestimmung durchgeführt.

Arsenige Säure. Das Arsen kann entweder durch die Salzsäure bei der Reinigung der Unterlaugen oder durch das verwendete Zinkoxyd bei der Autoklaven-Spaltung in das Glycerin gelangen. Es empfiehlt sich, die verwendeten Chemikalien vorher auf Abwesenheit von Arsen zu prüfen.

Die Probe auf Arsen nach GUTZEIT wird als zu empfindlich, die Reaktion mit Zinn(II)-chlorid als nicht unbedingt zuverlässig betrachtet[2].

Arsensäure. Arsensäure wird mit den gleichen Reaktionen wie die arsenige Säure bestimmt. Zweckmäßig setzt man aber zur Beschleunigung einige Tropfen Zinn(II)-chlorid-Lösung zu.

Anorganische Schwefel-Verbindungen. Der qualitative Nachweis von Sulfid, Sulfit, Sulfat und Thiosulfat nebeneinander geschieht folgendermaßen:

Zinkchlorid fällt nur Sulfide (neben Carbonaten), die abfiltriert werden, Strontiumnitrat oder Strontiumchlorid fällen aus dem Filtrat vorhandenes Sulfit und Sulfat. Die Fällung ist erst nach 12 stdg. Stehen vollständig[3]. Im Filtrat verbleibt das Thiosulfat. Durch vorsichtigen Zusatz von Jodlösung bleibt die Lösung farblos, wenn Thiosulfat vorhanden ist. Die in den Rohglycerinen vorhandenen Mengen an Sulfid, Sulfit, Sulfat und Thiosulfat können gering sein, daher empfiehlt es sich, mindestens 5 ml Analysensubstanz einzusetzen und diese mit der doppelten Menge Wasser zu verdünnen und dann die Reaktionen vorzunehmen. Eine sehr empfindliche Farbreaktion auf Sulfide ist nach E. FISCHER die Bildung von Methylenblau mit p-Amino-dimethylanilinsulfat in Gegenwart von Salzsäure und Eisen(III)-chlorid. Spuren von Schwefelwasserstoff ergeben eine intensive Blaufärbung durch das entstehende Methylenblau. Zweckmäßig wird die Reaktion aber nicht in Gegenwart des Glycerins durchgeführt. Der Schwefelwasserstoff wird durch Zusatz von Marmor und Salzsäure in der Originalprobe frei gemacht und das Gas in die Lösung aus p-Amino-dimethylanilin-sulfat, Eisen(III)-chlorid und Salzsäure eingeleitet. Zur qualitativen Prüfung eignet sich auch die Bildung von PbS mit Bleinitrat-Papier.

Sulfid allein kann wie folgt nachgewiesen werden: Die Glycerin-Probe (eventuell auf 10% Glycerin verdünnt) wird bei 60 bis 70° mit 2 bis 3% Blut- oder Tierkohle entfärbt und die Kohle abfiltriert. Bei einem Sulfid-Gehalt von 0,01% wird Bleinitrat-Papier dunkelgelb gefärbt. Geringere Mengen (0,001%) werden durch Zusatz von einigen Tropfen Salzsäure und etwas Natriumhydrogencarbonat bei schwachem Erwärmen der Probe nachgewiesen. Ein in die Dämpfe gehaltenes angefeuchtetes Bleinitrat-Papier färbt sich dann gelb.

Der qualitative Nachweis von Sulfit und Thiosulfat wird folgendermaßen gemacht: Das mit dest. Wasser verdünnte Rohglycerin wird mit Strontiumchlorid- oder Bariumchlorid-Lösung versetzt. Ein eventuell auftretender Niederschlag, der abfiltriert wird, besteht aus Sulfit, Sulfat und Carbonat. Das klare Filtrat wird bei Anwesenheit von 0,001% Thiosulfat durch Zusatz von 2 bis 3 Tropfen Salzsäure und Permanganat-Lösung getrübt. Der abfiltrierte Niederschlag wird ausgewaschen, in ein Porzellanschälchen gebracht und mit 2 bis 3 Tropfen stark verd. Jod-Kaliumjodid-Stärke-Lösung versetzt. Bei Anwesenheit von Sulfit verschwindet die Blaufärbung.

Zur quantitativen Sulfid-Bestimmung geben die DGF-Einheitsmethoden[4] ein Verfahren an, das auf der Ausfällung als PbS beruht, wobei das Ende der

---

[1] J. KELLNER: Z. dtsch. Öl- u. Fettind. **40**, 677 (1920).
[2] A. HELLRIEGEL: Apotheker-Ztg. **28**, 42 (1913).
[3] Bariumsalze sind ebenfalls brauchbar.
[4] E–III 11 (55).

Ausfällung durch Tüpfeln auf Bleinitrat-Papier festgestellt wird, bis keine gelbe Verfärbung des Papiers mehr eintritt.

50 g Rohglycerin werden mit verd. Salzsäure neutralisiert und im Meßkolben mit ausgekochtem dest. Wasser auf 500 ml aufgefüllt und wie üblich bei 60 bis 70° mit 2 bis 3% Aktivkohle gereinigt und die Kohle abfiltriert. Vom blanken Filtrat werden 25 ml unter Rühren tropfenweise mit einer 0,1 n Bleinitrat-Lösung so lange versetzt, bis beim Tüpfeln auf Bleinitrat-Papier kein gelber Fleck mehr entsteht.

Die 0,1 n Bleinitrat-Lösung wird durch Auflösen von 13,36 g reinem Bleicarbonat in verd. Salpetersäure, Neutralisieren der Lösung mit Natriumcarbonat-Lösung und Auffüllen mit dest. Wasser auf 1000 ml hergestellt.

Berechnung: $a =$ verbrauchte ml 0,1 n Bleinitrat-Lösung.

% Sulfide $= 0,1561\,a$ (berechnet als Na_2S).

Die Lösung wird nach dem Abfiltrieren des Niederschlages zur Bestimmung von Sulfit und Thiosulfat weiter verwendet[1].

Das blanke Filtrat der Sulfid-Bestimmung (vgl. Nachweis von Sulfid) wird mit etwas Natriumcarbonat versetzt und mit 0,1 n Jodlösung unter Verwendung von Stärke als Indicator titriert. Der Gesamt-Jodverbrauch ergibt den Gehalt an Sulfit und Thiosulfat.

Eine frische Probe von 25 ml Glycerin-Lösung wird mit 0,1 n Bleinitrat-Lösung titriert, der Niederschlag abfiltriert und 3 bis 5 ml konzentrierte Strontiumchlorid-Lösung zugesetzt. Hierbei fallen Sulfit, Sulfat und Carbonat aus. Der Niederschlag wird nach etwa 10 Min. langem Stehen abfiltriert und das blanke Filtrat mit 0,1 n Jodlösung titriert. Die Differenz zwischen der ersten und zweiten Titration mit der Jodlösung ergibt den Jodverbrauch für das Sulfit.

Bei Anwesenheit auch anderer mit Jod reagierender Substanzen, wie z. B. Cyaniden, Nitriten, Eisen(II)-Verbindungen usw., entsteht eine Fehlerquelle; deshalb muß ein drittes Mal 25 ml Glycerin-Lösung mit einer alkalischen 0,1 n Bleinitrat-Lösung genau ausgefällt werden. Der Niederschlag wird abfiltriert. Die Herstellung der alkalischen Bleilösung erfolgt durch Auflösen von 13,36 g Bleicarbonat in verd. Salpetersäure, Zusatz von konz. Kalilauge, bis der Hydroxyd-Niederschlag wieder aufgelöst ist, und Auffüllen mit dest. Wasser auf ein Volumen von 1000 ml.

Organische Säuren. Außer den niederen Fettsäuren[2], die aus Cocos- und Palmkernölen herrühren, können auch Ameisen- und Essigsäure vorkommen. Ferner ist Milchsäure als Verunreinigung möglich. Die Natrium- und Kaliumsalze der Milchsäure werden auf Grund ihrer viscosen Lösungen als Ersatz für Glycerin verwendet und sind unter den Namen ,,Per- oder Perkaglycerin'' im Handel.

Zum Nachweis der *Ameisen-* und *Essigsäure* werden eventuell vorhandene Aldehyde vorher entfernt; dann wird mit überschüssiger verd. Schwefelsäure versetzt und etwa $^3/_4$ des Volumens aus einem kleinen Fraktionierkolben abdestilliert. Das Destillat wird mit überschüssigem Calciumcarbonat eingedampft, der Rückstand wird aus einem Kölbchen aus schwer schmelzbarem Glas trocken destilliert und die Dämpfe in 1 bis 2 ml dest. Wassers eingeleitet. Das Calciumsalz der Ameisensäure geht durch trockene Destillation in Formaldehyd und das der Essigsäure in Aceton über. Der Nachweis des Formaldehyds kann mit fuchsinschwefliger Säure erfolgen. Aceton wird durch die LEGALsche Probe nachgewiesen. Einige Tropfen 1%ige Nitroprussidnatrium-Lösung und Alkali geben mit Aceton eine rubinrote Färbung, die durch Essigsäure purpurn und schließlich blau wird.

Der quantitative Nachweis der *Milchsäure* erfolgt sicher mit Hilfe der Reaktion nach G. DENIGÈS[3]:

0,2 ml der Lösung, deren Gehalt an Milchsäure nicht mehr als 0,2% betragen soll, werden mit 2 ml konz. Schwefelsäure 2 Min. im Wasserbad erhitzt. Nach dem Erkalten werden 1 bis 2 Tropfen einer 5%igen alkohol. Guajakol-Lösung zugesetzt. In Gegenwart von Milchsäure tritt eine rosarote, beständige Farbe auf.

Alkohole. *Äthanol* wird mit der Jodoform-Probe nachgewiesen (s. S. 1585), wobei man das Glycerin mit 1 bis 2 Volumen Wasser verdünnt, 5 bis 10 ml abdestilliert und im Destillat auf Alkohol prüft.

---

[1] DGF-Einheitsmethode E–III 12 (55).

[2] Vgl. Bestimmung der niederen Fettsäuren auf S. 485ff.

[3] G. DENIGÈS: Bull. Trav. Soc. Pharmac. Bordeaux **49**, 193 (1909); vgl. Z. Unters. Nahrungs- u. Genußmittel **20**, 722 (1910); L. HARTWIG u. R. SAAR: Chemiker-Ztg. **43**, 322 (1921).

Andere, die Jodoform-Reaktion gebende Stoffe, wie Acetaldehyd und Aceton, werden durch andere Nachweise identifiziert.

Zum chemischen Nachweis von *Glykolen* in Glycerin wurden bereits auf S. 1709 ff. einige Reaktionen angegeben.

Auch die physikalischen Konstanten geben Hinweise auf das Vorliegen von Glykol. Durch Bestimmung der Dichte und des Brechungsexponenten, die kleiner sind als dem Wassergehalt (auf Glycerin berechnet) entspricht, kann auf Glykol geschlossen werden. Empfehlenswert ist aber, das Glykol durch Fraktionieren anzureichern. Der Sdp. von Glykol liegt bei 197°, die Dichte bei 1,125, die etwa 45%igem Glycerin, und der Brechungsexponent n_D^{20} bei 1,4273, der etwa 70%igem Glycerin entspricht.

f) Untersuchung von Glykolen

1,2-Propylenglykol in Äthylenglykol. C. B. Jordan und V. O. Hatch[1] haben eine Methode zur Bestimmung von 1,2-Propylenglykol im Gemisch mit Äthylenglykol angegeben, die auf der Bildung von Jodoform aus 1,2-Propylenglykol beruht. Das Jodoform wird titrimetrisch bestimmt. Die Ausbeute an Jodoform ist nicht 100%ig, deswegen muß das Resultat mit einem empirischen Faktor von 1,39 (berechnet aus $72 \pm 1,5\%$ Ausbeute) berechnet werden. Störungen treten bei der Analyse nur durch Stoffe auf, die gleichfalls unter den Versuchsbedingungen Jodoform bilden.

Verfahren: 0,07 bis 0,1 g der Probe werden mit 0,5 ml konz. Salpetersäure auf 50° 20 Min. oder bis zum Auftreten brauner Dämpfe erhitzt und 10 Min. im verschlossenen Kolben stehengelassen. Nach dem Zusatz von 7 ml 4 n Jodlösung wird 5 Min. geschüttelt. Dann werden im Verlauf von 10 Min. tropfenweise 10 ml 2,5 n methanol. Natronlauge und 5 ml Jodlösung zugesetzt. Innerhalb 5 bis 10 Min. werden wieder 10 ml Natronlauge und 5 ml Jodlösung zugesetzt. Nach erneuter Zugabe von 10 ml Natronlauge wird 3 bis 5 Min. auf 50° erwärmt und schnell mit 15 ml 10%iger wäßriger Natronlauge versetzt. Darauf wird in Mengen von 1 bis 2 ml mit einem Gemisch aus 4 Teilen 2 n Natriumthiosulfat-Lösung und 1 Teil 2 n wäßriger Natronlauge versetzt, und zwar so lange, bis bei weiterer Zugabe die gelbe Farbe nicht mehr verändert wird. Nach dem Eingießen von 150 ml Wasser von 35 bis 40° bleibt das Gemisch 30 Min. stehen. Das Jodoform wird abfiltriert und mit wenig Wasser gewaschen. Waschwasser und Filtrat werden vereinigt. Wenn sich kein Jodoform-Niederschlag bildet, wird die Reaktionslösung wie das Filtrat behandelt.

Jodoform-Bestimmung im Niederschlag: Der Niederschlag wird in 75 ml Isopropyläther gelöst und mit genau 25 ml 0,1 n Silbernitrat-Lösung, 75 ml Benzol und 30 ml absol. Alkohol versetzt. Dann wird auf die Hälfte des Volumens eingedampft, wieder 25 ml 0,1 n Silbernitrat-Lösung zugegeben, zur Trockne verdampft und 30 Min. auf dem Wasserbad erhitzt. Nach dem Zusatz von 100 ml Wasser und 3 ml Eisenalaun-Lösung (35 g Eisenammoniumsulfat in 100 ml Wasser gelöst und mit so viel 6 n Salpetersäure versetzt, bis die braune Farbe verschwindet) wird mit 0,1 n Kaliumrhodanid-Lösung titriert. Verbrauch = a ml 0,1 n KSCN.

Jodoform-Bestimmung im Filtrat (bzw. der Reaktionslösung, wenn kein Niederschlag auftritt): Die Flüssigkeit wird dreimal mit je 25 ml Benzol ausgeschüttelt und der Auszug mit 75 ml Isopropyläther und 25 ml 0,1 n Silbernitrat-Lösung versetzt. Die weitere Behandlung ist dieselbe, wie vorstehend angegeben. Mit dem gleichen Volumen Silbernitrat-Lösung wird ein Blindversuch angesetzt. Verbrauch = b ml 0,1 n KSCN.

Berechnung:

$$\% \text{ 1,2-Propylenglykol} = \frac{(b-a) \cdot 0,1 \cdot 0,076 \cdot 1,39 \cdot 100}{3 \cdot \text{Einwaage}}$$

1,3 Butylenglykol[2]. 1,3-Butylenglykol rein, für pharmazeutische und kosmetische Zwecke ist ein wasserklares, fast geruchloses Produkt von herb-süßem Geschmack.

---

[1] C. B. Jordan u. V. O. Hatch: Analytic. Chem. **25**, 636 (1953).
[2] Den Chemischen Werken Hüls A.G., Marl, Kreis Recklinghausen, dankt der Verfasser für die Überlassung der Vorschriften.

Für die Reinheitsprüfung werden folgende Bestimmungen durchgeführt:

1. Aussehen, Farbe.
2. Geschmack.
3. Dichte (D_4^{20}).
4. Brechungsindex n_D^{20}.
5. Gehaltsbestimmung (aus der Hydroxylzahl, S. 558).
6. Wassergehalt (nach FISCHER, S. 476).
7. Säuregehalt, ausgedrückt als Säurezahl (mg KOH/g), S. 527 ff.
8. Verseifungszahl (mg KOH/g), S. 530 ff.
9. Carbonylzahl nach STILLMAN und REED (mg KOH/g), S. 562 ff.
10. Acetale, S. 1748.
11. Bromzahl, S. 1748.
12. Asche.
13. Qualitative Prüfung auf: Cl', SO_4'', C_2O_4'', $NH_4^\bullet$, $Ca^{\bullet\bullet}$, $Fe^{\bullet\bullet\bullet}$, Schwermetalle nach DAB VI (s. auch S. 1690, Tab. 404).
14. Ungesättigte Aldehyde und reduzierende Stoffe.
15. Mischbarkeit mit Wasser.
16. Siede-Analyse (reduziert auf 760 mm).

Für eine regelmäßige Überprüfung auf Reinheit dürfte ein Teil der in diesen Vorschriften aufgeführten Bestimmungsarten überflüssig sein.

Zu 1. In einer 1 l-Flasche soll das Produkt keine Verfärbung und keine festen Verunreinigungen erkennen lassen.

Zu 2. Man zerreibt etwa 1 g zwischen den Händen. Es darf kein fremdartiger Geruch wahrnehmbar sein.

Zu 3. Die Dichte wird im Pyknometer bei 20° bestimmt und auf die Dichte des Wassers bei 4° bezogen.

Zu 4. Der Brechungsindex n_D^{20} wird im ABBE- oder PULFRICH-Refraktometer bei 20° gegen die gelbe Na-Linie gemessen.

Zu 12. Asche. In einen großen Porzellantiegel wiegt man 50 g des Produktes ein, verdampft auf kleiner Flamme und glüht anschließend 1 Std. im Muffelofen bei 750°.

Zu 13. Qualitative Prüfung auf Cl', SO_4'', C_2O_4'', $NH_4^\bullet$, $Ca^{\bullet\bullet}$, $Fe^{\bullet\bullet\bullet}$, Schwermetalle. Die wäßrige Lösung (20 %ig) wird geprüft auf: Cl' mit Silbernitrat-Lösung, SO_4'' mit Bariumnitrat-Lösung, C_2O_4'' mit Calciumchlorid-Lösung, $Ca^{\bullet\bullet}$ mit Ammoniumoxalat-Lösung, $Fe^{\bullet\bullet\bullet}$ mit Kaliumhexacyanoferrat(II)-Lösung und HCl, Schwermetalle mit Natriumsulfid-Lösung und Essigsäure, $NH_4^\bullet$ durch Zusatz von 1 ml Natronlauge zu 1 ml Butylenglykol. Es darf kein NH_3-Geruch auftreten.

Zu 14. Ungesättigte Aldehyde und reduzierende Stoffe. Eine Mischung von 1 ml Butylenglykol und 1 ml Ammoniak wird im Wasserbad auf 60° erwärmt. Es darf keine Gelbfärbung auftreten (Acrolein). Wird die Probe nach dem Entfernen aus dem Wasserbad sofort mit 3 Tropfen $AgNO_3$-Lösung versetzt, so darf innerhalb von 5 Min. weder eine Färbung noch eine braunschwarze Ausscheidung eintreten (reduzierende Stoffe).

Zu 15. Mischbarkeit mit Wasser: Gemische 9 : 1; 1 : 1 und 1 : 9 müssen klar löslich sein.

Zu 16. Siede-Analyse (reduziert auf 760 mm).

Destillationsmethode. 1. *Apparate:* Erforderlich sind: 1 Destillationskolben, 1 Luftkühler, 1 100 ml Meßzylinder, 1 guter, nicht rußender Brenner, verschiedene Normalthermometer, in 0,1° geteilt, I. G.-Thermometer.

a) *Destillationskolben.* Inhalt 150 ml, Durchmesser der Kolbenkugel 67 bis 68 mm, Länge des Kolbenhalses 100 mm, Durchmesser des Kolbenhalses 18 mm lichte Weite.

In der Mitte des Halses, 50 mm von seinem oberen Ende entfernt, ist unter einem Winkel von 80° ein 200 mm langes Rohr von 8 mm lichter Weite angeschmolzen.

Der Kolben ist von SCHOTT & GEN., Jena, unter der Bezeichnung I.G.-Destillationskolben zu beziehen, ebenso das Kühlrohr.

b) *Luftkühler.* Der Luftkühler hat eine Länge von 1100 mm, eine lichte Weite von 8 mm und eine Wandstärke von 1 bis 2 mm. Der obere Teil des Kühlrohres erweitert sich auf einer Länge von 80 mm auf 20 mm Durchmesser, und zwar geht diese Erweiterung einseitig nach oben.

c) *Thermometer.* Die in 0,1° aufgeteilten Thermometer sind etwa 250 mm lang, sie sollen zwischen Quecksilbergefäß und Skalenbeginn einen massiven Glasmantel ohne Luftinhalt und einen möglichst kleinen Meßbereich nach Maßgabe des Siedepunktes der zu destillierenden Flüssigkeit haben (Meßbereich etwa 10°).

d) *Meßzylinder.* Als Meß- und Auffanggefäß wird ein 100 ml HOLTKAMP-Zylinder benützt, bei welchem die ersten 10 ml und die letzten 15 ml in 0,2 ml eingeteilt sind[1].

e) *Heizquelle.* Ein guter, nicht rußender Bunsenbrenner ohne Zündflamme.

2. *Ausführung der Destillation:* Der Destillationskolben und der Kühler werden mittels eines guten Korkstopfens so verbunden, daß das Ende des Ansatzrohres des Destillationskolbens $3/_4$ in den erweiterten Teil des Kühlers reicht. Das Thermometer wird mittels eines guten trocknen Korkstopfens so angebracht, daß es sich möglichst in der Achse des Kolbenhalses befindet und der obere Rand des Quecksilbergefäßes des Thermometers 3 mm unter dem unteren Rand des Abflußrohres abschneidet.

Für die Destillation werden 100 ml der getrockneten Flüssigkeit mit dem später zum Auffangen des Destillates dienenden Meßzylinder abgemessen und möglichst restlos in den Destillierkolben gegossen. Dann wird der Kolben in das Schutzgehäuse auf einen Asbestring von 50 mm Durchmesser gesetzt und nach den oben gemachten Angaben mit Kühler und Thermometer verbunden. In das Schutzgehäuse wird dann über dem Kolben zur besseren Beobachtung des Siedens, besonders auch des Zersetzungspunktes, eine elektrische Beleuchtung (4 Volt-Lämpchen in geeigneter Abschirmung) eingehängt. Der zum Abmessen der Flüssigkeit benützte Meßzylinder wird unter das Ende des Kühlrohres gestellt.

Nun wird destilliert, indem die Heizflamme so reguliert wird, daß die Dauer der Destillation vom Übergang des fünften Tropfens an gerechnet etwa 25 Min. beträgt — etwa 1 Tropfen in der Sekunde. Während der Destillation ist die Regulierung der Heizflamme zu vermeiden.

Der obere Rand des Brenners soll sich etwa 3 bis 4 cm unterhalb und in der Mitte des Destillationskolbens befinden. Der Brenner ist mit einem Schornstein zur Abhaltung von Zugluft versehen. Es ist besonders darauf zu achten, daß die Flamme ruhig, mit normalem Luftkegel und nicht leuchtend brennt.

Um ein gleichmäßiges Sieden zu erlangen, ist es vorteilhaft, Vorrichtungen zur Vermeidung des Siedeverzuges, z. B. Siedesteinchen, Platinschnitzel u. dgl., in den Destillationskolben zu bringen.

Als Anfangstemperatur gilt diejenige Temperatur, bei welcher der fünfte Tropfen in den vorgelegten Meßzylinder übergegangen ist, und als Endtemperatur diejenige, bei welcher Zersetzung eintritt oder der Boden des Destillationskolbens eben trocken wird. Man beobachtet die Anfangstemperatur nach den ersten 5 Tropfen, dann die Temperaturen, bei welchen 5 ml und 95 ml übergegangen sind, und die Endtemperatur.

Die Ergebnisse der Siede-Analyse werden so als Siede-Intervalle gefunden und angegeben. Obwohl also an sich eine Berücksichtigung des Barometerstandes nicht erforderlich erscheint, sollen die Anfangs- und Endtemperaturen doch auf 760 mm Hg umgerechnet werden, weil auch aus den so erhaltenen Daten gelegentlich Schlüsse gezogen werden können. Das Resultat einer Siede-Analyse lautet also z. B.:

Siede-Grenze bei 760 mm Hg:	181,3 bis 182,4°	
Siede-Differenzen:	Anfang bis 5 ml	0,3°
	5 ml bis 95 ml	0,5°
	95 ml bis Ende	0,3°
	Gesamt-Differenz:	1,1°

Aus den beobachteten Siede-Temperaturen ergibt sich die Siede-Temperatur bei 760 mm nach folgender Formel:

$$t_{760} = t + (760 - b) \cdot (273 + t) \cdot c,$$

worin t die beobachtete Siede-Temperatur und b den Barometerstand bedeutet.

Die Konstante c ist vom Stoff abhängig.

Im allgemeinen genügt ein Mittelwert von 0,00011, so daß die Umrechungsformel lautet:

$$t_{760} = t + (760 - b) \cdot (273 + t) \cdot 0,00011$$

Bestimmung der Bromzahl. Ungesättigte Verbindungen addieren Brom. Da bei höheren Temperaturen neben der Brom-Addition auch eine Substitution eintreten kann, bromiert man bei Temperaturen von $< -30°$.

---

[1] Der HOLTKAMP-Zylinder kann bezogen werden von CARL LANGE, Laborbedarf, Bochum, Knüver Weg 48.

Erforderliche Reagentien: 1. Lösungsgemisch, bestehend aus: 1 Volumteil Tetrachlorkohlenstoff, 1 Volumteil Methanol, 2 Volumteilen Toluol.

2. Bromlösung 10%ig. 10 g Brom (= 3,1 ml Brom) werden in 90 g Tetrachlorkohlenstoff (= 56,3 ml CCl_4) gelöst. Die Lösung ist täglich neu anzusetzen.

3. 10%ige Kaliumjodid-Lösung.

4. Stärkelösung.

5. 0,1 n Natriumthiosulfat-Lösung.

Titerstellung der Bromlösung: Aus einer Mikrobürette läßt man genau 0,5 ml der 10%igen Bromlösung in 25 ml des Lösungsgemisches einlaufen. Die verd. Lösung titriert man nach Zugabe von 5 ml 10%iger Kaliumjodid- und Stärkelösung mit 0,1 n Natriumthiosulfat-Lösung mit bekanntem Faktor.

$$1 \text{ ml } 0,1 \text{ n } Na_2S_2O_3 \text{ entspricht } 7,992 \text{ mg Br}$$

Durchführung der Bestimmung: In ein Reagensglas (200 × 30 mm) wiegt man etwa 2 bis 3 g der Substanz ein und gibt 25 ml Lösungsgemisch hinzu. Dann kühlt man in einem Kältebad (Trockeneis-Methanol) auf − 30° ab und läßt nun aus der Bürette langsam Bromlösung unter Umschütteln zulaufen. Enthält das Produkt ungesättigte Verbindungen, so verschwindet die Bromfärbung zunächst schnell, später langsamer. Man gibt so lange Bromlösung zu, bis die braune Farbe bestehenbleibt. Dann läßt man 10 Min. im Kältebad stehen, überzeugt sich, daß noch Braunfärbung besteht, spült nun den Reagensglas-Inhalt in einen ERLENMEYER-Kolben mit Wasser über und setzt 10%ige Kaliumjodid-Lösung (5 ml) und 2 ml Stärkelösung zu. Man titriert mit 0,1 n Natriumthiosulfat-Lösung bis zur Entfärbung.

Auf dieselbe Weise führt man einen Blindversuch durch.

Werden im Haupt- und Blindversuch a ml Bromlösung zugesetzt und im Hauptversuch b ml, im Blindversuch c ml 0,1 n $Na_2S_2O_3$ titriert, dann gilt:

$$\text{Bromzahl} = \frac{(c - b) \cdot (F_{Na_2S_2O_3}) \cdot 0,007992 \cdot 100}{\text{Einwaage in g}} = \text{g Br/100 g}$$

Die Methode ist unsicher, da die Gefahr der Substitution trotz der Temperatur von −30° vorliegt und schwer bromierbare Stoffe bei diesen Temperaturen nicht addieren.

Bestimmung der Acetale. Zur Bestimmung der Acetale werden diese mit verd. Schwefelsäure gespalten, der Aldehyd in vorgelegte Hydroxylaminchlorhydrat-Lösung übergetrieben und anschließend die frei gewordene Säure titriert.

Parallel hierzu wird auf dieselbe Weise der Aldehyd allein bestimmt und von der Summe Aldehyd + Acetal in Abzug gebracht.

Apparatur: 500 ml Rundkolben mit aufgesetztem Rückflußkühler. Am oberen Ende des Rückflußkühlers ist eine Brücke angebracht, an der sich ein absteigender Kühler mit einem zur Spitze ausgezogenen Ablaufrohr befindet. Diese mündet in eine VOLHARD-Vorlage.

Durchführung der Bestimmung: Eine Mischung aus der eingewogenen Probe (50 g), 100 ml dest. Wasser und 10 ml 20%iger Schwefelsäure werden am Rückflußkühler 1 Std. lang am Sieden gehalten. Vor Beginn des Erhitzens setzt man unter das Ende des absteigenden Kühlers eine VOLHARD-Vorlage mit 50 ml 8%iger neutraler Hydroxylaminchlorhydrat-Lösung, die mit Methylorange versetzt und genau neutralisiert wird. Die Vorlage wird durch Eis gekühlt. Nachdem 1 Std. gekocht wurde, läßt man das Kühlwasser aus dem Rückflußkühler ab und destilliert etwa 50% der Probe über, wobei keine Schwefelsäure mit übergehen darf. Nach Beendigung titriert man die Vorlage mit 0,1 n NaOH und berechnet daraus den Aldehyd- + Acetal-Gehalt.

$$1 \text{ ml } 0,1 \text{ n NaOH} = 4,4 \text{ mg } CH_3CHO$$

Parallel hierzu gibt man zu 50 g der Probe 50 ml 8%ige neutrale Hydroxylaminchlorhydrat-Lösung und titriert nach $^1/_4$ stdg. Stehen die in Freiheit gesetzte Säure mit 0,1 n NaOH.

Der auf diese Weise erhaltene Acetaldehyd-Gehalt der Probe wird vom Aldehyd- + Acetal-Gehalt in Abzug gebracht. Der Acetal-Gehalt wird in Acetaldehyd umgerechnet.

Identifizierung von Glykolen und Glykol-Derivaten mit Hilfe von Pseudosaccharinchlorid. Für die Identifizierung von Glykolen und Glykol-Derivaten haben H. Böhme und H. Opfer[1] die Verwendung von Pseudosaccharinchlorid nachfolgender Formel vorgeschlagen:

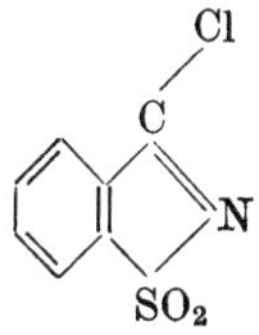

$$\text{Pseudosaccharinchlorid (Cl–C=N, SO}_2\text{)}$$

Für die Herstellung von Pseudosaccharinchlorid nach einer modifizierten Vorschrift von J. A. Jesurun[2] geben Böhme und Opfer folgendes Verfahren an:

175 g Benzoesäuresulfimid wurden mit 350 g Phosphorpentachlorid in einer Reibschale möglichst innig vermischt und sofort in einen 1000 ml Schliffkolben übergeführt, der über einen 100 cm langen Rückflußkühler und ein Calciumchloridrohr mit der Wasserstrahlpumpe verbunden war. Dann wurde der Kolben in ein Ölbad von 175 bis 180° gebracht und bei schwachem Saugen 90 Min. erhitzt, wobei im Anfang lebhafte Umsetzung unter HCl-Entwicklung zu beobachten war. Nach dem Erkalten wurde der Rückflußkühler durch einen Fraktionier-Aufsatz ersetzt, das gebildete Phosphoroxychlorid abdestilliert und der noch warme Rückstand auf Eis gegossen. Nach Abklingen der sehr lebhaften Reaktion wurde das erstarrte Pseudosaccharinchlorid aus dem Gemisch mit Chloroform herausgelöst und über Calciumchlorid getrocknet. Der nach dem Verdunsten des Lösungsmittels verbleibende Rückstand wurde aus Chloroform oder wasserfreiem Benzol umkristallisiert. Schmp. 140 bis 145° (unter Zersetzung), Ausbeute 128 g (65% d. Th.). Die Substanz wird am besten im zugeschmolzenen Rohr aufbewahrt.

Die Umsetzung der Glykole mit dem Pseudosaccharinchlorid geben die beiden Autoren an Hand von zwei Beispielen an:

Methode A. 0,76 g Äthylenglykol-monomethyläther wurden in einem Schliffkölbchen mit 2,0 g Pseudosaccharinchlorid versetzt und nach dem Aufsetzen eines mit einem Calciumchloridrohr verschlossenen Rückflußkühlers auf 120° erhitzt. Hierbei schmolz die Substanz unter Aufblähen zusammen. Nach mehrstündigem Erhitzen war die HCl-Entwicklung beendet. Der Inhalt des Kolbens wurde nach dem Erkalten in Chloroform aufgenommen, mehrmals mit Wasser sowie gesättigter Kaliumhydrogencarbonat-Lösung ausgeschüttelt und über Calciumchlorid getrocknet. Der nach dem Abdunsten des Lösungsmittels hinterbleibende Rückstand wurde aus Äther-Chloroform umkristallisiert. Schmp. 112 bis 113°, Ausbeute: 1,35 g (56% d. Th.).

1,2 g Diäthylenglykol-monomethyläther wurden mit 2,0 g Pseudosaccharinchlorid in 10 ml Chloroform versetzt. Das Gemisch wurde am Rückflußkühler unter schwachem Saugen im Ölbad von 100 bis 115° einige Stunden im Sieden gehalten, wobei, nachdem das Chloroform völlig entfernt worden war, eine lebhafte Umsetzung zu beobachten war. Nach Beendigung der HCl-Entwicklung wurde erkalten gelassen, in Chloroform gelöst, mit Kaliumhydrogencarbonat-Lösung wiederholt ausgeschüttelt und nach dem Waschen mit Wasser über Calciumchlorid getrocknet. Der nach dem Verdunsten des Lösungsmittels hinterbleibende Rückstand wurde aus wenig Chloroform oder Äther-Chloroform umkristallisiert. Schmp. 96°, Ausbeute: 1,75 g (61% d. Th.).

Methode B. In einem 50 ml Schliffkölbchen wurden 0,31 g Äthylenglykol mit 0,79 g wasserfreiem Pyridin und 10 ml reinem Chloroform versetzt. Sodann wurde

[1] H. Böhme u. H. Opfer: Z. analyt. Chem. **139**, 255 (1953).
[2] J. A. Jesurun: Ber. dtsch. chem. Ges. **26**, 2286 (1893).

Tabelle 420

Sbst.-Nr.	Name	Methode	Pseudosaccharinäther			umkristallisiert aus
			Schmelzpunkt	Eutekt.-Temperatur mit	°C	
1	Äthylenglykol	B	280—281 a)	Salophen. . . . Dicyandiamid .	185 188—189	Eisessig
2	Äthylenchlorhydrin. .	A	184—185	Salophen. . . . Dicyandiamid .	157—158 177—178	Chloroform-Äther
3	Äthylenglykol-mono-methyläther	A, B	112—113 b)	Benzil . . . . . Acetanilid . . .	75—76 84—85	Chloroform-Äther
4	Äthylenglykol-mono-äthyläther	A, B	113—114 b)	Benzil . . . . . Acetanilid . . .	75—76 84—85	Chloroform-Äther
5	Äthylenglykol-mono-propyläther	A, B	108—109	Benzil . . . . . Acetanilid . . .	71 81—82	Chloroform-Äther
6	Äthylenglykol-mono-butyläther	A, B	96—97	Benzil . . . . . Acetanilid . . .	65—66 76—77	Chloroform-Äther
7	Diäthylenglykol . . .	A, B	191—192	Salophen. . . . Dicyandiamid .	165 178—179	Chloroform-Äther
8	Diglykol-monomethyl-äther	A	96—97	Benzil . . . . . Azobenzol . . .	70—71 57—58	Chloroform-Äther
9	Diglykol-monoäthyl-äther	A	81—82	Benzil . . . . . Azobenzol . . .	60—61 53—54	Chloroform-Äther
10	Diglykol-monopropyl-äther	A	49—50 c)	Benzil . . . . . Azobenzol . . .	39—40 34—35	Chloroform-Äther
11	Diglykol-monobutyl-äther	A	48—49 c)	Benzil . . . . . Azobenzol . . .	36—37 33—34	Chloroform-Äther
12	Triäthylenglykol . . .	A, B	138—139 d)	Phenacetin . . Benzanilid . . .	116—117 117—118	Chloroform-Äther
13	1,2-Propandiol. . . .	A, B	233—234 e)	Salophen. . . . Dicyandiamid .	178—179 197	Chloroform-Äther
14	1,2-Propandiol-mono-methyläther . . .	A, B	139—140 d)	Phenacetin . . Acetanilid . . .	112—113 97—98	Tetrachlor-kohlenstoff
15	1,2-Propandiol-mono-propyläther	A, B	82—83 f)	Benzil . . . . . Azobenzol . . .	53—54 46—47	Tetrachlor-kohlenstoff
16	1,2-Propandiol-mono-i-propyläther . . .	A, B	106—107	Benzil . . . . . Acetanilid . . .	70—71 81—82	Äther
17	1,3-Propandiol. . . .	A, B	232—233 e)	Salophen. . . Dicyandiamid .	178—179 198—199	Aceton
18	1,3-Butandiol	A, B	201—202	Salophen. . . Dicyandiamid .	170 186—187	Chloroform-Äther
19	1,4-Butandiol	A, B	267—273	Salophen. . . Dicyandiamid .	186—187 204	Nitrobenzol, Cyclohexanol
20	Glykolmonoacetat . .	A, B	83—84	Benzil . . . . . Azobenzol . . .	62—63 52	Chloroform-Äther
21	Methylglykolacetat. .					
22	Äthylglykolacetat . .					
23	Butylglykolacetat . .					
24	Glykolsäure-butylester	B	95 g)	Benzil . . . . . Acetanilid . . .	66—67 74—75	Chloroform-Äther
25	Glycerin	A, B	245—255	Dicyandiamid . Salophen. . . .	196 184	Aceton

a) Nach A entsteht Derivat von 2.

b) Mischschmelzpunkt 3 + 4: 97—98°.

c) Mischschmelzpunkt 10 + 11: 42—43°.

d) Mischschmelzpunkt 12 + 14: 110°.

e) Mischschmelzpunkt 13 + 17: 208—209°.

f) Aus Äther Modifikation vom Schmp. 60°.

g) Nach A entsteht PS-butyläther, Schmp. 95—96°, Mischschmelzpunkt mit 24: 67—68°.

eine Lösung von 2,0 g Pseudosaccharinchlorid in 10 ml Chloroform zugetropft. Nach Abklingen der lebhaften Reaktion wurde noch einige Zeit am Rückflußkühler erhitzt. Nach dem Erkalten wurde der ausgeschiedene Niederschlag abgesaugt, wiederholt mit verdünnter Salzsäure und Wasser gewaschen und aus Eisessig umkristallisiert. Schmp. 280 bis 281 °C, Ausbeute: 1,4 g (71 % d. Th.).

Zum Gemisch von 1,32 g Glykolsäure-butylester, 0,79 g Pyridin und 20 ml Chloroform wurde 2,0 g Pseudosaccharinchlorid in 10 ml Chloroform getropft und anschließend noch am Rückflußkühler zum Sieden erhitzt. Dann wurde zur Trockne verdampft und der Rückstand nach Behandeln mit verdünnter Salzsäure, Kaliumhydrogencarbonat und Wasser aus Äther-Chloroform umkristallisiert. Schmp. 95°, Ausbeute: 2,0 g (67% d. Th.).

Patentverzeichnis

Amerikanische Patente

1 180 497	137	2 159 986	223	2 340 344	179	2 461 694	17
1 558 299	158	2 160 578	172	2 340 687-689	179	2 479 082	161
1 570 529	1203	2 166 150	172	2 341 536	15	2 481 463	17
1 628 787	10	2 166 152	172	2 343 042	15	2 483 710	16
1 715 194	1010	2 178 761	187	2 345 358	199	2 484 526	285
1 808 893	182	2 182 332	160	2 352 229	223	2 485 636	223
1 839 974	179	2 197 339	156	2 355 356	172	2 486 177	223
1 873 513	159	2 197 340	156	2 358 030	172	2 486 177	227
1 885 859	15	2 197 712	190	2 360 844	154	2 486 242	223
1 892 258	198	2 197 713	190	2 366 007	839	2 486 938	147
1 893 873	142	2 204 728	1284	2 375 495	179	2 490 386	164
1 915 431	139	2 204 729	1284	2 378 005	159	2 491 249	166
1 932 176	1404	2 206 210	13	2 378 006	159	2 493 288	223
1 932 179	1404	2 206 351	169	2 378 007	159	2 493 288	227
1 932 180	1404	2 215 624	13	2 380 720	198	2 494 634	164
1 942 778	198	2 217 711	223	2 383 579	154	2 497 320	223
1 942 778	1525	2 220 065	223	2 383 580	154	2 521 553	1010
1 944 887	325	2 220 065	227	2 383 581	154	2 521 766	17
2 008 325	171	2 225 125	223	2 383 596	154	2 523 127	223
2 033 543	190	2 229 062	14	2 383 599	154	2 536 100	223
2 033 544	190	2 230 326	171	2 383 614	154	2 542 972	223
2 033 546	190	2 232 485	166	2 383 629	1010	2 542 972	227
2 060 851	174	2 242 253	159	2 383 632	154	2 544 725	13
2 061 314	170	2 250 203	17	2 383 633	154	2 549 453	161
2 064 610	223	2 256 569	166	2 392 119	198	2 550 570	280
2 064 610	227	2 267 307	171	2 393 889	223	2 552 872	78
2 070 991	164	2 271 619	154	2 393 889	227	2 563 835	223
2 073 797	156	2 273 556	223	2 396 156	223	2 564 106	223
2 075 806	223	2 273 556	227	2 405 105	10	2 565 173	11
2 075 807	223	2 282 809	223	2 405 635	223	2 580 070	164
2 079 414	179	2 282 809	227	2 406 336	1007	2 585 027	157
2 107 905	190	2 287 219	172	2 428 082	16	2 585 580	223
2 108 765	171	2 298 281	171	2 437 751	223	2 589 232	170
2 109 844	179	2 308 912	223	2 437 751	227	2 589 233	170
2 119 484	138	2 308 912	227	2 441 547	223	2 590 303	11
2 122 644	172	2 309 948	160	2 442 531	159	2 602 808	146
2 122 716	223	2 309 949	159	2 442 532	159	2 605 186	223
2 122 716	227	2 325 818	326	2 442 535	160	2 610 975	223
2 123 520	187	2 330 180	198	2 443 473	281	2 614 110	11
2 130 084	138	2 333 655	223	2 452 386	281	2 619 494	146
2 132 902	171	2 333 655	227	2 455 256	223	2 623 888	200
2 140 271	198	2 333 656	223	2 455 256	227	2 623 889	200
2 151 369	168	2 333 656	227	2 456 655/6	1010	2 690 456	172
2 154 835	146	2 340 343	179	2 457 660	165	271 192	1677
2 156 863	146						

Belgische Patente

247 092	1676	343 524	1404	377 249	1404	431 064	182
341 053	1404	343 899	1404	384 314	193		

Canadische Patente

480 004	287	482 571	157	483 196	154	487 214	154
480 872	261	482 827	287	485 641	280		

Dänisches Patent

73 579	290

Deutsche Patente

Patentanmeldung		541 362	139	677 957	146
K 149 683 IV (1938)	836	555 496	158	678 731	1404
erteilt am 9.10.1943		556 558	146	680 599	171
22 516	1677	561 290	198	681 850	171
Anm. I 67 805	1070	563 876	1070	682 441	171
Anm. 22h I/01, P 79 800		565 461	1330	685 321	171
	1071	565 477	147	686 906	1330
122 145	155	567 683	272	687 670	163
141 029	244	578 843	1070	704 494	170
198 768	141	580 874	15	722 108	17
283 066	1705	581 130	1009	722 108	18
298 593-96	139	586 067	180	722 108	260
300 225	244	586 067	316	722 108	272
366 558	1407	587 450	1015	722 108	836
347 604	139	598 952	215	729 071	212
397 332	15	Zus.zu 597 496		740 294	1014
397 332	1209	623 276	160	741 359	832
402 121	157	625 577	511	741 359	833
403 644	146	627 880	171	744 136	119
404 157	193	630 790	14	744 136	1014
407 180	157	632 516	17	744 183	692
412 160	17	634 032	1404	745 637	1330
417 215	157	635 903	184	747 664	839
451 180	158	638 005	171	751 940	1014
486 699	139	638 451	328	754 147	159
494 430	141	640 997	183	757 928	288
494 431	141	642 002	328	813 066	14
513 309	158	642 166	1397	837 642	223
513 540	198	655 999	1404	837 642	227
513 540	1525	658 650	193	858 293	272
514 403	146	664 475	1418	859 351	272
526 491	1070	669 969	17	862 393	171
528 287	10	670 283	10	880 463	146
529 557	198	671 085	1404	920 666	234
535 338	184				

Englische Patente

172 633	1011	382 476	180	445 148	164	505 769	184
224 928	15	385 488	180	451 300	160	528 129	17
306 452	1525	385 488	316	451 594	170	535 014	16
308 824	183	385 551	190	466 510	1010	558 150	16
317 039	183	393 937	184	467 166	171	626 772	164
341 158	147	394 043	184	471 188	138	655 455	161
356 731	316	414 148	187	475 170	166	656 626	16
358 114	171	416 631	170	488 036	169	679 538	146
359 001	171	438 793	172	495 900	138	706 562	157
381 476	316	439 274	172				

Französische Patente

677 711	146	734 864	180	749 402	184	777 426	171
679 226	10	734 864	316	751 923	184	781 444	170
693 620	1404	735 647	1404	761 952	171	782 802	171
716 605	1404	737 437	1070	768 554	184	782 930	171
716 705	1404	739 066	1404	770 804	184	783 008	171
717 205	1404	740 494	190	773 367	172	787 466	171
721 070	160	743 594	184	773 852	182	788 663	18 4

790 002	164	829 379	11	946 678	1013	1 013 482	268
792 589	166	831 743	171	954 496	17	1 019 981	280
812 793	1701	851 836	184	965 495	17	1 022 719	260
794 695	16	858 464	1070	991 477	280	1 029 054	165
798 728	184	860 289	120	1 003 978	146	1 034 936	260
800 079	184	860 289	187	1 007 213	146	1 044 395	260
826 646	171	892 589	17				

Holländische Patente

16 703	159	66 584	223

Indisches Patent

44 230 (Janardhan) 172

Italienische Patente

Anm. Nr. 15 828	177	372 794	184	426 138	223	484 620	146
310 533	15						

Norwegisches Patent

67 428   17

Österreichische Patente

128 358	139	133 909	166	159 739	11

Russische Patente

46 654	1532	48 963	1070

Schwedische Patente

72 858	1070	124 374	1070	124 436	1070	129 863	14
98 482	1070						

Schweizer Patente

158 117-19	1404	162 732	184	165 385-400	184	271 936	17

Spanisches Patent

123 318   15

Ungarisches Patent

118 996   17

Namenverzeichnis

Walter, G. 442
—, R. 694
Walther, C. 925
—, R. H. 1523
—, R. v. 475
Walton, J. H. 476
Walz, E. 1015
Wan, P. H. 1524
—, S. M. 79, 744
Wannow, H. A. 1405
Wanntorp, H. 961, 981
Want, G. van der 61
Ward, A. L. 169
—, T. J. 622
—, W. E. 303
Ware, E. E. 211
Warhurst, E. 239
Wark, J. W. 171
Warner, P. T. 172
Warren, C. W. 819
—, L. A. 473, 1512
Warshowsky, B. 1726
Wartenberg, H. 145
Warth, A. H. 314, 320, 325, 326, 1005, 1678
Washburn, F. M. 601
Wasicky 1075
—, R. 353, 1068
Wassiljew, S. 171
Wassmuth, E. 1605, 1609
Watanabe, H. 310, 1049
Waterman, H. I. 126, 241, 242, 584, 692, 706, 709, 1215
Waters, W. A. 237
Watson, H. E. 38, 48, 50, 60
Watt, P. R. 293, 985
Watts, B. M. 222, 239
Weaver, J. W. 166
Webb, A. D. 820
—, I. D. 164
Weber, E. 564, 565, 1392
—, G. 1712
—, H. H. 1397, 1584, 1617, 1618, 1619, 1621
—, K. 1291
—, U. 356
—, U. v. 1016
Webley, D. M. 251
Webster, E. T. 436
—, T. A. 284, 285
Wecker, E. 15, 1209
Wedekind, E. 813
Weder, G. 1404
Weedon, B. C. L. 84, 85, 95, 101, 106, 107, 112
—, H. W. 724
Weger, M. 1526
Wegman, R. 866
Wehrli, H. 271, 273, 274
Weibull, M. 361, 1221, 1224, 1228, 1229, 1230, 1231, 1236, 1269, 1271
Weicker, H. 387
Weidel, H. 169

Weidemann, G. 322
Weidlich, G. 285
Weidmann, U. 361
Weil, A. 44, 145
—, D. J. 1546, 1547
—, H. 272, 834
Weilandt, H. 692
Weiler, G. 791
Weill, S. 162
Weinmann, H. 1725
—, K. 190
Weinrotter, F. 694, 696
Weinstock, M. 283
Weisblat, D. I. 281
Weisler, L. 288, 289, 984, 985
Weiss, B. 119
—, D. E. 839
—, F. 724, 1175, 1177, 1705, 1715
—, G. 504
—, J. 237
Weissberger, A. 710, 809, 931
Weiths, C. E. 1617
Weitkamp, A. W. 94, 96, 309, 310, 311, 312, 315, 323, 326, 682, 692, 695, 1680
Weit, E. 813
Weitzel, G. 95, 97, 108, 111, 117, 248, 255, 316, 660, 664, 1209
Welch, E. A. 156, 939
Weller, R. A. 822
Wellisch, F. 190
Wellm, J. 1256
Wells, A. F. 248, 1215
Welsch, A. 266
Welsh, H. L. 133, 774, 783
Welt, I. 186
Welter 1325
Welwart 140
Wendland, G. 334
Wendling, R. 598, 1084
Wenger, F. 1176, 1177
Went, F. W. 271
Wentzel, H. 564
Werder, F. v. 285
Werkman, C. H. 487
Werner, A. E. A. 1059
—, H. 228, 1203, 1204, 1212, 1215, 1271, 1283, 1284, 1285, 1286, 1287, 1288, 1289, 1588
—, I. 304
Werntz, J. H. 187
Werr, F. 362
Werth, A. van der 471, 1491
Wertheimer 1386
Werthessen, N. T. 257
Wesson 718
West, A. P. 602
—, C. W. 328, 1070
Westhaver, J. W. 694
West-Knights 541
Weston, F. E. 144, 623
Westphal 612, 615, 1691

Westphal, B. O. 172
—, U. 266, 866
West Virginian Pulp & Paper Co. 1074
Wette, H. 593
Wetter, F. 263
Wetterholm, A. 830
Wettstein, A. 273, 899, 908, 909
Wetzler-Ligeti, C. 386
Wewerinke, J. 945
Weygand, C. 35, 186
—, F. 809
Weyl, T. 186
Wheatley, V. B. 253, 846
Wheehuizen, F. 1391
Wheeler, D. H. 38, 81, 123, 133, 135, 211, 219, 220, 668, 669, 775, 777, 778, 1293, 1295
—, R. V. 318
Wheeler-Hill, E. 461, 602
Whiffer, D. H. 286
Whitby, G. S. 44
White, J. W. 830, 831
—, M. F. 820
Whitla, J. W. 848
Whitmore, W. F. 1585
Wiberley, S. E. 774
Wickbold, R. 1482
Wicke, E. 813
Widaly 1405
Widenmayer, L. 122, 521
Widmann, G. 253, 258, 943
Widmer, C. 248
—, G. 1540, 1541, 1543
—, R. 273, 278
Wiebe, R. 846
Wieckhorst, O. 692, 694, 696, 704
Wiedersheim, V. 303
Wiegand, W. 274
Wieland, H. 248, 250, 255, 269, 975, 1286
—, T. 808, 809, 855, 858, 883
Wiele, M. B. 1524
Wienhaus, H. 333, 1083
Wiertz, P. 802, 1599
Wiese, H. F. 247, 248
Wietzel, G. 118
Wightman, F. 251
Wijga, P. W. O. 1482
Wijling, A. 1549
Wijs, J. J. A. 261, 568, 569, 570, 574, 575, 578, 580, 583, 792, 1068, 1073
Wijsman, H. P. 546, 548
Wik, S. N. 1578
Wilborn, F. 82, 1050, 1521, 1523, 1535, 1611
Wilcken 1158
Wildenmayer, L. 74
Wiley 645
—, R. 1088
—, W. J. 1238

Sachverzeichnis

Die Kennzeichnung geschützter Namen durch ® = registered, international übliche Bezeichnung für geschützte Warenzeichen, ist nach sorgfältiger Prüfung vorgenommen worden. Wenn in Einzelfällen Warenzeichen versehentlich nicht gekennzeichnet sein sollten, so berechtigt dies nicht zu der Annahme, daß es sich um einen freien Handelsnamen (Freizeichen, Trivialnamen usw.) handelt. Verfasser und Verlag verwahren sich dagegen, daß das vorliegende Werk hierfür als Beweis herangezogen wird.

Seitenzahlen mit * verweisen auf Tabellen.

Trennung von Gemischen anion-capilla

Alkohollöslicher Teil

5 bis 10% feste Substanz in 10 bis 20%igem wä
1. Schaumstabilisatoren, 2. unveränderte Grunds
4. sulfatierte Fettsäuren, 5. Fettsäure-Eiweiß-Ko
sulfate, 7. sekundäre Alkylsulfate, 8. Alkylbenz
sulfonate, 10. Alkylsulfonate, 11. Diäthylsulfosucc
Fettsäureamide, 13. sulfatierte Fettsäureester, 14.
oder Sulfonatgruppe über ein

Extraktion mit Äther/Pentan

Auszug I

1. Schaumstabilisa-
   toren
2. unveränderte
   Grundstoffe
   a) freie Fette und
      Fettsäuren
   b) Kohlenwasser-
      stoffe
   c) höhere Alkohole

Auszug II
Fettsäuren aus:[1]
3. Seifen auf Fettsäure-
   Basis
4. sulfatierten Fett-
   säuren
5. Fettsäure-Eiweiß-
   Kondensations-
   produkten

Kein Rückstand in
Auszug IV

Extraktionsrückstand
von Auszug IV enthält
Fettsäuren mit etwa den
gleichen Konstant. (SZ
usw.) wie die in Ausz. II

Der alkohollösl. T
ursprüngl. Subs
zeigt positive N_2
Biuret-Reakt

3. Seife auf Fettsäure-
   Basis

4. sulfatierte Fett-
   säuren

5. Fettsäure-Eiv
   Kondensation
   produkte

Auszug III
enthält Alkohole aus:
6. Fettalkoholsulfaten
7. sec. Alkylsulfaten
11. Dialkylestern von
    Sulfosuccinaten

Der Alkohol wird auf
niedere Alkohole
(C_4—C_8) gepr. (Geruch,
Destill., OHZ)

positiv

negativ

e (*Schema II*)

pylalkohol enthalten:
e auf Fettsäure-Basis,
dukte, 6. Fettalkohol-
te, 9. Alkylnaphthalin-
fatierte und sulfonierte
ivate mit einer Sulfat-
g.

0mal

*nicht extrahierbarer
Teil I*
enthält Produkte 3 bis 14

mit H_2SO_4 auf p_H 3
eingestellt, 5 mal mit
Äther/Pentan extrahiert

*nicht extrahierbarer
Teil II*
enthält Produkte 4 u. 5
(teilweise), 6 bis 14

mit H_2SO_4 auf ungefähr
2n Säure einstellen und
2 bis 5 Std. zum Sieden
erhitzen

Extraktion mit Äther/
Pentan 1:1 (etwa 5 mal)

Wasser-Schicht I
Sulfonsäuren von:
8. Alkylbenzol/toluol-
sulfonaten
9. Alkylnaphthalin-
sulfonaten
10. Alkylsulfonaten
NB: Von anderen hy-
drolysierbaren Sub-
stanzen werden die Sul-
fonsäuren hauptsäch-
lich in Sauerwasser-
Schicht II infolge ihrer
Löslichkeit gefunden

Extrakt
lt Alkohole und
uren von 4, 5, 6,
12, 13 u. 14 und
säuren von 8, 9, 10

en mit Wasser

/Pentan-Auszug

en mit 2 n NaOH

Wasser-Schicht II
Sulfonsäuren von:
8. Alkylbenzol/toluol-
sulfonaten
9. Alkylnaphthalin-
sulfonaten
10. Alkylsulfonaten

lische Wasser-
Schicht

H_2SO_4 ansäuern
(ethylorange)

ktion mit Äther/
an (etwa 5 mal)

Wasser-Schicht I u. II
zusammen auf p_H 7,5
neutralisieren, fast zur
Trockne verdampfen,
in 92 gew.-%igem Iso-
propylalkohol lösen, von
anorganischen Salzen
abfiltrieren und den
Alkohol abdestillieren

Produkte 8, 9 oder 10

Man bereitet eine
1%ige wäßrige
Lösung und fügt die

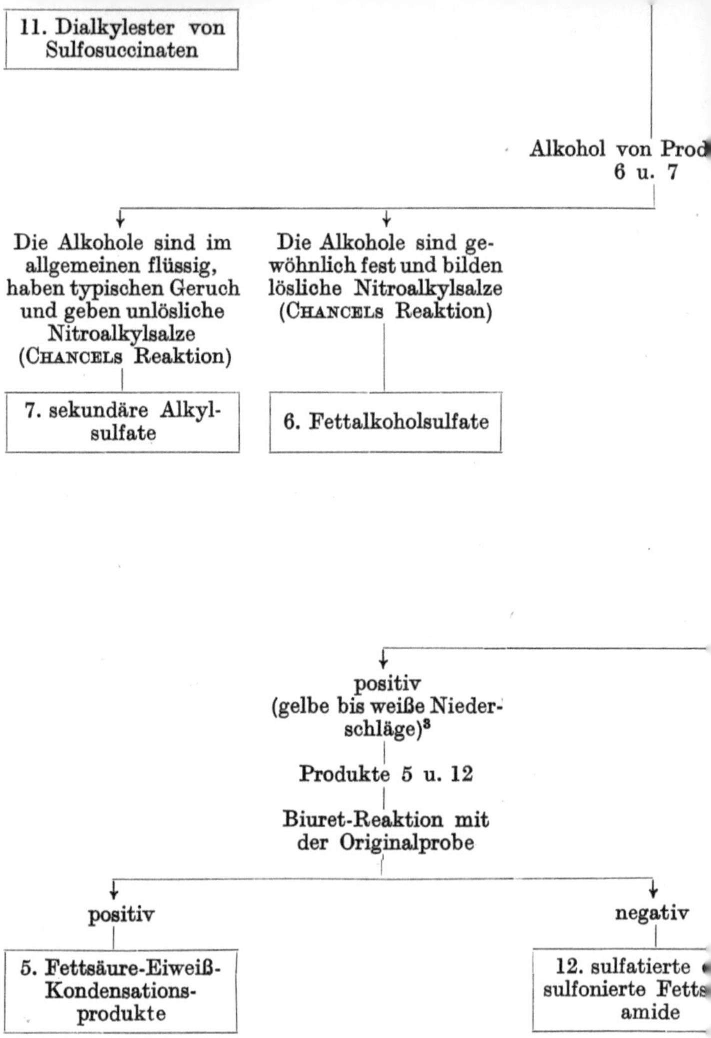

11. Dialkylester von Sulfosuccinaten

Alkohol von Prod
6 u. 7

Die Alkohole sind im allgemeinen flüssig, haben typischen Geruch und geben unlösliche Nitroalkylsalze (Chancels Reaktion)	Die Alkohole sind gewöhnlich fest und bilden lösliche Nitroalkylsalze (Chancels Reaktion)

7. sekundäre Alkylsulfate	6. Fettalkoholsulfate

positiv
(gelbe bis weiße Niederschläge)[3]

Produkte 5 u. 12

Biuret-Reaktion mit der Originalprobe

positiv

negativ

5. Fettsäure-Eiweiß-Kondensationsprodukte	12. sulfatierte sulfonierte Fetts amide

[1] Alkylsalicylate oder -benzoate l
gefunden werden. Diese Produkte sind
[2] Sulfonate stören die Reaktion, v
den sind, muß Stickstoff in der Wasse
nachdem man die Wasserschicht auf
Färbung von Lackmuspapier, das ma
[3] Ein brauner Niederschlag ist ch
zeigt Amine oder Alkylolamide an.

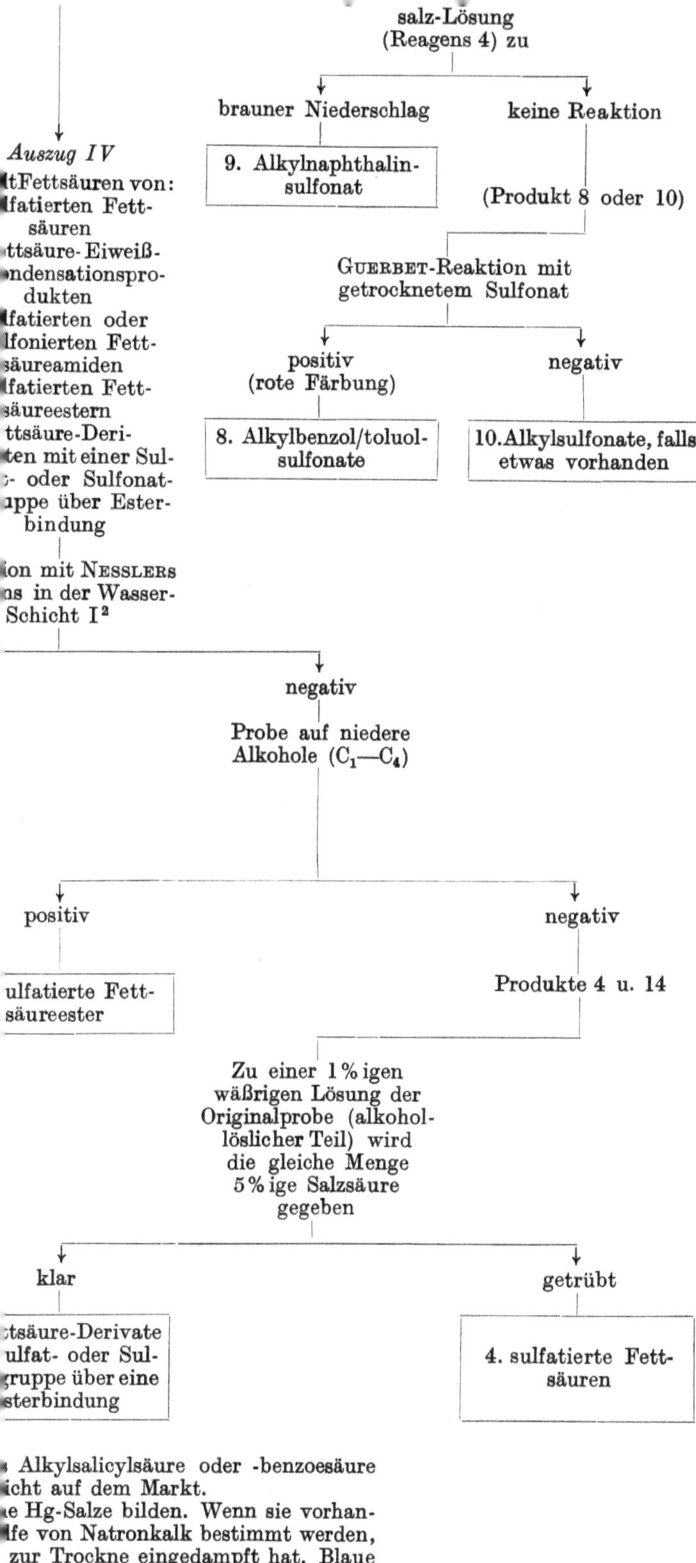

Alkylsalicylsäure oder -benzoesäure
icht auf dem Markt.
e Hg-Salze bilden. Wenn sie vorhan-
lfe von Natronkalk bestimmt werden,
zur Trockne eingedampft hat. Blaue
f hält, zeigt positive Reaktion an.
r Ammoniak, ein gelber oder weißer

Springer-Verlag, Berlin-Göttingen-Heidelberg